Nr. 42
S. 15105–15472

1962
17. Oktober

Chemisches Zentralblatt

Vollständiges Repertorium für alle Zweige der reinen und angewandten Chemie

1830 gegründet. 1897—1945 von der Deutschen Chemischen Gesellschaft fortgeführt. Im Auftrage der Deutschen Akademie der Wissenschaften zu Berlin, der Chemischen Gesellschaft in der DDR, der Akademie der Wissenschaften zu Göttingen und der Gesellschaft Deutscher Chemiker (in der BRD)

herausgegeben von Prof. Dr. Heinrich Bertsch und Prof. Dr. Dr. h. c. Wilhelm Klemm

133. Jahrgang

1962

Chefredakteure: Dr. Eugen Klever und Dr. Willi Barz

Akademie-Verlag GmbH., Berlin — Verlag Chemie, GmbH., Weinheim/Bergstr.

Inhalt

Geschichte, Unterricht .... —
A. Allgemeine, physikalische und anorganische Chemie 15105
A_1 Kernphysik und Kernchemie 15105
A_2 Optisches Verhalten der Materie..... 15115
A_3 Elektrizität. Magnetism. Elektrochem. 15121
A_4 Thermodynamik. Thermochemie 15131
A_5 Kolloidchemie. Grenzschichtforschung 15136
A_6 Strukturforschung 15137
A_7 Gleichgewichte. Kinetik 15146
A_8 Präparative anorganische Chemie 15151
Komplexverbindungen.... 15151
Metallorganische Verbindungen 15151
A_9 Mineralogische u. geologische Chemie 15160
B. Allgemeine und theoretische organische Chemie.... 15163
C. Präparative organische Chemie. Naturstoffe 15184
Mono- und Oligosaccharide. Glykoside 15219
Alkaloide 15220
Natürliche Farbstoffe .... —
Terpene. Sapogenine 15223
Sterine. Gallensäuren 15227
Hormone. Vitamine. Enzyme 15234
Antibiotica 15242
Andere Naturstoffe 15243
D. Makromolekulare Chemie 15247
E. Biologische Chemie. Physiologie. Medizin 15256
E_1 Allgemeine Biologie und Biochemie ... 15256
E_2 Enzymologie. Gärung 15261
E_3 Mikrobiolog. Bakteriolog. Immunolog. 15275
E_4 Pflanzenchemie. Pflanzenphysiologie. Pflanzenpathologie 15287
E_5 Tierchemie. Tierphysiologie. Tierpathologie 15291
E_6 Pharmakologie. Therapie. Toxikologie. Hygiene 15309
F. Pharmazeutische Chemie. Desinfektion 15324
G. Analyse. Laboratorium 15358

H. Angewandte Chemie 15352
I. Allgemeine chemische Technologie. 15352
II. Betriebsschutz. Feuerschutz 15361
III. Elektrotechnik 15362
IV. Wasser. Abwasser 15364
V. Anorganische Industrie 15367
VI. Silicatchemie. Baustoffe 15369
VII. Agrikulturchemie. Schädlingsbekämpfung 15374
VIII. Metallurgie. Korrosion........... 15380
IX. Organische Industrie 15399
X. Färberei. Organische Farbstoffe ... 15415
XI. a) Farben. Anstriche. Lacke. Naturharze 15417
b) Plaste (Kunstharze. Plastische Massen) 15420
XII. Kautschuk 15429
XIII. Ätherische Öle. Parfümerie. Kosmetik 15430
XIV. Zucker. Kohlenhydrate. Stärke.... —
XV. Gärungsindustrie 15432
XVI. Nahrungs-, Genuß- u. Futtermittel 15436
XVII. Fette. Seifen. Wasch- u. Reinigungsmittel. Wachse. Bohnermassen usw. 15445
XVIII. a) Holz. Cellulose. Zellstoff. Papier. Papierdruck. Celluloid. Linoleum 15449
b) Textilfasern 15452
XIX. Brennstoffe. Erdöl. Mineralöle 15457
XX. Schieß- u. Sprengstoffe. Zündmittel 15465
XXI. Leder. Gerbstoffe 15466
XXII. Leim. Klebstoffe usw. .... —
XXIII. Tinte. Hektographenmassen u. a. Spezialpräparate .... —
XXIV. Photographie 15467

Bibliographien: 15105. 15115. 15183. 15184. 15247. 15338. 15352. 15361. 15366. 15373. 15374. 15399. 15420. 15429. 15430. 15452. 15457. 15465.

Sprachenbezeichnung in den Referaten des Chemischen Zentralblatt

(Abkürzungen laut DIN-Normblatt 1502 Beiblatt 1)

Albanisch	= alb.
Bulgarisch	= bulg.
Chinesisch	= chin.
Dänisch	= dän.
Deutsch	= dt.
Englisch	= engl.
Estnisch	= estn.
Finnisch	= finn.
Flämisch	= fläm.
Französisch	= franz.
Griechisch	= griech.
Irisch	= ir.
Italienisch	= ital.
Japanisch	= jap.
Lateinisch	= lat.
Litauisch	= litau.
Niederländisch	= niederl.
Norwegisch	= norw.
Persisch	= pers.
Polnisch	= pol.
Portugiesisch	= port.
Rumänisch	= rum.
Russisch	= russ.
Schwedisch	= schwed.
Serbokroatisch	= serbokroat.
Slowakisch	= slowak.
Slowenisch	= slowen.
Spanisch	= span.
Tschechisch	= tschech.
Türkisch	= türk.
Ukrainisch	= ukrain.
Ungarisch	= ung.

Chemisches Zentralblatt

1962 Bibliographien Nr. 42

Neue Bücher

A. Allgemeine, physikalische und anorganische Chemie

Gerhart Jander und **Hildegardt Wendt,** Einführung in das anorganisch-chemische Praktikum. 5. Aufl. Leipzig: Hirzel. 1962. (XX + 465 S. m. 50 Abb.) DM 11,—.

A_1. Kernphysik und Kernchemie

George Carl de Hevesy, Adventures in radioisotope research. Vol. 1. 2. Oxford, London: Pergamon. 1962. 1: (516 S. mit Tab. u. Diagr.) 2: (VII + 531 S. m. Tab. u. Diagr.) £ 10.

D. J. Littler, ed., Properties of reactor materials and the effects of radiation damage: proceedings of the International Conference held at Berkeley Castle, Gloucestershire, England from 30th May to 2nd June, 1961. London: Butterworths. 1962. (XV + 562 S. m. Abb., Tab. u. Diagr.) £ 6 6 s.

B. Allgemeine und theoretische organische Chemie

Wayne C. Edmister, Applied hydrocarbon thermodynamics. Houston: Gulf Pub. Co. 1961. (311 S. m. Abb.) $ 15.—.

Edwin S. Gould, Mechanismus und Struktur in der organischen Chemie. Weinheim/Bergstr.: Verl. Chemie. 1962. (Etwa 800 S. m. 30 Abb.) Etwa DM 54,—.

George A. Varvoglis, Abridged organic chemistry. Thessaloniki: General Direction of Press Research and Cultural Relations Division. 1960. (540 S. m. 14 Tab.)

C. Präparative organische Chemie. Naturstoffe

Vladimír Bažant, Synthesy a reakce organokřemičitých sloučenin. Praha: Nakladatelstvi Československé akademie věd. 1962. (58 S.) Kčs 6.60.

Houben-Weyl, Methoden der organischen Chemie. 4., völlig neu gestaltete Aufl. Bd. V, Teil 3: Halogenverbindungen. Stuttgart: Georg Thieme. Verl. 1962. (LXIV + 1217 S. m. 30 Abb. u. 184 Tab. 8°. DM 262,—.

Roy Lester Whistler, ed., Methods in carbohydrate chemistry. Vol. 1. New York: Academic. 1962. $ 20.—.

F. Pharmazeutische Chemie. Desinfektion

Hans Kaiser, Hrsg., Pharmazeutisches Taschenbuch. 5., erw. u. verb. Aufl. Stuttgart: Wissenschaftliche Verl.-Ges. 1962. (XI + 1158 S. m. Abb.) 8°. DM 58,—.

Charles Owens Wilson, Textbook of organic medicinal and pharmaceutical chemistry. 4th edit. Philadelphia: Lippincott. 1962. (883 S. m. Abb.) $ 14.—.

Charles O. Wilson and **Tony Everett Jones,** American drug index 1962. Philadelphia: Lippincott; London: Pitman Medical. 1962. (VII + 840 S. m. Tab.) 55 s.

—, Apotheker-Jahrbuch. 1962. Stuttgart: Wissenschaftliche Verl.-Ges. 1961. (XXIV + 698 S.) 8°. DM 34,50.

G. Analyse. Laboratorium

Bohumil Kakac und **Zdeněk J. Vejdelěk,** Handbuch der Kolorimetrie. Bd. I: Kolorimetrie in der Pharmazie. Jena: Gustav Fischer Verl. 1962. (XV + 1139 S. m. 56 Abb. u. 12 Taf.) DM 79,20.

W. M. Peschkowa und **M. I. Gromowa**, Praktisches Handbuch der Spektrophotometrie und Colorimetrie. Moskau: Verl. der Moskauer Univ. 1961. (175 S.) 30 Kop. [Russ.]

Ernest Haywood Swift and **William P. Schaefer**, Qualitative elemental analysis. San Francisco, London: Freeman. 1962. (XIV + 469 S. m. Abb. u. Tab.) 42 s.

H I. Allgemeine chemische Technologie

A. Bouron et **L.-A. Bouron**, Calcul et disposition des appareils de cristallisation. Paris: Béranger. 1962. (XXIV + 462 S.) 108 NF.

L. Mironneau, Manuel du frigoriste. Tome I: Production du froid. Paris: J.-B. Baillière & Fils. 1962. (492 S. m. 156 Abb.) 30 NF.

Foster Dee Snell, Dictionary of commercial chemicals. 3rd edit. Princeton (New Jersey): Van Nostrand. 1962. (VIII + 714 S. m. Abb.) $ 12.50.

IV. Wasser. Abwasser

Gordon Maskew Fair und **John Charles Geyer**, Wasserversorgung und Abwasserbeseitigung. Grundlagen. Technik und Wirtschaft. München: Oldenbourg. 1957—61. (XVI + 969 S. m. 262 Abb.) 8°. DM 140,—.

E. W. Gussjatzkaja und **L. G. Loginowa**, Leitfaden der Spektralbestimmung der Spurenelemente im Trockenrückstand wenig mineralisierter natürlicher Wässer. Moskau: Gossgeoltechisdat. 1956. 7 Kop. [Russ.]

Ross E. McKinney, Microbiology for sanitary engineers. New York: McGraw-Hill. 1962. (293 S. m. Abb.) $ 9.75.

—, Disposal of radioactive wastes into marine and fresh waters. Vienna: International Atomic Energy Agency; München: Oldenbourg. 1962. (365 S.) 8° = Bibliographical Series No. 5 = Scientific technical Information. Publ. 21, 5. DM 10,50.

—, Water pollution research: report of the Water Pollution Research Board with the report of the Director of Water Pollution Research Laboratory. 1961. London: H.M.S.O. 1962. (VI + 127 S. m. 4 Taf., Tab. u. Diagr.) 8 s. 6 d.

—, Radioactive-waste disposal into the sea; report of the ad hoc panel. Vienna: I.A.E.A.; London: H.M.S.O. 1961. (175 S. m. Tab. u. Diagr.) 15 s.

VI. Silicatchemie. Baustoffe

—, Zement-Taschenbuch. 1962. Wiesbaden: Bauverl. 1961. (464 S. m. Abb. u. Taf.) 8°. DM 6,50.

M. P. Elinson, **Ss. G. Wassilkow** und **L. N. Popow**, Grundlagen der Herstellung von Agglоporit. Moskau: Gosstroiisdat. 1962. (138 S. m. Abb.) 44 Kop. [Russ.]

Je. A. Galabutskaja, System Ton–Wasser. Lehrbuch für den Spezialkursus der Keramiktechnologie für Studenten der chem.-technol. Fakultät. Lwow: 1962. (212 S. m. Zeichng.) 81 Kop. [Russ.]

A. A. Golubowitsch, **A. M. Jerussalimtschik** und **A. Ss. Sharenow**, Technologie von bituminösen Dachdeckermaterialien. Moskau: Gosstroiisdat. 1961. (374 S. m. Abb., Zeichnungen u. Skizzen.) 1 Rbl. 43 Kop. [Russ.]

P. O. Gribowski, Heißguß keramischer Erzeugnisse. Moskau: Gossenergoisdat. 1961. (400 S. m. Abb.) 1 Rbl. 28 Kop. [Russ.]

Konstantin Dimitriewitsch Nekrassow, Hitzebeständiger Beton. In Deutsch. Wiesbaden, Berlin: Bauverl. 1961. (300 S. m. 128 Abb. u. 69 Taf.) 8°. DM 44,—.

Ss. P. Onatzki, Herstellung von Keramsit. Moskau: Gosstroiisdat. 1962. (243 S. m. Abb.) 1 Rbl. [Russ.)

Gerhard Rühl, Die chemische Technologie von Zement und Beton in den Jahren 1945 bis 1960. Düsseldorf: Knapp. 1962. (156 S.) 8°. DM 26,—.

VIII. Metallurgie. Korrosion

I. I. Dslijew, Metallurgie des Cadmiums. Moskau: Metallurgisdat. 1962. (189 S. m. Abb.) 60 Kop. [Russ.]

Heinrich Quiring, Platinmetalle. Stuttgart: Ferdinand Enke Verl. 1962. (VII + 288 S. m. 26 Abb. u. 74 Zahlentaf.) DM 69,—.

Adrien Saulnier et **Roger Develay**, Structures et propriétés caractéristiques de quelques alliages de titane. Paris: Service de documentation et d'information technique de l'aéronautique. 1961. (IV + 152 S. m. Abb.) 35 NF.

—, Stahleisen-Wörterbuch. Deutsch-englisch. Englisch-deutsch. 2., erw. u. verb. Aufl. Düsseldorf: Verl. Stahleisen. 1962. (340 S.) DM 16,50.

XI. a) Farben. Anstriche. Lacke. Naturharze

—, Jahrbuch der Lackchemie. Ausg. 2. Kunstharzdispersionen. Stuttgart: Colomb. 1961. (438 S. m. 6 Abb. u. Tab.) 8°. DM 38,—.

G. Champetier et H. Rabaté, Physique des peintures, vernis et pigments. Tome II. Paris: Dunod. 1962. (400 S. m. 210 Abb.) 68 NF.

Erwin Herrmann, Handbuch für den Pigmentverbraucher. Hannover: Curt R. Vincentz Verl. 1962. (292 S. m. 60 Abb., 6 Taf. u. 65 Tab.) DM 36,—.

XI. b) Plaste (Kunstharze, Plastische Massen)

—, Kunststoffe in Österreich. Herausgeg. vom Fachverband der chemischen Industrie Österreichs, Gruppe kunststofferzeugende Industrie, Gruppe kunststoffverarbeitende Industrie und Arbeitsgemeinschaft der kunststoffverarbeitenden Gewerbebetriebe. Wien: Dressler. 1961. (254 S. m. Abb.) 8°.

Dieter Hayer, Das Einfärben von Kunststoffen. München: Carl Hanser Verl. 1962. (128 S. m. 48 Abb. u. 29 Tab.) DM 19,80.

David A. Jones and Thomas W. Mullen, Blow molding. New York: Reinhold; London: Chapman & Hall. 1961. (IX + 210 S. m. Abb., Tab. u. Diagr.) 44 s.

XII. Kautschuk

Loren G. Polhamus, Rubber: botany, production and utilization. London: L. Hill; New York: Interscience. 1962. (XVII + 448 S. m. Abb., 64 Taf., Tab. u. Diagr.) 80 s.

XVIII. a) Holz. Cellulose. Zellstoff. Papier. Papierdruck. Celluloid. Linoleum

Ss. N. Gorschin und B. I. Teljatnikowa, Pentachlorphenol und seine Anwendung für den Holzschutz. Moskau: Gosslessbumisdat. 1962. (213 S. m. Abb.) 78 Kop. [Russ.]

XVIII. b) Textilfasern

—, Review of textile progress. Vol. 12: 1960. Manchester: Textile Institute; London: Butterworths Scientific Publications. 1962. (VIII + 534 S. m. Tab. u. Diagr.) 70 s.

XIX. Brennstoffe. Erdöl. Mineralöle

Horst Laske, Untersuchungsverfahren zur Charakterisierung fester Brennstoffe. Leipzig: Deutscher Verl. für Grundstoffindustrie. 1961. (373 S. m. 130 Abb. u. 18 Tab.) 8°. DM 32,—.

Ausgewertete Bibliographie-Fachzeitschriften

Belgien	Bibliographie de Belgique — Belgische Bibliographie
ČSSR	Bulletin — Die Neuesten Forschungsergebnisse der Tschechoslowakischen Wissenschaft
	Nové Knihy (Neue Bücher)
	Novinky (Neuheiten)
Dänemark	Danske Bogmarked
Deutschland	Börsenblatt für den Deutschen Buchhandel — Frankfurter Ausgabe
	Börsenblatt für den Deutschen Buchhandel — Leipziger Ausgabe
	Deutsche Bibliographie. Wöchentliches Verzeichnis. Ausgabe II. [Frankfurt/Main]
	Deutsche Nationalbibliographie. Reihe A: Neuerscheinungen des Buchhandels [Leipzig]
England	British Books (Incorporating the Publishers Circular & Booksellers Record)
	British National Bibliography
Frankreich	Bibliographie de la France
Italien	Bibliografia Nazionale Italiana
Japan	Nōhon Shūhō (Current Publications)
Niederlande	Nieuwsblad voor de Boekhandel
Österreich	Österreichische Bibliographie
Schweiz	Schweizer Buch. Serie A und Serie B
UdSSR	Bücherverzeichnis des Jahres (Книжная летопись)
	Neue Bücher (Новые книги)
USA	Publishers' Weekly

Namenregister

Ababei 15266. 15269.
Abbattista 15105.
Abbot 15338.
Abbott Laboratories 15337.
Abdalla 15328.
Abdullajewa 15458.
Abe 15351.
Aboul-Seoud 15255.
Acara 15369.
Achrem 15165.
Adachi 15136.
Adamek 15336.
Addison 15137.
Ado 15114.
Adolf 15330.
Adox-Fotowerke Dr. C. Schleussner G. m. b. H. 15469.
Aemisegger jun. 15391.
Aerojet General Corp. 15465.
Agapuschkina 15442.
Agfa Akt.-Ges. 15469. 15472.
Agostino, D' 15270.
Agresta 15109.
Ahmad 15382.
Ainscough 15359.
Air Reduction Co., Inc. 15337.
Airan 15287.
Akaza 15343.
Åkermark 15245.
Akihama 15345.
Aktieselskabet Grindstedvaerket 15444.
Akulinin 15389.
Alais 15249.
Alano 15317. 15318.
Alarcon 15257.
Albertini, E. 15314.
Albertini, L. 15257.
Albissin, d' 15160.
Albrecht 15358.
Alexander 15378.
Alexandrof 15409.
Alexandrow 15458.
Alexanjan 15165.
Ali, L. A. M. 15440.
Ali, S. I. 15382.
Allanson 15308.
Allen, G. 15249.
Allen, R. E. 15332.
Allibone 15110.
Allied Chemical & Dye Corp. 15428.
Allison 15107.
Almqvist 15111.
Alonso-de Florida 15319.
Alston 15289.
Altman 15354.
Amano, H. 15111.
Amano, Y. 15144.
Amanuma 15369.
Ambadasrao 15375.
Ambrus 15336.
Amelunxen 15261.
American Can Co. 15360.
American Cyanamid Co. 15333. 15336. 15338. 15413. 15414. 15425. 15444. 15455.
American Oil Co. 15463.
American-Marietta Co., Stoner. Mudge Co. Division 15419.
American Viscose Corp. 15429.
Amin, G. C. 15216.
Amin, J. H. 15414.
Anderson, A. W. 15452.
Anderson, D. M. W. 15348.
Anderson, J. L. 15466.
Anderson, N. A. 15377.
Anderson, O. L. 15133.
Anderson, P. W. 15133.
Anderson, R. C. 15289.
Anderson, R. F. 15281.
Anderson, W. K. 15356.
Andrews 15452.
Angelopoulos 15108.
Angelos Gama, de los 15296.
Angyal 15196.
Anliker 15337.
Anstalt für die Entwicklung von Erfindungen und gewerblichen Anwendungen Energa 15399.
Ansul Chemical Co. 15412.
Anthony 15428.
Anton 15137.
Antonio, Dell' 15110.
Anwar 15277.
Apel, A. 15452.
Apel, F. N. 15407.
Arbusow 15245.
Arends 15363.
Aresst 15393.
Ariyama 15299.
Ariyoshi 15312.
Arlosorow 15170.
Armour & Co. 15412. 15420. 15436.
Armour Research Foundation of Illinois, Institute of Technology 15373. 15447.
Armstrong 15389.
Arnold, M. 15281.
Arnold, K. 15394.
Arras 15322.
Arvin 15424.
Arysstynbajew 15384.
Asahina 15248.
Ashida 15176.
Asprey 15156.
Asta-Werke Akt.-Ges., Chemische Fabrik 15337.
Astbury 15369.
Astier 15383.
Atkinson 15265.
Atomic Energy of Canada Ltd. 15358.
Atticks 15399.
Aubouy 15255.
Auerman 15437.
Auerswald 15335.
Aufleger 15430.
Aumüller 15338.
Aurich 15276.
Austin 15180.
Autenrieth 15368.
Aveston 15358. 15382.
Avramovici 15282.
Awe 15288.
Aylett 15195.
Ayscough 15181.
Bachmann 15137. 15138.
Bader 15413.
Badische Anilin- & Soda-Fabrik Akt.-Ges. 15361. 15369. 15399. 15401. 15406. 15411. 15412. 15416. 15425. 15427.
Badrinathan 15110.
Bächler 15355.
Baeckeland 15258.
Baecker 15428.
Bätz 15369.
Baines 15356.
Bajpai 15290.
Bajusz 15319.
Baker, C. J. 15254.
Baker, H. C. 15429.
Balaceanu 15182.
Balajiva 15386.
Balaschow 15365.
Balasubramaniyan 15203.
Balatre 15329.
Balazs 15340.
Balbi 15243.
Baldass, v. 15370.
Baldwin 15420.
Balenvič 15191.
Baliah 15203.
Baliga 15302.
Ball, F. E. 15465.
Ball, F. J. 15451.
Ballard 15297.
Ballhausen 15118.
Baltă 15371.
Banaszkiewicz 15317.
Banerjee 15156. 15157.
Bangert 15361.
Bangsgaard 15359.
Bánhidi 15276.
Banks 15422.
Bar 15307.
Barakat 15328.
Barbieri, L. L. 15301.
Barbieri, R. 15148.
Bardeau 15122.
Barkow 15385.
Barnabei 15273.
Barnard 15330.
Barnauckas 15414.
Baron, C. 15310. 15311. 15320. 15321.
Baron, R. L. 15291.
Barre 15317. 15318.
Barris 15211.
Barro 15469.
Barron 15270.
Barshay 15106.
Bartel 15432.
Bartha, v. 15279.
Bartholomew 15111. 15113.
Barton, D. H. R. 15227.
Barton, D. M. 15407.
Bartos 15350.
Barusch 15463.
Bas, A. X. 15451.
Bassel 15114.
Basu 15297.
Batalow 15180.
Bate 15339.
Bates 15352.
Bateson 15327.
Battaglia 15298.
Batujew 15165.
Batzer 15408.
Bauereis 15414.
Baufour, H. 15412.
Baum, B. A. 15385.
Baum, R. L. 15119.
Baumann 15432.
Bayerl 15452.
Bayly 15342. 15358.
Bažant [15247].
Beattie 15152.
Beatty, I. K. O. 15353.
Beatty jun. II, K. O. 15354.
Beaufour, A. 15412.
Beaugé 15109.
Beaver 15452.
Beckadolph 15430.
Becke-Goehring 15151.
Becker 15361.
Beckwith 15242.
Boffa 15416.
Begemann 15349.
Begum 15156.
Behrens, H. 15153.
Behrens, R. 15430.
Belderok 15434.
Belikow 15195.
Beljajew 15162.
Beljakow 15409.
Belknap 15277.
Bell, D. J. 15268.
Bell, G. M. 15136.
Bell, J. S. 15106. 15107.
Bellmonte 15328.
Belouss 15385.
Beltz 15367.
Bénard 15142.
Bender, H. L. 15407.
Bender, R. S. 15114.
Bendix Corp. 15361.
Beneš 15345.
Benite 15412.
Bennich 15272.
Benzie 15406.
Berber 15387.
Bercher 15420.
Berde 15296.
Berensson 15460.
Berg 15397.
Berger, H. 15412.
Berger, M. N. 15424.
Bergmann 15185.
Bergwerksgesellschaft Hibernia Akt.-Ges. 15411. 15412. 15422.
Bergwerksverband G. m. b. H. 15398.
Berkhuijsen 15461.
Berndt 15400.
Bernhard 15431.
Bernsohn 15270.
Bernstein 15337.
Berrer 15184.
Besson 15412.
Best 15428.
Bewick 15326.
Bewilogua 15132.
Bézanger-Beauquesne 15325. 15327.
Bhalerao 15300.
Bhamithi 15106.
Bhat 15302.
Bhati 15211.
Bhatia 15436. 15438.
Bhattacharyya, H. 15345.
Bhattacharyya, S. C. 15414.
Bianchi 15315.
Bianculli 15321.
Bichet 15405.
Bickerton 15321.
Bidan 15105.
Biedermann 15416.
Biehl 15369.
Bielenberg 15367.
Bienfait 15324.
Bierman 15360.
Biglino 15329.
Bilby 15144.
Bilenki 15108.
Binder 15404.
Bingham 15347.
Biot 15163.
Birch 15436.
Bird 15418.
Bjeljajew 15464.
Blackwell 15414.
Bland 15462.
Blaricom, Van 15462.
Blazère 15403.
Blickle 15357.
Blinka 15412.
Bliznakov 15151.
Bloch 15105.
Bloem, D. L. 15370.
Bloem, H. 15428.
Blosser 15114.
Blucstein 15406.
Blümel 15371.
Blumer 15375.
Böckmann 15415.
Böltz 15427.
Böhme, Dr. T., K. G. Chem. Fabrik 15456.
Böhme, H. 15330.
Bogdanow 15459.
Boggs 15467.
Bogolubov 15124.
Bojankiewicz 15442.
Bojarskaja 15460.
Boldingh 15256.
Bolef 15125.
Bolognani 15293.
Bolton 15440.
Bomstein 15263.
Bonilla 15354.
Bonnet 15440.
Bonsembiante 15304.
Bontemps 15328.
Bonting 15265. 15266.
Boppel 15154.
Borchers 15388.
Bordes 15383.
Borin 15468. 15469.
Borob'ev 15114.
Boroughs 15309.
Borowiec 15374.
Borrevang 15338.
Borrows 15425.
Borst 15109.
Bosdorf 15394.
Botschkowa 15341.
Bottini 15303.
Bottino 15107.
Boudet 15186.
Bourdon 15288.
Bourillet 15320.
Bourne 15269.
Bouron, A. [15361].
Bouron, L.-A. [15361].
Bouyard 15297.
Bovell 15287.
Bowling 15378.
Bowran, R., & Co. Ltd. 15419.
Boyd 15293.
Bracco 15331.
Brachel, v. 15469.
Bradbury, B. T. 15140.
Bradbury, F. R. 15377.
Bradley 15123.
Bradstreet 15373.
Bramwyche 15428.
Brandis 15388.
Brandmair 15367.
Brannan 15137.
Brash 15341.
Braun 15412.
Breck 15369.
Brewer 15134.
Breysse 15324.
Brice 15442.
Brichard 15373.
Briggs 15130.
Brill 15413.
Brillouin 15124.
Brogowski 15374.
Brokaw 15147.
Bron 15381.
Broman 15395.
Brooks 15310.
Brooksbank jun. 15339.
Broom 15395.
Brossi 15408.
Brouillard 15417.
Broussolle 15311.
Brown, B. J. 15259.
Brown, D. W. 15250.
Brown jun., H. A. 15251.
Brown, J. P. 15380.
Brown, R. N. 15174.
Brown, T. L. 15172.
Browne 15316.
Brue 15310. 15311. 15320. 15321.
Bruin 15425.
Bruinsma 15289.
Brujewa 15171.

Brun 15412.
Brun-Cordier 15434.
Brunner 15294.
Brunnmüller 15425.
Bruns 15261.
Bruson 15406.
Bub 15333.
Buckingham 15116.
Buckley 15321.
Bucourt 15413.
Bucur 15337.
Budarina 15467.
Budnikow 15369.
Büchi 15329.
Bünemann 15108.
Bürger 15359.
Bukatin 15468.
Bulat 15361.
Bullough 15138.
Bunch 15124.
Burakowski 15366.
Buret 15318.
Burk 15269.
Burkhard 15262.
Burkitt 15457.
Burroughs 15286.
Burtin 15350.
Burton 15439.
Bushuk 15441.
Butcher 15378.
Butler 15420.
Butt 15113.
Buzas 15412.
Bysstrow 15392.
Cabanis 15434.
Cabasso 15336.
Cabeza 15445.
Cadwell 15372.
Cahn 15317. 15318.
Cairnie 15319.
California Research Corp. 15449. 15463.
California Spray-Chemical Corp. 15412.
Callaghan 15257.
Calò 15328.
Calvert 15136.
Camien 15277.
Campbell, B. J. 15179.
Campbell, R. B. 15175.
Campen jun., v. 15332.
Campillo-Sainz 15296.
Campion, P. J. 15113.
Campion, R. L. 15464.
Canadian Breweries Ltd. 15435.
Canadian Kodak Co. Ltd. 15471. 15472.
Canadian Titanium Pigments Ltd. 15420.
Čang 15129.
Canicave 15324.
Cannon 15454.
Cantagalli 15325.
Cantarelli 15445.
Capomaggi 15227.
Cardini 15328.
Careri 15133.
Carlisle Chemical Works, Inc. 15423.
Carlson, C. W. 15318.
Carlson, R. B. 15378.
Carlsson 15347.
Carrington 15230.
Carter 15420.
Castro Fariñas 15131.
Castro Ramos, de 15446.
Catalina 15446.
Catlin 15377.
Cato 15319.
Cavier 15323.
Celanese Corp. of America 15400. 15403. 15414. 15420.
Cellophane Soc. An. 15403.
Celmer 15335.
Centre National de la Recherche Scientifique 15427.
Century 15300.
Ceresa, G. 15434.
Ceresa, M. 15399.
Černeckij 15218.
Cessi 15351.
Chadan 15107.
Chahine 15445.
Chalatnikow 15107.
Chalvignac 15291.
Champetier [15420]. 15453.
Chang 15109.
Chanlarow 15461.
Chanlarowa 15461.
Chanley 15292.
Chapman 15439.
Chapon 15432.
Chappel 15454.
Chareton 15320.
Charonnat 15320.
Chatt 15160.
Chaubal 15324.
Chaussade, A. 15419.
Chaussade, L. 15419.
Chaussade, M. 15419.
Chebiniak 15470.
Checchi 15203.
Cheifetz 15382.
Chemiebau Dr. A. Zieren G. m. b. H. 15369.
Chemische Fabrik Grünau Akt.-Ges. 15358.
Chemische Fabrik Pfersee G. m. b. H. 15457.
Chemische Fabrik Stockhausen & Cie. 15457.
Chemische Werke Albert 15427. 15455.
Chemische Werke Hüls Akt.-Ges. 15402.
Chemstrand Corp. 15403.
Chenevier, Bailly & Cie. 15404.
Chenicek 15413.
Cheutin 15183.
Chevillard 15320.
Chèvremont 15258.
Chèvremont-Comhaire 15258.
Cheymol 15320.
Chi 15267.
Chicopee Mfg. Corp. 15330.
Chiddix 15413.
Chiesa 15468.
Chinaglia 15113.
Chinoin Gyógyszer és Vegyészeti Termékek Gyára 15413.
Chisholm 15399.
Chissmatullina 15245.
Chitty 15395.
Chiusoli 15406.
Chojnicka 15442.
Chokshi 15266.
Chollot 15432.
Chon 15354.
Chorney 15443.
Choroschawin 15381.
Christenson 15427.
Christie jun. 15359.
Christoph 15430.
Christy 15117.
Chudecki 15374.
Chung 15170.
Chyrak 15365.
Ciba Akt.-Ges. 15337. 15408. 15410. 15414. 15456.
Ciba Ltd. 15337. 15338. 15413. 15420. 15472.
Ciba Soc. An. 15334.
Cicalese 15462.
Ciegler 15281.
Clark, C. C. 15367.
Clark, R. J. 15284.
Clarke 15111.
Claus, A. 15444.
Claus, K., Inh. Gebr. Claus 15444.
Claus, R. 15444.
Clayton 15338.
Clegg 15439.
Clinton 15339.
Clouth, F., Rheinische Gummiwarenfabrik Akt.-Ges. 15429.
Coakham 15390.
Coates 15368.
Coats 15413.
Cocker 15181.
Codolini 15452.
Coes jun. 15373. 15424.
Cohen, B. L. 15114.
Cohen, S. 15185.
Cohen, T. 15184.
Colby 15223.
Cole 15234.
Coleman, J. H. 15414.
Coleman, R. A. 15420.
Coleman, S. 15106.
Colleter 15327.
Columbia-Southern Cheimal Crop. 15413.
Columbian Carbon Co. 15420.
Comercial Papelera Torras Soc. An. 15451.
Commercial Solvents Corp. 15465.
Commonwealth Engineering Co. of Ohio 15451.
Condon 15399.
Cone 15222.
Conlon 15411.
Connors 15340.
Conrad 15320.
Continental Gummi-Werke Akt.-Ges. 15430.
Conversi 15105.
Conway-Jones 15356.
Cook 15117.
Cooksey 15277.
Cooley 15239.
Cooper 15281.
Corbel 15313.
Corbett 15155.
Cossar 15469.
Cotton 15119. 15156.
Coulter 15442.
Council of Scientific & Industrial Research 15414.
Counts 15462.
Courtaulds Ltd. 15367.
Cover 15129.
Cowan jun. 15378.
Cowley 15135.
Cox 15115.
Cozzi 15159.
Crabbé 15296.
Cragg 15161.
Crandall 15427.
Cressman 15472.
Cribier 15140.
Crocker 15168.
Crown Zellerbach Corp. 15414.
Croze 15426.
Cucurachi 15447.
Cuenca 15318.
Cukier 15297.
Cunningham 15156.
Curtis, C. E. 15369.
Curtis, G. H. 15162.
Custead 15131.
Cutler 15388.
Cutlip 15358.
Cyklus Soc. An. 15444.
Czajka 15438.
Czarnik 15370.
Czarnowska, K. 15374.
Czarnowska, W. 15442.
Czetsch-Lindenwald, v. 15432.
Cziráky 15364.
Czowalla 15395.
Daal, van 15364.
Dabkowska 15130.
Dacre 15146.
Dainton 15181.
Dainty 15258.
Dalal 15274.
Damigos 15294.
Dancoisne 15383.
Daneš 15339.
Dann 15468.
Danz 15399.
Darbee 15368.
Das 15126.
Dasarathy 15145.
Datt 15280.
Dauchi 15278.
Daum 15398.
Daune 15421.
Dave 15216.
Davies 15124.
Davis, J. W. 15378.
Davis, R. A. 15411.
Davis, V. V. 15454.
Dawes 15279.
Day, M. 15259.
Day jun., R. A. 15342.
Decouvelaere 15232.
Dedek 15343.
Dedussenko 15399.
Defeo 15321.
Dehnert 15416.
DEHYDAG Deutsche Hydrierwerke G. m. b. H. 15412.
Delamore 15258.
Delaroff 15169.
Delcambre 15311.
Delière 15373.
Demerseman 15183. 15206.
Demichelis 15113.
Demjanenko 15195.
Demtschenko 15171.
Denk 15154.
Denker 15419.
Denissow 15387.
Deno 15148.
Derrick 15105.
Dersch 15471.
Desai, B. M. 15210.
Desai, P. R. 15210.
Deschreider 15441.
Despotović 15128.
Deuel 15305.
Deutsche Akademie der Wissenschaften zu Berlin 15409.
Deutsche Gold- und Silber-Scheideanstalt vormals Roessler 15368. 15412.
Develay [15399].
Devlin 15428.
Dewey 15184.
Dexheimer 15363.
Diamond Alkali Co. 15380.
Dick, A. B., Co. 15471.
Diebler 15179.
Dies 15387.
Dijk, van 15193. 15407.
Dijkstra, J. H. 15110.
Dijkstra, R. 15428.
Dimler jun. 15406.
Din 15106.
Dipali 15342.
Directie van de Staatsmijnen in Limburg 15360.
Director, Haffkine Institute 15405.
Distillers Co. Ltd. 15401. 15405. 15428.
Djatkina 15139.
Djerassi 15225.
Dobrosserdow 15169.
Dodgson 15271.
Doebel 15414.
Doebelin 15319.
Doehnert 15421.
Doležahl 15129.
Dominion Rubber Co. Ltd. 15467.
Dominion Tar & Chemical Co. Ltd. 15411.
Domish 15115.
Donaldson 15359.
Dongen, van 15463.
Donohue, F. J. 15422.
Donohue, J. 15142.
Dorf 15414.
Dorfman 15228. 15229.
Dorinson 15395.
Dostal 15413.
Dotzenko 15437.
Doty 15256.
Dow Chemical Co. 15399. 15411. 15412. 15422. 15423. 15424. 15426. 15427. 15428. 15452.
Dow Corning Corp. 15360. 15412. 15413.
Downes 15420.
Drábek 15365.
Drägerwerk, H. & B. Dräger 15361.
Drechsel 15396.
Dreisbach 15305.
Drisch 15364.
Drout 15311.
Druding 15155.
Drummond 15106.
Druschel 15339.
Dslijew [15399].
Dubey 15449.
Dubois, E. 15395.
Dubois, Y. 15177.
Dubovoi, L. V. 15121.
Dubowoi, L. W. 15121.
Dubrasquet 15318.
Duchâteau-Bosson 15299.
Ducher 15186.
Ducker 15239.
Dürr 15188.
Dürrwaechter 15369.
Duffy 15155.
Dufour 15412.
Dugdale, D. S. 15394.
Dugdale, I. 15130.
Duggins 15379.
Dukler 15353.
Dumanski 15171.
Dumas 15294.
Duncan 15348.
Dungan 15320.
Dunlap, M. K. 15311. 15312.
Dunlap, W. 15443.
Dunlop 15315.
Dunn, M. S. 15277.
Dunn, S. 15289.
Dunning 15356.
Du Pont de Nemours, E. I., & Co. 15358. 15398. 15401. 15402. 15412. 15422. 15423. 15426. 15466. 15467. 15471. 15472.
Durham 15379.
Durif 15140.
Dutt, I. 15109.
Dutt, N. 15377.
Dutt, N. K. 15345.
Dutta, R. L. 15344.
Dutta, S. K. 15297.
Duval jun. 15462.
Duwell 15372.
Dwyer 15352.
Dyckerhoff Zementwerke Akt.-Ges. 15373.
Dyne 15150.
Eardley 15230.
Easterday 15110.
Eastham 15428.
Eastman Kodak Co. 15403. 15447. 15468. 15469.
Eaton 15304.

Ebersberger 15308.
Ebigt 15372.
Eckert 15177.
Edelman 15419.
Edelstein 15105.
Edmister [15183].
Edshammar 15143.
Edstrom 15360.
Edwards 15107.
Egidi 15105.
Ehlers 15426.
Ehman 15412.
Ehmann 15343.
Ehrenberg 15261.
Ehrhardt 15416.
Ehrhart 15201.
Eibl 15335.
Eichhorn 15273.
Eiden 15328. 15329.
Eigen 15179.
Eiler 15276.
Eisenberg 15250.
Eiszner 15466.
Ejima 15142.
El Din 15127.
Elektrochemische Fabrik Kempen G. m. b. H. 15467.
Elian 15114.
Elinson [15373].
Elks 15230. 15232.
Ellinger 15156.
Elliott 15423.
Ellis, B. 15239. 15240.
Ellis, I. A. 15195.
Ellman 15318.
Elmslie 15306.
Elowitsch 15460.
Elssner 15394.
Emeis 15363.
Emerson 15167.
Emery 15339.
Emster, van 15330.
Endres 15300.
Engel 15109.
Engelhard Industries, Inc. 15411.
England 15309.
Ennor 15306.
Enomoto 15248.
Entrekin 15325.
Entreß 15369.
Eppley 15287.
Epstein 15286.
Erbe 15324.
Ercoli 15236.
Ernst 15363.
Eros 15145.
Eschenmoser 15226.
Espagnol 15317.
Esso Research and Engineering Co. 15360. 15401. 15402. 15406. 15428.
Ester 14511.
Esterhuizen 15297.
Ethyl Corp. 15463.
Eton 15295.
Eudes 15113.
Euler, v. 15150. 15179.
Everest 15382.
Evernden 15162.
Eyring 15120.
Fabignon 15413.
Fábry 15297.
Faessler 15116.
Fagerlund 15306.
Fahmy 15271.
Fainberg 15121.
Fair [15366].
Fairbairn 15161.
Fajerman 15467.
Falkewitsch 15385.
Fallon 15369.
Fan 15379.
Faradshew 15461.
Farafonow 15384.
Farbenfabriken Bayer Akt.-Ges. 15336. 15337. 15338. 15360. 15402. 15409. 15410. 15411. 15413. 15415. 15430.
Farbwerke Hoechst Akt.-Ges., vormals Meister Lucius & Brüning 15331. 15332. 15335. 15338. 15359. 15363. 15367. 15400. 15411. 15427. 15428. 15455. 15467.
Faria 15120.
Farkaš 15450.
Farkašová 15450.
Farnham 15407.
Farrell 15339.
Fassel 15347.
Fasshauer 15397.
Faugeras 15329.
Faupel 15421.
Fauser 15402.
Fava 15177.
Favin 15134.
Feeney 15155.
Fegley 15428.
Feichtinger 15379.
Feinstein 15183.
Feldbauer 15167.
Feldman 15376.
Feliú Matas 15131.
Fellegi 15449. 15450. 15451.
Fendley 15426.
Fenech 15209.
Fenton 15193.
Fenyves 15108.
Fernczy 15357.
Ferrari 15273.
Ferro Chemical Corp. 15423.
Fessenden 15189.
Fetkovich 15105.
Fettes 15251.
Field 15251.
Fields, J. E. 15367.
Fields, T. H. 15105.
Fierke 15472.
Figarella 15375. 15376.
Filho 15418.
Filippow 15384.
Finn jun. 15369.
Finniston 15137.
Fiorini 15110.
Firestone Tire & Rubber Co. 15420. 15428.
Fa. A. Klüber 15366.
Fischer, G. 15123.
Fischer, P. 15389.
Fischer, R. 15309.
Fischer, R. P. 15161.
Fischer-Jensen 15327.
Fisk 15418.
Fitzer 15396.
Flamant 15421.
Flaschka 15340.
Fletcher 15147.
Flood 15140.
Florey 15337.
Florin 15250.
Florkin15293.15299.
Flubacher 15133.
Förster 15323.
Folberth 15144.
Foley 15257. 15276.
Folkers 15241.
Fontell 15447.
Food Machinery & Chemical Corp. 15410.
Ford-Smith 15148.
Foris 15472.
Forrester 15387.
Foster, J. F. 15255.
Foster, N. C. 15427.
Fouad 15126.
Fournier 15324.
Fowler jun. 15472.
Frahn 15150.
Francis jun. 15338.
François 15326. 15328.
Frank, F. C. 15144.
Frank, H. 15322.
Frank, M. 15364.
Franke, Walter 15402.
Franke, Werner 15469.
Franke, Wilhelm 15273.
Frankel 15465.
Franklin 15439.
Fransson 15381.
Fraser, D. 15283.
Fraser, D. M. 15269.
Fredericks 15117.
Freeman 15427.
Freenor 15189.
French 15377.
Frenkel 15108.
Freund 15421.
Frey 15226.
Freytag 15430.
Fridovich 15267.
Friederich 15427.
Friedlander 15248.
Friel 15355.
Frigione 15370.
Frisch 15341.
Fristrom 15134. 15135.
Fritzsche 15165.
Froberger 15187.
Froggat 15113.
Fuchs, O. 15363. 15428.
Fuchs, U. 15259.
Fučik 15337.
Fürst 15114.
Fürstlich Hohenzollernsche Hüttenverwaltung 15427.
Fuhrmann 15360.
Fukuda, N. 15370.
Fukuda, T. 15293.
Fukuhara 15271.
Fuller 15423.
Furgiuele 15316.
Furukawa 15111.
Fuzita 15302.
Gaba Akt.-Ges. 15336.
Gabrysh 15120.
Gadret 15327.
Gärtner 15137.
Gage 15136.
Galabutskaja [15373].
Gałecki 15468.
Gallego 15374.
Galvin 15412.
Galy 15324.
Gambacorta 15316.
Gamble 15247.
Gamper 15190.
Garbarini 15235.
Gardi 15236.
Garewskich 15385.
Garibjan 15107.
Garn 15309.
Gaschen 15290.
Gašperík 15187.
Gatti 15396.
Gattiker 15411.
Gattorta 15447.
Gaultier 15324.
Gautier 15317.
Gawalek 15196.
Gaylord 15252. 15418.
Gaynor 15370.
Gee 15249.
Geffeken 15373.
Geigy, J. R., Akt.-Ges. 15331. 15336. 15414. 15416. 15418. 15456. 15472.
Geigy, J. R., Soc. An. 15409.
Geller, J. 15413.
Geller, S. 15124.
General Aniline & Film Corp. 15379. 15413. 15417. 15455. 15470. 15471.
General Electric Co. 15360. 15396. 15406. 15430.
General Electric Co. Ltd. 15395.
General Foods Corp. 15334.
Genin 15121.
Gentele 15302.
Genung 15136.
George 15123.
Georges 15317.
Georghiou 15314.
Georgiades 15163.
Georgijewski 15393.
Gérard 15310. 15319.
Gerassimoff 15396.
Gerassimowski 15161.
Gerecke 15408.
Gerhart 15424.
Gerling 15162.
Germain, J. 15326.
Germain, P. 15364.
Gero 15196.
Gershfeld 15315.
Gervais 15324.
Gerven, van 15125.
Gevaert Photo-Producten N. V. 15415. 15471.
Geyer [15366].
Ghigi 15243.
Ghose 15176.
Ghosh 15116.
Giammarco 15360.
Gibb jun. 15144.
Gibbons 15278.
Gibson 15124.
Giddey 15444.
Gilbert 15138.
Gillin 15338.
Gilman, J. J. 15142.
Gilman, S. 15359.
Ginell 15139.
Giner 15130.
Giöbel 15375.
Giono 15320.
Gisondi 15447.
Gitchel 15424.
Gitiss 15164. 15190.
Giuli 15115.
Gladrow 15360.
Glanville 15340.
Glashow 15106.
Glasner 15149.
Glasow 15121.
Glasziou 15258.
Glaxo Laboratories Ltd. 15337. 15338. 15414.
Globe-Union, Inc. 15363.
Gloyna 15115.
Glusman, L. D. 15400.
Glusman, M. C. 15170.
Goddard 15281.
Godek 15453.
Godowikow 15190.
Goedkoop 15360.
Görög 15291.
Goertzel 15108.
Goetze, E. 15272.
Goetze, T. 15272.
Gofner 15391.
Gogte 15210.
Goksoyr 15265.
Gold 15409.
Goldberg, A. I. 15418.
Goldberg, P. 15120.
Goldberger 15263.
Golden 15131.
Goldman, E. I. 15429.
Goldman, K. M. 15399.
Goldschmidt, T., Akt.-Ges. 15411.
Goldsmith 15335.
Goldstein 15259.
Golubowitsch [15374].
Gomez 15324.
Gómez Herrera 15446.
Goodman, J. J. 15235. 15282.
Goodman, L. 15163.
Goodrich, B. F., Co. 15428.
Goodyear Tire & Rubber Co. 15471.
Gorceix 15324.
Gordon, A. F. 15428.
Gordon, B. M. 15148.
Gordon, M. M. 15114.
Gordon, R. B. 15399.
Gordon, W. A. 15347.
Gorschin [15452].
Goschel 15413.
Gostick 15423.
Goto 15293.
Goudet 15454.
Gould [15183].
Gourlay 15420.
Gove 1511 .
Grabowski 15169.
Gracián 15275.
Graham, H. D. 15290.
Graham, J. W. 15402.
Grainger 15356.
Grandsaignes, G. M. d'Hauterive 15471.
Granier 15398.
Grant 15340.
Gratot 15112.
Grave 15420.
Gray, K. R. 15462.
Gray, V. R. 15424.
Grebelnik 15392.
Grebenkina 15459.
Green, D. E. 15262.
Green, G. F. H. 15230.
Green, J. P. 15259.
Green, W. B. 15364.
Greenburg 15364.
Greengate & Irwell Rubber Co. Ltd. 15423.
Gregory, A. G. 15110.
Gregory, G. I. 15230.
Greig 15123.
Grenier 15283.
Grenthe 15146.
Gresham 15423.
Greuling 15108.
Gribowski [15374].
Griess 15423.
Grießbach 15137.
Griffin jun., E. L. 15437.
Griffin, F. 15309.
Griffin, R. F. 15116.
Griffith, J. S. 15373.
Griffith, W. P. 15119.
Griffiths 15262.
Grimmeiss 15362.
Grinenko 15161.
Gring 15411.
Grisolia 15261.
Gritter 15177.
Grjasnow 15183.
Grogan 15219.
Gromowa [15352].
Groner 15420.
Gross, F. 15319.
Groß, G. A. 15414.
Gross, O. 15412.
Grossman 15249.
Groszkowski 15323.
Grove 15436.
Grshiwo 15442.
Grubenmann 15420.
Gründeman 15409.
Grumbine 15471.
Grun 15257.
Grunfelder 15134.
Grunwald 15167.
Günther 15323.
Guerrin 15307.
Guess 15325.
Guha 15303.
Guillio, Di 15428.
Guljajew 15390.
Gultjai 15382.
Gunar 15198.
Gunnersen 15110.
Gupta 15249.
Gurewitsch 15165.
Gurijew 15381.
Gussjatzkaja [15366].
Gut 15228. 15229.
Guthrie 15291.
Gutiérrez González-Ouijano 15446.
Guy 15160.
Guyer 15412.
Guzman 15311. 15312.
Haack 15152.
Hacig 15323.
Hackerman 15127.
Hadert 15372.
Hafez 15445.
Haffer 15389.
Hagemark 15140.
Hagemeyer jun. 15403.
Hager 15242.
Hahn 15207. 15382.
Haider 15156.
Hakala, M. T. 15257.

Hakala, T. H. 15402.
Hakim 15267.
Haley 15310.
Hall, A. J. 15415.
Hall, D. F. 15399.
Hall, S. P. 15240.
Hall, W. J. 15123.
Hallam 15423.
Haluska 15413.
Hamashima 15250.
Hamlin jun. 15337.
Hamrán 15291.
Handler 15267.
Handwerk 15356.
Handy 15248.
Hanke 15371.
Hanna, M. W. 15193.
Hanna, R. 15421.
Hanotier 15158.
Hansch 15362.
Hansen 15423.
Hara, S. 15220.
Hara, Y. 15109.
Harada 15160.
Haralampides15294.
Harding 15422.
Hardy, C. J. 15147.
Hardy, W. B. 15422.
Harris, B. O. 15424.
Harris, J. 15171.
Harris, R. A. 15132.
Harris, R. R. 15425.
Harrison, A. J. W. 15439.
Harrison, T. B. 15377.
Harrow 15338.
Hart 15168.
Hartlapp 15367.
Hartmann, E. 15429.
Hartmann, H. 15139.
Hartmann, K.-U. 15267.
Harvey, C. C. 15300.
Harvey, J. S. 15145.
Haschen 15271.
Haschka 15153.
Hasenöhrl 15373.
Hasselquist 15150. 15179.
Hata 15260.
Hatch 15115.
Hatcher 15428.
Haug 15417.
Hausch 15464.
Hauschild 15367.
Hausen, Zur 15215.
Hayashi 15266.
Hayashida 15301.
Hayek 15138.
Hayer [15429].
Hazard, P. 15381.
Hazard, R. 15310.
Hearon 15414.
Heasell 15143.
Heath 15413.
Hedén 15256.
Hedrick 15426.
Heidelberger 15267.
Heidenberger 15179.
Heilmann 15469.
Heinle 15404.
Heinrich [illegible].
Helbecque 15317.
Heller, H. 15447.
Heller, W. 15136.
Hellmann 15472.
Hellström 15163.
Henbest 15414.
Henderson 15326.
Henderickx 15305.
Hendricks 15268.
Hengst 15367.
Henneberger 15368.
Henninger 15396.
Henry 15156.
Herčík 15283.
Hercules Powder Co. 15428. 15447. 15465.
Herlet 15364.
Hermann 15428.
Hérold 15317. 15318.
Herrick jun. 15470.
Herrmann 15382. [15420].
Hertz 15421.
Herz, E. v. 15367.
Herz jun., R. 15305.
Herzel 15464.
Hess 15270.
Heumann, L., & Co. Chem. pharm. Fabrik 15414.
Heusser 15337.
Hevesy, de [15115].
Hewaidy 15129.
Hewitt, E. J. 15438.
Hewitt, W. C. 15430.
Heye 15314.
Heyer 15435.
Heyns 15188.
Higazi 15271.
Higuchi, Taiichi 15141.
Higuchi, Takayashi 15289.
Higuchi, Takeru 15340.
Hikiji 15260.
Hildebrandt 15314.
Hill 15271.
Hille 15369.
Hillson 15467.
Hillyard 15320.
Hiltmann 15338.
Hine 15311. 15312.
Hinkley 15334.
Hirai 15118.
Hirokawa 15176.
Hirose 15362.
Hirsjärvi 15170.
Hirst 15181.
Hlynka 15436.
Hoadley 15393.
Hobbs jun. 15414.
Hochanadel 15150.
Hochberg 15426.
Hock 15183.
Hodgson 15316.
Højlund Carlsen 15325.
Hoerger 15427.
Hörnig 15400.
Hogan 15437.
Hogg 15420.
Hoffman 15442.
Hoffmann, B. 15418.
Hoffmann, W. 15454.
Hoffmann-La Roche, F., & Cie. Soc. An. 15414.
Hoffmann-La Roche, F., & Co. Akt.-Ges. 15337. 15408. 15414. 15443.
Hoffmann-La Roche Ltd. 15414.
Hoffstadt 15470.
Hofmann 15389.
Holde, Van 15273.
Holding Intercito Soc. An. 15397.
Holliday 15155.
Holman 15447.
Holstins 15336.
Holt 15338.
Holtschmidt 15469.
Holz 15381.
Holzer 15454.
Hooker Chemical Corp. 15414.
Hoover 15471.
Hope 15258.
Hopkins 15310.
Horback 15420.
Horio 15450.
Horwitt 15300.
Hosking 15371.
Hosoya 15221.
Houben-Weyl [15247].
Houdry Process Corp. 15462.
Houston 15137.
Howard 15343.
Howe 15355.
Hoyland 15163.
Hoyt 15424.
Huber 15329.
Hubicki 15127.
Hudak 15321.
Hudson, E. D. 15114.
Hudson, G. V. 15403.
Hügel 15412.
Hughes 15137.
Hughes Aircraft Co. 15363.
Huisman, H. O. 15337.
Huisman, T. H. J. 15298.
Huizenga 15343.
Huizing 15364.
Hukuhara 15314.
Hummitzsch 15391. 15397.
Hupe 15413.
Hurd 15418.
Hurley 15161.
Hvidt 15273.
Hydrocarbon Research, Inc. 15462.
Hyman 15368.
Ibl 15126.
Ichihara 15266.
Ide 15313.
Idler 15306.
Ikegami 15111.
Ikenberry 15412.
Iliceto 15177. 15304.
Iljina 15169.
Imperial Chemical Industries Ltd. 15338. 15368. 15406. 15413. 15415. 15420. 15426. 15428. 15436. 15471. 15472.
Imschennik 15121.
In 15106.
Indumathi 15106.
Industrial Machinery Co. Ltd. 15350.
Ingley 15424.
Insabella 15316.
Institut Français du Pétrole, des Carburants et Lubrifiants 15428.
Interchemical Corp. 15418.
International Minerals & Chemical Corp. 15412. 15413.
International Nickel Co. (Mond) Ltd. 15396.
International Polaroid Corp. 15471.
Inubushi 15220.
Inventa Akt.-Ges. für Forschung und Patentverwertung 15368. 15412.
Ioffe 15179.
Ionescu, C. N. 15323.
Ionescu, M. 15323.
Ionics, Inc. 15364.
Irie 15299.
Iromedica Akt.-Ges. 15407.
Irvine 15386.
Isaacs 15284.
Isakovski 15370.
Ishida, J. 15299.
Ishida, S. 15105.
Ishiguro 15302.
Ishii 15142.
Ishikawa 15267.
Ishimoto 15263.
Ismail 15382.
Israels 15298.
Israelstam 15211.
Issa, I. M. 15129.
Issa, R. M. 15129.
Isskoldski 15391.
Itada 15266.
Itaya 15267.
Itterbeek, van 15125.
Ittyerah 15196.
Iwanow, F. I. 15389.
Iwanow, I. I. 15464.
Iwanowa 15182.
Iwata, H. 15301.
Iwata, S. 15111.
Iyengar 15110. 15119.
Jacimirskij 15147.
Jackson 15268.
Jacob, H.-E. 15263.
Jacob, J. 15319.
Jacob, P. J. 15196.
Jacobs 15253.
Jacquart 15321.
Jagupolsskij 15468.
Jahns 15186.
Jain 15436.
Jakob 15394.
Jámbor 15263.
James, A. T. 15278.
James, G. 15110.
James, T. H. 15471.
James, W. J. 15131.
Jamil 15123.
Janči 15449. 15451.
Jander [15105].
Janer del Valle, C. 15446.
Janer del Valle, M. L. 15446.
Jankowska 15128
Janssen 15322.
Jasinski, K. V. 15418.
Jasinski, R. J. 15347.
Jaulmes 15434.
Jean 15170.
Jeanrenaud 15296.
Jedwab 15161.
Jeffay 15299.
Jefferson Chemical Co., Inc. 15409.
Jeffrey 15176.
Jefimowa 15190.
Jellinghaus 15383.
Jenaer Glaswerk Schott & Gen. 15373.
Jenckel 15253.
Jenoptik Jena G. m. b. H. 15359.
Jensen, A. 15440.
Jensen, K. A. 15209.
Jenssen 15352.
Jere 15119.
Jernstedt 15399.
Jeróchin 15391.
Jerussalimtschik [15374].
Jeuniaux 15299.
Jewssejewa 15184.
Joachim 15126.
Johannsen 15399.
Johar 15438.
Johke 15293.
Johns 15112.
Johns-Manville Corp. 15373.
Johnson, A. W. 15242.
Johnson, B. C. 15258.
Johnson, E. W. 15422.
Johnson, J. L. 15233.
Johnson, P. H. 15420.
Johnson, W. A. 15399.
Johnston 15290.
Joly 15413.
Jones, A. S. 15219.
Jones, C. 15424.
Jones, D. A. 15421. [15429].
Jones, J. R. 15178.
Jones, T. E. [15338].
Jones, W. E. 15412.
Jong, de 15349.
Jonge, János de 15357.
Jonge, Jelis de 15428.
Joos 15359.
Jordan 15371.
Jouany 15311.
Jürke 15361.
Jüttner 15398.
Julia 15232.
June 15251.
Jurjew 15206.
Jurtschenko 15460.
Jutkin 15464.
Kabacoff 15317.
Kabatschnik 15190.
Kac-Kacas 15379.
Kaddah 15271.
Kadin 15323.
Kaemmerer 15336. 15338.
Kagawa, M. 15224. 15225.
Kagawa, Y. 15274.
Kahane, E. 15329.
Kahane, M. 15319.
Kainz 15388.
Kaiser [15338].
Kakac [15352].
Káldi 15357.
Kali-Chemie Akt.-Ges. 15367. 15369.
Kali-Forschungs-Anstalt G. m. b. H. 15368.
Kalle & Co. Akt.-Ges. 15428. 15470. 15471.
Kallinich 15205.
Kamata 15312.
Kamenár 15187.
Kamikubo 15302.
Kaminski 15164.
Kanamaru 15453.
Kanarek 15273.
Kanda 15367.
Kandutsch 15305.
Kanno 15344.
Kantor 15468.
Kapitonowa 15172.
Kaplan 15167.
Kaplanis 15306.
Karapetjan 15118.
Karassewa 15459.
Karimow, J. S. 15167.
Karimow, K. G. 15466.
Kariya 15302.
Karjakin 15181.
Kark 15265. 15266.
Karl 15318.
Karlin 15440.
Karnauchow 15111.
Kassjanow 15458.
Katagiri 15281.
Kates, L. W. 15364.
Kates, M. 15278.
Kato, K. 15313.
Kato, T. 15105.
Katsui 15304.
Katsunuma 15267.
Kauffmann 15372.
Kaufman 15145.
Kawai 15252.
Kawakami 15274.
Kawasaki, C. 15304.
Kawasaki, T. 15288.
Kawelaschwili 15441.
Kaye 15307.
Kayser 15278.
Kazinczy, de 15145.
Keil 15388.
Keith 15411.
Kelley jun. 15251.
Kelly 15143.
Kember 15382.
Kempen 15461.
Kendall 15470.
Kennedy 15150.
Kent 15189.
Keown 15402.
Kepka 15374.
Kermack 15269.
Kerr 15403.
Kerth 15106.
Kessler 15391.
Khan 15318.
Khandelwal 15191.
Kholmovskii 15114.
Kiba 15343.
Kidin 15390.
Kienle 15115.
Kieny 15303.
Kiho 15142.
Kikuchi 15302.
Kilby 15363.
Kimberlin jun. 15360.
Kimel 15414.
Kimura, Katsumi 15163.
Kimura, Koiti 15270.
Kimura, Koji 15303.
Kin 15422. 15424.
King, A. J. 15367.
King, J. M. 15305.
King, W. J. 15112.
Kinoshita, O. 15302. 15343.

Kinoshita, Y. 15141.
Kinosita 15118.
Kiraly 15316.
Kirija 15460.
Kirk, D. N. 15236. 15238.
Kirk, L. D. 15437.
Kirsch 15416.
Kirshenbaum 15402.
Kiser 15444.
Kisselew 15172.
Kistler 15162.
Kitahara 15403.
Kitamikado 15304.
Kladnitzkaja 15106.
Klášterská 15275.
Klein, A. 15371.
Klein, K. 15394.
Kling 15118.
Klinger 15318.
Kljatschko 15347.
Kloos 15425.
Klotz 15179.
Klyne 15229.
Knappen 15299.
Knapsack-Griesheim Akt.-Ges. 15367.
Knaust 15371.
Knippenberg 15364.
Knöner 15132.
Knoll 15418.
Knoll Akt.-Ges. 15333.
Knopp 15363.
Knowles, J. W. 15113.
Knowles, M. B. 15447.
Kobayashi 15301.
Koch, J. 15434.
Koch, K.-H. 15413.
Koch, O. G. 15339.
Kodak Ltd. 15471. 15472.
Kodak-Pathé 15471.
Kodama 15311. 15312.
Koe 15335.
Koella 15318.
Koelmans 15362.
Koelsch 15204.
Kölz 15380.
König 15139.
Koenigswald, V. 15162.
Körbl 15340.
Koinzack 15362.
Kojima 15248.
Kolbach 15433.
Kolbe 15367.
Kolmakowa 15384.
Kolodney 15368.
Komers 15392.
Komesu 15310.
Kompa, M. 15444.
Kompa, O. 15444.
Kondaiah 15110.
Kondratas 15322.
Kondratenko 15166.
Koníček 15365.
Kononov 15114.
Konzett 15296.
Koopmans' Meelfabrieken N. V. 15444.
Koppers, H., G. m. b. H. 15411.
Korger 15338.
Kornjewa 15468.
Korol 15322.
Korpi 15412.
Korschunow 15180.
Kosche 15471.
Koschurnikow 15459.
Koski 15125.
Koskikallio 15180.
Koslowski 15391.
Kosstjutschenko 15385.
Kosszowa 15184.
Kostenbauder 15326.
Kosterlitz 15319.
Kotorlenko 15382.
Kotschetkow 15208.
Kotschnew 15387.
Kottler 15337.
Koukopoulos 15294.
Kovács 15212.
Kowalczyk 15127.
Kownatzki 15361.
Koyano 15453.
Krämer 15116.
Kraftanlagen Akt.-Ges. 15358.
Krainewa 15390.
Kramers 15133.
Krassilnikow 15172.
Krautmann 15367.
Krawczýnski 15113.
Kretowicz 15437.
Kretowitsch 15441.
Kreuz 15368.
Krezanoski 15276.
Kribbe 15367.
Kridel 15472.
Krishnakumaran 15292.
Krishnamurthy 15436. 15438.
Krisstal 15393.
Kristiansen 15344.
Křivánek 15339.
Kröner 15371.
Kromhout 15167.
Kronitsch 15179.
Kropf 15183.
Krotkov 15287.
Krupka 15352.
Krutikow 15393.
Kuang 15170.
Kubelka 15450.
Kubínek 15451.
Kühn, M. 15362.
Kuehn, P. R. 15343.
Künzel 15272.
Küppers Metallwerk G. m. b.H. 15396.
Kujalová 15297.
Kulinitsch 15171.
Kum-Tatt 15346.
Kumar 15450.
Kummerow 15300.
Kundiger 15412.
Kundu 15377.
Kunzer 15367.
Kupfer 15395.
Kurath 15234.
Kurilko 15121.
Kurioka 15272.
Kuroiwa 15312.
Kurotschkin 15385.
Kurtz 15409.
Kurzmann 15366.
Kusch 15105.
Kuschnerew 15392.
Kusevic 15330.
Kushima 15369.
Kushner 15278.
Kusjakow 15164.
Kusnetzow 15106.
Kusnetzowa 15196.
Kutjanin 15466.
Kuttelvašer 15433.
Kuwano 15270.
Kuyama, H. 15304.
Kuyama, S. 15290.
Kyburz 15408.
Kyowa Hakko Kogyo Co. Ltd. 15403.
Laborda 15374.
Laborit 15310. 15311. 15313. 15320. 15321.
Labsun 15464.
Lachavanne 15164.
Laclos, de 15297.
Lagerholm 15302.
Lagidse 15460.
Lahiry 15439.
Lakatos 15139.
Lake 15268.
Lal, A. B. 15212.
Lal, G. 15436.
Lam jun. 15145.
Lambertsen 15447.
Land 15471.
Lang 15413.
Langbein 15123.
Langer 15289. 15290.
Laporte Chemicals Ltd. 15369.
Lapschina 15195.
Łapszin 15439.
Larno 15310.
Laschko 15390.
Laschko-Awakjan 15390.
Laske [15465].
Lasserre 15467.
Latham 15177.
Latscha 15151.
Lauer 15254.
Laurenceau 15454.
Laurent 15287.
Lavaux 15232.
Laver 15286.
Lawrence jun. 15362.
Leadbetter 15133.
Leakey 15162.
Leaver 15182.
Leavitt 15353.
Lebedev 15114.
Lebek 15275.
Leborgne 15291.
Lechartier 15206.
Lechat 15320.
Leclerc 15395.
Leddicotte 15339.
Lederer 15363.
Lee, C. Y. 15315.
Lee, Kwan-Hua 15276.
Leekley 15472.
Lefebvre-Brion 15116.
Lefèvre, C. 15329.
Le Fèvre, W. O. 15422.
Legerlotz 15337.
Le Goff 15204.
Legouix 15308.
Legrand 15169.
Lehmann 15152.
Lehnerer 15427.
Leibner 15416.
Leigh 15152.
Lejsek 15370.
Lella, di 15105.
Lendvay 15164.
Lennox 15453.
Leonard, N. J. 15172.
Leonard, W. J. 15391.
Leonard jun., William J. 15255.
Léonis 15273.
Leontjewa 15184.
Leopold, I. H. 15316.
Leopold, J. 15350.
Le Pape 15112.
Lepetit S. p. A. 15337.
Leppänen 15147.
Lerer 15428.
Lersmacher 15143.
Leseberg 15430.
Lesskow 15391.
Letsinger 15195.
Leventer 15305.
Lever 15297.
Lever Brothers Co. 15448.
Levine 15136.
Levy, C. K. 15318.
Lévy, F. 15105.
Lewartowicz 15127.
Lewikow 15463.
Lewin 15179.
Lewis, J. T. 15449.
Lewis, L. R. 15246.
Lewkojew 15468.
Leybold-Hochvakuum-Anlagen G.m.b.H. 15427.
Leyenaar 15145.
Lhoste 15255.
Li 15133.
Liang 15411.
LICENTIA Patent-Verwaltungs-G.m.b.H. 15363.
Lichtenberger 15188.
Lifschitz 15468.
Lijinsky 15205.
Lillie 15360.
Lilliendahl 15399.
Lilly, E., & Co. 15338.
Lima 15311. 15312.
Limanskij 15464.
Lind 15150.
Lindemann 15380.
Linden 15379.
Lindstrom 15387.
Ling 15308.
Lingafelter 15174.
Linoli 15325.
Lipkin 15107.
Lipowski 15372.
Lippert 15167.
Lipson 15453.
Lish 15320.
Litherland 15111.
Little 15320.
Littler [15115].
Litvan 15336.
Liwschitz 15392.
Llewellyn 15386.
Lloyd 15271.
Lober 15430.
Lockett 15297.
Lockheed Aircraft Corp. 15428.
Lodin 15302.
Löber 15263.
Løvens Kemiske Fabrik Ved A. Konsted 15338.
Loginowa [15366].
Loli-Piccolomini 15301.
Lomaz 15421.
Long 15230.
Longone 15205.
Longoni 15107.
Longuet-Higgins 15131.
Lonstrup 15360.
Lonza Electric & Chemical Works Ltd. 15412. 15414.
Loquvam 15311. 15312.
Lòrànt 15431.
Lord 15114.
Lorette 15185.
Lotz 15413.
Loubatières 15297.
Loucheur 15182.
Loucheux 15250.
Loudin 15353.
Loung 15369.
Lovell 15420.
Lovett 15468.
Lowe jun. 15357.
Lowry 15223.
Lu 15133.
Lucas 15132.
Lucke 15371.
Lüders 15124.
Lüttringhaus 15184.
Luisada-Opper 15292.
Lukeš 15117.
Lund 15389.
Lundén 15127.
Lundsted 15412.
Lutz 15463.
Lutzki 15166.
Luz 15396.
Luzzati 15136.
Lykos 15138.
Lykoudis 15352.
Lyness 15254.
Ma 15347.
McCall 15380.
Macchia 15259.
McCorkindale 15174.
McCounaughay 15464.
McCoy 15383.
McCurdy 15422. 15424.
McDonald 15414.
McElroy jun. 15308.
McEwen, D. J. 15187.
McEwen, W. E. 15196. 15214.
McFarlane 15437.
McGee 15347.
McGonnagle 15356.
MacGregor 15289.
Machanek 15138.
Machida 15301.
McIntosh 15371.
Mack, G. P. 15423.
Mack, J. L. 15152.
Mackay, D. A. M. 15438.
Mackay, J. S. 15414.
McKeown 15254.
McKinley-McKee 15264.
McKinney [15366].
MacLean 15414.
McLellan 15139.
MacLennan 15278.
MacLeod 15267.
McMullen 15161.
McPherson 15241.
McQuillan 15182.
McQuistan 15123.
McVean 15327.
McWhan 15156.
Madsen 15354.
Maeda 15118.
Maeland 15144.
Märkl 15109.
Magarian 15467.
Mageli 15421.
Maggiorelli 15327.
Magne 15253.
Magnesium Elektron Ltd. 15399.
Mahieux 15151.
Mahnot 15350.
Maier, E. I. 15105.
Maier, L. 15380.
Maier-Bode 15380.
Majkowska 15135.
Majorca 15148.
Majumdar 15116.
Majumder 15289.
Makita 15266.
Maleszewski 15441.
Malinowski 15190.
Malyschewa 15382.
Malyshew 15400.
Manczinger 15336.
Manell 15376.
Manneck 15431.
Manning 15113.
Mano 15274.
Maragliano 15428.
March 15314.
Marchand 15115.
Margival 15417.
Marguet 15466.
Marinder 15141.
Mariot 15107.
Marjai 15365.
Mark 15251.
Marks 15379.
Markusin 15170.
Maros 15348. 15349. 15350.
Marr 15431.
Martin, A. E. 15341.
Martin, D. C. 15389.
Martin, E. L. 15472.
Martin, J. 15420.
Martin, K. 15425.
Martínez Moreno 15446.
Martinez Utrilla 15182.
Marton 15355.
Maruyama 15142.
Marvel 15253.
Marx 15235.
Marzec 15460.
Maschinenfabrik Oerlikon 15364.
Masel 15392.
Mason 15173.
Masubuchi 15389.
Mathias, G. 15317.
Mathias, O. 15317.
Mathies 15169. 15270.
Mathieson Chemical Corp. 15412. 15413.
Mathieu 15169.
Matrishin 15282.
Matsopoulos 15294.
Matsubara 15141.
Matsui 15246.
Matsumae 15260.
Matsumoto 15251.
Matsuoka 15267.
Matthies 15179.
Mattocks 15327.
Matwejewa 15165.
Matysik 15129.
Maurer 15384.
Maurmeyer 15339.
Maxie 15377.
Maximenko 15385.
Maxwell 15315.
May 15274.
Mayer, G. 15386.
Mayer, I. 15149.
Mazel 15365.
Mazzucato 15177.
Mebius 15378.
Meer 15326.
Mehmel 15373.
Mehta 15258.
Meisel-Mikołajczyk 15283.
Meites 15129.
Mekeri 15207.
Melchiors 15396.
Melik-Sade 15461.

Mellander 15272.
Melson 15316.
Mendelson 15235.
Menold 15360.
Mentzer 15466.
Menzi 15444.
Merck & Co., Inc. 15334. 15335. 15338. 15414.
Merck & Co. Ltd. 15335.
Mercuri 15369.
Meriläinen 15147.
Merklin 15382.
Merrell, W. M. S., Co. 15332.
Mersmann 15397.
Merten 15402.
Merz 15388.
Mescherov 15114.
Meschia 15298.
Meskat 15454.
Metal & Thermit Corp. 15397. 15422. 15428. 15430.
Metals Disintegrating Co., Inc. 15418.
Metcalf 15314.
Metropolitan-Vickers Electrical Co. Ltd. 15395.
Metzger, C. W. 15420.
Metzger, G. 15465.
Metzger, H. 15411.
Meunier 15373.
Mewada 15216.
Meyer, G. 15250.
Meyer, S. 15339.
Meyerhofer 15363.
Meyering 15298.
Michael 15396.
Michalski 15348.
Michard 15383.
Michaud, G. 15319.
Michaud, J. L. 15309.
Michlmayer 15373.
Michul 15106.
Micka 15128.
Middleton 15342.
Mier 15279.
Mietz 15360.
Mietzsch 15338.
Mihajlov 15328.
Mihashi 15287.
Milbled 15307.
Milchová 15450.
Miles 15292.
Miles Laboratories, Inc. 15435.
Millard jun. 15412.
Miller, C. S. 15335.
Miller, F. J. 15435.
Miller, W. 15182.
Miller, W. R. 15295.
Milligan 15172.
Mills, G. T. 15282.
Mills, V. 15412.
Minafra 15105.
Minakami 15261.
Mine Safety Appliances Co. 15361.
Minisci 15406.
Minister of Aviation 15465.
Ministerul Industriei Petrolului si Chimicei 15337.
Minnesota Mining & Mfg. Co. 15398. 15424. 15426.
Minsaas 15440.
Mirnik 15128.
Mironneau [15361].
Mishler 15393.
Misra 15249.
Mitchell, D. R. 15391.
Mitchell, G. P. 15339.
Mitchell, P. 15268.
Mixon jun. 15354.
Miyamichi 15251.
Miyano 15246.
Miyawaki 15302.
Miyazaki 15219. 15220. 15221. 15287.
Miyjanoto 15298.
Mizushima 15251.
Mnjuch 15173.
Mo 15170.
Mochizuki 15455.
Modest 15257.
Moed 15193. 15407.
Moedritzer 15125.
Moffitt 15118.
Mohan 15107.
Mohar 15344.
Moll 15329.
Mollan 15430. 15431.
Molnár-Perl 15348.
Mommaerts 15307.
Monchamp 15156.
Monforte 15209.
Mongelli 15105.
Monsanto Chemical Co. 15368. 15369. 15411. 15449.
Monsanto Chemicals Ltd. 15380.
Montecatini Soc. Gen. per l'Industria Mineria e Chimica 15369. 15402. 15406. 15412. 15428.
Mooney 15403.
Mooser 15123.
Morales 15379.
Moratschewski 15125.
Moraud 15283.
Morel 15331.
Morgan 15318.
Mori 15220. 15221.
Morito 15114.
Moriwaki 15299.
Mornex 15309.
Morosow, J. I. 15121.
Morosow, W. P. 15117.
Morosawa 15292.
Morr 15364.
Morris 15411.
Morrison 15133.
Morse, M. M. 15470.
Morse, M. P. 15442.
Morte, della 15236.
Morze-Fitz 15442.
Moser 15116.
Moskowitz 15316.
Moutonnier 15232.
Mowssumsade 15399.
Muchin 15458.
Mudersbach 15358.
Muehrcke 15265. 15266.
Müller, Herbert 15413.
Müller, Hermann 15428.
Müller, K. 15394.
Müller, P., Nachf. E. Bucher & Co. 15366.
Müller, M. 15270.
Müller, W. 15413.
Münze 15114.
Münzel 15324.
Mukherjee 15109.
Mukumoto 15251.
Mulder 15440.
Mullen [15429].
Mullie 15322.
Mullins 15339.
Munro 15123.
Munse 15393.
Muntoni 15434.
Murakami, H. 15323.
Murakami, M. 15272.
Murphy, E. D. 15305.
Murphy, E. L. 15443.
Musch 15420.
Musgrave 15401.
Musierowicz 15374.
Mustakas 15437.
Muszkatowa 15441.
Myer 15363.
N. V. de Bataafsche Petroleum Mij. 15379. 15465.
N. V. Philips' Gloeilampenfabrieken 15337. 15362. 15364. 15407. 15428.
Nádasy 15367.
Nadeau 15348.
Näsänen 15147.
Nagakura 15163.
Nagibina 15121.
Naik 15307.
Nair 15110.
Nakagawa, I. 15303.
Nakagawa, Y. 15443.
Nakajima, A. 15251.
Nakajima, T. 15260.
Nakamura, E. 15303.
Nakamura, I. 15303.
Nakamura, T. 15200.
Nakano 15225.
Nakao 15298.
Namba 15362.
Nancollas 15137.
Nanonggai 15233.
Narahashi, K. 15220.
Narahashi, Y. 15272.
Narten 15133.
Nasarow, I. N. 15165. 15182.
Nasarow, S. T. 15394.
Nassenstein 15360.
Natalis 15119.
Natapow 15385.
Nathan 15112.
National Cash Register Co. 15472.
National Distillers Products Corp. 15369.
National Lead Co. 15364.
National Research Development Corp. 15358. 15401. 15418.
National Starch Products, Inc. 15418.
Natta 15453.
Naugolnikow 15117.
Nayler 15307.
Naylor 15422.
Nazy 15195.
Nebe 15359.
Neelakantan 15287.
Nekrassow [15374].
Nelson, C. D. 15287.
Nelson, E. 15297.
Nelson, E. M. 15369.
Nelson W. T. 15401.
Nemenov 15114.
Németh-Csóka 15351.
Nenitescu 15337.
Nesbet 15116.
Nessler 15359.
Nessmejanow 15181.
Neu 15321.
Neuman 15257.
Neunzig 15399.
Neuss 15222.
Neveu 15200.
Neville 15187.
Newey 15424.
Newman 15401.
Neyasaki 15272.
Nguyen-van-Thoai 15280.
Nicholaisen 15413.
Nichols jun., G. 15296.
Nichols, H. J. 15393.
Nicholson, A. 15395.
Nicholson, P. W. 15113.
Nickles 15408.
Nicolaisen 15412.
Nicolaysen 15300.
Nielsen, K. O. 15112.
Nielsen, O. B. 15112.
Niemegeers 15322.
Nikitin, A. A. 15115.
Nikitin, A. W. 15106.
Nikitin, W. A. 15181.
Nikolski 15169.
Nikolskij 15464.
Nikonowitsch 15199.
Nishida 15281.
Nisman 15271.
Nitta, I. 15159.
Nitta, K. 15260.
Nixon 15436.
Nocke 15295.
Nogami 15278.
Noggle 15138.
Noland 15356.
Nomoto 15272.
Nomura 15118.
Nonhebel 15205.
Nonomura 15288.
Nordheim 15274.
Norén 15146.
Norris 15354.
North 15283.
Norton Co. 15373. 15424.
Norwich Pharmacal Co. 15414.
Nosek 15365.
Nouel 15472.
Novak 15451.
Nowikow 15195.
Nowikowskaja 15468.
Nozaki, Hiroshi 15309.
Nozaki, Hitosi 15200.
Nuclear Development Corp. of America 15368.
Nutting 15438.
Nyenhuis 15391.
Oakes 15428.
Ober 15122.
Oberhofer 15115.
O'Bourke 15260.
Obradovich 15162.
Obrecht 15394.
O'Brien 15403.
Obuchowski 15400.
O'Callaghan 15371.
Ochiai 15221. 15222.
Odaka 15298.
Oechssler 15167.
Österreichisch-Amerikanische Magnesit Akt.-Ges. 15373.
Österreichisches Institut für Haemoderivate G.m.b.H. 15335.
Österreichische Stickstoffwerke Akt.-Ges. 15368.
Oertel 15218.
Oganessjan 15111.
Ogg 15375.
Ogino 15136.
Ohlmann 15426.
Ohman 15377.
Ohnesorge 15318.
Ohta 15219. 15220. 15221. 15287.
Oka 15186.
Okada 15283.
Okamoto, F. 15117.
Okamoto, T. 15221. 15222.
Okssengendler 15164.
Oldekop 15109.
Olin Mathieson Chemical Corp. 15337. 15367. 15369. 15406. 15412. 15413.
Oliva 15301.
Oliveto 15227.
Olkowsky 15112.
Olmstead 15414.
Olszewski 15374.
Oltus 15450.
Omura 15114.
Onatzki [15374].
O'Neill, D. K. 15378.
O'Neill, W. A. 15413.
Onuma 15260.
Orlowski 15429.
Orme 15339.
Orsetti 15311.
Orsino 15364.
Ortoli 15414.
Oshima, M. 15309.
Oshima, T. 15410.
Oster 15358.
Ostertag 15435.
Otazo 15316.
Otsuka, Shigeru 15263.
Otsuka, Shinichiro 15266.
Ott 15432.
Ottesen 15273.
Ou 15267.
Oulevey 15176.
Ourisson 15166.
Ovchinnikov 15121.
Owen 15413.
Owtschinnikow 15459.
Oyane 15248.
Oza 15342.
Pabst Brewing Co. 15435.
Paco, di 15330.
Paden 15414.
Paget 15182.
Pahlitsch 15372.
Paikin 15190.
Paist 15420.
Palapoli 15332.
Palkar 15210.
Paltscheswki 15169.
P'an 15322.
Panagopoulos 15294.
Panaitescu 15323.
Panitsch 15392.
Panow 15394.
Panson 15148.
Pantani 15159.
Papenfuss 15152.
Paquin 15257.
Parencia jun. 15378.
Pardo 15319.
Paris 15329.
Parker 15398.
Parland 15389.
Parmar 15290.
Parry 15373.
Pascal 15216.
Pasedach 15401.
Pasetti 15412.
Passal 15397.
Passerat 15324.
Patel, C. C. 15119.
Patel, K. C. 15445.
Patel, R. D. 15445.
Paterson, N. R. 15380.
Paterson, W. 15180.
Patnaik 15154.
Patrikejewa 15467.
Patrovský 15120.
Patterson 15315.
Patton 15445.
Paul, E. B. 15111.
Paul, J. 15305.
Paul, R. 15132.
Pausewang 15152.
Páv 15451.
Peacock 15327.
Pearl 15463.
Pechiney Comp. de Produits Chimiques et Électrométallurgiques 15369.
Pedersen, T. 15209.
Pedersen, V. J. 15325.
Pedoss 15339.
Peissachow 15387.
Pelikan 15358.
Pellon 15189.
Pelousek 15344.
Peña de Castró 15149.
Pendleton III 15106.
Peng 15315.
Pense 15467.
Percheron 15257.
Perieres 15369.
Perl 15414.
Permjakow 15385.
Pernegr 15108.
Péron 15296.
Perrett 15401.
Perri 15369.
Perrine 15339.
Perry, N. A. 15430.
Perry, W. M. 15455.
Peschev 15151.
Peschkowa [15352].
Pesez 15349.
Peták 15451.
Peter 15411.
Petersen 15469.

Peterson 15412.
Petch 15399.
Petrow 15236. 15238. 15239. 15240.
Petrowskaja 15161.
Petrshikowskaja 15438.
Petržilka 15108.
Petschkowskaja 15429.
Petty 15389.
Peuschel 15368.
Pew 15247.
Pfannmüller 15399.
Pfeifer 15430.
Pfister 15144.
Pfizer, C., & Co., Inc. 15335. 15444.
Phelps 15117.
Philbrook 15383.
Philco Corp. 15420.
Philip 15342.
Philipps 15232.
Philipson 15258.
Phillips, B. 15427.
Phillips, B. D. 15353.
Phillips Petroleum Co. 15401. 15427. 15430.
Pho 15280.
Phoenix-Rheinrohr Akt.-Ges. Vereinigte Hütten- und Röhrenwerke 15396.
Piazza 15355.
Picca 15122.
Pichinoty 15263.
Pickens 15297.
Pickering 15386.
Piester 15413.
Pilet 15290.
Pines 15412.
Pinotti 15463.
Pinowski 15376.
Pinson 15161.
Piriaschwili 15460.
Pittsburgh Plate Glass Co. 15413. 15424. 15427.
Pitzchelauri 15459.
Pixner 15388.
Plane 15264.
Platzeck 15273.
Plauka 15373.
Plesch 15114.
Plotnikow 15436.
Plumat 15373.
Plummer 15463.
Pluye 15404.
Pochon 15291.
Podrebarac 15214.
Podrzucki 15381.
Poilane 15405.
Poizat 15414.
Pokrowski 15107.
Polchow 15188.
Polák 15339.
Polewaja 15162.
Polhamus [15430].
Polkanow 15162.
Pollak 15265. 15266.
Pollitzer 15448.
Pollock 15432.
Polymer Corp. Ltd. 15428.
Pommer 15406.
Ponomarewa 15441.
Popat 15127.
Popescu 15429.
Popow, L. N. [15373].
Popow, M. A. 15342.
Poré 15466.
Portatius, v. 15256.
Posspelowa 15459.
Potocka-Michajluk 15309.
Poulsen 15112.
Pourbaix 15131.
Pover 15305.
Powell 15123. 15124.
Powers 15173.
Powling 15170.
Pramer 15290.
Prasad, S. 15153. 15191.
Prasad, S. S. 15116.
Prawenskaja 15459.
Predazzi 15107.
Prelog 15202.
Preobrashenski 15350.
Presendanz 15388.
Preßke 15372.
Preuß 15461.
Prevot 15445.
Pribil 15340.
Pridgen 15447.
Prinz 15403.
Prischiwalko 15118.
Probst 15400.
Procel Soc. An. 15364.
Prochoda 15190.
Procter & Gamble Co. of Canada, Ltd. 15412.
Proctor, B. E. 15439.
Proctor, G. R. 15180.
Proctor & Schwarz, Inc. 15359.
Prohászka 15336.
Prostoserdov 15434.
Prusoff 15258.
Puddu 15301.
Pueschel, R. 15451.
Püschel, W. 15469.
Pullman 15260.
Pump 15369.
Pungor 15340.
Puppel 15320.
Purkayastha 15191.
Putnam 15466.
Putney 15278.
Putschkowa 15437.
Quaely 15399.
Quarg 15452.
Quill 15394.
Quillet 15288.
Quiring [15399].
Quon 15461.
Qurashi 15382.
Qureshi 15207.
Rabald 15394.
Rabari 15445.
Rabaté [15420].
Rabinowitz 15189.
Radha 15106.
Radio Corp. of America 15363.
Radler 15433.
Rados 15316.
Radwan 15445.
Radzitzky, De 15158.
Rädeker 15396.
Ragard 15300.
Ragborg 15360.
Raha 15205.
Raina 15266.
Rajagopalan 15302.
Rajewsky 15255.
Rajzman 15301.
Ramachandran 15145.
Ramakrishnan 15266.
Ramanna 15110.
Rambaud 15186.
Rametta 15292.
Ramírez 15319.
Ranc 15112.
Randall 15278.
Rao, M. N. 15299.
Rao, S. V. 15278.
Rapoport 15266. 15269. 15272.
Rapp-Sik 15366.
Rasheed 15207.
Rastogi 15249.
Rasumowskaja 15341.
Ratkovský 15365.
Rauch 15308.
Ravet 15427.
Ray, A. K. 15345.
Rây, P. 15156. 15157. 15345.
Raymond 15310.
Raymond-Hamet 15313.
Rayonier, Inc. 15462.
Re, Da 15337.
Recordati-Laboratorio Farmacologio S.p.A. 15337.
Redetzki 15260.
Redfern 15339.
Redfield 15119.
Redhardt 15255.
Rednick 15324.
Rees, D. A. 15279.
Rees, T. 15414.
Reeves, E. 15293.
Reeves, L. W. 15168.
Regge 15107.
Reichard 15146.
Reid, A. M. 15341.
Reid, D. F. 15309.
Reimann 15227.
Reinhard 15114.
Reiss 15337.
Rembaum 15250.
Rempp 15250.
Renfrew jun. 15417.
Renfroe 15242.
Renker-Belipa G.m.b.H. 15471.
Renner 15413.
Renold 15296.
Restivo 15337.
Řetovský 15275.
Retter 15413.
Reynier 15311.
Reynolds, C. A. 15196.
Reynolds, G. A. 15471.
Rezzesi 15314.
Rhys 15396.
Ribbons 15279.
Ricciardi 15339.
Rice, L. M. 15219.
Rice, S. A. 15132.
Rich 15283.
Richards 15399.
Richardson 15425.
Richarz 15412.
Richter, A. 15365.
Richter, S. B. 15380.
Rickards 15438.
Ridbo Laboratories, Inc. 15430.
Riddiford 15127.
Ridgion 15381.
Ridgway 15430.
Rieche 15409.
Riedel & Co. 15398.
Riegler 15420.
Riley 15276.
Rillaers 15165.
Rindtorff 15422.
Rinehart jun. 15242.
Ringwald 15403.
Rinse 15414.
Rintelen, v. 15469.
Rittmeister 15412.
Riviere 15466.
Rizvi 15382.
Robbins, J. L. 15388.
Robbins, W. E. 15306.
Roberts, E. M. 15125.
Roberts, J. A. 15444.
Robertson 15174. 15175.
Robins, E. L. 15327.
Robins, R. K. 15246.
Robinson jun. 15467.
Roche, J. 15259. 15292.
Roche, L. 15324.
Rockett 15406.
Roder 15123.
Rodriguez Devesa 15338.
Roeder 15143.
Roesch 15386.
Roeser 15419.
Rogers 15139.
Rogowa 15392.
Rohm & Haas Co. 15403. 15411. 15413. 15428. 15448.
Romann 15226.
Romano 15105.
Roo, De 15376.
Roof jun. 15138.
Rosanzew 15206.
Roschtschin 15393.
Rose 15176.
Roseman 15437.
Rosenbaum 15252.
Rosenberg, B. 15255.
Rosenberg, H. 15306.
Rosenberg, N. W. 15364.
Rosenbusch 15467.
Rosengarten 15313.
Rosenthal 15468.
Rosetto 15177.
Rosolowski 15143.
Ross, G. W. 15219.
Ross, J. E. 15305.
Ross, R. J. 15248.
Rossmy 15411.
Roth, H. H. 15361.
Roth, R. G. 15411.
Rothrock 15248.
Rothschild 15261.
Rothweiler 15342.
Rotter 15457.
Rottweiler Kunstseidefabrik Akt.-Ges. 15404.
Rotzoll 15412.
Rotzsch 15259.
Roup 15363.
Rousseau jun. 15304.
Rousset 15440.
Rowe 15418.
Rowland 15428.
Rowlands 15337.
Roy, C. 15277.
Roy, J. 15327.
Royer 15206.
Różycka 15379.
Rubalcava 15119.
Rubbia 15105.
Rubens 15423.
Rubinstein 15171.
Rudenko 15182.
Rudner 15428.
Rudnewa 15382.
Rudnicki 15153.
Rüdorff 15152.
Rühl [15374].
Ruehrwein 15369.
Ruelle 15369.
Rütgerswerke Akt.-Ges. 15413.
Ruggieri 15328.
Ruh 15411.
Ruhrchemie Akt.-Ges. 15379. 15380.
Rundqvist 15141.
Ruske 15186.
Ruskin 15337. 15444.
Rutkewitsch 15121.
Růžička, J. 15345.
Ruzicka, L. 15337.
Růžička, O. 15365.
Ryan, J. J. 15457.
Ryan, J. W. 15413.
Rybakowa 15117.
Rybin 15114.
Ryhage 15447.
Ryndin 15108.
Saavedra Alva 14338.
Sahoo 15154.
Saito 15141.
Saitzewa 15206.
Saks 15393.
Saks 15171.
Sakurada 15251.
Salant 15334.
Salido-Rengell 15296.
Saline Ludwigshalle Akt.-Ges. 15414.
Salmon 15339.
Salmon-Legagneur 15200.
Salonna, L. 15270.
Salonna, N. 15270.
Salpeter 15115.
Salvá 15318.
Salvatore 15259. 15292.
Sanders jun. 15393.
Sannie 15414.
Santis, de 15106.
Saplevitch 15160.
Sarifjanz 15172.
Sarkar 15108.
Sasaki 15266.
Sasvári 15140.
Satake 15272. 15351.
Sato, S. [Evanston] 15143.
Satō, S. [Sendai] 15354.
Saucier 15160.
Saucy 15414.
Saulnier [15399].
Saunders 15341.
Savarese 15423.
Savaton-Pillet 15323.
Savory 15401.
Sawdye 15135.
Sawjalow 15198. 15199.
Sawyer 15340.
Scaglia 15327.
Scargill 15147.
Schaban 15392.
Schabanowa 15190.
Schadow 15152.
Schaefer, A. 15418.
Schäfer, H. 15140.
Schäfer, W. 15363.
Schaefer, W. P. [15352].
Schäff 15428.
Schalimow 15392.
Schalit 15321.
Schallamach 15429.
Schapiro 15121.
Scharow 15419.
Schatz 15118.
Scheberstow 15468.
Schechter 15115.
Scheer 15358.
Scheere 15163.
Scheffler 15337.
Scheichl 15364.
Scheinker 15165.
Scheka 15382.
Schellekens 15322.
Schenck 15168. 15181.
Schenk 15394.
Scherrer 15465.
Schetelich 15406.
Schetty 15416.
Schewalejewski 15161.
Schiavio 15415.
Schichalijewa 15399.
Schick 15435.
Schickh, v. 15411. 15412.
Schiefner 15364.
Schildknecht 15292.
Schildwächter 15413.
Schimuliss 15183.
Schindler, D. L. 15352.
Schindler, W. 15315.
Schlegel 15279.
Schlepkowa 15339.
Schlierf 15270.
Schlögl, A. 15370.
Schlögl, K. 15344.
Schmid 15322.
Schmidt, G. 15367.
Schmidt, H. 15431.
Schmidt, O. 15455.
Schmidt, M. 15151. 15373.
Schmidt, Walter 15400.
Schmidt, Werner 15402.
Schmied 15451.
Schmitt 15422.
Schmitz, E. 15409.
Schmitz, K.-H. 15386.
Schneider, C. A. 15178.
Schneider, F. H. 15246.
Schneider, H. J. 15403.
Schneider, J. A. 15322.
Schneider, M. 15260.
Schnering, v. 15140.
Schoeffel 15407.
Schön 15166.
Schoenberg 15364.
Scholtz 15464.
Scholz 15143.
Schooler 15471.
Schorschorow 15392.
Schramm 15448.
Schranz, A. 15395.
Schranz, G. 15395.
Schranz, H. 15395.
Schranz, H.-J. 15395.

Schrauzer 15157.
Schreiner 15388.
Schricker 15322.
Schrieffer 15124.
Schriesheim 15401.
Schröder, F. 15109.
Schroeder, W. C. 15463.
Schtschegolew 15167.
Schtscherbak 15387.
Schtscherbakow 15458.
Schuchardt 15439.
Schudt 15114.
Schüler 15164.
Schuhmacher 15416.
Schulek 15348. 15349. 15350.
Schult 15166.
Schulte 15385.
Schultz, S. J. 15425.
Schultz, W. F. 15412.
Schulz 15411.
Schumacher 15394.
Schumann 15332.
Schur 15438.
Schwabe, U. 15314.
Schwabe, W. 15321.
Schwahn 15434.
Schweickert 15364.
Schweißwerk Wattenscheid G.m.b.H. & Co. 15397.
Schwenk 15400.
Schwiecker 15120.
Scott, J. E. 15351.
Scott, W. P. 15239.
Scriabine 15322.
Scully 15443.
Searcy 15134.
Sebens 15298.
Sedlák 15108.
Seefelder 15401.
Sehgal 15278.
Seifert 15357.
Seige 15308.
Seiler 15342.
Sekeris 15294.
Seldowitsch 15109.
Sell 15293.
Selye 15319.
Semotal Soc. An. 15472.
Serafini-Cessi 15351.
Serat 15265.
Serper 15323.
Servigne 15151.
Sery 15316.
Seshadri 15287.
Sewig 15364.
Sgarlata 15139.
Shanes 15315.
Shapiro 15187.
Sharenow [15374].
Shastri 15352.
Shaw, N. 15242.
Shaw, T. P. G. 15413.
Shawinigan Chemicals Ltd. 15413.
Shealtiel 15288.
Shehab 15328.
Sheline 15112.
Shell Development Co. 15424. 15425. 15428.
Shell Internationale Research Mij. N.V. 15379. 15463.
Shell Oil Co. 15464.
Sheltenkow 15391.
Sherby, O. D. 15388.
Sherby, S. 15388.
Sherdewa 15459.
Sherick 15398.
Sherwin-Williams Co. 15424.
Sherwood 15361.
Sheth 15287.
Shideler 15370.
Shiio 15266.
Shimauchi 15288.
Shimazono 15274.
Shimizu 15449.
Shimura 15253.
Shinoda 15144.
Shionogi Seiyaku Kabushiki Kaisha 15330.
Shokal 15428.
Short 15295.
Shui 15170.
Shunk 15241.
Shurina 15468.
Shvets 15121.
Shwirbliss 15208.
Siebert 15361.
Sieburth 15287.
Sieg 15137.
Siegel, B. 15152.
Siegel, R. T. 15105.
Siemaszko 15376.
Siemens & Halske Akt.-Ges. 15358. 15360. 15362. 15373.
Siemens-Planiawerke Akt.-Ges. für Kohlefabrikate 15396.
Siemens-Schuckertwerke Akt.-Ges. 15263. 15364.
Siewierska 15454.
Silva 15375. 15376.
Sime 15174.
Simmler 15355.
Simmons 15174.
Simon 15428.
Simons 15113.
Sinclair 15174.
Sinclair Refining Co. 15462.
Singer 15390.
Singh 15280.
Sinha 15116.
Sirot 15432.
Sisido 15200.
Siuta 15374.
Sjodin 15307.
Skalický 15451.
Skidmore 15212. 15213.
Skoblo 15458.
Skoulios 15136.
Skworzow 15180.
Skytte Jensen 15112.
Slomp jun. 15233.
Slowetzkaja 15171.
Sly 15230.
Smart 15341.
Smeal 15427.
Smirnow 15392.
Smit 15337.
Smith, A. L. 15263.
Smith, C. S. 15145.
Smith, D. W. 15278.
Smith, E. E. B. 15282.
Smith, E. L. 15271.
Smith, H. E. 15202.
Smith, L. L. 15235.
Smith, R. A. 15120.
Smith, R. L. 15110.
Smith, R. W. 15123.
Smith, T. D. 15164. 15471.
Smith, W. A. W. 15170.
Smith, W. E. 15248.
Smolinsky 15209.
Smrt 15218.
Smyth 15298.
Smythies 15318.
Snell [15361].
Snyder 15414.
Sobhanadri 15169.
Soboczyńska 15135.
Sobotka 15292.
Soc. An. des Produits purs de Courcelles (SOPURA) 15435.
Soc. Belge de l'Azote et des Produits Chimiques du Marly 15449.
Soc. Carbochimique Soc. An. 15449.
Soc. Continentale Parker 15398.
Soc. d'Électronique et d'Automatisme 15364.
Soc. Industrielle des Dérivés de l'Acétylène 15412.
Soc. des Usines Chimiques Rhône-Poulenc 15405. 15410. 15414.
Socony Mobil Oil Co., Inc. 15462.
Sogani 15350.
Šohva 15336.
Šolc 15126.
Solomon, D. H. 15297.
Solomon, O. 15429.
Sommer, A. 15411.
Sommer, L. H. 15412.
Sophianopoulos 15273.
Şorescu 15323.
Šorm 15218.
South African Iron & Steel Industrial Corp. Ltd. 15464.
Spanyer jun. 15279.
Spence, P., & Sons Ltd. 15368.
Spencer, H. E. 15122.
Spencer, S. 15348.
Speranski 15385.
Speranza 15409.
Spialter 15189.
Spiegelberg 15414.
Spiegler 15401.
Spinner 15146.
Spitsyn 15115.
Spitzer 15308.
Spoerlein 15318.
Spofa, Spojené Farmaceutické Závody, Národní Podnik 15337.
Spohn 15362.
Sprague 15335.
Spring 15113.
Sprinzsson 15162.
Srb 15128.
Sreenivasan 15274.
Sribnaja 15190.
Srivastava, I. B. 15132.
Srivastava, K. P. 15153.
Ssamssonow 15362.
Ssarytschewa 15350.
Ssergejewitsch 15171.
Ssidorowa 15199.
Ssilin 15391.
Ssokolow, G. A. 15328.
Ssokolow, S. D. 15208.
Ssolomko 15171.
Ssolowjew 15106.
Ssopman 15419.
Ssorokin 15392.
Ssubchanwerdichanowa 15461.
Ssurowzew 15384.
Ssytsch 15469.
Stachel 15328. 15329.
Stachowiak 15317.
Stachowitsch 15181.
Stackler 15435.
Stadhouders 15439.
Stadler 15226.
Stafford 15182.
Staller 15428.
Stals 15125.
Stampe 15361.
Stancovschi 15370.
Standard Oil Co. 15464. 15466.
Stanton 15426.
Starcher 15427.
Starkow 15387.
Staub 15354.
Steatite Research Corp. 15364.
Steele 15425.
Steen 15375.
Steeple 15175.
Stefanye 15266.
Steffes 15383.
Steinegger 15325.
Steiner 15424.
Steinhoff 15373.
Steinman 15274.
Stel 15428.
Stembridge 15438.
Stengel, L. A. 15465.
Stengel, S. D. 15421.
Stenhagen 15447.
Stephen 15377.
Stephenson 15256.
Steptschkow 15437.
Sterin 15165.
Sterling 15452.
Sterling Drug, Inc. 15407.
Stern, A. C. 15361.
Stern, R. U. 15316.
Steven 15307.
Stevens 15342. 15358.
Stewart, D. G. 15425.
Stewart, E. T. 15138.
Stewart, J. H. 15161.
Steyermark 15347.
Stiegler 15138.
Stillman 15414.
Stilz 15406.
Stinchfield 15145.
Stoicheff 15133.
Stokes 15125.
Stoll 15336.
Stone 15437.
Stora 15260.
Storonkin 15170.
Stough 15356.
Strachan 15340.
Strack 15259.
Strange 15269.
Straschnenko 15437.
Strategic-Udy Metallurgical & Chemical Processes Ltd. 15399.
Straumanis 15131. 15142.
Strauss 15227.
Stretch 15249.
Strickland 15108.
Strømme 15168.
Strumpf 15315.
Strusi 15447.
Studiengesellschaft Kohle m.b.H. 15413.
Stupa Corp. 15471.
Stutz 15196.
Subotowicz 15121.
Subrahmanya 15128. 15129.
Subrahmanyan 15299.
Suda 15266.
Sudekum 15422.
Süss 15356.
Sugawara 15260.
Suhrmann 15122.
Sujew 15381.
Sulser 15321.
Sumitomo Chemical Co. Ltd. 15410.
Sumrell 15316.
Sundberg 15413.
Sun Oil Co. 15413.
Susz 15164. 15176.
Sutin 15148.
Suzuki 15351.
Svit Národní Podnik 15467.
Svoboda 15340.
Swaminathan 15299.
Swentitzki 15339.
Swift [15352].
Sylvania Electric Products, Inc. 15364. 15420.
Szabó 15291.
Szmit 15371.
Szolcsányi 15357.
Szyszko 15442.
Tabibian 15136.
Tabor 15306.
Tachibana 15281.
Tachino 15304.
Tairow 15458.
Takabatake 15312. 15313.
Takahama 15450.
Takahashi, K. 15261.
Takahashi, M. 15266.
Takahashi, T. 15303.
Takeuchi 15260.
Talsky 15151.
Tamelen, van 15184.
Tamura 15362.
Tanaka, H. 15304.
Tanaka, J. 15163.
Tanaka, Kiheiji 15302.
Tanaka, Kiichiro 15282.
Tanaka, S. 15111.
Tapley 15305.
Tarbes 15339.
Tardieux 15291.
Tassel, van 15162. 15163.
Tate 15196. 15197.
Tatibana 15298.
Tatsumi 15313.
Taub 15335.
Taube 15415.
Tauro 15330.
Taylor, A. W. C. 15413.
Taylor, D. E. 15352.
Taylor, D. W. 15319.
Taylor, G. S. 15376.
Taylor, N. E. 15175.
Taylor, P. J. 15457.
Taylor, W. H. 15182.
Tebbens 15461.
Tefft 15145. 15146.
Tegge 15428.
Telbisz 15108.
Telefunken G.m.b.H. 15363.
Teljatnikowa [15452].
Terada 15313.
Terasaka 15220.
Terzijska 15340.
Theaver 15368.
Theodorpoulos 15272.
Theorell 15264.
Thibaut 15381.
Thierbach 15308.
Thiokol Chemical Corp. 15463.
Thirion 15412.
Thode 15161.
Thomae, Dr. K., G.m.b.H. 15333. 15337.
Thomas, A. T. 15279.
Thomas, C. L. 15413.
Thomas, D. E. 15399.
Thomas, F. 15367.
Thomas, F. W. 15428.
Thomas, J. F. 15461.
Thomas, L. B. 15290.
Thomas, R. M. 15412.
Thomé-Beau 15280.
Thompson, B. H. M. 15405.
Thompson, M. P. 15294.
Thomson 15119.
Thunga 15106.
Thurber 15426.
Thynne 15170.
Thyret 15157.
Thyssen-Bornemisza, v. 15469.
Tichomirov 15370.
Tidd 15212. 15213.
Time, Inc. 15472.
Timson 15135.
Tinelli 15276.
Tisdale 15263.
Titani 15261.
Titchmarsh 15105.
Titow, J. A. 15196.
Titow, N. J. 15162.
Tiwari 15314.
Tkachuk 15436.
Tkatschenko 15184.
Tobin 15172.
Tobler, J., Akt.-Ges. 15444.
Tobolsky 15250.
Törley 15441.
Toivonen 15170.
Tokushige 15220.
Toller 15105.
Tolnay 15366.
Toma 15282.
Tomabechi 15303.
Tomassi 15128.
Tomikawa 15220.
Tomita, Ken-Ichi 15159.
Tomita, M. 15220.
Tomka 15430.
Tonacci 15370.

Tootal Broadhurst Lee Co. Ltd. 15359. 15457.
Toritani 15136.
Totzek 15411.
Tourin 15119.
Towers 15189.
Toyoura 15280.
Trachtenberg 15229.
Tribit 15455.
Tripathi 15314.
Tristram 15307.
Trivero 15113.
Trostel 15360.
Trotter 15174. 15175.
Truitt jun. 15308.
Trupčević 15461.
Tsao 15324.
Tschernikin 15458.
Tschernyschewa 15341.
Tscherwowa 15458.
Tschikischewa 15468.
Tschisstjakowa 15347.
Tschupachin 15161.
Tsou 15267.
Tsubota 15366.
Tsubouchi 15354.
Tsuji 15184.
Tsukamoto, H. 15312. 15313.
Tsukamoto, T. 15288.
Tsunekawa 15248.
Tsutsumi 15252.
Tu 15352.
Tubiello 15369.
Tucker 15324.
Tudball 15271.
Tułecki 15309.
Tulski 15436.
Turnbull 15395.
Turner jun., A. 15442.
Turner, C. W. 15295.
Turner, J. B. 15342.
Turner, J. H. W. 15428.
Turowska 15348.
Turpin 15323.
Turrian 15319.
Tuson 15457.
Tusowa 15161.
Tuthill 15115.
Ty 15106.
Tye 15124.
Tyler 15261.
Tyson 15307.
Tytell 15257.
Uchida 15267.
UCLAF 15413. 15428.
Udagawa 15111.
Udic Soc. An. 15452.
Udô 15200.
Udy 15399.
Überlacker 15132.
Uhl 15432.
Umeda 15220.
Umezawa 15260.
Unilever Ltd. 15447.
Union Carbide Corp. 15407. 15444.
Union Carbide & Carbon Corp. 15360. 15412. 15425. 15427.
Union Carbide Canada Ltd. 15425.
Union des Verreries Mécaniques Belges Soc. An. 15373.
United Aircraft Corp. 15399.
United States Gasket Co. 15428.
Universal Carbide Corp. 15369.
Universal Oil Products Co. 15405. 15411. 15413. 15448. 15463.
Uno, Taizō 15249.
Uno, Toyozō 15345.
Upham 15310.
Upjohn Co. 15338.
Uriel 15270.
Urion 15432.
Usine Genevoise de Dégrossissage d'Or 15395.
Uskoković 15228. 15229.
Utkina 15350.
Václavek 15187.
Vajda 15212.
Valdecasa 15318.
Valentin 15134.
Valladares 15259.
Valtr 15350.
Vaney, De 15382.
Vanlerenberghe 15307.
Varela 15122.
Vargues 15283.
Varvoglis [15183].
Vassel 15413.
Vasta 15268.
Vaughan 15362.
VEB Farbenfabrik Wolfen 15380.
VEB Forschungs- und Versuchsanstalt für Strömungsmaschinen 15396.
VEB Leuna-Werke „Walter Ulbricht" 15414.
Vecchio 15259.
Vejdělek [15352].
Veldstra 15256.
Vellard 15316.
Velluz 15413.
Velsicol Chemical Corp. 15380.
Vereinigte Aluminium-Werke Akt.-Ges. 15399.
Vereinigte Glanzstoff-Fabriken Akt.-Ges. 15413. 15428.
Vermeiren 15366.
Vernotte 15151.
„Vetrocoke" S. p. A. 15360.
Vicente-Chandler 15375. 15376.
Vicino 15270.
Viehweg 15452.
Vielstich 15126.
Vilain 15297.
Villaschi 15419.
Villoutreix 15287.
Vitagliano 15446.
Vitamins Ltd. 15414.
Vivargent 15114.
Volkmann 15428.
Volpe, Della 15314.
Von 15414.
Vondráková 15451.
Vrána 15108.
Vries, De 15110.
Wachtman jun. 15145.
Wacker 15358.
Wacker-Chemie G. m. b. H. 15428.
Wada 15301.
Waddan 15425.
Waddington-Feather 15240.
Wade 15369.
Waegell 15166.
Wagenknecht 15272.
Waggoner 15376.
Wagle 15258.
Wagner, G. H. 15412.
Wagner, M. 15277.
Wagner, W. H. 15338.
Wagutowa 15208.
Wah Chang Corp. 15369.
Wakefield 15425.
Walchandnagar Industries Ltd. 15449.
Walker, G. T. 15431.
Walker, J. 15284.
Walker, S. 15370.
Wall 15250.
Wallace 15177.
Walling 15249.
Wallmann 15156.
Waloschek 15105.
Walter 15188.
Walters 15214.
Walther 15412.
Walton 15137.
Wan, Gan-Tschan 15106.
Wan, Zu-Zsen 15106.
Wargaftik 15350.
Warmbier 15330.
Warner 15305.
Warnhoff 15233.
Warren 15205.
Warwicker 15176.
Waser 15321.
Wassilkow [15373].
Watanabe, R. 15443.
Watanabe, T. 15351.
Watanabe, W. H. 15411.
Watarai 15267.
Waters 15178.
Watillon 15136.
Watson, H. R. 15160.
Watson, L. C. 15357.
Watson, R. W. 15277.
Wawrzyczek 15135.
Weaving 15443.
Webb 15437.
Weber, B. 15310. 15319.
Weber, C. W. 15343.
Weber, E. 15400.
Weber, H. 15469.
Wedler 15122.
Weeks 15449.
Wegener 15108.
Weicksel 15420.
Weidmann 15318.
Weigle 15293.
Weill 15148.
Weinberg 15422. 15430.
Weinfurter 15432.
Weir 15421.
Weis 15292.
Weise 15396.
Weislinger 15121.
Weits 15305.
Welikowski 15458.
Wells 15382.
Welton 15114.
Welz 15397.
Wender 15443.
Wendler 15388.
Wendt, G. 15113.
Wendt, H. [15105].
Weretenowa 15467.
Wermuth 15311.
Westenberg 15134. 15135.
Westfälische Union Akt.-Ges. für Eisen- und Drahtindustrie 15397.
Westfall 15410.
Westinghouse Electric Corp. 15364. 15399. 15419. 15427.
Weston 15181.
West Virginia Pulp & Paper Co. 15451.
Wettstein 15413.
Weyer 15338.
Wharton 15262.
Whistler [15247].
Whitaker 15377.
White jun., J. W. 15442.
White, P. J. 15280.
Whitefield 15308.
Whitehead, D. J. 15399.
Whitehead jun., W. G. 15412.
Whittenberger 15438.
Wiberg, E. 15373.
Wiberg, K. B. 15223.
Widmer 15413.
Wiecheć 15421.
Wieczffiński 15153.
Wiegand 15336.
Wiemann 15177.
Wierzchowski 15442.
Wiezorek 15270.
Wilbrandt 15321.
Wilcox 15251.
Wildner, G. 15434.
Wildner, H. 15434.
Wilenski 15467.
Wilessow 15166.
Wiley 15438.
Wilke, G. 15413.
Wilke, H. 15361.
Wilkes jun. 15425.
Wilkins 15389.
Wilkinson, G. 15119.
Wilkinson, G. R. 15327.
Wilkinson, jun. J. M. 15417.
Williams, D. 15139.
Williams I, D. J. 15439.
Williams II, D. J. 15140.
Williams, F. V. 15369.
Williams, J. L. R. 15469.
Williams, L. L. 15148.
Williams, R. D. 15290.
Williams, P. N. 15446.
Williamson, D. M. 15238.
Williamson, R. M. 15111.
Willows 15465.
Wilson, B. R. 15291.
Wilson, C. O. [15338].
Wilson, C. V. 15471.
Wilson, J. R. 15370.
Wilson, R. B. 15143.
Wilt 15178.
Windover 15452.
Wing 15327.
Winget 15387.
Winkler, De L. E. 15428.
Winkler, E. J. 15290.
Winkler, F. 15467.
Winkler, W. 15288.
Winogradowa 15199.
Winter, L. L. 15360.
Winter, M. 15191.
Winter jun., W. D. 15276.
Winzer 15471.
Winzler 15299.
Wirjassow 15106.
Wisseman 15111.
Witek 15374.
Witte 15322.
Witting 15300.
Wöhrle, H. 15140.
Woehrle, R. E. 15399.
Wojtczak 15468.
Woldbye 15118.
Wolf, H. 15399.
Wolf, P. 15270.
Wolf, S. 15446.
Wolff, 15392.
Wolgast 15168. 15181.
Wolkow, J. N. 15437.
Wolkow, W. M. 15139.
Wood, F. A. 15291.
Wood, F. C. 15457.
Woodbury 15120.
Woodside 15316.
Wool 15297.
Wosnessenkaja 15459.
Wrociński 15317.
Wrónski 15343.
Wünsch 15154.
Wyandotte Chemical Corp. 15412.
Wyatt 15146.
Wynne-Jones 15130.
Yagi, K. 15261. 15267. 15302.
Yagi, M. 15111.
Yagi, T. 15263.
Yale 15337.
Yamada 15449.
Yamagami 15299.
Yamaguchi, S. 15124.
Yamaguchi, T. 15302.
Yamakawa, K. 15243. 15244.
Yamakawa, Tamio 15299.
Yamakawa, Toshio 15220.
Yamamoto 15312.
Yamanaka 15357.
Yamauchi, K. 15270.
Yamauchi, T. 15288.
Yanagita 15244.
Yang 15443.
Yankowski 15470.
Yano 15302.
Yates, P. 15187.
Yates, W. F. 15411.
Yodh 15105.
Yokoo 15292.
Yonetani 15261.
Yoon 15353.
Yoshida 15249.
Yoshikawa 15298.
Yoshima 15312.
Yoshimura 15313.
Young, L. 15310.
Young, R. C. 15156.
Yourtee 15429.
Yu 15322.
Yudkin 15277.
Zachariasen 15156.
Zahn 15254.
Zalai 15140.
Zaslow 15170.
Zavanaju 15303.
Zbinden 15325.
Zellner 15412.
Zemel 15122.
Zemp 15472.
Zickler 15263.
Zief 15316.
Ziegenbein 15402.
Ziegler, K. 15428.
Ziegler, M. 15346.
Zifferero 15182.
Zigeuner 15215.
Zimmer, H. J., Verfahrenstechnik 15359.
Zoubov, de 15131.
Zychiewicz-Zajdel 15130.
Zýka 15129.

Patentregister

Nr.	Seite

Deutsche Patente [München] (D.B.P.)

D.B.P. 974580 15364
D.B.P. 974610 15397
D.B.P. 974615* 15414
D.B.P. 975049 15358
D.B.P. 975411 15373
D.B.P. 975427 15397

Auslegeschriften der Patentanmeldungen des Deutschen Patentamtes München (D.A.S.)

D.A.S. 1032004 15359
D.A.S. 1036539 15359
D.A.S. 1044448 15364
D.A.S. 1044454 15362
D.A.S. 1045689 15358
D.A.S. 1047487 15358
D.A.S. 1060631 15359
D.A.S. 1060857 15425
D.A.S. 1072828 15360
D.A.S. 1073487* 15414
D.A.S. 1074879 15361
D.A.S. 1075822 15430
D.A.S. 1077457 15361
D.A.S. 1077894 15360
D.A.S. 1078773 15396
D.A.S. 1079860 15360
D.A.S. 1081254 15358
D.A.S. 1081696 15366
D.A.S. 1082254 15411
D.A.S. 1084716 15405
D.A.S. 1085697 15361
D.A.S. 1087374 15360
D.A.S. 1088485 15406
D.A.S. 1091112 15408
D.A.S. 1095507 15430
D.A.S. 1095510 15429
D.A.S. 1096502 15363
D.A.S. 1097037 15363
D.A.S. 1097038 15363
D.A.S. 1097039 15363
D.A.S. 1097568 15363
D.A.S. 1098617 15363
D.A.S. 1098952 15380
D.A.S. 1099085 15363
D.A.S. 1099818 15398
D.A.S. 1100033 15409
D.A.S. 1100173 15363
D.A.S. 1100174 15363
D.A.S. 1100265 15427
D.A.S. 1100266 15427
D.A.S. 1101439 15380
D.A.S. 1101897 15398
D.A.S. 1102914 15364
D.A.S. 1103102 15398
D.A.S. 1105067 15364
D.A.S. 1107222* 15414
D.A.S. 1107426 15359
D.A.S. 1107968 15359
D.A.S. 1108191 15367
D.A.S. 1108198 15415
D.A.S. 1108632 15368
D.A.S. 1110443 15359
D.A.S. 1110918 15359
D.A.S. 1111173* 15413
D.A.S. 1111836 15396
D.A.S. 1112053 15368
D.A.S. 1112892 15471
D.A.S. 1113596 15359
D.A.S. 1113836 15360
D.A.S. 1113837 15373
D.A.S. 1114674 15358
D.A.S. 1114961 15416
D.A.S. 1115238 15401
D.A.S. 1115384 15416
D.A.S. 1116033 15396
D.A.S. 1116220 15379
D.A.S. 1116513 15397
D.A.S. 1116514 15397
D.A.S. 1116675 15336
D.A.S. 1117130 15416
D.A.S. 1117362 15397
D.A.S. 1118219* 15338
D.A.S. 1119086 15396
D.A.S. 1119245* 15414
D.A.S. 1119254 15403
D.A.S. 1120394 15395
D.A.S. 1120834 15397
D.A.S. 1120846 15396
D.A.S. 1120847 15396
D.A.S. 1121597 15401
D.A.S. 1121598 15401
D.A.S. 1121924 15469
D.A.S. 1122049 15402
D.A.S. 1122065 15407
D.A.S. 1122506* 15412
D.A.S. 1122522 15380
D.A.S. 1122835 15470
D.A.S. 1123205 15470
D.A.S. 1123304 15367
D.A.S. 1123312 15400
D.A.S. 1123334 15411
D.A.S. 1123558 15469
D.A.S. 1124022 15367
D.A.S. 1124350 15469
D.A.S. 1124351 15469
D.A.S. 1124354 15469
D.A.S. 1124355 15469
D.A.S. 1124822 15361
D.A.S. 1125416* 15413
D.A.S. 1125823 15469
D.A.S. 1126215* 15472
D.A.S. 1127341* 15412
D.A.S. 1127898 15406
D.A.S. 1128938* 15414
D.A.S. 1129403* 15467
D.A.S. 1130823* 15338

Deutsche Patente (D.P.[DDR])

D.P.[DDR] 21247 15451
D.P.[DDR] 21253 15444
D.P.[DDR] 22368 15368

Amerikanische Patente (A.P.)

A.P. 2834792 15417
A.P. 2841508 15363
A.P. 2844572 15423
A.P. 2849396 15401
A.P. 2850470 15419
A.P. 2853462 15418
A.P. 2858230 15418
A.P. 2860063 15420
A.P. 2878194 15424
A.P. 2888414 15423
A.P. 2891051 15335
A.P. 2894602 15402
A.P. 2903463* 15414
A.P. 2907677 15426
A.P. 2909497 15420
A.P. 2910448 15418
A.P. 2915510 15424
A.P. 2919259 15422
A.P. 2921085 15448
A.P. 2921829 15451
A.P. 2923739 15448
A.P. 2926077* 15411
A.P. 2927028 15436
A.P. 2932603 15452
A.P. 2933490 15416
A.P. 2934577 15402
A.P. 2935461 15462
A.P. 2941893 15464
A.P. 2941952 15449
A.P. 2942013 15406
A.P. 2944908 15447
A.P. 2945039 15334
A.P. 2947781 15401
A.P. 2947795 15402
A.P. 2950330 15379
A.P. 2950331 15379
A.P. 2950960 15464
A.P. 2951801 15360
A.P. 2952631 15464
A.P. 2957023 15406
A.P. 2958608 15330
A.P. 2958614 15455
A.P. 2959539 15462
A.P. 2960933 15465
A.P. 2964380 15368
A.P. 2964469 15462
A.P. 2965508 15452
A.P. 2965544 15336
A.P. 2966458 15462
A.P. 2967105 15471
A.P. 2968609 15463
A.P. 2969731 15470
A.P. 2969732 15470
A.P. 2970998 15455
A.P. 2971949 15466
A.P. 2971972 15406
A.P. 2972566 15403
A.P. 2972641 15464
A.P. 2973255 15466
A.P. 2974067 15452
A.P. 2975144* 15412
A.P. 2976137 15465
A.P. 2976273 15452
A.P. 2977285 15436
A.P. 2977391 15463
A.P. 2978455 15465
A.P. 2979543* 15413
A.P. 2990326* 15338

Australische Patente (Aust.P.)

Aust.P. 224682 15395
Aust.P. 224687* 15380
Aust.P. 226421 15334
Aust.P. 227465 15407
Aust.P. 229094 15367
Aust.P. 229298 15444

Belgische Patente (Belg.P.)

Belg.P. 547439* 15411
Belg.P. 552911 15436
Belg.P. 552965 15435
Belg.P. 553896 15415
Belg.P. 555509* 15472
Belg.P. 555969* 15414
Belg.P. 556958* 15414
Belg.P. 558105 15435
Belg.P. 558251* 15472
Belg.P. 558721 15449
Belg.P. 560154* 15472
Belg.P. 560788 15435
Belg.P. 560876* 15471
Belg.P. 561018* 15373
Belg.P. 561463* 15471
Belg.P. 562435 15403
Belg.P. 563784* 15472
Belg.P. 563868* 15444
Belg.P. 564082 15449
Belg.P. 564233* 15471
Belg.P. 564671* 15471
Belg.P. 565142* 15428
Belg.P. 565369* 15337
Belg.P. 565821* 15428
Belg.P. 565852* 15472
Belg.P. 566353 15415
Belg.P. 566941* 15472
Belg.P. 567018* 15471
Belg.P. 567078* 15471
Belg.P. 567377* 15472
Belg.P. 567461* 15414
Belg.P. 567518* 15472
Belg.P. 567522* 15471
Belg.P. 567878* 15414
Belg.P. 568589 15410
Belg.P. 568972 15398
Belg.P. 569112 15396

Canadische Patente (Can.P.)

Can.P. 551610 15417
Can.P. 551611 15417
Can.P. 552462* 15369
Can.P. 556201* 15337
Can.P. 556205* 15428
Can.P. 556209 15425
Can.P. 556238* 15420
Can.P. 556269* 15412
Can.P. 556270 15426
Can.P. 556272* 15360
Can.P. 556273* 15360
Can.P. 556279* 15427
Can.P. 556287* 15360
Can.P. 556545 15423
Can.P. 556641* 15428
Can.P. 556648* 15412
Can.P. 556665* 15412
Can.P. 556672* 15430
Can.P. 556674* 15430
Can.P. 556675* 15430
Can.P. 556760* 15428
Can.P. 556828* 15337
Can.P. 556940 15424
Can.P. 557054 15426
Can.P. 557101* 15413
Can.P. 557112* 15360
Can.P. 557115* 15364
Can.P. 557131* 15412
Can.P. 557132* 15412
Can.P. 557133* 15412
Can.P. 557143* 15360
Can.P. 557184* 15364
Can.P. 557257* 15472
Can.P. 557290 15423
Can.P. 557292 15426
Can.P. 557294 15426
Can.P. 557314* 15430
Can.P. 557342* 15414
Can.P. 557353* 15373
Can.P. 557362* 15373
Can.P. 557441* 15364
Can.P. 557481* 15412
Can.P. 557562* 15360
Can.P. 557567* 15414
Can.P. 557574* 15373
Can.P. 557612* 15414
Can.P. 557619 15422
Can.P. 557627* 15360
Can.P. 557700* 15412
Can.P. 557705* 15414
Can.P. 557706* 15430
Can.P. 557707* 15430
Can.P. 557740* 15364
Can.P. 557767* 15414

	Nr.	Seite
Can.P.	557845*	15337
Can.P.	557883*	15412
Can.P.	557912*	15420
Can.P.	557930*	15467
Can.P.	557991*	15420
Can.P.	557992*	15413
Can.P.	557996*	15413
Can.P.	557998*	15413
Can.P.	558017*	15399
Can.P.	558018*	15399
Can.P.	558036*	15411
Can.P.	558039*	15364
Can.P.	558049*	15413
Can.P.	558051	15427
Can.P.	558052*	15428
Can.P.	558065	15425
Can.P.	558066	15425
Can.P.	558067	15425
Can.P.	558107*	15399
Can.P.	558126*	15412
Can.P.	558134	15336
Can.P.	558172*	15414
Can.P.	558178*	15429
Can.P.	558186	15422
Can.P.	558212*	15412
Can.P.	558215*	15428
Can.P.	558218*	15467
Can.P.	558229	15426
Can.P.	558230	15422
Can.P.	558233*	15428
Can.P.	558235	15422
Can.P.	558272*	15364
Can.P.	558287*	15414
Can.P.	558301	15335
Can.P.	558308*	15411
Can.P.	558309*	15411
Can.P.	558376	15425
Can.P.	558377	15425
Can.P.	558381*	15399
Can.P.	558391*	15427
Can.P.	558392*	15399
Can.P.	558400*	15399
Can.P.	558411*	15399
Can.P.	558412*	15399
Can.P.	558528*	15471
Can.P.	558529*	15471
Can.P.	558530*	15471
Can.P.	558539*	15420
Can.P.	558542*	15414
Can.P.	558557*	15360
Can.P.	558565*	15412
Can.P.	558574*	15411
Can.P.	558576*	15413
Can.P.	558588*	15399
Can.P.	558606*	15420
Can.P.	558607*	15420
Can.P.	558608*	15420
Can.P.	558610*	15420
Can.P.	558612*	15428
Can.P.	558645*	15428
Can.P.	558653*	15428
Can.P.	558662	15335
Can.P.	558663	15423
Can.P.	558674	15425
Can.P.	558703*	15412
Can.P.	558713*	15428
Can.P.	558714*	15411
Can.P.	558721*	15428
Can.P.	558723	15424
Can.P.	558725	15424
Can.P.	558729	15425
Can.P.	558730	15425
Can.P.	558772*	15399
Can.P.	558779*	15413
Can.P.	558854*	15337
Can.P.	558882*	15420
Can.P.	558913*	15420
Can.P.	558916*	15413
Can.P.	558943	15424
Can.P.	558944*	15399
Can.P.	558945*	15412
Can.P.	558946*	15413
Can.P.	558960*	15428
Can.P.	558966*	15413
Can.P.	558999*	15338
Can.P.	559001*	15413
Can.P.	559020*	15413
Can.P.	559043*	15412
Can.P.	559049*	15430
Can.P.	559062*	15430
Can.P.	559063*	15430
Can.P.	559064*	15430
Can.P.	559065*	15430
Can.P.	559076*	15413
Can.P.	559079	15424
Can.P.	559084*	15414
Can.P.	559090*	15399
Can.P.	559091*	15399
Can.P.	559097*	15427
Can.P.	559100*	15399
Can.P.	559115*	15399
Can.P.	559223*	15413
Can.P.	559231*	15411
Can.P.	559251	15423
Can.P.	559252*	15472
Can.P.	559353*	15428
Can.P.	559365*	15428
Can.P.	559391	15424
Can.P.	559414*	15413
Can.P.	559430*	15420
Can.P.	559443	15426
Can.P.	559452*	15413
Can.P.	559066*	15430

Englische Patente (E.P.)

	Nr.	Seite
E.P.	801986	15419
E.P.	803803	15410
E.P.	804074	15358
E.P.	804689	15410
E.P.	806376	15364
E.P.	806571	15418
E.P.	810841	15423
E.P.	811117	15400
E.P.	815250	15427
E.P.	815305*	15427
E.P.	815875*	15428
E.P.	817656	15424
E.P.	823956*	15411
E.P.	824182*	15412
E.P.	827334	15435
E.P.	828591*	15414
E.P.	832063	15363
E.P.	832939	15406
E.P.	835689*	15411
E.P.	842804	15333
E.P.	843593	15448
E.P.	843671	15402
E.P.	844077*	15471
E.P.	844341	15436
E.P.	848135	15449
E.P.	848226	15363
E.P.	848235	15337
E.P.	851076*	15364
E.P.	853137	15447
E.P.	854455	15435
E.P.	854509*	15414
E.P.	855491	15452
E.P.	855626	15464
E.P.	857113	15405
E.P.	857283	15457
E.P.	858075	15449
E.P.	858389	15435
E.P.	860159	15465
E.P.	861052	15449
E.P.	861371	15463
E.P.	861784	15436
E.P.	861896	15447
E.P.	862195	15435
E.P.	863718	15402
E.P.	865340	15408
E.P.	867186	15369
E.P.	867572*	15413
E.P.	868650	15368
E.P.	869800	15451
E.P.	870382*	15412
E.P.	870399*	15413
E.P.	870833*	15373
E.P.	871621*	15427
E.P.	872567*	15413
E.P.	873330*	15337
E.P.	873873*	15411
E.P.	875060*	15337
E.P.	875349	15463
E.P.	878487*	15472
E.P.	878514*	15472
E.P.	878675*	15472
E.P.	879596*	15472
E.P.	880051	15470
E.P.	883131	15416
E.P.	883551*	15413
E.P.	884260*	15472

Französische Patente (F.P.)

	Nr.	Seite
F.P.	71699	15419
F.P.	73172*	15366
F.P.	74088*	15366
F.P.	1125277	15362
F.P.	1145556	15419
F.P.	1151561*	15411
F.P.	1154037*	15428
F.P.	1165833*	15428
F.P.	1171982*	15428
F.P.	1179023	15363
F.P.	1181351*	15413
F.P.	1186132*	15444
F.P.	1186284*	15411
F.P.	1187663	15415
F.P.	1189442	15419
F.P.	1195924	15465
F.P.	1198424*	15427
F.P.	1202021	15462
F.P.	1204834	15358
F.P.	1204948*	15369
F.P.	1208272	15416
F.P.	1208416	15398
F.P.	1212279*	15471
F.P.	1213093	15416
F.P.	1214463	15465
F.P.	1217930	15409
F.P.	1217988	15333
F.P.	1218070	15407
F.P.	1218415	15335
F.P.	1218577	15405
F.P.	1218653	15404
F.P.	1218735	15406
F.P.	1221988*	15369
F.P.	1223016	15405
F.P.	1223126*	15368
F.P.	1223231*	15369
F.P.	1223398	15379
F.P.	1223646*	15469
F.P.	1223758*	15368
F.P.	1223775*	15369
F.P.	1223907*	15369
F.P.	1224100	15403
F.P.	1224215	15404
F.P.	1224241	15403
F.P.	1224376*	15368
F.P.	1224476*	15369
F.P.	1224715	15403
F.P.	1224764*	15369
F.P.	1224766	15334
F.P.	1224805	15332
F.P.	1224855	15333
F.P.	1224884	15409
F.P.	1225773*	15368
F.P.	1226130	14511
F.P.	1226825	15410
F.P.	1227221	15331
F.P.	1227245*	15369
F.P.	1227469	15456
F.P.	1227492*	15380
F.P.	1228286	15463
F.P.	1228323*	15444
F.P.	1228637	15410
F.P.	1228672	15403
F.P.	1228806	15332
F.P.	1229102	15410
F.P.	1229114*	15369
F.P.	1229308*	15369
F.P.	1229325*	15369
F.P.	1229332*	15368
F.P.	1233420	15364
F.P.	1233841*	15414
F.P.	1233842	15462
F.P.	1233860*	15412
F.P.	1234030*	15444
F.P.	1240303*	15363
F.P.	1242583	15397
F.P.	1243740	15396
F.P.	1243997	15398
F.P.	1246802	15398
F.P.	1247850	15398
F.P.	1250128	15397
F.P.	1251464	15398
F.P.	1251479	15397

Holländische Patente (Holl.P.)

	Nr.	Seite
Holl.P.	98525*	15412
Holl.P.	99058*	15413
Holl.P.	99324*	15428
Holl.P.	99332*	15427
Holl.P.	99338*	15428
Holl.P.	99346*	15428
Holl.P.	99349*	15428
Holl.P.	99361*	15337
Holl.P.	99368*	15337
Holl.P.	99369*	15472
Holl.P.	99372*	15427
Holl.P.	99378*	15427
Holl.P.	99388*	15427
Holl.P.	99391*	15428
Holl.P.	99414*	15337
Holl.P.	99419*	15337
Holl.P.	99423*	15337
Holl.P.	99437*	15337
Holl.P.	99447*	15337
Holl.P.	99453*	15338
Holl.P.	99456*	15337
Holl.P.	99483*	15427
Holl.P.	99511*	15337
Holl.P.	99520*	15338
Holl.P.	99527*	15337
Holl.P.	99566*	15337
Holl.P.	99574*	15338
Holl.P.	99577*	15337
Holl.P.	99613*	15414
Holl.P.	99882*	15411
Holl.P.	99936*	15414
Holl.P.	100132*	15399
Holl.P.	100155*	15467
Holl.P.	100158*	15414
Holl.P.	100171*	15412
Holl.P.	100179*	15414

Indische Patente (Ind.P.)

	Nr.	Seite
Ind.P.	62600*	15412
Ind.P.	62696	15405
Ind.P.	62943*	15414

Italienische Patente (It.P.)

	Nr.	Seite
It.P.	519422	15419
It.P.	534743	15452

Nr.	Seite
Japanische Auslegeschriften (Jap.A.S.)	
Jap.A.S. 1849/1960	15330
Jap.A.S. 6640/1960*	15428
Jap.A.S. 6644/1960*	15471
Jap.A.S. 6881/1960*	15430
Jap.A.S. 10785/1959	15423
Österreichische Patente (Oe.P.)	
Oe.P. 200988	15373
Oe.P. 207496	15467
Oe.P. 207831	15444
Oe.P. 208826	15463
Oe.P. 210067	15336
Oe.P. 210383	15456
Oe.P. 210726*	15444
Oe.P. 211469	15457
Oe.P. 211644*	15444
Oe.P. 211725	15373
Oe.P. 211783	15456
Oe.P. 211786	15457
Oe.P. 211959	15337
Oe.P. 212270	15457
Oe.P. 212307	15407
Oe.P. 212316	15410
Oe.P. 212479	15373
Oe.P. 212493	15335
Oe.P. 214946	15470
Oe.P. 216685*	15338
Oe.P. 216687*	15338
Schweizer Patente (Schwz.P.)	
Schwz.P. 342580	15331
Schwz.P. 346633	15416
Schwz.P. 351624	15395
Schwz.P. 351939	15455
Schwz.P. 353014*	15337
Schwz.P. 353375*	15337
Schwz.P. 356136	15408
Schwz.P. 357387*	15412
Schwz.P. 357411*	15637
Schwz.P. 357719*	15338
Schwz.P. 357733*	15337
Schwz.P. 357959*	15444
Schwz.P. 358417*	15337
Sowjetische Patente (UdSSR.P.)	
UdSSR.P. 113855	15468
UdSSR.P. 117199	15463
UdSSR.P. 117911	15464
UdSSR.P. 117994	15419
UdSSR.P. 118061	15464
UdSSR.P. 118078	15468
UdSSR.P. 118091	15468
UdSSR.P. 118093	15469
UdSSR.P. 118220	15468
UdSSR.P. 121131	15409
Ungarische Patente (Ung.P.)	
Ung.P. 144738*	15380
Ung.P. 144805*	15414
Ung.P. 144819*	15369
Ung.P. 145030*	15380
Ung.P. 149469	15336
Ung.P. 149537	15336
Ung.P. 149607	15408

Chemisches Zentralblatt

1962 Nr. 42 17. Oktober

A. Allgemeine, physikalische und anorganische Chemie

Über die Beziehung zwischen den Eigenwerten bei relativistischer und nichtrelativistischer Quantenmechanik. E. C. Titchmarsh. (Proc. Roy. Soc. [London], Ser. A **266.** 33—46. 27/2. 1962. Oxford, Univ., Math. Inst.; engl.) — Vf. untersucht eingehend das Problem der Behandlung der DIRACschen relativist. Gleichungen in der Quantenmechanik als gestörte Form der SCHRÖDINGER-Gleichung mit einem kleinen Störungsparameter c^{-1} (c = Licht-Geschw.). Es läßt sich zeigen, daß in einigen Fällen die gestörten Eigenwerte u. Eigenfunktionen als konvergente Reihen reziproker Potenzen von c darstellbar sind. Ein einfaches Beispiel dafür stellt das *H*-Atom dar. G. M. NEUMANN. 10□

Nichtexistenz gebundener Zustände mit positiver Energie. Tosio Kato. (J. physic. Soc. Japan **14.** 382. März 1959. Tokyo, Univ., Dep. of Phys.; engl.) — Vf. stellt das Theorem auf, nach dem die SCHRÖDINGER-Gleichung keine positiven Eigenwerte mit einer quadrat. integrierbaren Eigenfunktion $\varphi \not\equiv 0$ hat. J. M. SPAETH. 10□

Gerhart Jander und Hildegardt Wendt, Einführung in das anorganisch-chemische Praktikum. 5. Aufl. Leipzig: Hirzel. 1962. (XX + 465 S. m 50 Abb.) DM 11,—.

A_1. Kernphysik und Kernchemie

Der Kerneinfang von μ-Mesonen. Włodzimierz Kusch. (Postępy Fizyki **11.** 69—82. 1960. Warszawa, Inst. Bad. jądr.; pol.) — Übersicht. Behandelt werden die Wahrscheinlichkeit des Kerneinfangs u. die sek. Rk.-Prodd. bei der Rk. von Mesonen mit Kernen. — 26 Literaturangaben. F. URBAN. 90□

Über den Kerneinfang negativer Myonen mit Elektronenemission. M. Conversi, L. di Lella, A. Egidi, C. Rubbia und M. Toller. (Nuovo Cimento [10] **19.** 987—98. 1/3. 1961. Roma, Univ., Ist. di Fis., Ist. Naz. di Fis. Nucl.; ital.) — Negative Myonen des 600-MeV-Synchrocyclotrons wurden in Cu abgebremst u. mittels Koinzidenz- u. Antikoinzidenzmessungen mit Scintillatoren nach einem Einfang mit Elektron-, aber ohne Neutrinoemission gesucht. Für das Verzweigungsverhältnis $R = (\mu^- + Cu \rightarrow Cu + e^-)/(\mu^- + Cu \rightarrow Ni + \nu)$ wurde $5 \cdot 10^{-5}$ gefunden. M. WIEDEMANN. 90□

Messung der Rate $\mu^- + {}^{12}C \rightarrow {}^{12}B + \nu^*$. E. J. Maier, B. L. Bloch, R. M. Edelstein und R. T. Siegel. (Physic. Rev. Letters **6.** 417—19. 15/4. 1961. Pittsburgh, Pa., Carnegie Inst. of Technol.; engl.) — Negative 45-MeV-Myonen wurden in einem Plastescintillator abgebremst. Sowohl die Zerfallselektronen als auch die aus dem β-Zerfall von ${}^{12}B$ (20,3 ms), das nach $\mu^- + {}^{12}C \rightarrow {}^{12}B + \nu^*$ gebildet wird, wurden gezählt. Das Verhältnis liefert für die Absorptionsrate zu ${}^{12}B$ $7,01 \pm 0,27 \cdot 10^3$/s. M. WIEDEMANN. 90□

Über die halbklassischen Behandlungen der Meson-Nucleon-Streuung. Shin Ishida. (Progr. theoret. Physics [Kyoto] **24.** 1166—78. Dez. 1960. Kyoto, Kyoto Univ., Dep. of Phys.; engl.) — Theoret. Unters. der halbklass. Behandlungen der p-Wellen-Pion-Nucleon-Streuung. Es zeigt sich, daß bei dieser Meth. die effektive Reichweiteformel wesentlich modifiziert werden muß. GERHARD SCHMIDT. 90□

Elastische Streuung $\pi^+ + p$ bei 1,0 GeV. U. Bidan, F. Lévy, N. Abbattista, A. Minafra, S. Mongelli, A. Romano und P. Waloschek. (Nuovo Cimento [10] **24.** 334—42. 16/4. 1962. Saclay, Centre d'Étud. Nucl.; Bari, Univ., Ist. di Fis.; engl.) — In einer Propan-Blasenkammer von 40×20×20 cm³ untersuchen Vff. die Rk. $\pi^+ + p \rightarrow \Sigma^+ + K^+$ u. bestimmen die Winkelverteilung $\pi^+ + p$ bei 1,0 GeV nach 1032 Ereignissen. Vff. vergleichen die Ergebnisse mit Daten bei 820 u. 900 MeV u. mit $\pi^- + p$-Winkelverteilungen bei ähnlichen Energien. GERHARD SCHMIDT. 90□

Kaskadenzeit des π^--Mesons in flüssigem Wasserstoff. T. H. Fields, G. B. Yodh, M. Derrick und J. G. Fetkovich. (Physic. Rev. Letters **5.** 69—70. 15/7. 1960. Pittsburgh, Pa., Carnegie Inst. of Technol.; engl.) — Bei der Auswertung von Blasenkammeraufnahmen ergab sich, daß die Abbremsung von π^--Mesonen von $\beta = 0,05$ auf

0,01 ca. $2 \cdot 10^{-12}$ s dauert. Bis zum Einfang im H-Kern vergehen danach noch $(1,2\,^{+1,2}_{-0,5}) \cdot 10^{-12}$ s. Dabei emittiert das aus Proton u. π^--Meson bestehende Atom keine Röntgenstrahlung. G. Kirschstein. 90☐

K–Nucleon-Wechselwirkung. Leroy T. Kerth. (Rev. mod. Physics **33.** 389—92. Juli 1961. Berkeley, Calif., Univ. of California, Lawrence Radiat. Labor.; engl.) — Es werden Messungen der Gesamt-Wrkg.-Querschnitte für K^- an Protonen u. an Neutronen im Bereich 0,6—4 GeV/c u. für K^+ an Protonen u. Neutronen im Berech 0,8—2,9 GeV/c wiedergegeben. Die K^--p-Daten sind durch einen sehr hohen Wrkg.-Querschnitt bei geringem Impuls mit einer Resonanz bei ca. 1 GeV/c charakterisiert, der auf ca. 25 mbarn bei hohen Energien abfällt. Bei hohen Energien scheint sich der K^--n-Wert dem K^--p-Wert zu nähern. Resonanz tritt nur in $T = 0$ auf, bei hohen Energien scheinen $T = 1$ u. $T = 0$ etwa gleich wirksam zu sein. Auch bei K^+ wird zwischen $T = 0$- u. $T = 1$-Wrkg.-Querschnitt unterschieden. Die $T = 1$-Streuung scheint überwiegend der S-Welle anzugehören. M. Wiedemann. 90☐

Über einige Folgerungen der Ladungsunabhängigkeit für K⁺–Nucleon-Wechselwirkungen. V. de Santis. (Nuovo Cimento [10] **20.** 983—1000. Juni 1961. Padova, Ist. Naz. di Fis. Nucl.; engl.) — Unter der Annahme der Ladungsunabhängigkeit werden Beziehungen zwischen den 3 K^+-N-Wrkg.-Querschnitten aufgestellt. Die Werte für den elast. K^+-n-Querschnitt sind höher als die aus den Experimenten abgeleiteten. Ferner wurden die 3 Querschnitte nach der Tamm-Dancoff-Meth. unter Beachtung des Rückstoßes nach der pseudoskalaren KNY-Kopplung berechnet; die Übereinstimmung mit den experimentellen Daten ist hier gut, falls die Kopplungs-Konst. g_Σ u. g_Λ von gleicher Größenordnung wie die für π–N angenommen werden. M. Wiedemann. 90☐

Erzeugung von Ξ^--Hyperonen durch π^--Mesonen mit 7 und 8 GeV/c. Gan-Tschan Wan, Zu-Zsen Wan, N. M. Wirjassow, Da-Zao Din, Kim Chi In, Je. N. Kladnitzkaja, A. A. Kusnetzow, A. Michul, Ngujen Din Ty, A. W. Nikitin und M. I. Ssolowjew. (Журнал Экспериментальной и Теоретической Физики [J. exp. theoret. Physik] **40.** 734—40. März 1961. Vereinigtes Inst. für Kernforsch.; russ., Auszug: engl.) — Eine 24-Liter-Propan-Blasenkammer in einem Magnetfeld von 13700 Oe wurde dem π^--Bündel ausgesetzt u. mit (6,8 ± 0,6)-GeV/c-π^- 27000 Aufnahmen u. mit 8-GeV/c-π^- 75000 erhalten. Insgesamt wurden 11 Ξ^--Hyperonen beobachtet, deren Zerfall nach $\rightarrow \Lambda^0 + \pi^-$ untersucht wurde. Als Mittel ergeben sich Q = 61,9 ± 2,2 MeV entsprechend einer Masse von 1317,0 ± 2,2 MeV, Lebensdauer 3,5 $(+3,4-1,2) \cdot 10^{-10}$ s u. einem Bldg.-Querschnitt für die Hyperonen durch 6,8 GeV/c-π^- von 3,6 (+2,5—2,1), durch 8-GeV/c-π^- von 10,6 (+4,4—3,2) μbarn. M. Wiedemann. 90☐

π–Λ-Resonanz und das Sigma-Hyperon. S. Barshay und H. Pendleton III. (Physic. Rev. Letters **6.** 421—23. 15/4. 1961. Waltham, Mass., Brandeis Univ., Phys. Dep.; engl.) — Ein möglicher Zusammenhang zwischen der Resonanz im π–Λ-Syst. bei 1385 MeV u. dem Σ-Hyperon, das als gebundener Zustand eines Pions u. eines Λ mit einer Bindungsenergie von —65 MeV aufgefaßt wird, wird erörtert. Eine Messung u. ein Vgl. der Spins u. relativen Paritäten der π–Λ-Resonanz u. des Σ-Hyperons werden vorgeschlagen. M. Wiedemann. 90☐

Pionenerzeugung in Hyperon–Nucleon-Stößen. G. Bhamathi, S. Indumathi, T. K. Radha und R. Thunga. (Nuovo Cimento [10] **24.** 87—91. 1/4. 1962. Madras, Inst. of Math. Sci.; engl.) — Vff. analysieren den Prozeß $\Sigma^- + p \rightarrow \Sigma^0 + p + \pi^-$ nach der Extrapolations-Meth. von Chew u. Low. In die Betrachtungen werden die Endzustands-Wechselwrkg. einbezogen, die von möglichen π^-p- u. Yπ-Resonanzen herrühren. Gerhard Schmidt. 90☐

Elektromagnetische Eigenschaften instabiler Teilchen. J. S. Bell. (Nuovo Cimento [10] **24.** 452—60. 1/5. 1962. Geneva, CERN; engl.) — Theoret. Betrachtungen über die El-Momente instabiler Teilchen u. Diskussion einfacher Nichtrückstoßmodelle. Gerhard Schmidt. 90☐

Elektrodynamische Eigenschaften von Baryonen im Schema der unitären Symmetrie. Sidney Coleman und Sheldon Lee Glashow. (Physic. Rev. Letters **6.** 423—25. 15/4. 1961. Pasadena, Calif., California Inst. of Technol.; engl.) — Die unitäre Symmetrie, die in die Theorie der starken Wechselwrkg. eingeführt wurde, wird verwendet, um die magnet. Momente aller Baryonen durch diejenigen von Proton u. Neutron auszudrücken. Auch für die elektromagnet. Massenaufspaltung wird eine Beziehung abgeleitet. M. Wiedemann. 90☐

Analytische Eigenschaften partieller differentieller Querschnitte. I. T. Drummond. (Nuovo Cimento [10] **24.** 248—77. 16/4. 1962. Cambridge, Cambridge Univ., Dep. of Appl. Math. and Theoret. Phys.; engl.) — Vf. analysiert die Beziehung zwischen den Singularitäten der invarianten Amplitude für einen Erzeugungsprozeß u. den Singularitäten der partiellen differentiellen Querschnitte. Gerhard Schmidt. 90□

Das Prinzip maximaler Analytizität beim Drehimpuls. E. Predazzi und T. Regge. (Nuovo Cimento [10] **24.** 518—33. 1/5. 1962. Torino, Univ., Ist. di Fis., Ist. Naz. di Fis. Nucl., Sez. di Torino; engl.) — Mathemat. Behandlung des Analytizitätsprinzips unter bes. Berücksichtigung der analyt. Fortsetzung der Streuamplitude in dem bisher vernachlässigten Bereich *Re* (l) $> -1/2$. Gerhard Schmidt. 90□

Kanalspin und Analytizität der Spektralfunktion. G. Mohan. (Nuovo Cimento [10] **24.** 350—52. 16/4. 1962. New Delhi, Nat. Physic. Labor.; engl.) — Die theoret. Unterss. des Vf. ergeben, daß der Beitrag zum imaginären Teil der Streuamplitude aus jedem beliebigen Zwischenzustand des genau festgelegten Kanalspins analyt. in der ganzen komplexen Ebene der Impulsübertragungsvariablen auftritt.
Gerhard Schmidt. 90□

Holomorphiebereich der S-Matrix bei Potentialstreuung. A. Bottino und A. M. Longoni. (Nuovo Cimento [10] **24.** 353—68. 16/4. 1962. Torino, Univ., Ist. di Fis., Ist. Naz. di Fis. Nucl., Sez. di Torino; engl.) — Mathemat. Unters. des Holomorphiebereiches der S-Matrix im Falle der $V(z)$-Potentiale. Gerhard Schmidt. 90□

Mandelstam-Darstellung für Dirac-Potentialstreuung. K. W. Edwards. (Physic. Rev. [2] **124.** 936—39. 1/11. 1961. Princeton, N.J., Princeton Univ., Palmer Phys. Labor.; engl.) — Vf. zeigt, daß die Streuamplitude für Dirac-Potentialstreuung eine Mandelstam-Darst. hat, wenn das Potential eine Überlagerung von Yukawa-Potentialen ist.
Herbert Weber. 90□

Die linke Einschnittdiskontinuität und äquivalente Potentiale. K. Chadan. (Nuovo Cimento [10] **24.** 379—84. 1/5. 1962. Orsay, Fac. des Sci., Labor. de Phys. Théor. et Hautes Énergies; engl.) — Theoret. Betrachtungen über die Verbindung zwischen obiger Diskontinuität der S-Matrix u. dem Potential. Gerhard Schmidt. 90□

Paarungs- und Quadrupolkräfte in einem zweidimensional lösbaren Modell. H.-J. Lipkin. (Nuclear Physics [Amsterdam] **26.** 147—60. Juli 1961. Rehovoth, Weizmann Inst. of Sci., Dep. of Phys.; engl.) — Das beschriebene Modell besteht aus einem Syst. von Teilchen, die sich in einem zweidimensionalen harmon. Oscillatorpotential mit gemischten Zuständen von Zweikörperpaarungs- u. Quadrupolkräften innerhalb einer Hauptschale bewegen. Anwendungen des Modells werden beschrieben.
H. Schroeder. 90□

Ruhenergie, Ruhmasse und nichtkovariante Elektrodynamik. J. S. Bell. (Nuovo Cimento [10] **24.** 554—56. 1/5. 1962. Geneva, CERN; engl.) — Die durch eine Energie-Impuls-Beziehung definierte Masse eines Teilchens erweist sich als impulsabhängig. Aus Gründen der Genauigkeit werden die Berechnungen nur für Teilchen mit schwacher Wechselwrkg. durchgeführt. Die experimentellen Grenzen für die Best. der e-Masse werden aufgezeigt. Gerhard Schmidt. 90□

Über die Superbarrierenreflexion von Teilchen hoher Energien. W. L. Pokrowski und I. M. Chalatnikow. (Журнал Экспериментальной и Теоретической Физики [J. exp. theoret. Physik] **40.** 1713—19. Juni 1961. Inst. für physik. Probleme der Akad. der Wiss. der UdSSR; russ., Auszug: engl.) — Die Amplitude der Superbarrierenreflexion von Teilchen an einer eindimensionalen Potentialschwelle wird in der quasiklass. Approximation berechnet, wobei die Eigg. des Potentials in der komplexen Ebene berücksichtigt werden. M. Wiedemann. 90□

Durchgang schneller Teilchen durch eine Materieschicht. G. M. Garibjan. (Доклады Академии Наук Армянской ССР [Ber. Akad. Wiss. ArmenSSR] **33.** 105—09. 1961. Physik. Inst. der Akad. der Wiss. der ArmenSSR; russ., Auszug: armen.) — Der Energieverlust schneller Teilchen beim Durchgang durch Materie wird ermittelt, die Bedingungen für Sättigung in Abhängigkeit von der Schichtdicke werden diskutiert.
M. Wiedemann. 90□

Der Photonenbegriff in der klassischen allgemeinen Relativitätstheorie. L. Mariot. (J. Physique Radium **19.** 31 S—33 S. Juni 1958; franz.) — Ausgehend von den im Formalismus der allg. Relativitätstheorie angesetzten Maxwell-Gleichungen führt die Unters. des singulären elektromagnet. Feldes zum Begriff des „Photonenfluidums". Es handelt sich dabei um ein Syst. aus ungeladenen, mit einer Eigenenergie versehenen Teilchen, die sich streng mit der Grenz-Geschw. c fortpflanzen. Die Ableitung erfolgt ohne quantentheoret. Voraussetzungen. A. Blaschette. 90□

Absorptionskoeffizienten für Gammastrahlung in Luft im Energiebereich von 0,01—100 MeV. J. W. Allison. (J. appl. Physics **29.** 1175—78. Aug. 1958. Melbourne, Australian Defence Sci. Serv., Dep. of Supply, Defence Standards Labor.; engl.) — Vf. teilt zwei einfache Formeln mit, die den Gesamtmassenabsorptions-Koeff. von

Luft zu berechnen gestatten. Die Formeln werden aus bekannten theoret. Werten der Gesamt-Koeff. abgeleitet u. sind auf die Energiebereiche von 0,01—100 MeV u. von 0,05—10 MeV anwendbar. Die damit erhaltenen Ergebnisse stimmen mit den theoret. Werten innerhalb ca. 5 bzw. 1% überein. Die Ergebnisse werden mit Werten verglichen, die nach bekannten empir. Formeln für den Energiebereich bis zu ca. 1 MeV berechnet wurden. Gerhard Schulze. 90□

Untersuchung einer hochenergetischen Elektron-Photon-Kaskade in Emulsion. E. Fenyves, A. Frenkel, F. Telbisz, J. Pernegr, V. Petržílka, J. Sedlák und J. Vrána. (Nuovo Cimento [10] **14.** 1249—53. 16/12. 1959. Budapest, Central Res. Inst. of Phys., Dep. for Cosmic Rays; Praha, Charles Univ., Physic. Inst. of the Czechoslovak Acad. of Sci., Fac. of Techn. and Nucl. Phys.; engl.) — Vff. untersuchen eine durch Photonen angeregte hochenerget. Elektron-Photon-Kaskade. Die Energie des prim. Photons wird aus der longitudinalen Entw. u. der seitlichen Verteilung der Kaskade zu ca. $2 \cdot 10^{12}$ eV bestimmt. Es wird das Energiespektrum der Elektronenpaare gemessen, die auf den ersten 1,5 Kaskadeneinheiten erzeugt werden. Das erhaltene Spektrum weicht nicht merklich weder von dem nach der Bethe-Heitler-Theorie berechneten Spektrum noch von dem von Migdal berechneten Spektrum ab. Gerhard Schmidt. 90□

Über die Emission von γ-Quanten niedriger Energie bei der Streuung von Elektronen an Protonen. Ss. M. Bilenki und R. M. Ryndin. (Журнал Экспериментальной и Теоретической Физики [J. exp. theoret. Physik] **40.** 819—25. März 1961. Verein. Inst. für Kernforsch.; russ., Auszug: engl.) — Die Emission energiearmer γ-Quanten bei der Streuung energiereicher Elektronen an Protonen wird diskutiert, der Wrkg.-Querschnitt wird ermittelt. Der differentielle Wert ist näherungsweise durch die elektromagnet. Formfaktoren des Protons bedingt. M. Wiedemann. 90□

Mott-Streuung an Streufolien endlicher Dicke. H. Wegener. (Z. Physik **151.** 252—63. 8/5. 1958. Erlangen, Univ., Physikal. Inst.; dt.) — Vf. berechnet im Hinblick auf die Elektronenpolarisation beim β-Zerfall die Wahrscheinlichkeit für die Streuung transversal polarisierter Elektronen an dünnen Folien der Dicke d u. entwickelt den Ausdruck nach d. Der d^2-Term dieser Entw. wird als Funktion der Elektronen-Geschw. $\beta = v/c$, des Streuwinkels ϑ_s u. des Polarisationsgrades P angegeben. In den d^2-Term gehen die bei Streu-Verss. u. Polaritätsmessungen nur schwer erfaßbaren Störungen durch Kleinwinkel- u. Zweifachstreuung ein. Für die oft verwendete Streusubstanz *Au* werden die Resultate für $0{,}4 < \beta < 0{,}8$ u. $60^0 < \vartheta_s < 120^0$ tabellar. angegeben. Sie stimmen mit den allerdings noch sehr spärlichen Beobachtungen überein. D. Jörchel. 90□

Abhängigkeit der Møller-Streuung von den Anfangs- und Endpolarisationen der Elektronen. Sasabindu Sarkar. (Nuovo Cimento [10] **24.** 139—44. 1/4. 1962. Calcutta, Ind. Assoc. for the Cultivat. of Sci., Dep. of Theor. Phys.; engl.) — Vf. entwickelt einen allg. Ausdruck für die Møller-Streuung von Elektronen unter Berücksichtigung der Polarisationszustände sowohl der Anfangs-, als auch der Endelektronen. Der Ausdruck läßt sich wesentlich vereinfachen, wenn angenommen wird, daß die Anfangselektronen senkrecht zur Streuebene polarisiert u. die Endelektronen longitudinal polarisiert sind. Gerhard Schmidt. 90□

Näherungsmethode zur Behandlung der Neutronenverlangsamung. Gerald Goertzel und Eugene Greuling. (Nuclear Sci. Engng. **7.** 69—72. Jan. 1960. White Plains, N.Y., Nucl. Developm. Corp. of America; Durham, N.C., Duke Univ.; engl.) — Vorschlag einer Näherungsbeziehung zwischen Verlangsamungsdichte u. isotropem Neutronenfluß. Gerhard Schmidt. 90□

Einige Berechnungen über die Neutronenflußdepression in dünnen absorbierenden Platten. M. Angelopoulos und R. E. Strickland. (J. nuclear Energy, Part A **12.** 21—25. Mai 1960. Athen, Techn. Univ.; London, Imp. Coll. of Sci. and Technol.; engl.) — Vff. berechnen die lineare Extrapolationslänge u. die Flußdepression in absorbierenden u. streuenden Platten, die von einem schwach absorbierenden Moderator umgeben sind. Den Berechnungen liegen die elementare Diffusionstheorie u. die Meth. des Mehrfachstoßes zugrunde. Gerhard Schmidt. 90□

Grenzbedingungen der Neutronendiffusion am Rande von Luftlöchern. Dietrich Bünemann. (Atomkernenergie **2.** 201—03. Juni 1957. Hamburg, Gesellsch. für Kernenergieverwert. in Schiffbau u. Schiffahrt m. b. H.; dt.) — Vf. zeigt, daß trotz des Versagens der Diffusionstheorie im Vakuum bzw. in Luftlöchern mit einer ersten Näherung der Transporttheorie brauchbare Übergangsbedingungen für die Diffusionstheorie erhalten werden können. Die Bedingungen der Diffusionstheorie können durch Entw. nach cos ϑ als erste Näherung erhalten werden. Gerhard Schmidt. 90□

Exakte Mehr-Gruppen-Diffusionstheorie des endlichen heterogenen, geschichteten Reaktors. W. Oldekop. (Nukleonik [Berlin] **2.** 252—54. Nov. 1960. Erlangen, Siemens-Schuckertwerke AG., Abt. Reaktorentw.; dt.) — Vf. gibt die allg. Lösung für einen endlichen heterogenen Reaktor mit plattenförmigen Brennelementen (eindimensionales Problem) bei n Energiegruppen an. Die krit. Bedingung für einen nackten, aus einer ungeraden Zahl von Zellen bestehenden Reaktor wird angegeben.
Gerhard Schmidt. 90□

Raumabhängige prompte Kinetik eines unterkritischen Reaktors. Joseph Agresta und Lyle B. Borst. (Nuclear Sci. Engng. **7.** 64—68. Jan. 1960. New York, N.Y., New York Univ., Dep. of Phys.; engl.) — Beschreibung einer Berechnungs-Meth. durch direkte numer. Integration zeitabhängiger Mehrgruppengleichungen u. Anwendung auf den Neutronenfluß in einem unterkrit. Reaktor. Gerhard Schmidt. 90□

Reaktivitätsmessungen am Berliner Reaktor BER. J. R. Engel und R. Schröder. (Nukleonik [Berlin] **2.** 88—90. Mai 1960. Berlin, Hahn-Meitner-Inst. für Kernforsch., Sekt. Kernchem.; dt.) — Der BER ist ein homogener Lsg.-Reaktor. Er wird mit Uranylsulfat-Lsg. als Brennstoff betrieben, worin das U zu 20% in ^{235}U angereichert ist. Durch Änderung von Brennstoff-Vol. u. -Konz. wurde ein Reaktivitätsdiagramm aufgenommen. Hieraus können die Variationsbereiche des W.-, Brennstoff- u. Massen-Koeff. der Reaktivität abgelesen werden. Außerdem wurden Temp.-Koeff., Steuerstabwert u. Vergiftungsfaktoren in Abhängigkeit von Lsg.-Vol. u. -Konz. bestimmt.
Gerhard Schmidt. 90□

Über die mögliche Instabilität von Leistungsdichte und Xenonkonzentration in einem großen thermischen Leistungsreaktor. H. Märkl. (Nukleonik [Berlin] **2.** 90—100. Mai 1960. Erlangen, Siemens-Schuckertwerke A.G., Abt. Reaktorentw.; dt.) — Vf. untersucht die in einem therm. Leistungsreaktor infolge der Rückkopplung zwischen Schwankungen der Leistungsdichte u. der Xe-Prod. trotz konst. gehaltener Gesamtleistung möglicherweise entstehenden Oscillationen des Neutronenflusses u. der Xe-Konzentration. Unter Verw. der Laplace-Transformation u. Heranziehung einer Übermatrixschreibweise läßt sich das Problem nach geeigneter Linearisierung des entsprechenden Gleichungs-Syst. übersichtlich formulieren u. geschlossen lösen. An Hand von Beispielen wird das Stabilitäts-Verh. in Abhängigkeit von den Reaktordimensionen u. der Flußhöhe untersucht. Gerhard Schmidt. 90□

Bestimmung der Wirksamkeit eines Schutzschildes aus Boral und Messung der in diesem Schutzschild enthaltenen Bormenge. R. Beaugé. (Ind. atom. **4.** Nr. 3—4. 65—67. 1960. Fontenay-aux-Roses; franz.) — Mittels eines BF_3-Zählers wurde die Abschwächung der therm. Neutronen des Reaktors ohne Schutzschild, mit einem solchen aus Cd, aus Boral u. aus Cd + Boral bestimmt. Der Boral-Absorber wirkt nach dem 1/v-Gesetz. Die Menge des im Schild enthaltenen B kann auf diese Weise ermittelt werden.
M. Wiedemann. 90□

Theorie der endlichen Kerne in der statistischen Methode mit Korrelationskorrektur. 1. Mitt. Yasuo Hara. (Progr. theoret. Physics [Kyoto] **24.** 1179—94. Dez. 1960. Tokyo, Univ. of Tokyo, Dep. of Phys.; engl.) — Vf. entwickelt eine statist. Meth. für Atomkerne, bei der das effektive Potential die dichteabhängige nichtlokale Reaktionsmatrix in der Kernmaterie ist. Die Meth. wird auf die Berechnung der Oberflächendicke u. der Oberflächenenergie von schweren Kernen angewandt.
Gerhard Schmidt. 95□

Bildung von α-Clustern in Kernen vom Typ gerade-gerade. F. C. Chang. (Physic. Rev. Letters **6.** 414. 15/4. 1961. Jamaica, N.Y., St. John's Univ., Physics Dep.; engl.) — Die Hemmfaktoren für den Übergang auf ein gegebenes Niveau sind sehr unterschiedlich, was durch die Bldg. von α-Clustern mit verschiedenen Drehimpulsen erklärt wird.
M. Wiedemann. 95□

Quadrupolschwingungen und das elektrische Quadrupolmoment einiger Kerne mit abgeschlossener Schale plus (oder minus) ein einzelnes Nucleon. P. N. Mukherjee und I. Dutt. (Indian J. Physics Proc. Indian Assoc. Cultivat. Sci. **32** (**41**). 149—54. März 1958. Calcutta, Inst. of Nucl. Phys.; engl.) — Das Quadrupolmoment wird nach dem Formalismus des kollektiven Modells behandelt. Aus den Daten über die Schwingungsspektren der gerade–gerade-Kerne kann die Steife des Core erhalten werden. Die Oberflächenkopplung ergab sich im Bereich der geschlossenen Kernschale als intermediär. Die Meth. verbessert die Werte des Quadrupolmoments, wie an Beispielen gezeigt wird.
M. Wiedemann. 95□

Über die Existenz von neuen Isotopen leichter Kerne und die Zustandsgleichung von Neutronen. Ja. B. Seldowitsch. (Журнал Экспериментальной и Теоретической Физики [J. exp. theoret. Physik] **38.** 1123—31. April 1960; russ., Auszug:

engl.) — Eine theoret. Unters. über die Stabilität leichter Kerne gegen Nucleonenemission wird unter Berücksichtigung von Schalen- u. Paarungseffekten durchgeführt. ^{8}He sollte stabil sein. Zum Nachw. der Existenz eines nur aus Neutronen aufgebauten Kerns reicht die verwendete Näherung nicht aus. K.-E. Seyb. 95□

Experimentelle und theoretische Bemerkungen zum doppelten β-Zerfall. G. F. Dell'Antonio und E. Fiorini. (Suppl. nuovo Cimento Nr. 1 (zu [10] **17**). 132—93. 1960. Evanston, Ill., Northwestern Univ., Phys. Dep.; Milano, Univ., Ist. di Fis., Ist. Naz. di Fis. Nucl., Sez. di Milano; engl.) — Ausgehend von den wesentlichsten Eigg. der Fermi-Wechselwrkg. diskutieren Vff. das Phänomen des doppelten β-Zerfalls in Hinblick auf mögliche Verbesserungen der gegenwärtigen Ergebnisse. — 120 Literaturangaben. Gerhard Schmidt. 103□

Differenzen in der natürlichen Breite der Konversionslinien. J. H. Dijkstra und C. De Vries. (Nuclear Physics [Amsterdam] **23**. 524—31. März 1961. Amsterdam, Inst. for Nucl. Res.; engl.) — K- u. L-Konversionslinienpaare der *Hg*- u. *Bi*-Isotope, die mit einem eisenfreien, doppelfokussierenden β-Spektrometer vermessen wurden, wurden analysiert. Die genauen $B\varrho$-Werte wurden ermittelt. Die Differenz der Breiten der Niveaus ergab sich zu 49 ± 5 eV in Bi u. zu 54 ± 5 eV in Hg. M. Wiedemann. 103□

Messungen der Halbwertszeiten mehrerer Radioisotope mit der ausgeglichenen Ionenkammer. H. T. Easterday und R. L. Smith. (Nuclear Physics [Amsterdam] **20**. 155—58. Okt. 1960. Eugene, Oreg., Univ.; engl.) — Vff. messen die Halbwertszeiten von 6 γ-Strahlern unter Verw. einer Anordnung von ausgeglichenen (balanced) Ionenkammern (Tobailem, C. **1958**. 7652). Ionenkammern dieser Art sind mit Ar von 3 at gefüllt. Folgende Ergebnisse werden erhalten: ^{75}Se $120{,}4 \pm 0{,}2$ d, ^{65}Zn $245{,}7 \pm 1{,}1$ d, ^{106}Ru $265{,}8 \pm 1{,}7$ d, ^{110m}Ag $255{,}0 \pm 0{,}8$ d, ^{134}Cs $2{,}05 \pm 0{,}05$ a u. ^{144}Ce 277 ± 4 d. Gerhard Schmidt. 103□

Die Fusion von Schwerem Wasserstoff. T. E. Allibone. (Proc. Roy. Instn. Great Britain **37**. 424—38. 1959. Aldermaston Court, Assoc. Electr. Industr. Res. Labor.; engl. — C. **1960**. 8.) Gerhard Schmidt. 103□

Über den Wirkungsgrad der Reaktion ^{3}H(d, n)^{4}He in Titantritid beim Beschuß mit Deuteronen. E. M. Gunnersen und G. James. (Nuclear Instruments Methods [Amsterdam] **8**. 173—84. Aug. 1960. Aldermaston, Berks., Atom. Weapons Res. Establ.; engl.) — Vff. führten direkte Messungen des Energieverlusts von 40—150-keV-Deuteronen in Titanhydridfolien aus u. benutzten die Ergebnisse zur Berechnung der Neutronenausbeute aus der ^{3}H (d, n)^{4}He-Rk. in Titanhydrid für den Deuteronenenergiebereich von 9—150 keV. Unter Verw. der erhaltenen Ausbeutekurve wurde ein Verf. entwickelt, mit dem die Änderungen der T-Konz. mit der Tiefe im Material abgeschätzt werden kann. Die Konz.-Spitze liegt niemals weniger als 3000 Å unter der Oberfläche; in einer oberen Oberflächenschicht von ca. 500 Å sowie im unteren Drittel des Titantritidmaterials ist nur sehr wenig T enthalten. Wolfgang Wagner. 103□

Die Reaktion ^{11}B(p, $\gamma\alpha$)-^{8}Be und der 9,63-MeV-Zustand von ^{12}C. A. G. Gregory. (Nuclear Physics [Amsterdam] **23**. 518—23. März 1961. Canberra, Austral. Nat. Univ., Res. School of Physic. Sci.; engl.) — B_2O_3 wurde mit 163-keV-Protonen bestrahlt. Mittels NaJ(Tl)-Scintillator wurden γ-Strahlen im Bereich von 4—12 MeV untersucht, ferner wurden γ-α-Koinzidenzen gemessen, der Detektor bestand aus einem CsJ-Kristall. Aus den Messungen wird geschlossen, daß die Ausbeute an γ-Strahlung von Übergängen durch den 9,63-MeV-Zustand weniger als $^1/_3$ der Übergänge zum Grundzustand beträgt. Die Möglichkeit, aus Messungen der Winkelkorrelation den Spin des 9,63-MeV-Zustands zu ermitteln, wird diskutiert. M. Wiedemann. 103□

(n, α)- und (n, p)-Reaktionen in Fluor. E. Kondaiah, K. V. K. Iyengar und C. Badrinathan. (Nuclear Physics [Amsterdam] **5**. 346—50. Jan. (2) 1958. Bombay, Tata Inst. of Fundament. Res.; engl.) — Vff. berechneten das Verhältnis der Wrkg.-Querschnitte der Rkk. ^{19}F(n, α) u. ^{19}F(n, p) auf der Grundlage der Compoundkern-Bldg. zu 3,5 u. bestimmten dieses Verhältnis experimentell zu 1,2 für 14,5-MeV-Neutronen. Zur Erklärung dieser Diskrepanz nehmen Vff. an, daß direkte Wechselwrkg.-Rkk. einen merklichen Beitrag zum Wrkg.-Querschnitt der (n, p)-Rk. liefern. H. Schroeder. 103□

Energie- und Winkelverteilungen der von ^{27}Al emittierten Protonen bei Wechselwirkungen mit 14,2-MeV-Neutronen. K. G. Nair, K. N. Iyengar und R. Ramanna. (Nuclear Physics [Amsterdam] **26**. 193—202. Aug. 1961. Bombay, Tata Inst. of Fundament. Res.; engl.) — Vff. bestimmten die Energie- u. Winkelverteilung der bei der Rk. ^{27}Al (n, p)^{27}Mg unter Verw. von 14,2-MeV-Neutronen auftretenden Protonen mittels Emulsionstechnik. Es zeigt sich, daß im Hochenergieteil überwiegend kein Compoundkernmechanismus vorliegt. H. Schroeder. 103□

Einige Eigenschaften des bei 2,23 MeV angeregten Zustandes von ^{31}P. A. E. Litherland, E. B. Paul, G. A. Bartholomew und H. E. Gove. (Canad. J. Physics **37.** 53–62. Jan. 1959. Chalk River, Ontario, Atom. Energy of Canada Ltd., Phys. Div.; engl.) — Vff. untersuchen den angeregten 2,23-MeV-Zustand mittels der Einfang-γ-Strahlen aus der 1,70-MeV-Resonanz bei der Rk. $^{30}Si(p, \gamma)^{31}P$. Die Winkelkorrelation des Grundzustand-γ-Strahls bestimmt, daß die Resonanz den totalen Drehimpuls 3/2 besitzt, die Dreifachkorrelationsmessungen der Kaskaden-γ-Strahlen aus dem Compoundzustand zeigen, daß der Drehimpuls des 2,23-MeV-Zustandes 5/2 ist. Koinzidenzmessungen ergeben, daß die Kaskaden-γ-Strahlen aus dem 2,23-MeV-Zustand zum ersten angeregten Zustand bei 1,27 MeV $<$ 3% der Übergänge zum Grundzustand sind. Gerhard Schmidt. 103□

Eigenschaften der bei (p, α)-Reaktionen in ^{18}O, ^{31}P, ^{35}Cl, ^{37}Cl, ^{39}K und ^{41}K angeregten Niveaus. R. L. Clarke, E. Almqvist und E. B. Paul. (Nuclear Physics [Amsterdam] **14.** 472–97. Jan. (1) 1960. Chalk River, Ontario, Chalk River Labor.; engl.) — Unter Verw. eines Magnetspektrometers zum Nachw. der α-Teilchen messen Vff. die Anregungsfunktionen u. differentiellen Querschnitte unter 90° zum Bündel für die (p, α)-Grundzustands-Rkk. in ^{18}O, ^{31}P, ^{35}Cl, ^{37}Cl, ^{39}K u. ^{41}K bei 1–3 MeV Protonenenergie. Die red. Breiten u. Stärkefunktionen für Protonen u. α-Teilchen werden abgeleitet. Die α-Stärkefunktionen sind um einen Faktor 5 kleiner als die Protonwerte. Die red. Breiten von Protonen u. α-Teilchen in Einheiten von $h^2/\mu R^2$ sind in beiden Fällen $3 \cdot 10^{-2}$ für ^{31}P u. nehmen auf $0,4 \cdot 10^{-2}$ nahe der Masse 40 ab. Die Gleichheit der red. Breiten für Protonen u. α-Teilchen läßt vermuten, daß diese Teilchen an der Oberfläche des Kerns mit gleicher Wahrscheinlichkeit auftreten. Der gemessene mittlere Niveauabstand geht von 78 keV für ^{31}P auf $<$ 15 keV im Massenbereich von 40. Die gemessenen Q-Werte der (p, α)-Rk. sind für ^{35}Cl, ^{37}Cl, ^{39}K u. ^{41}K 1,865 $\pm$ 0,015, 3,015 $\pm$ 0,015, 1,267 $\pm$ 0,020 bzw. 4,002 $\pm$ 0,020 MeV. Gerhard Schmidt. 103□

α-Anregungsfunktionen von Eisen-54. Shigeo Tanaka, Michiaki Furukawa, Masuo Yagi, Shiro Iwata und Hiroshi Amano. (J. physic. Soc. Japan **14.** 1251. Sept. 1959. Tanashi, Tokyo, Univ. of Tokyo, Inst. for Nucl. Stud.; engl.) — Nach der Aktivierungs-Meth. messen Vff. die Anregungsfunktionen für die Rkk. $^{54}Fe(\alpha, n)^{57}Ni$, $^{54}Fe(\alpha, p)^{57}Co$, $^{54}Fe(\alpha, 2n)^{56}Ni$ u. $^{54}Fe(\alpha, pn)^{56}Co$. Der Beschuß erfolgt mit monoenerget. Bündeln von 32-MeV-α-Teilchen aus dem Cyclotron. Die Energieabhängigkeit der Querschnitte wird nach der Folienstapeltechnik gemessen. Nach dem Beschuß werden *Co*, *Ni* u. Fe chem. getrennt. Die Ergebnisse zeigen, daß $\sigma(\alpha, p)$ im allg. einige Male größer als $\sigma(\alpha, n)$ ist. $\sigma(\alpha, pn)$ ist um einen Faktor von $10^2 > \sigma(\alpha, 2n)$. Die Ergebnisse werden auf der Basis der statist. Theorie von Kern-Rkk. analysiert. Gerhard Schmidt. 103□

Coulomb-Anregung von ^{74}Ge und ^{76}Ge. W. R. Wisseman und R. M. Williamson. (Nuclear Physics [Amsterdam] **21.** 688–95. Dez. 1960. Durham, N.C., Duke Univ., Dep. of Phys.; engl.) — Im elektrostat. Generator wurden Deuteronen u. Protonen auf 3,5–4,0 MeV beschleunigt. Mit ihnen wurden das 598-keV-Niveau in ^{74}Ge u. das 564-keV-Niveau in ^{76}Ge angeregt. Zum Nachw. dienten das Scintillationsspektrometer sowie ein magnet. Analysator mit photograph. Emulsionen für die gestreuten Teilchen. Nach der Energieabhängigkeit der Anregung, der Winkelverteilung der unelast. gestreuten Deuteronen u. dem Verhältnis von Proton- zu Deuteronanregung handelt es sich um Coulomb-Anregung bei Protonen bis 4,0 MeV u. bei Deuteronen bis 3,5 MeV. Die red. Übergangswahrscheinlichkeiten wurden berechnet. M. Wiedemann. 103□

Coulomb-Anregung von ^{77}Se. W. R. Wisseman und R. M. Williamson. (Nuclear Physics [Amsterdam] **23.** 532–36. März 1961; engl.) — Vgl. vorst. Referat. Mittels 4,0-MeV-Protonen u. 3,5-MeV-Deuteronen wurden die 240- u. 442-keV-Niveaus von ^{77}Se angeregt, die gestreuten Teilchen wurden mittels magnet. Analysator u. photograph. Emulsionen nachgewiesen. Die B(E2)-Werte wurden bestimmt. Das Verhältnis zwischen diesen Werten stimmt mit dem vereinheitlichten Modell für Rotationszustände u. folgenden Spinzuordnungen für den Grund-, den 240- u. 442-keV-Zustand überein: 1/2, 3/2 bzw. 5/2. M. Wiedemann. 103□

Bei der Wechselwirkung von beschleunigten ^{12}C-Ionen mit Sn-Kernen entstehende γ-Strahlung. W. A. Karnauchow und Ju. Z. Oganessjan. (Журнал Экспериментальной и Теоретической Физики [J. exp. theoret. Physik] **38.** 1339–40. April 1960; russ.) — Das Energiespektrum der γ-Quanten, die beim Beschuß von Sn mit ^{12}C-Ionen emittiert werden, wird mit einem Scintillationsspektrometer mit CsJ-Kristall untersucht. K.-E. Seyb. 103□

Struktur von ^{120}Sn und der Einfluß der Paarungskorrelation auf die Reduktion des E2-Überganges in ^{118}Sn und ^{120}Sn. Hidetsugu Ikegami und Takeshi Udagawa. (Physic. Rev. [2] **124.** 1518–25. 1/12. 1961. Tokyo, Univ. of Tokyo, Inst.

of Nucl. Stud. and Tokyo, Univ. of Educat., Dep. of Phys.; engl.) — Vgl. C. **1961.** 8911. — Bei dem neuen Niveauschema für ^{120}Sn werden Niveaus bei 1,17 (2^+), 2,20 (4^+), 2,29 (5^-) u. bei 2,49 MeV (7^-) vorgeschlagen. Die in bezug auf den Kaskadenübergang von den oberen Niveaus revidierten Ordnungen der Strahlungen sind 0,20 MeV E2, 0,09 MeV E1, 1,03 MeV E2 u. 1,17 MeV E2. Die Übergangswahrscheinlichkeiten der 0,20- u. 0,09-MeV-γ-Strahlen werden ebenfalls zu $1{,}6 \cdot 10^{-3}$ u. $3{,}5 \cdot 10^{-5}$ in Einheiten eines Einprotonenüberganges revidiert. Ein schwacher Cross-over-1,12-MeV-E3-Übergang wird beobachtet, dessen Wahrscheinlichkeit ebenfalls um den Faktor $1{,}5 \cdot 10^{-1}$ red. wird. Die auffallende Reduzierung des 0,26-MeV-E2-Überganges in ^{118}Sn sowie diejenige des 0,20-MeV-E2-Überganges in ^{120}Sn werden als eine Folge der Paarungskorrelation erklärt. Gerhard Schmidt. 103 □

Untersuchung einiger Isotope von Promethium und Samarium mit großem Neutronendefizit. I. Gratot, M. Le Pape, J. Olkowsky und G. Ranc. (Nuclear Physics [Amsterdam] **13.** 302—09. Okt. (2) 1959. Gif-sur-Yvette, Centre d'Étud. Nucl. de Saclay, Sect. des Réact. Nucl. à Basse Énergie, Sect. des Réact. Nucl. à Moyenne Energie; franz.) — Vff. erhalten aus mehreren Rkk. die Nuclide ^{141}Pm, ^{142}Pm, ^{142}Sm u. ^{143}Sm. Die Masse von ^{141}Pm wird mit dem Isotopenseparator gemessen. Die Massen von ^{142}Sm u. ^{143}Sm werden durch die (α, xn)-Anregungsfunktionen bestimmt. Die Halbwertszeiten werden neu bestimmt. Die mit einem NaJ-Spektrometer erhaltenen γ-Spektren liefern die Verhältnisse von K-Elektroneneingfang/Positronenemission.
Gerhard Schmidt. 103 □

Lebensdauer des ersten Rotationszustandes von ^{156}Gd. Ove Nathan. (Nuclear Physics [Amsterdam] **5.** 401—04. Jan. (2) 1958. Copenhagen, Univ., Inst. for Theor. Phys.; engl.) — Vf. bestimmte die Halbwertszeit des 89-keV-Zustandes von ^{156}Gd mittels einer Schnell–langsam-Koinzidenzeinrichtung zu $t_{1/2} = (1{,}9 \pm 0{,}1) \cdot 10^{-9}$ s. Daraus berechnet sich die red. E2-Übergangswahrscheinlichkeit zu B (E2; $I_0 \rightarrow I_f$): $e^2 = (5{,}1 \pm 0{,}3) \cdot 10^{-48}$ cm^4. Dieser Wert stimmt mit dem auf Grund der Coulomb-Anregung erhaltenen überein. H. Schroeder. 103 □

Spinwerte der angeregten Zustände von ^{188}Os. W. J. King und M. W. Johns. (Canad. J. Physics **37.** 755—74. Juni 1959. Hamilton, Ontario, McMaster Univ., Hamilton Coll.; engl.) — Mit Hilfe von γ–γ-Winkelkorrelationen untersuchen Vff. 7 angeregte Zustände von ^{188}Os, die durch den β-Zerfall von ^{188}*Re* besetzt worden sind. Die Daten für die verschiedenen Kaskaden entsprechen den angeführten theoret. Funktionen. Die K-Konversions-Koeff. für die 478- u. 633-keV-Übergänge werden zu $0{,}023 \pm 0{,}003$ bzw. $0{,}010 \pm 0{,}002$ gemessen, was den E2-Charakter für diese Übergänge bestätigt. Diese Werte, gekoppelt mit den Daten für die log ft-Werte u. γ-Intensitäten, führen zu den folgenden Spin- u. Paritätszuordnungen für die Niveaus in ^{188}Os: 155 (2^+), 633 (2^+), 1086 (0^+), 1306 (2^+ oder 3^+), 1461 (2^+), 1765 (0^+), 1941 (2^+) u. 1958 keV (1^+ oder 2^+).
Gerhard Schmidt. 103 □

Messungen an isotopenrein abgetrennten β-Quellen von ^{186}Re und ^{188}Re. K. O. Nielsen und O. B. Nielsen. (Nuclear Physics [Amsterdam] **5.** 319—30. Jan. (2) 1958. Copenhagen, Univ., Inst. for Theor. Phys.; engl.) — ^{186}Re u. ^{188}Re wurden aus neutronenbestrahltem, natürlichem Re isotopenrein abgetrennt (Separator beschrieben). Die β-Übergänge ^{186}Re $\rightarrow$ ^{186}Os u. ^{188}Re $\rightarrow$ ^{188}Os erfolgen wahrscheinlich vom 1^-- zum 0^+-Zustand. Das Spektrum der β-Strahlen von ^{188}Re zum Grundzustand von ^{188}Os hat nicht den erlaubten Verlauf. Die K-Konversionslinien der Übergänge vom 633-keV-Zustand in ^{188}Os zum Grundzustand u. zum 155-keV-(2+)-Zustand wurden beobachtet. Die Konversions-Koeff. zeigen E2-Verh. für diese Übergänge in Übereinstimmung mit einem Winkelkorrelationsexperiment. Die Niveauschemata von ^{186}Os u. ^{188}Os zeigen, daß diese Nuclide im Übergangsbereich zwischen den stark deformierten Nucliden u. denen mit angenähertem sphär. Gleichgewichtsverlauf liegen. H. Schroeder. 103 □

Die beim Zerfall des 11-Tage-^{190}Ir besetzten Niveaus in ^{190}Os. O. B. Nielsen, N. O. Ray Poulsen, R. K. Sheline und B. Skytte Jensen. (Nuclear Physics [Amsterdam] **10.** 475—85. April 1959. Copenhagen, Univ., Inst. for Theoret. Phys.; engl.) — ^{190}Ir wird bei der (α, n)-Rk. durch Beschuß von natürlichem Re nach der Rk. ^{187}*Re*(α,n) mit 20-MeV-α-Teilchen im Cyclotron hergestellt. Mit einem β-Spektrometer wird das Zerfallsschema von ^{190}Ir untersucht. Zahlreiche e-γ-Koinzidenz-Verss. werden mit dem Spektrometer in Verbindung mit einem α-Scintillationsspektrometer u. einem 100-Kanal-Kicksorter durchgeführt. Es werden angeregte Niveaus in ^{190}Os bei 186 (2^+), 548 (4^+), 557 (2^+), 754, 956, 1161 u. 1683 keV festgestellt. Es zeigt sich, daß der ^{190}Os-Kern Eigg. besitzt, welche die Elemente im Bereich zwischen der Gruppe sphär. Kerne um A = 208 u. den stark deformierten Kernen in der Gruppe der Seltenen Erden charakterisiert.
Gerhard Schmidt. 103 □

γ-γ-Richtungskorrelationen in ^{192}Pt. Lennart Simons, Erik Spring und Gerhard Wendt. (Nuclear Physics [Amsterdam] **31.** 452—55. April 1962. Helsinki, Univ. of Helsinki, Dep. of Phys.; engl.) — Vff. messen mittels NaJ(Tl)-Kristallen (12,7 cm ⌀ u. 10,2 cm Dicke) die γ-γ-Richtungskorrelation der 468—316-, 300—300-, 600—300-, 588—613-, 885—316- u. 1065—316-keV-Kaskaden in ^{192}Pt, die dem β-Zerfall von ^{192}Ir folgen. Die beiden ersten Kaskaden stellen eine Zus. mehrerer Kaskaden dar. Vorliegende Messungen in Verbindung mit Multipolmessungen von γ-Strahlen erbringen den Nachw., daß die Niveaus bei 784-, 921- u. 1201-keV Spins u. Paritäten 4^+, 3^+ bzw. 4^+ haben. Die beiden letzten Niveaus gehören mit großer Wahrscheinlichkeit zu einer Rotationsbande, deren höchster Term das γ-Schwingungsniveau mit 2^+, K = 2 u. mit einer Energie von 613 keV ist. Für das 1381-keV-Niveau werden 3^+, 3^- oder 4^- angegeben. GERHARD SCHMIDT. 103□

Die Winkelkorrelation einiger koinzidierender γ-Strahlen von ^{194}Pt. D. K. Butt und P. W. Nicholson. (Nuclear Physics [Amsterdam] **31.** 460—63. April 1962. London, Univ., Birkbeck Coll.; engl.) — Vff. bestimmen die Winkelkorrelationsfunktionen zwischen den 1151-, 939-, 645- u. 293-keV-Strahlen u. dem 328-keV-γ-Strahl von ^{194}Pt. Die Quelle besteht aus ca. 0,1 mg isotop. angereichertem ^{193}Ir-Pulver kristalliner Form, das im Reaktor (BEPO) bestrahlt worden ist, um die 19-h-^{194}Ir-Aktivität zu ergeben. Die Winkelkorrelationsfunktionen sind in Übereinstimmung mit den Spins 0, 0, 2, 2 für die entsprechenden ursprünglichen Niveaus u. einer M1-Beimischung von <1,0% beim 293-keV-Übergang. GERHARD SCHMIDT. 103□

Kernspektroskopische Untersuchungen der Nuclide ^{228}Th, ^{224}Ra, ^{212}Pb, ^{212}Bi und ^{208}Tl. F. Demichelis, B. Chinaglia und G. Trivero. (Nuovo Cimento [10] **8.** 369—77. 1/5. 1958. Torino, Ist. di Fis. Sper.; engl.) — Mit zwei Scintillationsspektrometern wurde das γ-Spektrum von ^{228}Th im Gleichgewicht mit den Zerfalls-Prodd. aufgenommen. Ferner wurde im Bereich von 0,05—0,76 MeV eine Schnell–langsam-Koinzidenzanordnung benutzt. Auf Grund dieser Ergebnisse werden die einzelnen γ-Strahlen den Nucliden ^{228}Th, ^{224}Ra, ^{212}Pb, ^{212}Bi, ^{208} Tl zugeordnet. Die entsprechenden Termschemata sind wiedergegeben. M. WIEDEMANN. 103□

γ-Strahlung aus der Reaktion ^{238}U(n, γ)^{239}U. P. J. Campion, J. W. Knowles, G. Manning und G. A. Bartholomew. (Canad. J. Physics **37.** 377—81. März 1959. Chalk River, Ontario, Canada, AE of Canada Ltd., General Phys. Branch; engl.) — Vff. geben die unkorr. γ-Spektren zwischen 0,5 u. 0,65 MeV u. oberhalb 3,0 MeV wieder, die dem therm. Neutronenbeschuß eines Targets aus abgetrenntem ^{238}U folgen. Die Messungen werden mit dem Paarspektrometer durchgeführt, das bei einer konst. Linienbreite von 150 keV arbeitet. Die Energien u. abs. Intensitäten der aufgelösten γ-Strahlen aus der Einfang-Rk. ^{238}U(n, γ)^{239}U sind tabelliert. Es wird versucht, γ-Strahlen in Koinzidenz mit der 4,062-MeV-Strahlung nachzuweisen. Das sich ergebende Spektrum beim Beschuß eines 23-g-Targets von ^{238}U-Metall mit therm. Neutronen zeigt trotz Nichtauflösung in einzelne γ-Strahlen, daß die 4,062-MeV-γ-Strahlung nicht der Grundzustandsübergang ist. GERHARD SCHMIDT. 103□

Versuchsanlage der C. E. A. zur Extraktion von Plutonium in Châtillon. J. Eudes. (Chim. et Ind. **79.** 30—42. Jan. 1958. Comp. de Saint-Gobain; franz.) — Beschrieben wird eine Vers.-Anlage zur Gewinnung von Pu. Dabei wird das Ausgangsmaterial in HNO_3 gelöst u. U sowie Pu durch Behandeln mit Tributylphosphat extrahiert. Pu wird durch Red. mit Hydrazin oder Hydroxylamin aus der organ. Lsg. gefällt, während U in Lsg. bleibt. U kann durch Behandeln mit Na_2CO_3 in das Carbonat übergeführt u. so ausgefällt werden. Die in der sauren, wss. Lsg. verbliebenen Spalt-Prodd. können durch Verdampfen gewonnen werden. F. VIER. 104□

Fragen zur Kernbrennstoffaufbereitung. Stefan Krawczynski. (Kerntechnik **2.** 157—60. Mai 1960. Karlsruhe, Kernreaktorbau- u. Betriebs-G.m.b.H.; dt.) — Vf. beschreibt die Aufgaben u. die Notwendigkeit der Kernbrennstoffaufbereitung an Hand einfacher Beispiele. Die Praxis der Kernbrennstoffaufbereitung hat gezeigt, daß für die verschiedenen Kernbrennstoffe, Elementtypen, Brennstoff-Legg. u. Umhüllungsmaterialien auch entsprechend verschiedene oder modifizierte Aufbereitungs-Meth. angewandt werden müssen, eine Tatsache, die diametral entgegengesetzt zur Forderung einer möglichst großen Kapazität der Anlagen steht. GERHARD SCHMIDT. 110□

Die Filtration in Reaktor-Gaskreisläufen. P. J. Froggatt. (Nuclear Engng. **4.** 406—07. Nov. 1959. Atom. Power Construct. Ltd.; engl.) — Meth. u. Filtertypen zur Ausfilterung radioakt. Graphitteilchen aus den CO_2-haltigen Abgasen gasgekühlter Reaktoren werden untersucht. Ein neuartiges Filter, das aus 30 hintereinandergeschalteten Filterkammern mit Filtern aus gesintertem Metall (Fe, Bronze) besteht u. Teilchen bis 2,5 μ zurückhält, wird beschrieben. W. BETCKE. 110□

Das relativistische isochrone Cyclotron von Oak Ridge. 2. Mitt. **Auslegung des magnetischen Feldes für das isochrone Cyclotron.** B. L. Cohen, H. G. Blosser, E. D. Hudson, R. S. Lord und R. S. Bender. (Nuclear Instruments Methods [Amsterdam] **6.** 105—25. Jan. 1960. Oak Ridge, Tenn., Oak Ridge Nat. Labor.; engl.) — 1. vgl. Livingston u. Howard, C. **1961.** 14909. — Beschreibung eines sich azimutal ändernden Dreisektoren-Magnetfeldes mit schwacher Spirale.
Gerhard Schmidt. 112□

Das relativistische isochrone Cyclotron von Oak Ridge. 3. Mitt. **Analyse der Ionenbahnen im isochronen Cyclotron.** M. M. Gordon und T. A. Welton. (Nuclear Instruments Methods [Amsterdam] **6.** 221—33. Febr. 1960; engl.) — 2. vgl. vorst. Referat. — Berechnungen der radialen u. axialen Bündelstabilitätsgrenzen in sich azimutal ändernden Dreisektoren- u. Viersektoren-Magnetfeldern. Gerhard Schmidt. 112□

Das relativistische isochrone Cyclotron von Oak Ridge. Nachtrag. Einige neue Ergebnisse von Bahnuntersuchungen. R. H. Bassel und R. S. Bender. (Nuclear Instruments Methods [Amsterdam] **6.** 234—37. Febr. 1960; engl.) — Neue Ergebnisse von Bahn-Unterss. am Festfrequenz-Cyclotron zur Beschleunigung von Protonen bis 75 MeV u. N^{4+}-Ionen bis 100 MeV. Gerhard Schmidt. 112□

Fokussierung und Analyse des Teilchenbündels des Cyclotrons des Collège de France. Verwendung des analysierten α-Teilchenbündels zur Coulomb-Anregung schwerer Kerne. Marcel Vivargent. (Ann. Physique [13] **4.** 1047—1109. Sept./Okt. 1959. Paris, Univ., Fac. des Sci.; franz.) — Vf. berichtet über die Unters. an Deuteronen; gemessen wurde die Intensität, die Verteilung der Intensität u. berechnet wurde die Energieverteilung des Deuteronenbündels. Beschrieben werden Coulomb-Anregungs-Verss. an ^{181}Ta, ^{197}Au sowie an *Pt*. Die Vers.-Ergebnisse sind graph. wiedergegeben.
C. Gottfried. 112

Ionenbeschleunigung in einem Cyclotron mit azimutaler Variation des Magnetfeldes. R. A. Mescherov, E. S. Mironov, L. M. Nemenov, S. N. Rybin und A. Kholmovskii. (J. nuclear Energy, Part C **3.** 197—202. Juli 1961; engl. — C. **1961.** 10824.) E. Klever. 112□

Hochfrequenzanreicherung des Bündels in einem cyclischen Beschleuniger. A. N. Lebedev. (J. nuclear Energy, Part C **3.** 209—12. Juli 1961; engl. — C. **1961.** 15999.) E. Klever. 112□

Kohärente Strahlung der Elektronen im Synchrotron. Iu. M. Ado und V. V. Elian. (J. nuclear Energy, Part C **3.** 213—16. Juli 1961; engl. — C. **1961.** 17094.)
E. Klever. 112□

Eine elektrostatische Methode zur Extraktion der Elektronen aus dem Betatron. A. A. Borob'ev (Worobjew) und B. A. Kononov. (J. nuclear Energy, Part C **3.** 217—18. Juli 1961; engl. — C. **1960.** 13913.) E. Klever. 112□

Über die Messung der Isotopenhäufigkeit von Lithium mit einem Massenspektrometer. Itiro Omura und Nozomu Morito. (J. physic. Soc. Japan **13.** 659. Juni 1958. Kokubunji, Tokyo, Hitachi Central Res. Labor.; engl.) — Vff. bestimmten massenspektrometr. das Verhältnis $^7Li^+/^6Li^+$ in zwei LiCl-Proben zu 12,48 ± 0,05 bzw. 13,69 ± 0,05. Der erste Wert liegt im Streubereich des für natürliche Li-Proben ermittelten Verhältnisses (11—13), während für den höheren Wert angenommen wird, daß sich die Isotopen-Zus. im Verlauf des Reinigungsprozesses geändert hat. Ändert man kurzzeitig die Temp. des Drahtes der Ionisationsquelle, so tritt eine vorübergehende Änderung nicht nur des Ionenstroms, sondern auch des Häufigkeitsverhältnisses auf. Auch beim Verhältnis $^{39}K^+/^{41}K^+$, das zum Vgl. zu 13,96 ± 0,05 bestimmt wurde, konnten die gleichen Erscheinungen beobachtet werden. Ihr Ursprung ist noch ungeklärt.
Gerhard Schulze. 112□

Herstellung von Co-60-Flächenquellen durch Elektrolyse nitrathaltiger Kobaltlösungen. Rudolf Münze und Günther Reinhard. (Chem. Techn. **10.** 662. Nov. 1958. Dresden, Zentralinst. für Kernphys., Bereich Radiochem.; dt.) — Vff. beschreiben ein Verf. zur elektrolyt. Abscheidung von ^{60}Co auf Cu aus stark verd., nitrathaltiger Lsg. bei pH 5 unter Verw. einer Pt-Zwischenelektrode. H.-D. Freyer. 112□

Zur Bestimmung des Aufbauverhältnisses von Co-60-Strahlung mittels einer eigens dafür entwickelten Kammer. G. Fürst und H.-P. Schudt. (Wiss. Z. Hochschule Elektrotechn. Ilmenau **6.** 173—76. 1960. Inst. für elektromedizin. u. radiolog. Technik; dt.) — Vff. beschreiben eine Ionisationskammer zur Best. des Elektronenanteils der ^{60}Co-Strahlung. C. Gottfried. 112

Die Berechnung des Gamma-Strahlenschutzes im ausgedehnten Strahlenfeld. Rolf Plesch. (Atompraxis **4.** 402—07. 1958. Karlsruhe, Siemens & Halske A.G., Wernerwerk für Meßtechn.; dt.) — Es werden 2 Diagramme für die Maximalwerte der Abschirmdicke angegeben, die sich auf *Pb* als Schutzstoff beziehen. Ein weiteres Diagramm erlaubt die Umrechnung auf äquivalente *Fe*-Dicken. Durch Einführung einer für jedes Strahlenschutzproblem spezif. Kennzahl K lassen sich die Diagramme für beliebige Schutzbedingungen verwenden. Die Ermittlung von Abschirmdicken für komplexe γ-Strahler (Strahlengemische) wird angeführt. GERHARD SCHMIDT. 112□

Strahlenschutz an Reaktoren und in kerntechnischen Betrieben. M. Oberhofer und P. Kienle. (Kerntechnik **2.** 95—97. März 1960. München, TH, Reaktorstat. Garching, Labor. für Techn. Phys.; dt.) — Vgl. C. **1962.** 380. — Vff. beschreiben den Scintillationszähler u. seine Verw. im Strahlenschutz. GERHARD SCHMIDT. 112□

Über die Entaktivierung (Dekontaminierung) radioaktiv verunreinigter Abwässer. Bernard Marchand. (Kerntechn., Isotopentechn. u. -chem. **3.** 193—200. Mai 1961. Freiburg/Br., Univ., Radiol. Inst.; dt.) — Übersicht. A. BLASCHETTE. 112□

Moderne Methoden der Konzentration, Unschädlichmachung und Lagerung von radioaktiven Abfällen. Viktor Iwanowitsch Spitsyn. (Prakt. Chem. [Wien] **10.** 86. 88. 91—96. 98. März. 128. 130. 133—34. April 1959. Moskau, Akad. der Wiss. der UdSSR; dt.) — Zusammenfassender Vortrag. — 36 Literaturangaben. R. K. MÜLLER. 112□

Verbrennen hochaktiver Abfälle zum Zwecke der endgültigen Beseitigung. R. F. Domish, E. J. Tuthill und L. P. Hatch. (Nucleonics **17.** Nr. 12. 76—79. Dez. 1959. Upton, N.Y., Brookhaven Nat. Labor.; engl.) — Zur Verbringung von Abfällen aus Al- u. Zr-Brennstoffen wird eine Anlage mit kugelgefülltem Drehofen entwickelt. Störende Einfl., wie Stauberzeugung, Abgase, Korrosion, können eliminiert werden. GERHARD SCHMIDT. 112□

Temperaturanstieg in unterirdischen Aufbewahrungsplätzen für radioaktive Abfälle. R. S. Schechter und E. F. Gloyna. (Chem. Engng. Progr., Symposium Ser. **55.** Nr. 27. 117—24. 1959. Austin, Tex., Univ. of Texas; engl.) — Angabe der Grenzen des Temp.-Anstiegs durch die Energiefreigabe stark radioakt. Abfälle in unterird. kugelförmigen Kavernen. GERHARD SCHMIDT. 112□

George Carl de Hevesy, Adventures in radioisotope research. Vol. 1. 2. Oxford, London: Pergamon. 1962. 1: (516 S. mit Tab. u. Diagr.) 2: (VII + 531 S. m. Tab. u. Diagr.) 10 £.

D. J. Littler, ed., Properties of reactor materials and the effects of radiation damage: proceedings of the International Conference held at Berkeley Castle, Gloucestershire, England from 30th May to 2nd June, 1961. London: Butterworths. 1962. (XV + 562 S. m. Abb., Tab. u. Diagr.) 6 £ 6 s.

A_2. Optisches Verhalten der Materie

Gleichgewichtsmodelle für Sterne, die ihre Energie durch Heliumverbrennung beziehen. 1. Mitt. **Aus reinem Helium zusammengesetzte Sterne.** John P. Cox und R. Thomas Giuli. (Astrophysic. J. **133.** 755—63. Mai 1961. Cornell Univ., Dep. of Astronomy and Center of Radiophys. and Space Res. and Dep. of Engng. Phys.; engl.) — Vff. berichten über die Konstruktion von Gleichgewichtsmodellen für reine He-Sterne, die ihre gesamte Energieerzeugung von der 3fachen α-Rk. von SALPETER (vgl. C. **1958.** 914) beziehen. C. GOTTFRIED. 113

Gleichgewichtsmodelle für Sterne, die ihre Energie durch Heliumverbrennung beziehen. 2. Mitt. **Heliumsterne mit wasserstoffreichen Umhüllungen.** John P. Cox und Edwin E. Salpeter. (Astrophysic. J. **133.** 764—80. Mai 1961; engl.) — 1. vgl. vorst. Referat. — Von den l. c. entworfenen Modellen ausgehend konstruierten Vff. neue Modelle für He-Sterne, die eine H-reiche Umhüllung im Strahlungsgleichgewicht besitzen. C. GOTTFRIED. 113

Über eine mögliche Schätzung der Temperaturen heißer Sterne auf Grund des Charakters des Emissionsspektrums von N III. A. A. Nikitin. (Доклады Академии Наук СССР [Ber. Akad. Wiss. UdSSR] **132.** 89—90. 1/5. 1960; russ.) — Vgl. C. **1961.** 16360. — Im Emissionsspektrum von N III werden 2 Konfigurationen verschiedenen Niveaus durch die Linien λ 4640 (Å) ($3\,^2P - 3\,^2D$) u. λ 4514,89 ($3s\,^4P - 3p\,^4D$) gekennzeichnet. Bedingung ihres Entstehens muß die Vergleichbarkeit der Zahl der Ionisationen des N III-Atoms unter Abgabe eines 2p-Elektrons u. Bldg. von N IV im Zustand $2s^2\,^1S$ u. der Zahl der Ionisationen unter Abgabe eines 2s-Elektrons u. Bldg. von N IV im Zustand $2s2p\,^3P$ sein. Vf. untersucht, unter welchen Bedingungen diese Vergleichbarkeit möglich ist. Es ergibt sich $I_1^2 + 2I_1kT + 2(kT)^2 \approx \alpha I_2 \exp[(I_1 - I_2)/kT]$ mit $I_1 = 55{,}8$, $I_2 = 47{,}4$ eV, $\alpha = 2$. Bei $T = 5\cdot10^4$ ist die rechte Seite der Gleichung größer als die linke u. Ionisation unter Abgabe eines 2s-Elektrons gering. Bei $T = 10^5 - 2\cdot10^5$ ist die Zahl der Ionisation unter Abgabe eines 2s- u. eines 2p-Elektrons vergleichbar. Bei Auftreten der Linie 4514,89 im Spektrum von Sternen sind also Temp. von dieser Größenordnung anzunehmen. R. K. MÜLLER. 113□

Photoelektrische Messungen des λ 5250 Å FeI-Tripletts und die D-Linien in G- und K-Sternen. R. F. Griffin. (Monthly Notices Roy. astronom. Soc. **122.** 181—95. 1961. Cambridge, Observatories; engl.) — Mit einem von GRIFFIN u. REDMAN (vgl. C. **1961.** 10063) beschriebenen neuen Spektrometer maß Vf. photoelektr. die Intensität des Fe I-Tripletts nahe λ 5250 Å in einer größeren Anzahl von G5-K5-Sternen. Die gemessene Intensität erwies sich als stark abhängig von der Sternhelligkeit; die D-Linien dagegen waren relativ unabhängig von der Helligkeit.
C. GOTTFRIED. 113

Über die Existenz der Oxydationsstufen Si_2O, SiO und Si_2O_3 des Siliciums. A. Faessler und H. Krämer. (Ann. Physik [7] **4.** 263—68. 1959. München, Univ., 1. Phys. Inst.; dt.) — Die Existenz der Oxydationsstufen Si_2O (**I**) u. Si_2O_3 (**II**) wurde durch Unterss. des SiKα-Röntgenemissionsspektrums sichergestellt. Hierzu wurden die Wellenlängen der beiden Dublettkomponenten des Si u. des Si_2O (**III**) neu bestimmt. Die Werte stehen in guter Übereinstimmung mit früheren: Si: $K\alpha_1$ 7111,16 ($\pm$ 0,06) (X); $K\alpha_2$ 7113,77; $\Delta\lambda$ 2,61; **III** $K\alpha_1$ 7108,69; $K\alpha_2$ 7111,36; $\Delta\lambda$ 2,67. Techn. SiO ist keine einheitliche Substanz, sondern vermutlich ein Gemisch von Si u. verschiedenen Si-O-Verbindungen. **I** selbst war nicht zu erhalten; für die Unters. wurde die ebenso geeignete Verb. SiOR (**IV**) = $Si_2O \cdot R_2O$ (R = C_2H_5) verwendet. Das Dublett von **IV** ist gegenüber dem des elementaren Si um 1,81 X entsprechend einer Energieänderung von 0,44 eV nach der kurzwelligen Seite verschoben. Bei **II** ist das Dublett noch stärker (um 2,25 X bzw. 0,55 eV) nach der kurzwelligen Seite verschoben. Mit der Feststellung eines definierten Kα-Dubletts ist nachgewiesen, daß sowohl **II** als auch **IV** jeweils nur gleichartig gebundene Si-Atome enthalten u. daß daher in beiden Fällen eine definierte Verb. vorliegt. Der relativ kleine Unterschied der Wellenlängen der Dubletts des Si in **II**, **III** u. **IV** macht es unwahrscheinlich, daß das Si in **II** u. **IV** 3- bzw. 1-bindig ist; es wird vielmehr gemäß der Auffassung von WIBERG angenommen, daß eine der 4 Si-O-Bindungen jedes Si-Atoms in **III** durch eine Si–Si-Bindung ersetzt wird. Entsprechend hat man in **IV** 3 Si–Si-Bindungen. Nach dieser Auffassung ist die Verschiebung des Dubletts eine Folge der verschiedenen Elektronegativitäten von O u. Si. Sowohl Größe als auch Richtung der Verschiebung stimmen hiermit überein.
P. SCHARNER. 116□

Einige Formeln zur Theorie der Molekülspektren. A. K. Ghosh und S. Datta Majumdar. (Spectrochim. Acta [London] **18.** 615—23. Mai 1962. Calcutta, Univ. Coll. of Sci., Dep. of Phys.; engl.) — Vff. liefern in einer theoret. Betrachtung eine Ergänzung zu der von MAJUMDAR diskutierten Theorie der Mol.-Spektren (vgl. C. **1956.** 326 u. Proc. physic. Soc. **72.** [1958.] 635). Es werden zusätzliche Formeln entwickelt, die den Vgl. zwischen Theorie u. Experiment erleichtern. Einige dieser Formeln sind exakt, andere stellen Näherungen dar u. besitzen nur einen begrenzten Gültigkeitsbereich.
GERHARD SCHULZE. 118□

Verschiebungen und Verbreiterungen von Infrarotspektrallinien durch Druckeinfluß. A. D. Buckingham. (Trans. Faraday Soc. **58.** 449—61. März 1962. Cambridge, Mass., Harvard Univ., Dep. of Chem.; engl.) — Mit Hilfe eines stat. Modells werden die Linienverschiebungen u. -verbreiterungen im IR-Schwingungsrotationsspektrum eines zweiatomigen Mol. unter dem Einfl. von Edelgasatomen berechnet. Druckbedingte Verbreiterungen entstehen durch fluktuierende Verschiebungen, die von den Quantenzahlen M u. der Wechselwirkungsenergie der beiden sich beeinflussenden Teilchen abhängen. Die Abhängigkeit der Verschiebung von der Rotationsquantenzahl J wird durch gerichtete intermol. Nahkräfte, die Zustände M = $\pm$ J begünstigen, bedingt. Auch solche Anteile, die mit der Zentrifugalverdrehung u. der Wechselwirkungsenergie bei Übergängen zusammenhängen, beeinflußen die Verschiebung.
H. BÜRGER. 118□

Bestimmung des Kernabstandes in 2-atomigen Molekülen aus der Intensität der Schwingungsbanden. S. P. Sinha und S. S. Prasad. (Current Sci. **28.** 61—62. Febr. 1959. Muzaffarpur, Bihar Univ., L. S. Coll., Dep. of Phys.; engl.) — Vff. benutzen die genauen, mikrophotometr. gemessenen Intensitäten für eine genaue Best. von $\Delta r_e = r_e' - r_e''$, r_e', r_e'' Gleichgewichtskernabstände für den Anfangs- u. Endzustand. Ist dann eine der beiden Größen r_e' oder r_e'' bekannt (Röntgen- oder Elektronenbeugung), so kann die andere bestimmt werden. Es werden folgende Δr_e-Werte berechnet C_2 (SWAN) 0,0437, N_2 (2. pos.) 0,0638 u. *CN* (violett) 0,0210.
H.-J. SPANGENBERG. 118□

Ultraviolettspektren von Kohlenmonoxid. H. Lefebvre-Brion, Carl Moser und R. K. Nesbet. (J. chem. Physics **35.** 1702—07. Nov. 1961. Paris, Centre de Mécan. Ondul. Appl.; Boston, Mass., Boston Univ., Dep. of Phys.; engl.) — Unter der Annahme der Atomfunktionen 1s, 2s, 2s′, 2p, 2p′; 1s, 2s, 2p, 3s, 3p bzw. 1s, 2s, 2s′, 2p, 2p′,

3p für jedes Zentrum werden die vertikalen Anregungsenergien für verschiedene Elektronenübergänge von CO aus LCAO–MO–SCF-Funktionen mit Hilfe einer elektron. Rechenmaschine berechnet; die Werte sind tabellar. angegeben.
HERBERT MÜLLER. 118□

Partielle Frequenzen pyramidaler Hydride und Deuteride der Symmetrie C_{3v}. G. I. Rybakowa, B. I. Naugolnikow und W. P. Morosow. (Оптика и Спектроскопия [Optik u. Spektroskopie] **9.** 166–69. Aug. 1960; russ.) — Die Meth. der Partialfrequenzen wird auf die Schwingungen der nichtebenen pyramidalen Moll. vom Typ RX_3 (R = N, P, As, Sb; X = H, D) angewandt. In einer Tabelle werden die Ergebnisse der Näherungsberechnung für die Symmetrien A_1 u. E mitgeteilt, in einer anderen Tabelle die Nullannäherungen für die red. Kraft-Konst. (mDyn/Å) u. die Aktions-Koeff. (Å/mDyn) bei Moll. vom Typ RH_3; sie geben hinreichend genauen Aufschluß über die dynam. Struktur der Moleküle.
R. K. MÜLLER. 118□

Die Temperaturabhängigkeit des Brechungsindex von Silicium. F. Lukeš. (Physics Chem. Solids **11.** 342–44. Okt. 1959. Brno, Czechoslovakia, Univ., Nat. Sci. Fac., Dep. of Phys.; engl.) — Vgl. C. **1961.** 10066. — Die Temp.-Abhängigkeit des Brechungsindex von Si wurde im Bereich 109–750° K bei Wellenlängen zwischen 1,1 u. 1,8 μ an einem Einkristallprisma vom p-Typ (spezif. Widerstand ca. 380 Ω·cm) gemessen.
W. BETCKE. 119□

Die Temperaturabhängigkeit des Brechungsindex von Germanium. F. Lukeš. (Czechoslov. J. Physics B **10.** 742–48. 1960; engl., Auszug: russ.) — Vgl. vorst. Ref. u. C. **1961.** 11978. — Im Temp.-Bereich von 100° K–530° K u. im Wellenlängengebiet von 1,8 μ–5,5 μ wurde n = f(T) für 3 verschieden stark verunreinigte Ge-Einkristalle mit dem Minimum der Ablenkung bestimmt. Die Temp.-Abhängigkeit wird nichtlinear gefunden. Der Verunreinigungsgrad hat bei den kleineren Wellenlängen prakt. keinen Einfl. auf n. Der Verlauf von dn/dT ist innerhalb der Meßgenauigkeit (T auf 1–2° K, n auf 0,0003–0,0005) für die 3 Prismen der gleiche.
H. LINDBERG. 119□

Optische Absorption der M-Zentren in KCl-Kristallen. Fumio Okamoto. (Physic. Rev. [2.] **124.** 1090–97. 15/11. 1961. Argonne, Ill., Argonne Nat. Labor.; engl.) — Die opt. Absorption der M-Zentren in KCl-Kristallen ist untersucht worden, indem die Anisotropie beobachtet wurde, die in den Kristallen durch Bleichen mit polarisiertem Licht hervorgerufen worden war. Es wurde gefunden, daß die M-Zentren unter der F-Bande versteckte Absorptionszustände haben. Dies stimmt auch mit einer Absorption in der Gegend von 800 mμ überein. Die beobachtete Anisotropie in der Nähe der F-Bande ist bedingt durch andere Absorptionsbanden in dem Gebiet der F-Bande. Die opt. Absorption der R- u. N-Zentren ist auch untersucht worden. Der Wechsel in der Lage u. der Halbbreite der F-Bande während des Bleichens kann durch das Vorhandensein untergeordneter Zentren erklärt werden.
M. GUERLIN. 119□

Wechselwirkung langsamer Elektronen mit isolierenden Kristallen. 2. Mitt. **Vergleich von Elektronen- und Photonenabsorptionskoeffizienten für KCl und KBr.** William J. Fredericks und Charles J. Cook. (Physic. Rev. [2.] **121.** 1693–98. 15/3. 1961. Menlo Park, Calif., Stanford Res. Inst.; engl.) — 1. vgl. J. appl. Physics **32.** [1961.] 860. — Für reines KCl u. additiv verfärbtes KCl u. KBr wurden die Elektronenabsorptions-Koeff. zwischen 0,2 u. 12 eV gemessen u. mit der Photonenabsorption zwischen 1,2 u. 6,5 eV sowie mit bekannten Werten der opt. u. Photoemission oberhalb 6,5 eV verglichen. Bei entsprechenden Photonen- u. Elektronenenergien werden Fehlstellenwechselwrkg. gefunden. Die Oberflächenschicht enthält selbst bei reinem KCl F- u. V_3-Zentren. Elektron–Exciton-Wechselwrkg. konnten nicht nachgewiesen werden. Das Valenzband von KCl liegt (8,6 ± 0,2) eV unter dem Vakuumniveau. Bei Elektronenbeschuß tritt eine opt. Absorption in der Nähe der 1. Fundamentalbande hervor, deren Merkmale nicht mit denen der bisher in diesem Energiebereich beobachteten Absorptionsbanden übereinstimmen.
H. LIEPACK. 119□

Erzeugung von V_3-Zentren in KCl durch Röntgenstrahlen. R. W. Christy und D. H. Phelps. (Physic. Rev. [2.] **124.** 1053–60. 15/11. 1961. Hanover, N.H., Dartmouth-Coll.; engl.) — Das Wachsen der V_3-Bande ist in röntgenbestrahlten KCl-Kristallen bei Raum-Temp. untersucht worden, indem die opt. Absorption als Funktion der Röntgenstrahlendosis gemessen wurde. In dem Bereich, in dem die F-Bande linear mit der Zeit wächst, nimmt die Höhe der V_3-Bande annähernd mit der Quadratwurzel aus der Zeit zu. Die Wachstumsrate der V_3-Bande verändert sich mit der Intensität u. der Eindringtiefe der Röntgenstrahlen ebenso wie die der F-Bande. Obwohl die F-Bande opt. gebleicht werden kann, ohne die V_3-Bande zu beeinflussen, wächst die V_3-Bande nicht, wenn während der Röntgenbestrahlung die F-Bande opt. gebleicht wird. Diese Tatsachen stimmen mit einem Modell der V_3-Zentren überein, in dem ein Cl^{3-}-Mol.-Ion auf einer Kationenfehlstelle sitzt. Dieses Zentrum kann dadurch gebildet werden, daß durch die Röntgenbestrahlung ein Anionenfehlstellenpaar auf einem Zwischengitterplatz erzeugt wird, u. die Kationenfehlstelle dorthin diffundiert. M. GUERLIN. 119□

Thermisches Ausbleichen von Farbzentren in KCl-Kristallen mit U-Zentren. Masamitsu Hirai. (J. physic. Soc. Japan **15.** 1308—15. Juli 1960. Sendai, Univ. of Tohoku, Fac. of Sci., Dep. of Phys.; engl.) — Durch therm. Ausbleichen der F-, M- u. R_2-Banden in KCl-Kristallen, die U-Zentren enthalten, wird das Verh. der durch U-Zentren erzeugten H_2-Moll. untersucht. Die H_2-Moll. reagieren nicht mit F-Zentren, sondern mit M-Zentren in bimol. Rk. u. erzeugen M-Zentren umgekehrt zu den U-Zentren. Weiterhin untersucht Vf. ebenfalls das therm. Ausbleichen der Z_1- u. Z_2-Banden in KCl-Kristallen, die zweiwertige Kationen enthalten. Die Z_1- u. Z_2-Banden sind oberhalb 80° therm. instabil, während sie in Kristallen ohne U-Zentren bis 110 bzw. 250° stabil sind. Aus diesen Unterss. an KCl: *Sr*-Kristallen wird gefolgert, daß sich Z_1-Zentren nicht in U-Zentren zurückverwandeln, sondern durch Kombination mit H_2-Moll. unbekannte Zentren bilden. G. RUBAN. 119□

Quantitative Charakteristik der optischen Konstanten von Renierit und Germanit. A. I. Karapetjan. (Доклады Академии Наук Армянской ССР [Ber. Akad. Wiss. ArmenSSR] **33.** 129—34. 1961. Inst. für Geol. der Akad. der Wiss. der ArmenSSR; russ.) — Die Reflexionsdispersion von Renierit u. Germanit wurde in Luft u. in Immersion im Bereich **440—704** mμ gemessen. Die Daten werden verglichen. M. WIEDEMANN. 119□

Über den Dichroismus gewisser Co(III)-Komplexe. C. J. Ballhausen und W. Moffitt. (J. inorg. nuclear Chem. **3.** 178—81. Okt. 1956. Cambridge, Mass., Harvard Univ., Dep. of Chem.; engl.) — Der von YAMADA u. Mitarbeitern (C. **1962.** 12549) beobachtete Dichroismus von diamagnet. Co (III)-Komplexen wie *trans*-$[Co(en)_2Cl_2]^+$ u. *trans*-$[Co(en)_2Br_2]^+$ wird mit Hilfe der Kristallfeldtheorie [Ann. Rev. Phys. Chem. **7.** [1956.] 107] interpretiert. Es wird Übereinstimmung zwischen Theorie u. Experiment erreicht, wenn entsprechende Bandenübergänge als elektron. verboten betrachtet werden. G. HELLER. 119□

Über die Rotationsdispersion von Trisdiaminchrom(III)-Komplexen. O. Kling und F. Woldbye. (Acta chem. scand. **15.** 704—07. 1961. Kopenhagen, Dän. TH, Chem. Labor. A; dt.) — An D- bzw. L-$[Cr(H_2NC_2H_4NH_2)_3]^{3+}$ u. $[Cr(H_2NC_3H_6NH_2)_3]^{3+}$ (Chloride u. Perchlorate) wurden die Beziehungen zwischen spektraler Absorption u. Rotationsdispersion im Bereich 13500—18000 cm^{-1} untersucht. Die Bandenmaxima u. die Extremwerte der Rotationsdisperion sind tabellar. aufgeführt, Extinktions-Koeff. u. molarer Drehwert als Funktionen der Wellenzahl dargestellt. Sowohl Absorptionsspektrum als auch Rotationsdisperion zeigen komplexe Strukturen, die nur z. T. deutlich isoliert erscheinen. Beziehungen zwischen einzelnen Banden u. COTTON-Effekten wurden festgestellt. W. BETCKE. 119□

Über die Genauigkeit der Bestimmung von optischen Konstanten von absorbierenden Stoffen mit einem rotierenden Polarisator. A. P. Prischiwalko. (Доклады Академии Наук БССР [Ber. Akad. Wiss. BelorussSSR] **5.** 433—37. Okt. 1961. Inst. für Phys. der Akad. der Wiss. der BelorussSSR; russ.) — Die Genauigkeit bei der Best. von Brechungs- u. Absorptionsindex nach der Meth. des rotierenden Polarisators wird diskutiert, Tabellen für die Abhängigkeit von verschiedenen Parametern werden angegeben. M. WIEDEMANN. 119□

Eine Bemerkung über die Theorien, die der polarimetrischen Untersuchung sehr dünner dielektrischer Oberflächenschichten zugrundeliegen. Sadao Nomura und Koreo Kinosita. (J. physic. Soc. Japan **14.** 297—303. März 1959. Erratum: **14.** 691. Mai 1959. Mejiro, Tokyo, Gakushuin Univ., Dep. of Phys. and Chem.; engl.) — Eine polarimetr. Unters. sehr dünner dielektr. Oberflächenschichten auf dielektr. Substraten beruht am häufigsten auf der Theorie von DRUDE (1912) oder auf der Theorie von SISSINGH u. GROOSMULLER [1926], die durch Verbesserung der Näherungen in DRUDES Berechnungen erhalten wurde. Diese Theorien ergeben sich durch Modifikation der Grenzbedingungen der MAXWELLschen Gleichungen. Es ist jedoch eine völlig andere Theorie möglich, die auf der Betrachtung der Lichtinterferenz innerhalb der Oberflächenschicht beruht. Bisher wurde bewiesen, daß die Theorie von DRUDE in ihren Ergebnissen mit denen der Interferenztheorie übereinstimmt. Vff. liefert den Beweis auch für die Übereinstimmung mit der Theorie von SISSINGH u. GROOSMULLER. Es werden Formeln abgeleitet, die für weitere Diskussionen auf diesem Gebiet verwendet werden können. GERHARD SCHULZE. 119□

Absolute Infrarotintensitätsmessungen an dünnen Filmen. Shiro Maeda und P. N. Schatz. (J. chem. Physics **35.** 1617—20. Nov. 1961. Charlottesville, Va., Univ. of Virginia, Dep. of Chem.; engl.) — Theoret. Ableitung der Reflexionsfehler, die bei der abs. Absorptionsintensitätsmessung im IR an dünnen fl. u. festen Schichten auftreten. Die Ableitung erfolgt unter der Annahme, daß ein Schwingungsübergang mit Hilfe eines gedämpften harmon. Oscillators beschrieben werden kann. Die Ergebnisse werden auf *Bzl.* zwischen KBr-Platten (Bande bei 680 cm^{-1}) u. festes *AgCl* auf Alkalihalogeniden angewandt. Herbert Müller. 120□

Messung des infraroten Emissionsvermögens von heißem Kohlendioxid im Gebiet um 4,3μ. Richard H. Tourin. (J. opt. Soc. America **51.** 175—83. Febr. 1961. Flushing, N.Y., Warner & Swasey Comp., Central Instrum. Div.; engl.) — Das spektrale Emissionsvermögen von heißem CO_2 wurde aus den gemessenen infraroten Absorptionsspektren von unter bestimmten Bedingungen erhitzten Gasen (bis zu 1273° K) ermittelt. Die Messungen im Gebiet um 4,3 μ werden im Hinblick auf die mol. Energieverteilungen, das theoret. Emissionsvermögen u. die Flammenstrahlung diskutiert. H. Lindberg. 120□

Ein infraroter Christiansen-Filtereffekt mit Bornitrid. D. Redfield und R. L. Baum. (J. opt. Soc. America **51.** 184—85. Febr. 1961. Parma, Ohio, Union Carbide Corp., Parma Res. Labor.; engl.) — In binären Mischungen von BN mit verschiedenen anderen Stoffen werden Durchlässigkeitsspitzen imIR beobachtet. Außerdem zeigt gepreßtes BN allein eine ähnliche Spitze. Die Wellenlängenabhängigkeit der Spitzen vom 2. Stoff stimmt mit dem Christiansen-Filtereffekt überein [1884]. Die Spitze bei gepreßtem BN wird ebenfalls dem Christiansen-Filtereffekt zugeschrieben, herrührend von Verunreinigungen. Bei den meisten Mischungen liegt eine Spitze zwischen 5 u. 6μ, eine 2. zwischen 11 u. 12μ. Sie werden den 7,3 u. 12,3μ Absorptionsbanden von BN zugeordnet. Die Durchlässigkeit der Spitzen betrug bis zu 25%, sie entsprachen einem Absorptions-Koeff. von ca. 200 cm^{-1}. Ihre Halbwertsbreiten liegen zwischen 0,5 u. 0,8μ. Weiter ist hier vermutlich zum 1. Mal die Darst. von Christiansen-Spitzen auf der langwelligen Seite von Gitterabsorptionsbanden gelungen. H. Lindberg. 120□

Infrarotabsorptionsbanden von in Titankomplexen koordiniertem Wasser. G. V. Jere und C. C. Patel. (Nature [London] **194.** 470—71. 5/5. 1962. Bangalore, Indian Inst. of Sci., Dep. of Inorg. and Phys. Chem.; engl.) — Vgl. C. **1962.** 12218. — Die den komplex gebundenen Wasser-Moll. zuzuordnenden IR-Frequenzen wurden an den amorphen Peroxokomplexen [$O_2TiL \cdot 2\,H_2O$] sowie den aus ihnen in 3 Tagen bei 95—100° entstehenden amorphen Oxokomplexen [$OTiL \cdot 2\,H_2O$] (I) ermittelt (*L = Oxalat, Malonat, Maleinat*). Die im Vgl. zu freiem W. auftretenden Verschiebungen der Frequenzen als Folge der Koordinierung an das Zentralatom u. der Ausbldg. von H-Brücken werden diskutiert. Ein durch jahrelanges Lagern bei 20° erhaltenes kristallines I-Präp. mit L = Oxalat wurde in die Unterss. einbezogen. A. Blaschette. 120□

Infrarotspektroskopische Beiträge zur Struktur der Perjodsäure H_5JO_6 und des Schwingungsverhaltens der Hydroxylgruppe vom Typ J-OH. P. Natalis. (Ann. Soc. sci. Bruxelles, Sér. I **73.** 261—69. 18/6. 1959. Liège; franz.) — Das IR-Spektrum von HJO_3 (I) u. H_5JO_6 (II) wurde zwischen 4000 u. 1000 cm^{-1} aufgenommen. Es zeigt in beiden Fällen nur OH-Valenz- (2270—3150) u. OH-Deformationsschwingungen (1105 bis 1285 cm^{-1}); eine dem H_2O zuzuschreibende Deformationsfrequenz bei ca. 1640 cm^{-1} fehlt. Die Aufspaltung von ν_{OH} spricht für ungleiche OH-Gruppen in **II**, das nicht als $HJO_4 \cdot 2\,H_2O$ formuliert werden kann. Für **I** lassen sich nach Hartert u. Glemser (C. **1957.** 1096) die gefundenen Frequenzen berechnen, für **II** wegen der Bandenaufspaltung nicht. H. Bürger. 120□

Das Infrarotspektrum und die Struktur von $K_4[Ni(CN)_3CO]_2$. W. P. Griffith, F. A. Cotton und G. Wilkinson. (J. inorg. nuclear Chem. **10.** 23—27. April 1959. London, Imp. Coll., Inorg. Chem. Res. Labor.; Cambridge, Mass., MIT, Chem. Dep.; engl.) — Die IR-Spektren (Nujoltechnik, NaCl-Prisma) von $K_4[Ni(CN)_3CO]_2$ (**I**) zeigen starke Banden bei 2135, 2055, 1983 u. 1905 cm^{-1}. 5 mögliche Strukturen von **I** werden diskutiert. Eine endgültige Klärung der Struktur von **I** war nicht möglich. Als wahrscheinlich wird eine Struktur von **I** mit Ni–Ni-Bindung (Symmetrie: C_{2h}) gemacht. G. Gattow. 120□

Eine spektroskopische Untersuchung der Protonierung von Acylferrocenen. H. E. Rubalcava und J. B. Thomson. (Spectrochim. Acta [London] **18.** 449—59. April 1962. Dublin, Univ. Coll., Dep. of Chem.; engl.) — Vff. nehmen die IR-Spektren von *Formylferrocen, Acetylferrocen* u. *1.2-(α-Ketotetramethylen)-ferrocen* sowie der Prodd., die sich bei der Rk. dieser Ferrocene mit HCl u. DCl bilden, auf u. nehmen eine Zuordnung der beobachteten Banden vor. Die Ergebnisse zeigen, daß die 3 Basen viel stärker als Arylketone mit einer entsprechenden Grundstruktur sind u. daß mindestens 2 kation. konjugierte Säuren entstehen. Die Bedeutung der gegenseitigen Wechselwrkg. der Fe- u. O-Atome für die Stabilisierung der protonierten Komplexe wird diskutiert. Gerhard Schulze. 120□

Angeregte Strahlungsemission und ihre praktische Verwendung für Maser und Laser. R. A. Smith. (Nature [London] **194**. 426–30. 5/5. 1962; engl.) – Einführende Übersicht. A. BLASCHETTE. 121 □

Über die physikalischen Eigenschaften und die chemische Zusammensetzung von Elektrolumineszenzphosphoren. Paul Goldberg und S. Faria. (J. electrochem. Soc. **107**. 521–26. Juni 1960. Bayside, N.Y., Gen. Telephone and Electronics Labor., Inc.; engl.) – Durch kontrollierte Entfernung der Oberflächenschichten von ZnS : Cu, Cl-Phosphoren (**I**; 0,08 Gew.-% Cu; grüne Emission < 1 kHz) stellen Vff. fest, daß diese Oberflächenschichten nicht für die Elektrolumineszenz (EL) der **I** verantwortlich sind. Ätzen erfolgt in 6n HCl bei 60–80° unter Rühren. Die Proben werden elektronenmkr., röntgenograph. u. spektroskop. untersucht, ihre opt. u. elektr. Eigg. sowie die Teilchengrößenverteilung bestimmt. Polykristalline **I** zeigen bzgl. ihrer chem., physikal. u. EL-Eigg. einheitliches Verh., wenn die Oberfläche nach u. nach durch chem. Ätzen abgetragen wird. Die Vers.-Ergebnisse nach den aufeinanderfolgenden Ätzvorgängen deuten Vff. durch die Existenz einer unwirksamen Oberflächenschicht u. durch die Herabsetzung der Teilchengröße nach dem Ätzen. Weiterhin nehmen Vff. an, daß die für die elektr. Feldverstärkung akt. Bereiche auf oder in der Nähe der Oberfläche der Teilchen liegen. P. FRENZEL. 125 □

Lichttechnische und technologische Probleme der Elektrolumineszenz. W. Schwiecker. (Techn.-wiss. Abh. Osram-Ges. **7**. 240–41. 1958; dt.) – Bei ergänzenden Unterss. zu einer früheren Arbeit über die Lichtemission beim DESTRIAU-Effekt (vgl. z. B. C. **1956**. 3763) wurde festgestellt, daß bei Verw. von ZnS/ZnO-Leuchtstoffen mit durch bes. kontrollierte Herstellung verringerten Verlusten bei nichtsinusförmiger Anregung Proportionalität zwischen Lichtstrom u. Verschiebungsstrom besteht. Aus dem Abklingverlauf des Lichtstroms wurde geschlossen, daß die beiden aufeinanderfolgenden Lichtimpulse von verschiedenen Stellen der Kristalle emittiert werden. – Die Herst. eines Leuchtkondensators mit einem Verlustwinkel < 1° (50 Hz) gelang. W. BETCKE. 125 □

Calcium-Strontium-Luminophor mit großer Abklingzeit. V. Patrovský. (Collect. czechoslov. chem. Commun. **26**. 1799–1804. Juli 1961. Praha, Inst. für Mineralrohstoffe; russ., Auszug: dt.) – Vf. untersucht den Einfl. kleiner Metallzusätze auf die Abklingzeiten eines mit 0,015% Bi aktivierten Ca-Sr-Luminophors (**I**). Durch kleine Pb-Mengen (ca. 0,001%) wird die Abklingzeit wesentlich verlängert. **I** wird durch 30 bis 45 Min. langes Erhitzen von 150 g $CaCO_3$, 50 g $SrCO_3$, 60 g S, 7 g $Na_2B_4O_7$, 1 g $LiPO_4$, 5 g Weinsäure, 30 mg Bi u. 3 mg Pb (in Lsg.) auf 750–850° dargestellt. Wenn **I** nach der Zerkleinerung seine ursprüngliche Eigg. verliert, wird seine Fluorescenzintensität durch kurzes Erhitzen auf 450° reaktiviert. Die Abklingzeit von **I** übertrifft die der bisher bekannten Luminophore erheblich. L. MATOUŠEK/Prag. 125 □

Thermolumineszenz von Goldsapphir und von mit Ni, Mg und UO_3 versetztem geschmolzenem Borax. H. A. Woodbury, H. Eyring und A. F. Gabrysh. (J. physic. Chem. **66**. 551–54. März 1962. Salt Lake City, Utah, Univ. of Utah, Dep. of Chem.; engl.) – Vff. vergleichen die Thermolumineszenz von Goldsapphir (durch Ni u. Mg verunreinigtes Al_2O_3) mit der einiger Boratgläser. Die Substanzen werden in fl. N_2 durch eine ^{60}Co-γ-Strahlenquelle angeregt, anschließend wird die Intensität der Thermolumineszenz gemessen. Die Abhängigkeit der relativen Strahlungsintensität von der Zeit u. der Temp. wird graph. dargestellt. Folgende Substanzen werden bei 1000° zusammengeschmolzen u. die Prodd. untersucht: $Na_2B_4O_7 \cdot 10\,H_2O$ (**I**); $Na_2B_4O_7 \cdot 10\,H_2O + 2$ Gew.-% NiO (**II**); $Na_2B_4O_7 \cdot 10\,H_2O + 2$ Gew.-% MgO; $Na_2B_4O_7 \cdot 10\,H_2O +$ je 2 Gew.-% NiO u. MgO. Bei allen untersuchten Boratgläsern liegen die Spitzen der Intensitätskurven bei ca. 80, 168 ± 5, 228 ± 5°K. Bei mehrfacher Anregung zeigt **II** eine Intensitätssteigerung der Bande bei 228°K. Untersucht werden ferner Boratgläser mit verschiedenem UO_3-Gehalt. Bei kleinem UO_3-Geh. entspricht die Glühkurve der von **I**; ab 2 Gew.-% tritt bei 180°K eine Bande auf. Der Goldsapphir zeigt im Gegensatz zu den Boratgläsern nach anfänglicher Anregung mit γ-Strahlen die Eig. der lichtinduzierten Thermolumineszenz, die er beim Erhitzen über 400° durch Gitterveränderungen wieder verliert. Die Glowkurve des Goldsapphirs besitzt Maxima bei 100 ± 5°K, 133 u. 236°K mit einer zusätzlichen Bande bei 273°K, wenn die Probe mehrfach der γ-Strahlenquelle ausgesetzt wurde. Mit zunehmender Dauer u. Häufigkeit der Anregung nehmen die Intensitätsmaxima ab. Vff. diskutieren die Ergebnisse an Hand eines Kristallstrukturmodells unter Annahme der Rkk.: $Na_2B_4O_7 \rightarrow 2\,NaBO_2 + B_2O_3$; $Na_2B_4O_7 + NiO \rightarrow 2\,NaBO_2 + Ni(BO_2)_2$; $Na_2B_4O_7 + MgO \rightarrow 2\,NaBO_2 + Mg(BO_2)_2$ (bei 966°). B_2O_3 bzw. Al_2O_3 beim Goldsapphir bilden ein hexagonales Wirtsgitter, die Na-, Ni-, Mg-Ionen fungieren als Netzwerkmodifikatoren.

Durch eine mathemat. Überlegung wird die Gleichung $\alpha N_0 = 1/(dT/dt) \int_{T_0}^{\infty} I dT$ erhalten. (N_0 = Zahl der Elektronen in metastabilen Zuständen zur Zeit $t = t_0$; T = abs. Temp.; I = Strahlungsintensität; α = Konst., die mit der Emissionsintensität u. der Energieabnahme-Geschw. angeregter Elektronen zusammenhängt). Die aus der Gleichung errechneten Werte werden mit den erhaltenen Glowkurven verglichen.
WOLFGANG KRETSCHMER. 125□

A₃. Elektrizität. Magnetismus. Elektrochemie

Über den Charakter der Instabilität bei der Wechselwirkung von Bündeln geladener Teilchen mit einem Plasma. Ja. B. Fainberg, W. I. Kurilko und W. D. Schapiro. (Журнал Технической Физики [J. techn. Physik] **31.** 633—39. Juni 1961; russ.) — Die Instabilität bei der Wechselwrkg. von Bündeln geladener Teilchen unter sich u. mit einem Plasma wird diskutiert u. die Aufteilung in den Konvektions- u. den Nichtkonvektionsanteil vorgenommen. M. WIEDEMANN. 131□

Analyse der Instabilität eines Bündels geladener Teilchen im Elektronenplasma. W. Ss. Imschennik und Ju. I. Morosow. (Журнал Технической Физики [J. techn. Physik] **31.** 640—49. Juni 1961; russ.) — Die Instabilität eines Bündels geladener Teilchen in einem Plasma als Folge elektron. Längsschwingungen wird beha ndelt u. die entsprechende Dispersionsgleichung gelöst. Wenn der Teilchenstrahl monochromat. ist, so entwickelt sich eine räumliche Struktur mit charakterist. Länge. Dann gilt eine hydrodynam. Näherung, in deren Rahmen eine halbquantitative Beschreibung der Entwicklungsstadien gegeben wird. M. WIEDEMANN. 131□

Anregung von Ionen-Cyclotronschwingungen im Plasma durch Elektronenbündel. O. A. Glasow, L. W. Dubowoi und B. N. Rutkewitsch. (Журнал Технической Физики [J. techn. Physik.] **31.** 84—86. 1961. Charkow, Akad. der Wiss. der UkrainSSR, Physik.-techn. Inst.; russ.) — Theoret. Unters. der Plasmaaufheizung mit Hilfe modulierter Elektronenstrahlbündel. Vorschlag der Verw. eines modulierten Elektronenbündels derart, daß die Elektronenpakete beim Durchgang durch das Plasma zu Spiralen aufgewickelt werden, die längs des Magnetfeldes fortschreiten. Die Anregung von Ionen-Cyclotronwellen wird in hydrodynam. Näherung behandelt. Für hinreichend hohe Stromdichten ergibt sich ein hoher Wrkg.-Grad für die Wechselwrkg. des Elektronenbündels mit dem Plasma. F. LENZ. 131□

Ionen-Cyclotronresonanz in dichten Plasmen. L. V. Dubovoi, O. M. Shvets und S. S. Ovchinnikov. (J. nuclear Energy, Part C **3.** 203—08. Juli 1961; engl. — C. **1961.** 9297.) E. KLEVER. 131□

Die Bestimmung der Konzentration der Atome im Plasma einer Bogenentladung nach der Breite der Spektrallinien und die Beziehung zwischen den Konzentrationen in der festen und der gasförmigen Phase. I. M. Nagibina. (Известия Академии Наук СССР, Серия Физическая [Nachr. Akad. Wiss. UdSSR, physik. Ser.] **23.** 1056—59. Sept. 1959. Leningrad, Inst. für Feinmechanik u. Optik; russ.) — Vgl. C. **1962.** 11091. — Unter Benutzung des Modells von COWAN und DICKE wurde die Linienbreite in Abhängigkeit von der Konz. des Metalls in der Probe untersucht (Spektrograph ISP-22), wobei bei geringen Konzz. der Wert ϑ im Verhältnis μ/ϑ (μ=Linienbreite bei Absorption; ϑ=Linienbreite bei unendlich dünner Schicht), bei hohen Konzz. der Wert μ gemessen wurde (Ca I 4227; Mg I 2852). Die graph. Darst. zeigt eine lineare Abhängigkeit im breiten Konz.-Intervall. Auch bei gleichzeitiger Anwesenheit beider Metalle (Konz. Mg : Ca = 1,70) bleibt das Verhältnis der Atome u. Ionen in der Probe u. im Plasma proportional (mit einer Genauigkeit von 10—15%). J. TŮMOVÁ. 131□

Beitrag zur Variationsberechnung von Ionenpolarisierbarkeiten. Edmond Weislinger. (J. Chim. physique Physico-Chim. biol. **55.** 528—39. Juli/Aug. 1958. Nancy, Fac. des Sci.; franz.) — Mit Hilfe einer Variations-Meth. wird die elektr. Polarisierbarkeit von einatomigen Ionen u. von Atomen unter Verw. der genäherten Form der von BARRIOL u. RÉGNIER (C. **1954.** 11134) für den angeregten Zustand vorgeschlagenen Wellenfunktionen berechnet. A. BLASCHETTE. 132□

Die direkte Umwandlung von Wärme in elektrische Energie. Der thermoelektrische Effekt. G. Genin. (Chaleur et Ind. **40.** 59—71. März 1959. E.P.C.I.; franz.) — Übersicht über Grundlagen u. Anwendungen. A. BLASCHETTE. 133□

Untersuchung von aktivierten Kalium- und Natriumphotokathoden mit Hilfe der Strom–Spannung-Charakteristik. Mieczysław Subotowicz. (Ann. Univ. Mariae Curie-Skłodowska, Sect. AA **13.** 105—38. 1958, herausgeg. 1960. Lublin, Univ. M. Curie-Skłodowskiej, Kat. Fiz. dośw.; pol.) — Die Strom–Spannung-Charakteristik reiner u.

aktivierter K- u. Na-Photokathoden wurde mit Hilfe einer neu entwickelten App. aufgenommen. Die Verteilung der Energie der Photoelektronen aus aktivierten Kathoden ist im sichtbaren Bereich des Spektrums ähnlich der von Halbleitern. Die Elektronendichte der Quantenzustände in Abhängigkeit von der Energie zeigt entweder ein Plateau oder einen Einbruch im Bereich mittlerer Energien. Vf. nimmt an, daß bei aktivierten Photokathoden 2 ineinandergreifende Energiebänder existieren, die Elektronen abgeben. Die niedrige Austrittsarbeit könnte mit der Existenz einer Dipolschicht im akt. Gebiet der Kathode zusammenhängen. F. URBAN. 134□

Beeinflussung von Elektronen-Austrittpotential und elektrischem Widerstand aufgedampfter Filme von Fe, Ni, Cu, Zn und Ga durch Adsorption von Kohlenmonoxid bei 90° K und 293° K. R. Suhrmann, H. Ober und G. Wedler. (Z. physik. Chem. [Frankfurt/M.] **29.** 305—16. Sept. 1961. Hannover, TH, Inst. für Phys. Chemie u. Elektrochemie; dt.) — Fe-, Ni-, Cu-, Zn- u. Ga-Filme werden im Ultrahochvakuum bei 90° K aufgedampft, durch Temp.-Erhöhung in einen geordneten Zustand übergeführt u. der Einw. von CO bei 90 u. 273° K ausgesetzt. Elektr. Widerstand R, Elektronen-Austrittspotential Φ u. lichtelektr. Mengen-Konst. M werden in Abhängigkeit von der Belegung n gemessen bzw. aus der spektralen lichtelektr. Empfindlichkeit berechnet. Bei Fe u. Ni werden R u. Φ größer mit zunehmendem n bei 90 u. 273° K; die Adsorption ist irreversibel. Bei Cu findet man bei 90° K eine irreversible Adsorption in der gleichen Menge wie bei Ni u. Fe. Die Zunahme von R ist jedoch bei 90° K bedeutend größer, u. Φ nimmt ab. Die Adsorption u. die Änderungen von R u. Φ können durch Erwärmen auf 293° K rückgängig gemacht u. durch darauf folgendes Einkühlen wieder herbeigeführt werden. Die Adsorption bei Zimmer-Temp. ist völlig reversibel u. führt nur unter einem Gleichgewichtsdruck von $> 10^{-4}$ Torr zu gleichartigen Änderungen von R u. Φ wie bei 90° K. Bei Zn u. Ga ist weder eine Adsorption noch eine Änderung von R u. Φ festzustellen. CLAUS FISCHER. 134□

Durch Hochfrequenzinduktion geheizte Oxidkernkathode. Henri Bardeau und Robert Picca. (C. R. hebd. Séances Acad. Sci. **254.** 1394—96. 19/2. 1962. Toulouse, C. N. R. S., Labor. d'Optique électron.; franz.) — Ein aus einer $BaCO_3$-$SrCO_3$-Mischung hergestellter Oxidkern wird, eingeschlossen in einen entsprechend geformten Ni-Zylinder mit einer 20—100 μ großen Öffnung, hochfrequent (5 MHz) auf 1100° erhitzt u. die Emissionsstromdichte bei einer Anodenspannung von 25 kV als Funktion der Spannung am WEHNELT-Zylinder (WZ) untersucht. Die Stromdichte erreicht unter diesen Bedingungen für —75 V am WZ ein Maximum. Das nach HAINE u. EINSTEIN (C. **1953.** 8528) ermittelte Emissionsvermögen bei 25 kV u. 1100° von $6 \cdot 10^4$ A/cm²·srad entspricht dem einer auf 2300° erhitzten W-Kathode. Die Oxidkathode liefert 6—8 Tage lang einen scharf begrenzten Elektronenstrahl. HERBERT MÜLLER. 134□

Rauschen und Signalanzeige in photoleitenden Bleisulfidfilmen. H. E. Spencer. (J. appl. Physics **31.** 505—10. März 1960. Rochester, N.Y., Eastman Kodak Co., Navy Ordnance Div.; engl.) — Vf. ermittelte die experimentellen Werte für das Rauschen u. die Signalanzeige für 2 photoleitende PbS-Filme als Funktion der Frequenz u. der Wellenlänge der verwendeten Strahlung im Temp.-Bereich von ca. 25 bis —173°. Dabei wurde eine gute Übereinstimmung zwischen den Vers.-Werten u. der Theorie von PETRITZ (vgl. C. **1957.** 5765) festgestellt. Die Theorie wurde so verwendet, daß die Beziehungen zwischen dem Rauschen u. der Anzeige von der Temp. unabhängig gemacht werden können. Die gemessenen Zeit-Konst. treten in den Beziehungen nur indirekt auf; sie sind nur zur Extrapolation von Werten, die bei einer bestimmten Frequenz gemessen wurden, auf niedrige Frequenzen erforderlich. Erzeugungs-Rekombinations-Rauschen herrscht bei allen Temp. vor. Die durch das Rauschen u. durch die Signalanzeige gemessenen Zeit-Konst. stimmen überein. Die Rolle der absorbierten umgebenden (ambient) Photonen wird erörtert. Diese Photonen sind bei der Best. der elektr. Eigg. der Zellen bei tieferen Temp. von Bedeutung. Die aus den Signalwerten abgeleitete Konzz. der Majoritätsträger (Löcher) u. ihre Beweglichkeit werden mitgeteilt. Vf. warnt vor der Anwendung der angegebenen Ergebnisse auf alle PbS-Zellen, da die Eigg. der verwendeten Filme strukturabhängig sind. GERHARD SCHULZE. 135□

Oberflächeneigenschaften von PbS-Photoleitern. J. N. Zemel und J. O. Varela. (Physics Chem. Solids **13.** 142—49. Juli 1960. White Oak, Silver Spring, Md., U. S. Naval Ordnance Labor.; engl.) — An einer Reihe von PbS-Photodetektoren wird die Zeit-Konst. des Feld-Einfl. auf die Bldg. von Haftstellen als Funktion der Temp. untersucht. Dabei stellt sich heraus, daß die Ladungsträger-Konz. mit abnehmender Filmempfindlichkeit zunimmt. Die Unterss. bestätigen die Ergebnisse von SORROWS (Catholic Univ. of America [1958]), da die Zeit-Konst. des Feld-Einfl. u. der Photoleitfähigkeit über ein großes Temp.-Gebiet u. für verschiedene Film-Eigg. gleich groß sind. Es wird hervorgehoben, daß dünne PbS-Filme bes. gut geeignet sind, Oberflächen-Unterss. auf Grund induzierter Oberflächenzustände auszuführen. H. SCHIBILLA. 135□

Elektrische Leitfähigkeit von Fayalit und Spinell. R. S. Bradley, A. K. Jamil und D. C. Munro. (Nature [London] **193.** 965—66. 10/3. 1962. Leeds, Univ., School of Chem.; engl.) — Aus stöchiometr. Mengen $FeC_2O_4 \cdot 2\,H_2O$ u. wasserfreiem SiO_2 wurde in einer Goldkapsel bei 800° u. 1000 bar in 24 Std. ein weiß-grünliches Pulver erhalten, das opt. u. röntgenograph. als *Fayalit* (Fe_2SiO_4) charakterisiert wurde. Die elektr. Leitfähigkeit σ einer bei 35000 bar gepreßten Probe gehorcht im Temp.-Bereich 27—680° der Gleichung $\sigma = \sigma\ \exp(-E/kT)$; die Werte E u. σ_0 sinken mit steigendem Druck. Die Leitfähigkeit beruht möglicherweise auf dem Elektronenübergang $Fe^{2+} \rightleftharpoons Fe^{3+} + e$. Fayalit wurde ferner bei 35000 bar u. 510—520° in 3 Std. mit einer Spur W. als Mineralisator in einen Spinell umgewandelt. Die elektr. Leitfähigkeit des Spinells ist bei 35000 bar im Temp.-Bereich 27—343° sehr viel größer als für Fayalit bei demselben Druck. ERNST SCHULTE. 135□

Thermistoren. Bericht über wärmeempfindliche Halbleiter. 2. Mitt. R. W. Smith. (Ceram. Ind. **74.** Nr. 6. 84—87. Juni 1960; engl.) — 1. vgl. Ceram. Ind. **74.** Nr. 5. [1960.] 79. — Es werden die Thermistortheorie, einige der Fähigkeiten u. Eigg. u. weitere Möglichkeiten der Thermistoren besprochen. Partikelgröße u. Verteilung mineralog. Form der Ausgangsstoffe, Binde- u. Flußmittel, Formdruck, Sinterzeit, Atmosphäre u. Temp. beeinflussen die physikal. u. elektr. Eigg. der Thermistoren. F. REINHART. 135□

Anordnung zur Messung galvanomagnetischer Effekte an Halbleitern mit hohem Widerstand. G. Fischer, D. Greig und E. Mooser. (Rev. sci. Instruments **32.** 842—46. Juli 1961. Ottawa, Canada, Nat. Res. Council, Div. of Pure Physics; engl.) — Eine Meßschaltung wird diskutiert, die die Best. von Widerständen bis zu $10^{12}\ \Omega$ sowie die Ermittlung von HALL-Koeff. bis zu einer minimalen Beweglichkeit der Ladungsträger von 1 cm^2/Vs ermöglicht. Am Beispiel des *GaTe* wird die Leistungsfähigkeit der Anordnung demonstriert. W. HERFURT. 135□

Verfahren zur Anbringung von Kontaktdrähten bei der Untersuchung dünner Schichten. R. I. George und R. B. McQuistan. (Rev. sci. Instruments **32.** 855—56. Juli 1961. Hopkins, Minn., Minneapolis-Honeywell Res. Center; engl.) — Bei der Unters. der elektr. Eigg. dünner Halbleiterschichten wird von den Zuleitungskontakten neben mechan. Festigkeit geringer Widerstand gefordert. Als geeignet erwiesen sich dünne Golddrähte, die durch ein Gemisch von Goldstaub u. Glaspulver bei ca. 900° auf die Unterlage gesintert wurden. Infolge der Verw. nur eines Metalls treten keine Kontaktspannungen auf. W. HERFURT. 135□

Lösung der Blochschen Integralgleichung für Metallelektronen im elektrischen Feld im ganzen Temperaturbereich. Dieter Langbein. (Z. Physik **152.** 123—42. 11/7. 1958. Frankfurt/M., Univ., Inst. für theoret. Phys.; dt.) — Die BLOCHsche Integralgleichung wird durch Einführung einer aus der Elektronen-Geschw. u. der Abklingzeit der Elektronenverteilung gebildeten „freien Weglänge" in eine übersichtliche Form gebracht. Die Anisotropie der Flächen konst. Elektronenenergie im Wellenzahlraum wird berücksichtigt. Eine Entw. der vorkommenden Funktionen der Energie nach Potenzen von $\tanh^2\eta/2$ (mit $\eta = E - \zeta/kT$; ζ = FERMIsche Grenzenergie) ermöglicht die Berechnung der freien Weglänge als Funktion der Temp., eines Anisotropieparameters u. der Wellenzahl im ganzen Temp.-Bereich. Die BLOCH-GRÜNEISENsche Interpolationsformel entspricht einem speziellen (irrealen) Wert des Anisotropieparameters. A. BLASCHETTE. 136□

Transporteigenschaften von handelsüblichen Metallen und Legierungen bei tiefen Temperaturen. 2. Mitt. **Aluminium.** Robert L. Powell, William J. Hall und Hans M. Roder. (J. appl. Physics **31.** 496—503. März 1960. Boulder, Colo., Nat. Bureau of Standards, Cryogenic Engng. Labor.; engl.) — 1. vgl. C. **1959.** 386; vgl. auch C. **1960.** 4740. — Vff. teilen die Werte für die Wärmeleitfähigkeit, den spezif. elektr. Widerstand, die LORENZ-Zahl, die Thermospannung u. die Thermokraft für folgend. 10 Al-Sorten u. Al-Legg. im Temp.-Bereich von 4—120° K mit: Hochreines Al (Eine kristalle), handelsüblich reines Al 1100-F, handelsüblich reines Al 1100-O, Leg. 3003-F, Leg. 2024-T 4, Leg. 5052-O, Leg. 5083-O, Leg. 5086-F, Leg. 5154-O u. Leg. 6063-T 5. Die ersten drei u. die letzte der Proben besitzen ein Maximum in der Kurve, die die Abhängigkeit der Wärmeleitfähigkeit von der Temp. wiedergibt. Für diese 4 Proben werden die Werte für die verschiedenen Komponenten des spezif. Wärmewiderstandes der Elektronenleitung getrennt angegeben. Für die anderen Proben werden die Werte für die Wärmewiderstände der Elektronen- u. der Gitterleitfähigkeit mitgeteilt. Die spezif. elektr. Restwiderstände variieren von $2{,}5 \cdot 10^{-8}$ bis $3{,}2 \cdot 10^{-6}\ \Omega \cdot cm$.

Die LORENZ-Zahlen für die 4 Proben mit hoher Leitfähigkeit liegen beträchtlich unterhalb des SOMMERFELD-Wertes von $2{,}44 \cdot 10^{-8}$ W · Ω/Grad K², die der anderen Proben etwas oberhalb dieses Wertes. Der Temp.-Koeff. der Thermospannung einiger der Legg. ist positiv bezogen auf die Probe hoher Reinheit, während er für einige Legg. negativ ist. Die verschiedenen Eigg. der Proben, die Meth. der Analyse u. die Auflösung der Komponenten werden eingehend diskutiert. GERHARD SCHULZE. 136□

Transporteigenschaften von handelsüblichen Metallen und Legierungen bei tiefen Temperaturen. 3. Mitt. **Gold-Kobalt.** Robert L. Powell, M. D. Bunch und Edward F. Gibson. (J. appl. Physics **31.** 504—05. März 1960; engl.) — 2. vgl. vorst. Ref.; 4. vgl. C. **1962.** 11095. — Die Werte für die Wärmeleitfähigkeit, dem spezif. elektr. Widerstand u. die LORENZ-Zahl werden im Temp.-Bereich von 4—100° K für eine Au-Leg. mit 2,1 Atom-% Co, das am meisten für Thermoelemente verwendete Material, mitgeteilt. Die Gesamtwärmeleitfähigkeit ist relativ niedrig, sie beträgt 0,01 W/cm · Grad K bei 4° K u. 0,23 bei 100° K. Der Beitrag der Gitterleitung zur Gesamtwärmeleitfähigkeit ist höher als der der Elektronenleitung. Der spezif. elektr. Widerstand ist nahezu temperaturunabhängig, zeigt aber ein definiertes Minimum von ca. $1{,}20 \cdot 10^{-5}$ Ω · cm bei 30° K. Wegen des relativ großen Beitrages der Gitterleitung zur Gesamtwärmeleitfähigkeit liegt die LORENZ-Zahl beträchtlich über dem SOMMERFELD-Wert.

GERHARD SCHULZE. 136□

Vorläufige Messungen der thermischen und elektrischen Leitfähigkeiten von Molybdän, Niob, Tantal und Wolfram. R. P. Tye. (J. less-common Metals [Amsterdam] **3.** 13—18. Febr. 1961. Teddington, Middlesex, Nat. Phys. Labor., Basic Phys. Div.; engl.) — Die Wärmeleitfähigkeit u. der elektr. Widerstand von Mo, Nb, Ta u. W wurden bei 50—350° bzw. 20—1450° gemessen. Die Ergebnisse sind tabellar. aufgeführt u. werden im Zusammenhang mit dem Verh. der LORENZ-Funktion für diese Stoffe diskutiert.

W. BETCKE. 136□

Über einige Probleme der Theorie der Supraleitung. N. N. Bogolubov. (Physica [Utrecht] **26.** Suppl. S 1—S 16. Dez. 1960. Dubna, Joint Inst. for Nucl. Res., Labor. of Theoret. Phys.; engl.) — Grundsätzliche Betrachtungen über die HAMILTON-Funktion von Supraleitern u. über das statist. Gleichgew. in ihnen. G. KIRSCHSTEIN. 136□

Neuere Fortschritte in der Theorie der Supraleitung. Robert Schrieffer. (Physica [Utrecht] **26.** Suppl. S 124—S 136. Dez. 1960. Urbana, Ill., Univ. of Illinois, Dep. of Phys.; engl.) — Ableitung einer verbesserten Formel für die Breite der Energielücke. G. KIRSCHSTEIN. 136□

Bemerkung zur Supraleitfähigkeit. L. Brillouin. (J. Physique Radium **19.** 184. Febr. 1958. New York, N.Y.; franz.) — Ergänzende Bemerkung zur C. **1958.** 12605 ref. Arbeit. CH. WEISKE. 136□

Über das Einfangen von magnetischem Fluß durch supraleitende Toroidspulen. Gerhart Lüders. (Z. Naturforsch. **17a.** 181—82. Febr. 1962. Göttingen, Univ., Inst. für Theoret. Phys.; engl.) — Beim Abkühlen einer doppelt zusammenhängenden supraleitenden Probe auf Temp. unterhalb des Sprungpunktes in einem äußeren Magnetfeld H_a wird im Supraleiter ein magnet. Fluß-Φ eingefangen, der ein ganzes Vielfaches n eines Flusses Φ_0 ist. Auf der Basis der LONDON-GINZBURG-LANDAUschen Theorie der Supraleitung wird der Zusammenhang zwischen der Quantenzahl n u. dem äußeren Magnetfeld H_a diskutiert. Die Rechnungen werden an dem prakt. wichtigen Fall eines supraleitenden Hohlzylinders erläutert. H. FAHLENBRACH. 136□

Die Volumen-Magnetostriktion von Gadolinium-Metall nahe der Curie-Temperatur. J. Tudor Davies. (Proc. physic. Soc. **79.** 821—30. 1/4. 1962. Oxford, Clarendon Labor.; engl.) — Für die Magnetostriktion m gilt unter der Voraussetzung der Feldunabhängigkeit der Susceptibilität χ m $\sim H^2$. Für Temp. deutlich oberhalb der CURIE-Temp. ist χ prakt. feldunabhängig u. wird m $\sim H^2$ beobachtet. Im Bereich der CURIE-Temp. wird jedoch m $\sim$ H beobachtet; χ ist also (bes. deutlich im Bereich kurz über der CURIE-Temp.) nicht feldunabhängig. Vf. gibt auf wellenmechan. Grundlage eine Theorie, die die Feldabhängigkeit von χ darstellt, so daß m $\sim$ H erfüllt ist. Die Ergebnisse der Theorie konnten experimentell am Ge-Metall befriedigend bestätigt werden.

K. JAEGER. 137□

Zur magnetischen Analyse eines Eiseneinkristalls. Shigeto Yamaguchi. (Z. Metallkunde **51.** 340—41. Juni 1960. Tokio, Inst. of Phys. and Chem. Res.; dt. — C. **1961.** 2189.) GERHARD SCHULZE. 137□

Die Statistik der Superaustausch-Wechselwirkung und der Ionenverteilung bei den substituierten ferrimagnetischen Seltenen Erden–Eisen-Granaten. S. Geller. (Physics Chem. Solids **16.** 21—29. Nov. 1960. Murray Hill, N.J., Bell Telephone Labor.,

Inc.; engl.) — Im Anschluß an theoret. Unterss. von GILLEO (C. **1962.** 8158) wird durch statist. Betrachtungen versucht, bei den substituierten Granaten *5 Fe_2O_3 3 M_2O_3* (M = *Seltene Erde*) Aussagen über die Superaustausch-Wechselwrkg. zwischen den paramagnet. Ionen der drei Untergitter u. die eingenommenen Besetzungen der Ionen in den einzelnen Untergittern zu gewinnen. Durch Strukturbetrachtungen wird dabei gezeigt, daß nur 4 Wechselwrkg. zum magnet. Atommoment (Sättigungsmagnetisierung bei 0° K) beitragen. Die Theorie wird durch Meßergebnisse des Atommoments für folgende substituierte Granate bes. gut bestätigt: $\{Gd_3\}$ $[Al_yFe_{2-y}]\cdot(Al_zFe_{3-z})O_{12}$ u. $\{Gd_{2,4}Ca_{0,6}\}$ $[Al_yFe_{2-y}]\cdot(Al_{z-0,6}Si_{0,6}Fe_{3-z})O_{12}$. Ferner werden einige kristallchem. Aspekte der Theorie, wie z. B. die Kompensationspunkte der Untergitter, diskutiert. H. FAHLENBRACH. 137 □

Elektronenspinresonanz von Kupferphthalocyanin. E. M. Roberts und W. S. Koski. (J. Amer. chem. Soc. **83.** 1865—67. 20/4. 1961. Baltimore, Md., Johns Hopkins Univ., Dep. of Chem.; engl.) — An 0,001 m Lsgg. von Cu-Phthalocyanin (**I**) in konz. H_2SO_4 wurde bei —137° das Elektronenspinresonanzspektrum aufgenommen (Varian-Spektrometer V 4500 epr, 100 kHz Modulation). Der Teil des Spektrums, der die N-Hyperfeinstruktur zeigt, ist ca. 800 Gauß breit. Die Linienaufspaltung in der Nähe von $H_{\parallel}$ ist kleiner ($\Delta\nu_{\parallel}$ = 13,6 Gauß) als in der Nähe von $H_{\perp}$ (15,4). Vff. schließen auf anisotrope Kopplung zwischen Kern- u. Elektronenspin, da diese von der mol. Orientierung abhängt. Nach dem an dem Spektrum von Cu-Ätioporphyrin II (J. Amer. chem. Soc. **82.** [1960.] 3006), das dem des **I** ähnlich ist, angewandten Verf. wird für den Bindungsparameter α 0,85 u. $\langle r_n^{-3}\rangle_p = 10\cdot10^{24}$ cm^{-3} erhalten. Letzterer Wert liegt beträchtlich niedriger als ein aus numer. Wellenfunktionen für die freien Atome erhaltener Wert, wahrscheinlich wegen des kovalenten Charakters der Cu–N-Bindung. Aus den beiden möglichen Werten für die Bindungsenergie ΔE_π, abgeschätzt aus dem Schwerpunkt des opt. Spektrums von **I**, folgt α = 0,73 bzw. 0,81. $g_{\parallel}$ wurde aus dem Spinresonanzspektrum zu 2,180, $g_{\perp}$ aus polykrist. Proben nach SANDS (C. **1958.** 2643) u. KNEUBÜHL (C. **1961.** 12357) zu 2,037 erhalten. Beide Werte stimmen aus unbekannten Gründen mit bekannten Daten nicht überein. R. JUNGE. 137 □

Akustische Verfahren bei der magnetischen Resonanz. D. I. Bolef. (Science [Washington] **136.** 359—69. 4/5. 1962. Pittsburgh, Pa., Westinghouse Res. Labor., Phys. Dep.; engl.) — Einführung in die Meth. der akust. Spin-Phonon-Kopplung u. ihre Anwendung auf Kern- u. Elektronenspins in Festkörpern. — 29 Literaturangaben. A. BLASCHETTE. 137 □

Experimentelle Anordnungen für die Messung der paramagnetischen Relaxation und Resonanz sowie der magnetischen Kernresonanz im Tieftemperatur-Laboratorium von Leuven. 3. Mitt. L. van Gerven, A. van Itterbeek und L. Stals. (Meded. Kon. vlaamse Acad. Wetensch., Letteren schone Kunsten België, Kl. Wetensch. **22.** 1—44. 1960; belg.) — 2. vgl. C. **1959.** 11146. — Unter Verw. der Theorie von BLOCH werden die elektronenparamagnet. Resonanz (ER) u. die kernparamagnet. Resonanz (KR) miteinander verglichen u. die Formen u. Eigg. der KR-Linien erläutert. Ein KR-Gerät wird beschrieben. Das Magnetfeld eines OERLICON-Elektromagneten wird untersucht u. geeicht. W. WESLY. 137 □

Die Struktur von Dialkyl- und Diarylphosphonaten. K. Moedritzer. (J. inorg. nuclear Chem. **22.** 19—21. Febr. 1962. St. Louis, Mo., Monsanto Chem. Co., Inorg. Chem. Div., Res. Dep.; engl.) — Magnet. Kernresonanzmessungen von ^{31}P in Alkalimetallsalzen von Dialkyl- u. Diarylphosphorsäureestern zeigen, daß P in diesen Salzen 3wertig auftritt. Säure–Base-Unterss. zeigen, daß die Salze der Dialkylphosphonate den Alkoholaten bzgl. Basenstärke ähneln. Im einzelnen wurden untersucht: $LiOP(OC_2H_5)_2$, $NaOP(OC_2H_5)_2$, $KOP(OC_2H_5)_2$, $LiOP(OC_4H_9)_2$, $NaOP(OC_4H_9)_2$, $KOP(OC_4H_9)_2$, $LiOP\cdot(OC_6H_5)_2$, $NaOP(OC_6H_5)_2$, $KOP(OC_6H_5)_2$, $HPO(OCH_3)_2$, $HPO(OC_2H_5)_2$, $HPO(OC_4H_9)_2$, $HPO(OC_6H_5)_2$, $P(OCH_3)_3$, $P(OC_2H_5)_3$, $P(OC_4H_9)_3$ u. $P(OC_6H_5)_3$. G. RUBAN. 137 □

Übersicht über die Untersuchungen auf dem Gebiet der Elektrochemie geschmolzener Salze für das Jahr 1960. A. G. Moratschewski. (Журнал Прикладной Химии [J. angew. Chem.] **34.** 1398—1411. Juni 1961; russ.) — Übersicht mit 311 Literaturangaben. E. KLEVER. 138 □

Die Leitfähigkeit von Salzsäure bei 25°. R. H. Stokes. (J. physic. Chem. **65.** 1242—47. Juli 1961. Armidale, New South Wales, Australia, Univ. of New England, Dep. of Phys. and Inorg. Chem.; engl.) — Vf. beschreibt eine neue, sehr genaue Analysen-Meth. für HCl mit Hilfe einer konduktometr. Best. der Konz. einer aus dieser hergestellten NaCl-Lsg. u. bestimmt erneut die Leitfähigkeit von HCl bis zur Konz. 1 n mit engeren Konz.-Intervallen als früher mitgeteilt. Ausschaltung von Fehlerquellen, die durch Adsorption in der App. u. durch den Soret-Effekt beim Eintauchen der Meßzelle in den Thermostaten bedingt sind, ermöglicht eine Reproduzierbarkeit von $\pm 0{,}005\%$. Fehlerfunktionen werden tabellar. mitgeteilt, die eine Interpolation der erhaltenen Werte mit dieser Genauigkeit erlauben, so daß die Werte zur direkten konduktometr. Best. von HCl-Lsgg. benutzt werden können. Die Ergebnisse werden zur Überprüfung der Fuoss-Onsagerschen Theorie der Leitfähigkeit verwendet. Es ergibt sich ein Grenzwert der Äquivalentleitfähigkeit von $\Lambda_0 = 426{,}50\ cm^2/\Omega \cdot Val$ bei 25°. Die Fuoss-Onsagersche Gleichung ist nur bis zu Konzz. von 0,004 n gültig. P. Frenzel. 138□

Verhalten von Elektrolyten in Lösungsmittelgemischen. 3. Mitt. **Viscosität und Leitfähigkeit von Natriumchlorid in Dioxan-Wasser-Gemischen bei 35°.** P. K. Das. (J. Indian. chem. Soc. **36.** 613—16. 1959. Cuttack, Ravenshaw Coll., Mavurbhanj Chem. Labor.; engl.) — 2. vgl. C. **1959.** 15917; 4. vgl C. **1962.** 10746. — An wss. Lsgg. mit 10, 20 u. 30% Dioxan (I) u. 0,0035—0,012 Moll NaCl wurde die Leitfähigkeit u. in W.-I-Mischungen mit 0,0200—0,1248 Mol NaCl die Viscosität η nach früher beschriebenen Meth. (J Indian chem. Soc. **34.** [1957.] 56) gemessen. Die Viscositätsdaten folgen der modifizierten Gleichung von Jones-Dole $\eta/\eta_0 = 1 + A\sqrt{C} + B\overset{*}{C}$, wobei B für 10, 20 bzw. 30% I den Wert $9{,}1 \cdot 10^{-2}$, $11{,}22 \cdot 10^{-2}$ bzw. $16{,}62 \cdot 10^{-2}$ hat. In 10- u. 20%ig. I-Lsgg. besteht zwischen B_{NaCl} u. B_{KCl} Additivität, in 30%ig. Lsg. nicht. Die Äquivalentleitfähigkeit Λ_0 für NaCl beträgt bei 35° in 10, 20 bzw. 30%ig. I-Lsg. 132,6, 114,0 u. 97,7. Da die nach der Gl. von Falkenhagen u. Mitarbeitern [1952] aus den Λ-Werten erhaltenen a_0-Werte nie kleiner sind als der krit. Abstand für Ionenpaar-Bldg. nach Bjerrum, kann vollständige Dissoziation von NaCl angenommen werden.
R. Junge. 138□

Versuche zur Entwicklung von „Membranelementen". E. Joachim und W. Vielstich. (Electrochim. Acta [London] **3.** 244—52. Okt. 1960. Bonn, Univ., Inst. für phys. Chem.; dt.) — Unter „Membranelementen" werden Brennstoffelemente verstanden, zwischen deren Elektroden sich statt der bisherigen fl. Elektrolyte Ionenaustauschermembranen befinden. Derartige Membranelemente haben gegenüber Elementen mit fl. Elektrolyten u. a. einen höheren Vol.-Wrkg.-Grad u. einen besseren Ausnutzungsgrad der verwendeten Brenngase. Vff. untersuchten zunächst in einer geeigneten Meßzelle verschiedene Stoffe auf ihre Wirksamkeit als Katalysatoren für die Elektroden-Rkk. von Brennstoffelementen. Als O_2-Elektrode wurden geprüft: Ag-Pulver (red. aus Ag_2O), Aktivkohle (C), C + Ag, C + 10% Pt, C + 10% Pd, Ag (gefällt). Für die Unterss. der H_2-Elektrode wurden Raney-Ni, C + 10% Pt, C + 10% Pd u. Raney-Co eingesetzt. Die Meßwerte werden in Form von Strom–Spannungs-Kurven graph. dargestellt. In alkal. Lsg. lieferten für die Kathode die Elektroden aus reinem Ag in feinverteilter Form u. aus versilberter Kohle die besten Ergebnisse. In saurer Lsg. gab C + 10% Pt bessere Werte als C + 10% Pd. Für die H_2-Elektrode ergab sich, nach steigender Wirksamkeit geordnet, folgende Reihenfolge: Raney-Co, C + 10% Pt, C + 10% Pd, Raney-Ni. In Vers.-Elementen wurden 6 verschiedene Membranen in saurem bzw. alkal. Medium auf ihre Brauchbarkeit als Elektrolyte für Brennstoffelemente erprobt. Elemente mit Amberplex C 1 im sauren u. Amberplex A 1 im alkal. Medium konnten bei 10 mA/cm^2 mit 0,65 V belastet werden. Dauer-Verss. zeigten die Notwendigkeit, das Austrocknen der Membranen zu verhindern. E. Winkler. 140□

Stofftransport durch turbulente natürliche Konvektion an senkrechten Elektroden. M. G. Fouad und N. Ibl. (Electrochim. Acta [London] **3.** 233—43. 4 Tafeln. Okt. 1960. Zurich, Swiss. Fed. Inst. of Technol., Labor. for Phys. Chem. and Electrochem.; engl.) — Vff. untersuchten die turbulente natürliche Konvektion bei der Elektrolyse mit senkrechten Elektroden. Als Elektrolyt wurden 0,1—0,734 m $CuSO_4$-Lsgg. verwendet, die 1,49 m an H_2SO_4 waren. Durch Aufnahme von Strom–Spannungs-Kurven wurde die kathod. Grenzstromdichte bestimmt sowie das Strömungsbild durch eine Dunkelfeld-Meth. sichtbar gemacht. Der Bereich der Unterss. umfaßte das Gebiet des Übergangs von der laminaren zur turbulenten Strömung. Es wurde gefunden, daß die Beziehung $Nu = 0{,}31(ScGr)^{0{,}28}$ gilt für ScGr-Werte zwischen $4 \cdot 10^{13}$—10^{15} (Nu = Nusseltsche, Sc = Schmidtsche, Gr = Grashofsche Zahl). Diese Beziehung unterscheidet sich nicht sehr von der für laminare Strömung gültigen. Aus den opt. Verss. u. dem Vgl. mit Wärmeübergangszahlen aus der Literatur schließen Vff., daß das Einsetzen der Turbulenz nicht nur von der Größe des Produktes ScGr, sondern auch von Sc abhängt.
E. Winkler. 141□

Beitrag zum nichtstationären Verlauf der anodischen Sauerstoffabscheidung am Platin. M. Šolc. (Collect. czechoslov. chem. Commun. **26.** 1749—55. Juli 1961. Prag, Tschech. Akad. der Wiss., Inst. für anorg. Chem.; dt.) — Bei der Elektrolyse von 1 n H_2SO_4 mit konst. Anodenpotential wurde die Zeitabhängigkeit der Anodenstromdichte untersucht. Die Abnahme der Stromdichte mit der Zeit wird durch die wachsende Besetzung der Elektrodenoberfläche mit O_2 erklärt, dessen Desorption am Anfang der Polarisation langsam verläuft. Die Zeitabhängigkeit der Stromdichte wird auch theoret. abgeleitet, unter der Voraussetzung, daß die Aktivierungsenergie der anod. O_2-Abscheidung eine lineare Funktion des von O_2 besetzten Oberflächenanteils ist.

V. RŮŽIČKA/Prag. 141

Mechanismus der Entwicklung und Ionisation von Sauerstoff an Platinelektroden. A. C. Riddiford. (Electrochim. Acta [London] **4.** 170—78. Aug. 1961. Southampton, Univ., Dep. of Chem.; engl.) — Auf Grund von Literaturangaben über Sauerstoffelektroden wird ein Rk.-Mechanismus vorgeschlagen, nach dem der Elektrodenprozeß in sauren u. alkal. Lsgg. über denselben Weg abläuft. G. GATTOW. 141 □

Elektrolytische Abscheidung von Silber, Blei und Zink aus ihren Salzlösungen in der Divers-Flüssigkeit. Włodzimierz Hubicki und Jan Kowalczyk. (Ann. Univ. Mariae Curie-Skłodowska, Sect. AA **13.** 37—42. 1958, herausgeg. 1960. Lublin, Uniw. M. Curie-Skłodowskiej, Kat. Chem. nieorgan.; poln.) — Aus Ag_2SO_4-Lsgg. in $NH_4NO_3 \cdot nNH_3$ (I) wird bei 0°, 0,2 V u. 0,4 mA/cm² Ag als glänzender fester Spiegel abgeschieden. Die Stromausbeute ist gering (54—86%). Bei der Elektrolyse von Pb^{2+} (Sulfat oder Acetat) in **I** wird bei 2 V u. 3 mA/cm² schwammartiges Pb kathod. abgeschieden. Die Abscheidung von Zn aus einer $ZnSO_4$-Lsg. in **I** beginnt bei 2,6 V. Das schwammartige Zn wird nach Abschaltung der Spannung sofort von **I** gelöst. F. URBAN. 141 □

Isotopieeffekt an der Kathode bei der Elektrolyse geschmolzener Salze. Arnold Lundén. (Z. Naturforsch. **16a.** 326. März 1961. Göteborg, Chalmers TH, Phys. Inst.; dt.) — Bei der Elektrolyse von geschmolzenem *LiBr* (580°; 0,2 A/cm²; 4 Std.) entstand an der Zn-Kathode eine Zn–Li-Leg., in der massenspektrometr. ein $^7Li/^6Li$-Verhältnis von 12,26 ermittelt wurde (im Salz: 12,31). Die Fraktionierung ist von den Vers.-Bedingungen abhängig (Li-Austausch zwischen Salz u. Metall, Isotopieeffekt bei der Diffusion des Li in der Schmelze). Im unteren Teil des Metalls tritt eine beträchtliche ^6Li-Anreicherung auf.

A. BLASCHETTE. 141 □

Elektrolyse von geschmolzenen Salzen. 1. Mitt. Chlorüberspannung an Kohle im LiCl–KCl-Eutektikum. A. M. Shams El Din. (Electrochim. Acta [London] **4.** 242—50. Aug. 1961. Stockholm, Royal Inst. of Technol., Div. of Appl. Electrochem.; engl.) — Zur vollständigen Entwässerung des LiCl–KCl-Eutektikums (49 Mol-% LiCl) wurde 60 Min. lang gut getrocknetes Cl_2-Gas durch die Schmelze geleitet; die letzten Spuren W. werden nach folgender Gleichung entfernt: $Cl_2 + H_2O \rightarrow 2\,HCl + \frac{1}{2}\,O_2$. Die Chlorüberspannung η der Kohleanode (4,5 cm²) wurde zwischen 425 u. 650° bestimmt. η ist mit dem polarisierenden Strom durch die Beziehung $\eta = R \cdot I$ verbunden, wobei R der Widerstand der Schmelze u. der Gashaut auf der Oberfläche der Elektroden darstellt. Wird ein indifferentes Salz (z. B. K_2SO_4) zur eutekt. Schmelze hinzugefügt, dann tritt Konz.-Polarisation u. eine Erhöhung des Widerstandsterms ein. G. GATTOW. 141 □

Über die Elementarströme in den verschiedenen Bezirken der elektrochemischen Doppelschicht. E. Lewartowicz. (Electrochim. Acta [London] **3.** 217—32. Okt. 1960. Bellevue, Seine-et-Oise, C.N.R.S., Labor. d'Electrolyse; franz.) — Vf. untersucht theoret. die Diffusions- u. Durchtrittsvorgänge an einer lösl. Amalgamelektrode in Ggw. eines Leitelektrolyten. Es werden Funktionen für die verschiedenen Elementarströme in Abhängigkeit von der Überspannung aufgestellt. Diese Elementarströme bleiben in den einzelnen Schichten der Phasengrenze nicht konst. u. durchlaufen manchmal in Abhängigkeit von der Überspannung Extremwerte. Man kann deshalb die Bezeichnungen zu- oder abnehmend nur auf die beiden Ströme I_a u. I_c anwenden, die durch die Gesamtheit der Schichten monotone Funktionen der Überspannung sind. Die gleichen Betrachtungen werden an inerten Elektroden in Redox-Syst. angestellt.

E. WINKLER. 142 □

Kapazität der elektrischen Doppelschicht von passiven Elektroden aus Eisen und korrosionsbeständigem Stahl. Pranjivan V. Popat und Norman Hackerman. (J. physic. Chem. **65.** 1201—05. Juli 1961. Austin, Texas, Univ. of Texas, Dep. of Chem.; engl.) — Vff. untersuchen mit Hilfe der Aufladungs-Meth. mit quadrat. Impulsen im Bereich zwischen den Potentialen E der O_2- u. H_2-Entw. das Polarisations-Verh. von Elektroden aus Fe u. nichtrostendem 18-8-Stahl (I) in SO_4^{2-}-haltigen Lsgg. in Abhängigkeit vom pH-Wert. Die Kapazitäten C der elektr. Doppelschicht der Elektroden werden ermittelt u. die Ergebnisse mit Werten an Pt verglichen. Bei E-Werten, die nur wenig positiver als $E(O_2)$ sind, beträgt C für alle 3 Metalle 18 μF/cm². Dieser Minimalwert nimmt mit zunehmender Acidität der Lsgg. zu. Die Abhängigkeit C/E von **I** entspricht der an Pt. Da kein festes Oxid auf Pt zu beobachten ist, kann geschlossen werden, daß die Passivität von **I** nicht auf festes Oxid zurückzuführen ist. Weiterhin wird in den

C/E-Kurven keine Hysterese festgestellt. Das Verh. von I unterscheidet sich offensichtlich von dem von Al u. Ta, für die ein Sprung der C-Werte mit steigendem kathod. E u. beträchtliche Oxid-Bldg. bekannt ist. Mit zunehmendem pH-Wert verschiebt sich das Maximum von I nach der kathod. Seite, u. seine Höhe nimmt zu. Bei Fe ist es nicht möglich, allein auf Grund der C-Werte zwischen dem Bereich der Metallauflösung u. dem der H_2-Entw. zu unterscheiden. Jedoch wird in einem Bereich eine plötzliche Änderung von E_{Fe} von akt. nach passiv beobachtet, die von einem C-Abfall begleitet ist. Auch hieraus ist die Folgerung berechtigt, daß die Passivität von I nicht auf Oxid-Bldg. zurückzuführen ist. Vff. schlagen auf Grund des C/E-Verh. eine Einteilung der Metalle in 3 Gruppen vor: a) Edelmetalle wie Pt u. Legg. ähnlich I, b) oxidbildende Metalle wie Al u. Ta, c) akt. Metalle wie Fe u. Cu. P. FRENZEL. 142□

Eigenschaften und Bewertung von elektrolytisch hergestellten MnO_2-Arten. V. Srb. (Collect. czechoslov. chem. Commun. **26.** 1231—41. Mai 1961. Prag, TH für Chem., Inst. für anorg. Technol.; dt.) — Von elektrolyt. aus sauren $MnSO_4$-Lsgg. an Blei-, Graphit- u. Platinanoden bei 25, 50 u. 80° abgeschiedenem MnO_2 wurden die chem. Zus., die Struktur (röntgenograph. u. differentialthermoanalyt.) u. die Größe der spezif. Oberfläche (nach der BET Meth.) ermittelt u. diese Eigg. mit der Depolarisierungskapazität verglichen. Die Größe der spezif. Oberfläche kann nur bei Oxiden gleicher Struktur als Maß der Depolarisierungskapazität dienen. Wesentliche Unterschiede zwischen den untersuchten Eigg. wurden vor allem für die bei 25° in der Lsg. ausgeschiedenen Oxide (*α-MnO_2*) u. die bei 80° in kompakter Form direkt an der Anode gebildeten Oxide (*γ-MnO_2*) gefunden. V. RŮŽIČKA/Prag. 142

Unlösliche Depolarisatoren. K. Micka. (Chem. Listy **55.** 852—90. Juli 1961. Praha, ČSAV, Polerografichý ústav; Prag, Tschechoslow. Akad. der Wiss., Polarograph. Inst.; tschech.) — Ausführliche Übersicht — 429 Literaturangaben.
P. ZUMAN/Prag. 142

Untersuchungen des Mechanismus einer mit Kohle ausgeführten Chlorelektrode mit Hilfe von Pulverelektroden. H. Jankowska und W. Tomassi. (Electrochim. Acta [London] **3.** 211—16. Okt. 1960. Warschau, TH, Lehrst. der physik. Chem.; dt.) — Vff. untersuchten in Abhängigkeit von der Zeit das Potential von Pulverelektroden, die aus mit verschiedenen Mengen Cl_2 beladener Aktivkohle hergestellt wurden. Eine Erhöhung der Oberflächen-Konz. an Cl_2 bewirkte ein Ansteigen des Potentials. Im Verlauf der Verss. fällt das Potential der Elektroden im allg. ab. Nur bei sehr kleinen Oberflächen-Konzz. tritt zunächst ein Anstieg ein, wird ein Maximum durchlaufen u. erst dann ein Abfall des Potentials beobachtet. Für die Konz.-Abhängigkeit des Potentials einer mit Cl_2 beladenen Aktivkohleelektrode wurde die Beziehung $\pi = a\,\Gamma^b$ (π = Elektrodenpotential, Γ = Oberflächen-Konz. an Cl_2, a u. b = vom Syst. u. der Temp. abhängige Konst.) gefunden. Das Potential von Pulverelektroden aus unbeladener Kohle in wss. Cl_2-Lsg. nimmt zunächst ab u. beginnt erst nach dem Durchgang durch ein Minimum zu steigen. Vff. nehmen an, daß eine Kohlepulverelektrode mit adsorbiertem Cl_2 in KCl-Lsg. eine Cl_2-Elektrode darstellt, daß aber der Mechanismus des Elektrodenvorganges ein anderer ist als bei Pt. Bei der Pulverelektrode verläuft der Vorgang zwischen dem im W. gelösten Cl_2 u. den Chloridionen in einer elektrodennahen Schicht ohne die Zwischenstufe der Adsorption. Die Ansicht, daß der Mechanismus an Pt u. C unterschiedlich ist, wird durch die Tatsache erhärtet, daß bei vorheriger anod. Polarisation das Potential einer mit C umgebenen Pt-Elektrode nach Abschalten des Polarisationsstromes viel schneller abfällt als das einer reinen Pt-Drahtelektrode. E. WINKLER. 142□

Die Silber-Silberjodid-Elektrode. 2. Mitt. M. Mirnik und R. Despotović. (Croat. chem. Acta **32.** 139—43. 1960. Zagreb, Univ., Fac. of Sci., Labor. of Phys. Chem. u. Inst. „R. Bošković"; engl.) — 1. vgl. C. **1956.** 5369. — Das Potential der rotierenden Ag–AgJ-Elektrode wurde in Abhängigkeit von der Ag^+- u. J^--Konz. des Elektrolyten durch potentiometr. Titration bestimmt. Als Bezugselektrode wurde Ag–AgBr verwendet. In Lsgg. mit höherer Ag^+-Konz. (pAg) zeigt die Potentialkurve eine negative Abweichung vom NERNSTschen Gesetz, in Lsgg. mit niedrigem pAg sind die Abweichungen positiv. Umgekehrt verhält sich das Potential bzgl. der J^--Konzentration. Der Umkehrpunkt liegt bei pAg 4,3. Im Gebiet der negativen Abweichung von der NERNST-Gleichung hat AgJ kub., bei positiver Abweichung hexagonale Struktur. Der Einfl. von Licht auf die Ag–AgJ-Elektrode ist gering, er konnte bei den Messungen vernachlässigt werden. F. URBAN. 142□

Eine Modifikation der Gleichung von Ilković. R. S. Subrahmanya. (Canad. J. Chem. **40.** 289—95. Febr. 1962. Bangalore, Indian Inst. of Sci., Dep. of Inorg. and Phys. Chem.; engl.) — Betrachtet man die gesamte Menge des Depolarisators, die die Oberfläche einer flachen stationären Elektrode erreicht, so gilt die STACKELBERGsche

Integralgleichung. Eine Gleichung ähnlicher Form sollte auch für die tropfende Hg-Elektrode gelten. ILKOVIČ erhielt für den Stromfluß den Ausdruck $D[{}^*C/\sqrt{(^3/_7)\pi D t}]$. Vf. erhielt denselben Ausdruck durch Einführen der Elektrodenfläche A als Funktion der Zeit t in das Grundintegral u. durch Betrachtung der Wrkg., die die bewegliche Oberfläche auf die Dicke der Diffusionsschicht hat. Die Anwendung dieser neuen Näherung auf die sphär. Diffusion an der tropfenden Hg-Elektrode führte zur folgenden neuen polarograph. Gleichung: $i_d = 607\, n\, D^{1/2}\, {}^*C\, m^{2/3}\, t^{1/6}\, (45{,}1\, D^{1/2} \cdot m^{-1/3}\, t^{1/6} + 1)$; hierbei ist i_d = Diffusionsgrenzstrom, n = Anzahl der beim Red.-Prozeß beteiligten Elektronen, D = Diffusions-Koeff. des Depolarisators in $cm^2\, s^{-1}$, *C = Vol.-Konz. des Depolarisators in mMol/Liter, m = Strömungs-Geschw. des Hg in $mg\, s^{-1}$. G. HELLER. 142□

Eine einfache Methode zur Lösung der Differentialgleichung von Ilkovič für den Transport des Depolarisators auf die tropfende Quecksilberelektrode. R. S. Subrahmanya. (Canad. J. Chem. **40.** 296—300. Febr. 1962; engl.) — Vgl. vorst. Referat. — Die schwer zu lösende ILKOVČI-Gleichung $\partial c/\partial t = D \cdot (\partial^2 c/\partial x^2) + (^2/_3)\,(x/t)\,(\partial c/\partial x)$ wird in $(\partial c/\partial T) = (\partial^2 c/\partial s^2)$ umgewandelt durch Einführung der neuen Variablen $s = x t^{2/3}/2\sqrt{(^3/_7)D}$ u. $T = (^1/_4)\, t^{7/3}$; hierbei ist c(x, t) = Konz. des Depolarisators im Abstand x von der Elektrode zur Zeit t, D = Diffusions-Koeff. des Depolarisators. Die Grenzbedingungen für die neue Differentialgleichung werden formuliert; die Lsg. erfolgt durch LAPLACE-Transformation. G. HELLER. 142□

Untersuchungen über Polarographie. 4. Mitt. Reduktion von Manganat an der Quecksilbertropfelektrode. I. M. Issa, R. M. Issa und I. F. Hewaidy. (Recueil Trav. chim. Pays-Bas **78.** 889—98. Nov. 1959. Egypt. Nat. Res. Centre; engl.) — 3. vgl. Recueil Trav. chim. Pays-Bas **76.** [1957.] 506. — Die polarograph. Red. des *Manganat(VI)-Ions* wurde in alkal. Lsg. untersucht. Es werden zwei Stufen beobachtet, von denen die erste, positivere, je nach Leitsalz-Konz. mehr oder weniger deutlich in 3 Teilstufen aufgespalten ist u. die bei Alkali-Konzz. <1nNaOH der Red. Mn(VI) → Mn(II) → Mn(O) entsprechen, während in Lsgg. >1nNaOH die Red. über Mn(III) verläuft. E. MOISAR. 142□

Polarographische Eigenschaften von Osmium. 2. Mitt. Die Wertigkeitsstufen +6 und +4. Richard E. Cover und Louis Meites. (J. Amer. chem. Soc. **83.** 4706—10. 5/12. 1961. Brooklyn, N.Y., Polytechn. Inst., Dep. of Chem.; engl.) — 1. vgl. C. **1958.** 334. — *Os(VI)* wird in alkal. Grund-Lsg. in zwei Schritten zu Os(IV) u. Os(III) reduziert. Bei NaOH-Konzz. <0,5m zeigt die erste Red.-Stufe Anzeichen einer Aufspaltung infolge intermediärer Bldg. von Os(V). Bei höheren NaOH-Konzz. treten im Polarogramm von Os(IV) eine anod. Stufe — entsprechend der Oxydation zu Os(V), welches zu Os(IV) u. Os(VI) disproportioniert — sowie zwei Red.-Stufen auf. Die erste kathod. Stufe, die sich nur ungenügend von der anschließenden zweiten Red.-Stufe trennen läßt, ist reaktionskinet. gesteuert; beide Red.-Stufen entsprechen der Bldg. von Os(IV), jedoch nach verschiedenen Mechanismen. Eine Zunahme der Os(V)-Disproportionierung wird mit sinkender NaOH-Konz. beobachtet. Die Red. von Os(VI) führt in saurer Grund-Lsg. direkt zu Os(III). E. MOISAR. 142□

Anwendung von Aminoverbindungen in der Polarographie anorganischer Stoffe. 9. Mitt. Polarographisches Verhalten des Zinks im Milieu von Glutaminsäure. Čang Je-Sia, J. Doležal und J. Zýka. (Collect. czechoslov. chem. Commun. **26.** 1768 bis 1774. Juli 1961. Prag, Karlsuniv., Inst. für anal. Chem.; dt.) — 8. vgl. C. **1962.** 5567. — Im Boratpuffer zwischen pH 7—9 sinkt die polarograph. Zn-Stufe bei —1,0 V stetig ab, zwischen pH 9 u. 11 bildet sich $Zn(OH)_2$, u. die Zn-Stufe ist nicht sichtbar. Bei pH >11 bildet sich eine Stufe bei —1,36 V. Die Komplex-Bldg. zwischen Zn^{2+} u. Glutaminsäure (I) wurde zwischen pH 7,3 u. 9,5 verfolgt. Nach Zugabe von **I** zu Zn^{2+} bildet sich eine um 0,1—0,2 V negativere Stufe auf Kosten der Stufe bei —1,0 V. Die positivere Stufe besitzt einen kinet. Charakter, u. der ihre Bldg. bedingende Elektrodenvorgang ist nahezu reversibel. In der Lsg. befinden sich unter den angewandten Bedingungen die Komplexe Zn(Glu) u. $Zn(Glu)_2^{2-}$, das Gleichgewicht zwischen diesen beiden Komplexen stellt sich sehr schnell ein. Für die Stabilitäts-Konst. $K_1 = [Zn(Glu)]/[Zn][Glu^{2-}]$ wurde der Wert $pK_1 = 5{,}7$ in guter Übereinstimmung mit potentiometr. Werten gefunden. Aus der Abhängigkeit der Höhe der ersten kinet. Stufen von der **I**-Konz. wurde für die Geschw.-Konst. der Rk. $Zn^{2+} + Glu^{2-} \rightarrow Zn(Glu)$ der Wert log k = 8,6 bei pH 7,3 berechnet. Die Erhöhung der Geschw.-Konst. mit steigendem pH-Wert wird durch Bldg. des Hydroxokomplexes $ZnOH^+$ bzw. der Hydroxoglutaminokomplexe erklärt. P. ZUMAN/Prag. 142

Oscillographische und polarographische Untersuchungen in flüssigem NH_4NO_3-Ammoniak. 1. Mitt. Jerzy Matysik. (Ann. Univ. Mariae Curie-Skłodowska, Sect. AA **13.** 43—77. 1958, herausgeg. 1960. Lublin, Uniw. M. Curie-Skłodowskiej, Kat.

Chem. nieorg.; pol.) — Aus der polarograph. Unters. von Red.-Vorgängen einer Reihe von anorgan. Ionen u. organ. Verbb. (Nitro-, Azo-, Carbonyl-, S-Verbb. u. Farbstoffe) wird gefolgert, daß die DIVERS-Fl. Eigg. des fl. NH_3 u. einer wss. Alkalihydroxid-Lsg. besitzt. Die Analogie des NH_4^+-Ions im Ammono-Syst. u. des H_3O^+-Ions in Aquo-Syst. ist nicht streng gültig. — 54 Literaturangaben. F. URBAN. 142□

Flüssiges $LiClO_4$-Ammoniakat als Leitelektrolyt in der Polarographie. Michalina Dąbkowska. (Ann. Uniw. Mariae Curie-Skłodowska, Sect. AA **13.** 13—20. 1958, herausgeg. 1960. Lublin, Uniw. M. Curie-Skłodowskiej, Kat. Chem. nieorg.; pol.) — $LiClO_4 \cdot nNH_3$ (I) wird beim Überleiten von trockenem NH_3 über $LiClO_4 \cdot 3\,H_2O$ bei 160° erhalten. Das gemischte Ammoniakathydrat, das zwischenzeitlich entsteht, greift Glas u. Quarz leicht an. Bei 20° ist $LiClO_4 \cdot 3{,}5\,NH_3$ eine leicht bewegliche Fl., $LiClO_4 \cdot 4\,NH_3$ ($D._4^{26}$ 1,21) eine gallertartige Masse u. $LiClO_4 \cdot 4{,}3\,NH_3$ eine farblose feste Verbindung. I zersetzt sich >200° zu $LiClO_4$ u. NH_3. Die spezif. Leitfähigkeit von I beträgt bei 26° $58 \cdot 10^{-3}\ \Omega^{-1}\,cm^{-1}$. Nachst. Ionen zeigen in I bei 24—26° reproduzierbare polarograph. Kurven: Tl^+ (π 1/2 —0,3 V gegen eine ruhende Hg-Elektrode), Pb^{2+} (—0,41 V), Cu^{2+} (—0,3; —0,5 V), Cd^{2+} (—0,83 V), In^{3+}(—1,08 V), Ni^{2+} (—1,28 V), Zn^{2+} (—1,35 V), Co^{2+} (—1,4 V) u. Cr^{3+} (—1,62 V). Die Zers. von I beginnt bei —1,7 V. Fe^{3+}, Sb^{3+}, Mn^{2+}, Al^{3+}, Ce^{3+}, BiO^+ u. UO_2^{2+} geben in I keine polarograph. Kurven. Geringe Mengen W. beeinflussen die Potentiale nicht, größere verschieben sie in die positive Richtung. $CdCO_3$, CdC_2O_4, $PbSO_4$, $PbCO_3$ u. $CuCO_3$ sind in I gut löslich. F. URBAN. 142□

Polarographie organischer Verbindungen im flüssigen $LiNO_3 \cdot nNH_3$. 1. Mitt. Zofia Zychiewicz-Zajdel. (Ann. Univ. Mariae Curie-Skłodowska, Sect. AA **13.** 79—96. 1958, herausgeg. 1960. Lublin, Uniw. M. Curie-Skłodowskiej, Kat. Chem. nieorg.; pol.) — Lsgg. einer Reihe von organ., polarograph. akt. u. inakt. Verbb. in fl. $LiNO_3 \cdot nNH_3$ (I) wurden polarograph. untersucht. Die Löslichkeit der Verbb. in I ist unterschiedlich. Manche Verbb. reagieren sichtbar mit I (z. B. Phenole), andere haben reproduzierbare Potentialkurven mit einem Maximum. I verhält sich neutral gegenüber Metallen, gegenüber Farbindicatoren ist es jedoch alkalisch. Die Elektronegativitätsregel von SHIKATA u. TACHI [1932—1938] ist auch auf I anwendbar. — 42 Literaturangaben. F. URBAN. 142□

Die anodische Oxydation von Oxalsäure an Platin. 1. Mitt. **Passivierungseffekte an Elektroden aus glattem Platin.** J. Giner. (Electrochim. Acta [London] **4.** 42—54. Mai 1961. Bonn, Univ., Inst. für phys. Chem.; dt.) — Die anod. Passivierung der glatten Pt-Elektrode in 1n H_2SO_4 für die Rk. $H_2C_2O_4$ (I) $\rightarrow 2\,CO_2 + 2\,H^+ + 2e^-$ erfolgt durch eine O_2-Abscheidung aus dem W. an der Pt-Anode unter Bldg. einer Schicht von chemisorbiertem O_2. Die Passivierung ist um so stärker, je größer die Belegung mit O_2 ist. Bei einer vollständigen monomol. O_2-Schicht ist die I-Oxydation ganz unterbunden, es findet nur eine O_2-Entw. statt. Für die passivierende Wrkg. ist es gleichgültig, ob die O_2-Schicht durch eine anod. Präpolarisation in Abwesenheit von I oder während der anod. I-Oxydation gebildet wird. Das chemisorbierte passivierende O_2 kann entweder durch kathod. Red. oder durch langsame Red. durch I selbst entfernt werden (Selbstaktivierung). Das passivierende O_2 ist um so schwerer zu reduzieren, je größer der Bedeckungsgrad der Elektrode ist. Zu der Frage, ob die anod. I-Oxydation durch direkte Elektronenabgabe an die Elektrode oder durch eine intermediäre akt. Form von O erfolgt, wurden Hinweise für die 2. Möglichkeit gefunden: die Verkürzung der Transitionszeit der anod. $\varepsilon(t)$-Kurve (galvanostat. Spannungs–Zeitkurve) u. der schnelle Abbau eines Teiles des in Abwesenheit von I anod. gebildeten chemisorbierten O_2 unmittelbar nach Zugabe von I. K. HUSTE. 143□

Eine Röntgenstrukturuntersuchung der anodischen Oxydation von Silber in H_2SO_4-Lösung. G. W. D. Briggs, I. Dugdale und W. F. K. Wynne-Jones. (Electrochim. Acta [London] **4.** 55—61. Mai 1961. Newcastle-upon-Tyne, England, King's Coll., Phys. Chem. Labors.; engl.) — Die bei der anod. Polarisation in 1n H_2SO_4 zwischen Ag-Elektroden auf der Anode gebildeten Oxidschichten wurden während ihrer Bldg. auf oscillierenden Elektroden röntgenograph. untersucht u. die Aufnahmen mit denen von Prodd. verglichen, die bei der anod. Oxydation in KOH u. bei der anod. Abscheidung aus saurer Ag_2SO_4-Lsg. an Pt-Elektroden erhalten wurden. Die Zers. der Oxide wurde mit Pulveraufnahmen untersucht. Es wird gezeigt, daß sich der anod. gebildete Oxidfilm auf Ag in H_2SO_4-Lsg. während der andauernden Polarisation stark verdickt u. daß sowohl AgO als auch Peroxosulfate entstehen, wobei bei längerer Zeitdauer die Menge des Peroxosulfats zu- u. die des AgO abnimmt. Vff. nehmen als 1. Rk. $Ag_2SO_4 + 2\,H_2O \rightarrow 2\,AgO + 4\,H^+ + SO_4^{2-} + 2\,e^-$ an, mit $E_H^0 = +1{,}92$ V. Das AgO wird anschließend weiter zu Peroxosulfat oxydiert. Für die Verdickung der Oxidschicht auf der Anode sollen folgende Rkk. gelten: $Ag + H_2O \rightarrow AgO + 2\,H^+ + 2\,e^-$ u. $2\,Ag + 3\,H_2O \rightarrow Ag_2O_3 + 6H^+ + 6\,e^-$, mit $E_H^0 = 1{,}3_1$ bzw. $1{,}3_8$ V. K. HUSTE. 143□

Kristallisation auf Metalloberflächen und anodische Passivierung. Sebastián Feliú Matas und Gonzalo Castro Fariñas. (Acta ci. venezolana **12.** 89—92. Sept. 1961. U.C.V., Dep. de Inga. Metalúrg.; span.) — Zur Unters. der anod. Passivität werden *Fe*, *Cu* u. eine Leg. aus Fe u. 4% Si als Anoden in H_2SO_4 (D = 1,84)/H_2O = 1/3 elektrolysiert. Beim Auftreten der anod. Passivität wird der Strom sofort unterbrochen u. die Oberfläche der Anode nach Vergrößerung mit einem Mikroskop photographiert. Es zeigt sich eine dendrit. Schicht, die unabhängig von der Kornstruktur des Metalles ist. Sie wird mit wachsender Stromdichte feiner. Daraus schließen Vff., daß sich infolge von Übersättigung durch die große Auflösungs-Geschw. des Metalles ein Nd. des Metallsalzes auf der Anode abscheidet. Diese Schutzschicht kann dann allerdings später mit dem anod. entwickelten Sauerstoff reagieren u. so eine neue Schutzschicht bilden.

K. HUSTE. 143□

Der Differenzeffekt und das anodische Verhalten von Zirkonium beim Auflösen in Fluorwasserstoffsäure. M. E. Straumanis, W. J. James und W. C. Custead. (J. electrochem. Soc. **107.** 502—06. Juni 1960. Rolla, Mo., Univ. of Missouri; School of Mines and Metallurg., Dep. of Metallurgic. and Chem. Engng.; engl.) — Hochreines Zr zeigt beim Auflösen in HF einen positiven Differenzeffekt Δ, der die Wrkg. des polarisierenden Stromes nicht nur ausgleicht, sondern sogar übersteigt. Wie bei anderen Metallen ist Δ unabhängig von der Säure-Konz., proportional der Stromdichte u. von einer starken Verschiebung des Zr-Elektrodenpotentials in Richtung edlerer Werte begleitet (Passivierung). Ähnliche Potentialänderungen werden ebenfalls in Ggw. von Salzen edlerer Metalle ($PtCl_4$, $AgNO_3$, $AuCl_3$) beobachtet. In diesem Fall verschwindet der schwarze Hydridfilm von der Oberfläche, es entsteht glänzendes, passives Zr. In anderen Fällen der anod. Polarisation wird eine Verminderung der Hydridfilm-Bldg. festgestellt. Beim Abschalten des Anodenstromes kehrt Zr wieder in den akt. Zustand zurück. Da der Einfl. der auf anod. Polarisation zurückzuführenden Lokalelemente auf ein Minimum herabgesetzt wird, ist die hohe Auflösungs-Geschw. des Zr durch direkte Umsetzung des Zr mit mol. HF zu erklären. Oxid. Zwischenprodd. konnten nicht beobachtet werden.

P. FRENZEL. 143□

Über die Bedingungen der Passivierung von Eisen durch Chromate, Molybdate, Wolframate und Vanadate. M. Pourbaix und N. de Zoubov. (Cebelcor, Rapp. techn. **1957.** Nr. 43. 1—7. Jan. Bruxelles, Centre Belge d'Etude de la Corrosion; franz.) — Mit Hilfe elektrochem. Gleichgewichtsdiagramme [E = f(pH)] werden die pH-Werte u. Elektrodenspannungen festgelegt, bei denen Fe in 0,01 m Lsgg. von Chromat (I), Molybdat (II), Wolframat (III) oder Vanadat (IV) theoret. aktiviert oder passiviert wird. Es wurde festgestellt, daß die Lsgg. von I unterhalb pH 4 stark korrodierend, oberhalb pH 4 durch Bldg. eines Films von $Cr(OH)_3$ passivierend wirken. Lsgg. von **IV** wirken korrodierend unterhalb pH 5, passivierend durch einen Film von V_2O_4 oder V_2O_3 zwischen pH 5 u. 13. Oberhalb pH 13 tritt nur in Ggw. von O_2 eine passivierende Wrkg. auf. Die Lsgg. von **II** wirken unterhalb pH 3 korrodierend, zwischen 3 u. 10 durch Bldg. eines MoO_2-Films passivierend u. oberhalb 10 nur in Ggw. von O_2 passivierend. Unterhalb pH 6 haben Lsgg. von **III** durch Bldg. eines Films von WO_2 passivierende Eigenschaften. Oberhalb pH 6 in Ggw. von O_2 wirken diese Lsgg. aktivierend, oberhalb pH 9 passivierend.

H. FRIES. 143□

A_4. Thermodynamik. Thermochemie

Beschluß über die Veröffentlichung calorimetrischer und thermodynamischer Daten. Anonym. (Pure appl. Chem. **2.** 339—42. 1961; engl.) — Übersicht über die 1960 von der Kommission für chem. Thermodynamik der IUPAC festgelegten Empfehlungen für die Abfassung von Veröffentlichungen calorimetr. u. chem.-thermodynam. Untersuchungen. A. BLASCHETTE. 146□

Über die zeitliche Entwicklung eines isolierten dynamischen Systems. S. Golden und H. C. Longuet-Higgins. (J. chem. Physics **33.** 1479—84. Nov. 1960. Cambridge, Univ., Chem. Labor., Dep. of Theoret. Chem.; engl.) — Vff. zeigen, daß für ein endliches abgeschlossenes dynam. Syst. der Erwartungswert $\langle A(t) \rangle$ einer reellen Observablen A zur Zeit t für t $\rightarrow \infty$ nur dann konvergiert, wenn $\langle A(t) \rangle$ unabhängig von t ist. Diese Folgerung ist unabhängig von einem „time-smoothing" (Zeitglättung) oder „coarse-graining" (Grobkörnung). Dagegen hat in einem unendlichen Syst., dessen Energieniveaus ein rein kontinuierliches Spektrum bilden, $\langle A(t) \rangle$ für t $\rightarrow \infty$ unter sehr allg. Bedingungen einen Grenzwert, wobei auch diese Folgerung unabhängig von einem „time-smoothing" oder „coarse-graining" ist. Dieser scheinbar paradoxe qual. Unterschied zwischen einem endlichen u. einem unendlichen Syst. beruht darauf, daß im zweiten

Falle zwei Grenzprozesse (zunächst Syst.-Größe $\to \infty$, dann $t \to \infty$) zur Gewinnung des Langzeit-Verh. auszuführen sind. D. JÖRCHEL. 146 □

Kinetische Theorie mäßig dichter Flüssigkeiten aus starren Kugeln. 3. Mitt. **Formulierung und Lösung der Transportgleichung für binäre Mischungen.** Robert A. Harris und Stuart A. Rice. (J. chem. Physics **32.** 538—47. Febr. 1960. Chicago, Ill., Univ. of Chicago, Dep. of Chem. and Inst. for the Study of Metals; engl.) — 1. u. 2. vgl. C. **1960.** 2432. — Vff. erweitern die l. c. entwickelte Theorie auf Mischungen u. leiten aus der LIOUVILLEschen Gleichung nach der Meth. des „time smoothing" eine modifizierte BOLTZMANN-Gleichung ab. Die Lsgg. werden in Form von Klammerintegralen, die Entropieerzeugung als Funktion der Störung der Verteilungsfunktion angegeben. Der für den Fall einer Mischung aus Kugeln gleichen Durchmessers gefundene Hauptterm des Diffusions-Koeff. $D = D^0/g_0^{(2)}(\sigma)$ mit D^0 = Koeff. des verd. Gases u. $g_0^{(2)}$ = Paarkorrelationsfunktion bei Berührung stimmt mit den entsprechenden Hauptttermen für die Wärmeleitfähigeit u. die Scherviscosität einer Einkomponenten-Fl. aus harten Kugeln überein. D. JÖRCHEL. 146 □

Kinetische Theorie mäßig dichter Flüssigkeiten aus starren Kugeln. 4. Mitt. **Materie-, Impuls- und Energiefluß in einer Mischung.** Robert A. Harris und Stuart A. Rice. (J. chem. Physics **33.** 1047—55. Okt. 1960; engl.) — 3. vgl. vorst. Referat. — Mit Hilfe der Störungslösung der modifizierten BOLTZMANN-Gleichung leiten Vff. die Materie-, Impuls- u. Energieflüsse ab u. berechnen diese Größen bis zur 1. Ordnung in den Gradienten der Dichte, Strömungs-Geschw. u. Temperatur. Als Beispiel wird der isotherme Diffusions-Koeff. für den allg. Fall ungleicher Massen u. Kugelradien bestimmt; im Grenzfall ident. Teilchen ergibt sich eine Proportionalität von D mit $(2\,kT/m)^{1/2}(N/v\sigma^2)\{[1/g(\sigma)] + (\text{const}/v) + \cdots\}$. D. JÖRCHEL. 146 □

Kinetische Theorie mäßig dichter Flüssigkeiten aus starren Kugeln. 5. Mitt. **Relaxation im Impulsraum.** Robert A. Harris und Stuart A. Rice. (J. chem. Physics **33.** 1055—58. Okt. 1960; engl.) — 4. vgl. vorst. Referat. — Vff. behandeln das Problem einer im Konfigurationsraum im Gleichgewicht befindlichen, jedoch im Impulsraum gestörten dichten Hartkugel-Fl. u. berechnen analyt. die Relaxationszeit für die Rückkehr in das Gleichgewicht. Es zeigt sich, daß diese Relaxationszeit nur wenigen Stößen entspricht, u. zwar ca. 4 Stößen bei Gasdichten u. ca. einem Stoß bei Fl.-Dichten. Dieses Ergebnis stimmt mit numer. Rechnungen u. mit Stoßrohr-Messungen gut überein u. zeigt, daß korrelierte aufeinanderfolgende Binärstöße in 1. Ordnung bei einer endlichen dichten Hartkugel-Fl. nicht berücksichtigt zu werden brauchen. D. JÖRCHEL. 146 □

Dichte von Zinn, Zink und Zinn–Zink-Legierungen im flüssigen Zustand. Erich Überlacker und Louis-Didier Lucas. (C. R. hebd. Séances Acad. Sci. **254.** 1622 bis 1624. 26/2. 1962; franz.) — Vff. bestimmen das spezif. Vol. ν von fl. Sn, Zn u. Sn–Zn-Legg. (0—100 Atom-% Zn) zwischen 232—750°, **419,5** u. 670° bzw. 231,8 u. 419,5° mit Hilfe der Blasendruck-Meth. von LUCAS (C. **1960. 1419**). Die Meßwerte werden für Sn mit $\nu = 0{,}1435 + 15{,}6\cdot 10^{-6}\,(t - 231{,}8)$ (cm³/g) u. Zn mit $\nu = 0{,}1521 + 27\cdot 10^{-6}\,(t - 419{,}5^0)$ beschrieben (t = Temp. in °C). Die Isothermen von ν (450 u. 550°) zeigen in Abhängigkeit von der Zus. der Legg. für ca. 50 Atom-% Zn ein Maximum, d. h., das Additivitätsgesetz ist nicht erfüllt. HERBERT MÜLLER. 148 □

Erzeugung hoher Drücke bei Temperaturen unterhalb —25°. L. Bewilogua und R. Knöner. (Mber. dtsch. Akad. Wiss. Berlin **1.** 85—93. 1959. Dresden, Dtsch. Akademie der Wiss., Forsch.-Gemeinschaft, Arbeitsstelle für Tieftemp.-Phys.; dt.) — Vff. erzeugen nach der Meth. von LASAREW u. KAN (Журнал Экспериментальной и Теоретической Физики [J. exp. theoret. Phys.] **14.** [1944.] 439) durch die Vol.-Vergrößerung des W. beim Übergang von der fl. zur festen Phase Drücke, die gemessen u. bis 20° K durch 2 in das Eis eingefrorene Manganinmanometer auf Homogenität geprüft werden. Es wird gezeigt, daß eine homogene Druckverteilung nur dann erreicht wird, wenn für eine gleichmäßige Abkühlung gesorgt u. die Abkühlung zeitlich so geregelt wird, daß die Umwandlung des Eises vor sich gehen kann. Bei der Abkühlung entstehende Inhomogenitäten der Druckverteilung gleichen sich bei der Temp. des fl. N_2 nicht mehr aus. Der entstehende Druck hängt auch vom Ausdehnungs-Koeff. des Materials für das Druckgefäß ab. Mit dem von Vff. verwandten *Stahl St 37* kann bei 78°K ein Druck von (1550 ± 100) at erreicht werden, der bei Abkühlung auf 20°K auf ca. 1400 at absinkt. Durch Füllung des Druckgefäßes mit W.–Dioxan-Gemischen lassen sich alle zwischen 1 u. ca. 1500 at liegenden Drücke erreichen. G. RUBAN. 148 □

Gegenseitige Diffusion der Gaspaare H_2–Ar, H_2–Ne und H_2–Xe bei verschiedenen Temperaturen. R. Paul und I. B. Srivastava. (J. chem. Physics **35.** 1621—24. Nov. 1961. Calcutta, Indian Assoc. for the Cult. of Sci.; engl.) — Vff. bestimmen mit

Hilfe der Zweikolben-Meth. von SRIVASTAVA u. SRIVASTAVA (C. **1961.** 8206) die Koeff. der gegenseitigen Diffusion D_{12} für die Gaspaare H_2–Ne, H_2–Ar u. H_2–Xe zwischen –30 u. 68°; die Werte sind tabellar. angegeben. Aus den Meßwerten werden nach dem Verf. von BUCKINGHAM [1938] die Parameter des LENNARD-JONES-(12:6)-Potentials berechnet; die Werte sind für H_2–Ne $\varepsilon_{12}/k = 39{,}72$ (°K) bzw. $\sigma_{12} = 2{,}843$ (Å), H_2–Xe 98,12 bzw. 3,484 u. H_2–Ar 62,21 bzw. 3,176. Unter Benutzung von D_{12}, der Wärmeleitfähigkeit u. Viscosität der reinen Komponenten wird die Wärmeleitfähigkeit verschiedener Gasgemische berechnet u. mit Meßwerten verglichen. HERBERT MÜLLER. 149□

Verallgemeinerte B.C.S.-Zustände und ausgerichteter Bahndrehimpuls in der vorgeschlagenen Tieftemperaturphase von flüssigem ^{3}He. P. W. Anderson. (Physica [Utrecht] **26.** Suppl. S 137—S 144. Dez. 1960. Murray Hill, N.J., Bell Telephone Labor.; engl.) — In der Nähe von 0,05°K scheint ^{3}He in eine Phase mit ganz ungewöhnlichen Eigg. überzugehen, für die Vf. im Rahmen der Theorie von BARDEEN, COOPER u. SCHRIEFFER einige Aussagen abzuleiten versucht. — Diskussion. G. KIRSCHSTEIN. 149□

Einige experimentelle Aspekte der Strömungseigenschaften von flüssigem Helium II. H. C. Kramers. (Physica [Utrecht] **26.** Suppl. S 81—S 88. Dez. 1960. Leiden, Kamerlingh Onnes Labor.; engl.) — Überblick über neuere Meßergebnisse, bes. solche, die die Existenz von quantisierten Wirbellinien beweisen. G. KIRSCHSTEIN. 149□

Fremde Partikel in flüssigem Helium II. G. Careri. (Physica [Utrecht] **26.** Suppl. S 89—S 93. Dez. 1960. Padova, Univ., Ist. di Fis.; engl.) — Kurzer Überblick über das Verh. von Neutronen, ^{3}He-Atomen u. α-Teilchen in fl. HeII. G. KIRSCHSTEIN. 149□

Trennfaktoren in Vielkomponentengemischen von Isotopen. Alfred Narten. (J. chem. Physics **34.** 2198—99. Juni 1961. New York, N.Y., Columbia Univ., Dep. of Chem.; engl.) — Theoret. Betrachtung, erläutert am Beispiel der Trennung von $^{14}N/^{15}N$ bzw. $^{16}O/^{18}O$ bei der Dest. von NO. CLAUS FISCHER. 150□

Notiz zur thermodynamischen Übereinstimmung von Werten eines ternären Flüssigkeits-Dampf-Gleichgewichtes. James C. M. Li und Benjamin C.-Y. Lu. (Canad. J. chem. Engng. **37.** 117—20. Juni 1959. Ottawa, Univ., Dep. of Chem. Engng.; engl.) — Zur Überprüfung thermodynam. Gleichgewichtsdaten tern. Syst. werden graph. u. numer. Integrations-Meth. vorgeschlagen. Die GIBBS-DUHEM-Gleichung kann unter isothermen u. isobaren Bedingungen integriert werden. Man umgeht damit die Unsicherheit, ob Abweichungen auf experimentelle Fehler oder auf die Unzulänglichkeit der angewandten Auswerte-Meth. zurückzuführen sind. Vff. überprüfen ihre Integrations-Meth. am tern. Syst. Aceton–Methanol–W. bei 100°; es ist möglich, die experimentell ermittelten Punkte im Diagramm zu überprüfen u. festzustellen, welche Bereiche im Diagramm hinreichend genau sind. Die numer. Integrations-Meth. wird am Syst. n-Octan–Äthylbenzol–Cellosolve überprüft; sie kann nur angewandt werden, wenn zugleich im zu prüfenden Syst. genügend Meßpunkte vorhanden sind. Ist ein Teil der Daten ungenauer als der andere, so kann mit Hilfe der vorgeschlagenen Meth. festgestellt werden, wo schlechte Übereinstimmung vorhanden ist. K.-H. BIRR. 150□

Die Debye-Temperatur von glasiger Kieselsäure. O. L. Anderson. (Physics Chem. Solids **12.** 41—52. Dez. 1959. Murray Hill, N.J., Bell Telephone Labor., Inc.; engl.) — Vf. zeigt, daß in glasigem SiO_2 eine Anomalie in der Tieftemp.-Wärmekapazität auftritt, die im Quarz nicht vorhanden ist. Diese Anomalie ergibt sich aus der Tatsache, daß die elast. Konst. bei tiefer Temp. nur einen Teil der Tieftemp.-Wärmekapazität erklären. Es wird weiter gezeigt, daß die langwelligen opt. u. akust. Schwingungs-Eigg. des glasigen SiO_2 mit den analogen Eigg. von Ionen-Verbb. in Übereinstimmung sind. C. GOTTFRIED. 151

Die Tieftemperatur-Wärmekapazität und die Raman- und Brillouin-Spektren von glasiger Kieselsäure. P. Flubacher, A. J. Leadbetter, J. A. Morrison und B. P. Stoicheff. (Physics Chem. Solids **12.** 53—65. Dez. 1959. Ottawa, Nat. Res. Council, Div. of Pure Chem. and Pure Phys.; engl.) — Vff. nehmen Bezug auf eine Arbeit von ANDERSON (vgl. vorst. Ref.) u. berichten über Messungen der Wärmekapazität C von glasigem SiO_2 zwischen 2,3 u. 19° K. Die Temp.-Abhängigkeit von C ist bei den tiefsten Temp. sehr viel größer als bei einfachen Kristallen. Bestimmt man die DEBYE-Temp. auf die übliche Weise durch Extrapolation auf $T^2 = 0$ in der graph. Darst. C/T^3 gegen T^2, dann ist diese Temp. ca. 20% niedriger als die aus den elast. Konst. bestimmte DEBYE-Temperatur. Um dieses ungewöhnliche Verh. zu erklären, ermittelten Vff. zunächst aus den gemessenen BRILLOUIN-Spektren die Geschw. der transversalen u. longitudinalen Wellen von Frequenzen von 3,3 u. $5{,}0 \cdot 10^{10}$ s^{-1}. Die erhaltenen Werte stimmten sehr gut mit den Geschw. überein, die durch akust. Meth. bei einer Frequenz von 10^7 s^{-1} bestimmt worden waren. Das untersuchte RAMAN-Spektrum zeigte ein intensives Kontinuum, das sich von 560—8 cm^{-1} erstreckte. Aus diesen spektroskop. Ergebnissen wird gefolgert, daß die überschüssige Wärmekapazität des glasigen SiO_2 opt. Schwingungsarten sehr niedriger Frequenz zuzuschreiben ist. C. GOTTFRIED. 151

Chemie bei hohen Temperaturen. Leo Brewer und Alan W. Searcy. (Annu. Rev. physic. Chem. 7. 259—86. 1956; engl. Успехи Физических Наук [Fortschr. Chem. Wiss.] **27.** 966—89. Aug. 1958. Berkeley, Calif., Univ. of California, Dep. of Chem. and Chem. Engng., Div. of Mineral Technol.; russ.) — Fortschrittsbericht für das Jahr 1955. — 216 Literaturangaben. A. BLASCHETTE. 156□

Chemie bei hohen Temperaturen. Ein Gebiet für bahnbrechende Untersuchungen. Leo Brewer. (XVIe Congr. int. Chim. pure appl., Paris **1957.** 227—38. Berkeley, Calif., Univ. of California, Dep. of Chem. and Chem. Engng.; engl.) — Vgl. vorst. Referat. — Einführender Vortrag. — 22 Literaturangaben. A. BLASCHETTE. 156□

Konvektion mit chemischer Reaktion. Pierre Valentin. (Ann. Physique [13] **6.** 271—329. März/April 1961. Paris, Univ., Fac. des Sci.; franz.) — Vf. untersucht theoret. u. experimentell die Verbrennung eines *Luft*–H_2-Gemisches für den Fall, daß die Verbrennung durch Oberflächenkatalyse oder in homogener Phase verläuft. C. GOTTFRIED. 157

Die Struktur der Methan–Sauerstoff-Flamme. 1. Mitt. **Charakteristische Profile in einer laminaren, mageren, vorgemischten Methan–Sauerstoff-Flamme von niederem Druck.** R. M. Fristrom, C. Grunfelder und S. Favin. (J. physic. Chem. **64.** 1386—92. Okt. 1960. Silver Spring, Md., Johns Hopkins Univ., Appl. Phys. Labor.; engl.) — Es wurde die vorgemischte CH_4 (8%)–O_2-Flamme bei einem Druck von $^1/_{10}$ atm mit einem modifizierten EGERTON-Brenner vom Schirmtyp (100 Maschen, ⌀ 3,2 cm) untersucht. Die Flamme erschien als eine flache leuchtende Scheibe über dem Brenner, bei der die Abhängigkeit der Intensitäts-Eigg. (Temp., Zus., Geschw.) vom Achsenabstand klein war gegen die Abhängigkeit in Richtung der Flammenausbreitung, so daß die Theorie der eindimensionalen Flammen angewendet werden konnte. Es wurden die charakterist. Profile von Gas-Geschw., Querschnittsfläche der Flamme, Temp. u. der Konzz. von O_2, CH_4, H_2O, CO_2, CO, Ar, H_2 u. HCHO in Abhängigkeit von der z-Koordinate (in Strömungsrichtung) gemessen. Die Längenmessungen erfolgten photograph. oder mit einem Kathetometer auf ca. 5 μ genau. Die Flammen-Geschw. u. der Querschnitt wurden gemessen, indem der Gasstrom mit mkr. MgO-Staubpartikeln ($<5\,\mu$) beladen wurde, deren Bewegung photograph. ermittelt wurde. Die Temp.-Messung erfolgte mit einem Pt–Pt, Rh (10%)-Thermoelement, das zur Vermeidung katalyt. Effekte mit Quarz überzogen war, auf ca. 25° K genau. Die Gas-Konzz. wurden mit einem Massenspektrometer gemessen. Zur Gasentnahme diente eine verschiebbare Quarzsonde mit einer Öffnung von 15—40 μ. Der maximale CO-Geh. betrug ca. 4% bei 0,25 cm Entfernung vom Bezugspunkt. Die Meßgenauigkeiten u. Fehlerquellen werden eingehend diskutiert, bes. auch das räumliche Auflösungsvermögen der Meßanordnungen. W. PENN. 157□

Die Struktur der Methan–Sauerstoff-Flamme. 2. Mitt. **Erhaltung von Masse und Energie in der 1/10-Atmosphären-Flamme.** A. A. Westenberg und R. M. Fristrom. (J. physic. Chem. **64.** 1393—98. Okt. 1960; engl.) — 1. vgl. vorst. Referat. — Aus den l. c. gemessenen Temp., Geschw.- u. Konz.-Profilen einer CH_4 (8%)–O_2-Flamme von $^1/_{10}$ atm wurden die Massenflußprofile G_i (= Anteil der Komponente i am Gesamtmassenfluß) unter Berücksichtigung der Konz.- u. Vernachlässigung der Thermodiffusion nach der Gleichung $G_i = f_i(v + V_i)/v$ berechnet. Hierbei ist f_i der Massenanteil der i-ten Komponente an der Stelle z, v die Massendurchschnittsgas-Geschw., $V_i = -(D_i/x_i)\cdot(dx_i/dz)$ die Diffusions-Geschw. u. x_i die Konz. der Komponente i an der Stelle z in Strömungsrichtung. Die Werte der Diffusions-Koeff. D_i wurden experimentell für folgende Stoffe in O_2 bei 300 (900)° K u. 1 atm bestimmt: CH_4: 0,226 (1,63) [cm²/s]; CO_2: 0,161 (1,19); H_2O: 0,288 (1,85); H_2: 0,821 (5,79); CO: 0,224 (bei 700° K: 0,956). Für Temp. bis 2100° K wurden die D_i-Werte extrapoliert. Mit den so gewonnenen G_i-Profilen wurde die Erhaltung von C u. H längs der Flamme nach der Gleichung $\Sigma n_i G_i/M_i$ = const geprüft (n_i = Anzahl der Atome eines bestimmten Elements in einem Mol. der Art i, M_i = Molgew. des Stoffes i). Die mittlere Abweichung gegenüber der Zus. des Speisegases betrug −3%, der Maximalfehler ca. −10%. Weiter wurden die Messungen im Hinblick auf die Erhaltung der Enthalpie geprüft. Hierzu wurden der Konvektions-, Diffusions- u. Wärmeleitfähigkeitsanteil des Enthalpiestromes getrennt aus den gemessenen Daten berechnet, während der Strahlungsanteil vernachlässigt wurde. Gewisse Abweichungen von der Energiekonstanz entstehen möglicherweise durch die Vernachlässigung der an der Rk. beteiligten freien Radikale sowie durch Vereinfachungen bei der Berechnung der Wärmeleitfähigkeit. W. PENN. 157□

Die Struktur der Methan–Sauerstoff-Flamme. 3. Mitt. **Charakteristische Profile und Erhaltung von Masse und Energie in der 1/20-Atmosphären-Flamme.** R. M.

Fristrom, C. Grunfelder und S. Favin. (J. physic. Chem. **65.** 587—90. April 1961; engl.) — 2. vgl. vorst. Referat. — Es wurden nach den l. c. beschriebenen Meth. die Temp., Geschw., Querschnittsflächen- u. Konz.-Profile für die Komponenten CH_4, O_2, CO, H_2, CO_2, H_2O u. HCHO der CH_4(8%)-O_2-Flamme bei $^1/_{20}$ atm gemessen. Um bei diesem Druck den gleichen Massenfluß wie bei $^1/_{10}$ atm zu erhalten, wurde der Brennerdurchmesser um den Faktor $\sqrt{2}$ erhöht. Weiter wurden wie l. c. beschrieben, die Massenflußprofile der gleichen Komponenten bestimmt u. die Zuverlässigkeit der Messungen u. die Anwendbarkeit des eindimensionalen Flammenmodells durch Analyse der Massenflußprofile in bezug auf die Erhaltung von Masse u. Energie geprüft. Die Genauigkeit der Daten war etwas besser als bei der $^1/_{10}$-atm-Flamme, da die $^1/_{20}$-atm-Flamme doppelt so dick war, so daß eine bessere räumliche Auflösung durch die Meßsonden erreicht wurde. Die Abweichung bzgl. der Erhaltung der Energie war im wessentlichen die gleiche wie l. c. beschrieben. In gewisser Näherung kann die Flamme in 3 räumliche Bereiche geteilt werden: den Transport-, den CH_4-Rk.- u. den CO-Rk.-Bereich. Die LEWIS-Zahl $N_{LE} = \varrho \cdot C_p D/\lambda$ wurde im Hinblick auf die Rkk. von CH_4 u. CO in der Flamme geprüft: $N_{LE}(CH_4) = 1-1{,}25$; $N_{LE}(CO) = 1-1{,}1$. W. PENN. 157□

Die Struktur der Methan-Sauerstoff-Flamme. 4. Mitt. **Chemisch-kinetische Betrachtungen.** A. A. Westenberg und R. M. Fristrom. (J. physic. Chem. **65.** 591—601. April 1961; engl.) — 3. vgl. vorst. Referat. — Aus den in den Mitt. 1—3 aufgestellten charakterist. Profilen der eindimensionalen CH_4(8%)-O_2-Flamme von $^1/_{10}$ bzw. $^1/_{20}$ atm Druck wurden die K_i-Profile nach der Gleichung $K_i = (\varrho \cdot v/M_i)(d G_i/d z)$ berechnet, welche das Auftreten u. Verschwinden der Komponenten i längs des Flammenweges z in der Dimension [Mol/cm$^3 \cdot$s] beschreiben. Hierbei ist ϱ die Dichte u. v die Massendurchschnitts-Geschw. des Gases an der Stelle z, M_i das Mol-Gew. u. G_i der Bruchteil der Komponente i am Gesamtmassenfluß. Aus der Druckabhängigkeit der Profile wird abgeleitet, daß die Flammen-Rkk. vorherrschend bimol. sein müssen. Es wurden die möglichen Teil-Rkk. diskutiert u. folgendes Rk.-Schema aufgestellt: $CH_4 + OH \rightarrow CH_3 + H_2O$ (I); $CH_4 + O \rightarrow CH_3 + OH$ (II); $CH_3 + O_2 \rightarrow HCHO + OH$, $HCHO + OH \rightarrow HCO + H_2O$; $HCO + OH \rightarrow CO + H_2O$; $CO + OH \rightarrow CO_2 + H$ (III); $H + H_2O \rightarrow OH + H_2$; $O + H_2 \rightarrow OH + H$; $OH + OH \rightarrow H_2O + O$; $H + O_2 \rightarrow OH + O$; $O + O + M \rightarrow O_2 + M$ (hierbei ist M irgendeine Partikel, die als Dreierstoßpartner fungiert). Es wurde gezeigt, daß bei dieser Flamme von relativ niedrigem CH_4-Geh. der Verbrauch des CH_4 nicht durch direkte Rk. mit O_2 erfolgt, wie man es bei Unterss. bei niedriger Temp. annimmt. Es wurde ein Profil der OH-Radikal-Konz. berechnet (maximaler Molenbruch ca. $13 \cdot 10^{-3}$). Hiermit konnte die Geschw.-Konst. der Rk. I (unter Vernachlässigung von Rk. II) abgeschätzt werden: k_1 (1650—1790° K; $^1/_{10}$ atm) $= 3 \cdot 10^{13}$; k_1 (1660—1840° K; $^1/_{20}$ atm) $= 1 \cdot 10^{13}$. Für die Geschw.-Konst. der Rk. III ergab sich: $k_3 \approx 5 \cdot 10^{12} \cdot e^{-7000/RT}$. W. PENN. 157□

Eine Methode für eine verbesserte Wärmeüberführung zu einer kochenden Flüssigkeit. C. W. Cowley, W. J. Timson und J. A. Sawdye. (Ind. Engng. Chem., Process Design Development **1.** 81—84. April 1962. Tonawanda, N.Y., Linde Co., Div. of Union Carbide Corp., Res. Labor.; engl.) — Die Wärmeüberführung von therm. leitenden Festkörpern zu kochenden Fll. kann durch Anbringen eines isolierenden Überzuges auf den Festkörper verbessert werden. Die Meth. ist bes. unter Bedingungen anwendbar, bei denen der Festkörper eine viel höhere Temp. als die kochende Fl. besitzt. Die Isolierschicht gleicht die Temp. der kochenden Fl. der des Festkörpers an u. verhindert dadurch die Bldg. eines Dampffilmes zwischen Fl. u. Festkörper. Damit wird eine günstigere Wärmeüberführung erreicht. Die Unterss. wurden mit fl. N_2, H_2O u. Trichlortrifluoräthan in Gefäßen aus Al, Cu, Messing, Stahl u. rostfreiem Stahl durchgeführt. Als Isoliermaterial wurden Vaseline, Asbest, Na-Silicat u. farbloser Lack benutzt. WOLFGANG KRÜGER. 158□

Syntheseversuch von Phosphorsäure im Ultraschallfeld. Wiktor Wawrzyczek, Helena Majkowska und Janina Soboczyńska. (Naturwissenschaften **48.** 499—500. 2. Juli-H. 1961. Olsztyn, Polen, Landw. Hochschule, Inst. für Allg. Chem.; dt.) — Suspensionen von 500 mg rotem P in 100 ml W. wurden 5—20 Min. lang der Einw. von Ultraschall ausgesetzt (500 kHz; 8 W/ml) u. das am Ende eines Vers. jeweils gebildete H_3PO_4 bestimmt. Weiter wurde der Einfl. einer Sättigung der Mischung mit O_2, H_2 oder CO_2 vor oder während der Beschallung untersucht. Die gebildete H_3PO_4-Menge, ausgedrückt in P_2O_5, betrug nach 5 Min. Vers.-Dauer 2,5 mg, nach 20 Min. 4,5 mg. Die Temp. erhöhte sich von 21 auf 48°. O_2-Sättigung vor dem Vers. war ohne Einfl., während der Beschallung verringerte sie die P_2O_5-Ausbeute auf ca. $^1/_5$; H_2-Sättigung verminderte die Ausbeute um ca. 50%, CO_2-Sättigung verhinderte die PO_4^{3-}-Bldg. vollständig. W. BETCKE. 159□

A$_5$. Kolloidchemie. Grenzschichtforschung

Einfluß der diskreten Ladung und die Stabilitätstheorie von Kolloiden. S. Levine, D. Calvert und G. M. Bell. (Nature [London] **191.** 699—701. 12/8. 1961. Manchester, Univ., Dep. of Math.; Coll. of Sci. and Technol., Dep. of Math.; engl.) — Nach GRAHAME wird jedes innerhalb der inneren HELMHOLTZschen Doppelschicht an hydrophoben Koll. adsorbierte Kation (Wertigkeit z) als Zentrum einer kreisförmigen Ladung angenommen. Mit diesem Modell u. der Statistik des Vol.-Anteils nach FLORY (J. chem. Physics **10.** [1942.] 51) u. HUGGINS (J. physic. Chem. **46.** [1942.] 151) wird die STERNsche Adsorptionsisotherme modifiziert. Daraus folgen die Koagulationsbedingungen für 2 parallele plattenförmige Teilchen durch lineare Überlagerung der Potentialverteilungen der sich durchdringenden diffusen Schichten. Im Diagramm t^4 gegen ψ_0 wird für z = 1, 2 u. 3 die Bedingung n proportional z^{-6} (Abart der Regel von SCHULZE-HARDY) bei ze ψ_d/kT=2 u. r = 2 für z = 2 erfüllt, wo sich die Kurven für z = 1, 2 u. 3 schneiden (ψ_d = 51,4 mV für z = 1 u. T = 25°). Aus den Kurven ergeben sich sowohl die Bedingungen für das Befolgen der Regel von SCHULZE-HARDY als auch für die Abweichungen davon.
R. JUNGE. 160□

Aktuelle Probleme in der Chemie lyophober Kolloide. A. Watillon. (Ind. chim. belge **25.** 17—26. Jan. 1960. Bruxelles, Univ. Libre, Serv. de Chim. Anal. et Minérale; franz.) — An Hand bekannter Ergebnisse wird ausgeführt, daß koll. Suspensionen lyophober Teilchen eine Dualität in ihren Eigg. zeigen, je nachdem man sie als nichtpolarisierbare Grenzfläche oder als hochdisperse Phase ansieht. C. GOTTFRIED. 162

Experimentelle Untersuchungen über die Lichtstreuung kolloidaler Kugeln. 3. Mitt. **Spezifische Streuung bei 90°.** Richard M. Tabibian und Wilfried Heller. (J. Colloid Sci. **13.** 6—23. Febr. 1958. Detroit, Mich., Wayne State Univ., Chem. Dep.; engl.) — 2. vgl. C. **1958.** 5587. — Die aus der spezif. Lichtstreuung bei 90° mit einem Raumwinkel der Vers.-Anordnung von 0,66° ermittelten Durchmesser von koll. Teilchen aus Polystyrol u. Polyvinyltoluol stimmen zwischen 46 u. 824 mμ gut mit den elektronenmkr. gemessenen Größen überein. Damit wird gleichzeitig ein Beweis für die Gültigkeit der Theorie von MIE geliefert. Die unterschiedliche Abhängigkeit der spezif. Streuung von der Konz. der koll. Teilchen bei verschiedenen Teilchengrößen wird auf den Einfl. der Vielfachstreuung zurückgeführt, die unter bestimmten Bedingungen die aus der Trübung resultierenden Intensitätsverluste überwiegen kann. Experimentell wird gezeigt, daß die Streuung pro Raumwinkel nur bis ca. 0,7° vom Raumwinkel selbst unabhängig ist. Nur dann ist auch die App.-Konst., die zur Berechnung der Teilchendurchmesser gebraucht wird, vom Teilchendurchmesser unabhängig. L. WIESNER. 162□

Die Struktur von Assoziationskolloiden. 3. Mitt. **Beschreibung der oberhalb von 100°C auftretenden mesomorphen Phasen reiner Natriumseifen.** A. E. Skoulios und V. Luzzati. (Acta crystallogr. [Copenhagen] **14.** 278—86. 10/3. 1961. Strasbourg, Centre de Rech. sur les Macromolécules; franz.) — 2. vgl. C. **1962.** 8927. — Vff. untersuchten röntgenograph. die koll. Phasen der reinen *Na-Salze* der *Laurin-*, *Myristin-*, *Palmitin-* u. *Stearinsäure* bei Temp. um ca. 100—300°. In diesem Temp.-Bereich treten die folgenden koll. Phasen auf: „subwaxy", „waxy", „superwaxy", „subneat" u. „neat". Für Na-Laurat wurde außerdem eine neue Phase festgestellt. Tabellar. sind die Existenzbereiche der einzelnen Phasen zusammengestellt. Die Strukturen der verschiedenen Phasen wurden bestimmt u. werden ausführlich diskutiert. Es wird ein Mechanismus für das stufenweise Schmelzen der Na-Seifen vorgeschlagen. C. GOTTFRIED. 162

Über die Oberflächenspannung geschmolzener Silicate. Akira Adachi, Kazumi Ogino und Hironobu Toritani. (Technol. Rep. Osaka Univ. **10.** 149—56. Jan. 1960. Dep. of Metallurgy; engl.) — Vgl. C. **1961.** 31. — Nach der Tropfen-Meth. wurden im Syst. Na-Silicat (I)–Metalloxid (II) im N_2-Strom die Oberflächenspannungen σ bestimmt. Für I mit einer Zus. von 44,5 (Mol-%) Na_2O u. 55,5 SiO_2 hat σ bei 1300° den Wert 296 dyn/cm. Bei Zugabe von 5, 10 u. 15 Mol% II (MnO, CaO, Al_2O_3, MgO) nimmt σ mit steigendem Metalloxid-Geh. zu. Der Grad der Zunahme hängt vom Oxid ab. Es ergibt sich die Reihenfolge MnO > Al_2O_3 > CaO > MgO; bei Zugabe von wenig Na_2S nimmt σ ab. Der Temp.-Koeff. von I hat den Wert −0,05 (dyn/cm·Grad), der von MnO, CaO u. MgO enthaltendem I ist −0,015; −0,035 bzw. 0,015. Im Syst. I–Al_2O_3 ist er positiv (+0,035 ∼ +0,058), vermutlich liegen in diesem Syst. assoziierte Teilchen vor. Die Dichte der geschmolzenen Silicate nimmt mit zunehmendem **II**-Geh. in der Folge MnO > Al_2O_3 > MgO > CaO zu u. nimmt mit steigender Temp. ab. Für I beträgt die Dichte bei 1300° 2,20. P. SCHARNER. 166□

Berechnung von Grundviscositäten mit Hilfe der Baker-Philippoff-Gleichung. Leo B. Genung und I. Lee Gage. (Analytic. Chem. **34.** 549—52. April 1962. Rochester,

N.Y., Eastman Kodak Co., Cellulose Techn. Div.; engl.) — Durch graph. Extrapolation der an Celluloseacetat in Aceton u. in CH_2Cl_2/Methanol sowie an Holzschliff in Cu(II)-Äthylendiamin-Lsg. bei verschiedenen Verdünnungen gemessenen relativen Viscositäten auf Null-Konz. werden die Konst. α für die BAKER-PHILIPPOFF-Gleichung zur Berechnung der Grundviscosität ermittelt. Die berechneten Werte sind zusammengestellt. W. BETCKE. 172□

Intrakristalline Oxydation von Schwefelwasserstoff. W. E. Addison und Anne Walton. (J. chem. Soc. [London] **1961.** 4741—44. Nov. Nottingham, Univ.; engl.) — LINDE-Mol.-Siebe 4 A, 5 A u. 13 X sowie deren K- u. Ca-Modifikationen wurden bei 300° u. 10^{-6} Torr entgast, bei 200° mit H_2S beladen u. nach Einstellung des Gleichgewichts einer O_2-Atmosphäre bei 0, 100 oder 200° ausgesetzt. Dabei wird bedeutend mehr O_2 sorbiert als von den H_2S-freien Zeolithen unter ident. Bedingungen; zudem ist diese Sorption prakt. irreversibel, was auf eine in den Zeolithkanälen ablaufende chem. Rk. deutet. Als Rk.-Prodd. wurden je nach den Vers.-Bedingungen schwankende Mengen von elementarem (paramagnet.) *S*, *SO_2* u. *SO_3* erhalten. Unmittelbare Oxydation zu SO_3 erfolgt bei 100° im Zeolith 4 A oder bei 200° in der Ca-Form des Siebs **13 X.** Als prim. Schritt wird die bimol. Rk. $H_2S + O_2 \rightarrow$ *SO* $+ H_2O$ angesehen. Unter Bedingungen, bei denen das sorbierte Monoxid nur geringe Beweglichkeit aufweist, bewirkt Erhitzen nach Entfernung des überschüssigen O_2 eine Disproportionierung gemäß $2\ SO \rightarrow SO_2 + S$. Wird dem SO durch geeignete Bedingungen größere Beweglichkeit im Zeolith-Netzwerk verliehen, so kann Rk. nach $SO + O_2 \rightarrow SO_3$ erfolgen. A. BLASCHETTE. 176□

Strömungsadsorptions-Methode zur Oberflächenmessung von Metallkatalysatoren. Thomas R. Hughes, Robert J. Houston und Robert P. Sieg. (Ind. Engng. Chem., Process Design Development **1.** 96—102. April 1962. Richmond, Calif., California Res. Corp.; engl.) — Es wird eine neue Meth. zur Ermittlung von Metallkatalysatoroberflächen durch Messung der CO-Chemisorption beschrieben. Eine bekannte Mischung von CO u. einem inerten Trägergas, He, wird mit konst. Geschw. über den Katalysator geleitet. Die Messung der Konz. des Adsorbats im ausströmenden Gas erfolgt durch Zählung der radioakt. Zerfälle des in der Mischung enthaltenen ^{14}CO. Die Anwendung der Meth. zur Best. der Oberflächen von Pt-, Ni-, Rh- u. red. Chromoxid- sowie Chromoxid–Aluminiumoxid-Katalysatoren wird beschrieben. WOLFGANG KRÜGER. 176□

Porenstrukturuntersuchungen von Kunstharzaustauschern durch Austauschadsorption großer organischer Farbstoffe. K. Gärtner, R. Grießbach und E. Anton. (Kolloid-Z. **175.** 123—26. April 1961. Leuna-Merseburg, TH für Chem., Inst. für phys. Chem.; dt.) — Die Porendimensionen verschiedener Ionenaustauscher werden mit Hilfe von Adsorptions-Verss. ermittelt. Für die untersuchten Kationenaustauscher ergeben sich Porenverteilungskurven, deren Maxima sich bei steigendem Geh. an Vernetzungsmittel des Austauschers nach kleineren Porendurchmessern verschieben. Verss. an Anionenaustauschern liefern keine klaren Ergebnisse. Für Kationenaustauscher eignen sich Methylenblau, Kristallviolett, Viktoriablau u. Spritblau, für Anionenaustauscher Orange G, Kristallponceau, Brilliantgrün u. Chicagoblau. H.-D. FREYER. 176□

Ein chelatbildendes Harz. J. R. Brannan und G. H. Nancollas. (Chem. and Ind. **1959.** 1415—16. 7/11. Glasgow, Univ., Chem. Dep.; engl.) — Ein Anionenaustauscher Amberlite IRA 400, wurde durch Behandeln mit 2:1-Mischungen von Citronensäure/Na-Citrat oder Weinsäure/Na-Tartrat in die Citrat- bzw. Tartratform übergeführt. In Cu^{2+} u. Ca^{2+}-Lsgg. erwies sich die Citratform als stark selektiv gegenüber Cu^{2+}-Ionen. In der Harzphase wurde ein $[Cu^{2+}]/[Ca^{2+}]$-Verhältnis von 34 u. 30 bestimmt. Bei 50%ig. Beladung des Harzes mit einer Mischung der beiden Ionen kann Ca^{2+} durch 0,1n NH_4NO_3 eluiert werden, während für die Elution von Cu^{2+} 5—10n NH_4NO_3 erforderlich ist. Die Tartratform komplexiert ebenfalls bevorzugt Cu^{2+}-Ionen doch ist der Unterschied in der Stabilität der gebildeten Komplexe nur gering. K. ROSS. 177□

A_6. Strukturforschung

Über den Beschuß von Festkörpern mit Neutronen. H. M. Finniston. (Proc. Roy. Instn. Great Britain **38.** 127—41. 1960. Newcastle-upon-Tyne, C. A. Parsons Ltd.; engl.) — Kurzer Überblick. A. BLASCHETTE. 181□

Verdampfung durch Elektronenbeschuß zur hochauflösenden Beschattung elektronenmikroskopischer Präparate. L. Bachmann. (Naturwissenschaften **49.** 34—35. 2. Jan.-H. 1962. Innsbruck, Univ., Inst. für phys. Chem.; dt.) — Die zum Verdampfen der höchstschm. Metalle ($T_s > 2500°$ K) notwendigen hohen Temp. verhinderten bisher ihre allg. Anwendung in der elektronenmikr. Präparationstechnik, obwohl dadurch eine wesentliche Verbesserung der Auflsg. zu erwarten ist. Durch Heizen mit Elektronenbeschuß kann diese Schwierigkeit überwunden werden. Die Anode besteht aus dem zu verdampfenden Metall in Form eines Drahtes. Die Spitze dieses 0,6—1 mm starken Drahtes ist von der Glühkathode umgeben. Durch ein Abschirmblech, das auf Kathodenpotential liegt, wird der Elektronenstrahl auf die Spitze der Anode konzentriert. Die Anodenspannung ist bis 5 kV regelbar, die Stromstärke liegt unter 100 mA. Die Verdampfungd-Geschw. wird stark erhöht, so daß bei einem Präp.-Abstand von 8—12 cm die Aufdampfzeit nur ½—2 Min. beträgt. Die Anordnung wurde zur Beschattung elektronenmkr. Präpp. mit Ir, Mo, Ta u. W verwendet. Pt- u. Kohlebedampfungen lassen sich mit Elektronenbeschuß auch im Ultrahochvakuum durchführen, wobei das Pt auf die Spitze eines dünnen Kohlestiftes aufgeschmolzen wird. A. FRANCO-BEYER. 181 □

Zur Dicke der elektronenmikroskopischen Kontrastbedampfungsschichten. L. Bachmann und K. Hayek. (Naturwissenschaften **49.** 34. 2. Jan.-H. 1962; dt.) — Vgl. vorst. Referat. — Zur Messung der optimalen Beschattungsdicke wurden elektronenmkr. Präpp. verschieden stark mit Pt bedampft; die Schichtdicke wurde durch colorimetr. Analyse ($SnCl_2$-Meth.) der aufgedampften Pt-Menge bestimmt. Nach Aufnahme einer Eichkurve ließ sich die Beschattungsdicke auch direkt mikrophotometr. mit hinreichender Genauigkeit messen. Als Test-Präpp. wurden Kohleaufdampfschichten verwendet. Die Wiedergabe der Oberflächenrauhigkeit wurde an Hand der Pt- u. W-Beschattung geprüft. Am besten wird die Oberflächenstruktur bei einer mittleren Schichtdicke von 6—9 Å wiedergegeben. A. FRANCO-BEYER. 181 □

Direkte Abdrucktechnik für Kupfer. J. O. Stiegler und T. S. Noggle. (J. appl. Physics **31.** 1827—28. Okt. 1960. Oak Ridge, Tenn., Oak Ridge Nat. Labor., Solid State Div.; engl.) — Auf Cu-Oberflächen aufgedampfte Kohlenstoffschichten können bes. leicht u. zerstörungsfrei von der Unterlage abgelöst werden, wenn man sie zunächst mit HNO_3-Dämpfen behandelt u. dann die unter der C-Schicht gebildete Kupferoxidschicht in Äthylendiamin löst. F. LENZ. 181 □

Experimentelle Bestimmung von Atomstreufaktoren. R. B. Roof jun. (J. appl. Physics **30.** 1599—1603. Okt. 1959. Los Alamos, N.Mex., Univ. of California, Los Alamos Sci. Labor.; engl.) — Die Atomformamplituden von Al für Mo-, Cu- u. Cr-Röntgenstrahlung werden durch absol. Intensitätsmessungen an Pulverstäbchen bestimmt, wobei Korrekturen 1. Ordnung für die Einfl. der Temp., Oberflächenrauhigkeit, prim. u. sek. Extinktion sowie anomalen Dispersion berücksichtigt werden. Die mittlere Abweichung der experimentellen von den theoret. Atomstreufaktoren für Al beträgt 0,16 Elektronen. Die etwas abweichende Form der experimentellen Kurve im Vgl. zur theoret. wird dadurch erklärt, daß in der 3p-Zelle des Al eine stärkere Kontraktion stattfindet, als bisher angenommen wurde. G. RUBAN. 181 □

Über homometrische Punktlagen. 1. Mitt. Einige allgemeine Theoreme. R. K. Bullough. (Acta crystallogr. [Copenhagen] **14.** 257—68. 10/3. 1961. Leeds, Univ., School of Chem.; engl.) — Theoret. Unters., in der ein von HOSEMANN u. BAGCHI (vgl. C. **1955.** 10693) aufgestelltes Theorem verfeinert wurde u. außerdem eine Reihe analoger u. verwandter Theoreme entwickelt wurden. C. GOTTFRIED. 181

Orbitale mit maximaler Überlappung und einwertiger Hybridisierung. T. L. Gilbert und P. G. Lykos. (J. chem. Physics **34.** 2199—2200. Juni 1961. Argonne, Ill., Argonne Nat. Labor.; engl.) — Beschreibung einer einfacheren u. allgemeineren Meth. zur Konstruktion hybridisierter Orbitale mit maximaler Überlappung, aus denen man die Orbidale von MURRELL (C. **1960.** 17038) als Spezialfall erhalten kann. CLAUS FISCHER. 182 □

„Atome in Molekülen": Eine einfache Näherung. E. Theal Stewart. (Proc. physic. Soc. **75.** 402—11. 1/3. 1960. Dundee, Univ. of St. Andrews, Queen's Coll., Chem. Dep.; engl.) — Die Grundlagen der MOFFITTschen Meth. der „Atome in Moll." sowie die HURLEYsche intraatomare Wechselwrkg.-Korrektur wurden mit einem Minimum an mathemat. Aufwand untersucht. Dazu wurde zunächst nur die einfachste Wellengleichung für den niedrigsten $^1\Sigma_u^+$-Zustand des H_2-Mol. benutzt. Es zeigt sich, daß bei komplexeren Syst. Variations- sowie Interpretationsschwierigkeiten auftreten. So überzeugend diese Meth. auch sind, sollten sie doch nicht zur Verbesserung von mol. Wellenfunktionen angewandt werden. G. M. NEUMANN. 182 □

Bemerkung über die Berechnung des Feldgradienten am Ort der Lokalisierung des Deuteronenkerns im HD-Molekül. A. G. Machanek. (Доклады Академии Наук БССР [Ber. Akad. Wiss. BelorussSSR] **5.** 430—32. Okt. 1961. Inst. für Phys. der Akad. der Wiss. der BelorussSSR; russ.) — Aus dem Präzisionsspektrum des HD-Mol. wird der Feldgradient am D-Kern zu $q' = 0{,}1749$ Einheiten berechnet u. hieraus das Quadrupolmoment von D zu $Q_D = 0{,}002733 \pm 0{,}000016$ barn. M. WIEDEMANN. 182 □

Struktur des Nitrosylchlorids. John D. Rogers und Dudley Williams. (J. chem. Physics **34.** 2195—96. Juni 1961. Los Alamos, N.Mex., Univ. of California, Los Alamos Sci. Labor.; Columbus, Ohio, Ohio State Univ., Phys. Dep.; engl.) — Aus Mikrowellenmessungen (C. **1952.** 4887) wurden nachst. Mol.-Parameter für *NOCl* abgeleitet: Abstand N—Cl 1,95 ± 0,06, N—O 1,17 ± 0,06, O—Cl 2,65 ± 0,03 Å, Winkel ONCl 114 ± 3°. A. BLASCHETTE. 182□

Über die Struktur des komplexen Ions $[OsNCl_5]^{2-}$. W. M. Wolkow und M. Je. Djatkina. (Доклады Академии Наук СССР [Ber. Akad. Wiss. UdSSR] **134.** 351—53. 11/9. 1960. Kurnakow-Inst. für allg. u. anorgan. Chem. der Akad. der Wiss. der UdSSR; russ.) — Vff. diskutieren die Bindungsverhältnisse im anomal gebauten komplexen Os(II)-Ion $[OsNCl_5]^{2-}$. Die verkürzte Bindung $Os-Cl_{trans}$ wird auf die Existenz einer zusätzlichen δ-Komponente im Vgl. mit den übrigen vier einfachen Os—Cl-Bindungen zurückgeführt. H. JÄGER. 182□

Matrixelemente des Ligandenfeldpotentials in Komplexverbindungen der Übergangsmetalle. Hermann Hartmann und Edgar König. (Z. physik. Chem. [Frankfurt/M.] **28.** 425—27. Juni 1961. Frankfurt/M., Univ., Inst. für physikal. Chem.; dt.) — Vgl. C. **1960.** 1084. — Tabellar. Zusammenstellung aller Matrixelemente $(m_l \mid v \mid m_{l'})$ des Ligandenfeldpotentials $v = \sum_i e^2/r_{ei}$ (r_{ei} = Abstand eines Elektrons am Zentralion vom i-ten Liganden) für die Werte $m_l = 2, 1, 0, -1$ u. -2. P. SCHARNER. 182□

Eigenfunktionen für ganzzahlige und halbzahlige Werte von J bei Symmetrien entsprechend der Ikosaedergruppe und der Gruppe C_{3v}. A. G. McLellan. (J. chem. Physics **34.** 1350—59. April 1961. Christchurch, New Zealand, Univ. of Canterbury, Phys. Dep.; engl.) — Im Anschluß an Unterss. von JUDD (C. **1958.** 10274) über die Symmetrie von Doppelnitraten der Seltenerdmetalle werden die Eigenfunktionen von J^2 (für J = 0, 1/2, 1···8) berechnet u. tabelliert, wobei die Symmetriebedingungen der Ikosaedergruppe u. der Gruppe C_{3v} in den Eigenfunktionen von J^2 u. von J_z ausgedrückt werden. J_z bezeichnet eine fünfzählige Rotationsachse. Die Symmetrie der Eigenfunktionen im Hinblick auf C_{3v} äußert sich in einer Darst. der Symmetrieoperation einer $2\pi/3$-Drehung durch eine Diagonalmatrix. Damit gelingt eine Berechnung der anisotropen magnet. Aufspaltungsfaktoren der Duplettzustände bei der erwähnten Symmetrie. H. FAHLENBRACH. 182□

Theorie der Komplexe der Metallionen mit nichtabgeschlossenen Niveaus. 3. Mitt. Anwendung der Kristallfeld- und Ligandfeldtheorie zur Deutung der physikalischen und chemischen Eigenschaften dieser Komplexe. Béla Lakatos. (Magyar tudományos Akad., kém. tudományok Osztályának Közleményei [Ung. Akad. Wiss., Ber. Abt. chem. Wiss.] **16.** 53—114. Sept. 1961. Szeged, Univ., Lehrstuhl für anorgan. u. analyt. Chem.; ung.) — 2. vgl. C. **1962.** 13309. — Mit Hilfe der Kristall- u. Ligandenfeldtheorie wird die einfache Deutung der physikal. u. chem. Eigg., der stereochem., energet. u. Stabilitäts-Eigg., des reaktionskinet. Verh. sowie der spektroskop. u. magnet. Eigg. möglich. I. NÁRAY-SZABÓ. 182

Die physikalischen Eigenschaften von Atome mit d-Elektronen enthaltenden Kristallen (Pyrit, Hauerit, Haematit, Rutil und Vanadinpentoxid). Francesco Sgarlata. (Rend. Ist. super. Sanità **22.** 851—75. 1959. Roma, Ist. Super. di Sanità, Labor. di Fis.; ital.) — Es wurden die Parameter der bereits bekannten Strukturen des Pyrits (I), Hauerits (II), Haematits (III), Rutils (IV) u. V_2O_5 (V) mit Hilfe von Präzisions-Meth. verfeinert, wobei speziell der Parameter B des Temp.-Faktors berücksichtigt wurde. Aus den mit den neuen Parametern berechneten Abständen wird geschlossen, daß in I die Bindung kovalenten Charakter u. in II Ionencharakter hat; der Unterschied des Abstandes S—S mit 2,178 Å in I u. 2,071 Å in II wird der Verw. der 3 d-Eigenfunktion des S zugeschrieben. Die Elektronenaffinität des O in III erklärt den kovalenten Charakter der Bindung. In IV hat die Bindung z. T. Ionencharakter. In V schließlich liegt in der Gruppe V—O eine kovalente Doppelbindung vor. C. GOTTFRIED. 182

Bedeutung der Tait-Koeffizienten und die Struktur von Flüssigkeiten. Robert Ginell. (J. chem. Physics **35.** 1776—80. Nov. 1961. Salt Lake City, Utah, Univ. of Utah, Dep. of Chem.; engl.) — Vf. untersucht die physikal. Bedeutung der in der Gleichung für die isotherme Kompressibilität von Fll. nach TAIT [1898] auftretenden Konst. L u. J. Aus der Temp.-Abhängigkeit von L folgt, daß L im wesentlichen das Cluster-Vol. b_l in Fll. beschreibt. b_l fällt mit zunehmender Cluster-Größe u. kann sogar negative Werte annehmen. Die Cluster-Größe steigt mit dem Molgew. u. der Temp.; damit erreicht L ein Maximum, u. es gilt bei der krit. Temp. $P_c = -L$ (P_c krit. Druck). Die Berechnung von P_c aus der Temp.-Abhängigkeit von L liefert eine gute Übereinstimmung mit Meßwerten an He I. Durch den Koeff. J wird das freie Vol. der Löcher in der Fl. bei konst. Temp. beschrieben; J hat für verwandte Verbb. den gleichen Wert. Die Struktur von Fll. kann demnach mit der Annahme von großen Clustern u. Defekten beschrieben werden. Herbert Müller. 186 □

Die Struktur flüssiger Schlacken. D. J. Williams und B. T. Bradbury. (Res. appl. in Ind. **14.** 239—46. Juni 1961. Univ. of Oxford, Math. Inst.; Harwell, AERE, Metallurgy Div.; engl.) — Übersicht über neuere Unterss. zur Aufklärung der Strukturen fl. Silicate, Borate u. Phosphate mit Hilfe von Messungen der elektr. Leitfähigkeit, Oberflächenspannung, Viscosität, Dichte, IR-Absorption u. kernmagnet. Resonanzabsorption. — 38 Literaturangaben (bis 1960). P. Scharner. 186 □

Das Gleichgewicht zwischen geschmolzenen FeO–Fe_2O_3-Mischungen und O_2–Gas. H. Flood und K. Hagemark. (Acta chem. scand. **15.** 1624—25. 1961. Trondheim, TU, Royal Norweg. Counc. for Sci. and Ind. Res., Inst. of Silicate Sci.; engl.) — Einfache energet. Annahmen ermöglichen die Berechnung des Gleichgewichts zwischen O_2-Gas u. Fe^{2+} bzw. Fe^{3+}, die in fester Lsg. in Spinellen der Syst. Fe_3O_4–Fe_2O_3, Fe_3O_4–$MgFe_2O_4$ u. Fe_3O_4–$FeCr_2O_4$ mit Kationendefektstruktur (Kationenleerstellen oder Kationen auf Zwischengitterplätzen) vorliegen. Ähnliche Modelle gelten für die Berechnung des Gleichgewichts zwischen O_2-Gas u. geschmolzenen Oxidmischungen im Zus.-Bereich von *FeO* bis Fe_3O_4. Vff. entwickeln ein Strukturmodell, das durch eine Schottky-Fehlordnung charakterisiert ist. G. Ruban. 190 □

Sind Fehlstrukturmodelle anwendbar auf geschmolzene Salze? H. Flood und K. Hagemark. (Acta chem. scand. **15.** 1626—27. 1961; engl.) — Vgl. vorst. Referat. — Vff. diskutieren die Frage, ob das von ihnen bei FeO–Fe_2O_3-Mischungen l. c. angewandte Fehlstrukturmodell auch auf andere Syst. übertragbar ist, z. B. bei Ersatz von FeO durch *MgO* oder *LiF* sowie von Fe_2O_3 durch Al_2O_3. G. Ruban. 190 □

Röntgenstreuung durch thermische Bewegung und der Compton-Effekt in Fluorit. D. Cribier. (Rev. mod. Physics **30.** 228—29. Jan. 1958. Paris, Coll. de France, Labor. de Phys. théoret.; engl.) — Vf. verwendet die Meßergebnisse der therm. diffusen Röntgenstreuung zur Berechnung der Frequenzen der Longitudinalschwingungen in Fluorit. Ebenso werden die interatomaren Kraft-Konst. ermittelt u. der Compton-Effekt behandelt. G. Ruban. 190 □

Die Kristallstruktur und thermische Zersetzung von Aluminiumoxid-Hydraten vom Gesichtspunkt der Gitter-Geometrie aus betrachtet. K. Sasvári und A. Zalai. (Acta geol. Acad. Sci. hung. **4.** 415—66. 1957. Budapest, Res. Inst. of the Telecommunicat. Ind. and Res. Labor. of the United Incandescent Lamp and Electric Co.; Budapest, Inst. for High Pressure Res.; engl.) — Mittels Literaturdaten u. eigenen experimentellen Unterss. wurden die Kristallstrukturen von Al_2O_3 u. den verschiedenen Hydraten des Al_2O_3 sowie die therm. Änderung der einzelnen Strukturen überprüft. Es wird der Vers. gemacht, ein Modell für die strukturelle Änderung bei der therm. Dehydratation anzugeben. Die Struktur des γ-Al_2O_3 konnte nicht endgültig geklärt werden; die Beobachtungen zeigen, daß die Ansicht, γ-Al_2O_3 krist. im Spinellgitter, irrig ist. Partielle u. totale Dehydratation von Hydrargillit u. Diasporeinkristallen ergaben, daß die Orientierung der dicht gepackten Anionenschichten bei der therm. Dehydratation beibehalten wird. Bei der Bldg. des neuen Gitters bewirkt der Wasserverlust das Verschwinden von einigen dichtgepackten Anionenschichten aus dem Gitter, während die anderen Anionenschichten ungestört zurückbleiben. Vff. kommen zu einer Beschreibung des Dehydratationsprozesses mit einem Modell für Hydrargillit, Bayerit, Diaspor u. Böhmit. Die Mechanismen u. Ergebnisse sind in Abb. dargestellt.
Ernst Schulte. 195 □

Struktur von Hafniumgermanat. A. Durif. (Acta crystallogr. [Copenhagen] **14.** 312. 10/3. 1961. Grenoble, Inst. Fourier, Labor. d'Electrostat. et de Phys. du Métal; engl.) — $HfGeO_4$ wurde durch 48std. Erhitzen eines äquimol. Gemisches von GeO_2 u. HfO_2 auf 1050° erhalten. Die Pulveraufnahmen ergaben, daß die Verb. im Scheelittyp (tetragonal) mit a = 4,849 u. c = 10,50 Å krist.; Raumgruppe ist C_{4h}^6 — I 4_1 a; Z = 4. Die Parameter wurden nicht bestimmt. Zur Darst. von $HfSiO_4$ wurde ein Gemisch von SiO_2 + HfO_2 ca. 100 Std. auf 1300° erhitzt. Das Silicat krist. im Zirkontyp; a = 6,58; c = 5,96 Å. C. Gottfried. 195

Beiträge zur Chemie der Elemente Niob und Tantal. 28. Mitt. **Die Kristallstruktur der Verbindung Nb_3Cl_8.** H.-G. v. Schnering, H. Wöhrle und H. Schäfer. (Naturwissenschaften **48.** 159. 2. März-H. 1961. Münster, Univ., Anorgan.-chem. Inst.; dt.) — 27. vgl. C. **1962.** 14802. — Blättchenförmige Kristalle der Zus. Nb_3Cl_8 wurden bei der Transport-Rk. Nb_3Cl_8 + 4 $NbCl_5$ (g) $\rightleftharpoons$ 7 $NbCl_4$ (g) bei 800° erhalten. Das Nb_3Cl_8 wandert in einem geschlossenen Rk.-Raum, der im Temp.-Gefälle liegt, in die kältere Zone. Beim Erhitzen ohne örtliche Temp.-Gefälle wurde durch rhythm. Pendelung der Temp.

erreicht, daß wohlgeordnete Kristalle wachsen, während kleine oder im Aufbau gestörte Kristalle aufgezehrt wurden. WEISSENBERG-Aufnahmen ergaben hexagonale Symmetrie mit a = 6,74$_4$ ± 0,003, c = 12,26$_8$ ± 0,005 Å; Raumgruppe D^3_{3d} — P $\bar{3}$ m_1; Z = 2; D. (berechnet) 3,87 g/cm³. Nach PATTERSON-, FOURIER- u. Differenz-Synth. bildet Nb_3Cl_8 ein Schichtengitter, das sich aus dem CdJ_2-Typ ableiten läßt, wenn ³/₄ der Me-Lagen geordnet besetzt werden. C. GOTTFRIED. 195

Bemerkung zur Kristallstruktur von Niobdioxid. Bengt-Olov Marinder. (Acta chem. scand. **15**. 707—08. 1961. Stockholm, Univ., Inst. of Inorg. and Phys. Chem.; engl.) — Vorläufige Mitt. über die Auswertung der mit NbO_2-Einkristallen erhaltenen WEISSENBERG-Daten durch FOURIER-Analyse. Alle Atome besetzen 16 (f)-Lagen der Raumgruppe I 4_1/a (Parameter im Original). Die Struktur beruht auf NbO_6-Oktaedern, die über Ecken u. Kanten verknüpft sind. In der c-Richtung treten abwechselnd kürzere u. längere Nb—Nb-Abstände auf (2,80 bzw. 3,20 Å); die Abstände Nb—O betragen 2,0—2,1, O—O 2,6—3,0 Å. W. BETCKE. 195□

Die Kristallstruktur von Re_2P. Stig Rundqvist. (Acta chem. scand. **15**. 342 bis 348. 1961. Uppsala, Sweden, Inst. of Chem.; engl.) — Die Kristallstruktur von Re_2P wurde aus Pulveraufnahmen bestimmt: C-23-Typ; orthorhomb. Elementarzelle mit a = 5,540, b = 2,939, c = 10,040 Å; berechnete D. 16,4; Raumgruppe D^{16}_{2h} — P n m a mit 4 Re_{I} in 4 (c), 4 Re_{II} in 4 (c) u. 4 P in 4 (c). Zwischen den Strukturen von Re_2P u. Ru_2P bestehen erhebliche Unterschiede. W. BETCKE. 195□

Die Kristallstruktur von Bis-[glutaronitril]-kupfer(I)-nitrat. Yukio Kinoshita, Ikuo Matsubara und Yoshihiko Saito. (Bull. chem. Soc. Japan **32**. 1216—21. Nov. 1959. Osaka, Kita-ku, Osaka City Univ., Inst. of Polytechn.; engl.) — In Fortsetzung früherer kristallograph. Unterss. über Komplexe aus Nitrilen aliphat. Dicarbonsäuren u. Cu(I) (vgl. C. **1961**. 10468) ermitteln Vff. mit Hilfe von Drehkristall- u. WEISSENBERG-Aufnahmen (CuK_α-Strahlung) die Struktur von Bis-[glutaronitril]-kupfer(I)-nitrat (I): tetragonal, a = 8,25 ± 0,01 u. c = 9,71 ± 0,01 Å; Raumgruppe P $\bar{4}$ 2_1 c — D^4_{2d}; Z = 2; $D_{\cdot pykn.}$ 1,587 (g/cm³), $D_{\cdot rönt.}$ 1,577. Die Struktur von I besteht aus einem unendlichen zweidimensionalen Netzwerk, das aus dem Komplexion $[Cu(NC-CH_2-CH_2-CH_2-CN)_2]^{n+}_n$ u. Nitrationen aufgebaut wird. Ein Cu-Atom ist tetraedr. von 4 N-Atomen in einer Entfernung von 1,98 Å umgeben. Jedes Glutaronitril-Mol. ist 2 verschiedenen Cu-Atomen mit den beiden endständigen N-Atomen koordiniert; es hat eine 2fache Symmetrieachse u. besitzt gauche-gauche-Konfiguration bzgl. der beiden C—C-Bindungen. Auf Grund des C—N-Abstandes von 1,14 Å u. der angenäherten Linearität der Cu—N—C—C-Gruppe wird gefolgert, daß der Bindungscharakter der C—N-Bindung als C≡N angesehen werden kann. Wegen der Starrheit der Dreifachbindung u. der tetraedr. Koordination der Cu-Atome liegt ein gefaltetes Netzwerk vor. Die Packung der einzelnen Schichten wird durch VAN-DER-WAALS-Kräfte bestimmt. Im Zentrum jeder Masche des Netzwerkes ist das NO_3^- senkrecht zur c-Achse angeordnet. Oberhalb u. unterhalb des NO_3^- liegen 2 Cu-Atome benachbarter Schichten in einer Entfernung von 4,86 Å. Somit liegt das NO_3^- in der Mitte eines von den gepackten Schichten gebildeten Hohlraumes. U. SKURNIA. 195□

Die Kristallstruktur von Bis-[adiponitril]-kupfer(I)-nitrat. Yukio Kinoshita, Ikuo Matsubara, Taiichi Higuchi und Yoshihiko Saito. (Bull. chem. Soc. Japan **32**. 1221—26. Nov. 1959; engl.) — Vgl. vorst. Referat. — Analog l. c. wird die Kristallstruktur von Bis-[adiponitril]-kupfer(I)-nitrat (I) bestimmt: orthorhomb., a = 9,41 ± 0,02, b = 13,73 ± 0,02 u. c = 5,85 ± 0,01 Å; Raumgruppe P n n n — D^2_{2h}; Z = 2; $D_{\cdot pykn.}$ 1,516 (g/cm³), $D_{\cdot rönt.}$ 1,502. Die Struktur von I besteht aus einem unendlichen dreidimensionalen Netzwerk, das aus dem Komplexion $[Cu(NC-CH_2-CH_2-CH_2-CH_2-CN)_2]^{n+}_n$ u. NO_3-Ionen aufgebaut wird. Ein Cu-Atom ist tetraedr. von 4 N-Atomen mit einem Abstand von 1,98 Å umgeben; jedes Adipinonitril-Mol. ist mit den beiden N-Atomen 2 verschiedenen Cu-Atomen koordiniert, wobei eine ebene Zickzack-Konfiguration der Methylengruppen gebildet wird. Somit bauen die Cu-Atome u. Ligand-Moll. ein kompliziertes dreidimensionales, 4fach verbundenes Netzwerk auf. Die NO_3-Ionen sind senkrecht zur a-Achse angeordnet. Alle Atome der Cu—N—C—C-Gruppe liegen ungefähr auf einer geraden Linie, so daß unter Berücksichtigung des C—N-Abstandes von 1,13 Å der Bindungscharakter der C—N-Gruppe als C≡N angesehen werden kann. An Hand der Strukturvorstellungen von I u. anderen verwandten Verbb. (vgl. l. c.) diskutieren Vff. den Mechanismus der in Ggw. von Cu(I)-Ionen erfolgenden Färbung von Polyacrylnitrilfasern. Es wird angenommen, daß die Farbstoffanionen von den Hohlräumen aufgenommen u. durch elektrostat. Wechselwrkg. mit den Cu^+ festgehalten werden. U. SKURNIA. 195□

Untersuchungen über die Grenzen zwischen geätzten und aufgerauhten Bereichen von Ge- und Si-Einkristalloberflächen durch Röntgenbeugungs-Topographie. Zensho Ishii. (J. physic. Soc. Japan **16.** 733—36. April 1961. Tokyo, Nagatacho Electrotechn. Labor.; engl.) — Aus Einkristallen von Ge u. Si wurden 1 mm starke Platten parallel (1 1 0) u. (1 1 1) herausgeschnitten u. mit CP 4-Lsg. (für Ge) bzw. Mischungen von HF u. HNO_3 (1 : 3; für Si) angeätzt; aufgerauht wurden sie durch Korundpulver (1000 mesh). Die Platten wurden mit Cu–K_α- u. Ag–K_α-Strahlung sowohl in Reflexion als auch durchstrahlend für verschiedene Richtungen derart untersucht, daß das Röntgenlicht direkt auf die Grenze geätzt-aufgerauht fällt. Die Intensitätsverteilung der Reflexe wird photograph. registriert. u. diskutiert. G. GATTOW. 196□

Über die Struktur von Uran in dünnen Filmen. Jerry Donohue. (Acta crystallogr. [Copenhagen] **14.** 327. 10/3. 1961. Los Angeles, Calif., Univ. of Southern California, Dep. of Chem.; engl.) — Vf. nimmt Bezug auf eine Unters. von CHATTERJEE (vgl. C. **1961.** 17492), der durch Elektronenbeugungsaufnahmen gefunden hatte, daß ein im Vakuum aufgedampfter U-Film die Struktur von *β-U* hat u. berichtet, daß diese Angabe nach Durchrechnung der Daten von CHATTERJEE nicht bestätigt werden kann. Bei dem Film handelt es sich nicht um β-U; auch scheinen α-U, γ-U, UO_2, U_3O_8,, UC oder UN nicht vorzuliegen. C. GOTTFRIED. 196

Über den Ursprung des Keimbildungsprozesses bei den Oberflächenoxydationsreaktionen der Metalle. J. Bénard. (Acta metallurg. [New York] **8.** 272—74. April 1960. Paris, École Nat. Supér. de Chim.; franz.) — Krit. Unters. an Hand der vorliegenden Literatur. Vf. kommt zu dem Ergebnis, daß eine mögliche Überlagerung des Keim-Bldg.-Prozesses durch jene Keim-Bldg., die durch Verunreinigungen in den untersuchten Metallen oder Legg. induziert sind, die Schwierigkeiten erklärt, die sich in den letzten Jahren ergeben haben. C. GOTTFRIED. 197

Über die Feinstruktur in Zwillingen. H. Kiho und S. Maruyama. (Acta metallurg. [New York] **9.** 82—83. Jan. 1961. Kyoto, Univ., Dep. of Phys.; Osaka, Women's Univ., Dep. of Phys.; engl.) — Vff. nehmen Bezug auf Beobachtungen von GILMAN (vgl. C. **1957.** 3195) an in *Zn* erzeugten Zwillingen u. berichten über analoge Verss., aus denen sie schließen, daß es sich bei der anomalen Feinstruktur nicht, wie GILMAN (vgl. l. c.) annimmt, um nicht verzwillingte Überreste handelt, sondern um Knickbänder, die durch lokales Gleiten im Zwilling erzeugt worden sind. C. GOTTFRIED. 197

Erwiderung auf die Kritik „Über die Feinstruktur in Zwillingen". J. J. Gilman. (Acta metallurg. [New York] **9.** 83. Jan. 1961. Schenectady, N.Y., Gen. Electr. Res. Labor.; engl.) — Vgl. vorst. Referat. — Vf. stellt zu den l. c. gemachten Beobachtungen fest, daß sie einen anderen Ursprung zu haben scheinen als die von ihm beobachteten Feinstrukturen. C. GOTTFRIED. 197

Unvollkommenheiten, Gitterkonstanten und Dichten von kaltgezogenen und von rekristallisierten Aluminiumdrähten. M. E. Straumanis und T. Ejima. (Nuovo Cimento [10] **18.** 48—64. 1/10. 1960. Rolla, Mo., Univ. of Missouri, Dep. of Metallurgy, School of Mines and Metallurgy; engl.) — Je nach mechan. u. therm. Vorbehandlung sowie Konz. der Spurenverunreinigung enthält Al eine mehr oder weniger große Anzahl Überschußatome; in einem rekrist. Al-Draht von 99,9% Reinheit z. B. 18 pro 10000 Elementarzellen. Die Gitter-Konst. (25°) eines kalt gezogenen Al-Drahtes ist in Richtung der Achse etwas kleiner (a = 4,04944 Å) als die eines rekrist. Drahtes (4,04947), senkrecht zur Achse dagegen größer (4,04963). Der therm. Ausdehnungs-Koeff. des rekrist. Drahtes ($\alpha = 22{,}9 \cdot 10^{-6}$ zwischen 10 u. 60°) unterscheidet sich nicht merklich von dem des hartgezogenen Drahtes. Der harte Draht besitzt als Ganzes die $D.^{25}$ 2,7004 g/cm³ (im Innern: 2,6989), beim rekrist. Draht ist diese etwas kleiner (2,6993). Die Konz. der Zwischengitterplätze ist am größten in den äußeren Schichten des Drahtes (zumindest 4 Atome pro 1000 Elementarzellen oder $1{,}5 \cdot 10^{13}$ Atome/cm³). Frühere Messungen, die geringere Dichten für kaltbearbeitete Metalle ergaben, lassen sich durch die Tatsache deuten, daß Riß- u. Capillar-Bldg. während der Kaltbearbeitung häufig einen anderen Effekt ausgleichen, nämlich den Einfl. der Dichteerhöhung infolge Anwachsens der Konz. an Zwischengitterplatzatomen (blockierende Versetzung), hervorgerufen durch Gleiten u. Verformung. Spannungshärtung erscheint dann als Folge der wachsenden Zahl von Zwischengitteratomen. Diese Vorgänge stimmen mit den Theorien von SCHMID u. BOAS überein. Aus der Dichteabnahme des harten Drahtes (nach dem Erhitzen) wird das Vol. der submkr. Spalten pro cm³ auf 10^{-4} cm³ geschätzt; diese Spalten entstehen durch sich bewegende Versetzungen u. Leerstellen während des Deformationsprozesses. Nur Gitter-Konst. u. Dichtemessungen zusammen geben ein korrektes Bild von den Bedingungen innerhalb eines verformten u. auch eines rekrist. Metalls oder anderen krist. Materials. G. RUBAN. 197□

Die Kristallstruktur von HfAl. Lars-Erik Edshammar. (Acta chem. scand. **15**. 403—06. 1961. Stockholm, Univ., Inst. of Inorg. and Phys. Chem.; engl.) — Vgl. C. **1961**. 3250 u. 16393. — Die Kristallstruktur von HfAl wird aus Pulverdiagrammen bestimmt; orthorhomb. Elementarzelle; Raumgruppe C m c m; a = $3{,}25_3$, b = $10{,}83_1$, c = $4{,}28_2$ Å, Z = 4; D. (berechnet) 9,07; D. (gemessen) 8,97. Die Struktur wird mit anderen B_f-Strukturen verglichen. W. BETCKE. 197□

Über das Kornwachstum von TaC und NbC unter dem Einfluß geringer Zusätze von Mn, Fe, Co und Ni. B. Lersmacher, E. Roeder und S. Scholz. (Naturwissenschaften **49**. 35. 2. Jan.-H. 1962. Aachen, Philips Zentrallabor. G. m. b. H.; dt.) — Beim Drucksintern von TaC u. NbC findet im Innern des Preßlings eine stetige Kornvergrößerung statt, wobei die mittlere Kornfläche F nach der Beziehung $F = F_0 + k t_s$ zunimmt. F_0 ist die mittlere Kornfläche am Ende der ersten Verdichtungsphase, k ist ein von der Art u. Höhe des Hilfsmetallzusatzes (1 Gew.-%) u. von Druck-Temp. abhängiger Faktor, t_s ist die Preßzeit. Für den mittleren Korndurchmesser D gilt: $D = \sqrt{D_0^2 + k t_s}$. Zwischen der mittleren Kornfläche F_{56} nach 56 Min. Preßdauer u. der reziproken abs. Temp. besteht die Beziehung $F_{56} = A \exp(-Q/RT)$, Q ist die Aktivierungsenergie der Korngrenzenbewegung. Die obigen, an Metallcarbiden gewonnenen Vers.-Ergebnisse zeigen die gleichen Gesetzmäßigkeiten, wie sie für die normale Kornvergrößerung im Anschluß an die prim. Rekristallisation bei erschmolzenen reinen Metallen u. Legg. gelten. Folgende Werte wurden für die Aktivierungsenergie (kcal/Mol) der Korngrenzenbewegung für die verschiedenen Hilfsmetalle (1 Gew.-%) ermittelt: TaC 66,5 (Mn), 56,7 (Fe), 42,2 (Co), 41,2 (Ni). — NbC 45,7 (Mn), 61,5 (Fe), 51,5 (Co), 43,2 (Ni). A. FRANCO-BEYER. 197□

Die Diffusion von Zink und Cadmium in Indiumantimonid. R. B. Wilson und E. L. Heasell. (Proc. physic. Soc. **79**. 403—08. 1/2. 1962. London, Imp. Coll.; engl.) — Durch Rk. von In mit Sb u. Zonenschmelzen werden n-leitende InSb-Einkristalle mit Ladungsträgerdichten von 10^{14}—10^{15} cm^{-3} u. Beweglichkeiten von $4 \cdot 10^5$ cm²/Vs bei 80° K hergestellt, die teilweise mit $5 \cdot 10^{15}$—10^{17} Se-Atomen/cm³ dotiert wurden. Die Proben werden in einem evakuierten Quarzgefäß ($< 10^{-4}$ Torr) zusammen mit Zn 2 bis 40 Std. auf 368—450° bzw. mit Cd bis zu 18 Std. auf 408—500° erhitzt. Nach der Diffusionsbehandlung werden die Tiefen der p-n-Übergänge nach der Interferenz-Meth. von BOND u. SMITS (Bell System techn. J. **35**. [1956.] 1209) bestimmt. Die Zeitabhängigkeit der Übergangstiefen wird für Zn mit dem Exponenten 0,71 beschrieben, da die Diffusion von Se aus den dotierten Kristallen schneller erfolgt als Zn bzw. Cd hineindiffundieren. Die Diffusionsergebnisse werden für Zn mit $D = 5{,}5 \cdot \exp(-1{,}6/kT)$ (cm²/s) u. für Cd mit $D = 1{,}3 \cdot 10^{-4} \cdot \exp(-1{,}2/kT)$ (Aktivierungsenergie in eV) beschrieben. HERBERT MÜLLER. 197□

Anisotrope Diffusion von Silber- und Indiumtracern in Zinkeinkristallen. Joseph H. Rosolowski. (Physic. Rev. [2] **124**. 1828—32. 15/12. 1961. Schenectady, N.Y., Gen. Electr. Res. Labor.; engl.) — Einkristalle aus 99,999%ig. Zn mit ebenen, polierten Oberflächen parallel oder senkrecht zur hexagonalen Kristallachse werden mit ca. 0,5 μ ^{110}Ag bzw. ^{114}In elektrochem. plattiert u. nach dem Zusammensetzen von 2 Proben in Sandwichform bei Verw. von Ag $2{,}706 \cdot 10^5$ (s) auf 271—413°, von In $9{,}420 \cdot 10^3$ auf 171—416° erhitzt. Nach der Diffusionsbehandlung werden von den Proben von der plattierten Seite her dünne Schichten abgedreht u. die β-Aktivität der Drehspäne nach Wägung u. Auflösen in HCl mit einem Endfensterzählrohr bestimmt. Aus der Zeit- u. Temp.-Abhängigkeit der Eindringtiefe werden die Diffusions-Koeff. abgeleitet: ^{110}Ag in Zn $D_{\parallel} = (0{,}32 \pm 0{,}02) \exp[-(26{,}0 \pm 0{,}1) \cdot 10^3/RT]$ (cm²/s) u. $D_{\perp} = (0{,}45 \pm 0{,}07) \cdot \exp[-(27{,}6 \pm 0{,}2) \cdot 10^3/RT]$, ^{114}In in Zn $D_{\parallel} = (0{,}062 \pm 0{,}008) \exp[-(19{,}1 \pm 0{,}1) \cdot 10^3/RT]$ u. $D_{\perp} = (0{,}14 \pm 0{,}02) \exp[-(19{,}6 \pm 0{,}1) \cdot 10^3/RT]$. Die Diffusion erfolgt nach einem Leerstellenmechanismus u. besteht in Atomsprüngen zu Plätzen der nächsten Nachbarn in der Basisebene u. in angrenzenden Basisebenen. Für In ist eine starke Assoziation zwischen einem Metallatom u. einer Leerstelle möglich, die als Einheit diffundieren u. so orientiert sind, daß beide Komponenten in der gleichen Basisebene liegen. Der Einfl. der Wertigkeit von Verunreinigungen auf die Diffusions-Geschw. nach der Theorie von LAZARUS (C. **1950/54**. 3752 S) wird für die anisotrope 2wertige Zn-Matrix bestätigt. HERBERT MÜLLER. 197□

Röntgenkleinwinkelstreuung von Guinier-Preston-Zonen in verformten Aluminium-Silbereinkristallen. S. Sato und A. Kelly. (Acta metallurg. [New York] **9**. 59—61. Jan. 1961. Evanston, Ill., Northwestern Univ., Dep. of Metallurg.; engl.) — Einkristalle einer Ag-Al-Leg. mit 20 Gew.-% Ag wurden vom Existenzgebiet der δ-Phase abgeschreckt u. bei Zimmer-Temp. gealtert. Unter diesen Bedingungen besteht die Leg. zu 10—20% aus Zonen, von denen jede Ag-reiche Cluster enthält, die von

Ag-armen Gebieten umgeben sind. Die neueren Theorien der Festigkeit solcher Legg. (vgl. KELLY. C. **1959.** 14649) sagen voraus, daß bei Verformung eine große Anzahl von Versetzungen durch die Cluster gehen. Zum Nachw. dieser Vorhersage wurden Einkristalle der Leg. vor u. nach Verformung durch Zug mit Röntgenkleinwinkelstreuung (in der Zugrichtung u. der dazu senkrechten Richtung) untersucht. Aus den Streukurven wurde geschlossen, daß die Ag-reichen Cluster bei der Zugverformung mit der Matrix verformt werden, wobei die Verformung der Cluster dieselbe ist wie die des ganzen Kristalls. C. GOTTFRIED. 197

Einflüsse von statischen und dynamischen Belastungen auf die Anlaßhärtung von α-Messing. Gunji Shinoda und Yoshitsugu Amano. (Technol. Rep. Osaka Univ. **9.** 137—45. März 1959. Dep. of Appl. Phys. and Precision Machinery; engl.) — Verschieden stark kalt ausgewalzte Platten von α-Messing mit 31 Gew.-% Zn u. Korngrößen zwischen 1,4 u. $5{,}0 \cdot 10^{-2}$ mm wurden unter stat. u. dynam. Belastung bei verschiedenen Temp. angelassen u. hierauf der resultierende Härtegrad gemessen. Bei der stat. Belastung wurde die Biegebelastung an dem einen Ende der Probe angelegt u. die Mikrohärte an dem Teil gemessen, der durch das maximale Biegungsmoment beeinflußt worden war. Bei der dynam. Belastung wurden sowohl die Spannungsamplitude als auch die Verformungs-Geschw. variiert. Es wurde gefunden, daß bei Anlassen unter stat. Belastung der Härtegrad höher ist als der bei Anlassen ohne Belastung u. daß ferner die maximale Aushärttemp. nach der Seite tieferer Temp. verschoben wird. Bei Anlassen unter dynam. Belastung nimmt der Grad der Anlaßhärtung mit der Verformungs-Geschw. zu, u. ferner wird die Zeit zur Erreichung der maximalen Härte mit zunehmender Anlaßtemp. kürzer. Außerdem wurde für im plast. Gebiet unter dynam. Belastung angelassene Proben eine rückläufige Erscheinung beobachtet. Der beschleunigende Einfl. der Spannung auf die Diffusion wird daher unterscheidbar, wenn die Spannung die Streckgrenze übersteigt u. außerdem wird die Rolle der Diffusion der gelösten Atome von Wichtigkeit für die Anlaßhärtung. C. GOTTFRIED. 197

Neue ternäre halbleitende Phosphide $MgGeP_2$, $CuSi_2P_3$ und **$CuGe_2P_3$.** O. G. Folberth und H. Pfister. (Acta crystallogr. [Copenhagen] **14.** 325—26. 10/3. 1961. Erlangen, Siemens-Schuckertwerke Akt.-Ges., Forschungslabor.; dt.) — $MgGeP_2$ (**I**) krist. abweichend von den im Chalkopyritgitter vorkommenden Verbb. des Typs $A^{II}B^{IV}C_2^{V}$ im Zinkblendetyp, ebenso wie die von Vff. (vgl. C. **1961.** 3247) untersuchte Verb. $ZnSnAs_2$ (**II**). Für **I** wurde die Gitter-Konst. zu a = $5{,}65_2$ Å. für **II** zu $5{,}85_1$ bestimmt. Die gleiche Zinkblendestruktur wurde auch bei den beiden Verbb. $CuGe_2P_3$ (**III**) u. $CuSi_2P_3$ (**IV**) gefunden. Die Gitter-Konst. beider Verbb. sind a = 5,375 bzw. 5,25 Å. Aus den kovalenten Tetraederradien ergeben sich für beide Verbb. unter Zugrundelegung einer ungeordneten Zinkblendestruktur mit einem Kationenteilgitter, das statist. zu einem Drittel mit Cu- u. zu zwei Drittel mit Ge- bzw. Si-Atomen besetzt ist, Gitter-Konst., die bis auf ca. 2% mit den gemessenen Werten übereinstimmen. Die untersuchten Verbb. wurden durch Zusammenschmelzen der Komponenten in abgeschlossenen Quarzampullen hergestellt; sie haben durchweg Halbleitereigenschaften.
C. GOTTFRIED. 197

Röntgenbeugungsuntersuchungen des Systems Pd–H_2 im kritischen Bereich. Arnulf J. Maeland und Thomas R. P. Gibb jun. (J. physic. Chem. **65.** 1270—72. Juli 1961. Medford, Mass., Tufts Univ., Dep. of Chem.; engl.) — Vff. untersuchten das Syst. Pd—H_2 bei 206—346° u. H_2-Drücken von 0—33 atm. Die Beladung mit H_2 erfolgt a) bei Raum-Temp. t_R, anschließendem Aufheizen bei konst. Druck p, 1std. Halten bei konst. p u. t vor der Aufnahme u. danach Abkühlen auf t_R sowie b) wie nach a, jedoch ohne Abkühlung auf t_R. Bei 206° nimmt die Gitter-Konst. α der β-Phase (B) mit abnehmendem p ab. < 5,1 atm tritt die α-Phase (A) auf, bis 3,7 atm bestehen A u. B nebeneinander. Darauf nimmt α von A linear mit abnehmendem p ab. Bis 230° wird die Kontraktion des B-Gitters unter H_2-Entw. durch die therm. Ausdehnung des Gitters ausgeglichen, > 230° überwiegt erstere. Die Rk.-Wärme für die Rk. $2\,Pd + H_2 \rightleftharpoons 2\,PdH$ im Bereich des Plateaus der α/t-Kurve für (A + B) beträgt ΔH = 9,5 kcal/Mol. Aus der krit. Lsg.-Temp. t_K = 308° erhält man einen krit. Lsg.-Druck von 19,7 atm. > t_K tritt ein homogener Übergang zwischen A u. B auf. Weitere H-Absorption führen Vff. auf Gitterleerstellen des Hydrids zurück. P. FRENZEL. 197 □

Die Analyse der Kristallographie der martensitischen Umwandlungen mit Hilfe der Methode der Anpassung von Prismen. B. A. Bilby und F. C. Frank. (Acta metallurg. [New York] **8.** 239—48. April 1960. Sheffield, Univ., Metallurgy Dep.; Bristol, Univ., Phys. Dep.; engl.) — Vff. beschreiben zunächst ausführlich die Theorie der von ihnen entwickelten Meth. zur Analyse der kristallograph. Eigg. martensit. Umwandlungen, bei der dreieckige Prismen, die von Gitterlinien in den beiden Strukturen gebildet werden, aneinandergepaßt werden. Zur Erläuterung der Theorie wurde sie auf die von GRENINGER

u. TROIOMO (vgl. Trans. Amer. Inst. Mining metallurg. Engr. **185.** [1949.] 591) an einer Fe–Ni-Leg. beobachtete martensit. Umwandlung angewendet.
C. GOTTFRIED. 197

Der Einfluß von hydrostatischem Druck auf die Stärke martensitischer Embryonen. L. Kaufman, A. Leyenaar und J. S. Harvey. (Acta metallurg. [New York] **8.** 270—72. April 1960. Cambridge, Mass., Mfg. Labor., Inc.; engl.) — Zur Nachprüfung der neueren Theorien über die atherm. u. isotherm. Kinetik martensit. Umwandlungen, die die Ggw. von präexistierenden martensit. Embryonen beträchtlicher Größe verlangen, beschreiben Vff. Verss. an einer *Fe–Ni*-Leg. mit 32,4 Atom-% Ni. Die in Stabform vorliegende Leg. mit $M_s = 127^0$ K u. $T_0 = 370^0$ K bei Normaldruck wurde im Vakuum 2 Std. bei 1000° austeritisiert. Der Stab wurde in mehrere Teile zerschnitten, von denen einige in fl. N_2 abgeschreckt wurden. Die metallograph. Unters. zeigte, daß alle Proben mehr als 50% Martensit enthielten. Einige dieser Proben wurden unter einem hydrostat. Druck von 50 Katm 10 Min. auf 400—1000° erhitzt, unter Druck auf 100° abgeschreckt, auf Zimmer-Temp. abgekühlt u. auf Normaldruck gebracht. Eine Verformung der Stäbe wurde nicht beobachtet. Die Proben wurden dann 10 Min. in fl. N_2 abgeschreckt. u. bei Zimmer-Temp. metallograph. untersucht. Hierbei wurde beobachtet, daß die bei oder $< 500^0$ unter einem Druck von 50 Katm erhitzten Proben mehr als 50% Martensit enthielten, die bei oder $> 550^0$ behandelten Proben hingegen vollkommen austenit. waren. Unter gleichen Bedingungen unter einem Druck von 25 Katm behandelte Proben enthielten mehr als 50% Martensit beim Erhitzen $< 600^0$, während auf oder über 650° erhitzte Proben vollständig austenit. waren. In einer dritten Vers.-Reihe wurden Proben 10 Min. bei einem Druck von 50 Katm in der Hochdruckzelle auf 550° erhitzt, unter Druck auf 100° abgeschreckt, aus der Zelle entfernt u. in fl. N_2 abgekühlt. Die sich ergebende Struktur war 100%ig. austenitisch. Die Proben wurden hierauf 30 Min. bei verschiedenen Temp. bei 1 at angelassen u. in fl. N_2 abgeschreckt. Es wurde beobachtet, daß bei oder $< 600^0$ angelassene Proben vollständig austenit. waren; die Anlaßtemp. war also zu niedrig, um die ursprünglichen martensit. Embryonen wieder herzustellen, während bei oder $> 650^0$ angelassene Proben mehr als 50% Martensit enthielten. Ganz allg. geht aus den Verss. hervor, daß es möglich ist, durch Hochdruckbehandlung in Metallen irreversible Effekte zu erzeugen. C. GOTTFRIED. 197 □

Stabilität von Restaustenit beim Altern. E. G. Ramachandran und C. Dasarathy. (Acta metallurg. [New York] **8.** 274—75. April 1960. Jamshedpur, Nat. Metallurg. Labor.; engl.) — Zusammenfassender krit. Überblick an Hand der vorliegenden Literatur.
C. GOTTFRIED. 197

Einfluß von Wasserstoff auf das Fließen von weichem Stahl. F. de Kazinczy. (Acta metallurg. [New York] **7.** 706—08. Nov. 1959. Cambridge, Mass., MIT, Dep. of Metallurgy; engl.) — An Streifen von weichem Stahl, die bei verschiedenen Stromstärken mit H beladen worden waren, wurde im Zug-Vers. bei verschiedenen Verformungs-Geschw. die Geschw. einer LÜDERS-Bandfront verfolgt. Es wurde gefunden, daß H die Verzugszeit des Fließens nicht beeinflußt; die beobachtete Unterdrückung der oberen Streckgrenze durch H scheint vielmehr von lokalen Spannungen in der Umgebung von H_2-Einschlüssen herzurühren, die zu den Spannungen an der Probenschulter beitragen u. so den Beginn des ersten LÜDERS-Bandes erleichtern. Die beobachtete Erhöhung der Fließspannung durch H scheint auf dem Mitschleppen von H durch bewegte Versetzungen zu beruhen. C. GOTTFRIED. 200

Elastische Konstanten von Magnesiumlegierungen bei tiefen Temperaturen. S. Eros und C. S. Smith. (Acta metallurg. [New York] **9.** 14—22. Jan. 1961. Cleveland, Ohio, Case Inst. of Technol.; engl.) — Vff. untersuchten mit Hilfe der von EROS u. REITZ (vgl. C. **1959.** 9828) beschriebenen Ultraschall-Meth. die adiabat. elast. Konst. von *Mg*, *Mg–Ag*-Legg. mit 0,26 u. 0,37 (Atom-%) Ag, *Mg–Sn*-Legg. mit 0,21; 0,46; 0,67 u. 0,94 Sn sowie von *Mg–In*-Legg. mit 1,02; 1,35 u. 1,96 In bei 298°; 78° u. 4° K. Bei diesen Legg. liegt das Verhältnis Elektronen: Atome e/a zwischen 1,9963 u. 2,0196. Spezieller Zweck der Unterss. war, nach Effekten zu suchen, die nach Vorhersage der Theorie von REITZ u. SMITH (vgl. C. **1957.** 13910) mit dem Auftreten einer neuen elektron. Überlappung zusammenhängen u. die nur bei tiefer Temp. beobachtet werden können. Bes. sollte sich nach der Theorie der Beginn einer solchen Überlappung durch einen scharfen Abfall des Wertes von $C = C_{11} + C_{12} + 2\,C_{33} - 4\,C_{13}$ an der Stelle von e/a zeigen, bei der diese Überlappung auftritt sowie bei größeren Werten von e/a. Experimentell wurde bei keiner der Legg. ein solcher Abfall festgestellt. Daraus folgt, daß in dem untersuchten Bereich keine neue Überlappung auftritt. Die gemessenen adiabat. elast. Konst. sind tabellar. angegeben. C. GOTTFRIED. 200 □

Elastische Konstanten von synthetischen Korund-Einkristallen bei Zimmertemperatur. J. B. Wachtman jun., W. E. Tefft, D. G. Lam jun. und R. P.

Stinchfield. (J. Res. nat. Bur. Standards, A **64.** 213—28. Mai/Juni 1960. Washington, D. C.; engl.) — Vff. bestimmten die 6 elast. Konst. von Korund im KHz-Gebiet durch eine genaue Resonanzmethode. Die Ergebnisse wurden im MHZ-Gebiet mit geringerer Genauigkeit mit Hilfe einer Impuls-Geschw.-Meth. überprüft. Vor den Messungen wurden an dünnen zylindr. Stäben die Werte des YOUNGschen Moduls u. des Schubmoduls durch Resonanzfrequenzmessungen bestimmt, der sie zur Berechnung der Elastizitäts-Konst. notwendig sind. Der YOUNGsche Modul wurde aus der longitudinalen Resonanzfrequenz u. unabhängig davon aus der Biegungsresonanzfrequenz berechnet. Der Schubmodul wurde aus den Torsionsresonanzfrequenzen erhalten. Bestimmt wurde in diesem Zusammenhang auch die Änderung des YOUNGschen- u. des Schubmoduls mit der Orientierung der Proben. Bei den theoret. Unterss. wurde durchweg von der klass. Elastizitätstheorie ausgegangen, die 6 unabhängige Spannungs- u. 6 unabhängige Verformungskomponenten verlangt. Die Ergebnisse stimmen mit Messungen von anderen Seiten nicht gut überein. Es wird dies darauf zurückgeführt, daß die Messungen von anderer Seite hauptsächlich im MHz-Gebiet durchgeführt worden waren. Die Vers.-Ergebnisse sind tabellar. u. graph. wiedergegeben. C. GOTTFRIED. 200

Ein Vergleich der experimentellen und theoretischen Beziehungen zwischen dem Youngschen Modul und den Biege- und longitudinalen Resonanzfrequenzen gleichförmiger Stäbe. S. Spinner, T. W. Reichard und W. E. Tefft. (J. Res. nat. Bur. Standards, A **64.** 147—55. März/April 1960; engl.) — Vgl. vorst. Referat. — Vff. nehmen Bezug auf eine frühere Unters. von SPINNER u. VALORE (vgl. J. Res. nat. Bur. Standards, A **60.** [1958.] 459) u. bestimmten nach der l. c. beschriebenen Meth. die Biege- u. longitudinalen Resonanzfrequenzen an zylinderförmigen u. rechteckigen *Stahl*-Stäben, deren Dimensionen genau bekannt waren. Aus den Meßergebnissen wurden empir. Beziehungen hergeleitet, mit deren Hilfe sich der YOUNGsche Modul bestimmen läßt. Diese empir. Beziehungen wurden mit entsprechenden theoret. Beziehungen verglichen. Für die longitudinalen Schwingungen stimmte die empir. bestimmte Kurve mit der theoret. Kurve überein, die auf Grund der Theorie von BANCROFT (vgl. Physic. Rev. [2] **59.** [1941.] 46) erhalten wird, wenn für beide Stahlproben ein POISSONsches Verhältnis von 0,292 angenommen wird. Dieser Wert stimmt mit Werten aus der Literatur für Stahl überein. Für die Biegeschwingungen wurden 2 getrennte Kurven entwickelt, eine für die rechteckigen Stäbe beider Stahlproben u. eine für die zylindr. Stäbe beider Proben. Die für die rechteckigen Stäbe entwickelte Kurve stimmte mit theoret. Beziehungen von PICKETT (vgl. Proc. ASTM **45.** [1945.] 846) überein. Die für die zylindr. Stäbe entwickelte Kurve würde mit der theoret. Kurve nur übereinstimmen, wenn man für beide Stahlproben ein POISSONsches Verhältnis von ca. $^1/_6$ annehmen würde. Da dieser Wert für Stahl offensichtlich zu niedrig ist, wird geschlossen, daß die experimentellen Ergebnisse mit der Theorie für rechteckige Proben von PICKETT (vgl. l. c.) übereinstimmen, daß jedoch die PICKETTschen Gleichungen einen zu hohen Wert für den Korrekturfaktor bei zylindr. Proben geben. C. GOTTFRIED. 200

A₇. Gleichgewichte. Kinetik

Über die Stabilität der Nitrato- und Chlorokomplexe von Plutonium(IV). Ingmar Grenthe und Bertil Norén. (Acta chem. scand. **14.** 2216—29. 1960. Lund, Sweden, Univ., Chem. Inst., Dep. of Inorg. and Phys. Chem.; engl.) — Die NO_3^-- u. Cl^--Komplexe von Pu^{4+} wurden in $HClO_4$ der Ionenstärke 4 m mit Hilfe einer Kationenaustauscher-Meth. (unterschiedliche Adsorption des Zentralions u. der Komplexionen mit 1, 2 oder 3 anion. Liganden an die H^+-Form von Dowex-50) untersucht. Die Stabilitäts-Konst. (β_i für den Komplex PuA_i^{4-i}) sind für $A^- = Cl^-$: $\beta_1 = 1{,}4 \pm 0{,}2$ (Mol/Liter)$^{-1}$, $\beta_2 = 1{,}2 \pm 0{,}2$ (Mol/Liter)$^{-2}$, $\beta_3 = 0{,}1 \pm 0{,}1$ (Mol/Liter)$^{-3}$, für $A^- = N_3^{0-}$ analog: $\beta_1 = 5{,}5 \pm 0{,}2$, $\beta_2 = 23{,}5 \pm 1$, $\beta_3 = 15 \pm 10$. W. BETCKE. 223 □

Oleumlösungen. 2. Mitt. **Kryoskopie in Dischwefelsäure.** B. Dacre und P. A. H. Wyatt. (Trans. Faraday Soc. **57.** 1958—62. Nov. 1961. Sheffield, Univ., Dep. of Chem.; engl.) — 1. vgl. C. **1962.** 30. — Die von *Alkalisulfaten* in $H_2S_2O_7$ als Lsgm. aufgenommene Menge an SO_3 wurde durch kryoskop. Titration ermittelt. Die Ergebnisse hängen von der Größe des Kations in einer Weise ab, die der Solvatation durch H_2SO_4 u. Bldg. von $HS_3O_{10}^-$ entspricht: $Me_2SO_4 + (3 - 2y)\ SO_3 + (1 + 2y)\ H_2S_2O_7 \rightarrow 2\ Me(H_2SO_4)_y^{2+} + 2\ HS_3O_{10}^-$. Der Mittelwert von y beträgt 0,2 für Cs^+, K^+ u. NH_4^+, 0,4 für Tl^+, 0,8 für Na^+, 1,1 für Li^+ u. 1,8 für Ba^{2+}. Die bzgl. der Lsgm.-Dissoziation korr. kryoskop. i-Werte (4 für Me_2SO_4) am Gefrierpunktsmaximum stimmen gleichfalls mit dieser Deutung überein. Unter Einbeziehung einiger Leitfähigkeitsmessungen wird geschlossen, daß in Oleum-Lsgg. keine Bldg. von $H_3S_2O_7^+$ oder HSO_3^+, sondern vielmehr Dissoziation nach $2\,H_2S_2O_7 \rightleftharpoons H_3SO_4^+ + HS_3O_{10}^-$ erfolgt. *Schwefel* u. *Jod* (als J) binden unter analogen Bedingungen 1 Mol, *1.3.5-Trinitrobenzol* (I) kein SO_3. I besitzt in $H_2S_2O_7$ einen i-Faktor von 1,0 u. zeigt in Ggw. von überschüssigem SO_3 oder H_2O ein ähnliches kryoskop. Verh. wie Polynitro-Verbb. in H_2SO_4. A. BLASCHETTE. 224□

Potentiometrische Bestimmung des Löslichkeitsproduktes von Bleicarbonat. Reino Näsänen, Paavo Meriläinen und Kaarina Leppänen. (Acta chem. scand. **15.** 913—18. 1961. Helsinki, Univ., Dep. of Chem.; engl.) — Das Löslichkeits-Prod. von $PbCO_3$ wurde mit Hilfe einer einfachen potentiometr. pH-Meth. zu $L = 10^{-13,13}$ (25°; extrapoliert auf Ionenstärke I = 0) bestimmt. Der Einfl. von KNO_3 auf das Löslichkeitsgleichgewicht wurde untersucht; die Ergebnisse werden unter der Annahme der Bldg. eines Komplexes $PbNO^{3+}$ diskutiert. Die 1. Dissoziations-Konst. von H_2CO_3 in 2 m KNO_3-Lsg. wurde zu $K_1 = 10^{-5,97}$ (25°; extrapoliert auf I = 0: $K_1 = 10^{-6,35}$) bestimmt. Die Gleichgewichts-Konst. der Rk. $PbCO_3$ (fest) $+ 2\,H^+ \rightleftharpoons Pb^{2+} + CO_2$ (aq.) $+ H_2O$ ergibt sich zu $K = 10^{3,55}$ (25°; I = 0). W. BETCKE. 224□

Untersuchungen über Protactinium (V) in salpetersauren Lösungen. C. J. Hardy, D. Scargill und J. M. Fletcher. (J. inorg. nuclear Chem. **7.** 257—75. Okt. 1958. Harwell, Didcot, Berks., A.E.R.E.; engl.) — Die chem. Eigg. von ca. 10^{-5} bis 10^{-4} m ^{231}Pa(V)-Lsgg. in 1—12 m wss. HNO_3 wurden näher untersucht. Bei der Extraktion mit Tributylphosphat verhält sich das Pa analog dem Zr; unter schneller Gleichgewichtseinstellung wird es wahrscheinlich in Form von $[Pa(OH)_2(NO_3)_3]$ (I) extrahiert, wobei nur eine geringe Menge eines polymeren Komplexes in der wss. Phase zurückbleibt. Bei Zugabe von HF wird Pa stärker komplexiert als Th (in 6 m HNO_3 etwa um den Faktor 10). $Al(NO_3)_3$ drängt die Bldg. von Pa(V)-Fluorokomplexen zurück, so daß die Extraktion erneut möglich wird. Weiterhin wurden die Verteilungs-Koeff. für die Extraktion mit Butex, Di-[2-äthylhexyl]-phosphat (in Bzl.) u. Tri-n-octylamin (in Bzl.) ermittelt sowie das Adsorptions-Verh. von Pa(V) an Ionenaustauschern (ZeoKarb 225, DeAcidite FF) u. akt. Festkörpern (SiO_2, Cellulose, Graphit) untersucht u. mit dem von Th u. U verglichen. Zur Deutung der Ergebnisse wird die Existenz nachst. Komplexe in der wss. Phase vorgeschlagen: a) in 1—2 m HNO_3: $[Pa(OH)_3NO_3]^+$, $[Pa(OH)_3(NO_3)_2]$, $[Pa(OH)_2NO_3]^{2+}$, $[Pa(OH)_2(NO_3)_2]^+$; b) in 2—6 m HNO_3: zusätzlich zu den vorst. die Komplexe I, $[Pa(OH)_2(NO_3)_4]^-$ (II), $[Pa(OH)(NO_3)_3]^+$ (III) usw.; c) in 6—12 m HNO_3: I, II u. III. Höher aggregierte Ionenarten bilden sich bei geringer Acidität aus $[Pa(OH)_3]^{2+}$ oder $[Pa(OH)_4]^+$ oder bei verhältnismäßig hoher HNO_3- (6—12 m) u. Pa(V)-Konz. ($> 10^{-4}$ m) durch Assoziation von Komplexen vom Typ I. A. BLASCHETTE. 224□

Theoretische Grundlagen der kinetischen Analysenmethoden. K. B. Jacimirskij. (Magyar tudományos Akad., kém. tudományok Osztályának Közleményei [Ung. Akad. Wiss., Ber. Abt. chem. Wiss.] **16.** 375—87. Nov. 1961. Ivanovo, Chem. techn. Inst.; ung.) — Die seit 1911 angewandten u. bes. durch SZEBELLÉDY u. Mitarbeiter entwickelten Meth. werden erörtert. Vf. bespricht die Faktoren, die die Empfindlichkeit der kinet. Verff. der Analyse beeinflussen. Die Empfindlichkeit dieser Meth. ist um so größer, je größer die Empfindlichkeit der Konz.-Best. der sich bildenden oder verbrauchten Stoffe ist. Die Rk.-Dauer, der katalyt. Koeff. der Rk., u. die Konzz. sämtlicher Rk.-Partner vergrößern die Empfindlichkeit ebenfalls. Die Schwankungen u. die Geschw. der gleichzeitig verlaufenden, nichtkatalyt. Rkk. müssen möglichst gering sein. Vf. schlägt vor, die katalyt. Rkk. in 5 große Gruppen einzuteilen (Oxydations–Reduktions-, Isotopenaustausch-, Substitutions-, heterogene u. an den Elektroden ablaufende Redox-Rkk.), u. gibt die Einteilung der Katalysatoren an. Die Meth. der Komplex-Bldg. kann zur Best. der Inhibitoren, zur Maskierung der Störionen u. zur Erhöhung der Empfindlichkeit der kinet. Meth. verwendet werden. I. NÁRAY-SZABÓ. 225

„Wärmeleitfähigkeit" und chemische Kinetik. Richard S. Brokaw. (J. chem. Physics **35.** 1569—80. Nov. 1961. Cleveland, Ohio, NASA, Lewis Res. Center; engl.) — Vf. leitet für die scheinbare Wärmeleitfähigkeit λ^* in einer reagierenden Gasmischung Beziehungen für den Fall ab, daß in der Mischung eine einzige Rk. mit endlicher Geschw. abläuft; das bedeutet, daß die Rk.-Geschw. weder so klein ist, daß die Zus. konst. bleibt (eingefrorener Zustand), noch so groß, daß die Zus. lokal im Gleichgewicht mit der Temp. ist. Da im Gleichgewicht eine konst. Rk.-Geschw. anzunehmen ist, können die angegebenen Gleichungen nur beim Vorliegen kleiner Temp.-Unterschiede benutzt werden. Es wird gezeigt, daß λ^* unter diesen Bedingungen von der Geometrie des Rk.-Syst. abhängt; entsprechende Gleichungen werden für parallele Platten bzw. konzentr. Zylinder u. Kugeln angegeben. Die Anwendung der Gleichungen auf die Wärmeleitfähigkeit im Syst. $N_2O_4 \rightleftharpoons 2\,NO_2$ ist beschrieben. Eine obere Grenze für die Geschw.-Konst. der bimol. Dissoziation von N_2O_4 wird bei 296° K zu $5{,}3 \cdot 10^9\ cm^3/s \cdot Mol$ erhalten. HERBERT MÜLLER. 225□

Eine Erklärung der Tatsache, daß elektrostatische Betrachtungen allein die Änderung der Geschwindigkeit chemischer Reaktionen mit dem Lösungsmittel qualitativ in Beziehung setzen. N. C. Deno. (J. physic. Chem. **65.** 179—80. Jan. 1961. University Park, Pa., Pennsylvania State Univ., Coll. of Chem. and Phys.; engl.) — Vf. erörtert theoret., ausgehend von der BRÖNSTEDschen u. McGOWANschen Gleichung, den Einfl. elektrostat. Wechselwrkg. zwischen Gelöstem u. Lsgm. auf die Geschw.-Konst. chem. Rkk. u. gibt eine Näherungs-Lsg. an. Als Beispiel wird die Solvolyse von *tert.-Butylchlorid* in A. u. W. angeführt. P. FRENZEL. 225□

Untersuchungen über den Bildungsmechanismus von Thiosulfat und Trithionat aus $H_2S + SO_2$ mit ^{35}S. Renato Barbieri und Riccardo Majorca. (Ricerca sci. **30.** 2337—43. Dez. 1960. Padova, Centro di Stud. per la Chim. nucl.; ital.) — Unter Verw. von mit ^{35}S markiertem H_2S wird der Bldg.-Mechanismus von a) $Na_2S_2O_3$ aus der Umsetzung von H_2S mit einem äquimol. Gemisch von HSO_3^- u. SO_3^{2-} u. von H_2S mit SO_3^{2-} in NaOH u. von b) $Na_2S_2O_3$ u. $Na_2S_3O_6$, die im Gemisch von H_2S u. HSO_3^- erhalten werden, untersucht. Die Radioaktivität, deren Lokalisierung ausschließlich an den S-Atomen mit der Oxydationsstufe 2 erfolgt, beträgt bei a) 66% u. bei b) 53% von der des markierten H_2S. Diese Ergebnisse werden für eine weitere Begrenzung der möglichen Rk.-Mechanismen benutzt. — 14 Literaturangaben. G. PLATZER. 225□

Die Reaktion von $NaBH_4$ mit $NaHSO_3$ G. S. Panson und C. E. Weill. (J. inorg. nuclear Chem. **15.** 184—85. Sept. 1960. Newark, N.J., Rutgers, The State Univ., Dep. of Chem.; engl.) — In stark alkal., konz. Lsg. wird SO_3^{2-} von $NaBH_4$ zu S^{2-} reduziert. Gibt man $NaBH_4$ zu einer $NaHSO_3$-Lsg. u. macht dann alkal., so red. die Lsg. Anthrachinon zu dem roten Dinatriumsalz von 9.10-Dihydroxyanthracen. Macht man die $NaHSO_3$-Lsg. zuerst alkal. u. gibt erst dann $NaBH_4$ zu, so red. diese Lsg. Anthrachinon nicht. Dithionit ist eines der wenigen Reagentien, die in wss. Lsg. Anthrachinon reduzieren können, es wurde daher bei der ersten Rk. als Zwischenprod. angenommen. Die IR-Spektren von Dithionit in alkal. Lsg. u. der gerade alkal. gemachten Lsg. von $NaBH_4$ u. $NaHSO_3$ sind ähnlich (Maximum bei 315 mμ). P. DODEL. 225□

Die Kinetik der Reaktion substituierter 1.10-Phenanthrolin-, 2.2'-Dipyridil- und 2.2'.2''-Tripyridil-Eisen(III)-Komplexe mit Eisen(II)-Ionen. M. H. Ford-Smith und N. Sutin. (J. Amer. chem. Soc. **83.** 1830—34. 20/4. 1961. Upton, N.Y., Brookhaven Nat. Labor., Chem. Dep.; engl.) — Die Kinetik der Oxydation von Fe^{2+} durch eine Reihe von Fe(III)-Komplexen wurde spektrophotometr. verfolgt. Im einzelnen ergeben sich nachst. Werte für λ_{max} (mμ) u. ε_{max} (cm^2/Mol) in konz. H_2SO_4 sowie für die Geschw.-Konst. ($Mol^{-1} \cdot s^{-1}$) der bimol. Redox-Rk. in 0,5 m $HClO_4$ (k) bzw. H_2SO_4 (k') bei 25,0 ± 0,1°: *Tris-[1.10-phenanthrolin]-eisen-(III)-Ion* (**I**) λ_{max} 602 (ε_{max} 870), 3,7·10⁴, 3,0·10⁵; *Tris-[5-methyl-1.10-phenanthrolin]-* (**II**) 597 (770), 2,0·10⁴, 1,5·10⁵; *Tris-[5-nitro-1.10-phenanthrolin]-* (**III**) 590 (950), k = 1,1·10⁶; *Tris-[5-chlor-1.10-phenanthrolin]-* (**IV**) 595 (760), 2,1·10⁵, 1,5·10⁶; *Tris-[5-phenyl-1.10-phenanthrolin]-* (**V**) 599 (780), k' = 3,2·10⁵, *Tris-[5.6-dimethyl-1.10-phenanthrolin]-* (**VI**) 600 (780), 7,8·10³, 6,9·10⁴; *Tris-[4.7-diphenyl-1.10-phenanthrolin]-* (**VII**) 628 (2870), k' = 3,3·10⁴ [ungenauer Wert, da der entsprechende Fe(II)-Komplex unlösl.]; *Tris-[3.4.7.8-tetramethyl-1.10-phenanthrolin]-* (**VIII**) 670 (1590), k' = 1,9·10³; *Tris-[2.2'-dipyridil]-* (**IX**) 617 (320), 2,7·10⁴, 2,2·10⁵; *Tris-[4.4'-dimethyl-2.2'-dipyridil]-* (**X**) 591 (390), 6,0·10², 5,9·10³; *Bis-[2.2'.2''-tripyridil]-* (**XI**) 702 (740), 8,5·10⁴, 7,4·10⁵. In konz. $HClO_4$ erhöhen sich die λ_{max}-Werte um ca. 5 mμ bei konst. ε_{max}. Zwischen log k bzw. log k' u. der auf ein N-Atom bezogenen mittleren Basizität der Liganden (Literaturwerte) besteht für **I, II, III, IV** u. **V** eine lineare Beziehung. Entsprechend der Theorie von MARCUS (C. **1957.** 12416) existiert für die Ionen **I** bis **VI** sowie **VIII** ebenfalls ein linearer Zusammenhang (Neigung der Geraden 0,51) zwischen der Freien Aktivierungsenergie u. dem aus den Redoxpotentialen (Literaturwerte) berechneten Standardwert der Freien Rk.-Enthalpie der Redoxreaktion. **VII, IX, X** u. **XI** fügen sich nicht in diese Regelmäßigkeit. Das Fehlen spezif. ster. Effekte bei den Rkk. von Fe^{2+} mit Fe(III)-1.10-Phenanthrolin-Komplexen läßt erkennen, daß im aktivierten Komplex das Fe^{2+}-Ion sich nicht an der Peripherie der Phenanthrolingruppen, sondern im Raum zwischen diesen Gruppen aufhält. — Die Fe(II)-Komplexe wurden als Perchlorate aus $FeSO_4$ u. der organ. Verb. durch Fällen mit $HClO_4$, die Fe(III)-Komplexe durch Oxydation der entsprechenden Fe(II)-Verbb. mit PbO_2 in verd. H_2SO_4 oder mit $Ce(SO_4)_2$ in konz. $HClO_4$ bzw. H_2SO_4 u. Ausfällen der Perchlorate erhalten. A. BLASCHETTE. 225□

Die Kinetik der Oxydation von Eisen(II)-Ionen und von Koordinationskomplexen. B. M. Gordon, L. L. Williams und N. Sutin. (J. Amer. chem. Soc. **83.** 2061—64. 5/5. 1961. Oyster Bay, N.Y., Long Island Center, State Univ. of New York, Chem. Dep.; Upton, N.Y., Brookhaven Nat. Labor., Chem. Dep.; engl.) — Vgl. vorst. Referat. —

Die Kinetik der Oxydation von $Fe(H_2O)_6^{2+}$ durch verschiedene Koordinationskomplexe wurde in einem schnellen Strömungs-Syst. bei 25° untersucht. Die Rkk. sind 1. Ordnung bzgl. beider Rk.-Partner; die Rk.-Geschw.-Konst. 2. Ordnung ($Mol^{-1} \cdot s^{-1}$) in 0,5 m $HClO_4$(k) u. 0,5 m H_2SO_4(k') sind für die nachst. Oxydationsmittel (phen = 1.10-Phenanthrolin, dipy = 2.2'-Dipyridil, tripy = 2.2'.2''-Tripyridil): *Ag(phen)*$_2^{2+}$ k' = $1{,}7 \cdot 10^6$; *Ag(dipy)*$_2^{2+}$ k' = $1{,}4 \cdot 10^6$; *Ru(dipy)*$_3^{3+}$ (I) k = $7{,}2 \cdot 10^5$; *Fe(phen)*$_3^{3+}$ (II) k = $3{,}7 \cdot 10^5$, k' = $3{,}0 \cdot 10^4$; *IrCl*$_6^{2-}$ (III) k = $3{,}2 \cdot 10^6$; *Fe(dipy)*$_3^{3+}$ k = $2{,}7 \cdot 10^4$, k' = $2{,}2 \cdot 10^5$; *Fe(tripy)*$_2^{3+}$ k = $8{,}5 \cdot 10^4$, k' = $7{,}4 \cdot 10^5$; *Os(dipy)*$_3^{3+}$ (IV) k = $1{,}43 \cdot 10^3$, k' = $1{,}35 \cdot 10^4$. Die Rk.-Geschw. steigt somit mit zunehmendem Oxydationspotential (Literaturwerte) bzw. zunehmender Freier Rk.-Enthalpie ΔG^0. Die Oxydation von Fe^{2+} durch **III** verläuft allerdings rascher als die durch **II**, obwohl ΔG^0 für beide Rkk. prakt. gleich ist; der Unterschied beruht auf einer günstigeren Aktivierungsentropie im Falle von **III** (−25,2 gegenüber −37,2 cal/Mol·Grad für **II**). Die Rk.-Entropien ΔS^0 werden zu −63,0 bzw. −48,2 cal/Mol·Grad abgeschätzt. Für eine Reihe von Redox-Rkk. zwischen Koordinationskomplexen wurden ebenfalls die Geschw.-Konst. k_1 ($Mol^{-1} \cdot s^{-1}$) bei 25,0° ermittelt (ddipy = 4.4'-Dimethyl-2.2'-dipyridil, tphen = 3.4.7.8-Tetramethyl-1.10-phenanthrolin; pphen = 5-Phenyl-1.10-phenanthrolin): **III**-*Fe(CN)*$_6^{4-}$ (**V**) $k_1 = 1{,}20 \cdot 10^5$ (in W.); **III**-**V** (0,5 m $HClO_4$) $4{,}1 \cdot 10^5$; *MnO*$_4^-$-**V** (0,1 m NaOH) $1{,}34 \cdot 10^4$; *OsCl*$_6^{2-}$-**V** (W.) $1{,}79 \cdot 10^{-1}$; bei allen nachst. Rkk. $k_1 > 10^8$: **III**-*Os(dipy)*$_3^{2+}$ (**VI**) (0,5 m $HClO_4$); **II**-**V** (0,5 m $HClO_4$); **IV**-**V** (0,5 m $HClO_4$); **I**-*Fe(tphen)*$_3^{2+}$ (**VII**) (0,5 m H_2SO_4); **I**-**VI** (0,5 m $HClO_4$); **II**-**VI** (0,5 m $HClO_4$); **I**-*Fe(pphen)*$_3^{2+}$ (0,5 m H_2SO_4); *Fe(ddipy)*$_3^{3+}$-**VII** (0,5 m H_2SO_4); **II**-*Fe(ddipy)*$_3^{2+}$ (0,5 m $HClO_4$). Die Geschw. der Oxydation von **V** durch Komplexanionen nimmt mit ΔG^0 zu. Die untersuchten Redox-Rkk. werden im Rahmen der Theorie von MARCUS (C. **1957**. 9854) diskutiert. Eine Abschätzung der zur Reorganisation der inneren Koordinationssphäre erforderlichen Freien Energie führt zur Reihenfolge *OsCl*$_6^{2-}$ > **III** > **V** > Dipyridil- u. Phenanthrolin-Komplexe.

Versuche: *Bis-[1.10-phenanthrolin]-silber(II)-nitrat*, durch Auflösen von AgO in 6 m HNO_3 bei −10°, Versetzen mit überschüssigem 1.10-Phenanthrolin u. weiterem HNO_3 u. Kühlen in Eis-NaCl. — *Bis-[2.2'-dipyridil]-silber(II)-nitrat*, analog aus 2.2'-Dipyridil. — *Tris-[2.2'-dipyridil]-osmium(III)-* u. *-ruthenium(III)-Komplexe*, aus den entsprechenden Os(II)- u. Ru(II)-Komplexen durch Oxydation mit PbO_2 in H_2SO_4.

A. BLASCHETTE. 225 □

Die thermische Hydrolyse von Metallchloriden. 3. Mitt. **Magnesiumchlorid.** A. Glasner und I. Mayer. (Bull. Res. Council Israel, Sect. A **10 A**. 17—24. April 1961. Jerusalem, Hebrew Univ., Dep. of Inorg. and Analyt. Chem.; engl.) — 2. vgl. Bull. Res. Council Israel, Sect. A **9 A**. [1960.] 161. — Der zeitliche Verlauf der therm. Hydrolyse von $MgCl_2 \cdot 6\,H_2O$ u. $MgCl_2$ (Anhydrid) im wasserdampfhaltigen (26 mm Hg) N_2-Strom wurde bei verschiedenen Temp. zwischen 180 u. 500° untersucht. Es ergab sich, daß das Hexahydrat vor Eintritt der Hydrolyse im Temp.-Bereich 180—280° 5 Moll. H_2O abspaltet. Die Hydrolyse des Monohydrats führt in einer Rk. 1. Ordnung (mit ΔH = −17 kcal), deren Aktivierungsenergie (E_a) 16,6 kcal beträgt, zu MgOHCl u. in einer Neben-Rk. mit höherer E_a zu $MgCl_2$. Als Rückstand bleibt eine feste Lsg. von $MgCl_2$ in MgOHCl. Bei der Hydrolyse von $MgCl_2$ entsteht in einer Oberflächen-Rk. nullter Ordnung von geringer E_a zunächst MgOHCl, das bis 400° stabil ist, dann langsam in $MgCl_2$ u. $Mg(OH)_2$ gespalten u. bei 500° in schneller Rk. (E_a = 45,6 kcal/Mol) unter Bldg. von MgO zersetzt wird. Die $MgCl_2$-Hydrolyse wird dadurch kompliziert, daß sich bei zu hohem Wasserdampfdruck im Gasstrom das Monohydrat bildet u. daß die Rk. durch eine MgOHCl-Kruste auf der Oberfläche des Salzes gehemmt werden kann.

W. BETCKE. 225 □

Beitrag zur Untersuchung bestimmter Färbungen im Glas als Folge von Reduktionsreaktionen. Juan Ernesto Peña de Castró. (Ion [Madrid] **17**. 313—17. Juni 1957. San Adrián de Besos, Comp. Española Libbey-Owens; span.) — Von der Grund-Rk. ≡Si—O—Me + Me—O—Si≡ + 2e⁻ → ≡Si—O—Si≡ + O^{2-} + 2 Me ausgehend, wobei Me Alkali- oder Erdalkalimetall bedeutet, versucht Vf. einige Glasfärbungen als Folge von Red. zu erklären. Beim Anlegen eines elektr. Gleichstromfeldes an geschmolzenes Glas ließ sich eine Farbskala von Schwarz in unmittelbarer Nähe der Kathode bis Hellgelb in entfernteren Regionen erzeugen. Auf der Kathode wurde freies Na nachgewiesen. Das schwarze Glas reagierte mit Luftfeuchtigkeit unter Entfärbung stark alkalisch. Ebenso reagiert C bei längerem Kontakt mit geschmolzenem Glas unter CO- u. CO_2-Bldg. bei gleichzeitiger Gelbfärbung des Glases. Eiserne Gegenstände im Kontakt mit geschmolzenem Glas liefern eine Grünfärbung. Es tritt eine Gas-Entw. ein (CO, CO_2 u. H_2); Fe verliert bis zu 94% seines C-Geh., erleidet aber selbst keinen Gew.-Verlust, so daß man das Auftreten der grünen Schlieren nicht mit der Red.-Wrkg. des Fe, sondern mit der des C erklären muß. Vf. schließt eine Rk. 2 Fe + $SiO_2 \rightarrow$ Si + 2 FeO aus, da eher eine Umkehr möglich ist. K. HUSTE. 225□

Strahlungschemie. C. J. Hochanadel und S. C. Lind. (Annu. Rev. physic. Chem. **7.** 83—106. 1956. Oak Ridge, Tenn., Oak Ridge Nat. Labor., Chem. Div.; engl.) — Fortschrittsbericht für das Jahr 1955. — 211 Literaturangaben. A. BLASCHETTE. 226□

Eine ausführliche Untersuchung des Samuel-Magee-Modells für die Strahlungschemie des Wassers. 1. Mitt. **Die Kinetik von Radikalreaktionen in den Spuren schneller Elektronen.** P. J. Dyne und J. M. Kennedy. (Canad. J. Chem. **36.** 1518—36. Nov. 1958. Chalk River, Ontario, Atomic Energy of Canada Ltd., Chem. Res. and Theoret. Phys. Branches; engl.) — Das kinet. Verh. einer γ-Strahlenspur in W., in der die räumliche Verteilung der H- u. OH-Radikale dem Modell von SAMUEL u. MAGEE (C. **1950/54.** 3775 S) entspricht, wird mit Hilfe eines elektron. Rechners untersucht. Es werden Ausdrücke für die Abhängigkeit der Ausbeute der mol. Prodd. H_2, H_2O u. H_2O_2 von den Geschw.-Konst., Diffusions-Konst. u. der Spurengeometrie erhalten. Bei der Wahl von Spuren mit kleinerem Radius (ca. 10 Å) besteht Übereinstimmung zwischen Modell u. Experiment. In seiner einfachen Form liefert das Modell jedoch keine Voraussagen bzgl. des Unterschieds in den Ausbeuten an D_2O u. H_2O bzw. der Isotopenanreicherung bei der Wasserstoff-Bldg. in D-haltigem leichtem Wasser. Die modellmäßige Erfassung der Isotopeneffekte wird diskutiert. Die beobachtete Isotopentrennung bei der Wasserstoff-Bldg. wird auf die bevorzugte Ablösung der H-Atome von angeregten HDO-Moll. zurückgeführt. Die Ausbeute an mol. Wasserstoff wird durch Scavenger weniger stark beeinflußt als die an H_2O_2. A. BLASCHETTE. 226□

Eine ausführliche Untersuchung des Samuel-Magee-Modells für die Strahlungschemie des Wassers. 2. Mitt. **Kinetik der Radikalreaktionen in den Spuren stark ionisierender Teilchen.** P. J. Dyne und J. M. Kennedy. (Canad. J. Chem. **38.** 61—76. Jan. 1960; engl.) — 1. vgl. vorst. Referat. — Die Kinetik der Rekombination von H- u. OH-Radikalen, die in fl. W. längs der Spur eines stark ionisierenden Teilchens nach dem von SAMUEL u. MAGEE vorgeschlagenen Modell entstehen, wurde mit Hilfe einer elektron. Rechenmaschine untersucht. Die Abhängigkeit der Ausbeuten von der Spurendichte stimmt qual. gut mit experimentellen Ergebnissen überein. Es wird gezeigt, daß zur Bldg. eines wirksamen Radikalpaares in fl. W. ca. 20 eV notwendig sind. Weiter wird der Einfl. der Scavenger-Konz., der Scavenger-Abreicherung im Innern der Spur u. des Spurendurchmessers sowie die Geschw.-Konst. für die Rekombination u. der Wert von $G(-H_2O)$ als Funktion der Spurendichte diskutiert. Die mathemat. Behandlung der mit einer Rekombination verbundenen Diffusion bei zylindr. Geometrie wird in einem Anhang mitgeteilt. A. BLASCHETTE. 226□

Die photochemische Zersetzung des Citratoeisen(III)-Komplexes: Eine Untersuchung der Reaktionsprodukte durch Papierionophorese. J. L. Frahn. (Austral. J. Chem. **11.** 399—405. Nov. 1958. Adelaide, Univ., C.S.I.R.O., Div. of Biochem. and Gen. Nutrit; engl.) — Die bei der Zers. von Citronensäure (I) in Ggw. von Fe^{3+} im Sonnenlicht auftretenden Abbau-Prodd. wurden durch Papierionophorese getrennt. Für die Verss. wurde eine Mischung gleicher Vol. 0,2 m I- u. 0,2m $FeCl_3$-Lsg. während 3 Std. unter Kühlung mit Eiswasser dem hellen Sonnenlicht ausgesetzt u. dann 30 Min. lang der Ionophorese (22 V/cm) unter Verw. von 0,05m NaCl-Lsg. als Elektrolyt unterworfen. Als Standard für die Wanderungs-Geschw. wurde p-Nitrobenzolsulfonat (II) u. zur Markierung der elektroendosmot. Strömung Coffein-Lsg. verwendet, die sich beide nach dem Trocknen als Absorptionsflecken im UV-Licht zu erkennen geben. Mit Hilfe von $FeCl_3$-Lsg. bzw. $H_2CrO_4/KMnO_4$ als Entwickler konnten als Abbau-Prodd. *Acetondicarbonsäure, Acetylessigsäure* u. *Acetessigester* nachgewiesen werden. Die Bldg. eines anion. I–Fe(III)-Komplexes ergab sich aus der gemeinsamen Wanderung von I u. Fe^{3+} trotz ihrer sehr verschiedenen Einzelwanderungsgeschwindigkeiten. Die Existenz eines in der Literatur beschriebenen kation. FeH–I^+-Komplexes wurde dagegen nicht bestätigt. Die M_n-Werte (M_n = Wanderungsstrecke, bezogen auf die von II) der angeführten Verbb. sowie von I, Fe(II) u. Fe(III) sind tabellar. aufgeführt. W. BETCKE. 226□

Über die katalytische Beschleunigung der Landoltschen Reaktion durch Reduktone. Hans von Euler und Hans Hasselquist. (Z. Naturforsch. **12b.** 600—01. Aug./Sept. 1957. Stockholm, Univ., Inst. für org.-chem. Forsch.; dt.) — Es wird die katalyt. Beschleunigung der LANDOLTschen Rk. (mit SO_3^{2-} als Red.-Mittel) durch *Ascorbinsäure* (I), durch Reduktone wie *α.α'-Diketoadipinsäure* (II), *3.4-Dihydroxy-5-methyltetron* (III), *Trioseredukton* (IV), *Hydroxykomensäure* (V), *Pyrocatechin* (VI) u. *Dehydroascorbinsäure* (VII) untersucht u. festgestellt, daß die bisher bekannte katalyt. Beschleunigung durch I auch von Reduktonen ausgeübt wird. Die Induktionszeiten zwischen I u. V sind nahezu gleich, zwischen I u. IV etwa halb so groß u. zwischen I u. II bzw. VI deutlich niedriger. Es wird — im Gegensatz zu Angaben von PINTER u. HANKONYI (C. **1958.** 3279), wonach I durch HJO_3 zu **VII** dehydriert u. **VII** durch anwesendes H_2SO_3 zu I red. wird — die Unwirksamkeit von **VII** über den gesamten Rk.-Zeitraum nachgewiesen.

A. TÄUFEL. 227□

Änderung der katalytischen Aktivität des Silbers für den H_2O_2-Zerfall durch Erhitzen im Vakuum. G. Bliznakov und O. Peschev. (Naturwissenschaften **48.** 551. 2. Aug.-H. 1961. Sofia, Staats-Univ., Phys.-math. Fak.; dt.) — Die katalyt. Aktivität von getemperten u. im Hochvakuum bei 180° entgasten Ag-Platten gegenüber einer 0,5%ig. H_2O_2-Lsg. wurde an Hand der O_2-Entw.-Geschw. bei 36° über 30 Std. lang verfolgt. Die Zers.-Geschw. erreichte nach ca. 9 Std. ein Maximum, was darauf hinweist, daß die Aktivität der Ag-Oberfläche durch chemisorbierten Sauerstoff beeinflußt wird. Ebenfalls von Einfl. war die Entgasungsdauer.

W. BETCKE. 227□

A_8. Präparative anorganische Chemie. Komplexverbindungen. Metallorganische Verbindungen

Ein Anreicherungseffekt von Sauerstoff an dem Isotop Sauerstoff-18, der bei einem Experiment mit konzentriertem Ozon erhalten wurde. M. Servigne, F. Mahieux und P. Vernotte. (Nature [London] **193.** 775—76. 24/2. 1962. Paris, Inst. Nat. Agronomique, Labor. d'Enseignement et de Rech. Phys. Chim.; engl.) — Nach CHRETIEN (C. **1961.** 4626) läßt sich konz. O_3 durch stille elektr. Entladungen in O_2 u. selektivem Lösen des O_3 in $CFCl_3$ bei $-100°$ herstellen; bei schwachem Erwärmen entweicht O_3 wieder. Vff. untersuchten massenspektroskop. den Trennungsgrad $\alpha = (^{18}O/^{16}O)_{Ende}/(^{18}O/^{16}O)_{Anfang}$ bei der partiellen Verdampfung des O_3 aus $CFCl_3$. $(^{18}O/^{16}O)_{Anfang}$ wurde aus dem O_2 vor der Ozonisierung ermittelt. Für alle Fraktionen bei der Verdampfung wurde der gleiche Wert von $\alpha = 1{,}07$ erhalten, d. h., daß der Anreicherungseffekt bereits bei einem vorhergehenden Schritt der O_3-Gewinnung erzielt wurde, entweder bei der Ozonisierung oder bei der Auflösung des O_3 in $CFCl_3$. Die Vers.-Anordnung wird beschrieben.

E. SCHIEWER. 239□

Zur Kenntnis der Thiotrithiazyl-Verbindungen. 2. Mitt. Margot Becke-Goehring und Hans Peter Latscha. (Z. Naturforsch. **17b.** 125—26. Febr. 1962. Heidelberg, Univ., Anorg. Chem. Inst.; dt.) — 1. vgl. C. **1956.** 12208. — In wasserfreier Ameisensäure ist S_4N_3Cl (I) in $[S_4N_3]^+$ u. Cl^- dissoziert. Dies geht aus kryoskop. u. Leitfähigkeitsmessungen an der Lsg. hervor. Aus der konz. Lsg. von I in wasserfreier Ameisensäure wird mit KBr orangegelbes $[S_4N_3]Br$, mit NH_4SCN bronzefarbenes $[S_4N_3]SCN$, mit $Na[B(C_6H_5)_4]$ rotbraunes $[S_4N_3][B(C_6H_5)_4]$, mit $SbCl_5$ $[S_4N_3]SbCl_6$, mit überschüssigem $SbCl_3$ hellgelbes $[S_4N_3]\cdot SbCl_4$ erhalten. Überschüssiges I bildet mit $SbCl_3$ dunkelgelbes $[S_4N_3]_2SbCl_5$ (II). Da II, wie aus den Debyeogrammen hervorgeht, kein Gemisch aus $[S_4N_3]SbCl_4$ u. I ist, deutet sich die Existenz eines $SbCl_5^{2-}$ an. In $[S_4N_3]^+$ sind nicht alle S-Atome gleichwertig. Aus 1 Mol I in polaren Lsgm. bilden sich mit überschüssigem CN^- bzw. $P(C_6H_5)_3$ je 1 Mol CNS^- bzw. $S{=}P(C_6H_5)_3$. Allen Beobachtungen wird die Struktur III gerecht.

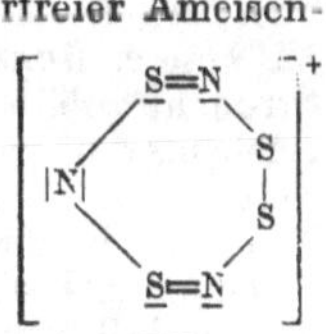

III

H. KUCKERTZ. 253□

Über Säuren des Schwefels. 26. Mitt. **Halbester der Thioschwefelsäure.** Max Schmidt und Gerhard Talsky. (Chem. Ber. **94.** 1352—59. 18/5. 1961. München, Univ., Inst. für Anorg. Chem; dt.) — 25. vgl. C. **1960.** 17051. — n-Butylmercaptan in äther. Lsg. reagiert bei $-78°$ mit SO_3 (1 : 1) in Frigen zu *S-n-Butylthioschwefelsäure* (I), deren *Ae.-Addukt* $HO_3SSC_4H_9\cdot(C_2H_5)_2O$ bei $-35°$ beim Entfernen des Lsgm. als ölige Fl. zurückbleibt. Bei $-30°$ zersetzt sich I zu Di-n-butyldisulfid, Sulfinsäure, H_2SO_4 u. SO_2. Aus der äther. Lsg. von I werden durch $NaOC_2H_5$ bzw. NH_3 die Salze $Na[O_3SSC_4H_9]$ bzw. $NH_4[O_3SSC_4H_9]$ ausgefällt. Für den Zerfall von I in wss. Lsg. wird ein Mechanismus vorgeschlagen. Analog zu I wurde aus Thiophenol u. SO_3 *S-Phenylthioschwefelsäure-1-Äther* (II), aus diesem durch Rk. mit NH_3 in äther. Lsg. $NH_4[O_3SSC_6H_5]$ erhalten. II zerfällt auch bei tiefer Temp. unter Bldg. von $C_6H_5SSC_6H_5$. Chloroschwefelsäurealkylester (III) reagieren mit H_2S weder bei $-78°$ in Ggw. oder Abwesenheit eines Lsgm., noch in sd. Ae.; erst bei 20° unter ca. 18 atm tritt zwischen dem Äthylester u. fl. H_2S langsame Rk. ein. Bei dieser Temp. ist die zu erwartende O-Äthylthioschwefelsäure aber bereits instabil, so daß als Rk.-Prodd. H_2O, HCl, Sulfanmono- u. -disulfonsäuren, Diäthylpolysulfane $(C_2H_5)_2S_x$ ($\bar{x}$ = ca. 6) u. S_n erhalten werden. Höhere Sulfane reagieren mit III in ähnlicher Weise. Die Best. der relativen Verseifungs-Geschw. von Cl-Derivv.

des H_2SO_4 ergab die Reihenfolge $ClSO_3H > SO_2Cl_2 > ClSO_3CH_3 > ClSO_3C_2H_5 > ClSO_3C_6H_5$. Trimethylsilylchloroschwefelsäureester (**IV**) reagiert bei -78^0 in Ae. mit der äquimolaren Menge H_2S zu *Thioschwefelsäure-O-trimethylsilylester* (**V**; 45%), *Trithionsäure-bis-[trimethylsilyl]-ester* (**VI**; 41,5%) u. *Tetrathionsäure-bis-[trimethylsilyl]-ester* (**VII**; 11,4%). Aus **IV** u. H_2S im Mol-Verhältnis 2 : 1 wird bevorzugt **VI** erhalten (66,8%; 13,2% **V**; 18,4% **VII**); es bildet feine Nadeln vom F. -70 bis -69^0. **V, VI** u. **VII** zerfallen bei 20^0 unter Bldg. von S u. SO_2; aus **V** entsteht $[(CH_3)_3Si]_2O$, aus **VI** $(CH_3)_3Si-O-SO_3Si(CH_3)_3$. A. BLASCHETTE. 253 □

Die Borhydride. Bernard Siegel und Julius L. Mack. (J. chem. Educat. **34.** 314—17. Juli 1957. Indian Head, Md., U.S. Naval Powder Fact., Res. and Dev. Dep.; engl.) — Kurze Übersicht über Darst. u. Eigg. von Boranen. — 29 Literaturangaben. A. BLASCHETTE. 258 □

Zur Chemie und Konstitution borsaurer Salze. 6. Mitt. **Über Magnesiumlithiumborate $MgLiBO_3$, $MgLi_2B_2O_5$.** H.-A. Lehmann, H. Schadow und H.-J. Papenfuss. (Z. anorg. allg. Chem. **314.** 159—66. Febr. 1962. Dresden, TH, Inst. für anorg. u. anorg.-techn. Chem.; dt.) — 4. vgl. C. **1961.** 1129; 5. vgl. C. **1960.** 13950. — $MgLiBO_3$ (**I**) wird leicht durch Zusammentempern bei 600—700° oder durch Schmelzen von MgO u. $LiBO_2$ erhalten. Die auf beiden Wegen erhaltenen Prodd. stimmen im Debyeogramm überein. Jedoch unterscheidet sich das durch Rk. im festen Zustand gewonnene **I** gegenüber dem Schmelzprod. durch besser ausgebildete Kristalle u. einer höheren Beständigkeit gegen Hydrolyse, die zu $Mg(OH)_2$ führt. Unter hydrothermalen Bedingungen entsteht Ascharit, $MgBO_{2,5}\cdot aq.$, der mitunter zu $Mg(OH)_2$ weiter hydrolysiert wird. Die Bldg.-Rk. u. der Abkühlungsverlauf der erhaltenen Schmelze von **I** werden mit Hilfe von DTA untersucht u. die erhaltenen Debyeogramme eingehend diskutiert. Die Existenz einer Hochtemp.-Form von **I**, sog. β-$MgLiBO_3$ u. das Auftreten von MgLi-Polyboraten beim Schmelzen von **I** werden festgestellt. Die Bldg. von $MgLi_2\cdot B_2O_5$ (**II**) beim Zusammenschmelzen von MgO u. $LiBO_2$ im Verhältnis 1 : 2 oder von äquimolaren Gemischen von **I** u. $LiBO_2$ wird an Hand von Rk.-Thermogrammen u. von Debyeogrammen der Prodd. nach der Abkühlung ermittelt. Beim langsamen Abkühlen der Schmelze werden **I** u. $LiBO_2$, beim schnellen Abkühlen wird glasiges **II** u. beim Abschrecken des zwischen 815 u. 925° gebildeten Rk.-Prod. kristallines **II** erhalten. U. SKURNIA. 258 □

Über die Bildung von Blausäure bei der Einwirkung von Ammoniak auf kohlenstoffhaltiges Eisen. Zugleich ein Beitrag zur Cyanidsynthese nach Jeanes. Walter Rüdorff, Wolf-Dieter Haack und Gerhard Pausewang. (Z. anorg. allg. Chem. **308.** 274—81. März 1961. Tübingen, Univ., Chem. Inst.; dt.) — Bei der Synth. von $Na\cdot{}^{14}CN$ nach JEANES (Erhitzen von $Ba^{14}CO_3$ mit Zn-Staub u. Na in trockenem NH_3-Strom auf 650—700°) macht sich ein C-Geh. des als Katalysator verwendeten Fe durch Ausbeuten über 100% (bezogen auf eingesetztes $BaCO_3$) bemerkbar. Als Ursache hierfür weisen Vff. die Bldg. von HCN bei der Einw. von NH_3 auf C-haltiges Fe bei höherer Temp. nach. Spezielle Unterss. an einer durch Zusammenschmelzen von Carbonyl-Fe u. reinstem Gasruß bei 1350° u. Abschrecken der Schmelze hergestellten Leg. mit 3,78% C zeigen, daß bereits bei 350° geringe Mengen HCN entstehen, die Ausbeute mit Temp.-Erhöhung schnell steigt u. bei 850° ca. 75% des in der Leg. enthaltenen C zu HCN umgesetzt werden. Nebenher wird die Bldg. von KW-Stoffen vermutet. An der HCN-Bldg. ist nur das in gebundener Form im Fe vorliegende C beteiligt; Graphit reagiert nicht. Vff. nehmen an, daß die HCN-Bldg. durch eine Rk. des im Fe gelösten C mit den beim NH_3-Zerfall entstehenden reaktionsfähigen Atomen u. Radikalen verläuft. Die aufgefundene Rk. gibt eine Erklärung für die von PICHAT, BARET u. AUDINOT (C. **1959.** 3092) beobachteten zu niedrigen Aktivitätswerte des nach dem Verf. von JEANES dargestellten $Na^{14}CN$. H.-J. OSTMANN. 260 □

Die Wechselwirkung einiger Chlorverbindungen von Elementen der IV. Gruppe mit tertiären Aminen. I. R. Beattie und G. J. Leigh. (J. inorg. nuclear Chem. **23.** 55—62. Dez. 1961, herausgeg. März 1962. London, King's Coll., Dep. of Chem.; engl.) — Vff. geben einen teilweisen Überblick über die Syst. der Additions-Verbb. von tert. Aminen einschließlich N-Heterocyclen mit Chloriden vierwertiger Elemente (Si, Ge, Ti). Dampfdruckkurven der Mischungen von $SiCl_4$ oder $GeCl_4$ mit Pyridin (=py) oder 2.2'-Dipyridyl (= dipy) bei Raum-Temp. (14—24°) bestätigen die Existenz der Verbb. *$SiCl_4py_2$* (**I**), *$GeCl_4py_2$* (**II**) u. *$SiCl_4dipy$*. $SiCl_4$ reagiert aber nicht mit 2.2'.2''-Terpyridyn. Die FF. von **I, II** u. $TiCl_4py_2$ (**III**) liegen im Vakuum $>200^0$ unter geringer, teilweise stärkerer (bei **III**) Zersetzung. **I** ist in Nitrobenzol (Gefrierpunktserniedrigung) ebenso wie in der Gasphase dissoziiert. Die Unterschiede der Erhitzungs- u. Abkühlungsdampfdruckkurven werden auf die langsame nur Rekombination der dissoziierten Moll. zurückgeführt. Aus der Dampfdruckkurve schätzen Vff. die Enthalpie der Rk. $SiCl_4$ (gasförmig) + 2 py (gasförmig) → I (fest) auf —11,2 kcal/Mol. Die Analysen-Meth. von TROST (C. **1956.** 8582), stufenweise Titration des Hydrolysats von $SiCl_4(NR_3)_n + 2 H_2O \rightarrow SiO_2 + 4 Cl^- + n[NR_3H]^+ + (4-n)H^+$, wird von Vff. nach sorgfältiger Unters. als zu ungenau angesehen. — 21 Literaturangaben. U. WANNAGAT. 261□

Anwendung der papierchromatographischen Methode zur Identifizierung der Oxydationsprodukte von Natriumhypophosphit mit Natriumhydroxid bei der Reaktion im festen Zustand. Kazimierz Wieczffiński und Remigiusz Rudnicki. (Chem. analit. [Warszawa] **5.** 587—96. 1960. Warszawa, Wojsk. Akad. Techn., Kat. Chem.; Politechn. Kat. Chem. nieorg.; pol.) — Vgl. **1961.** 17867. — NaH_2PO_2 [I; 34,90% P(I)] wurde mit NaOH unter N_2 3 Std. lang auf 250, 300 u. 350° erhitzt. Das Rk.-Prod. wurde in W. gelöst u. papierchromatograph. untersucht. Bei der Rk. mit I/NaOH (1 : 1) u. bei 250 u. 300° enthält das Rk.-Prod. Phosphit, Orthophosphat u. Pyrophosphat, bei 350° auch noch Hypophosphat. Die Rk. verläuft unter diesen Bedingungen u. bei Temp. unter 300° nach der Gleichung $2 NaH_2PO_2 + 2 NaOH = 2 Na_2HPO_3 + 2 H_2$. Durch Redoxdisproportionierung bildet sich aus Phosphit Na_3PO_4 u. Na_2HPO_4 u. durch Wasserabspaltung schließlich $Na_4P_2O_7$. Das Auftreten von Hypophosphat bei höherer Rk.-Temp. wird auf die Disproportionierung von I in Ggw. von wenig NaOH zu P_4 (mit P—P-Bindungen) u. dessen weitere Umsetzung mit NaOH zu $Na_4P_2O_6$ erklärt. Bei der Umsetzung mit I/NaOH (1 : 2) bildet sich bei 250—300° nur Phosphit u. Ortophosphat, bei 350° ist Orthophosphat das einzige Rk.-Produkt. In Ggw. von genügend NaOH verläuft die Oxydation mit NaOH schneller als die Disproportionierung von I, es bildet sich keine Verb. mit einer P—P-Bindung. — 20 Literaturangaben. F. URBAN. 264□

Zur Kenntnis des Verhaltens von Nichtmetallchalkogeniden gegenüber flüssigem Ammoniak. 7. Mitt. **Das Verhalten der Phosphorselenide gegenüber flüssigem Ammoniak.** Helmut Behrens und Gerhard Haschka. (Chem. Ber. **94.** 1191—99. 18/5. 1961. München, TH, Anorgan.-Chem. Labor.; dt.) — 6. vgl. C. **1961.** 5365. — In Analogie zu der Rk. des P_4S_3 (BEHRENS u. HUBER, C. **1961.** 415) werden bei der Umsetzung von P_4Se_3 mit fl. NH_3 bei —33° 4 Mol NH_3 unter Bldg. von hellrotem $(NH_4)_2[P_4Se_3(NH_2)_2]$ (**I**) verbraucht; dabei werden zwei der insgesamt drei P—Se—P-Bindungen des P_4Se_3 gelöst. Mit $[Cr(NH_3)_6](NO_3)_3$ liefert I in fl. NH_3 hellbraunes zersetzliches $[Cr(NH_3)_6]_2[P_4Se_3 \cdot (NH_2)_2]_3$. Beim Erwärmen im Hochvakuum wird aus I bei 20° rotbraunes $(NH_4)_2[P_4 \cdot Se_3NH]$ (**II**), aus diesem bei 90° tiefviolettes $(NH_4)[P_4Se_3NH_2]$ (**III**) gebildet; in **III** ist eine der ursprünglichen P—Se—P-Bindungen des P_4Se_3 wieder hergestellt worden. **II** u. **III** gehen bei —33° in fl. NH_3 in I über. Bei 150—230° werden aus **III** unter NH_3-Entw. 92% des P_4Se_3 zurückgebildet; der Rest (8%) disproportioniert erst bei 750° gemäß 5 **III** → $2 P_3N_5 + 14 P + 15 H_2Se$. Verbb., in denen im P_4Se_3-Gerüst Se durch NH-Gruppen ersetzt ist, konnten nicht nachgewiesen werden. — Aus P_2Se_5 u. fl. NH_3 entsteht bei 20° im Einschlußrohr in 14 Tagen hellgelbes schwerlösl. $(NH_4)_2[PSe_3NH_2]$ (**IV**). Aus dem Filtrat fällt bei —70° hellgelbes $(NH_4)_3[PSe_4]$ (**V**) aus. In der Lsg. verbleibt als löslichste Komponente gelbes $(NH_4)_2[PSe_2(NH_2)(NH)]$ (**VI**). Bei einer Rk.-Temp. von 20° werden 16%, bei 60° 24%, bei 120° 32% des gesamten P als **IV** erhalten. **IV**, **V** u. **VI** sind feuchtigkeits- u. sauerstoffempfindlich; **V** zersetzt sich auch unter N_2 schnell unter Bldg. von H_2Se u. Se. **IV** liefert bei —33° in fl. NH_3 gelbes $(NH_4)_3[PSe_3NH]$, bei 20° im Vakuum eine gelbe, nicht polymere Meta-Verb. $(NH_4)[PSe_3(NH_3)]$ (**VII**). Letztere zerfällt bei 100—400° in NH_3, H_2Se u. P_2Se_5, beim therm. Abbau im NH_3-Strom (700 bis 800°) in P_3N_5, NH_3 u. H_2Se. Bei 140° tritt dabei wahrscheinlich gelbes PSe_2NH_2 als Zwischenprod. auf. **VI** bindet bei —33° kein NH_3; bei 20° im Hochvakuum liefert es $(NH_4)[PSe_2(NH_2)_2]$ (**VIII**). **VII** u. **VIII** entstehen direkt, wenn P_2Se_5 mit fl. NH_3 bei 20° umgesetzt, das Lsgm. abgedampft u. das Rk.-Prod. im Hochvakuum abgebaut wird. In fl. NH_3 reagiert $[Ni(NH_3)_4](SCN)_2$ mit **V** zu graubräunlichem $[Ni(NH_3)_4]_4[PSe_4]_2$, mit **VI** zu hellbraunem $[Ni(NH_3)_4][PSe_2(NH_2)NH]$. A. BLASCHETTE. 264□

Chemie des Berylliums. 6. Mitt. **Verbindungen von Berylliumchlorid mit Harnstoff, Benzamid, Thioharnstoff und substituierten Thioharnstoffen.** Sarju Prasad und Kashi Prasad Srivastava. (J. Indian chem. Soc. **35.** 793—96. Nov. 1958. Varanasi, Banaras Hindu Univ., Chem. Labor.; engl.). — 5. vgl. C. **1961.** 10479. — Durch Rk. der äther. Lsg. von wasserfreiem $BeCl_2$ mit alkohol. Lsgg. von Harnstoff (**I**), Benzamid (**II**), Thioharnstoff (**III**) u. substituierten Thioharnstoffen, Abdestillieren des überschüssigen Lsgm. u. Auskristallisation aus der Mutterlauge, bzw. durch Rk. von **I** u. **II** mit überschüssigem $BeCl_2$ in Ae., mehrstd. Schütteln der Mischung, Abdekantieren u. Waschen mit Ae. wurden erhalten: $BeCl_2 \cdot 4 NH_2CONH_2$, F. 213—214°, farblos; $BeCl_2 \cdot 2 C_6H_5CONH_2$, F. 107—109°, farblos; $BeCl_2 \cdot 2 NH_2CSNH_2$, gelb; $BeCl_2 \cdot C_6H_5 \cdot$

NHCSNH$_2$, hellgelb; *BeCl*$_2$·*o-CH*$_3$*C*$_6$*H*$_4$*NHCSNH*$_2$, hellrosa; *BeCl*$_2$·*m-CH*$_3$*C*$_6$*H*$_4$·*NHCSNH*$_2$, hellrosa; *BeCl*$_2$·*p-CH*$_3$*C*$_6$*H*$_4$*NHCSNH*$_2$, hellrosa; *BeCl*$_2$·*C*$_6$*H*$_5$*NHCSNHC*$_6$*H*$_5$, hellgelb; *BeCl*$_2$·*o-CH*$_3$*C*$_6$*H*$_4$*NHCSNH-o-C*$_6$*H*$_4$*CH*$_3$, hellrosa; *BeCl*$_2$·*m-CH*$_3$*C*$_6$*H*$_4$*NH*·*CSNH-m-C*$_6$*H*$_4$*CH*$_3$, hellrosa; *BeCl*$_2$·*p-CH*$_3$*C*$_6$*H*$_4$*NHCSNH-p-C*$_6$*H*$_4$*CH*$_3$, hellrosa. Die Verbb. mit I u. III sind nicht hygroskop., die mit III u. den substituierten Thioharnstoffen sehr hygroskop. u. an der Luft zersetzlich. Die Konstit. der Komplexe wird diskutiert. L. LAMZA. 281

Über die Fällung von Phosphaten des Strontiums und Bariums. G. Denk und B. Boppel. (Z. anorg. allg. Chem. **310.** 185—94. 1961. Karlsruhe, TH, Inst. für Anorgan. Chem.; dt.) — Vff. untersuchen die Abhängigkeit der Fällung von *Sr-* u. *Ba-Phosphaten* vom pH-Wert u. von der Menge des als Fällungsmittel verwendeten Alkaliphosphats, die Beeinflussung der Fällung durch Fremdsalze u. die Stabilität der Ndd. unter der Lsg. bei verschiedenen Temperaturen. Aus Mischungen von 20 ml 0,1 m $SrCl_2$- oder $Sr(NO_3)_2$-Lsg., 10 ml 0,5m KH_2PO_4-Lsg. u. 20 ml W. fällt auf Zusatz von 1n KOH zwischen pH 6 u. 8 gut krist. *SrHPO*$_4$ (**I**) aus. **I** ist unter der Lsg. bei Raum-Temp. u. bei 95° stabil. Bei pH 9 entsteht neben **I** *Sr-Hydroxylapatit*, *Sr*$_5$(*PO*$_4$)$_3$*OH* (**II**); der Nd. wandelt sich allmählich fast völlig in **II** um. Bei pH 10—14 bildet sich zum größten Teil **II**. **I** geht bei 1000° in 20 Min. in *Sr*$_2$*P*$_2$*O*$_7$ über; die bei pH 10—14 gebildeten Ndd. zeigen im Röntgendiagramm nach dem Glühen neben Linien des Apatits auch Linien des *Sr*$_3$(*PO*$_4$)$_2$, was auf Rk. von **II** mit geringen Mengen **I** beruht. Liegt überschüssiges $SrCl_2$ vor, so entsteht bei allen pH-Werten **II**; nach dem Glühen dieser Ndd. werden keine zusätzlichen Röntgenlinien, nur bei den bei pH 10 gefällten Ndd. Linienaufspaltung beobachtet, was auf Einbau überschüssiger Sr-Ionen zurückgeführt wird. Ggw. von Alkalichloriden begünstigt die Bldg. von **II**; bei Konzz. $>$1,5n fällt bei pH 6 u. 10 prakt. nur **II** aus. Ein Teil der OH-Gruppen in **II** ist möglicherweise durch Cl^- ersetzt. KBr u. KNO_3 haben keinen Einfl. auf die Fällung. NH_4-Salze verhalten sich analog. Bei Verw. von $BaCl_2$ an Stelle von $SrCl_2$ entsteht bei pH 6 quant. *BaHPO*$_4$(**III**), ab pH 10 *Ba*$_3$(*PO*$_4$)$_2$ (**IV**), bei pH 8 ein Gemisch von **III** u. **IV**. **III** wird bei 1000° in *Ba*$_2$*P*$_2$*O*$_7$ umgewandelt; **IV** verändert sich nicht. Überschüssige Ba-Ionen begünstigen wie im Falle des Sr die Bldg. von *Ba-Hydroxylapatit* (**V**). In Ggw. von Fremdsalzen entsteht bei pH 6 nur **III**, bei pH 10 bildet sich aus Lsgg., die 1m an Cl^- sind, **IV** u. **V** aus Lsgg., die 3m an Cl^- sind, nur **V**. F. HUBER. 285□

Über den Komplex von Eriochromschwarz T mit Scandium. L. Wünsch. (Collect. czechoslov. chem. Commun. **26.** 1886—89. Juli 1961. Ústí nad Labem, Forsch.-Inst. für anorgan. Chem.; russ.; Auszug: dt.) — Nach der JOBschen Meth. wurden aus spektrophotometr. Messungen die Eigg. der roten Komplex-Verb. (**I**) von Eriochromschwarz T (**II**; H_3I) mit Sc^{3+}, die sich in alkal. NH_3—NH_4Cl-Puffer-Lsgg. bildet, ermittelt. Die Stabilität von **I** ist beträchtlich höher als die des Sc-Komplexonats (**III**; ScY^-), jedoch verläuft ihre Bldg. in der Kälte nur langsam. In Ggw. von CH_3OH, A. bzw. Amylalkohol oder von komplexbildenden Hilfsmitteln [Na-Malat (**IV**) bzw. -Tartrat] läßt die **I**-Bldg., wenn Komplexon III (**V**; H_4Y) zugegen ist, nach, u. bei Temp. $>$70° bleibt sie in solchen Lsgg. völlig aus, so daß alles Sc an **V** gebunden ist. Das Absorptionsmaximum der wss. 10^{-4}m **II**-Lsg. bei pH ca. 9 liegt bei 620 mμ, das der entsprechenden **I**-Lsg. bei 540 mμ. In Ggw. von **IV** wird die Absorptionskurve der **II**-Lsg. flacher u. das Maximum gegen 580 mμ verschoben, während die Kurvenform der **I**-Lsg. unverändert bleibt; das betreffende Maximum befindet sich bei 500 mμ. Durch die Temp.-Erhöhung auf 50—70° wird die Lage beider Maxima nicht beeinflußt, jedoch werden die Extinktions-Koeff. erniedrigt. Eine Sc^{3+}-Lsg., die in Ggw. von **IV** gegen **V**-Lsg. mit **II** als Indicator in der Wärme titriert wurde, weist nach Erkalten eine flache Absorptionskurve mit dem Maximum bei 560 mμ auf. Die kontinuierlichen Variationen von äquimol. **II**- u. $ScCl_3$-Lsgg. (Gesamtkonz. $2\cdot10^{-5}$m) bei pH 9,14 u. verschiedenen Wellenlängen sowie verschiedener Rk.-Dauer deuten darauf hin, daß in **I** auf 1 Atom Sc 2 Moll. **II** gebunden sind ($n = 2$). Mit steigenden pH- u. Konz.-Werten der Rk.-Lsg. sind höhere n-Werte zu erwarten. Die Bldg. von **I** verläuft nach den Gleichungen: $Sc^{3+} + HI^{2-} = ScI + H^+$ u. $ScI + HI^{2-} = ScI_2^{3-} + H^+$. Die Bldg. von **I** in Ggw. einer äquimol. Menge **V** erfolgt auf Grund der Rk.: $2\,HI^{2-} + ScY^- = ScI_2^{3-} + H_2Y^{2-}$. Zur Vermeidung der **I**-Bldg. in Ggw. von **V** hat sich **IV** bei $>$70° am besten bewährt; **IV** behindert zugleich das Ausscheiden von $Sc(OH)_3$. Durch Abkühlen schlägt die blaue Farbe des freien **II** infolge der Bldg. von **I** nach Rot um, durch Erwärmen kehrt die ursprüngliche Blaufarbe von **II** unter gleichzeitiger Bldg. von **III** wieder zurück. K. KÁMEN/Prag. 299

Darstellung von wasserfreien Ceroxidacetaten. D. Patnaik und B. Sahoo. (Current Sci. **26.** 355—56. Nov. 1957. Cuttack, Ravenshaw Coll., Dep. of Chem.; engl.) — Beim Erhitzen von Ceracetat im Vakuum bei Anwesenheit von Licht u. Feuchtigkeit entstehen 2 Verbindungen. Bei 65° entsteht *μ-Oxohexaacetatodicer* (**IV**), $Ce_2O(C_2H_3O_2)_6$. Bei 100° entsteht wasserfreies *Ceroxoacetat*, $CeO(C_2H_3O_2)_2$. Die Strukturen der beiden Verbindungen sind $(C_2H_3O_2)_3Ce-O-Ce(C_2H_3O_2)_3$ u. $(C_2H_3O_2)_2Ce{=}O$. Bei Einw. von Feuchtigkeit werden beide Verbb. energ. zu Ce reduziert. P. BECKER. 304

Niedere Oxydationsstufen der Lanthaniden. Neodym(II)-chlorid und -jodid. Leonard F. Druding und John D. Corbett. (J. Amer. chem. Soc. **83.** 2462—67. 5/6. **1961.** Ames, Iowa, Iowa State Univ., Inst. for Atomic Res. and Dep. of Chem.; engl.). — Durch therm. (Ta-Tiegel) u. röntgenograph. Analyse des salzreichen Gebiets des Syst. Nd–$NdCl_3$ wurde die Existenz nachst. Phasen bewiesen: *$NdCl_3$* (R = Cl/Nd = 3,00), F. 758° (kongruent), rosaviolett; *$NdCl_{2,37}$* (R = 2,37 ± 0,02), F. 680 ± 3° (inkongruent), schwarz; *$NdCl_{2,27}$* (R = 2,27 ± 0,02), F. 702 ± 2° (inkongruent), schwarz; *$NdCl_2$* (R = 2,00 ± 0,01), F. 841° (inkongruent), schwarzglänzend, isomorph mit $SmCl_2$ (rhomb. $PbCl_2$-Struktur), a = 4,50, b = 7,59, c = 9,06 Å. Ein weiterer Haltepunkt bei 760—767° konnte nicht gedeutet werden. Eine niedrigere Oxydationsstufe als Nd(II) tritt nicht auf. Für 2 $NdCl_3$ (fl.) + Nd(fest) → 3 $NdCl_2$ (fl.) ist ΔG (841°) = —11 kcal; die Bldg.-Wärme von $NdCl_2$ ergibt sich zu ΔH^0_{298} = —165 kcal/Mol. Analoge Unterss. am Syst. Nd–NdJ_3 zeigen die Existenz der Verbb. *NdJ_3*, F. 787°, Phasenumwandlung bei 574°, hellgrün, u. *$NdJ_{1,95}$* (J/Nd = 1,95 ± 0,01), F. 562° (kongruent), glänzend schwarz, isostrukturell mit $SmBr_2$ ($SrBr_2$-Struktur). Der eutekt. Punkt liegt bei 491° u. 26,6 Mol-% Nd. Für das Syst. (Ce, Nd)-($CeCl_3$, $NdCl_3$) ergeben sich aus der Zus. u. den DEBYE-Diagrammen von Präpp. mit Nd/Ce = 1—2 Anhaltspunkte für den Einbau von Ce^{2+} an Stelle von Nd^{2+} in $NdCl_{2,37}$. Bei höherem Nd/Ce-Verhältnis (ca. 6) u. Cl/(Nd + Ce) = 2,19—2,20 werden Präpp. der Zus. *(Nd, Ce)$Cl_{2,20}$* mit Flußspatstruktur erhalten, die wahrscheinlich durch Anionensubstitution im Zentrum der Fluoritzelle entstehen (vgl. BRAUER u. MÜLLER, C. **1958. 11161**). — Zur Darst. der reinen Trichloride bzw. Trijodide der Seltenerdmetalle eignet sich die Rk. von HCl bzw. J_2 mit den Metallen in Mo- bzw. W-Gefäßen.

Versuche: *$NdCl_3$*, durch Überleiten (30—50 Min., Quarzrohr) von trockenem HCl (aus H_2SO_4 u. KCl) im Gemisch mit H_2 u. He bei 700—900° über ca. 11 g reines, in einem Mo-Tiegel befindliches Nd (Mo-Geh. des Prod. < 0,1%). — *$CeCl_3$*, analog aus Ce-Metall. — *NdJ_3*, aus ca. 12 g reinem, in einem W-Tiegel befindlichen Nd durch Erhitzen auf 800° in einer evakuierten Quarz-App., die in einem auf 185° gehaltenen seitlichen Ansatz J_2 enthält; nach 3std. Kochen wird während mehrerer Std. der Rk.-Teil der App. bei 250—300, die J_2-Falle bei —80° gehalten (W-Geh. des Prod. < 0,1%).

A. BLASCHETTE. 306□

Trialkylplumbane. 1. Mitt. **Eigenschaften des Systems Trimethylplumban-Borin-Ammoniak.** R. Duffy und A. K. Holliday. (J. chem. Soc. [London] **1961.** 1679 bis 1682. April. Liverpool, Univ., Dep. of Inorg. and Phys. Chem.; engl.) — Vgl. C. **1959.** 16974. — Eine äquimolare Lsg. von $(CH_3)_3PbCl$ u. KBH_4 in fl. NH_3 hinterläßt bei langsamem Eindampfen bei — 78° KCl u. einen weißen Stoff (I), der bei 0° bzw. schneller bei 20° in H_2, NH_3, CH_4, $Pb(CH_3)_4$, Pb u. $(H_3NBH_3)_n$ zerfällt. Sorgfältige Dest. bei —5° bewirkt Rk. nach *$(CH_3)_3PbBH_4 \cdot x\,NH_3$* (**I**) → *$(CH_3)_3PbH$* (**II**) + (x—1) NH_3 + H_3NBH_3, wodurch die Zus. von **I** festgelegt ist. Die Prodd. ließen sich bei —100° fraktionieren. Mischungen von **II** u. NH_3 sind weniger beständig als **I** oder reines **II**; nach KMR-Messungen erfolgt in ihnen rascher Austausch nach NH_3 + **II** ⇌ $NH_4[Pb(CH_3)_3]$ (**III**). Eine äquimolare, farblose Lsg. von **II** in NH_3 wird bei —78° rasch grün, gibt CH_4 ab u. liefert sodann einen roten Nd. (**IV**), der sich bei —45° weiter zersetzt: **II** + NH_3 → **III** (grün), **III** → $Pb(CH_3)_2$ + CH_4 + NH_3, **III** + $Pb(CH_3)_2$ → *$NH_4[Pb_2(CH_3)_5]$* (**IV**, rot), **IV** → Pb + $Pb(CH_3)_4$ + CH_4 + NH_3, 2 **IV** → Pb + $Pb(CH_3)_4$ + $Pb_2(CH_3)_6$ + 2 NH_3 + H_2. Nachst. Beobachtungen bestätigen die Bldg. von **III** in Lsgg. von **II** in fl. NH_3: Sie reagieren nicht mit CH_2N_2, C_2H_4 oder CH_3Cl, hingegen erfolgt bei —78° in 90%ig. Ausbeute die Rk. **III** + $(CH_3)_3PbCl$ → NH_4Cl + $Pb_2(CH_3)_6$ [→ Pb + $Pb(CH_3)_4$]. Durch Rk. mit B_2H_6 oder BF_3 kann **II** nicht aus **III** zurückgewonnen werden. Lsgg. von **II** in $(CH_3)_3N$ sind weniger stabil als die NH_3-Lsgg; sie zersetzen sich rasch u. ohne Rotfärbung zu CH_4, Pb u. $Pb(CH_3)_4$ im Molverhältnis 1 : 1 : 1. A. BLASCHETTE. 328□

Trialkylplumbane. 2. Mitt. **Einige Eigenschaften von Trimethyl- und Triäthylplumban.** R. Duffy, J. Feeney und A. K. Holliday. (J. chem. Soc. [London] **1962.** 1144—47. April; engl.) — 1. vgl. vorst. Referat. — Reines *$(CH_3)_3PbH$* (**I**; 75% Ausbeute) bzw. *$(C_2H_5)_3PbH$* (**II**; 25—30%) werden aus den Rk.-Prodd. der Syst. $(CH_3)_3PbCl$-KBH_4-fl. NH_3 bzw. $(C_2H_5)_3PbCl$-KBH_4-fl. NH_3 durch fraktionierte Dest. bei tiefer Temp. isoliert. **I**, F. —104°, ist unterhalb —37° in Glasampullen beständig u. zersetzt sich bei Zimmer-Temp. in Pb, H_2, CH_4, $Pb(CH_3)_4$ u. $Pb_2(CH_3)_6$; bei 95° wird das gesamte Pb als Metall abgeschieden, das hydrid. H zu 93% als H_2 u. zu 7% als CH_4. Für die Zers. wird ein Mechanismus vorgeschlagen. **II** zerfällt auf ähnliche Weise oberhalb 0°, bei 60° vollständig in Pb, H_2, C_2H_6 u. $Pb(C_2H_5)_4$. **I** reagiert mit HCl zu *$(CH_3)_3PbCl$* (96% bei −112, 78% bei −78°), **II** zu *$(C_2H_5)_3PbCl$* (100% bei −112°). Bei −78 bis 0° u. 1 atm setzt sich **I** in Ggw. oder Abwesenheit von $(CH_3)_2O$ nicht mit C_2H_4 um. Die Analyse des bei tiefer Temp. erhaltenen hochaufgelösten KMR-Spektrums (40 MHz) bestätigt den polaren Charakter der Pb—H-Bindung von **I**; das Auftreten zweier ^1H-Banden wird auf das Gleichgewicht 2 **I** $\rightleftharpoons$ $[(CH_3)_3PbH_2]^+$ + $[(CH_3)_3Pb]^-$ zurückgeführt. A. Blaschette. 328□

Darstellung und Kristallstruktur von Americium-Metall. D. B. McWhan, J. C. Wallmann, B. B. Cunningham, L. B. Asprey, F. H. Ellinger und W. H. Zachariasen. (J. inorg. nuclear Chem. **15.** 185—87. Sept. 1960. Berkeley, Calif., Univ. of California, Lawrence Radiat. Labor.; Los Alamos, N. Mex., Los Alamos Sci. Labor.; Chicago, Ill., Univ. of Chicago; engl.) — Am-Metall wurde auf 2 Wegen dargestellt: 1. Red. von AmF_3 mit Ba-Dampf bei 1000°. Reinheit: 2% Verunreinigungen, davon 1,6% Ba. 2. Zers. von $Am(C_2O_4)_2$ zu AmO_2 u. Red. mit La bei 1200°, Trennung durch Destillation. Reinheit: unter 0,5% La. Kristallstruktur-Unterss. mit CuK_α-Strahlung durch Pulveraufnahmen ergaben bei dem nach dem 1. Verf. dargestellten Am eine hexagonal-dichteste Packung mit a = 3,474 ± 0,005 (Å) u. c = 11,25 ± 0,02. Raumgruppe P 6_3/mmc mit den Am-Parametern: 2 Am in (0, 0, 0), (0, 0, ½) u. 2 Am in (²/₃, ¹/₃, ¹/₄), (¹/₃, ²/₃, ³/₄). Das nach dem 2. Verf. dargestellte Am hat eine etwas abweichende Struktur, die auf geringe Beimengungen von kub.-flächenzentriert krist. AmO zurückzuführen ist, wodurch Stapelfehler hervorgerufen werden: Kub. Gitter mit a = 4,894 ± 0,005 Å. Eine Probe wurde eine Woche lang bei Trockeneis-Temp. gehalten. Das Gitter hatte sich in das des hexagonalen Am umgewandelt. P. Dodel. 344□

Die Darstellung und Eigenschaften eines neuen Pentacyanonitrosylmangananions, $[Mn(CN)_5NO]^{2-}$, und einige Beobachtungen über andere Pentacyanonitrosylkomplexe. F. A. Cotton, R. R. Monchamp, R. J. M. Henry und R. C. Young. (J. inorg. nuclear Chem. **10.** 28—38. April 1959. Cambridge, Mass., MIT, Dep. of Chem.; engl.) — Darst. u. Eigg. des gelben Anions $[Mn(CN)_5NO]^{2-}$ u. des roten $[Mn(CN)_5NO]^{3-}$ werden ausführlich beschrieben. Die magnet. Eigg., die IR- u. UV-Spektren werden im Vgl. zu den isoelektron. Cyaniden diskutiert.

Versuche: *$K_3[Mn(CN)_6]$* (**I**) wurde durch Variation der Meth. von Meyer [1913] hergestellt. Das durch Umsetzung aus $MnCO_3$ mit KCN-Lsgg. entstehende $K_4[Mn(CN)_6]$ wird mit $KMnO_4$ zu **I** oxydiert. Durch Umkristallisieren in 10%ig. KCN-Lsg. kann **I** von MnO_2 getrennt werden, 75% (Ausbeute bzgl. $MnCO_3$). — *$Mn_3[Mn(CN)_5NO]_2$* (**II**): **I** wird in 10%ig. KCN-Lsg. gelöst u. eine bas. (KOH) Hydroxylamin-Lsg. hinzugefügt. Nach Filtrieren u. Ansäuern mit Eisessig wird eine $Mn(CH_3COO)_2$-Lsg. zugesetzt, worauf **II** ausfällt; 75°. — *$K_3[Mn(CN)_5NO]$* (**III**) entsteht durch Umsetzung von **II** mit einer 40%ig. K_2CO_3-Lösung. Nach Filtrieren u. Waschen wird die Lsg. mit Eisessig angesäuert u. **III**·2 H_2O durch Zusatz von A. in 80—90%ig. Ausbeute ausgefällt. Durch Trocknung im Vakuum über P_2O_5 wird **III**·2 H_2O in **III** übergeführt. — *$K_2[Mn(CN)_5NO]$* (**IV**) bildet sich durch Oxydation einer wss. Lsg. von **III** mit 15,6n HNO_3 oder mit einer Lsg. von Br_2 in Äther. Werden bei bzw. nach der Oxydation $AgNO_3$- bzw. $Zn(NO_3)_2$-Lsgg. zugefügt, dann fällt *$Ag_2[Mn(CN)_5NO]$* bzw. *$Zn[Mn(CN)_5NO]\cdot x\,H_2O$* aus. — *$K_3[(CN)_5NO]\cdot 0{,}6\,H_2O$* wurde hergestellt durch Umsetzung einer gesätt. wss. Lsg. von $K_4[Fe(CN)_6]\cdot 3\,H_2O$ mit NO unter Druck (1000 lbs./in²) bei 300°. G. Gattow. 350□

Ein Doppelsulfat von Ti und Fe. S. Z. Haider und N. Begum. (J. inorg. nuclear Chem. **16.** 365. Febr. 1961. Dacca, Pakistan, Dacca Univ., Dep. of Chem.; engl.) — Nach 3—4std. Erhitzen einer schwefelsauren Lsg. von $FeSO_4$ u. TiO_2 erhielten Vff. tiefblaugefärbte Kristalle. Maximale Ausbeute wurde bei einem Verhältnis Ti : Fe = 1 : 5 erzielt. Die Analyse des Prod. (in %) ergab [(theoret. für 2 $FeSO_4\cdot Ti(SO_4)_2$]: FeO 26,6 (26,4), TiO_2 14,5 (14,7), SO_3 58,3 (58,8). Die Kristalle sind stark hygroskop. u. zersetzen sich an der Luft. In verd. Mineralsäuren, in Essigsäure sowie in konz. HCl u. HNO_3 löst sich das Prod. leicht auf, in konz. H_2SO_4 dagegen nicht. H. Schroeder. 354□

Spektrophotometrische Untersuchungen an Eisen(II)-Komplexen der Chinolin- und Pyridincarbonsäuren. 2. Mitt. **Das Eisen(II)-picolinat-System.** Bireswar Banerjee und Priyadaranjan Rây. (J. Indian chem. Soc. **35.** 493—98. Juli 1958. Calcutta, Indian Assoc. for the Cult. of Sci., Dep. of Inorgan. Chem.; engl.) — 1. vgl. C. **1960.** 5063. — Fe(II) bildet mit Picolinsäure (**I**) einen farbigen Komplex, der sich zur spektrophotometr. Best. von Fe benutzen läßt. Die Best. wird in $H_2NOH\cdot HCl$-haltiger Lsg. bei pH 5,2—9 durchgeführt. Das Absorptionsmaximum liegt bei 440 mμ. Die Farbintensität wird durch KCN u. Pyridin erhöht, bei einer gewissen Konz. an Pyridin verschiebt sich das Absorptionsmaximum aber in Richtung auf das UV-Gebiet. Das Beersche Gesetz ist im Bereich 5—20 ppm Fe^{2+} erfüllt. Nach der Jobschen Meth. wurde das Verhältnis Fe(II) : I im Komplex zu 1 : 3 bestimmt. Der Wert der Instabilitäts-Konst. des Komplexes wurde aus pH- u. Absorptionsmessungen zu $K_c = 5{,}07 \cdot 10^{-12}$ berechnet. W. Betcke. 354□

Spektrophotometrische Untersuchungen an Eisen(II)-Komplexen der Chinolin- und Pyridincarbonsäuren. 3. Mitt. **Die Systeme Eisen(II)-Dipicolinsäure und Eisen(II)-Chinolinsäure.** Bireswar Banerjee und Priyadaranjan Râу. (J. Indian chem. Soc. **35.** 817—29. Nov. 1958; engl.) — 2. vgl. vorst. Referat. — Dipicolinsäure (Pyridin-2.6-dicarbonsäure) bildet mit Fe^{2+} einen farbigen, leichtlösl. 1 : 2-Komplex, dessen Absorptionsmaximum bei pH 5—7 (in Ggw. von $HONH_2 \cdot HCl$) bei 480 mμ liegt. Die Farbintensität nimmt in Ggw. von KCN oder Pyridin ab. Die Instabilitäts-Konst. des Komplexes wurde zu $K_c = 1{,}85 \cdot 10^{-7}$ (Mittel aus 7 Werten) bestimmt. Chinolinsäure bildet mit Fe^{2+} einen 1 : 3-Komplex, dessen maximale Absorption im pH-Bereich 5,7 bis 7,0 zwischen 410 u. 430 mμ liegt. In Ggw. von KCN verschiebt sich das Absorptionsmaximum nach 440 mμ, wobei die Farbintensität erhöht wird. In Ggw. eines größeren Pyridinüberschusses verschiebt sich das Absorptionsmaximum in Richtung auf den UV-Bereich. K_c wurde zu $3{,}47 \cdot 10^{-11}$ bestimmt. Weitere, mehr qual. Unterss. betrafen die Fe(II)-Komplexe der Lutidin- u. Isocinchomeronsäure (2.4- bzw. 2.5-Pyridindicarbonsäure), deren Absorptionsmaxima im optimalen pH-Bereich (ca. 6) zwischen 410 u. 430 mμ liegen, sowie die Fe(II)-Komplexe der Kollidin- u. Berberinsäure (2.4.6- bzw. 2.4.5-Pyridintricarbonsäure) u. der 2.3.6-Pyridintricarbonsäure, von denen die erstere das Absorptionsmaximum 525 mμ hat u. bei denen der optimale pH-Bereich ebenfalls bei pH 6 liegt. Ein Vgl. aller untersuchten Säuren läßt Chinaldin- u. Picolinsäure als die für die Best. von Fe(II) am besten geeigneten Komplexbildner erscheinen.
W. Betcke. 354□

Über Komplexe vom Typ des Bis-[durochinon]-nickel(0). 2. Mitt. **Zur Kenntnis von Bis-[durochinon]-nickel(0) und Cyclooctatetraendurochinonnickel(0).** G. N. Schrauzer und H. E. Thyret. (Z. Naturforsch. **16 b.** 353—56. Juni 1961. München, Univ., Inst. für Anorgan. Chem.; dt.) — 1. vgl. J. Amer. chem. Soc. **82.** [1960.] 6420; 3. vgl. C. **1962.** 12220. — Während Durochinon (I) mit $Ni(CO)_4$ (II) einen „Sandwich"-Komplex, das *Bis-[durochinon]-nickel(0)* (**III**), bildet, konnten aus **II** u. p-Benzochinon (**IV**), p-Toluchinon, p-Xylochinon, Chloranil sowie Derivv. des o-Chinons keine analogen Komplexe erhalten werden; an ihrer Stelle entstehen schwarze, nichtkristalline, paramagnet. Prodd., die mit verd. Säuren sofort unter Bldg. von Ni^{2+} u. des entsprechenden Hydrochinons oder Chinhydrons reagieren. Hier ist der Chinon-Coulomb-Term so groß, daß das unbesetzte 2 b_{2g}-Orbital unterhalb der Energie der 3d–4s-Zustände des Ni zu liegen kommt, so daß ein vollständiger Übergang der Elektronen vom Ni zu den Chinon-Moll. stattfindet. Die Anhebung der Chinonzustände durch Methylsubstitution beim Übergang von **IV** zu **I** bewirkt, daß die Zustände des Ni gerade zwischen die b_{3g}- u. 2b_{2g}-Zustände von **I** fallen. Im Idealfall sollte dies zu einer völligen Neutralisierung des Komplex-Mol. führen. Die Betrachtungen der IR-Carbonylfrequenz von **III** lehrt jedoch, daß der Anteil der Elektronenrückgabebindung in diesem Komplex schon etwas größer ist: Die C=O-Frequenz ist im Vgl. zum freien **I** (1687 cm^{-1}) um 52 cm^{-1} kleiner, d. h. die C=O-Bindung ist im Ni-Komplex stärker polarisiert. Bei der Rk. von **III** mit Cyclooctatetraen (**V**) bzw. eines Gemisches von **I** u. **V** mit **II** wird *Cyclooctatetraendurochinonnickel(0)* (**VI**) erhalten, in dem nach protonenmagnet. Resonanzmessungen nur 2 Doppelbindungen von **V** an der Bindung zum Ni teilnehmen. **V** liegt somit in der Wannenform gebunden vor. Die beiden Doppelbindungen des nichtebenen **V** werden in erster Linie Donorbindungen eingehen. Die dadurch hervorgerufene negative Aufladung des Ni-Atoms kann jetzt lediglich von einem **I**-Mol. aufgenommen werden, d. h. eine verstärkte Polarisation der Chinon–C=O-Bindungen ist zu erwarten. Tatsächlich ist die C=O-Frequenz um 24 cm^{-1} gegenüber der von **III** verschoben. Hinweise auf eine derartige permanente Ladungstrennung im Mol. von **VI** liefern das Dipolmoment (3,47 D) u. die Tatsache, daß die Verb. in W. etwas lösl. ist.

Versuche: *Bis-[durochinon]-nickel(0)* (**III**), $C_{20}H_{24}NiO_4$, durch 5—6std. Kochen von 5 g **I** in abs. Bzl. mit 3—4 ml **II** unter N_2, Abdekantieren vom Nd. (**III**), Waschen mit verd. HCl, W. u. Aceton u. Extrahieren mit abs. CH_2Cl_2; rote, diamagnet. ($\chi = -176 \cdot 10^{-6}$ cm^3/g) Kristalle; $>205^0$ Zers. zu NiO u. **I**; im Hochvakuum unter teilweiser Zers. sublimierbar; gut lösl. in CH_2Cl_2 u. Chlf.; mit konz. Säuren Zers. zu Ni^{2+} u. **I** sowie Hydrodurochinon; beständig gegen W. u. verd. Säuren. — *Cyclooctatetraendurochinonnickel(0)* (**VI**), $C_{18}H_{20}NiO_2$, a) aus 2 g **III** in 50 ml eines Gemisches (1 : 1) von

CH_2Cl_2 u. V durch 6std. Erhitzen auf 60—80° unter Ausschluß von O_2 u. W., Filtrieren, Eindampfen, Aufnehmen mit CH_2Cl_2, Versetzen mit PAe.; Ausbeute 1,5 g; b) durch 4std. Kochen von 2,6 g I, 3 ml II u. 20—25 ml V in abs. CH_2Cl_2 unter N_2, Aufarbeiten wie vorst.; 3,2 g; tiefrote diamagnet. ($\chi = -150 \cdot 10^{-6}$ cm^3/g) Kristalle; Zers. bei 165°; leicht lösl. in CH_2Cl_2, Bzl. u. A., mäßig in W. u. Ae., unlösl. in Petroläther.

A. BLASCHETTE. 356 □

Clathratbildung zwischen schwer trennbaren aromatischen Mischungen und neuen Werner-Komplexen. Pierre De Radzitzky und Jacques Hanotier. (Ind. Engng. Chem., Process Design Development 1. 10—14. Jan. 1962. Brüssel, Labofina; engl.) — Vff. untersuchten die Möglichkeit der Clathrat-Bldg. an Komplexen vom WERNER-Typ, die bei der Rk. von Metallsalzen u. koordinierenden Amino-Verbb. erhalten werden, u. stellten fest, daß nur Komplexe der Zus. $[Ni(SCN)_2(Amin)_4]$ Clathrate mit aromat. Verbb. bilden. Dabei muß die Amino-Verb. ein substituiertes prim. Benzylamin sein; das SCN^- kann durch $SeCN^-$ ersetzt sein. Eine sehr gute Trennung von o-, m- u. p-Xylol ist durch Clathrat-Bldg. mit $[Ni(SCN)_2(R_2-C_6H_4-CH(R_1)-NH_2)_4]$ (I) mit R_2 = H u. R_1 = CH_3, C_2H_5, C_3H_7, n-Butyl, Isobutyl, Amyl, Hexyl, Octyl; bzw. mit R_1 = CH_3 u. R_2 = p-CH_3, o-CH_3, p-C_2H_5, p-Isopropyl, p-tert.-Butyl, p-OCH_3, p-F, p-Cl, o-Cl, p-Br, m-Br, p-J, m-NO_2; bzw. mit R_1 = Propyl u. R_2 = p-CH_3, p-Br; bzw. mit R_1 = Isobutyl u. R_2 = p-Br möglich. Eine gute Selektivität wird bei der Trennung von α- u. β-Methylnaphthalin durch Clathrat-Bldg. mit I erreicht, wobei R_1 CH_3 u. R_2 p-Cyclohexyl oder p-OC_4H_9, bzw. R_1 = H u. R_2 p-CH_3 oder p-$N(CH_3)_2$ ist. Hieraus ergibt sich, daß der Ringsubstituent R_2 entweder polar oder nichtpolar u. in o-, p- oder m-Stellung stehen kann, ohne die Clathrat-Bldg. zu verhindern; sehr saure oder bas. Gruppen ($-SO_3H$, $-NH_2$) u. einige reakt. Gruppen, wie —CHO, müssen vermieden werden. Wenn die Alkylgruppe R_1 aus mehr als 6 C-Atomen besteht, ist wegen der höheren Löslichkeit des Komplexes die Clathrat-Bldg. schwer auszuführen. Diese Schwierigkeit tritt bes. dann auf, wenn auch R_2 eine Alkylgruppe ist. Amine mit nahe verwandten Strukturen wie Benzyl-, β-Phenyläthyl-, 2.4-Dimethyl-α-methylbenzylamin u. Benzedrin geben zwar I-Verbb., bilden jedoch keine gut definierten Clathrat-Verbb.; hingegen geben andere Amine, wie α,α'-Dimethyl- oder α-Isopropylbenzylamin, wahrscheinlich aus ster. Gründen keine I-Verbindungen. Sehr gute Selektivitäten werden bei der Clathrat-Bldg. mit $[Ni(SCN)_2$ (α-Methylbenzylamin)$_4]$ für folgende Verbb. erzielt: n- u. Isopropylbenzol; n-, sek.-, tert.- u. Isobutylbenzol; Äthyl- u. n-Heptylbenzol; o-, m- u. p-Äthyltoluol; o-, m- u. p-Cymol; o-, m- u. p-Äthylisopropylbenzol; o-, m- u. p-Cyclohexyltoluol; 1.2.3-, 1.2.4- u. 1.3.5-Trimethylbenzol; o-Äthyltoluol u. Mesitylen; 1.2-Dimethyl-4-äthyl- u. 1.4-Dimethyl-2-äthylbenzol oder 1.3-Dimethyl-4-äthyl- u. 1.4-Dimethyl-2-äthylbenzol; Naphthalin u. Biphenyl; o- u. p-Dichlorbenzol; o-, m- u. p-Chlortoluol. Auf Grund von Dampfdruckmessungen an I-Verbb., die der Dissoziation gemäß $[Ni \cdot (SCN)_2(Amin)_4] \rightarrow [Ni(SCN)_2(Amin)_2] + 2$ Amin unterliegen, wird gefunden, daß z. B. $[Ni(SCN)_2$(α-Methylbenzylamin)$_4]$ weniger beständig als $[Ni(SCN)_2$(γ-Picolin)$_4]$ ist; die Ursache wird in der ster. Hinderung gesehen. Dieselbe Zers. erfolgt auch in Lösung. Clathrate mit α-Alkylbenzylaminkomplexen zeigen eine merklich niedrigere therm. Beständigkeit als die mit γ-Picolinkomplexen. So ist z. B. das Clathrat o-Xylol-$[Ni \cdot (SCN)_2$(α-Methylbenzylamin)$_4]$ bei 60° vollständig zu o-Xylol u. Tetraminkomplex dissoziiert. Die für die Bldg. u. Selektivität der neuen Clathrate wichtigen elektron. u. ster. Faktoren werden eingehend diskutiert.

Versuche: *$[Ni(SCN)_2$(α-Methylbenzylamin)$_4]$*, durch Zugabe von 100 ml Heptan zu einer Lsg. von 0,2 Mol $Ni(SCN)_2$ (aus 47,5 g $NiCl_2 \cdot 6\,H_2O$ u. 38,8 g KSCN in 100 ml H_2O), weitere Zugabe von 114,8 ml α-Methylbenzylamin in 100 ml Heptan unter Rühren, Abfiltrieren des nach 15 Min. langem Rühren gebildeten blauen Nd., Waschen mit einer Mischung von 200 ml Heptan u. 100 ml H_2O; quant. Ausbeute. — Die übrigen Tetraminkomplexe wurden analog dargestellt. — *Xylol-$[Ni(SCN)_2$(α-Butylbenzylamin)$_4]$*, durch Herst. einer Lsg. von 0,04 Mol $Ni(SCN)_2$ (aus 9,51 g $NiCl_2 \cdot 6\,H_2O$ u. 7,78 KSCN in 40 ml H_2O), Zugabe von 29,33 g α-Butylbenzylamin, verd. mit 100 ml einer Mischung aus o-, m- u. p-Xylol (34,31 u. 35 Mol-%), unter Rühren u. Eiskühlung, 20 Min. langes Rühren, Abfiltrieren des gebildeten hellblauen Nd., 2maliges Waschen mit 100 ml kaltem n-Heptan, 1std. Trocknen bei Raum-Temp., Zers. des Clathrats mit 6n HCl, Extrahieren der organ. Phase mit Cyclohexan u. Analysieren durch IR-Spektrophotometrie; das Clathrat bestand zu 11% aus Xylol mit einer Anreicherung des o-Isomeren (84 Mol-% o-, 13 m- u. 3 p-Xylol). — Analog wurden die übrigen Clathrate dargestellt. — Weiterhin wird ein cycl. Prozeß für die Clathrat-Bldg. vorgeschlagen, der eingeleitet wird durch Erhitzen der Suspension des Tetraminkomplexes in der zu trennenden Mischung auf

eine Temp., die zur vollständigen Dissoziation des Tetraminkomplexes ausreicht. Durch Abkühlen wird das Clathrat gebildet, das mit einem inerten Lsgm. gewaschen werden kann. Nach der Trocknung werden die eingeschlossenen Verbb. mit Hilfe von Wasserdampf unter vermindertem Druck u. bei einer Temp., die zur Zerstörung des Clathrates, nicht jedoch des Tetraminkomplexes ausreicht, aus dem Clathrat entfernt.
U. SKURNIA. 356 □

Über die Kupfersalze der ω-Aminosäure. 1. Mitt. **Zur Kenntnis von Bis-[glycinato]-kupfer(II).** Ken-Ichi Tomita. (Bull. chem. Soc. Japan **34.** 280–86. Febr. 1961. Osaka, Kita-Ku, Univ. Osaka, Naturwiss. Fak., Chem. Inst.; dt.) — Bei der Darst. des Bis-[glycinato]-kupfer(II), $Cu(C_2H_4NO_2)_2$, nach der Meth. von ABDERHALDEN u. SCHNITZLER [1927] wurden ein *Monohydrat* (I) u. ein *Dihydrat* (II) erhalten. I krist. in langen, tiefblauen Nadeln, F. 228° (Zers.), II als hellblaues Pulver mit F. 222–225° (Zers.). Mittels DTA wurde festgestellt, daß bei I das Kristallwasser bei 123,4° entweicht. Bei II entweicht das erste Mol. H_2O bei 103,2°; die genaue Lage der Entwässerungs-Temp. des zweiten Mol. konnte nicht bestimmt werden, da noch ein drittes flaches Maximum zwischen 125 u. 130° auftrat, das vielleicht eine Umwandlung im Kristall anzeigt. Aus den Pulveraufnahmen ergab sich, daß I u. II vollkommen verschiedene Kristallstrukturen besitzen; die wasserfreien Salze haben jedoch die gleiche Struktur. Von beiden Salzen wurden die IR-Absorptionsspektren zwischen 650 u. 4500 cm^{-1} in Nujol bzw. Daifloil untersucht. Aus dem Unterschied in der Bande der symm. COO-Valenzschwingung u. in den Banden der NH_2-Pendelschwingung u. der COO-Deformationsschwingung wurde geschlossen, daß I eine cis- u. II eine trans-Konfiguration besitzt. Aus der Tatsache des gleichzeitigen Entstehens zweier Hydrate aus wss. Lsg. wird angenommen, daß die Differenz der Freien Energie beider Hydrate klein ist u. daß in wss. Lsg. die beiden Komplexe mit cis- u. trans-Konfiguration auftreten.
C. GOTTFRIED. 358

Über die Kupfersalze der ω-Aminosäure. 2. Mitt. **Über die Kristallstruktur von Bis-[glycinato]-kupfer(II)-monohydrat.** Ken-Ichi Tomita und Isamu Nitta. (Bull. chem. Soc. Japan **34.** 286–91. Febr. 1961; dt.) — 1. vgl. vorst. Referat. — Schwenkaufnahmen lieferten für das rhomb. Bis-[glycinato]-kupfer(II)-monohydrat die Gitter-Konst. a = 10,78 ± 0,01 (Å); b = 5,208 ± 0,004; c = 13,47 ± 0,02; D_2^4 – P $2_1 2_1 2_1$; Z mit $D.^{15}$ 1,998 gleich 4. Die Intensitäten für die Struktur-Best. wurden aus WEISSENBERG-Aufnahmen erhalten. Bestimmt wurde die Struktur mit Hilfe einer PATTERSON-Projektion nach [0 1 0] u. FOURIER-Projektionen nach den 3 Hauptachsen. Folgende Parameter sind angegeben (die Bezeichnung I bzw. II bezieht sich auf das erste bzw. zweite Glycin-Mol.): Cu (x =) 0,102; (y =) 0,339; (z =) 0,400; N^I: 0,185; 0,110; 0,302; N^{II}: 0,129; 0,113; 0,516; $O^I_{(1)}$: 0,083; 0,572; 0,290; $O^I_{(2)}$: 0,119; 0,620; 0,131; $O^{II}_{(1)}$: 0,016; 0,572; 0,490; $O^{II}_{(2)}$: –0,064; 0,582; 0,648; $O_{(3)}$ (H_2O): 0,292; 0,538; 0,450; $C^I_{(1)}$: 0,191; 0,252; 0,210; $C^I_{(2)}$: 0,126; 0,494; 0,211; $C^{II}_{(1)}$: 0,058; 0,233; 0,598; $C^{II}_{(2)}$: 0,004; 0,487; 0,578. In dem Gitter haben die um das zentrale Cu-Atom koordinierten Atome der 2 Glycin-Moll. ($O^I_{(1)}$, $O^{II}_{(1)}$; N^I u. N^{II}) in bezug auf das Cu-Atom eine planare cis-Konfiguration. Die von SEN u. Mitarbeitern (vgl. C. **1956.** 8261) aus infrarotspektroskop. Unterss. gezogene Schlußfolgerung, daß eine planare trans-Konfiguration vorliegt, konnte demnach nicht bestätigt werden. Um das zentrale Cu-Atom bilden außerdem $O^I_{(1)}$, $O^{II}_{(1)}$, N^I, N^{II}, $O_{(3)}$ u. ein $O^I_{(2)}$ eines benachbarten Glycin-Mol. ein verzerrtes Oktaeder. In diesem Oktaeder besteht eine intramol. H-Bindung zwischen N^{II} u. $O_{(3)}$, so daß $O_{(3)}$ näher an dem Glycin-Mol. II als an I liegt. Die Moll. selbst bilden entlang der C-Achse unendliche Spiralen.
C. GOTTFRIED. 358

Eine polarographische und spektrophotometrische Untersuchung der Bromorhodat(III)-Komplexe. Danilo Cozzi und Francesco Pantani. (J. electroanalyt. Chem. [Amsterdam] **2.** 72–79. Jan./Febr. 1961. Pisa and Florence, Univ., Inst. of Anal. Chem.; engl.) — Die kathod. Red. von Rh^{3+} in 1m NaBr-Lsg. verläuft als Dreielektronenprozeß. Das polarograph. Halbstufenpotential der Rh^{3+}-Red. wurde in NaBr–HBr-Lsgg. der Br^--Konz. 0,1–7n in Ggw. von 0,03% Gelatine aufgenommen. Seine Konz.-Abhängigkeit läßt auf das Vorliegen einer Reihe von kation. u. anion. Bromokomplexen schließen, deren statist. Verteilung im Bereich log $a(Br^-)$ = –2 bis +2 (a = Aktivität) ermittelt werden konnte. Während $RhBr^{2+}$, $RhBr_2^+$ u. $RhBr_3$ bei den niedrigeren Br^--Konzz. in Anteilen bis maximal 50% vorkommen, erreichen $RhBr_4^-$ u. $RhBr_5^{2-}$ in ihren Maxima [log $a(Br^-)$ = 0 bzw. + 2] 80%. Die Stabilitäts-Konst. der Bromokomplexe wurden berechnet. $RhBr_4^-$ u. $RhBr_5^{2-}$ lassen sich auf Grund der Abhängigkeit ihrer Bldg. von der Br^--Konz. spektrophotometr. getrennt bestimmen, was bei den niedriger koordinierten Komplexen nicht mehr möglich ist. Mit Hilfe von Ionenaustauschern konnte keine klare Trennung der Komplexionen erzielt werden. Das

Absorptionsmaximum verschiebt sich mit abnehmender Koordinationszahl zu kürzeren Wellenlängen. Elektrophoret. Messungen bestätigten die Ergebnisse u. zeigten, daß bei Br^--Konzz. >0,02n Rh als Kation vorliegt. W. Betcke. 364 □

π-Komplexe des Diphenylens. J. Chatt, R. G. Guy und H. R. Watson. (J. chem. Soc. [London] **1961.** 2332—35. Juni. The Frythe, Welwyn, Herts., ICI Ltd., Akers Res. Labor.; engl.) — Aus Diphenylen (I) u. überschüssigem Tricarbonyldiglymmolybdän (II; Diglym = $O[CH_2CH_2OCH_3]_2$) wird purpurfarbenes *trans-μ-Diphenylen-bis-[tricarbonylmolybdän]* (III) erhalten. Es ist luftbeständig, wenig lösl. in heißen organ. Lsgm., monoklin (2/m) mit a = 10,03 ± 0,05, b = 11,52 ± 0,06, c = 7,41 ± 0,03 Å, β = ca. 90°, D. (gemessen) 1,980 ± 0,005, D. (berechnet) 1,974, Z = 2, Raumgruppe C^5_{2h} — P 2_1/c, Mol.-Symmetrie $\bar{1}$. Durch Rk. von **I** u. **II** in äquimolaren Mengen entsteht *Tricarbonyldiphenylenmolybdän* (**IV**), aus dessen Lsgg. langsam Mo ausfällt. **I** wird aus **III** bzw. **IV** durch 1.2-Bis-[diphenylphosphino]-äthan verdrängt, wobei CO u. *cis-Dicarbonyldi-1.2-bis-[diphenylphosphino]-äthanmolybdän* entstehen. **I** bildet keine Komplexe bei der Einw. auf $Fe(CO)_5$, $Ni(CO)_4$, $\{Ni(CO)_3[P(C_6H_5)_3]\}$ bzw. $Ni(C_5H_5)_2$. Aus **I** u. $\{Ni(CO)_2[P(C_6H_5)_3]_2\}$ wird bei 100° im Einschlußrohr in geringer Ausbeute *Tetraphenylen*, $C_{24}H_{16}$, F. 232—235°, erhalten, dessen Bldg. wahrscheinlich über einen **I**-Komplex als Zwischenprod. erfolgt. Mit cis-$\{PtCl_2[P(C_6H_5)_3]_2\}$ in Ggw. von N_2H_4 erfolgt ebenfalls keine Rk.; Verss., Komplexe vom Typ $[Pt(Diphenylen)(PR_3)_2]$ aus cis-$[PtCl_2(PR_3)_2]$ u. 2.2'-Dilithiumdiphenyl (**V**) bzw. Grignard-Verbb. aus 2.2'-Dijoddiphenyl (**VI**) zu erhalten, führten zu *trans*-$[PtJR'(PR_3)_2]$ mit *R'* = *2-Diphenylyl* oder *2.2'-Joddiphenylyl*. **I** ist somit zur Komplex-Bldg. über einen oder beide 6gliedrigen Ringe, nicht jedoch über den 4gliedrigen Ring befähigt. Für **III** u. **IV** werden IR-Frequenzen mitgeteilt.

Versuche: Alle Operationen unter N_2! — *trans-μ-Diphenylen-bis-[tricarbonylmolybdän]* (**III**), $C_{18}H_8Mo_2O_6$, F. 204°, durch 4std. Erhitzen von 0,152 g **I** u. 0,628 g **II** auf 130° u. Entfernen des gebildeten Mo durch fünfmalige Extraktion mit je 5 ml sd. Chlf. u. nachfolgendes Dekantieren. — *Tricarbonyldiphenylenmolybdän* (**IV**), $C_{15}H_8MoO_3$, F. 163—185° (Zers.), durch 6½std. Erhitzen von 0,235 g **I** u. 0,486 g **II** auf 100—103° u. Umkristallisieren aus PAe. (Kp. 40—60); 21,5% (Ausbeute); orangefarbene Nadeln. — *trans-[Jodo-(2-diphenylyl)-bis-(triäthylphosphin)-platin(II)]*, $C_{24}H_{39}JP_2Pt$, F. 190—195°, durch Bldg. von **V** aus 1,02 g **VI** u. 0,09 g Li in 25 ml Ae., Versetzen mit einer Suspension von 1,25 g cis-$\{PtCl_2[P(C_2H_5)_3]_2\}$ (**VII**) in 10 ml Ae., 3std. Rühren bei 20°, Filtrieren, Eindampfen u. Umkristallisieren aus A.; 0,40 g; farblose Platten; Dipolmoment 3,0 ± 0,2 D. — *trans-[Jodo-(2.2'-joddiphenylyl)-bis-(triäthylphosphin)-platin(II)]*, $C_{24}H_{38}J_2P_2Pt$, F. 270 bis 275°, durch 6std. Kochen von 0,12 g Mg mit 1,02 g **VI** in 30 ml Ae., Versetzen mit einer Suspension von 1,25 g **VII** in 20 ml Ae., 12std. Rühren bei 20°, langsames Versetzen mit verd. HCl unter Eiskühlung, Isolieren des unlösl. Anteils u. Umkristallisieren aus Bzl.; blaßgelbe Prismen; Dipolmoment 5,3 ± 0,1 D (verunreinigt mit cis-Isomerem?) — *trans*-$\{PtJ_2[P(C_2H_5)_3]_2\}$, F. 136—137°, bei der Darst. vorst. Verb. aus der äther. Phase. A. Blaschette. 368 □

A9. Mineralogische und geologische Chemie

Dilatometrische Untersuchung der Deformation von Kalkgesteinen. Micheline d'Albissin, Alexandre Saplevitch und Henri Saucier. (C. R. hebd. Séances Acad. Sci. **251.** 2995—97. 19/12. 1960. Strasbourg, Labor. de Mineralogie de la Fac. des Sci.; Paris, Sorbonne, Labor. de Geol. dynam.; franz.) — Der therm. Ausdehnungs-Koeff. des Kalkspats parallel zur opt. Achse wurde zu $31,6 \cdot 10^{-6}$ u. senkrecht zur opt. Achse zu $-4,2 \cdot 10^{-6}$ bestimmt. Es wurde nun an einer Reihe polykristalliner Calcite der Ausdehnungs-Koeff. in den orthogonalen Richtungen a, b u. c zwischen 20 u. 320° bestimmt. Während diese Werte bei den meisten Proben nicht sehr schwanken, hat der Marmor von Guillestre die Werte $\alpha_a = 8,75$, $\alpha_b = 10,52$ u. $\alpha_c = 16,81 \cdot 10^{-6}$. Schneidet man nun die Proben in Richtungen, die gegen a, b u. c geneigt sind, so erhält man die Koeff. $\alpha_d = 17,15$, $\alpha_e = 11,38$ u. $\alpha_f = 13,66 \cdot 10^{-6}$, aus diesen Werten kann die bevorzugte Richtung der opt. Achse errechnet werden. Hieraus kann man auf den Grad der Deformation nach der Bldg. der Kalke schließen. F. Ensslin. 372 □

Chemische Analysen von Japanischen Mineralien. 4. Mitt. Zyunpéi Harada. (J. Fac. Sci., Hokkaido Univ., Ser. IV. **10.** 1—93. März 1959. Hokkaido Univ., Fac. of Sci., Dep. of Geol. and Miner.; engl.) — 3. vgl. J. Fac. Sci., Hokkaido Univ., Ser. IV. **8.** [1954.] 4. — 563 Analysen von 139 verschiedenen japanischen Mineralien aus dem Zeitraum 1953—57 sind tabellar. angegeben. E. Schulte. 378 □

Absolutes $^{11}B/^{10}B$-Verhältnis im Searles-Lake-Borax. C. C. McMullen, C. B. Cragg und H. G. Thode. (Geochim. cosmochim. Acta [London] **23.** 147—50. April 1961. Hamilton, Ontario, Canada, McMaster Univ.; engl.) — Massenspektroskop. Neubest. der $^{11}B/^{10}B$-Verhältnisse von 4 Boraxproben aus dem Searles Lake ergaben, daß die bisher veröffentlichten Daten zu hoch sind. Neue Meßwerte auf Grund verbesserter Eichprobentechnik: 4,040 ± 0,008 bis 4,072 ± 0,012. H. MOENKE. 378□

Die Verteilung des Berylliums in einigen Kohlenflözen von Bonne-Espérance in Lambusart. J. Jedwab. (Bull. Soc. belge Géol., Paléontol. Hydrol. **69.** 227—34. 31/1. 1961. Bruxelles, Univ. Libre, Labor. de Géol. appl.; franz.) — Funkenspektrograph. Analysen von Kohleproben aus Flözen der bezeichneten Vork. weisen auf einen konst. Be-Geh. hin, der in den Grenzen von 20—500 ppm um einen Mittelwert von 200 ppm schwankt. Die Gesetzmäßigkeiten der Verteilung des Be können aus der geringen Anzahl gegebener Möglichkeiten abgeleitet werden. R. F. HAAR. 378□

Über das Zirkonium-Hafnium-Verhältnis in den Gesteinen des Lowosero-Massivs. W. I. Gerassimowski, A. M. Tusowa und I. D. Schewalejewski. (Геохимия [Geochemie] **1958.** **743**—**48.** Moskau, Vernadsky-Inst. für Geochem. u. analyt. Chem. der Akad. der Wiss. der UdSSR; russ., Auszug: engl.) — Vgl. C. **1959.** 1386. — Die Zr- u. Hf-Geh. variieren in den Gesteinen des Lowosero-Massivs der Kola-Halbinsel von 0,071—2,31 (%) ZrO_2 u. von 0,015—0,057 HfO_2, während die Verhältnisse ZrO_2/HfO_2 zwischen 32 u. 54 schwanken. Der mittlere ZrO_2-Geh. in den Miascitm des Massivs (0,167) ist niedriger als in den Agpaitm (0,290 u. 1,49), wie auch die Agpait-Gesteine mehr HfO_2 enthalten. Eine direkte Abhängigkeit zwischen den Alkalien (Na, K) u. Zr u. Hf konnte nicht festgestellt werden. Die Akkumulation von Zr u. Hf in den Gesteinen vollzog sich während des Schlußstadiums der magmat. Differentiation. H. NOACK. 378

Kupfer-, Vanadin- und Uranlagerstätten in Sandstein — ihre Verteilung und die geochemischen Kreisläufe. Richard P. Fischer und John H. Stewart. (Econ. Geol. **56.** 509—20. Mai 1961. Denver, Colo. and Menlo Park, Calif., U.S. Geol. Surv.; engl.) — Überblick über Cu-, V- u. U-Lagerstätten in nichtmassiven Sandsteinen. Cu-Vork. mit oder ohne U sind gebunden an Arkosesandsteine, die durch Verwitterung von Granitmassiven entstanden sind. V-Lagerstätten mit hohem U-Geh. können auf erodierte Sedimentgesteine zurückgeführt werden. V- u. Cu-arme U-Vorkommen finden sich sowohl in Sandsteinen, deren Komponenten mehrfach umgelagert worden sind, als auch in solchen, deren Mineralien nur einen Transportvorgang hinter sich haben. Erläuterung der unterschiedlichen geochem. Kreisläufe des U, V u. Cu. H. MOENKE. 378□

Versuch zur Anwendung der Isotopenanalyse des Schwefels bei der Untersuchung der Kupferpyrit-Lagerstätten von Utschala (Südural). N. W. Petrowskaja, L. N. Grinenko und M. Ss. Tschupachin. (Геохимия [Geochemie] **1958.** 727—34. Moskau, Zentrales Forsch.-Inst. für Schürfung u. Verhüttung seltener, verteilter u. edler Metalle.; russ., Auszug: engl.) — Zur Ermittlung der Genese der Minerale der Kupferkies-Lagerstätte von Utchala im Südural wurde eine Meth. angewandt, die auf der unterschiedlichen Isotopen-Zus. des S in den einzelnen Sulfidkomplexen beruht. Die erhaltenen Werte für die Isotopen-Zus. des S (tabelliert) zeigen, daß der Pyrit aus dem Haupterz u. der eingesprengte Pyrit in den seitenliegenden Gesteinen gleichzeitig entstanden sind. Die S-Isotopen der massiven u. eingesprengten Pyriterae sind, ident. mit denen des vulkan. S. Die Cu-Zn-Erze der Lagerstätte gehören genet. einem späteren Stadium an, in dem Redoxprozesse die Fraktionierung der S-Isotope im Verlauf der Mineral-Bldg. herbeiführten. H. NOACK. 378

Das Verhältnis von diskordantem Rb-Sr-Mineral- und Gesamtgesteinsalter in einem magmatischen Gestein zu seiner Kristallisationszeit und zur Zeit der subsequenten $^{87}Sr/^{86}Sr$-Metamorphose. H. W. Fairbairn, P. M. Hurley und W. H. Pinson. (Geochim. cosmochim. Acta [London] **23.** 135—44. April 1961. Cambridge, Mass., Massachusetts Inst. of Technol., Dep. of Geol. and Geophys.; engl.) — Die diskordanten Rb-Sr-Alter von Biotit u. Feldspat magmat. Gesteine aus Sudbury, Ontario wurden nach einem Modell von COMPSTON u. JEFFERY (C. **1961.** **3944**) interpretiert. Falls der zu analysierende magmat. Gesteinskörper ein geschlossenes Syst. darstellt u. ein postkristalliner thermaler Vorgang die Ansammlung von ^{87}Sr im Biotit u. Feldspat unterbricht, ergibt die Rb-Sr-Alters-Best. an Proben des Gesamtgesteins das wahre Alter. Die Werte für die isolierten Mineralien geben ein zu geringes Alter an, wie Unterss. an Proben aus dem Sudbury-Massiv zeigen. Aus den Schnittpunkten der radiogenen Wachstumslinien der einzelnen Mineralien u. des Gesamtgesteins läßt sich das Alter der Metamorphose bestimmen. H. MOENKE. 378□

Problem des absoluten Alters des Präkambriums des Baltischen Schildes. E. K. Gerling und A. A. Polkanow. (Геохимия [Geochemie] **1958.** 695–717. Leningrad, Labor. für Geol. des Präkambriums der Akad. der Wiss. der UdSSR; russ., Auszug: engl.) — Es werden über 240 abs. Alterswerte der Tone von Karelien, der Kola-Halbinsel u. von Finnland, die nach der K–Ar-Meth. ermittelt wurden, angegeben. Die Ost-Teile des Balt. Schildes teilen sich in 4 große Sedimentations- u. Metamorphose-Cyclen, deren Entstehung vor der proterozoischen Erdepoche liegt: Der Karelien-Cyclus mit 1500—1880, der Weißmeer-Cyclus mit 1830—2000, der Saama-Cyclus mit 2200 bis 2400 u. der Katarchaikum-Cyclus mit 2820—3480 Millionen Jahre. Zur Präzisierung der angegebenen Grenzwerte wurden weitere Altersbest. nach der K–Ar-, Pb- u. Rb–Sr-Meth. durchgeführt. Danach beträgt das Alter der Rapakiwi-Granite u. der Hogland-Epoche 1640, das Alter der postkarel. Intrussionen Finnlands 1650—1750 (postorogenet.) bzw. 1760—1860 (synorogenet.), der postsvion. Intrussionen 1550—1660 (postorogenet.) bzw. 1760—1860 (synorogenet.), weiterhin das Alter des Weißmeer-Komplexes 1900 bis 2000 Millionen Jahre. H. NOACK. 378

Alter des unter Bett I liegenden Basalts von Olduvai. L. S. B. Leakey. (Nature [London] **194.** 610—11. 12/5. 1962. Nairobi; engl.) — Vf. diskutiert die Arbeit von VON KOENIGSWALD u. Mitarbeitern (C. **1962.** 10776) über das Alter eines Basalts von Olduvai. Die Autoren bezogen sich hauptsächlich auf 3 Proben, von denen 2 vom Verf. als charakterist. für den Olduvai-Typ, aber nicht zu Alters-Best. des „in-situ"-Materials von Bett I geeignet, übergeben wurden. Nach der Entdeckung des Zinjanthropus liegt Bett I im Unteren Pleistozän. Aus Unterss. der Fauna u. geolog. Befunden geht hervor, daß sowohl zwischen Bett I u. Bett II als auch zwischen dem unteren, mittleren u. oberen Teil des Bett I sowie auch zwischen unterem u. oberen Teil des Bett II Zeitdifferenzen bestehen. Die Mächtigkeit des Bett I variiert zwischen 18 u. mehr als 100 ft., die Lage des Zinjanthropus weist. ca. 40 ft. Dicke auf. Die Arbeit von VON KOENIGSWALD u. a. ist also in den wesentlichsten Punkten unrichtig. ERNST SCHULTE. 378☐

Alter des unter Bett I liegenden Basalts von Olduvai. G. H. R. von Koenigswald. (Nature [London] **194.** 611—12. 12/5. 1962. Utrecht, Min.-Geol. Inst.; engl.) — Vf. diskutiert die Arbeit von LEAKEY (vgl. vorst. Ref.). Er vermißt die Beantwortung der Frage nach dem Alter des Olduvai-Basalts. ERNST SCHULTE. 378☐

Alter des unter Bett I liegenden Basalts von Olduvai. G. H. Curtis und J. F. Evernden. (Nature [London] **194.** 611—12. 12/5. 1962. Berkeley, Calif., Univ. of California, Dep. of Geol.; engl.) — Das Alter der Frühmenschenfunde von Olduvai Gorge wurde von uns zu $1{,}75 \cdot 10^6$ Jahren, von VON KOENIGSWALD u. Mitarbeitern (vgl. vorst. Ref.) auf Grund von Basalt-Unterss. des Unterliegenden, der die Homoidreste enthaltenden Strata, zu $1{,}3 \cdot 10^6$ Jahren angegeben. Dünnschliff-Unterss. u. $^{40}Ar/^{40}K$-Best. an 5 Proben ergaben für den Basalt ein Alter zwischen 1,7 u. $4{,}4 \cdot 10^6$ Jahren. Für Alter-Best. sind die Basalte nicht gut geeignet. Aus allen erhältlichen Daten wird geschlossen, daß für den Zinjanthropus das Untere Pleistozän mit ca. $2 \cdot 10^6$ Jahren anzusehen ist. ERNST SCHULTE. 378☐

Über die Brauchbarkeit von Glaukonit und Illit zur Datierung sedimentärer Gesteine mit Hilfe der Kalium-Argon-Methode. J. F. Evernden, G. H. Curtis, J. Obradovich und R. Kistler. (Geochim. cosmochim. Acta [London] **23.** 78—99. April 1961; engl.) — Der Vgl. mit stratigraph. bekannten, Biotit führenden Tuffen, Laven u. Intrusiva zeigt, daß sich Glaukonit u. Illit zur Alters-Best. nach der K–Ar-Meth. eignen, wenn die Probenahme sorgfältig genug vorgenommen wird. Angaben einer Vers.-Zeittafel für das Tertiär. H. MOENKE. 378☐

Versuch zur Anwendung der Calciummethode zur Bestimmung des absoluten Alters der Sylvine. N. I. Polewaja, N. Je. Titow, W. Ss. Beljajew und W. D. Sprinzsson. (Геохимия [Geochemie] **1958.** 718—26. Leningrad, Allunionsgeolog. Forsch.-Inst. u. Radium-Inst. der Akad. der Wiss. der UdSSR; russ., Auszug: engl.) — Es werden vergleichende Alters-Best. an Sylvin nach der Ca- u. der K–Ar-Meth. durchgeführt (Werte tabelliert). Die Best. des radiogenen Ca erfolgte nach der Meth. der Isotopen-Verdünnung u. die des K-Geh. im Sylvin nach der Dipikrylamin-Methode. Ar wurde aus den Proben durch Schmelzen des Sylvins im Vakuum isoliert u. nach der volumetr. Meth. bestimmt. Die Altersangaben für nicht rekristallisierte Sylvine stimmen gut mit den unabhängigen Verhältnissen $^{40}Ar/^{40}K$ u. $^{40}Ca/^{40}K$ überein. Es wird experimentell nachgewiesen, daß die Ca-Meth. jedoch infolge der geringen Migrationsfähigkeit von Ca im Vgl. zu Ar eine Alters-Best. des Sylvins auch im Fall seiner vollständigen Rekristallisation gewährleistet. H. NOACK. 378

Anhydrit, Coelestin und Baryt aus dem Givetien einer Bohrung bei Tournai. R. van Tassel. (Bull. Soc. belge Géol., Paléontol. Hydrol. **69.** 351—61. 1961. Inst.

Royal Sci. Nat. de Belgique; franz.) — Bei Tiefbohrungen in der Nähe von Tournai wurde bei Erreichen des Givetien, bestehend aus wechselnden Schichten Schiefer, Ton u. Kalkstein, Anhydrit in ziemlich reiner Form mit Geh. von 0,12—0,6% säurelösl. FeO u. ca. 0,03% $SrSO_4$ angetroffen. Bei 1135 m Tiefe erschienen Geoden mit Coelestin-Täfelchen, kub. Anhydrit u. Calcit-Skalenoedern. Schließlich zeigten sich bei 1186 m im Kalkstein kleinere u. größere Plättchen von Baryt. Die vorgefundenen Kristalle wurden chem., opt. u. röntgenograph. identifiziert. R. KAISER. 380□

Beitrag zur Petrographie der Carbonatgesteine der belgischen Westfal-Stufe. R. van Tassel und J. Scheere. (Bull. Soc. belge Géol., Paléontol. Hydrol. **69.** 234—76. 1 Tafel. 31/1. 1961. Centre Nat. de Géol. houillère; franz.) — Vgl. vorst. Referat. — Es werden makroskop., mkr u. mineralog. Charakteristika der Carbonatgesteine (mit Ausnahme der siderit.) aus dem belg. Kohlenbecken gegeben. Es wurden annähernd 200 Gesteine chem. u. röntgenograph. untersucht. Die Analysen erweisen, daß Dolomit gegenüber Calcit als gesteinsbildendes Mineral bei weitem überwiegt. Einige marine Ablagerungen sind durch Vorhandensein von *Kutnahorit* u. *Rhodochrosit* gekennzeichnet. R. F. HAAR. 385□

Entdeckung eines Tonsteins in der Westfal-Stufe A (Genk-Zone) des Beckens von Charleroi. A. Biot und J. Scheere. (Bull. Soc. belge Géol., Paléontol. Hydrol. **69.** 224—26. 31/1. 1961; franz.) — Vgl. vorst. Referate. — Stratigraph. Einordnung des Tonsteins u. Vgl. mit Tonstein in der gleichen Schichtung in Deutschland, Holland u. Frankreich. R. F. HAAR. 385□

Über ein neues pleistocänes, vulkanisches Zentrum an der Straße von Volo nach Almyros, Thessalien. An. N. Georgiades. (Praktika Akad. Athenon **33.** 257—69. 1958, herausgeg. 1959; griech., Auszug: franz.) — Es handelt sich um einen andesinit. Andesit mit viel Olivin u. Hornblende, welcher sehr viel Glas enthält u. mit reichlichen Hohlräumen durchsetzt ist. Die Laven sind saurer als die der Umgebung u. enthalten keinen Biotit u. fast keinen Augit (Analysen im Original). F. ENSSLIN. 386□

B. Allgemeine und theoretische organische Chemie

Wellenfunktionen offener Schalen für konjugierte Kohlenwasserstoffe. J. R. Hoyland und Lionel Goodman. (J. chem. Physics **34.** 1446—47. April 1961. University Park, Pa., State Univ., Whitmore Chem. Labor.; engl.) — Vgl. C. **1961.** 10877. — Theoret. Unters., bei der an *Naphthalin* die Änderungen der π-Molekularbahnen nach Ionisation, Einfang oder Anregung eines π-Elektrons untersucht wurde. C. GOTTFRIED. B 10

Kristallspektrum von Jodoform. Katsumi Kimura, Jiro Tanaka und Saburo Nagakura. (Spectrochim. Acta [London] **17.** **184—87. 1961.** Tokyo, Univ. of Tokyo, Inst. for Solid State Phys.; engl.) — Mikrospektrophotometr. untersuchten Vff. mit polarisiertem Licht die Absorption eines Einkristalls von *Jodoform* im sichtbaren u. im UV-Bereich. Die Ergebnisse lieferten weitere Anhaltspunkte für die Zuordnung der $n \rightarrow \sigma^*$-Absorptionsbanden des CHJ_3, dessen Lösungsspektrum von KIMURA u. NAGAKURA (vgl. Spectrochim Acta [London] **17. 1961.**] 166) untersucht worden war. Es wurde gefunden, daß die im Spektrum der Lsg. bei **306** u. **350** mμ auftretenden Banden den 333- u. 362 mμ-Banden im Spektrum des Einkristalls entsprechen u. daß sie Übergängen senkrecht zur Symmetrieachse des Mol. zuzuordnen sind. Aus der beobachteten Anisotropie des Kristallspektrums im Wellenlängengebiet < 275 mμ ergab sich weiter, daß die 233- u. 274 mμ-Banden im Lösungsspektrum Übergängen parallel zur Symmetrieachse des Mol. zuzuordnen sind. C. GOTTFRIED. B 118

Über die offenen oder cyclischen Formen von β-Acylacrylsäuren und ihren Estern. E. N. E. Hellström. (Kungl. Lantbrukshögskolans Ann. **23.** 519—29. 1957; engl.) — Zur Klärung der Struktur von β-Acrylsäuren u. ihren Estern werden die IR- u. UV-Spektren der *β-Formylacrylsäure* (I), ihres *Pseudoäthylesters* [II, *2-Äthoxy-5-oxo-1-oxacyclopenten-(3)*], u. der *β-Acetylacrylsäure* (III) sowie ihrer *Äthyl-* u. *Methylester* eingehend untersucht. Für I u. II wird eine cycl., für III u. deren Ester eine offene Struktur angenommen. Die Beziehung der Struktur zur biolog. Aktivität wird diskutiert.

Versuche: *β-Formylacrylsäure* (I), F. 53,5—55°, a) aus Brenzschleimsäure nach FECHT [1905]; b) aus dem Pseudoäthylester von I (II, $C_6H_8O_3$, Kp.$_{1,5-1,9}$ 70—70,5°, n_D^{20} 1,4502) durch Hydrolyse mit verd. HCl. — *3-Bromlävulinsäure*, aus Lävulinsäure, als Nebenprod. 3.5-Dibromlävulinsäure. — *β-Acetylacrylsäure* (III), F. 122—125° (aus Bzl.), aus vorst. Verb. nach WOLFF [1891]. — *β-Acetylacrylsäuremethylester*, $C_6H_8O_3$,

F. 56–58°, aus Lävulinsäuremethylester (Kp_{12} 80–83°, n 1,4206) nach Pauly u. a. Mitarbeitern [1914]. — *3-Bromlävulinsäureäthylester*, $Kp._{1,5}$ 76–78°, durch Zugabe von 38 ml Br_2 zu einer äther. Lsg. von 110 g Lävulinsäureäthylester ($Kp._{12}$ 87–89°, n_D^{20} 1,4222) in 200 ml Ae. bei 0° innerhalb 4–5 Std. unter Rühren u. Dest. des Rk.-Gemisches, mehrere Fraktionen. — *β-Acetylarylsäureäthylester*, $C_7H_{10}O_3$, $Kp._8$ 78–79°, aus vorst. Verb. nach Conrad [1884]. J. Ruhnke. B 118□

Über das im Sichtbaren liegende Spektrum des Benzylradikals (Analyse der Schwingungsstruktur). H. Schüler und J. Kusjakow. (Spectrochim. Acta [London] **17.** 356–60. März 1961. Hechingen, Max-Planck-Ges.; Forsch.-Stelle für Spektroskopie; dt.) — Das opt. Emissionsspektrum des aus Toluol in einer Glimmentladungsröhre (vgl. C. **1960.** 8809) erhaltenen *Benzyl-Radikals* (I) wurde aufgenommen. Das Spektrum zeigt 3 starke Bandengruppen bei 22329, 21387 u. 20455 cm^{-1}; dazwischen liegen schwache Banden mit z. T. gleichen Abständen. Als 0.0-Bande wurde die schwache Bande bei 21805 cm^{-1} festgelegt; dieser Übergang ist offenbar nahezu verboten, was auch aus Symmetriegründen wahrscheinlich ist. Darauf wurde das Termschema aufgebaut. Für den angeregten Zustand wurden Beziehungen zu den Ergebnissen von Porter (vgl. C. **1962.** 14806) bei Unters. des Absorptionsspektrums erhalten. G. Winkhaus. B 118□

Reaktionen aromatischer Nitroverbindungen. 7. Mitt. **Absorptionsspektren der Produkte der Janowski-Reaktion.** Ss. Ss. Gitiss, G. M. Okssengendler und A. Ja. Kaminski. (Журнал Общей Химии [J. allg. Chem.] **29 (91).** 2983–88. Sept. 1959. Dnepropetrowsk, Univ.; russ.) — 6. vgl. C. **1960.** 17088; 8. vgl. C. **1962.** 1950. — Es werden die Absorptionsspektren der gefärbten Rk.-Prodd. von m-Dinitrobenzol

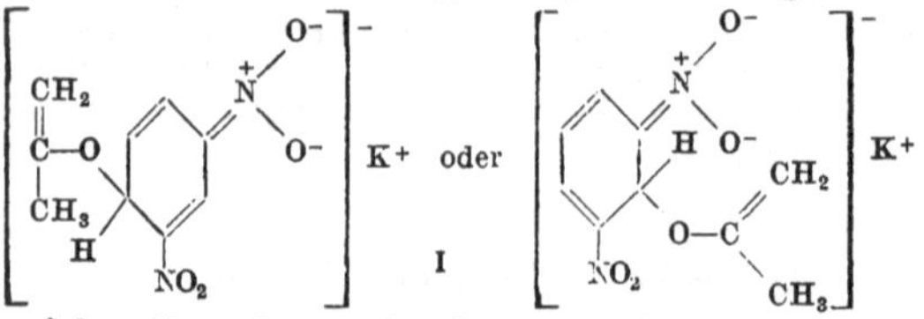

(I), 2.4-Dinitrotoluol, 2.6-Dinitrotoluol, 2.6-Dinitro-p-xylol, 4.6-Dinitro-m-xylol, 2.4-Dinitro-m-xylol, 2.4.6-Trinitrotoluol, 2.4.6-Trinitro-m-xylol u. 1.3.5-Trinitrobenzol mit Aceton in Ggw. von KOH aufgenommen. Die bei den Rkk. erhaltenen Salze besitzen den Spektren zufolge die nebenst. Struktur (am Beispiel des Rk.-Prod. von I mit Aceton u. KOH.) B. Celms. B 118□

Luminescenz von adsorbiertem Fluorescein. (Vorl. Mitt.) E. Lendvay. (Acta physica Acad. Sci. hung. **13.** 249–52. 1961. Budapest, Hung. Acad. of Sci., Res. Inst. for Techn. Phys.; engl.) — Es wurde das Verhalten von an verschiedenen Oberflächen (Al_2O_3-Hydrogele) adsorbiertem *Fluorescein* untersucht. Die Emissionsspektren hingen von der Art der chem. Behandlung des Al_2O_3 ab, wie auch von der Adsorptionszeit. Es gibt vier Grundbanden in den Spektren, u. es wird angenommen, daß jede Bande in einer Oberflächen-OH-Gruppe anderen Charakters ihren Ursprung hat. Aus dieser Annahme werden Formeln für die Gestalt der Emissionsspektren abgeleitet, die in guter Übereinstimmung mit der Erfahrung sind. H. Laue. B 118□

Salze organischer Phosphorsäuren. 2. Mitt. **Die IR-Spektren von Salzen der Dialkylphosphite.** T. D. Smith. (J. inorg. nuclear Chem. **15.** 95–98. Sept. 1960; engl.) — 1. vgl. C. **1961.** 9342. — Die *Na-Salze* des *Dimethyl-*, *Diäthyl* (I)-, *Diisopropyl* (II)-, *Di-n-butylphosphits* u. des *Monomethyl-* (III), *Monoisopropylphosphits* sowie das I-*Mg-* u. I-*Ag-Salz* (IV) als auch die $HgCl_2$-Derivv. (V bzw. VI) u. *Hg(II)-Acetat*-Derivv. (VII bzw. VIII) von I u. II wurden nach Literaturangaben hergestellt. Die IR-Spektren der Na-Salze von I, II u. IV sowie von V–VIII (z. T. abgebildet) zeigen keine P–H-Banden, wie sie die Na-Salze von III u. andere Monoalkylphosphite aufweisen. Die Änderung des Spektrums der Mono- u. Dialkylphosphite als Folge der Bldg. eines Salzes wird erörtert. W. Schreiber. B 120□

Untersuchung der Additionsverbindungen von Lewis-Säuren. 5. Mitt. **Infrarotabsorptionsspektren von aus Benzophenon und Acetophenon mit Titanchlorid gebildeten Additionsverbindungen.** Bernard P. Susz und Albert Lachavanne. (Helv. chim. Acta **41.** 634–36. 2/5. 1958. Genève, Univ., Labor. de Chim. phys.; franz.) — 4. vgl. C. **1959.** 4092; 9. vgl. C. **1962.** 13703. — Von *Benzophenon*·$TiCl_4$ ($C_{13}H_{10}Cl_4OTi$, F. 166°), *Acetophenon*·$TiCl_4$ ($C_8H_8Cl_4OTi$, F. 120–139°, Zers.), u. *Bis-[acetophenon]*·$TiCl_4$ ($C_{16}H_{16}O_2Cl_4Ti$, F. 120–125°, Zers.) wurden die IR-Spektren gemessen. Dabei ergab sich bei den Lewisschen Additions-Verbb. im ν(CO)-Bereich (1668 bzw. 1675 cm^{-1} bei den Ausgangsketonen) eine starke Verschiebung der ν(CO)-Bande in den Bereich von 1515 bis 1555 cm^{-1}. Die benzol. ω_3-Frequenz wurde dagegen erhöht. M. Schüle. B 120□

Über die Orientierung der π-Elektronenwolke im Cyclopropanring. W.T. Alexanjan und Ch. Je. Sterin. (Доклады Академии Наук СССР [Ber. Akad. Wiss. UdSSR], **131.** 1373—75. 21/4. 1960. Abt. für physikal.-math. Wiss. der Akad. der Wiss. der UdSSR Kommiss. für Spektroskopie; russ.) — Vgl. C. **1961.** 8237. — Aus dem RAMAN-Spektrum von *1-Phenyl-2-cyclopropylcyclopropan* (I), in dem für das *cis-Isomere* kein Konjugationseffekt (KE) vorliegt, für das *trans-Isomere* ein KE von gleicher Größe wie bei *Phenylcyclopropan*, folgt für die Konfiguration des cis-Isomeren die Annahme eines stumpfen Winkels zwischen den Ebenen des Phenyl- u. des Cyclopropanringes (Form A). Die Form B mit Annäherung von 2 H-Atomen der beiden Ringe ist weniger wahrscheinlich. Vff. untersuchen neben den genannten Verbb. die integrale Intensität (I_∞) der Linie 1600 cm^{-1} von *Toluol, Isopropylbenzol, cis-* u. *trans-1.2-Diphenyl-* u. *1.1-Diphenylcyclopropan* (II), die für cis-I 600, für trans-I 1100, für II 1300, auf einen Phenylring berechnet aber 650 beträgt. Das RAMAN-Spektrum von II wird vollständig mitgeteilt. Bei II ist die Konjugation gering; dies entspricht der Theorie, daß die π-Elektronenwolke in der Ebene des Dreiringes liegt. R. K. MÜLLER. B 120□

Optische Untersuchungen der Konformation von cis- und trans-2-Methyl-1-acetylcyclohexanol-(1). M. I. Batujew, A. A. Achrem, A. D. Matwejewa und I. N. Nasarow. (Известия Академии Наук СССР, Отделение Химических Наук [Nachr. Akad. Wiss. UdSSR, Abt. chem. Wiss.] **1958.** 1389—93. Nov. Akad. der Wiss. der UdSSR, Inst. für fossile Brennstoffe; Zelinsky-Inst. für org. Chem.; russ.) — Die Konformation der durch Hydratisierung von cis- (F. 56—57°; CH_3 u. C_2H cis-ständig) u. trans-1-Äthinyl-2-methylcyclohexanol-(1) (vgl. Доклады Академии Наук СССР [Ber. Akad. Wiss. UdSSR] **120.** [1958.] 779) erhaltenen Verbb. *cis-* ($Kp._8$ 92—93°, F. 37 bis 38°; $D._4^{20}$ 1,0226; n_D^{20} 1,4735) u. *trans-2-Methyl-1-acetylcyclohexanol-(1)* (I; $Kp._{10}$ 82 bis 83°; $D._4^{20}$ 0,9974; n_D^{20} 1,4620) wurde durch Aufnahme der RAMAN-Spektren untersucht. Die Frequenzen u. relativen Intensitäten werden angegeben. Die cis-Form von I existiert vornehmlich in der ae-Konformation, die trans-Form in der ee-Konformation. HELMUT SCHÄFER. B 120

Über die Tautomerie einiger Derivate von heterocyclischen Verbindungen. 8. Mitt. **Infrarot- und Ultraviolettspektren und die Struktur der Hydroxyacridine und Dihydroxybiacridyle.** A. I. Gurewitsch und Ju. N. Scheinker. (Журнал Физической Химии [J. physik. Chem.] **33.** 883—92. April 1959. Moskau, Chem.-pharmazeut. Ordshonikidse-Inst.; russ., Auszug: engl.) — 7. vgl. C. **1962** 1933. — Es werden die IR-Spektren von *1-, 2-* (IV), *3-, 4-Hydroxy-* (I), *1-, 2-, 3-, 4-Methoxyacridin, 1.1'-, 2.2'-* (V), *3.3'-, 4.4'-Dihydroxy-* (II), *1.1'-, 2.2'-, 3.3'-, 4.4'-Dimethoxybiacridyl-(9.9')* u. von *Acridon-(9)* (III) im kristallinen Zustand aufgenommen, ferner die Spektren der Verbb. im Sichtbaren u. im UV in Lsgm. verschiedener Polarität. Die Spektren werden graph., die Absorptionsmaxima tabellar. angegeben. — I u. II liegen im kristallinen Zustand in der Hydroxyform mit innermol. OH···N-Bindung vor. Die übrigen Hydroxyacridine u. Dihydroxybiacridyle liegen im kristallinen Zustand (außer III) ebenfalls in der Hydroxystruktur vor, aber mit sehr festen intermol. OH···N-Bindungen, wobei die Moll. stark polarisiert sind. Möglicherweise existieren die Verbb. in kristallinem Zustand auch in der Zwitterionen-Form. In Lsg. wird bei den 1- u. 3-Hydroxy- bzw. 1.1'- u. 3.3'-Dihydroxy-Verbb. eine Hydroxy–Oxo-Tautomerie festgestellt, die sich bei I nicht beobachten läßt, offensichtlich wegen der innermol. H-Bindung. IV liegt in Lsg. ebenfalls in tautomerer Form vor, wobei die Oxo- u. die Zwitterionen-Form beteiligt sind. III liegt in unpolaren Lsgm. vollständig in der Oxoform vor. In Lsgg. von V liegen möglicherweise auch die tautomeren Hydroxy–Oxo-Formen vor, wozu jedoch eine Koplanarität der Kerne trotz ster. Hinderung erforderlich ist.
HELMUT SCHÄFER. B 120□

Frequenzverschiebungen im System Wasser/p-Dioxan. Hartmut Fritzsche. (Spectrochim. Acta [London] **17.** 352—55. März 1961. Jena, Inst. für Mikrobiol. u. exp. Therapie der Dt. Akad. der Wiss.; dt.) — Die Verschiebung der IR-Frequenzen von *Dioxan* (I) bei Zusatz von H_2O u. D_2O wurde gemessen. Eine Tabelle der Frequenzen ist wiedergegeben. Negative Verschiebungen traten bei allen Ringschwingungen, positive bei den CH_2- (außer bei der Linie 1046 cm^{-1}) u. den Kombinationsschwingungen auf. Der Grenzwert der Verschiebungen wurde erst bei einem Mol-Verhältnis H_2O/I ca. 10 erreicht. Offenbar werden keine definierten Solvatkomplexe gebildet, u. die Verschiebungen können nicht allein durch Bldg. von H-Brücken erklärt werden, sondern beruhen auch auf Dipolwechselwrkg. zwischen dem I-Mol. u. weiteren um das Mol. orientierten H_2O-Molekülen. Dadurch werden die Schwingungen unter Änderung des O—O-Abstands erleichtert, die der CH_2-Gruppe erschwert. G. WINKHAUS. B 120□

Konformationsisomere und ihr chemisches Verhalten. G. Rillaers. (Meded. vlaamse chem. Veren. **24.** 1—34. Jan./Febr. 1962. Gent, Rijksuniv., Labor. voor Organ.

Scheikunde; fläm.) — Übersicht über Begriff der Konformationsisomerie, ihr Vork. in acycl., alicycl. u. heterocycl. Verbb., ihre Beeinflussung durch Dipol-Wrkg., elektr. Abstoßung. H-Brücken-Bldg., kondensierte Ring-Syst. u. ihre physikal. Unters., Struktur u. physiolog. Wirksamkeit. — 210 Schrifttumshinweise. W. WESLY. B 123□

Verwendung einer elektronischen Rechenmaschine bei einem Problem der Konformationsanalyse. Bernard Waegell und Guy Ourisson. (Bull. Soc. chim. France **1961.** 2443. Dez. Strasbourg, Inst. de Chim.; franz.) — Zum Nachw. der Sesselform von *3.3.5.5-Tetramethylcyclohexanon* wurden die Valenzwinkel der C-Atome des Ringes u. der Methylgruppe in Abhängigkeit vom Abstand der beiden axialen CH_3-Gruppen am $C_{(3)}$ u. $C_{(5)}$ berechnet, wobei angenommen wurde, daß das Mol. symm. bleibt u. die Atomabstände $C_{(1)}-C_{(2)}$ bzw. $C_{(1)}-C_{(6)}$ 1,515 Å, im übrigen 1,545 Å betragen. Obwohl der Abstand der axialen CH_3-Gruppen von 2,48—3,4 Å geändert wurde, blieben die Valenzwinkel weitgehend normal. Die der Deformation entsprechende Ringspannung wurde zu 1,34 kcal/Mol bestimmt, was gegenüber der Ringspannung der Wannenform vernachlässigbar ist, so daß die Sesselform sehr wahrscheinlich ist. Dieser Schluß konnte von ROGERS u. GOHMAN (noch nicht veröffentlicht) röntgenkristallograph. am 2.6-Dibrom-3.3.5.5-tetramethylcyclohexanon bestätigt werden. W. PENN. B 123

Über einige Leuchtstoffe mit wellenlängenunabhängiger Quantenausbeute. Michael Schön und Otto Schult. (Z. Instrumentenkunde **66.** 67—68. April 1958. München, TH, Labor. für Techn. Phys.; dt.) — Unters. der Ausbeute einer Reihe organ. Leuchtstoffe, die in Pulverform vorlagen, in Abhängigkeit von der anregenden Wellenlänge λ ergab, daß die Lumogene *L Rotorange* {*4Anilino-6-*[*2.5-dichlorbenzamido*]-*8.9-benzopyrimidon-*(*7*)}, *L Gelb* (*9.10-Dianilinoanthracen*), *L Blau* (*Dihydroxyterephthalsäurediäthylester*) u. *L Wasserblau* (*Dixanthylen*) Bereiche konst. Quantenausbeute zeigen; für L Rotorange zwischen 3700 u. 5600 Å, L Gelb zwischen 3400 u. 5000 Å, L Blau von 2500—4500 Å u. L Wasserblau von 2250—4300 Å. Nahezu konst. Energieausbeute zeigt auch *L Hellgrün*, jedoch nur in Kombination mit einem Filter, bestehend aus $2{,}65 \cdot 10^{-5}$ Mol cm/Liter p-Nitrosodimethylanilin in H_2O u. $3{,}8 \cdot 10^{-1}$ Mol cm/Liter $Ni(ClO_4)_2$ in H_2O, im Gebiet von 2500—4300 Å. Die Intensität der anregenden Strahlung wurde mit einem Vakuumthermoelement gemessen, die Intensität des Fluorescenzlichtes mit einer Photozelle. G. HERZOG. B 125□

Photoionisation von Dämpfen von Verbindungen, deren Moleküle eine Carbonylgruppe enthalten. F. I. Wilessow. (Доклады Академии Наук СССР [Ber. Akad. Wiss. UdSSR] **132.** 1332—34. 21/6. 1960. Leningrad, Shdanow-Univ., Physik. Inst.; russ.) — Die ersten Ionisationspotentiale (IP) von Aldehyden u. Ketonen werden bestimmt: *CH_2O* 10,90 (eV ± 0,03), *Acetaldehyd* 10,20, *Aceton* 9,71, *Methyläthyl-* 9,54, *Methylpropyl-* 9,47, *Methylbutyl-* 9,44, *Methylhexyl-* 9,40, *Dipropyl-* 9,12, *Propylbutyl-* 9,10, *Diisobutylketon* 9,42, *Cyclopentanon* 9,42, *Cyclohexanon* 9,14, *Pinakolin* 9,18, *Pivalen* (*Di-tert.-butylketon*) 8,65, *Campher* 8,76, *Chloraceton* 9,91, *Dichloraceton* 10,12; zum Vgl. *Formamid* 10,16, *Ameisensäure* 11,05, *Acetamid* 9,65, *Essigsäure* 10,38. Die Werte entsprechen der Abnahme des Induktionseffektes (IE) in der Reihe $C_4H_9 > C_3H_7 > C_2H_5 > CH_3 >$ H. Bei (n + 1)-Gliedern u. L (n + 1) = relativem Abstand zwischen CO-Gruppe u. durch CH_3 ersetztem H-Atom ist $\Delta IP = const/[L(n+1)]^2$. Während der positive Konjugationseffekt in der Reihe $N(CH_3)_2 > NH_2 > Cl$ abnimmt, nimmt der negative IE ab in der Reihe $OH > NH_2 > NHCH_3 > N(CH_3)_2 > H$; bei den IP überwiegt der Einfl. des IE. R. K. MÜLLER. B 131□

Ionisationspotentiale organischer Farbstoffe und einer Reihe von komplexen Molekülen in der Gasphase. F. I. Wilessow. (Доклады Академии Наук СССР [Ber. Akad. Wiss. UdSSR] **132.** 632—35. 21/5. 1960. Leningrad, Univ., Physik. Inst.; russ.) — Vgl. C. **1960.** 1788. — Zur Ermittlung der Ionisationspotentiale (IP) schwerflüchtiger Verbb. wird die Meth. der Photoionisation in einer metall. Ionisationsküvette angewandt, wobei die Substanzen bis auf 250° erhitzt werden können. Auf diesem Wege werden folgende erste IP in Gasphase bestimmt: *Rhodamin 6 G* (Absorptionsbande 5300 Å) 7,26, *Indigorot* (5390, 4975) 7,32, *Indigoblau* (6048) 7,17, *Merocyanin* 7,35, *Chinolinblau* (5526, 5146), 7,35, *Pinacyanol* (6100) 7,25, *Bzl.* (2550, 1980, 1800) 9—24, *Naphthalin* (3140, 2750, 2200) 8,14, *Anthracen* (3800, 2500) 7,38, *Naphthacen* (4800) 6,88, *Pyridin* (2500, 1900) 9,40, *Chinolin* (3110, 2750) 8,30, *Acridin* (3470, 2520) 7,78, *p-Benzochinon* (4200, 3000, 2500) 9,68, *Anthrachinon* (4400, 3230) 9,34, α- (3200, 2400) 7,30, *β-Naphthylamin* (3400, 2800, 2200) 7,25, *Benzaldehyd* (3280, 2800, 2440) 9,60, *Acetophenon* (3190, 2780, 2440) 9,65, *Benzophenon* (3300, 2520) 9,45. Neuere Arbeiten werden besprochen. R. K. MÜLLER. B 131□

Innermolekulare Wasserstoffbindungen und Dipolmomente organischer Verbindungen. 5. Mitt. **Nitroaniline und ihre N-Methyl- und N.N-Dimethylderivate.** A. Je.

Lutzki und B. P. Kondratenko. (Журнал Физической Химии [J. physik. Chem.] **33.** 2017—23. Sept. 1959. Charkow, Polytechn. Lenin-Inst.; russ., Auszug: engl.) — 4. vgl. Журнал Общей Химии [J. allg. Chem.] **29 (91).** [1959.] 2073; 3. vgl. C. **1962.** 4857; 6. vgl. C. **1961.** 12395. — Es werden die Dipolmomente von *Anilin* (in Bzl. 1,47 D; in Dioxan 1,76), *o-* (4,38; 4,68), *m-* (4,83; 5,24), *p-Nitranilin* (6,33; 6,92), *N-Methylanilin* (1,71; 1,76), *N-Methyl-o-* (4,36; 4,45), *-m-* (5,25; 5,51), *-p-nitranilin* (6,66; 7,22), *N.N-Dimethylanilin* (1,55; 1,64), *N.N-Dimethyl-o-* (4,01; 4,30), *-m-* (5,23; 5,36) u. *-p-nitranilin* (6,96; 7,27) in Bzl. u. Dioxan bestimmt. In Dioxan sind die Dipolmomente um ca. 0,1—0,6 D größer als in Benzol. Der anomale Dioxaneffekt kann durch Bldg. von Komplexen auf Kosten von H-Bindungen u. durch Induzierung von Dipolen bei der gegenseitigen Orientierung der Dioxan-Moll. u. der Moll. der gelösten Verbb. bedingt sein. Die Größe des Dioxaneffektes wird nicht nur durch die Möglichkeit u. die Größe der Konjugation der Gruppen, sondern auch durch induktive Wechselwrkg. bestimmt. HELMUT SCHÄFER. B 132□

Chemische Verschiebung der magnetischen Protonenresonanz im System Trifluoressigsäure/Perfluormethylcyclohexan. E. Lippert, D. Oechssler und H. Feldbauer. (Z. physik. Chem. [Frankfurt/M.] **29.** 397—402. Sept. 1961. Stuttgart, TH, Labor. für Phys. Chem. u. Elektrochem.; dt.) — Die PMR von *Trifluoressigsäure* (**I**) wurde in *Perfluormethylcyclohexan* (**II**)-Lsg. im Bereich des Molenbruches γ von 1—0,04 mit einer VARIAN-V/4302-Einrichtung bei 60 MHz gemessen. Die Reinigung der Substanzen ist genau beschrieben (Abb. der Dest.-App.). Die Resonanz von I liegt 6,7 $\pm$ 2 Hz unterhalb der des Protons der Essigsäure (**III**). Bei zunehmender Verdünnung mit **II** nimmt die Resonanzfrequenz zunächst linear mit abnehmendem γ ab, erreicht ein Minimum bei $\gamma = 0,16$ ($\Delta\nu$ gegen **III**: 51 Hz; die Frequenz liegt 44 Hz bzw. 29 Hz bei 40 MHz, unterhalb der Resonanz der reinen **I**) u. steigt dann steil an. Das Ergebnis wird in Analogie zur Deutung bei **II** (vgl. REEVES u. SCHNEIDER, C. **1962.** 14816 u. SCHNEIDER, BERNSTEIN u. POPLE, J. chem. Physics **28.** [1958.] 601) so gedeutet, daß in verd. Lsg. viel monomeres, beim Minimum viel dimeres u. bei höherer Konz. viel multimeres **I** vorliegt daß ferner beim Dimeren die Stärke der H-Brückenbindungen am größten ist u. daß H-Brückenbindungen zu niedrigeren Resonanzfrequenzen führen. Diese Deutung steht in Übereinstimmung mit der Konz.-Abhängigkeit der UV-Bande von **I** bei 200 mμ sowie mit der Tatsache, daß in Lsgg. der Säuren **I** u. **III** in Lsgm. verschiedener DK die Frequenz u. Konz. beim Minimum mit steigender DK des Lsgm. ansteigen.
G. WINKHAUS. B 137□

Untersuchungen von Protonenübergängen durch kernmagnetische Resonanz. 3. Mitt. **Die mittlere Lebensdauer der Amin–Wasser-Wasserstoff-Bindung in wässeriger Lösung.** Merle T. Emerson, Ernest Grunwald, Martin L. Kaplan und Robert A. Kromhout. (J. Amer. chem. Soc. **82.** 6307—14. 20/12. 1960. Tallahassee, Fla., Florida State Univ., Magnetic Resonance Labor.; engl.) — 2. vgl. C. **1961.** 7866. — Zur Best. der mittleren Lebensdauer (T) von Amin–Wasser-H-Bindungen [Amine: NH_3 (**I**); CH_3NH_2 (**II**); $(CH_3)_3N$ (**III**)] wurde die Geschw. des H/D-Austausches zwischen den deuterierten Ammoniumsalzen u. W. in Ggw. von H_2SO_4 (24—69 Gew.-%) bestimmt. Zu diesem Zweck wurden die Zeitabhängigkeiten der Intensitäten der protonmagnet. Resonanzlinien der NH- bzw. CH_3-Gruppen bei 25° gemessen. Tabellen u. Diagramme sind wiedergegeben. Die Geschw.-Konst. (k_e) sind im Konz.-Bereich ca. 0,2—0,5n prakt. unabhängig von der Ammoniumionen-Konz., sinken aber stark mit wachsender H_2SO_4-Konzentration. Die erhaltenen Daten lassen sich durch folgenden Mechanismus (vgl. SWAIN u. LABES, C. **1957.** 12122) deuten: 1. Stufe: $H_3N^{(+)}{-}H^*\cdots OH_2 \rightleftharpoons H_3N\cdots H^*{-}OH^+$; 2. Stufe: $H_3N\cdots H^*{-}OH \rightarrow H_3N + OHH^*$ (für **II** u. **III** entsprechend). An Hand dieses Mechanismus konnten die T der Amin–W. Mol.-Komplexe aus k_e unter Berücksichtigung des Medium-Einfl. berechnet werden. Es ergaben sich über einen größeren Viscositäts- u. Aciditätsbereich konst. Werte für $T_I = 2,0\cdot10^{-12}$ u. $T_{II} = 1,2\cdot10^{-11}$ s (extrapoliert für verd. Lsgg.). Für T_{III} ergab sich kein konst. Wert. Auf empir. Wege wurde aber gefunden T_{III} ca. $1,0\cdot10^{-10}$ s. Die Ergebnisse können entweder als Zunahme der Festigkeit der N···H-Wasserstoffbrücke in der Folge **I, II, III** oder durch Solvathülleneffekte (Eisberg-Bldg.) gedeutet werden. Eine Entscheidung darüber sowie über das abweichende Verh. von **III** ist noch nicht möglich. — 29 Literaturangaben.
G. WINKHAUS. B 137□

Hyperfeinwechselwirkung im Diphenylpikrylhydrazyl-Molekül. Ju. Ss. Karimow und I. F. Schtschegolew. (Журнал Экспериментальной и Теоретической Физики [J. exp. theoret. Physik] **40.** 3—9. Jan. 1961. Akad. der Wiss. der UdSSR, Inst. für phys. Probleme; russ., Auszug: engl.) — Bei Feldstärken H bis zu 5000 Oe u. Temp. T zwischen 1,5 u. 4,2° K wurde die Aufspaltung der Protonenresonanzlinie von *Diphenylpikrylhydrazyl* gemessen. Bei genügend großem Verhältnis H/T spaltet die Linie in

4 Komponenten auf, von denen die nach niedrigen Frequenzen verschobenen Linien den 6 Protonen in o- u. p-Stellung, die beiden nach höheren Frequenzen verschobenen Linien den beiden Protonen der Pikrylgruppe u. den 4 Protonen in m-Stellung zuzuordnen sind. Die Ursache für die sehr intensive Linie ohne Verschiebung konnte nicht geklärt werden. G. KIRSCHSTEIN. B 137□

Paramagnetische Resonanz von Photo-Adduktbiradikalen bei der photochemischen Energieübertragung von angeregtem Bengalrosa auf ungesättigte Verbindungen. Günther O. Schenck und Rudolf Wolgast. (Naturwissenschaften **48.** 737—38. 2. Dez.-H. 1961. Mülheim-Ruhr, Max-Planck-Inst. für Kohlenforsch., Abt. Strahlenchem.; dt.) — Vgl. C. **1961.** 18277 u. C. **1962.** 15181. — Durch die Best. paramagnet. Resonanz photostationärer fluider Syst. konnte die Bldg. von Photo-Adduktbiradikalen (**A**) mit dem Sensibilisator *Bengalrosa* (**I**) u. ungesätt. Substraten nachgewiesen werden. **I** bildet mit *Acenaphthylen* (**II**) ein Biradikaladdukt mit einer Halbwertszeit von 10^{-3} s (→ Diacenaphthylen). Neben diesem Typ des **A** ($Sens^{rad}$ X; vgl. l. c.) lassen sich auch weitere Gruppen von **A** erkennen. Von der Photo-Adduktbiradikalgruppe ·Sens-X-Sens· (Sens = **I**) konnten diejenigen mit X = *Cyclohexadien-(1.3)*, *α-Phellandren*, *α-Terpinen*, *Cycloheptatrien*, *Ergosterylacetat*, CS_2 u. *Triphenylphosphin* nachgewiesen werden. Bei der Gruppe ·X-Sens-X· wurden diejenigen mit X = *Durochinon*, *Trimethylbenzochinon* u. *Ubichinon* nachgewiesen. Bei Photo-Adduktbiradikalen mit verschiedenen Endgruppen treten unterschiedliche Grade der Beeinflussung in den EPR-Signalen auf. Einliniensignale wurden bei Adduktradikalen von **I** mit *Stilben*, *cis-* u. *trans-Dimethylstilben*, *α-Methylstyrol*, *Allylbenzol*, *cis-* u. *trans-β-Methylstyrol*, *Tetracyanäthylen*, *2.5-Dimethylfuran*, *Rubren*, *Phenanthren* u. *Cyclooctotetraen* nachgewiesen, Dreiliniensignale bei **II**, Vierliniensignale bei *β-Carotin*, *Anthracen*, *Pyren*, *3.4-Benzpyren*, *Cumarin* u. *Thioharnstoff*, Fünfliniensignale bei *Naphthalin*. Auch bei anderen Sensibilisatoren wie *Eosin*, *Fluorescein*, *Methylenblau* u. *Thionin* wurden durch paramagnet. Resonanz **A** nachgewiesen. H. HARENZ. B 137□

Untersuchungen über Umwandlungsgeschwindigkeit und Häufigkeitsverteilung von Konformationen in gesättigten Ringverbindungen. 3. Mitt. **N.N'-Dimethylpiperazin.** L. W. Reeves und K. O. Strømme. (J. chem. Physics **34.** 1711—14. Mai 1961. Vancouver, British Columbia, Univ. of British Columbia, Chem. Dep.; engl.) — 2. vgl. Trans. Faraday Soc. **57.** [1960.] 390. — In Fortsetzung ihrer kernmagnet. Unterss. von Konformationsumwandlungen gesätt. Ring-Verbb. nehmen Vff. die Kernresonanzspektren von *N.N'-Dimethylpiperazin* (**I**) bei 28°, —11,5, —27,5, —48 u. —56° auf. Bei 28° zeigen sich 2 Banden I u. II ungleicher Halbwertsbreite. I ist den Ring-CH_2-Protonen, II den $N(CH_3)_2$-Protonen zugeordnet. Bei abnehmender Temp. verbreitert sich I schnell u. bei —27,5° entsteht eine Feinstruktur, die bei —40° einem A_2B_2-Kernresonanzspektrum entspricht. Dieses Verh. erklärt sich aus einer größeren Umwandlungs-Geschw. zweier Ringkonformationen (2 ident. Sesselformen) oberhalb —40° u. einer kleineren unterhalb —40°. Bei Raum-Temp. ist die Lebensdauer der Konformationen groß genug, um eine Austauschverbeiterung der Ring-CH_2-Protonenresonanz zu bewirken. Aus der Analyse des A_2B_2-Tieftemp.-Spektrums ergibt sich die Energiedifferenz der beiden Konformationen zu 13,3 ± 0,3 kcal. Die Ergebnisse werden mit früheren Unterss. der Vff. an ähnlichen Verbb. verglichen. Dabei ergibt sich ein Ansteigen der Potentialschwellen in der Reihenfolge: Cyclohexan, Chlor- bzw. Bromcyclohexan, 1.2-trans-Dichlor- u. -Dibromcyclohexan, **I.** W. HABERDITZL. B 137□

Eine quantitative Untersuchung über die Acidität gewisser Kohlenwasserstoffe. Harold Hart und Richard Eben Crocker. (J. Amer. chem. Soc. **82.** 418—22. 20/1. 1960. East Lansing, Mich., Michigan State Univ., Kedzie Chem. Labor.; engl.) — Mischungen von $D_{(\alpha)}$-*Äthylbenzol* (**I**) mit 2 anderen alkylierten aromat. KW-Stoffen werden mit metall. K verschieden lang auf 150° erhitzt u. die relativen Geschw. gemessen, mit denen D zum α-C der beiden nichtdeuterierten KW-Stoffe übergeht. Die relativen Geschw. 1. Ordnung waren: *Cumol* (**II**) 1,87; *sek.-Butylbenzol* 1,00; *2-Phenylpentan* 0,90; *3-Phenylpentan* 0,23; *2-Methyl-3-phenylbutan* 0,24; *2.2-Dimethyl-3-phenylbutan* 0,14. Die K-Menge beeinflußt die abs., jedoch nicht die relativen Austauschgeschwindigkeiten. Bei Verw. von $D_{(\alpha)}$-**II** (aus Phenyldimethylcarbinyl-K durch Hydrolyse mit D_2O; 57% Ausbeute; n_D^{20} 1,4903) als D-Quelle wird die α-Deuterierung herabgesetzt u. die Ringdeuterierung gesteigert. *Phenylcyclopropan* polymerisiert sich unter den Austauschbedingungen u. *Diphenylmethan* (**III**) tauscht nicht mit **I** aus. Der Mechanismus des Austausches wird diskutiert. Man betrachtet die relativen Austausch-Geschw. als ein Maß für die Acidität der α-ständigen H-Atome. Zum Vgl. wurden den vorst. KW-Stoffen die $D_{(\alpha)}$-Derivv., von **I** u. **II** auch die $D_{2(\alpha,\alpha)}$-Derivv. nach Literaturvorschriften dargestellt.
W. EISENMANN. B 139□

Potentiometrische Methode zur Untersuchung organischer reversibler Redoxsysteme. B. P. Nikolski und W. W. Paltschewski. (Журнал Физической Химии [J. physik. Chem.] **32.** 1280—91. Juni 1958. Leningrad, Shdanow-Univ.; russ., Auszug: engl.) — Theoret. u. experimentell wird eine Meth. begründet zur Best. der Dissoziations-Konst. organ. reversibler Redox-Syst. mit Hilfe überführungsloser galvan. Elemente, die aus Redox- u. Wasserstoff(Glas)-Elektroden gebildet werden. Die Meth. erlaubt es, experimentell Werte zu erhalten, mit denen die den verschiedenen protolyt. Gleichgewichten entsprechenden Konst. mit größerer Genauigkeit als bisher bestimmt werden können. Nach der Meth. wurden die Konst. der protolyt. Dissoziation von *Toluidinblau* u. *Leukotoluidinblau* bestimmt. Wie am Syst. *Thionin–Leukothionin* gezeigt wird, können nach der vorgeschlagenen Meth. genauere Konst. der protolyt. Dissoziation erhalten werden als nach der Meth. von CLARK [1928]. Die App. u. die Methodik werden beschrieben. HELMUT SCHÄFER. B 139□

Fernwirkungseffekt in der Steroidreihe. 2. Mitt. **Einfluß von funktionellen Gruppen in 17-Stellung auf den pK-Wert von Steroidphenolen.** Maurice Legrand, Vladimir Delaroff und Jean Mathieu. (Bull. Soc. chim. France **1961.** 1346—48. Juli. Paris, Centre de Rech. Roussel-Uclaf; franz.) — 1. vgl. C. **1961.** 2939. — Auf UV-spektroskop. Wege bestimmten Vff. die relativen pK-Werte folgender Steroide, bezogen auf *17β-Östradiol* (**I**; pK_s —2,2, pK 14,5), in $CH_3OH—CH_3ONa$ u. in alkohol.-wss. Borax–NaOH-Puffer bei 20—25°: *3-Hydroxy-$\Delta^{1.3.5}$-östratrien* [pK — pK_I] —$0{,}01_5$ bzw. 0,00, *17α-Östradiol* —$0{,}02_5$ bzw. —$0{,}00_5$, *D-Homoöstradiol* 0,00 bzw. +$0{,}01_5$, *3-Hydroxy-17-methylen-$\Delta^{1.3.5}$-östratrien* (**II**) —$0{,}02_5$ bzw. —$0{,}05_5$, *3-Hydroxy-17β-acetyl-$\Delta^{1.3.5}$-östratrien* (**III**; „*Progöstron*") —$0{,}07_5$ bzw. —0,06, *D-Homoöstron* (**IV**) —$0{,}09_5$ bzw. —1,10 sowie *Östron* (**V**) —$0{,}10_5$ bzw. —$0{,}10_5$. Die um ca. 0,1 Einheiten höheren pK-Werte der Ketone **III—V** werden auf den polaren Effekt der Carbonylgruppe zurückgeführt. Die höhere Acidität von **II** im Boraxpuffer im Vgl. zu der von **I** ist vielleicht mit einer durch das trigonale $C_{(17)}$-Atom verursachten Spannung zu erklären. Die gegenüber **IV** u. **V** verringerte Acidität von **III** hängt mit dem Fehlen einer Spannung im Ring D zusammen. B. GNAUCK. B 139□

Über die Beziehungen zwischen der Elektronenanregungsenergie und der Energie der Elektroreduktion von aromatischen Molekülen. (Zur Notiz von Ss. W. Gorbatschew und Ss. F. Belewski.) S. R. Grabowski. (Журнал Физической Химии [J. physik. Chem.] **33.** 728—31. März 1959. Warschau, Univ., Lehrstuhl für anorg. Chem.; russ.) — Es wird festgestellt, daß die Schlußfolgerung von GORBATSCHEW u. BELEWSKI (Журнал Физической Химии [J. physik. Chem.] **31.** [1957.] 1656) über die Analogie zwischen der Elektro- u. Photored. nicht begründet ist. Die von den genannten Vff. ausgeführten Arbeiten sind nicht neu u. z. T. bereits recht gut bearbeitet. Es wird gezeigt, daß die Beziehungen, die die Elektrored. u. die Elektronenanregungsenergie verbinden, verschiedene Formen annehmen können, in Abhängigkeit von den Substituenten u. der Elektronenübertragung. HELMUT SCHÄFER. B 141□

Dielektrische Relaxation in Beziehung zur Viscosität. 3. Mitt. **Gleichungen von Debye und Hill.** J. Sobhanadri. (J. sci. ind. Res. [New Delhi], Sect. B **21.** 14—16. Jan. 1962. Waltair, Andhra Univ., Phys. Dep.; engl.) — 2. vgl. J. sci. ind. Res. [New Delhi], Sect. B **20.** [1961.] 43. — Nach den Gleichungen von DEBYE u. von HILL wurden die Relaxationszeiten von *Stearinsäurebutylester*, *Phthalsäurediäthylester*, *α-Nitronaphthalin*, *α-Bromnaphthalin*, *p-Chlortoluol*, *Chlf.*, *Bromoform* u. *Benzonitril* berechnet u. mit den vom Vf. erhaltenen experimentellen Daten verglichen. Die Gleichung von HILL ist gegenüber der von DEBYE eine entschiedene Verbesserung, da die nach ihr berechneten Werte, wenigstens bei den einfacheren Moll., eine bessere Übereinstimmung mit den experimentellen Werten zeigen. P. SCHARNER. B 142□

Einfluß von Calciumchlorid auf die Dampfzusammensetzung bei der Destillation von n-Propanol–Wasser. L. L. Dobrosserdow und W. P. Iljina. (Журнал Прикладной Химии [J. angew. Chem.] **34.** 386—90. Febr. 1961. Woronesch, Technolog. Inst.; russ.) — Die Zugabe von $CaCl_2$ zu Fl.-Gemischen von *n-Propanol* (Kp. 97,16°, $D._4^{20}$ 0,8048, n_D^{20} 1,387)–*W.* ruft eine Änderung der Eigg. hervor. So vergrößert sich der Verdampfungs-Koeff. bei relativer Steigerung der Flüchtigkeit des Alkohols; der Aktivitäts-Koeff. des Alkohols wird vergrößert, während der des W. fast nicht geändert wird. Der Partialdampfdruck des Alkohols wird erhöht bei gleichzeitiger Verminderung des H_2O-Dampfdruckes. Ein azeotropes Gemisch ist nicht mehr existenzfähig, u. die Anreicherung des Alkohols in der Dampfphase ist bedeutend intensiver als in der fl. Phase. Mit dieser Meth. ist die Gewinnung von wasserfreiem n-Propanol allein durch Rektifikation möglich. W.-D. HEUSSNER. B 150□

Das Dampf-Flüssigkeits-Gleichgewicht im ternären System Toluol-n-Heptan-Hepten-(3). Wen Shui, Zhi-guang Mo, Shuen-chi Jean, Shin-tai Chung und Wei-guang Kuang. (Chem. Ind. Engng. [China] **1960.** 150–61. Südchina, Inst. of Chem. Technol.; chines., Auszug: engl.) — Es wurden Unterss. ausgeführt an *Toluol* (**I**), *n-Heptan* (**II**), *Hepten-(3)* (**III**). Der Dampfdruck von **III** wurde bestimmt, außerdem das Dampf–Fl.-Gleichgewicht der Syst. **I/III, II/III, I/II/III**. Aus den Werten für die bin. Syst. **I/II, I/III, II/III** wurde auch das Dampf–Fl.-Gleichgewicht für das tern. Syst. **I/II/III** berechnet u. Übereinstimmung mit den experimentellen Ergebnissen festgestellt. — Tabellen, Diagramme. A. SEUFFERT. B 150□

Über die isotherme Verdampfung der flüssigen Phase im System $(C_2H_5)_3N$–C_6H_5OH–H_2O bei 15 und 35°C. A. W. Storonkin und N. P. Markusin. (Вестник Ленинградского Университета, Серия Физики и Химии [Nachr. Leningrader Univ.] **16.** Nr. **4.** [Ser. Physik Chem.] Nr. 1. 75–86. 1961; russ., Auszug: engl.) — Die früher (vgl. C. **1959.** 9136) abgeleiteten Gleichgewichtsbedingungen für tern. Syst. werden angewandt. Wenn sich das Syst. in einem von dem krit. weit entfernten Zustand befindet, fällt der Gesamtdruck bei einer offenen Verdampfung von tern., sich entmischenden Lsgg., unabhängig von dem Typ der Phasenprozesse. Es wurden diejenigen Phasenprozeßtypen bestimmt, die bei der isothermen Verdampfung (15–35°) im Syst. $(C_2H_5)_3N$–C_6H_5OH auftreten. — 5 Literaturangaben. C. KOZÁK. B 150□

Untersuchung des Einflusses von erhöhtem Druck auf den Verlauf der Reaktion zwischen festen Anhydriden und Aminen. 9. Mitt. **Aus der Reihe „Untersuchung der Reaktionen fester organischer Verbindungen".** M. Ch. Glusman und D. G. Arlosorow. (Журнал Прикладной Химии [J. angew. Chem.] **31.** 657–58. April 1958; russ.) — 10. vgl. C. **1959.** 14671. — Äquimol. Gemische von festen Aminen u. Anhydriden organ. Säuren werden in geschlossenen Gefäßen auf eine Temp. erhitzt, die etwas unter dem Eutektikum der Gemische liegt. Die Isothermen für die Syst. *Phthalsäureanhydrid–Anthranilsäure* (**I**), *Benzoesäureanhydrid–β-Naphthylamin* (**II**) u. *Bernsteinsäureanhydrid*–**I**, –**II** u. –*Norsulfazol* liegen unter denen der nichtkomprimierten Gemische. Die geringeren Ausbeuten an N-Arylaminosäuren bei erhöhtem Druck werden auf die Verschiebung der Eutektika nach höherem F. u. auf den geringeren Dampfdruck der Komponenten im geschlossenen Syst. zurückgeführt. R. K. MÜLLER. B 150

Die Mischungswärme organischer Flüssigkeiten. B. Zaslow. (J. chem. Educat. **37.** 578. Nov. 1960. Tempe, Ariz., Arizona State Univ.; engl.) — Vf. beschreibt die Vers.-Durchführung zur Best. der Mischungswärme von *Chlf.–Aceton* (**I**), **I**–CCl_4 u. *Chlf.*–CCl_4. Während Chlf.–CCl_4 u. **I**–CCl_4 nahezu ideales Verh. zeigen, tritt bei **I**–Chlf. eine H-Bindungswechselwrkg. auf. Unter Benutzung der Mischungsenthalpie von —95 kcal/Mol für **I**–Chlf. u. Anwendung der BOLTZMANN-Verteilung wird berechnet, daß ca. 86% der Moll. an der H-Bindung teilhaben. D. HOENE. B 156□

Über die Mischschmelzpunktkurve der sauren Phthalate des α-Fenchols und des β-Fenchols. Pekka Hirsjärvi und N. J. Toivonen. (Suomen Kemistilehti B **34.** 39–40. 1961. Helsinki, Finnland, Univ., Chem. Inst.; dt.) — Die Mischschmelzpunktskurve der *sauren Phthalate* von „*M-P-V-Fenchol*" (MPV-**I**, aus Fenchon durch Red. nach MEERWEIN-PONNDORF-VERLEY) u. *α-Fenchol* (α-**I**, F. 47–47,5°; $[\alpha]_D^{20}$ +12,3°, c = 10,0 in A.; *saures Phthalat* $[\alpha]_D^{21}$ —20,4°, c = 6,25 in A.) hat ein Maximum (153°) bei 36% α-**I** u. 64% MPV-**I**. Nach IR-Spektren enthält MPV-**I** ca. 79% *β-Fenchol* (β-**I**), so daß das Maximum einem Verhältnis von α-**I** : β-**I** wie 1 : 1 entspricht. Vff. stellten aus reinem β-**I** (F. 26–27°, aus dem Hydrat, durch Umkristallisieren in Ligroin u. CCl_4; $[\alpha]_D^{20}$ + 31,9° in A.; $[\alpha]_D^{22}$ +33,2° unterkühlt ohne Lsgm.) dessen *saures Phthalat* (F. 135,5 bis 136°; $[\alpha]_D^{21}$ —1,89°, c = 10,0 in A.) her u. nahmen die Mischschmelzpunktskurve mit dem sauren Phthalat von α-**I** auf, wodurch das Vorliegen des 1 : 1-Verhältnisses in der Verb. bestätigt wurde. G. MEINHARDT. B 156□

Die Flammenzersetzung einiger substituierter Äthylnitrate. J. Powling, W. A. W. Smith und J. Thynne. (Combust. and Flame **4.** 201–11. Sept. 1960. Waltham Abbey, Essex, Explosives Res. and Dev. Establ.; engl.) — Mit der von POWLING u. SMITH (vgl. Combust. and Flame **2.** [1958.] 157) beschriebenen Meth. untersuchten Vff. die Rk.-Prodd. bei der Flammen-Zers. von *2-Hydroxy-* [**I**, $Kp._1$ 57,5°, aus Äthylenbromhydrin u. $AgNO_3$ in Acetonitril; 95% (Ausbeute)], *2-Methoxy-* (**II**, $Kp._{22}$ 57°, aus 2-Methoxyäthanol u. einer H_2SO_4/HNO_3-Nitriermischung unter Kühlung) u. *2-Äthoxyäthylnitrat* (**III**, $Kp._{15}$ 63,5°, aus 2-Äthoxyäthanol u. 98%ig. HNO_3 unterhalb 0° unter Zusatz von wenig Harnstoff; 87%). Bei Atmosphärendruck verläuft die Rk. in den Flammen nicht bis zum Gleichgewicht; die Flammen-Temp. direkt hinter den Flammenfronten wurden mit einem Thermoelement für **I, II** u. **III** zu 910 bzw. 490 bzw. 450° gemessen. **III** benötigt zum stabilen Brennen eine Vorerwärmung auf 60–80°. Die Verbrennungs-Geschw. von

I, II u. III für Drücke bis zu 2000 lbs./sq.in. sind graph. wiedergegeben. Hauptzersetzungs-Prodd. sind bei I W., CO, NO, HCHO, H_2, Ameisensäure u. CO_2; bei II NO, CO, W., HCHO u. Methylformiat sowie geringere Mengen CH_3OH, N_2, C_2H_4, CO_2 u. N_2O; bei III NO, CO, Formaldehyd, Acetaldehyd, Äthylformiat, W., CH_3OH sowie geringe Mengen CO_2, N_2O u. N_2. Die für die verschiedenen Zers.-Prodd. vorgeschlagenen Rk.-Mechanismen werden besprochen. C. GOTTFRIED. B 157

Desolubilisierung von Kohlenwasserstoffen aus Lösungen von Naphthensäure- und Kaliumlauratseifen. P. A. Demtschenko und A. W. Dumanski. (Доклады Академии Наук СССР [Ber. Akad. Wiss. UdSSR] **136.** 1139—41. 11/2. 1961. Akad. der Wiss. der UkrainSSR, Inst. für allg. u. anorgan. Chem.; russ.) — Untersucht wurde der Einfl. von A., Methyl-, n-Butyl- u. n-Amylalkohol auf die Solubisierung von *n-Heptan* (**I**) in 0,1 mol. Lsg. von Na-Naphthenat (**II**), von Äthylenglykol u. Glycerin auf die Solubilisierung von *Toluol* (**III**) in 0,3 mol. Lsg. von K-Laurat (**IV**), von Aceton u. Dioxan auf **III** in 0,3 mol. **I**-Lsg. u. von Aceton auf die Solubilisierung von **I** in 0,3 mol. **II**-Lösung. Durch steigende Mengen von Glykol u. Glycerin wird die Solubilisierung von **III** in **IV** zunehmend vermindert (durch Glycerin stärker als durch Glykol). Die niedrigmol. Alkohole vermindern die **I**-Solubilisierung in **II**, die hochmol. verstärken sie. Mit zunehmender Aceton-Konz. wird die **I**-Solubilisierung in **II** stark vermindert; sie erreicht bei 3,0—3,5 mol Aceton-Lsg. ein Minimum u. steigt dann steil an. Durch Aceton u. Dioxan wird die Solubilisierung von **III** in **II** sehr stark vermindert. Auf Grund der Ergebnisse wurde ein Verf. zur Entfernung der Beimengungen von KW-Stoffen aus Naphthenseifen mittels Solubilisierung ausgearbeitet, das eingehend beschrieben wird. O. LEBTAG. B 162□

Viscosität einiger binärer Kohlenwasserstoffgemische und Kondensatgase im überkritischen Gebiet. Ss. L. Saks und W. I. Ssergejewitsch. (Доклады Академии Наук СССР [Ber. Akad. Wiss. UdSSR] **129.** 1332—34. 21/12. 1959; russ.) — Vgl. C. **1959.** 7710. — Bei 228 at u. 20° wird die Viscosität (η) von bin. Gemischen von *CH_4* mit *Pentan*, *Hexan* (**I**), *Heptan* (**II**) u. *Isooctan* (**III**) in Abhängigkeit von der Konz. im Bereich 91—100% CH_4 untersucht (Diagramm). Mit Zunahme der Konz. u. des Molgew. der 2. Komponente nimmt η zu, die Zunahme wird von 1 zu 4% steiler. Der Kompressibilitäts-Koeff. zeigt ein Minimum, das sich von ca. 5,8(Mol)% beim Gemisch von CH_4 mit **I** über ca. 4,5% mit **II** nach ca. 3,5% mit **III** verschiebt. Beim Durchleiten von CH_4 oder CH_4–Propan-Gemisch bei Raum-Temp. u. 300° durch erdölhaltiges Gestein bildet sich ein „Kondensatgas"; bei 50—70 g Kondensat auf 1 Nm^3 Gas beträgt η 0,031 bis 0,037 cP, die Dichte 0,2710—0,2945 g/cm^3. R. K. MÜLLER. B 172□

Untersuchung der physikalischen Eigenschaften des Systems Wasser–Aceton–Alkohole. 3. Mitt. **Viscosität des Vierkomponentensystems Wasser–Aceton–Butanol–Äthanol.** W. P. Ssolomko und M. G. Kulinitsch. (Украинский Химический Журнал [Ukrain. chem. J.] **26.** 707—15. 1960. Kiew, Schewtschenko-Univ.; russ.) — 2. vgl. C. **1960.** 3491. — Die Unters. der kinemat. Viscosität ν von *Butanol* (**I**)–*A.*–*Aceton* (**II**) im Temp.-Bereich 25—90° ergab, daß ν eine exponentielle Abhängigkeit von der Temp. zeigt u. die ν-Fläche konvex zum Zus.-Dreieck ist. Für das Syst. H_2O–**II**–A.–**I** gilt diese Abhängigkeit nur im Bereich 40—50°. Aus der Beziehung zwischen ν u. der Konz. ist zu schließen, daß eine Rk. zwischen den Komponenten des Syst. stattfindet u. zwar im wesentlichen paarweise. Die Aktivierungsenergie des Viscositätsflusses geht durch ein Maximum, der Präexponent durch ein Minimum. Diese Extrempunkte liegen bei jenem Wasser-Geh., der dem ν-Maximum entspricht. Die Aktivierungsenergie beträgt 2,5—5 kcal/Mol, ist also gleich der Energie der H-Bindung. O. LEBTAG. B 172□

Ausfluß viscoelastischer Flüssigkeiten aus Röhren. J. Harris. (Nature [London] **190.** 993. 10/6. 1961. Swansea, Univ. Coll., Chem. Engng. Dep.; engl.) — An einer viscoelast. Fl. (*Octal* in *Paraffin*), deren Durchmesser sich beim Ausströmen aus einer Röhre vergrößert, untersucht Vf. die dabei theoret. zu erwartende Kraft durch Messung der an der Ausströmungs-App. wirkenden Gegenkraft. Diese verhält sich bei dem untersuchten Beispiel ungewöhnlich, da sie bis zu einer Ausströmungs-Geschw. der Fl. von 12 $g \cdot s^{-1}$ nicht auftritt, zwischen 16—22 $g \cdot s^{-1}$ leicht negativ wird (ca. $-0{,}5 \cdot 10^{-3}$ dyn), um dann positiv zu werden, aber unter aus Viscositätsdaten berechneten Werten zu bleiben. Die Ergebnisse machen eine Dehnungskraft wahrscheinlich, die entlang der Strömungslinien wirkt. Bei *Al-Laurat*-Lsgg. scheinen ähnliche Kräfte aufzutreten. H.-P. RETTIG. B 173□

Chemosorption von Isopropylalkohol an gemischten Katalysatoren auf γ-Al_2O_3-Basis. A. M. Rubinstein, K. I. Slowetzkaja und T. R. Brujewa. (Доклады Академии Наук СССР [Ber. Akad. Wiss. UdSSR] **139.** 626—29. 21/7. 1961. Akad. der

Wiss. der UdSSR, Zelinsky-Inst. für org. Chem.; russ.) — Adsorptionsisothermen von *Isopropylalkohol* (I) an bin. u. tern. Katalysatoren der Typen MeO–Al_2O_3 u. MeO–Al_2O_3-K_2O (MeO = NiO, ZrO_2, Cr_2O_3, Fe_2O_3) bei 30° werden bestimmt u. der Mechanismus der Chemosorption bei Temp. von 250—350° untersucht. Der adsorbierte Anteil an I sowie Aktivität u. Selektivität des Katalysators lassen erkennen, daß die K_2O-Komponente ohne Einfl. auf die Wrkg.-Weise der Katalysatoren (Dehydratisierung oder Dehydrierung oder beides) ist. W.-D. HEUSSNER. B 176□

Adsorption von Benzoldämpfen an Aluminiumsilicaten verschiedener Zusammensetzung. Ju. A. Sarifjanz, N. W. Kapitonowa, W. F. Kisselew und K. G. Krassilnikow. (Научные Доклады Высшей Школы [Москва], Химия и Химическая Технология [Wiss. Hochschulber. [Moskau], Chem. u. chem. Technol.] **1959.** 48—51. Moskau, Lomonossow-Univ.; russ.) — Vgl. C. **1959.** 5388 u. C. **1960.** 737. — An Al-Silicaten (I mit 15, 30 u. 50% Al_2O_3), Alumogel (II) u. Silicagel (III) werden Adsorptionsisothermen für *Bzl.*-Dampf aufgenommen. Mit dem Al_2O_3-Geh. von I nimmt die Anfangsadsorption zu, am höchsten liegt sie bei II, am niedrigsten bei III. Die Porengröße spielt eine geringere Rolle. Mit dem Al_2O_3-Geh. nimmt auch die Menge des Strukturwassers, also der Hydratationsgrad zu; er scheint aber nicht maßgebend für die Benzolabsorption zu sein. Beim Vgl. der Ergebnisse mit solchen aus der Literatur wird gezeigt, daß die „abs." Adsorptions-Eigg. der Adsorbensoberflächen keinen zuverlässigen Anhaltspunkt für den Vgl. verschiedener Adsorptionsmittel bieten. Bei 10%ig. Sättigung nimmt ein Benzol-Mol. auf III (II) eine Fläche von 79 (51) Å² ein. R. K. MÜLLER. B 176□

LCAO-MO passender Symmetrie für langkettige Polyene. Marvin C. Tobin. (J. chem. Physics **35.** 1905—06. Nov. 1961. Stamford, Conn., Amer. Cyanamid Co., Chem. Res. Dep., Central Res. Div.; engl.) — Theoret. Arbeit, in der die Elektronenstruktur von langkettigen konjugierten Moll. nach einer verbesserten Meth. berechnet wird. O. FUCHS. B 182□

Transanulare Wechselwirkung zwischen Sulfiden und Ketongruppen. Nelson J. Leonard, Terry W. Milligan und Theodore L. Brown. (J. Amer. chem. Soc. **82.** 4075—84. 5/8. 1960. Urbana, Ill., Univ. of Illinois, Noyes Chem. Labor.; engl.) — Am Beispiel von *1-Thiacyclooctanon-(5)* (I) wird nachgewiesen, daß in ringförmigen Thiaketonen mittlerer Ringgröße transanulare Wechselwrkg. (TAW) zwischen den S- u. $C_{C=O}$-Atom möglich sind. Die Unters. des IR-Spektrums von I [u. zum Vgl. von *Cyclooctanon*, *5-Methylmercapto-pentanon-(2)* u. *1-Oxacyclooctanon-(5)* (II)] in C_6H_{12}, CCl_4, CCl_3CN, CH_3·CN, CH_2Cl_2 u. Chlf. zeigte, daß I in Lsg. als Gemisch von normalen u. durch TWA hervorgerufenen Konformationen vorliegt. Das Konformationsgleichgewicht verschiebt sich als Funktion der Lsgm.-Polarität. Die Ladungstrennung ($S^{\delta+}$; $O^{\delta-}$) in I, die als Folge der TWA auftritt, ergibt sich aus der Lsgm.-Abhängigkeit des UV-Spektrums. Einen chem. Beweis für die anomale Elektronenverteilung in I lieferten transanulare Rkk. von I, bei denen bicycl. Sulfoniumsalze erhalten werden, z. B. I + $HClO_4$ → *1-Thionia-5-hydroxybicyclo-[3.3.0]-octanperchlorat* (III). Diese Salze dissozieren in wss. Lsg. reversibel zum Keton u. der Säure, die Dissoziations-Konst. von III beträgt pK_a' 0,2. Diese Dissoziationen wurden auch durch Unters. der protonenmagnet. Resonanz bestätigt. II dagegen zeigt keine transanularen Effekte, obwohl sein Dipolmoment in Bzl. bei 24° von 4,09 D für das Vorherrschen der gefalteten Konformation des Ringes spricht. II bildet keine stabilen transanularen Salze, es läßt sich aber leicht mit HCl zu 1.7-Dichlorheptanon-(4) spalten. Das UV-Spektrum von *1.5-Dithiacyclooctan* (IV) gibt entgegen der Erwartung keinen Hinweis auf TAW. Das Fehlen von Absorption bei längeren Wellenlängen bei IV steht nicht in Übereinstimmung mit der Elektronendichte am S, wie aus den NMR-δ-Werten der α-Methylengruppen hervorgeht [Vgl. mit den δ-Werten von *1-Thiacyclohexanol-(4)* u. seinem *Tosylat* (ANDERSON, Privat-Mitt.), *Tetrahydrothiapyranon-(4)* (V) u. -(*3*)]. Die Dipolmomente wurden in Bzl. bei 24° bestimmt außer für II für I 3,81 (in CCl_4 3,80), V 1,73, *4-Oxothiepan* (*1-Thiacycloheptanon-(4)*) 3,04 D.

Versuche: *γ.γ'-Thiodibuttersäurediäthylester*, $C_{12}H_{22}O_4S$, $Kp._{0,2}$ 119—122°, aus γ-Brombuttersäureäthylester, $Na_2S \cdot 5\,H_2O$ u. abs. A.; n_D^{25} 1,4653; 49% (Ausbeute). — *1-Thiacyclooctanon-(5)* (I), $C_7H_{12}OS$, F. 53,2—54,2° aus vorst. Verb. u. K-tert.-Butylat in abs. Xylol (hohe Verdünnung); 20%. — *1.9-Dithiacyclohexadecandion-(5.13)*, $C_{14}H_{24}$·O_2S_2, F. 65—66° (Äthylacetat/Pentan), als Nebenprod. bei vorst. Rk.; 2,8%. — *1-Thiacyclooctanon-(5)-S.S-dioxid*, $C_7H_{12}O_3S$, F. 124—127° (A.), aus I u. H_2O_2 in wss. Aceton. — *1-Methyl-1-thioniacyclooctanon-(5)-jodid*, $C_8H_{15}JOS$, F. 115—116° (Methanol/Ae.), aus I durch Auflösen in überschüssigem CH_3J. — *1-Thionia-5-methoxybicyclo-[3.3.0]-octanjodid*, $C_8H_{15}JOS$, F. 129—130° (Zers.; Methanol/Ae.), aus I durch Rk. mit konz. HJ in Ae./CH_3OH. — *1-Thionia-5-hydroxybicyclo-[3.3.0]-octanperchlorat* (III), $C_7H_{13}ClO_5S$, F. 214

bis 160° (Zers.; Aceton/Ae.) aus I u. 70%ig. $HClO_4$ in Ae.; 99%. Spaltet mit 10%ig. NaOH zurück zu I. — *1-Thionia-5-methoxybicyclo-[3.3.0]-octanperchlorat*, $C_8H_{15}ClO_5S$, F. 147,5 bis 149,5° (Zers., Methanol), a) aus I u. $HClO_4/CH_3OH$; b) aus III u. CH_3OH bei Raumtemperatur. *Fluoroborat*, $C_8H_{15}BF_4OS$, F. 119,5—120° (Methanol), aus I u. 48%ig. wss. HBF_4; 54%. — *1-Thionia-5-acetoxybicyclo-[3.3.0]-octanperchlorat*, $C_9H_{15}ClO_6S$, F. 162 bis 163° (Zers.; Acetanhydrid), aus III u. Essigsäureanhydrid; 77%. Spaltet mit K-tert.-Butylat zurück zu I. — *γ.γ'-Oxydibuttersäuredimethylester*, $C_{10}H_{18}O_5$, $Kp._{0,8}$ 92—97°, n_D^{25} 1,4329, aus γ.γ'-Oxydibuttersäure (F. 77—79°) u. Acetondimethylketal/p-Toluolsulfonsäure in CH_3OH; 69%. — *1-Oxacyclooctanon-(5)-carbonsäure-(4)-methylester*, F. 41—46,5°, aus Benzylester durch DIECKMANN-Cyclisierung mit K in abs. Xylol u. tert.-Butanol; 19%. *Benzylester*, $C_{15}H_{18}O_4$, F. 40—57° (Ae./Pentan), aus dem Ester u. Benzylalkohol bei 155°; 65,5%. — *1-Oxacyclooctanon-(5)* (II), $C_7H_{12}O_2$, $Kp._{22}$ 112 bis 119°, aus vorst. Benzylester durch katalyt. Hydrolyse an Pd-Kohle in Essigester/A. u. Dest.; nach weiterer Reinigung n_D^{25} 1,4746; 69%. — *1.7-Dichlorheptanon-(4)* (VI), $Kp._{0,2}$ 72 bis 85°, durch DIECKMANN-Rk. von γ.γ'-Oxydibuttersäurediäthylester u. normale Hydrolyse Decarboxylierung; n_D^{25} 1,4733; 27%. *2.4-Dinitrophenylhydrazon*, F. 70—71,5°. — *5-Methylmercaptopentanon-(2)*, $Kp._{16}$ 95,5—98°, aus 5-Brompentanon-(2) u. $NaSCH_3$; n_D^{25} 1,4718; 59%. *2.4-Dinitrophenylhydrazon*, F. 100—101°. — *5-[Dimethylsulfonio]-pentanon-(2)-p-toluolsulfonat*, $C_{14}H_{22}O_4S_2$, F. 94,4—95° (Aceton), aus vorst. Verb. u. p-Toluolsulfonsäuremethylester in Aceton; 99%. — *5-[Dimethylsulfonio]-pentanon-(2)-perchlorat* (?), F. 28,5—30,5°, aus vorvorst. Verb. u. 70%ig. $HClO_4$ in sd. CH_3OH; 65%. *2.4-Dinitrophenylhydrazon*, $C_{13}H_{19}ClN_4O_8S$, F. 212—213° (Zers.). — *1.7-Dichlor-4-äthylendioxyheptan* (VII), $C_9H_{16}Cl_2O_2$, $Kp._{0,25}$ 81—83°, aus 1.7-Dichlorheptanon-(4), Äthylenglykol u. p-Toluolsulfonsäure in Bzl.; n_D^{20} 1,4774; 60%. — *1.5-Dithiacyclooctan* (IV), $C_6H_{12}S_2$, $Kp._{0,1}$ 43—46°, aus 1.3-Dibrompropan u. Di-Na-Propan-1.3-dimercaptid in A.; n_D^{25} 1,5770; 6,8%. — *1.5-Dithiacyclooctan-1.1.5.5-tetroxid*, F. 257,5—259°, aus IV u. H_2O_2 in Aceton. — *1-Thionia-5-äthoxybicyclo-[3.3.0]-octanperchlorat*, $C_9H_{17}ClO_5S$, F. 95,4 bis 96,1° (Zers.; A./Ae.), aus I u. 70%ig. $HClO_4$/Äthanol. — Die Darst. von I durch Cyclisierung von VI u. VII gelang nicht. R. STRUFE. B 182

Untersuchungen der Kristallisation von Saccharose. H. E. C. Powers, (Acta crystallogr. [Copenhagen] **13.** 1078—79. 10/12. 1960. Silvertown, Tate & Zyle Ltd., Thomas Refinery; engl.) — Vgl. C. **1961.** 14230. — Vf. konnte bei seinen Kristallisations-Verss. der *Saccharose* (I) verschiedene neue Kristallformen beobachten. Die I-Kristalle wachsen nach einem komplexen Mechanismus in wechselnden Schichten, dies scheint unter geeigneten Bedingungen reversibel zu sein. Die Oberfläche eines Kristalls, die mit einer gesätt. Lsg. bedeckt ist, ist im dynam. u. nicht im stat. Gleichgewicht. Wird die Lsg. übersätt., dann beginnt sofort das Wachstum der Schichten; ist die Lsg. sehr wenig untersätt., dann verschwinden die Schichten beim Auflösen des Kristalls. Wird ein Kristall frisch in eine solche nur wenig untersätt. Lsg. gebracht, entwickeln sich zuerst schwache Ätzerscheinungen, dann entwickeln sich zurückstehende Schichten unter gleichzeitigem Lösen des Kristalls. C. GOTTFRIED. B 190

Temperaturkoeffizient der Ausdehnung des n-Paraffins $C_{30}H_{62}$. Ju. W. Mnjuch. (Журнал Физической Химии [J. physik. Chem.] **33.** 1638—40. Juli 1959. Akad. der Wiss. der UdSSR, Inst. für org. Verb.; russ., Auszug: engl.) — Röntgenograph. wurden die Änderungen der Gitter-Konst. der rhomb. Subzelle von *n*-$C_{30}H_{62}$ im Temp.-Intervall von —120 bis 52° untersucht. a ändert sich von 7,216 auf 7,556, b von 4,876 auf 4,958 (kX). Die Maximalwerte des Ausdehnungs-Koeff. im Temp.-Intervall von 0—20° betragen für α_a 0,00050, für α_b 0,00016 $Grad^{-1}$. Durch Extrapolation in Richtung niedriger Tempp. erhält man die Grenzwerte der Gitter-Konst. a 7,18, b 4,86 (kX). Es wird experimentell nachgewiesen, daß die Lage des C-Atoms (in relativen Koordinaten x/a u. b/y) nicht von der Temp.-Änderung der Konst. des Elementargitters abhängt. Die Resultate wurden in einer früheren Arbeit (vgl. KITAIGORODSKI u. MNJUCH, Доклады Академии Наук СССР [Ber. Akad. Wiss. UdSSR] **121.** [1958.] 291) vom Standpunkt der organ. Kristallchemie diskutiert. H. MATERN. B 195□

Die magnetische Anisotropie und die Elektronenverteilung in Succinimid. R. Mason. (Acta crystallogr. [Copenhagen] **14.** 720—24. 10/7. 1961. London, Univ. Coll., Dep. of Crystallogr.; engl.) — Von seiner zweidimensionalen Analyse des *Succinimids* ausgehend (vgl. C. **1957.** **4641**) verfeinerte Vf. die l. c. erhaltenen Parameter mit Hilfe der Meth. der kleinsten Quadrate. Die neu erhaltenen Parameter sind: $N_{(1)}$: (α =) $0{,}0468_6$; (y =) $0{,}1131_9$; (z =) 01053_9; $O_{(2)}$: $0{,}1967_1$; $0{,}1205_1$; $0{,}269_5$; $O_{(5)}$: $-0{,}1322_5$; $0{,}1603_9$; $-0{,}0344_2$; $C_{(2)}$: $0{,}1028_6$; $0{,}1772_6$; $0{,}1942_0$; $C_{(3)}$: $-0{,}0656_1$; $0{,}1967_1$; $0{,}0463_2$; $C_{(4)}$: $0{,}0269_7$; 0.3225_1; $0{,}1972_5$; $C_{(5)}$: $-0{,}0776_5$; 0,3349; $0{,}0986_1$; $H_{(1)}$: 0,057; 0,015; 0,101; $H_{(3)}$: 0,122; 0,416; 0,197; $H_{(3)}$: —0,028; 0,343; 0,251; $H_{(4)}$: —0,208; 0,376; 0,118; $H_{(4)}$: —0,035;

0,429; 0,050. Die Mol-Suszeptibilitäten K_1, K_2 u. K_3 ergeben sich zu $-55{,}1\cdot10^{-6}$, $-41{,}6\cdot10^{-6}$ u. $-45{,}1\cdot10^{-6}$ (c·g·s·e m E). Diese diamagnet. Suszeptibilitäten werden zusammen mit den inter- u. intramol. Bindungslängen in ihren Beziehungen zu der Elektronenverteilung im Mol. diskutiert. C. GOTTFRIED. B 195

Die Kristallstruktur von N-Chlorsuccinimid. R. N. Brown. (Acta crystallogr. [Copenhagen] **14.** 711—15. 10/7. 1961. Adelaide, Univ., Phys. Dep.; engl.) — *N-Chlorsuccinimid* (**I**, $C_4H_4ClNO_2$, F. 148°, D. 1,65) wurde in Form kleiner, rhomb., tafelförmiger Platten aus Bzl. erhalten. Die entsprechende *Br-Verb.* (**II**, F. 174°, D. 2,098) bildet aus W. dünne, nach (0 0 1) entwickelte Platten. Die Zellendimensionen von **I** sind a = 6,412 ± 0,003 (Å); b = 7,111 ± 0,015; c = 11,691 ± 0,004; Raumgruppe ist $P\,2_1\,2_1\,2_1$; Z = 4. Die Brechungsindices sind n_x = 1,492 ± 0,002; n_y = 1,624 ± 0,002; n_z = 1,669 ± 0,002; die opt. Orientierung ist X = a, Y = b, Z = c, opt. negativ. Für **II** ist a = 6,48 ± 0,02 (Å); b = 7,25 ± 0,02; c = 11,86 ± 0,04; Raumgruppe $P\,2_1\,2_1\,2_1$; Z = 4. Opt. Orientierung ist X = b; Y = a; Z = c; opt. negativ. Die Brechungsindices sind n_x = 1,520 ± 0,002; n_y = 1,661 ± 0,002; n_z = 1,739 ± 0,002. Die Struktur von **I** wurde mit Hilfe von PATTERSON- u. FOURIER-Projektionen bestimmt. Folgende Parameter wurden erhalten: Cl (x =) 0,386; (y =) $0{,}780_5$; (z =) 0,580; N: 0,287; 0,728; 0,710; $C_{(1)}$: 0,401; 0,758; 0,811; $C_{(2)}$: 0,267; 0,692; 0,907; $C_{(3)}$: 0,084; 0,590; 0,847; $C_{(4)}$: 0,105; 0,626; 0,723; $O_{(1)}$: 0,570; 0,830; 0,814; $O_{(2)}$: −0,008; 0,577; 0,643; $H_{(2)}$: 0,359; 0,600; 0,960; $H_{(2)}$: 0,225; 0,815; 0,964; $H_{(3)}$: 0,069; 0,441; 0,868; $H_{(3)}$: −0,067; 0,657; 0,872. Das Mol. ist deutlich nicht eben. Die Abstände sind $C_{(1)}-C_{(2)}$ = $C_{(3)}-C_{(4)}$ = 1,48 Å; $C_{(2)}-C_{(3)}$ = 1,55 Å; $C_{(1)}-O_{(1)}$ = $C_{(4)}-O_{(2)}$ = 1,22 Å; $N-C_{(1)}$ = $N-C_{(4)}$ = 1,39 Å u. N-Cl = 1,69 Å. C. GOTTFRIED. B 195

Die Konfiguration von Fumagillin. N. J. McCorkindale und J. G. Sime. (Proc. chem. Soc. [London] **1961.** 331. Sept. Glasgow, Univ., Chem. Dep.; engl.) — Die von TARBELL u. Mitarbeitern (vgl. C. **1962.** 7165) durch Abbau-Verss. festgelegte Konstit. des *Fumagillins* konnte bestätigt werden. Außerdem wurde röntgenograph. die Stereochemie des Hauptabbau-Prod., des „*Tetrahydroalkohols-I a b*" (*1-Methyl-1.4-dihydroxy-3-methoxy-2-*[*1.5-dimethyl-1.2-epoxyhexyl-*(*1*)]*-cyclohexan*) an Hand seines Mono-p-brombenzolsulfonates, F. 103—104°, aufgeklärt. Die Kristalle sind monoklin mit a = 16,80 (Å); b = 6,12; c = 11,77; β = 97,25°; Raumgruppe $C_2^2-P\,2_1$, mit D. 1,38 ist Z = 2. Die Struktur wurde mit Hilfe von PATTERSON- u. FOURIER-Synth. ermittelt. Parameter sind nicht angegeben. Bemerkenswert ist die Umgebung der tert. OH-Gruppe. Die IR-Spektren des Alkohols u. des Esters zeigen, daß die tert. OH-Gruppe in diesen Verbb. in Lsg. intramol. H-gebunden ist. Aus der Struktur ergibt sich, daß diese Bindung nach dem Epoxid-O-Atom gerichtet ist. Der O—O-Abstand wird zu 2,82 Å geschätzt. C. GOTTFRIED. B 195

Die Kristallstruktur von Pyracen. G. L. Simmons und E. C. Lingafelter. (Acta crystallogr. [Copenhagen] **14.** 872—74. 10/8. 1961. Seattle, Wash., Univ., Dep. of Chem.; engl.) — Pyracen wurde in Form monokliner, nach der [0 1 0]-Richtung gestreckter Nadeln durch langsames Abkühlen einer heißgesätt. Benzol-Lsg. erhalten. Dreh-, Präzessions- u. WEISSENBERG-Aufnahmen lieferten die Zellendimensionen a = 12,56 ± 0,02 (Å); b = 5,03 ± 0,02; c = 7,32 ± 0,01; β = 96°14′ ± 5′; Raumgruppe ist $P\,2_1/n$;

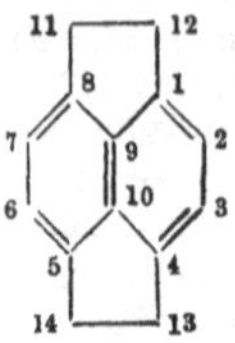

mit D. 1,29 ist Z = 2. Die Struktur wurde mit Hilfe zweidimensionaler PATTERSON-Funktionen u. FOURIER-Synth. erhalten. Die folgenden Parameter wurden bestimmt: $C_{(1)}$ [x =) 0,1228; (y =) 0,1970; (z =) −0,0280; $C_{(2)}$: 0,1443; 0,0960; −0,1960; $C_{(3)}$: 0,0761; −0,1020; −0,2900; $C_{(8)}$: 0,0112; 0,1970; 0,2174; $C_{(9)}$: 0,0321; 0,0908; 0,0450; $C_{(11)}$: 0,0980; 0,4078; 0,2705; $C_{(12)}$: 0,1722; 0,4093; 0,1073; $H_{(1)}$: 0,0948; −0,1762; −0,4206; $H_{(2)}$: 0,2130; 0,1666; −0,2572; $H_{(3)}$: 0,0620; 0,5998; 0,2837; $H_{(4)}$: 0,1440; 0,3554; 0,3980; $H_{(5)}$: 0,1709; 0,6012; 0,0425; $H_{(6)}$: 0,2533; 0,3582; 0,1573. Die Packung der Moll. ist ähnlich der, wie sie CRUICKSHANK (vgl. C. **1958.** 10322) für Naphthalin gefunden hatte. Keines der C-Atome des Mol. liegt um mehr als 0,02 Å außerhalb der Ebene des ganzen Moleküls. Die aliphat. $C_{(11)}-C_{(12)}$-Bindung in dem peri-Ring hat eine Länge von 1,59 Å gegenüber einer normalen Länge von 1,54 Å. Die hierdurch bedingte Spannung im peri-Ring kommt hauptsächlich in den Winkeln $C_{(9)}-C_{(8)}-C_{(10)}$ u. $C_{(9)}-C_{(1)}-C_{(12)}$ zum Ausdruck, die mit 107° bzw. 108° wesentlich kleiner sind als die normalen Winkel von 120°. C. GOTTFRIED. B 195

Die Kristall- und Molekularstruktur von Tetracen. J. Monteath Robertson, V. C. Sinclair und J. Trotter. (Acta crystallogr. [Copenhagen] **14.** 697—704. 10/7. 1961. Glasgow, Univ., Chem. Dep.; engl.) — *Tetracen* ($C_{18}H_{12}$, F. 357°; D. 1,24) krist. aus Xylol in äußerst dünnen, orangeroten Blättchen. Dreh-, Schwenk- u. WEISSENBERG-Aufnahmen ergaben trikline Symmetrie u. die Zellendimensionen a = 7,98 ± 0,02 (Å);

b = 6,14 ± 0,02; c = 13,57 ± 0,04; α = 101,3 ± 0,5°; β = 113,2 ± 0,5°; γ = 87,5 ± 0,5°; Raumgruppe ist C_i^1—$P\bar{1}$; Z = 2. Die Struktur wurde mit Hilfe von 2 Elektronendichteprojektionen parallel den a- u. b-Achsen bestimmt. Die 2 Moll. in der Zelle liegen auf unabhängigen Symmetriezentren u. die asymm. Einheit besteht aus 2 Halbmolekülen. Die gefundenen Parameter sind für Mol. I $C_{(1)}$ (x =) 0,1194; (y =) 0,0331; (z =) 0,3890; $C_{(2)}$: 0,1494; 0,1564; 0,3219; $C_{(3)}$: 0,0811; 0,0724; 0,2040; $C_{(4)}$: 0,1094; 0,1899; 0,1360; $C_{(5)}$: 0,0467; 0,1089; 0,0211; $C_{(6)}$: −0,0691; −0,2228; 0,0516; $C_{(7)}$: −0,0035; −0,1405; 0,1637; $C_{(8)}$: −0,0378; 0—0,2646; 0,2355; $C_{(9)}$: 0,0267; −0,1832; 0,3483; Mol. II $C'_{(1)}$: 0,5428; 0,5680; 0,3787; $C'_{(2)}$: 0,4799; 0,6861; 0,2930; $C'_{(3)}$: 0,4997; 0,5864; 0,1947; $C'_{(4)}$: 0,4425; 0,7007; 0,1048; $C'_{(5)}$: 0,4638; 0,6140; 0,005; $C'_{(6)}$: 0,5948; 0,2758; 0,0832; $C'_{(7)}$: 0,5758; 0,3649; 0,1811; $C'_{(8)}$: 0,6306; 0,256; $C'_{(9)}$: 0,6148; 0,3374. Die Struktur ist der des Naphthalins u. Anthracens sehr ähnlich. Beide Moll. sind vollkommen eben.

C. GOTTFRIED. B 195

Die Kristall- und Molekularstruktur von Pentacen. R. B. Campbell, J. Monteath Robertson und J. Trotter. (Acta crystallogr. [Copenhagen] **14.** 705—11. 10/7. 1961; engl.) — Vgl. vorst. Referat. — *Pentacen* (D. 1,30) wurde aus Trichlorbenzol in äußerst dünnen, tief violettblauen Blättchen erhalten. Die Abmessungen der triklinen Zelle wurde aus Dreh-, Schwenk- u. WEISSENBERG-Aufnahmen erhalten: a = 7,93 ± 0,02 (Å); b = 6,14 ± 0,02; c = 16,03 ± 0,05; α = 101,9 ± 0,5°; β = 112,6 ± 0,5°; γ = 85,8 ± 0,5°; Raumgruppe C_i^1—$P\bar{1}$; Z = 2. Wie beim Tetracen (l. c.) wurde die Struktur aus 2 Elektronendichteprojektionen parallel den a- u. b-Achsen erhalten. Die Parameter für die beiden Moll. sind: Mol I $C_{(1)}$ (x =) 0,1484; (y =) 0,0183; (z =) 0,4071; $C_{(2)}$: 0,1707; 0,1361; 0,3491; $C_{(3)}$: 0,1030; 0,0604; 0,2508; $C_{(4)}$: 0,1274; 0,1650; 0,1894; $C_{(5)}$: 0,0572; 0,0951; 0,0950; $C_{(6)}$: 0,0925; 0,2095; 0,0335; $C_{(7)}$: −0,0227; 0,1227; 0,0567; $C_{(8)}$: −0,0540; −0,2325; 0,1225; $C_{(9)}$: 0,0150; −0,1516; 0,2149; $C_{(10)}$: −0,0152; −0,2634; 0,2786; $C_{(11)}$: 0,0519; −0,1800; 0,3706; Mol. II: $C'_{(1)}$ 0,5027; 0,5733; 0,4014; $C'_{(2)}$: 0,5035; 0,6805; 0,3286; $C'_{(3)}$: 0,5210; 0,5876; 0,2434; $C'_{(4)}$: 0,4582; 0,7010; 0,1686; $C'_{(5)}$: 0,4810; 0,6062; 0,0846; $C'_{(6)}$: 0,4231; 0,7138; 0,0100; $C'_{(7)}$: 0,5622; 0,3794; 0,0754; $C'_{(8)}$: 0,6103; 0,2743; 0,1483; $C'_{(9)}$: 0,6061; 0,3652; 0,2342; $C'_{(10)}$: 0,6549; 0,2570; 0,3094; $C'_{(11)}$: 0,6496; 0,3487; 0,3925. Für die H-Atome sind angenäherte Parameter angegeben. Die Struktur ist der des Tetracens sehr ähnlich; beide Moll. sind vollkommen eben. Die Bindungslängen, die Valenzwinkel u. die Orientierung der Moll. sind tabellar. u. graph. angegeben.

C. GOTTFRIED. B 195

Eine röntgenkristallographische Untersuchung von 1-[5'-Brom-2'-hydroxy-4'-methoxyphenyl]-3-oxoisoindolenin. Noel E. Taylor. (Acta crystallogr. [Copenhagen] **14.** 893. 10/8. 1961. Cape Town, Univ., Dep. of Phys.; engl.) — *1-[5'-Brom-2'-hydroxy-4'-methoxyphenyl]-3-oxoisoindolenin* ($C_{15}H_{10}BrNO_3$) krist. aus einem Gemisch von Chlf. u. PAe. in Form sehr feiner, tief roter u. oft verzwillingter Nadeln. Schwenk- u. WEISSENBERG-Aufnahmen ergeben trikline Symmetrie u. die Zellendimensionen a = 3,96 ± 0,01 (Å); b = 11,91 ± 0,03; c = 13,53 ± 0,04; α = 100° 46' ± 20'; β = 91°40' ± 20'; γ = 91°20' ± 20'; Raumgruppe ist P $\bar{1}$; mit D. 1,76 ist Z = 2. Durchgeführt wurde eine zweidimensionale Elektronendichteprojektion senkrecht zur a-Achse, die die obige Formel bestätigte.

C. GOTTFRIED. B 195

Die Molekular- und Kristallstruktur von 2-Benzoylimino-3-methylthiazolidon-(5). H. Steeple. (Acta crystallogr. [Copenhagen] **14.** 847—53. 10/8. 1961. Manchester, Coll. of Sci. and Technol., Phys. Dep.; engl.) — Es wird gezeigt, daß die Verb., die ELMORE u. TOSELAND (vgl. C. **1956.** 7827) bei der durch Säure katalysierten Ring-Bldg. der Derivv. von N-Benzoylthiocarbamoylsarkosin erhielten, als *2-Benzoylimino-3-methylthiazolidon-(5)* (I) u. nicht als 3-Benzoyl-1-methyl-2-thiohydantoin anzusehen ist. I krist. mit monokliner Symmetrie u. hat die Zellendimensionen a = 7,45 (Å); b = 12,10; c = 12,10; β = 95°; Raumgruppe ist P 2_1/c; Z = 4. Die Struktur wurde mit Hilfe von Elektronendichteprojektionen bestimmt u. durch Differenz-Synth. verfeinert. Die gefundenen Parameter sind: Thiazolidinrest $O_{(5)}$ (x =) 0,130; (y =) 0,080; (z =) 0,445; $C_{(5)}$: 0,163; 0,173; 0,435; $S_{(1)}$: 0,235; 0,276; 0,533; $C_{(2)}$: 0,210; 0,390; 0,441; $N_{(3)}$: 0,104; 0,355; 0,338; $C_{(4)}$: 0,069; 0,231; 0,326; $C_{(5)}$ am $N_{(3)}$: 0,053; 0,429; 0,246; Benzoyliminorest N: 0,237; 0,489; 0,458; $C_{(7)}$ (der CO-Gruppe): 0,302; 0,513; 0,562; O (der CO-Gruppe): 0,335; 0,460; 0,643; $C_{(1)}$: 0,326; 0,639; 0,577; $C_{(2)}$: 0,394; 0,681; 0,681; $C_{(3)}$: 0,412; 0,794; 0,697; $C_{(4)}$: 0,364; 0,868; 0,612; $C_{(5)}$: 0,292; 0,820; 0,505; $C_{(6)}$: 0,276; 0,718; 0,494. Mit Ausnahme von $C_{(5)}$ u. $O_{(5)}$ u. des oxocycl. Atoms $C_{(5)}$ sind die Atome des 5-Ringes wahrscheinlich koplanar; diese Ebene ist gegen die des Benzolringes um die N—$C_{(7)}$-Bindung um ca. 10° geneigt. Die Moll. selbst sind in Schichten parallel zu den (1 0 $\bar{1}$)-Ebenen mit einem Abstand von ca. 3,3 Å angeordnet.

C. GOTTFRIED. B 195

Kristallographische Eigenschaften von 4-Picolin-N-oxid. Harry A. Rose. (Acta crystallogr. [Copenhagen] **14.** 895. 10/8. 1961. Indianapolis, Ind., Eli Lilly and Co., Analyt. Res. Dep.; engl.) — *4-Picolin-N-oxid* (C_6H_7NO, F. 183,5—185,0°) krist. aus einem Gemisch von Bzl. u. PAe. in tetragonalen Bipyramiden, die (1 0 1)-Flächen zeigen. Die Zelle hat die Abmessungen a = 8,04 Å; c = 19,84 Å; Raumgruppe ist C_4^6–I 4_1; mit D. 1,168 ist Z = 8. Die opt. Eigg. sind E > 31,70 u. W = 1,504; opt. positiv. C. Gottfried. B 195

Die Kristallstruktur von 2.2′-Pyridil. Sakutaro Hirokawa und Tamaichi Ashida. (Acta crystallogr. [Copenhagen] **14.** 774—79. 10/7. 1961. Yokosuka, Defence Acad., Dep. of Chem.; engl.) — Zur Unters. geeignete Kristalle von *2.2′-Pyridil* (F. 153°, D. 1,36) wurden aus A. als gelbe Kristalle erhalten. Schwenk- u. Weissenberg-Aufnahmen ergaben die Zellendimensionen a = 6,41 ± 0,02 (Å); b = 13,03 ± 0,02; c = 12,79 ± 0,03; β = 99,5 ± 0,5°; Raumgruppe ist P 2_1/n; Z = 4. Die Struktur wurde mit Hilfe dreidimensionaler Patterson-Funktionen u. dreidimensionaler Elektronendichteprojektionen bestimmt u. mit Hilfe der Meth. der kleinsten Quadrate weiter verfeinert. Die gefundenen Parameter sind: $N_{(1)}$: (x =) 0,5919; (y =) 0,1323; (z =) 0,2496; $C_{(2)}$: 0,5212; 0,0649; 0,1716; $C_{(3)}$: 0,3071; 0,0600; 0,1257; $C_{(4)}$: 0,1673; 0,1253; 0,1568; $C_{(5)}$: 0,2342; 0,1971; 0,2385; $C_{(6)}$: 0,4454; 0,1962; 0,2800; $C_{(7)}$ der CO-Gruppe: 0,5333; 0,2676; 0,3656; O: 0,4284; 0,3316; 0,4027; $N'_{(1)}$: 0,7079; 0,1273; 0,5178; $C'_{(2)}$: 0,7659; 0,0550; 0,5919; $C'_{(3)}$: 0,9755; 0,0467; 0,6372; $C'_{(4)}$: 0,1337; 0,1109; 0,6077; $C'_{(5)}$: 0,0665; 0,1853; 0,5301; $C'_{(6)}$: 0,8505; 0,1895; 0,4886; $C'_{(7)}$ der CO-Gruppe: 0,7708; 0,2647; 0,4043; O′: 0,8817; 0,3287; 0,3692. Die Bindungslängen u. Valenzwinkel sind tabellar. angegeben. Die Mol.-Struktur ist nicht mesoion., sondern vollkommen kovalent. Das Mol. liegt in 2 Ebenen, von denen jede einen Pyridinring, eine CO-Gruppe u. das benachbarte C-Atom enthält; der Winkel zwischen den 2 Ebenen beträgt 83°. N u. O sind trans-ständig an der $C_{(6)}$—$C_{(7)}$-Bindung; dasselbe gilt für N′ u. O′. O u. O′ sind in bezug auf die $C_{(7)}$—$C'_{(7)}$-Bindung in gauche-Stellung. Alle intermol. Abstände sind < 4,0 Å. Ganz allg. besteht die Struktur aus Säulen, von denen jede von 4 angenähert parallelen Ebenen von Pyridinringen aufgebaut wird. C. Gottfried. B 195

Die Kristallstruktur von Barbitursäuredihydrat. G. A. Jeffrey, Subrata Ghose und J. O. Warwicker. (Acta crystallogr. [Copenhagen] **14.** 881—87. 10/8. 1961. Pittsburgh, Univ., Crystallography Labor.; Leeds, Univ., Chem. Dep.; engl.) — *Barbitursäuredihydrat*, $C_4H_4N_2O_3 \cdot 2\,H_2O$, krist. aus wss. Lsg. in rhomb., nach der b-Achse gestreckten Prismen u. guter Spaltbarkeit parallel (0 1 0). Die Brechungsindices sind α = 1,40 parallel b, β = 1,645 parallel a u. γ = 1,65 parallel c. Die rhomb. Zelle hat die Abmessungen a = 12,74 (Å); b = 6,24; c = 8,89; Raumgruppe ist P n m a; mit D. 1,561 ist Z = 4. Die Struktur wurde mit Hilfe mehrerer Fourier-Synth. bestimmt. Die gefundenen Parameter sind: sämtliche Atome liegen auf den Spiegelebenen mit y = 0,25. $O_{(1)}$ (x =) —0,0575; (z =) 0,0412; $O_{(2)}$: 0,2899; 0,1124; $O_{(3)}$: 0,0511; 0,5221; $O(H_2O)$: 0,1710; 0,7833; $O(H_2O)$: 0,3867; 0,7615; $N_{(1)}$: —0,0012; 0,2810; $C_{(2)}$: 0,0165; 0,1274; $N_{(3)}$: 0,1168; 0,0786; $C_{(4)}$: 0,2044; 0,1707; $C_{(5)}$: 0,1870; 0,3386; $C_{(6)}$: 0,0752; 0,3888. Die Struktur ist eine ausgesprochene Schichtstruktur, in der die Säure- u. Wasser-Moll., durch H-Bindungen verbunden, auf den Spiegelebenen liegen. Aus den Bindungslängen geht hervor, daß die Säure in der Triketoform vorliegt. Die Wasser-Moll. sind zu Paaren durch H-Bindungen verknüpft u. diese H-Bindungskoordination ist insofern ungewöhnlich, als sie eben u. angenähert trigonal ist. C. Gottfried. B 195

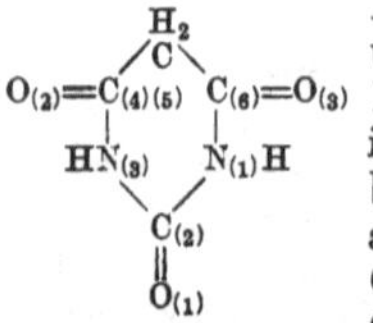

Untersuchung der Additionsverbindungen von Lewis-Säuren. 17. Mitt. **Ketonsynthese nach Friedel und Crafts in Gegenwart von mit ^{36}Cl markiertem Aluminiumchlorid.** G. Oulevey und B.-P. Susz. (Helv. chim. Acta **44.** 1425—29. 1/8. 1961. Genève, Univ., Labor. de Chim. Phys.; franz.) — 16. vgl. Helv. chim. Acta **44.** [1961.] 1132; 14. vgl. C. **1962.** 7840. — Vff. synthetisierten nach Friedel-Crafts Benzophenon aus Benzoylchlorid u. Bzl. in Ggw. von $Al^{36}Cl_3$. Sie fanden bei der bei 60° durchgeführten Synth. eine statist. Verteilung von ^{36}Cl zwischen dem entwickelten HCl u. der Additionsverb. von Benzophenon u. $AlCl_3$. Dieses Ergebnis steht in Übereinstimmung mit der Annahme von Fairbrother (vgl. J. chem. Soc. [London] **1941.** 293 u. früher) bei der Synth. von Acetophenon aus Acetylchlorid, daß das Additions-Prod. mit $AlCl_3$ ionisiert ist. Es scheinen sich in beiden Fällen $AlCl_4^-$-Ionen zu bilden. Die Beobachtungen ergeben jedoch keinen definitiven Beweis für die Bldg. eines Ionenpaares, da ein direkter Austausch zwischen $Al^{36}Cl_3$ u. den anderen halogenierten Rk.-Teilnehmern nicht ausgeschlossen werden konnte. C. Gottfried. B 223

Über π-Elektronen-Donor-Acceptor-Komplexe des Procain-Hydrochlorids mit Alkylxanthinen: Untersuchungen zur Frage des Acceptor-Zentrums. Th. Eckert. (Arch. Pharmaz. **295/67.** 233–40. März 1962. Frankfurt/M., Univ., Pharmazeut. Inst.; dt.) — Durch Auffindung von charge transfer-Banden wurde spektroskop. nachgewiesen, daß es sich bei den *Procain–Alkylxanthin-Komplexen* um π-Elektronen–Donor–Acceptor-Komplexe handelt. Zur Klärung der konstitutionellen Ursachen der Acceptor-Funktion der Alkylxanthine wurde spektroskop. u. durch Solubilisierung nachgewiesen, daß das *Procain* (I) mit folgenden Verbb. π-Komplexe bildet: *1.3-Dimethyluracil, β-Hydroxyäthylphthalimid, 2.6-Dimethyl-γ-pyron* u. *Chloranil* (II). Ferner wurden die Komplexe von I mit *Coffein* u. *7-Hydroxyäthyltheophyllin* sowie von *p-Aminobenzoesäureäthylester* mit II untersucht. Entscheidend für die Acceptorfunktion ist die Gruppe —C=C—C=O.
J. Rothe. B 223□

Voraussagen über die Löslichkeit in idealen Systemen. J. L. Latham. (School Sci. Rev. **42.** 397–400. Juni 1961. Portsmouth, Coll. of Technol.; engl.) — Ableitung einer Gleichung für ideale Lsgg. u. Entw. eines idealen Zustandsdiagramms für *Bzl.* (I) und *Naphthalin* (II), aus dem die Löslichkeit von II in I vorausgesagt werden kann.
W. Wesly. B 224□

Die Chemie freier Radikale von cyclischen Äthern: Eine neue Umlagerung freier Radikale. T. J. Wallace und R. J. Gritter. (J. org. Chemistry **26.** 5256. 27/12. 1961. Storrs, Conn., Univ. of Connecticut, Dep. of Chem.; engl.) — Die durch Di-tert.-butylperoxid (I) induzierte Rk. des 4-, 5- u. 6gliedrigen cycl. Äthers mit Octen-(1) (II) liefert *Undecanon-(3), Dodecanon-(4)* (III) u. *Tridecanon-(5)*. Zum Beispiel wurden beim 2std. Erhitzen von 1,32 Mol von Tetrahydrofuran (IV), 0,25 Mol II u. 0,03 Mol I auf 150° unter Inertgas in einer Parr-Bombe 18,7 g III gefunden. Offensichtlich tritt mit der Ringöffnung gleichzeitig eine intramol. H-Verschiebung auf. Folgender Mechanismus scheint plausibel zu sein: I → 2 $(CH_3)_3CO\cdot$; $(CH_3)_3CO\cdot$ + IV → IVa (Radikal von IV) + $(CH_3)_3COH$; IVa → $\cdot CH_2CH_2CH_2CHO$ → $CH_3CH_2CH_2CO\cdot$; $CH_3CH_2CH_2CO\cdot$ + II → $CH_3CH_2CH_2COCH_2CHC_6H_{13}$ (A); A + RH → + R'.
W. Penn. B 225□

Selektivität der Beckmanns-Umlagerung. 2. Mitt. **Anwendung auf 2-Methylpenten-(2)-on-(4)-oxim.** Joseph Wiemann und Yvette Dubois. (Bull. Soc. chim. France **1961.** 1873–74. Okt. Paris, Labor. de Chim. Organ. Structur.; franz.) — 1. vgl. C. **1962.** 11862. — Bei der Umlagerung von α-ungesätt. Ketoximen durch Protonendonatoren (wie konz. H_2SO_4) entstehen bei mittleren Temp. Δ^2-Oxazoline, die schwach bas. Fll. mit pK_a-Werten von 5,5–6 sind u. Pikrate u. p-Nitrobenzoate liefern. Entsprechend ergab Mesityloxidoxim (I) das übelriechende, hygroskop. *2.5.5-Trimethyl-Δ^2-oxazolin*.

Versuche: *Mesityloxidoxim* (I), $C_6H_{11}ON$, $Kp._{16}$ 92–94°, durch Zugabe von $NH_2\cdot OH\cdot HCl$ zu Mesityloxid in A. bei 20°, Zugabe von wss. NaOH bei 20° u. 12tägiges Stehen; 70% (Ausbeute). — *2.5.5-Trimethyl-Δ^2-oxazolin*, Kp. ca. 120°, durch langsame Zugabe von 10,34 g I zu konz. H_2SO_4 bei 2–3°, Erwärmen auf 65–70°, Abkühlen, Gießen auf Eis, Dest. des Ae.-Extrakts u. erneute Dest. über Na; n_D^{22} 1,418; $D._4^{22}$ 0,899; DK. 5,5; 8 g. *Pikrat*, $C_{12}H_{14}N_4O_8$, F. 144–145°.
B. Gnauck. B 225□

Thiocyanate und Isothiocyanate. 3. Mitt. **Kinetik und Mechanismus der Isomerisierung von Benzhydrylthiocyanaten.** Antonio Iliceto, Antonio Fava, Ugo Mazzucato und Olinda Rosetto. (J. Amer. chem. Soc. **83.** 2729–34. 20/6. 1961. Padova, Univ., Fac. of Sci., Chem. Inst.; Camerino, Univ., Fac. of Sci., Chem. Inst.; engl.) — 2. vgl. Gazz. chim. ital. **90.** [1960.] 919. — Die Isomerisierung von *Benzhydrylthiocyanaten* (Verbb. vgl. Vers.-Teil) zu -isothiocyanaten verläuft nach Rkk. 1. Ordnung. Die Geschw. wird stark beeinflußt durch die Polarität des Lsgm. (Methylcyclohexan, Bzl., Methyläthylketon, Acetonitril, Dimethylformamid) sowie durch Zugabe von Salzen ($NaClO_4$, NaSCN), die Effekte sind von der gleichen Größenordnung wie bei Rkk., bei welchen Ionen aus neutralen Substraten gebildet werden. 4- u. 4'-Substitutionen an den Phenylgruppen bewirken starke Änderungen der Isomerisations-Geschwindigkeit. Die Behandlung der strukturellen Effekte mittels der Hammett-Gleichung (unter Verw. von Browns σ^+-Werten) ergibt einen ϱ-Wert von −3,40 für Rk. in Methyläthylketon bei 90° u. $\varrho = -3{,}33$ für Rk. in Acetonitril bei 70°. Die Isomerisierung von Benzhydrylthiocyanaten in Ggw. von ^{35}S-markierten Thiocyanationen zeigt an, daß hauptsächlich Ionenpaare als intermediäre Verbb. auftreten, auch in so polaren Lsgm. wie Acetonitril.

Versuche: *4-Nitro-* (I), $C_{13}H_{10}Br_2NO_2$, F. 32–34° (PAe.), durch Meerwein-Penndorf-Red. von 4-Nitrobenzophenon zum Benzhydrol u. anschließende Umsetzung mit PBr_3. — *4-Chlor-* (II), $C_{13}H_{10}BrCl$, F. 39–40° (PAe.), durch Umsetzung des Benzhydrols (aus 4-Chlorbenzophenon) in Ae. mit HBr. — *4-Methylbenzhydrylbromid* (III),

$C_{14}H_{13}Br$, F. 19—20,5° (PAe.), analog **II**. — *4-Nitro-* (**IV**), $C_{14}H_{10}N_2O_2S$, F. 105—106° (Bzl.–Ae. 1 : 1), aus **I** u. KSCN in Aceton nach 12std. Stehen bei 20°; 89% (Ausbeute). — *4-Chlor-*, $C_{14}H_{10}ClNS$, F. 38,5—39,5° (Ae./PAe. 1 : 1), analog **IV**. — *4-Methylbenzhydrylthiocyanat*, $C_{15}H_{13}NS$, das Prod. enthielt 10% Isothiocyanat, durch Behandlung mit Cyclohexylamin sank dieser Anteil auf < 2%. — *4-Nitrobenzhydrylisothiocyanat* (**IV**), F. 52,4—53,8° (Ae.–PAe.), aus **IV** u. $ZnCl_2$ in Acetonitril nach 40 Std. bei 70°; sublimiert bei 130°/0,05 mm; 50%. — *N-[4-Nitrobenzhydryl]-N'-phenylthioharnstoff* (**V**), $C_{20}H_{17}N_3O_2S$, F. 143—144,5° (Aceton–PAe.), aus **IV** u. Anilin in C_6H_6. — *4-Chlorbenzhydrylisothiocyanat*, Kp.$_{0,1}$ 150—152°, aus **III** nach 6 Std. bei 100° in Acetonitril, gelbes Öl; n_D^{25} 1,6298. — *N-[4-Chlorbenzhydryl]-N'-phenylthioharnstoff*, $C_{20}H_{17}ClN_2S$, F. 168—168,5°, analog **V**. — *4-Methylbenzhydrylisothiocyanat* (**VI**), Kp.$_{0,1}$ 139—141°, durch 2std. Kochen einer konz. Lsg. des Thiocyanats in Acetonitril, Öl, n_D^{25} 1,6165. — *N-[4-Methylbenzhydryl]-N'-cyclohexylthioharnstoff*, F. 170—171° (Aceton), $C_{21}H_{26}N_2S$, aus **VI** u. Cyclohexylamin in Cyclohexan. CLAUS FISCHER. B 225□

Effekte der Ringgröße bei der Neophylumlagerung. 2. Mitt. **Die Decarbonylierung von [1-Methylindanyl]-acetaldehyd.** James W. Wilt und Charles A. Schneider. (J. org. Chemistry **26.** 4196—99. Nov. 1961. Chicago, Ill., Loyola Univ., Dep. of Chem.; engl.) — 1. vgl. C. **1961.** 4651. — Wie l. c. setzen Vff. Di-tert.-butylperoxid (**II**) mit [1-Methylindanyl-(1)]-acetaldehyd (**I**) bei 160° (360—495 Min.) um, hierbei entstehen bei Anwendung von 10 Mol-% **II** *1.1-Dimethylindan* (**III**) u. *2-Methyltetralin* (**IV**) in 76%ig. Gesamtausbeute. Der Anteil am Umlagerungs-Prod. **IV** betrug 34,5%, das Ausmaß der Umlagerung bei der Rk. von **I** ist also erheblich geringer als bei dem l. c. untersuchten β-Phenylisovaleraldehyd. Diese Abnahme wird der ebenen, fixierten Struktur von **I** zugeschrieben, welche die Einnahme des Ar_1-3-Übergangszustandes behindert. Vff. verfolgten die Rk. durch dampfchromatograph. Prod.-Analyse, wobei sich ergab, daß die Geschw. der Umlagerung im Verlauf der Rk. relativ zu jener der Bldg. nicht-umgelagerter Prodd. zunimmt. **III** u. **IV** entstehen demnach aus zwei verschiedenen Radikalen u. wohl nicht aus einem gemeinsamen Brücken-Radikal. Bei Anwendung eines **II**/**I**-Verhältnisses von 6 : 1 nimmt der Anteil der Umlagerung auf 46% zu, durch weitere Erhöhung der **II**-Menge konnte jedoch keine zusätzliche Steigerung der Bldg. an Umlagerungs-Prodd. erzielt werden. Vff. führen diesen Effekt auf eine Verdünnungs-Wrkg. auf **I** zurück. Ferner wurde nachgewiesen, daß sich **III** unter den Rk.-Bedingungen nicht in **IV** umlagert. — Die Darst. von **I** erfolgte durch Cyclisierung von β-Phenyl-β-methylglutarsäure (**V**, F. 136—140°) zu *[1-Methyl-3-oxoindanyl-(1)]-essigsäure* (**VI**), Red. von **VI** mit H_2 in Ggw. von Pt u. Umwandlung der Säure über das Säurechlorid in **I** nach BROWN u. SUBBA RAO (C. **1959.** 14685).

Versuche: *[1-Methyl-3-oxoindanyl-(1)]-essigsäure* (**VI**), $C_{12}H_{12}O_3$, F. 125° (wss. Methanol), durch 17std. Erhitzen von **V** mit konz. H_2SO_4 auf 100° u. Gießen auf Eis; 70% (Ausbeute). *Oxim*, $C_{12}H_{13}NO_3$, F. 159—160°. — *[1-Methylindanyl-(1)]-essigsäure*, $C_{12}H_{14}O_2$, F. 57—58° (wss. Methanol), durch Hydrierung von **VI** in H_2SO_4-haltigem 96%ig. A. in Ggw. von 10%ig. Pd/Kohle bei 40 psi; 83%. *S-Benzylisothiuroniumsalz*, $C_{20}H_{24}N_2O_2S$, F. 125°. Die Red. von **VI** nach CLEMMENSEN u. HUANG-MINLON lieferte nur 17 bzw. < 5%. — *[1-Methylindanyl-(1)]-acetaldehyd* (**I**), $C_{12}H_{14}O$, Kp.$_{10}$ 130°, durch Einw. von $SOCl_2$ auf vorst. Säure (→ *Säurechlorid*, Kp.$_{15}$ 100°; 85—90%) u. Red. von 34,3 g mit $LiHAl(O\text{-tert.-}C_4H_9)_3$ in Bis-[2-äthoxyäthyl]-äther; n_D^{20} 1,5318; $D._4^{20}$ 1,029; 10,7 g. *2.4-Dinitrophenylhydrazon*, $C_{18}H_{18}N_4O_4$, F. 153,5°. *Semicarbazon*, $C_{13}H_{17}N_3O$, F. 113°. — *1.1-Dimethylindan* (**III**) Kp.$_{0,9}$ 40°, durch Hydrogenolyse (40 psi) von 3.3-Dimethylindanon-(1) in H_2SO_4-haltigem Methanol in Ggw. von 10%ig. Pd-Kohle; n_D^{20} 1,5139; $D._4^{20}$ 0,919; 96%. — *2-Methyltetralin* (**IV**), Kp. 222°, aus Tetralon-(1) über *2-Hydroxymethylentetralon-(1)* (Kp.$_4$ 147°, nach JOHNSON u. POSVIC, J. Amer. chem. Soc. **69.** [1947.] 1363) n_D^{20} 1,6339; 84%), Rk. mit CH_3J u. $NaNH_2$ in Dimethylformamid nach NELSON u. Mitarbeitern (C. **1961.** 15769) → *2-Methyltetralon-(1)*, Kp.$_{10}$ 115°, n_D^{20} 1,5544; 39%. *2.4-Dinitrophenylhydrazon*, F. 224°) u. katalyt. Hydrierung analog **III**; n_D^{20} 1,5261; 67%. — Die IR-Hauptbanden der vorst. Verbb. sind teilweise angegeben.

B. GNAUCK. B 225□

Oxydationen organischer Verbindungen mit fünfwertigem Vanadium. 8. Mitt. **Die Oxydation von Oxalsäure.** J. R. Jones und William A. Waters. (J. chem. Soc. [London] **1961.** 4757—61. Nov. Oxford, Dyson Perrins Labor.; engl.) — 7. vgl. C. **1962.** 4484. — Analog BOBTELSKY u. GLASNER (J. Amer. chem. Soc. **64.** [1942.] 1462) untersuchten Vff. die Kinetik der Oxydation von *Oxalsäure* (**I**) durch NH_4VO_3 in $HClO_4$ auf titrimetr. Wege. Die Rk. läuft gemäß $2\,V^{5+} + I \rightarrow 2\,V^{4+} + H_2O + 2\,CO_2$ ab, wobei offenbar keine längerlebigen Radikale auftreten. In Ggw. eines großen **I**-Überschusses läuft die Rk. nach der 1. Ordnung bis zu wenigstens 85%ig. Umsatz ab. In Ggw. von

$HClO_4$ tritt ein Geschw.-Minimum bei einer $HClO_4$-Konz. von ca. 2,6 Mol/Liter auf (bei 50°), in Abwesenheit von Mineralsäure wurde festgestellt, daß bei Erhöhung der Konz. an V^{5+} die k_I-Werte abnehmen, unter diesen Bedingungen kann I durch NH_4-Oxalat ersetzt werden u. die Zugabe von 0,1 m $HClO_4$ hat kaum einen Einfl. auf die Kinetik. Nur wenig höhere $HClO_4$-Konzz. erniedrigen jedoch die k_I-Werte stark, wenn ein I-Überschuß angewendet wird. Aus den Ergebnissen wird geschlossen, daß im pH-Bereich von 1—2 ein Komplex **A** aus 2 Moll. I u. V^{5+} mit einem 3. Mol I reagiert, ehe sich V^{4+} bildet. Eine potentiometr. Titration von I in Ggw. von NH_4VO_3 mit NaOH ergab aber, daß die Komplex-Bldg. keine erhebliche Änderung des pH-Werts in diesem Bereich bewirkt. **A** oxydiert I in Abwesenheit von Mineralsäure u. wird in sauren Lsgg. zerstört. In konz. Mineralsäure-Lsg. wird die Oxydation eine bimol. Rk. zwischen $V(OH)_3^{2+}$ u. I. In weniger stark sauren Medien konnte die Bldg. weiterer Komplexe unterschiedlicher Stabilität nachgewiesen werden. B. GNAUCK. B 225□

Untersuchungen auf dem Gebiet der Kinetik und des Mechanismus der Dampfphasenoxydation aromatischer Kohlenwasserstoffe. 7. Mitt. **Einfluß von Wasserdampf auf die thermische Oxydation des Benzols durch molekularen Sauerstoff.** I. I. Ioffe, Ja. Ss. Lewin und I. G. Kronitsch. (Журнал Физической Химии [J. physik. Chem.] **33.** 863—68. April 1959. Moskau, Woroschilow-Inst. für org. Zwischenprodd. u. Farbstoffe; russ., Auszug: engl.) — 6. vgl. C. **1959.** 6759. — Bei der Dampfphasenoxydation von *Bzl.* durch O_2 in Ggw. von Wasserdampf im Quarzrohr wurde der Einfl. der Temp. (715—735° u. 680°), der Kontaktzeit (ca. 0,5—8 Sek.) u. des Komponentenverhältnisses [Bzl. : W. : O_2 = 2 : (6—17) : (0,5—2)] auf die Umwandlung des Bzl. u. die Ausbeute an Phenol (I) untersucht. Der Umwandlungsgrad lag bei ca. 15—20% im Durchschnitt. Darauf bezogen stieg die I-Ausbeute mit sinkender Temp. u. abnehmender Kontaktzeit an. Insbesondere bewirkte der Ersatz von Luft durch ein O_2–Wasserdampf-Gemisch eine Erhöhung der I-Ausbeute u. eine Verminderung der Verbrennungs- u. Verharzungsprodukte. Die Ergebnisse (Umwandlungsgrad, Ausbeute an Phenol, CO + CO_2, Pyrolyse-Prodd. u. Harzen) werden ausführlich in Tabellen angegeben. Für die spezif. Wrkg. von Wasserdampf wird ein Mechanismus angegeben. HELMUT SCHÄFER. B 225□

Chemische Relaxation im Redox-Gleichgewicht Chinon–Hydrochinon. H. Diebler, M. Eigen und P. Matthies. (Z. Elektrochem., Ber. Bunsenges. physik. Chem. **65.** 634 bis 635. Sept. 1961. Göttingen, Max-Planck-Inst. für physik. Chem.; dt.) — In alkal. Lsg. reagieren *Benzochinon* u. *Hydrochinon* unter Bldg. von p-Benzosemichinon. Spektrophotometr. Unterss. mit einer Strömungsanordnung lieferten für die Gleichgewichts-Konst. K der Rk. den Wert 4,7 (22°, Ionenstärke 0,1 m) u. bestätigten die monomere Struktur des Rk.-Produktes. Da im alkal. Gebiet Neben-Rkk. ablaufen, mußten die Messungen nach etwa 10^{-2} Sek. nach Bldg. des Semichinon-Radikals durchgeführt werden. Die Hauptbande hat ihr Maximum bei 430 mμ u. einen Extinktions-Koeff. $7{,}4 \cdot 10^3$ Liter/Mol·cm. Die Geschw. der Radikal-Bldg. wurde mit Hilfe der Temp.-Sprung-Relaxations-Meth. bestimmt: $k_{12} = 2{,}6 \cdot 10^8$ Liter/Mol·s, $k_{21} = 7 \cdot 10^7$ Liter/Mol·s (11°, Ionenstärke 0,1 m). G. TALSKY. B 225□

Kinetische Versuche an N-Oxiden. Hans v. Euler, Hans Hasselquist und Oskar Heidenberger. (Ark. Kemi **13.** Nr. 54. 583—89. 1958, herausgeg. 1959. Stockholm, Univ., Inst. für Organ.-chem. Forschung; dt.) — Vgl. C. **1960.** 12338. — Bei der Bldg. von N-Oxiden aus Aminen u. H_2O_2 spaltet sich H_2O_2 in einer Rk. 1. Ordnung. Aus Biuret entsteht durch Einw. von H_2O_2 jedoch kein N-Oxid, sondern eine lockere Adsorptions-Verb., deren F. von den Vers.-Bedingungen abhängt u. die bei Raum-Temp. ihr H_2O_2 allmählich abspaltet; ein Prod. der Zus. Biuret·0,35 H_2O_2 schm. z. B. bei 152° u. zersetzt sich in 6 Tagen vollständig. *Nicotinsäure-N-oxid* (II) hat in wss. Lsg. die gleichen pH-Werte wie Nicotinsäure, wird durch $SnCl_2$ red., ist gegen starke Oxydationsmittel (z. B. CrO_3) stabil u. bildet mit Aminen keine SCHIFFschen Basen.

Versuche: *Nicotinsäure-N-oxid, Co-Salz, Tetrahydrat,* $C_{12}H_8CoN_2O_6 \cdot 4\,H_2O$, aus II u. $CoCl_2$ in neutraler wss. Lösung. — *Acridin-N-oxid, Dihydrat,* $C_{13}H_9NO \cdot 2\,H_2O$, F. 153° (Bzl.), durch 24std. Einw. von Benzopersäure auf Acridin, Schütteln mit HCl, Alkalisieren der HCl-Schicht u. Extraktion mit Bzl.; gelbe Nadeln. — *2.2'-Dinitro-4.4'-dimethylazoxybenzol,* $C_{14}H_{12}N_4O_5$, durch 24std. Einw. von 30%ig. H_2O_2 auf 3-Nitro-4-aminotoluol in Eisessig bei 65°; gelbe Stäbchen; daneben durch 24std. Stehen des Filtrats *3.4-Dinitrotoluol,* $C_7H_6N_2O_4$, F. 58—59° (Methanol), hellgelbe Stäbchen. L. LAMZA. B 225

Kupferinduzierte Hydrolyse der Disulfidbindung. Irving M. Klotz und Benedict J. Campbell. (Arch. Biochem. Biophysics **96.** 92—99. Jan. 1962. Evanston, Ill.,

Northwestern Univ., Dep. of Chem.; engl.) — *2.2'-Bis-[2-hydroxy-6-sulfonaphthyl-(1)-azo]-diphenyldisulfid* (*Di-Na-Salz, DSSD*) hydrolysiert schnell im alkal. Gebiet, während es im sauren Gebiet stabil ist; in Ggw. von Cu^{2+} wird die Disulfidbindung auch im sauren Gebiet gespalten. Die durch Cu^{2+}-Ionen im sauren Gebiet induzierte Hydrolyse D—S—S—D + H_2O → DSH + DSOH wurde durch Messung der opt. Absorption verfolgt (Verschiebung des Maximums von 515 auf 490 mμ). Bei konst. pH u. bestimmter Cu^{2+}-Konz. verläuft die Rk. annähernd nach 1. Ordnung, wobei die Rk.-Geschw.-Konst. k' annähernd mit $[Cu^{2+}]^2$ wächst (Tabelle der Geschw.-Konst. bei 25,1°). Vff. ziehen daraus den Schluß, daß sich vor der Spaltung des Mol. ein Komplex bildet, indem sich in jeder Mol.-Hälfte ein Cu^{2+}-Ion, mit koordinativen Bindungen zum S, O u. einem der Azo-N-Atome, anlagert. Hierdurch werden Elektronen von der S—S-Bindung abgezogen, wodurch der Angriff von OH^--Ionen an dieser Stelle begünstigt wird. — Die Geschw.-Konst. hängt linear von der OH^--Konz. ab, doch scheinen auch andere Einfl. vorzuliegen. Die Aktivierungsenergie der Hydrolyse wurde bei [DSSD] = $1,34 \cdot 10^{-5}$m, $1 \cdot 10^{-2}$m $CuCl_2$ u. pH 5,40 bei den Temp. 25,1 u. 35,6° zu 14,5 kcal/Mol berechnet. Ein Einfl. des Luft-O_2 auf die Rk.-Geschw. wurde nicht gefunden. $Pb(NO_3)_2$, $AgNO_3$, $ZnCl_2$ u. $CoCl_2$ bewirkten keine Hydrolyse im sauren Bereich, ebensowenig $FeCl_3$, dagegen in geringem Maße Fe^{2+}-Salze. W. Penn. B 225□

Die Einwirkung von salpetriger Säure auf Amine. A. T. Austin. (School Sci. Rev. **42.** 438—49. Juni 1961. Leeds, Univ., School of Chem.; engl.) — Vgl. C. **1961.** 17892. — Übersicht über die Rkk. von HNO_2 mit Aminen. W. Wesly. B 225□

Kinetik der Reaktionen von Acetanhydrid mit Hydroxyl- u. Phenolationen. Jouko Koskikallio. (Suomen Kemistilehti B **32.** 161—63. 1959. Helsinki, Univ. of Helsinki, Dep. of Chem.; engl.) — Im Rk.-Gemisch aus *Acetanhydrid* (I), wss. *Na-Phenolat*-Lsg., überschüssiger NaOH u. 9,1 Vol.-% Tetrahydrofuran (THF) reagiert I gleichzeitig mit den OH-Ionen unter Bldg. von Acetationen u. mit Phenolationen unter Bldg. von Phenylacetat. Das Verhältnis k_1/k_2 beider Rk.-Geschw.-Konst. wird aus dem Mol-Verhältnis der Rk.-Prodd. am Rk.-Ende ermittelt. k_1/k_2 beträgt bei 25° durchschnittlich 1,07, bei Erhöhung des THF-Geh. auf 18,2 bzw. 36,4 Vol.-% steigt das Verhältnis auf 1,33 bzw. 1,83. Durch Extrapolation auf einen Geh. von 0% THF wird für k_1/k_2 0,9 erhalten. Zum Vgl. werden aus den experimentellen Daten von Caundri [1929] u. den bekannten Gleichgewichts-Konst. der Rkk. von I mit OH- u. OCH_3- bzw. mit OH- u. OC_2H_5-Ionen die Verhältnisse der Geschw.-Konst. k_1/k_2 dieser Rkk. zu 7 bzw. 16 bei 25° ermittelt. L. Lamza. B 225

Kinetik der Reaktionen zwischen Acetanhydrid und Anilin. Jouko Koskikallio. (Suomen Kemistilehti B **32.** 133—37. 1959. Helsinki, Univ. of Helsinki, Dep. of Chem.; engl.) — Vgl. vorst. Referat. — Die Geschw.-Konst. k_2 der Rk. zwischen *Acetanhydrid* (I) u. *Anilin* wird bei verschiedenen pH-Werten u. Temp. ermittelt. k_2 ist im pH-Bereich 2—6 weitgehend konst., steigt jedoch in Ggw. von NaOH bzw. bei H^+-Ionen-Konzz. >0,01 Mol/Liter. Die Werte für k_2 lassen sich auch aus der von Gold u. Jefferson [1953] für die durch tert. Basen katalysierte Hydrolyse von I aufgestellte Gleichung berechnen. Bei der Hydrolyse von Acetanilid übt Anilin keinen katalyt. Einfl. aus. L. Lamza. B 225

Eine neuartige Eliminierungsreaktion. W. Paterson und G. R. Proctor. (Proc. chem. Soc. [London] **1961.** 248—49. Juli. Glasgow, Royal Coll. of Sci. and Technol., Chem. Dep.; engl.) — *N-Phenyl-N-phenacyl-p-toluolsulfonsäureamid* gibt bei Behandlung mit $NaOC_2H_5$ in Toluol bei Raum-Temp. Phenylglyoxalanil (F. 210°) in 95%ig. Ausbeute. Diese Eliminierungs-Rk. scheint gut geeignet zur Darst. von Anilen, die eine aktivierende Carbonylgruppe enthalten, zu sein. Die Aktivierung durch einen Benzolkern ist zu gering, so wurde *N-Phenyl-N-benzyl-p-toluolsulfonsäureamid* nach 2std. Behandlung mit $NaOCH_3$ in Toluol bei 95° unverändert zurückgewonnen, bei 120° tritt Zers. ein. Dagegen wird die Aktivierung durch Einführung einer p-NO_2-Gruppe erhöht, so wird bei Raum-Temp. aus *N-Phenyl-N-p-nitrobenzyl-p-toluolsulfonsäureamid* in guter Ausbeute p-Nitrobenzaldehydanil erhalten. Dies läßt vermuten, daß sich ein 3H-Isoindol aus 2-p-Toluolsulfonyl-5-X-isoindol (x = elektronenabziehende Gruppe) unter milden Bedingungen gewinnen läßt. Claus Fischer. B 225□

Austausch von Radikalen in metallorganischen Verbindungen. 1. Mitt. Austausch von Äthylradikalen im System Tetraäthylblei–Äthylbromid. I. A. Korschunow und A. P. Batalow (unter Mitarbeit von N. M. Skworzow). (Журнал Общей Химии [J. allg. Chem.] **29 (91).** 3135—39. Sept. 1959. Gorki, Univ., Chem. Forschungsinst.; russ.) — 2. vgl. C. **1961.** 9356. — Bei UV-Bestrahlung von Tetraäthylblei mit ^{14}C-markiertem Äthylbromid wird kein Äthylrestaustausch festgestellt. Ein maximal 20%ig.

Austausch wird bei 20std. Bestrahlung im luftfreien Mo-Glasrohr bei 140 ± 1^0 im geschlossenen Reaktor in Ggw. von $FeCl_3$, $AlBr_3$, $Al(C_2H_5)_3$ oder $AlCl_3$ erzielt. Vermutlich verläuft der Radikalaustausch über einen Ionenmechanismus, denn durch polare Lsgm., bes. Dimethylformamid, wird der Austausch, der auch in Ggw. von Silicagel, $CoCl_2$, Ag u. PCl_3 erfolgt, begünstigt. G. TOBIEN. B 226□

Sensibilisierung der Photooxydation von Benzaldehyd durch Acridinderivate. W. A. Nikitin und A. W. Karjakin. (Журнал Физической Химии [J. physik. Chem] **32.** 1431—32. Juni 1958; russ.) — In einer Konz. von 0,5 g/Liter hemmen *1-*, *2-* u. *9-Aminoacridin* sowie *α-Aminoanthrachinon* die Photooxydation von *Benzaldehyd* (A) bei -50^0 durch trockenen O_2 (10% A in Aceton), während *Anthrachinon*, *β-Aminoanthrachinon*, *3-Amino-* u. *3.6-Diaminoacridin* die Photooxydation sensibilisieren. Voraussetzung für die sensibilisierende Wrkg. der Verbb. ist, daß die Fluorescenz der Sensibilisatoren (S) durch O_2 gelöscht wird. Wenn der Energieinhalt des aus Sensibilisator u. O_2 gebildeten Biradikals $\cdot SO_2 \cdot$ groß genug ist, um Benzaldehyd in das Biradikal $\cdot A \cdot$ zu überführen, erfolgt die Sensibilisierung nach dem Schema: $S + h\nu \rightarrow S^*$; $S^* \rightarrow \cdot S \cdot$; $\cdot S \cdot + O_2 \rightarrow \cdot SO_2 \cdot$; $\cdot SO_2 \cdot + A \rightarrow SO_2 + \cdot A \cdot \rightarrow$ Kette. Ist der Energieinhalt von $\cdot SO_2 \cdot$ nicht groß genug, um A in $\cdot A \cdot$ überführen zu können, so kann die Sensibilisierung durch Dehydrierung erfolgen: $\cdot SO_2 \cdot + A \rightarrow \cdot SO_2H + A \cdot$, wobei die Ketten-Rk. durch $A \cdot$ eingeleitet wird. HELMUT SCHÄFER. B 226□

Angeregte Chloräthylradikale $C_2H_xCl_{5-x}$*. P. B. Ayscough, A. J. Cocker, F. S. Dainton, S. Hirst und M. Weston. (Proc. chem. Soc. [London] **1961.** **244.** Juli. Leeds, Univ., Dep. of Phys. Chem.; engl.) — Die Kinetik der homogenen Photochlorierung von gasförmigen, chlorierten Olefinen kann nachst. Rk.-Mechanismus zugrunde gelegt werden: $Cl_2 + h\nu \rightarrow 2\,Cl$; $Cl + A \rightleftharpoons ACl$; $ACl + Cl_2 \rightarrow ACl_2 + Cl$; $2\,ACl \rightarrow A_2Cl_2$ bzw. $A + ACl_2$; $ACl + Cl \rightarrow ACl_2$ bzw. $A + Cl_2$; $2\,Cl + M \rightarrow Cl_2 + M$ [A = *CH_2=CHCl*; *cis-$(CHCl)_2$*; *C_2HCl_3*; *C_2Cl_4*]. Die ARRHENIUSschen Parameter der Rkk. dieser Verbb. werden mitgeteilt. Die Unters.-Ergebnisse werden diskutiert u. Rkk. des ACl-Radikals aufgestellt, die alle beobachteten kinet. Phänomene erklären.
CLAUS FISCHER. B 226□

Untersuchung der Reaktion von Äthylbromid mit Brom im Röntgenstrahlenfeld nach der Methode der radioaktiven Indicatoren. W. Stachowitsch und An. N. Nessmejanow. (Научные Доклады Высшей Школы [Москва], Химия и Химическая Технология [Wiss. Hochschulber. [Moskau], Chem. u. chem. Technol.] **1959.** 120 bis 122. Lomonossow-Univ.; russ.) — *Äthylbromid* (I), das ^{82}Br enthaltendes Br_2 ($0,4 \cdot 10^{-3}$ bis $2,0 \cdot 10^{-2}$ g/Liter) gelöst enthält, wird der Einw. von Röntgenstrahlen ausgesetzt. Von den möglichen Prodd., 1.1- (II) u. 1.2-Dibromäthan (III), Mono- u. Dibrommethan, Bromoform, I, entstehen als Hauptprodd. ^{82}Br-I, -II u. -III. Bei der Rk. erfolgt also Radikal-Bldg. überwiegend durch Abspaltung von Br u. H. Mit zunehmender Br_2-Konz. in I nimmt die Menge an ^{82}Br-I, -II u. -III in den Prodd. zu, die der höher sd. Verbb. ab.
R. K. MÜLLER. B 226□

Durch Rose bengale photosensibilisierte Cyclodimerisation von Acenaphthylen und Mechanismus der Energieübertragung. Günther O. Schenck und Rudolf Wolgast. (Naturwissenschaften **49.** 36. 2. Jan.-H. 1962. Mülheim/Ruhr, Max-Planck-Inst. für Kohlenforsch., Abt. Strahlenchem.; dt.) — Vgl. C. **1962.** 15168. — Bei 3std. Bestrahlung von 10 g *Acenaphthylen* (Ace) u. 150 mg *Bengalrosa* (I) in 150 cm³ CH_3OH unter Ar bei 20^0 mit einer wassergekühlten Na-Dampflampe (60 W) entstanden 2 g trans-$(Ace)_2$ (F. 315—317°) u. 1,1 g cis-$(Ace)_2$ (F. 225—227°) mit einer Quantenausbeute von 0,05, während ohne I kein $(Ace)_2$ gefunden wurde. Die unsensibilisierte Photodimerisation von Ace tritt erst unter $\lambda = 500$ nm auf. Bei Bestrahlung der gleichen Lsg. ohne I mit einer 125-W-Hg-Hochdrucklampe wurden nach 3 Std. 1,16 g des trans- u. 0,44 g des cis-$(Ace)_2$ gefunden. Die durch I (auch Eosin) photosensibilisierte Cyclodimerisation erwies sich als eine Zwischen-Rk.-Katalyse vom Typ der durch die gleichen Xanthenfarbstoffe photosensibilisierten O_2-Übertragungen. Es wurden gleichartige durch *Durochinon* photosensibilisierte Cyclodimerisationen bei *Cyclohexadien-(1.3)* u. *α-Phellandren* beobachtet. Die energet. Kopplung bei der sensibilisierten Rk. $X + Y \rightarrow XY$ ergibt sich aus dem Schema $Sens \xrightarrow{h\nu} Sens^{rad}$; $Sens^{rad} \rightarrow Sens$; $Sens^{rad} + X \rightarrow Sens^{rad}X$; $Sens^{rad}X + Y = Sens + XY$ (1) u. $Sens^{rad}X \rightarrow Sens + X$ (2). Hierbei ist $Sens^{rad}$ der angeregte Sensibilisator. Für die Rk.-Enthalpie gilt $\Delta H^1 = \Delta H^2 + \Delta H^{brutto}$. Die beim Zerfall (2) der energiereichen Zwischen-Verb. auftretende Rk.-Wärme erscheint in der Abgabe-Rk. (1), die von besonderen ster. Voraussetzungen abhängt, zusätzlich zur Rk.-Wärme der Brutto-Reaktion. — Ace inhibiert die photosensibilisierte O_2-Aufnahme: 1,9 g Dimethylfuran, 135 mg I, 150 cm³ CH_3OH unter O_2 hat bei einer Quantenausbeute von 0,95 eine maximale Aufnahme von 60,1 ml O_2/min, während in Ggw. von 1,64 g Ace die maximale Aufnahme auf 36,6 ml O_2/min sinkt. W. PENN. B 226□

Strahlungschemie organischer Halogenverbindungen. 1. Mitt. **Die Wirkung von γ-Strahlung auf chlorierte Äthylene.** W. Miller, W. H. Stafford, W. H. Taylor, D. Leaver und A. H. Mc Quillan. (J. chem. Soc. [London] **1961.** 4485—89. Okt. Edinburgh, Univ., Chem. Dep.; engl.) — Es wurden *cis-* u. *trans-1.2-Dichloräthylen* (**I** bzw. **II**), *Trichloräthylen* (**III**) u. *Tetrachloräthylen* (**IV**) der γ-Strahlung von ^{60}Co ausgesetzt u. die Zus. der entstandenen Polymeren untersucht. Die Bestrahlungsstärke lag zwischen $0,78 \cdot 10^{17}$ u. $4,88 \cdot 10^{17}$ [$eV \cdot ml^{-1} \cdot min^{-1}$], die Gesamtdosis betrug $0,95 \cdot 10^{20}$ bis $21,92 \cdot 10^{20}$ [$eV\,ml^{-1}$] (Anmerkung: Für **IV** wurde in der Tabelle die Gesamtdosis irrtümlich mit $4800 \cdot 10^{20}$ [$eV\,ml^{-1}$] angegeben, jedoch berechnet man aus den experimentellen Angaben einen Wert von $12,2 \cdot 10^{20}$; der Referent). 164 g des fl. Polymerengemisches, das durch Bestrahlung von **I** erhalten wurde, enthielten 70 g des Dimeren, $Kp._{15}$ 83—84°, n_D^{20} 1,5155, $D._4^{20}$ 1,474; 40 g des Trimeren $Kp._2$ 105—120°, n_D^{20} 1,5388, $D._4^{20}$ 1,558; 5 g des Tetrameren, n_D^{20} 1,5486 sowie 10 g viscose Öle u. Wachse u. 39 g verkohlte Rückstände. Bei der Bestrahlung von **II** wurde ein festes Polymeres gefunden, dessen Menge mit zunehmender Gesamtstrahlungsdosis von 9,7 auf 24,8% anstieg, während die Gesamtausbeute an Polymeren gleichzeitig abnahm. Es wurde deshalb angenommen, daß ein Teil der ursprünglich gebildeten fl. Polymeren bei fortlaufender Bestrahlung weiterpolymerisiert. Nach dem Abfiltrieren der festen Polymeren u. der Abtrennung des monomeren **II** durch Dest. wurden gefunden: 7 g des Dimeren, 10,5 g des Trimeren, 6 g des Tetrameren (physikal. Daten wie oben) sowie 6 g Öle u. Wachse u. 24 g Rückstände. Das Dimere, Trimere u. Tetramere wurde bromiert u. mit Eisessig umkrist.: 1.2-Dibrom-1.3.4.4-tetrachlorbutan, $C_4H_4Br_2Cl_4$, F. 102—103°; 1.2-Dibrom-1.3.4.5.6.6-hexachlorhexan, $C_6H_6Br_2Cl_2$, F. 121—124°; 1.2-Dibrom-1.3.4.5.6.7.8.8-oktachloroctan, $C_8H_8Br_2Cl_8$, F. 246—249°. Das Dimere wurde gaschromatograph. an Tritolylphosphat bei 130° präparativ getrennt: cis-, $C_4H_4Cl_4$, $Kp._{760}$ 193—195°, n_D^{20} 1,5132, u. trans-1.3.4.4-Tetrachlorbuten-(1), $Kp._{760}$ 197—198°, n_D^{20} 1,5198. Die Identifizierung erfolgte durch eine Absorptionsbande bei 936 cm^{-1}, die dem trans-Isomeren zugeordnet wurde. Bei beiden Dichloräthylenen entstand HCl, die Isomerisierung war zu vernachlässigen. Die Bestrahlung von **III** ergab nach 24 Std. nadelförmige Kristalle, F. 224—229°, von denen jedoch nur Spuren nach Beendigung der Bestrahlung (358 Std.) zurückblieben. 43 g des gebildeten Polymeren enthielten 4,1 g eines anderen Festkörpers $C_6H_4Cl_{10}$, F. 216—217° (Chlf.); 12 g des Dimeren $Kp._{0,01}$ 41°, n_D^{20} 1,5440, $D._4^{20}$ 1,674 (keine Rk. mit Br_2); daneben noch 14,5 g orangefarbene Öle u. 12,4 g verkohlte Rückstände. Bei einem anderen Vers. entstand vermutlich auch Mono- u. Dichloracetylen. Bei der Bestrahlung von 393 ml von **IV** wurden gefunden: 0,4 g Hexachloräthan, 2 g Hexachlorbutadien-(1.3), $Kp._{0,01}$ 60—80° (Bad-Temp.); 0,4 g Hexachlor-4-dichlormethylencyclopenten, F. 182—183° (Prismen aus Bzl.); 3 g Oktachlorbuten-(1), C_4Cl_8, $Kp._{0,0001}$ 100 bis 120° (Bad-Temp.), n_D^{20} 1,5844, u. 5 g eines roten, sehr viscosen Öls, $Kp._{0,0001}$ 140 bis 180°. W. PENN. B 226□

Toluolmarkierung durch Tritiumrückstoß. M. Zifferero. (Energia nucleare, Suppl. **4.** 479—82. Dez. 1957. Roma, CNR, Centro per la Chim. Nucleare; engl.) — Die Bestrahlung der Lsg. des *Li-Salzes* des *Salicylsäureisoamylesters* in Toluol (**I**) mit therm. Neutronen führt zu einer Rückstoß-T-Markierung von **I.** ca. 40% der Aktivität der Lsg. entfallen auf **I.** 5,63% des in **I** eingebauten T werden in der CH_3-Gruppe, 53,17% in o-, 25,69% in m- u. 15,19% in p-Stellung gefunden. Die erhaltenen Ergebnisse weichen weit von denen ab, die bei T-Markierungen von **I** durch Selbstaustausch mit T-Gas erhalten wurden. L. ROTH. B 226□

Beitrag zur katalytischen und thermischen Oxydation von Propan zu Formaldehyd. Michel Paget, Roberto Martinez Utrilla und Jean-Claude Balaceanu (unter Mitarbeit von Denise Loucheur). (Bull. Soc. chim. France **1961.** 1013 bis 1017. Mai. Rueil-Malmaison, Seine-et-Oise, Inst. Franç. du Pétrole, Dép. de Cinét.; franz.) — Es wird die therm. Oxydation von *Propan* zu CO u. CO_2 bei 250—400°, ohne u. mit Katalysatoren u. unter Drücken bis zu 6 kg untersucht. Als beste Ausbeute wurde bei ca. 375° u. 2,75 kg Druck mit Cr_2O_3 als Katalysator, der am Eingang des Rk.-Rohres angebracht ist, ein Verbrauch von Propan von 6% erzielt; davon waren 70% zu Formaldehyd umgesetzt. Es handelt sich wahrscheinlich um eine hetero-homogene Radikalketten-Rk., deren Induktionsperiode durch Cr_2O_3 verändert wird u. die von der Natur des Wandmaterials abhängt. CH_2O tritt als Zwischenprod. auf. W. RITTLER. B 227□

Dehydrierung von asymmetrischem Methylisopropyläthylen und seinen Gemischen mit Tetramethyläthylen. I. N. Nasarow, L. N. Iwanowa und B. A. Rudenko. (Доклады Академии Наук СССР [Ber. Akad. Wiss. UdSSR] **122.** 242—45. 11/9. 1958. Zelinsky-Inst. für org. Chem. der Akad. der Wiss. der UdSSR; russ.) — In Ggw. der Katalysatoren K-12, K-16, K-18 (Zus. nicht angegeben) wurden *1-Methyl-1-isopropyläthylen* (I) u. seine Gemische mit *Tetramethyläthylen* (II) im Verhältnis 3:7 bei 630° mit einer Volum-Geschw. von 1500 Liter/Katalysator · Std. unter teilweiser Demethylierung dehydriert. Die Ausbeuten an *Dien-KW-Stoffen* betrugen bei I 10,25—12,85%, bei I + II 12,30—16,80%. Das Verhältnis *Isopren* zu *2.3-Dimethylbutadien* (III) betrug bei K-16 1:2, bei K-18 1,4:1. Im Gemisch I + II bewirkt eine Erhöhung von I auf 30% eine Verringerung der Ausbeute an Dien-KW-Stoffen von 22 auf 14%. Die Ausbeute an III sinkt bei Dehydrierung von II an K-16 von 21 (1 Std.) auf 12% (2 Std.) u. bleibt dann konstant. E. FÖRSTER. B 227

Autoxydation von Kohlenwasserstoffen. 28. Mitt. **Autoxydation von Cumol in Gegenwart von Kupferphthalocyanin und Alkali.** Heinrich Hock und Heinz Kropf. (J. prakt. Chem. [4] **13 (285).** 285—90. Aug. 1961. Clausthal, Bergakad., Inst. für Brennstoffchem.; dt.) — 27. vgl. C. **1960.** **14332**; 26. vgl. C. **1961.** **3625**. — Die durch Cu-Phthalocyanin (I) katalysierte Autoxydation von *Cumol* (II) zu Cumolhydroperoxid (III) wird in Anwesenheit von NaOH, Na_2CO_3 oder $NaHCO_3$ weiter beschleunigt, desgleichen die sek. Zers. von III zu Dimethylphenylcarbinol. Bei der Autoxydation von 0,5 Mol II in Anwesenheit von 0,5 ml III u. 0,25 mMol I bei 100° während 2—5 Std. werden 5,1—500 mg NaOH, 32—200 mg Na_2CO_3 oder 80 mg $NaHCO_3$ in wss. Lsg. zugesetzt. Bei Alkalizusätzen setzt die Rk. sofort mit maximaler Geschw. ein. Die Bldg.-Geschw. von III zeigt lineare Abhängigkeit vom pH-Wert der zugesetzten Alkalilösungen. Es wird ein Rk.-Mechanismus vorgeschlagen, bei dem zunächst eine Polarisierung der reaktiven C—H-Bindung in II durch OH^- unter Bldg. eines Resonanzhybrids $[R—H \leftarrow O—H \leftrightarrow R \rightarrow H—O—H]^-$ erfolgt, welches O_2 zu polarisieren vermag, u. gefolgert, daß die Autoxydation von KW-Stoffen mit geringer CH-Acidität (z. B. Toluol, Diphenylmethan, Triphenylmethan, Fluoren, Tris-[p-nitrophenyl]-methan) durch Alkali katalysiert werden sollte. O. HENNING. B 227 □

Die katalytische Wirkung von Kupfer auf die Oxydation von Hydrochinon mit Peroxydibernsteinsäure und Wasserstoffperoxid. P. Demerseman, R. N. Feinstein und A. Cheutin. (Bull. Soc. chim. France **1961.** 268—70. Febr. Paris, Inst. du Radium-Fondat. Curie, Labor. de Chim. Organ. et de Spectrosc.; franz.) — Die Oxydation von *Hydrochinon* (II) zu Chinon (III) mittels Disuccinylperoxid (I, Peroxydibernsteinsäure) wird UV-spektrometr. verfolgt u. mit der Oxydation von II durch H_2O_2 verglichen. In mineralfreiem dest. W. wird II von I nicht oxydiert. In Ggw. von Cu^{2+} bzw. Fe^{3+} wird dagegen III gebildet. Die Oxydation wird ausgelöst durch 10^{-11}m $CuSO_4$, u. ihre Geschw. ist eine Funktion der $CuSO_4$-Menge u. der Temperatur. Bei der Oxydation von II mit I in 95%ig. A. in Ggw. von $CuSO_4$ ist das Hauptprod. Acetaldehyd, daneben wenig III. II spielt, indem es vorübergehend in akt. III übergeht, die Rolle des O_2-Überträgers. In Abwesenheit von Cu^{2+} wird weder II noch A. oxydiert. Die Oxydation von II mit H_2O_2 in wss. Lsg. führt in Ggw. von Cu^{2+}-, Fe^{2+}- u. Fe^{3+}-Ionen evtl. über OH-Radikale zu einer Substanz, die anders als III gefärbt ist.
G. MARQUARD. B 227

Über den Mechanismus der Umwandlungen von Cyclohexen und Cyclohexadien-(1.3) an Platinfilmen. W. M. Grjasnow und W. I. Schimuliss. (Доклады Академии Наук СССР [Ber. Akad. Wiss. UdSSR] **139.** 870—73. 1/8. 1961. Moskau, Lomonossow-Univ.; russ.) — *Cyclohexen* (I) u. *Cyclohexadien-(1.3)* (II) werden an Pt-Filmen bei 20° sowohl dehydriert als auch hydriert. Bei kleinen Drucken erfolgt vorwiegend Dehydrierung. Die Anreicherung von H_2 u. Bzl., das vor allem die für die Dehydrierung aktiven Zentren blockiert, bedingt, daß die Dehydrierungs-Geschw. absinkt u. die Hydrierungs-Geschw. während der Rk. ansteigt. Mit Verminderung des Drucks des ungesätt. KW-Stoffes verringert sich deshalb der Geh. an H_2 in der Gasphase. Die Vers.-Ergebnisse sind nicht ausreichend, um zu entscheiden, ob auch eine direkte H_2-Übertragung stattfindet gemäß: II → Bzl. + I; I → Bzl. + Cyclohexan.
HELMUT SCHÄFER. B 227 □

Wayne C. Edmister, Applied hydrocarbon thermodynamics. Houston: Gulf Pub. Co. 1961. (311 S. m. Abb.) $ 15.—.

Edwin S. Gould, Mechanismus und Struktur in der organischen Chemie. Weinheim/Bergstr.: Verl. Chemie. 1962. (Etwa 800 S. m. 30 Abb.) Etwa DM 54,—.

George A. Varvoglis, Abridged organic chemistry. Thessaloniki: General Direction of Press Research and Cultural Relations Division. 1960. (540 S. m. 14 Tab.)

C. Präparative organische Chemie. Naturstoffe

Oxydation von Epoxiden mit Dimethylsulfoxid. Eine einfache Synthese von α-Hydroxyketonen. Theodore Cohen und Tadakazu Tsuji. (J. org. Chemistry **26.** 1681. 17/5. 1961. Pittsburgh, Pa., Univ., Dep. of Chem.; engl.) — Epoxide werden durch Dimethylsulfoxid in guter Ausbeute zu *α-Hydroxyketonen* oxydiert; die Rk. verläuft in Abwesenheit von Katalysatoren sehr langsam, läßt sich jedoch durch Zusätze von BF_3 wesentlich beschleunigen.

Versuche: *2-Hydroxycyclohexanon*, $Kp._{13}$ 83—85°, durch 22std. Erhitzen von Cyclohexenoxid in Dimethylsulfoxid in Ggw. von wiederholt zugegebenem BF_3-Ätherat auf dem Dampfbad, Gießen in Eiswasser u. Ausziehen mit Chlf.; 76% (Ausbeute) [*Osazon*, F. 218° (Zers.)]; daneben *Dimethylsulfid*, Kp. 36—38°; 60%. — *5α-Cholestan-3β-ol-2-on*, F. 105,5—107°, anlog vorst. Verb., a) aus 2β.3β-Epoxy-5α-cholestan; 55%; b) aus 2α.3α-Epoxy-5α-cholestan mit Dioxan als Lsgm.; 45%; daneben jeweils *5α-Cholestan-2.3-dion*, F. 138—140°, 11 bzw. 19%, u. *5α-Cholestan-2β.3α-diol*, F. 200—201°, 10 bzw. 5%. — *Phenacylalkohol*, aus Styroloxid; 57%. H.-E. Toussaint. 460□

Reduktion von isolierten Olefinbindungen mittels p-Toluolsulfonylhydrazin. R. S. Dewey und E. E. van Tamelen. (J. Amer. chem. Soc. **83.** 3729. 5/9. 1961. Madison, Wis., Univ. of Wisconsin, Dep. of Chem.; engl.) — Olefine werden durch 1std. Kochen mit der doppelten berechneten Menge p-Toluolsulfonhydrazid in Diglyme unter N_2 in die entsprechenden gesätt. Verbb. übergeführt. Öl- bzw. Elaidinsäure ergeben in 73 bzw. 70%ig. Ausbeute *Stearinsäure*; *Propanol-(1)* u. *Cyclohexan* werden in 99- bzw. 98%ig. Ausbeute aus Allylalkohol bzw. Cyclohexen gewonnen. W. Hampel. 460□

Zur Struktur der Lösungen. 3. Mitt. **Racematspaltung durch ein optisch-aktives Lösungsmittel.** Arthur Lüttringhaus und Dagmar Berrer. (Tetrahedron Letters [London] **1959.** Nr. 10. 10—12. Aug. Freiburg i. Br., Univ., Chem. Labor.; dt.) — 2. vgl. C. **1960.** 17405. — Ausgehend von der Annahme, daß zur Erzielung ster. genügend differenzierter u. deshalb sich in der Löslichkeit unterscheidender Solvate opt.-akt. Substanzen die Moll. von Substrat u. Solvens an wenigstens 2 Punkten eng verknüpft sein sollten, gelang es, sowohl *dl-2.3-Dibrombutandiol-(1.4)* (**I**) als auch *dl-Bis-[pyridyl-(4)]-glykol* (**II**) durch Umkristallisieren aus *D-Diisopropyltartrat* (**III**) zu spalten. — Spaltung von **I**: 20 g **I** in 20 ml **III** (bei 90° gelöst) lieferten nach 24 Std. bei 18° nach Impfung mit dl-**I** 6 g **I**, $[\alpha]_D^{20}$ —1,79°; diese aus 10 ml **III** nach 8 Tagen 1,9 g **I** mit $[\alpha]_D^{20}$ —8,0°; diese aus 3,5 ml **III** nach 14 Tagen 0,163 g **I** mit $[\alpha]_D^{20}$ —37,8° (c = 7; CH_3OH). — Spaltung von **II**: 1 g **II** nach 1std. Erwärmen in 15 ml **III** auf 95° u. Filtrieren nach 3 Wochen bei 18—20° → 63 mg **II** mit $[\alpha]_D^{21}$ +5,77° (c = 3,2 in CH_3OH).
S. Neue. 460□

Untersuchung auf dem Gebiet der Alkansulfonsäuren. 23. Mitt. **Synthese und Eigenschaften einiger Methansulfonsäureester.** A. G. Kosszowa und L. B. Leontjewa. (Журнал Общей Химии [J. allg. Chem.] **30** (**92**). 3541—42. Nov. 1960. Woronesh, Univ.; russ.) — 22. vgl. C. **1961.** 17169. — Durch Rk. von Methansulfochlorid (**I**) mit Glykol (**II**), 1.3Butylenglykol (**III**), Glycerin (**IV**), Äthylenchlorhydrin (**V**) u. Glycerin-α-monochlorhydrin (**VI**) in Pyridin wurden die entsprechenden *Ester* erhalten.

Versuche: Man gibt zur Lsg. von **II**—**VI** in Pyridin bei 0° tropfenweise **I**, läßt bei 20° 1 Tag lang stehen, fällt mit verd. H_2SO_4 (1 : 3) unter Kühlung aus, extrahiert mit Chlf. u. krist. aus A. um: *Äthylen-bis-methansulfonat*, $C_4H_{10}O_6S_2$, F. 44—45°, aus 2,0 g **II** in 5 ml Pyridin u. 6,5 g **I**; 21,4% (Ausbeute). — *1.3-Butylen-bis-methansulfonat*, $C_6H_{14}\cdot O_6S_2$, F. 40—41°, aus 2,24 g **III** in 15 ml Pyridin u. 5,7 g **I**; 45%. — *Glycerin-tris-methansulfonat*, $C_6H_{14}O_9S_3$, F. 77—78°, aus 3,6 g **IV** in 15 ml Pyridin u. 11,2 g **I**; 78,8%. — *β-Chloräthylmethansulfonat*, $C_3H_7ClO_3S$, $Kp._{10}$ 126°, aus 4,2 g **V** in 10 ml Pyridin u. 6 g **I**; $D._4^{20}$ 1,3837; n_D^{20} 1,4590; 57,8%. — *1-Chlor-2.3-propylen-bis-methansulfonat*, $C_5H_{11}ClO_6S_2$, F. 67—68°, aus 4,3 g **VI** in 15 ml Pyridin u. 8,0 g **I**; 69,4%. Helmut Schäfer. 600□

Untersuchung auf dem Gebiet der Alkansulfonsäuren. 24. Mitt. **Acetylierung einiger Alkansulfo-N-arylamide in Gegenwart von Aluminiumchlorid.** A. G. Kosszowa, N. N. Tkatschenko und I. I. Jewssejewa. (Журнал Общей Химии [J. allg. Chem.] **31** (**93**). 2241—46. Juli 1961; russ.) — 23. vgl. vorst. Referat. — Die Acetylierung von Methan- u. Äthansulfanilid, -o-toluidid u. -o-anisidid mit Acetylchlorid (**I**) in Ggw. von $AlCl_3$ liefert die entsprechenden *Alkansulfo-p-acetylanilide*, daneben deren *N-Acetylderivate*. Die Menge der Diacetyl-Verbb. steigt mit der bei der Acetylierung angewendeten **I**-Menge an. Die N-Acetyl-Verbb. lassen sich mit 5%ig. NaOH in einigen Min. fast quant. zu den Alkansulfo-p-acetylaniliden hydrolysieren, diese werden durch H_2SO_4 zu den entsprechenden *p-Acetylaniliden* hydrolysiert.

Versuche: Man läßt die entsprechenden Alkansulfanilide, I u. $AlCl_3$ in Dichloräthan 1 Std. lang bei 20° stehen, erwärmt 3—5 Std. auf <50°, behandelt mit Eiswasser-HCl, dampft die Dichloräthanschicht ein, extrahiert aus dem Rückstand das Monoacetyl-Deriv. mit 5%ig. NaOH u. reinigt Mono- u. Diacetyl-Deriv. durch Umkristallisieren aus W.-A. oder W.-Aceton. — *Methansulfo-p-acetylanilid* (II), $C_9H_{11}NO_3S$, F. 150—152°, aus 1 (Mol) Methansulfanilid, 1,01 I u. 2,35 $AlCl_3$; 28% (Ausbeute). Daneben *N-Acetyl-Deriv.*, $C_{11}H_{13}NO_4S$, F. 132—133°; 40,3%. — *Äthansulfo-p-acetylanilid*, $C_{10}H_{13}NO_3S$, F. 130—132°, aus 1,5 Äthansulfanilid, 1,36 I u. 3,24 $AlCl_3$; 57,1%. Daneben *N-Acetyl-Deriv.*, $C_{12}H_{15}NO_4S$, F. 94—96°; 19,9%. — *Methansulfo-p-acetyl-o-toluidid* (III), $C_{10}H_{13}$·NO_3S, F. 150—151°, aus 1,5 Methansulfo-o-toluidid, 0,97 I u. 3,15 $AlCl_3$; 61,1%. Daneben *N-Acetyl-Deriv.*, $C_{12}H_{15}NO_4S$, F. 162—163°; 9,6%. — *Äthansulfo-p-acetyl-o-toluidid*, $C_{11}H_{15}NO_3S$, F. 124—126°, aus 2,0 Äthansulfo-o-toluidid, 1,4 I u. 4,12 $AlCl_3$; 25%. Daneben *N-Acetyl-Deriv.*, $C_{13}H_{17}NO_4S$, F. 114—115°; 44,6%. — *Methansulfo-p-acetyl-o-anisidid*, $C_{10}H_{13}NO_4S$, F. 140—141°, aus 2,5 Methansulfo-o-anisidid, 2,16 I u. 5,0 $AlCl_3$; 13,1%. *N-Acetyl-Deriv.*, $C_{12}H_{15}NO_5S$, F. 165—167°; 53,4%. — *Äthansulfo-p-acetyl-o-anisidid*, $C_{11}H_{15}NO_4S$, F. 116—117°, aus 1,7 Äthansulfo-o-anisidid, 1,3 I u. 3,14 $AlCl_3$; geringe Ausbeute. Daneben *N-Acetyl-Deriv.*, $C_{13}H_{17}NO_5S$, F. 155—156°; 43%. — *4-Amino-acetophenon*, C_8H_9NO, F. 104—106° (W.), durch Hydrolyse von 0,5 g **II** in 10 ml verd. H_2SO_4 (1 : 1). — *3-Methyl-4-aminoacetophenon*, $C_9H_{11}NO$, F. 105°, aus **III**.

Helmut Schäfer. 600□

Organische Fluorverbindungen. 9. Mitt. **Die Darstellung von Fluoraceton und 1.3-Difluoraceton.** Ernst D. Bergmann und Sasson Cohen. (J. chem. Soc. [London] **1958.** 2259—62. Juni. Jerusalem, Hebrew Univ., Dep. of Organ. Chem.; Tel-Aviv, Israel Ministry of Defence, Sci. Dep.; engl.) — 7. vgl. C. **1957.** 406; 8. vgl. J. Sci. Food Agric. **8.** [1957.] 400; 10. vgl. C. **1960.** 16060. — *Fluoraceton* (I) wird durch Oxydation von 1-Fluorpropanol-(2) (II), das aus 1-Chlorpropanol-(2) (V) mit KF nach Hoffmann (J. Amer. chem. Soc. **70.** [1948.] 2596) erhalten wird, mit H_2CrO_4 dargestellt. Daneben wird *α-Fluorpropionsäure* gebildet, die evtl. durch Rk. von **II** oder **V** zu Propylenoxid, dessen Spaltung mit HF u. Oxydation entsteht. Zur Darst. von *1.3-Difluorpropanol-(2)* (III) wird Epichlorhydrin (VI) mit KHF_2 in Diäthlenglykol gekocht; bei der folgenden Oxydation entsteht neben *1.3-Difluoraceton 1-Chlor-3-fluoraceton*. Die Darst. von **III** aus 1.3-Dichlorpropanol-(2) (**VII**) liefert nur geringe Ausbeuten. Verss., Äthylenketale von Chlor- oder Bromaceton mit KF in Glykolen, CH_3CN oder Nitrobenzol bzw. Fluoracetylchlorid mit $Cd(CH_3)_2$ umzusetzen, waren ohne Erfolg. Die Oxydation von 1-Fluor-2-methylpropanol-(2) (**VIII**) mit H_2O_2 in Ggw. von Fe^+-Ionen liefert ebenfalls **I**, ist aber wegen der schwierigen Darst. von **VIII** aus Isobutylenoxid + HF oder Fluoressigsäureäthylester (**IX**) u. CH_3MgBr ungünstiger als die Darst. aus **II**. Mit KF reagiert **VI** nicht.

Versuche: *1-Fluor-2-methylpropanol-(2)* (**VIII**), C_4H_9FO, Kp. 96—98°, durch Zugabe von **IX** in Ae. zu CH_3MgBr in Ae. unter Rühren bei 0—5°, Zers. mit Eis u. HCl u. Aufarbeiten der äther. Phase; n_D^{28} 1,3895; 32% (Ausbeute). — *1-Fluorpropanol-(2)* (**II**), C_3H_7FO, Kp. 103—105°, durch Zutropfen von **V** zu KF, Äthylenglykol u. Diäthylenglykol bei 170—180° u. Dest.; n_D^{28} 1,3718; 37%; daneben *Propylenoxid*, Kp. 34—40°. — *Fluoraceton* (**I**), Kp. 78—79°, durch langsame Zugabe von H_2SO_4 zu **II**, $Cr_2O_7 \cdot 2\,H_2O$ u. W. bei 20—25°, Verdünnen mit W., Dest. u. Aussalzen; n_D^{28} 1,3627; 43%. *Dinitrophenylhydrazon*, $C_9H_9N_4O_4F$, F. 134—135° (A.). — *α-Fluorpropionsäure*, $C_3H_5FO_2$, $Kp._{30}$ 82 bis 83°, neben **I** durch Extraktion mit Ae.; n_D^{28} 1,3810. — *1.3-Difluorpropanol-(2)* (**III**), $C_3H_6F_2O$, Kp. 127—128°, $Kp._{34}$ 54—55°, a) durch Zutropfen von **VII** zu KF, Äthylenglykol u. Diäthylenglykol bei 190—200°; n_D^{28} 1,3745; 4,3%; b) durch 2½ std. Kochen von KHF_2 u. Diäthylenglykol u. Dest.; 30%. — *1-Chlor-3-fluorpropanol-(2)* (**IV**), C_3H_6·ClFO, Kp. 146—148°, $Kp._{34}$ 64—65°, a) neben **III** nach a); n_D^{28} 1,4269; 4%; b) neben **III** nach b); 17,5%. — *Epifluorhydrin*, C_3H_5FO, Kp. 85—86°, aus **IV** u. NaOH in Ae.; n_D^{28} 1,3680; 66%. — *1.3-Difluoraceton* (**V**), $C_3H_4F_2O$, $Kp._{760}$ 124—126°, $Kp._{30}$ 52—53°, aus **III** analog **I**, Aussalzen mit $CaCl_2$ u. Extraktion mit Ae.; 42%. *Semicarbazon*, C_4H_7·F_2N_3O, F. 143—146°. *Äthylenketal*, $C_5H_8F_2O_2$, $Kp._{30}$ 64—65°, n_D^{27} 1,3989; 54%. — *1-Chlor-3-fluoraceton*, C_3H_4ClFO, Kp. 142—144°, aus **IV** analog **V**; n_D^{28} 1,4195; 46%. *Semicarbazon*, F. 116—118°. *Äthylenketal*, $C_5H_8ClFO_2$, $Kp._{30}$ 82—84; n_D^{27} 1,4320; 78%.

H. Henze. 710□

Addition von Alkoholen an Mesityloxid mittels eines sauren Ionenaustauscherharzkatalysators. N. B. Lorette. (J. org. Chemistry **23.** 937. 20/6. 1958. Freeport, Tex., Dow Chem. Co.; engl.) — Dowex-50, ein saures Ionenaustauscherharz, katalysiert die Bldg. von *Diacetonalkoholäthern* aus Mesityloxid (I) u. Alkoholen.

Versuche (bei 25°): *4-Methoxy-4-methylpentanon-(2)*, $Kp._{40}$ 74°, durch Fließen von I u. Methanol durch eine Dowex-50-Säule, Abdampfen des CH_3OH bei 200 Torr u. des

I bei 40 Torr; $D.^{25}$ 0,900, n_D^{25} 1,4159; 94% (Ausbeute). — *4-Äthoxy-4-methylpentanon-(2)*, $Kp._{20}$ 67°, aus I u. abs. A.; $D._4^{25}$ 0,884; n_D^{23} 1,4152; 82%. H. Henze. 740□

Zur Stabilität der Formylpseudohalogenide. W. Ruske und H. J. Jahns. (Z. Chem. 1. 158—59. 1961. Berlin, Humboldt-Univ., II. Chem. Inst.; dt.) — Die Verss. zur Darst. von *Formylcyanid* durch Dehydrierung von Glykolsäurenitril mit MnO_2 bzw. Pb(IV)-Acetat schlugen fehl. Die Verw. von SeO_2 ergibt den *Selenigsäureester*, der in einem radikal. Mechanismus zerfällt, wobei *HCN*, *CO_2*, *Oxamid*, *Äthylen* u. *Glykolsäureamid* entstehen. Dagegen erwies sich die Rk. des Diäthoxy- bzw. Dibutoxyacetonitrils mit den Anhydriden der Phthalsäure, Benzoesäure oder Essigsäure bzw. mit Chloral zum Abfangen des Alkohols als geeigneter Weg. Die Rk. wird durch H_2SO_4 katalysiert u. beginnt erst bei 35°. Dabei wird eine gelbgrüne Färbung des Rk.-Gemisches beobachtet, das unter Bldg. von CO u. HCN zerfällt. W. Hampel. 810□

Untersuchungen über Lactonbildung in der Gasphase. 1. Mitt. **Synthese von γ-Butyrolacton.** Shinzaburo Oka. (Bull. chem. Soc. Japan **34.** 12—14. Jan. 1961. Kosobe, Kyoto Univ., Inst. for Chem. Res.; engl.) — Die katalyt. Dehydrierung von Butandiol-(1.4) in Gasphase unter verschiedenen Bedingungen wird untersucht. Als Katalysator erweist sich Cu auf MgO oder ZnO am geeignetsten. Bei 230—240° u. Cu/ZnO (1 : 4) als Katalysator wird *γ-Butyrolacton* in 95%ig. Ausbeute erhalten. W. Hampel. 850□

Beitrag zur Untersuchung des Butenolids. 3. Mitt. René Rambaud, Suzanne Ducher und Roger Boudet. (Bull. Soc. chim. France [5] **1956.** 1419—24. Okt. Clermont-Ferrand, Fac. des Sci., Labor. de Chim. gén.; franz.) — 2. vgl. Bull. Soc. chim. France [5] **1956.** 466; 1. vgl. C. **1959.** 4436. — *Butenolid* (**I**) wird vorteilhaft durch Umsetzung von 1-Chlorpropandiol-(2.3) (**II**) mit KCN, alkal. Verseifung u. Behandeln mit Säure ohne Isolierung der Zwischenstufen dargestellt. **I** fällt im Gemisch mit *β-Hydroxy-γ-butyrolacton* (**III**) an, das sich leicht zu **I** dehydratisieren läßt. Als Prod. der Umsetzung von **II** mit KCN läßt sich *β.γ-Dihydroxybutyronitril* (**IV**) fassen. Aus Epichlorhydrin (**V**) wird mit KCN in sehr geringer Ausbeute *2.5-Bis-[cyanmethyl]-1.4-dioxan* (**VI**) gewonnen, das in besserer Ausbeute durch Einw. von Alkali auf β-Hydroxy-γ-chlorbutyronitril (**VII**) zugänglich ist. **VI** läßt sich über das entsprechende *Diamid* in *2.5-Bis-[carboxymethyl]-1.4-dioxan* umwandeln. Unter milden Bedingungen ist aus **VII** u. Alkali *trans-3-Hydroxy-1-cyanpropen-(1)* (**VIII**) als Vorstufe von **VI** zu fassen. Die *trans*-Struktur von **VIII** wird durch Chlorierung mit $SOCl_2$ zu *trans-3-Chlor-1-cyanpropen-(1)* u. dessen Verseifung zu *trans-γ-Chlorcrotonsäure* gesichert. Ein endgültiger Beweis steht jedoch noch aus, da es bisher nicht gelungen ist, **VIII** in eine direkte Beziehung zu *trans-γ*-Hydroxycrotonsäure zu bringen. Das *Diacetyl-Deriv.* von **IV** wird über Quarz bei 550—600° unter Bldg. der beiden isomeren *3-Acetoxy-1-cyanpropene-(1)* gespalten, von denen das höher sd. dem Acetylierungs-Prod. von **VIII** entspricht, wie aus dem Vgl. der Raman-Spektren hervorgeht, deren Werte angegeben sind.

Versuche: *Butenolid* (**I**), a) durch Zugabe von wss. KCN zu **II** in A., Kochen unter Rühren, Zugabe von verd. NaOH zur filtrierten Lsg., Durchleiten von Luft bei 100° bis zur Beendigung der NH_3-Entw., Ansäuern mit HCl, Verdünnen mit A., Einengen der filtrierten Lsg. im Vakuum, Ausfällen der anorgan. Salze durch Zugabe von A. u. Vakuum-Dest.; 23% (Ausbeute). Daneben *β-Hydroxy-γ-butyrolacton* (**III**); 42%; b) durch Dehydratisieren von **III** mit P_2O_5 in reinem Dioxan nach Glattfeld u. Riess [1940]; 40%. — *β.γ-Dihydroxybuttersäureamid*, $C_4H_9NO_3$, F. 89,5—90° (Dioxan), durch Sättigen der Lsg. von **III** in Methanol bei 0° mit NH_3, 48std. Stehenlassen in der Kälte u. Eindampfen. — *β.γ-Dihydroxybutyronitril* (**IV**), $Kp._4$ 161—163°, aus **II** u. KCN analog **I** jedoch ohne anschließende Behandlung mit Alkali, sondern Ae.-Extraktion, Eindampfen u. Dest. im Vakuum; $D._4^{18}$ 1,216, n_D^{18} 1,468; liefert bei der Verseifung u. a. **I** u. **III**; 30%. *Dibenzoyl-Deriv.*, $C_{18}H_{15}NO_4$, F. 76,5° (wss. A.), durch 4std. Aufbewahren von **IV** u. C_6H_5COCl in Pyridin, Waschen mit W. u. Ae.-Extraktion. *Diacetyl-Deriv.*, $Kp._4$ 132—134°, a) durch $1^1/_2$std. Kochen mit 82 g **IV** mit Essigsäureanhydrid in Ggw. von konz. H_2SO_4, Eingießen in W. u. Ae.-Extraktion; $D._4^{19,5}$ 1,151, $n_D^{19,5}$ 1,438; 27 g [daneben *x-Acetoxy-x-hydroxybutyronitril* (Isomerengemisch?), $C_6H_9NO_3$, $Kp._4$ 144—146°; $D._4^{15,5}$ 1,167, $n_D^{15,5}$ 1,450; liefert durch Kochen mit Acetanhydrid das *Diacetyl-Deriv.*; 26 g]; b) durch 2std. Kochen von 31 g **IV** mit 66 g Acetanhydrid u. Pyridin; 49 g. — *2.5-Bis-[cyanmethyl]-1.4-dioxan* (**VI**), $C_8H_{10}N_2O_2$, F. 167,5—168° (W.; Nadeln), $Kp._{15}$ 215—216°, a) durch Einrühren von **V** zu wss.-alkohol. KCN bei 10° u. 24std. Stehen; 6%; b) durch Zugabe von NaOH zu **VII** u. Eis bei 5° unter Rühren u. $^1/_4$std. Stehen; 32%. — *2.5-Bis-[carboxymethyl]-1.4-dioxan*, F. 235° (W.), a) aus dem *Diamid* u. HNO_2; 65%; b) analog aus **VI**; 80%. *Diamid*, $C_8H_{14}N_2O_4$, F. 288°, durch Lösen von **VI** in konz. H_2SO_4 u. Gießen auf Eis. *Ag-Salz*, $C_8H_{10}Ag_2O_6$. *Dimethylester*, F. 123° (W.), aus dem Ag-Salz u. CH_3J;

40%. *Diäthylester* wie vorst. mit C_2H_5J, F. 109,5° (W.); 43%. — *trans-3-Hydroxy-1-cyanpropen-(1)* (**VIII**), $Kp._{12}$ 122—122,5°, aus **VII** u. verd. NaOH unter milden Bedingungen; $D._4^{20}$ 1,049, n_D^{20} 1,476. *Acetyl-Deriv.*, $Kp._{10}$ 104,5—105°, a) durch 1½ std. Kochen von **VIII** mit Essigsäureanhydrid in Ggw. von konz. H_2SO_4; $D._4^{19}$ 1,070, n_D^{19} 1,453; 73%; b) durch Zutropfen von 98 g **IV**-*Diacetyl-Deriv.* in eine mit Quarzstücken gefüllte Quarzröhre bei 550—600° u. 10 Torr innerhalb von 4 Std.; 20 g; daneben *cis-Isomeres*, $Kp._{11}$ 97—98,5°; $D._4^{19,5}$ 1,073, $n_D^{19,5}$ 1,451. — *trans-3-Chlor-1-cyanpropen-(1)*, $Kp._{11}$ 73°, durch 1 std. Erhitzen von **VIII** mit $SOCl_2$ u. Pyridin auf 100°; 67%. — *trans-γ-Chlorcrotonsäure*, F. 81,5°, durch Hydrolyse des vorst. Nitrils. H.-E. TOUSSAINT. 850 □

Synthese des 1.2.6-Tris-[2-cyanäthoxy]-hexans. C. F. Froberger und D. J. McEwen. (J. org. Chemistry **27.** 1891—92. Mai 1962. Warren, Mich., Gen. Motors Corp., Res. Labor.; engl.) — Es wird *1.2.6-Tris-[2-cyanäthoxy]-hexan* (**I**) nach der Meth. von BRUSON u. RIENER (J. Amer. chem. Soc. **65.** [1943.] 23) dargestellt.

Versuche: *1.2.6-Tris-[2-cyanäthoxy]-hexan* (**I**), $C_{15}H_{23}N_3O_3$, $Kp._{0,001-0,003}$ 168 bis 191°, durch portionsweise Zugabe von 159,2 g Acrylnitril zu 134,2 g Hexantriol-(1.2.6) u. 9,4 g 40%ig. KOH bei 15—20° unter Rühren, Rühren über Nacht, Verdünnen mit 200 ml dest. W., Ansäuern mit HCl, Sättigen mit NaCl, Extraktion mit Äthylendichlorid, Trocknen u. Eindampfen; $D._4^{25}$ 1,0667 n_D^{20} 1,4650; 158,1 g Ausbeute. H.-J. SCHÖNHERR. 850 □

Herstellung einiger Dialkylxanthogendisulfide. Š. Kamenár, V. Václavek und J. Gašperík. (Chem. Zvesti **13.** 588—91. Okt. 1959. Bratislava, Slov. vys. škola techn. Kat. organ. technol.; Gottwaldov, Výzkumný ústav syntet. kaučuku; slowak.) — Zur Prüfung auf pharmakolog. Wrkg. wird eine Anzahl von *Dialkylxanthogendisulfiden* {*Bis-[alkoxythioformyl]-disulfiden* (**A**)} durch Oxydation entsprechender Alkalixanthogenate mit wss. $K_2S_2O_8$-Lsg. bei 80° oder mit $NaNO_2$ in schwefelsaurer Lsg. mit 60 bis 80%ig. Ausbeute dargestellt. Die **A** können polarograph. bestimmt werden.

Versuche: *Na-Methylxanthogenat*, aus in Bzl. dargestellten $NaOCl_3$ u. CS_2; 83% (Ausbeute). — *Na-Cyclohexylxanthogenat*, aus in sd. Xylol dargestelltem Na-Cyclohexylat u. CS_2; 38,1%. — Dialkylxanthogendisulfide: *Dimethyl-*, gelbrote ölige Fl.; $D._4^{30}$ 1 3778, n_D^{30} 1,6720; 75%. — *Diäthyl-*, F. 28,5° (A.), $D._4^{30}$ 1,2603, n_D^{30} 1,6215; 60,8%. — *Dipropyl-*, gelbe ölige Fl.; $D._4^{30}$ 1,2084, n_D^{30} 1,6069, 69,3%. — *Diisopropyl-*, F. 56,7° (A.); 76,2%. — *Dibutyl-*, gelbes Öl, $D._4^{20}$ 1,1637, n_D^{20} 1,5899; 68%. — *Diisobutyl-*, gelbes Öl, $D._4^{20}$ 1,1521, n_D^{20} 1,5844; 65,4%. — *Dibutyl-(2)-*, gelbrotes Öl, $D._4^{20}$ 1,1452, n_D^{20} 1,5800; 60,1%. — *Diamyl-*, Öl; $D._4^{20}$ 1,1158, n_D^{20} 1,5700; 67,3%. — *Diisoamyl-*, gelbes Öl, $D._4^{20}$ 1,1170, n_D^{20} 1,5705; 66,5%. — *Dineopentyl-*; 73,4%. — *Dihexyl-*, gelbrotes Öl, $D._4^{20}$ 1,0859, n_D^{20} 1.5576; 80,6%. — *Dicyclohexyl-*, zähes rotgelbes Öl, $D._4^{20}$ 1,2120, n_D^{20} 1,6110; 62,1%. — *Diheptyl-*, zähes rotgelbes Öl, $D._4^{20}$ 1,0640, n_D^{20} 1,5510; 83,4%. V. FIC. 880

Reaktion von Alkyl- und Arylsiliciumisocyanaten mit Aminen. Roy G. Neville. (J. org. Chemistry **23.** 937—38. 20/6. 1958. Seattle, Wash., Boeing Airplane Co., Process Unit, Res. Labor.; engl.) — Bei der Einw. von Aminen auf Siliciumisocyanate erhält man unter Abspaltung der Isocyanatgruppe *substituierte Harnstoffe*.

Versuche: Harnstoffe: *Allyl-*, $C_4H_8N_2O$, F. 85° (Isopropanol), a) durch Zutropfen von Phenylsiliciumtriisocyanat zu Allylamin (**I**) in abs. Bzl. u. 2 std. Erhitzen auf dem Dampfbad; 98% (Ausbeute); b) aus **I** u. Siliciumtetraisocyanat; c) aus **I** + Methylsiliciumtriisocyanat; d) aus Dimethylsiliciumdiisocyanat; e) aus Trimethylsiliciumisocyanat; f) aus Diphenylsiliciumdiisocyanat. Analog 95—100%: *Phenyl-*, aus Anilin. — *Benzyl-*, aus Benzylamin. — *N.N-Diallyl-*, aus Diallylamin. — *o-Tolyl-*, aus o-Toluidin. — *p-Tolyl-*, aus p-Toluidin. H. HENZE. 880 □

Aliphatische Diazoverbindungen. 4. Mitt. **Darstellung von Phenyldiazomethan.** Peter Yates und Bernhard L. Shapiro. (J. org. Chemistry **23.** 759—60. 22/5. 1958. Cambridge, Mass., Harvard Univ., Dep. of Chem.; engl.) — 3. vgl. C. **1958.** 8866. — *Phenyldiazomethan* wird durch Rk. von Azibenzil mit wss.-methanol NaOH (1 : 8) erhalten u. durch Rk. mit p-Nitrobenzoe- bzw. Mandelsäure zu *Benzyl-p-nitrobenzoat* bzw. *-mandelat* identifiziert. Es war nicht möglich, auf obige Weise p-Chlorphenyldiazomethan aus 4.4′-Dichlorazibenzil darzustellen.

Versuche: *Azibenzil*, nach NENITZESCU (Org. Syntheses Coll. Vol. **2.** [1943.] 496). — *Phenyldiazomethan*, durch Zugabe von 0,2 Mol NaOH in W. u. Methanol (1,5 : 10) zu 0,025 Mol vorst. Verb. in Ae., 8 std. Stehen bei Raum-Temp., Filtrieren, Zugabe von

10%ig. NaOH u. Waschen der äther. Lsg.; 70% (Ausbeute) [identifiziert durch Rk. zu *p-Nitrobenzoesäurebenzylester*, F. 82—92,5°, aus A. Plättchen, bzw. als *Mandelsäurebenzylester*, F. 92,5—93,5° (A.)]; daneben *Benzoesäure* (90%) u. *Diphenylessigsäure* (6%), durch Ansäuern der wss. Schicht, Extraktion mit Chlf., Eindampfen u. Sublimieren. — *4.4'-Dichlorbenzilmonohydrazon*, $C_{14}H_{10}Cl_2N_2O$, F. 149,5—151,5° (Zers.; abs. A.), durch Rk. von Hydrazin mit 4.4'-Dichlorbenzil in abs. A., durch $^1/_2$std. Kochen u. Einengen unter Zusatz von W.; 96%. — *4.4'-Dichlorazibenzil*, $C_{14}H_8Cl_2N_2O$, F. 91 bis 92° (Zers.; Ae.), durch Zugabe von kalter gesätt. äthanol. KOH zu vorst. Verb., gelbem HgO u. wasserfreiem Na_2SO_4 in Ae., $^3/_4$std. Schütteln, Dekantieren, Einengen u. Stehen bei 0° über Nacht; orangefarbene Nadeln; 54%. Spaltung mit NaOH im äther.-wss.-methanol. Medium u. Zugabe von Benzoesäure zur äther. Lsg. in Ggw. von BF_3-Ätherat geben 50% *p-Chlorbenzylalkohol*, *Benzoesäure-p-chlorbenzylester* u. 91% *p-Chlorbenzoesäure*. H. HENZE. 910□

Über die Sulfate von Diolen. 3. Mitt. Jean Lichtenberger und Louis Dürr. (Bull. Soc. chim. France [5] **1956**. 664—71. April. Mulhouse, École Supér. de Chim., Labor. de Chim. Organ. Gén.; franz.) — 2. vgl. C. **1950**. II. 2055; 4. vgl. C. **1962**. 8941. — Das neutrale cycl. Butandiol-(1.3)-sulfat (**I**) liefert mit Aminen unter Ringöffnung *1-Alkyl(aryl)aminobutanole-(3)* (**A**). Die Rk. verläuft über die Stufe der *inneren Salze*. Die **A** entstehen auch durch Umsetzung von **I** mit organ. Amino-Mg-Verbindungen. **I** reagiert mit HBr u. mit HJ unter Bldg. von *3-Brom-* bzw. *3-Jodbutanol-(1)*. Aus **I** u. KCN erhält man zunächst das *K-Salz* des *1-Cyanbutanol-(3)-sulfats*, das durch Hydrolyse mit HCl in *γ-Valerolacton* übergeht. Mit $C_6H_5CH_2MgCl$ u. mit n-C_4H_9MgBr gewinnt man aus **I** *3-Benzylbutanol-(1)* u. *3-Methylheptanol-(1)*. Der Rk.-Mechanismus wird diskutiert.

Versuche: *Cycl. Butandiol-(1.3)-sulfat* (**I**), $C_4H_8O_4S$, F. **44**—45°, a) aus Butandiol-(1.3) mit Oleum oder HSO_3Cl (vgl. Bull. Soc. chim. France **15**. [1948.] 1002); 65% (Ausbeute); b) analog aus Tetrahydrofuran, Oleum u. HSO_3Cl in Chlf.; 9%. — 1-Alkyl-(aryl)aminobutanole-(3), durch Kochen des Amins mit der Lsg. von **I** in Toluol oder Xylol, Absaugen des in der Kälte ausgeschiedenen *inneren Salzes*, Aufnehmen in W., 10std. Kochen mit 10%ig. HCl, Ae.-Extraktion der alkalisierten Lsg. u. Einengen: *1-Isopropylamino-*, $C_7H_{17}NO$, $Kp._{15}$ 92—94°, $D._4^{22}$ 0,8691, n_D^{22} 1,4390. — *1-Butylamino-*, $C_8H_{19}NO$, F. 28—29°, $Kp._{18}$ 109—110°. — *1-Dibutylamino-*, $C_{12}H_{27}NO$, $Kp._{13}$ 113—123°, $D._4^{16}$ 0,851, n_D^{17} 1,4484. — *1-Cyclohexylamino-*, $C_{10}H_{21}NO$, F. 66—67° (Ligroin), $Kp._{19}$ 112—115°. — *1-Phenylamino-*(**III**), $C_{10}H_{15}NO$, F. 61° (Ligroin), $Kp._5$ 136—138°, a) aus **I** u. Anilin (**II**) in sd. Toluol; 25% (Ausbeute); b) durch Zugabe von **II** zu C_2H_5MgBr, Zutropfen von **I** in Ae., 2std. Kochen, Gießen auf Eis-HCl, 10std. Kochen der wss. Phase, Einengen, Neutralisieren u. Ae.-Extraktion. *Hydrochlorid*, $C_{10}H_{15}NO \cdot HCl$, F. 131°. — *1-[p-Tolylamino]-*, $C_{11}H_{17}NO$, F. 64—65° (Ligroin), $Kp._{10}$ 164—165°; 15%. *Hydrochlorid*, $C_{11}H_{17}NO \cdot HCl$, F. 128—129°. — *1-[o-Tolylamino]-*, $C_{11}H_{17}NO$, $Kp._{10}$ 163—165°, $D._4^{28}$ 1,017, n_D^{27} 1,5460; 20%. *Hydrochlorid*, $C_{11}H_{17}NO \cdot HCl$, F. 146 bis 147°. — *1-[o-Xylylamino]-*, $C_{12}H_{19}NO$, F. 61—62°, $Kp._{10}$ 168—170°; 15%. *Hydrochlorid*, $C_{12}H_{19}NO \cdot HCl$, F. 110° (Ligroin). — *1-[o-Methoxyphenylamino]-*, $C_{11}H_{17}NO_2$, $Kp._8$ 158—160°, $D._4^{20}$ 1,035, n_D^{20} 1,5150. — *1-[p-Äthoxyphenylamino]-*, $C_{12}H_{19}NO_2$, F. 59 bis 60° (Ae.–Ligroin), $Kp._1$ 168°. — *1-[N-Äthylanilino]-*, $C_{12}H_{19}NO$, $Kp._8$ 149°, a) aus **I** u. Äthylanilin in sd. Toluol; b) durch 5std. Kochen von **III** mit C_2H_5J; $D._4^{20}$ 1,007, n_D^{25} 1,5469. — *1-[p-Chlorphenylamino]-*, $C_{10}H_{14}ClNO$, F. 185—190°. — *1-Piperidino-*, $Kp._{15}$ 99—101°, aus C_2H_5MgBr, 17 g Piperidin u. **I** analog **III** nach b); 10 g. *Benzoathydrochlorid*, $C_{16}H_{23}NO_2 \cdot HCl$, F. 191° (abs. A.–Aceton), mit äther. Benzoylchlorid. — *3-Brombutanol-(1)*, C_4H_9BrO, $Kp._{14}$ 60—61°, durch 30 Min. langes Erhitzen von 30 g **I** mit konz. HBr auf dem Wasserbad, Eingießen in W., Ae.-Extraktion u. Einengen der Ae.-Schicht; $D._4^{18}$ 1,7107, n_D^{21} 1,5010; 15 g. — *3-Jodbutanol-(1)*, C_4H_9JO, $Kp._5$ 69—70°, wie vorst. aus **I** u. HJ. — *1-Cyanbutanol-(3)-sulfat*, *K-Salz*, $C_5H_8KNO_4S$, durch 1std. Kochen von **I** in abs. A. mit KCN u. Absaugen der zunächst öligen, später krist. Reaktionsproduktes. — *γ-Valerolacton*, $Kp._{13}$ 85—86°, durch Kochen vorst. Verb. mit 10%ig. HCl; $D._4^{24}$ 1,0440, n_D^{19} 1,4320. — *3-Benzylbutanol-(1)*, $C_{11}H_{16}O$, $Kp._2$ 105°, durch Zugabe von **I** in Ae. zu $C_6H_5CH_2MgCl$ in Ae., 2std. Erhitzen auf dem Wasserbad, Eingießen in Eis–HCl, 8std. Kochen der wss. Phase mit 2n HCl, Ae.-Extraktion u. Dest.; $D._4^{20}$ 0,970, n_D^{20} 1,5196. — *3-Methylheptanol-(1)*, $Kp._{20}$ 80°, wie vorst. aus n-C_4H_9MgBr u. **I** in Ae; $D._4^{20}$ 0,823, n_D^{20} 1,4285. H. HENZE. 920□

Das chemische Verhalten des Glykokolls unter hydrothermalen Bedingungen. Kurt Heyns, Wolfgang Walter und Reiner Polchow. (Naturwissenschaften **48**. **621**. 1. Okt.-H. 1961. Hamburg, Univ., Chem. Staatsinst., Inst. für organ. Chem.; dt.) — Eine 2%ig. wss. Glycin-Lsg. wurde 6 Std. lang auf 373° (±10°) erhitzt. 90% der vollständig umgesetzten Verb. zerfielen zu CO_2 u. NH_3; an organ. Rk.-Prodd. wurden nachgewiesen: *Methylamin, Dimethylamin, Trimethylamin, N.N'-Dimethylharnstoff, 1.3-Dimethylhydantoin, Tetramethylammoniumion, Formaldehyd, Cholin, Ameisensäure, Betain.* Das Ergebnis wird im Hinblick auf Modell-Verss. zur Bldg. organ. Substanzen aus einfachen Gasen diskutiert. K. HEYNS. 950□

Neuartige Synthese von Organotri- und -difluorsilanen mit wäßriger Flußsäure. Leonard Spialter, Russell S. Towers und Millard M. Kent. (Tetrahedron Letters [London] **1960.** Nr. 5. 11–**14.** März. Ohio, Wright-Patterson Air Force Base, Aeronaut. Res. Labor., Chem. Res. Branch; Weston, Mich., Anderson Chem. Co.; engl.) — Während Di- u. Trichlorsilane durch W. allg. rasch zu den Silanolen bzw. Siloxanen hydrolysiert werden, lassen sie sich durch Behandeln mit 48%ig. HF glatt in die entsprechenden *Fluor-Verbb.* überführen. So wird beim 1std. Schütteln eines zweiphasigen Gemisches aus Äthyltrichlorsilan ($Kp._{745}$ 96,5°) mit 48%ig. HF bei 0° in einer Polyäthylenflasche reines *Äthyltrifluorsilan* [$C_2H_5F_3Si$, Kp. −5°; $D.^{4-76,5}$ 1,227; 89% (Ausbeute)] entwickelt. Analog stellte man dar: *Phenyltrifluorsilan*, $C_6H_5F_3Si$, $Kp._{737}$ 98–104°; n_D^{22} 1,4103; 85%. — *Diphenyldifluorsilan*, $C_{12}H_{10}F_2Si$, $Kp._{737}$ 260–265°; n_D^{25} 1,5536; 86,5%. — Unter den Rk.-Bedingungen wird Hexaphenyldisiloxan nicht zu Triphenylfluorsilan gespalten, d. h., die Bldg. der Si—F-Bindungen erfolgt bei der neuen Synth. rascher als eine mögliche Hydrolyse. H.-E. TOUSSAINT. 980□

Reaktion von Aminomethyltrimethylsilan mit salpetriger Säure. Ralph Fessenden und Francis J. Freenor. (J. org. Chemistry **26.** 1681–82. 17/5. **1961.** San José, Calif., State Coll., Dep. of Chem.; engl.) — Bei der Rk. von Aminomethyltrimethylsilan (**I**) mit wss. HNO_2 tritt nicht wie üblich N_2-Entw., sondern Abspaltung von CH_2N_2 ein u. als Endprod. wird *Hexamethyldisiloxan* isoliert. Der Nachw. des CH_2N_2 geschah indirekt durch Isolierung von *Methanol* als *3.5-Dinitrobenzoat.* Der unterschiedliche Verlauf der Rkk. von **I** u. dem strukturanalogen Neopentylamin mit HNO_2 wird auf die durch das Si stark erhöhte Rk.-Fähigkeit gegenüber einem nucleophilen Angriff zurückgeführt. Die neuartige Rk. erscheint für die präparative Darst. von Diazoalkanen interessant.

Versuche: *Hexamethyldisiloxan*, Kp. 98–100°, durch Zutropfen von 6n HCl zu **I**-Hydrochlorid u. $NaNO_2$ in W. unter Kühlung, 1std. Kochen u. Ausäthern; n_D^{21} 1,3765; 56% (Ausbeute); daneben 43% *Methanol* (*3.5-Dinitrobenzoat*, F. 107–108°). H.-E. TOUSSAINT. 980□

Phosphor enthaltende Monomere. 1. Mitt. **Die Synthese von Vinylphosphinen, -phosphinoxiden, -sulfiden und Phosphoniumverbindungen.** Robert Rabinowitz und Joseph Pellon. (J. org. Chemistry **26. 4623**–26. Nov. 1961. Stamford, Conn., Amer. Cyanamid Co., Centr. Res. Div., Chem. Res. Dep.; engl.) — Die aus Diphenyl- (**I**) bzw. Diisobutylchlorphosphin u. A. darstellbaren *Phosphinigsäureäthylester* liefern mit 1.2-Dibromäthan (**II**) *2-Bromäthylphosphinoxide,* die mittels $(C_2H_5)_3N$ in *Diphenyl-* (**III**) bzw. *Diisobutylvinylphosphinoxid* übergehen. **III** wird auch durch Oxydation des aus **I** u. Vinyl-MgCl erhältlichen Diphenylvinylphosphins (**IV**) dargestellt. **IV** liefert mit *Diphenylvinylphosphinsulfid* u. mit CH_3J *Vinyldiphenylmethylphosphoniumjodid.* Die Verbb. lassen sich copolymerisieren; der radikal. Homopolymerisation sind sie nur unter Schwierigkeiten zugänglich.

Versuche: *Diphenylvinylphosphin* (**IV**), $C_{14}H_{13}P$, $Kp._{0,6}$ 117,5–119°, durch Zugabe von **I** zu Vinyl-MgCl in Tetrahydrofuran bei 40–50°, Gießen auf Eis, 2std. Stehen, Ansäuern u. Extraktion mit Chlf.; 40% (Ausbeute). *Methojodid*, F. 119–120° (Bzl/Aceton); 80%. —*Diphenylphosphinigsäureäthylester*, $C_{14}H_{15}OP$, $Kp._{0,7}$ 121°, durch Zutropfen von **I** zu abs. A. u. $(C_2H_5)_3N$ in Bzl. bei 20–30°, 2std. Stehen, Filtrieren u. Eindampfen; 87%. — *Diphenylvinylphosphinoxid* (**III**), $C_{14}H_{13}OP$, F. 116,5–118,5° (Heptan/Toluol), a) durch Zutropfen vorst. Verb. zu überschüssigem, sd. **II**, 2std. Kochen, Eindampfen im Vakuum, Dest. nach Zusatz von Cumol, Verdünnen mit Toluol, Zutropfen von $(C_2H_5)_3N$, 1std. Kochen, Dest., Zugabe von W., Filtrieren, Extraktion des Nd. mit sd. Heptan/Toluol, Einengen der Filtrate u. Kühlen nach Verdünnen mit Heptan; 71,5%; b) durch Zugabe von überschüssigem tert.-Butylhydroperoxid zu **IV** in Bzl. u. Einengen; 73%. — *1.2-Äthan-bis-[diphenylphosphinoxid]*, $C_{26}H_{24}O_2P_2$, F. 262,5 bis 263,5°, neben **III** nach a) durch Extraktion des Rückstandes mit sd. Toluol. — *Diisobutylchlorphosphin*, $Kp._{3,5}$ 63–65°, durch Einleiten von $COCl_2$ in eine Lsg. von Diisobutylphosphin in CH_2Cl_2 bei −30°; 76%. — *Diisobutylphosphinigsäureäthylester*, $Kp._{39}$ 103°, aus vorst. Verb. u. abs. A. in Bzl. in Ggw. von $(C_2H_5)_3N$. — *Diisobutylvinylphosphinoxid*, $C_{10}H_{21}OP$, F. 18°, $Kp._8$ 122–123°, analog **III** nach a) aus vorst. Verb.; 21%.— *Diphenylvinylphosphinsulfid*, $C_{14}H_{13}PS$, F. 53,3–54,9° (Ae./PAe.), aus **IV** u. S-Blüte in Bzl.; 86%. MARTIN KRÜGER. 980□

Phosphororganische Insekticide. 6. Mitt. **Esteramide der Thiophosphorsäure und Dithiophosphorsäure, die β-Äthylmercaptoäthylgruppen enthalten.** M. I. Kabatschnik, N. N. Godowikow, D. M. Paikin, M. P. Schabanowa, L. F. Jefimowa und N. M. Gamper. (Журнал Общей Химии [J. allg. Chem.] **29** (**91**). 2182—90. Juli 1959. Inst. für Metallorg. Verbindd. der Akad. der Wiss. der UdSSR; russ.) — 5. vgl. C. **1961.** **4313.** — Durch Rk. von Dimethylamidothionphosphorsäureäthylesterchlorid (**I**), Diäthylamidothionphosphorsäureäthylesterchlorid (**II**) u. Bis-[dimethylamido]-thionphosphorsäurechlorid (**III**) mit β-Hydroxydiäthylsulfid (**IV**) in Ggw. von NaOH werden *O-Äthyl-O-[β-äthylmercaptoäthyl]-dimethylamidothiophosphat* (**V**), *O-Äthyl-O-[β-äthylmercaptoäthyl]-diäthylamidothiophosphat* (**VI**) bzw. *O-[β-Äthylmercaptoäthyl]-bis-[dimethylamido]-thiophosphat* (**VII**) dargestellt. **V**, **VI** u. **VII** geben bei 8—10std. Erhitzen auf 150—160° *O-Äthyl-S-[β-äthylmercaptoäthyl]-dimethylamidothiophosphat, O-Äthyl-S-[β-äthylmercaptoäthyl]-diäthylamidothiophosphat* bzw. *S-[β-Äthylmercaptoäthyl]-bis-[dimethylamido]-thiophosphat.* Durch Rk. von **I** oder **II** mit dem Na-Salz des β-Mercaptodiäthylsulfids wurden *O-Äthyl-S-[β-äthylmercaptoäthyl]-dimethylamidodithiophosphat* bzw. *O-Äthyl-S-[β-äthylmercaptoäthyl]-diäthylamidodithiophosphat* dargestellt. Die Derivv. der Dithiophosphorsäure erwiesen sich als stärker insekticid als die der Thiophosphorsäure.

Versuche: *Dimethylamidothionphosphorsäureäthylesterchlorid* (**I**), $Kp._2$ 72—73°, durch Einleiten von Dimethylamin in eine Lsg. von Thionphosphorsäureäthylesterdichlorid in Ae. bei —5 bis 0°; $D._4^{20}$ 1,2008; n_D^{20} 1,4972; 79% (Ausbeute). — *Diäthylamidothionphosphorsäureäthylesterchlorid* (**II**), $C_6H_{15}ClNOPS$, $Kp._{10}$ 105—106°, analog vorst. Verb. aus Diäthylamin u. Thionphosphorsäureäthylesterdichlorid bei —10 bis —15°; $D._4^{20}$ 1,1352; n_D^{20} 1,4931; 48%. — *Bis-[dimethylamido]-thionphosphorsäurechlorid* (**III**), $C_4H_{12}ClNPS$, $Kp._1$ 57—58°, F. 22° (PAe.), a) aus Dimethylamin u. $PSCl_3$ in Ae. bei 0—5°; n_D^{23} 1,5229; 56%; b) durch Erhitzen von Bis-[dimethylamido]-phosphorsäurechlorid mit P_2S_5 auf 150—160°; 43%. — *β-Mercaptodiäthylsulfid*, $Kp._{13}$ 69—70°, durch 10std. Kochen von **IV** mit 40%ig. HBr u. Thioharnstoff; $D._4^{20}$ 1,0381; n_D^{20} 1,5281; 66%. — Thiophosphate: *O-Äthyl-O-[β-äthylmercaptoäthyl]-dimethylamido-* (**V**), $C_8H_{20}NO_2PS_2$, $Kp._{2,5}$ 112—114°, zu 4 g KOH gibt man 10,6 g **IV**, rührt 15 Min. lang, gibt 150 ml abs. Bzl. u. dann langsam 18,7 g **I** hinzu, erhitzt noch 1 Std. auf 70°, filtriert u. dest.; $D._4^{20}$ 1,1091; n_D^{20} 1,5015; 49%. — *O-Äthyl-O-[β-äthylmercaptoäthyl]-diäthylamido-* (**VI**), $C_{10}H_{24}NO_2PS_2$, $Kp._2$ 118—120°, analog **V**; $D._4^{20}$ 1,0779; n_D^{20} 1,4972; 24%. — *O-[β-Äthylmercaptoäthyl]-bis-[dimethylamido]-* (**VII**), $C_8H_{21}N_2OPS_2$, $Kp._{1,5}$ 105—106°, analog; $D._4^{20}$ 1,1008; n_D^{20} 1,5151; 50%. — *O-Äthyl-S-[β-äthylmercaptoäthyl]-dimethylamido-*, $C_8H_{20}NO_2PS_2$, $Kp._{2,5}$ 122—123°, durch 10std. Erhitzen von **V** auf 150—160° unter N_2; $D._4^{20}$ 1,1272; n_D^{20} 1,5100; 64%. — *O-Äthyl-S-[β-äthylmercaptoäthyl]-diäthylamido-*, $C_{10}H_{24}NO_2PS_2$, $Kp._3$ 142—143°, analog vorst. Verb.; $D._4^{20}$ 1,0884; n_D^{20} 1,5046; 61%. — *S-[β-Äthylmercaptoäthyl]-bis-[dimethylamido]-*, $C_8H_{21}N_2OPS_2$, $Kp._1$ 103—104°; $D._4^{20}$ 1,1165; n_D^{20} 1,5208; 72%. — *O-Äthyl-S-[β-äthylmercaptoäthyl]-dimethylamidodithiophosphat*, $C_8H_{20}NOPS_3$, $Kp._{2,5}$ 136—137°, zu Na-Methylat-Lsg. (2,3 g Na, 50 ml Methanol) gibt man 12,2 g β-Mercaptodiäthylsulfid, dest. Methanol ab, gibt 50 ml abs. Bzl. u. 18,7 g **I** hinzu u. erhitzt 1 Std. lang auf 70°; $D._4^{20}$ 1,1409; n_D^{20} 1,5501; 42%. — *O-Äthyl-S-[β-äthylmercaptoäthyl]-diäthylamidodithiophosphat*, $C_{10}H_{24}NOPS_3$, $Kp._2$ 133 bis 134°, analog mit **II**; $D._4^{20}$ 1,1113; n_D^{20} 1,5430; 32%. K. WETTIG. 980□

Reaktionen aromatischer Nitroverbindungen. 8. Mitt. **Umesterung von Alkyläthern der Nitro-[methylsulfonyl]-phenole.** Ss. Ss. Gitiss, M. Ss. Malinowski, A. M. Prochoda und W. P. Sribnaja. (Журнал Общей Химии [J. allg. Chem.] **30** (**92**). 3072—74. Sept. 1960. Dnepropetrowsk, Univ.; russ.) — 7. vgl. C. **1962.** 15164. — Es werden *2-Nitro-4-[methylsulfonyl]-phenol* (**I**)*-methyläther* u. *4-Nitro-2-[methylsulfonyl]-phenol* (**II**)*-methyläther* dargestellt u. durch Umesterung in **I**- u. **II**-*Äthyl-*, *-n-Propyl-*, *-n-Butyl-*, *-Isobutyl-*, *-n-Amyl-* u. *-Isoamyläther* übergeführt.

Versuche: *2-Nitro-4-[methylsulfonyl]-phenol* (**I**), *Methyläther*, F. 146,5—147° (W.-A.), man überführt 4-Chlor-3-nitrobenzolsulfonsäure-Na-Salz mit PCl_5 in das Sulfochlorid, red. dieses mit Na_2SO_3 bei 20° zu dem entsprechenden Sulfinsäure-Na-Salz u. methyliert dieses mit der 4fachen Menge Methyljodid (16 Std., 50°) zu *4-Chlor-3-nitro-1-[methylsulfonyl]-benzol* {*[4-Chlor-3-nitrophenyl]-methylsulfon*; 50% (Ausbeute)}; 1 g des Sulfons methoxyliert man durch $^1/_4$ Std. langes Kochen mit der äquimol. Menge Na-Methylat in 10 ml Methanol zu **I**-Methyläther. *Äthyläther*, $C_9H_{11}NO_5S$, F. 133—134°, man gibt zu 1 mMol **I**-Methyläther in 3 ml Dioxan 4 mMol KOH in 4—6 ml A. u. verd. nach 1 Std. mit 30—50 ml W.; 74%. *n-Propyläther*, $C_{10}H_{13}NO_5S$, F. 105,5—106°, analog vorst. aus **I**-Äthyläther u. n-Propanol; 80%. *n-Butyläther*, aus **I**-Propyläther u. n-Butanol; $C_{11}H_{15}NO_5S$, F. 95—96°; 83%. *Isobutyläther*, $C_{11}H_{15}NO_5S$, F. 101—102°; 56%. *n-Amyläther*, $C_{12}H_{17}NO_5S$, F. 99,5—100,5°; 60%. *Isoamyläther*, $C_{12}H_{17}NO_5S$, F. 120

bis 121°. — Analog: *4-Nitro-2-[methylsulfonyl]-phenol* (**II**), *Methyläther*, F. 144°, aus 1-Chlor-4-nitrobenzolsulfonsäure-(2)-Na-Salz. *Äthyläther*, $C_9H_{11}NO_5S$, F. 141—142°, aus I-Methyläther mit A. in 1 Std.; 90%. *n-Propyläther*, $C_{10}H_{13}NO_5S$, F. 81—81,5°; 91%. *n-Butyläther*, $C_{11}H_{15}NO_5S$, F. 68—69°; 88%. *Isobutyläther*, $C_{11}H_{15}NO_5S$, F. 73°; 75%. *n-Amyläther*, $C_{12}H_{17}NO_5S$, F. 39,5—40°; 89%. *Isoamyläther*, $C_{12}H_{17}NO_5S$, F. 51°; 79%.
HELMUT SCHÄFER. 1090□

Aminoderivate von Selenmonobromid. 1. Mitt. Sarju Prasad und Bishan Lal Khandelwal. (J. Indian chem. Soc. **37.** 645—46. Okt. 1960. Varanasi, Banaras Hindu Univ., Chem. Labor.; engl.) — Die Umsetzung von Se_2Br_2 (**I**) mit prim. Monoaminen u. prim. Diaminen in CS_2 bei Raum-Temp. wird beschrieben. Dabei entstehen Additions-Verbb. aus 2 Mol Monamin u. 1 Mol **I** bzw. aus 1 Mol Diamin u. 1 Mol **I**.

Versuche: Diselendibromide: *Dianilin-*, $C_{12}H_{14}Br_2N_2Se_2$, F. 144°, durch Zugabe des Amins in CS_2 zu **I** in CS_2; schwarze Kristalle. — *Di-o-toluidin-*, $C_{14}H_{18}Br_2 \cdot N_2Se_2$, F. 149°; braunschwarze Kristalle. — *Di-m-toluidin*, $C_{14}H_{18}Br_2N_2Se_2$, F. 161°; braune Kristalle. — *Di-o-anisidin-*, $C_{14}H_{18}Br_2N_2O_2Se_2$, F. 168°; schwarze Kristalle. — *Di-o-phenethidin-*, $C_{16}H_{22}Br_2N_2O_2Se_2$, F. 153°; grünschwarze Kristalle. — *Di-p-phenethidin-*, $C_{16}H_{22}Br_2N_2O_2Se_2$, F. 161°; graue Kristalle. — *Dibenzylamin-*, $C_{14}H_{18}Br_2N_2Se_2$, F. 97°; graue Kristalle. — *Di-p-toluidin-*, $C_{14}H_{18}Br_2N_2Se_2$, F. 209°; hellbraune Kristalle. — *Di-α-naphthylamin-*, $C_{20}H_{18}Br_2N_2Se_2$, F. 206°; aschgraue Kristalle. — *Di-β-naphthylamin-*, $C_{20}H_{18}Br_2N_2Se_2$, F. 198°; rotbraune Kristalle. — *Di-p-anisidin*, $C_{14}H_{18}Br_2N_2O_2Se_2$, F. 146°; braunschwarze Kristalle. — *Benzidin-*, $C_{12}H_{12}Br_2N_2Se_2$, F. 211°; grauschwarze Kristalle. — *o-Tolidin-*, $C_{14}H_{16}Br_2N_2Se_2$, F. 213°; schwarze Kristalle. — *p-Phenylendiamin-*, $C_6H_8Br_2N_2Se_2$, F. 207°; schwarze Kristalle. — *Dianisidin-*, $C_{14}H_{16}Br_2N_2O_2Se_2$, F. 210°; braunschwarze Kristalle.
W. HAMPEL. 1090□

Streckerscher Abbau von α-Aminosäuren mit β-Phenyl-α.β-dioxopropionanilid. R. Purkayastha und A. Balenovič. (Croat. chem. Acta **32.** 109—10. 15/10. 1960. Zagreb, Univ., Fac. of Sci., Chem. Labor.; engl.) — *Benzaldehyd-2.4-dinitrophenylhydrazon* wird durch ½ std. Kochen von β-Phenyl-α.β-dioxopropionanilid mit Phenylalanin in W., Einleiten von CO_2 u. Einw. des Kondensates auf eine Lsg. von 2.4-Dinitrophenylhydrazin in Methanol/konz. HCl in 44%ig. Ausbeute gewonnen. W. HAMPEL. 1120□

Geruch und Konstitution. 19. Mitt. **Über die homologen und analogen Derivate des 1-[p-Hydroxyphenyl]-butanons-(3) (Himbeerketon).** M. Winter. (Helv. chim. Acta **44.** 2110—21. 1/12. 1961. Genève, Firmenich & Cie., Labor. de Rech.; franz.). — 18. vgl. C. **1960.** **7497.** — Vf. stellt eine Anzahl von mit dem 1-[p-Hydroxyphenyl]-butanon-(3) (**I**; „Himbeerketon") isomeren u. verwandten Verbb. (**A**) dar, um durch Vgl. der **A** mit **I** einen Zusammenhang zwischen chem. Konstit. u. Geschmack bzw. Geruch zu diskutieren. Die Ergebnisse weisen darauf hin, daß, um eine etwa dem **I** entsprechende Wrkg. auf den Geschmacks- bzw. Geruchssinn hervorzurufen, die OH-Gruppe in p-Stellung zur aliphat. Seitenkette lokalisiert sein muß, u. daß sich ferner die Carbonylgruppe in γ-Stellung zum Phenylrest befinden muß. Die an der OH-Gruppe substituierten Derivv. von **I** entstehen aus diesem durch Alkylierung oder Acylierung. Eine Reihe weiterer *Hydroxyphenylalkylketone* kann man durch katalyt. Red. entsprechender *Styrylketone* erhalten die man ihrerseits durch Kondens. von Phenolaldehyden mit Ketonen gewinnt. *o-* u. *p-Hydroxybutyrophenon* entstehen durch Umlagerung von Buttersäurephenylester in Ggw. von $AlCl_3$. *1-[p-Hydroxyphenyl]-butanon-(2)* kann entweder durch Entmethylierung seines *Methyläthers* (**III**), der aus *1-[p-Methoxyphenyl]-buten-(1)* durch Oxydation mit $Pb(CH_3COO)_4$ u. Dehydratation gewonnen wird, dargestellt werden, oder durch Rk. von p-Hydroxybenzaldehyd (**X**) mit C_3H_7MgBr u. Oxydation des *1-[p-Hydroxyphenyl]-butens-(1)* (**IV**) mit Perphthalsäure (**V**). *4-[p-Hydroxyphenyl]-butanal* (**II**) erhält man ausgehend von 3-[p-Methoxybenzoyl]-propionsäure (**VI**), die bei der Red. nach WOLFF-KISHNER-MINLON *4-[p-Hydroxyphenyl]-buttersäure* liefert, deren *Acetyl-Deriv.* nach ROSENMUND zu *4-[p-Acetoxyphenyl]-butanal* red. u. in Form seines *Semicarbazons* zu **II** hydrolysiert wird. Auf analogem Wege ist das wenig stabile *3-[p-Hydroxyphenyl]-propanal* aus *3-[p-Acetoxyphenyl]-propionsäure* zugänglich. Sein *Methyläther* entsteht durch Red. von *p-Methoxyzimtaldehyd* (**IX**).

Versuche: 1-Phenylbutanone-(3): *p-Methoxy-*, $Kp._{0,025}$ 87—89°, aus der Na-Verb. von **I** u. $(CH_3)_2SO_4$; $D._4^{23}$ 1,042, n_D^{23} 1,5172. *Semicarbazon*, F. 168—169°. — *p-Äthoxy-*, $C_{12}H_{16}O_2$, $Kp._{0,01}$ 85—86°, durch 24std. Kochen von $NaOC_2H_5$, NaJ, **I** u. C_2H_5Br in A. u. Dest.; $D._4^{22}$ 1,019. $n_D^{19,8}$ 1 5121; 90% (Ausbeute). — *p-Pentyloxy-*, $C_{15}H_{22}O_2$, $Kp._{0,04}$ 113—114°, wie vorst. mit 1-Brompentan; $D._4^{28,5}$ 0,9727; n_D^{30} 1,4972; 91%. — *p-Allyloxy-*, $C_{13}H_{16}O_2$, $Kp._{0,1}$ 104,5—107,5°, aus **I** u. Allylbromid; 92,6%. — *p-Acetoxy-*, $C_{12}H_{14}O_3$, $Kp._{0,06}$ 107,5—109°, durch 24std. Rk. von **I** mit CH_3COCl in Bzl. bei 25—30°; $D._4^{20}$ 1,096, n_D^{22} 1,5078; 91%. — *1-[o-Hydroxyphenyl]-butanon-(3)*,

$C_{10}H_{12}O_2$, F. 50—51°, durch Hydrierung von 25 g o-Hydroxystyrylmethylketon (F. 136 bis 137°, durch alkal. Kondens. von Salicylaldehyd u. Aceton; 96%) in A. an Ni bei 20°, Filtrieren, Einengen u. fraktionierte Dest.; $D._4^{19}$ 1,108, n_D 1,5411; ca. 17,16 g; daneben *2-Hydroxy-2-methylchroman* u. *2-Methylchromen*. — *m-Hydroxystyrylmethylketon*, F. 97—98° (Essigester–PAe.), $Kp._{0,08}$ 161—170°, durch Zugabe von 20%ig. NaOH zu 22,1 g m-Hydroxybenzaldehyd u. 92 ml Aceton unterhalb von 30°, 14std. Aufbewahren bei 17—20°, Ansäuern mit H_2SO_4, Ae.-Extraktion u. Aufarbeitung der Ae.-Phase; 10,4 g. — *1-[m-Hydroxyphenyl]-butanon-(3)*, $C_{10}H_{12}O_2$, F. 87—88° (A.–W.), durch katalyt. Red. vorst. Verb. an Ni. — *o-Hydroxybutyrophenon*, $C_{10}H_{12}O_2$, F. 10—11° (A.–W. bei —15°), $Kp._{0,01}$ 67—68°, durch Rk. von 96,7 g Buttersäurephenylester mit $AlCl_3$ u. CS_2 nach MILLER u. HARTUNG [1933] u. fraktionierte Dest.; $D._4^{19,2}$ 1,074, $n_D^{20,5}$ 1,5390; 36 g; daneben *p-Hydroxybutyrophenon*, F. 93—94° (Bzl.–Hexan), $Kp._{0,01}$ 121°; 47 g. — *1-[p-Methoxyphenyl]-buten-(1)*, F. 16—17,5°, $Kp._{15}$ 121,5°, durch Dehydratation von p-Methoxyphenylpropylcarbinol durch Dest. bei 40 Torr u. 170—205° (Bad-Temp.) in Ggw. von Naphthalinsulfonsäure; $D._4^{19}$ 0,9752, n_D^{20} 1,5519. — *1-[p-Methoxyphenyl]-butanon-(2)* (**III**), $C_{11}H_{14}O_2$, $Kp._{0,05}$ 86,5°, durch Behandeln von 40,9 g vorst. Verb. nach BUZAS u. DUFOUR (vgl. C. **1950**. II. 760), Umwandlung von 30 g des erhaltenen Rohprod. ($Kp._{13}$ 132—143,5°) in das *Semicarbazon* (F. 149—150°) u. Spaltung von 10 g des letzteren mit Oxalsäure; $D._4^{20}$ 1,045, n_D^{19} 1,5190; 6 g. — *1-[p-Hydroxyphenyl]-buten-(1)* (**IV**), $C_{10}H_{12}O$, F. 87,5—89° (Bzl.–PAe.), $Kp._{0,01}$ 108—112°, durch Zugabe von 62 g **X** in Ae. zu der aus 185 g C_3H_7Br in Ae. dargestellten GRIGNARD-Verb., 1std. Kochen, Zers. mit H_2SO_4 u. Eis, Aufarbeitung der Ae.-Phase u. Dest. des Ae.-Rückstandes; 39,4 g. *Acetat*, $C_{12}H_{14}O_2$, $Kp._{0,01}$ 82—83°, $D._4^{17}$ 1,030, $n_D^{16,5}$ 1,5351. — *1-[p-Hydroxyphenyl]-butanon-(2)*, F. 49,5—50,5° (Bzl.–Hexan), $Kp._{0,02}$ 118—120°, a) durch Entmethylierung von **III**; geringe Ausbeute; b) durch 5tägige Rk. von 7,4 g **IV** mit **V** in Ae. bei —10°, Eingießen in überschüssige Na_2CO_3-Lsg., Dest. des Rohprod., Umwandlung der bei 162—173° (9 Torr) destillierenden Fraktion (1,7 g) in das *Semicarbazon* [$C_{11}H_{15}N_3O_2$, F. 161—162° (CH_3OH–W.); 1,15 g] u. Spaltung mit $NaNO_2$ in Essigsäure; 610 mg. — *4-[p-Hydroxyphenyl]-buttersäure*, $C_{10}H_{12}O_3$, F. 105—107° (Bzl.–Ae.), a) durch 4std. Erhitzen von **VI** mit KOH, $N_2H_4 \cdot H_2O$ u. Äthylenglykol auf 200 bis 220°, Eingießen in W., Ansäuern mit HCl, Ae.-Extraktion u. Einengen; 57%; b) durch 3tägiges Kochen von 4-[p-Methoxyphenyl]-buttersäure mit 48%ig. HBr–Eisessig. *Acetat*, $C_{12}H_{14}O_4$, F. 64—65,5° (Ae.–Hexan), $Kp._{0,03}$ 160°, mit Acetanhydrid in Pyridin. — *4-[p-Acetoxyphenyl]-butanal* (**VII**), $Kp._{0,02}$ 117—120°, durch Umwandlung von 9,2 g vorst. Acetats mit $SOCl_2$ in *4-[p-Acetoxyphenyl]-buttersäurechlorid*, 3½ std. Red. mit $Pd/BaSO_4$ in Xylol bei 108—140° u. Überführung der 5,24 g Rohprod. in das *Semicarbazon*, $C_{13}H_{17}N_3O_3$, F. 153,5—155° (A.–W.); 4,42 g. — *4-[p-Hydroxyphenyl]-butanal* (**II**), *Semicarbazon*, $C_{11}H_{15}N_3O_2$, F. 154,5—156° (A.), a) durch 5 Min. langes Kochen von vorst. Verb. in A. mit wss. K_2CO_3; 84%; b) aus **II** u. Semicarbazidhydrochlorid; liefert beim Erhitzen mit Formalin–HCOOH auf dem Wasserbad im N_2-Strom, Eingießen in W. u. Ae.-Extraktion **II**, $Kp._{0,09}$ 130—132°; 27%. — *3-[p-Hydroxyphenyl]-propionsäure*, F. 125—127° (roh), durch katalyt. Red. von p-Hydroxyzimtsäure an Ni in Äthanol. *Acetat*, $C_{11}H_{12}O_4$, F. 93,5—95,5° (Bzl.–PAe.), durch Acetylierung vorst. Verbindung. — *3-[p-Acetoxyphenyl]-propanal* (**VIII**), $C_{11}H_{12}O_3$, $Kp._{0,03}$ 106—108°, aus vorst. Acetat über das *Säurechlorid* u. dessen Red. nach ROSENMUND analog **VII**; 89%. *Semicarbazon*, $C_{12}H_{15}N_3O_3$, F. 153—154,5° (A.). — *3-[p-Hydroxyphenyl]-propanal*, $C_9H_{10}O_2$, $Kp._{0,04}$ 119—122°, durch 40 Min. langes Kochen von 7,59 g **VIII** mit wss.-methanol. Na_2CO_3-Lsg.; 3,43 g. *Semicarbazon*, $C_{10}H_{13}N_3O_2$, F. 149,5—150,5° (Essigester), aus 300 mg vorst. Verb.; 270 mg. — *p-Methoxyzimtaldehyd* (**IX**), F. 59—59,5° (A.–W.), $Kp._{0,05}$ 107—113°, durch Kondens. von Anisaldehyd mit Acetaldehyd bei 42°. *Semicarbazon*, F. 198—198,5°. — *3-[p-Methoxyphenyl]-propanal*, $Kp._{0,05}$ 89—93°, durch katalyt. Red. von 25,03 g **IX** an Ni in A.; 18,01 g. *Semicarbazon*, $C_{11}H_{15}N_3O_2$, F. 137,5 bis 139,5° (CH_3OH). — *1-[p-Hydroxyphenyl]-pentanon-(3)*, $C_{11}H_{14}O_2$, F. 85—86° (Bzl.–PAe.). $Kp._{0,06}$ 140—142°, durch Red. von 11,0 g p-Hydroxystyryläthylketon (F. 114 bis 115°) mit H_2 an Ni in A.; 6,65 g [*2.4-Dinitrophenylhydrazon*, $C_{17}H_{18}N_4O_5$, F. 203 bis 204° (orangefarben; Essigsäure; stabil), F. ca. 147° (gelb; instabil)]. *Methyläther*, $C_{12}H_{16}O_2$, $Kp._{9,5}$ 148,5—149°, durch 24std. Kochen von 5,7 g vorst. Verb. mit $(CH_3)_2SO_4$ u. verd. NaOH; $D._4^{18}$ 1,032, n_D^{20} 1,5139; 3,04 g. — *1-[p-Hydroxyphenyl]-2-methylbuten-(1)-on-(3)*, F. 108,5—110,5° (A.), durch 2—3tägiges Aufbewahren von **X** u. Methyläthylketon in Ggw. von konz. HCl bei Raum-Temp., Verdünnen mit W. u. Absaugen; 100%. — *1-[p-Hydroxyphenyl]-2-methylbutanon-(3)*, $C_{11}H_{14}O_2$, $Kp._{0,005}$ 118—119°, durch katalyt. Hydrierung von 47,1 g vorst. Verb. an Ni in A., $D._4^{19,5}$ 1,073, n_D^{20} 1,5331; 43 g. *Methyläther*, $C_{12}H_{16}O_2$, $Kp._{0,05}$ 92—93°, aus 17,8 g vorst. Verb. mit $(CH_3)_2SO_4$ u. NaOH; $D._4^{18,5}$ 1,020, $n_D^{15,5}$ 1,5150; 12,6 g. — *p-Hydroxystyrylisopropylketon* $C_{12}H_{14}O_2$, F. 81,5 bis 82,5° (Essigester–PAe.), Kp.$_{0,03}$ 159—167°, durch 5std. Kochen von 61 g **X** u. 61 g Methylisopropylketon mit äthanol. NaOH u. 5tägiges Aufbewahren bei Raum-Temp.; 76,5 g. — *1-[p-Hydroxyphenyl]-4-methylpentanon-(3)*, $C_{12}H_{16}O_2$, F. 73—74° (Ae.–PAe.), Kp.$_{0,05}$ 131—134°, durch katalyt. Hydrierung vorst. Verb. an Ni in A.; $D._4^{19,5}$ 1,051, n_D^{20} 1,5250. — *1-[p-Hydroxyphenyl]-5-methylhexanon-(3)*, $C_{13}H_{18}O_2$, F. 41,5—42,5° (Ae.-PAe./A.-W.), Kp.$_{0,06}$ 152—155°, durch Hydrierung des aus 63,5 g **X** u. Methylisobutylketon entstehenden *Styrylketons*; 67,9 g. — *1-[p-Hydroxy-m-methoxyphenyl]-butanon-(3)*, F. 41—42° (A.–W.), nach NOMURA u. TSURUMI [1927]. — *p-Hydroxy-m-äthoxystyrylmethylketon*, $C_{12}H_{14}O_3$, F. 99—100° (Essigester–PAe.; hellgelbe Nadeln), aus Aceton u. p-Hydroxy-m-äthoxybenzaldehyd. — *1-[p-Hydroxy-m-äthoxyphenyl]-butanon-(3)*, $C_{12}H_{16}O_3$, F. 42—43° (A.–W.), Kp.$_{0,25}$ 133—135°, durch Hydrierung vorst. Verbindung. *Semicarbazon*, F. 127,5—128,5°. — *1-[3.4-Methylendioxyphenyl]-butanon-(3)*, F. 50—51° (A.-W.), dargestellt nach NOMURA u. NOZAWA [1921]. — *p-Isopropylstyrylmethylketon*, $C_{13}H_{16}O$, Kp.$_{0,07}$ 105°, durch Zugabe von verd. NaOH zu 29,6 g p-Isopropylbenzaldehyd u. 30 ml Aceton bei 2°, 22std. Aufbewahren bei 0 bis —2°, Ansäuern mit Essigsäure, Zugabe von W., Ae.-Extraktion u. Dest.; $D._4^{22,5}$ 0,9811, n_D^{22} 1,5720; 15 g. — *1-[p-Isopropylphenyl]-butanon-(3)*, $C_{13}H_{18}O$, Kp.$_8$ 134—137°, durch Hydrierung von 12,95 g vorst. Verb. an Ni in A.; $D._4^{22,2}$ 0,9530, n_D^{22} 1,5049; 11,54 g. — *1-[p-tert.-Butylphenyl]-butanon-(3)*, $C_{14}H_{20}O$, Kp.$_{0,01}$ 77—80°, durch Hydrierung von 5,07 g aus p-[tert.-Butyl]-benzaldehyd u. Aceton gewonnenem *p-[tert.-Butylstyryl]-methylketon* an Ni in A.; $D._4^{19,2}$ 0,9464, n_D^{20} 1,5047; 4,87 g. *Semicarbazon*, $C_{15}H_{23}N_3O$, F. 170—171° (A.–W.). G. MEINHARDT. 1180□

Ringöffnung in Benzocyclobuten-Derivaten. 1. Mitt. **Reaktion von trans-1.2-Dijodbenzocyclobuten mit Dimethylamin.** Melvin W. Hanna und S. W. Fenton. (J. org. Chemistry **26.** 1371—74. 17/5. 1961. Minneapolis, Minn., Univ., School of Chem.; engl.) — Während 1.2-Dihalogenbenzocyclobutene allg. relativ stabil sind u. sich eine Ringspaltung nach bekannten Verff. nur unter äußerst drast. Bedingungen erzielen läßt, gelingt die Öffnung des Cyclobutenringes durch Einw. sek. Amine bereits bei mittlerer Temperatur. So wird trans-1.2-Dijodbenzocyclobuten (**I**) beim Erwärmen mit Dimethylamin in ein Gemisch aus *α-Dimethylamino-o-tolualdehyd* (**II**) u. (überwiegend) *α.α.α'-Tris-[dimethylamino]-o-xylol* (**III**) übergeführt. **III** ist instabil u. zersetzt sich rasch. Durch Red. erhält man aus ihm *α.α'-Bis-[dimethylamino]-o-xylol*; durch verd. Säure u. dann Alkali wird es in **II** umgewandelt. Gegenüber sd. Triäthylamin erwies sich **I** als beständig; dies deutet darauf, daß eine cis-Eliminierung von HJ aus **I** bei der Rk. mit Dimethylamin keinen wesentlichen Schritt darstellt. Es wird daher angenommen, daß der stark nucleophile Charakter des Amins für die leicht erfolgende Ringspaltung maßgebend ist.

Versuche: *α.α.α'-Tris-[dimethylamino]-o-xylol* (**III**), Kp.$_{2,5}$ 100—102°, durch 6std. Erwärmen von **I** (F. 62—64°) mit abs. Dimethylamin im Autoklaven auf 50—60° u. Verdünnen mit Ae.; n_D^{25} 1,5094—1,5095; 64% [(Ausbeute) gibt mit alkohol. Pikrinsäure *Dimethylaminpikrat*, $C_8H_{10}N_4O_7$, F. 158,9—161,2° (A.)]; daneben **II** u. *Dimethylammoniumjodid*, F. 149—152°. — *α-Dimethylamino-o-tolualdehyd* (**II**), $C_{10}H_{13}NO$, Kp.$_{2,5}$ 84—85°, durch Behandeln von **III** mit wss.-alkohol. HCl, Alkalisieren mit KOH u. Ausäthern; n_D^{23} 1,5356; 64%. *2.4-Dinitrophenylhydrazon*, $C_{16}H_{17}N_5O_4$, F. 174—175° (wss. Methanol). *Pikrat*, $C_{16}H_{16}N_4O_8$, F. 148—149°. — *α.α'-Bis-[dimethylamino]-o-xylol*, Kp.$_{4,2}$ 80—82°, durch Hydrieren von **III** in PAe. über RANEY-Ni bei 2 at; n_D^{26} 1,5020 1,5032; 78%. *Pikrat*, $C_{18}H_{23}N_5O_7$, F. 134,8—135,8° (A.). *Dipikrat*, $C_{24}H_{26}N_8O_{14}$, F. 192,6 bis 194,1° (A.). — *β-Phenyläthyldimethylamin*, Kp.$_{18}$ 95—98°; n_D^{22} 1,5013.
H.-E. TOUSSAINT. 1310□

Synthese von β-Phenyläthylaminderivaten. 7. Mitt. **Die Enantiomeren von erythro-1-[4'-Hydroxyphenyl]-2-[1''-methyl-2''-phenoxyäthylamino]-propanol-(1).** J. van Dijk und H. D. Moed. (Recueil Trav. chim. Pays-Bas **80.** 573—87. Juli 1961. Weesp, N. V. Philips-Duphar, Central Res. Labor.; engl.) — 6. vgl. C. **1961.** 5055. — Vff. führten die Trennung von rac.-erythro-1-[p-Hydroxyphenyl]-2-[1'-methyl-2'-phenoxyäthylamino]-propanol-(1) (rac.-**I**) in die opt. Antipoden über die *diastereomeren Salze* mit der (+)-u. (—)-Form der Mandelsäure (**II**) durch. Die opt. Drehung der beiden Salze ist gering ([M_D] ca. 10,5°), so daß zur Ermittlung der opt. Reinheit die F.-Best. einiger Derivv. der **I**-Antipoden herangezogen wurde. Nachst. Rkk. dienten zur Best. der relativen Konfiguration der drei Asymmetriezentren in (+)- u. (—)-**I**. Durch Hydrieren einer Lsg. von (+)-erythro-2-Amino-1-[p-hydroxyphenyl]-propanol-(1) [(+)-**III**] u. 1-Phenoxypropanon-(2) in Ggw. von ADAMS-Katalysator (reduktive Aralkylierung) erhält man ein Gemisch aus zwei **I**-*Diastereomeren*. Durch Versetzen mit HCl u. Kristallisieren der *Hydrochloride* aus W. wird (—)-**I** als weniger lösl. Salz erhalten. In entsprechender Weise wurde (+)-**I** aus (—)-**III** dargestellt. Die Kondens. von (—)-1-Methyl-2-phenoxy äthylamin [(—)-**IV**] mit rac.-p-Benzyloxy-α-brompropiophenon (**V**) in Ggw. von Triäthylamin ergibt *α-[1-Methyl-2-phenoxyäthylamino]-p-benzyloxypropiophenon* (**VI**), das als Gemisch wahrscheinlich gleicher Mengen zweier opt.-akt. Verbb. anfällt. Durch stereospezif. Red. dieses Gemisches in Ggw. von Pd/Kohle (vgl. l. c.) erhält man ein Gemisch aus zwei **I**-Diastereomeren, von denen sich das in W. weniger lösl. Isomere als (—)-**I** erwies. Das andere **I**-Enantiomere ist ident. mit einem der Aminoalkohole, die auf dem gleichen Rk.-Weg aus (+)-**IV** u. rac.-**V** erhalten wurden. Durch Hydrierung von (—)-1-Hydroxy-1-[p-hydroxyphenyl]-propanon-(2) [(—)-**VII**] u. rac.-**IV** in Ggw. von Pt (stereospezif. reduktive Aminierung) entsteht ein Gemisch aus 2 Isomeren, von denen eines mit (+)-**I** ident. ist. Vff. stellen fest, daß (—)-**III** die gleiche Konfiguration besitzt wie (—)-Ephedrin. Die $C_{(1)}$-(α-C-Atom) u. $C_{(2)}$-(β-C-Atom) Asymmetriezentren in (+)-**I** besitzen die abs. Konfiguration *αD·βL* bzw. in der von CAHN, INGOLD u. PRELOG (vgl. C. **1957.** 6986) angegebenen Formulierung *αR·βS*. Zur Ermittlung der abs. Konfiguration am $C_{(1')}$ (γ-C-Atom) wurde (+)-**IV** mit sd. konz. HJ in *S*(+)-*1-Methyl-2-jodäthylaminhydrojodid* übergeführt, welches auch durch Umsetzung von S(+)-Alaninol mit HJ dargestellt wurde. Vorst. Alkohol wird durch $LiAlH_4$-Red. von S(+)-Alanin erhalten. Aus diesem Grund muß das $C_{(1')}$-Atom von (+)-**I** die S-Konfiguration haben. Damit ist die abs. Konfiguration *αR·βS·γS* für die Asymmetriezentren von (+)-**I** festgelegt. Entsprechend gilt für (—)-**I** *αS·βR·γR*.

Versuche: *rac.-erythro-1-[p-Hydroxyphenyl]-2-[1'-methyl-2'-phenoxyäthylamino]-propanol-(1)* (*rac.*-**I**), F. 114—115°. *Hydrochlorid*, F. 202—203°. *Nitrat*, F. 165—165,5°. *Benzoat*, F. 176—177°. *Nicotinat*, F. 175—176°. (+)-*Mandelat*, F. 147—148°. — (—)-**I**, F. 131,5—132,5°, durch Zugabe der äquivalenten Menge NH_3 zur wss. Lsg. des Hydrochlorids. (+)-*Mandelat*, F. 163,5—164,5° (Isopropanol/Ae.), durch Impfen einer Lsg. von 50 mMol rac.-**I** u. 22 mMol (+)-**II** in 65 ml Isopropanol u. 100 ml Ae. mit dem reinen, synthet. erhaltenen (+)-Mandelat von (—)-**I** u. gelegentliches Umschütteln; 5,75 g. *Hydrochlorid*, F. 199—201° (W./A. 7:2), a) durch Schütteln des (+)-Mandelats mit einem geringen Überschuß an verd. HCl, Extrahieren des freigesetzten (+)-**II** mit Ae. u. Einengen der wss. Lsg. im Vakuum; b) durch Hydrieren von 1,76 g (+)-**III** u. 3,14 g 1-Phenoxypropanon-(2) in A./Essigsäure in Ggw. von ADAMS-Katalysator bei Raum-Temp. u. 1,1 at, Versetzen des Rückstandes mit 2,5n HCl, Schütteln der sauren Lsg. mit Ae. u. ½ std. Stehen bei Raum-Temp.; 0,67 g; c) durch Hydrieren von **VI**-Hydrochlorid (rechtsdrehendes Diastereomerengemisch) in A./W. (ca. 4:1) in der Wärme in Ggw. von Pd/Kohle u. etwas verd. HCl; 23%. *Nitrat*, F. 178,5—179°, aus der Base u. der äquivalenten Menge HNO_3. *Benzoat*, F. 139—140° (wasserfrei). *Nicotinat*, F. 159,5—160,5°. — (+)-**I**, F. 132,5—133,5°. (—)-*Mandelat*, F. 164,5—164,8°, durch Versetzen des nach Abtrennung des (+)-Mandelats erhaltenen Filtrats mit 3 ml konz. NH_4OH u. 50 ml W., Extrahieren des freigesetzten rac.-**I** mit Ae., Einengen, Lösen des Rückstandes u. 24 mMol (—)-**II** in 50 ml Isopropanol u. 80 ml Ae. u. Impfen der Lsg.; 8,3 g (etwas unrein). *Hydrochlorid*, F. 197,5—198,5° (W. oder 30%ig. A.), a) analog (—)-**I**·HCl nach a); b) analog b) aus (—)-**III**; 28%; c) durch Hydrieren des **VI**-Hydrochlorids (linksdrehendes Diastereomerengemisch) nach c); 24%; d) durch Zugeben von (—)-**VII** u. Pt zu einer alkohol. Lsg. von rac.-**IV**, anschließende Hydrierung u. Versetzen des Rk.-Gemisches mit 2n HCl; 15%. *Nitrat*, F. 178—179°. — *rac.-erythro-2-Amino-1-[p-hydroxyphenyl]-propanol-(1)* (*rac.*-**III**), F. 164—164,5°. *Hydrochlorid*, F. 194—195°. *Benzoat*, F. 182—183,5°. — (+)-**III**, F. 165—166°. (+)-*Tartrat*, F. 184 bis 185° (Zers.; W./Isopropanol, 1:10), durch Lösen von 80 mMol rac.-**III** u. 84 mMol (+)-Weinsäure in 10 ml W. unter Erwärmen u. 20 std. Stehen bei 0°; 6,9 g. *Hydrochlorid*, F. 171,5—172°. *Benzoat*, F. 197—198°. — (—)-**III**, F. 165—166°. (+)-*Tartrat*, F. 184 bis 184,5° (Zers.; W./Isopropanol, 1:10), durch Eindampfen der vereinigten Filtrate im Vakuum, Lösen des Rückstandes in 10 ml W. u. 20 ml Isopropanol u. einwöchiges Stehen; 4 g. (—)-*Mandelat*, F. 180—180,5°, durch Zusammengeben von 9,5 mMol (—)-**II** in 2,7 ml abs. A. u. 8,7 mMol rac.-**III** in 1,8 ml A. u. mehrtägiges Stehen; 0,8 g (roh). *Benzoat*, F. 198—199°. *Hydrochlorid*, F. 172—172,5°. — *rac.-1-Methyl-2-phenoxyäthylamin* (*rac.*-**IV**), *Hydrochlorid*, F. 145,5—146,5°. *Hydrojodid*, F. 155,5—156,5°. (—)-**IV**-(+)-*Camphersulfonat*, F. 183—184° (W.), durch Zugeben von 0,2 Mol rac.-**IV** in 25 ml Ae. zu 0,08 Mol (+)-Camphersulfonsäure in 30 ml A., Verdünnen mit Ae., Impfen mit reinem (+)-Camphersulfonat von (—)-**IV** u. 24 std. Stehen; 9,4 g. *Hydrochlorid*, F. 193,5—194°. — (+)-**IV**-(—)-*Mandelat*, F. 147—148° (Isopropanol), durch Versetzen des nach Abtrennen vorst. Salzes erhaltenen Filtrats mit überschüssiger KOH, Abtrennen der so erhaltenen äther. Lsg. von rac.-**IV**, Einengen, Lösen des Rückstandes mit der äquivalenten Menge (—)-**II** in Isopropanol u. Impfen. *Hydrochlorid*, F. 193,6 bis 194,1°. *Hydrojodid*, F. 145—147°, durch Zugeben von konz. HJ (D. 2,00) zu (+)-**IV** in Ae., Versetzen mit A. u. Ausfällen des Hydrojodids durch Zugeben von viel abs. Ae.;

84%. — (—)-*1 Hydroxy-1-[p-hydroxyphenyl]-propanon-(2)* (**VII**), $C_9H_{10}O_3$, F.148—149° (Ae./PAe. oder Dioxan/Cyclohexan), durch Zugeben von frischer Bäckerhefe (4%) als konz. Suspension zu einer 10%ig. wss. Melasse-Lsg. (5% Zucker) vom pH 5,3, Durchleiten von Luft bei 20°, allmähliches Zugeben einer konz. alkohol. Lsg. von Salicylaldehyd (maximal 2% der Kultur) im Verlauf von 4—8 Std., Extrahieren mit Ae., Schütteln der äther. Lsg. mit 10%ig. $NaHCO_3$-Lsg. u. danach mit konz. $NaHSO_3$-Lsg., Versetzen des Bisulfitextraktes mit festem $NaHCO_3$ u. Extrahieren mit Ae.; ca. 10% (roh). — *rac.-α-[1-Methyl-2-phenoxyäthylamino]-p-benzyloxypropiophenon* (**VI**)-*Hydrochlorid*, F. 190—195°. *Rechtsdrehendes Diastereomerengemisch*, F. 208—210°, durch 3std. Erhitzen von rac.-**V**, (—)-**IV** u. Triäthylamin in A. unter Rückfluß, Eindampfen im Vakuum, Versetzen des Rückstandes mit W./Ae. (1:2) u. Ansäuern der äther. Lsg. mit 4n HCl; 87%. *Hydrochlorid, linksdrehendes Diastereomerengemisch*, analog aus rac.-**V** ,(+)-**IV** u. Triäthylamin; 89%. — *rac.-1-Methyl-2-jodäthylaminhydrojodid*, $C_3H_8JN \cdot HJ$, F. 128 bis 130° (Zers.), a) analog der (+)-Form nach a); 6%; b) aus 3,25 g rac.-**IV** durch HJ-Spaltung (vgl. nachst. Rk. b); 1,64 g. —(+)-*Form*, F. 153—156° (Zers.; aus A./Ae.), a) durch 1½ std. Erhitzen von S(+)-Alaninol mit konz. HJ unter Rückfluß u. Einengen im Vakuum; 8%; b) durch ca. 48std. Erhitzen von (+)-**IV**-Hydrojodid mit konz. HJ unter Rückfluß; 27%. — (—)-*Form*, F. 153—156,5° (Zers.), aus (—)-**IV**-Hydrojodid wie vorst.; 30%. D. HOLZNER. 1320□

Organoborverbindungen. 7. Mitt. **Alkylarylborinate.** R. L. Letsinger und John R. Nazy. (J. org. Chemistry **23.** 914—15. 20/6. 1958. Evanston, Ill., Northwestern Univ., Dep. of Chem.; engl.) — 6. vgl. C. **1961.** 9783; 9. vgl. C. **1961.** 14604. — Aus Benzolboronsäuredibutylester (**I**) u. GRIGNARD-Verbb. dargestellte Borinsäuren werden mit Aminoäthanol (**II**) zu *Benzylphenylborinsäure-* (**III**), *Butylphenylborinsäure-* (**IV**) u. *1-Methylheptylphenylborinsäureaminoäthylester* (**V**) umgesetzt.

Versuche: Aminoäthylester: *Benzylphenylborinsäure-* (**III**), $C_{15}H_{18}BNO$, F. 141 bis 142° (Toluol), durch Zugabe von Benzyl-MgBr zu einer äther. Lsg. von **I** bei —70°, 1std. Rühren, Erwärmen auf Raum-Temp., Zers. mit verd. HCl, u. Zugabe von **II** in CH_3OH zur äther. Schicht; 64% (Ausbeute). — *Butylphenylborinsäure-* (**IV**), $C_{12}H_{20}BNO$, F. 108—108,5° (Toluol/Hexan), aus **I** u. n-Butyl-MgBr analog vorst. Verb.; 60%. — *1-Methylheptylphenylborinsäure-* (**V**), $C_{16}H_{28}BNO$, F. 93—95° (Hexan mit wenig Bzl.), aus **I** u. 1-Methylheptyl-MgBr; 55%. — Der Abbau von **III** mit $KMnO_4$ in verd. KOH liefert *Benzoesäure*, F. 121—122° (80%) u. *Benzolboronsäure* (**VI**; F. 193 bis 197°; 29%), die Oxydation mit Luft in KOH nach Hydrolyse mit HCl → *Benzylalkohol* (*3.5-Dinitrobenzoat*, F. 111—113°) u. **VI**. — Abbau von **IV** mit $HgCl_2$ in A. → C_6H_5HgCl (95%); Oxydation nach saurer Hydrolyse → 37% **VI**. — Oxydation von **V** nach saurer Hydrolyse → 64% **VI**. H. HENZE. 1380□

Darstellung von Jodsilanen aus Phenylchlorsilanen. B. J. Aylett und I. A. Ellis. (J. chem. Soc. [London] **1960.** 3415—16. Aug. Old Aberdeen, Scotland, Univ. of Aberdeen; engl.) — Zur Darst. von *Jodsilan* (**I**) wird die Spaltung von Chlorphenylsilan (**II**) mit HJ benutzt, da die Spaltung von Phenylsilan mit HJ ein untrennbares Gemisch aus **I** u. Bzl. ergibt. Da bei der Rk. etwas H_2 entwickelt wird, muß auch die Bldg. von *Chlorphenyljodsilan* angenommen werden. Diphenylsilan (**III**) reagiert mit HJ zu *Dijodsilan* u. Bzl., daneben entstehen Spuren H_2, **I** u. *Trijodsilan*.

Versuche: *Chlorphenylsilan* (**II**), C_6H_7ClSi, aus Chlorphenyltrichlorsilan u. $LiAlH_4$ in Äther. — *Jodsilan*, H_3JSi, F. —56° ±2, aus **II** in HJ durch 12std. Stehen im Einschlußrohr bei Zimmer-Temp.; 60% (Ausbeute). — *Dijodsilan*, H_2J_2Si, aus 20 g **III** u. HJ analog vorst. Verb.; 55%. K. RÜHLMANN. 1380□

Über die Einwirkung von Stickstoffdioxid auf β-Nitrostyrol. Ss. Ss. Nowikow, W. M. Belikow, W. F. Demjanenko und L. W. Lapschina. (Известия Академии Наук СССР, Отделение Химических Наук [Nachr. Akad. Wiss. UdSSR, Abt. chem. Wiss.] **1960.** 1295—96. Juli. Zelinsky-Inst. für org. Chemie; russ.) — Bei der Einw. von N_2O_4 auf β-Nitrostyrol in Ae. bei 20—25° entsteht *p-Nitrobenzoesäure*, unterhalb 18° bildet sich *p-Nitrophenylnitroacetylen*. In CCl_4 entsteht *β.β-Dinitrostyrol* neben *1-Phenyl-2.2-dinitroäthylnitrit*, aus dem sich beim Behandeln mit A. *1-Phenyl-2.2-dinitrodiäthyläther* bildet. β.β-Dinitrostyrol spaltet beim Kochen Benzaldehyd ab u. reagiert mit KOH in wss. Dioxan unter Bldg. des *K-Salzes von Dinitromethan*.

Versuche: *p-Nitrophenylnitroacetylen*, $C_8H_4N_2O_4$, F. 139—139,5°, durch 2½ Tage langes Rühren von 27,5 g β-Nitrostyrol mit 162 g N_2O_4 in 100 ml abs. Ae. bei <18°; 0,75 g (Ausbeute). — *β.β-Dinitrostyrol*, $C_8H_6N_2O_4$, F. 95—96° (CCl_4), durch 5 Tage langes Stehen von 15 g β-Nitrostyrol mit 90 g N_2O_4 in 150 ml CCl_4 bei Zimmer-Temp. 39%. — *1-Phenyl-2.2-dinitrodiäthyläther*, $C_{10}H_{12}N_2O_5$, F. 31—32° (CCl_4), $Kp._3$ 115—117°,

a) durch Einw. von überschüssiger 20%ig. KOH auf 7,8 g *β.β*-Dinitrostyrol in A. u. Zers. des entstehenden K-Salzes [F. 187—188° (Zers.)] mit H_2SO_4; n_D^{20} 1,5048; $D._4^{20}$ 1,2152; 4,7 g; b) aus der Mutterlauge der Darst. von *β.β*-Dinitrostyrol; 31%. — Bei der Rk. von *β.β*-Dinitrostyrol mit KOH in Dioxan bei 0—1° entsteht neben dem *K-Salz des Dinitromethans* ($CHKN_2O_5$; Zers. bei 207—208°) im Gemisch mit unverändertem *β.β*-Dinitrostyrol *1-Phenyl-2.2-dinitroäthanol.* B. CELMS. 1410□

Über o-Nitrozimtaldehyd. P. John Jacob und P. I. Ittyerah. (J. Indian chem. Soc. **38.** 258. April 1961. Agra, St. John's Coll., Chem. Dep.; engl.) — Die Kondens. von o-Nitrozimtaldehyd (I) mit verschiedenen Malonsäuren in Ggw. von Pyridin, Piperidin, 2.4-Lutidin oder Pyridinacetat als Katalysator wird beschrieben.

Versuche: *o-Nitrocinnamylidenessigsäure*, $C_{11}H_9NO_4$, F. 216° (A.), durch 4std. Erhitzen von **I**, Malonsäure u. Katalysator auf 100—105°; 64% (Ausbeute); daneben *o-Nitrocinnamylidenmalonsäure*, F. 205°. — *o-Nitrocinnamylidenmalonsäuremonoanilid*, $C_{18}H_{14}N_2O_5$, F. 185° (A.); 89%. — *o-Nitrocinnamylidenmalonsäuremono-o-toluidid*, $C_{19}H_{16}N_2O_5$, F. 217° (A.); 51%. — *o-Nitrocinnamylidenmalonsäuremono-m-toluidid*, $C_{19}H_{16}N_2O_5$, F. 212° (A.); 56%. — *o-Nitrocinnamylidenmalonsäuremono-p-toluidid*, $C_{19}H_{16}N_2O_5$, F. 225° (A.); 86%. — *o-Nitrocinnamylidenmalonsäuremono-o-chloranilid*, $C_{18}H_{13}ClN_2O_5$, F. 228° (A.); 67%. W. HAMPEL. 1620

Mechanismus der O-Acylierung von β-Ketoestern. Robert L. Stutz, Charles A. Reynolds und William E. McEwen. (J. org. Chemistry **26.** 1684. 17/5. 1961. Lawrence, Kans., Univ., Dep. of Chem.; engl.) — Die Rk. von Benzoylessigsäureäthylester mit Benzoylchlorid u. Chinolin (I) liefert zunächst *α-Benzoyl-α-[1-benzoyl-1.2-dihydrochinolyl-(2)]-essigsäureäthylester* (**II**), der bei 10tägigem Kochen in Bzl. zu *β-Benzoyloxyzimtsäureäthylester* (*O-Benzoylbenzoylessigsäureäthylesterenol*) u. **I** gespalten wird. Der analog aus Acetessigsäureäthylester erhaltene *α-Acetyl-α-[1-benzoyl-1.2-dihydrochinolyl-(2)]-essigsäureäthylester* bleibt in sd. Bzl. unverändert, geht jedoch in sd. Xylol in **I** u. *β-Acetoxyzimtsäureäthylester* über. Die Struktur von **II** wurde durch die katalyt. Hydrierung zur Tetrahydrostufe u. nachfolgende alkal. Hydrolyse zu *1-Benzoyl-2-phenacyl-1.2.3.4-tetrahydrochinolin* bestätigt. Mit den Ergebnissen wird wahrscheinlich gemacht, daß die O-Acylierung von *β*-Ketoestern durch Säurechloride in Pyridin über *α-[1-Acyl-1.2-dihydropyridyl-(2)]-Derivv.* verläuft, die über sechsgliedrige cycl. Zwischenstufen in die *O-Acyl-β-ketoesterenole* übergehen können. H.-E. TOUSSAINT. 1650□

Kontinuierliche beziehungsweise halbkontinuierliche Darstellung von Methylcyclopentan aus Cyclohexan. Gerhard Gawalek. (Chem. Techn. **12.** 598. Okt. 1960. Leipzig, Dt. Akad. der Wiss., Inst. für Verf.-Techn.; dt.) — Cyclohexan bildet beim 5std. Kochen mit nicht ganz trocknem $AlCl_3$ ein Gleichgewicht mit *Methylcyclopentan* (**I**), das 24% **I** enthält. Durch Abdestillieren von **I** kann das Verf. kontinuierlich durchgeführt werden. W. HAMPEL. 1810□

Dienkondensation von Isopren mit asymmetrischen Dienophilen. Ju. A. Titow und A. I. Kusnetzowa. (Известия Академии Наук СССР, Отделение Химических Наук [Nachr. Akad. Wiss. UdSSR, Abt. chem. Wiss.] **1960.** 1297—98. Juli. Zelinsky-Inst. für organ. Chem.; russ.) — Bei der Dien-Kondens. von Isopren mit Nitroäthylen, Styrol u. Methylvinylketon entstehen nebeneinander die entsprechenden *p-* u. *m-Derivv.* des *Cyclohexens*, wobei deren Mengenverhältnisse zueinander in der genannten Reihenfolge 3,7 : 1, 3,5 : 1 u. 2,3 : 1 betragen.

Versuche: *4-* u. *3-Methyl-Δ³-tetrahydroacetophenon*, $Kp._{30}$ 99—102°, durch 5std. Erhitzen von Isopren mit Methylvinylketon in Stahlampullen auf 200° in Bzl. in Ggw. von 0,1—0,2% Hydrochinon; n_D^{20} 1,4710; 81% (Ausbeute); die Best. der Isomeren erfolgt durch Dehydrierung u. Oxydation der erhaltenen Benzol-Derivv. zu Terephthal- bzw. Isophthalsäure. — *4-* u. *5-Phenyl-Δ¹-tetrahydrotoluol*, $Kp._{10}$ 120—122°, analog durch 10std. Erhitzen von Isopren mit Styrol auf 200°; n_D^{20} 1,5356; 31%. — *4-* u. *5-Nitro-Δ¹-tetrahydrotoluol*, $Kp._{25}$ 113—116°, analog durch 10std. Erhitzen von Isopren mit Nitroäthylen auf 150°; n_D^{20} 1,4820; 47%. B. CELMS. 1810□

Cyclite. 9. Mitt. **Cyclohexylidenderivate von Myoinosit.** S. J. Angyal, M. E. Tate und S. D. Gero. (J. chem. Soc. [London] **1961.** 4116—22. Sept. Sydney, Univ. of New South Wales, School of Chem.; engl.) — 8. vgl. C. **1959.** 10217. — Bei der Kondens. von Myoinosit (I) u. Cyclohexanon wurden *1.2-O-Cyclohexylidenmyoinosit* (**II**) u. 3 Diketale, *1.2;4.5-* (**III**), *1.2;5.6-* (**IV**) u. *1.2;3.4-Di-O-cyclohexylidenmyoinosit* (**V**) gewonnen. Die Struktur von **II** ergibt sich aus der Bldg. von *1.4.5.6-Tetra-O-acetylmyoinosit* bei der Acetylierung u. Verseifung, die Struktur von **III, IV** u. **V** aus den Ergebnissen der Perjodatoxydation u. der Methylierung. **III, IV** u. **V** werden durch milde Hydrolyse in **II** verwandelt. Aus **IV** wurde ein *3-Benzoat*, ein *4-Benzoat* (**VI**) u. ein *3.4-Dibenzoat* dargestellt, aus **I** u. Cyclopentanon *1.2-O-Cyclopentylidenmyoinosit* synthetisiert.

Versuche (FF. korr.): *1.2-O-Cyclohexylidenmyoinosit* (II), $C_{12}H_{20}O_6$, F. 179° (A.; Nadeln), durch Erhitzen von I mit Cyclohexanon u. Bzl. in einem DEAN-STARK-Separator, bis kein W. mehr abgespalten wird, Zugabe von p-Toluolsulfonsäure u. weiteres 3½std. Erhitzen, Filtrieren, Zugabe von Na_2CO_3, Dampf-Dest., Eindampfen der wss. Phase u. Extrahieren mit heißem A.; 2% (Ausbeute). — *1.2;4.5-Di-O-cyclohexylidenmyoinosit* (III), $C_{18}H_{28}O_6$, F. 174° (Nadeln), durch Verdünnen vorst. organ. Phase mit Bzl. (durch azeotrope Dest. wasserfrei), Verdünnen mit Cyclohexan, Fraktionieren in n-Hexan an Al_2O_3, Eluieren mit Bzl./n-Hexan, Chlf. u. A. u. Isolierung aus den Chlf.-Eluaten; 16%. *Diacetat*, $C_{22}H_{32}O_8$, F. 179° (A.; Nadeln). *Dibenzoat*, $C_{32}H_{36}O_8$, F. 262° (Bzl.; Nadeln). — *1.2;5.6-Di-O-cyclohexylidenmyoinosit* (IV), $C_{18}H_{28}O_6$, F. 133° (Bzl./PAe.), aus vorst. alkohol. Eluat durch Eindampfen u. Aufnehmen in Bzl./n-Hexan; 15%. *Diacetat*, $C_{22}H_{32}O_8$, F. 120° (A.; Nadeln). *Dibenzoat*, $C_{32}H_{36}O_8$, FF. 136—137° u. 158° (A.). — *1.2;3.4-Di-O-cyclohexylidenmyoinosit* (V), $C_{18}H_{28}O_6$, F. 158° (Bzl./n-Hexan; Nadeln), aus den Mutterlaugen von IV nach 9 Wochen bei 0°; 5%. *Dibenzoat*, $C_{32}H_{36}O_8$, F. 205° (A.; Nadeln). Bei der Perjodatbehandlung wurde III nicht oxydiert, V reagierte schnell u. vollständig, IV wurde partiell oxydiert. Zur Methylierung von III, IV u. V wurde 1 Std. mit 30%ig. NaOH u. Dimethylsulfat erhitzt, mit Chlf. extrahiert u. die Rückstände der organ. Phase mit 80%ig. Essigsäure erhitzt (30 Min. 100°); die chromatograph. Fraktionierung ergab bei III u. IV einen *Dimethyläther*, *4-O-Methylmyoinosit* neben wenig *1-O-Methylmyoinosit*, aus V einen *Dimethyläther* neben *4-O-* u. *5-O-Methylmyoinosit*. — *3.4-Di-O-benzoyl-1.2;5.6-di-O-cyclohexylidenmyoinosit*, F. 154—158°, durch Benzoylierung von IV in Pyridin u. chromatograph. Fraktionierung; 17%. Daneben *4-O-Benzoyl-1.2;5.6-di-O-cyclohexylidenmyoinosit* [VI, $C_{25}H_{32}O_7$, F. 185° (A.); 4%] u. *3-O-Benzoyl-1.2;5.6-di-O-cyclohexylidenmyoinosit* [F. 173°; 33%; daraus das *4-O-Tosylat*, $C_{32}H_{38}O_9S$, F. 146—147° (A.), durch 2std. Erhitzen mit Tosylchlorid u. Pyridin; 45%]. — *4-O-Tosylmyoinosit*, $C_{13}H_{18}O_8S$, F. 181—182° (A.; Nadeln), durch Erhitzen vorst. Tosylats mit A. u. 10n HCl (13 Std.), Eindampfen, Chromatographieren in A./Aceton an Cellulose u. Eluieren mit Aceton/W. (9:1); 8%. Daneben *Epiinosit* [F. 270—280° (A.; Nadeln)] u. durch Acetylieren der Mutterlauge *Hexa-O-acetylepiinosit*, F. 187—188°. — *4-O-Benzoyl-1.2;5.6-di-O-cyclohexyliden-3-O-tosylmyoinosit*, $C_{32}H_{38}O_9S$, F. 204—206° (Zers.), durch Erhitzen von VI in Pyridin mit p-Toluolsulfochlorid; 28%. — *1-O-Tosylmyoinosit*, F. 223—224° (Zers.), durch Erhitzen vorst. Verb. mit 4n HCl u. CH_3OH (16 Std.); 46%. *1.2.4.5.6-Penta-O-acetyl-3-O-tosylmyoinosit*, F. 149—150° (A.; Nadeln). — *1.4.5.6-Tetra-O-acetyl-2.3-O-cyclohexylidenmyoinosit*, $C_{20}H_{28}O_{10}$, F. 118° (A.; Nadeln), durch 2std. Erhitzen von II (das durch partielle Hydrolyse der Diketale u. Verw. von Bzl., PAe. u. A. als Lsgm. aus I u. Cyclohexanon in 90%ig. Ausbeute gewonnen wurde) mit Pyridin u. Essigsäureanhydrid; 98%. — *1.4.5.6-Tetra-O-acetylmyoinosit, Monohydrat*, $C_{14}H_{20}O_{10}\cdot H_2O$, F. 100° (W.; Nadeln), durch Erhitzen vorst. Verb. mit Eisessig u. W.; 77%. *Hemihydrat*, $C_{14}H_{20}O_{10}\cdot \frac{1}{2} H_2O$, F. 138—140°. — *1.2-O-Cyclopentylidenmyoinosit*, $C_{11}H_{18}O_6$, F. 166° (CH_3OH, abs. Chlf.), analog II unter Zusatz von Cyclopentanon; 29%. — *1.4.5.6-Tetra-O-acetyl-2.3-O-cyclopentylidenmyoinosit*, $C_{19}H_{26}O_{10}$, F. 132° (A.; Nadeln); 82%. H. Rossow. 1860□

Cyclite. 10. Mitt. **Myoinositphosphate.** S. J. Angyal und M. E. Tate. (J. chem. Soc. [London] **1961.** 4122—28. Sept.; engl.) — 9. vgl. vorst. Referat. — Aus dem l. c. beschriebenen 3-O-Benzoyl-1.2;5.6-di-O-cyclohexylidenmyoinosit (I) wurde durch Acylierung mit Di-O-phenylphosphorsäurechlorid in Pyridin u. Abspaltung der Phenyl-, Cyclohexyliden- u. Benzoylgruppe *Myoinosit-4-dihydrogenphosphat*, isoliert als *Biscyclohexylammoniumsalz*, dargestellt; die schwerer zugängliche 4-O-Benzoyl-Verb. (II) liefert *4-O-Benzoyl-1.2;5.6-di-O-cyclohexylidenmyoinosit-3-diphenylphosphat*. Aus 5-Amino-5-desoxyneoinosit (III) (zugänglich durch Hydrolyse des antibiot. Hygromycin A) wurde *1.2.3.4.6-Penta-O-acetylmyoinosit* gewonnen, das in *Myoinosit-5-dihydrogenphosphat* verwandelt wird. Die Diketale 1.2;4.5- (IV), 1.2;5.6- (V) u. 1.2;3.4-Di-O-cyclohexylidenmyoinosit (VI) wurden in *Myoinosit-1.4-*, *-1.6-* bzw. *-4.5-bis-[dihydrogenphosphat]* verwandelt. Durch Erhitzen mit n-HCl wird eine Wanderung der Phosphatgruppen aller Positionen bewirkt, u. zwar verläuft die Wanderung schneller in Positionen zwischen cis- als zwischen trans-Hydroxylgruppen.

Versuche (FF. korr.): *(±)-3-O-Benzoyl-1.2;5.6-di-O-cyclohexylidenmyoinosit-4-diphenylphosphat*, $C_{37}H_{41}O_{10}P$, F. 153° (A.; Nadeln), durch Lösen von I in Di-O-phenylphosphorsäurechlorid u. Pyridin, 2½std. Erhitzen u. Gießen auf Eis; 73%. — *(±)-Myoinosit-4-dihydrogenphosphat, Bis-cyclohexylammoniumsalz, Hemihydrat*, $C_{18}H_{39}N_2O_9P\cdot \frac{1}{2} H_2O$, F. 206—207° (Zers.; W./Aceton; Nadeln), durch Hydrieren vorst. Verb. in Ggw. von ADAMS-PtO_2-Katalysator in A., Eindampfen, Lösen in sd. CH_3OH, Filtrieren, Zugabe von $Ba(OCH_3)_2$, Zugabe von W., Abdestillieren von CH_3OH, Zugabe von n-H_2SO_4,

Filtrieren, Extrahieren mit Ae. u. Zugabe von Cyclohexylamin (wss. Phase); 30%. — (±)-*4-O-Benzoyl-1.2;5.6-di-O-cyclohexylidenmyoinosit-3-diphenylphosphat*, $C_{37}H_{41}O_{10}P$, F. 153° (A.; Nadeln), aus **II** wie oben; 33%. — *1.2.3.4.6-Penta-O-acetylmyoinosit*, $C_{16}H_{22}O_{11}$, F. 178° (Äthylacetat/PAe.), durch Erhitzen von **III**·HCl, Acetylbromid u. Chlf. auf 50° bis zum Aufhören der HBr-Entw. (2 Std.), Eindampfen, Aufnehmen in W., tropfenweise Zugabe von $NaNO_2$ in 0,05n HCl (0°, 1½std. Rühren) u. Extrahieren mit Chlf.; 33%. — *1.2.3.4.6-Penta-O-acetylmyoinosit-5-diphenylphosphat*, $C_{28}H_{31}O_{14}P$, F. 168° (A.), durch 10std. Erhitzen vorst. Verb. mit Di-O-phenylphosphorsäurechlorid u. Pyridin, Abkühlen u. Zugabe von CH_3OH; 70%. — *1.2.3.4.6-Penta-O-acetylmyoinosit-5-dihydrogenphosphat, Hydrat*, $C_{16}H_{23}O_{14}P \cdot H_2O$, F. 229° (Zers.; A.; Nadeln), durch Hydrieren vorst. Verb. wie oben; 98%. — *Myoinosit-5-dihydrogenphosphat, Bis-cyclohexylammoniumsalz, Hydrat*, $C_{18}H_{39}N_2O_9P \cdot H_2O$, F. 209—211° (Zers.; W./Aceton; Nadeln); 79%. — *1.2;4.5-Di-O-cyclohexylidenmyoinosit-3.6-bis-[diphenylphosphat]*, $C_{42}H_{46}O_{12}P_2$, F. 183° (A.), aus **IV**; 54%. — *Myoinosit-1.4-bis-[dihydrogenphosphat], Tris-cyclohexylammoniumsalz, Hemihydrat*, $C_{24}H_{53}N_3O_{12}P_2 \cdot ½\,H_2O$, Zers. bei 186—197° (W./Aceton; Nadeln); 83%. — *1.2-O-Cyclohexylidenmyoinosit-3.4-bis-[dihydrogenphosphat], Tris-cyclohexylammoniumsalz, Trihydrat*, $C_{30}H_{61}N_3O_{12}P_2 \cdot 3\,H_2O$, F. 196—197° (W./Aceton; Nadeln), aus 340 mg **V** 0,48 g. — *Myoinosit-1.6-bis-[dihydrogenphosphat], Tris-cyclohexylammoniumsalz, Dihydrat*, $C_{24}H_{53}N_3O_{12}P_2 \cdot 2\,H_2O$, F. 161—163° (Zers.). — (±)-*Myoinosit-4.5-bis-[dihydrogenphosphat], Tris-cyclohexylammoniumsalz, Dihydrat*, $C_{24}H_{53}N_3O_{12}P_2 \cdot 2\,H_2O$, F. 182—183° (Zers.; W./Aceton), aus **VI**; 45%. H. Rossow. 1860□

Chemie des Dihydroresorcins. 8. Mitt. **Synthesen mit 2-Prehnyldihydroresorcin.** W. I. Gunar und Ss. I. Sawjalow. (Журнал Общей Химии [J. allg. Chem.] **30 (92)**. 3658—63. Nov. 1960. Inst. für organ. Chem. der Akad. der Wiss. der UdSSR; russ.) — 7. vgl. C. **1962. 14483.** — 2-Prehnyldihydroresorcin [**I**; 2-[3-Methylbuten-(2)-yl-(1)]-cyclohexandion-(1.3)] wird in Ggw. von H_3PO_4 zu *2.2-Dimethyl-Δ^{8a}-tetrahydrochromanon-(5)* (**II**) cyclisiert, das an Pd/Kohle zu *2.2-Dimethylchromanol-(5)* (**III**) dehydriert wird. In besserer Ausbeute wird **III** durch Bromierung von **II** u. anschließende Dehydrobromierung des Dibromids erhalten. **I** wird durch CH_2N_2 in *2-Prehnyl-3-methoxycyclohexen-(2)-on-(1)* umgewandelt, das mit Methyl-MgJ zu *2-Prehnyl-3-methylcyclohexen-(2)-on-(1)* reagiert. — Die Red. von **I** mit Hydrazinhydrat (**IV**) liefert *9-Methyldecen-(8)-säure*. — Die hydrolyt. Spaltung von **I** mit $Ba(OH)_2$ gibt *9-Methyldecen-(8)-on-(5)-säure* (**V**), die mit Methyl-MgJ über *5.9-Dimethyl-5-hydroxydecen-(8)-säure* in *Geranylessigsäure* [*5.9-Dimethyldecadien-(4.8)-säure*] übergeführt wird. Die Cyclisierung von **V** mit Polyphosphorsäure führt zu *1-Keto-6-methyl-1.2.3.4.7.8-hexahydronaphthalin* (**VI**), das zu *6-Methyltetralon-(1)* (**VII**) u. *6-Methyl-1-keto-Δ^{8a}-oktalin* (**VIII**) disproportioniert wird. **VII** wird auch aus 1-Methoxy-2.3.4.6.7.8-hexahydro-6-ketonaphthalin (**IX**) u. Methyl-MgJ über **VI** erhalten.

Versuche: *2.2-Dimethylchromanol-(5)* (**III**), $C_{11}H_{14}O_2$, F. 119—120° (Heptan), a) man gibt zu 12,4 g **II** in 70 ml Chlf. bei —10° langsam 11 g Br_2 in 70 ml Chlf., dann 120 ml Diäthylanilin u. erhitzt 6 Std. auf 120—150°; 50% (Ausbeute); b) durch 20 Min. langes Erhitzen von 1,5 g **II** u. 1,3 g 10%ig. Pd-Kohle auf 280—310°; 20%. *3.5-Dinitrobenzoat*, $C_{18}H_{16}N_2O_7$, F. 132—133° (Methanol). — *9-Methyldecen-(8)-säure*, $C_{11}H_{20}O_2$, Kp.$_7$ 146—148°, man erhitzt 14 g NaOH, 150 ml Diäthylenglykol, 12,5 g **I**, 9 ml **IV** (85%ig) mit Methanol 30 Std. zum Sieden, dest. W., Methanol u. Hydrazin ab u. erhitzt 13 Std. auf 195°; n_D^{20} 1,4555; 87%. *S-Benzylisothiuroniumsalz*, $C_{19}H_{30}N_2O_2S$, F. 140,5 bis 141,5° (W.–Methanol). — *2-Prehnyl-3-methoxycyclohexen-(2)-on-(1)*, Kp.$_{0,05}$ 118 bis 119°, man gibt zu CH_2N_2 (aus 13,8 g Nitrosomethylharnstoff) in Ae. 12,1 g **I** u. läßt 12 Std. stehen; n_D^{20} 1,5279; 92%. — *2-Prehnyl-3-methylcyclohexen-(2)-on-(1)*, $C_{12}H_{18}O$, Kp.$_{0,05}$ 78—80°, man gibt zu Methyl-MgJ (2,9 g Mg, 17,2 g Methyljodid, 500 ml Ae.) 11,5 g vorst. Verb., rührt 6 Std. bei 5° u. läßt 12 Std. bei 20° stehen; n_D^{20} 1,5092; 55%. *2.4-Dinitrophenylhydrazon*, $C_{18}H_{22}N_4O_4$, F. 138,5—139,5° (Methanol–Dioxan). — *9-Methyldecen-(8)-on-(5)-säure* (**V**), $C_{11}H_{18}O_3$, Kp.$_1$ 155—160°, F. 41—42° (Heptan), durch 12std. Kochen von 36 g **I**, 100 g $Ba(OH)_2$ u. 600 ml W.; 78%. — *Geranylessigsäure*, Kp.$_{0,05}$ 119—121°, Kp.$_{0,07}$ 129—135°; n_D^{20} 1,4780; n_D^{23} 1,4775, a) man gibt zu Methyl-MgJ (3,3 g Mg, 18 g Methyljodid, 300 ml Ae.) bei —10° 10 g **V**, rührt 6 Std. u. läßt 12 Std. bei 20° stehen; 77%; b) man gibt zu **V**-K-Salz (aus 8,2 g **V**) in 300 ml Ae. bei —10° Methyl-MgJ (aus 2,52 g Mg, 15,7 g Methyljodid); 80%. *S-Benzylisothiuroniumsalz*, $C_{20}H_{30}N_2O_2S$, F. 118—119° (W.–Methanol). — *1-Keto-6-methyl-1.2.3.4.7.8-hexahydronaphthalin* (**VI**), Kp.$_2$ 87—90°, man gibt zu Methyl-MgJ (3,8 g Mg, 22,5 g Methyljodid, 100 ml Ae.) bei 0° 12,8 g **IX** u. läßt 5 Std. bei 20° stehen; n_D^{20} 1,5505; 66%. *2.4-Dinitrophenylhydrazon*, $C_{17}H_{18}N_4O_4$, F. 223—224° (Dioxan–Methanol). — *6-Methyltetralon-(1)* (**VII**), Kp.$_9$ 136—138°; n_D^{20} 1,5640, a) man erhitzt 3,4 g **VI** u. 0,67 g S 20 Min. auf 180 bis 210°; 58%; b) man erhitzt 10 g **V**, 22 g P_2O_5 u. 22 g H_3PO_4 2 Std. auf dem sd. Wasserbad, behandelt mit Soda-Lsg., extrahiert mit Ae. u. erhält ein **VII–VIII**-Gemisch (Kp.$_7$ 120—137°; 4,5 g), das an Al_2O_3 chromatographiert wird; 1,7 g (unrein). *2.4-Dinitrophenylhydrazon*, $C_{17}H_{16}N_4O_4$, F. 244—245° (Methanol–Dioxan). *Semicarbazon*, $C_{12}H_{15}N_3O$, F. 217,5—219,5° (Methanol–Dioxan). — *6-Methyl-1-keto-Δ^{8a}-oktalin* (**VIII**); n_D^{20} 1,5430; bei der Darst. von **VII** nach b); 1,4 g. *2.4-Dinitrophenylhydrazon*, $C_{17}H_{20}N_4O_4$, F. 222,5 bis 223,5° (Methanol). HELMUT SCHÄFER. 1970□

β-Dicarbonylverbindungen. 9. Mitt. **Reaktion von β-Dicarbonylverbindungen mit Wasserstoffperoxid.** L. P. Winogradowa und Ss. I. Sawjalow. (Известия Академии Наук СССР, Отделение Химических Наук [Nachr. Akad. Wiss. UdSSR, Abt. chem. Wiss.] **1961.** 1482—86. Aug. Zelinsky-Inst. für organ. Chem. der Akad. der Wiss. der UdSSR; russ.) — 8. vgl. vorst. Referat. — Es wurde die Einw. von H_2O_2 auf Dihydroresorcin (**I**), Dimedon (**II**), 2-Formylcyclopentanon (**III**), 2-Formylcyclohexanon (**IV**), 2-Methyl- (**V**), 3-Methyl- (**VI**), 4-Methyl-6-formylcyclohexanon (**VII**), ω-Formylacetophenon (**VIII**), 2-Acetyldihydroresorcin (**IX**), 2-Ketocyclohexylglyoxylsäureäthylester (**X**) u. Acetylaceton (**XI**) untersucht.

Versuche: Man läßt 2,2 g **I**, 20 ml W. u. 15 ml Perhydrol 5 Tage lang stehen u. dampft ein: *Glutarsäure*, F. 95—96°; 50% (Ausbeute). — Bei der analogen Rk. von **II** mit H_2O_2 entsteht *β.β-Dimethylglutarsäure*, F. 90°; 47%. — Man gibt zu 15 ml Perhydrol portionsweise unter Kühlung 2,9 g **III**: *Adipinsäure*, F. 149—151°; 90%. — Man gibt zu 2,5 g **IV** in 20 Min. 12 ml Perhydrol: *Cyclopentancarbonsäure* (Kp.$_2$ 74—80°, F. 1—3°; n_D^{21} 1,4529; 43,5%. *Amid*, F. 170—172°) u. *Pimelinsäure* (Kp.$_2$ 170—172°; 35%). — Aus **V** mit H_2O_2: *2-Methylcyclopentancarbonsäure* (Kp.$_2$ 79—80°; n_D^{21} 1,4514; 52%. *Amid*, F. 150—152°) u. *α-Methylpimelinsäure* (Kp.$_2$ 170—172°; 1%. *Dianilid*, F. 163,5 bis 165°). — Aus **VI** u. H_2O_2: *3-Methylcyclopentancarbonsäure* (Kp.$_2$ 89—91°; n_D^{21} 1,4499; 36%. *Amid*, F. 146—147°) u. *β-Methylpimelinsäure* (Kp.$_2$ 170—173°, F. 43—45°; 59%. *Dianilid*, F. 135—136°). — Aus **VII** u. H_2O_2: *3-Methylcyclopentancarbonsäure* (Kp.$_2$ 91 bis 93°; 30%. *Amid*, F. 145—146°) u. *γ-Methylpimelinsäure* (Kp.$_2$ 182—184°, F. 51—53°; 57%. *Dianilid*, F. 157—158°). — Man gibt zu 2,8 g **VIII** u. 2,24 g KOH in 20 ml W. in 20 Min. bei 25—30° 12 ml Perhydrol u. säuert an: *Benzoesäure*, F. 122—123°; 41%. — Man gibt zu 1,54 g **IX** u. 0,4 g KOH in 10 ml W. bei 20° 6 ml Perhydrol: *Glutarsäure*; 50%. Bei der Oxydation in Abwesenheit von Alkali beträgt die Ausbeute 76%. — Man gibt zu 20 g **X** u. 11,2 g KOH in 50 ml W. in 1 Std. bei 20—25° 40 ml Perhydrol: *Oxalsäureäthylester* (Kp.$_2$ 76—80°; n_D^{18} 1,4490; 6 g. Liefert *Oxalsäure*, F. 104—106°) u. *Adipinsäure* (F. 150—151°; 0,5 g), daneben 2,2 g einer *neutralen Verb.*, F. 90—92° (W.–A.). — Die Rk. von 2 g **XI** mit 15 ml Perhydrol liefert nach 10 Tage langem Stehen 2,2 g einer *Peroxid-Verb.*, F. 103—104° (Bzl.) HELMUT SCHÄFER. 1970□

Cycloalkylierung aromatischer Verbindungen. 16. Mitt. **Reaktion von 1-Phenyl-2-methylcyclohexanol mit Benzol.** N. G. Ssidorowa und Ss. D. Nikonowitsch. (Журнал Общей Химии [J. allg. Chem.] **30 (92).** 1921—26. Juni 1960. Mittelasiat. Univ.; russ.) — 15. vgl. C. **1959.** 16301. — Bei der Rk. von 1-Phenyl-2-methylcyclohexanol-(1) (**I**) mit Bzl. in Ggw. von $AlCl_3$ entstehen Alkylierungs-Prodd. (*Methyldiphenylcyclohexane*) u. Red.-Prodd. (*Methylphenylcyclohexane*) in etwa gleicher Ausbeute. In Ggw. von $AlBr_3$ hat die Red. den Vorzug. Aus dem Gemisch der Alkylierungs-Prodd. wurde *1-Methyl-2.5-diphenylcyclohexan* (**II**) isoliert, dessen Struktur durch Dehydrierung ermittelt wurde. Ferner wurde ein schwer dehydrierbares Prod. vom F. 113° u. ein fl., nicht kristallisierbares Gemisch erhalten, in dem nach Dehydrierung *1-Methyl-2.5-diphenylbenzol* (**III**), *2-Phenylfluoren* sowie *m-* u. *p-Terphenyl* nachgewiesen werden konnten.

Versuche: Zu 19,0 g **I** in 200 ml Bzl. gibt man in 1 Std. 13,9 g $AlCl_3$, erhitzt am nächsten Tag 2 Std. auf 50—60° u. erhält 6,6—8,0 g eines Gemisches von *Methylphenylcyclohexanen* (**B**), Kp.$_{11}$ 110—120°, u. 9,6—10,6 g eines Gemisches von *Methyldiphenylcyclohexanen* (**A**), Kp.$_3$ 150—170°, Kp.$_{15}$ 195—210°. In Ggw. von 8,0 g $AlCl_3$ war die Ausbeute an **B** unverändert, die Ausbeute an **A** sank auf 6,6—7,2 g. Vergrößerung der $AlCl_3$-Menge verminderte die Ausbeute an **A** u. **B**. Die **B**-Fraktion (Kp.$_{18}$ 121—122°; n_D^{20} 1,5292; $D._4^{20}$ 0,9457) wurde mit Se bei 300—350° zu *Diphenyl* u. *Fluoren* dehydriert. Aus der **A**-Fraktion krist. beim Stehen *1-Methyl-2.5-diphenylcyclohexan* (**II**), F. 96 bis 97° (A.) aus. — *1-Methyl-2.5-diphenylbenzol* (**III**), F. 96—97°, durch 3—4std. Kochen von 1 g **II** mit 0,2 g Pt/Kohle. — *2-Methyl-4-cyclohexylcyclohexanol* (**IV**), durch Hydrierung von 4-Cyclohexyl-o-kresol in A. in Ggw. von RANEY-Ni bei 180—200° u. 120 at; 93% (Ausbeute). — *2-Methyl-4-cyclohexylcyclohexanon* (**V**), Kp.$_{16}$ 155—158°, zu 14,6 g **IV** in 50 ml Bzl. gibt man bei 45—50° tropfenweise 7,7 g $Na_2Cr_2O_7$ u. 5 ml konz. H_2SO_4 in 18 ml W.; n_D^{20} 1,4881; 12,9 g. — *1-Phenyl-2-methyl-4-cyclohexylcyclohexanol* (**VI**),

$Kp._{2,5}$ 167—170°, aus Phenyl-MgBr (10,5 g Brombenzol, 1,61 g Mg) u. 12,9 g **IV**; n_D^{20} 1,5240; 7,0 g. Beim Erhitzen von **VI** mit Pt/Kohle entsteht **III**. Bei 4std. Erhitzen von **III** mit Pt/Kohle auf 350—400° bildet sich *2-Phenylfluoren*, F. 192—193°.

D. Eckhardt. 2210□

Die Friedel-Crafts-Reaktion von o-Xylylendibromid. Keiiti Sisido, Yôko Udô, Tatuo Nakamura und Hitosi Nozaki. (J. org. Chemistry **26**. 1368—71. 17/5. 1961. Kyôto, Univ., Fac. of Engng., Dep. of Ind. Chem.; engl.) — Bei der Umsetzung von o-Xylylendibromid (**I**) mit Bzl. in Ggw. von $AlCl_3$ bildet *Diphenylmethan* (**II**) das Hauptprod., u. das über Dehydrierung des zunächst gebildeten 9.10-Dihydro-Deriv. entstehende *Anthracen* fällt nur in mäßiger Ausbeute an. Aus **I** u. Toluol wird ein eutekt. Gemisch aus *2.6-* u. *2.7-Dimethylanthracen* neben einer etwa gleichen Menge *3.4'-Dimethyldiphenylmethan* erhalten. o-Xylol u. **I** liefern *3.4-Dimethyl-* (**III**) u. *3.3'.4.4'-Tetramethyldiphenylmethan*; letzteres wurde zum Vgl. durch Kondens. von o-Xylol mit Formaldehyd in Ggw. von H_2SO_4 synthetisiert. Nach den Ergebnissen tritt eine Cycloalkylierung aromat. KW-Stoffe durch **I** unter Friedel-Crafts-Bedingungen nur in untergeordnetem Maße ein. Hauptsächlich findet eine C—C-Spaltung unter Bldg. von Benzylbromid u. einem $BrCH_2^+AlX_4^-$- Komplex statt, die dann beide alkylierend wirken können. In Ggw. von $TiCl_4$ wird aus **I** u. Bzl. an niedermol. Prodd. hauptsächlich *o-Dibenzylbenzol* (**IV**) gebildet; $FeCl_3$ liefert viel **II** neben etwas **IV**.

Versuche: *Diphenylmethan* (**II**), F. 25°, durch Zutropfen von **I** in Bzl. zu $AlCl_3$ u. Bzl. bei 10—15°, 4std. Rühren bei 20°, Zers. mit eiskalter HCl u. Wasserdampf-Dest.; 60% (Ausbeute); daneben *Anthracen*, F. 214,5°; 36%. — *3.4'-Dimethyldiphenylmethan*, $C_{15}H_{16}$, $Kp._{18}$ 140—156°, analog **II** aus Toluol u. **I**; 41% (wird durch CrO_3 in Essigsäure oxydiert zu *3.4'-Dimethylbenzophenon*, F. 72°); daneben *Bzl.* u. *eutekt. Gemisch aus 2.6- u. 2.7-Dimethylanthracen*, F. 224—225°; 40%. — *3.3'.4.4'-Tetramethyldiphenylmethan*, $C_{17}H_{20}$, F. 34—35°, $Kp._5$ 153°, a) analog **II** aus o-Xylol u. **I**; 90%; daneben 36% **III**; b) durch Zutropfen von 74%ig. H_2SO_4 zu Formaldehyd u. o- Xylol bei 10—15° u. 3std. Rühren. — *3.4-Dimethyldiphenylmethan* (**III**), $C_{15}H_{16}$, F. 27—29° (A.), $Kp._{14}$ 136 bis 138°, durch Red. von 3.4-Dimethylbenzophenon mit Na in sd. abs. Alkohol. — *o-Dibenzylbenzol* (**IV**), F. 75—76° (A.), $Kp._5$ 204—208°, a) durch Zutropfen von $TiCl_4$ zu **I** u. Bzl. bei —2°, 5std. Rühren bei Raum-Temp., Stehen über Nacht u. Zers. mit HCl; 30%; b) analog mit $FeCl_3$; 30% neben **II**.

H.-E. Toussaint. 2210□

Untersuchungen in der Reihe α.α-disubstituierter Disäuren und ihrer Derivate. 9. Mitt. α.α-Diphenyl-α'-alkylpimelinsäuren und α.α-Diphenyl-α'-alkylcyclohexanone. François Salmon-Legagneur und Cécile Neveu. (Bull. Soc. chim. France [5] **1957**. 400—03. März. Rennes, Fac. des Sci., Labor. de Chim. Gén.; franz.) — 8. vgl. Bull. Soc. chim. France [5] **1956**. 1345; 7. vgl. C. **1958**. 8319; vgl. auch C. **1962**. 14487. — 1.3-Dibrompropan (**III**) wird mit Methylmalonsäurediäthylester (**IV**) bei niedriger Temp. zu *Methyl-γ-brompropylmalonsäurediäthylester* (**VII**) umgesetzt, dieses mit HBr unter gleichzeitiger Decarboxylierung zu *δ-Brom-α-methylvaleriansäure* hydrolysiert, deren *Äthylester* mit Diphenylacetonitril (**VI**) u. $NaNH_2$ *α.α-Diphenyl-ε-methylpimelinsäure-α-nitril* (*6-Cyan-6.6-diphenyl-2-methylhexansäure*) liefert. Dieser wird durch alkal. Verseifung u. folgende Hydrolyse der Nitrilgruppe in *α.α-Diphenyl-α'-methylpimelinsäure* (**I**) umgewandelt. Statt **I** kann unter besonderen Vers.-Bedingungen auch unter Decarboxylierung *6.6-Diphenyl-2-methylhexansäure* entstehen. Analog **I** wird *α.α-Diphenyl-α'-äthylpimelinsäure* (**II**) aus **III** u. Äthylmalonsäurediäthylester (**V**) über die entsprechenden Zwischenstufen synthetisiert. **I** u. **II** ergeben beim Erhitzen mit Acetanhydrid in mäßiger Ausbeute *2.2-Diphenyl-6-methyl-* bzw. *2.2-Diphenyl-6-äthylcyclohexanon*, daneben findet in untergeordnetem Maße Entalkylierung zu *2.2-Diphenylcyclohexanon* statt. Auf Grund der ster. Hinderung lassen sich von den *2.2-Diphenyl-6-alkylcyclohexanonen* keine Carbonyl-Derivv. herstellen.

Versuche: *Methyl-γ-brompropylmalonsäurediäthylester* (**VII**), $Kp._3$ 140°, durch 48std. Stehen von 0,75 Mol **III** in abs. Ae. mit 0,5 Mol **IV**-Na-Salz in abs. A. bei —5° u. Behandeln mit W.; 41,5% (Ausbeute). — *δ-Brom-α-methylvaleriansäure*, $C_6H_{11}BrO_2$, $Kp._2$ 142°, durch 7—8std. Rk. vorst. Verb. mit 48%ig. HBr, Ae.-Extraktion u. Dest.; 75,5%. *Äthylester*, $C_8H_{15}BrO_2$, $Kp._2$ 108—11°; 80%. — *α.α-Diphenyl-ε-methylpimelinsäure-α-nitril* (*6-Cyan-6.6-diphenyl-2-methylhexansäure*), $C_{20}H_{21}NO_2$, F. 97°, durch 2std. Kochen von 0,106 Mol **VI** u. 0,145 Mol $NaNH_2$ in Bzl., Zufügen von 0,106 Mol vorst. Esters, 3std. Kochen, Behandeln mit W., Abdampfen der benzol. Schicht, 6std. Kochen des Rückstandes mit KOH in verd. A. u. Ansäuern; aus 60%ig. A. Blättchen; 72%. — *α.α-Diphenyl-α'-methylpimelinsäure* (**I**), $C_{20}H_{22}O_4$, F. 145—146°, durch 50std. Kochen vorst. Verb. mit KOH in Glykol u. wenig W., Verdünnen mit W., Zugabe von Ae., Ansäuern, Extrahieren der äther. Schicht mit Na_2CO_3 u. Ansäuern der alkal. Lsg.;

aus 60%ig. A. Prismen; 90,3%. *Dimethylester*, $C_{22}H_{26}O_4$, Kp.$_2$ 197°, durch 2std. Kochen von 5 g I mit $(CH_3)_2SO_4$ in CH_3OH unter Zusatz von NaOH; 2,5 g. — *6.6-Diphenyl-2-methylhexansäure*, $C_{19}H_{22}O_2$, F. 50° (verd. A.), analog I, jedoch durch 72std. Kochen. — *2.2-Diphenyl-6-methylcyclohexanon*, $C_{19}H_{20}O$, F. 85—86°, Kp.$_2$ 215—235°, durch 4std. Kochen von 10 g I mit Acetanhydrid u. fraktionierte Vakuum-Dest.; aus A. Nadeln; 1 g; daneben *2.2-Diphenylcyclohexanon*, F. 99—100°. *Oxim*, F. 210°. — *Äthyl-γ-brompropylmalonsäurediäthylester*, $C_{12}H_{21}BrO_4$, Kp.$_3$ 138—140°, analog VII aus V-Na-Salz u. III; 35,5%. — *δ-Brom-α-äthylvaleriansäure*, aus 50 g vorst. Verb. u. HBr; 20 g. *Äthylester*, Kp.$_{12}$ 130°; 42%. — *α.α-Diphenyl-ε-äthylpimelinsäure-α-nitril* (*6.6-Diphenyl-6-cyan-2-äthylhexansäure*), $C_{21}H_{23}NO_2$, F. 114—115° (60%ig. A.), aus vorst. Verb., VI, $NaNH_2$ u. alkal. Verseifung; 69%. — *α.α-Diphenyl-α'-äthylpimelinsäure* (II), $C_{21}H_{24}O_4$, F. 153 bis 154°, durch Verseifung vorst. Verb. mit KOH in Glykol; aus 60 % ig. A. Prismen; 90,5%. *Dimethylester*, Kp.$_2$ 198°. — *2.2-Diphenyl-6-äthylcyclohexanon*, $C_{20}H_{22}O$, F. 88 bis 89°, durch Kochen von II mit Acetanhydrid; aus 60%ig. A. Blättchen.

H. LEHWALD. 2410□

Über die Synthese von Diphenylalkylaminen mit coronarerweiternder Wirkung. G. Ehrhart. (Arch. Pharmaz. **295/67.** 196—205. März 1962. Frankfurt/M.-Höchst, Farbwerke Hoechst Akt.-Ges., Pharmazeut.-wiss. Labor.; dt.) — Bei der Kondens. von 1.1-Diphenyl-3-aminopropan (I) mit Phenylaceton (II) u. Hydrierung entsteht *1-Phenyl-2-[3.3-diphenylpropylamino]-propan* (III, *Segontin*). Analog wird II mit substituierten Derivv. von I umgesetzt. Diese Amine werden aus substituierten Benzaldehyden mit Cyanessigester, Aryl-Mg-Halogenid-Addition u. Decarboxylierung über die entsprechenden β.β-Diphenylpropionitrile durch Hydrierung erhalten. II wird auch mit 1.1-Diphenyl-1-hydroxy-3-aminopropanen kondensiert. Dazu wird das entsprechende Benzophenon mit Acetonitril in Ggw. von $NaNH_2$ kondensiert u. hydriert. III-*Analoga* entstehen auch aus II u. 1.1-Diphenyl-2-aminoäthanen, die aus α-Brombenzylcyaniden mit den entsprechenden Aromaten nach FRIEDEL-CRAFTS erhalten werden. Auch 1.1-Diphenyl-1-alkyl-2-aminoäthane u. 1-Phenyl-1.1-dialkyl-2-aminoäthane werden mit II kondensiert. Ebenso reagieren *1.2-Diphenyl-3-aminopropane* mit II. Letztere werden nach KNOEVENAGEL durch Kondens. von Benzaldehyden mit Benzylcyanid u. nachfolgende Hydrierung hergestellt.

Versuche: *α-Cyan-β-cyclohexylhydrozimtsäuremethylester*, Kp.$_{0,2}$ 135—140°, durch 1std. Kochen von 64 g Benzaldehyd mit 60 g Cyanessigsäuremethylester u. wenig Piperidin in Bzl., Auskreisen des W., Zugabe von Bzl., Trocknen über Na_2SO_4, Eintropfen in eine Cyclohexyl-MgCl-Lsg. (nach GILMAN u. ZOELLNER [1931]) in Ae., 2std. Rühren, Stehen über Nacht, Gießen auf Eis, Versetzen mit 2n HCl u. Abtrennen der organ. Phase; 120 g (Ausbeute). — *β-Cyclohexylhydrozimtsäurenitril*, Kp.$_{0,2}$ 122°, durch 10 Min. langes Erwärmen von 120 g vorst. Verb. mit 2n NaOH auf 100°, Ansäuern u. Ausäthern der *rohen Säure* (110 g), ½std. Erhitzen von 60 g mit Chinolin auf 170°, Ansäuern mit 2n HCl u. Ausäthern; 32 g. — *1-Phenyl-1-cyclohexyl-3-aminopropan*, Kp.$_{0,05}$ 105—110°, durch Hydrieren von 32 g vorst. Verb. in methanol. NH_3 (ca. 20%) bei 100° u. 100 at H_2 in Ggw. von RANEY-Ni; 26 g. — *1-Phenyl-2-[3-phenyl-3-cyclohexylpropylamino]-propan*, durch 15—30 Min. langes Erwärmen von 10,8 g vorst. Verb. mit 6,7 g II auf 100°, Versetzen mit Methanol u. portionsweise mit $NaBH_4$, 1std. Stehen, Einengen auf das halbe Vol. u. Ausäthern des Öls; 17 g. *Hydrochlorid*, $C_{24}H_{33}N \cdot HCl$, F. 182—184° (A.–Ae.), durch Zugabe von alkohol. HCl u. Äther. — Analog: *1-Phenyl-2-[3-(p-chlorphenyl)-3-(m.p-dichlorphenyl)-propylamino]-propan, Hydrochlorid*, $C_{24}H_{24}Cl_3N \cdot HCl$, F. 184 bis 185°. — *1-Phenyl-2-[3-(p-fluorphenyl)-3-(p-chlorphenyl)-propylamino]-propan, Hydrochlorid*, $C_{24}H_{25}ClFN \cdot HCl$, F. 201—203°. — *1-Phenyl-2-[3-(p-isopropylphenyl)-3-phenylpropylamino]-propan, Maleinat*, $C_{27}H_{33}N \cdot C_4H_4O_4$, F. 164—165°. — *1-Phenyl-2-[3-(p-methoxyphenyl)-3-(m-methoxyphenyl)-propylamino]-propan, Hydrochlorid*, $C_{26}H_{31}NO_2 \cdot HCl$, F. 190—192°. — *β-Phenyl-β-hydroxyvaleronitril*, Kp.$_{0,4}$ 121—125°, F. 63—65° (Ae.–PAe.), durch Zutropfen von $NaNH_2$ in Ae. zu 150 g Propiophenon u. 77,5 g Acetonitril in abs. Ae., 4std. Rühren, Gießen auf Eis u. Aufnehmen in Ae.; 47 g. — *1- Amino-3-phenyl-3-hydroxypentan*, F. 99—100°, durch Hydrieren von 47 g vorst. Verb. in methanol. NH_3 in Ggw. von RANEY-Ni bei 60—70° u. 60 at H_2, Einengen, Lösen in HCl u. Fällen mit 2n NaOH; 43 g. — *1-Phenyl-2-[3-phenyl-3-hydroxypentylamino]-propan*, F. 93 bis 95° (Essigsäureäthylester), durch Hydrieren von 17,9 g vorst. Verb. u. 13,4 g II in Isopropanol in Ggw. von Pd-Mohr bei 60—70° unter mehrstd. Schütteln; 16,9 g. *Hydrochlorid*, $C_{20}H_{27}NO \cdot HCl$, F. 161—163°. — Analog: *1-Phenyl-2-[3.3-diphenyl-3-hydroxypropylamino]-propan, Hydrochlorid*, $C_{24}H_{27}NO \cdot HCl$, F. 213—214°. — *1-Phenyl-2-[3-phenyl-3-(m-methoxyphenyl)-3-hydroxypropylamino]-propan, Hydrochlorid*, F. 175—176°. — *Bis-[p-chlorphenyl]-acetonitril*, Kp.$_2$ 202—204°, durch Rk. von 151,5 g 4-Chlorbenzylcyanid u. 51 ml Br_2 innerhalb von 90 Min. bei 105°, Zugabe von Chlorbenzol nach ½std.

Rühren bei 105°, Abkühlen auf 30°, portionsweises Eintragen von $AlCl_3$, 1std. Rühren bei 40°, 1std. Rühren bei 50°, kurzes Erwärmen auf 80°, Gießen auf Eis, Aufnehmen des Öls in Ae. u. Waschen der Ae.-Lsg. mit 1n NaOH; 60 g. — *1.1-Bis-[p-chlorphenyl]-2-aminoäthan*, $Kp._9$ 210—212°, durch Hydrieren vorst. Verb. in methanol. NH_3 an RANEY-Ni bei 60° u. 60 at; 49 g. — *1-Phenyl-2-[2.2-bis-(p-chlorphenyl)-äthylamino]-propan*, durch Kondens. vorst. Verb. mit **II** u. Red. mit $NaBH_4$ wie oben; 18,5 g. *Maleinat*, $C_{23}H_{23}Cl_2N \cdot C_4H_4O_4$, F. 162—163°, durch Zugabe einer alkohol. Maleinsäure-Lsg.; 16 g. — Analog: *1-Phenyl-2-[2.2-diphenyläthylamino]-propan, Maleinat*, $C_{23}H_{25}N \cdot C_4H_4O_4$, F. 168 bis 169°. — *1-Phenyl-2-[2-p-tolyl-2-phenyläthylamino]-propan, Maleinat*, $C_{24}H_{27}N \cdot C_4H_4O_4$, F. 168—169°. — *1-Phenyl-2-[2-(p-fluorphenyl)-phenyläthylamino]-propan, Maleinat*, $C_{23}H_{24}FN \cdot C_4H_4O_4$, F. 157—159°. — *α-Phenyl-α-[p-chlorphenyl]-butyronitril*, $Kp._{11}$ 193—194°, durch Eintropfen von 44,6 g Phenyl-p-chlorphenylacetonitril ($Kp._{20}$ 201 bis 203°) bei 30° in eine Suspension von $NaNH_2$ in Bzl., 30 Min. langes Rühren bei 30—40°, Eintropfen von C_2H_5J bei dieser Temp., 1std. Rühren bei 30° u. langsame Zers. mit W.; 40 g. — *2-Phenyl-2-[p-chlorphenyl]-1-aminobutan*, $Kp._{10}$ 200—203°, durch Hydrierung vorst. Verb.; 36 g. — *1-Phenyl-2-[2-(p-chlorphenyl)-2-phenylbutylamino]-propan*, aus 13 g vorst. Verb. u. 6,7 g **II** u. Red. mit $NaBH_4$. *Maleinat*, $C_{25}H_{28}ClN \cdot C_4H_4O_4$, F. 138—140° (A.); 12 g. — Analog: *1-Phenyl-2-[2.2-diphenylpropylamino]-propan, Hydrochlorid*, $C_{24}H_{27}N \cdot HCl$, F. 157°. — *1-Phenyl-2-[2.2-diphenyl-3-methylbutylamino]-propan, Hydrochlorid*, $C_{26}H_{31}N \cdot HCl$, F. 223—224°. — *1-Phenyl-2-[2-p-tolyl-2-phenylpentylamino]-propan, Maleinat*, $C_{27}H_{33}N \cdot C_4H_4O_4$, F. 158—160°. — *1-Phenyl-2-[2-phenyl-2-äthylbutylamino]-propan, Hydrochlorid*, $C_{21}H_{29}N \cdot HCl$, F. 191—192°. — *α-[p-Chlorphenyl]-β-[p-tolyl]-acrylonitril*, F. 106—108°, durch Schütteln von 40 g p-Methylbenzaldehyd u. 50,5 g p-Chlorbenzylcyanid in alkohol. NaOH u. 5—10 Min. langes Stehen; 75 g. — *1-Amino-2-[p-chlorphenyl]-3-p-tolylpropan*, $Kp._{14}$ 214—216°, durch Hydrierung vorst. Verb. bei 60° u. 60 atü; 63 g. — *1-Phenyl-2-[3-p-tolyl-2-p-chlorphenylpropylamino]-propan*, aus 13 g vorst. Verb. u. 6,7 g **II** u. Red. mit $NaBH_4$; 17 g. *Maleinat*, $C_{25}H_{28}ClN \cdot C_4H_4O_4$, F. 138—140° (A.). — *1-Phenyl-2-[2.3-diphenylpropylamino]-propan, Maleinat*, $C_{24}H_{27}N \cdot C_4H_4O_4$, F. 148—149°. — *1-Phenyl-2-[2.3-bis-(p-chlorphenyl)-propylamino]-propan, Maleinat*, $C_{24}H_{25}Cl_2N \cdot C_4H_4O_4$, F. 151—153°. E. KOSSMEHL. 2510 □

Reaktionen mit Mikroorganismen. 11. Mitt. **Die Reduktion und Oxydation von (±)-trans- und (±)-cis-Dekalon-(2) mit Curvularia falcata.** V. Prelog und H. E. Smith. (Helv. chim. Acta **42.** 2624—36. 1/12. 1959. Zürich, ETH, Organ.-chem. Labor.; dt.) — 10. vgl. C. **1960.** 17091. — *Curvularia falcata* (Tehon) Boedijn red. (±)-trans-Dekalon-(2) (**I**) zu zwei diastereomeren Paaren von enantiomeren *trans-Dekalolen-(2)*, von welchen diejenigen mit (2 S)-Konfiguration überwiegen. — (±)-cis-Dekalon-(2) (**II**) gibt nur *(2R.9R)–(2S.9S)-cis-Dekalol-(2)*-Gemisch. Bei der Rk. von **I** werden daneben *(2S.9R)-trans-Dekalindiol-(2.10)* u. bei der von **II** *(2S.9S)-cis-Dekalindiol-(2.10)* u. *dl-(2R.9S)*- u. *(2S.9R)-cis-Dekalindiol-(2.9)* isoliert. Konstit. u. Konfiguration der Verbb. werden bestimmt.

Versuche (FF. korr.; IR-Maxima sind angegeben): (±)-*trans-Dekalon-(2)* (**I**), $Kp._{10}$ 105°, durch Hydrierung von β-Naphthol in W. über 5%ig. RANEY-Ni bei 65—80°, dann bei 180—205°/140 at, Oxydation des Dekalolgemisches mit $K_2Cr_2O_7/H_2SO_4$ zum Dekalon-(2)-Gemisch u. gaschromatograph. Trennung; n_D^{20} 1,4831; 24,2% (Ausbeute); daneben (±)-*cis-Dekalon-(2)* (**II**), $Kp._9$ 114°; n_D^{20} 1,4929; 73,9%. — 1,037 g **I** bzw. 5,766 g **II** wurden mit 24 Std. alten Kulturen von C. falcata in Nährlsg. 3 bzw. 5 Tage mit Luft geschüttelt. Nach Filtrieren, Waschen des Mycels mit W., Extraktion der wss. Lsgg. mit Ae., Eindampfen u. Chromatographie an Al_2O_3 wurden folgende Verbb. isoliert: *Gemisch aus (2S.9R)- u. (2R.9S)-trans-Dekalol-(2)*, $C_{10}H_{18}O$, F. 47—61° (Sublimation bei 43°/0,1 Torr), $[\alpha]_D$ −3° (c = 2,15; A.); 88 mg (Ausbeute). *p-Nitrobenzoyl-Deriv.*, $C_{17}H_{21}NO_4$, F. 106 bis 107° (A.); $[\alpha]_D$ +7° (c = 1,91; Chlf.). — (±)-*trans-Dekalon-(2)* (**I**), $Kp._{10}$ 105°, aus vorst. Gemisch durch Oxydation mit CrO_3 in Aceton in 5 Min.; n_D^{20} 1,4818; $[\alpha]_D$ −10° (c = 2,31; A.). — *Gemisch aus (2S.9S)- u. (2R.9R)-trans-Dekalol-(2)*, F. 73—75° (Diisopropyläther); $[\alpha]_D$ ±0° (c = 2,70; A.); 172 mg. *p-Nitrobenzoyl-Deriv.*, F. 91—93° (A.); $[\alpha]_D$ +6° (c = 1,17; Chlf.). — Oxydation der Mutterlauge → **I**, $Kp._9$ 103°; n_D^{20} 1,4830; $[\alpha]_D$ +27° (c = 2,04; A.). — *(2S.9R)-trans-Dekalindiol-(2.10)*, $C_{10}H_{18}O_2$, F. 137—138° (Heptan u. Cyclohexan); $[\alpha]_D$ −5° (c = 1,38; A.); 80 mg → *(9R)-10-Hydroxy-trans-dekalon-(2)*, $C_{10}H_{16}O_2$, F. 112—113° (Cyclohexan); $[\alpha]_D$ −34° (c = 1,47; A.); daraus durch Red. mit $NaBH_4$ in wss. CH_3OH über Nacht → *(2R.9R)-trans-Dekalindiol-(2.10)*, F. 181 bis 182° (Cyclohexan/Aceton); $[\alpha]_D$ ±0° (c = 0,95; A.), durch WOLFF-KISHNER-Red. → *trans-Dekalol-(9)*, F. 54—55°. — *Gemisch aus (2S.9S)- u. (2R.9R)-cis-Dekalol-(2)*, F. 102—104° (Heptan); $[\alpha]_D$ ±0° (c = 3,24; A.); 307 mg; daneben 141 mg mit $[\alpha]_D$ −16° (c = 3,31; A.) u. 54 mg mit $[\alpha]_D$ −9° (c = 1,86; A.) aus den Mutterlaugen. *p-Nitrobenzoyl-Deriv.*, F. 98—100° PAe./Diisopropyläther); $[\alpha]_D$ ±0° (c = 2,00; Chlf.). —

(*2S.9S*)-*cis-Dekalindiol-(2.10)*, F. 130—131° (Bzl.), a) aus **II**; $[\alpha]_D$ —34° (c = 3,75; A.); 246 mg; b) analog aus vorst. Gemisch. — (*9S*)-*10-Hydroxy-cis-dekalon-(2)*, F. 78—80° (PAe.), aus vorst. Verb. u. CrO_3-Lsg. in Aceton; $[\alpha]_D$ —9° (c = 0,99; A.). Red. mit $NaBH_4$ in wss. CH_3OH → (*2S.9S*)-*cis-Dekalindiol-(2.10)*, F. 129—131° (Bzl.); $[\alpha]_D$ —34° (c = 2,16; A.); Wolff-Kishner-Red. → *cis-Dekalol-(9)*, F. 60—64°, $Kp._{0,1}$ 49°. — *Gemisch aus* (*2R.9S*)- *u.* (*2S.9R*)-*cis-Dekalindiol-(2.9)*, F. 159—160° (Bzl.); $[\alpha]_D$ +2° (c = 1,81; A.); 45 mg. Oxydation mit CrO_3 → *dl-9-Hydroxy-cis-dekalon-(2)*, F. 131 bis 132° (PAe.). Walter Simon. 2700

Einige Arylnaphthylsulfide und -sulfone. V. Balasubramaniyan und V. Baliah. (J. Indian chem. Soc. **37.** 722—26. Nov. 1960. Annamalainagar, Annamalai Univ., Dep. of Chem.; engl.) — Vgl. C. **1962.** 6757. — Die Fries-Rk. von Benzol-, p-Toluol- u. o-Toluolsulfonsäure-α-naphthylester wird beschrieben. Die entstehenden Sulfone werden durch ihre UV-Spektren u. FF. als [*1-Hydroxynaphthyl-(2)*]-*arylsulfone* identifiziert. Methyl-α-naphthyläther wird mit Arylsulfochloriden in Ggw. von wasserfreiem $SnCl_2$ kondensiert, wobei *Aryl-[4-methoxynaphthyl-(1)]-sulfone* entstehen.

Versuche: *o-Toluolsulfonsäure-α-naphthylester*, $C_{17}H_{14}O_3S$, F. 115—116°, durch Versetzen von α-Naphthol mit o-Toluolsulfochlorid in Ggw. von äthanol. KOH; aus A. Nadeln. — *1-Hydroxynaphthyl-(2)-phenylsulfon*, $C_{16}H_{12}O_3S$, F. 131—132°, durch 3std. Erhitzen des α-Naphthylbenzolsulfonats mit $AlCl_3$ auf 160°; 12% (Ausbeute). — [*1-Hydroxynaphthyl-(2)*]-*p-tolylsulfon*, $C_{17}H_{14}O_3S$, F. 133—134°, analog vorst. Verb.; 10%. — [*1-Hydroxynaphthyl-(2)*]-*o-tolylsulfon*, $C_{17}H_{14}O_3S$, F. 118—119°; 2%. — [*1-Aminonaphthyl-(2)*]-*phenylsulfon*, $C_{16}H_{13}NO_2S$, F. 144—145°, durch 1½std. Kochen von 5 g [1-Nitronaphthyl-(2)]-phenylsulfon in W. mit Fe u. $FeSO_4$ u. Gießen in W.; aus A. blaßgelbe Nadeln; 4,3 g. — [*1-Nitronaphthyl-(2)*]-*phenylsulfid*, $C_{16}H_{11}NO_2S$, F. 59° (A.), durch Kondens. von 1-Nitro-2-chlornaphthalin mit Thiophenol; 90%. — [*1-Nitronaphthyl-(2)*]-*phenylsulfon*, $C_{16}H_{11}NO_4S$, F. 149° (Essigsäure), durch Oxydation vorst. Verb. mit H_2O_2; 100%. — [*1-Nitronaphthyl-(2)*]-*p-tolylsulfid*, $C_{17}H_{13}NO_2S$, F. 105° (A.); 80%. — [*1-Nitronaphthyl-(2)*]-*p-tolylsulfon*, $C_{17}H_{13}NO_4S$, F. 173° (Essigsäure); 100%. — [*1-Aminonaphthyl-(2)*]-*p-tolylsulfon*, $C_{17}H_{15}NO_2S$, F. 164—165° (A.), durch Red. vorst. Verb.; 60%. — [*1-Nitronaphthyl-(2)*]-*o-tolylsulfid*, $C_{17}H_{13}NO_2S$, F. 123° (A.); 85%. — [*1-Nitronaphthyl-(2)*]-*o-tolylsulfon*, $C_{17}H_{13}NO_4S$, F. 127—128° (Essigsäure); 100%. — [*1-Aminonaphthyl-(2)*]-*o-tolylsulfon*, $C_{17}H_{15}NO_2S$, F. 134—135° (A.); 90%. — [*4-Methoxynaphthyl-(1)*]-*phenylsulfid*, $C_{17}H_{14}OS$, F. 87—88° (A.), durch Zugabe von 4-Brom-1-methoxynaphthalin u. Cu-Pulver zu trocknem Na-Thiophenolat, 4std. Erhitzen auf 220—240°, Zugabe von Zn/H_2SO_4 (1 : 1), Dampf-Dest. u. Extrahieren mit A.; 77%. — [*4-Methoxynaphthyl-(1)*]-*phenylsulfon*, $C_{17}H_{14}O_3S$, F. 194—195° (Essigsäure), durch Oxydation vorst. Verb. in Essigsäure mit 5%ig. $KMnO_4$-Lösung. — [*4-Hydroxynaphthyl-(1)*]-*phenylsulfon*, $C_{16}H_{12}O_3S$, F. 169—170°, durch 4std. Kochen vorst. Verb. mit HJ (D. 1,7) bei 170—180° u. Gießen in W.; aus A. Platten; 60%. — [*4-Methoxynaphthyl-(1)*]-*p-tolylsulfon*, $C_{18}H_{16}O_3S$, F. 203—204°, a) durch Friedel-Crafts-Rk. aus α-Methoxynaphthalin u. p-Toluolsulfochlorid in Ggw. von $SnCl_2$; aus Essigsäure Platten; 60%; b) durch Oxydation nachst. Verb. mit wss. $KMnO_4$-Lsg.; 60%. — [*4-Methoxynaphthyl-(1)*]-*p-tolylsulfid*, $C_{18}H_{16}OS$, F. 102—103°, aus 4-Brom-1-methoxynaphthalin u. Na-p-Thiokresolat; aus A. Nadeln; 60%. — [*4-Hydroxynaphthyl-(1)*]-*p-tolylsulfon*, $C_{17}H_{14}O_3S$, F. 128—129°, durch Demethylierung vorvorst. Verb. mit HJ; aus A. Nadeln; 60%. — [*4-Methoxynaphthyl-(1)*]-*o-tolylsulfon*, $C_{18}H_{16}O_3S$, F. 195—196°, durch Friedel-Crafts-Rk. aus 1-Methoxynaphthalin u. o-Toluolsulfochlorid; aus Essigsäure Nadeln; 60%. — [*4-Hydroxynaphthyl-(1)*]-*o-tolylsulfon*, $C_{17}H_{14}O_3S$, F. 167—168°, durch Demethylierung vorst. Verb.; aus wss. A. Platten; 60%. P. Golinske. 2700□

Einige Reaktionen des Urotropins. 2. Mitt. Silvio Checchi. (Gazz. chim. ital. **89.** 2151—62. Okt./Nov. 1959. Firenze, Univ., Ist. di chim. farm. e tossicol.; ital.) — 1. vgl. C. **1961.** 11319. — Beim Erhitzen von Urotropin (**I**) mit β-Naphthol in Glykolmonomethyläther entstehen nebeneinander *Bis-[β-naphthoxymethyl]-amin* (**III**) u. *Bis-{2.3-dihydro-1H-naphth-[1.2:e]-[1.3]-oxazinyl-(2)}-methan* (**II**). **II** wird durch alkohol. HCl zu dem wenig stabilen *β-Hydroxynaphthyl-(1)-methylamin* (**IV**) hydrolysiert, aus dem es sich durch Kondens. mit Formaldehyd in Ggw. von Piperidin wiedergewinnen läßt. **IV** bildet sich ferner durch Kochen seines *N-Acetyl-Deriv.* mit äthanol. HCl. Beim Erhitzen mit Eisessig geht **II** in *N-[β-Hydroxynaphthyl-(1)-methyl]-N-[β-hydroxynaphthyl-(1)-methylen]-amin*, mit alkohol. Essigsäure dagegen in **III** über. Durch wss. KOH wird **IV** in *Bis-[β-hydroxynaphthyl-(1)]-methan* umgewandelt. **I** reagiert mit Acetylaceton (**V**) in Ggw. von NH_4Cl unter Bldg. von *2.4-Diacetyl-5-methylanilin*; mit Acetessigsäureäthylester (**VI**) wird je nach Vers.-Bedingungen entweder *2.6-Dimethyl-1.4-dihydropyridindicarbonsäure-(3.5)-diäthylester* oder *2.6-Dimethylpyridindicarbon-*

säure-(3.5)-diäthylester erhalten. Die Kondens. von **I** mit Pyrrol in Ggw. von NH_4-Acetat liefert ein amorphes, noch nicht identifiziertes Produkt.

Versuche: *Bis-{2.3-dihydro-1H-naphth-[1.2:e]-[1.3]-oxazinyl-(2)}-methan* (**II**), $C_{25}H_{22}N_2O_2$, F. 176—178° (Essigester; Prismen), a) durch 2std. Kochen von **I** mit β-Naphthol in Glykolmonomethyläther, Einengen, Verdünnen mit W., mehrstd. Stehenlassen u. fraktionierte Kristallisation aus Essigester als schwerer lösl. Anteil; 30% (Ausbeute); daneben 40—45% **III** als leichter lösl. Fraktion; b) durch 24std. Stehenlassen von **IV** mit 38%ig. Formalin-Lsg. in wss. Aceton in Ggw. von Piperidin. — *β-Hydroxynaphthyl-(1)-methylamin* (**IV**), $C_{11}H_{11}NO$, F. 110—112° (wss. Aceton; Plättchen), aus dem *Hydrochlorid* u. 20%ig. NH_4OH. *Hydrochlorid*, $C_{11}H_{11}NO \cdot HCl$, F. 240° (Zers.; A.; Schuppen), a) durch 20 Min. langes Kochen von **II** in konz. HCl/A. (1 : 1); b) durch 20 Min. langes Kochen des *N-Acetyl-Deriv.* mit äthanol. HCl. *Acetat*, $C_{11}H_{11}NO \cdot CH_3COOH$, F. 158—160° (Zers.; Essigester; Nadeln). *Pikrat*, $C_{17}H_{14}N_4O_8$, F. 190—195° (Zers.; gelbe Nadeln). *N.O-Diacetyl-Deriv.*, $C_{15}H_{15}NO_3$, F. 178—180° (Ae.), durch kurzes Erhitzen von **IV** mit Essigsäureanhydrid auf 80—90°, 30std. Aufbewahren bei Raum-Temp. u. Zugabe von Wasser. *N-Acetyl-Deriv.*, $C_{13}H_{13}NO_2$, F. 165—166° (wss. Aceton), durch 10 Min. langes Kochen des vorst. Diacetyl-Deriv. in wss.-aceton. NH_4OH. — *N-[β-Hydroxynaphthyl-(1)-methyl]-N-[β-hydroxynaphthyl-(1)-methylen]-amin*, F. 230 bis 232° (Zers.; A.), durch ½std. Kochen von **II** mit Eisessig. — *Bis-[β-naphthoxymethyl]-amin* (**III**), $C_{22}H_{19}NO_2$, F. 164—166° (Essigester), a) durch ½std. Kochen von **II** mit Essigsäure/A. (1 : 4); b) durch 20—25 Min. langes Kochen von **IV** mit wss. Alkohol. — *Bis-[β-hydroxynaphthyl-(1)]-methan*, F. 200—206°, durch Kochen von **IV** mit 5%ig. KOH. — *2.4-Diacetyl-5-methylanilin*, $C_{11}H_{13}NO_2$, F. 215—216° (A.; blaßgelbe Nadeln), aus dem Hydrochlorid u. NaOH. *Hydrochlorid*, $C_{11}H_{13}NO_2 \cdot HCl$, F. 178—180° (Zers.; A.), a) durch kurzes Kochen von **V** mit **I** u. NH_4Cl in wss. A.; 85%; b) analog in 48 Std. bei Raumtemperatur. — *2.4-Dibenzoyl-5-methylanilin*, $C_{21}H_{17}NO_2$, F. 170—173° (A.), durch 20 Min. langes Kochen von **I** mit Benzoylaceton. — *2.6-Dimethyl-1.4-dihydropyridindicarbonsäure-(3.5)-diäthylester*, F. 180—183° (A.; gelbe Nadeln), a) durch ½std. Kochen von **VI** mit **I** in Ggw. von $(NH_4)_3PO_4$ in wss. A.; b) analog in 4—5 Std. ohne Zusatz von $(NH_4)_3PO_4$. — *2.6-Dimethylpyridindicarbonsäure-(3.5)-diäthylester*, $C_{13}H_{17}NO_4$, F. 70—72°, durch ½std. Erhitzen von **VI** mit **I** in Essigsäure auf 100°.

H.-E. Toussaint. 2700□

Verbesserte Darstellung von Fluorenonoxim und 9-Aminofluoren. C. F. Koelsch. (J. org. Chemistry **26.** 1291—92. April 1961. Minneapolis, Minn., Univ., School of Chem.; engl.) — *Fluorenonoxim* wird vorteilhaft durch direkte Nitrosierung von Fluoren mittels Butylnitrit dargestellt. Zur Red. des Oxims zu *9-Aminofluoren* arbeitet man zweckmäßig mit granuliertem Zn in verd. Essigsäure.

Versuche: *Fluorenonoxim*, F. 187—188°, durch 2std. Kochen von 85%ig. KOH in Butanol unter Abdest. von W., Zugeben von Fluoren, Zutropfen von Butylnitrit, 10 Min. langes Kochen, Verdünnen mit W., Abdest. des Butanols, Ausziehen mit Ligroin [→ *Butylidenfluoren*, F. 55°. *Dibromid*, F. 93—94° (Zers.)] u. Ansäuern mit Essigsäure; aus Essigsäure braune Nadeln; 73% (Ausbeute). — *9-Aminofluoren*, F. 60—62°. *Hydrochlorid*, F. 220° (Zers.), durch Zugeben von granuliertem Zn zu vorst. Oxim in verd. Essigsäure bei 100°, 40 Min. langes Kochen u. Eingießen in heiße verd. HCl; Nadeln; 76%.

H.-E. Toussaint. 2750□

Pseudoaromaten: Synthese von 1.2.3-Triphenylbenzopentalen und 1-[p-Methoxyphenyl]-2.3-diphenylbenzopentalen. Eugene Le Goff. (J. Amer. chem. Soc. **84.** 1505—06. 20/4. 1962. Pittsburgh, Pa., Mellon Inst.; engl.) — Vf. synthetisierte wie nachst. beschrieben *1.2.3-Triphenyl-* (**Ia**) u. *1-[p-Methoxyphenyl]-2.3-diphenylbenzopentalen* (**Ib**), stabile, leicht darstellbare u. isolierbare Derivv. des Benzopentalens. — Red. von *1.2.3.3a.8.8a-Hexahydro-8-keto-3.3a-dihydroxy-1.2.3-triphenylcyclopent-[a]-inden* ($C_{30}H_{24}O_3$, F. 110—120°; vgl. Ionescu u. Popescu [1932]) mit überschüssigem $LiAlH_4$ in Tetrahydrofuran gab *1.2.3.3a.8.8a-Hexahydro-3.3a.8-trihydroxy-1.2.3-triphenylcyclopent-[a]-inden*, $C_{30}H_{26}O_3$, F. 241—242°. — Dehydratisierung vorst. Triols mit $POCl_3$ in Pyridin (1 Std. bei 80—90°) gab 70% (Ausbeute) *1.2.3-Triphenylbenzopentalen* (**Ia**), $C_{30}H_{20}$, F. 186—187°, grüne Kristalle. **Ia** ist stabil gegen Luft, Hitze u. mäßig starke Säuren u. reagiert sehr schnell mit Nucleophilen. So wird **Ia** durch $OH^{\ominus}$, $CH_3O^{\ominus}$ u. Pyrrolidin schnell zerstört. — *1.2.3-Triphenyl-8.8a-dihydrobenzopentalenyl-(8)-triphenylphosphoniumbromid*, $C_{48}H_{36}BrP$, F. 189—190,5°, gelbe Kristalle, aus **Ia** u. $(C_6H_5)_3P \cdot HBr$ in CH_3CN; 39%. — *1.2.3-Triphenyl-8.8a-dihydro-8.8a-oxidobenzopentalen* (?), $C_{30}H_{20}O$, F. 166—167° (Zers.), gelb, luftempfindlich, aus **Ia** u. alkal. H_2O_2; 71%. — *1.2.3-Triphenyl-8.8a-dihydro-8.8a-dibrombenzopentalen*, $C_{30}H_{20}Br_2$, F. 167—168°, orangefarben, aus **Ia** u. Br_2 in CCl_4; 75%. — Alkal. Permanganatoxydation von **Ia** gab *Benzil* u. *Benzoesäure*.

— *1-[p-Methoxyphenyl]-2.3-diphenylbenzopentalen* (**I b**), $C_{31}H_{22}O$, F. 176—177°, analog **I a.** Oxydation von **I b** mit alkal. Permanganat gab *Benzil* u. *p-Methoxybenzoesäure.* — UV-, IR- u. Kernresonanzspektren aller dargestellten Verbb. sind numer. angegeben.

J. ROTHE. 2950□

Reaktionen von Kupfer(II)-halogeniden mit aromatischen Kohlenwasserstoffen. D. C. Nonhebel. (Proc. chem. Soc. [London] **1961.** **307.** Aug. Glasgow, Roy. Coll. of Sci. and Technol., Dep. of Chem.; engl.) — Durch 3tägiges Kochen in Toluol wird $CuBr_2$ quant. zu Cu_2Br_2, *HBr* u. *Bibenzyl* umgesetzt; daneben entsteht etwas *Benzylbromid.* $CuCl_2$ reagiert analog. Weiter werden Anthracen in CCl_4 bzw. Bzl. zu *9-Brom-* [99 bzw. 60% (Ausbeute)], in CCl_4 zu *9-Chloranthracen* (80%) u. Pyren in CCl_4 zu *1-Brom-* (94%) bzw. *1-Chlorpyren* (90%) umgesetzt. Phenanthren reagiert mit $CuCl_2$ in CCl_4 auch nach 6tägigem Kochen nicht. Es wird angenommen, daß die Rk. radikal. verläuft.

CLAUS FISCHER. 2950□

Die Pyrolyse von 2-Methylnaphthalin. William Lijinsky und C. R. Raha. (J. org. Chemistry **26.** 3566—68. 12/9. 1961. Chicago, Ill., Chicago Medical School, Div. of Oncology; engl.) — 2-Methylnaphthalin (I) wurde in einem mit granuliertem $CaSO_4$ beschickten Cu-Rohr pyrolysiert u. die Prodd. nach chromatograph. Trennung durch Absorptions- bzw. Fluorescenzspektroskopie identifiziert. Bei 700° entstanden aus 22 g **I** 15 mg *Bis-[β-naphthyl]* [**II**; F. 179,5—181° (Bzl./A.)], 0,27 mg *Benzo-[b]-chrysen* (**III**), 0,09 mg *Dibenzo-[a.h]-anthracen* (**IV**), 0,05 mg *Benzo-[k]-fluoranthen* (**V**) u. 0,04 mg *Benzo-[ghi]-perylen* (**VI**). Bei 950° entstanden aus 9,2 g **I** 114 mg **II**, 11 mg **V**, 5,5 mg *Benzo-[j]-fluoranthen,* 2,3 mg **III**, 1,8 mg *Perylen,* 1,5 mg **IV**, 1,1 mg *Dibenzo-[b.g]-phenanthren,* 0,9 mg **VI**, 0,8 mg *Benzo-[a]-anthracen* u. 0,5 mg *Chrysen.* H. PRACEJUS. 2950□

Ein nicht-aromatischer Weg zu einem Paracyclophan. Daniel T. Longone und Charlotte L. Warren. (J. Amer. chem. Soc. **84.** 1507—09. 20/4. 1962. Ann Arbor, Mich., Univ., Dep. of Chem.; engl.) — Vff. beschreiben die Synth. von *4.7.13.16-Tetramethyl-[2.2]-paracyclophan* (I) aus gesätt. cycloaliphat. Vorprodukten. — Behandeln von 1.2.4.5-Tetrakis-[p-toluolsulfonyloxymethyl]-cyclohexan (Stereochemie unbekannt) mit NaJ in Aceton gab 96% (Ausbeute) *1.2.4.5-Tetrakis-[jodmethyl]-cyclohexan,* F. 245 bis 246°. — 6std. Kochen desselben mit methanol. KOH, Ausziehen mit Pentan u. Einengen lieferte 25% **I**, F. 104—105° (Pentan). **I** reagiert nicht mit Br_2 in CCl_4, Permanganat, Maleinsäureanhydrid oder H_2 in Ggw. von PtO_2 oder 10%ig. Pd-Kohle bei Raum-Temp. u. Normaldruck. Das IR-Spektrum zeigt u. a. eine starke Bande bei 710 cm^{-1}, die auch (bei 725 cm^{-1}) im IR-Spektrum des [2.2]-Paracyclophans selbst auftritt u. in den Spektren acycl. u. cycl. Modelle fehlt (z. B. *Durol, Biduryl, 4.4'-Dimethyldibenzyl, 1.4-Bis-[2-p-tolyläthyl]-benzol, Poly-p-xylylen,* das cycl. *Trimere* u. *Tetramere des p Xylylens*). — Vff. nehmen an, daß 1.2.4.5-Tetramethylencyclohexan (**II**) u. 2.5-Dimethyl-p-xylylen als Zwischenstufen bei der Bldg. von **I** auftreten; **II** konnte als *Bis-maleinsäureanhydrid-addukt,* $C_{18}H_{16}O_6$, F. 239—240°, aus dem Rk.-Gemisch isoliert werden. — Die Stereochemie in **I** ist nicht bewiesen, aber aus einleuchtenden ster. Gründen wahrscheinlich. — IR-, UV- u. Kernresonanzspektren von **I** sind angegeben. J. ROTHE. 2950□

Über Azomethinverbindungen substituierter Furanaldehyde mit aromatischen Aminen. 5. Mitt. **über Farbreaktionen von Ketohexosen.** G. Kallinich. (Arch. Pharmaz. **294/66.** 713—20. Nov. 1961. München, Univ., Inst. für Pharmazie u. Lebensmittelchem.; dt.) — **4.** vgl. C. **1960.** 820; vgl. auch C. **1962.** 7457. — 5-Hydroxymethyl-, 5-Methoxymethyl- (I), 5-Methyl-, 3-Methylfurfurol, 3-[2-Methylfuryl-(5)]-propen-(2)-al u. 5-[2-Methylfuryl-(5)]-pentadien-(2.4)-al werden mit Anilin, Methylanilin, Diphenylamin, p-Anisidin, 2-Methyl-2.3-dihydroindol u. 1.2.3.4-Tetrahydrochinolin umgesetzt. I liefert dabei schwach gefärbte *Azomethinsalze,* wenn die Rk. bei —10° durchgeführt wird. Bldg. von Polymethinfarbstoffen wie beim Furfurol konnte in keinem Fall beobachtet werden. 5- u. 3-Methylfurfurol reagieren mit den genannten Aminen völlig analog. Auch hier entstehen keine Polymethinfarbstoffe, sondern gut kristallisierte Azomethinsalze. Das Ausbleiben der Bldg. von Polymethinfarbstoffen wird auf den Einfl. der Substituenten (unabhängig von Art u. Stellung) im Furanring zurückgeführt. Der Einfl. der Substituenten ist bei Vinylenhomologen des Furfurols der gleiche wie beim Furfurol selbst. Die gebildeten Azomethinsalze sind intensiver gefärbt als die vinylenfreien Azomethinverbindungen. Maxima der Lichtabsorption in Acetanhydrid vgl. Original.

Versuche (FF. auf KOFLER-Block): 5-Methoxymethylfurfurol (I)-imoniumperchlorate, durch Lösen des Aldehyds u. des Amins in wenig abs. A., Kühlen mit Eis/Kochsalz, Versetzen mit $HClO_4$ (D. 1,54), Filtrieren, Waschen mit Ae./A. (3:1) u. Ae. u. Umkristallisieren aus Eisessig: *N-Phenyl-,* $C_{13}H_{14}ClNO_6$, F. 136—137°, orangegelbe Blättchen. — *N-[p-Methoxyphenyl]-,* $C_{14}H_{16}ClNO_7$, F. 143°, orangegelbe Balken. —

N.N-Diphenyl-, $C_{19}H_{18}ClNO_6$, F. 171—172°, hellrosa Spieße. — *N-[5-Methoxymethylfuryl-(2)-methylen]-1.2.3.4-tetrahydrochinoliniumperchlorat*, $C_{16}H_{18}ClNO_6$, F. 169—171°, orangebraune Blättchen. — *N-[5-Methoxymethylfuryl-(2)-methylen]-2-methylindoliniumperchlorat*, $C_{16}H_{18}ClNO_6$, F. 146—147°, orangebraune Kristalle. — 5-Methylfurfurolimoniumperchlorate: *N-Phenyl-*, $C_{12}H_{12}ClNO_5$, F. 153°, orangegelbe Balken. — *N-[p-Methoxyphenyl]-*, $C_{13}H_{14}ClNO_6$, F. 176,5°, rostbraune Nadeln. — *N-Methyl-N-phenyl-*, $C_{13}H_{14}ClNO_5$, F. 128°, gelbe Kristallsplitter. — *N.N-Diphenyl-*, $C_{18}H_{16}ClNO_5$, F. 165 bis 166°, orangegelbe Balken. — *N-[5-Methylfuryl-(2)-methylen]-1.2.3.4-tetrahydrochinoliniumperchlorat*, $C_{15}H_{16}ClNO_5$, F. 190—192°, kupferrote Würfel. — *N-[5-Methylfuryl-(2)-methylen]-2-methylindoliniumperchlorat*, $C_{15}H_{16}ClNO_5$, F. 222—228°, weinrote Nadeln. — 3-Methylfurfurolimoniumperchlorate: *N-Phenyl-*, $C_{12}H_{12}ClNO_5$, F. 191°, orangefarbene Nadeln. — *N-[p-Methoxyphenyl]-*, $C_{13}H_{14}ClNO_6$, F. 215°, orangebraune Schuppen. — *N-Methyl-N-phenyl-*, $C_{13}H_{14}ClNO_5$, F. 140°, zitronengelbe Nadeln. — *N.N-Diphenyl-*, $C_{18}H_{16}ClNO_5$, F. 186,5°, orangegelbe Balken. — *N-[3-Methylfuryl-(2)-methylen]-1.2.3.4-tetrahydrochinoliniumperchlorat*, $C_{15}H_{16}ClNO_5$, F. 207—210°, orangegelbe Schuppen. — *N-[3-Methylfuryl-(2)-methylen]-2-methylindoliniumperchlorat*, $C_{15}H_{16}ClNO_5$, F. 244—245°, orangebraune Drusen. — N-{3-[5-Methylfuryl-(2)]-propen-(2)-yliden}-ammoniumperchlorate: *N-Phenyl-*, $C_{14}H_{14}ClNO_5$, F. 167°, lachsrote Nadeln. — *N-[p-Methoxyphenyl]-*, $C_{15}H_{16}ClNO_6$, F. 194—197°, rote Nadeln. — *N-Methyl-N-phenyl-*, $C_{15}H_{16}\cdot ClNO_5$, F. 169,5°, orangefarbene Schuppen. — *N.N-Diphenyl-*, $C_{20}H_{18}ClNO_5$, F. 181 bis 184°, braune Prismen. — *N-{3-[5-Methylfuryl-(2)]-propen-(2)-yliden}-1.2.3.4-tetrahydrochinoliniumperchlorat*, $C_{17}H_{18}ClNO_5$, F. 205—206°, rotbraunes Kristallpulver. — *N-{3-[5-Methylfuryl-(2)]-propen-(2)-yliden}-2-methylindoliniumperchlorat*, $C_{17}H_{18}ClNO_5$, F. 227°, braunviolette Sternchen. — N-{5-[5-Methylfuryl-(2)]-pentadien-(2.4)-yliden}-ammoniumperchlorate: *N-Phenyl-*, $C_{16}H_{16}ClNO_5$, F. 195,5°, violette Nadeln. — *N-[p-Methoxyphenyl]-*, $C_{17}H_{18}ClNO_6$, F. 212—213°, violettrote Nadeln. — *N-Methyl-N-phenyl-*, $C_{17}H_{18}ClNO_5$, F. 186°, rote Balken. — *N.N-Diphenyl-*, $C_{22}H_{20}ClNO_5$, F. 202°, dunkelgrüne Körner. — *N-{5-[5-Methylfuryl-(2)]-pentadien-(2.4)-yliden}-1.2.3.4-tetrahydrochinoliniumperchlorat*, $C_{19}H_{20}ClNO_5$, F. 212—214°, schwarzviolette Kristalle. — *N-{5-[5-Methylfuryl-(2)]-pentadien-(2.4)-yliden}-2-methylindoliniumperchlorat*, $C_{19}H_{20}\cdot ClNO_5$, F. 219,5°, schwarzviolette Nadeln. P. GOLINSKE. 3061 □

Chemie des Selenophens. 31. Mitt. **Reaktionen von 5-Nitroselenophen-2-carbonsäurechlorid und 5-Nitro-2-diazoacetylselenophen.** Ju. K. Jurjew, Je. L. Saitzewa und G. G. Rosanzew. (Журнал Общей Химии [J. allg. Chem.] **30 (92)**. 3672—75. Nov. 1960. Moskau, Univ.; russ.) — 30. vgl. C. **1962**. 11559. — 5-Nitroselenophen-2-carbonsäure (**I**)-chlorid liefert mit Aminen glatt die entsprechenden *Amide*. Mit CH_2N_2 geht das Chlorid in *5-Nitro-2-diazoacetylselenophen* (**II**) über, das durch Hydrolyse, Chlorierung, Bromierung u. Acetolyse entsprechend in *2-Hydroxyacetyl-* (**III**), *2-Choracetyl-*, *2-Bromacetyl-* u. *2-Acetoacetyl-5-nitroselenophen* umgewandelt wird.

Versuche: *5-Nitroselenophen-2-carbonsäure* (**I**), *Chlorid*, F. 53—53,5°, man kocht 1,1 g **I** u. 4,1 g $SOCl_2$ 1½ Std., dampft im Vakuum bei 50° ein u. wiederholt das Eindampfen 4 mal mit je 7 ml Bzl.; 80%. *Pyrrolidid*, $C_9H_{10}N_2O_3Se$, F. 164—165° (50%ig. A.), man gibt zu **I**-Chlorid (aus 0,58 g **I**) in 3,5 ml Bzl. bei 0° tropfenweise 0,37 g Pyrrolidin in 1 ml Bzl. u. läßt 2 Std. lang bei 20° stehen; 76,5%. *Piperidid*, $C_{10}H_{12}N_2O_3Se$, F. 73,5 bis 74° (50%ig. A.), aus **I**-Chlorid u. Piperidin; 72,5%. *Morpholid*, $C_9H_{10}N_2O_4Se$, F. 101 bis 102° (50%ig. A.), aus **I**-Chlorid u. Morpholin; 81,5%. *Dimethylamid*, $C_7H_8N_2O_3Se$, F. 105 bis 106° (W.), aus **I**-Chlorid u. Dimethylamin; Nadeln; 79%. — *5-Nitro-2-diazoacetylselenophen* (**II**), $C_6H_3N_3O_3Se$, F. 118—119° (Zers.; 50%ig. A.), man gibt zu CH_2N_2 in 100 ml Ae. (aus 30 g Nitrosomethylharnstoff) bei 0° **I**-Chlorid (aus 11,8 g **I**) in 80 ml Ae. u. läßt 2 Std. lang bei 0° u. 16 Std. lang bei 20° stehen; 56,5%. — 5-Nitroselenophene: *2-Hydroxyacetyl-* (**III**), $C_6H_5NO_4Se$, F. 108—109° (W.), durch Erhitzen von 3,2 g **II** u. 40 ml 4%ig. H_2SO_4 auf dem sd. Wasserbad bis zur Beendigung der N_2-Entw.; 96%. *Semicarbazon*, $C_7H_8N_4O_4Se$, F. 227—229° (Zers.; A.). — *2-Chloracetyl-*, $C_6H_4ClNO_3Se$, F. 131—131,5° (PAe.), man löst 0,7 g **II** in 30 ml Ae., sättigt mit HCl u. läßt 4 Std. lang stehen; gelbe Nadeln; 92,5%. — *2-Bromacetyl-*, F. 125,5—126° (PAe.), man gibt zu 0,61 g **II** in 50 ml Ae. unter Kühlung 1,5 ml 41%ig. HBr u. rührt 1 Std. lang; 84%. — *2-Acetoacetyl-*, $C_8H_7NO_4Se$, F. 97,5—98° (PAe.), a) man kocht 0,7 g **II** u. 4,5 ml Eisessig 40 Min. u. verd. mit 10 ml W.; 88,5%; b) man gibt zu 0,58 g **III** in 3 ml Eisessig tropfenweise 1,5 ml Acetylchlorid, erhitzt ½ Std. auf 50° u. verd. mit 50 ml W.; 14,5%.

HELMUT SCHÄFER. 3071

Untersuchungen über das Thianaphthen. Über den Zugang zu hydroxylierten Diphenylalkanen, zu 7-substituierten Benzofuranen und zu Benzosuberanen durch desulfurierende Hydrierung von Thianaphthenderivaten. René Royer, Pierre

Demerseman und Jean-Pierre Lechartier. (C. R. hebd. Séances Acad. Sci. **254**. 2605—07. 2/4. 1962. Paris, Fondat. Curie, Inst. du Radium, Labor. de Chim. organ.; franz.) — Anisoylchlorid reagiert mit 2-Äthyl- (**III**), 3-Äthyl- u. unsubstituiertem Thianaphthen in Ggw. von $SnCl_4$ zu den entsprechenden *Monoanisoyl-Verbb.*, die zu den *p-Methoxybenzyl-Verbb.* red. u. mit RANEY-Ni W4 zu *p-Methoxydiphenylalkanen* desulfuriert werden. Vorst. Verbb. werden mit Pyridinhydrochlorid entmethyliert. Kondens. von 3-Chlorbutanon-(2) mit 4-Hydroxythianaphthen liefert *3-[Thianaphthenyl-(4)-oxy]-butanon-(2)*, das mit $ZnCl_2$ zu *2.3-Dimethylthieno-[2.3:g]-benzofuran* cyclisiert wird. Desulfurierende Ringöffnung führt unter gleichzeitiger Hydrierung zu *2.3-Dimethylcumaran*, das mit S zu *2.3-Dimethylbenzofuran* aromatisiert wird. Die Rk. von Bernsteinsäureanhydrid mit **III** gibt *β-[2-Äthylthianaphthenoyl-(3)]-propionsäure*, die zu *γ-[2-Äthylthianaphthenyl-(3)]-buttersäure* red. wird. Diese liefert mit Polyphosphorsäure *2-Äthyl-3.4-[4'-ketobutano]-thianaphthen* (**I**), das nach HUANG-MINLON zu *2-Äthyl-3.4-butanothianaphthen* (**II**) red. wird. Hydrierung von **I** gibt *7-n-Propyl-1.2-benzocyclohepten-(1)-on-(3)* neben *3-Propyl-1.2-benzocyclohepten-(1)*. Dieses wird auch aus **II** mit RANEY-Ni erhalten. **I** gibt mit Benzyl–MgBr das entsprechende *Carbinol*, das zur *Äthylen-Verb.* dehydratisiert u. mit RANEY Ni zu *3 Propyl-7-benzyl-1.2-benzocyclohepten-(1)* desulfuriert wird.

Versuche: *1-[4-Hydroxyphenyl]-3-phenylpropan*, $Kp._{13}$ 200°, n_D 1,5708; 82—89% (Ausbeute). — *1-[4-Hydroxyphenyl]-2-phenylpropan*, $Kp._{14}$ 193°, F. 63°. — *1-[4-Hydroxyphenyl]-3-phenylpentan*, $Kp._{14}$ 203°, $n_D^{21,5}$ 1,5537. — *1-[4-Hydroxyphenyl]-2-phenylpentan*, $Kp._{15}$ 201—202°, F. 81,5°. — *3-[Thianaphthenyl-(4)-oxy]-butanon-(2)*, $Kp._{14}$ 182°, F. 72°; 84%. — *2.3-Dimethylthieno-[2.3:g]-benzofuran*, F. 69°; 82%. — *2.3-Dimethyl-7-äthylbenzofuran*, $Kp._{18}$ 125°, n_D^{27} 1,5423. — *2.3-Dimethyl-7-n-butylbenzofuran*, $Kp._{9,5}$ 137°, $n_D^{20,5}$ 1,5280. — *2.3-Dimethyl-7-sek.-butylbenzofuran*, $Kp._{11}$ 138°, $n_D^{18,5}$ 1,5361. — *β-[2-Äthylthianaphthenoyl-(3)]-propionsäure*, F. 84°. — *γ-[2-Äthylthianaphthenyl-(3)]-buttersäure*, F. 86°. — *2-Äthyl-3.4-[4'-ketobutano]-thianaphthen* (**I**), $Kp._{0,15}$ 167°, F. 64°; 66%. *Semicarbazon*, F. 215°. — *2-Äthyl-3.4-butanothianaphthen* (**II**), $Kp._{0,1}$ 132°, $n_D^{20,5}$ 1,6170. *Pikrat*, F. 97°. — *3-Propyl-1.2-benzocyclohepten-(1)*, $Kp._{19}$ 140°, durch Hydrierung von **I**; n_D^{23} 1,5266; 35%; daneben 48% *7-n-Propyl-1.2-benzocyclohepten-(1)-on-(3)*, $Kp._{15}$ 170°, $n_D^{21,5}$ 1,5428, auch aus **II** mit RANEY-Ni; 88%. — *3-Propyl-7-benzyl-1.2-benzocyclohepten-(1)*, $Kp._{13}$ 214°, aus **I** mit Benzyl–MgBr über das *Carbinol*, Dehydratisierung zur *Äthylen-Verb.* u. Umsetzen mit RANEY-Ni; n_D^{22} 1,5627. H. GLEINIG. 3071 □

Einige Reaktionen von Gramin. S. K. Qureshi, K. Rasheed, A. K. Mekeri und George Hahn. (Pakistan J. sci. ind. Res. **1**. 101—06. April 1958. Karachi, Pakistan Council of Sci. and Ind. Res., Central Labor.; engl.) — Durch Schmelz-Rk. von 3-Diäthylaminomethylindol oder Gramin (**I**) mit Harnstoff (**III**) $<150°$ werden 46% *Skatylharnstoff-*(**IV**; *N-[Indolyl-(3)-methyl]-harnstoff*) gebildet. In Ggw. von Alkali-Spuren steigt die Ausbeute auf 70%. Aus **I** u. Thioharnstoff (**V**) entstehen beim Schmelzen ohne Alkalizusatz *S-haltige, gasförmige Prodd.*, beim Kochen der Komponenten in A. wird nicht Skatylthioharnstoff, sondern vermutlich *1.3-Bis-[indolyl-(3)]-thioaceton* gebildet. Beim Erhitzen von **I** mit Acetamid, Benzamid, Phenylacetamid, Urethan, Succinamid bzw. Adipinamid in Toluol auf 140° entstehen unter Entw. von wenig *Diäthylamin* dunkle *Rk.-Prodd.*, aus denen die unveränderten Amide, aber kein **I** isoliert werden konnte. Aus **I** u. Anilin (**VI**), α- (**VII**) u. β-Naphthylamin, o- u. p-Chloranilin sowie p-Anisidin (**IX**) werden ohne Alkalikatalyse die entsprechenden *N-Skatyl-Derivv.* erhalten. Mit m-Chloranilin entsteht nur ein öliges Produkt. m-Nitroanilin reagiert nicht. p-Phenylendiamin (**VIII**) liefert das *Bis-skatyl-Deriv.*; das entsprechende o-Deriv. entsteht infolge ster. Hinderung nur zu 4%.

Versuche: *3-Diäthylaminomethylindol*, $C_{13}H_{18}N_2$, F. 102—103° (Aceton), nach KÜHN u. STEIN [1937]. — *Skatylharnstoff* (**IV**), $C_{10}H_{11}N_3O$, F. 144—145°, durch ½ std. Erhitzen von 1,3 Mol **III**, 0,1 Mol vorst. Verb. u. 0,9 g NaOH auf 130°, 25 std. weiteres Erhitzen unter N_2, Gießen in 200 ml W., u. mehrstd. Stehen sowie durch Eindampfen der Mutterlauge auf 100 ml, Zugabe einiger ml 2n NaOH u. Kristallisation des Roh-Prod. (90,6%) aus W.; 69% (Ausbeute). *Nitroso-Deriv.*, $C_{10}H_{10}N_4O_2$, F. 150° (Zers.; Aceton–PAe.), durch Lösen von **IV** u. $NaNO_2$ in W. unter Erwärmen, Zugabe von Eisessig bei 5° u. ¾ std. Stehen bei 0°; 99% (roh). — *1.3-Bis-[indolyl-(3)]-thioaceton*, $C_{19}H_{16}N_2S$, F. 154° (A.), durch 10 std. Kochen von 0,01 Mol **I** u. 0,76 g **V** in A.; 1,65 g. — *N-Skatylanilin*, $C_{15}H_{14}N_2$, F. 83—85° (Bzl.–PAe.), durch 14 std. Erhitzen von **I** mit frisch dest. **VI** unter N_2 auf 125° (Bad), Abtreiben von **VI** mit Wasserdampf, Aufnehmen in Bzl. u. Eindampfen; 75%. — *N-Skatyl-α-naphthylamin* (**II**), $C_{19}H_{16}N_2$, F. 148—150° (Bzl.–PAe.) durch 30 std. Erhitzen von **I** u. **VII** unter N_2 auf 110—120°; 60%. — *N-Skatyl-β-naphthylamin*, $C_{19}H_{16}N_2$, F. 185—187° (Bzl.–PAe.), analog **II** in 27 Std. aus 0,01 Mol **I**; 1,5 g. — *N-Skatyl-o-chloranilin*, $C_{15}H_{13}ClN_2$, F. 70—72° (Bzl.–PAe.), analog **II**; 42%

(roh). — *N-Skatyl-p-chloranilin*, $C_{15}H_{13}ClN_2$, F. 98—100° (Bzl.-PAe.), analog **II**; 36%. — *N.N'-Bis-[skatyl]-p-phenylendiamin*, $C_{24}H_{22}N_4$, F. 183—185° (Äthylacetat), durch 5std. Erhitzen von **I** u. **VIII** unter N_2 auf 130° u. Zugabe von etwas Bzl.; 73,7% (roh). *N.N'-Diacetyl-Deriv.*, $C_{28}H_{26}N_4O_2$, F. 250—252° (Eisessig–Äthylacetat), durch Überschichten mit Acetanhydrid; 76,6% (roh). — *N.N'-Bis-[skatyl]-o-phenylendiamin*, F. 185—195°, analog vorst. Verb.; *N.N'-Diacetyl-Deriv.*, $C_{28}H_{26}N_4O_2$, F. 221—223°; 4%. — *N-Skatyl-p-anisidin*, F. 188—190° (A.), durch 17std. Erhitzen von **I** u. **XI** auf 100°; 50% (roh).

L. LAMZA. 3081

Untersuchung in der Isoxazolreihe. 11. Mitt. **Kondensation von Isoxazolen mit aromatischen Aldehyden.** N. K. Kotschetkow, Ss. D. Ssokolow und W. Je. Shwirbliss. (Журнал Общей Химии [J. allg. Chem.] **30 (92)**. 3675—82. Nov. 1960. Moskau, Univ.; russ.) — 10. vgl. C. **1962.** 8601. — Durch Anlagerung von Benz- (**I**), p-Toluyl- (**II**) u. p-Isopropylbenzaldehyd (**III**) an 3.5-Dimethylisoxazol (**IV**) in Ggw. von HCl wurden *4-Phenylchlormethyl-* (**V**), *4-[p-Tolylchlormethyl]-* (**VI**) bzw. *4-[p-Isopropylphenylchlormethyl]-3.5-dimethylisoxazol* erhalten. Primär entstehen dabei die entsprechenden Carbinole, die mit HCl weiterreagieren. Die Hydrolyse der 3.5-Dimethylisoxazole liefert *Phenyl-* (**VII**), *p-Tolyl-* u. *p-Isopropylphenyl-[3.5-dimethylisoxazolyl-(4)]-carbinol.* **V** u. **VII** wurden mit CrO_3 zu *3.5-Dimethyl-4-benzoylisoxazol* oxydiert, **VI** lieferte entsprechend *3.5-Dimethyl-4-[p-carboxybenzoyl]-isoxazol.* Bei der Red. von **V** mit Zn entstand *3.5-Dimethyl-4-benzylisoxazol* (**VIII**), das auch durch Cyclisierung von 3-Benzylpentandion-(2.4) (**IX**) mit NH_2OH erhalten wurde. Beim Vers., **V** mit β-Dimethylaminoäthanol (**X**) in Ggw. von Na zu kondensieren, wurde nur *1.2-Diphenyl-1.2-bis-[3.5-dimethylisoxazolyl-(4)]-äthan* gebildet. Im Gegensatz zu **IV** reagierte 5-Methylisoxazol (**XI**) mit **I** unter Ringaufspaltung zu *α-Cyandibenzalaceton.*

Versuche: *α-Cyandibenzalaceton*, $C_{18}H_{13}NO$, F. 152,5° (Bzl.), durch 35std. Erhitzen von 8,3 g **XI**, 10,6 g **I** u. 1,5 g HCl im Rohr auf dem sd. Wasserbad; zitronengelbe Kristalle; 1,5 g (Ausbeute). — 3.5-Dimethylisoxazole: *4-Phenylchlormethyl-* (**V**), $C_{12}H_{12}$·ClNO, $Kp._3$ **141—142°**, man erhitzt je 1 Mol **I** u. **IV** mit 0,75—0,77 Mol gasförmigem HCl 35 Std. lang im Rohr auf dem sd. Wasserbad; $D._4^{20}$ 1,1766; n_D^{20} 1,5540; 23%. — *4-[p-Tolylchlormethyl]-* (**VI**), $C_{13}H_{14}ClNO$ $Kp._3$ **144—145°**, aus **II** u. **IV** mit HCl; $D._4^{20}$ 1,1469; n_D^{20} 1,5532; 8%. — *4-[p-Isopropylphenylchlormethyl]-*, $C_{15}H_{18}ClNO$, $Kp._3$ 150—151°, aus **IV** u. **III**; $D._4^{20}$ 1,1022; n_D^{20} 1,5410; 6,5%. — [3.5-Dimethylisoxazolyl-(4)]-carbinole: *Phenyl-* (**VII**), $C_{12}H_{13}NO_2$, $Kp._3$ 150—151°, F. 52,5—53,5° (Ae.-n-Pentan), man gibt **V** in Dioxan tropfenweise zur heißen wss. Suspension von PbO (2facher Überschuß), kocht $^1/_4$ Std. lang u. extrahiert mit Chlf.; zähes Öl; $D._4^{20}$ 1,1478; n_D^{20} 1,5510; 82%. — *p-Tolyl-*, $C_{13}H_{15}NO_2$, $Kp._3$ 154—155°, analog aus **VI**; $D._4^{20}$ 1,1169; n_D^{20} 1,5480; 72%. — *p-Isopropylphenyl-*, $C_{15}H_{19}NO_2$, $Kp._3$ 160—161°; $D._4^{20}$ 1,0825; n_D^{20} 1,5372; 63%. — *3.5-Dimethyl-4-benzoylisoxazol*, $C_{12}H_{11}NO_2$, F. 62—63° (Bzl.), a) man gibt zu 7 g **V** u. 15 g $K_2Cr_2O_7$ in 70 ml W. tropfenweise 35 ml konz. H_2SO_4 u. kocht 5 Min. lang; 59%; b) durch 1std. Kochen von 0,55 g **VII** u. 0,76 g CrO_3 in 10 ml Essigsäure u. 1 ml W.; 0,35 g. — *3.5-Dimethyl-4-[p-carboxybenzoyl]-isoxazol*, $C_{13}H_{11}NO_4$, F. 196—197° (Essigsäure), man gibt zu 3,6 g **VI** u. 7,2 g $K_2Cr_2O_7$ in 35 ml W. tropfenweise 17 ml konz. H_2SO_4 u. kocht 1 Std. lang; 1,7 g. — *3-Benzylpentandion-(2.4)* (**IX**), $Kp._7$ 135—136°, durch 4std. Kochen von 126 g Benzylchlorid, 70 g K_2CO_3, 100 g Acetylaceton u. 100 ml W.; $D._4^{20}$ 1,059; n_D^{20} 1,5306; 30%. — *3.5-Dimethyl-4-benzylisoxazol* (**VIII**), $C_{12}H_{13}NO$, $Kp._{0,5}$ 95°, a) man gibt zu 20 g **V** in 75 ml Eisessig in der Siedehitze 20 g Zn-Staub u. erhitzt 2 Std. lang; 38%; b) man gibt zu 33 g **IX** unter Erhitzen auf dem sd. Wasserbad in 1 Std. 25 g mit K_2CO_3 neutralisiertes wss. Hydroxylaminhydrochlorid u. erhitzt 4 Std. lang; $D._4^{20}$ 1,066; n_D^{20} 1,5365; 46%. *Chloroferrat*, F. 76—77°. — *1.2-Diphenyl-1.2-bis-[3.5-dimethylisoxazolyl-(4)]-äthan*, $C_{24}H_{24}N_2O_2$, F. 206° (W.–Methanol), man gibt zur Lsg. von 2,44 g Na in 60 ml **X** unter Eis–NaCl-Kühlung 23,5 g **V** in 20 ml **X** u. rührt 4 Std. lang bei 20°; 5,3 g.

HELMUT SCHÄFER. 3132

Untersuchung in der Isoxazolreihe. 12. Mitt. **Jodierung und Bromierung der Isoxazole.** N. K. Kotschetkow, Ss. D. Ssokolow und N. M. Wagutowa. (Журнал Общей Химии [J. allg. Chem.] **31 (93)**. 2326—33. Juli 1961; russ.) — 11. vgl. vorst. Referat. — Durch Jodierung von 3.5-Dimethyl- (**I**), 3-Phenyl- (**II**), 5-Methyl- (**III**), 5-Phenyl- (**IV**), 3-Methyl-5-phenyl- (**V**) u. 3.5-Diphenylisoxazol (**VI**) in Ggw. von HNO_3 werden die entsprechenden *4-Jodisoxazole* dargestellt. Analog werden *4-Bromisooxazole* erhalten. Für die Halogenierung wird ein Ionenmechanismus angegeben.

Versuche: Isoxazole: *3.5-Dimethyl-4-jod-*, F. 51,5—53° (nach Sublimation), a) man gibt zu 37,3 g Jod in 31,3 g **I** auf dem sd. Wasserbad tropfenweise 13,6 ml HNO_3 (D. 1,5), rührt ½ Std. lang u. befreit die ausgefallenen Kristalle von Nitroisoxazol durch Waschen mit 10%ig. NaOH; 71—78% (Ausbeute); b) man gibt zu 4,85 g **I** u. 5,7 g Jod in 3,5 ml konz. H_2SO_4 u. 20 ml Essigsäure 1,5 ml HNO_3 (D. 1,4); 54—56%; c) man erhitzt 4,85 g **I**, 6,35 g Jod u. 12,5 g 30%ig. H_2O_2 10 Std. lang auf dem sd. Wasserbad, extrahiert die wss. Schicht mit Chlf. u. dampft ein; 33%; d) man gibt zu 0,015 Mol **I** u. 0,007 Mol Jod in Essigsäure-CCl_4 auf dem sd. Wasserbad 0,015 Mol konz. HNO_3 u. erhitzt einige Std. lang. — *3-Phenyl-4-jod-*, C_9H_6JNO, F. 95,5—96,5° (Methanol), analog vorst. Verb. aus **II** u. Jod nach d) (12 Std. lang); 24%. — *5-Methyl-4-jod-*, C_4H_4JNO, F. 28—29° (Subl.), aus **III** nach d) (14 Std. lang); 47%. — *5-Phenyl-4-jod-*, C_9H_6JNO, F. 30—32° (Hexan), aus **IV** nach d) (6 Std. lang); 71%. — *3.5-Dimethyl-4-brom-*, $Kp._9$ 53 bis 56°, man erhitzt 3,5 g **I**, 2,6 ml Br_2 u. 4,6 ml HNO_3 (D. 1,5) ½ Std. lang; n_D^{22} 1,4870; 63%. — *3-Methyl-5-phenyl-4-brom-*, $C_{10}H_8BrNO$, $Kp._1$ 91—92°, F. 24—25° (n-Pentan), man erhitzt 2,2 g **V**, 0,32 ml Br_2, 0,6 ml konz. HNO_3 u. 20 ml Essigsäure $^3/_4$ Std. lang, dampft im Vakuum ein, löst in Chlf., extrahiert mit Soda-Lsg. u. dest.; feine Nadeln; 71%. — Analog: *3-Methyl-5-phenyl-4-jod-*, $C_{10}H_8JNO$, F. 69,5—71,5° (Hexan), aus **V** u. Jod (10 ml Essigsäure, 5 ml CCl_4, ½—1 Std. lang); 80%. — *3.5-Diphenyl-4-brom-*, $C_{15}H_{10}BrNO$, F. 132,5—133,5° (Methanol), man erhitzt 2,9 g **VI**, 0,64 ml Br_2, 1,2 ml HNO_3 u. 20 ml Essigsäure $^3/_4$ Std. lang u. läßt bei 0° kristallisieren; Platten; 88%. — *3.5-Diphenyl-4-jod-*, $C_{15}H_{10}JNO$, F. 171—172° (Methanol), analog aus **VI** u. Jod (20 ml Essigsäure, 5 ml CCl_4, ½—1 Std. lang); 81%. HELMUT SCHÄFER. 3132□

Synthese von 2.3-substituierten Thiazolidonen. 7. Mitt. **Einwirkung von Thioglykolsäure auf Phenylhydrazone von disubstituierten aromatischen Aldehyden.** Pietro Monforte und Giovanna Fenech. (Atti Soc. Peloritana Sci. fisiche, mat. natur. **4.** 191—201. 1957/1958. Messina, Univ., Ist. di Chim. Farm. e Tossicolog.; ital.) — 6. vgl. C. **1961.** 9777. — Die Synth. von *2-Aryl-3-phenylaminothiazolidonen-(4)* erfolgt durch 15—18std. Erhitzen der Phenylhydrazone aromat. Aldehyde in Bzl. mit überschüssiger Thioglykolsäure (**I**) auf dem Wasserbad, Abdest. des Lsgm., Waschen des Rückstandes mit 10%ig. Na_2CO_3-Lsg. u. mit W. u. Umkristallisieren des Rk.-Prod. aus Äthanol. In analoger Weise, jedoch mit etwas geringeren Ausbeuten, reagiert **I** mit den 4-Nitrophenylhydrazonen aromat. Aldehyde unter Bldg. von *2-Aryl-3-[4-nitrophenylamino]-thiazolidonen-(4)*. 2.4-Dinitrophenylhydrazone setzen sich mit **I** nicht um.

Versuche: 3-Phenylaminothiazolidone-(4): *2-[2.4-Dimethoxyphenyl]-*, $C_{17}H_{18}N_2O_3S$, F. 179—180° (CH_3OH; Blättchen); 63,47% (Ausbeute). — *2-[2.3-Dimethoxyphenyl]-*, $C_{17}H_{18}N_2O_3S$, F. 155—156° (A.; Prismen); 46,77%. — *2-[3.4-Dimethoxyphenyl]-*, $C_{17}H_{18}N_2O_3S$, F. 174—175° (A.; Nadeln); 38,82%. — *2-[3-Hydroxy-4-methoxyphenyl]-*, $C_{16}H_{16}N_2O_3S$, F. 173—175° (A.; Prismen); 39,00%. — *2-[3-Methoxy-4-hydroxyphenyl]-*, $C_{16}H_{16}N_2O_3S$, F. 157—159° (CH_3OH; Prismen); 37,49%. — *2-[3-Äthoxy-4-hydroxyphenyl]-*, $C_{17}H_{18}N_2O_3S$, F. 138—140° (A.); 40,37%. — 3-[4-Nitrophenylamino]-thiazolidone-(4): *2-[2.4-Dimethoxyphenyl]-*, $C_{17}H_{17}N_3O_5S$, F. 181—182° (A.; gelbe Kristalle); 64,41%. — *2-[2.3-Dimethoxyphenyl]-*, $C_{17}H_{17}N_3O_5S$, F. 174—175° (gelbe Kristalle); 40,00%. — *2-[3.4-Dimethoxyphenyl]-*, $C_{17}H_{17}N_3O_5S$, F. 187—188° (A.; gelbe Kristalle); 32,57%. — *2-[3-Hydroxy-4-methoxyphenyl]-*, $C_{16}H_{15}N_3O_5S$, F. 117—118° (A.); 31,09%. — *2-[3-Methoxy-4-hydroxyphenyl]-*, $C_{16}H_{15}N_3O_5S$, F. 126—128° (A.; gelbe Kristalle); 30,75%. — *2-[3-Äthoxy-4-hydroxyphenyl]-*, $C_{17}H_{17}N_3O_5S$, F. 228—229° (A.; gelbe Kristalle); 30,02%. G. PLATZER. 3142□

Heterocyclische Organoborverbindungen. Einige Derivate des 1.3.2-Dioxaborols. Gerald Smolinsky. (J. org. Chemistry **26.** 4915—17. 27/12. 1961. Bell Telephone Labor., Inc.; engl.) — Vf. beschreibt die Darst. einiger 1.3.2-Dioxaborole u. diskutiert deren UV-Spektren. Vf. betrachtet das Dioxaborol-Syst. als Heterologes des Tropyliumkations.

Versuche: 1.3.2-Dioxaborole: *2.4.5-Triphenyl-*, nach LETSINGER u. HAMILTON (J. org. Chemistry **25.** [1960.] 592). — *2-Isopropyl-4.5-diphenyl-*, $C_{17}H_{17}BO_2$, F. 46—47°, $Kp._{0,2}$ 118°, durch 20std. Erhitzen von Propan-2-boronsäure u. Benzoin in Bzl. bei gleichzeitigem Abdestillieren des Wasserazeotrops; 40% (Ausbeute). — *2-Phenyl-4.5-dimethyl-*, $C_{10}H_{11}BO_2$, $Kp._2$ 79°, F. 46—47°, durch Rk. von Benzolboronsäure mit 3-Hydroxybutanon-(2) in Bzl.; 58%. — *2-Isopropyl-4.5-dimethyl-*, $C_7H_{13}BO_2$, $Kp._{90}$ 81,5°, durch Rk. von Propan-2-boronsäure mit 3-Hydroxybutanon-(2) in Bzl.; 21%; Oxydation durch Stehen an der Luft gibt *Propan-2-boronsäure*, *Diacetyl* u. *Acetanhydrid*. GOTTFRIED SCHREIBER. 3194

Heterocyclische Borverbindungen. 1. Mitt. K. A. Jensen und Thorvald Petersen. (Acta chem. scand. **15.** 1780—81. 1961. Copenhagen, Univ., Chem. Labor.; engl.) — Es werden verschiedene Derivv. des *1.3.2-Dioxaborols* aus $Cl_2BC_6H_5$ (**I**) u. Acyloinen (**A**) dargestellt. Sie zerfallen in Ggw. von W. in **A** u. Phenylboronsäure. **I** reagiert auch mit α-Hydroxysäureestern zu *2-Phenyl-4-alkyl-5-oxo-1.3.2-dioxaborolanen.* Diese sind noch hydrolyseempfindlicher. Die IR-Spektren der Verbb. werden diskutiert.

Versuche: 1.3.2-Dioxaborole, durch Zugabe von **A** in CH_2Cl_2 zu **I** in abs. CH_2Cl_2 unter trockenem N_2, 1std. Kochen u. Eindampfen: *2.4.5-Triphenyl-*, $C_{20}H_{15}BO_2$, F. 110,5—111° (abs. Aceton), aus Benzoin; 58% (Ausbeute). — *2-Phenyl-4.5-diäthyl-*, $C_{12}H_{15}BO_2$, Kp.$_{11}$ 118—119°, aus Propioin; 50%. — *2-Phenyl-4.5-dimethyl-*, $C_{10}H_{11}BO_2$, F. 43,5—44,5°, Kp.$_{11}$ 119—129°, aus Acetoin; 53%. — *2-Phenyl-4-methyl-5-oxo-1.3.2-dioxaborolan*, $C_9H_9BO_3$, Kp.$_{11}$ 127—128°, aus Äthyllactat u. **I** analog vorst. Verbb.; 46%. MARTIN KRÜGER. 3194□

Eliminierung von Essigsäure bei der Decarboxylierung von organischen Säuren. 3. Mitt. Eine neue Synthese von 4-Arylcumarinen aus β.β-Diarylglutarsäuremonoactonen. G. R. Gogte und V. S. Palkar. (J. Univ. Bombay [N. S.] **27.** Nr. 5. Sect. A 6—13. März 1959; engl.) — 2. vgl. C. **1962.** 14119. — Die durch Rk. von β- Arylglutaconsäuren mit Phenolen erhältlichen *β.β-Diarylglutarsäuremonolactone* liefern durch Kalk-Dest. im Vakuum unter Eliminierung von Essigsäure *4-Arylcumarine* (**A**), die durch Hydrolyse u. Methylierung *β.β-Diarylacrylsäuren* (**B**) geben. Durch Kalk-Dest. werden aus den **B** an Stelle der erwarteten Diaryläthylene die Ausgangs-**A** zurückgebildet; Methoxygruppen werden als Methanol abgespalten.

Versuche: *β-[2-Methoxy-5-methylphenyl]-β-[2-hydroxy-5-methylphenyl]-glutarsäuremonolacton* (**I**), $C_{20}H_{20}O_5$, F. 220° (55%ig. Essigsäure), durch portionsweise Zugabe von p-Kresol (**VII**) zu 10 g β-[2-Methoxy-5-methylphenyl]-glutaconsäure (**II**) in 80%ig. H_2SO_4 unter Schütteln bei <5° u. 7std. Stehen bei Raum-Temp.; 8 g (Ausbeute). — *β-[2-Methoxy-5-methylphenyl]-β-[2-hydroxy-4-methylphenyl]-glutarsäuremonolacton* (**III**), $C_{20}H_{20}O_5$, F. 194°, analog **I** aus **II** u. m-Kresol (**IX**); 10 g. — *β-[2-Methoxy-5-methylphenyl]-β-[2.4-dihydroxyphenyl]-glutarsäuremonolacton*, $C_{19}H_{18}O_6$, F. 235° (25%ig. Essigsäure), durch Zugabe von **II** u. Resorcin zu kalter 80%ig. H_2SO_4 u. 3std. Stehen bei 0°; 3 g. — *β-[2-Methoxy-4-methylphenyl]-β-[2-hydroxy-5-methylphenyl]-glutarsäuremonolacton* (**IV**), $C_{20}H_{20}O_5$, F. 255° (50%ig. Essigsäure), durch Rk. von 10 g β-[2-Methoxy-4-methylphenyl]-glutaconsäure (**V**) mit **VII** analog **I**; 2 g. — *β-[2-Methoxy-4-methylphenyl]-β-[2-hydroxy-4-methylphenyl]-glutarsäuremonolacton* (**VI**), $C_{20}H_{20}O_5$, F. 226° (55%ig. Essigsäure), durch Rk. von 15 g **V** mit **IX** analog **I**; 5 g; daneben 5 g *[7-Methylcumaryl-(4)]-essigsäure*. — *4-[2-Methoxy-5-methylphenyl]-6-methylcumarin*, $C_{18}H_{16}O_3$, F. 141° (70%ig. A.), durch 1std. Dest. von 2 g **I** mit Kalk bei 2 Torr; 0,5 g. — *β.β-Bis-[2-methoxy-5-methylphenyl]-acrylsäure* (**VIII**), $C_{19}H_{20}O_4$, F. 147° (25%ig. Essigsäure), a) durch Kochen von 0,5 g vorst. Verb. mit 10%ig. NaOH, Zugabe von $(CH_3)_2SO_4$ unter Schütteln u. 1std. Kochen; 0,5 g; b) durch Kalk-Dest. von β.β-Bis-[2-Methoxy-5-methylphenyl]-glutarsäure. — *4-[2-Methoxy-5-methylphenyl]-7-methylcumarin*, $C_{18}H_{16}$· O_3, F. 128°, durch Kalk-Dest. von **III**; wollige Nadeln; 0,6 g. — *β-[2-Methoxy-5-methylphenyl]-β-[2-methoxy-4-methylphenyl]-acrylsäure*, $C_{19}H_{20}O_4$, F. 159° (65%ig. Methanol), aus vorst. Verb. analog **VIII**. — *4-[2-Methoxy-4-methylphenyl]-6-methylcumarin*, $C_{18}H_{16}O_3$, F. 125°, aus **IV** durch Kalk-Dest. bei 2 Torr; aus 50%ig. A. gelbe wollige Kristalle; 0,2 g; gibt durch Hydrolyse u. Methylierung vorst. Verbindung. — *4-[2-Methoxy-4-methylphenyl]-7-methylcumarin*, $C_{18}H_{16}O_3$, F. 142°, durch Kalk-Dest. von **VI** bei 2 Torr; aus 70%ig. A. wollige Kristalle. — *β.β-Bis-[2-methoxy-4-methylphenyl]-acrylsäure*, $C_{19}H_{20}O_4$, F. 165° (70%ig. A.), aus vorst. Verb. analog **VIII**. — *4-[4-Methoxyphenyl]-6-methylcumarin*, $C_{17}H_{14}O_3$, F. 105° (50%ig. A.). durch Kalk-Dest. von β-[4-Methoxyphenyl]-β-[2-hydroxy-5-methylphenyl]-glutarsäuremonolacton. — *β-[4-Methoxyphenyl]-β-[2-methoxy-5-methylphenyl]-acrylsäure*, $C_{18}H_{18}O_4$, F. 179° (20%ig. Essigsäure), aus vorst. Verbindung. — *4-[4-Methoxyphenyl]-7-methylcumarin*, $C_{17}H_{14}O_3$, F. 152°, durch Kalk-Dest. von β-[4-Methoxyphenyl]-β-[2-hydroxy-4-methylphenyl]-glutarsäuremonolacton bei 2 Torr; aus 70%ig. A. gelbliche Nadeln. — *β-[4-Methoxyphenyl]-β-[2-methoxy-4-methylphenyl]-acrylsäure*, $C_{18}H_{18}O_4$, F. 183° (35%ig. Essigsäure), aus vorst. Verbindung.

K. ZIELOFF. 3211

Cumarine aus 5-n-Pentadecylresorcin und die Fries-Reaktion ihrer Ester. B. M. Desai und Pushpa R. Desai. (J. Indian chem. Soc. **37.** 550—52. Sept. 1960. Ahmedabad, M. G. Sci. Inst., Chem. Dep.; engl.) — Durch Rk. von 5-n-Pentadecylresorcin (**I**) mit Acetessigsäureäthylester (**II**), α-Methylacetessigsäureäthylester (**III**) u. α-Äthylacetessigsäureäthylester (**IV**) entstehen *5-Hydroxycumarinderivate*. Die FRIES-Rk. der Acetoxycumarine in Ggw. von wasserfreiem $AlCl_3$ wird untersucht.

Versuche: Cumarine: *4-Methyl-7-pentadecyl-5-hydroxy-*, $C_{25}H_{38}O_3$, F. 148°, a) durch Zugabe von konz. H_2SO_4 zu **I** in **II**, mehrstd. Stehen u. Gießen auf Eis; aus verd. A. Nadeln; mit $FeCl_3$ grünlich, mit verd. Alkalien gelb; 100% (Ausbeute); b) durch Zugabe von Polyphosphorsäure zu **I** in **II**, 2std. Erhitzen auf 120—130° unter Rühren u. Gießen auf Eis. — *4-Methyl-7-pentadecyl-5-acetoxy-* (**V**), $C_{27}H_{40}O_4$, F. 88°, aus A. Nadeln. — *4-Methyl-7-pentadecyl-5-methoxy-*, $C_{26}H_{40}O_3$, F. 86°, aus vorvorst. Verb. mit Dimethylsulfat in Ggw. von wasserfreiem K_2CO_3; aus A. Nadeln. — *4-Methyl-7-penta-*

decyl-5-benzoyloxy-, $C_{32}H_{42}O_4$, F. 95°, aus der Hydroxy-Verb. mit Benzoylchlorid u. Pyridin; aus A. Nadeln. — *3.4-Dimethyl-7-pentadecyl-5-hydroxy-*, $C_{26}H_{40}O_3$, F. 125°, durch mehrstd. Stehen von **I** u. **III** mit konz. H_2SO_4 u. Gießen auf Eis; aus verd. A. gelbliche Nadeln; mit verd. Alkali gelb. — *3.4-Dimethyl-7-pentadecyl-5-acetoxy-* (**VI**), $C_{28}H_{42}O_4$, F. 85°, aus A. Nadeln. — *3-Äthyl-4-methyl-7-pentadecyl-5-hydroxy-*, $C_{27}H_{42}O_3$, F. 135°, durch mehrstd. Stehen von **I** u. **IV** mit konz. H_2SO_4; aus A. gelbliche Nadeln; mit verd. Alkalien gelb. — *3-Äthyl-4-methyl-7-pentadecyl-5-acetoxy-* (**VII**), $C_{29}H_{44}O_4$, F. 95°, aus A. Nadeln. — *4-Methyl-6-acetyl-7-pentadecyl-5-hydroxy-*, $C_{27}H_{40}O_4$, F. 138°, durch 3std. Erhitzen von **V** u. $AlCl_3$ auf 140°, Zers. mit eiskalter HCl, Extrahieren mit Alkali u. Ansäuern; aus verd. A. Nadeln; mit $FeCl_3$ rot. — *3.4-Dimethyl-7-pentadecyl-6-acetyl-5-hydroxy-*, $C_{28}H_{42}O_4$, F. 195°, analog vorst. Verb. aus **VI**; aus A. Nadeln; mit $FeCl_3$ rot. — *3-Äthyl-4-methyl-6-acetyl-7-pentadecyl-5-hydroxy-*, $C_{29}H_{44}O_4$, F. 198°, analog vorvorst. Verb. aus **VII**; aus A. Nadeln; mit $FeCl_3$ rot. P. Golinske. 3211□

Die Verwendung geringer Mengen Schwefelsäure und Polyphosphorsäure bei der von Pechmann-Reaktion. B. E. Barris und S. S. Israelstam. (J. South African chem. Inst. **13.** 125—28. Okt. 1960. Johannesburg, Univ. of the Witwatersrand, Dep. of Chem. and Chem. Engng., Organ. Chem. Res. Labor.; engl.) — Bei der Kondens. von Phenolen mit β-Ketosäureestern sind nur geringe Mengen konz. H_2SO_4 bzw. Polyphosphorsäure (PPS) nötig. Die Rk.-Dauer schwankt, je nach der Rk.-Fähigkeit der Rk.-Partner, zwischen 5 u. 30 Min.; die beste Rk.-Temp. ist in den meisten Fällen 120—130°.

Versuche: Cumarine: *4-Methyl-7-hydroxy-*, F. 184°, a) durch 15—60° Min. langes Erhitzen von Acetessigsäureäthylester (**I**) u. Resorcin mit wechselnden Mengen PPS auf 120—130° u. Umkristallisieren aus 50%ig. A. (Meth. **A**); 75—94% (Ausbeute); b) analog a) mit konz. H_2SO_4; (Meth. **B**); 100%. — *4-Methyl-5.7-dihydroxy-*, F. 284°, a) nach **A** aus **I** u. Phloroglucin (1/4std. Rk.); 50—80%; b) nach **B** (3—10 Min.); 42 bis 82%. — *4-Methyl-7.8-dihydroxy-*, F. 233°, a) nach **A** aus **I** u. Pyrogallol (½ Std.); 71—76%; b) nach **B** (10—30 Min.); 53—87%. — *4.5-Dimethyl-7-hydroxy-*, F. 248°, a) nach **A** aus **I** u. Orcin (3/4—1½ Std.); 36—75%; b) nach **B** (5—10 Min.); 57—71%. — *4-Methyl-7.8-benzo-*, F. 167—169°, nach **B** (½—1½ Std.); aus **I** u. α-Naphthol; 67 bis 74%. — *4-Methyl-6-chlor-7-hydroxy-*, F. 278°, nach **B** aus **I** u. 4-Chlorresorcin (1/4 Std.); 52—56%. — *3-Äthyl-4-methyl-7-hydroxy-*, F. 196—198°, a) nach **A** aus α-Äthylacetessigsäureäthylester (**II**) u. Resorcin (½—1 Std.); 54—75%; b) nach **B** (½—1 1/4 Std.); 50—92%. — *3-Äthyl-4-methyl-5.7-dihydroxy-*, F. 216°, a) nach **A** aus **II** u. Phloroglucin (1 Std.); 16—40%; b) nach **B** (½ Std.); 70—80%. — *3-Äthyl-4-methyl-7.8-dihydroxy-*, F. 218°, a) nach **A** aus **I** u. Pyrogallol (1/4 Std.); 50%; b) nach **B** (½ Std.); 77%. — *3-Äthyl-4.7-dimethyl-5-hydroxy-*, F. 204°, a) nach **A** aus **II** u. Orcin (1 Std.); 43—58%; b) nach **B** (½ Std.); 17%. — *4-Phenyl-7-hydroxy-*, F. 244—245°, a) nach **A** aus Benzoylessigsäureäthylester (**III**) u. Resorcin (½—1 Std.); 63—90%; b) nach **B** (20 Min.); 58—87%. — *4-Phenyl-5.7-dihydroxy-*, F. 228°, a) nach **A** aus **III** u. Phloroglucin (½ Std.); 55%; b) nach **B** (20—45 Min.); 42—95%. — *4-Phenyl-7.8-dihydroxy-*, F. 190°, a) nach **A** aus **III** u. Pyrogallol (1/2—3/4 Std.); 28—50%; b) nach **B** (1 Std.); 50%. — *4-Phenyl-5-methyl-7-hydroxy-*, F. 213°, a) nach **A** aus **III** u. Orcin (½—1 Std.); 14—17%; b) nach **B** (1 Std.); 12%. — *4-Phenyl-6-chlor-7-hydroxy-*, F. 266°, nach **B** aus **III** u. 4-Chlorresorcin (4 Std.); 10%. — *3.4-Dimethyl-7-hydroxy-*, F. 255—256°, a) nach **A** aus α-Methylacetessigsäureäthylester (**IV**) u. Resorcin (½ Std.); 18%; b) nach **B** (20 Min.); 45—51%. — *3.4-Dimethyl-5.7-dihydroxy-*, F. 288°, nach **B** aus **IV** u. Phloroglucin (1/4 Std.); 51%. — *3.4-Dimethyl-7.8-dihydroxy-*, F. 271°, nach **B** aus **IV** u. Pyrogallol (1/4 Std.); 42%. — *3.4.7-Trimethyl-5-hydroxy-*, F. 250°, nach **B** aus **IV** u. Orcin (3/4 Std.); 36%. — *3-Benzyl-4-methyl-7-hydroxy-*, F. 225—227°, nach **B** aus α-Benzylacetessigsäureäthylester (**V**) u. Resorcin (1½ Std.); 57%. — *3-Benzyl-4-methyl-6-chlor-7-hydroxy-*, F. 249°, nach **B** aus **V** u. 4-Chlorresorcin (4 Std.); 17%. — *3-Chlor-4-methyl-7-hydroxy-*, F. 235°, nach **B** aus α-Chloracetessigsäureäthylester (**VI**) u. Resorcin (1 Std.); 90%. — *3-Chlor-4-methyl-5.7-dihydroxy-*, F. 304°, nach **B** aus **VI** u. Phloroglucin (1 Std.); 75%. — *3-Chlor-4.5-dimethyl-7-hydroxy-*, F. 290°, nach **B** aus **VI** u. Orcin (1 Std.); 30%. P. Golinske. 3211□

Reaktion von Diazomethan mit einigen o-Dicarbonsäureanhydriden. Asharam Bhati. (J. org. Chemistry **27.** 1183—86. April 1962. Glasgow, Univ., Inst. of Chem.; engl.) — Rk. von CH_2N_2 mit substituierten Phthalsäureanhydriden gab *γ-Keto-δ-lactone* vom Typ des Lactons der o-Glykoloylbenzoesäure. Der erwartete Diazoketoester entstand dagegen aus Bernsteinsäureanhydrid (**I**) u. CH_2N_2. Vf. nimmt an, daß das intermediär entstehende Carboniumion vom Typ **A** unter Ringschluß intramol. reagiert, das entspechende von **I** abgeleitete Carboniumion infolge der freien Drehbarkeit der $CH_2—CH_2$-Bindung dagegen nicht.

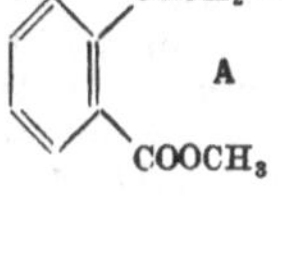

A

Versuche: *8-Methoxyisochromandion-(1.4)*, $C_{10}H_8O_4$, F. 165—167°, a) aus o-Methoxyphthalsäureanhydrid u. CH_2N_2 in Tetrahydrofuran (THF)/Ae. [1 Woche Stehen bei 0—5°; daneben das instabile *2-Carbomethoxy-3-methoxydiazoacetophenon* (II)]; b) durch partielle Verseifung von o-Methoxyphthalsäuredimethylester, Umsetzung der erhaltenen *2-Carbomethoxy-3-methoxybenzoesäure* zum *Säurechlorid* mit Oxalylchlorid in THF bei 0° (dann 40 Std. Stehen bei Raum-Temp.). Überführung desselben in II mit CH_2N_2 in Ae. (Kühlung) u. Schütteln mit 48%ig. HJ bis zum Ende der N_2-Entwicklung. — *8-Nitroisochromandion-(1.4)*, $C_9H_5NO_5$, F. 172—174° (Zers.), aus o-Nitrophthalsäureanhydrid u. CH_2N_2 in THF/Ae. bei 0°; daneben das instabile *2-Carbomethoxy-3-nitrodiazoacetophenon.* — *Isochromandion-(1.4)*, aus Phthalsäureanhydrid analog; nicht rein erhalten. — *Lävulinsäuremethylester*, aus I analog, dann Behandeln mit HJ, *2.4-Dinitrophenylhydrazon*, F. 133°, orangegelbe Platten (A.). Daneben *Bernsteinsäuredimethylester.* J. Rothe. 3211□

Direkte Substitution von Pyridinringsystemen mit basischen Reagentien. T. Vajda und K. Kovács. (Recueil Trav. chim. Pays-Bas **80.** 47—56. Jan. 1961. Budapest, L. Eötvös Univ., Inst. of Organ. Chem.; engl.) — Pyridin reagiert direkt mit Alkylaminen in Toluol in Ggw. von Na oder K unter Bldg. von *2-Alkylaminopyridinen.* In gleicher Weise reagieren auch α-Picolin u. Chinolin. Einige Derivv. dieser heterocycl. Basen werden durch Rk. mit aliphat. Aminen dargestellt. Die Umsetzung mit aromat. oder sek. Aminen war nicht möglich. Der Mechanismus der Rk. wird diskutiert.

Versuche: Pyridine: *2-Butylamino-*, F. 38—40°, $Kp._{0,6}$ 90—100°, a) durch 60std. Kochen von $NaNH_2$ u. n-Butylamin in Toluol, Zugabe von Pyridin u. 20std. Kochen; 18% (Ausbeute), b) analog I nach b) aus Butylamin; 50%. — *2-[β-Dimethylaminoäthylamino]-* (I), *Hydrat*, $C_9H_{15}N_3 \cdot H_2O$, $Kp._{0,4}$ 120—123°, a) durch 20std. Kochen von Pyridin, β-Dimethylaminoäthylamin (II) u. gepulvertes K in Toluol, Dekantieren u. Zugabe von gesätt. K_2CO_3-Lsg.; n_D^{25} 1,5490; gelbes Öl; 20%; b) analog a) mit Na; 63%; c) durch Zugabe von II u. Pyridin in Toluol zu Na in Toluol unter Sieden, 3std. Kochen, Stehen über Nacht, Zugabe von Na u. Pyridin, 3std. Kochen u. Dekantieren; 79%. — *2-Dodecylamino-*, analog I nach b) aus Dodecylamin; 52%. — *2-Cyclohexylamino-*, analog I nach b) aus Cyclohexylamin; 12%. — *2-Benzylamino-*, analog I nach c) aus Benzylamin; 11%. — *Dipyridyl- (4.4')*, $C_{10}H_8N_2$, F. 106—108°, $Kp._{0,3}$ 110—120°, a) analog I nach c) aus Anilin; 6%. *Dipikrat*, $C_{22}H_{14}N_8O_{14}$, F. 253—255° (W.); b) analog a) aus Methylanilin; 10%; c) analog a) aus Phenylacetonitril; 10%; d) analog a) aus Malonsäurediäthylester; 5%. — *6-[β-Dimethylaminoäthylamino]-2-methylpyridin*, aus α-Picolin u. II analog I nach c); 75%. — *2-[β-Dimethylaminoäthylamino]-chinolin*, aus Chinolin u. II analog I nach c); 59%; daneben *Dichinolylcarbonat* (III). — *2-Butylaminochinolin*, aus Butylamin u. Chinolin analog I nach c); 33%; daneben III. — *Dichinolyl-(4.4')*, $C_{18}H_{12}N_2$, F. 171—172° (abs. A.), $Kp._{0,6}$ 190—230°, a) aus Chinolin u. Phenylhydrazin analog I nach c); 8% daneben III; b) analog a) aus Morpholin; 36%; daneben III. W. Hampel. 3231□

Reaktion von Grignardverbindungen mit heterocyclischen Verbindungen. A. B. Lal. (J. Indian chem. Soc. **38.** 257. April 1961. Patna, Sci. Coll., Dep. of Chem.; engl.) — Die Rk. von Phenyl-MgBr mit Pyridin, 2-, 3- u. 4-Picolin u. Chinaldin wird untersucht, wobei Ndd. erhalten werden, die aber noch nicht identifiziert werden konnten. Lediglich wenig *Biphenyl* konnte nachgewiesen werden.

W. Hampel. 3231□

Die Chinolin-Reihe. 1. Mitt. **Additionsreaktionen von Chinaldin und Lepidin.** S. Skidmore und E. Tidd. (J. chem. Soc. [London] **1959.** 1641—45. Mai. Salford, Royal Techn. Coll.; engl.) — Chinaldin (I), Lepidin (II) u. 2-Styrylchinolin (III) werden an olefin. Syst. in Ggw. von Benzoesäure (IV), konz. H_2SO_4 oder wasserfreiem $ZnCl_2$ als Katalysatoren angelagert. In guten Ausbeuten entstehen *trisubstituierte Propanderivv.*; der Grad der Addition hängt vom Katalysator u. von der Temp. ab. Unterhalb 100° findet keine Rk. statt. I u. Zimtsäureäthylester (V) ergeben nach Hydrolyse *β-Phenyl-γ-[chinolyl-(2)]-buttersäure.* Das *Addukt* von I an 4-Styrylchinolin (VI) ist ident. mit dem aus II u. III erhaltenen, während die Rk. von II mit VI das unscharf schm. *2-Phenyl-1.3-bis-[chinolyl-(4)]-propan* ergibt.

Versuche: *1-Phenyl-2-[chinolyl-(2)]-äthanol*, F. 127°, durch mehrwöchiges Stehen von I u. Benzaldehyd (VII) in Ggw. von IV bei Zimmer-Temp.; Nadeln aus A.; 34% (Ausbeute). — *2-Styrylchinolin* (III), F. 100°, a) aus vorst. Verb. durch Dehydratisieren mit Acetanhydrid (AA); 98,5%; b) aus I u. VII in 2 Std. bei 125°; 68%; cremefarbene Nadeln. — Nitrostyrylchinoline aus I u. m- bzw. p-Nitrobenzaldehyd u. AA durch 1std. Erhitzen im Rohr auf 125° u. Wasserdampf-Dest.: *2-[3-Nitrostyryl]-*, F. 149—151°, hellgelbe Nadeln aus A.; 89%. — *2-[4-Nitrostyryl]-*, F. 169°, Nadeln aus A.; 91%. —

Analog: *2-[4-Methylstyryl]-chinolin*, $C_{18}H_{15}N$, F. 140°, aus **I**, p-Tolualdehyd u. **AA**; hellgelbe Nadeln aus A.; 22%. — *4-Styrylchinolin*, F. 88°, aus **II** u. **VII** in Ggw. von $ZnCl_2$ in 3 Std. bei 170°, Behandeln mit NaOH u. Umfällen; cremefarbene Kristalle aus PAe.; 70%. Daneben 2,5 g vermutlich *Benzylidendilepidin*, F. 106—110°, aus der Mutterlauge nach Alkalisieren als grünes Öl; aus PAe. Nadeln. — 1.3-Bis-[chinolin-(2)]-propane (UV-Spektren angegeben): *2-Phenyl-*, $C_{27}H_{22}N_2$, F. 90—92°, aus **I**, **III** u. $ZnCl_2$ bzw. **IV** oder H_2SO_4 durch 5std. Erhitzen im Rohr, Lösen in 1 n HCl, Alkalisieren, Extrahieren mit Bzl., Ausschütteln mit 2 n HCl, Alkalisieren der sauren Extrakte u. Reinigung durch wiederholtes Umfällen; aus PAe. Rosetten; 63%. *Dimethojodid*, $C_{29}H_{28}J_2N_2$, F. 179°, aus A.–Ae. hellgelbe Nadeln. — Analog: *2-m-Nitrophenyl-*, $C_{27}H_{21}N_3O_2$, F. 154°, aus **I**, 2-[3-Nitrostyryl]-chinolin u. H_2SO_4; aus PAe. Rosetten; 86,6%. *Dimethojodid*, $C_{29}H_{27}J_2N_3O_2$, F. 202—204° (A.–Ae.). — *2-p-Nitrophenyl-*, F. 165°, aus 2-[4-Nitrostyryl]-chinolin; 69,3%. *Dimethojodid*, F. 201—203° (A.). — *2-p-Tolyl-*, $C_{28}H_{24}N_2$, F. 121°, aus 2-[4-Methylstyryl]-chinolin, aus Bzl., PAe. oder A. Nadeln; 66,2%. *Dimethojodid*, $C_{30}H_{30}$·J_2N_2, F. 201—203° (A.). — *2-Phenyl-1-[chinolyl-(2)]-3-[chinolyl-(4)]-propan*, $C_{27}H_{22}N_2$, F. 107—108°, a) aus **II**- u. **III**-Hydrochlorid; 58,4%; b) aus **I**, **VI** u. H_2SO_4; 65%; aus PAe. Nadeln. *Dimethojodid*, $C_{29}H_{28}J_2N_2$, F. 175—176° (A.). — *2-Phenyl-1.3-bis-[chinolyl-(4)]-propan, Hydrat*, $C_{27}H_{22}N_2 \cdot H_2O$, F. 109—124°, aus 1,86 g **II** u. 1 g **VI** in Ggw. von H_2SO_4; aus PAe. Nadeln; 0,5 g. *Dimethojodid*, $C_{29}H_{28}J_2N_2$, F. 234—235° (Methanol). — *β-Phenyl-γ-[chinolyl-(2)]-buttersäure*, F. 193°, aus 14,3 g **I**, 2 g **I**-Hydrochlorid u. **V** in 5 Std. bei 250°, Aufarbeiten, Dest. bei Kp.$_2$ 190—205° u. alkal. Hydrolyse der 2,82 g viscosen Öls; aus A. Blättchen. V. TESAR. 3231□

Die Chinolin-Reihe. 2. Mitt. **Die Reaktion von Chinaldin mit Schwefelsäure.** S. Skidmore und E. Tidd. (J. chem. Soc. [London] **1961**. 1098—1102. März. Salford, Royal Techn. Coll.; Preston, Harris Coll.; engl.) — 1. vgl. vorst. Referat. — Bei der Rk. von Chinaldin (**I**) mit Zimtsäureäthylester in Ggw. von konz. H_2SO_4 als Katalysator finden sowohl eine Addition als auch andere Rkk. statt (vgl. l. c.). Wie jetzt gezeigt wird, sind an letzteren nur **I** u. H_2SO_4 beteiligt, wobei sich H_2SO_4 durch S ersetzen läßt. Neben *1.2-Bis-[chinolyl-(2)]-äthan* (**III**) u. *1.2-Bis-[chinolyl-(2)]-pyrrolo-[1.2.a]-chinolin* (**IV**) entsteht eine dritte, noch nicht aufgeklärte Verbindung. **IV** liefert Monosalze, gibt bei der Oxydation mit $KMnO_4$ 2 Mol *Chinaldinsäure* u. geht durch Hydrierung an RANEY-Ni in A. in die *1.2.3.3a.4.5-Hexahydroverb.* über; daraus wird auf die Struktur von **IV** geschlossen. **III** wird aus ω-Bromchinaldin u. Na in Xylol synthetisiert. Es geht durch Dehydrierung mit SeO_2 in das entsprechende *Olefin* über, das **I** in Ggw. von **I**-Hydrochlorid zu *1.2.3-Tris-[chinolyl-(2)]-propan* anlagert. Durch S wird letzteres in **IV** umgewandelt. Analog führt S 2-Phenyl-1.3-bis-[chinolyl-(2)]-propan (**V**) in *2-Phenyl-1-[chinolyl-(2)]-pyrrolo-[1.2:a]-chinolin* (**VI**) über. Beide Pyrrolochinoline geben rote quatern. Salze u. besitzen ähnliche UV-Spektren. Oxydation von **V** mit Hg-Acetat führt in schlechter Ausbeute zu **VI**. Die Synth. u. Rkk. von *1.2-Bis-[chinolyl-(2)]-äthanol* (**VII**), *-äthandiol* (**VIII**) u. *-äthylen* werden überprüft.

Versuche: *1.2-Bis-[chinolyl-(2)]-äthan* (**III**), $C_{20}H_{16}N_2$, F. 164°, a) durch 5std. Kochen von 28 g **I** mit 6,6 g H_2SO_4, Zusatz von überschüssiger NaOH, Wasserdampf-Dest., Lösen des Rückstandes in Bzl., Ausziehen mit 0,1 n HCl u. Alkalisieren; 1,3 g; b) durch 4std. Kochen von 29 g **I** mit 3,2 g S u. Aufarbeitung; 3,1 g; aus wss. A. Nadeln. *Pikrat*, F. 267° (Zers.), aus A. orangefarbene Nadeln. — *1.2-Bis-[chinolyl-(2)]-pyrrolo-[1.2:a]-chinolin* (**IV**), $C_{30}H_{19}N_3$, F. 197°, neben **III** aus der Bzl.-Lsg.; aus Äthylacetat-PAe. gelbliche Nadeln; 0,5 bzw. 1,86 g. *Pikrat*, $C_{36}H_{22}N_6O_7$, F. 265° (A.). *Methojodid*, $C_{31}H_{22}JN_3$, F. 219°, aus A. rote Nadeln. 2std. Kochen von **IV** mit $KMnO_4$ in Pyridin–W. u. Isolierung über das Cu-Salz → *Chinaldinsäure*, F. 153° (PAe.). — *1.2.3.3a.4.5-Hexahydro-1.2-bis-[chinolyl-(2)]-pyrrolo-[1.2:a]-chinolin*, $C_{30}H_{25}N_3$, F. 187°, durch 2std. Hydrieren von 0,078 g **IV** in A. an RANEY-Ni; aus wss. A. cremefarbene Kristalle; 0,069 g. *Hydrochlorid*, hellgelb. — *1.2-Bis-[chinolyl-(2)]-äthylen*, $C_{20}H_{14}N_2$, F. 189°, aus 0,57 g **III** durch 2std. Kochen mit SeO_2 in Dioxan aus Methanol hellgelbe Nadeln; 0,36 g. *Methojodid*, $C_{21}H_{17}JN_2$, F. 212—213°, orange. — *1.2.3-Tris-[chinolyl-(2)]-propan*, $C_{30}H_{23}N_3$, F. 136°, a) durch 3std. Erhitzen von 0,2 g vorst. Verb. mit 0,3 g **I** u. 0,13 g **I**-HCl im Rohr auf 100°, Extraktion mit Bzl., Waschen, Einengen, Extrahieren mit PAe. u. Einengen; 0,11 g; b) analog a) in Ggw. von Benzoesäure (**IX**); aus PAe. Nadeln. 1st. Erhitzen mit S auf 210° → **IV**. — *2-Phenyl-1-[chinolyl-(2)]-pyrrolo-[1.2:a]-chinolin* (**VI**), $C_{27}H_{18}N_2$, F. 154—155°, a) aus 1,87 g **V** u. S durch 1std. Erhitzen auf 210° u. Chromatographie an Al_2O_3; 1,72 g; b) durch 3std. Kochen von 1,37 g **V** mit Hg(II)-Acetat in Essigsäure, Filtrieren, Einengen des Filtrats, 1std. Erhitzen mit Hg(II)-Acetat u. Aufarbeiten; 0,46 g; aus wss. Aceton hellgelbe Kristalle. *Methojodid*, $C_{28}H_{21}JN_2$, F. 228—229°, aus A.–Ae. rote Kristalle. — *1.2-Bis-[chinolyl-(2)] äthanol* (**VII**), F. 165°, durch 30std.

Kochen von 5 g **I** u. 5 g Chinolin-2-aldehyd (**II**) in wss. A.; aus A. Blättchen; 4,1 g. — *1.2-Bis-[chinolyl-(2)]-äthandiol* (**VIII**), F. 210° (Zers.), neben vorst. Verb.; aus Dimethylformamid Blättchen; 1 g. ½std. Erwärmen von **VIII** mit wss. HJO_4, Aufarbeiten u. Rk. mit 2.4-Dinitrophenylhydrazin → **II** als *2.4-Dinitrophenylhydrazon*, F. 247—248°. — *1.2-Bis-[chinolyl-(2)]-acetylen*, F. 182° (Dioxan), aus 1.2-Dibrom-1.2-bis-[chinolyl-(2)]-äthan durch 5std. Kochen mit wss. KOH. — *1.2-Bis-[chinolyl-(2)]-äthanon*, $C_{20}H_{14}N_2O$, F. 212°, a) durch 3std. Einw. von **IX** auf 0,31 g **VII** bei 100°; 0,14 g; b) durch ¼std. Kochen von 0,54 g **VIII** in Eisessig, Eingießen in wss. NaOH u. Aufarbeiten; 0,27 g; aus PAe. orangefarbene Nadeln. Daneben 0,13 bzw. 0,07 g **III**. V. TESAR. 3231□

Kondensation von Dialdehyden mit Reissert-Verbindungen. Synthese einer Verbindung mit curariformer Wirksamkeit. Eugene G. Podrebarac und William E. McEwen. (J. org. Chemistry **26.** 1165—67. April 1961. Lawrence, Kan., Univ., Chem. Dep.; engl.) — Die Kondens. von 1-Benzoyl-2-cyan-1.2-dihydrochinolin (**I**) mit Terephthalaldehyd (**II**) führt zu zwei Formen (**IIIa, b**) von *α.α'-Dibenzoyloxy-α.α'-bis-[chinolyl-(2)]-p-xylol* (**III**), die sich zu den entsprechenden *α.α'-Diolen* (**IVa, b**) verseifen lassen; vermutlich liegen jeweils die *rac.* u. *ms-Form* vor, doch wurde nicht versucht, die Strukturzugehörigkeit zu klären. **IVa** u. **IVb** werden zum gleichen *p-Dichinaldinoylbenzol* oxydiert, dessen Red. nach HUANG-MINLON *α.α'-Bis-[chinolyl-(2)]-p-xylol* (**V**) liefert. 2-Benzoyl-1-cyan-1.2-dihydroisochinolin (**VI**) geht mit **II** eine analoge Rk. ein. **V**-*Bisodmethylat* besitzt eine mäßige curarisierende u. ganglienblockierende Wirksamkeit.

Versuche: *α.α'-Dibenzoyloxy-α.α'-bis-[chinolyl-(2)]-p-xylol* (**III**), *Form* **IIIa**, $C_{40}H_{28}\cdot N_2O_4$, F. 258,5—259,5° (Bzl.-PAe.), durch Zugeben von C_6H_5Li zu **I** in abs. Ae.-Dioxan bei —10° unter N_2, Zutropfen von **II** in Dioxan, 2std. Rühren bei —10° u. 4std. Rühren bei Raum-Temp.; 80% (Ausbeute); daneben *Form* **IIIb**, $C_{40}H_{28}N_2O_4$, F. 209—210° (Aceton); 8%. — *α.α'-Dihydroxy-α.α'-bis-[chinolyl-(2)]-p-xylol* (**IV**), *Form* **IVa**, $C_{26}H_{20}\cdot N_2O_2$, F. 193—196° (Aceton), durch 9std. Kochen von **IIIa** in wss.-alkohol. KOH; 98%. *Form* **IVb**, $C_{26}H_{20}N_2O_2$, F. 179—184° (wss. A.), analog aus **IIIb**. — *p-Dichinaldinoylbenzol*, $C_{26}H_{16}N_2O_2$, F. 283,5—284,5° (Aceton), durch Zugeben von $Na_2Cr_2O_7$ zu **IIIa** oder **IIIb** in Eisessig bei 16°, langsames Erwärmen auf 60° u. Abkühlen; 93%. — *α.α'-Bis-[chinolyl-(2)]-p-xylol* (**V**), $C_{26}H_{20}N_2$, F. 135—136°, durch 2std. Kochen vorst. Verb. mit 85%ig. Hydrazin in Triäthylenglykol, Einengen unter Erhitzen auf 220°, Zugeben von KOH, 1std. Erhitzen auf 220° u. Zusetzen von W.; aus wss. A. Nadeln; 100%. *Bisjodmethylat*, $C_{28}H_{26}J_2N_2$, F. 289—292° (Zers.; W.), durch 9std. Erwärmen von **V** mit CH_3J auf 75°; 98%. — *α.α'-Dibenzoyloxy-α.α'-bis-[isochinolyl-(1)]-p-xylol*, $C_{40}H_{28}N_2O_4$, *Form vom F. 208—209°* (Aceton), analog **III** aus **VI** u. **II**; 83%; daneben *Form vom F. 228—230°* (wss. A.); 8%. — *α.α'-Dibenzoyloxy-α.α'-bis-[chinolyl-(2)]-o-xylol*, $C_{40}H_{28}\cdot N_2O_4$, F. 226,5—227,5° (Bzl.-PAe.), analog **III** aus **I** u. Phthalaldehyd.

H.-E. TOUSSAINT. 3231□

Kondensation von Isocyanaten mit Reissert-Verbindungen; Synthese eines Lidocain-Analogen. Lee R. Walters, Eugene G. Podrebarac und William E. McEwen. (J. org. Chemistry **26.** 1161—64. April 1961. Lawrence, Kan., Univ., Chem. Dep.; engl.) — Das Li-Salz des 2-Benzoyl-1-cyan-1.2-dihydroisochinolins (**I**) reagiert mit Phenylisocyanant (**II**) unter Bldg. von LiCN u. *ω-Benzoyloxy-ω-phenyliminoisochinaldin* (**III**); dessen Struktur geht eindeutig aus spektroskop. Messungen hervor. Die Rk. verläuft vermutlich über nucleophile Addition des Anions der REISSERT-Verb. **I** an die CO-Gruppe von **II**. Mit α-Naphthylisocyanat (**IV**) setzt sich **I** analog um; mit p-Tolylisocyanat tritt dagegen keine Rk. ein. Aus dem Li-Salz von 1-Benzoyl-2-cyan-1.2-dihydrochinolin konnte weder mit **II** noch mit **IV** ein Kondens.-Prod. erhalten werden. **III** wird zu *Isochinolin-1-carbonsäureanilid* (**V**) verseift, das man zur *Tetrahydro-Verb.* hydriert. Erhitzen mit C_2H_5J unter drast. Bedingungen führt diese bei alkal. Aufarbeiten in *2-Äthyl-1.2.3.4-tetrahydroisochinolin-1-carbonsäureanilid* über, das als Strukturanaloges des Lidocains von pharmakolog. Interesse schien. Erste Verss. sprechen für eine schwache Depressans-Wrkg. bei bemerkenswert geringer Toxizität.

Versuche: *2-Benzoyl-1-cyan-1.2-dihydroisochinolin* (**I**), F. 124—127° (A.), nach PADBURG u. LINDWALL (J. Amer. chem. Soc. **67.** [1945.] 1268). — *1-Benzoyl-2-cyan-1.2-dihydrochinolin*, F. 151—153° (A.), nach RUPE u. Mitarbeitern [1937]. — *ω-Benzoyloxy-ω-phenyliminoisochinaldin* (**III**), $C_{23}H_{16}N_2O_2$, F. 203,2—205,5° (wss. Aceton), durch Zugeben von C_6H_5Li zu **I** in Ae.-Aceton bei —10° unter N_2, Zutropfen von äther. **II**, 1std. Rühren, bei —10°, 8 Std. bei Raum-Temp. u. Zugeben von W.; 63,4% (Ausbeute). — *ω-Benzoyloxy-ω-[α-naphthylimino]-isochinaldin* (**VI**), $C_{27}H_{18}N_2O_2$, F. 214,5 bis 216,5° (Zers.; wss. Aceton), analog **III** aus **I** u. **IV**; 90%. — *Isochinolin-1-carbonsäure, Anilid* (**V**), $C_{16}H_{12}N_2O$, F. 119—121° (A.), a) durch 7std. Kochen von **III** in wss.-alkohol. KOH u. Einengen; 77%; b) aus der Säure über das Säurechlorid. *α-Naphthylamid*, $C_{20}H_{14}N_2O$, F. 168—170°, analog **V** aus **VI**; 49%. — *1.2.3.4-Tetrahydroisochinolin-*

1-carbonsäureanilid, $C_{16}H_{16}N_2O$, F. 138,5—139,4° (wss. A.), durch Hydrieren von **V** in wss. A. in Ggw. von HCl über PtO_2 bei 3 at, Eindampfen, Suspendieren in wss. $NaHCO_3$-Lsg. u. Ausäthern; 84%. — *2-Äthyl-1.2.3.4-tetrahydroisochinolin-1-carbonsäureanilid*, $C_{18}H_{20}N_2O$, F. 101—102° (wss. A.), durch 5std. Erhitzen vorst. Anilids mit C_2H_5J in abs. A. im Autoklaven auf 135°, Einengen, Behandeln mit Soda-Lsg. u. Ausäthern; 88%. *Hydrochlorid*, $C_{18}H_{21}ClN_2O$, F. 244—246° (Zers.; absol. A.-Aceton).

H.-E. TOUSSAINT. 3231□

Über Heterocyclen. 4. Mitt. **Über β-Ureidoaldehydacetale.** G. Zigeuner und M. zur Hausen. (Mh. Chem. **92.** 278—91. 10/5. 1961. Graz, Univ., Inst. für Organ. u. Pharmaz. Chem.; dt.) — 3. vgl. Mh. Chem. **92.** [1961.] 79. — *2-Oxo-6-ureidohexahydropyrimidine* u. *2-Oxo-6-[hydroxyphenyl]-hexahydropyrimidine* können durch Einw. von Harnstoffen bzw. Phenolen auf β-Ureidoaldehyde oder β-Ureidoaldehydacetale gewonnen werden. Aus β-[*1*-Methylureido]-butyraldehyddiäthylacetal bildet sich im sauren Medium ein *Hexahydropyrimidyltetrahydropyrimidin* (**VII**), dessen Struktur aufgeklärt wird.

Versuche: *β-Ureidopropionaldehyddiäthylacetal* (**I**), $C_8H_{18}N_2O_3$, F. 77° (Bzl./Cyclohexan), durch Lösen von 10 g β-Aminopropionaldehyddiäthylacetal in W., Einstellen auf pH 7 mit verd. HCl, Zugabe von KOCN in W., Eindampfen u. Auskochen mit abs. Methanol; 13 g (Ausbeute). — *2-Oxo-4-ureidohexahydropyrimidin* (**II**), $C_5H_{10}\cdot N_4O_2$, F. 209°, a) durch 3std. Erhitzen von 4 g **I** mit Harnstoff auf 130°, Kühlen u. 3std. Stehen in A.; aus A. Stäbchen; 3 g; b) durch 2std. Stehen von Harnstoff in A./W./konz. HCl (8:1:1) mit 4 g **I** bei 50°; 4 g. — *2-Oxo-4-[2-hydroxy-3.5-dimethylphenyl]-hexahydropyrimidin*, $C_{12}H_{16}N_2O_2$, F. 267°, a) durch 3—4std. Erwärmen von 1 g **I** mit 2.4-Xylenol, konz. HCl u. gesätt. alkohol. HCl auf 50°, Dampf-Dest. u. Neutralisieren des Rückstandes mit $NaHCO_3$; aus A./Butanol (1:1) Plättchen; 1 g; b) analog a) aus 1 g **II** u. 2.4-Xylenol; 0,75 g. — *1-Acetyl-2-oxo-4-[2-acetoxy-3.5-dimethylphenyl]-hexahydropyrimidin*, $C_{16}H_{20}N_2O_4$, F. 142°, aus 1 g vorst. Verb. mit Acetanhydrid u. Na-Acetat; aus PAe. Spieße; 1 g. — *1-Oxo-6.8.10-trimethyl-9-oxa-2.10a-diaza-10H-1.2.3.4.-4a.10a-hexahydrophenanthren*, $C_{14}H_{18}N_2O_2$, F. 194°, durch 1std. Stehen von vorvorst. Verb. mit Acetaldehyd u. etwas HCl (1:1) bei Raum-Temp., Gießen in W., Neutralisieren mit $NaHCO_3$ u. Durchblasen von Luft bei 40—50°; aus Cyclohexan Sternchen; gibt beim Erhitzen mit A. u. etwas HCl das Ausgangsmaterial. — *2-Oxo-4-[4-hydroxy-3.5-dimethylphenyl]-hexahydropyrimidin*, $C_{12}H_{16}N_2O_2$, F. 230°, a) durch 5std. Erwärmen von 2 g **I** mit 2.6-Xylenol. u. alkohol HCl auf 50°; aus A. Stäbchen; 2,7 g; b) analog a) aus 1 g **II** u. 2.6-Xylenol; 1,2 g. — *1-Acetyl-2-oxo-4-[3.5-dimethyl-4-acetoxyphenyl]-hexahydropyrimidin*, $C_{16}H_{20}N_2O_4$, F. 187°, aus Bzl./Cyclohexan Nadeln. — *β-[1-Methylureido]-propionaldehyd, Diäthylacetal* (**III**), durch Rk. von KOCN mit β-Methylaminopropionaldehyddiäthylacetal analog **I**. *2.4-Dinitrophenylhydrazon*, $C_{11}H_{14}N_6O_5$, F. 159°, aus Methanol orangefarbene Platten. — *2-Oxo-1-methyl-4-ureidohexahydropyrimidin*, $C_6H_{12}N_4O_2$, F. 179°, a) durch 3std. Erhitzen von **III** mit Harnstoff auf 130° u. Auskochen der Schmelze mit Aceton; aus A./Aceton (7:3) Stäbchen; b) analog **II** nach b) aus 4 g **III** u. Harnstoff; 5 g. — *2-Oxo-1-methyl-4-[3-methylureido]-hexahydropyrimidin*, $C_7H_{14}N_4O_2$, F. 177° (A.), durch Lösen von 6 g Methylharnstoff in konz. HCl/W./A. (1:1:8), Zugabe von 8 g **III** u. 8std. Stehen bei 50°; 4,5 g. — *2-Oxo-1-methyl-4-[2-hydroxy-3.5-dimethylphenyl]-hexahydropyrimidin*, $C_{13}H_{18}N_2O_2$, F. 229° (A. oder Butanol), a) aus **III** u. 2.4-Xylenol; b) aus vorvorst. Verb. u. 2.4-Xylenol; c) aus vorst. Verb. u. 2.4-Xylenol. — *1-Methyl-2-oxo-3-acetyl-4-[2-acetoxy-3.5-dimethylphenyl]-hexahydropyrimidin*, $C_{17}H_{22}N_2O_4$, F. 138°, aus vorst. Verb.; aus Cyclohexan Plättchen. — *β-[1-Methylureido]-propionaldehyd*, $C_5H_{10}N_2O_2$, F. 118°, durch 2tägiges Stehen von **III** in wss. Oxalsäure bei Raum-Temp., Neutralisieren mit $NaHCO_3$, Eindampfen im Vakuum bei 30—40° u. Extrahieren mit abs. Methanol; aus Aceton Stäbe. — *β-Ureidobutyraldehyd*, (**V**), $C_5H_{10}\cdot N_2O_2$, F. 145°, durch 3tägiges Stehen von **IV** mit wss. Oxalsäure; aus Dioxan Nadeln. *Diäthylacetal* (**IV**), analog **I** aus β-Aminobutyraldehyddiäthylacetal. *2.4-Dinitrophenylhydrazon*, $C_{11}H_{14}N_6O_5$, F. 166°, aus Butanol gefiederte Plättchen. — *2-Oxo-4-methyl-6-ureidohexahydropyrimidin*, $C_6H_{12}N_4O_2$, F. 245°, aus **V** oder aus **IV** mit Harnstoff. — *2-Oxo-4-methyl-6-[2-hydroxy-3.5-dimethylphenyl]-hexahydropyrimidin*, $C_{13}H_{18}N_2O_2$, F. 256°, aus **V** oder **IV** mit 2.4-Xylenol. — *2-Oxo-4-methyl-6-[4-hydroxy-3.5-dimethylphenyl]-hexahydropyrimidin*, $C_{13}H_{18}N_2O_2$, F. 233°, aus **IV** oder **V** u. 2.6-Xylenol. — *β-[1-Methylureido]-butyraldehyd, Diäthylacetal* (**VI**) durch Einstellen von β-Methylaminobutyraldehyddiäthylacetal in W. auf pH 8 mit verd. HCl u. Eindampfen mit KOCN. *2.4-Dinitrophenylhydrazon*, $C_{12}H_{16}N_6O_5$, F. 166°, aus Butanol Balken. — *1.6-Dimethyl-2-oxo-4-ureidohexahydropyrimidin*, $C_7H_{14}N_4O_2$, F. 178°, a) durch 3std. Erhitzen von 1 g **VI** mit Harnstoff auf 130° u. Auskochen mit Aceton; aus Methanol/Aceton (1:3) Platten;

0,4 g; b) analog **II** nach b) aus Harnstoff u. 4 g **VI**; 3,3 g. — *1.6-Dimethyl-2-oxo-4-[2-hydroxy-3.5-dimethylphenyl]-hexahydropyrimidin*, $C_{14}H_{20}N_2O_2$, F. 197°, a) aus 1 g **VI** u. 2.4-Xylenol; aus 50%ig. wss. A. Stäbchen; 0,8 g; b) aus 1 g vorst. Verb. u. 2.4-Xylenol; 1 g; c) aus 1.6-Dimethyl-2-oxo-4-[3-methylureido]-hexahydropyrimidin u. 2.4-Xylenol; d) aus 1.1-Bis-[3-methylureido]-3-[1-methylureido]-butan u. 2.4-Xylenol; e) aus 1.1-Bis-[3-(β.β.β-trichlor-α-hydroxyäthyl)-ureido]-3-[1-methylureido]-butan u. 2.4-Xylenol. — *1.6-Dimethyl-2-oxo-3-acetyl-4-[2-acetoxy-3.5-dimethylphenyl]-hexahydropyrimidin*, $C_{18}H_{24}N_2O_4$, F. 111° (PAe.), aus vorst. Verb. mit Acetanhydrid u. Na-Acetat. — *1-Oxo-2.3.6.8.10-pentamethyl-9-oxa-2.10a-diaza-10 H-1.2.3.4.4a.10a-hexahydrophenanthren*, $C_{16}H_{22}N_2O_2$, F. 148,5°, aus 0,5 g vorvorst. Verb. mit Acetaldehyd; aus PAe. Nadeln; 0,5 g; gibt durch 40 Min. langes Kochen mit A. u. HCl (1:1) wieder vorvorst. Verbindung. — *1.6-Dimethyl-2-oxo-4-[4-hydroxy-3.5-dimethylphenyl]-hexahydropyrimidin*, $C_{14}H_{20}N_2O_2$; F. 176—177°, durch 6std. Stehen von 2 g **VI** u. 4 g 2.6-Xylenol in alkohol. HCl bei 50°; aus 40%ig. wss. A. Plättchen des *Hydrats* (F. 161°); 3,7 g. — *1.1-Bis-[3-methylureido]-3-[1-methylureido]-butan*, $C_{10}H_{22}N_6O_3$, F. 117°, durch 14std. Stehen von 4 g **VI** mit 3 g Methylharnstoff in konz. HCl/W./A. (1:1:8) bei 50°, Neutralisieren mit $NaHCO_3$ u. Eindampfen im Vakuum; aus Aceton Platten; 4 g. — *1.6-Dimethyl-2-oxo-4-[3-methylureido]-hexahydropyrimidin*, $C_8H_{16}N_4O_2$, F. 158°, neben vorst. Verb. aus einem Ansatz mit 26 g **VI** als in Aceton unlösl. Substanz; aus Methanol/Aceton (1:4) Stäbchen; 1,8 g. — *1.1-Bis-[3-(β.β.β-trichlor-α-hydroxyäthyl)-ureido]-3-[1-methylureido]-butan*, $C_{12}H_{20}Cl_6N_6O_5$, F. 163° (Methanol), durch 12std. Rk. von 4 g **VI** u. 6 g Chloralharnstoff analog vorvorst. Verb., Digerieren mit Aceton/Methanol (8:2) u. Neutralisieren mit Pyridin; 5,7 g. — *1.6-Dimethyl-2-oxo-5-[2-oxo-1.6-dimethylhexahydropyrimidyl-(4)]-1.2.5.6-tetrahydropyrimidin* (**VII**), $C_{12}H_{20}N_4O_2$, F. 235° (Methanol/Aceton, 3:7), a) durch 48std. Stehen von 4 g **VI** mit wss. Oxalsäure bei Raum-Temp., Neutralisieren mit $NaHCO_3$, Eindampfen im Vakuum bei 50° u. Extrahieren mit abs. Methanol; 1,8—2,5 g; b) durch 4std. Kochen von 3,9 g **VI** u. 1,5 g Methylharnstoff in konz. HCl/W./A. (1:1:8); 0,2 g; c) durch 48std. Stehen von 1 g 1.1-Bis-[3-methylureido]-3-[1-methylureido]-butan mit wss. Oxalsäure bei Raum-Temp.; 0,2 g. — *1.6-Dimethyl-2-oxo-5-[2-oxo-3-acetyl-1.6-dimethylhexahydropyrimidyl-(4)]-1.2.5.6-tetrahydropyrimidin*, $C_{14}H_{22}N_4O_3$, F. 197°, durch 1std. Erhitzen von 0,5 g **VII** mit Acetanhydrid/Pyridin (1:3) u. Eindampfen im Vakuum; aus Toluol Balken; 0,4 g; läßt sich zu **VII** verseifen. — *3-Oxo-1.2.6.8-tetramethyl-10-[2-(2-hydroxy-3.5-dimethylphenyl)-n-propyl]-2.4-diaza-9-oxa-10 H-1.2.3.4.4a.-10a-hexahydrophenanthren*, $C_{26}H_{34}N_2O_3$, F. 260°, durch 4std. Erhitzen von **VII** mit 2.4-Xylenol u. gesätt. butanol. HCl auf 130°; aus 70%ig. A. Nadeln. — *1.6-Dimethyl-2-oxo-5-[2-oxo-1.6-dimethylhexahydropyrimidyl-(4)]-hexahydropyrimidin*, $C_{12}H_{22}N_4O_2$, F. 244°, durch Hydrieren von 0,7 g **VII** in 90%ig. Methanol an PdO bei Raum-Temp.; aus Dioxan Balken; 0,6 g. — *1.6-Dimethyl-2-oxo-3-acetyl-5-[1.6-dimethyl-2-oxo-3-acetylhexahydropyrimidyl-(4)]-hexahydropyrimidin*, $C_{16}H_{26}N_4O_4$, F. 172°, aus vorst. Verb.; aus Toluol/Cyclohexan (1:1) Platten. — *2-Oxo-4.4.6-trimethylhexahydropyrimidin*, $C_7H_{14}N_2O$, F. 202°, durch Hydrieren von Anhydrodiacetonharnstoff an Pd in 90%ig. Methanol; aus Bzl. Plättchen. — *2-Oxo-4-benzyl-5-phenylhexahydropyrimidin*, $C_{17}H_{18}N_2O$, F. 181°, durch Hydrieren von 2-Oxo-4-benzyl-5-phenyl-2.3.4.5-tetrahydropyrimidin analog vorst. Verb.; aus 50%ig. wss. A. Platten. P. GOLINSKE. 3272□

2-Mercapto-3-substituierte-phenylchinazolone-(4). G. R. Dave, G. S. Mewada und G. C. Amin. (J. Indian chem. Soc. **37.** 595—96. Sept. 1960. Visnagar, North Gujarat, M. N. Coll., Chem. Dep.; Ahmedabat, Gujarat Coll., M. R. Sci. Inst., Chem. Dep.; engl.) — Eine Reihe von *2-Mercapto-3-arylchinazolonen-(4)* wird synthetisiert.

Versuche: 3-Aryl-2-mercaptochinazolone-(4), a) durch 2std. Erhitzen von 2-Aminobenzoesäure mit einem substituierten Thioharnstoff auf 180—190°, Kühlen, Versetzen mit W. u. 10%ig. NaOH, Filtrieren u. Ansäuern mit HCl; b) durch 1½std. Kochen von 2-Aminobenzoesäure mit einem Arylisothiocyanat in möglichst wenig A., Kühlen, Verdünnen u. Extrahieren mit Alkali; aus Aceton Platten: *3-[2-Methoxyphenyl]-*, $C_{15}H_{12}N_2O_2S$, F. 253°. — *3-[4-Methoxyphenyl]-*, $C_{15}H_{12}N_2O_2S$, F. 284°. — *3-[2-Chlorphenyl]-*, $C_{14}H_9ClN_2OS$, F. 268°. — *3-[3-Chlorphenyl]-*, $C_{14}H_9ClN_2OS$, F. 291°. — *3-[4-Chlorphenyl]-*, $C_{14}H_9ClN_2OS$; F. 253°. — *3-[2-Nitrophenyl]-*, $C_{14}H_9N_3O_3S$, F. 234°. — *3-[3-Nitrophenyl]-*, $C_{14}H_9N_3O_3S$, F. 262°. — *3-[4-Nitrophenyl]-*, $C_{14}H_9N_3O_3S$, F. 287°. — *3-[2-Carboxyphenyl]-*, $C_{15}H_{10}N_2O_3S$, F. 288°. — *3-[4-Sulfophenyl]-*, $C_{14}H_{10}N_2O_4S_2$, F. 291°. P. GOLINSKE. 3272□

Synthese von Morpholonen-(2), den entsprechenden Hydroxyaminosäuren und ihren Kupferchelaten aus 1.2-Epoxiden und den Natriumsalzen von α-Aminosäuren. Maurice L. Pascal. (Bull. Soc. chim. France **1960.** 435—42. März. Montpellier, C.N.R.S., Fac. des Sci.; franz.) — Vgl. C. **1962.** 12627. — Durch Umsetzung der Na-Salze von α-Aminosäuren mit 1.2-Epoxiden im Mol-Verhältnis 1:2 wurden die Na-Salze von *N.N-Bis-[2-hydroxyalkyl]-α-aminosäuren* (**A**) hergestellt, die mit konz. HCl in die freien Säuren u. daraus durch Dest. in die entsprechenden *Morpholone-(2)* übergeführt werden können. Die Rk. verläuft in der Kälte mit sehr guten Ausbeuten. Freie Aminosäuren reagieren dagegen sehr viel schwerer. Aus den Na-Salzen der N-Alkyl-α-aminosäuren entstehen die entsprechenden N-Alkyl-Verbb.; wie allg. in bas. Medium erfolgt die Öffnung des Epoxidringes auch hier immer unter Bldg. des *1-Amino-2-hydroxy-Deriv.*, in dem das N-Atom an das niedriger substituierte C-Atom gebunden ist. Die Rk. der Na-Salze entsprechender α-Chlorcarbonsäuren mit den entsprechenden Bis-[2-hydroxyalkyl]-aminen führt zu denselben Endprodd. wie vorst. Reaktion. Bei Verw. von opt.-akt. α-Aminosäuren u. Äthylenoxid bleibt die opt. Aktivität u. die Konfiguration bis zur Stufe der **A** erhalten. Der Ringschluß zum Morpholon-(2) dagegen erfolgt unter weitgehender Racemisierung, wie aus den Cu-Chelaten erkennbar ist. So weist z. B. das Cu-Chelat des opt.-akt. *4-[2'-Hydroxyäthyl]-3-methylmorpholons-(2)* (**I**), das aus der D-N.N-Bis-[2-hydroxyäthyl]-α-aminopropionsäure (**II**) durch Dest. unter vermindertem Druck gewonnen wird, einen Racemisierungsgrad von 96,4%, bezogen auf das Cu-Chelat von **II** auf. Ein möglicher Mechanismus dieser Racemisierung ist angegeben. Die Umsetzung von L-Alanin mit rac. Propylenoxid ergibt ein Gemisch von 3 Stereoisomeren der *N.N-Bis-[2-hydroxypropyl]-α-aminopropionsäure,* die ungetrennt weiter zu *4-[2'-Hydroxypropyl]-3.6-dimethylmorpholon-(2)* (**III**) umgesetzt wurde. **III** hat eine stärkere Drehung als **I**, obgleich seine Darst. weniger milde Bedingungen erfordert als die von **I**. Dagegen war das aus L-Glutaminsäure u. rac. Propylenoxid gebildete Morpholon-(2) wieder prakt. inaktiv. Die überraschend hohe Drehung von **III** wird diskutiert.

Versuche (Hg-Linie unter vermindertem Druck: J = 5790,8 Å; V = 5461 Å; I = 4358,7 Å): *4.6-Dimethylmorpholon-(2)*, $Kp._4$ 92—94°, $Kp._{20}$ 114—116°, a) durch Zugabe von Propylenoxid zu einem Gemisch von Sarkosin u. wss. NaOH bei 15°, Stehen bei 20° bis zur Auflösung des Epoxids, 4std. Stehen bei 30°, Versetzen mit konz. HCl (pH 5,5—6) u. Einengen bei 60°; 65% (Ausbeute); b) durch Neutralisation einer gesätt. Lsg. von Monochloressigsäure in W. mit 6n NaOH in Ggw. von Phenolphthalein, Zugabe von N-Methylisopropanolamin u. 4std. Kochen. Hydrolyse → *N-Methyl-N-[2-hydroxypropyl]-aminoessigsäure*, $C_6H_{13}NO_3$, F. 147—149° [*Cu-Chelat*, $(C_6H_{12}NO_3)_2Cu$; blaue Prismen]. Mit Äthyljodid → *4-Äthyl-4.6-dimethyl-2-oxo-1.4-tetrahydroxaziniumjodid*, $C_8H_{16}\cdot JNO_2$, F. 190—192° (Zers.). *Pikrat*, F. 160—162° (A.); gelbe Blättchen. *Hydrochlorid*, $C_6H_{12}ClNO_2$. — *4-[2'-Hydroxypropyl]-6-methylmorpholon-(2)*, $Kp._1$ 151—155°, $Kp._{20}$ 190—192°, a) analog vorst. Verb. nach a) mit Propylenoxid, Glycin u. NaOH im Mol-Verhältnis 2:1:1; 70%; b) analog vorst. Verb. nach b) *Hydrochlorid*, $C_8H_{16}ClNO_3$, F. 102—105° (Zers.; A. u. Ae.). Hydrolyse des Morpholons → *N.N-Bis-[2-hydroxypropyl]-aminoessigsäure* [$C_8H_{17}NO_4$, F. 145—146° (A./W.); Nadeln. *Cu-Chelat*, $(C_8H_{16}NO_4)_2Cu$. *Di-K-Salz*, $C_8H_{15}K_2NO_4$. *Tri-K-Salz*, $C_8H_{14}K_3NO_4$]. — *l(+)-N.N-Bis-[2-hydroxyäthyl]-α-aminopropionsäure* (**IIa**), $C_7H_{15}NO_4$, F. 153—155° (A.), durch Zugabe von 2n NaOH zu einer gesätt. Lsg. von Alanin in W. bei 0°, Versetzen mit Äthylenoxid, 10std. Stehen unter Verschluß bei 0°, 3std. Stehen bei 15°, Versetzen mit konz. HCl (pH 5,5—6), Einengen bei 60° u. Extraktion mit heißem A.; $[\alpha]_J^{22}$ 21,1°, $[\alpha]\alpha_V^{22}$ 23,9°, $[\alpha]_I^{22}$ 35,0° (c = 11,7; W.); $[\alpha]_J^{27}$ 21,1°, $[\alpha]_V^{27}$ 24,6°, $[\alpha]_I^{22}$ 35,0° (c = 8,53; 0,45n HCl). *Cu-Chelat*, $(C_7H_{14}NO_4)_2Cu$. *Cu-Chelat*, $C_7H_{14}NO_4CuCl$, $[\alpha]_J^{27}$ —185,3°, $[\alpha]_V^{27}$ —171,7°, $[\alpha]_I^{27}$ —207,1° (c = 0,367; W.). — *d(—)-N.N-Bis-[2-hydroxyäthyl]-α-aminopropionsäure* (**II**), $C_7H_{15}NO_4$, F. 153—155° (A.), wie **IIa** nach a) mit dl-Alanin; $[\alpha]_J^{22}$ —207°, $[\alpha]_V^{22}$ —24,2°, $[\alpha]_I^{22}$ —35,2° (c = 11,7; W.). *Cu-Chelat*, $(C_7H_{14}NO_4)_2Cu$. *Cu-Chelat* (**IIb**), $C_7H_{14}NO_4CuCl$; $[\alpha]_J^{27}$ 190,6°, $[\alpha]_V^{27}$ 182,6°, $[\alpha]_I^{27}$ 204,4° (c = 0,367; W.). — *d(—)-4-[2'-Hydroxyäthyl]-3-methylmorpholon-(2)* (**I**), $Kp._5$ 171—173°, durch Dest. eines Gemisches von **II** u. NaCl unter vermindertem Druck; $[\alpha]_J^{20}$ —3,2° (reine Fl.; *l* = 10 cm); gibt das *Cu-Chelat* **IIb** bestehend aus 3,6% der d(+)-Form u. 96,4% der (d + *l*)-Form; $[\alpha]_J^{27}$ 7,4° (c = 7,3; W.). — *(±)-N.N-Bis-[2-hydroxyäthyl]-α-aminopropionsäure,* F. 138—140°, a) durch Lösen von **II** u. **IIa** im Mol-Verhältnis 1:1 in wenig W.; b) durch Neutralisation von α-Chlorpropionsäure mit 3n NaOH bei 0°, Zugabe von Diäthanolamin, 4std. Kochen, Einengen, Abdestillieren, Lösen des erhaltenen Morpholons in W. u. 8std. Erhitzen auf 120°. *Cu-Chelat*. — *(±)-4-[2'-Hydroxyäthyl]-3-isobutylmorpholon-(2)*, $C_{10}H_{19}NO_3$, $Kp._6$ 183 bis 186°, wie vorst. Verb.; α ±0,05° (reine Fl.; *l* = 10 cm); 85%. — *(±)-N.N-Bis-[2-hydroxyäthyl]-α-aminoisocapronsäure* (**IV**), $C_{10}H_{21}NO_4$, F. 119—121°, durch Lösen vorst. Verb. in W. u. 8std. Erhitzen auf 120°. *Cu-Chelat*, $(C_{10}N_{20}HO_4)_2Cu$. — *(+)-3.6-Dimethyl-4-[2'-hydroxypropyl]-morpholon-(2)* (**III**), $Kp._4$ 155—160°, $Kp._{17}$ 175—182°, durch Zugabe von 3n NaOH zu einer gesätt. Lsg. von *l*(+)-Alanin in W. bei 0°, Versetzen mit Propylenoxid, 15std. Stehen bei 18° unter Verschluß, Neutralisation mit HCl (pH 5,5) u. Einengen bei 60°; $[\alpha]_J^{20}$ 27,9°, $[\alpha]_V^{20}$ 29,2° (reine Fl.; *l* = 10 cm). — *N.N-Bis-[2-hy-*

droxypropyl]-α-aminopropionsäure, Hydrat, $C_9H_{19}NO_4 \cdot H_2O$, F. 158—159° (A./Ae.), durch Hydrolyse vorst. Verb. analog **IV**. *Cu-Chelat, Hydrat*, $(C_9H_{18}NO_4)_2Cu \cdot H_2O$; blau. — *N.N-Bis-[2-hydroxyäthyl]-α-aminoglutarsäure*, $C_9H_{17}NO_6$, F. 151—154° (Zers.; A.), analog vorvorst. Verb. mit *l*(+)-Glutaminsäure durch Stehen bei 0° (10 Std.) u. bei 15° (3 Std.), Ansäuern mit HCl (pH 2,7), Einengen bei 60° u. Extraktion mit heißem A.; mit CuO → *Cu-Chelat*. — (±)-*N.N-Bis-[2-hydroxyäthyl]-α-amino-β-phenylpropionsäure*, $C_{13}H_{19}NO_4$, F. 197—200° (A.), analog **II a** mit rac. Phenylalanin in 3n NaOH. *Cu-Chelat*, $(C_{13}H_{18}NO_4)_2Cu$. — *4-[2'-Hydroxyäthyl]-morpholon-(2)*, Kp.$_6$ 180—182°, analog **II a** mit Na-Aminoacetat u. Äthylenoxid durch Neutralisation mit HCl (pH 6) u. Dest.; 75%. — *N.N-Bis-[2-hydroxyäthyl]-aminoessigsäure*, $C_6H_{13}NO_4$, F. 193—195° (verd. A.), durch Hydrolyse vorst. Verb. analog **IV**. H. PAETZKE. 3282□

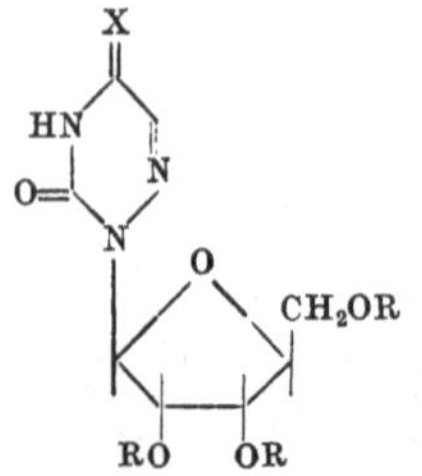

6-Azacytidin — ein neuer Antimetabolit. F. Šorm, J. Smrt und V. Černeckij. (Experientia [Basel] **17**. 64—65. 15/2. 1961. Prag, Tschechoslowak. der Akad. Wiss., Inst. für Org. Chem. u. Biochem., Abt. für Org. Synth.; engl.) — *6-Azacytidin* (X = NH, R = H, F. 215°) wurde synthetisiert, es erwies sich als Antimetabolit der Pyrimidinkomponenten von Aminosäuren. Die Darst. erfolgt a) durch Überführen von 6-Azauridin in das *Tribenzoyl-Deriv.* (X = O, R = Benzoyl), Rk. dieser Verb. mit P_2S_5 in abs. Pyridin zum *4-Thio-Deriv.* (X = S, R = Benzoyl) u. Ammonolyse, b) durch Ammonolyse der entbenzoylierten Thio-Verb. (X = S, R = H) H.-J. WEIGMANN. 3313□

β-Vinoxyäthylamino-1.3.5-triazine. 1. Mitt. Manfred Oertel. (J. prakt. Chem. [4] **16** (288). 188—92. März 1962. Wittenberg-Piesteritz, VEB Stickstoffwerk Piesteritz, Abt. Forsch. u. Entw.; dt) — Cyanurchlorid (**I**) wird in guter Ausbeute mit β-Aminoäthylvinyläther (**VI**) zu *β-Vinoxyäthylamino-1.3.5-triazinen* umgesetzt. *2.4-Dichlor-6-[β-vinoxyäthylamino]-1.3.5-triazin* konnte noch nicht eindeutig identifiziert werden. *2-Chlor-4.6-bis-[β-vinoxyäthylamino]-1.3.5-triazin* (**II**) spaltet bereits an der Luft, leichter noch beim Kochen mit HCl-haltigem wss. Dioxan, Acetaldehyd ab unter Bldg. von *2-Chlor-4.6-bis-[β-hydroxyäthylamino]-1.3.5-triazin* (**III**), das auch aus **I** u. Aminoäthanol erhalten werden kann. **III** wird mit konz. NH_4OH bei 130° im Rohr zum *2-Amino-Deriv.* umgesetzt, während es mit Aminoäthanol bereits bei 100° zu *2.4.6-Tris-[β-hydroxyäthylamino]-1.3.5-triazin* (**IV**) reagiert, das auch durch Hydrolyse aus dem aus **I** in sd. Dioxan mit **VI** erhältlichen *2.4.6-Tris-[β-vinoxyäthylamino]-1.3.5-triazin* (**V**) entsteht. **III** u. **IV** lassen sich nicht mit Acetylen in **II** bzw. **V** überführen. **II** u. **V** können mit Methacrylaten, Styrol u. Vinylacetat copolymerisiert werden u. verleihen den Polymerisaten ein verbessertes Temp.-Verhalten.

Versuche: *β-Aminoäthylvinyläther* (**VI**), Kp. 117—119°, durch Erhitzen von Aminoäthanol mit KOH bis zu einer Kolonnenkopf-Temp. von 170°, Vermischen mit abs. Bzl., Überführen in einen Autoklaven, Spülen mit N_2, Erhitzen auf 120—130° u. Rk. mit Acetylen bei 15—18 atm bis zur Druckkonstanz; 30,8% (Ausbeute). — *2-Chlor-4.6-bis-[β-vinoxyäthylamino]-1.3.5-triazin* (**II**), $C_{11}H_{16}ClN_5O_2$, F. 186° (wss. Dioxan), durch Eintropfen von 9,4 g **I** in Ae. in eine sd. Lsg. von 12 g **VI** in Ae. mit K_2CO_3 u. 2std. Rühren in sd. Ae.; 96,2 g. — *2.4.6-Tris-[β-vinoxyäthylamino]-1.3.5-triazin* (**V**), $C_{15}H_{24}N_6O_3$, F. 79° (Methanol), durch Eintropfen von 9,4 g **I** in Dioxan in eine sd. Lsg. von 18 g **VI** in Dioxan mit K_2CO_3, Abfiltrieren nach ½ std. Kochen, Einengen im Vakuum u. Verreiben des übrigbleibenden Öls mit Pentan; 62,9%. — *2-Chlor-4.6-bis-[β-hydroxyäthylamino]-1.3.5-triazin* (**III**), $C_7H_{12}ClN_5O_2$, F. 201—202° (W.; Nadeln), a) durch Eintropfen von **I** in Ae. in eine sd. äther. Lsg. von Aminoäthanol u. K_2CO_3 u. Aufarbeiten wie vorst.; 56,6%; b) durch 2std. Kochen von **II** in Dioxan mit W. u. wenig konz. HCl; 93,5%. — *2.4.6-Tris-[β-hydroxyäthylamino]-1.3.5-triazin* (**IV**), $C_9H_{18}N_6O_3$, F. 100 bis 101° (Butanol), a) durch Kochen von **V** in Dioxan mit W. u. wenig konz. HCl bis zur Beendigung der Acetaldehyd-Bldg.; 82,1%; b) durch 5std. Kochen von **III** mit Aminoäthanol u. K_2CO_3 in Dioxan, Abfiltrieren des Nd. u. Einengen des Filtrats; 76,7%; c) durch 6std. Erhitzen von Triphenylcyanurat (F. 242°) mit Aminoäthanol auf 200° u. Abziehen des gebildeten Phenols im Vakuum; 49,8%. — *2-Amino-4.6-bis-[β-hydroxyäthylamino]-1.3.5-triazin*, $C_7H_{14}N_6O_2$, F. 159—160° (Methanol), durch 5std. Erhitzen von **III** mit konz. NH_4OH im Rohr auf 130°; 50,0%. E. KOSSMEHL. 3313□

β-Vinoxyäthylamino-1.3.5-triazine. 2. Mitt. Manfred Oertel. (J. prakt. Chem. [4] **16** (288). 193—95. März 1962; dt.) — 1. vgl. vorst. Referat. — Bei der Rk. von Triäthylcyanurat mit β-Aminoäthylvinyläther (**I**) entsteht bei 100° *2.4-Diäthoxy-6-[β-vinoxyäthylamino]-1.3.5-triazin*, das auch aus 2.4-Diäthoxy-6-chlor-1.3.5-triazin mit **I** erhalten wird. Analog wird aus 2-Äthoxy-4.6-dichlor-1.3.5-triazin u. wss. I *2-Äthoxy-4.6-bis-[β-vinoxyäthylamino]-1.3.5-triazin* hergestellt. Beide Verbb. sind an der Luft beständig. Mit verd. Säuren werden die Vinoxy-Gruppen gespalten.

Versuche: *2.4-Diäthoxy-6-[β-vinoxyäthylamino]-1.3.5-triazin*, $C_{11}H_{18}N_4O_3$, F. 102° (wss. Methanol; lange Nadeln), a) durch 4std. Erhitzen von Triäthylcyanurat (F. 27°), I u. Na in A. auf 100°; 59,3% (Ausbeute); b) durch portionsweises Eintragen von 2.4-Diäthoxy-6-chlor-1.3.5-triazin (F. 42°) in eine wss. Lsg. von I u. 10 Min. langes Kochen; 74,1%. — *2-Äthoxy-4.6-bis-[β-vinoxyäthylamino]-1.3.5-triazin*, $C_{13}H_{21}N_5O_3$, F. 86–88° (wss. A. u. dann Hexan), durch Eintragen von 2-Äthoxy-4.6-dichlor-1.3.5-triazin ($Kp._{12-13}$ 114–116°, aus Cyanurchlorid u. A. in Ggw. von $NaHCO_3$ bei 35°) in eine wss. Lsg. von I u. 10 Min. langes Kochen; 57,5%. E. KOSSMEHL. 3313 □

Hypotensive Verbindungen. 8. Mitt. **Azabicyclo-[3.2.1]-octanderivate.** Charles H. Grogan und Leonard M. Rice. (J. org. Chemistry **22.** 1223–25. Okt. 1957. Washington, D.C., Georgetown Univ., Med. Center, Dep. of Pathol.; engl.) — 7. vgl. C. **1962.** 9328; 9. vgl. C. **1961.** 10935. — Aus Norbornylen wird durch $NaMnO_4$-Oxydation *cis-Cyclopentandicarbonsäure-(1.3)* dargestellt u. diese mit Acetylchlorid/Acetanhydrid in ihr *Anhydrid* (I) verwandelt. I wird mit einer Reihe substituierter Alkylendiamine in die entsprechenden *Monoamidsäuren* übergeführt, von denen auch *Hydrochloride* u. *Methojodide* dargestellt werden. Durch Erhitzen werden die entsprechenden *Imide* gewonnen, die anschließend mit $LiAlH_4$ red. werden. Die *Bis-methojodide* der so erhaltenen *N-substituierten 3-Azabicyclo-[3.2.1]-octan-Derivv.* zeigten an Hunden hypotensive Wrkg. u. wiesen einen günstigen therapeut. Index auf.

Versuche: 3-Azabicyclo-[3.2.1]-octandione-(2.4): *N-Dimethylaminopropyl-*, $C_{12}H_{20}N_2O_2$, $Kp._{0,5}$ 130–135°, durch 2std. Erhitzen von I u. Dimethylaminopropylamin auf 170–180°; n_D^{20} 1,4968; 62% (Ausbeute). *Hydrochlorid*, F. 184–185° (Isopropanol/Ae.). *Methojodid*, $C_{13}H_{23}JN_2O_2$, F. 225–226°. — *N-Dimethylaminoäthyl-*, $C_{11}H_{18}N_2O_2$, $Kp._{0,5}$ 110–113°; n_D^{20} 1,4985. *Hydrochlorid*, F. 188–189°. *Methojodid*, $C_{12}H_{21}JN_2O_2$, F. 236–237°. — *N-Diäthylaminoäthyl-*, $C_{13}H_{22}N_2O_2$, $Kp._{0,5}$ 116–119°; n_D^{20} 1,4940. *Hydrochlorid*, F. 116–117°. *Methojodid*, $C_{14}H_{25}JN_2O_2$, F. 165–166°. — *N-Diäthylaminopropyl-*, $C_{14}H_{24}N_2O_2$, $Kp._{0,6}$ 138–142°. *Hydrochlorid*, F. 141–142°. *Methojodid*, $C_{15}H_{27}JN_2O_2$, F. 179–180°. — *N-Morpholinopropyl-*, $C_{14}H_{22}N_2O_3$, $Kp._{0,4}$ 145–150°. *Hydrochlorid*, F. 200–201°. *Methojodid*, $C_{15}H_{25}JN_2O_2$, F. 211–213°. — 3-Azabicyclo-[3.2.1]-octane: *N-Dimethylaminopropyl-*, $C_{12}H_{24}N_2$, $Kp._{0,3}$ 60°, durch Zufügen des Imids in abs. Ae. zu $LiAlH_4$ in abs. Ae., 3std. Rühren, Zers. mit W., übliches Isolieren u. Dest.; n_D^{20} 1,4772; 74%. *Dihydrochlorid*, F. 280–282° (CH_3OH/Ae.). *Bis-methojodid*, $C_{14}H_{30}J_2N_2$, F. 270–272° (Zers.; CH_3OH/Ae.). — *N-Dimethylaminoäthyl-*, $C_{11}H_{22}N_2$, $Kp._{3,5}$ 69 bis 72°; n_D^{20} 1,4792. *Dihydrochlorid*, F. 295–297°. *Bis-methojodid*, $C_{13}H_{28}J_2N_2$, F. 235 bis 237°. — *N-Diäthylaminoäthyl-*, $C_{13}H_{26}N_2$, $Kp._6$ 91–94°; n_D^{20} 1,4782. *Dihydrochlorid*, F. 242–244°. *Bis-methojodid*, $C_{15}H_{32}J_2N_2$, F. 222–223°. — *N-Diäthylaminopropyl-*, $C_{14}H_{28}N_2$, $Kp._{0,3}$ 68°; n_D^{20} 1,4784. *Dihydrochlorid*, F. 227–228°. *Bis-methojodid*, $C_{16}H_{34}J_2N_2$, F. 235–237°. — *N-Morpholinopropyl-*, $C_{14}H_{26}N_2O$, $Kp._{0,04}$ 78–82°; n_D^{20} 1,4976. *Dihydrochlorid*, F. 299–301°. *Bis-methojodid*, $C_{16}H_{32}J_2N_2O$, F. 251–252°. H. LEHWALD. 3370 □

Die Struktur von D-Glucosylharnstoffen. A. S. Jones und G. W. Ross. (Tetrahedron [London] **18.** 189–93. Jan. 1962. Edgbaston, Birmingham, Univ., Chem. Dep.; engl.) — Die bei der säurekatalysierten Rk. von D-Glucose (I) mit Harnstoff (II) entstehenden Verbb. werden entgegen den Annahmen von SEGAL u. Mitarbeitern (C. **1961.** 429) als *N-β-D-Glucopyranosylharnstoff* u. *N.N'-Di-β-D-glucopyranosylharnstoff* identifiziert. Die Ringstrukturen werden auf Grund der IR-Spektren (Abb.), der UV-Spektren u. des Perjodatverbrauchs abgeleitet.

Versuche: *N-β-D-Glucopyranosylharnstoff*, $C_7H_{14}N_2O_6$, F. 208–209° (W.), durch säurekatalysierte Rk. von I mit II u. Chromatographie an Kohle. — *N.N'-Di-β-D-glucopyranosylharnstoff*, $C_{13}H_{24}N_2O_{11}$, F. >350° (Bräunung bei 248–251°), durch Rk. von 2 Mol I mit 1 Mol II. E. SCHRAVEN. 3400 □

Fenicularin, ein Quercetin-3-arabinosid aus den Blättern von Foeniculum vulgare Mill. Tatsuo Ohta und Toshio Miyazaki. (Annu. Rep. Tokyo Coll. Pharmacy Nr. **9.** 233–34. Dez. 1959; engl.) — Das aus den Blättern von Fenchel (*Foeniculum vulgare* MILLER; *Umbelliferae*) isolierte flavonoide Glucosid, für das der Name *Fenicularin* (I) vorgeschlagen wird, liefert durch Hydrolyse *Quercetin* u. *L-Arabinose.* Erschöpfende Methylierung von I mit CH_2N_2 u. Hydrolyse des methylierten Prod. liefert *5.7.3'.4'-Tetramethoxyflavonol.* I ist danach *Quercetin-3-L-arabinosid* u. unterscheidet sich von dem aus *Polygonum aviculare* L. isolierten Avicularin (F. 217°).

Versuche: *Fenicularin* (I), F. 251°. *Dihydrat*, $C_{20}H_{18}O_{11} \cdot 2\,H_2O$, F. 256° (Zers.), durch Extraktion von Fenchelblättern mit Methanol unter Zusatz von $CaCO_3$; aus 95%ig. A. schwach gelbe Nadeln; R_F 0,25 ± 0,01 (Tôyô Roshi Nr. 50-Papier; Essigsäure/W.; 3:17); 0,008% (Ausbeute); 458,2 mg geben durch 2std. Erhitzen mit 5%ig. H_2SO_4 289,6 mg *Quercetindihydrat* ($C_{15}H_{10}O_7 \cdot 2\,H_2O$, F. 310°. *Pentaacetat*, F. 195°) u. *L-Arabinose* (*α-Benzylphenylhydrazon*, F. 173°). — *5.7.3'.4'-Tetramethoxyflavonol*, F. 194°, durch Rk. von I mit CH_2N_2 u. Hydrolyse mit verd. H_2SO_4. K. ZIELOFF. 3450

Untersuchungen über die Alkaloide von Menispermaceen-Pflanzen. 122. Mitt. **Die Struktur von Trilobin und Isotrilobin.** 12. Mitt. Masao Tomita und Yasuo Inubushi. (Pharmac. Bull. [Tokyo] 3. 7—11. Febr. 1955. Kyoto, Univ., Med. Fac., Pharm. Inst.; engl.) — 121. vgl. C. **1950/54.** 9045S; 11. vgl. Pharmac. Bull. [Tokyo] **2.** [1954.] 215. — Durch Erhitzen von Trilobin (I) mit Formaldehyd u. Ameisensäure entsteht unter CO_2-Entw. *Isotrilobin* (II), während II nicht reagiert. Im IR-Spektrum zeigt I eine schwache NH-Bande. I besitzt daher, entgegen früheren Annahmen (vgl. 11. Mitt.), die Struktur eines *N-Desmethylisotrilobins*.

Versuche: *Trilobin* (I), $C_{35}H_{34}N_2O_5$, F. 237° (Bzl.); $[\alpha]_D^{31}$ +307,9° (c = 0,77; Chlf.); R_F 0,68 [Butanol–Eisessig–W. (5 : 1 : 4)]. — *Isotrilobin* (II), $C_{36}H_{36}N_2O_5$, F. 215°, durch 4std. Erhitzen von 0,15 g I mit 83%ig. Ameisensäure u. 37%ig. Formaldehyd auf 100°; aus Aceton Säulen; $[\alpha]_D^{31}$ +312,6° (c = 0,69, Chlf.); R_F 0,73; 0,08 g (Ausbeute). B. MEHLIS. 3500

Alkaloide aus der Wurzelrinde von Orixa japonica Thunb. 7. Mitt. **Trennung der Orixa-Alkaloide durch Elektrophorese.** Masanobu Terasaka, Kazuko Narahashi und Yoko Tomikawa. (Annu. Rep. Tokyo Coll. Pharmacy Nr. **9.** 246—48. Dez. 1959; jap., Auszug: engl.) — 6. vgl. C. **1960.** 12346. — Die Orixa-Alkaloide wurden durch Papierelektrophorese unter Verw. von MICHAELIS-Puffer-Lsg. I (pH 10,6) getrennt. Die Alkaloid-Flecke werden bei Bestrahlung des Papiers mit gefiltertem UV-Licht sichtbar. Die Fluorescenz von *Orixin* (I; F. 152,5°) ist dabei violett, von *Kokusagin* (F. 196°. *Pikrat*, F. 171—172°) u. *Skimmianin* (F. 176°, *Pikrat*, F. 196—197°) blau u. von *Kokusaginin* (F. 171°, *Pikrat*, F. 218°) zuerst blau, später gelbgrün. Außer in der Wurzelrinde wurde I auch in der Stengelrinde festgestellt. Die Formel von I ist nicht $C_{18}H_{21(23)}NO_6$, wie früher beschrieben, sondern $C_{17}H_{21}NO_6$. K. ZIELOFF. 3500

Alkaloide aus der Wurzelrinde von Orixa japonica Thunb. 8. Mitt. **Isolierung von Evolitrin.** Masanobu Terasaka, Shoji Hara, Kazuko Narahashi, Yoko Tomikawa und Yoko Tokushige. (Annu. Rep. Tokyo Coll. Pharmacy Nr. **9.** 249—50. Dez. 1959; jap., Auszug: engl.) — 7. vgl. vorst. Referat. — Durch Chromatographie des nach Isolierung von Orixin (III) aus der Mutterlauge erhaltenen Gemisches aus *Kokusagin* (I) u. *Skimmianin* (II) an Al_2O_3 u. Eluieren mit Bzl. u. Bzl.–Chlf. wurde *Evolitrin* isoliert, das über sein *Pikrat* gereinigt wurde.

Versuche: *Evolitrin*, $C_{13}H_{11}NO_3$, F. 113—114°, durch Lösen von 100 mg des nach Abtrennung von III aus der Mutterlauge erhaltenen Gemisches aus I u. II (F. 168°) in Bzl., Chromatographie an Al_2O_3, Eluieren mit Bzl. (Fraktionen 1—11) u. Bzl.–Chlf. (1 : 1; Fraktionen 12—22) u. Eindampfen der Fraktionen 1—5; 5 mg; daneben aus den Fraktionen 6—11 *Kokusagin* (I; F. 196°, aus Methanol Nadeln; 29 mg) u. aus den Fraktionen 12—21 51 mg *Skimmianin* (II; F. 178°, aus Methanol prismat. Kristalle). *Pikrat*, $C_{19}H_{14}N_4O_{10}$, F. 198°, aus Aceton–Methanol gelbe prismat. Nadeln. K. ZIELOFF. 3500

Über die Konstitution von Orixin. Masanobu Terasaka. (Annu. Rep. Tokyo Coll. Pharmacy Nr. **9.** 250—54. Dez. 1959; dt.) — Ident. mit der C. **1962.** 14143 referierten Arbeit. K. ZIELOFF. 3500

Furochinoline. 17. Mitt. **Über das γ-Dictamnin von Asahina und Inubuse.** Tatsuo Ohta, Yo Mori und Masu Umeda. (Annu. Rep. Tokyo Coll. Pharmacy Nr. **9.** 234—37. Dez. 1959; jap., Auszug: engl.) — Ident. mit der C. **1961.** 14650 referierten Arbeit. K. ZIELOFF. 3500

Furochinoline. 18. Mitt. **Identifizierung von Alkaloiden in Poncirus trifoliata- und Citrus-Arten durch Papierchromatographie.** Tatsuo Ohta, Toshio Miyazaki und Toshio Yamakawa. (Annu. Rep. Tokyo Coll. Pharmacy Nr. **9.** 237—39. Dez. 1959; jap., Auszug: engl.) — 17. vgl. vorst. Referat. — Das Vork. von *Skimmianin* in den Blättern u. Stengeln von *Poncirus trifoliata* Rafinesque, den Blättern von *Citrus Aurantium L.* subsp. *amara* Engler, den Stengeln von *C. Aurantium* subsp. Natsudaidai Hayata u. von *C. Unshiu* Makino neben *Dictamnin*, *Evolitrin*, u. *Kokusaginin* wird papierchromatograph. [Fließmittel: Essigsäure/W. (3 : 17); Essigsäure/W. (6 : 14)] bewiesen. Die R_F-Werte sind angegeben. K. ZIELOFF. 3500

Furochinoline. 19. Mitt. **Cyclisierung von 3-[2-Äthoxyäthyl]-carbostyrilen zu 2.3-Dihydrofuro-[2.3:b]-chinolinen mittels Polyphosphorsäure.** Tatsuo Ohta, Yo Mori und Morishige Hosoya. (Annu. Rep. Tokyo Coll. Pharmacy Nr. **9.** 240—44. Dez. 1959; jap., Auszug: engl.) — 18. vgl. vorst. Referat. — 3-[2-Äthoxyäthyl]-carbostyrile werden mit Polyphosphorsäure in *2.3-Dihydrofuro-[2.3:b]-chinoline* übergeführt, womit die *Dictamnin*-Synth. von GRUNDON (C. **1958.** **433**) u. COOKE u. HAYNES (C. **1960.** 12347) ergänzt wurde. Das durch Cyclisierung von N-[4-Äthoxybutyryl]-anthranilsäuremethylester (I) erhältliche *3-[2-Äthoxyäthyl]-4-hydroxycarbostyril* (II) kann mit $POCl_3$ in *2.4-Dichlor-3-[2-äthoxyäthyl]-chinolin* (III) übergeführt werden. III liefert durch partielle Hydrolyse *4-Chlor-3-[2-äthoxyäthyl]-carbostyril* (IV), das in Ggw. von Polyphosphorsäure zu *4-Chlor-2.3-dihydrofuro-[2.3:b]-chinolin* cyclisiert wird. Analog kann das aus II u. CH_2N_2 erhaltene *3-[2-Äthoxyäthyl]-4-methoxycarbostyril* zu *2.3-Dihydrodictamnin* u. das 3-[2-Äthoxyäthyl]-4.8-dimethoxycarbostyril zu *2.3-Dihydro-γ-fagarin* cyclisiert werden.

Versuche: *3-[2-Äthoxyäthyl]-4-hydroxycarbostyril* (II), F. 139—140°, durch 2std. Kochen von I mit Na in Xylol; aus verd. A. Prismen; 22,2% (Ausbeute). — *2.4-Dichlor-3-[2-äthoxyäthyl]-chinolin* (III), $C_{13}H_{13}Cl_2NO$, F. 54—55°, durch 2std. Kochen von II mit $POCl_3$; aus verd. A. Nadeln. — *4-Chlor-3-[2-äthoxyäthyl]-carbostyril* (IV), $C_{13}H_{14}\cdot ClNO_2$, F. 182—183°, durch 2std. Kochen von III mit Eisessig; aus Methanol Nadeln. — *4-Chlor-2.3-dihydrofuro-[2.3:b]-chinolin*, F. 112—114°, durch $2^1/_2$std. Erhitzen von IV mit Polyphosphorsäure auf 120—130°; aus A. Nadeln. — *3-[2-Äthoxyäthyl]-4-methoxycarbostyril*, $C_{14}H_{17}NO_3$, F. 143—144°, durch Einw. von CH_2N_2 auf II in Ae.; aus Methanol Nadeln. — *2.3-Dihydrodictamnin* (*2.3-Dihydro-4-methoxyfuro-[2.3:b]-chinolin*), F. 103°, durch $1^1/_4$std. Erhitzen von 0,15 g vorst. Verb. mit Polyphosphorsäure auf 120—130° u. Chromatographie an Al_2O_3; aus PAe.-Bzl. (1 : 1) Säulen; 50 mg. — *3-[2-Äthoxyäthyl]-4.8-dimethoxycarbostyril*, F. 120°, aus 3-[2-Äthoxyäthyl]-4-hydroxy-8-methoxycarbostyril; 63,8%. — *2.3-Dihydro-γ-fagarin*, (*2.3-Dihydro-4.8-dimethoxyfuro-[2.3:b]-chinolin*), F. 169—170°, durch $1^2/_3$std. Erhitzen vorst. Verb. mit 30 Teilen Polyphosphorsäure auf 120—130°; aus 60%ig. Methanol Prismen; 85,6%. *Pikrat*, F. 199—200°, gelbe Nadeln.
K. ZIELOFF. 3500

Aconitalkaloide. 23. Mitt. **Die Struktur des Ignavins.** 3. Mitt. Eiji Ochiai und Toshihiko Okamoto. (Chem. pharmac. Bull. [Tokyo] **7.** 550—56. Juli 1959. Tokyo, Univ., Fac. of Pharmac. Sci.; engl.) — 22. vgl. OKAMOTO u. MITSUOKA, C. **1960.** 2880; 11. vgl. C. **1962.** 4929. — Ignavin gibt bei der katalyt. Hydrierung an Pd-Kohle *Dihydroignavin* (I). Durch Al_2O_3-Chromatographie lassen sich aus dem Hydrierungs-Prod. außerdem noch *Anhydrodihydroignavin* u. *Anhydrodihydroignavinon* abtrennen. Letzteres entsteht offenbar durch Umlagerung eines Allylalkoholsystems. Eine α-Methylencyclohexanolgruppierung besitzt Des-N-methylanhydroignavinol (II; $C_{21}H_{27}\cdot NO_4$), da es sich beim Erwärmen mit 5%ig. HCl zu einem *Sechsringketon* (III; $C_{21}H_{27}NO_4$, F. 228—230°) umlagert. **II** wird andererseits über sein *Tribenzoat* durch CrO_3-Oxydation einer dem N-Atom benachbarten CH_2-Gruppe in *Des-N-methylanhydroignavinollactamtribenzoat* (IV) übergeführt. Dieses gibt bei alkal. Hydrolyse *Des-N-methylanhydroignavinollactam* (V). Weitere CrO_3-Oxydation liefert ein *α,β-ungesätt. Keton* (VI; $C_{21}H_{23}\cdot NO_5$, F. 285—287°). Dieses wird in ein *Dibenzoat* übergeführt u. das α,β-ungesätt. Keton-Syst. mit $NaJO_4$ u. $KMnO_4$ oxydativ aufgespalten. Nach Hydrolyse wird eine *Dicarbonsäure* (**VII**; F. > 340°) isoliert, bei der eine der COOH-Gruppen an ein tert. C-Atom gebunden sein muß. Mit CH_2N_2 läßt sich aus **VII** ein *Dimethylester* (F. 255—257°) darstellen, der zu einem *Monomethylester* (F. 203—206°) verseift werden kann. **V** lagert sich bei Behandlung mit verd. HCl analog **II** zu einem *Keton* **VIII** um. Bei einer $KMnO_4$-Oxydation spaltet dessen α-Glykol-Syst. unter Bldg. einer amorphen *Dicarbonsäure* (**IX**) auf, die beim Erhitzen unter Decarboxylierung in eine *Monocarbonsäure* übergeht. **II** liefert bei der katalyt. Hydrierung an Pt in Eisessig ein *Tetrahydroderiv.* (**X**; $C_{21}H_{31}NO_4$, F. 193 bis 195°), wobei noch eine *isomere Verb.* isoliert werden kann. **X** wird nach Benzoylierung wiederum durch CrO_3-Oxydation der dem N-Atom benachbarten CH_2-Gruppe in ein *Lactam* übergeführt u. gibt nach Verseifen der Benzoylreste unter oxydativer Spaltung des α-Glykol-Syst. eine andere amorphe *Dicarbonsäure* (**XI**). Diese decarboxyliert beim Erhitzen ebenfalls zu einer *Monocarbonsäure*. Demnach stehen die OH-Gruppen des α-Glykol-Syst. offenbar in γ- bzw. δ-Stellung zu dem N-Atom. Die IR-Banden vorst. Verbb. sind angegeben.

Versuche: *Dihydroignavin* (I), $C_{27}H_{33}NO_6$, F. 173—175°, durch Red. von Ignavin in CH_3OH an Pd/Kohle u. fraktionierte Al_2O_3-Chromatographie mit Chlf./CH_3OH (99 : 1); aus Aceton Nadeln; daneben *Anhydrodihydroignavinon* ($C_{27}H_{29}NO_5$, F. 260—262°; aus

Aceton Nadeln) u. *Anhydrodihydroignavin* ($C_{27}H_{31}NO_5$, F. 236—238°; aus Aceton Prismen). — *Keton* $C_{21}H_{27}NO_4$ (**III**), F. 228—230°, durch 3std. Erwärmen von **II** mit 5%ig. HCl auf einem Dampfbad, Eindampfen, Versetzen mit NH_4OH, Extrahieren mit methanolhaltigem Chlf. u. Chromatographie an Al_2O_3 mit Chlf./CH_3OH-Gemischen; aus CH_2Cl_2 Nadeln. *Hydrochloridhydrat*, $C_{21}H_{27}NO_4 \cdot HCl \cdot H_2O$, F. 257—259° (Zers.); aus CH_3OH/Aceton Nadeln. — *Des-N-methylanhydroignavinollactamtribenzoat* (**IV**), $C_{42}H_{37}NO_8$, F. 267—269°), durch Oxydation von 500 mg **II**-Tribenzoat mit CrO_3 in Pyridin, Verdünnen mit W., Extrahieren mit methanolhaltigem CH_2Cl_2 u. Filtrieren der CH_2Cl_2-Lsg. über Al_2O_3; aus CH_3OH Nadeln; 290 mg (Ausbeute); daneben *Verb.* $C_{42}H_{37}NO_8 \cdot H_2O$, F. 237—239°; aus Aceton Nadeln. — *Des-N-methylanhydroignavinollactam* (**V**), $C_{21}H_{25} \cdot NO_5$, F. 306—308°, durch $^1/_2$std. Erhitzen von **IV** mit methanol. KOH auf einem Dampfbad, Eindampfen, Lösen in W , Ionenaustausch an *Amberlite IR-120*, Ausschütteln mit Ae. u. Eindampfen der wss. Phase im Vakuum; aus W. Prismen. — *α,β-ungesätt. Keton* $C_{21}H_{23}NO_5$ (**VI**), F. 285—287°, durch Stehen von **V** mit CrO_3 in Pyridin über Nacht, Verdünnen mit W., Extrahieren mit methanolhaltigem Chlf. u. Al_2O_3-Chromatographie mit Chlf./CH_3OH (95 : 5); aus CH_3OH Platten. *Dibenzoat*, $C_{35}H_{31}NO_7$, F. 200—203°; aus Aceton Nadeln. — *Dicarbonsäuretrihydrat* $C_{20}H_{23-25}NO_8 \cdot 3\,H_2O$ (**VII**), F. > 340°, durch Lösen vorst. Dibenzoats in Pyridin u. wss. $NaJO_4$, Zugabe von wss. $KMnO_4$-Lsg., Stehen über Nacht, Zugabe von wenig Eisessig, Eindampfen im Vakuum bei 50°, Extrahieren mit 1%ig. wss. Na_2CO_3-Lsg., Filtrieren, Ansäuern mit 10%ig. HCl, 20 Min. langes Erwärmen des Nd. mit methanol. KOH auf dem Dampfbad, Eindampfen, Lösen in W., Ionenaustausch an *Amberlite IR-120*, Schütteln,mit Ae. u. Eindampfen der wss. Phase; aus W. Prismen. *Dimethylestersesquihydrat*, $C_{22}H_{27-29}NO_8 \cdot 1^1/_2\,H_2O$, F. 255—257°, mit CH_2N_2 aus **VII**; aus W. Nadeln. *Monomethylesterhydrat*, $C_{21}H_{25-27}NO_8 \cdot H_2O$, F. 203—206°, durch Verseifung vorst. Diesters mit methanol.-wss. NaOH; aus W. Prismen. — *Keton* **VIII**, durch 2std. Erhitzen von 80 mg **V** mit 5%ig. HCl auf einem Dampfbad u. Al_2O_3-Chromatographie; amorph; 51 mg. — *Dicarbonsäure* **IX**, durch portionsweise Zugabe von $KMnO_4$ zu einer Lsg. von **VIII** in 5%ig. NaOH bei 0—5° u. Aufarbeitung nach $^1/_2$std. Stehen; amorph; decarboxyliert beim Erhitzen auf 140—170°. — *Tetrahydroderiv.* $C_{21}H_{31}NO_4$ (**X**), F. 193—195°, durch Hydrierung von **II** in Eisessig an Pt u. wiederholte Al_2O_3-Chromatographie mit methanolhaltigem Chlf.; aus Aceton Nadeln; daneben *Isomeres*, $C_{21}H_{31}NO_4$, F. 218—220°; aus Aceton Nadeln. — *Dicarbonsäure* **XI**, durch Benzoylierung von 80 mg **X**, Oxydation mit CrO_3 in Pyridin, Hydrolyse mit methanol. KOH, Oxydation mit $KMnO_4$ u. Überführen in die freie Säure durch Ionenaustausch wie vorst.; amorph.; 9 mg. — *Monocarbonsäure*, durch 1std. Erhitzen von 7 mg **XI** auf 170°; 5,2 mg. G. TEEGE. 3500□

Aconitalkaloide. 24. Mitt. **Über die Struktur des Ignavins.** 4. Mitt. Eiji Ochiai und Toshihiko Okamoto. (Chem. pharmac. Bull. [Tokyo] **7.** 556—59. Juli 1959; engl.) — 23. bzw. 3. vgl. vorst. Referat. — Die Vff. diskutieren die bisherigen Ergebnisse der Dehydrierung des *Anhydroignavinols* (**I**; $C_{20}H_{25}NO_4$) u. der Oxydation des *Des-N-methylanhydroignavinols* u. geben Teilstrukturen für **I** u. *Ignavin* (**II**) an. Danach bleiben die Positionen von 2 OH-Gruppen in **II** u. einer Äthergruppe in **I** ungeklärt. Die Benzoyloxygruppe von **II** gehört einem 1.2-Glykol-Syst. an, da bei der CrO_3-Oxydation ein *Diketon*, das nach dem IR-Spektrum ein Benzoyloxyketol-Syst. enthält, erhalten wird. Das *Diketon* schmilzt bei 294—296°, gibt einen positiven ZIMMERMANN-Test u. reagiert nach Erwärmen mit NaOH positiv mit TOLLENS-Reagens u. mit Triphenyltetrazoliumchlorid. Als weiteres Oxydations-Prod. wird noch ein *amorphes Keton* isoliert, das sich zu *Anhydrodihydroignavinon* hydrieren läßt.

Versuche: *Diketon vom F. 294—296°*, durch Oxydation von 100 mg **II** mit CrO_3/Pyridin (mehrstd. Stehen, Verdünnen mit W., Extrahieren mit methanolhaltigem Chlf., Eindampfen (67 mg) u. fraktionierte Al_2O_3-Chromatographie mit Chlf./CH_3OH-Gemischen; aus Aceton Nadeln; 3 mg (Ausbeute); daneben 50 mg *amorphes Keton.* — *Anhydrodihydroignavinon*, F 256—259°, durch Hydrierung vorst. amorphen Ketons an Pd/Kohle u. Al_2O_3-Chromatographie mit methanolhaltigem CH_2Cl_2; aus Aceton Nadeln; 24 mg. G. TEEGE. 3500□

Alkaloide von Apocynaceen. 5. Mitt. **Hunterin, ein neues Alkaloid aus Hunteria eburnea Pichon.** N. Neuss und Nancy J. Cone. (Experientia [Basel] **16.** 302. 15/7. 1960. Indianapolis, Ind., Lilly Res. Labor.; engl.) — 4. vgl. C. **1961.** 7994. — *Hunterin* [**I**, $C_{42}H_{52}N_4O_4$, F. 264—265° (Zers.); $[\alpha]_D^{27}$ —205,1 (c = 1, Chlf.); aus CH_3OH oder CH_3OH/Chlf. Platten. *Dihydrochlorid*, $C_{42}H_{52}N_4O_4 \cdot 2\,HCl$, F. >270° (Zers., Aceton)] wird als neues Alkaloid durch Al_2O_3-Chromatographie u. Eluieren mit Bzl./Chlf. (1 : 3) u. Chlf. aus der Wurzelrinde von *Hunteria eburnea* PICHON isoliert. **I** besitzt 2 bas. Funktionen u. 1 saure Funktion. Die analyt. u. physikal. Eigg. weisen darauf hin, daß **I** ein dimeres Alkaloid vom Indol-Indolintypus darstellt. G. TEEGE. 3500□

Bicyclo-[2.1.1]-hexanderivate. Kenneth B. Wiberg, Betty R. Lowry und Thomas H. Colby. (J. Amer. chem. Soc. **83**. 3998—4006. 5/10. **1961**. Seattle, Wash., Univ. of Washington, Dep. of Chem.; engl.) — Die Synth. von *Bicyclo-[2.1.1]-hexan*, *1-Chlorbicyclo-[2.1.1]-hexan* u. einigen ihrer Derivv. werden beschrieben. Eine Meth. zur Decarboxylierung von aliphat. Säuren über die Percarbonsäure-tert.-Butylester in Cymol wird angegeben.

Versuche: *Ameisensäurenorbornylester*, $Kp._{14}$ 67—69°, durch Erhitzen von 98%ig. Ameisensäure mit Norborneol; n_D^{26} 1,4610; 95% (Ausbeute). — *Norcampherchinon-(2.3)-monotosylhydrazon*, $C_{14}H_{16}N_2O_3S$, F. 160—160,4° (Zers.; Acetonitril oder Methanol), durch Zugabe von Tosylhydrazin in Eisessig zu Norcampherchinon in der Kälte; 88%. — *3-Diazonorcampher*, $C_7H_8N_2O$, $Kp._{1-2}$ 73—75°, durch 12std. Rühren vorst. Verb. mit verd. NaOH u. Pentan; n_D^{25} 1,5558; 95%. — *Bicyclo-[2.1.1]-hexan-5-carbonsäuremethylester*, $C_8H_{12}O_2$, $Kp._{18}$ 67—71°, durch Bestrahlen einer methanol. Lsg. vorst. Verb. mit UV-Licht; n_D^{25} 1,4568; 54%. — *Bicyclo-[2.1.1]-hexan-5-carbonsäure* (**I**), $C_7H_{10}O_2$, F. 45—52°, $Kp._{7-8}$ 105—111°, durch 2¼std. Erhitzen vorst. Verb. mit methanol. KOH; 88%. *β-Phenäthylammoniumsalz*, F. 136,3—139,2° (Äthylacetat), durch Zugabe von β-Phenäthylamin zu 5 g Säure in Pentan; 10 g. *Säurechlorid* (**IV**), $Kp._{19}$ 68—70°; n_D^{25} 1,4808; 95%. — *5-Hydroxymethylbicyclo-[2.1.1]-hexan* (**II**), $C_7H_{12}O$, $Kp._5$ 65—69°, durch Red. von **I** mit $LiAlH_4$ in Ae.; n_D^{25} 1,4809; 87%. *Tosylat*, $C_{14}H_{18}O_3S$, F. 38,8 bis 40,4° (Pentan); 86%. *Acetyl-Deriv.*, $Kp._9$ 69—71°, a) durch 36std. Kochen des Tosylats mit Eisessig; n_D^{25} 1,4556; 91%; b) durch Zugabe von Acetylchlorid zu 0,8 g **II** in Pyridin; 0,84 g. — *5-Brommethylbicyclo-[2.1.1]-hexan* (**III**), $Kp._{19}$ 72—74°, durch Kochen von **II** mit 48%ig. HBr in Ggw. von konz. H_2SO_4; n_D^{26} 1,5080; 77%. — *Brom-Verb. vom $Kp._{18}$ 71—72°*, durch 1wöchiges Stehen von 2,3 g **III** mit $ZnBr_2$ bei Raum-Temp.; n_D^{26} 1,5078; 1,6 g. — *exo-Norbornylbromid*, $Kp._{17}$ 72—74°, durch Rk. von 1,5 g **III** mit $AlBr_3$; n_D^{25} 1,5116; 0,5 g. — *Bicyclo-[2.1.1-]-hexyl-(5)-methylketon*, $C_8H_{12}O$, $Kp._{28}$ 75—77°, durch Zugabe von **IV** zu einer benzol. Lsg. von Dimethyl-Cd; n_D^{25} 1,4612; 88%. *2.4-Dinitrophenylhydrazon*, $C_{14}H_{16}N_4O_4$, F. 140,2—143,2° (A.). *Semicarbazon*, $C_9H_{15}N_3O$, F. 184,2 bis 184,8° (verd. A.). — *Essigsäurebicyclo-[2.1.1]-hexyl-(5)-ester*, $C_8H_{12}O_2$, $Kp._{30-31}$ 75—79°, durch 13tägiges Stehen vorst. Ketons mit Perbenzoesäure in Methylenchlorid, Waschen mit 10%ig. NaOH u. 10%ig. $NaHSO_3$-Lsg., Eindampfen, Kochen mit GIRARD-Reagens P in A./Eisessig, Verdünnen mit W., Zugabe von Soda-Lsg. bis pH 6 u. Extrahieren mit Pentan; n_D^{25} 1,4483; 76%. — *endo-Bicyclo-[2.1.1]-hexanol-(5)* (**V**), $C_6H_{10}O$, F. 71 bis 84°, durch 3std. Kochen vorst. Verb. mit methanol. KOH; 85%. *Tosylat* (**VII**), $C_{13}H_{16}O_3S$, F. 39,8—42,5° (Ae./Pentan); 90%. — *Bicyclo-[3.1.0]-hexan*, a) durch Red. vorst. Tosylats mit $LiAlH_4$ in Diglyme; n_D^{25} 1,4358; 55%. b) durch Red. von **VI** mit $LiAlH_4$ in Diglyme. — *Bicyclo-[2.1.1]-hexanon-(5)*, C_6H_8O, Kp. 140—141°, durch 12½std. Kochen von **V**, p-Benzochinon, Al-tert.-Butylat u. Ae.; 31%. *2.4-Dinitrophenylhydrazon*, $C_{12}H_{12}N_4O_4$, F. 151,8—152,4° (verd. A.). *Semicarbazon*, $C_7H_{11}N_3O$, F. 185,8 bis 187,2° (Methanol). — *exo-Bicyclo-[2.1.1]-hexanol-(5)*, $C_6H_{10}O$, F. 51—60°, durch Red. vorst. Verb. mit $LiAlH_4$ in abs. Ae. bei —78°, nach 4 Std. langsames Erwärmen auf Raum-Temp. u. Zugabe von 40%ig. Rochellesalz-Lsg.; 80%. *Tosylat* (**VI**) durch Zugabe von KOH zu einer Lsg. von 1,07 g exo-Alkohol u. Tosylchlorid in Ae. bei —8°; 2,8 g. — *endo-Bicyclo-[2.1.1]-hexyl-(5)-chlorid*, $Kp._{20-25}$ 45°, durch 29std. Stehen von **VII** u. tert.-Butylaminhydrochlorid in abs. Aceton; 43%. — *4-Bromcyclohexen* (**VIII**), C_6H_9Br, $Kp._{11}$ 47—49°, a) durch Zugabe von PBr_3 zu einer Lsg. von **V** in Pentan bei —5° u. Erwärmen auf Raum-Temp.; n_D^{25} 1,5119; 72%; b) durch Rk. von Cyclohexandiol-(1.4) mit PBr_3 bei 80°; daneben *1.4-Dibromcyclohexan*. — *5-Brombicyclo-[2.1.1]-hexan*, $Kp._{15}$ 58—59°, durch Zugabe von PBr_3 zu **V** in Pyridin/Pentan bei 0°; n_D^{25} 1,5051; 17%; daneben wenig **VIII**. — *N.N-Dimethylbicyclo-[2.1.1]-hexan-5-carbonsäureamid*, $C_9H_{15}NO$, $Kp._8$ 105—105,5°, durch Zugabe von Dimethylamin zu **IV**; n_D^{25} 1,4908; 92%. — *5-Formylbicyclo-[2.1.1]-hexan*, $C_7H_{10}O$, $Kp._{25}$ 56—58°, durch ½std. Kochen vorst. Verb. mit $LiH_2Al(OC_2H_5)_2$ in Ae.; n_D^{25} 1,4672; 55%. *2.4-Dinitrophenylhydrazon*, $C_{13}H_{14}N_4O_4$, F. 153,3—155,3° (A.). *Semicarbazon*, $C_8H_{13}N_3O$, F. 152—152,4° (Zers.; Methanol). — *Bicyclo-[2.1.1]-hexan-5-percarbonsäure-tert.-butylester*, durch Zugabe von **IV** zu tert.-Butylhydroperoxid in abs. Pyridin/p-Cymol. — *Bicyclo-[2 1.1]-hexan*, C_6H_{10}, Kp. 71,5 bis 72,5°, durch Erhitzen vorst. Esters in p-Cymol auf 115—130°; n_D^{25} 1,4341; 45%. — *Norcampherdichlorid*, $Kp._{19}$ 77—79°, durch Zugabe von PCl_5 zu einem Gemisch aus Norcampher u. PCl_3 in der Kälte u. Erwärmen auf Raum-Temp.; 92%. — *1-Chlornorcamphan*, Kp. 148—154°, durch 6—8std. Zugabe von $AlCl_3$ zu einer Lsg. vorst. Verb. in Pentan/Isopentan; n_D^{26} 1,4648; 50—55%. — *4-Chlornorcampher* (**IX**), C_7H_9ClO, F. 80,6 bis 82°, durch Zugabe vorst. Verb. zu einem Gemisch aus $Na_2Cr_2O_7$, Eisessig u. konz. H_2SO_4, Verdünnen mit W., Extrahieren mit Pentan, Eindampfen, Darst. des *Semicarbazons* [$C_8H_{12}ClN_3O$, F. 220—222° (verd. Methanol); 39—41%] u. Schütteln mit Oxalsäure-Lsg.; 97%. *2.4-Dinitrophenylhydrazon*, $C_{13}H_{13}ClN_4O_4$, F. 157—159° (verd. A.). — *1-Chlornorcamphan*, F. 40,2—43,2°, Kp. 150—153°, durch Erhitzen vorst. Semicarbazons u. KOH in Triäthylenglykol; 50%. — *1-Chlornorcampherchinon*, $C_7H_7ClO_2$, F. 94,8 bis 96,6° Kp$_{12}$ 138°, durch 9½std. Kochen von **IX** mit SeO_2 in Xylol; aus Bzl./PAe. gelbe Nadeln; 77%. *Chinoxalin-Deriv.*, $C_{13}H_{11}ClN_2$, F. 139—139,6° (verd. A.). *Monotosylhydrazon* (**X**), $C_{14}H_{15}ClN_2O_3S$, F. 187° (Zers.; Methanol); 86%. — *1-Chlor-3-diazonorcampher*, $C_7H_7ClN_2O$, F. 77,8—79° (Bzl./Heptan), durch Rühren von **X** in Pentan mit wss. NaOH; 59%. — *1-Chlorbicyclo-[2.1.1]-hexan-5-carbonsäuremethylester*, $C_8H_{11}ClO_2$, Kp.$_7$ 81—82°, durch Bestrahlen vorst. Verb. in Methanol mit UV-Licht; n_D^{25} 1,4735; 52%. — *1-Chlorbicyclo-[2.1.1]-hexan-5-carbonsäure*, $C_7H_9ClO_2$, F. 101,1—103,9° (Cyclohexan), durch 1½std. Kochen vorst. Verb. mit methanol. KOH u. Sublimation bei 90°/10 Torr; 72%. *Säurechlorid*, Kp.$_7$ 78°; n_D^{25} 1,4965; 96%. — *1-Chlorbicyclo-[2.1.1]-hexan-5-percarbonsäure-tert.-butylester*, aus dem Säurechlorid u. tert.-Butylhydroperoxid in abs. Pyridin/p-Cymol. — *1-Chlorbicyclo-[2.1.1]-hexan*, C_6H_9Cl, Kp. 122°, durch Erhitzen vorst. Verb. in p-Cymol auf 130°; n_D^{25} 1,4629; 26%. W. HAMPEL. 3600□

Anionotrope Umlagerung von cyclischem Äthinylcarbinol. 2. Mitt. **Epimerenspaltung und Mechanismus der anionotropen Umlagerung von Äthinylborneol.** Michiko Kagawa. (Chem. pharmac. Bull. [Tokyo] **7.** 751—56. Okt. 1959. Tokyo, Inst. of Phys. and Chem. Res.; engl.) — 1. vgl. Chem. pharmac. Bull. [Tokyo] **7.** [1959.] 306. — Durch Rk. von Na-Campher mit Acetylen (**VIII**) in benzol. Lsg. bei 0°, bzw. durch Rk. von Na-Acetylid mit Campher (**II**) in fl. NH_3 wird ein *2-Äthinylborneol* (**Ia**) vom F. 55° gebildet. Beim Kochen von **II** mit Na-Acetylid in Bzl. u. chromatograph. Reinigung entsteht dagegen ein *epimeres* **Ia** (**I b**) vom F. 87°. **I a** u. **I b** liefern bei der Hydrierung 2 epimere *2-Äthylborneole* (**IX a, IX b**), die mit HCl oder 90%ig. Ameisensäure (**III**) zu exocycl. *2-Äthylidencamphan* (**IV**) dehydratisiert werden. Die Struktur von **IV** wurde durch Oxydation unter Bldg. von **II** gesichert. Außerdem wird die Einw. verschieden konz. HCl, H_2SO_4 u. **III** auf **I a** u. **I b** bei verschiedenen Temp. u. Rk.-Zeiten untersucht. Dabei entsteht prim. in jedem Falle durch reversible endocycl. Dehydratisierung *2-Äthinylcamphen* (**V**). In Ggw. von HCl findet daneben langsam MEYER-SCHUSTER-Umlagerung. unter Bldg. von *Camphyliden-(2)-acetaldehyd* (**VI**) statt. Wieweit dabei das ebenfalls gebildete **V** über **I a** in **VI** übergeht, hängt von den Rk.-Bedingungen ab. In Ggw. konz. **III** entsteht unter milden Bedingungen ebenfalls **VI**, mit 20 oder 60%ig. **III** wird bei hohen Temp. (80—100°) nur **V** erhalten u. mit konz. **III** findet bei hohen Temp. hauptsächlich die WAGNER-NAMETKIN-Umlagerung (über **V**) unter Bldg. von *4-Äthinylborneol* (**VII**) statt. Daneben wird durch Hydratisierung von **VII** *4-Acetylborneol* gebildet.

Versuche: *2-Äthinylborneol* (**I a**), F. 55°, a) durch Zugabe von 200 g **II** in abs. Bzl. zu 75 g $NaNH_2$ in sd. abs. Bzl., 15std. Kochen unter Rühren, 15std. Einleiten von **VIII** bei 0°, mehrstd. Stehen, Gießen in Eiswasser, Eindampfen der Benzolschicht Lösen in Methanol, Behandeln mit ammoniakal. $AgNO_3$-Lsg., Waschen des Ag-Salzes mit Ae., Eintragen in wss. NH_4Cl-Lsg., 3std. Erhitzen, Filtration u. Extraktion des Filtrats mit Ae.; $[\alpha]_D$ +17,7° (c = 20; A.); 47 g (Ausbeute); b) durch 2std. Einleiten von **VIII** in die Suspension von $NaNH_2$ in fl. NH_3 bei —35°, Eintropfen von **II** in Ae.-Toluol (1 : 1), mehrstd. Stehen, Zugabe von Ae.-Toluol, 3std. Rühren, Gießen in W., Eindampfen der organ. Phase u. Reinigung analog a); 50%; c) analog b) u. Reinigung durch 4maliges 2std. Kochen mit Al_2O_3 in PAe.; $[\alpha]_D$ +19,31°; 30%. *Epimere Verb.* (**I b**), F. 87°, durch Einleiten von **VIII** in die sd. Suspension von $NaNH_2$ in abs. Toluol, Eintropfen von **II** in Toluol, Reinigung über das Ag-Salz, 2std. Kochen von 90 g Rohprod. (28%) mit Al_2O_3 in PAe. unter Rühren, Filtrieren, erneutes 2std. Kochen des Filtrats mit Al_2O_3, Extraktion der Al_2O_3-Anteile mit Ae. im SOXHLET, erneutes Kochen des Prod. mit Al_2O_3 u. Eluieren mit Ae.; $[\alpha]_D$ —14,22; 2 g. — *2-Äthylborneol* (**IX a**), Kp.$_5$ 83°, F. 27—28°, durch Hydrieren von 10 g **I a** in Methanol in Ggw. von RANEY-Ni bei 4 at; $[\alpha]_D^{16}$ +2,5°; 9 g. *Epimere Verb.* (**IX b**), Kp.$_5$ 83°, F. 27°, analog aus **I b**; $[\alpha]_D$ —19,3°. — *2-Äthylidencamphan* (**IV**), Kp.$_5$ 45,5°, a) durch 5std. Kochen von 5 g **IX a** in Isopropanol mit verd. HCl unter Rühren, Verdünnen mit W. u. Extraktion mit Ae; $[\alpha]_D$ —44,7°; n_D^{20} 1,4790; 3 g; b) analog a) aus **IX b**; c) durch 2std. Kochen von 7 g **IX a** bzw. **IX b** mit 90%ig. **III**; 5 g; 10 g liefern durch 10std. Kochen mit CrO_3 in W. 1 g **II**. — *Camphyliden-(2)-acetaldehyd* (**VI**), Kp.$_5$ 103—104°, a) durch 1std. Kochen von 20 g **I a** in Isopropanol mit 50 ml konz. HCl u. 120 ml W., Verdünnen mit W., Extraktion mit Ae. u. Dest.; $[\alpha]_D$ —120°; 57,5%; daneben 5% *2-Äthinylcamphen* (**V**; Kp.$_5$ 47—57°); b) analog a) aus 10 g **I b** mit 25 ml konz. HCl u. 56 ml W.; 50%; daneben 10% **V**; c) durch 1std. Erwärmen von **I a** (oder **I b**) mit 30%ig. HCl auf 70°; $[\alpha]_D$ —87,4°; 39%; d) analog c) durch 2std. Rk. mit 60%ig. H_2SO_4 bei 70°; $[\alpha]_D$ —187°; 21%; daneben 30% **V** [Kp.$_4$

49–52°; $[\alpha]_D$ +10°; e) durch 2tägiges Erwärmen von 7 g **I a** oder **I b** mit 90%ig. **III** auf 40°; $[\alpha]_D$ –120°; 3 g. *Semicarbazon*, F. 223°. – *2-Äthinylcamphen* (**V**), $Kp._2$ 52°, a) durch 10std. Kochen von **I a** oder **I b** mit 20%ig. **III**; $[\alpha]_D$ +13,3°; 55%; b) durch 5std. Erwärmen von **I a** oder **I b** mit 60%ig. **III** auf 80°; $[\alpha]_D$ +6,8°; 56%; c) durch 48std. Erwärmen von **I a** oder **I b** mit 90%ig. **III** auf 60°; 24%; daneben 45,7% einer *Fraktion vom* $Kp._{3,5}$ *100–101°* gibt durch Verseifen mit alkohol. KOH *4-Äthinylborneol* (**VII**), F. 122°; $[\alpha]_D$ + 22° (c = 20; A.)]. – *4-Acetylborneol*, $Kp._{3,5}$ 130–135°, durch 6std. Kochen von **I a** oder **I b** mit 90%ig. **III** u. Verseifung der Fraktion von $Kp._{3,5}$ 110–113°; 67%; daneben durch Verseifung der Fraktion $Kp._{2,5}$ 100–101° 10% **VII**; *Semicarbazon*, F. 205°. L. LAMZA. 3600

Einwirkung alkalischer Substanzen auf 10-Bromcampher. 2. Mitt. Michiko Kagawa. (Pharmac. Bull. [Tokyo] **4.** 427–32. Dez. 1956. Tokyo, Sci. Res. Inst., Ltd.; engl.) – 1. vgl. C. **1959.** 13775. – Die Oxydations-Prodd. von α-Campholensäure-I (**I**) u. -II (**II**) werden untersucht. **I** wird durch schwachalkal. $KMnO_4$ unter Bldg. von *1.1-Dimethyl-2-hydroxy-2-hydroxymethylcyclopentyl-(5)-essigsäure* (**III**) oxydiert; bei Einw. von $KMnO_4$ in stärker alkal. Lsg. auf **I** oder auf **III** wird dagegen *1.1-Dimethyl-2-hydroxy-2-carboxycyclopentyl-(5)-essigsäure* erhalten; die bei der Weiteroxydation mit KOBr über *1.1-Dimethylcyclopentanon-(2)-yl-(5)-essigsäure* (**IV**) in *Isocamphoronsäure* (**VI**) übergeht. Auf Grund dieser Ergebnisse besitzt **I** eine exocycl. Doppelbindung u. die Konstit. *1.1-Dimethyl-2-methylencyclopentyl-(5)-essigsäure*. **IV** wird auch durch Ozonolyse von **I**-Äthylester u. alkal. Verseifung des gebildeten **IV**-*Äthylesters* erhalten. Bei der Ozonolyse von **II**-Äthylester entsteht dagegen *Isoketocamphersäure* (**V**), die bei Einw. von NaOBr **VI** liefert. **II** geht bei der Oxydation mit $KMnO_4$ in *α-Dihydroxydihydro-α-campholensäure* über, die mit $K_2Cr_2O_7$ **V** liefert. Für **II** ergibt sich daraus die Struktur *1.1.2-Trimethylcyclopenten-(2)-yl-(5)-essigsäure*. Analog **I** u. **II** gehen auch α-Campholenylalkohol-I (**VII**) u. -II bei der schrittweisen Oxydation in **VI** über. **II**-Äthylester ist durch Rk. von α-Camphenon mit verd. H_2SO_4 in A. zugänglich.

Versuche: *1.1-Dimethyl-2-hydroxy-2-hydroxymethylcyclopentyl-(5)-essigsäure* (**III**), $C_{10}H_{18}O_4$, F. 151°, a) durch Verseifung von 60 g **I**-Äthylester mit methanol. NaOH, Eindampfen, Lösen in ½ Liter W. u. tropfenweise Zugabe von 56,4 g $KMnO_4$ in 1 Liter W. bei 0°, mehrstd. Stehen, Filtration, Einstellen auf pH 7, Eindampfen bei 45–50° im Vakuum, Ansäuern u. Extraktion mit Ae.; aus W. Prismen; $[\alpha]_D^{20}$ + 45,7° (c = 10; A.); b) durch tropfenweise Zugabe von 38 g $KMnO_4$ in W. zu 30 g **VII** in 10%ig. NaOH bei 0°. – *1.1-Dimethyl-2-hydroxy-2-carboxycyclopentyl-(5)-essigsäure*, $C_{10}H_{16}O_5$, F. 177° (W.), a) durch Verseifung von 15 g **I**-Äthylester, Lösen der erhaltenen **I** in 2,5%ig. NaOH, Zutropfen von 42 g $KMnO_4$ in W. bei Raum-Temp. u. Aufarbeitung analog **III**; $[\alpha]_D^{20}$ + 46° (c = 10; abs. A.); b) durch Zugabe von 5%ig. $KMnO_4$-Lsg. zur Lsg. von **III** (dargestellt nach a) in 3%ig. NaOH, Erwärmen bis zur Entfärbung, Filtration u. Aufarbeitung analog **III**; c) durch Oxydation von 20 g **VII** in 10%ig. NaOH mit 60 g $KMnO_4$ in W. bei Raum-Temp.; d) analog b) aus **III** (dargestellt nach b). – *1.1-Dimethylcyclopentanon-(2)-yl-(5)-essigsäure* (**IV**), $C_9H_{14}O_3$, F. 80° (Bzl.), a) durch Zutropfen von 2,4 g Br_2 zur Lsg. von 5 g vorst. Verb. (dargestellt nach a oder b) in 5%ig. NaOH, mehrstd. Stehen, schwaches Ansäuern, Entfernung von überschüssigem Br_2 mit Bzl. u. Extraktion mit Ae.; $[\alpha]_D^{20}$ –46,7° (c = 10; abs. A.); 3 g (roh); b) analog a) aus vorst. Verb. (dargestellt nach c oder d); *Oxim*, $C_9H_{15}NO_3$, F. 167°, aus Methanol Prismen. *Äthylester*, $Kp._2$ 100–102°, durch 50std. Ozonisieren von 50 g **I**-Äthylester in PAe. bei 0°, Zers. der Ozonschicht mit $NaHSO_3$-Lsg. bei 0°, Erwärmen, Alkalisieren u. Extrahieren mit Ae.; $[\alpha]_D^{25}$ –44°; 17 g; gibt durch 4std. Kochen mit 20%ig. alkohol. NaOH **IV**. – *Isocamphoronsäure* (**VI**), $C_9H_{14}O_6$, F. 167–168°, a) durch Eintropfen von NaOBr-Lsg. in die alkal. Lsg. von 2 g **IV** (dargestellt nach a) u. mehrstd. Stehen; aus Chlf./Essigester Prismen; 0,9 g (roh); b) analog a) aus **IV** (dargestellt nach b); c) analog a) aus **V**. – *α-Campholensäure-II* (**II**), nach TIEMANN [1897]. *Äthylester* (**II**-*Äthylester*), durch 7std. Kochen von α-Camphenon mit abs. A. u. 98%ig. H_2SO_4, Eindampfen, Extraktion mit Ae. u. Destillation. – *α-Dihydroxydihydro-α-campholensäure*, $C_{10}H_{18}O_4$, F. 147°, a) durch Zugabe von 5% $KMnO_4$-Lsg. zu α-Campholenylalkohol-II in 2,5%ig. NaOH u. mehrstd. Stehen; aus W. Prismen; $[\alpha]_D^{20}$ + 60,3° (c = 10; abs. A.); b) durch Oxydation von **II**-Äthylester mit $KMnO_4$. – *Isoketocamphersäure* (**V**), $C_{10}H_{16}O_5$, F. 133°, a) durch 10std. Ozonisieren von **II**-Äthylester in PAe; aus Bzl. Prismen; b) durch Oxydation vorst. Verb. (dargestellt nach a oder b) mit $K_2Cr_2O_7 \cdot H_2SO_4$. L. LAMZA. 3600

Terpenoide. 46. Mitt. **Kopalsäure.** T. Nakano und Carl Djerassi. (J. org. Chemistry **26.** 167–73. Jan. 1961. Stanford, Calif., Stanford Univ., Dep. of Chem.; engl.) – 45. vgl. C. **1961.** 10951. – Die saure Fraktion von „brasilian. Kopal" besteht zum größten Teil aus einer *Kopalsäure* (**I**) genannten *Diterpensäure*. Die Aufnahme von

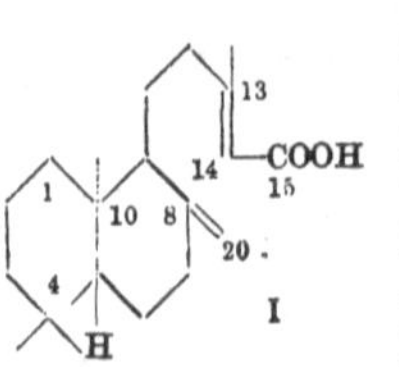

2 Val H_2 bei der Hydrierung zeigt, daß **I** bicycl. ist u. 2 Doppelbindungen (DB) besitzt. Eine der DB liegt exocycl. die andere in Konjugation zur Esterfunktion. Dehydrierung von **I** liefert *1.2.5-Trimethylnaphthalin* u. *1.1.4.7-Tetramethylphenalan*, das bisher nur aus Agathendisäure (**III**) u. Cativsäure erhalten werden konnte. Vff. schließen daraus, daß **I** das Gerüst von **III** u. verwandten Diterpensäuren besitzt. Kernresonanzspektrograph. u. massenspektrograph. Unterss. lassen erkennen, daß **I** aus einem Gemisch von DB-Isomeren besteht. Die abs. Konfiguration von **I** entspricht der von Dehydroeperusäure. — UV- u. IR-Spektren sind angegeben.

Versuche ([α] in Chlf.): *Kopalsäure* (**I**), $C_{20}H_{32}O_2$, Kp.$_{0,005}$ 160° (Bad), aus 0,93 g **II** durch 2std. Kochen mit methanol. NaOH u. Aufarbeiten; $[\alpha]_D$ —6,9 (c = 1,15); 0,68 g (Ausbeute. *Methylester* (**II**), $C_{21}H_{34}O_2$, Kp.$_{0,2}$ 160° (Bad), Kp.$_{0,05}$ 180° (Bad), aus dem Harz von *Hymenaea Courbaril L.* durch mehrstd. Extraktion mit Ae./Methanol bei Zimmer-Temp., Fällen unlösl. Materials mit Methanol u. wiederholte Extraktion, Eindampfen im Vakuum bei 55°, Ausäthern, Extrahieren mit 2%ig. wss. NaOH, Ansäuern des Extraktes, Ausäthern, $^1/_4$std. Stehen mit äther. CH_2N_2-Lsg. u. Chromatographie an Al_2O_3; $[\alpha]_D$ —13°, $[\alpha]_{500}$ —25°, $[\alpha]_{400}$ —39°, $[\alpha]_{350}$ —55°, $[\alpha]_{300}$ —89°, $[\alpha]_{290}$ —99° (c = 0,391; Methanol); 13%. — *Tetrahydrokopalsäure*, $C_{20}H_{36}O_2$, Kp.$_{0,1}$ 150° (Bad), durch Verseifung; $[\alpha]_D$ —17° (c = 1,00). *Methylester*, $C_{21}H_{38}O_2$, Kp.$_{0,2}$ 150° (Bad), aus 0,131 g **II** durch 10 Min. langes Hydrieren an PtO_2 in Eisessig bei Zimmer-Temp.; $[\alpha]_D$ —20,5° (c = 1,02); 0,109 g. — *1.2.5-Trimethylnaphthalin*, *Pikrat*, $C_{19}H_{17}N_3O_7$, F. 135 bis 136,5° (A.), aus 2,71 g **I** durch 30std. Erhitzen mit Se auf 300°, Ausäthern, Dest. bei Kp.$_{0,5}$ 130—140° u. Rk. mit Pikrinsäure (PS); 0,56 g. Daneben *1.1.4.7-Tetramethylphenalan*, *Pikrat*, $C_{23}H_{23}N_3O_7$, F. 135—136° (A.); durch Dest. bei Kp.$_{0,2}$ 135—155° u. Rk. mit PS; 0,26 g. — *Dihydrokopalsäure*, $C_{20}H_{34}O_2$, Kp.$_{0,03}$ 150°, aus 5,52 g **I** u. Na in n-Butanol, Verdünnen mit W., Einengen im Vakuum, Ansäuern u. Ausäthern; $[\alpha]_D$ —19,9° (c = 1,44); 4,37 g. *Cyclohexylaminsalz*, $C_{26}H_{47}NO_2$, F. 123—126° [Essigester (EE)/Chlf.], aus 4,37 g Säure u. 1,5 g Cyclohexylamin; $[\alpha]_D$ —21,7 (c = 0,76); 1,95 g. *Methylester*, $C_{21}H_{36}O_2$, Kp.$_{0,01}$ 130°, mit CH_2N_2; $[\alpha]_D$ —19,1° (c = 1,34). — *20-Nor-8-ketodihydrokopalsäure*, *Methylester* (**IV**), aus 0,87 g vorst. Esters durch Ozonisieren bei —70° in EE, Durchleiten von N_2, Behandeln mit Zn-Staub/Essigsäure bis zur negativen J-Stärke-Rk., Extrahieren mit W. u. Eindampfen der organ. Phase; $[\alpha]_{589}$ + 26°, $[\alpha]_{317,5}$ + 1228°, $[\alpha]_{287,5}$ —858° (c = 0,076; Dioxan); 0,8 g (daneben, nach Behandeln der wss. Phase mit BRADYs Reagens, 0,04 g *Formaldehyd-2.4-dinitrophenylhydrazon*, F. 162—164°). *Oxim*, $C_{19}H_{33}NO_3$, F. 178—180° (A.), aus 0,7 g **IV** durch 2std. Kochen mit methanol. KOH, ½std. Kochen der erhaltenen, nicht kristallisierenden *freien Säure* mit $NH_2OH \cdot HCl$ in wss.-alkohol. NaOH, Ansäuern u. Ausäthern; $[\alpha]_D$ —33,4° (Dioxan); 0,32 g. — *$\Delta^{8,20,13}$-Labdadiensäure-(15)-methylester*, $C_{21}H_{34}O_2$, Kp.$_{0,01}$ 140° (Bad), aus 50 g Sclareol durch Überführen in 21,3 g rohen *Aldehyd* (vgl. BORY u. LEDERER, C. **1960**. 2883). Oxydation mit Ag_2O, Methylieren, chromatograph. Trennung an Al_2O_3 in 1,7 g *5-[2α-Hydroxy-2.5.5.8a-tetramethyl-trans-dekalyl-(1)]-3-methylpenten-(2)-säuremethylester* (**V**, F. 130—131° (Aceton/Hexan), $[\alpha]_{589}$ + 7°, $[\alpha]_{500}$ + 7°, $[\alpha]_{400}$ + 7°, $[\alpha]_{370}$ —7°, $[\alpha]_{350}$ —24°, $[\alpha]_{300}$ —42° (c = 0,090; Methanol)], 1,4 g eines **V**-*Isomeren* [**VI**, F. 98—99°, [α] +23°, $[\alpha]_{500}$ + 23°, $[\alpha]_{400}$ + 39°, $[\alpha]_{370}$ + 55°, $[\alpha]_{350}$ + 67°, $[\alpha]_{300}$ +120° (c = 0,098; Methanol)] u. 2 g eines *Oxidoesters vom F. 105—106°*, 15std. Stehen von 2 g **V** mit $POCl_3$ in Pyridin bei Zimmer-Temp., Gießen in Eiswasser, Ausäthern, Chromatographie an Al_2O_3 u. Eluieren mit PAe.; $[\alpha]_D$ + 9,7° (c = 1,73), $[\alpha]_{589}$ + 6°, $[\alpha]_{500}$ + 8°, $[\alpha]_{400}$ + 6°, $[\alpha]_{370}$ —2°, $[\alpha]_{350}$ —12°, $[\alpha]_{300}$ — 72°, $[\alpha]_{285}$ —117° (c = 0,378; Methanol); 1,76 g. 1½std. alkal. Verseifung → **I**. — *Isomerer Labdadiensäure-(15)-methylester*, $C_{21}H_{34}O_2$, analog vorst. Verb. aus **VI**; $[\alpha]_{589}$ + 50°, [α] + 64°, $[\alpha]_{400}$ + 119°, $[\alpha]_{370}$ + 148°, $[\alpha]_{350}$ + 174°, $[\alpha]_{300}$ + 277°, $[\alpha]_{285}$ + 353° (c = 0,426; Methanol). *Freie Säure*, $C_{20}H_{32}O_2$, Kp.$_{0,01}$ 160°, durch Verseifen des Esters; $[\alpha]_D$ + 38,2° (c = 1,16). B.-G. BRODDA. 3600□

Untersuchungen über den sterischen Verlauf säurekatalysierter Cyclisationen bei terpenoiden Polyenverbindungen. 2. Mitt. **Dimerisation von (±)-1-Methylen-5.5.8a-trimethyl-trans-dekalon-(2) [Totalsynthese von (+)-(8S.8′S)-Onocerandiol-(8.8′)].** E. Romann, A. J. Frey, P. A. Stadler und A. Eschenmoser. (Helv. chim. Acta **40**. 1900—17. 15/10. 1957. Zürich, ETH, Organ.-chem. Labor.; dt.) — 1. vgl. C. **1959**. 2102. — Die Dimerisation von (±)-1-Methylen-5.5.8a-trimethyl-trans-dekalon-(2) (**I**) verläuft stereoselektiv. 24std. Erhitzen von **I** in Xylol auf 90—130° führte in ca. 70%ig. Ausbeute in der Hauptsache zu einem *Dimeren A* (**II**), daneben fiel ein leichtlösl. *Dimeres B* von gleicher Bruttoformel u. ident. IR-Spektr. an. Der Geh. an **II** blieb unverändert, wenn die Rk.-Temp. zwischen 90—130° variierte oder die Rk. 26 Tage bei

Zimmer-Temp. durchgeführt wurde. Bei der Red. von **II** mit Na in sd. Propanol entsteht (±)-*Bisnoronocerandiol* (**VI**), das bei der Oxydation mit CrO_3 (±)-*Bisnoronocerandion* gibt. Die Umsetzung des entsprechenden (—)-*Diketons* mit CH_3MgJ liefert (+)-(*8S.8'S*)-*Onocerandiol-(8.8')*. Durch die Dimerisation von **I** ist ein stereoselektiver Zugang zur Onocerinstruktur gefunden.

Versuche (die IR-Spektren aller Verbb. sowie die UV-Spektren von **I** u. die der Dimeren werden mitgeteilt): *1-[Methylsulfonyloxymethyl]-2-hydroxy-5.5.8a-trans-dekalin*, $C_{15}H_{28}O_4S$, F. 94° (Hexan), durch 18std. Rk. von 0,464 g des entsprechenden Diols (vgl. l. c.) mit Mesylchlorid in abs. Pyridin bei 0°; 0,562 g (Ausbeute). — *1-[Methylsulfonyloxymethyl]-5.5.8a-trans-dekalon-(2)* (**III**), $C_{15}H_{26}O_4S$, F. 98° (Hexan), aus vorst. Verb. durch Oxydation mit CrO_3 in Eisessig bei Zimmer-Temp.; 66%. — *1-Methylen-5.5.8a-trimethyl-trans-dekalol-(2)* (**IV**), $C_{14}H_{24}O$, F. 90,5—91° (Hexan), durch 1std. Schütteln von 5.5.8a-Trimethyl-trans-dekalon-(2)-carbonsäure-(1)-methylester mit NaH in Ae. bei Zimmer-Temp., 1std. Kochen, 1std. Kochen nach Zusatz von $LiAlH_4$, Aufarbeiten u. Chromatographie mit PAe.–Bzl. an Al_2O_3; 35%. Hydrierung an Pd in Essigester → *öliges Produkt*. — (±)-*1-Methylen-5.5.8a-trimethyl-trans-dekalon-(2)* (**I**), $Kp._{0,05}$ 90—115° (Bad-Temp.), a) durch ½std. Stehen von **III** mit Na-Methylat in Bzl.–Methanol bei 0°, Gießen auf Eis, Ausäthern u. Dest.; 87%; b) durch 4std. CrO_3-Oxydation von **IV** in Pyridin. *2.4-Dinitrophenylhydrazon*, $C_{20}H_{26}N_4O_4$, F. 183—184,5°, organgefarbene Nadeln aus Chlf.–Methanol. — *Verb.* $C_{15}H_{26}O_4S$ (**V**), F. 157° (Ae.–PAe.), durch 1std. Rk. von 485 mg **III** mit K-tert.-Amylat in Ae.–Bzl. bei 0°, ½std. Stehen bei Zimmer-Temp. u. Aufarbeiten; 101 mg (daneben 34 mg **I**). — *Dimeres A* (**II**), $C_{28}H_{44}O_2$, F. 172°, durch 24std. Erhitzen von **I** in Xylol im Rohr auf 110°, Einengen u. Umkristallisieren aus Aceton; 46,4%. — *Dimeres B*, F. 130°, neben **II**; 24%. — (±)-*Bisnoronocerandiol* (**VI**), $C_{28}H_{50}O_2$, F. 243—244°, durch 3std. Kochen von 650 mg **II** mit Na in abs. Propanol u. Aufarbeiten; 480 mg. — (±)-*Bisnoronocerandion*, $C_{28}H_{46}O_2$, F. 117—118°, durch 4std. Rk. von 181 mg **VI** mit CrO_3 in verd. H_2SO_4 u. Methyläthylketon, Methanolzusatz, Aufnehmen in W.–Ae., Aufarbeiten u. Chromatographie an Al_2O_3; 130 mg. — (+)-*Bisnoronocerandiol*, $C_{28}H_{50}O_2$, F. 208,5 bis 209° (Aceton), a) durch 18std. Stehen von 515 mg **VI** mit l-Methoxyacetylchlorid in Pyridin, ¼std. Erwärmen auf 50°, Einengen, Aufnehmen in Eiswasser–Ae., Waschen u. Einengen der Ae.-Lsg., Chromatographie der 950 mg öligen Prodd. an Al_2O_3 u. Verseifung mit äthanol. KOH; 70 mg; b) durch Red. von 92 mg **VII** mit Na in sd. n-Propanol; 69 mg; $[\alpha]_D^{23}$ +11° (Chlf.). — (—)-*Bisnoronocerandion* (**VII**), $C_{28}H_{46}O_2$, F. 139—140°, a) aus 63 mg vorst. Verb. durch Oxydation mit CrO_3 in H_2SO_4–W.–Aceton; 51 mg; b) durch 5 Min. langes Ozonisieren von 220 mg α-Onoceradien in trockenem Methylenchlorid bei —70°, Rk. mit Zn-Staub u. Eisessig bei —20° u. Aufarbeiten; 141 mg; $[\alpha]_D^{25}$ —68° (Chlf.). — (+)-*Onocerandiol-(8.8')*, $C_{30}H_{54}O_2$, F. 180,5—181°, durch 1std. Kochen von 75 mg **VII** mit Methyl-MgJ in Ae., Aufarbeiten u. Chromatographie an Al_2O_3; 38 mg. H. NÜRNBERGER. 3600□

V

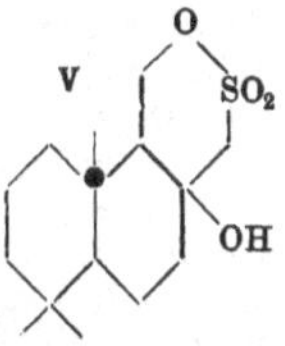

Eine neue Umlagerung des Steroidkerns. Synthese von 18-Nor-D-homosteroiden. Hans Reimann, Alfred S. Capomaggi, Tova Strauss, Eugene P. Oliveto und D. H. R. Barton. (J. Amer. chem. Soc. **83**. 4481—82. 5/11. 1961. Bloomfield, N. J., Schering Corp.; Cambridge, Mass., Res. Inst. for Med. and Chem.; engl.) — Δ^4-Androsten-11β-ol-3.17-dion wird in das *11β-Nitrit* übergeführt, das bei der Bestrahlung in Toluol krist. *18-Nor-D-homo-$\Delta^{4.13,17a}$-androstadien-11β-ol-3.17-dion* (**I**) liefert. **I** gibt mit Acetanhydrid in Pyridin das *11-Acetat*. Dehydratisierung von **I** mit Perchlorsäure in Methanol führt zu *18-Nor-D-homo-$\Delta^{4.11.13,17a}$-androstatrien-3.17-dion*, das zum bekannten *18-Nor-D-homo-$\Delta^{4.13,17a}$-androstadien-3.17-dion* hydriert wird. Analog gibt $\Delta^{1.4}$-Androstadien-11β-ol-3.17-dion über das *11β-Nitrit* u. dessen Bestrahlung *18-Nor-D-homo-$\Delta^{1.4.13,17a}$-androstatrien-11β-ol-3.17-dion* (**II**). **II** liefert ein *11-Acetat* u. wird zu *18-Nor-D-homo-$\Delta^{1.4.11.13,17a}$-androstatetraen-3.17-dion* dehydratisiert. Bestrahlung von *11β-Hydroxyöstron-3-acetat-11-nitrit* führt zu *18-Nor-D-homo-$\Delta^{1.3.5.10.13,17a}$-östratetraen-3.11β-diol-17-on-3-acetat*, von *Androstan-3β.11β-diol-17-on-3-acetat-11-nitrit* zu *18-Nor-D-homo-$\Delta^{13,17a}$-androsten-3β.11β-diol-17-on-3-acetat* (**III**). **III** liefert mit Perchlorsäure bzw. KOH in Methanol das entsprechende *$\Delta^{11.13,17a}$-Androstadien-3β-ol-17-on*, das zu *18-Nor-D-homo-$\Delta^{13,17a}$-androsten-3β-ol-17-on* hydriert wird.

Versuche: *Δ^4-Androsten-11β-ol-3.17-dion-11-nitrit*, F. 157—159°; $[\alpha]_D$ +249°. — *18-Nor-D-homo-$\Delta^{4.13,17a}$-androstadien-11β-ol-3.17-dion* (**I**), F. 269—273°, aus vorst. Verb. durch Bestrahlung in Toluol; $[\alpha]_D$ +134° (Pyridin). *11-Acetat*, F. 161—165°, mit Acetanhydrid in Pyridin; $[\alpha]_D$ +148°. — *18-Nor-D-homo-$\Delta^{4.11.13,17a}$-androstatrien-3.17-dion*,

F. 189—192°, aus I mit Perchlorsäure in Methanol; $[\alpha]_D$ —88°. — *18-Nor-D-homo-$\Delta^{4.13,17a}$-androstadien-3.17-dion*, F. 196—199°, aus vorst. Verb. durch Hydrieren über Pd/$CaCO_3$ in Bzl.; $[\alpha]_D$ +49°. — *$\Delta^{1.4}$-Androstadien-11β-ol-3.17-dion-11-nitrit*, F. 109 bis 111°, $[\alpha]_D$ +179°. — *18-Nor-D-homo-$\Delta^{1.4.13,17a}$-androstatrien-11β-ol-3.17-dion* (II), F. 254—257°, durch Bestrahlung vorst. Verb.; $[\alpha]_D$ +35° (Pyridin). *11-Acetat*, F. 199 bis 201°, $[\alpha]_D$ +80°. — *18-Nor-D-homo-$\Delta^{1.4.11.13,17a}$-androstatetraen-3.17-dion*, F. 200 bis 202°, durch Dehydratisierung von II; $[\alpha]_D$ —193°. — *11β-Hydroxyöstron-3-acetat-11-nitrit*, F. 176—178°, $[\alpha]_D$ +93°. — *18-Nor-D-homo-$\Delta^{1.3.5.10.13,17a}$-östratetraen-3.11β-diol-17-on-3-acetat*, F. 181—183°, durch Bestrahlung vorst. Verb.; $[\alpha]_D$ +117° (Pyridin). — *Androstan-3β.11β-diol-17-on-3-acetat-11-nitrit*, F. 134—136°, $[\alpha]_D$ +69°. — *18-Nor-D-homo-$\Delta^{13,17a}$-androsten-3β.11β-diol-17-on-3-acetat* (III), F. 165—168°, durch Bestrahlung vorst. Verb.; $[\alpha]_D$ —3° (Pyridin). — *18-Nor-D-homo-$\Delta^{11.13,17a}$-androstadien-3β-ol-17-on*, F. 255 bis 258°, aus III mit Perchlorsäure bzw. KOH in Methanol; $[\alpha]_D$ —46°. *3-Benzoat*, F. 220 bis 223°, $[\alpha]_D$ —22°. — *18-Nor-D-homo-$\Delta^{13,17a}$-androsten-3β-ol-17-on*, F. 201—204°, durch Hydrierung vorst. Verb.; $[\alpha]_D$ —36°. — Die UV- u. IR-Spektren der Verbb. sind angegeben. H. GLEINIG. 3700□

D-Homosteroide. 3. Mitt. **Die Wagner-Meerwein-Umlagerung 20-substituierter Bisnorallocholane.** Milan Uskoković, Marcel Gut und R. I. Dorfman. (J. Amer. chem. Soc. **82**. 3668—73. 20/7. 1960. Worcester, Mass., Clark Univ., Dep. of Chem.; Worcester Foundation for Experimental Biol., Dep. of Org. Chem.; engl.) — 2. vgl. C. **1962**. 6423. — Bisnorallocholan-20-ol-, 20-Chlorbisnorallocholan- u. Δ^{20}-Bisnorallocholen-Derivv. unterliegen einer WAGNER-MEERWEIN-Umlagerung zu *17.17a-Dimethyl-$\Delta^{17,17a}$-D-homoandrostenderivaten.* Die Struktur der Rk.-Prodd. wurde durch die Red. von 3β-Acetoxy-17a.17a-dimethyl-D-homoandrostan-17-on (I) zu *17a.17a-Dimethyl-D-homoandrostan-3β.17β-diol* u. durch Umlagerung von *3β-Acetoxy-17a.17a-dimethyl-D-homoandrostan-17β-ol* zu *17.17a-Dimethyl-$\Delta^{17,17a}$-D-homoandrosten-3β-olacetat* bewiesen. — IR-Maxima (KBr) angegeben.

Versuche: *Bisnorallocholan-3β.20-diol* (II), $C_{22}H_{38}O_2$, F. 182—184° (Methanol), aus 7,2 g 3β-Acetoxyallopregnan-20-on u. CH_3MgJ, Stehen über Nacht, dann Hydrolysieren mit gesätt. wss. NH_4Cl, Chromatographie an Silicagel u. Eluieren mit Bzl./Ae. (3:1); $[\alpha]_D^{20}$ —1,8° (c = 0,85; Chlf.); 6,2 g (Ausbeute). — *Bisnorallocholan-3β.20-diol-3-acetat* (III), $C_{24}H_{40}O_3$, F. 197,5—199° (Methanol), aus 2,5 g **II** durch 24std. Stehen bei Raum-Temp. mit Acetanhydrid in Pyridin u. Behandeln mit W.; $[\alpha]_D^{20}$ —5,4° (c = 1,4; Chlf.); 2,5 g. — *Δ^{20}-Bisnorallocholen-3β-olacetat* (**IV**), $C_{24}H_{38}O_2$, F. 118° (Aceton), a) aus der methanol. Mutterlauge von **III** durch Chromatographie an Silicagel u. Eluieren mit Bzl.; $[\alpha]_D^{20}$ +1,5° (c = 1,8; Chlf.); 0,3 g; b) durch Acetylieren von **II**; 10%. — *17.17a-Dimethyl-$\Delta^{17,17a}$-D-homoandrosten-3β-ol* (**V**), $C_{22}H_{36}O$, F. 144,5—145,5° (Methanol), durch ½ std. Kochen von **II** in Eisessig bei Ggw. von J_2, nach Abkühlen Red. des J_2 mit $NaHSO_3$, Verdünnen mit W., Extrahieren mit Chlf., Chromatographie an Silicagel u. Eluieren mit Ae./Bzl. (1:99); >90%; b) durch 2std. Kochen von 334,5 mg **II** mit p-Toluolsulfonsäure in 95%ig. CH_3COOH u. Aufarbeiten analog a); $[\alpha]_D^{20}$ —68° (c = 1,16; Chlf.); 0,25 g; gibt mit Acetanhydrid in Pyridin beim Stehen über Nacht, Chromatographie an Silicagel u. Eluieren mit Bzl./Hexan (1:1) das *Acetyl-Deriv.*; 100%. *Acetyl-Deriv.*, $C_{24}H_{38}O_2$, F. 62—64° (Methanol), a) aus 376,5 mg **III** analog **V** nach a) u. Eluieren des Chromatogramms mit Bzl./Hexan (1:50 bis 1:20); 0,2 g; daneben *$\Delta^{17,20}$-Bisnorallocholen-3β-olacetat*, $C_{24}H_{38}O_2$, F. 145° (Aceton), durch Elution mit Bzl./Hexan (1:3); 25 mg; b) aus 0,3 g **IV** analog **V** nach b); $[\alpha]_D^{20}$ —58° (c = 1,38; Chlf.); 0,225 g. — *17a.17a-Dimethyl-D-homoandrostan-3β.17β-diol*, $C_{22}H_{38}O_2$, F. 210—212° (Methanol), durch 24std. Schütteln von 0,15 g **I** mit $NaBH_4$ in Methanol bei Raum-Temp., Verdünnen mit Bzl., Chromatographie an Silicagel u. Eluieren mit Ae./Bzl. (1:9); $[\alpha]_D^{20}$ —8,50° (c = 0,293; Chlf.); 35 mg; daneben das *3β-Acetat*, $C_{24}H_{40}O_3$, F. 193—195° (Methanol), durch Elution mit Ae./Bzl. (1:99); $[\alpha]_D^{20}$ —13,9° (c = 0,18; Chlf.); 85 mg; gibt analog **V** nach b) durch 8std. Kochen u. Eluieren des Chromatogramms mit Bzl./Hexan (1:1) **V**-*Acetat*. — *20-Chlorbisnorallocholan-3β-olacetat*, $C_{24}H_{39}ClO_2$, F. 163—164° (Aceton), aus **III** mit HCl in Bzl.; $[\alpha]_D^{20}$ —6,5° (c = 1,39; Chlf.); 100%. — *Δ^{20}-Bisnorallocholen-3β-ol*, $C_{22}H_{36}O$, F. 134—134,5° (Methanol), aus 0,1 g vorst. Verb. mit 5%ig. methanol KOH; $[\alpha]_D^{20}$ +7,5° (c = 1,21; Chlf.); 70 mg; gibt mit Acetanhydrid **IV** u. durch Chromatographie in Hexan an Silicagel u. Eluieren mit Bzl./Hexan (1:20) **V**-*Acetat*; 100%. — *20-Hydroxybisnorallocholan-3-on* (**VI**), $C_{22}H_{36}O_2$, F. 192—194° (Methanol), durch 24std. Schütteln von 1 g **II** mit CrO_3 in 80%ig. CH_3COOH/CH_2Cl_2, nach Hinzufügen von $NaHSO_3$ Neutralisieren der CH_2Cl_2-Phase, Chromatographie an Silicagel u. Eluieren mit Ae./Bzl. (1:20); $[\alpha]_D^{20}$ +22,9° (c = 1,2; Chlf.); 0,96 g. — *17.17a-Dimethyl-$\Delta^{17,17a}$-D-homoandrosten-3-on*, $C_{22}H_{34}O$, F. 107—108° (Methanol), a) analog **V** nach b) aus 0,3 g vorst. Verb. u.

Elution des Chromatogramms mit Äthylacetat/Bzl. (1:99); $[\alpha]_D^{20}$ $-39,1^0$ ($c = 0,96$; Chlf.); 0,26 g; b) analog **VI** aus 0,3 g **V**; 100%. — *3β-Acetoxy-16β-acetyl-17-methyl-17-hydroperoxyandrostan* (**VII**), $C_{24}H_{38}O_5$, F. 183—184,5° (Methanol), durch Ozonisieren von **V**-Acetat bei -70^0 in Äthylacetat bis zur Blaufärbung, Eindampfen im Vakuum bei Raum-Temp., Lösen in Eisessig, Hinzufügen von 30% ig. H_2O_2, Stehen über Nacht, Eindampfen im Vakuum, Aufnehmen in Bzl., Chromatographie an Silicagel u. Eluieren mit Ae./Bzl. (1:20 bis 1:10); $[\alpha]_D^{20}$ $+24^0$ ($c = 1,02$; Chlf.); gibt bei Hydrolyse mit NaOH in CH_2Cl_2 unter Aufsprengung des D-Ringes *Verb.* $C_{22}H_{36}O_4$, F. 187—188° (Methanol); dieses gibt bei Acetylierung **VII**. — *3β-Acetoxy-16-acetyl-17-methyl-16.17-secoandrostan-17-on* (**VIII**), $C_{24}H_{38}O_4$, F. 154—157° (Ae./PAe.), durch Zers. von **VII** bei 180°/0,01 Torr; $[\alpha]_D^{20}$ $+18,6^0$ ($c = 1,61$; Chlf.). — *3β-Acetoxy-16-acetyl-17-methylandrostan-17-ol*, F. 202—203° (Ae.), durch Chromatographie vorst. Verb. an Al_2O_3 u. Eluieren mit Äthylacetat/Bzl. (1:20). — *16-Acetyl-17-methyl-Δ^{16}-androsten-3β-olacetat*, aus **VII** oder **VIII** durch 4std. Kochen mit p-Toluolsulfonsäure in Eisessig, Eingießen in Äthylacetat, Chromatographie an Silicagel u. Eluieren mit Äthylacetat/Bzl. (1:20); glasige Masse. B.-G. BRODDA. 3700□

D-Homosteroide. 4. Mitt. **17β.17aβ-Dimethyl-17α.17aα-dihydroxy- und 17.17-Dimethyl-17a-keto-D-homosteroide.** Milan Uskoković, Marcel Gut, Edward N. Trachtenberg, W. Klyne und R. I. Dorfman. (J. Amer. chem. Soc. **82.** 4965—69. 20/9. 1960; engl.) — 3. vgl. vorst. Referat. — Hydroxylierung von 17.17a-Dimethyl-$\Delta^{17,17a}$-D-homoandrosten-3β-olacetat (**I**) mit OsO_4 ergab *17β.17aβ-Dimethyl-D-homoandrostan-3β.17α.17aα-triol-3β-acetat* (**II**). CrO_3-Oxydation dieses Glykols ergab *3β-Acetoxy-17.17a-dimethyl-17.17a-seco-D-homoandrostan-17.17a-dion* (**IV**). Aus **II** entsteht durch Pinakolinumlagerung *3β-Acetoxy-17.17-dimethyl-D-homoandrostan-17a-on* (**III**), was für den D-Ring Wannenform im Übergangsstadium erfordert. Sesselform dieses Ringes in **II** würde entweder ein 17-Keto-17a.17a-dimethylisomeres von **III** oder 3β-Acetoxy-17β-methyl-5α.17α-pregnan-20-on ergeben haben, je nachdem, ob das 17- oder das 17a-Hydroxyl protonisiert worden ist. Diese Verbb. wurden jedoch, wegen der hohen Energien ihrer Übergangsstadien, nicht erhalten. — Die Wannenform des D-Ringes in **III** ist wegen der destabilisierenden diaxialen 1.3-Wechselwrkg. zwischen den 13β- u. 17β-Methylgruppen bei Sesselform bevorzugt; ebenso werden die ster. Wechselwrkg. des D-Ringes durch die Anwesenheit der 17a-Ketogruppe erleichtert. Auch der Verlauf der opt. Drehung von **III** ist mit einer idealen Sesselform unvereinbar. Der negative Cottoneffekt dieser Kurve läßt für diese „überfüllten" Polymethylcyclohexan-Derivv. eine modifizierte Sessel- oder Wannenform erwarten; eine Entscheidung für eine bestimmte der vielen möglichen Konfigurationsvarianten ist jedoch allein auf Grund des Verlaufs der opt. Drehung nicht möglich. — IR-Maxima (KBr) angegeben.

Versuche: *17β.17aβ-Dimethyl-D-homoandrostan-3β.17α.17aα-triol-3β-acetat* (**II**), $C_{24}H_{40}O_4$, F. 181—183°, durch 10tägiges Stehen von 1 g **I** mit OsO_4 in Dioxan im Dunkeln bei Raum-Temp., Sättigen mit H_2S u. Eindampfen im Vakuum; dunkelgrüne Kristalle aus Ae.; $[\alpha]_D^{20}$ $+13^0$ ($c = 1,49$; Chlf.); 0,97 g (Ausbeute.) — *3β-Acetoxy-17.17a-dimethyl-17.17a-seco-D-homoandrostan-17.17a-dion* (**IV**), a) durch 18std. Schütteln von 0,3 g vorst. Verb. mit $NaBiO_3$ in 75% ig. CH_3COOH, Behandeln mit gesätt. wss. $NaHSO_3$, Hinzufügen von W., Extrahieren mit Chlf. u. Umkristallisieren aus Ae./PAe.; 0,26 g; b) durch 72std. Schütteln von 0,1 g **II** mit CrO_3 in CH_2Cl_2/CH_3CO_2H; 45 mg. — *3β-Acetoxy-17.17-dimethyl-D-homoandrostanon-(17a)* (**III**), $C_{24}H_{38}O_3$, F. 110—111° (Methanol), durch ½std. Kochen von 0,3 g **II** in Eisessig bei Ggw. von J_2 unter N_2, Behandeln mit gesätt. wss. $NaHSO_3$, Hinzufügen von W., Extrahieren mit CH_2Cl_2, nach Eindampfen Chromatographie an Silicagel u. Eluieren mit Äthylacetat/Bzl. (1:50); $[\alpha]_D^{20}$ -29^0 ($c = 1,17$; Chlf.); 0,16 g; daneben, bei Elution mit Äthylacetat/Bzl. (1:20), Spuren von *3β-Acetoxy-17a.17a-dimethyl-D-homoandrostan-17-on*, F. 172—174°. — *3β-Hydroxy-17.17-dimethyl-D-homoandrostan-17a-on*, $C_{22}H_{36}O_2$, F. 152—155° (Ae.), a) aus 0,1 g **III** durch Stehen über Nacht mit NaOH in Methanol bei Raum-Temp. u. Extrahieren mit CH_2Cl_2; $[\alpha]_D^{20}$ -24^0 ($c = 0,36$; Chlf.); 75 mg; b) durch Kochen von 0,5 g 3-Acetoxy-D-homoandrostan-17a-on mit K-tert.-Butoxid u. CH_3J in Bzl., Hinzufügen von Eis u. Extrahieren mit Ae.; 0,16 g. — *17.17-Dimethyl-D-homoandrostan-3.17a-dion* (**V**), $C_{22}H_{43}O_2$, F. 129—131,5° (Methanol), analog **IV** nach b) aus 0,1 g vorst. Verb. u. Eluieren mit Ae./Bzl. (1:20); $[\alpha]_D^{20}$ $+12^0$ ($c = 1,05$; Chlf.); 93 mg. — *17α.17aα-Dihydroxy-17β.17aβ-dimethyl-D-homoandrostan-3-on*, $C_{22}H_{36}O_3$, F. 183—184° (Ae.), analog **II** aus 1 g 17.17a-Dimethyl-$\Delta^{17,17a}$-D-homoandrosten-3-on u. Eluieren mit Äthylacetat/Bzl. (1:4); $[\alpha]_D^{20}$ $+28^0$ ($c= 1,064$; Chlf.); 0,84 g; gibt analog **III** mit J_2 **V**. — *17.17a-Dimethyl-17.17a-seco-D-homoandrostan-3.17.17a-trion*, $C_{22}H_{34}O_3$, F. 171—172°, a) analog **IV** nach a) aus 0,3 g vorst. Verb.; 0,28 g; b) analog **IV** nach b) aus 0,1 g vorst. Verb.; $[\alpha]_D^{20}$ $+31^0$ ($c = 0,604$; Chlf.); 80 mg. B.-G. BRODDA. 3700□

Mit Steroidhormonen verwandte Verbindungen. 6. Mitt. **Synthese der 9α-Fluor-16β-methylderivate von Hydrocortison und Prednisolon.** T. R. Carrington, S. Eardley, J. Elks, G. F. H. Green, G. I. Gregory, A. G. Long und J. C. P. Sly. (J. chem. Soc. [London] **1961.** 4560–72. Okt.; engl.) – 5. vgl. Attenburrow u. Mitarbeiter, C. **1962.** 14875. – 21-Acetoxy-17α-hydroxy-$\Delta^{9,11}$-5α-pregnen-3.20-dion (I) wird zu *21-Acetoxy-9α.11β-dichlor-17α-hydroxy-5α-pregnan-3.20-dion* (II) chloriert, das beim Behandeln mit LiCl/Li_2CO_3 in heißem Dimethylacetamid hauptsächlich unter Bldg. von *21-Acetoxy-17α-hydroxy-$\Delta^{7.9,11}$-5α-pregnadien-3.20-dion* dehydrochloriert wird. Letzteres entsteht auch beim Behandeln von 21-Acetoxy-9α-brom-11β-formyloxy- (**III**) bzw. 11β.21-Diacetoxy-9α-brom-17α-hydroxy-5α-pregnan-3.20-dion (**IV**) mit K-Acetat in sd. A. oder mit $CaCO_3$ in Dimethylacetamid bei 100°. **III** u. **IV** sind durch Rk. von **I** mit N-Bromsuccinimid in Ameisensäure/Na-Formiat bzw. Essigsäure/Li-Acetat zugänglich. Durch Behandeln mit NaOH in wss. Dioxan u. nachfolgendes Acetylieren wird **III** in das *9β.11β-Epoxid* übergeführt; dessen Bromierung unter sauren Bedingungen gibt unter gleichzeitiger Öffnung des Epoxidringes ein rohes *Tribromid*, das sich nicht wieder in ein Epoxid verwandeln ließ. 21-Acetoxy-17α-hydroxy-16β-methyl-$\Delta^{9,11}$-5α-pregnen-3.20-dion (**V**) wird über das *9β.11β-Epoxid* in *21-Acetoxy-9α-fluor-11β.17α-dihydroxy-16β-methyl-5α-pregnan-3.20-dion* (**VI**) umgewandelt, aus dem man über das *2.4-Dibrom-Deriv. 21-Acetoxy-9α-fluor-11β.17α-dihydroxy-16β-methyl-Δ^4-pregnen-3.20-dion* gewinnt. Die Ausbeuten in der Reihe der 16β-Methyl-Verbb. sind niedriger als bei den analog durchgeführten Rkk. in der unsubstituierten Reihe aus **I**. Mit Br_2 in Dioxan wird **V** zu einem Gemisch aus dem *2α.4α-* (**Va**) u. *2α.4β-Dibrom-Deriv.* (**Vb**) halogeniert; **Va** wird durch $CrCl_2$ selektiv zur *4α-* (**VII**), **Vb** zur *2α-Brom-Verb.* reduziert. Letztere ist auch durch Monobromierung von **V** in Essigsäure erhältlich. Durch HBr-Abspaltung mit Semicarbazid u. nachfolgende Rk. mit Brenztraubensäure wird **VII** in *21-Acetoxy-17α-hydroxy-16β-methyl-$\Delta^{4.9,11}$-pregnadien-3.20-dion* umgewandelt. Die vollständige Dehydrobromierung von **Va** oder **Vb** mit LiBr/$CaCO_3$ in Dimethylacetamid bei 100° liefert *21-Acetoxy-17α-hydroxy-16β-methyl-$\Delta^{1.4.9,11}$-pregnatrien-3.20-dion* (**VIII**), während mit LiBr/Li_2CO_3 unter gleichen Bedingungen daneben auch *21-Acetoxy-17α-hydroxy-16β-methyl-$\Delta^{4.6.9,11}$-pregnatrien-3.20-dion* gebildet wird. Die partielle HBr-Eliminierung aus **Vb** mit Kollidin liefert *21-Acetoxy-2α-brom-17α-hydroxy-16β-methyl-$\Delta^{4.9,11}$-pregnadien-3.20-dion*, das auch beim Behandeln von **Va** mit LiBr/$CaCO_3$ in Dimethylacetamid bei Raum-Temp. entsteht.

Versuche: *21-Acetoxy-17α-hydroxy-$\Delta^{9,11}$-5α-pregnen-3.20-dion* (I), F. 256–257°, $[\alpha]_D$ +71° (Chlf.), a) durch ½std. Kochen von 21-Acetoxy-11β.17α-dihydroxy-5α-pregnan-3.20-dion mit LiBr in Eisessig; b) aus **II** mit $CrCl_2$ in Aceton; c) durch Hydrieren von 0,46 g **II** in Tetrahydrofuran/Triäthylamin an Pd/Kohle; 0,38 g (Ausbeute). – *21-Acetoxy-9α.11β-dichlor-17α-hydroxy-5α-pregnan-3.20-dion* (II), $C_{23}H_{32}Cl_2O_5$, F. 207 bis 210° (Aceton), $[\alpha]_D$ +84° (Chlf.), a) durch Behandeln von **I** in Chlf./Pyridin mit einer Lsg. von Cl_2 in CCl_4, 8 Min. langes Stehen u. Schütteln mit wss. $Na_2S_2O_3$; 64%; b) durch Zutropfen von N-Chlorsuccinimid u. HCl in Tetrahydrofuran zu **I** u. LiCl in Essigsäure u. 1std. Stehen; 51%. – *21-Acetoxy-17α-hydroxy-$\Delta^{7.9,11}$-5α-pregnadien-3.20-dion*, $C_{23}H_{30}O_5$, F. 228–230° (A.), $[\alpha]_D$ +87° (Chlf.), a) durch Zugeben von **II** zu LiCl u. Li_2CO_3 in Dimethylacetamid bei 95°, 20 Min. langes Rühren, Gießen in verd. HCl, Ausziehen mit CH_2Cl_2 u. 5std. Kochen mit Maleinsäureanhydrid in Toluol; b) analog (papierchromatograph. nachgewiesen) aus **III** bzw. **IV** mit $CaCO_3$ in Dimethylacetamid; c) durch Zugeben von 5 g **III** zu K-Acetat in sd. abs. A., 2std. Kochen, Einengen, Gießen in W., Ausziehen mit CH_2Cl_2, Acetylieren mit Essigsäureanhydrid/Pyridin u. Chromatographieren an Florisil; 0,31 g; daneben nachst. Verb. u. *21-Acetoxy-17α-hydroxy-5α-pregnan-3.11.20-trion*, F. 225–232°, $[\alpha]_D$ +105° (c = 0,67; Chlf.); 0,12 g. – *21-Acetoxy-9β.11β-epoxy-17α-hydroxy-5α-pregnan-3.20-dion*, F. 214–217° (Essigester), durch Zutropfen von 2nNaOH zu **III** in wss. Dioxan bei pH $<$10, Ansäuern (pH 6), Verdünnen mit W. u. ½ std. Erhitzen mit Essigsäureanhydrid/Pyridin auf dem Wasserbad; $[\alpha]_D$ +71° (Chlf.); 79%. – *21-Acetoxy-2.4-dibrom-9α.11β-dichlor-17α-hydroxy-5α-pregnan-3.20-dion*, $C_{23}H_{30}Br_2Cl_2O_5$, F. 141 bis 143°, aus **II** mit Br_2 in Essigsäure; $[\alpha]_D$ +56° (Chlf.); wird in Essigsäure an Pd/Kohle zu **II** u. weiter zu **I** hydriert. – *21-Acetoxy-9α-brom-11β-formyloxy-17α-hydroxy-5α-pregnan-3.20-dion* (III), $C_{24}H_{33}BrO_7$, F. 159–161° (Ae.-Aceton), durch 1std. Zugeben von N-Bromsuccinimid zu **I** u. Na-Formiat in 98%ig. Ameisensäure unter N_2, 2std. weiteres Rühren u. Verdünnen mit W.; $[\alpha]_D$ +99° (Chlf.); 70%. – *11β.21-Diacetoxy-9α-brom-17α-hydroxy-5α-pregnan-3.20-dion* (IV), F. 135–137°, analog **III** aus **I** mit Li-Acetat in Essigsäure; $[\alpha]_D$ +102° (Chlf.); 61%. – *21-Acetoxy-9β.11β-epoxy-17α-hydroxy-16β-methyl-5α-pregnan-3.20-dion*, $C_{24}H_{34}O_6$, F. 213–217° (A.), durch Zugeben von N-Bromacetamid zu **V** in Dioxan in Ggw. von $HClO_4$ unter N_2, 20 Min. langes Rühren, Versetzen mit wss. $Na_2S_2O_3$, Alkalisieren mit verd. NaOH (pH 10), 20 Min. langes Rühren, Ansäuern mit Essigsäure (pH 6), Einengen im Vakuum, Ausziehen mit Chlf. u. Essigester,

Eindampfen u. Acetylieren mit Essigsäureanhydrid/Pyridin; $[\alpha]_D$ +97° (Chlf.); 80%. — *21-Acetoxy-9α-fluor-11β.17α-dihydroxy-16β-methyl-5α-pregnan-3.20-dion* (**VI**), $C_{24}H_{35}FO_6$, F. 215—219° (Bzl.), durch Zugeben einer auf —30° gekühlten Lsg. vorst. Verb. in Chlf. zu HF in Tetrahydrofuran bei —30°, $^3/_4$std. Rühren unter langsamem Erwärmen auf 0°, 5std. Rühren bei 0—5°, Gießen in eiskalte K_2CO_3-Lsg. u. Ausziehen mit Chlf.; $[\alpha]_D$ +75°; 45%. — *21-Acetoxy-2.4-dibrom-9α-fluor-11β.17α-dihydroxy-16β-methyl-5α-pregnan-3.20-dion,* $[\alpha]_D$ +44°, a) durch Behandeln von **VI** mit 6,6nHBr in Essigsäure u. dann Br_2 in Essigsäure, 40 Min. langes Rühren u. Verdünnen mit W.; 83%; b) analog in Dioxan; 92%. — *21-Acetoxy-9α-fluor-11β.17α-dihydroxy-16β-methyl-Δ^4-pregnen-3.20-dion,* $C_{24}H_{33}FO_6$, F. 223—226° (Essigester) bzw. 202—206° (Aceton/Hexan), polymorph, durch Zugeben vorst. Verb. zu LiBr u. $CaCO_3$ in Dimethylacetamid bei 100° unter N_2, weiteres 1std. Rühren, Gießen in verd. HCl, Chromatographieren an Florisil, Lösen des erhaltenen rohen *21-Acetoxy-2-brom-9α-fluor-11β.17α-dihydroxy-16β-methyl-Δ^4-pregnen-3.20-dions* ($C_{24}H_{32}BrFO_6$, schaumartig, $[\alpha]_D$ +128°) in Aceton u. Behandeln unter N_2 mit $CrCl_2$; 22%. — *21-Acetoxy-9α-fluor-11β.17α-dihydroxy-5α-pregnan-3.20-dion,* F. 227—233°, analog **VI** aus **I**; $[\alpha]_D$ +65° (Chlf.). — *21-Acetoxy-2.4-dibrom-9α-fluor-11β.17α-dihydroxy-5α-pregnan-3.20-dion* (**IX**), aus vorst. Verb. mit Br_2 in Essigsäure; 93%. — *21-Acetoxy-2-brom-9α-fluor-11β.17α-dihydroxy-Δ^4-pregnen-3.20-dion,* $C_{23}H_{30}BrFO_6$, F. 155—168°, durch selektive HBr-Abspaltung aus rohem **IX** mit LiBr/$CaCO_3$ in Dimethylacetamid bei 100°; $[\alpha]_D$ +155° (Chlf.); aus Aceton–Hexan Prismen. — *21-Acetoxy-9α-fluor-11β.17α-dihydroxy-Δ^4-pregnen-3.20-dion,* F. 208—212° bzw. 231—232° (polymorph), aus vorst. Verb. mit $CrCl_2$; $[\alpha]_D$ +149° (Chlf.); 43%. — *21-Acetoxy-9α-fluor-11β.17α-dihydroxy-$\Delta^{1.4}$-pregnadien-3.20-dion,* F. 242—247° (Essigester), durch Zugeben von **IX** zu $CaCO_3$ in sd. Dimethylacetamid, 80 Min. langes Kochen unter Rühren, ½ std. Kochen des Prod. mit GIRARD-Reagens P in A.–Essigsäure, Ausziehen mit Essigester u. Chromatographieren an Florisil; $[\alpha]_D$ +103,5° (Aceton); 17%; daneben durch Zers. des mit GIRARD-Reagens P umgesetzten Anteils *21-Acetoxy-9α-fluor-11β.17α-dihydroxy-$\Delta^{4.6}$-pregnadien-3.20-dion,* $C_{23}H_{29}FO_6$, F. 212—216°, $[\alpha]_D$ +135° (Chlf.); 15%. — *21-Acetoxy-17α-hydroxy-$\Delta^{1.4.9,11}$-pregnatrien-3.20-dion* F. 224—227° (PAe.), $[\alpha]_D$ +54° (c = 0,38; Chlf.), a) durch Zutropfen von Br_2 in Eisessig zu **I** in 6,6nHBr/Essigsäure, 20 Min. langes Rühren, Gießen in 15%ig. Na-Acetat-Lsg., Ausziehen mit Ae., Zugeben des erhaltenen rohen *Dibromsteroids* im Gemisch mit $CaCO_3$ zur Suspension von $CaCO_3$ in sd. Dimethylacetamid, $^1/_4$std. Rühren, Gießen in eiskalte 2nHCl, Ausziehen mit Essigester, Umsetzen mit GIRARD-Reagens P u. Ausziehen mit Chlf.; 42%; b) durch Zugeben von Prednisolonacetat in Pyridin zu $SOCl_2$/Pyridin bei —30°, $^3/_4$std. Rühren bei —25°, Gießen in Eis/HCl u. 4std. Kochen mit $Na_2S_2O_3$ in A.–Essigester; 73%. — *21-Acetoxy-2α.4α-dibrom-17α-hydroxy-16β-methyl-$\Delta^{9,11}$-5α-pregnen-3.20-dion* (**V a**), $C_{24}H_{32}Br_2O_5$, F. 201—203°, $[\alpha]_D$ +45° Chlf.), aus Essigester–Hexan Nadeln, a) durch Zugeben von 6,6nHBr in Essigsäure u. dann Br_2 in Essigsäure zu **V** in Dioxan/Essigsäure unter N_2, 22 Min. langes Rühren, Gießen in wss. Na-Acetat-Lsg. u. Äusäthern [daneben das *2α.4β-Dibromid* (**V b**), $C_{24}H_{32}$·Br_2O_5, F. 188° (Zers.; Aceton), $[\alpha]_D^{23}$ —26° (Chlf.)]; b) analog aus **VII**; wird ebenso wie **V b** in Essigsäure–Essigester in Ggw. von K-Acetat an Pd/Kohle zu **V** hydriert (78%). — *21-Acetoxy-4α-brom-17α-hydroxy-16β-methyl-$\Delta^{9,11}$-5α-pregnen-3.20-dion* (**VII**), $C_{24}H_{33}BrO_5$, F. 186—191°, durch Zutropfen von 0,99m$CrCl_2$ zu **V a** in Aceton unter N_2 bei —45°, Erwärmen auf 10° während 35 Min. u. Einengen; $[\alpha]_D$ +34° (Chlf.); aus Essigester Prismen; 45%; — *21-Acetoxy-2α-brom-17α-hydroxy-16β-methyl-$\Delta^{9,11}$-5α-pregnen-3.20-dion,* F. 211—212° (Zers.), $[\alpha]_D$ +93° (Chlf.), aus Aceton Prismen, a) aus **V** u. Br_2 in Essigsäure; b) aus **V b** mit $CrCl_2$ in Aceton bei —45°; 68%. — *21-Acetoxy-17α-hydroxy-16β-methyl-$\Delta^{4.9,11}$-pregnadien-3.20-dion,* $C_{24}H_{32}O_5$, F. 213—215°, durch 3std. Rühren von **VII** mit Semicarbazid in tert.-Butanol/CH_2Cl_2 unter CO_2 u. ½ std. Erhitzen mit Brenztraubensäure in verd. Essigsäure auf dem Dampfbad; $[\alpha]_D$ +130° (Chlf.); aus A. Plättchen. — *21-Acetoxy-17α-hydroxy-16β-methyl-$\Delta^{1.4.9,11}$-pregnatrien-3.20-dion* (**VIII**), $C_{24}H_{30}O_5$, F. 225 bis 228°, $[\alpha]_D$ +73° (Dioxan), a) durch Zugeben von **V a** zu LiBr u. $CaCO_3$ in Dimethylacetamid unter N_2 bei 96,5° u. 22std. Rühren; 64%; b) analog aus **V b**; 62%; c) ebenso direkt aus **V**; 39% [bei Durchführung der Rk. in sd. Dimethylacetamid wurde eine *D-Homoverb.* $C_{24}H_{30}O_5$, F. 242—245°, $[\alpha]_D$ —7° (Dioxan), isoliert]. — *17α.21-Dihydroxy-16β-methyl-$\Delta^{1.4.9,11}$-pregnatrien-3.20-dion,* $C_{22}H_{28}O_4$, F. 219—225° (Essigester), durch 4std. Stehen von 1,5 g **VIII** mit $KHCO_3$ in wss. Methanol unter N_2; $[\alpha]_D$ +43° (c = 0,44; Dioxan); 0,65 g. — *21-Acetoxy-17α-hydroxy-16β-methyl-$\Delta^{4.6.9,11}$-pregnatrien-3.20-dion,* $C_{24}H_{30}O_5$, F. 227—228°, neben **VIII** durch 14std. Rühren von **V a** mit LiBr u. Li_2CO_3 in Dimethylacetamid unter N_2 bei 98° u. Abtrennen über das Deriv. mit GIRARD-Reagens P; $[\alpha]_D$ —15° (Dioxan); aus Essigester Plättchen (wandeln sich bei 204° in Nadeln um). — *21-Acetoxy-2α-brom-17α-hydroxy-16β-methyl-$\Delta^{4.9,11}$-pregnadien-3.20-dion,* F. 181—182° (Zers.; Methanol), $[\alpha]_D$ +126° (Dioxan), a) durch 3std. Erhitzen von **V b** mit Kollidin auf dem Dampfbad unter N_2; b) durch 25tägiges Stehen von **Va** mit LiBr u. $CaCO_3$ in Dimethylacetamid. H.-E. TOUSSAINT. 3700□

Mit Steroidhormonen verwandte Verbindungen. 7. Mitt. **Darstellung von $\Delta^{9,11}$-Steroiden aus 11β-Trifluoracetaten.** J. Elks und G. H. Philipps. (J. chem. Soc. [London] **1961**. 4573—76. Okt.; engl.) — 6. vgl. vorst. Referat. — 21-Acetoxy-11β.17α-dihydroxy-5α-pregnan-3.20-dion (I) wird durch Rk. mit Trifluoressigsäureanhydrid (V) ins *11β.17α-Bis-trifluoracetat* (II) übergeführt, das durch W. partiell zum *11β-Trifluoracetat* (III) verseift wird. III gibt ein *2.4-Dibrom-Deriv.* (IV), aus dem man mit $CaCO_3$ in sd. Dimethylacetamid HBr u. Trifluoressigsäure unter Bldg. von *21-Acetoxy-17α-hydroxy-$\Delta^{1.4.9,11}$-pregnatrien-3.20-dion* abspaltet. III geht unter den gleichen Bedingungen unter Eliminierung von Trifluoressigsäure in *21-Acetoxy-17α-hydroxy-$\Delta^{9,11}$-5α-pregnen-3.20-dion* über. Aus IV wird durch Rk. mit NaJ in Aceton/Bromaceton, Red. mit $CrCl_2$, alkal. Hydrolse u. erneutes Acetylieren in mäßiger Ausbeute *Cortisolacetat* erhalten.

Versuche: 21-Acetoxy-5α-pregnan-3.20-dione: *11β.17α-Bis-[trifluoracetoxy]-* (II), $C_{27}H_{32}F_6O_8$, F. 85—90° (enthält solvatisiertes Methanol), durch ½std. Stehen von I mit V in Pyridin u. Verdünnen mit Ae.; $[\alpha]_D$ +20°. — *11β-Trifluoracetoxy-17α-hydroxy-* (III), $C_{25}H_{33}F_3O_7$, F. 181—182° (Essigester–Hexan), $[\alpha]_D$ +84°, a) durch ½std. Stehen von I mit V in Pyridin Gießen in W. u. Ausäthern; 78%; b) durch 20 Min. langes Erhitzen von II mit wss. A. (1:4) auf dem Dampfbad. — *11β.17α-Dihydroxy-* (I), F. 220 bis 223°, durch 20 Min. langes Stehen von III mit methanol. NaOH in CH_2Cl_2 unter N_2, Ansäuern mit 1%ig. Essigsäure, Einengen, Verdünnen mit W. u. Acetylieren des erhaltenen rohen *11β.17α.21-Triols* (F. 215—225°; 95%) mit Essigsäureanhydrid; $[\alpha]_D$ +79,5°; 74%. — *2.4-Dibrom-11β-trifluoracetoxy-17α-hydroxy-* (IV), $C_{25}H_{31}Br_2F_3O_7$, F. 165° (Zers.), aus III u. Br_2 in Essigsäure; $[\alpha]_D$ +57°; aus Bzl.–Hexan Prismen; 99%. — *21-Acetoxy-17α-hydroxy-$\Delta^{1.4.9,11}$-pregnatrien-3.20-dion*, F. 225—228° (Essigester–Hexan), $[\alpha]_D$ +51°, durch Zugeben von IV zu $CaCO_3$ in sd. Dimethylacetamid, 12 Min. langes Kochen, Einengen im Vakuum, Gießen in W., Ansäuern mit 2nHCl, Ausziehen mit CH_2Cl_2 u. Chromatographieren in Essigester–Bzl. an Florisil; 36,5%; b) durch 1std. Kochen von IV mit Kollidin in Ggw. von wenig W.; 7,5%. — *21-Acetoxy-17α-hydroxy-$\Delta^{9,11}$-5α-pregnen-3.20-dion*, F. 247—253°, durch Zugeben von III zu $CaCO_3$ in sd. Dimethylacetamid, 13 Min. langes Kochen u. Aufarbeiten wie vorst.; aus Essigester Plättchen; 47%. — *3β.21-Diacetoxy-17α-trifluoracetoxy-5α-pregnan-11.20-dion*, $C_{27}H_{35}F_3O_8$, F. 166—168° (Essigester–Hexan), durch 10 Min. langes Stehen von 1 g 3β.21-Diacetoxy-17α-hydroxy-5α-pregnan-11.20-dion mit V in Pyridin u. Verdünnen mit Ae.; $[\alpha]_D$ +2°; 0,67 g; geht beim Erhitzen mit $CaCO_3$ in Dimethylacetamid wieder in die *17α-Hydroxy-Verb.* über. — *Cortisol-21-acetat*, F. 216—220° (Essigester), durch Umsetzen von IV mit NaJ in Aceton/Bromaceton, Red. mit $CrCl_2$, ¼std. Behandeln mit 0,1n methanol. NaOH unter N_2, Neutralisieren mit Essigsäure, Einengen, Verdünnen mit W., Acetylieren mit Essigsäureanhydrid/Pyridin u. Abtrennen durch Rk. mit GIRARD-Reagens P; 13%. H.-E. TOUSSAINT. 3700□

Einführung axialer Substituenten in die 4β-Stellung von Steroiden. Sylvestre Julia, Jean-Paul Lavaux, Claude Moutonnier und Bernard Decouvelaere. (Bull. Soc. chim. France **1961**. 1997—99. Okt. Paris, École Nat. Supér. de Chim.; franz.) — Vgl. C. R. hebd. Séances Acad. Sci. **251**. [1960.] 733. — Durch Einw. von GRIGNARD-Verbb. auf 3β-Acetoxy-4α.5α-epoxycholestan, auf *3β-Acetoxy-6α-methyl-4α.5α-epoxycholestan*, das man seinerseits aus Δ^4-6α-Methylcholesten-3-on über mehrere Stufen erhält, sowie auf weitere 4α.5α-Epoxysteroide wird eine Anzahl noch nicht beschriebener 4β-substituierter *3β.5α-Diole* (**A**) gewonnen, die selektiv in *3-Acetate* (**B**) übergeführt werden können. Dehydratation der **B** mit $SOCl_2$ in Pyridin u. nachfolgende Verseifung führt zu *Δ^5-Steroiden*. Die **A** sind zu entsprechenden *Ketonen* oxydierbar, die leicht in Δ^4-ungesätt. Vertreter umzuwandeln sind. Folgende Verbb. werden aufgeführt ($[\alpha]_D$-Werte in Chlf.; für I, II, III u. IV sind UV-Maxima angegeben): *4β-Äthylcholestan-3β.5α-diol*, $C_{29}H_{52}O_2$, F. 191°, $[\alpha]_D$ +35°. — *4β-Äthyl-3β-acetoxycholestan-5α-ol*, $C_{31}H_{54}O_3$, F. 167°, $[\alpha]_D$ +27°. — *Δ^5-4β-Äthyl-3β-acetoxycholesten*, $C_{31}H_{52}O_2$, F. 76°, $[\alpha]_D$ −77°. — *Δ^5-4β-Äthyl-3β-hydroxycholesten*, $C_{29}H_{50}O$, F. 152°, $[\alpha]_D$ −75°. — *4β-Äthyl-5α-hydroxycholestan-3-on*, $C_{29}H_{50}O_2$, F. 171°, $[\alpha]_D$ +14°. — *Δ^4-4-Äthylcholesten-3-on*, F. 84°. — *4β-Vinylcholestan-3β.5α-diol*, $C_{29}H_{50}O_2$, F. 176°, $[\alpha]_D$ +32°. — *4β-Vinyl-3β-acetoxycholestan-5α-ol*, $C_{31}H_{52}O_3$, F. 161°, $[\alpha]_D$ +29°. — *4β-Vinyl-5α-hydroxycholestan-3-on*, $C_{29}H_{48}O_2$, F. 162°, $[\alpha]_D$ +64°. — *Δ^4-4-Vinylcholesten-3-on* (I), $C_{29}H_{46}O$, F. 86°, $[\alpha]_D$ +95°. — *4β-Äthinylcholestan-3β.5α-diol*, $C_{29}H_{48}O_2$, F. 183°, $[\alpha]_D$ +43°. — *4β-Äthinyl-3β-acetoxycholestan-5α-ol*, $C_{31}H_{50}O_3$, F. 149°, $[\alpha]_D$ −9°. — *4β-Phenylcholestan-3β.5α-diol*, $C_{33}H_{52}O_2$, F. 190°, $[\alpha]_D$ +43°. — *4β-Phenyl-3β-acetoxycholestan-5α-ol*, $C_{35}H_{54}O_3$, F. 174°, $[\alpha]_D$ +10°. — *Δ^4-4-Phenylcholesten-3-on* (II), $C_{33}H_{48}O$, F. 105°, $[\alpha]_D$ +21°. *2.4-Dinitrophenylhydrazon* (III), $C_{39}H_{52}N_4O_4$, F. 239°. — *Δ^4-6α-Methylcholesten-3β-ol*, $C_{28}H_{48}O$, F. 138°, $[\alpha]_D$ +43°. —

Δ^4-6α-Methyl-3β-acetoxycholesten, $C_{30}H_{50}O_2$, F. 71°, $[\alpha]_D$ +9°. — *6α-Methyl-3β-acetoxy-4α.5α-epoxycholestan*, $C_{30}H_{50}O_3$, F. 80°, $[\alpha]_D$ +16°. — *6α-Methyl-3β-acetoxy-4β.5β-epoxycholestan*, $C_{30}H_{50}O_3$, F. 109°, $[\alpha]_D$ —13°. — *4β.6α-Dimethylcholestan-3β.5α-diol*, $C_{29}H_{52}O_2$, F. 188°, $[\alpha]_D$ +11°. — *4β.6α-Dimethyl-3β-acetoxycholestan-5α-ol*, $C_{31}H_{54}O_3$, F. 143°, $[\alpha]_D$ +21°. — *Δ^5-4β.6-Dimethyl-3β-acetoxycholesten*, $C_{31}H_{52}O_2$, F. 119°, $[\alpha]_D$ —53°. — *Δ^5-4β.6-Dimethylcholesten-3β-ol*, $C_{29}H_{50}O$, F. 164°, $[\alpha]_D$ —43°. *2.4-Dinitrophenylhydrazon* (IV), $C_{35}H_{54}N_4O_4$, F. 226°. — *3β.20β-Diacetoxy-4α.5α-epoxypregnan*, $C_{25}H_{38}O_5$, F. 159°, $[\alpha]_D$ +70°. — *4β-Methylpregnan-3β.5α.20β-triol*, $C_{22}H_{38}O_3$ + H_2O, F. 206°, $[\alpha]_D$ +1°. — *4β-Methyl-3β.20β-diacetoxypregnan-5α-ol*, $C_{26}H_{42}O_5$, F. 203°, $[\alpha]_D$ +14°. — *Δ^5-4β-Methyl-3β.20β-diacetoxypregnen*, $C_{26}H_{40}O_4$, F. 171°, $[\alpha]_D$ —71°. — *Δ^5-4β-Methylpregnen-3β.20β-diol*, $C_{22}H_{36}O_2$, F. 226°, $[\alpha]_D$ —23°. — *4β-Methyl-5α-hydroxypregnan-3.20-dion*, $C_{22}H_{34}O_3$, F. 219°, $[\alpha]_D$ +110°. — *Δ^4-4-Methylpregnen-3.20-dion*, F. 164°. — *3β.17β-Diacetoxy-4α.5α-epoxyandrostan*, $C_{23}H_{34}O_5$, F. 174°, $[\alpha]_D$ +40°. — *3β.17β-Diacetoxyandrostan-4β.5α-diol*, $C_{23}H_{36}O_6$, F. 229°, $[\alpha]_D$ +4°. — *4β-Methylandrostan-3β.5α.17β-triol*, $C_{20}H_{34}O_3$, F. 199°, $[\alpha]_D$ +4°. — *4β-Methyl-3β.17β-diacetoxyandrostan-5α-ol*, $C_{24}H_{38}O_5$, F. 195°, $[\alpha]_D$ —9°. — *Δ^5-4β-Methyl-3β.17β-diacetoxyandrosten*, $C_{24}H_{36}O_4$, F. 151°, $[\alpha]_D$ —102°. — *Δ^5-4β-Methylandrosten-3β.17β-diol*, $C_{20}H_{32}O_2$, F. 194°, $[\alpha]_D$ —103°. — *4β-Methyl-5α-hydroxyandrostan-3.17-dion*, $C_{20}H_{30}O_3$, F. 109°, $[\alpha]_D$ +99°. — *Δ^4-4-Methylandrosten-3.17-dion*, F. 140°.

WALTER SIMON. 3700

α-Haloketone. 1. Mitt. **Die Reaktion von 2α.4α-Dibromcholestan-3-on mit N.N-Dimethylanilin.** E. W. Warnhoff und Paetong Nanonggai. (J. org. Chemistry **27.** 1186—92. April 1962. Los Angeles, Calif., Univ. of Southern California, Dep. of Chem.; engl.) — Aus 2α.4α-Dibromcholestan-3-on (**I**) u. Dimethylanilin (**II**) wurde bei ca. 200° eine *Verb. $C_{34}H_{49}N$* (**III**) erhalten, die wahrscheinlich ident. ist mit der bereits von SCHWENK u. WHITMAN [1937] bei der gleichen Rk. erhaltenen Substanz u. deren Struktur als *N-Methylindolo-[2'.3':3.4]-$\Delta^{3.5}$-cholestadien* bewiesen wurde. Der erste Schritt in der Rk.-Folge ist offenbar eine Dehydrobromierung von **I** zu *2α-Brom-Δ^4-cholesten-3-on* (**IV**); das entstandene **II**-Hydrobromid reagiert mit weiterem **II** unter Bldg. von *N-Methylanilin* (**V**) u. **II**-*Methobromid* (Blindvers.!). **III** könnte entstehen durch BISCHLER-Synth. aus **V** mit **IV** oder einem seiner Umwandlungsprodukte. Mehrere weitere *Indolosteroide* wurden dargestellt u. ihre Strukturen bewiesen.

Versuche (FF. korr.; [α] in Chlf.): *2α.4α-Dibromcholestan-3-on* (**I**), F. 187—191° (Zers.), aus Cholestan-3-on (**VI**; F. 129—131°); 75% (Ausbeute). — *N-Methylindolo-[2'.3':3.4]-$\Delta^{3.5}$-cholestadien* (**III**), $C_{34}H_{49}N$, F. 221—223° (Zers.), Nadeln (Chlf.–Essigester), sublimiert bei 160°/<0,01 mm, aus **I** u. sd. **II** (5 Std. unter N_2); $[\alpha]_D^{22}$ —23° (c = 1,40); 10%. Daneben **II**-*Methobromid* [isoliert als *Phenyltrimethylammoniumperchlorat* (**IIa**), $C_9H_{14}ClNO_4$, F. 179—181°, Nadeln (95%ig. A.), auch aus **II** u. CH_3J, dann $HClO_4$] u. *N-Methylanilin* [**V**; isoliert als *p-Toluolsulfonamid*, F. 94,5—96° (95%ig. A.)]. — *N-Methylindolo-[2'.3':3.4]-Δ^3-cholesten* (**VII**), $C_{34}H_{51}N$, F. 194—196°, Nadeln (Essigester), aus **III** u. H_2 in Bzl. in Ggw. von 10%ig. Pd-Kohle; $[\alpha]_D^{24}$ —7,4° (c = 2,03); 78%. Daneben 11% **VIII**. — *Cholestan-2-on*, F. 130—131°, aus Cholestan-2β-ol u. CrO_3; $[\alpha]_D^{23}$ +51° (c = 2,32); 68%. — *N-Methylindolo-[2'.3':2.3]-Δ^2-cholesten*, $C_{34}H_{51}N$, F. 183—185°, Platten (Essigester), a) aus vorst. Verb. u. Methylphenylhydrazin (**IX**) in Polyphosphorsäure (30 Min. langes Erhitzen bis auf 216°; 51%); b) aus 2α-Bromcholestan-3-on (**X**) u. sd. **V** (1 Std. unter N_2; 97% roh); $[\alpha]_D^{23}$ +72,7° (c = 2,54). — *N-Methylindolo-[3'.2':2.3]-Δ^2-cholesten*, $C_{34}H_{51}N$, F. 215—217°, Nadeln (Chlf./Essigester), analog aus **VI** u. **IX**; $[\alpha]_D^{24}$ +67,7° (c = 1,70); 64% roh. — *Koprostan-3-on*, F. 59,5—61,5°, aus Δ^4-Cholesten-3-on (**XI**; F. 79,5—80,5°) u. H_2/Pd-Kohle in Essigester; 50%. — *N-Methylindolo-[2'.3':3.4]-Δ^3-koprosten* (**VIII**), $C_{34}H_{51}N$, F. 151—153°, Platten (Essigester/A.), aus vorst. Verb. u. **IX**; $[\alpha]_D^{24}$ +149° (c = 1,67); 61% roh. — FISCHER-Rk. von **XI** u. **IX** (bis 150°) gab 11,5% **III**. — *Δ^1-Cholesten-3-on*, F. 99—100° (95%ig. A.), aus **X** nach DJERASSI (C. **1950.** II. 1352); 35% roh. — *N-Methylindolo-[2'.3':3.4]-$\Delta^{1.3}$-cholestadien*, $C_{34}H_{49}N$, F. 210—214°, Platten (Chlf./Essigester), aus vorst. Verb. u. **IX** (bis 180°); $[\alpha]_D^{24}$ +153° (c = 1,62); 28%. Hydrierung an 10%ig. Pd-Kohle in Bzl. gab 79% **VII**. — 1std. Kochen von **II**-Hydrobromid in **II** unter N_2 (wasserfrei oder in Ggw. von W.), Verteilung zwischen Ae. u. wss. $NaHCO_3$ u. Zugabe von $NaClO_4$ zu der wss. Schicht gab 64% **IIa**; Behandeln der Ae.-Schicht mit p-Toluolsulfonylchlorid gab 86% *p-Toluolsulfonsäure-N-methylanilid*, F. 95,5—96,5° (95%ig. A.).

J. ROTHE. 3700□

Ozonolyse. 2. Mitt. **Die Einwirkung von Pyridin auf die Ozonolyse von $\Delta^{4.22}$-Stigmastadien-3-on.** George Slomp jun. und James L. Johnson. (J. Amer. chem. Soc. **80.** 915—21. 20/2. 1958. Kalamazoo, Mich., Upjohn Co., Res. Labor.; engl.) — 1. vgl. C. **1958.** 13747. — Für selektive Ozonisierungs-Rkk. wurde eine IR-Meth. entwickelt, die es gestattet, zu bestimmen, wann eine Ozonisierung abzubrechen ist. Die partielle Ozonisierung von *$\Delta^{4.22}$-Stigmastadien-3-on* (I) liefert *3-Keto-bisnor-Δ^4-cholen-22-al* u. *2-Äthyl-3-methylbutanal.* Die Rk. wurde in abs. CH_2Cl_2 mit wechselnden Zusätzen von Pyridin (II) ausgeführt. Bei der Ozonisierung ohne II-Zusatz nimmt die Absorption der Seitenkettendoppelbindung bei 10,26 μ ab u. bleibt nach Zugabe von 1,52 Val O_3 konstant. Bis zu ca. 0,75 Val O_3 ist die Enonbande bei 6,0 μ nur wenig verändert; gleichzeitig taucht eine neue Bande bei 5,82 μ auf, die der Bldg. von Aldehydcarbonylgruppen zugeschrieben wird. Nach weiterer O_3-Zugabe tauchen eine neue Bande bei 5,67 μ u. Schultern bei 5,58 u. 5,85 μ auf. In Ggw. von **II** (ca. 1 Vol.-%) wird die Absorption bei 5,82 μ verstärkt u. der Angriff auf das 3-Keto-Δ^4-Syst. vermindert. **II** reagiert offenbar mit dem bei der Ozonisierung neben dem einen Mol. eines Aldehyds gebildeten 2. zwitterion. Spaltstück $R-\overset{\oplus}{C}H-O-O^{\ominus}$ vor dessen Dimerisierung oder Polymerisation zum 2. Aldehyd + **II**-Oxid. Mit dem in Abwesenheit von **II** erhaltenen Prod. setzt sich **II** nachträglich nicht mehr um. **II**-Oxid konnte nicht isoliert werden, da es beim Aufarbeiten wahrscheinlich weiter reagiert. Der Mehrverbrauch an O_3 in Ggw. von **II** kann evtl. durch die Bldg. eines **II**–O_3-Komplexes erklärt werden. Der mögliche Einfl. von **II** auf die Verstärkung der Selektivität der Ozonolyse wird diskutiert.

Versuche: *3-Keto-bisnor-Δ^4-cholen-22-al*, durch Einleiten von 40,42 mMol O_3 in eine Lsg. von 24,35 mMol **I** (F. 128—129,5°, $[\alpha]_D$ +58°) in abs. CH_2Cl_2 in Ggw. von **II** bei Trockeneis-Temp., Zugabe von Zn-Staub u. Eisessig, 2std. Rühren bei 20°, Filtrieren, Verdünnen mit Skellysolve B, Waschen mit W., Zugabe von Eis, Waschen mit 5%ig. NaOH u. W., Extraktion der Wasch-Fll. mit CH_2Cl_2 u. Skellysolve B, Trocknen, Einengen im Vakuum <60° u. Stehen über Nacht bei —10°; $[\alpha]_D$ +83,5°; 93,8% (Ausbeute). — *2-Äthyl-3-methylbutanal*, $Kp._{71}$ 83—83,5°, neben vorst. Verb. aus den Mutterlaugen; $D._4^{20}$ 0,83; n_D^{23} 1,4102; $[\alpha]_D$ +37° (ohne Lsgm.). *2.4-Dinitrophenylhydrazon*, $C_{13}H_{18}N_4O_4$, F. 121,5—122°. *Semicarbazon*, $C_8H_{17}N_3O$, F. 132—133°. IR-Analyse des Dest.-Rückstandes zeigt Anwesenheit von *3-Keto-bisnor-Δ^4-cholensäure*, *3-Keto-20α-bisnor-Δ^4-cholen-22-al* u. Steroiden mit offenem A-Ring. — *2-Äthyl-3-methylbutansäure*, $Kp._{17}$ 105°, a) durch Oxydation von vorst. Verb. mit $KMnO_4$; n_D^{25} 1,4180; b) neben vorst. Verbindung. *Chlorid*, $Kp._{75}$ 80—81,5°, aus der rac. Säure mit $SOCl_2$; $D._4^{25}$ 0,957; n_D^{25} 1,4276. *Anilid*, $C_{13}H_{19}NO$, F. 125—126°, aus dem *Chlorid*. *Amid*, $C_7H_{15}NO$, F. 133—134°. WALTER SCHÄFER. 3700

Von 17β-Hydroxyöstran-16β-ylessigsäuren abgeleitete Lactone. Paul Kurath und Wayne Cole. (J. org. Chemistry **26**. 4592—96. Nov. 1961. North Chicago, Ill., Abott Labor., Res. Div., Organ. Chem. Dep.; engl.) — Vgl. C. **1962**. **5308**. — Kondens. von Östron bzw. Östronmethyläther mit Glyoxylsäure gibt *3-Hydroxy-* (I) bzw. *3-Methoxy-17-oxo-$\Delta^{1.3.5,10}$-östratrien-16-ylidenessigsäure* (II). I liefert mit Dimethylsulfat II u. II-*Methylester*. Letzter wird auch durch Veresterung von II dargestellt. Red. von I mit $NaBH_4$ gibt *3.17β-Dihydroxy-$\Delta^{1.3.5,10}$-östratrien-16-ylidenessigsäure* (III). III wird in den *3-Methyläther* (IV) übergeführt, der auch durch Red. von II mit $NaBH_4$ erhalten wird. Veresterung von IV liefert IV-*Methylester*, der durch Acetylierung *17β-Acetoxy-3-methoxy-$\Delta^{1.3.5,10}$-östratrien-16-ylidenessigsäuremethylester* (V) gibt. Acetylierung von III führt zu *3.17β-Diacetoxy-$\Delta^{1.3.5,10}$-östratrien-16-ylidenessigsäure* (VI). Selektive Hydrierung von V bzw. VI gibt *17β-Acetoxy-3-methoxy-$\Delta^{1.3.5,10}$-östratrien-16β-ylessigsäuremethylester* (VII) bzw. *3.17β-Diacetoxy-$\Delta^{1.3.5,10}$-östratrien-16β-ylessigsäure* (VIII). Behandlung von VIII bzw. VII mit KOH u. HCl liefert *3.17β-Dihydroxy-$\Delta^{1.3.5,10}$-östratrien-16β-ylessigsäurelacton* (IX) bzw. IX-*3-Methyläther* (X). X wird in das *Na-Salz der freien Säure* übergeführt, das durch BIRCH-Red. u. Ansäuern *17β-Hydroxy-3-oxo-Δ^4-östren-16β-ylessigsäurelacton* (XI) gibt. I, III, VI, IX u. XI zeigen antiandrogene Eigenschaften.

Versuche: *3-Hydroxy-17-oxo-$\Delta^{1.3.5,10}$-östratrien-16-ylidenessigsäure* (I), $C_{20}H_{22}O_4$, F. 307—308° (Zers.; Methanol-W.), aus Glyoxylsäure u. Östron in W.–Methanol in Ggw. von KOH bei Raum-Temp. (18 Std.), 2std. Kochen, Ansäuern mit 2n HCl u. Entfernen des Östrons durch Extrahieren mit CH_2Cl_2; $[\alpha]_D^{24}$ +80° (c = 0,79; Dioxan); 72% (Ausbeute). *3-Methyläther* (II), $C_{21}H_{24}O_4$, F. 250—251° (Zers.; Methanol), a) aus 0,625 g I mit Dimethylsulfat in wss. Methanol in Ggw. von NaOH; $[\alpha]_D^{25}$ +82° (c = 0,60; Dioxan); 0,366 g; b) aus Glyoxylsäure u. 4,2 g Östronmethyläther in Ggw. von KOH; 0,566 g. II-*Methylester*, $C_{22}H_{26}O_4$, F. 149—150°, a) neben II nach a); $[\alpha]_D^{24}$ + 78° (c = 0,91; Chlf.); aus wss. Methanol Nadeln; b) aus 0,38 g II in Methanol in Ggw. von konz. HCl u. 2.2-Dimethoxypropan; 0,233 g. — *3.17β-Dihydroxy-$\Delta^{1.3.5,10}$-östratrien-16-ylidenessigsäure* (III), $C_{20}H_{24}O_4$, F. 321—323° (Zers.; Aceton), aus I in Methanol mit $NaBH_4$; $[\alpha]_D^{25}$ —1° (c = 0,84; Dioxan); 91%. *3-Methyläther* (IV), $C_{21}H_{26}O_4$, F. 235—236° (Methanol–W.), a) aus III in wss. Methanol in Ggw. von NaOH durch Zutropfen von Dimethylsulfat bei 45—50°, 3std. Erwärmen auf 50—55°, Stehenlassen über Nacht u. 2std. Kochen mit weiterem NaOH sowie Ansäuern mit 5n H_2SO_4 u. Verdünnen mit W.; $[\alpha]_D^{25}$ 0° (c = 1,00

Dioxan); 86%; b) aus II u. $NaBH_4$ analog III. *IV-Methylester*, $C_{22}H_{28}O_4$, F. 177—178° (Methanol), aus IV in methanol. HCl in Ggw. von 2.2-Dimethoxypropan; $[\alpha]_D^{24}$ —4° (c = 1,36; Chlf.); 83%. *IV-Methylester-17β-acetat* (V), $C_{24}H_{30}O_5$, F. 139—140° (Methanol), aus IV-Methylester mit Acetanhydrid in Pyridin durch Stehenlassen über Nacht; $[\alpha]_D^{25}$ —9° (c = 1,10; Chlf.); 90%. *III-3.17β-Diacetat* (VI), $C_{24}H_{28}O_6$, F. 199—200° (Aceton–PAe.), aus III mit Acetanhydrid in Pyridin über Nacht, Verdünnen mit W. unter Kühlung u. Ansäuern mit kalter 2nHCl; $[\alpha]_D^{25}$ +7° (c = 1,34; Chlf.); 88%. — *3.17β-Dihydroxy-Δ$^{1.3.5,10}$-östratrien-16β-ylessigsäure, 3.17β-Diacetat* (VIII), $C_{24}H_{30}O_6$, F. 218 bis 219°, aus VI in wss. Methanol durch Hydrieren über PtO_2; $[\alpha]_D^{24}$ +40° (c = 1,16; Chlf.); 91%. *Lacton* (IX), $C_{20}H_{24}O_3$, F. 306—308° (Zers.; Aceton), aus VIII mit wss.-methanol. KOH; $[\alpha]_D^{24}$ +97° (c = 0,63; Dioxan); 85%. *3-Methyläthermethylester-17β-acetat* (VII), $C_{24}H_{32}O_5$, F. 104—105° (Methanol), aus V in wss. Methanol durch Hydrieren über PtO_2; $[\alpha]_D^{25}$ +41° (c = 0,94; Chlf.); 81%. *IX-3-Methyläther* (X), $C_{21}H_{26}O_3$, F. 220—221° (Aceton), aus VII analog IX; $[\alpha]_D^{24}$ +86° (c = 1,30; Chlf.); 80%. *3-Methyläther-Na-Salz*, F. 242—246° (Zers.), aus X u. 2nNaOH in sd. Methanol (½ Std.), Verdünnen mit W. u. Abdestillieren des Methanols; 96%. — *17β-Hydroxy-3-oxo-Δ^4-östren-16β-ylessigsäurelacton* (XI), $C_{20}H_{26}O_3$, F. 212—213° (Aceton–PAe.), aus 1,62 g vorst. Na-Salzes in Tetrahydrofuran-tert.-Butanol u. fl. NH_3, Rühren mit Li (5 Std.) unter starker Kühlung, Zufügen von A. (45 Min.), Verdampfen des NH_3 unter N_2, Lösen in W. u. Versetzen mit 1nOxalsäure bis pH 5, Extrahieren mit Ae., Isolieren des BIRCH-*Red.-Prod.* (F. 151 bis 153°; 1,245 g), Lösen von 0,963 g in 2nHCl u. Kochen in Methanol unter N_2 (40 Min.), Extrahieren mit Ae. u. Chromatographie an Silica-Gel; $[\alpha]_D^{25}$ +76° (c = 1,07; Chlf.); 0,747 g. H. GLEINIG. 3750□

16α-Hydroxysteroide. 4. Mitt. **Mikrobiologische Reduktion von Triamcinolon.** Leland L. Smith, John J. Garbarini, Joseph J. Goodman, Michael Marx und Harold Mendelsohn. (J. Amer. chem. Soc. **82.** 1437—42. 20/3. 1960. Pearl River, N.Y., Amer. Cyanamid Co., Lederle Labor. Div., Chem. Process Improvem. Dep.; engl.) — 3. vgl. C. **1961.** 9921. — *9α-Fluor-11β.16α.17α.21-tetrahydroxy-Δ$^{1.4}$-pregnadien-3.20-dion* (I, *Triamcinolon*) wird durch *Corynebacterium simplex* (S) u. *Bacterium cyclooxydans* zu *9α-Fluor-11β.16α.17α.20ξ.21-pentahydroxy-Δ$^{1.4}$-pregnadien-3-on* (II) reduziert. Die Acetylierung von II liefert *16α.20ξ.21-Triacetoxy-9α-fluor-11β.17α-dihydroxy-Δ$^{1.4}$-pregnadien-3-on* (III). Durch Red. von I-*16α.21-Diacetat* (I a) mit $NaBH_4$ u. anschließende Acetylierung erhält man ebenfalls III. Die Hydrolyse dieses auf chem. Wege erhaltenen III liefert II. Das Primärprod. der $NaBH_4$-Red. wurde isoliert; es liegt wahrscheinlich *16α.20ξ-Diacetoxy-9α-fluor-11β.17α.21-trihydroxy-Δ$^{1.4}$-pregnadien-3-on* (IV) vor. Bei Red.-Verss. mit S in größerem Maßstab wird außerdem *9α-Fluor-11β.16α.17α.-20ξ.21-pentahydroxy-Δ^4-pregnen-3-on* (V) erhalten. V entsteht auch bei anaerober Einw. von S auf *9α-Fluor-11β.16α.17α.21-tetrahydroxy-Δ^4-pregnen-3.20-dion* (VIII), dem Ausgangs-Prod. für die I-Gewinnung. Durch Acetylierung wird V in *16α.20ξ.21-Triacetoxy-9α-fluor-11β.17α-dihydroxy-Δ^4-pregnen-3-on* übergeführt. Aus II erhält man mit Aceton u. $HClO_4$ *9α-Fluor-11β-hydroxy-16α.17α;20ξ.21-bis-[isopropylidendioxy]-Δ$^{1.4}$-pregnadien-3-on* (VI), mit Aceton u. HCl entsteht *9α-Fluor-11β.16α.17α-trihydroxy-20ξ.21-isopropylidendioxy-Δ$^{1.4}$-pregnadien-3-on* (VII). Bei langer Einw. von Aceton u. HCl entsteht ein Gemisch aus VI u. VII. VII wird mit Aceton u. $HClO_4$ in VI umgewandelt. Milde Acetylierung von VII führt zu *16α-Acetoxy-9α-fluor-11β.17α-dihydroxy-20ξ.21-isopropylidendioxy-Δ$^{1.4}$-pregnadien-3-on.* Verss. zur OPPENAUER-Oxydation von II mit Cyclohexanon (IX) führten zu *20ξ.21-Cyclohexylidendioxy-9α-fluor-11β.16α.17α-trihydroxy-Δ$^{1.4}$-pregnadien-3-on.* — UV- u. IR-Spektren sind angegeben.

Versuche (Drehwerte in Methanol, c = ca. 0,5): *9α-Fluor-11β.16α.17α.20ξ.21-pentahydroxy-Δ^4-pregnen-3-on* (V), $C_{21}H_{31}FO_6 \cdot 2\,H_2O$, F. 227—231° (Zers., nach F. 132—145° u. Wiederverfestigung bei 170—185°; wss. Isopropanol), durch 24std. Schütteln einer Lsg. von I in Dimethylformamid mit S in Nähr-Lsg. bei 26° unter Belüftung, 6std. Stehen unter Luftabschluß, Extraktion mit Äthylacetat, Eindampfen u. Kristallisation aus Aceton; $[\alpha]_D^{22}$ +49,5°. — *16α.20ξ.21-Triacetoxy-9α-fluor-11β.17α-dihydroxy-Δ^4-pregnen-3-on*, F. 274—278° (Zers.; A.), aus V u. Acetanhydrid (**AA**) in Pyridin (Py). — *9α-Fluor-11β.16α.17α.20ξ.21-pentahydroxy-Δ$^{1.4}$-pregnadien-3-on* (II), $C_{21}H_{29}FO_6$, F. 264,5° (Methanol), a) durch aerobe Rk. von VIII mit S u. Verteilungschromatographie mit Dioxan–Cyclohexan–W. (5:2:1) an Celite–Diatomeenerde; b) durch 1std. Red. von 5 g I a mit $NaBH_4$ in Methanol bei 0°, Einengen, 12std. Stehen des Prod. mit **AA** in Py, Zusatz von Methanol, Einengen [→ 3 g *16α.20ξ.21-Triacetat* (III), F. 283—285° (Zers.; A.)] u. ¼std. Verseifen von 1 g III mit Na-Methylat in Methanol; $[\alpha]_D^{22}$ +15,1°; 0,7 g. Beim Umkristallisieren aus Methanol u. A. → *polymorphe Modifikationen.* — *16α.20ξ-Diacetoxy-9α-fluor-11β.17α.21-trihydroxy-Δ$^{1.4}$-pregnadien-3-on* (IV), $C_{25}H_{33}FO_8$, F. 253—256,5° (Aceton–PAe.), durch Red. von 1 g I a mit $NaBH_4$ in Methanol u. Extraktion mit Äthylacetat; Nadeln aus Aceton; 880 mg. — *16α.20ξ.21-Triacetoxy-9α-Fluor-11β.17α-dihydroxy-$\Delta^{1.4}$-pregnadien-3-on* (III), $C_{27}H_{35}FO_9$, F. 305—307°, a) durch Rk. von II mit **AA** in Py; b) analog aus **IV**; $[\alpha]_D^{22}$ —20,0°, $[\alpha]_D^{22}$ —2,4° (Chlf.). — *9α-Fluor-11β.16α.17α-trihydroxy-20ξ.21-isopropylidendioxy-$\Delta^{1.4}$-pregnadien-3-on* (**VII**), $C_{24}H_{33}FO_6$, F. 276—277° (Aceton-W.), durch ½std. Schütteln von 1 g **II** mit HCl–Aceton bei Zimmer-Temp., 5 Min. langes Schütteln nach Zufügen von gesätt. wss. $NaHCO_3$-Lsg. u. Aufarbeiten; $[\alpha]_D^{22}$ +28,8°, $[\alpha]_D^{22}$ +40,2° (Chlf.); 800 mg. — *9α-Fluor-11β-hydroxy-16α.17α;20ξ.21-bis-[isopropylidendioxy]-$\Delta^{1.4}$-pregnadien-3-on* (**VI**), $C_{27}H_{37}FO_6$, F. 292—293,5° (Aceton–W.), durch 1std. Schütteln von 200 mg **II** in Aceton in Ggw. von 70%ig. $HClO_4$ bei Zimmer-Temp.; 203 mg; b) analog a) aus 100 mg **VII**; 82 mg; $[\alpha]_D^{22}$ +61,5°, $[\alpha]_D^{22}$ +67,0° (Chlf.). — *16α-Acetoxy-9α-fluor-11β.17α-dihydroxy-20ξ.21-isopropylidendioxy-$\Delta^{1.4}$-pregnadien-3-on*, $C_{26}H_{35}FO_7$, F. 266—268° (Methanol), durch 12std. Rk. von 500 mg **VII** mit **AA** in Py; $[\alpha]_D^{22}$ —18,1°, $[\alpha]_D^{22}$ —19,7° (Chlf.); 520 mg. — *20ξ.21-Cyclohexylidendioxy-9α-fluor-11β.16α.17α-trihydroxy-$\Delta^{1.4}$-pregnadien-3-on*, $C_{27}H_{37}FO_6$, F. 214—215°, durch 5std. Kochen von 1 g **II** mit Al-Isopropylat u. **IX** in Toluol, Einengen u. Umkristallisieren des erhaltenen Gummis aus 60%ig. wss. Isopropanol; 680 mg. F. KLATT. 3750□

Corticosteroide. 7. Mitt. **Darstellung von Cortison-21-hemisuccinat und freiem Cortison aus 16α.17α-Oxido-11-desoxycorticosteronacetat über 16α.17α-Oxidoepicorticosteron.** Alberto Ercoli, Rinaldo Gardi und Dina della Morte. (Gazz. chim. ital. **89.** 1382—89. Mai/Juni 1959. Casatenovo, Labor. Ric. „Vister"; ital.) — 6. vgl. C. **1962.** 10106. — 16α.17α-Oxido-11-desoxycorticosteronacetat wird mikrobiolog. mit guter Ausbeute in *16α.17α-Oxido-11-epicorticosteron* (**III**) übergeführt. Dessen partielle Veresterung mit Bernsteinsäureanhydrid (**I**) u. anschließende Oxydation mit CrO_3 führt zum *Hemisuccinat* (**II**) des *16α.17α-Oxido-11-dehydrocorticosterons*. Durch Öffnung des Epoxidringes mit HBr u. reduktive Dehalogenierung an RANEY-Ni erhält man daraus *Cortison-21-hemisuccinat*, welches in freies *Cortison* übergeführt wird. Die Werte der UV-Maxima sind für die beschriebenen Verbb. aufgeführt.

Versuche: *Δ^4-16α.17α-Oxidopregnen-11α.21-diol-3.20-dion* (**III**), $C_{21}H_{28}O_5$, F. 211 bis 213° (Essigester), aus 2,5 g 16α.17α-Oxido-11-desoxycorticosteronacetat durch Fermentierung mit *Rhizopus nigricans* in 14 Std. bei 30° unter Belüftung; $[\alpha]_D^{20}$ + 138° (Chlf.); 1,8 g (Ausbeute). *Diacetat*, $C_{25}H_{32}O_7$, F. 160—161° (CH_3OH), aus 100 mg **III**, Acetanhydrid u. Pyridin bei Raum-Temp.; $[\alpha]_D^{20}$ + 125° (Chlf.); 90 mg. *21-Hemisuccinat*, $C_{25}H_{32}O_8$, F. 198—200° (Essigester), durch 24std. Aufbewahrung von 2 g **III** u. 4 g **I** in Pyridin bei Raum-Temp. u. Eingießen in Eis–HCl; $[\alpha]_D^{20}$ + 109° (Aceton); 2,1 g. — *Δ^4-16α.17α-Oxidopregnen-21-ol-3.11.20-trionhemisuccinat* (**II**), $C_{25}H_{30}O_8$, F. 204 bis 205° (Essigester), durch 24std. Rk. von 1,5 g vorst. Hemisuccinat mit CrO_3 in Eisessig bei Raum-Temp. u. Verdünnen mit W.; $[\alpha]_D^{20}$ + 212,5° (Chlf.); 1,2 g. — *Δ^4-16α.17α-Oxidopregnen-21-ol-3.11.20-trion*, $C_{21}H_{26}O_5$, F. 185—187° (Ae./Essigester), aus 200 mg **II** u. wss. Na_2HPO_4 in Ggw. von MgO durch 1std. Aufbewahren bei 30° unter N_2; $[\alpha]_D^{20}$ + 239° (Chlf.); 140 mg. *Acetat*, F. 194—196°, aus 100 mg des 21-Ols, Acetanhydrid u. Pyridin; $[\alpha]_D^{20}$ + 235° (Chlf.); 95 mg. — *Δ^4-16β-Brompregnen-17α.21-diol-3.11.20-trion-21-hemisuccinat*, $C_{25}H_{31}BrO_8$, F. 182—183° (Zers.; wss. CH_3OH), durch 30 Min. lange Einw. von HBr in Eisessig auf 200 mg **II** unter Kühlung; 230 mg. — *Cortison-21-hemisuccinat*, F. 204—205° (Aceton), durch 4std. Kochen von 200 mg vorst. Verb. mit RANEY-Ni in wss. Aceton; $[\alpha]_D^{20}$ + 183° (c = 0,5; CH_3OH); 120 mg. — *Cortison*, F. 217 bis 221°, durch 45 Min. lange Einw. von wss. Na_2HPO_4 in Ggw. von MgO auf 100 mg vorst. Verb. bei 35° unter N_2; $[\alpha]_D^{20}$ + 211° (A.); 75 mg. WALTER SIMON. 3750

Modifizierte Steroidhormone. 21. Mitt. **17β-Hydroxy-11-methylen- und -11β-methyl-5α-androstan-3-on.** D. N. Kirk und V. Petrow. (J. chem. Soc. [London] **1961.** 2091—98. Mai. London, Brit. Drug House Ltd., Chem. Res. Labor.; engl.) — 20. vgl. C. **1962.** 2385. — *17β-Hydroxy-11-methylenandrostan-3-on* (**I**) wird auf folgendem Wege aus 11-Oxotigogeninacetat (**II**) dargestellt: Rk. mit CH_3MgJ → *11α-Methyl-5α.25D-spirostan-3β.11β-diol* (**III**) → *3β-Acetat* (**IV**), Dehydratation mit HCOOH oder Acetanhydrid (**V**)/CH_3COOH/p-Toluolsulfonsäure (**VI**) → *11-Methylentigogeninacetat* (**VII**), Abbau der Seitenkette mit **V**/Pyridin/$CH_3NH_2 \cdot HCl$ → *3β.26-Diacetoxy-11-methylen-5α-$\Delta^{20,20}$-furosten*, Rk. mit H_2O_2, danach mit sd. CH_3COOH → *3β-Acetoxy-11-methylen-5α-Δ^{16}-pregnen-20-on* (**VIII**), BECKMANN-Umlagerung des Oxims → *3β-Acetoxy-11-methylen-5α-androstan-17-on*, Oxydation nach Hydrolyse zum *3.17-Dion*, Red. der 17-Oxogruppe unter Schutz der 3-Oxogruppe als Dimethylketal → **I.** Durch katalyt. Hydrierung des *Propionats* von **I** u. Oxydation der dabei entstehenden 3-Hydroxygruppe wird *17β-Hydroxy-11β-methylandrostan-3-on-propionat* erhalten. — **VII** wird auch aus **IV** durch Dehydratation mit $SOCl_2$ zum *$\Delta^{9,11}$-Spirosten-Deriv.* (**IX**) u. dessen Isomerisierung mit HCOOH erhalten. Mit OsO_4 liefert **IX** ein *9α.11α-Diol*, das mit **V**/Pyridin nicht reagiert u. durch HJO_4 zu *3β-Acetoxy-11-methyl-9.11-seco-5α.25D-spirostan-9.11-dion* gespalten wird. Die Struktur dieser Verb. folgt aus ihrem IR-Spektrum u. dem des Prod. der Red. mit $NaBH_4$. **III** liefert bei der Oxydation mit CrO_3 das entsprechende *3-Keton* (**X**), das auch aus dem Dimethylketal von 11-Oxotigogenon (**XI**) mit CH_3MgJ u. Hydrolyse erhalten wird. **VII** reagiert mit OsO_4 zum *11ξ-Hydroxy-11ξ-hydroxymethyl-Deriv.*, das von HJO_4 wieder zu **II** gespalten wird. Die katalyt. Hydrierung von **VII** führt zu 11β-Methyltigogeninacetat. — Mit C_2H_5MgJ reagiert **II** analog zum *11α-Äthyl-11β-hydroxy-Deriv.*, das durch $SOCl_2$/Pyridin oder HCOOH zu *11-Äthylidentigogeninacetat* dehydratisiert wird. — 3β.20β-Diacetoxy-5α-pregnan-11-on (**XII**) u. CH_3MgJ reagieren zu *11α-Methyl-5α-pregnan-3β.11β.20β-triol*, dessen *Diacetat* zum *$\Delta^{9,11}$-Pregnen-* bzw. zum *11-Methylenpregnan-Deriv.* (**XIII**) dehydratisiert wird. — Die Konstit. von **VIII** folgt aus der katalyt. Hydrierung zu *3β-Acetoxy-11-methylen-5α-pregnan-20-on*, das durch $NaBH_4$-Red. u. Acetylierung **XIII** liefert. — 3.3;17.17-Bis-[äthylendioxy]-Δ^5-androsten-11-on sowie 5β-Pregnan-11-on reagieren nicht mit CH_3MgJ.

Versuche ($[\alpha]_D$ in Chlf.; UV- u. IR-Spektren sind angegeben): *11α-Methyl-5α.25D-spirostan-3β.11β-diol* (**III**), $C_{28}H_{46}O_4$, F. 209—212° (Aceton/Hexan), durch Zugabe von **II** in Bzl. zu CH_3MgJ in Ae., 3std. Kochen u. Gießen in NH_4Cl-Lsg.; Prismen, $[\alpha]_D^{23}$ —58° (c = 0,93). *3β-Acetat* (**IV**), $C_{30}H_{48}O_5$, F. 193—195° (Essigester), $[\alpha]_D^{23}$ —63° (c = 0,88). — *11α-Äthyl-5α.25D-spirostan-3β.11β-diol*, $C_{29}H_{48}O_4$, F. 215—218° (CH_3OH), analog **III** aus **II**; Prismen, $[\alpha]_D^{24}$ —34° (c = 0,79). *3-Acetat*, $C_{31}H_{50}O_5$, F. 177—179° (CH_2Cl_2/CH_3OH), $[\alpha]_D^{25}$ —39,5° (c = 0,87). — *3β-Acetoxy-11-äthyliden-5α.25D-spirostan*, $C_{31}H_{48}O_4$, F. 193—195° (A.), analog **IX** aus vorst. Verb.; Nadeln, $[\alpha]_D^{19}$ —53° (c = 0,53). — *11β-Hydroxy-11α-methyl-5α.25D-spirostan-3-on* (**X**), $C_{28}H_{44}O_4$, F. 210—213° (A.), a) durch 5std. Rühren von **III** u. CrO_3 in Pyridin, Stehen über Nacht, Verdünnen mit Bzl. u. Filtrieren; Blättchen, $[\alpha]_D^{27}$ —52° (c = 0,41); b) durch 2std. Kochen von **XI** u. Oxalsäure in abs. CH_3OH, Rk. des *3.3-Dimethoxy-5α.25D-spirostan-11-ons* [$C_{29}H_{46}O_5$, F. 192 bis 195° (Zers.; CH_3OH/CH_2Cl_2), Prismen, $[\alpha]_D^{22}$ —23° (c = 1,30)] mit CH_3MgJ, Lösen in warmer CH_3COOH, Verdünnen mit W. u. Gießen in W. nach 1/2 Stunde. — *3β-Hydroxy-11-methyl-5α.25D-$\Delta^{9,11}$-spirosten* (**IX**), $C_{28}H_{44}O_3$, F. 191—194° (nach Trocknen im Vakuum bei 105°; aus CH_3OH Solvat vom F. 120—130°), durch Verseifen des Acetats mit methanol. KOH; Pulver (aus CH_3OH Tafeln); $[\alpha]_D^{23}$ —18° (c = 0,57). *3β-Acetat*, $C_{30}H_{46}O_4$, F. 110—126° (Hexan oder CH_3OH), durch Zugabe von $SOCl_2$ zu **IV** in abs. Pyridin bei —20°, 1/2std. langsames Erwärmen auf Raum-Temp., Gießen in W., Trocknen bei 30 bis 40°, Lösen in sd. Hexan u. Einengen; Nadeln, $[\alpha]_D^{25}$ —13° (c = 0,84). — *3β-Acetoxy-11β-methyl-5α.25D-spirostan-9α.11α-diol*, $C_{30}H_{48}O_6$, F. 231—233° (Essigester), aus **IX**-Acetat u. OsO_4 in Pyridin in 5 Tagen; $[\alpha]_D^{20}$ —58° (c = 0,62), Nadeln. — *3β-Acetoxy-11-methyl-9.11-seco-5α.25D-spirostan-9.11-dion*, $C_{30}H_{46}O_6$, F. 104—106° (wss. CH_3OH), aus vorst. Verb. u. HJO_4 in wss. Dioxan in 3 Tagen bei Raum-Temp.; Prismen, $[\alpha]_D^{22}$ —100° (c = 0,43). *Monoxim*, $C_{30}H_{47}NO_6$, F. 179—183° (wss. CH_3OH), Nadeln. — *3β-Acetoxy-11-methylen-5α.25D-spirostan* (**VII**), $C_{30}H_{46}O_4$, F. 186—188° (A.), a) durch Lösen von **IV** in 98%ig. HCOOH bei 40°, Kühlen u. 3std. Stehen; Nadeln, $[\alpha]_D^{21}$ —60° (c = 0,52); b) durch 5std. Rühren von **IX** u. HCOOH; c) durch Stehen von **IV** in CH_3COOH/**V** in Ggw. von **VI** über Nacht bei Raumtemperatur. — *11-Methylentigogenin*, $C_{28}H_{44}O_3$, F. 204—207° (CH_3OH), aus **VII** u. KOH in 90%ig. CH_3OH; faserige Kristalle, $[\alpha]_D^{24}$ —54° (c = 0,28). — *11-Methylen-5α.25D-spirostan-3-on*, $C_{28}H_{42}O_3$, F. 208—212° (Aceton), aus vorst. Verb. u. CrO_3 in wss.-aceton. H_2SO_4; Blättchen, $[\alpha]_D^{23}$ —42° (c = 0,46). *3-Dimethylketal*, $C_{30}H_{48}O_4$, F. 188—190° (CH_3OH); $[\alpha]_D^{23}$ —58° (c = 0,29). — *3β-Acetoxy-11-hydroxymethyl-5α.25D-spirostan-11-ol*, $C_{30}H_{48}O_6$, F. 238—239° (Solvat; Aceton), durch 12tägige Rk. von **VII** mit OsO_4 in Pyridin bei Raum-Temp., Sättigen mit H_2S, Verdünnen mit Bzl., Filtrieren, Waschen, Eindampfen u. Al_2O_3-Chromatographie; Flocken, $[\alpha]_D$ —61° (c = 0,37). *11-Acetoxymethyl-11-hydroxy-Deriv.*, $C_{32}H_{50}O_7$, F. 162—163° (CH_3OH), Nadeln, $[\alpha]_D^{20}$ —65° (c = 0,63). — *11-Oxotigogeninacetat* (**II**), durch HJO_4-Spaltung vorst. Verbindung. — *3β-Acetoxy-11β-methyl-5α.25D-spirostan*, $C_{30}H_{48}O_4$, F. 199—200° (A.), durch Hydrierung von **VII** über ADAMS-Katalysator in Eisessig; Nadeln, $[\alpha]_D^{21}$ —63° (c = 1,00). — *11α-Methyl-5α-pregnan-3β.11β.20β-triol*, $C_{22}H_{38}O_3$, F. 197—199° (CH_3OH), analog **III** aus **XII**; Pulver, $[\alpha]_D^{23}$ +20° (c = 0,49). *3.20-Diacetat*, $C_{26}H_{42}O_5$, F. 224—227° (wss. CH_3OH), Prismen, $[\alpha]_D^{23}$ +16° (c = 0,38). — *11β-Hydroxy-11α-methyl-5α-pregnan-3.20-dion*, $C_{22}H_{34}O_3$, F. 224—226° (Aceton/Hexan), analog **X** nach a) aus vorst. Triol in 2 Tagen; Prismen, $[\alpha]_D^{22}$ +96° (c = 0,35). — *3β.20β-Diacetoxy-11-methyl-5α-$\Delta^{9,11}$-pregnen*, $C_{26}H_{40}O_4$, F. 126—128° (wss. CH_3OH), aus vorvorst. Diacetat analog **IX** in 10 Min., Gießen in verd. H_2SO_4 u. Extraktion mit Ae.; Stäbchen, $[\alpha]_D^{23}$ +88° (c = 0,34). — *3β.20β-Diacetoxy-11-methylen-5α-pregnan* (**XIII**), $C_{26}H_{40}O_4$, F. 148—150° (wss. CH_3OH), a) analog **VII** nach a) aus drittvorst. Diacetat; $[\alpha]_D^{25}$ +19° (c = 0,62); b) analog **VII** nach b) aus vorst. Verb. in 20 Min. auf dem Dampfbad; c) durch Hydrierung von **VIII** über 2%ig. Pd/$BaCO_3$ in CH_3OH, 2std. Kochen des *3β-Acetoxy-11-methylen-5α-pregnan-20-ons* [$C_{24}H_{36}O_3$, F. 137–138° (CH_3OH); prismat. Nadeln, $[\alpha]_D^{26}$ + 85° (c = 0,32)] mit $NaBH_4$/NaOH in 90%ig. CH_3OH, Einengen, Kühlen u. Acetylieren des *11-Methylen-5α-pregnan-3β.20β-diols* [$C_{22}H_{36}O_2$, F. 203–206° (Aceton), Nadeln, $[\alpha]_D^{29}$ + 54° (c = 0,21)]. — *3β.26-Diacetoxy-11-methylen-5α-Δ^{20,22}-furosten*, $C_{32}H_{48}O_5$, F. 94 bis 96° (CH_3OH), durch 2½std. Kochen von **VII**, Pyridin, **V** u. $CH_3NH_2 \cdot HCl$, Kühlen u. Gießen in Eiswasser; Nadeln, $[\alpha]_D^{22}$ + 30° (c = 0,61). — *3β-Acetoxy-11-methylen-5α-Δ^{16}-pregnen-20-on* (**VIII**), $C_{24}H_{34}O_3$, F. 184–186° (CH_3OH), aus vorst. Verb. u. 30%ig. H_2O_2 in Eisessig in 6 Std. bei Raum-Temp., Zugabe von Chlf., Verdünnen mit W., Eindampfen der Chlf.-Lsg., 2std. Kochen mit Eisessig, Einengen im Vakuum, Gießen in W. u. Extraktion mit Chlf.; Nadeln, $[\alpha]_D^{23}$ + 34° (c = 0,42). *20-Oxim*, $C_{24}H_{35}NO_3$, F. 205–210° (A./Chlf.), Prismen, $[\alpha]_D^{23}$ + 17° (c = 0,11). —*3β-Hydroxy-11-methylen-5α-androstan-17-on*, $C_{20}H_{30}O_2$, F. 166–167° (wss. CH_3OH), aus dem Acetat u. KOH in 80%ig. wss. CH_3OH durch ½std. Kochen; rhomb. Platten, $[\alpha]_D^{24}$ + 89° (c = 0,69). *3β-Acetat*, $C_{22}H_{32}O_3$, F. 166–167° (80%ig. CH_3OH), durch Zutropfen von $POCl_3$ in Pyridin zu **VIII**-Oxim in Pyridin bei −10°, 3std. Stehen bei 0° u. Gießen auf Eis/konz. HCl; Nadeln, $[\alpha]_D^{28}$ + 77° (c = 0,26). — *11-Methylen-5α-androstan-3β.17β-diol*, $C_{20}H_{32}O_2$, F. 192–194° (Aceton/Hexan), aus vorst. Verb. u. $NaBH_4$ in 80%ig. CH_3OH in 1 Std. bei Raum-Temp.; Prismen, $[\alpha]_D^{22}$ + 20° (c = 0,19). — *11-Methylen-5α-androstan-3.17-dion*, $C_{20}H_{28}O_2$, F. 193–196° (Aceton), durch Zutropfen von CrO_3 in Pyridin zu vorvorst. Verb. in Aceton, Zugabe von W. u. wenig $Na_2S_2O_4$, Eindampfen im Vakuum, Abfiltrieren u. Waschen; viereckige Platten, $[\alpha]_D^{22}$ + 115° (c = 0,73). *3-Dimethylketal*, $C_{22}H_{34}O_3$, F. 175–178° (Zers.; A./5% Pyridin), durch ½std. Rühren in abs. CH_3OH mit Acetylchlorid; Nadeln, $[\alpha]_D^{23}$ + 138° (c = 0,13). — *3.3-Dimethoxy-11-methylen-5α-androstan-17β-ol*, $C_{22}H_{36}O_3$, F. 166–167° (wss. CH_3OH), durch 1½std. Red. vorst. Ketals in CH_3OH mit $NaBH_4$ in NaOH bei Raum-Temp.; Blättchen, $[\alpha]_D^{26}$ + 37° (c = 0,85). *17-Propionat*, $C_{25}H_{40}O_4$, F. 145–148° (CH_3OH), durch 20 Min. lange Rk. mit Propionsäureanhydrid in Pyridin auf dem Dampfbad; Flocken, $[\alpha]_D^{22}$ + 6° (c = 0,69). — *17β-Hydroxy-11-methylen-5α-androstan-3-on* (**I**), $C_{20}H_{30}O_2$, F. 207–210° (wss. CH_3OH), aus vorst. Verb. u. 70%ig. Essigsäure in 20 Min. bei 80°; faserige Kristalle, $[\alpha]_D^{26}$ + 33° (c = 0,78). *17-Acetat*, $C_{22}H_{32}O_3$, F. 150–151° (wss. CH_3OH), Platten, $[\alpha]_D^{23}$ + 3° (c = 0,28). *17-Propionat*, $C_{23}H_{34}O_3$, F. 169–170° (CH_3OH), Flocken, $[\alpha]_D^{23}$ + 18° (c = 0,48). — *11β-Methyl-17β-propionyloxy-5α-androstan-3-on*, F. 136–138° (wss. CH_3OH), aus vorst. Propionat durch Hydrierung über ADAMS-Katalysator in Essigsäure, Filtrieren, Eindampfen im Vakuum u. Oxydation des Prod. mit CrO_3 in Aceton; $[\alpha]_D^{24}$ + 26° (c = 0,34).

WALTER SIMON. 3750

Modifizierte Steroidhormone. 22. Mitt. **6α.16α-Dimethylprogesteron und 17α-Acetoxy-6α-methyl-16-methylenprogesteron.** D. N. Kirk, V. Petrow und D. M. Williamson. (J. chem. Soc. [London] **1961**. 2821–24. Juli; engl.) — 21. vgl. vorst. Referat. — Ausgehend von 3β-Acetoxy-6-methyl-$\Delta^{5.16}$-pregnadien-20-on (**I**) werden *6α.16α-Dimethylprogesteron* (**II**) u. *17α-Acetoxy-6α-methyl-16-methylenprogesteron* (**III**) auf folgenden Wegen dargestellt: **I** + CH_3MgJ → *3β-Hydroxy-6.16α-dimethyl-Δ^5-pregnen-20-on*, das vom Nebenprod. *6-Methyl-bisnor-Δ^{5.16}-choladien-3.20-diol* als *Semicarbazon* abgetrennt u. durch OPPENAUER-Oxydation in **II** übergeführt wird. — **I** + CH_2N_2 → *3β-Acetoxy-6-methylpyrazolino-[3'.4':17α.16α]-Δ^5-pregnen-20-on*, Pyrolyse → *3β-Acetoxy-6.16-dimethyl-Δ^{5.16}-pregnadien-20-on*, H_2O_2 → *16α.17α-Epoxy-3β-hydroxy-6.16β-dimethyl-Δ^5-pregnen-20-on* (**IV**), OPPENAUER-Oxydation → *16α.17α-Epoxy-6α.16β-dimethyl-Δ^4-pregnen-3.20-dion*, Spaltung in Dioxan in Ggw. von H_2SO_4 → *17α-Hydroxy-6α-methyl-16-methylen-Δ^4-pregnen-3.20-dion*, drast. Acetylierung → *3.17α-Diacetoxy-6-methyl-16-methylen-Δ^{3.5}-pregnadien-20-on* (**VI**), vorsichtige alkal. Hydrolyse → **III**, das außerdem aus **IV** über **IV**-*Acetat* durch dessen Spaltung mit 50%ig. HBr in CH_3OOH/Dioxan oder mit H_2SO_4 in Tetrahydrofuran (THF) zu *3β-Acetoxy-17α-hydroxy-6-methyl-16-methylen-Δ^5-pregnen-20-on* (**V**), drast. Acetylierung dieser Verb. mit Acetanhydrid (**VII**) + p-Toluolsulfonsäure (**VIII**) zu *3β.17α-Diacetoxy-6-methyl-16-methylen-Δ^5-pregnen-20-on* (**X**), partielle Hydrolyse von **X** mit methanol. HCl zur *3-Hydroxy-Verb.* u. deren OPPENAUER-Oxydation dargestellt wird. — Die Rk. von **IV**-Acetat mit HBr in CH_3COOH liefert *3β-Acetoxy-6.16-dimethyl-Δ^{5.14.16}-trien-20-on* (**IX**) statt **V**. **IX** entsteht auch neben **X**, wenn **V** in CH_3OOH acetyliert wird.

Versuche: ($[\alpha]_D$ in Chlf.; UV-Spektren sind angegeben) *3β-Acetoxy-6-methyl-pyrazolino-[3'.4':17α.16α]-Δ^5-pregnen-20-on*, $C_{25}H_{36}N_2O_3$, F. 156–158° (Zers.; CH_3OH), aus **I** u. CH_2N_2 in Ae. in 18 Std. bei Zimmer-Temp.; Platten, $[\alpha]_D^{24}$ + 70° (c = 0,44). — *3β-Acetoxy-6.16-dimethyl-Δ^{5.16}-pregnadien-20-on*, $C_{25}H_{36}O_3$, F. 158–160° (CH_3OH), durch 3std. Kochen vorst. Verb. in Dibutyläther; Platten, $[\alpha]_D^{23}$ −99° (c = 0,65). — *3β-Hydroxy-6.16β-dimethyl-16α.17α-epoxy-Δ^5-pregnen-20-on* (**IV**), *Hemihydrat*, $C_{23}H_{34}O_3 \cdot$

$^1/_2$ H_2O, F. 161—162° (CH_3OH), durch Zutropfen von 30%ig. H_2O_2 zu vorst. Verb. in sd. A. + 40%ig. NaOH, $^1/_2$std. Kochen u. Abfiltrieren; $[\alpha]_D^{22}$ —17° (c = 0,94). *Acetat*, $C_{25}H_{36}O_4$, F. 118—120° (CH_3OH), $[\alpha]_D$ —49° (c = 0,35). — *16α.17α-Epoxy-6α.16β-dimethyl-Δ⁴-pregnen-3.20-dion*, $C_{23}H_{32}O_3$, F. 182—184° (CH_3OH), durch Lösen von **IV** in Cyclohexanon (**XI**), Abdest. von $^1/_6$ der Lsg., Zugabe von Al-tert.-Butylat in abs. Toluol, $^3/_4$std. Kochen, Zugabe von Seignettesalz-Lsg. u. 6std. Dampf-Dest.; Nadeln $[\alpha]_D^{22}$ +130° (c = 0,43). — *17α-Hydroxy-6α-methyl-16-methylen-Δ⁴-pregnen-3.20-dion*, $C_{23}H_{32}O_3$, F. 212—214° (CH_3OH), a) aus vorst. Verb. u. HBr in Eisessig in 15 Min. bei 10°, Gießen in W. u. Extraktion mit Ae.; Nadeln, $[\alpha]_D^{21}$ —15° (c = 0,6); b) aus vorst. Verb. u. konz. H_2SO_4 in Dioxan über Nacht bei Zimmertemperatur. — *3.17α-Diacetoxy-6-methyl-16-methylen-Δ³·⁵-pregnadien-20-on* (**VI**), $C_{27}H_{36}O_5$, F. 148—149° (CH_3OH + Pyridin), aus vorst. Verb. durch Lösen in CH_3COOH u. **VII** + **VIII**, 24std. Stehen bei Zimmer-Temp., Gießen in W. u. Extraktion mit Ae.; Platten, $[\alpha]_D^{25}$ —237° (c = 0,8). — *3β Acetoxy-6.16-dimethyl-Δ⁵·¹⁴·¹⁶-pregnatrien-20-on* (**IX**), $C_{25}H_{34}O_3$, F. 225—227° (CH_3OH), durch $^1/_2$std. Rk. von **IV**-Acetat mit HBr in Eisessig, bei 0° u. Gießen in W.; Nadeln, $[\alpha]_D^{21}$ +282° (c = 0,234). — *3β-Acetoxy-17α-hydroxy-6-methyl-16-methylen-Δ⁵-pregnen-20-on* (**V**), $C_{25}H_{36}O_4$, F. 126—128° u. 147—149° (Hexan), a) aus **IV**-Acetat u. HBr in Eisessig/Dioxan in 10 Min. bei Zimmer-Temp.; Nadeln, $[\alpha]_D^{24}$ —161° (c = 0,31); b) aus **IV**-Acetat u. konz. H_2SO_4 in THF über Nacht bei Zimmertemperatur. — *3β.17α-Diacetoxy-6-methyl-16-methylen-Δ⁵-pregnen-20-on* (**X**), $C_{27}H_{38}O_5$, F. 166—168° (Hexan), a) aus **V** u. **VIII** in **VII**/Eisessig über Nacht bei Zimmer-Temp.; Nadeln, $[\alpha]_D^{25}$ —178° (c = 0,88); daneben **IX**; b) analog a) in Abwesenheit von CH_3COOH. — *17α-Acetoxy-3β-hydroxy-6-methyl-16-methylen-Δ⁵-pregnen-20-on*, $C_{25}H_{36}O_4$, F. 163—165° (wss. CH_3OH), durch $1^1/_2$std. Kochen vorst. Verb. u. konz. HCl in CH_3OH, Einengen u. Gießen in W.; Nadeln, $[\alpha]_D^{25}$ —165° (c = 0,33). — *17α-Acetoxy-6α-methyl-16-methylen-Δ⁴-pregnen-3.20-dion* (**III**), $C_{25}H_{34}O_4$, F. 206—208° (CH_3OH), a) durch Lösen von **VI** in CH_3OH, Zugabe von methanol.-wss. KOH, Zugabe von CH_3COOH nach 10 Min., Eindampfen im Vakuum u. Gießen in W.; Nadeln, $[\alpha]_D$ —98° (c = 0,21); b) aus vorst. Verb. u. Al-tert.-Butylat in **XI** u. Toluol durch $^3/_4$std. Kochen u. Isolieren mit CH_2Cl_2. — *3β-Hydroxy-6.16α-dimethyl-Δ⁵-pregnen-20-on*, $C_{23}H_{36}O_2$, F. 170—172° (Aceton/Hexan), durch Zugabe von **I** in Toluol zu CH_3MgJ in abs. Ae., Abdest. des Ae., 8std. Kochen, Zers. mit NH_4Cl-Lsg., Waschen mit Ae., 1std. Erhitzen mit Semicarbazidhydrochlorid in wss. CH_3OH in Ggw. von Na-Acetat, Gießen in W., Abfiltrieren, Trocknen, 1std. Extraktion mit sd. Ae., 5std. Rk. des ätherunlösl. Anteils mit Brenztraubensäure in wss. Essigsäure in Ggw. von Na-Acetat, auf dem Dampfbad, Eindampfen im Vakuum u. Extraktion mit Ae., $[\alpha]_D$ —6° (c = 0,46). *3β-Acetat*, $C_{25}H_{38}O_3$, F. 135—137°, $[\alpha]_D$ —17° (c = 0,80). — *6α.16α-Dimethyl-Δ⁴-pregnen-3.20-dion* (**II**, $C_{23}H_{34}O_2$, F. 120—122° (wss. CH_3OH), aus vorst. Verb., Al-tert.-Butylat u. **XI** in Toluol, durch $^3/_4$std. Kochen; Nadeln, $[\alpha]_D^{23}$ +144° (c = 1,12). WALTER SIMON. 3750

Modifizierte Steroidhormone. 23. Mitt. Einige pentacyclische Typen. G. Cooley, J. W. Ducker, B. Ellis, V. Petrow und W. P. Scott. (J. chem. Soc. [London] **1961**. 4108—10. Sept.; engl.) — 22. vgl. vorst. Referat. — Einige 2-Hydroxymethylen-Derivv. von 3-Ketosteroiden werden durch Kondens. mit Methylvinylketon (I) in pentacycl. Derivv. übergeführt; diese sind ohne signifikante biolog. Aktivität.

Versuche ($[\alpha]_D$ in Chlf.; UV-Spektren sind angegeben): *17β-Hydroxy-2ξ-[3'-oxobutyl]-Δ⁴-androsten-3-on*, $C_{23}H_{34}O_3$, F. 167—168° (Acetan/Hexan), aus 17β-Hydroxy-2-hydroxymethylen-Δ⁴-androsten-3-on u. redest. I in Ggw. von Triäthylamin in A./Essigester durch 21std. Rk. bei 0° Verdünnen mit W., Isolieren mit Ae. u. Al_2O_3-Chromatographie; Nadeln, $[\alpha]_D^{22}$ +83° (c = 0,87). — *17β-Hydroxy-2β(H)-2.3-[Δ²'-cyclohexeno]-Δ⁴-androsten-4'-on*, $C_{23}H_{32}O_2$, F. 210—211° (Aceton/Pae.), durch 4std. Stehen vorst. Verb. u. 0,5 n KOH in Dioxan bei Zimmer-Temp., Zugabe von W., Abfiltrieren u. Extraktion mit Aceton; $[\alpha]_D^{24}$ +300° (c = 0,35). — Analog: *17β-Hydroxy-17α-methyl-2ξ-[3'-oxobutyl]-Δ⁴-androsten-3-on*, $C_{24}H_{36}O_3$, F. 155—156° (Ae./PAe.), $[\alpha]_D^{24}$ +57° (c = 0,98). — *17β-Hydroxy-17α-methyl-2β(H)-2.3-[Δ²'-cyclohexeno]-Δ⁴-androsten-4'-on*, $C_{24}H_{34}O_2$, F. 206—208° (Aceton/Hexan), $[\alpha]_D^{21}$ +337° (c = 0,92). — *17β-Propoxy-4-methyl-2ξ-[3'-oxobutyl]-Δ⁴-androsten-3-on*, $C_{27}H_{40}O_4$, F. 106—107° (wss. CH_3OH); Nadeln. — *17β-Hydroxy-4-methyl-2β(H)-2.3-[Δ²'-cyclohexeno]-Δ⁴-androsten-4'-on*, $C_{24}H_{34}O_2 \cdot 2\,H_2O$, F. 120—121° oder 155—157° (wss. CH_3OH), Nadeln, $[\alpha]_D^{24}$ +349° (c = 1,01). *17β-Propionat*, $C_{27}H_{38}O_3$, F. 186—187° (Aceton/Hexan); Nadeln, $[\alpha]_D^{23}$ +310° (c = 0,52). — *17β-Hydroxy-17α-methyl-2ξ-[3'-oxobutyl]-5α-androstan-3-on*, $C_{24}H_{38}O_3$, F. 129—130° (Ae./PAe.), Nadeln, $[\alpha]_D^{24}$ —0,61° (c = 0,16). — *17β-Hydroxy-17α-methyl-2β(H)-2.3-[Δ²'-cyclohexeno]-5α-androstan-4'-on*, $C_{24}H_{36}O_2$, F. 184—186° (wss. Aceton), Tafeln, $[\alpha]_D^{24}$ +4° (c = 0,52). — *17β-Hydroxy-6α-methyl-2ξ-[3'-oxobutyl]-17α-propinyl-*

Δ^4-androsten-3-on, $C_{27}H_{38}O_3$, F. 151–153° (Ae./PAe.), Nadeln, $[\alpha]_D^{25}$ –5° (c = 0,50). – *17β-Hydroxy-6α-methyl-17α-propinyl-2β(H)-2.3-[$\Delta^{2'}$-cyclohexeno]-Δ^4-androsten-4'-on*, F. 229–230° (wss. Aceton), Tafeln. – *2ξ-[3'-Oxobutyl]-Δ^4-pregnen-3.20-dion*, $C_{25}H_{36}O_3$, F. 123–124° (Ae./PAe.), $[\alpha]_D^{26}$ +183° (c = 0,99), Stäbe. – *2β(H)-2.3-[$\Delta^{2'}$-Cyclohexeno]-Δ^4-pregnen-4'.20-dion*, $C_{25}H_{34}O_2$, F. 192–193° (Ae.), Prismen, $[\alpha]_D^{27}$ +436° (c = 0,67). – *2ξ-[3'-Oxobutyl]-17.20; 20.21-bis-methylendioxy-Δ^4-pregnen-3.11-dion*, $C_{27}H_{38}O_7$, F. 213 bis 217° (Aceton/Hexan); Nadeln, $[\alpha]_D^{27}$ +70° (c = 1,03). – *2β(H)-2.3-[$\Delta^{2'}$-Cyclohexeno]-Δ^4-17.20; 20.21-bis-[methylendioxy]-pregnen-4'.11-dion*, $C_{27}H_{34}O_6$, F. 281–286° (Zers.; Aceton/Hexan); Prismen, $[\alpha]_D^{27}$ +280° (c = 0,66). – *17α.21-Dihydroxy-2β(H)-2.3-[$\Delta^{2'}$-cyclohexeno]-Δ^4-pregnen-4'.11.20-trion, Hydrat*, $C_{25}H_{32}O_5 \cdot H_2O$, F. 193–198° (Zers.; CH_3OH), durch 2std. Erwärmen vorst. Verb. u. 90%ig. Ameisensäure auf 60°, Gießen in gesätt. NaCl-Lsg., Abfiltrieren, Waschen, Lösen in CH_3OH, Zugabe von konz. HCl, 1½std. Stehen bei Raum-Temp., Einengen im Vakuum u. Verdünnen mit W.; Prismen, $[\alpha]_D^{27}$ +401° (c = 1,05). *21-Monoacetat*, $C_{27}H_{34}O_6$, F. 222–223° (Zers.; Aceton/Hexan); Nadeln, $[\alpha]_D^{23}$ +407° (c = 0,62). WALTER SIMON. 3750

Modifizierte Steroidhormone. 24. Mitt. **16α.17α-Isopropylidendioxy-6α-methyl-Δ^4-pregnen-3.20-dion.** B. Ellis, S. P. Hall, V. Petrow und S. Waddington-Feather. (J. chem. Soc. [London] **1961**. 4111–16. Sept.; engl.) – 23. vgl. vorst. Referat. – *16α.17α-Isopropylidendioxy-6α-methyl-Δ^4-pregnen-3.20-dion* (**I**) wurde nach 3 verschiedenen Meth. synthetisiert: 1) 16α.17α-Epoxy-3β-hydroxy-Δ^5-pregnen-20-on (**II**) + Carbazinsäureäthylester (**III**) in CH_3COOH → *16α-Acetoxy-3β.17α-dihydroxy-Δ^5-pregnen-20-onäthoxycarbonylhydrazon* (**IV**), Hydrolyse mit Brenztraubensäure (**V**) → *16α-Acetoxy-3β.17α-dihydroxy-Δ^5-pregnen-20-on* (**VI**), Rk. mit Aceton, CH_3OH u. $HClO_4$ → *3β-Hydroxy-16α.17α-isopropylidendioxy-Δ^5-pregnen-20-on* (**VII**), Peressigsäure (**VIII**) → *5α.6α-Epoxid* (daneben das *5β.6β-Isomere*) → *3β-Acetat* (**IX**) + CH_3MgJ → *3β.5α-Dihydroxy-16α.17α-isopropylidendioxy-6β-methyl-5α-pregnan-20-on* (**X**), CrO_3 in Aceton → *3-Keto-Verb.* (**XI**), Dehydratisierung u. Epimerisierung mit alkohol. KOH → **I**. – **VII** wird auch durch alkal. Hydrolyse von **IV** zum Triol (**XII**), Spaltung von **XII** mit **V** zu *3β.16α.-17α-Trihydroxy-Δ^5-pregnen-20-on* (**XIII**) u. dessen Rk. mit Aceton erhalten. **XII** kann auch durch Rk. des 3β-Acetats (**XIV**) von **II** mit **III** zum *3β.16α-Diacetat* (**XV**) von **XII** u. dessen Hydrolyse dargestellt werden. Die Struktur von **IV** folgt aus der Hydrolyse mit **V** zu **VI** u. der Darst. aus **VI** mit **III**. – 2) **VII**-*3β-Tosylat* → *6β-Hydroxy-16α.17α-isopropylidendioxy-3.5-cyclopregnan-20-on*, Oxydation → *6-Keton*, CH_3MgJ → *6ξ-Hydroxy-16α.17α-isopropylidendioxy-6ξ-methyl-3.5-cyclopregnan-20-on* (**XXII**), CH_3COOH + H_2SO_4 → *3β-Hydroxy-6-methyl-16α.17α-isopropylidendioxy-Δ^5-pregnen-20-on* (**XVI**), *-3β-Acetat*, Verseifen → **XVI**, OPPENAUER-Oxydation → **I**. – 3) 16α.17α-Epoxy-3β-hydroxy-6-methyl-Δ^5-pregnen-20-on (**XVII**) + **III** → *16α-Acetoxy-3β.17α-dihydroxy-6-methyl-Δ^5-pregnen-20-onäthoxycarbonylhydrazon* (**XVIII**), Spaltung mit **V**, Rk. mit Aceton in CH_3OH in Ggw. von $HClO_4$ → **XVI** → **I**. – Das *6α-Äthyl*-Homologe von **I** wird aus **IX** durch Rk. mit C_2H_5MgJ zum *6β-Äthyl-3β.5α-diol*, dessen Oxydation zur *3-Keto-Verb.* u. deren Dehydratisierung unter Epimerisierung mit alkohol. HCl dargestellt. Verss., 16α.17α-Dihydroxypregnan-20-one aus 16α.17α-Epoxypregnan-20-onen durch Rk. mit Phenylhydrazin darzustellen, waren nur in kleinem Maßstab erfolgreich. – UV-Maxima der dargestellten Verbb. sind angegeben.

Versuche ($[\alpha]_D$ in Chlf.): *3β.16α.17α-Trihydroxy-Δ^5-pregnen-20-on* (**XIII**), $C_{21}H_{32}O_4$, F. 242–249° (Erweichen bei 225°), durch 5 Min. langes Erhitzen von **XII** in CH_3COOH u. 50%ig. **V** auf 100°, Zugabe von W. u. ¼std. Erhitzen unter Zugabe von W.; Nadeln aus Aceton, $[\alpha]_D^{20}$ –86° (c = 0,93; Pyridin). *Äthoxycarbonylhydrazon* (**XII**), *Form A*, $C_{24}H_{38}N_2O_5$, F. 190–192°, a) durch Zugabe von KOH in CH_3OH zu **IV** in heißem CH_3OH, 1½ Min. langes Kochen u. Zugabe von CH_3COOH u. W.; Nadeln aus wss. CH_3OH, $[\alpha]_D^{22}$ –140° (c = 0,85); b) durch Verseifen von **XV** mit methanol. KOH; *Form B*, F. 160–162°, aus Aceton/Hexan; *16α-Acetat* (**IV**), $C_{26}H_{40}N_2O_6$, F. 242–249° (Zers.), a) durch Zugabe von redest. **III** in CH_3COOH zu **II** in CH_3COOH, 8std. Rühren, Stehen über Nacht u. Gießen in Eiswasser; Nadeln aus Bzl./CH_3OH, dann aus wss. CH_3OH; $[\alpha]_D^{20}$ –110° (c = 0,75); b) durch 18std. Rk. von **VI** in A. mit **III** in Ggw. von konz. HCl bei Raum-Temp.; *3β.16α-Diacetat* (**XV**), $C_{28}H_{42}N_2O_7$, F. 226–230° (Zers.), a) durch Stehen von **XIV** u. **III** in CH_3COOH über Nacht u. Zugabe von W.; Nadeln aus Aceton/Hexan, $[\alpha]_D^{19}$ –114° (c = 0,75); b) aus **XIX** u. **III** in 18 Std. in CH_3COOH. *16α-Acetat* (**VI**), $C_{23}H_{34}O_5$, F. 220–221°, durch 5 Min. lange Rk. von **IV** mit 50%ig. **V** in CH_3COOH bei 100° u. Zugabe von W., Erwärmen bis zur Lsg. u. langsames Abkühlen; Nadeln aus wss. A., $[\alpha]_D^{22}$ –67° (c = 1,01). *3β.16α-Diacetat* (**XIX**), F. 214–215°, a) durch 1std. Acetylieren von **VI** in Pyridin bei 100°; Nadeln aus CH_3OH; b) analog a) aus **XIII**. *16α.17α-O.O-Isopropyliden-Deriv.* (**VII**), F. 217–218°, a) durch Zugabe von wenig 72%ig. $HClO_4$ zu **XIII** in Aceton, 2std. Rühren u. Zugabe von W.; Nadeln aus wss. CH_3OH, $[\alpha]_D^{22}$ –75°

(c = 1,2); b) durch Zugabe von 60%ig. $HClO_4$ zu **VI** in Aceton u. CH_3OH, 1std. Kochen u. Zugabe von W.; *3β-Tosylat*, $C_{31}H_{42}O_6S$, F. 183° (Zers.), durch 3tägige Rk. von **VII** in Pyridin mit p-Toluolsulfonsäure bei Raum-Temp.; Nadeln aus CH_2Cl_2/A., $[\alpha]_D^{21}$ +1° (c = 1,2); *5α.6α-Epoxid, Hydrat*, $C_{24}H_{36}O_5 \cdot H_2O$, F. 206,5°, durch 1std. Rühren von **VII** in Chlf. mit wasserfreiem Na-Acetat u. 40%ig. **VIII** bei 0°, 18std. Stehen bei 0°, Waschen mit verd. wss. Lauge u. W., Trocknen, Eindampfen u. fraktionierte Kristallisation aus Aceton; Nadeln aus wss. CH_3OH; $[\alpha]_D^{22}$ −17° (c = 0,93); daneben das *5β.6β-Epoxid* F. 215°, Prismen aus wss. Aceton, $[\alpha]_D^{22}$ +36° (c = 0,81); *5α.6α-Epoxid-3β-acetat* (**IX**), $C_{26}H_{38}O_6$, F. 216—217°, Tafeln aus CH_3OH, $[\alpha]_D^{21}$ −11,5° (c = 0,85). — *3β.5α-Dihydroxy-16α.17α-isopropylidendioxy-6β-methyl-5α-pregnan-20-on* (**X**), $C_{25}H_{40}O_5$, F. 208° (wss. CH_3OH), durch Zugabe von **IX** zu CH_3MgJ in Ae., 3std. Kochen u. Zers. mit NH_4Cl-Lsg.; Nadeln, $[\alpha]_D^{20}$ +26° (c = 1,04). — *5α-Hydroxy-16α.17α-isopropylidendioxy-6β-methyl-5α-pregnan-3.20-dion* (**XI**), $C_{25}H_{38}O_5$, F. 259—261° (CH_2Cl_2/CH_3OH), aus **X** u. 4 n CrO_3 in Aceton u. Verdünnen mit W. nach 4—5 Min.; Blättchen, $[\alpha]_D^{25}$ +43° (c = 0,74). — *6β-Hydroxy-16α.17α-isopropylidendioxy-3.5-cyclopregnan-20-on*, $C_{24}H_{36}O_4$, F. 178—180° (Ae./PAe.), aus **VII**-Tosylat u. K-Acetat in 50%ig. wss. Aceton durch 22std. Kochen; Nadeln, $[\alpha]_D^{21}$ +76° (c = 0,95). — *16α.17α-Isopropylidendioxy-3.5-cyclopregnan-6.20-dion*, $C_{24}H_{34}O_4$, F. 200—202° (A.), aus vorst. Verb. u. 4 n CrO_3 in Aceton, Filtrieren u. Gießen in W.; Nadeln; $[\alpha]_D^{23}$ +64° (c = 1,15). — *6ξ-Hydroxy-16α-17α-isopropylidendioxy-6ξ-methyl-3.5-cyclopregnan-20-on* (**XXII**), $C_{25}H_{38}O_4$, F. 192—193° (wss. CH_3OH), aus vorst. Verb. u. CH_3MgJ in Bzl./Ae. durch 2std. Kochen, Isolieren u. Al_2O_3-Chromatographie mit Bzl./Ae. (4 : 1); Blättchen, $[\alpha]_D^{21}$ +71° (c = 0,82); daneben *Verb. vom F. 209—210°* (Aceton/Hexan), Nadeln. — *6-Methyl-3β.16α.17α.-trihydroxy-Δ^5-pregnen-20-on* (**XX**), $C_{22}H_{34}O_4$, F. 213—215°, durch 1/4std. Erhitzen des Hydrazons in CH_3COOH u. 50%ig. **V** auf 100° u. Zugabe von W.; aus wss. A. Nadeln, $[\alpha]_D^{25}$ −65° (c = 1,0). *Äthoxycarbonylhydrazon*, $C_{25}H_{40}N_2O_5$, F. 219—220° (Zers.), durch 20 Min. langes Kochen von KOH u. **XVIII** in CH_3OH, Ansäuern mit CH_3COOH, Einengen u. Zugabe von W.; Nadeln aus wss. CH_3OH, $[\alpha]_D^{19}$ −147° (c = 1,1); *16α-Acetat* (**XVIII**), $C_{27}H_{42}N_2O_6$, F. 262—265° (Zers.), durch Zugabe von **III** in CH_3COOH zu **XVII** in $CH_3 \cdot COOH$, 7std. Rühren, Stehen über Nacht, Rühren mit W., 1/2std. Erwärmen u. Filtrieren des heißen Prod.; Nadeln aus wss. A., $[\alpha]_D^{21}$ −134° (c = 1,15). *16α-Acetat*, $C_{24}H_{36}O_5$, F. 226—227°, durch 1/4std. Erhitzen von **XVIII** in CH_3COOH mit 50%ig. **V** auf 100°, Zugabe von W. u. CH_3COOH u. Aufkochen; Nadeln aus wss. A., $[\alpha]_D^{25}$ −74°. *3β.16α-Diacetat*, $C_{26}H_{38}O_6$, F. 170°, a) durch 2std. Rk. des 16α-Acetats mit Acetanhydrid (**XXI**) in Pyridin bei 100°; Prismen aus wss. Aceton, $[\alpha]_D^{20}$ −82° (c = 1,05); b) aus **XX**. *16α.17α-O.O-Isopropyliden-Deriv.* (**XVI**), $C_{25}H_{38}O_4$, F. 232—234°, a) durch Verseifen des 3β-Acetats mit methanol. KOH; Nadeln aus Chlf./CH_3OH; $[\alpha]_D^{22}$ −18° (c = 0,48); b) durch 18std. Stehen von **XX**-16α-Acetat in Aceton/CH_3OH (4 : 1) mit 60%ig. $HClO_4$; c) durch Zugabe von wenig 72%ig. $HClO_4$ zu **XX** in sd. Aceton; *3β-Acetat*, $C_{27}H_{40}O_5$, F. 166—168°, a) durch Stehen von **XXII** in CH_3COOH + konz. H_2SO_4 über Nacht u. Zugabe von W.; Blättchen aus wss. CH_3OH, $[\alpha]_D^{22}$ −25° (c = 0,86); b) durch 1/2std. Rk. von **X** in CH_3COOH mit **XXI** in Ggw. von 72%ig. $HClO_4$, Verdünnen mit W. u. Isolieren mit Äther. — *16α.17α-Isopropylidendioxy-6α-methyl-Δ^4-pregnen-3.20-dion* (**I**), F. 166—167°, a) durch 2std. Kochen von **XI** in A. mit KOH, Ansäuern u. Isolieren mit Ae.; Nadeln aus Ae./PAe.; b) aus dem 6β-Epimeren mit KOH in A.; c) durch Dest. von **XVI** in Toluol/Cyclohexanin, Zugabe von Al-Tri-tert.-butylat, 1/2std. Kochen, Kühlen, Waschen mit Seignettesalz-Lsg., Dampf-Dest. u. Isolieren mit Äther. *6β-Epimeres*, durch Zugabe von 5%ig. KOH zu **XI** in A., 1 1/2 Min. langes Kochen, Ansäuern u. Zugabe von W.; Nadeln aus wss. CH_3OH; $[\alpha]_D^{20}$ +85° (c = 0,87). — *6-Äthyl-5α-hydroxy-16α.17α-isopropylidendioxy-5α-pregnan-3.20-dion*, $C_{26}H_{40}O_5$, F. 268—270° (Zers.; wss. A.), aus **IX** u. Äthyl-MgJ in Ae./Bzl. durch 5std. Kochen, Isolieren u. 3std. Schütteln mit CrO_3 in Bzl./Essigsäure/W.; Platten, $[\alpha]_D^{23}$ +29° (c = 1,1). — *6α-Äthyl-16α.17α-isopropylidendioxy-Δ^4-pregnen-3.20-dion*, $C_{26}H_{38}O_4$, F. 158° (A.), aus vorst. Verb. u. KOH in A. durch 3std. Kochen; Nadeln. WALTER SIMON. 3750

Coenzym Q. 14. Mitt. **Reaktionen von Äthylcyanacetat mit Dimethoxybenzochinonen.** Clifford H. Shunk, James F. McPherson und Karl Folkers. (J. org. Chemistry **25.** 1053—55. Juni 1960. Rahway, N.J., Merck, Sharp & Dohme Res. Labor.; engl.) — 13. vgl. C. **1962.** 14936. — Im Gegensatz zu der früher üblichen Ansicht, nur Chinone mit labilem Wasserstoff- oder Halogenatom in Nachbarschaft einer C=O-Gruppe eines Chinons gäben einen positiven Test nach CRAVEN [1931] wird festgestellt, daß auch tetrasubstituierte Chinone einen positiven Test geben, wenn man die in alkohol.-wss. NH_3 unlösl. Verbb. mit Äthylcyanacetat in abs. A. löst u. dann gasförmiges NH_3 einleitet. Mit Coenzym Q_{10}, 2.3-Dimethoxy-5.6-dimethylbenzochinon, 2.6-Dimethoxy-3.5-dimethylbenzochinon, 2.6-Dimethoxybenzochinon u. 2.3-Dimethoxybenzochinon tritt nach

5 Min. eine blaue Farbe auf, nach 30 Min. sind die Lsgg. grün u. nach 24 Std. gelb gefärbt. Mit dem Diäthoxy-Homologen von Coenzym Q_{10} treten die gleichen Farben, jedoch heller, auf. Mit 2.5-Dimethoxy-3.6-dimethylbenzochinon u. 2.5-Dimethoxybenzochinon bleibt die blaue Färbung mindestens 24 Std. bestehen. Mit 2.5-Dihydroxybenzochinon entsteht unter Abscheidung von rosa gefärbten Kristallen eine rosa Färbung. Mit Durochinon bildet sich keine Farbe. S. DITTMANN-MITZSCHERLICH. 3850

Isolierung eines kristallinen Nucleosids aus dem Vitamin-B_{12}-Coenzym. A. W. Johnson und N. Shaw. (Proc. chem. Soc. [London] **1961.** 447—48. Dez. Nottingham, Univ.; engl.) — Photolyse einer wss. Lsg. von Vitamin-B_{12}-Coenzym (I) liefert neben

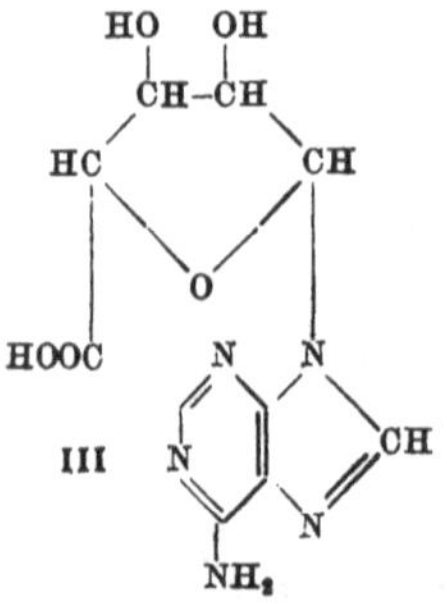

III

Hydroxocobalamin ein *Nucleosid-A* (II) [R_F 0,33] u. ein *Nucleosid B* (III) [R_F 0,26, in Butanol-(1)-Essigsäure-W. (4 : 1 : 5)]. Isolierung erfolgt durch wechselseitige Anwendung von Ionenaustauschern u. Papierchromatographie. **II** u. **III** haben charakterist. 9-Alkyladenin-UV-Spektren, unterscheiden sich aber von Adenosin u. Desoxyadenosin durch große Widerstandsfähigkeit gegen Säurehydrolyse. **II** gibt nach 6 Std. mit 1 n HCl bei 100° Spuren von *Adenin* als einzige Komponente; **III** gibt unter gleichen Bedingungen neben *Adenin* ein *Kohlenhydrat* (R_F 0,2) u. reagiert mit Perjodat. Im Hinblick auf elektrophoret. Vgl. wird für **III** die angegebene Struktur angenommen. **II** ist nicht ident. mit einem von HOGENKAMP u. BARKER (Privatmitt.) durch Photolyse von I bei 0° erhaltenen Nucleosid. I gibt mit KCN *Cyanocobalamin, Adenin* u. *erythro-2.3-Dihydroxypenten-(4)-al-(1)*. Dessen Red. mit $NaBH_4$ liefert das entsprechende *vic. Triol* (*Trisphenylurethan*, F. 205 bis 207°). Vorst. Triol wird aus Epichlorhydrin u. Na-Acetylid über *Pentin-(4)-en-(2)-ol (1)*, Oxydation zu *Pentin-(4)-triol-(1.2.3)* u. Semihydrierung der Dreifachbindung über Pd synthetisiert. H. GLEINIG. 3850□

Biologische Chlorierung. 5. Mitt. **Die Synthese von DL-Caldariomycin.** Jonathan R. Beckwith und Lowell P. Hager. (J. org. Chemistry **26.** 5206—08. 27/12. 1961. Cambridge, Mass., Harvard Univ., Dep. of Chem., Conant Chem. Labor.; engl.) — 4. vgl. C. **1960.** 14064; 6. vgl. C. **1962.** 3493. — *dl-Caldariomycin* (dl-I) wird von Cyclopentendiol-(3.5) (II) ausgehend über *Cyclopentendion, Cyclopentandion, 2.2-Dichlorcyclopentandion-(1.3)* (III) durch $NaBH_4$-Red. von III synthetisiert. Daneben wird das *cis-Isomere* von I gebildet. Die Spaltung von dl-I als Bis-[d-Campher-10-sulfonat] liefert einen akt. Ester, der auch aus natürlichem I erhalten wird. Verss. zur milden Hydrolyse dieses Esters mit $LiAlH_4$ schlugen fehl. Verss., III nach HANTZSCH [1889] darzustellen, waren ohne Erfolg.

Versuche: *Cyclopentendion-(3.5)*, durch Oxydation von **II** nach DE PUY u. ZAWESKI (C. **1961.** 7914). — *Cyclopentandion-(1.3)*, F. 151,5—152,5°, durch Hydrierung vorst. Verb. an Pd-Kohle in Chlf.; 36% (Ausbeute). — *2.2-Dichlorcyclopentandion-(1.3)* (III), $C_5H_4Cl_2O_2$, F. 83,5° (Ae.), aus vorst. Verb. u. SO_2Cl_2 in wenig abs. Bzl.; 80%. — *2.2-Dichlorcyclopentandiol-(1.3)*, *cis-Form*, $C_5H_8Cl_2O_2$, F. 135,5° (Chlf.), durch Zugabe von III zu eiskalter $NaBH_4$-Lsg. in W.-Isopropanol; 75%. *trans*-Form (dl-I), F. 89—90°, durch Zutropfen von III zu $LiAlH_4$ in Ae. bei —2°, Gießen in eiskalte 2nHCl, Extraktion mit Ae., Eindampfen, Aufnehmen in warmem Chlf., Stehen bei —20°, Filtrieren (*cis-Form*; 50%), Eindampfen u. Sublimieren im Vakuum bei 95°; 20%. — *d-Campher-10-sulfonylchlorid*, F. 67—70° (Aceton-W.), aus d-Campher-10-sulfonsäure u. $SOCl_2$ bei 60°; 90%. — *Caldariomycin* (I), *Bis-[d-camphersulfonat]*, $C_{25}H_{36}Cl_2O_8S_2$, F. 142—143° (95%ig. A.), a) aus I u. vorst. Verb. in abs. Pyridin; $[\alpha]_D^{22}$ +36° (Aceton); b) analog aus *DL*-I. *^{36}Cl-Deriv.*, aus Kultur-Fl. von *Caldariomyces fumago* in Ggw. von $K^{36}Cl$.
K. MAIER. 3900□

Die Struktur von Nybomycin. Kenneth L. Rinehart jun. und H. Burt Renfroe. (J. Amer. chem. Soc. **83.** 3729—31. 5/9. 1961. Urbana, Ill., Univ. of Illinois, Dep. of Chem. and Chem. Engng.; engl.) — *Desoxynybomycin* [I; $C_{16}H_{14}N_2O_3$, F. 335° (Zers.)] entsteht durch Zugabe von *Nybomycin*, welches als *2.7-Dioxo-1.4-dimethyl-8-formyl-5-hydroxymethyl-1.8-diaza-1.2.7.8-tetrahydroanthracen* erkannt wird, zu sd. 47%ig. HJ. I ergibt bei 1½std. Erhitzen mit 47%ig. HJ in Ggw. von P auf 240° *2-Oxo-4.5-dimethyl-1.8-diaza-1.2.5.6.7.8-hexahydroanthracen* [II; $C_{14}H_{16}N_2O$, F. 280°], *2.7-Dioxo-4.5-dimethyl-1.8-diaza-1.2.7.8-tetrahydroanthracen* (III; $C_{14}H_{12}N_2O_2$) u. *2.7-Dioxo-4.5-dymethyl-1.8-diaza-1.2.7.8.9.10-hexaahydroanthracen.* **II** ergibt beim Kochen mit $POCl_3$ *2-Chlor-4.5-dimethyl-1.8-diaza-5.6.7.8-tetrahydroanthracen* ($C_{14}H_{15}ClN_2$, F. 172 bis 174°), das dehydriert werden kann. **III** reagiert mit Dimethylsulfat in Ggw. von NaOH unter Bldg. von *2.7-Dioxo-1.4.5.8-tetramethyl-1.8-diaza-1.2.7.8-tetrahydroanthracen*

($C_{16}H_{16}N_2O_2$, F. 330° (Zers.)]. Die schnelle Oxydation von I mit HNO_3 liefert *2.7.9.10-Tetraoxo-1.4.5-trimethyl-1.8-diaza-1.2.7.8.9.10-hexahydroanthracen* ($C_{15}H_{12}N_2O_4$, F. 330°; rote Kristalle). Die Maxima der IR-, UV- u. KMR-Spektren werden angegeben u. diskutiert. W. HAMPEL. 3900□

Über die Molekularkonstitution von Marrubiin. 9. Mitt. Katalytische Hydrierung des Marrubiins. Elisa Ghigi und Teodoro Pozzo Balbi. (Atti Accad. Sci. Ist. Bologna, Cl. Sci. fisiche, Rend. [11] **2.** Nr. 2. 5—12. 15/10. 1955. Bologna, Univ., Ist. di Chim. farmaceut. e tossicol.; ital.) — 8. vgl. C. **1962.** 7538. — Marrubiin wird über ADAMS-PtO_4 in Essigsäure oder über RANEY-Ni in A. zu einem *Tetrahydromarrubiin* [F. 132,5 bis 134° (Essigester)] hydriert; die Ausbeute (neben öligen, nicht identifizierten Prodd.) beträgt maximal 50 bzw. 37%. Über die einzelnen Hydrierungs-Verss. wird ausführlich berichtet. H.-E. TOUSSAINT. 3950□

Santonin und verwandte Verbindungen. 19. Mitt. Einige Umsetzungen des 2-Brom-α-tetrahydrosantonins. Koji Yamakawa. (J. org. Chemistry **24.** 897—902. Juli 1959. Shinjuku, Tokyo, Keio Univ., Med. School, Pharmac. Labor.; engl.) — 18. vgl. J. org. Chemistry **23.** [1958.] 1268; 12. vgl. C. **1961.** 16449. — Es werden Derivv. des α-Tetrahydrosantonins (I) mit trans-Dekalingerüst u. einige ihrer Rkk. beschrieben. Red. von 2-Brom-α-tetrahydrosantonin (**II**) mit $NaBH_4$ bei 20° führt zu *2-Brom-α-hexahydrosantonin* (**III**). **III** ist beständig gegen methanol. KOH bei Zimmer-Temp., beim Kochen entsteht **I**. $NaBH_4$-Red. von **I** führt zu *Hexahydrosantonin*, das sich ebenso aus **III** bildet; mit Zn u. Eisessig dagegen entsteht *3-Desoxo-Δ²-α-dihydrosantonin* (**V**). Dieses wird an PtO_2 zu *3-Desoxo-α-tetrahydrosantonin* (**X**) hydriert. Oxydation von **V** mit $KMnO_4$ in Pyridin bei niederen Temp. führt unter Ringöffnung zu einer *Dicarbonsäure* (**VI**), die auch direkt aus **I** durch Oxydation mit konz. HNO_3 erhalten werden kann. *trans-2-Acetoxy-α-tetrahydrosantonin* (**VII**) entsteht aus **II** bei Rk. mit K-Acetat in Eisessig oder durch Einw. von Pb-Tetraacetat (**IV**) auf **I**; in sd. Eisessig bei 100° liefert diese Rk. *cis-2-Acetoxy-α-tetrahydrosantonin* (**VIII**). Behandlung von **VIII** mit sd. Eisessig führt zum stabileren **VII**. Hydrolyse von **VII** u. **VIII** mit methanol. KOH bei 20° gibt *2-Keto-α-tetrahydrosantonin*, das ebenso aus **II** entsteht. CLEMMENSEN-Red. von **VII** u. **VIII** führt zu **X**. **VII** u. **VIII** werden mit Äthandithiol (**XI**) in die entsprechenden *Äthylendithioketale* übergeführt, die sich mit RANEY-Ni in **X** umwandeln lassen. UV- u. IR-Spektren sind angegeben.

Versuche: *α-Tetrahydrosantonin* (I), F. 153—165°, durch Hydrieren von *l*-α-Santonin an Pd/Kohle nach YANAGITA u. TAHARA (vgl. C. **1957.** 137); 56% (Ausbeute). *γ-Tetrahydrosantonin*, F. 100—103°; 22%. — *2-Brom-α-tetrahydrosantonin* (II), F. 144 bis 146°, aus I u. Br_2 (vgl. l. c.). — *2-Brom-α-hexahydrosantonin* (III), $C_{15}H_{23}BrO_3$, F. 91—93°, aus II u. $NaBrH_4$ bei 20°; aus A. Nadeln, $[\alpha]_D^{26}$ +12,7° (c = 1,57; Chlf.); 74%. 3std. Kochen in methanol. KOH → I. *Hexahydrosantonin*, F. 143—144°. a) aus 0,2 g III durch 3std. Hydrieren an Pd/Kohle bei 1 at; 0,16 g; b) analog a) aus I an PtO_2; aus A. Nadeln. — *3-Desoxo-Δ²-α-dihydrosantonin* (V), $C_{15}H_{22}O_2$, F. 143—144,5°, durch 3std. Kochen von III mit Zn in Eisessig; aus PAe. Tafeln; $[\alpha]_D^{22}$ +6,4° (c = 0,94; A.); 67%. — *3-Desoxo-α-tetrahydrosantonin* (X), F. 150—153°, a) durch Hydrieren von V an PtO_2 in A.; 100%; b) aus I durch CLEMMENSEN-Red.; aus A. Tafeln. — *2.6-Bis-[α-carboxyäthyl]-3-carboxymethyl-3-methylcyclohexanollactam-(6¹ → 1)* (VI), $C_{15}H_{22}O_6$, F. 193—195°, a) aus V durch Oxydation mit $KMnO_4$ in Pyridin unter Kühlung; 57%; b) aus I durch 12std. Stehen mit konz. HNO_3; 55%; aus W. Prismen, $[\alpha]_D^{22}$ −15° (c = 1,27; A.). — *trans-2-Acetoxy-α-tetrahydrosantonin* (VII), $C_{17}H_{24}O_5$, F. 198—200°, a) durch 4std. Kochen von II mit K-Acetat in Eisessig, Gießen in W. u. Ausäthern; 57,5%; b) analog a) in A.; c) durch 6std. Kochen von I mit IV in Eisessig, Einengen, Neutralisieren u. Extrahieren mit Chlf.; 100%; d) durch 6std. Kochen von VIII in Eisessig; aus A. Blättchen, $[\alpha]_D^{26}$ +41,3° (c = 1,33; Chlf.). *2.4-Dinitrophenylhydrazon* (DPN), $C_{23}H_{28}\cdot N_4O_8$, F. 226—228° (Zers.), aus A. gelbe Nadeln. *Äthylendithioketal* (IX), $C_{19}H_{28}O_4S_2$, F. 219—220°, durch 5std. Stehen von VII mit XI in Eisessig in Ggw. von BF_3; aus A. Plättchen, $[\alpha]_D^{22}$ +27,9° (c = 1,47; Chlf.), 100% (10std. Erhitzen mit RANEY-Ni → 77% X). CLEMMENSEN-Red. von VII → 84% X. — *cis-2-Acetoxy-α-tetrahydrosantonin* (VIII), F. 171,5—172,5°, analog VII nach c) bei 100°; aus A. Blättchen, $[\alpha]_D^{26}$ +49° (c = 1,53; Chlf.); 90%. CLEMMENSEN-Red. von VIII → 84% X. *DNP*, F. 207—210°, aus A. orangefarbene Plättchen. *Äthylendithioketal*, $C_{19}H_{28}O_4S_2$, F. 200—203°, aus VIII; aus A. Plättchen, $[\alpha]_D^{26}$ +35,6° (c = 0,87; Chlf.); 94% (20std. Kochen in Dioxan → IX. Erhitzen mit RANEY-Ni → 88% X). — *2-Keto-α-tetrahydrosantonin*, $C_{15}H_{20}O_4$, F. 159—160°, a) durch 2std. Stehen von VII in äthanol. KOH bei 20°; 94%; b) analog aus VIII; 94%; c) analog aus II; 73%; aus A. Prismen. *Dioxim*, $C_{15}H_{22}N_2O_4$, F. 245 bis 246° (Zers.), aus A. Nadeln. *Chinoxalin-Deriv.*, $C_{21}H_{24}N_2O_2$, F. 268—271°, durch ½std. Erhitzen mit o-Phenylendiamin auf 150—160°; aus Äthylacetat Nadeln; 47%. E. OKRUCH. 3950□

Santonin und verwandte Verbindungen. 20. Mitt. Einige Umsetzungen des 2-Brom-γ-tetrahydrosantonins. Masaiti Yanagita und Koji Yamakawa. (J. org. Chemistry **24.** 903—09. Juli 1959; engl.) — 19. vgl. vorst. Referat. — Die Vertreter der γ-Reihe des Tetrahydrosantonins sind im allg. weniger reaktionsfähig als die der α-Reihe (vgl. l. c.). Rk. von *2-Brom-γ-tetrahydrosantonin* (**II**) mit $NaBH_4$ gibt *2-Brom-γ-hexahydrosantonin* (**III**), welches mit sd. methanol. KOH *γ-Tetrahydrosantonin* (**I**) bildet. Hydrierung von **III** an Pd–Kohle führt zu *γ-Hexahydrosantonin*, Red. mit Zn u. Eisessig ergibt *3-Desoxo-Δ^2-γ-dihydrosantonin* (**V**). Hydrierung an PtO_2 überführt **V** in *3-Desoxo-γ-tetrahydrosantonin* (**VI**), das auch aus **I** durch CLEMMENSEN-Red. erhalten wird. Die Oxydation von **V** mit $KMnO_4$ gibt unter Ringöffnung eine *Dicarbonsäure* (**VII**), bei nur kurzer Einw. von $KMnO_4$ daneben unter Ringerhaltung *2-Hydroxy-γ-hexahydrosantonin.* Oxydation von **I** mit rauchender HNO_3 ergibt unter Umlactonisierung eine andere *Dicarbonsäure* (**IX**), die auch durch Einw. von konz. HCl auf **VII** entsteht. **VII** ist stabil gegen Alkali.

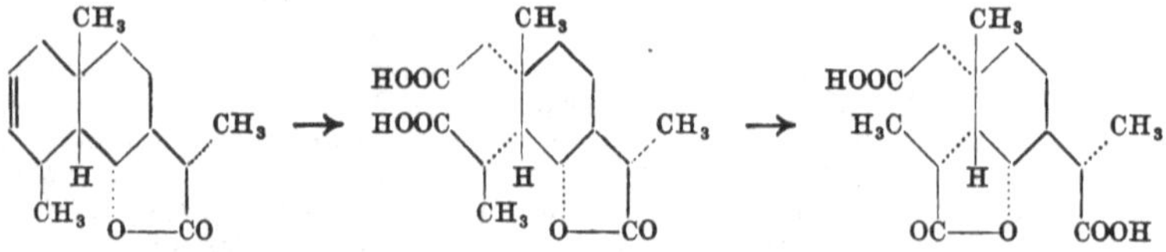

V VII IX

Durch Acetolyse von **I** mit Pb–Tetraacetat (**IV**) wird *trans-2-Acetoxy-γ-tetrahydrosantonin* (**X**) erhalten, durch Rk. von **II** mit K-Acetat das *cis-Isomere* (**XI**). 24std. Kochen in Eisessig überführt **X** in das stabilere **XI**. Die reduktive Entfernung der Acetoxygruppe gelingt mit Zn u. Eisessig nur schwierig u. in schlechter Ausbeute. Mit äthanol. KOH liefern **X** u. **XI** *2-Keto-γ-tetrahydrosantonin* (**XII**), das auch aus **II** durch Alkalibehandlung entsteht. **XII** gibt ein Dioxim, aber kein Chinoxalinderivat. Bei der CLEMMENSEN-Red. von **X** u. **XI** erhält man **VI. X** u. **XI** liefern bei der Rk. mit Äthandithiol (**VIII**) u. BF_3 die entsprechenden *Äthylendithioketale* (**XIII** u. **XIV**), die bei der Desulfurierung mit RANEY-Ni **VI** liefern. **XIII** epimerisiert sich beim Kochen in Dioxan nicht zu **XIV**. Die ster. Verhältnisse der α- u. γ-Tetrahydrosantoninreihen werden ausführlich an Hand von Konformationsbildern diskutiert.

Versuche (IR- u. UV-Spektren sind angegeben): *γ-Tetrahydrosantonin* (**I**), F. 101 bis 103°, nach COCKER u. MCMURRY (vgl. C. **1957. 4993**), durch Hydrieren des Na-Salzes aus α-Santonin an PtO_2 zur *γ-Tetrahydrosantoninsäure* [F. 194°, aus A. Prismen; 62% (Ausbeute)] u. 2std. Kochen mit p-Toluolsulfonsäure in Bzl.; aus A. Prismen; 99%. *Semicarbazon*, F. 240—242° (Zers.; Plättchen aus A.). — *2-Brom-γ-tetrahydrosantonin* (**II**), F. 145,5—146° (Zers.), aus **I** u. Br_2. — *2-Brom-γ-hexahydrosantonin* (**III**), $C_{15}H_{23}BrO_3$, F. 215—217° (Zers.), aus **II** u. $NaBH_4$; aus A. Nadeln, $[\alpha]_D^{26}$ —13,8° (c = 0,87; Chlf.); 95%. 4std. Kochen von **III** mit methanol. KOH → **I.** — *γ-Hexahydrosantonin*, F. 210 bis 212°, a) durch Hydrieren von **III** an Pd–Kohle bei 1 atm; 98%; b) durch Hydrieren von **I** an PtO_2; aus A. Prismen. — *3-Desoxo-Δ^2-γ-dihydrosantonin* (**V**), $C_{15}H_{22}O_2$, F. 88 bis 90°, aus **III** durch 16std. Kochen mit Zn in Eisessig; aus PAe. Nadeln; $[\alpha]_D^{26}$ +20,0° (c = 1,40; Chlf.); 82%. — *3-Desoxo-γ-tetrahydrosantonin* (**VI**), F. 85—86°, a) aus **V** durch Hydrieren an PtO_2; 100%; b) aus **X** oder **XI** durch CLEMMENSEN-Red.; 92%; c) aus **XIII** oder **XIV** durch 30std. Kochen mit RANEY-Ni in Dioxan; 82%; aus A. Plättchen. — *Dicarbonsäure* **VII**, $C_{15}H_{22}O_6$, F. 220—222°, durch 7std. Rühren von **V** mit $KMnO_4$ in Pyridin bei 0°; aus W. Prismen, $[\alpha]_D^{26}$ —4,28° (c = 1,40; A.); 25%. — *2-Hydroxy-γ-hexahydrosantonin*, $C_{15}H_{24}O_4$, F. 176°, durch 3std. Rk. von 0,48 g **V** mit $KMnO_4$ in Pyridin in Ggw. von $MgSO_4$ unter starkem Rühren bei 0°; aus A. Prismen, $[\alpha]_D^{26}$ —24,2° (c = 0,33; Chlf.); 0,05 g. — *Dicarbonsäure* **IX**, $C_{15}H_{22}O_6$, F. 248—250°, a) durch 3std. Erhitzen von **I** mit rauchender HNO_3 (D. 1,52) in Ggw. von Ammoniumvanadat; 17%; b) durch 2std. Erhitzen von **VII** mit konz. HCl; aus A. Prismen, $[\alpha]_D^{26}$ —22,4° (c = 1,07; A.). — *cis-2-Acetoxy-γ-tetrahydrosantonin* **XI**, $C_{17}H_{24}O_5$, F. 247°, a) aus **II** durch 10std. Kochen mit K-Acetat in Eisessig; 61%; b) durch 24std. Kochen von **X** in Eisessig; aus A. Nadeln, $[\alpha]_D^{26}$ —36,0° (c = 1,00; Chlf.). — *Äthylendithioketal* (**XIV**), $C_{19}H_{28}O_4S_2$, F. 176—177,5°, aus **XI** durch 48std. Stehen mit **VIII** u. BF_3 in Eisessig bei 20°; $[\alpha]_D^{26}$ —58,3° (c = 1,27; Chlf.); 57%. — *trans-2-Acetoxy-γ-tetrahydrosantonin* (**X**), F. 187—188,5°, a) durch 6std. Rk. von **I** mit **IV** in Eisessig bei 100°; 12%; b) analog a) durch 6std. Kochen; 40%; aus A. Prismen, $[\alpha]_D^{26}$ —24,3° (c = 1,73; Chlf.). *Äthylendithioketal* (**XIII**), $C_{19}H_{28}O_4S_2$, F. 163—165,5°, aus **X, VIII,** BF_3 u. Eisessig bei 20°; aus A. Prismen, $[\alpha]_D^{26}$ —32,3° (c = 1,33; Chlf.); 74%. — *2-Keto-γ-tetrahydrosantonin*

(XII), $C_{15}H_{20}O_4$, F. 174—176°, a) durch 3std. Stehen von **XI** in 0,25n äthanol. KOH bei Zimmer-Temp.; 70%; b) analog a) aus **X**; 35%; c) durch Rk. von **II** mit Alkali; 31%; aus A. Plättchen, $[\alpha]_D^{26}$ —190° (c = 0,60; Chlf.). *Dioxim*, $C_{15}H_{22}N_2O_4$, F. 230—232° (Zers.; aus A. Prismen). E. OKRUCH. 3950□

Dien-Synthese mit Lävopimarsäure. B. A. Arbusow und A. G. Chissmatullina. (Известия Академии Наук СССР, Отделение Химических Наук [Nachr. Akad. Wiss. UdSSR, Abt. chem. Wiss.] **1959.** 2126—29. Dez. Kasan, Univ.; russ.) — Lävopimarsäure (**I**) wurde in Dien-Addukte mit Acrylonitril, Acrolein, Vinylacetat u. Acrylsäuremethylester übergeführt. Die Struktur der Prodd., die zumeist ein breites Schmelzintervall zeigen, ist nicht eindeutig geklärt; durch saure bzw. alkal. Verseifung wurden sie weiter umgewandelt.

Versuche: **I**-*Acrylonitril-Addukt*, $C_{23}H_{33}NO_2$, F. 80—90°, durch 40std. Erhitzen der Komponenten in Ae. im Autoklaven unter CO_2 auf 50—60° u. Reinigen über das *Cyclohexylaminsalz* [$C_{29}H_{46}N_2O_2$, F. 178—183° (Aceton); $[\alpha]_D$ +12° (A.)]; $[\alpha]_D$ —12,5° (A.); gibt durch 30std. Erhitzen mit alkohol. HCl ein *Dicarbonsäuremonoamid* $C_{23}H_{35}NO_3$, F. 144—148° (A.), $[\alpha]_D$ —27° (A.) [*Cyclohexylaminsalz*, $C_{29}H_{48}N_2O_3$, F. 198—200° (Aceton), $[\alpha]_D$ —12° (A.)]. — **I**-*Acrolein-Addukt*, $C_{23}H_{34}O_3$, F. 50—62°, analog vorst. Addukt; $[\alpha]_D$ +37,5° (A.). *Cyclohexylaminsalz*, $C_{29}H_{47}NO_3$, F. 165—171° (Aceton), $[\alpha]_D$ —34° (A.). *Semicarbazon*, $C_{24}H_{37}N_3O_3$, F. 216—218° (Aceton), $[\alpha]_D$ —8,7° (A.). — **I**-*Vinylacetat-Addukt*, $C_{24}H_{36}O_4$, F. 67—83°, $[\alpha]_D$ —26° (A.) [*Cyclohexylaminsalz*, $C_{30}H_{49}NO_4$, F. 188 bis 192°, $[\alpha]_D$ —61° (A.)]; gibt durch 16std. Erhitzen mit alkohol. KOH u. Ansäuern eine *Hydroxycarbonsäure* $C_{22}H_{34}O_3$, F. 144—146° (Zers.), $[\alpha]_D$ —7° (A.) [*Cyclohexylaminsalz*, $C_{28}H_{47}NO_3$, F. 196—200°, $[\alpha]_D$ —8,5° (A.)]. — **I**-*Acrylsäuremethylester-Addukt*, $C_{24}H_{36}O_4$, F. 134—138° [*Cyclohexylaminsalz*, $C_{30}H_{49}NO_4$, F. 178—180°, $[\alpha]_D$ —19° (A.); *Diacetonaminsalz*, $C_{30}H_{49}NO_5$, F. 122—124° (Aceton), $[\alpha]_D$ —27° (A.)]; wird durch sd. alkohol. KOH verseift zur *Dicarbonsäure* $C_{23}H_{34}O_4$, F. 120—122°, $[\alpha]_D$ —7° [*Bis-cyclohexylaminsalz*, $C_{35}H_{60}N_2O_4$, F. 184—186°, $[\alpha]_D$ —3° (A.)]. H.-E. TOUSSAINT. 3950□

Untersuchungen zur Chemie der Flechten. 14. Mitt. **Die Struktur von Calycin.** Björn Åkermark. (Acta chem. scand. **15.** 1695—1700. 1961. Stockholm, Kungl. Tekn. Högskolan, Organ.-kem. Inst.; engl.) — 13. vgl. C. **1961.** 5096. — Calycin (**I**) wird durch sd. CH_3OH im Gegensatz zu Pulvinsäurelacton nicht verändert, mit CH_2N_2 wird ein mit o-Methoxypulvinsäurelacton (**VI**) nicht ident. *O-Methyl-Deriv.* (**Ia**) gebildet. Bei der Rk. von **Ia** mit HCl in verd. Essigsäure oder bei der Hochvakuumsublimation entsteht in geringer Menge ein isomeres *O-Methyl-Deriv.* (*Isocalycinmethyläther*; **Ib**). Unterss. der UV- u. IR-Spektren sowie Modellbetrachtungen machen für **I** u. **Ia** *trans.trans-* u. für **Ib** *cis-trans*-Struktur wahrscheinlich. Die Synth. von **I** nach ASANO u. KAMEDA [1935] wird verbessert.

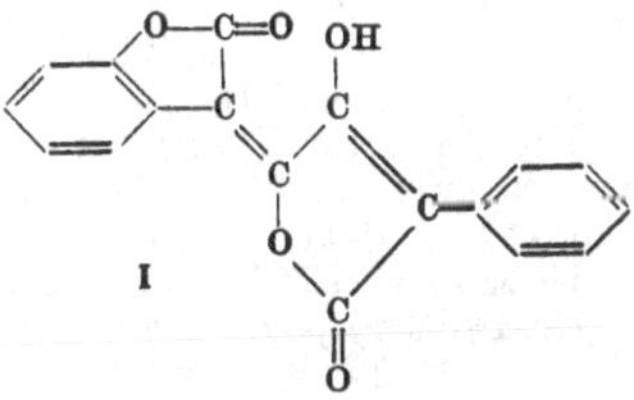
I

Versuche (FF. korr.): *o-Methoxybenzylcyanid*, F. 70—71°, a) durch 18std. Rühren von o-Methoxybenzylchlorid u. KCN in Dimethylsulfoxid bei 25° u. Erhitzen auf 100° (5 Min.); 89% (Ausbeute); b) ebenso in Dimethylformamid/W. (3 : 1) u. ½std. Erhitzen auf 100°; 78%. — *3-Cyan-3-[o-methoxyphenyl]-brenztraubensäureäthylester* (**II**), F. 108 bis 109°, durch Zugeben vorst. Verb., Diäthyloxalat u. einigen Tropfen CH_3OH zu NaH in Dioxan/1.2-Dimethoxyäthan (DMA) unter N_2 u. mehrstd. Stehen bei Raum-Temp.; aus verd. Essigsäure Nadeln; 78%. — *2-[o-Methoxyphenyl]-5-phenyl-3.4-dioxoadipodinitril* (**III**), $C_{19}H_{14}N_2O_3$, F. 233—237° (Zers.), a) durch 2½std. Kochen von 5 g **II**, 2,5 g Benzylcyanid (**IV**) u. C_2H_5ONa in A. u. fraktionierte Kristallisation des Prod. aus Eisessig; 0,2 g; b) durch Zugeben von NaH zu **IV** in DMA unter N_2, Zugeben von **II** in DMA u. einigen Tropfen CH_3OH bei —10° u. mehrstd. Stehen bei Raum-Temp.; 82%. — *2.5-Diphenyl-3.4-dioxoadipodinitril* (**V**), F. 263—267° (Eisessig), a) neben **III** nach a); 0,9 g; b) nach VOLHARD [1894]. — *o-Methoxypulvinsäurelacton* (**VI**), $C_{19}H_{12}O_5$, F. 170 bis 171° (Eisessig), durch 1std. Kochen von **III** mit Eisessig/H_2SO_4/W. (20 : 10 : 15), Verdünnen mit W., ¼std. Kochen des getrockneten Nd. mit Acetanhydrid u. Gießen in W.; 88%. — *Calycin* (**I**), $C_{18}H_{10}O_5$, F. 249—249,5° (Eisessig), durch 1½std. Kochen von **VI** mit HBr/Eisessig; rote Nadeln; 49%. *Methyläther* (**Ia**), $C_{19}H_{12}O_5$, F. 174—175° (Eisessig), aus **I** u. CH_2N_2 in Ae./CH_3OH bei Raum-Temp. (¼ Std.); 98%. — *Isocalycinmethyläther* (**Ib**), $C_{19}H_{12}O_5$, F. 235—237° (Eisessig), a) durch Sublimieren von **Ia**; b) durch 2std. Kochen von 0,28 g **Ia** u. 2n HCl in Eisessig; 0,025 g. — *2-[p-Methoxyphenyl]-5-phenyl-3.4-dioxoadipodinitril*, F. 259—262° (Zers.), wie **III** aus 3-Cyan-3-[p-methoxyphenyl]-brenztraubensäureäthylester; 83%. — *p-Methoxypulvinsäurelacton*, F. 200 bis

201° (nach Sublimation), aus vorst. Verb. wie **VI**; 72%. — *Pulvinsäurelacton*, F. 220 bis 221°, aus **V** u. 60%ig. H_2SO_4. — *Vulpinsäure*, F. 147—149° (CH_3OH/W.), durch ½std. Kochen vorst. Verb. mit abs. CH_3OH; 81%. *O-Methyl-Deriv.*, F. 137—139° (CH_3OH), aus 1 g Vulpinsäure u. CH_2N_2 in Ae./CH_3OH; 1 g. — *Pulvinon*, F. 247—249° (Eisessig), nach CLAISEN u. EWAN [1895]. *O-Methyl-Deriv.*, F. 104—106° (CH_3OH), mit CH_2N_2 in Ae./CH_3OH. F. HELLER. 3950 □

Synthesen und Konfigurationsermittlung in der Rotenoidreihe. 5. Mitt. **Partialsynthese des Rotenons und Dihydrorotenons.** Masateru Miyano und Masanao Matsui. (Chem. Ber. **91.** 2044—52. 20/10. 1958. Tokyo, Univ., Agric.-chem. Dep., Organ.-Chem. Labor.; dt.) — **4.** vgl. Bull. agric. chem. Soc. Japan **22.** [1958.] 128; **3.** vgl. C. **1962.** 472; 11. vgl. C. **1960. 4180.** — *Rotenon* (**III**) bzw. *Dihydrorotenon* (**VI**) werden durch OPPENAUER-Oxydation von Rotenol (I) bzw. Dihydrorotenol (**V**) dargestellt u. damit die trans(threo)-Konfiguration an $C_{(12)}$ u. $C_{(13)}$ bewiesen. **I** u. **V** sind aus Derritol bzw. Dihydroderritol über *Dehydrorotenon* (**II**) bzw. *Dihydrodehydrorotenon* (anschließend $NaBH_4$-Red.) zugänglich. Bei der Rk. mit konz. HCl spaltet **I** in A. unter Bldg. von *Desoxo-Δ^{11}-dehydrorotenon* 1 Mol. W. ab. Bei der Red. von **II** mit $LiAlH_4$ entsteht eine Verb., die als *Dehydrorotenol* bezeichnet wird. Die Darst. von **III** durch Kondens. von Tubanol mit Toxicarsäure in $SbCl_3$ gelang nicht. In einem Modell-Vers. entstand bei der Kondens. von 2.2'-Dihydroxydesoxybenzoin (**VII**) mit Bromacetaldehyddiäthylacetal (**IV**) in Ggw. von Na-Äthylat an Stelle des erwarteten Chromanochromanons vermutlich *2-[2-Hydroxyphenyl]-cumaron*. Das IR-Spektrum von **III** ist wiedergegeben.

Versuche: *Rotenol* (**I**), $C_{23}H_{24}O_6$, a) durch ½std. Rk. von $NaBH_4$ in 93% ig. A. mit 5,0 g **II** in Dioxan bei 60—65°; gelb; 4,6—4,8 g (Ausbeute); b) durch Schütteln von 1,0 g **III** u. $NaBH_4$ in 93% ig. A. bei Raum-Temp.; 0,9 g. — *Rotenon* (**III**), $C_{23}H_{22}O_6$, F. 162 bis 163° (A.), durch 10std. Kochen von 5,0 g **I** mit Al-Isopropylat, Aceton u. Bzl., Gießen in verd. HCl, Extraktion mit Bzl., Waschen, Trocknen, Einengen u. Einleiten von Luft u. kurzes Schmelzen des erhaltenen *Mutarotenons* ($C_{23}H_{22}O_6$, F. 128—129°; aus Methanol Blättchen; 1,2 g). — *Desoxo-Δ^{11}-dehydrorotenon*, $C_{23}H_{22}O_5$, F. 160—161° (Aceton/A.), a) durch 1std. Rk. von **I** (aus 2 g **II**) in A. mit konz. HCl; 1,5 g; b) analog aus **I** (aus 1 g **III**); 0,7 g. — *Dihydrodehydrorotenon*, $C_{23}H_{22}O_6$, F. 225° (Dioxan), durch 40 Min. langes Kochen von 0,7 g Dihydroderrissäure mit Na-Acetat u. Acetanhydrid; 0,1 g. — *Dihydrorotenol* (**V**), $C_{23}H_{26}O_6$, a) durch 10 Min. lange Rk. von 5,0 g vorst. Verb. mit $NaBH_4$ in 93% ig. A./Dioxan bei 60—65° u. 48std. Stehen bei Zimm-Temp.; amorph; 4,8 g; b) durch Red. von **VI** mit $NaBH_4$. — *Dihydrodesoxo-Δ^{11}-dehydrorotenon*, $C_{23}H_{24}O_5$, F. 210—211° (Aceton/A.), durch 1std. Stehen von 0,3 g **V** mit A. u. konz. HCl; 0,2 g. — *Dihydrorotenon* (**VI**), F. 210—211° (Essigester/A.), durch OPPENAUER-Oxydation von 5,0 g **V** analog **III**, Gießen in verd. H_2SO_4, Einengen der organ. Phase im Vakuum, Aufnehmen in heißem A., Abfiltrieren von 0,8 g vorst. Verb. u. Einengen nach A.-Zusatz. — *2-[2-Hydroxyphenyl]-cumaron*, $C_{14}H_{10}O_2$, F. 96—99° (Cyclohexan), durch Zugabe von 4,5 g **VII** u. 3,9 g **IV** zu alkohol. Na-Äthylat-Lsg., 3std. Kochen unter N_2, Gießen in W. u. Ausäthern; 3,0 g. — *Dehydrorotenol*, $C_{23}H_{22}O_6$, durch 2std. Kochen von 2,0 g **II** mit $LiAlH_4$ in Ae. u. 2tägiges Stehen; gelbes amorphes Pulver; 1,7 g. K. ZIELOFF. 3950

Purinnucleoside. 2. Mitt. **Darstellung von 6-substituierten 9-[Tetrahydrofuryl-(2)]-purinen und 6-substituierten 9-[Tetrahydrothienyl-(2)]-purinen als Modellsubstanzen für Purindesoxynucleoside.** Leland R. Lewis, F. Howard Schneider und Roland K. Robins. (J. org. Chemistry **26.** 3837—42. Okt. 1961. Tempe, Ariz., Univ., Dep. of Chem.; engl.) — 1. vgl. C. **1962.** 14512. — 6-Chlorpurin (**III**) reagiert mit 2.3-Dihydrofuran (**II**) in Ggw. katalyt. Mengen Säure mit hoher Ausbeute zu *6-Chlor-9-[tetrahydrofuryl-(2)]-purin* (**I**), das mit NaSH weiter zu *6-Mercapto-9-[tetrahydrofuryl-(2)]-purin*, mit methanol. NH_3 zu *9-[Tetrahydrofuryl-(2)]-adenin* (**IV**) umgesetzt wird. Auch 6-Jod-, 6-Alkylmercapto- u. andere 6-substituierte Purine lassen sich mit **II** umsetzen. Die 9-Stellung des in das Purin-Mol. eingeführten Tetrahydrofuranrestes geht eindeutig aus UV-spektroskop. Daten hervor. Die Rk. von **III** u. anderen 6-Halogenpurinen mit 2.3-Dihydrothiophen (**V**) verläuft träger als die Umsetzung mit **II**; die Ausbeuten nehmen mit abnehmender Elektronegativität des Halogens ab. **I** ließ sich nicht zur entsprechenden 6-Hydroxy-Verb. hydrolysieren; aus 6-Chlor-9-[tetrahydrothienyl-(2)]-purin (**VI**) wird mit verd. Alkali dagegen in mäßiger Ausbeute *6-Hydroxy-9-[tetrahydrothienyl-(2)]-purin* gewonnen. Das Desoxyadenosinanaloge **IV** u. einige weitere 9-[Tetrahydrofuryl-(2)]-purine zeigten ausgeprägte Antitumor-Wrkg. gegen Adenocarcinom 755 an Mäusen. Die 9-[Tetrahydrothienyl-(2)]-purine erwiesen sich zumeist als wirkungslos.

Versuche: *6-[α-Pyridylmethylmercapto]-purin* (**VII**), $C_{11}H_9N_5S$, F. 187—188° (A.–Essigester), durch Zugeben von 10,7 g 2-Chlormethylpyridinhydrochlorid zu 10 g 6-Mercaptopurin in konz. NH_4OH, 1std. Rühren bei 50° u. Stehen über Nacht; 15,2 g

(Ausbeute). — 9-[Tetrahydrofuryl-(2)]-purine: *6-Chlor-* (I), $C_9H_9ClN_4O$, F. 93 bis 95° (Bzn.), durch Zutropfen von 7,5 g **II** zu 10 g **III** u. 0,5 g p-Toluolsulfonsäure in Essigester unter Rühren während ½ Std., langsames Erwärmen auf 50° u. Einengen; 8,7 g. — *6-Brom-*, $C_9H_9BrN_4O$, F. 106—108° (Bzn.), analog **I** aus 7,5 g 6-Brompurin u. 4 g **II**; 6,5 g. — *6-Jod-*, $C_9H_9JN_4O$, F. 105—106° (Bzn.), analog **I** aus 10 g 6-Jodpurin; 12,5 g.— *6-Mercapto-*, $C_9H_{10}N_4OS$, Zers. bei 248—250° (abs. A.), durch Zutropfen von methanol. NaSH zu 10 g **I** in abs. Methanol, ½ std. Kochen u. Neutralisieren mit Eisessig; 6,3 g. — *6-Methylmercapto-*, $C_{10}H_{12}N_4OS$, F. 81° (PAe.), analog **I** aus 5 g 6-Methylmercaptopurin u. 6,5 g **II**; 7 g. — *6-[o-Fluorbenzylmercapto]-*, $C_{16}H_{15}FN_4OS$, F. 75—76° (Bzn.), analog **I** aus 10 g 6-[o-Fluorbenzylmercapto]-purin u. 6 g **II**; 9,7 g.— *6-[α-Pyridylmethylmercapto]-* $C_{15}H_{15}N_5OS$, F. 70—72° (Bzn.), analog **I** aus 10 g **VII** u. 6 g **II**; 4,9 g. — *6-Amino-* (**IV**, *9-[Tetrahydrofuryl-(2)]-adenin*), $C_9H_{11}N_5O$, F. 165—168° (Bzn.–A.), durch Zugeben von 10 g **I** zu bei 0° mit NH_3 gesätt. Methanol, 48std. Stehen, Eindampfen u. Auskochen mit Essigester; 3,2 g. — *6-Dimethylamino-*, $C_{11}H_{15}N_5O$, F. 83—84° (n-Heptan), durch 4std. Erhitzen von 10 g **I** mit 25%ig. wss. Dimethylamin auf dem Wasserbad; 4,8 g. — *6-[β-Hydroxyäthylamino]-*, $C_{11}H_{15}N_5O_2$, F. 102—103°, durch 3std. Kochen von 5 g **I** mit Äthanolamin in Methanol, Einengen u. Ausziehen mit Bzl.; 3,4 g. — *6-Methylamino-*, $C_{10}H_{13}N_5O$, F. 103—104° (Bzn.–Essigester), durch 1std. Erhitzen von 1,5 g **I** mit 40%ig. wss. Methylamin auf dem Dampfbad; 0,9 g. — *6-Cyan-*, $C_{10}H_9N_5O$, F. 92—93° (Bzn.), analog **I** aus 2 g 6-Cyanpurin u. 1 g **II**; 1,3 g. — *9-[Tetrahydrofuryl-(2)]-purinyl-(6)-trimethylammoniumchlorid*, $C_{12}H_{18}ClNO_5$, F. 148° (abs. A.–Ae.), durch ½ std. Stehen von 5 g **I** mit 3 g Trimethylamin in Bzl.; 6,2 g. — 9-[Tetrahydrothienyl-(2)]-purine: *6-Chlor-* (**VI**), $C_9H_9ClN_4S$, F. 110—111° (Bzn.–Essigester), durch 10std. Kochen von 25 g **III** mit 45 ml **V** u. 0,25 g p-Toluolsulfonsäure in Essigester u. Einengen; 28,5 g. — *6-Mercapto-*, $C_9H_{10}N_4S_2$, Zers. bei 255°, durch ½ std. Kochen von 10 g **VI** mit NaSH in Methanol; 9,4 g. — *6-Methylmercapto-*, $C_{10}H_{12}N_4S_2$, F. 126—128° (Bzn.–Essigester), a) durch Rühren von 1 g vorst. Verb. in NH_4OH bei 35° bis zur vollständigen Lsg.; Zugeben von 1 g CH_3J u. ½ std. Rühren bei 35°; 0,9 g; b) analog **VI** aus 20 g 6-Methylmercaptopurin u. 13 g **V**; 3,8 g. — *6-Brom-*, $C_9H_9BrN_4S$, F. 120—121° (PAe.), analog **VI** aus 6-Brompurin; 30,4%. — *6-Jod-*, $C_9H_9JN_4S$, F. 123—124°, analog **VI** aus 6-Jodpurin; 12,5%. — *6-Hydroxy-*, $C_9H_{10}N_4OS$, F. 203—205° (Essigester–Methanol), durch Zugeben von 1 g **VI** zu n-NaOH, Erhitzen, Neutralisieren mit Eisessig u. ½ std. Stehen bei 10°; 0,25 g. — *6-Chlor-4.5-diaminopyrimidin*, $C_4H_5ClN_4$, F. 253—254° (Zers.; W.), durch ½ std. Rühren von 0,5 g **I** mit n-NaOH bei 80°; 0,2 g. H.-E. Toussaint. 3950□

Die Biphenylgruppe in Lignin. John C. Pew. (Nature [London] **193.** 250—52. 20/1. 1962. Madison, Wis., Univ. of Wisconsin, U. S. Dep. of Agric., Forest Serv.; engl.) — Durch Vgl. der UV-Spektren von Coniferenlignin (**I**) bzw. dessen $NaBH_4$-Red.-Prod. mit denen von einfachen Modellsubstanzen (*4-Propylguajacol* (**II**) u. Derivv., *3.5-Dimethoxy-4-hydroxyphenylpropan* (**IV**), *Dihydrodehydrodiisoeugenol* (**III**), *Coniferylaldehyd*, *2-Äthoxy-1-[4-hydroxy-3-methoxyphenyl]-1-propanon*) u. den *Dehydrierungs-Prodd.* (dargestellt durch portionsweises Zufügen von verd. H_2O_2-Lsg. zu einer wss. Lsg. des Ausgangs-Prod. in 50%ig. wss. A. in Ggw. von Peroxydase) von **II** (**V**, *6.6'-Dihydroxy-5.5'-dimethoxy-3.3'-dipropyldiphenyl*), *Dihydroconiferylalkohol* u. **III** (**VI**, auch im Gemisch mit Veratrylglycerin im Molverhältnis 1 : 1) u. anderen Ligninmodellen mit freiem OH u. einer unsubstituierten 3-Stellung (Vanillin, Acetovanillin, Eugenol, Vanillylalkohol), welche alle analog reagieren, sowie *Dehydrodipinoreinol* (**VII**), kommt Vf. zu dem Schluß, daß **I** < 25% Einheiten mit Diphenylbindung enthält. Die UV-Spektren von **II**—**VII** sind graph. angegeben. Gerhard Müller/Bitterfeld. 3950□

Vladimír Bažant, Synthesy a reakce organokřemičitých sloučenin. Praha: Nakladatelství Československé akademie věd. 1962. (58 S.) Kčs 6,60.

Houben-Weyl, Methoden der organischen Chemie. 4., völlig neu gestaltete Aufl. Bd. V, Teil 3: Halogenverbindungen. Stuttgart: Georg Thieme. Verl. 1962. (LXIV + 1217 S. m. 30 Abb. u. 184 Tab.) 8°. DM 262,—.

Roy Lester Whistler, ed., Methods in carbohydrate chemistry. Vol. 1. New York: Academic. 1962. $ 20,—.

D. Makromolekulare Chemie

Apparatur für mikroskopische Untersuchung von Polymerisationskatalysatoren L. W. Gamble. (J. Polymer Sci. **47.** 518—20. Nov. 1960. Baton Rouge, La., Humble Oil & Refining Co., Esso Standard, Esso Res. Labor.; engl.) — In einem näher beschriebenen Rk.-Gefäß wurde mkr. festgestellt, daß beim Mischen der Lsgg. von $Al(C_2H_5)_2Cl$ u. $TiCl_4$ in Heptan bei 75—80° zuerst nach ca. 5 Min. ein gelatinöser Nd. entsteht;

nach 20 Min. treten einzelne diskrete Teilchen auf, deren Zahl allmählich zunimmt. Die Teilchen-Bldg. wird durch Temp.-Erhöhung (Verss. bei 100°) begünstigt.

O. FUCHS. 4000 □

Einfluß von Bestrahlung und Walzen auf die Festigkeitseigenschaften von Polyäthylen. Yoshinori Tsunekawa, Moriya Oyane und Kohei Kojima. (J. Polymer Sci. **50.** 35—44. März 1961. Sakai, Osaka, Japan, Osaka Univ., Inst. of Sci. and Ind. Res.; engl.) — Filme aus *Polyäthylen* (I, nach dem ZIEGLER-Verf. hergestellt) wurden mit γ-Strahlen bestrahlt u. anschließend 3 Min. auf 70° erhitzt. Das Verhältnis β der Zugfestigkeiten nach u. vor der Bestrahlung geht mit wachsender Strahlungsdosis D durch ein Maximum, das um so höher liegt, je höher die Meßtemp. (Verss. zwischen 30 u. 65°). Ferner wurden I-Filme bei 100° gewalzt, wobei die Filmdicke d abnahm; von den so erhaltenen Filmen von verschiedener d wurde das Zug–Dehnungs-Verhalten gemessen, wobei Proben, die unter $\alpha = 0$ bzw. 45 bzw. 90° zur Walzrichtung aus den gewalzten Filmen ausgeschnitten waren, verwendet wurden. Das β entsprechende Verhältnis β' nimmt hier für $\alpha = 0$ mit fallendem d zu, während β' für $\alpha = 45$ u. 90° prakt. unabhängig von d ist. Auch wenn I zuerst bestrahlt u. dann gewalzt wird, geht β in Abhängigkeit von D durch ein Maximum (bes. deutlich ausgeprägt bei $\alpha = 0$). Die Bruchdehnung fällt mit wachsendem D ab (für die 3 α-Werte etwa gleich stark); der Abfall ist noch stärker, wenn I zuerst gewalzt u. dann erst bestrahlt wird (bes. stark für $\alpha = 90$). Aus den Verss. folgt, daß nach dem Walzen bestrahltes I bei Zugbeanspruchung stärker anisotrop ist als nach der Bestrahlung gewalztes I. O. FUCHS. 4010 □

Copolymere aus aktivierten vorgeformten festen Katalysatoren. H. N. Friedlander, W. E. Smith und R. J. Ross. (J. Polymer Sci. **48.** 17—25. Dez. 1960. Whiting, Ind., Standard Oil Comp., Res. and Dev. Dep.; engl.) — Literaturübersicht über die Polymerisation von *Äthylen* (I) u. *Propylen* (II) u. die Copolymerisation von I mit kleinen Mengen II bzw. *Buten-(1)* mit aktivierten festen Katalysatoren, über die Kinetik dieser Rkk. u. die Eigg. der Polymerisate. Bzgl. der Katalysator-Syst. vgl. C. **1961.** 5979; C. **1962.** 3642 u. 7172; zur Kinetik vgl. C. **1961.** **4898** u. 9050. Hervorgehoben wird die Herabsetzung der D, die Erhöhung der Biegsamkeit, die Verbesserung der Fließeigg. u. der Klarheit der Filme, die Verminderung der Kristallisation u. die Erhöhung der Beständigkeit gegen Spannungsriß-Bldg. der Copolymeren durch den Einbau von kurzen Seitenketten gegenüber Polyäthylen mit Langkettenverzweigung. O. FUCHS. 4010 □

Polymere Peroxide von Butadien-(1.3). C. T. Handy und H. S. Rothrock. (J. Amer. chem. Soc. **80.** 5306—08. 5/10. 1958. Wilmington, Del., E.I. du Pont de Nemours and Comp., Cent. Res. Dep.) — Bei der Einw. von O_2 auf Butadien in einem geeigneten Lsgm. bei 85—95° wird ein fl. *Peroxid* (I) der Formel $(C_4H_6O_2)_n$ erhalten. Unter 75° verläuft die Rk. sehr langsam, über 95° entstehen Nebenprodukte. Bzl. ist das geeignetste Lsgm.; es folgen Dioxan u. 1.1.1-Trichloräthan. Säuren inhibieren die Peroxydation u. Basen zersetzen die Peroxide. Die Lsg. von I in Bzl. ist bei 25° mehrere Wochen haltbar, bei 100° 13 Stunden. In konz. Form kann I durch Entzündung oder Stoß explodieren. Zur Zers. von I-Rückständen ist konz. wss. Alkali am besten geeignet. Bei vorsichtiger Entfernung des Lsgm. im Vakuum wird I als schwach gelbliches, leicht viscoses Öl (n_D^{25} 1,5052) erhalten. Es ist leicht lösl. in Aceton, Dioxan u. Chlf., schwer lösl. in Methanol u. Ae., unlösl. in Wasser. Die Analyse ergibt eine polymere Struktur von 8—10 Einheiten. Die jodometr. Best. zeigt, daß O_2 als Peroxid gebunden ist. Durch Hydrierung von I mit $LiAlH_4$ entstehen *trans-Buten-(2)-diol-(1.4)* u. *Buten-(3)-diol-(1.2)*, durch katalyt. Hydrierung die entsprechenden Butanderivate. Somit hat I die Struktur $(-CH_2-CH{=}CH-CH_2-O-O-)_y$. Bei der Rk. des Peroxids mit Phenylhydrazin entsteht *Fumar(Malein)dialdehyd-bis-phenylhydrazon.* Durch therm. Zers. von I bei 150° im N_2-Strom entstehen *HCHO* u. *Acrolein.* Durch Hydrierung von I an Pd/Kohle u. an Ru-Oxid u. Vakuum-Dest. entstehen *2-Hydroxybutanal* ($C_4H_8O_2$. *Phenylosazon,* F. 238—239°), *Butandiol-(1.2)* (Kp.$_5$ 65°, n_D^{25} 1,4358) u. *Butandiol-(1.4)* (Kp.$_5$ 100°, n_D^{25} 1,4462); daneben *Succindialdehyd* (*Bis-p-nitrophenylhydrazon,* F. 183—185°. *Bis-2.4-dinitrophenylhydrazon,* $C_{16}H_{14}N_8O_8$, F. 273°). Durch Red. mit $LiAlH_4$ entstehen aus I *Buten-(3)-diol-(1.2)* (Kp.$_{14}$ 94,5—96°, n_D^{25} 1,4598) u. *trans-Buten-(2)-diol-(1.4)* (Kp.$_{14}$ 132°, n_D^{25} 1,4750. *Bis-α-naphthylurethan,* $C_{26}H_{22}N_2O_4$, F. 220°). Durch Rk. von I mit Phenylhydrazin entsteht ebenfalls *Fumardialdehyd-bis-phenylhydrazon.*

R. BOLLINGER. 4010

IR-Absorptionsspektren von bei verschiedenen Temperaturen polymerisierten Polyvinylchloriden. 1. Mitt. **Abhängigkeit der Regelmäßigkeit der molekularen Ketten von der Polymerisationstemperatur.** Mitsuo Asahina und Satoru Enomoto. (J. chem. Soc. Japan, pure Chem. Sect. [Nippon Kagaku Zassi] **81.** 1011—13. Juli 1960. Tôkyô-Sinzyuku, Hyakunin-Tyô, Kureha-kasei KK., Tôkyô-Kenkyûzyo; jap.;

Auszug: engl. S. A72.) — Die IR-Absorptionsspektren von bei verschiedenen Temp. zwischen —78° u. 50° polymerisierten *Polyvinylchloriden* werden sowohl in pulverisiertem Zustand in KBr als auch in Cyclohexanon (**I**) gemessen. Die Spektren in pulverisiertem Zustand hängen kaum von der Polymerisations-Temp. ab u. zeigen C–Cl-Banden bei 690 cm^{-1}, 635 cm^{-1} u. 612 cm^{-1}; die Absorption bei 635 cm^{-1} verschwindet in **I** u. beruht auf C–Cl-Bindungen im kristallinen Bereich. Die Bande bei 690 cm^{-1} bzw. 612 cm^{-1} wird der C–Cl-Bindung im nichtkristallinen Bereich der isotakt. bzw. syndyotakt. Struktur zugeschrieben, u. die syndyotakt. Struktur nimmt auf Grund der Spektren des in **I** gelösten Polymeren mit sinkender Polymerisations-Temp. zu.

E. MAEKAWA. 4010□

Untersuchungen über die Polymerisation von Vinylchlorid. 3. Mitt. **Polymerisation durch ein Monomerperoxid-Redox-System.** Taizō Uno und Keinosuke Yoshida. (Chem. high Polymers [Tokyo] **14.** 448—54. 1957. Osaka, Ind. Forschungsinst.; jap., Auszug: engl.) — 2. vgl. C. **1961.** 18337. — Nach 2 verschiedenen Verff. werden *Vinylchlorid* (**I**), *Vinylacetat* (**II**) u. *Methacrylsäuremethylester* (**III**) mit O_2 direkt bzw. O_2 aus 3 bzw. 30%ig. H_2O_2 u. n/2 NaOH bei —75,0 bzw. 10° behandelt u. dann in Ggw. von Na_2SO_3, $NaHSO_3$ bzw. $FeCl_2$ in Emulsion polymerisiert. Durch Addition von O_2 an **I** kann sich ein *Monomerperoxid* (MP) bilden, das mit obigen Red.-Mitteln als Redoxkatalysator wirken kann. Freier O_2 hindert die Polymerisation. Das MP von **II** wirkt als guter Katalysator für **I**, nicht aber das von **III**. Als Redoxkatalysator ist Na_2SO_3 am besten. Triäthanolamin wie Dimethylanilin verhindern die Polymerisation, was im Gegensatz zum $K_2S_2O_8$/Dibenzoylperoxid-Syst. steht. Als bester Emulgator wirkt Na-Laurylsulfat. Das **I**-MP wirkt viel stärker beschleunigend als $K_2S_2O_8$. Die k'-Konst. von HUGGINS ist größer als die anderer Polymerisationen (stärkere Verzweigung).

L. SCHULER. 4010□

Verteilung von diskreten Relaxationszeiten. P. U. A. Grossman. (J. Polymer Sci. **46.** 257—59. Sept. 1960. Melbourne, Australia, Commonwealth Sci. and Ind. Res. Organization, Div. of Forest Prod.; engl.) — Krit. Bemerkungen zu dem von TOBOLSKY u. MURAKAMI (vgl. C. **1961.** 10580) angegebenen Verf. zur Auswertung von Spannungsrelaxationsmessungen. Auf Grund der l. c. für *Polystyrol* mitgeteilten experimentellen Daten werden 7 diskrete E_m- u. τ_m-Werte (vgl. l. c.) berechnet. O. FUCHS. 4010□

Die Beziehung zwischen Molekulargewicht und Intrinsicviscosität von Polystyrol. G. S. Misra, R. C. Rastogi und V. P. Gupta. (Makromolekulare Chem. **50.** 72—82. 1961. Lucknow, India, Univ., Dep. of Chem.; engl.) — *Styrol* (**I**) wurde bei 100° in Ggw. von γ.γ'-Azo-bis-[γ-cyan-n-valeriansäure] (**II**) in Dimethylformamid (**III**) als Lsgm. polymerisiert. Die Polymerisations-Geschw. ist proportional $[II]^{1/2}$ u. $[I]^{3/2}$. Die Übertragungs-Konst. für das **I**-Radikal u. **III** ergibt sich zu $1,08 \cdot 10^{-4}$. Das Molgewicht M_n der *Polystyrol*-Proben wurde durch Endgruppentitration bestimmt. Es gilt die Beziehung $[\eta] = 4,40 \cdot 10^{-4} M_n^{0,65}$ für nichtfraktionierte Prodd. (M_n zwischen 4400 u. 12000) bzw. $[\eta] = 2,92 \cdot 10^{-4} M_n^{0,65}$ (M_n zwischen 3800 u. 18400), $[\eta]$ gemessen in Bzl. bei 25°.

O. FUCHS. 4010□

Einfluß des Druckes auf die einzelnen Stufen der Polymerisation mit freien Radikalen. Cheves Walling. (J. Polymer Sci. **48.** 335—41. Dez. 1960. New York, N.Y., Columbia Univ., Dep. of Chem.; engl.) — Die Diskussion der vom Vf. u. PELLON früher (vgl. 1. bis 3. Mitt., C. **1958.** 2155) mitgeteilten Verss. über die Polymerisation von *Styrol* (**I**) unter Druck ergibt für die Vol.-Änderung beim Kettenwachstum einen Wert von —11,5 ml/Mol; der Kettenstart u. der Kettenabbruch werden durch den Druck etwas verzögert. Die Konst. der Übertragung für **I** + CCl_4 oder der Übertragung mit dem Monomeren bei der Polymerisation von *Allylacetat* (**II**) wird durch den Druck nur wenig beeinflußt (vgl. l. c.). Dagegen wird die Brutto-Geschw. der **II**-Polymerisation durch Druck stark erhöht. Die monomol. Zers. von *Di-tert.-butylperoxid* u. von *Dibenzoylperoxid* wird durch Druck verzögert (vgl. l. c.). In Verb. mit weiteren Literaturdaten werden die allg. Prinzipien des Druck-Einfl. auf die Radikal-Rkk. diskutiert.

O. FUCHS. 4010□

Anionische Polymerisation von Styrol mit Natriumnaphthalin. G. Allen, Geoffrey Gee und C. Stretch. (J. Polymer Sci. **48.** 189—93. Dez. 1960. Manchester, England, Univ., Chem. Dep.; engl.) — Mit der von MORANTZ u. WARHURST (vgl. C. **1956.** 3812) beschriebenen App. wurde *Styrol* (**I**) unter Verwendung von Dioxan als Lsgm. mit Na-Naphthalin (**II**) bei 11—40° polymerisiert. Das Molgewicht der erhaltenen Proben von *Polystyrol* (**III**) liegt zwischen $2 \cdot 10^4$ u. $1,5 \cdot 10^5$. Die **III**-Proben sind sehr molekulareinheitlich. Es gilt d[I]/dt = k[I]; k ist [II] proportional. Die Aktivierungsenergie der anion. Wachstums-Rk. ergibt sich zu 9 ± 3 kcal/Mol. Die Ergebnisse stehen in Einklang mit dem von SZWARC (vgl. C. **1957.** 6464) angegebenen Reaktionsmechanismus.

O. FUCHS. 4010□

Reaktion organischer niedermolekularer Verbindungen durch Bestrahlung mit γ-Strahlen aus Kobalt-60. 2. Mitt. **Polymerisation von Styrol.** Motome Hamashima. (J. chem. Soc. Japan, pure Chem. Sect. [Nippon Kagaku Zassi] **81.** 1150—54. Juli 1960. Tôkyô-Sibuyaku, Tôkyô–Kôgyô-Sikenzyo; jap.; Auszug: engl. S. A80—A81.) — 1. vgl. J. chem. Soc. Japan, pure Chem. Sect. [Nippon Kagaku Zassi] **81.** [1960.] 134. — Die Polymerisation von *Styrol* (I) wird bei Raum-Temp. unter Bestrahlung mit γ-Strahlen aus ^{60}Co unter Zusatz von hydroxyl- u. halogenhaltigen Substanzen (HS) in Konzz. von 0,02—0,2 Mol/Liter kinet. untersucht, u. der Einfl. der HS als Produkt (R_E) aus R_P (Polymerisations-Geschw. in Ggw. der HS/Polymerisations-Geschw. von reinem I) u. R_M (Molgewicht der unter Zusatz der HS hergestellten Polymeren/Molgewicht der aus reinem I hergestellten Polymeren) angegeben. Der Wert von bifunktionellen HS hängt bei konst. Konzz., z. B. 0,1 Mol/Liter, prakt. nur von der Hydroxylgruppe der zugesetzten HS, jedoch kaum vom Halogen ab. Obgleich R_P bzw. R_M von der Konz. abhängig ist, zeigt R_E der monofunktionellen HS bei Konzz. von 0,02—0,2 Mol/Liter prakt. konst. Werte. E. Maekawa. 4010□

Gleichgewichtspolymerisation von α-Methylstyrol. 1. Mitt. **Initiierung mit Natriumnaphthalin und Natriumdiphenylacetylen bei 0°.** A. V. Tobolsky, A. Rembaum und A. Eisenberg. (J. Polymer Sci. **45.** 347—66. Aug. 1960. Princeton, N.J., Univ., Frick Chem. Labor.; engl.) — *α-Methylstyrol* (I) wurde in Tetrahydrofuran als Lsgm. in Ggw. von Na-Naphthalin (II) bzw. Na-Diphenylacetylen (III) bis zur Einstellung des Gleichgewichts zwischen I u. *Poly-α-methylstyrol* (IV) bei 0° gehalten. Nach Desaktivierung von II bzw. III mit Methanol u. Ausfällen von IV wurden die Gleichgewichts-Konz. $[I]_{Gl}$ u. der Polymerisationsgrad P von IV bestimmt. Zur Auswertung der Verss. wurde die früher (vgl. C. **1960.** 16108) entwickelte Theorie unter Berücksichtigung des Anfangs- u. Wachstumsgleichgewichts erweitert; dabei werden Gleichungen erhalten, die den Zusammenhang zwischen den Anfangs-Konzz. von I, II u. III, P von IV u. den Gleichgewichts-Konst. beschreiben. $[I]_{Gl}$ ergibt sich für II, III u. für Cs-Naphthalin übereinstimmend zu 0,89 Mo /kg, unabhängig von der Anfangs-Konz. von I, II u. III. Bei der Verw. von II besteht die Start-Rk. in einer Gleichgewichts-Elektronenübergangs-Rk. der Art $2\,X\cdot^- + 2\,M \rightleftharpoons M_2^{2-} + 2\,X$ (X = II, M = I) mit einer hohen Gleichgewichts-Konst.; das Polymerisationsgleichgewicht ist $M_n^{2-} + M \rightleftharpoons M_{n+1}^{2-}$. Bei III liegt beim Start ein Gleichgewicht der Art $2\,Z\cdot^- + 2\,M \rightleftharpoons Z_2M_2^{2-}$, wobei Z = III, zwischen I u. III vor, dessen Gleichgewichts-Konst. kleiner als bei dem II-Gleichgewicht ist (ohne Zahlenangaben); das Polymerisationsgleichgewicht ist hier $Z_2M_n^{2-} + M \rightleftharpoons Z_2M_{n+1}^{2-}$. Nach UV-spektroskop. Unterss. enthält das in Ggw. von III hergestellte IV Bruchstücke von III. Insgesamt ergibt sich gute Übereinstimmung zwischen Vers. u. Theorie. O. Fuchs. 4010□

Freie Radikale in gammabestrahlten Polystyrolen. Roland E. Florin, Leo A. Wall und Daniel W. Brown. (Trans. Faraday Soc. **56.** 1304—10. Sept. 1960. Washington, D. C., Nat. Bur. of Standards; engl.) — Die Elektronenspinresonanzspektren der folgenden deuterierten bzw. substituierten Polystyrole, die bei 77, 193 oder 300° K γ-bestrahlt worden waren, wurden bei 77 u. 300° K aufgenommen: *Polystyrol*, *Poly-α-deutero-*, *-β-deutero-*, *-p-deutero-*, *-β.β-dideutero-*, *-α.β.β-trideutero-*, *-m-methyl-*(I), *-α-methyl-* (II), *-2.5-dichlor-* (III), *-α.β.β-trifluor-* (IV) u. *-2.3.4.5.6-pentafluorstyrol.* Die Spektren der Deuterostyrole stimmen nahezu überein. Die Resonanzkurven zeigen eine Radikalstruktur an, die durch Abspaltung des α-H u. Wechselwrkg. mit den o-H-Atomen zustande kommt. Die gleiche Struktur weisen I u. IV auf, während in III alle hyperfeinen Wechselwrkg. schwächer ausgeprägt sind. Das aus II gebildete Radikal kommt durch Spaltung der Hauptkette zustande u. zeigt Anzeichen für eine relativ freie Rotation der α-Methylgruppe. W. Betcke. 4010□

Darstellung von ω-aminierten Polymeren. Marie-Henriette Loucheux, Guy Meyer und Paul Rempp. (C. R. hebd. Séances Acad. Sci. **252.** 2552—54. 24/4. 1961. Strasbourg, Centre des Recherches sur les Macromol.; franz.) — Eine Darst. von Polymeren mit endständigen NH_2-Gruppen ließ sich durch eine carbanion. Desaktivierung von „*lebendem Polystyrol*" (I) mittels Äthylenimins wegen dessen eintretender Polymerisation nicht durchführen; N-Bromphthalimid erwies sich zwar geeignet zum anion. Kettenabbruch, doch konnten die erhaltenen ω-Phthalimidopolymeren nicht erfolgreich hydrolysiert werden. p-Bromanilin führte wegen zu geringer elektrophiler Beweglichkeit des Br zu einer proton. Desaktivierung. Als geeignetes Agens zur anion. Desaktivierung von I erwies sich *p-Aminobenzoesäureäthylester* (II, *Benzocain*), das in Verss. mit einem durch tetrameres α-Methylstyrol (bifunktionelles I) bzw. Diphenylmethyl-Na (monofunktionelles I) bei Raum-Temp. initiierten I eingesetzt wurde. Nach Zusatz von II zur Polymerisations-Lsg. bei —70° verschwindet die rote Farbe der

Carbanionen, u. das Polymere wird mit Methanol oder Heptan ausgefällt. Aus UV-spektroskop. Messungen ergibt sich für die erhaltenen Polymeren das Vorliegen endständiger NH_2-Gruppen. H.-E. TOUSSAINT. 4010□

Phasengleichgewichte in Systemen mit einem Polymeren. 4. Mitt. **Quellungsgleichgewichte von Polyvinylalkohol in binären Mischungen mit Wasser als einer Komponente.** Akio Nakajima, Kazuo Miyamichi und Ichiro Sakurada. (Chem. high Polymers [Tokyo] **14.** 460—71. 1957; jap., Auszug: engl.) — 3. vgl. C. **1961.** 17590. — Vff. bestimmen die Quellung (bei 20—50°) von wärmebehandelten (50 u. 100°) Filmen von *Polyvinylalkohol* in bin. Lsgm. aus W. u. assoziierenden bzw. nicht assoziierenden polaren Fll., wie CH_3OH, n-Propanol, Phenol u. Aceton, sowie die Zus. der Fl. in beiden Phasen. Einfl. von selektiver Absorption, die auf H-Bindungen zwischen gleichen u. ungleichen Paaren zurückgeführt werden, werden in Beziehung gesetzt zu den Aktivitätswerten der Lsgm.-Gemische u. zur Struktur der Komponenten. Die thermodynam. Beziehungen bei tern. Syst. mit einem kristallinen Polymeren lassen sich unter der Annahme behandeln, daß ein kristalliner Bereich als Vernetzungspunkt in einem vernetzten amorphen Polymeren vorhanden ist. L. SCHULER. 4010□

Verteilung von organischen Verbindungen (Flüssigkeiten) zwischen einer gequollenen polymeren Phase und einer wäßrigen Phase. 2. Mitt. **Über partiell formalisierten Polyvinylalkohol.** Tsunetaka Matsumoto und Kunio Mizushima. (Chem. high Polymers [Tokyo] **14.** 478—82. 1957. Kōbe, Univ. Kōgakubu, Kōgyōkagaku-Kyōshitsu.; jap., Auszug: engl.) — 1. vgl. C. **1960.** 5179. — Aus *Polyvinylalkohol* (**I**; mittlerer Polymerisationsgrad 1100) werden *formalisierte* **I**-Filme mit einem CH_2O-Geh. von 11,35, 34,00, 47,60 oder 78,53 Mol-% hergestellt. Bei Filmen mit geeigneter Quellfähigkeit in W. werden die Gleichgewichts-Konzz. von Essigsäure u. Capronsäure zwischen der wss. (**II**) u. gequollenen polymeren Phase (**III**) bestimmt. Die Verteilung kann nach der gleichen empir. Formel wie der l. c. dargestellt werden, d. h. $C_{III} = KC_{II}^{n}$. L. SCHULER. 4010□

Verzögerung bei der Polymerisation von Vinylacetat. 1. Mitt. **Einfluß von Monovinylacetylen und Divinylacetylen auf die Polymerisation von Vinylacetat.** Kazuo Mukumoto. (Chem. high Polymers [Tokyo] **14.** 472—77. 1957. Kurashiki Reyon K. K.; jap., Auszug: engl.) — Monovinylacetylen (I) u. Divinylacetylen (II) wirken bei der Polymerisation von *Vinylacetat* (**III**) nicht hindernd, sondern verzögernd. Die Start-Geschw. der Polymerisation ist proportional der **III**-Konzentration. Bei Anwendung der Gleichung von KICE (C. **1962.** 9002) betragen die Rk.-Konst. des *Polyvinylacetatradikals* (**IV**) mit **I** (60°) $10{,}2 \cdot 10^3$ u. mit **II** $107 \cdot 10^3$. Am wichtigsten ist die Abbruch-Rk. der Vernetzung zwischen **IV** u. dem **I**- bzw. **II**-Radikal; die anderen Abbruch-Rkk. können dagegen vernachlässigt werden. L. SCHULER. 4010□

Poly-(p-dioxen). N. D. Field. (J. Polymer Sci. **47.** 517—18. Nov. 1960. Wilmington, Del., du Pont de Nemours & Co., Textile Fibers Dep., Pioneering Res. Div.; engl.) — *p-Dioxen* (I) läßt sich in CH_2Cl_2 oder Heptan bei —78° in Ggw. von BF_3 unter N_2 polymerisieren. Das erhaltene *Poly-p-dioxen* (II) ist unlösl. in CH_3OH, lösl. in W. u. in CH_2Cl_2. **II** schmilzt bei 280° u. zeigt hohe therm. u. oxydative Stabilität. Aus der Lsg. von **II** in CH_2Cl_2 lassen sich Filme gießen. **I** gibt bei 49 std. Erhitzen mit Azo-bis-isobutyronitril auf 56° kein Polymeres. O. FUCHS. 4010□

Spaltung von Disulfid-Polymeren. 1. Mitt. **Durch anorganische Sulfide.** E. M. Fettes und H. Mark. (J. appl. Polymer Sci. **5.** 7—15. Jan./Febr. 1961. Brooklyn, N.Y., Polytechn. Inst.; engl.) — *Polymere Disulfide* der Zus. (*-RSSRSS-*)$_n$, die durch Rk. von *Bis-[β-chloräthyl]-formal* mit 20 Mol-% überschüssigem Na_2S_2 unter ½, 1 u. 1½ std. Erhitzen auf jeweils 71, 82 bzw. 94,5° erhalten wurden, werden durch Einw. von überschüssigem Na_2S_2 in niedermol. Bruchstücke gespalten. Diese Spaltung ist eine reversible Rk., bei der das Gleichgewicht durch Na_2SO_3 (das selbst keine spaltende Wrkg. hat, aber zur Bldg. von endständigen Thiolgruppen beiträgt) in kontrollierbarer Weise beeinflußt werden kann. Zur Überführung von hochpolymeren organ. Disulfiden in niederpolymere eignet sich bes. eine $NaHS/Na_2SO_3$-Mischung. W. BETCKE. 4010□

Die Verzögerung des Tropfenzerfalls in Luftströmen hoher Geschwindigkeit durch Polymer-Modifikatoren. J. D. Wilcox, R. K. June, H. A. Brown jun. und R. C. Kelley jun. (J. appl. Polymer Sci. **5.** 1—6. Jan./Febr. 1961. US. Army Chem. Center, Md., Directorate of Res., US. Army Chem. Warfare Labor., Physicochem. Res. Div.; engl.) — Es wurden Unterss. über die Faktoren, die für die Zerteilung von NEWTONschen u. nicht-NEWTONschen (viscoelast.) Fll. in Luftströmen hoher Geschw. bestimmend sind, durchgeführt. Als viscoelast. Fll. wurden 2%ig. Lsgg. von *Polyisobutylmethacrylat* bzw. *Polyvinylacetat* in *Bis-[2-äthylhexyl]-phosphit* bzw. *Dibutylphthalat* verwendet. Tropfen (Tr.) einer NEWTONschen Fl. zerteilen sich nach einem Mechanismus, der mit einem

Abstreifen der Fl. von der Tr.-Oberfläche beginnt, in sehr feine Partikel. Nicht-Newtonsche Fl.-Tropfen zerteilen sich dagegen eher durch Band-Bldg. in viel größere Partikel. Bei der Viscositätszunahme einer Newtonschen Fl. um das 25fache ändert sich der Zerteilungsmechanismus nicht in charakterist. Weise. W. Betcke. 4010□

Abbau von Polyäthylenterephthalat in Nitrobenzol bei 170°. Norman G. Gaylord und Shlomo Rosenbaum. (J. appl. Polymer Sci. **2.** 124. Juli/Aug. 1959. Brooklyn, N.Y., Polytechn. Inst. of Brooklyn; engl.) — Die Lsg. von *Polyäthylenterephthalat* (**I**) in Nitrobenzol wurde bis zu 45 Std. bei 170° gehalten. Nach ca. je 10 Std. wurden Proben entnommen, **I** gefällt u. getrocknet. Gemessen wurde die zeitliche Änderung des Polymerisationsgrades P von **I**. Bedeutet $x = (P_0 - P)/(P_0 - 1)P$ (Bruchteil der gespaltenen Bindungen in **I**), so gilt $-\log(1 - x) = kt/2{,}303$ mit $k = 0{,}49 \cdot 10^{-7}\,s^{-1}$.
O. Fuchs. 4010□

Darstellung von polykondensierten Polymeren aus Benzol- und Alkylbenzolderivaten. Wasaburo Kawai und Shigeru Tsutsumi. (J. chem. Soc. Japan, pure Chem. Sect. [Nippon Kagaku Zassi] **81.** 1167—70. Juli 1960. Ôsaka-Daigaku, Kôgakubu; jap.; Auszug: engl. S. A81.) — Aus p-Hydroxybenzoesäure (**I**) bzw. m-Hydroxybenzoesäure (**II**) oder 3-Brom-4-hydroxybenzoesäure (**III**) u. Monochloressigsäure (**IV**) werden *p-Carboxyphenoxyessigsäure* (**V**), *m-Carboxyphenoxyessigsäure* (**VI**) bzw. *2-Brom-4-carboxyphenoxyessigsäure* (**VII**) dargestellt. Ähnlich werden aus Hydrochinon (**VIII**), Monobromhydrochinon(**IX**), 2.5-Dibromhydrochinon (**X**), Resorcin (**XI**) u. 4.4'-Isopropyliden-bis-phenol(**XII**) u. **IV** *O.O'-[p-Phenylen]-* (**XIII**), *-[Brom-p-phenylen]-* (**XIV**), *-[2.5-Dibrom-p-phenylen]-* (**XV**), *-[m-Phenylen]-diglykolsäure* (**XVI**) u. *-[4.4'-Isopropylidendiphenyl]-diglykolsäure* dargestellt. Das aus m-Xylol (**XVII**) hergestellte *4.6-Dibrom-m-xylol* ergibt durch Oxydation *4.6-Dibromisophthalsäure* (**XVIII**). Durch Copolymerisation von **V, VI, VII, XIII, XIV, XV, XVI, XVIII** u. *Isophthalsäure* mit *Äthylenglykol* (**XIX**) werden *Polyester* bzw. *Polyanhydride* erhalten u. auf ihre Spinnbarkeit aus der Schmelze geprüft. Ferner werden aus *Bis-[β-chloräthyl]-terephthalat* (**XX**) u. *Äthylendiamin* (**XXI**) oder aus *1.4-Bis-[1-hydroxymethyläthyl]-benzol* (**XXII**) u. *Succindinitril* bzw. *Terephthalodinitril Polykondensate* dargestellt.

Versuche: *p-Carboxyphenoxyessigsäure* (**V**), F. 278° (W.), aus 10,0 g **I**, 8,7 g NaOH u. 7,0 g **IV** in 100 cm³ W. durch 3std. Kochen u. Neutralisieren des Gemisches mit konz. HCl; 8,9 g (Ausbeute). *Dimethylester*, $C_{11}H_{12}O_5$, F. 97,5—98° (A.). **V/XIX**-*Polyester*, F. 90—93°, durch 4—5std. Kochen von **V** mit **XIX** in Ggw. von wenig Li-Methylat u. Mg. *Polyanhydrid*, durch 4—5std. Kochen mit Acetanhydrid. — *m-Carboxyphenoxyessigsäure* (**VI**), F. 202—204° (W.), a) wie **V** aus **II** u. **IV**; b) durch Oxydation von 20 g m-Kresoxyessigsäure in NaOH (10 g NaOH in 200 cm³ W.) mit 100 g $KMnO_4$ u. 10std. Erwärmen des Gemisches auf dem Wasserbad; 8,2 g. **VI/XIX**-*Polyester*, Sirup. *Polyanhydrid*, F. 128—134°. — *3-Brom-4-hydroxybenzoesäure* (**III**), F. 154° (W.), aus 13,8 g **I** in 50 cm³ Eisessig (Eg) u. 16,0 g Br_2 unter Eiskühlung. — *2-Brom-4-carboxyphenoxyessigsäure* (**VII**), $C_9H_7BrO_5$, F. 301—302° (Eg), aus 21,6 g **III**, 7,0 g **IV** u. 10 g NaOH in 100 cm³ W. durch 6std. Kochen u. Neutralisieren des Gemisches; 16,8 g. **VII/XIX**-*Polyester*, F. 157°. *Polyanhydrid*, F. 175—179°. — *3.5-Dibrom-4-hydroxybenzoesäure*, $C_7H_4 \cdot Br_2O_3$, F. 266° (Eg), aus 10,0 g **I** in 50 cm³ Eg u. 8 cm³ Br_2; gibt keine Glykolsäure mit **IV**. *Methylester*, F. 125° (A.). — *O.O'-[p-Phenylen]-diglykolsäure* (**XIII**), F. 251° (Eg), aus 11 g **VIII**, 19 g **IV** u. 20 g NaOH in 200 cm³ W. durch 5std. Kochen u. Neutralisieren des Gemisches; 14,2 g. *Dimethylester*, $C_{12}H_{14}O_6$, F. 99—101° (n-Heptan). **XIII/XIX**-*Polyester*, $(C_{12}H_{12}O_6)_n$, F. 137—138°. *Polyanhydrid*, $(C_{12}H_{10}O_5)_n$, F. 115—117°. — *Monobromhydrochinon* (**IX**), F. 115—116° (Ligroin), aus 2,2 g **VIII** in 15 cm³ Ae., 20 cm³ Chlf. u. 3,2 g Br_2 unter Eiskühlung; 3,1 g. — *O.O'-[Monobrom-p-phenylen]-diglykolsäure* (**XIV**), $C_{10}H_9BrO_6$, F. 220° (Eg), aus 3,5 g **IX**, 4,0 g **IV** u. 3,5 g NaOH in 50 cm³ W. durch 5std. Kochen u. Ansäuern des Gemisches; 4,0 g. *Dimethylester*, $C_{12}H_{13}BrO_6$, F. 68—70° (A.). **XIV/XIX**-*Polyester*, F. 155—158°. *Polyanhydrid*, $(C_{10}H_7BrO_5)_n$, F. 255—256°. — *2.5-Dibromhydrochinon* (**X**), F. 188—189° (W.), aus 15 g **VIII** in 50 cm³ Eg u. 44 g Br_2; 32 g. — *O.O'-[2.5-Dibrom-p-phenylen]-diglykolsäure* (**XV**), $C_{10}H_8Br_2O_6$, F. 295° (Eg), aus 2,8 g **X**, 2,0 g **IV** u. 1,08 g NaOH in 50 cm³ W. durch 5std. Kochen; 3,2 g. *Dimethylester*, $C_{12}H_{12} \cdot Br_2O_6$, F. 134—135° (A.). **XV/XIX**-*Polyester*, F. 169—174°. — *O.O'-[m-Phenylen]-diglykolsäure* (**XVI**), F. 194° (W.), aus 11 g **XI**, 19 g **IV** u. 20 g NaOH in 200 cm³ W. durch 5std. Kochen; 12,5 g. *Polyanhydrid*, F. 127—130°. — *4.4'-Isopropyliden-bis-[phenoxyessigsäure]*, $C_{19}H_{20}O_6$, F. 100—103°, aus 11,0 g **XII**, 10 g NaOH u. 10 g **IV** in 100 cm³ W. durch 8std. Kochen; 15,1 g. — *4.6-Dibrom-m-xylol*, F. 69—70°, aus **XVII** u. Br_2 in Ggw. von J_2. — *4.6-Dibromisophthhalsäure* (**XVIII**), $C_8H_4Br_2O_4$, F. 245—247°, aus 20 g vorst. Verb. durch 4std. Rühren mit einem Gemisch aus 60 cm³ HNO_3 (D. 1,387) u. 30 cm³ W. bei 160°, anschließendes 8std. Kochen des Gemisches mit 30 cm³ konz. HNO_3, Gießen in W., Ausziehen des Nd. mit 10%ig. NaOH, Neutralisieren u. Oxydation der erhaltenen *Monocarbonsäure* (F. 95—97°) in 200 cm³ 10%ig. NaOH mit 100 g $KMnO_4$; 8,1 g. *Dimethylester*, F. 92—93° (A.). **XVIII/XIX**-*Polyester*, Sirup. *Polyanhydrid*, F. 162—165°. — *Isophthalsäurepolyanhydrid*, $(C_8H_4O_3)_n$, F. 146—148°. — *Bis-[β-chloräthyl]-terephthalat* (**XX**), $C_{12}H_{12}Cl_2O_4$, F. 98—99° (A.), aus 10 g Terephthalsäure u. 100 cm³ Äthylenchlorhydrin durch 4std. Kochen mit 3,5 cm³ konz. H_2SO_4 u. Gießen des Gemisches in 5%ig. Na_2CO_3; 14 g. — *Polykondensat aus* **XX** *u. Äthylendiamin* (**XXI**), F. 151—155°, durch Erhitzen von 1,4 g **XX** u. 1,0 g **XXI** (30 Min. auf 170° unter N_2-Strom u. anschließend 2 Std. auf 205°/20 Torr); lösl. in W.; hygroskopisch. — *Polykondensat aus 1.4-Bis-[1-hydroxymethyläthyl]-benzol* (**XXII**) u. *Succindinitril*, F. 151—156°, durch 5—20 Min. langes Erhitzen der Komponenten in Eg unter Zusatz von konz. H_2SO_4. *Polykondensat aus* **XXII** *u. Terephthalodinitril*, F. 109—110°, durch 30 Min. langes Erhitzen der Komponenten in 80%ig. Ameisensäure unter Zusatz von konz. H_2SO_4. E. Maekawa. 4010 □

Copolymere aus Vinylchlorid und einigen Vinylestern von Säuren, die vom Pinen abgeleitet sind. C. S. Marvel, Yukio Shimura und F. C. Magne. (J. Polymer Sci. **45.** 13—24. Juli 1960. Urbana, Ill., Univ.; New Orleans, La., U. S. Dep. of Agriculture, Southern Utilization Res. and Dev. Div.; engl.) — *2.2-Dimethyl-3-äthoxycarbonylcyclobutylessigsäurevinylester* (**I**; $C_{13}H_{20}O_4$, $Kp._{0,025}$ 62—63°), *2.2-Dimethyl-3-vinyloxycarbonylcyclobutylessigsäureäthylester* (**II**; $C_{13}H_{20}O_4$, $Kp._{0,2-0,3}$ 92—96°), *2.2-Dimethyl-3-n-butoxycarbonylcyclobutylessigsäurevinylester* (**III**; $C_{15}H_{24}O_4$, $Kp._{0,02}$ 80—84°), *2.2-Dimethyl-3-vinyloxycarbonylcyclobutylessigsäure-n-butylester* (**IV**; $C_{15}H_{24}O_4$, $Kp._{0,02}$ 82—85°), *2.2-Dimethyl-3-[2-äthylhexyloxycarbonyl]-cyclobutylessigsäurevinylester* (**V**; $C_{19}H_{32}O_4$, $Kp._{0,025}$ 115—117°), *2.2-Dimethyl-3-vinyloxycarbonylcyclobutylessigsäure-2-äthylhexylester* (**VI**; $C_{19}H_{32}O_4$, $Kp._{0,025}$ 120—125°), *2.2-Dimethyl-3-vinyloxycarbonylcyclobutylessigsäurehydronopylester* (**VII**; $C_{22}H_{34}O_4$, $Kp._{0,05}$ 163—167°, *2.2-Dimethyl-3-[1-acetoxyäthyl]-cyclobutylessigsäurevinylester* (**VIII**; $C_{14}H_{22}O_4$, $Kp._{0,025}$ 63—66°), *3-[1-Hydroxy-1-methyläthyl]-6-vinyloxycarbonylhexansäurelacton* (**IX**; $C_{12}H_{18}O_4$, F. 47—47,5°) u. *Vinyl-2-äthylhexylphthalat* (**X**; $C_{18}H_{24}O_4$, $Kp._{0,025}$ 129—133°) wurden in wss. Emulsion (Verw. von Triton X-301, $K_2S_2O_8$ u. Laurylmercaptan) bei 50° polymerisiert. Aus dem Latex wurden die Polymerisate mit $NaCl/H_2SO_4$ ausgefällt, gelöst in Bzl. u. mit Methanol gefällt. Von den erhaltenen *Polymeren* von **I**—**X** wurde der Erweichungsbereich bestimmt zu: 80—100° (**I**), 65—100° (**II**), 68—86° (**III**), 64—84° (**IV**), 65—80° (**VII**), 75—100° (**VIII**), 87—100° (**IX**), 60—76° (**X**); diese Werte variieren etwas mit den Polymerisationsbedingungen. Die Inhärentviscosität liegt zwischen 0,4 u. 0,6. Ferner wurden auf die gleiche Weise die *Copolymeren* aus *Vinylchlorid* (**XI**) einerseits u. **I**—**X** andererseits hergestellt, wobei der **XI**-Geh. in weiten Grenzen variiert wurde; die Erweichungsbereiche u. Viscositäten dieser Copolymeren sind angegeben. Das Copolymere aus **XI** u. *Vinyläthylpinat* mit einem mittleren Cl-Geh. von 43% wurde mit Tetrahydrofuran u. Methanol fraktioniert; die Fraktionen besitzen verschiedenen Cl-Geh. u. verschiedene Erweichungsbereiche. Die Copolymeren von **XI** mit **I**—**X** mit einem **XI**-Geh. von 74—76% stellen harte plast. Massen dar; eine innere Weichmachung durch **I**—**X** liegt nicht vor; der Zusatz von äußeren Weichmachern verbessert die Eigenschaften. Das Homopolymere von **IV** ist unverträglich mit dem Copolymeren aus **IV** u. **XI**. — Über die Darst. von **I**—**X** vgl. Hedrick u. Mitarbeiter, C. **1961.** 2986 u. 8688; J. org. Chemistry **25.** [1960.] 623. O. Fuchs. 4010 □

Dynamisch-mechanische Eigenschaften von Polyurethan. 1. Mitt. **Mechanisches Verhalten von Polyurethan in Abhängigkeit von der chemischen Konstitution und der thermischen Vorgeschichte.** Herbert Jacobs und Ernst Jenckel. (Makromolekulare Chem. **43.** 132—43. 1961. Aachen, TH, Inst. für Phys. Chem.; dt.) — Von den *Polyurethanen* (**Ia**—**Id**) aus *Hexamethylendiisocyanat* einerseits u. *Butandiol-(1.4)*, *Hexandiol-(1.6)*, *Hexandiol-(2.5)* u. *Decandiol-(1.10)* andererseits wurden zwischen —180° u. dem F. mit einem Torsionspendel (Frequenz 1 Hz) der Real- u. Imaginärteil G' bzw. G'' des komplexen Schubmoduls gemessen. Die Proben wurden vor der Messung scharf getrocknet. **Ia** zeigt Relaxationsgebiete bei ca. —135° (γ-Maximum) u. ca. 40° (α-Maximum). Das α-Maximum entspricht der Glas-Temp. T_g. Der durch volumetr. Messungen bestimmte T_g-Wert liegt bei ca. 5°; der Unterschied wird auf die verschiedenen Vers.-Zeiten bei beiden Meth. zurückgeführt. Oberhalb 150° steigt der Verlustfaktor $tg\delta = G''/G'$ wegen des beginnenden Schmelzens der kristallinen Bereiche stark an. Beim Übergang von **Ia** zu **Ib** u. **Id** verschieben sich beide Maxima um je 5° pro Verlängerung der Alkoholkomponente um 2 C-Atome nach tieferer Temperatur. Bei **Ic** konnte kein α-Maximum erfaßt werden (vermutlich infolge Behinderung einer Kristallisation durch die CH_3-Gruppen). Wird **Ia** zuerst aus der Schmelze abgeschreckt u. dann bei verschiedenen Temp. getempert, so verschiebt sich das α-Maximum nach höherer

u. das γ-Maximum nach tieferer Temperatur. tgδ von abgeschrecktem **Ia** fällt infolge Nachkristallisation zeitlich anfangs stärker, dann schwächer ab. Aus den Verss. folgt das Vorliegen von 2 verschiedenen Kristallisationsvorgängen mit verschiedener Kristallisationsgeschwindigkeit. O. FUCHS. 4010□

Über lineare Oligamide der Adipinsäure mit Hexamethylendiamin. 7. Mitt. **über Oligomere vom Polyamid- und Polyestertyp.** Helmut Zahn und Werner Lauer. (Makromolekulare Chem. **23.** 85—118. Mai **1957.** Heidelberg, Univ., Chem. Inst.) — 6. vgl. C. **1959. 3449.** — Es werden lineare Oligamide der Adipinsäure (I) mit Hexamethylendiamin (II) synthetisiert u. ihre Infrarotspektren sowie die DEBYE-SCHERRER-Diagramme aufgenommen.

Versuche: *N.N'-Bis-[5-cyanpentyl]-adipinsäurediamid* (III), $C_{18}H_{30}N_4O_2$, F. 125° (Spieße), durch ständiges Rühren von 18,2 g Adipinsäuredichlorid u. 22,4 g ε-Aminocapronitril in Pyridin; 67% (Ausbeute). — *N.N'-Bis-[6-aminohexamethylen]-adipinsäurediamid*, H[B—A]BH (IV), F. 141° (A.), a) durch Hydrierung von 3 g **III** an PtO_2; 86%; b) durch 3wöchiges Stehen von 1 Mol **II** u. 0,5 Mol **I**-Diäthylester in Ggw. von Na-Methylat bei Raum-Temp.; 12% (daneben **V, VI, Xa, Xb** u. **XI**). *Dihydrochlorid*, $C_{18}H_{40}Cl_2N_4O_2$, F. 238° (Methanol), a) durch Hydrierung von 3 g **III** an PtO_2 bei Raum-Temp.; 62%; b) durch 8std. Kochen von 1 Mol AH-Salz in Glykol (daneben **V** u. **XIII**). — *7.14.21.28-Tetraaza-8.13.22.27-tetraoxo-1.34-diaminotetratriakontan*, $H[B—A]_2 \cdot BH$ (**V**), F. 230°, neben **IV**-Dihydrochlorid nach b). *Dihydrochlorid*, $C_{30}H_{62}Cl_2N_6O_4$, neben **IV** nach b); 36% (auf freies Diamin bezogen). — *7.14.21.28.35.42-Hexaaza-8.13.-22.27.36.41-hexaoxo-1.48-diaminooctatetrakontan*, $H[B—A]_3BH$ (**VI**), F. 241° (Dimethylformamid), neben **IV** nach b); 9%. — *N.N'-Hexamethylen-bis-[adipinamidsäureäthylester]*, ÄtO—A[B—A]OÄt (**VIIb**), $C_{22}H_{40}N_2O_6$, F. 116° (W.; gelblichrot), a) durch Rühren von 18 g **II** u. 60 g **I**-Äthylesterchlorid; 47%; b) durch 14tägiges Stehen von 0,25 Mol **I**-Diäthylester u. 0,1 Mol **II** in Ggw. von Na-Methylat; 10% (daneben **XI, XII, VIII** u. **IX**). *Freie Säure* (**VIIa**), $C_{18}H_{32}N_2O_6$, F. 197° (W.), a) durch ½std. Erhitzen von 0,1 Mol **I** u. 0,5 Mol **II** auf 160°; 58% (daneben **Xa**); b) durch Rk. des Di-K-Salzes mit 1 n HCl; 96%. *Di-K-Salz*, $C_{18}H_{30}K_2N_2O_6$, durch ½std. Kochen von 2 g **VIIb** mit äthanol. KOH. — *6.13.20.27-Tetraaza-5.14.19.28-tetraoxodotriakontan-1.32-dicarbonsäure*, $HOA[B—A]_2OH$, $C_{30}H_{54}N_4O_8$, F. 205° (A.), a) durch ½std. Kochen von 0,01 Mol des Diesters mit äthanol. KOH über das *Di-K-Salz*; 84%; b) durch 10 Min. langes Erhitzen von 0,01 Mol **IV** mit einem dreifachen **I**-Überschuß auf 160—180°. *Diäthylester* (**VIII**), $C_{34}H_{62}N_4O_8$, F. 181° (A.), neben **VIIb** nach b); 35%. — *6.13.20.27.34.41-Hexaaza-5.14.19.28.33.42-hexaoxohexatetrakontan-1.46-dicarbonsäure* $HOA[B—A]_3OH$, F. 218° (Dimethylformamid), durch ½std. Kochen von 4,4 g des Esters mit äthanol. KOH; 80%. *Diäthylester* (**IX**), $C_{46}H_{84}N_6O_{10}$, F. 212° (Dimethylformamid), neben **VIIb** nach b); 19%. — *N-[6-Aminohexamethylen]-adipinsäuremonoamid*, H[B—A]OH (**Xa**), $C_{12}H_{24}N_2O_3$, F. 190° (A.), a) neben **VIIa** nach a); 1,5%; b) neben **IV** nach b); 1%; c) durch Zugabe von 38 g **I**-Äthylesterchlorid während einer 1 Std. bei 0° zu 23 g ε-Aminocapronitril, Hochvakuum-Dest. zu *N-[5-Cyanpentyl]-adipinamidsäureäthylester* (**Xc**; $C_{14}H_{24}N_2O_3$, F. 34°, Kp.$_{0,1}$ 206—212°; 48%), Hydrierung an PtO_2 zu nachst. Ester (100%) u. Rk. mit äthanol. KOH; 75%. — *N-[6-Aminohexamethylen]-adipinamidsäureäthylester*, H[B—A]OÄt (**Xb**), $C_{14}H_{28}N_2O_3$, F. 141°, a) aus **Xc**; 100%; b) neben **IV** nach b); 1%. — *1-Amino-8.13.22-trioxo-7.14.21-triazahexakosan-26-carbonsäure*, $H[B—A]_2OH$ (**XI**), $C_{24}H_{46}N_4O_5$, F. 208° (W.), neben **IV** nach b) u. neben **VIIb** nach b); 9 bzw. 3%. *Hydrochlorid*, $C_{24}H_{47}ClN_4O_5$, F. 218° (Methanol); 80%. *Äthylester* $H[B—A)_2OÄt$, F. 214° (Methanol). — *1-Amino-8.13.22.27.36-pentaoxo-7.14.21.28.-(5-pentaazatetrakontan-40-carbonsäureäthylester*, $H[B—A]_3OÄt$ (**XII**), F. 165°, neben (**VIIb**) nach b); 0,1%. — *1-Amino-8.13.22.27.36.41.50-heptaoxo-7.14.21.28.35.42.49-heptaazatetrapentakontan-54-carbonsäure*, $H-[B—A]_4OH$ (**XIII**), F. 245°, neben **IV** nach b); 10%. — *$N^\varepsilon.N^{\varepsilon'}$-Adipoyl-bis-[$\varepsilon$-aminocapronsäureamid]*, $C_{18}H_{34}N_4O_4$, F. 200° (W.), durch 10std. Einleiten von trockenem HCl unter Eiskühlung bis zur Sättigung in 15 g **III**, das mit A. u. Ae. überschichtet ist; 83%. S. NEUE. 4010□

Silicone. 2. Mitt. **Struktur, Eigenschaften und Anwendungen.** C. J. Baker. (School Sci. Rev. **60.** 414—36. Juni 1959; engl.) — 1. vgl. C. **1962. 2921.** — Übersicht über die Eigg. von *Siliconen* entsprechend ihrer Struktur. Behandelt werden: Hitze- u. Oxydationsbeständigkeit, Wasserabstoßung u. elektr. Eigg. bei fl. *Siliconen*, Gummi, Harzen u. Lacken. W. KUNTZ. 4010□

Nachweis der Beibehaltung des kristallin-amorphen Verhältnisses von Cellulose bei der heterogenen sauren Hydrolyse. J. J. Mc Keown und W. I. Lyness. (J. Polymer Sci. **47.** 9—17. Nov. 1960. Cincinnati, Ohio, Procter & Gamble Comp., Miami Valley Labor.; engl.) — Bei der Hydrolyse von cellulosehaltigen Stoffen (**I**) mit einem Mindestgeh. von 95% *Cellulose* in sd. wss. 2,5 n H_2SO_4-Lsg. geht ein Teil (**Ia**) in Lsg.

während der Rest (I b) ungelöst bleibt. Bei der Hydrolyse findet eine Abnahme des Polymerisationsgrades P statt; P von I b ist etwas größer als P von I a. Ferner wurde von I b der Kristallisationsgrad α röntgenograph. bestimmt. Bei der Verw. von *Fichtensulfatzellstoff* als I bleibt α bei der Hydrolyse unverändert, während bei *Fichtensulfitzellstoff* u. *Baumwollelinters* eine Zunahme von α von höchstens 8 bzw. 11% auftritt. Daraus folgt, daß bei der Hydrolyse dieser Stoffe kein bevorzugter Angriff in den amorphen Bereichen von I stattgefunden hat. Bei „*Gum sulfate pulp*" wurde eine noch nicht deutbare Abnahme von α um 14% bei der Hydrolyse festgestellt. O. FUCHS. 4050□

Der nichtlösende Alkohol. A. Aboul-Seoud. (Makromolekulare Chem. **43.** 144 bis 148. **1961.** Alexandria, Egypt, Fac. of Engng., Chem. Engng. Dep.; engl.) — Unter dem „nichtlösenden Alkohol" versteht Vf. die Menge Methanol (I), die so fest an *Cellulose* (II) gebunden ist, daß sie eine sich mit II nicht verbindende Hilfssubstanz nicht zu lösen vermag. Als Hilfssubstanz diente KJ. Verss. mit verschiedenen KJ-Konzz. in I führen zu dem Ergebnis, daß pro Glucoseeinheit in II 0,2 Mol I gebunden werden. O. FUCHS. 4050□

Darstellung und Nitrierung der Phenylcellulose. Pierre Lhoste und Michel Aubouy. (C. R. hebd. Séances Acad. Sci. **252.** 2555—56. 24/4. **1961.** Paris, Labor. Central des Poudres; franz.) — Die durch Tosylieren von mercerisierter Cellulose in absol. Pyridin mit p-Toluolsulfochlorid u. nachfolgendes Umsetzen mit Na-Phenolat in Phenol (8 Std. bei 110°) erhaltene *Monophenylcellulose* wird in $HNO_3/H_3PO_4/P_2O_5$ (40:35:25) zu einem gelben *Dinitrophenylcellulosedinitrat* (I) nitriert, das prakt. keine Faser-Bldg. mehr aufweist. I ist chem. recht stabil u. entflammt spontan bei ca. 250°. In seinem Löslichkeits-Verh. ähnelt es der Nitrocellulose, zeigt jedoch eine höhere Affinität zum Nitroglycerin. H.-E. TOUSSAINT. 4050□

Änderungen der optischen Drehung bei der sauren Isomerisierung von Plasmaalbumin. Beweis für den Anteil der Tertiärstruktur an dem Verhalten bei der optischen Drehung. William J. Leonard jun. und Joseph F. Foster. (J. biol. Chemistry **236.** 2662—69. Okt. **1961.** Lafayette, Ind., Purdue Univ., Dep. of Chem.; engl.) — Die Abhängigkeit der spezif. Drehung [α] vom pH-Wert wurde bei Säuregraden um pH = 4 an *Rinderalbumin* (I) u. menschlichem *Serumalbumin* (II) bei 313 mμ in Ggw. verschiedener Anionen (Cl^-, ClO_4^-, CNS^-, Acetat in wechselnden Konzz.) gemessen. Die durch abnehmende Linksdrehung sich auszeichnende Isomerisierung in Ggw. von Cl-Ionen ist hier besser zu verfolgen als durch Elektrophorese. In Ggw. von Acetat oder besser von CNS^- bzw. ClO_4^- verläuft sie über 2 Stufen, die der schrittweisen Freilegung der beiden inwendigen, hydrophoben Oberflächen zugeschrieben werden. Im 2. Schritt werden hierbei 4 maskierte Tyrosylreste solvatisiert. Die Unterschiede im Verh. von I u. II sind gering. Zur Aufklärung der Ursachen dieser Isomerisierung wurden 19 Dispersionsmessungen durchgeführt u. nach MOFFITT-YANG diskutiert. Danach ist anzunehmen, daß die Isomerisierung weniger auf einer Änderung der Sekundärstruktur als vielmehr der Tertiärstrukturen beruht. K. HEYNS. 4070□

Elektronenspinresonanzmessungen von röntgenbestrahltem Keratin. B. Rajewsky und A. Redhardt. (Nature [London] **193.** 365—66. 27/1. **1962.** Frankfurt/M., Max-Planck-Inst. für Biophysik; engl.) — *Keratin* (I) u. *Cystin* (II) bzw. *Cysteinhydrochlorid* werden einer Röntgenbestrahlung von 310 kr/min mit der Gesamtdosis zwischen 50 kr bis 5 Mr ausgesetzt .Danach hängt die Form der Elektronenspinresonanzspektren stark vom Wasser-Geh. der Präpp. ab. Nach genügend hoher Strahlendosis findet man in den I-Spektren für II typ. Signale. In Ggw. von P_2O_5 ist das Elektronenspinresonanzspektrum stark verändert. Nach Entfernung der letzten Wasserspuren sind zusätzliche Radikale in röntgenbestrahltem I nachweisbar. Aus der zeitlichen Verschiebung im Bereich niedriger Frequenzen schließen Vff., daß die Radikale in I zu den II-Resten wandern. Diese Wanderung ist nicht auf spezielle I-Strukturen beschränkt. L. TRÄGER. 4070□

Die elektrische Leitfähigkeit von Proteinen. Barnett Rosenberg. (Nature [London] **193.** 364—65. 27/1. **1962.** New York, N.Y., New York Univ., Physics Dep.; engl.) — Im Gegensatz zu früheren Ansichten, nach denen die elektr. Leitung von Proteinen an den absorbierten W.-Moll. erfolgt, haben verschiedene Beobachtungen zum Ergebnis geführt, daß trockene Proteine Halbleiter mit einer Aktivierungsenergie von weniger als 30 eV sind. Kristallines *Hämoglobin* (I) mit 8% Wasser-Geh. zeigt eine Zunahme der Leitfähigkeit um den Faktor 10^{10} gegenüber der Leitfähigkeit des trockenen Proteins. Wird 1 mg I (mit 7,5% Wasser-Geh.) zwischen einer Glaselektrode einerseits u. einer Elektrode aus Monelmetall andererseits (Abstand 75 μ) gepreßt, so nimmt bei einer angelegten Spannung von 45 V Gleichstrom bei 6,5° Kammer-Temp. der Strom innerhalb 140 Min. um 5,5% ab, was auf geringe Polarisation von I, Abnahme der Temp. durch einen Halbleitereffekt u. allmählichen Rückgang des Wasser-Geh. zurückgeführt wird. Nach Extrapolation dieser Effekte ergibt sich, daß die elektr. Leitung in I elektron. u. nicht ion. Natur ist. Bei elektr. Leitung durch Ionen müßte durch die Zers. von W. der Strom mindestens um 88% in der genannten Zeit abnehmen. L. TRÄGER. 4070□

Charakterisierung der Präparationen von Polyadenylsäure und Polyuridylsäure. W. Hondius Boldingh und H. Veldstra. (Recueil Trav. chim. Pays-Bas **80.** 1357—71. Nov. 1961. Leyden, Univ., Biochem. Dep.; engl.) — Aus Azetobacter vinelandii (ATCC 9104) oder Micrococcus lysodeikticus (ATCC 4698) wird Polynucleotidphosphorylase estrahiert, gereinigt u. damit entsprechend den Synth.-Vorschriften von GRUNBERG-MANAGO (vgl. C. **1957. 4425**) aus Adenosindiphosphat (I) bzw. Uridindiphosphat (II) *Polyadenylsäure* (III) bzw. *Polyuridylsäure* (**IV**) dargestellt. **IV** enthält häufig noch Protein, das durch kontinuierliche Elektrophorese abgetrennt wird. Wird **IV** als Streptomycin-Komplex gefällt, so dissoziiert der Komplex in 1 m NaCl-Lsg., wobei **IV** proteinfrei erhalten wird. Werden **III** u. **IV** in 10^{-3} m Na-Kakodylat-Lsg. bei pH 7,0 (0,5 bis $1 \cdot 10^{-4}$ g-Atom P/Liter) gelöst u. gleiche Teile der **III**- u. **IV**-Lsg. miteinander vermischt, so bilden sich **III/IV**-*Komplexe*. Unter diesen Bedingungen ist die Bldg. dreifacher **III/2·IV**-Aggregate ausgeschlossen. In Ggw. von 10^{-4} m $MgCl_2$-Lsg. ist die Aggregation mit einem starken hyperchromen Effekt von 22% verbunden. Statt Mg^{2+} sind auch Mn^{2+} u. Th^{4+} wirksam. Die Verbb. $(Co[(OH)_2Co(äthylendiamin)_2]_3)^{6+}(NO_{36})^{6-}$ u. Cetyltrimethylammoniumbromid haben keinen einheitlichen Einfl. auf die Aggregation. 0,5 Mol Streptomycin/Mol Nucleotid erzeugen dagegen rasch einen hyperchromen Effekt von 20%. **IV** hat folgende Basen-Zus.: 93,7% *Uracil*, 1,3% *Adenin* (A), 37% *Guanin* u. 1,3% eines Pyrimidins, das möglicherweise *Cytosin* ist. Die Verunreinigungen stammen aus dem eingesetzten **II**. **III** ist dagegen einheitlich u. enthält nur A als Base. Wird **III** an ECTEOLA-Cellulose chromatographiert, so erhält man 3 Hauptkomponenten, für die durch Ermittlung der Sedimentations-Koeff. 270000 u. 410000 als Molgew. ermittelt werden. Die N/P-Verhältnisse für **III** u. **IV** werden in allen Analysen höher gefunden als theoret. zu erwarten ist, was auf nichtabtrennbares Protein zurückgeführt wird. Wenn bei der enzymat. Synth. von **III** außer **I** noch andere Nucleotide angeboten werden, so fällt das N/P-Verhältnis. Das Verhältnis erhöht sich dagegen, wenn **IV** außer **II** noch weitere Nucleotide einbaut. Die Polymeren enthalten kein Mg^{2+}, jedoch bis zu 0,4 Na^+/P-Atom. Für 10 **III**- u. 13 **IV**-Präpp. sind Viscosität, Protein-Geh., Ausbeute, N/P-Verhältnis u. Molgew. angegeben. L. TRÄGER. 4090□

Abtrennung von L-Valin-haltiger „löslicher Ribonucleinsäure" durch spezifische Reaktion mit Polyacrylsäurehydrazid. Hans von Portatius, Paul Doty und Mary L. Stephenson. (J. Amer. chem. Soc. **83.** 3351—52. 15/8. 1961. Cambridge, Mass., Harvard Univ., Dep. of Chem.; J. C. Warren Labor.; engl.) — Vff. beschreiben ein Verf. zur Abtrennung der Aminosäure-spezif. „*lösl. Ribonucleinsäure*" (*l*-RNS), bei dem die *l*-RNS bei pH 10 von allen Aminosäuren befreit u. dann mit ^{14}*C-L-Valin* beladen wird. Die unbeladenen Anteile der *l*-RNS bilden dann bei Einw. von $NaJO_4$ eine Dialdehydgruppe, die mit wasserlösl. *Polyacrylsäurehydrazid* (**I**) umgesetzt wird. Das gebildete Hydrazon wird entfernt, u. die mit ^{14}*C-L-Valin* beladene *l*-RNS bleibt angereichert in der Lsg. zurück. Nach der Operation ist die spezif. Aktivität von 1,15 mμ ^{14}C-L-Valin/mg *l*-RNS auf 11,5 mμM ^{14}C-L-Valin/mg *l*-RNS gestiegen. Das entspricht einer 10fachen Anreicherung u. einer Reinheit von 28%. **I** reagiert auch mit oxydierten Nucleosiden u. Nucleotiden unter Bldg. stabiler Hydrazone, wobei weder eine Spaltung der Phosphoesterbindung noch eine Freisetzung der entsprechenden Basen auftritt.

Versuche: ^{14}*C-L-Valin-beladene „lösl. Ribonucleinsäure"* (*l*-RNS), aus Hefe-*l*-RNS durch 3std. Stehen bei 37° u. pH 10, Beladen mit ^{14}C-L-Valin nach CANTONI (C. **1961.** 12867), 5 Min. lange Inkubation bei Raum-Temp. mit 0,1 m Mg-Acetat-Puffer (**II**) vom pH 3,9 u. 0,1 m $NaJO_4$, Zugabe von 2 m KCl-Lsg. zur Fällung des überschüssigen Perjodats, 5 Min. langes Stehen, Zentrifugieren, Mischen des Überstands mit **I**-Lsg. in 0,1 m **II**, 2 Min. langes Schütteln bei Raum-Temp., Fällen des Hydrazons mit n-Butyraldehyd (**III**) u. Extraktion des überschüssigen **III** mit Ae. u. Äthylacetat. G. SELTMANN. 4090□

E. Biologische Chemie. Physiologie. Medizin

E_1. Allgemeine Biologie und Biochemie

Biotechnologie im Forschungslaboratorium. C. G. Hedén. (Chim. e Ind. [Milano] **43.** 1147—57. Okt. 1961. Stockholm, Karolinska Inst.; ital.) — Beschreibung einer rationellen Ausstattung eines biolog. Forschungs-Labor. unter biotechnolog. Gesichtspunkten. K. ZINGRAF. 4100□

Die Inkorporation von ^{14}C-Maleinhydrazid in Wurzelspitzenzellen von Allium cernuum, Vicia faba und Tradescantia paludosa. John J. Callaghan und Paul Grun. (J. biophysic. biochem. Cytol. **10.** 567—74. Aug. 1961. University Park, Pa.; The Pennsylvania State Univ., Dep. of Bot. and Plant Pathology; engl.) — Die Wurzelspitzen wurden in eine Lsg. (1 mm) ^{14}*C-Maleinhydrazid* (I) gegeben. I war nach 24 Std. Einw. im gesamten Nucleus zu finden u. war in den Nucleoli teilweise vorhanden. Die Chromosomen während der Mitose zeigten im Euchromatin u. Heterochromatin dieselbe Radioaktivität. W. HILLER. 4130□

Über die Spezifität der zum Nachweis von Glykoproteiden verwendeten Perjodsäure-Fuchsin-Reaktion von Schiff. François Percheron und René Paquin. (Bull. Soc. Chim. biol. **43.** 367—75. 1961. Paris, Fac. de Pharm., Labor. de Chim. biol. et Chim. anal.; franz.) — Vff. untersuchen die Methodik der Best. von Mono- u. Oligosacchariden sowie HCHO, Äthylenglykol (I) u. Glycerin (II) mit Hilfe von Perjodat u. SCHIFF-Reagens (III, Fuchsin-Bisulfit). Zur Durchführung werden 0,01—0,1 m Lsgg. der Polyole durch Einw. von 0,1 m HJO_4 (pH 2,25; 20°, 5 Min. bzw. 18 Std., Dunkelheit) oxydiert u. anschließend die nach Versetzen mit III auftretende Färbung auf spektrophotometr. Wege (Maximalabsorption bei 560 mμ) ausgewertet. Trotz einer theoret. zur vollständigen Oxydation von CHO-Gruppen ausreichenden HJO_4-Menge werden nur HCHO, I, II u. Polyole (*Mannit, Sorbit*) sowie *Fructose* u. *Arabinose* innerhalb von 5 Min. quant. umgesetzt; *Glucose, Galaktose* u. *Mannose* zeigen erst nach 18 Std. eine vollständige Rk., während Oligoside (*Saccharose, Trehalose, Melezitose, Raffinose* u. *Stachyose*) u. Methylzucker (*α-Methyl-D-glucosid, -D-mannosid* u. *-D-galaktosid*) innerhalb dieser Zeit nur unvollständig reagiert haben, so daß in Ggw. dieser Zucker infolge geringer Mengen an —CHO-Gruppen nur schwache Färbungen mit SCHIFF-Reagens erhalten werden. Diese Beobachtungen bestätigen die Tatsache, daß bei der Anfärbung von Glykoproteinfraktionen auf Elektropherogrammen die an Proteine gebundenen Kohlenhydrate an der Farb-Rk. drch HJO_4 u. SCHIFF-Reagens nur schwach beteiligt sind. Diese ist wahrscheinlich in stärkerem Ausmaß auf Oxydations-Prodd. der endständigen Sialsäuregruppe im Glykoprotein-Mol. zurückzuführen. Mit SCHIFF-Reagens lassen sich also nur nach vollständiger Oxydation sämtliche CHO-Gruppen erfassen bzw. solche Substanzen bestimmen, die bei HJO_4-Oxydation H·CHO bilden. P. FAHRNLAENDER. 4150□

Cytophotometrische Untersuchung der Kern-SH-Proteine der Hyazynthenwurzel; genaue Aufteilung dieser Verbindungen im Inneren des Nucleus. Louis Albertini. (C. R. hebd. Séances Acad. Sci. **248.** 3476—78. 15/6. 1959; franz.) — Die Farb-Rk. der SH-Proteine mit Neotetrazoliumchlorid nach Fixierung des Unters.-Materials mit Formol kann unter Benutzung der cytophotometr. Meth. zur quant. Vgl.-Best. dienen. Die Lokalisierung der Kern-SH-Proteine, ebenso ihr Zusammenhang mit der Ribonucleinsäure, werden darauf genau bestimmt. H. AMAN. 4150□

Aminosäurenbedarf für das Wachstum von Lungenkulturen von Vögeln. Robert E. Neuman und Alfred A. Tytell. (Proc. Soc. exp. Biol. Med. **103.** 71—74. Jan. 1960. West Point, Pa., Merck Inst. for Therap. Res., Virus and Tissue Cult. Res. Div.; engl.) — Prim. Lungenkulturen von Hühnerembryonen u. Hähnchen wuchsen in einem Testmedium, welches dialysierten Hühnerembryonenextrakt, Rinderserum u. mehrere niedermol. Bestandteile enthielt. Für das Wachstum waren die 13 Aminosäuren erforderlich, die für Säugetierzellen essentiell sind. Deutliche Wachstumsanregung erfolgte durch *Glycin* (I) oder *L-Serin* u. durch kleine Mengen *L-Alanin* (II). Das für optimales Wachstum notwendige I konnte durch Folinsäure oder Folsäure teilweise ersetzt werden. II konnte durch Pyruvat, Oxalacetat oder α-Ketoglutarat ganz u. durch Pyridoxalphosphat teilweise ersetzt werden. K. ZINGRAF. 4150□

Wirkungsweise von 5-Bromdesoxyuridin auf Säugetierzellen in Kulturen. Maire T. Hakala. (J. biol. Chemistry **234.** 3072—76. Dez. 1959. Buffalo, N.Y., Roswell Park Mem. Inst., Dep. of Exp. Therapeut.; engl.) — *5-Bromdesoxyuridin* wird in Desoxyribonucleinsäuren eingebaut u. fördert das Wachstum der Zellkulturen. P. GREGORZEWSKI. 4150□

Die Wirkungen von Spermin auf Säugetierzellen. R. A. Alarcon, G. E. Foley und E. J. Modest. (Arch. Biochem. Biophysics **94.** 540—41. Sept. 1961. Boston, Mass., Labor. of Microbiol. and Labor. of Org. Chem., Children's Canc. Res. Found. and Dep. of Pathol.; Harvard Med. School, Children's Hosp. Med. Center; engl.) — *Spermin* (I) wurde in vitro auf seine hemmende Aktivität Säugetierzellen (EHRLICH-Ascites, S-91, P-1534 u. L-1210) gegenüber geprüft, u. zwar in 5% Kalbsserum enthaltenden Medien. Bei Konzz. von 2,8—3,0 μg I/ml trat Zelltod nach ca. 12 Std. ein. Bei Anwendung von 5—10% Pferdeserum an Stelle von Kalbsserum zeigte I in Konzz. von 10 μg/ml keine hemmende Wirkung. Wenn aber zu solchen Kulturen 0,1% Kalbsserum oder 0,1% aus

Kalbsserum erhaltene Aminooxydase (Sperminoxydase) zugesetzt wurde, ergab sich für I eine gleiche hemmende Wrkg. wie bei rein mit Kalbsserum versetzten Kulturen. Somit dürfte die inhibitor. Aktivität von der Ggw. von Sperminoxydase abhängen, die wohl im Kalbsserum, nicht aber im Pferdeserum vorkommt. L. MACHER. 4150□

Atmung und Phosphatesterspiegel während der durch Kinetin induzierten Zellteilung in Tabakmarkschnitten. K. T. Glasziou. (Nature [London] **179.** 1083—84. 25/5. 1957. Sydney, Univ. of Sydney, Botan. Dep.; engl.) — Die O_2-Aufnahme von in *Indolylessigsäure* (I) + *Kinetin* (II) kultivierten Schnitten war über eine Periode von 5 Tagen um 16% höher als von nur in I kultivierten. Ggw. von II verursachte größere Zellenzahlen. Kurzzeitige Verss. mit II ergaben höhere Respiration. In den Verss. war die Zellenzahl während der ersten 3 Tage unter allen Vers.-Bedingungen gleich, vom 3. bis 6. Tag stieg sie in den mit II behandelten Parallelen auf das 5fache an. Diese starke Veränderung in der Zellenzahl war nicht von Veränderungen des Hexosephosphatspiegels u. des Spiegels energiereicher Phosphate begleitet. Die Energiebedürfnisse für Zellteilung u. Wachstum in Tabakmarkschnitten sind sehr ähnlich u. stehen mehr in enger Beziehung zur Gesamtprotoplasma-Synth. als zu den cytolog., im Gewebe auftretenden Veränderungen. H. AMAN. 4150□

Die elektrische Doppelschicht und das Donnan-Gleichgewicht in Beziehung zu Pflanzen-Zellwänden. J. Dainty und A. B. Hope. (Austral. J. biol. Sci. **14.** 541—51. Nov. 1961. Univ. of Edinburgh, Biophys. Dep.; Univ. of Sidney, Bot. School, Plant Physiol. Unit, Div. of Food Preservat.; engl.) — Auf die Verdrängung von *Ca* durch *Na* in Zellwandsegmenten von *Chara australis* (Alge), die mittels ^{45}Ca untersucht wurden, sowie auf Daten über Lsgg. von Gummi arabicum u. über Jutefasern wird die Theorie der elektr. Doppelschicht angewandt. Für die durchschnittliche Ladungsdichte von *C. australis* ergibt sich $4 \cdot 10^{-5}$ C/cm². Die Abhängigkeit der scheinbaren Konz. an nichtdiffundierbaren Ionen von der äußeren Konz. kann mit dieser Theorie gedeutet werden. Die klass. DONNAN-Theorie befriedigt nicht. M. WIEDEMANN. 4150□

Trennung von Thymidin und dessen Mono-, Di- und Triphosphat durch Papierchromatographie. I. W. Delamore und W. H. Prusoff. (Biochem. Pharmacol. **8.** 336—37. Nov. 1961. New Haven, Conn., Yale Univ., School of Med., Dep. of Pharmacol.; engl.) — *Thymidin* (I) u. dessen *Mono-*, *Di-* u. *Triphosphat* wurden papierchromatograph. getrennt, indem vom Papierstreifen [WHATMAN AE 30, für 24 Std. gewaschen mit 0,1n *Ameisensäure* (II), 0,5n *Ammoniumformiat* (III) u. W.] I mit 0,01n II abgetrennt wurde. Anschließend wurde der Streifen getrocknet u. mit 0,06n III (pH 5,0) derart behandelt, daß die Front des zweiten Lsgm. die des ersten nicht erreichte. Die I-Phosphate waren dann getrennt u. wurden mit der UV-Lampe sichtbar gemacht. Mengen von 0,2 μMol jeder Verb. können klar getrennt u. identifiziert werden. W. DAMERAU. 4150□

Chromatographische Trennung und Charakteristica von Nucleinsäuren aus HeLa-Zellen. Lennart Philipson. (J. gen. Physiol. **44.** 899—910. Mai 1961. Rockefeller Inst.; engl.) — Das in einer Säule aus Phenolextrakt adsorbierte veresterte Albumin aus Rinderserum wird mit verschieden starken NaCl-Lsgg. in lösl. *Ribonucleinsäure* (RNS)-, *Desoxyribonucleinsäure* (DNS)- u. 2 verschieden hochmol. RNS-Fraktionen zerlegt. Ultrazentrifugation des aus der Säule herausgelösten DNS gibt einen Sedimentations-Koeff. ($s^0_{20,W}$) von 38, der mit den Ergebnissen der Ultrazentrifugation des Phenolextrakts übereinstimmt. Die herausgelöste RNS erscheint weit aufgespalten in Teile mit schwach ionisierten Bindungskräften, dessen ungeachtet werden mit stark ionisierten Bindungskräften u. nach Fällung mit A. 2 Fraktionen mit den Sedimentations-Koeff. 16 u. 25—29 erhalten. P. NACHTWEY. 4150□

Cytochemischer und historadiographischer Beitrag zur Untersuchung des Stoffwechsels und der Synthese von Desoxyribonucleinsäure in in vitro kultivierten tierischen Zellen. 2. Mitt. **Untersuchung der Desoxyribonucleinsäure in tierischen Geweben unter der Wirkung neutraler oder saurer Desoxyribonuclease. Synthese und Akkumulation von Desoxyribonucleinsäure im Cytoplasma.** M. Chèvremont, E. Baeckeland und S. Chèvremont-Comhaire. (Biochem. Pharmacol. **4.** 67—78. Aug. 1960. Liège, Univ., Inst. d'Histol.; franz.) — 1. vgl. Biochem. Pharmacol. **4.** [1960.] 57. — Es wurde die Synth. von *Desoxyribonucleinsäure* (I) in Fibroblasten in Ggw. von neutraler oder saurer Desoxyribonuclease aus Thymus untersucht. Die Mitoseaktivität ist sehr gering. Die tetraploiden I-Werte in den Kernen sind unter Einfl. der Enzyme sehr selten. Ferner wurden Hinweise für eine I-Synth. im Cytoplasma, vermutlich in den Mitochondrien, gefunden; auch eine Anhäufung der I in den veränderten Mitochondrien findet statt. M. WIEDEMANN. 4150□

Ribonucleinsäure-Synthese in Mikrosomen und pH 5-Enzymen. Ranjan Mehta, S. R. Wagle und B. Connor Johnson. (Biochim. biophysica Acta [Amsterdam] **39.** 504—07. 22/4. 1960. Urbana, Ill., Univ. of Illinois, Dep. of Animal Sci.; engl.) — Aus

Rattenlebern wurden sowohl pH-5-Enzyme als auch Mikrosomen isoliert. Mittels ^{14}C-Markierung wurde die Inkorporation von Adenosinmonophosphat u. -triphosphat untersucht. Sie verlief im gleichen Ausmaß u. wurde durch Zugabe eines Gemisches der Aminosäuren, der Mononucleotide oder der Trinucleotide gesteigert. Die Beziehungen zwischen Synth. von Ribonucleinsäure u. von Protein werden in diesem Zusammenhang erörtert.
M. WIEDEMANN. 4150□

Aminosäuremangel bei auxotropher Escherichia coli. 3. Mitt. Einbau von ^{32}P in Ribonucleinsäure und andere Zellverbindungen. Avram Goldstein und Beverly J. Brown. (Biochim. biophysica Acta [Amsterdam] **44.** 491—500. 18/11. 1960. Palo Alto, Calif., Stanford Univ., School of Med., Dep. of Pharmacol.; engl.) — 2. vgl. Biochim. biophysica Acta [Amsterdam] **43.** [1960.] 55. — Überträgt man *Leucin* (**I**)- u. *Prolin* (**II**)-auxotrophe Stämme von *Escherichia coli* (Stamm K 12) auf ein **I**- bzw. **II**-freies Medium, so wird die Synth. der Ribonucleinsäure (RNS) u. der Proteine vollständig gehemmt, während die Synth. der Desoxyribonucleinsäure sowie die Zellteilung z. T. weiterlaufen. Der Mechanismus der Protein- u. Nucleinsäure-Synth. bleibt während 90 Min. intakt, da nach Verabreichung von **I** oder **II** der Aufbau der Makromoll. wieder mit der ursprünglichen Geschw. verläuft. Während des **I**- bzw. **II**-Mangels erfolgt jedoch in der Zelle eine Anhäufung gewisser Vorstufen der RNS sowie von Adenosin-, Uridin-, Cytidintriphosphat, von Uracil, Hypoxanthin u. Diphosphopyridinnucleotid. Verss. mit $^{32}PO_4^{3-}$ zeigten, daß bei **I**- bzw. **II**-Mangel ein kontinuierlicher Einbau von ^{32}P in RNS-Nucleotide erfolgt. Die Umsatz-Geschw. beträgt zu Beginn ca. 10%/Std. u. ist in der Trümmerfraktion, in den Ribosomen u. in der überstehenden Fl. etwa gleich. Auch die spezif. Radioaktivitäten der 4 RNS-Nucleotide sind in den verschiedenen Stadien des **I**- bzw. **II**-Mangels annähernd gleich. Die Ergebnisse werden im Hinblick auf die Beziehungen zwischen der Synth. der RNS u. der Proteine u. deren Hemmung bei **I**- bzw. **II**-Mangel diskutiert.
B. GÖRLICH. 4150□

Untersuchungen über cancerogene Pathogenese. Entstehung der Leukämie und Polycythaemia vera durch cancerogene Nucleoproteine aus Gewebekulturen. Y. Valladares. (Med. exp. [Basel] **2.** 309—16. 1960. Madrid, Inst. Metabolismo y Nutrición, Consejo Sup. de Investigaciónes Cient.; engl.) — *Carcinöse Nucleoproteine* (**I**) u. *Desoxyribonucleinsäure* (**II**) werden in Zellkulturen übertragen, sie pflanzen sich dort weiter fort. Aus den Zellen von Tochterkulturen u. aus den Nährmedien können sie extrahiert werden. Übertragene canceröse Effekte sind Leukämie (die am meisten übertragene Erkrankung), Polycythaemia vera u. embryonale Tumoren, bei einigen Tieren Zwergwuchs.
P. NACHTWEY. 4160□

Heparin, 5-Hydroxytryptamin und Histamin in neoplastischen Mastzellen. J. P. Green und Margaret Day. (Biochem. Pharmacol. **3.** 190—204. Juni 1960. New Haven, Conn., Yale Univ., School of Med., Dep. of Pharmacol.; engl.) — Stämme eines Ascitesmastzellentumors (P-815) der Maus erhielten in vitro ihren intracellulären Geh. an *Heparin* (**I**), *Histamin* (**II**) u. *5-Hydroxytryptamin* (**III**) aufrecht. Der Geh. von **I**, **II** u. **III** u. die Fähigkeit zum Einbau von $^{35}SO_4^{2-}$ in **I** waren bei in vitro-Kultur immer größer als in vivo. Der Geh. an **II** u. bes. an **III** war dem Geh. an **I** proportional. **I**, **II** u. **III** befanden sich in der gleichen intracellulären Fraktion. Es wurde durch Papierchromatographie eine **I**-Komponente nachgewiesen, die im Rinder-**I** nicht vorkommt. Sulfat u. Glucosamin im **I** besaßen die gleiche Umsetzungsgeschwindigkeit. Die Halbwertszeit von **I** in den Mastzellen betrug ca. 2½ Tage.
K. ZINGRAF. 4160□

Die extracelluläre Lokalisation des Jodidverteilungsvolumens: Die Verteilung des $Na^{131}J$ und des ^{22}NaCl bei der von Ascitestumor (Ehrlich-Adenocarcinom) befallenen Maus. Gaetano Salvatore, Giancarlo Vecchio, Vincenzo Macchia und Jean Roche. (C. R. Séances Soc. Biol. Filiales **155.** 1907—11. 1961, herausgeg. 28/2. 1962. Neapel, Inst. de Path. gén. de l'Univ.; franz.) — Die räumliche Verteilung des $^{22}Na^{+}$ u. des $^{131}J^{-}$ ist in verschiedenen Organen der vom EHRLICH-Adenocarcinom befallenen Maus sehr ähnlich. Die Ascitestumorzellen fixieren weder $^{22}Na^{+}$ noch $^{131}J^{-}$ in vivo oder in vitro, so daß diese durch das Plasma in die fl. extracelluläre Phase des Tumors frei diffundieren können. Dies weist darauf hin, daß Jodide nicht bis ins Zellinnere eindringen mit Ausnahme jener Organe, die sie speichern (Schilddrüse, Speichel-, Magen- u. Brustdrüse, Nieren usw.). Die räumliche Lokalisation der Jodide befindet sich demnach im extracellulären Raum.
L. MACHER. 4160□

Der Einfluß von Carnitin und Thyroxin auf Mäuse-Ascitestumor. E. Strack, U. Fuchs und W. Rotzsch. (Acta biol. med. german. [Berlin] **7.** 563—76. 1961. Leipzig, Karl-Marx-Univ., Physiolog.-chem. Inst.; dt.) — An Albinomäusen wurde untersucht, wie *Carnitin* (**I**), *Thyroxin* (**II**) u. **I** + **II** auf das EHRLICH-Ascitescarcinom wirken. Bezogen auf die Kontrollen, verlängert **I** bei subkutaner Injektion die mittlere Überlebenszeit, bei intraperitonealer Injektion verkürzt es sie dagegen etwas. **I** erhöht die Zell-Konz. des Ascites, senkt aber die abs. Zellzahl etwas. Es verzögert die Ascitesbildung. **II** verkürzt die mittlere Überlebenszeit u. verringert die Zellzahl/ml Ascites-Fl. u. auch die abs. Zellzahl. **I** hebt die Wrkg. von **II** auf die Zell-Konz. auf u. verstärkt die **II**-Wrkg. auf die Gesamtzellzahl, die nur noch halb so groß wie die der Kontrollen wird. 10^6 Zellen müssen mindestens überimpft werden, um Ascites zu erzeugen. Es ließ sich kein konst. Verhältnis zwischen Zellzahl u. Zell-Vol. finden. U. HINTERBERGER. 4160□

Einfluß von Nicotinsäure und Nicotinsäureamid auf die Diphosphopyridinnucleotid-Synthese in Ascitestumorzellen. Helmut M. Redetzki, Frank A. O'Bourke und Martin Schneider. (Biochem. Pharmacol. **8.** 335—36. Nov. 1961. Galveston, Tex., Univ. of Texas, Med. Branch, Dep. of Pharmacol. and Toxicol. and Dep. of Radiol.; engl.) — Da *Nicotinsäure* (**I**) u. *Nicotinsäureamid* (**II**) Vorstufen in der *Nicotinamid-adenindinucleotid* (*NAD*)-Biosynth. sind u. die NAD-Bldg. je nach Tierart u. Gewebeart verschieden von **I** oder **II** abhängt, wurde untersucht, ob Tumor- u. normales Gewebe des gleichen Organs verschieden auf **I** bzw. **II** ansprechen. Von 12 weißen Mäusen (SWISS-WEBSTER) mit EHRLICH-Ascitestumor wurde je 4 Mäusen **I** bzw. **II** (je 170 mg/kg Körper-Gew.) i.m. injiziert, während die restlichen 4 zur Kontrolle dienten. 10 Std. nach der Injektion wurde die Konz. an oxydiertem NAD in Leber u. Tumorhomogenisat photometr. gemessen. Tumorzellen können danach nur zu $^1/_{11}$ sowohl **I** als auch **II** im Vgl. zu normalen Leberzellen verwerten, wobei **II** ca. 4 mal stärker als **I** wirkt. W. DAMERAU. 4160□

Über einige infolge der Daueranwendung von Androgenen zur Behandlung des Krebses der weiblichen hormonalen Receptoren auftretende Probleme. C. Stora. (Ann. d'Endocrinol. **22.** 830—33. Sept./Okt. 1961. Paris, Hôtel-Dieu, Clin. Méd.; franz.) — Bei Daueranwendung von *Androgenen* bei Patientinnen mit Krebs können tox. Wrkg. auftreten (Verschlechterung des Allgemeinzustandes, Verschlimmerung der Hautschädigungen bei Rezidiven von Mammacarcinom); bei kastrierten Patientinnen wurde gleichzeitig eine Verringerung der *17-Ketosteroide* u. eine Zunahme des *Follikulins* im Harn festgestellt. K. ZINGRAF. 4160□

Untersuchungen über die Elektronenstruktur fundamentaler Zellbausteine und bei der chemotherapeutischen Krebsheilung aktiver Verbindungen. 4. Mitt. **Die Basenstärke von Purinen und Pyrimidinen.** Takeshi Nakajima und Bernard Pullman. (Bull. Soc. chim. France **1958.** 1502—06. Nov./Dez. Paris, Fac. des Sci. de Paris, Labor. de Chim. Thér.; franz.) — 2. vgl. C. **1960.** 12286. — Vff. untersuchen mittels einer früher gefundenen Beziehung zwischen dem ersten Ionisationspotential des freien Elektronenpaars am Stickstoff u. der Basenstärke der Azine verschiedene Purin- u. Pyrimidin-Derivv. von biolog. Interesse (Purin, 2-Aminopurin, Adenin, 8-Aminopurin, 2.6-Diaminopurin, 8-Azapurin, 8-Azaadenin, Hypoxanthin, Xanthin, Guanin, 8-Azaguanin, 8-Azaxanthin u. Cytosin). Es wird gezeigt, daß sich bei Purin sowie den Aza- u. Aminopurinen das am meisten bas. N-Atom mit dem schwächsten Ionisationspotential N^1, bei den Oxypurinen N^7 ist. Trägt man diese Ionisationspotentiale für die einzelnen Verbb. gegen ihre Basenstärke ab, so erhält man eine Gerade. Bei den Oxypurinen ist dies allerdings nur für ihre Ketoformen erfüllt. Außerdem wird auch eine ausreichend befriedigende Beziehung zwischen dem Wert des Ionisationspotentials der freien Elektronenpaare der N-Atome u. der Aktivität als Tumorantagonist festgestellt. Der Vgl. des Ionisationspotentials des π-Elektronen-Syst. liefert dagegen keinen solchen Zusammenhang. F. MADER. 4160□

Melanomycin, eine neue Antitumorsubstanz aus Streptomyces. 1. Mitt. Ryōzō Sugawara, Akihiro Matsumae und Tōju Hata. (J. Antibiotics [Tokyo], Ser. A **10.** 133—37. Juli 1957. Tokyo, Kitasato Inst. for Infect. Diseases; engl.) — Bei der Unters. einer Reihe von Streptomycesarten konnten Vff. aus dem Kulturfiltrat von *Str. melanogenes* ein dunkelbraunes, amorphes, melaninähnliches Pulver — *Melanomycin* (**I**) — gewinnen, das eine tumorhemmende Wrkg. bes. gegen das EHRLICH-Ascitescarcinom der Maus aufweist. Die antibakterielle Wrkg. ist gering. Es wird die Herst. von **I** beschrieben. R. REISS. 4160□

Melanomycin, eine neue Antitumorsubstanz aus Streptomyces. 2. Mitt. **Beschreibung des Stammes.** Ryōzō Sugawara und Masayuki Onuma. (J. Antibiotics Tokyo], Ser. A **10.** 138—42. Juli 1957; engl.) — 1. vgl. vorst. Referat. — Beschreibung der morpholog. u. physiolog. Eigg. sowie des Wachstums-Verh. der neuen, Melanomycin produzierenden Streptomycesvarietät *Str. melanogenes.* R. REISS. 4160□

Wirkung von Pluramycin auf das Ehrlich-Carcinom der Maus. Untersuchungen über durch Actinomyceten erzeugte Antitumorsubstanzen. 13. Mitt. Tomio Takeuchi, Tokurō Hikiji, Kazuo Nitta und Hamao Umezawa. (J. Antibiotics [Tokyo], Ser. A **10.** 143—52. Juli 1957. Tokyo, Nat. Inst. of Health; engl.) — 12. vgl. C. **1959.**

16359. — In Unterss. an *Pluramycin A* (I), dem aus *Streptomyces pluricolorescens* isolierten Antibioticum, wird gezeigt, daß I eine tumorhemmende Wrkg. gegenüber dem EHRLICH-Ascitescarcinom aufweist. I wird subkutan oder intraperitoneal appliziert. Die DL_{50} beträgt 500 μg pro Maus (subkutan), 125—250 μg/Maus (intraperitoneal) bzw. 25—50 μg/Maus (i.v.). R. REISS. 4160□

E_2. Enzymologie. Gärung

Biosynthese von Coenzymen aus Vitaminen. Kunio Yagi. (Vitamins [Kyoto] 8. 399—409. 1955. Nagoya, Nagoya Univ., School of Med., Dep. of Biochem.; japan.) — Übersicht: Cocarboxylase, Flavinmononucleotid u. Flavinadeninnucleotid, Pyridoxal, Diphosphopyridin- u. Triphosphopyridinnucleotid sowie Coenzym A. — 87 Literaturangaben. L. SCHULER. 4200□

Einfluß einer Virusinfektion auf die enzymatische Aktivität der Wirtspflanze. R. Amelunxen und S. Grisolia. (Med. exp. [Basel] **2.** 360—63. 1960. Kansas City, Kans., Univ. of Kansas, Med. Center, McIlvain Labor.; engl.) — Eine massive Virusinfektion bewirkt im Wirtsorganismus große Verluste der Fermentaktivität, während eine leichte die enzymat. Aktivität nicht vermindert. Eine geringe Fermentaktivität dagegen wird durch eine leichte Virusinfektion deutlich stimuliert. Die Ergebnisse stellen die ersten Beispiele einer virusbedingten Steigerung der Aktivität von Fermenten dar, die keine direkte Beziehung zum Nucleinsäurestoffwechsel haben. P. NACHTWEY. 4200□

Die magnetischen Eigenschaften des Eisens und Kupfers in Cytochromoxydase. Anders Ehrenberg und Takashi Yonetani. (Acta chem. scand. **15.** 1071—80. 1961. Stockholm, Karolinska Inst., Med. Nobel-Inst., Biokem. avdel.; Philadelphia, Pa., Univ. of Pennsylvania, Johnson Res. Foundat.; engl.) — Die paramagnet. Susceptibilitäten der Übergangsmetall-Verbb. [*Cytochrom* (I) *a* u. a_3 u. *Cu*] von *Cytochromoxydase* (II) (aus Rinderherz), oxydiert, red. sowie in Ggw. von Cyanid u. CO wurden bestimmt. Unter der Annahme, daß red. Ia_3 die einzige für die Änderungen der Susceptibilität des red. II-Präp. bei Zusatz von Cyanid oder CO verantwortliche Komponente ist, werden die mit einem magnet. Susceptometer u. einem Elektronenspinresonanzspektrometer erhaltenen Befunde analysiert. Ia_3, oxydiert, hat die mol. Susceptibilität $7900 \cdot 10^{-6}$ cgs emE, die zwischen den Werten oxydierter Hämoproteine des niedrigen u. hohen Spintyps liegt, während I*a* ein Hämoprotein des niedrigen Spintyps u. magnet. I*c* ähnlich ist. Obgleich *Cu* teilweise für die Susceptibilitätsänderungen verantwortlich ist, ergibt sich kein Hinweis zugunsten einer Funktion von *Cu* beim Oxydasemechanismus. K. MAIER. 4210□

Die Struktur von Cytochrom. 6. Mitt. **Aminosäurenzusammensetzung von Cytochromen c aus Ochsen-, Pferde- und Walfischherzen, Bäckerhefe und Desulfovibrio desulfuricans.** Kenji Takahashi, Koiti Titani und Shigeki Minakami. (J. Biochemistry [Tokyo] **46.** 1323—30. Okt. 1959. Tokyo, Univ. of Tokyo, Fac. of Sci., Dep. of Biophys. and Biochem.; Fac. of Med., Dep. of Physiol. Chem. and Nutrit.; engl.) — 4. vgl. J. Biochemistry [Tokyo] **46.** [1959.] 151. — Bei der Best. der Aminosäuren-Zus. an *Cytochrom c* (I) verschiedener Herkunft ergab sich folgendes: I der Säugetiere (Pferdeherz, Rinderherz, Walfischherz) sind prakt. identisch. Bäckerhefe-I ähnelt stark dem Säugetier-I, I aus *Desulfovibrio desulfuricans* ist von diesen stark verschieden. Sämtliche untersuchten I haben 3 *Histidin*-Reste je Atom Fe. In den sauren Hydrolysaten sämtlicher I fand sich weder Cystein noch Cystin. — I aus *Desulfovibrio* ist im Gegensatz zu den anderen I frei von Tyrosin. A. HESSE. 4210□

Die Indophenolblau-Synthese in der Nierenrinde des Menschen. Günther Bruns. (Wiss. Z. Martin-Luther-Univ. Halle-Wittenberg, math.-naturwiss. R. **10.** 773—78. 1961. Patholog. Inst.; dt.) — Die Oxydation des Gemisches aus α-Naphthol u. N.N-Dimethyl-p-phenylendiamin zu *Indophenolblau* in der Nebenniere erfolgt in 2 Stufen: durch Autoxydation ohne Gewebebindung, mit disseminierter Farbstoffdispersion u. durch Cytochromoxydase mit herdförmiger Farbstoffverteilung in den Mitochondrien der Mittelstücke. P. GREGORZEWSKI. 4210□

Der oxydative Stoffwechsel der Eier von Urechis caupo. Lord Rothschild und Albert Tyler. (Biol. Bull. **115.** 136—46. Aug. 1958. Pasadena, Calif., Inst. Technol., Div. of Biol.; engl.) — Die Atmung u. normale Entw. von befruchteten Eiern von *Urechis caupo* wird durch geringe Konzz. ($5 \cdot 10^{-6}$m) von HCN verhindert. Die Atmung wird ferner photoreversibel verhindert durch 95% CO in O_2, dabei ist die Hemmung der Entw. nicht so eindeutig wie bei HCN. CO reizt die Atmung der Eier im Licht. Spektroskop. zeigen die Eier bei der Temp. des fl. N Absorptionsbanden bei 550 u. 580—590 mμ, die an die Ggw. von *Cytochrom c* u. *a* gebunden sind. Ein Eierbrei oxydiert red. Cytochrom c. Intensive Belichtung kehrt den Prozeß um. Vff. folgern, daß die Atmung der Urechiseier durch Cytochrom katalysiert wird. P. NACHTWEY. 4210□

Untersuchungen über das Elektrontransportsystem. 33. Mitt. **Bernsteinsäure–Cytochrom c-Reduktase.** D. E. Green und R. K. Burkhard. (Arch. Biochem. Biophysics **92.** 312–20. Febr. **1961.** Madison, Wis., Univ. of Wisconsin, Inst. for Enzyme Res.; engl.) — 32. vgl. Arch. Biochem. Biophysics **94.** [1961.] 148. — Es werden Meth. zur schnellen Best. der *Succino–Cytochrom c-*, *Succino–Ferricyanid-*, *Succino–Q* (*Coenzym Q*)- u. *QH_2–Cytochrom c-Reduktase*-Aktivitäten angegeben. Der *Succinodehydrogenasekomplex* (*SDC*) u. das hieraus abgeleitete Partikel-Präp. R_2 mit Succinodehydrogenaseaktivität (erhalten durch Behandlung von SDC mit Cholat–KCl) wurden unter Erhaltung der Cytochrom-c-Reduktase (I)-Aktivität hergestellt. Der Vgl. der Zus. von Partikeln mit hoher u. niedriger Reduktasewirksamkeit ergab Zusammenhänge zwischen beiden. In Partikeln hoher I-Aktivität werden Cytochrom b u. c_1 mit vergleichbaren Geschw. reduziert. K. MAIER. 4210□

Untersuchungen über das Elektronentransportsystem. 35. Mitt. **Reinigung und Eigenschaften von Cytochromoxydase.** D. E. Griffiths und David C. Wharton. (J. biol. Chemistry **236.** 1850–56. Juni **1961.** Madison, Wis., Univ. of Wisconsin, Inst. for Enzyme Res.; engl.) — 34. vgl. Biochim. biophysica Acta [Amsterdam] **50.** [1961.] 527. — Gewinnung u. allg. Eigg. eines *Cytochromoxydase* (I)-Präp. aus Rinderherzmitochondrien (A) von hoher spektraler Reinheit u. der höchsten, bis heute bekannten Aktivität (**60000** μl O_2/mg Protein·h bei 38°) werden beschrieben, wobei **I** frei von Flavoproteinen ist u. nur Spuren an Cytochrom b u. c_1 enthält. Nach einer verbesserten Darst.-Meth. von HATEFI (vgl. C. **1959.** 16361) werden bei Darst. folgende **4** Stufen angewandt: 1. Extrahieren einer A-Suspension in *Saccharose* (**II**)/KCl-Lsg. mit tert.-Amylalkohol, Zentrifugieren u. Resuspendieren, 2. Extrahieren des Rückstandes mit Cholat/KCl, 3. Dialysieren der überstehenden Fl. gegen Phosphatpuffer (pH 7,4) u. Suspendieren des Dialysats in **II**, **4.** fraktionierte Fällung mit *Desoxycholat* (**III**)/NH_4-Sulfat. Das erhaltene **I**-Präp. hat die Zus. (mμMol/mg Protein): 8,1 bis 9,2 *Häm a* (**V**; Cytochrom a), 8,2–9,4 *Fe*, 9,2–10,6 *Cu*, 1,8–3 *Coenzym Q* u. daneben etwas Lipid u. **III**. **I** löst sich leicht mit dunkelgrüner Farbe in 0,25m **II**, Tris- oder Phosphatpuffer (pH 7,2–8,0) u. ist bei -15^0 in **II** 5–7 Tage ohne Aktivitätsverlust lagerungsstabil. Das Absorptionsspektrum (AS) von **I** (Abb.) u. seine Veränderungen bei Oxydation bzw. Red. sowie die relativen Bandenintensitäten u. Extinktions-Koeff. (Tabellen) werden ausführlich diskutiert. Das AS (Abb.) des mit Säure/Aceton aus dem **V**-Teil von **I** extrahierbaren red. *Pyridinhämochromogens* besitzt im oxydierten Zustand Maxima bei **410** u. **633** mμ. Die Spezifität von **I** gegen *Cytochrom c* (**IV**), gemessen an der relativen maximalen Rk.-Geschw., schwankt je nach der Herkunft von **IV**. Cytochrom c_1 (aus Rinderherz) wird nur in Ggw. von **IV** durch **I** oxydiert. **I** wird durch NaCN, Na_2N_3, Na_2S, NH_2OH, Na-Thioglykolat oder 2.3-Dimercaptopropanol stark gehemmt, wogegen Antimycin A, 2-Nonyl-4-hydroxychinolin-N-oxyd, Äthylendiamintetraessigsäure oder 8-Hydroxychinolin ohne Wrkg. sind. Vff. diskutieren die Vers.-Ergebnisse u. weisen darauf hin, daß die Aktivitätszunahme von **I** gegenüber den A zum Anstieg des **V**-Geh. (bezogen auf die Absorption bei **605** mμ) in Beziehung steht u. der Cu-Geh. dem **V**-Geh. äquimol. ist. G. KIRSTEN. 4210□

Untersuchungen über das Elektronentransportsystem. 36. Mitt. **Eigenschaften von Kupfer in Cytochromoxydase.** D. E. Griffiths und David C. Wharton. (J. biol. Chemistry **236.** 1857–62. Juni 1961; engl.) — Vgl. Biochem. biophysic. Res. Commun. **4.** [1961.] 199; 35. vgl. vorst. Referat. — Die Eigg. von Cu in reinen *Cytochromoxydase* (I)-Präpp., seine Verteilung während des Fraktionierens von I (Tabellen) u. seine Redox-Eigg. bei dem durch I katalysierten Elektronentransport werden untersucht. Dabei ergibt sich eine feste Beziehung zwischen I-Aktivität, *Cytochrom-a* (II)- u. *Cu*-Geh., bei letzteren im Mol-Verhältnis 1 : 1. Cu wird durch saures Aceton (0,025 Mol/Liter HCl) nicht aus I entfernt, II dagegen quant. extrahiert. 50%ig. Essigsäure setzt Cu aus I mit u. ohne Ggw. von II frei, was auf eine Bindung von Cu an die Proteinkomponente von I hinweist. 16std. Dialysieren gegen Cu-Chelatbildner (0,01 Mol/Liter) bleibt ohne Einfl. auf den Cu-Geh. u. das Cu : II-Verhältnis in I, falls keine Rk. mit II stattfindet. In oxydiertem I ist Cu 2wertig, in red. I einwertig, wobei der Valenzzustand von Cu dem von II streng analog bleibt. NaCN hemmt die Red. von Cu nicht, wohl aber die Reoxydation von Cu u. II durch Luft. Die Red. von Cu u. II durch *Ascorbat* (IV) wird durch Ggw. kleiner Mengen *Cytochrom c* (III) stark beschleunigt. Inkubieren von I mit Bernsteinsäure- bzw. DPNH-III-Reduktase führt nur in Ggw. von II u. Succinat bzw. DPNH zur Red. von Cu u. II. Im Gegensatz zu den Ergebnissen von YONETANI (Biochem.

biophys. Res. Commun. **3.** [1960.] 549) reagiert **I**-Cu nicht mit Bathocuproin unter Komplex-Bldg. u. zeigt selbst nach mehrmaligem Redoxcyclus mit **III** bzw. **IV** keinerlei spektrale Veränderungen in Ggw. des Reagens. Nach Zugabe von 15 μMol $CuSO_4$ zu **I** werden diese Erscheinungen (l. c.) jedoch beobachtet, was auf mit Cu verunreinigte Präpp. in früheren Verss. schließen läßt. Die Vers.-Ergebnisse machen für den Elektronenfluß unter Einw. von **I** die Rk.-Folge **IV** → **III** → **II** → Cu → O_2 wahrscheinlich, wobei erst die letzte Stufe durch CN^- gehemmt wird. G. Kirsten. 4210□

Untersuchungen über das Elektronentransportsystem. 37. Mitt. **Isolierung und Eigenschaften von Säugercytochrom b.** Robert Goldberger, Archie L. Smith, Howard Tisdale und Ralph Bomstein. (J. biol. Chemistry **236.** 2788—93. Okt. 1961. Madison, Wis., Univ. of Wisconsin, Inst. for Enzyme Res.; engl.) — 36. vgl. vorst. Referat. — *Cytochrom b* (**I**) wurde aus Rinderherzmitochondrien durch Behandlung mit K-Desoxycholat, Na-Dodecylsulfat u. $(NH_4)_2SO_4$-Fraktionierung mit einer Reinheit von 36,1 μMol Häm/g Protein in 36%ig. Ausbeute erhalten (35,3 μ-Atom Fe, <0,3 mμMol Flavin/g, <1% Lipid, keine Diaphoraseaktivität, Minimal-Molgew. 28000 nach Fe-Geh.). Isoliertes **I** neigt offensichtlich zu Aggregationserscheinungen. Disaggregation ist mittels Cetyldimethyläthylammoniumbromid möglich. Die monomere Form ist nach dem Sedimentations-Verh. homogen. K. Maier. 4210□

Über die Änderung der Dehydrogenasenaktivität bei Bäckerhefe während der Lagerung. H.-E. Jacob, B. Jámbor, G. Löber und F. Zickler. (Zbl. Bakteriol., Parasitenkunde Infektionskrankh. Hyg., II. Abt. **115.** 45—49. 31/1. 1962. Jena, Inst. für Mikrobiol. u. exp. Therap.; dt.) — Der Anstieg der *Dehydrogenase*-Aktivität in lagernder Bäckerhefe wird durch bakterielle Verunreinigungen hervorgerufen. Außer durch Vermehrung der Bakterienzahl wird das Red.-Vermögen der Bakterien auch durch Autolyse-Prodd. der Hefezellen gefördert. P. Gregorzewski. 4210□

Biochemische Studien über sulfatreduzierende Bakterien. 9. Mitt. **Sulfitreduktase.** Makoto Ishimoto und Tatsuhiko Yagi. (J. Biochemistry [Tokyo] **49.** 103—09. Febr. 1961. Tokyo, Univ. of Tokyo, Fac. of Sci., Dep. of Biophys. and Biochem.; engl.) — 8. vgl. C. **1962.** 9013. — Durch die Anwendung von *Methylviologen* (**I**) als Elektronendonator wurde die *Sulfitreduktase* (**III**) aus Extrakten des sulfatreduzierenden *Desulfovibrio* studiert, da Sulfite als Zwischenprod. der Sulfat-Red. auftreten. Gleichzeitig wurde auch die Beteiligung des *Cytochroms* c_3 (**II**) an der Red. studiert. **II** war erforderlich, um Sulfite mit H_2 zu reduzieren. Wurde **II** als intermediärer Elektronendonator an Stelle von **I** eingesetzt, dann waren außer **III** noch andere Komponenten erforderlich, um die Sulfit-Red. durchzuführen. Die Eigg. der **III**, die aus teilweise gereinigten Extrakten des *Desulfovibrio* gewonnen wurde, wurden untersucht. L. Macher. 4210□

Untersuchungen der Reduktion von Sauerstoffverbindungen des mineralischen Stickstoffs durch Bakterien. 1. Mitt. **Die Bestimmung der Aktivität der Nitrat-Reduktase von Zellextrakten des Aerobacter aerogenes.** F. Pichinoty. (Folia microbiol. [Praha] **5.** 1—9. Jan. 1960. Marseille, Labor. de Chim. Bact., Centre Nat. de la Rech. Sci., Centre de Rech. Sci. Indust. et Maritimes; franz.) — Aus anaeroben Pepton-Glucose-Kulturen gewonnene Zellextrakte des *Aerobacter aerogenes* reduzieren in Ggw. von *Benzylviologen* Nitrate zu Nitriten durch H_2. Das als Katalysator wirkende red. Benzylviologen wird durch Nitrate wieder enzymat. oxydiert. Diese Besonderheit erklärt sich durch die Anwesenheit eines natürlichen H_2-Überträgers, der zur physiolog. Kupplung der Hydrogenase u. der Nitratreduktase von *Aerobacter* nötig ist. Benzylviologen schafft somit in vitro keine künstliche Verb. der beiden Enzyme. Der Ersatz des Peptons durch K im Nährmedium bewirkt eine erhöhte Aktivität der Nitratreduktase. L. Macher. 4210□

Untersuchungen über Nitro-Gruppen reduzierende Enzyme in Schweineleber. Eigenschaften und Cofaktor-Bedarf der Nitro- und Nitroso-Reduktasen. Shigeru Otsuka. (J. Biochemistry [Tokyo] **50.** 85—94. Aug. 1961. Sakai, Univ. of Osaka, Coll. of Agric., Labor. of Biol. Chem.; engl.) — Aromat. Nitro-Verbb. werden in Säugetiergeweben, bes. in der Leber, zu den entsprechenden Arylaminen reduziert. Aus Schweineleberhomogenat konnte eine *Nitro* (**I**)- u. eine *Nitroso* (**II**)-*Reduktase* isoliert werden. **I** red. *p-Nitrophenol* (**III**) zum p-Nitrosophenol, **I** u. **II** reduzieren **III** zum p-Aminophenol. Beide Enzyme entfalten ihre maximale Wrkg. bei pH 7,8. Als H-Donator ist in beiden Fällen red. Nicotinamidadenindinucleotid (NAD) wirksamer als red. NAD-Phosphat. Beide Enzyme werden durch Schwermetalle bindende u. SH-Gruppen blockierende Reagentien gehemmt, was auf die Teilnahme verschiedener Schwermetalle am Red.-Prozeß u. auf den Geh. von SH-Gruppen im Enzym-Mol. hindeutet. Von den getesteten Metall-Verbb. ($FeCl_3$, $CuCl_2$, $MnCl_2$, $ZnCl_2$, Na_2MoO_4, $NaWO_4$) stimuliert nur das Molybdat die Enzymreaktionen. Die Aktivität von **I** wird durch die Zugabe von

Flavinadenindinucleotid, nicht aber durch Flavinadeninmononucleotid, wesentlich gesteigert, während beide Verbb. die Aktivität von II nicht beeinflussen.

M. Lorenz. 4210□

Leberalkoholdehydrogenase. 1. Mitt. **Kinetik und Gleichgewichte ohne Inhibitoren.** Hugo Theorell und John S. McKinley-McKee. (Acta chem. scand. **15.** 1797—810. 1961. Stockholm, Med. Nobelinst., Biokem. avdel.; engl.) — Leberalkoholdehydrogenase (LADH) kann alle 4 möglichen bin. Komplexe mit Diphosphopyridinnucleotid (DPN), dessen Red.-Prod. (DPNH), *Aldehyd* (I) u. A. bilden. Außerdem entstehen die tern. Komplexe $^1/_2$ LADH-DPN-A. u. $^1/_2$ LADH-DPN-I, die in einem Gleichgewicht untereinander verbunden sind. Vom kinet. Standpunkt aus wurde trotzdem der „Theorell Wahrscheinlichkeits-Mechanismus" (T. C. M.) erhalten. Voraussetzung dafür ist aber, daß die Hin-Rk.-Geschw.-Konst. für DPNH u. DPN prakt. unabhängig sind, gleichgültig, ob das Enzym frei oder mit dem Substrat-Rk.-Partner gebunden ist, die tern. Komplexe sich in raschem Gleichgewicht befinden u. vorziehen, das Substrat zuerst freizusetzen, welches weniger fest als das Coenzym gebunden ist; die Dissoziations-Geschw. des bin. Enzym-Coenzym-Komplexes der letzten Phase ist dann geschwindigkeitsbestimmend, wenn sowohl das Substrat, als auch das Coenzym in hoher Konz. anwesend sind. Die Best. der Anfangs-Rk.-Geschw. verschiedener Konz. von Coenzym u. Substrat ergibt die Dalziel-Φ-Beziehung mit sehr guter Übereinstimmung der Anforderungen des T. C. M. bei pH 7. Die pK-Werte der bin. Komplexe wurden aus den Werten der Michaelis-Konst. nahe der Null-Konz. der Rk.-Partner ermittelt.

G. Talsky. 4210□

Leberalkoholdehydrogenase. 2. Mitt. **Gleichgewichtskonstanten binärer und ternärer Komplexe von Enzym, Coenzym, Caprat, Isobutyramid und Imidazol.** Hugo Theorell und John S. McKinley-McKee. (Acta chem. scand. **15.** 1811—33. 1961; engl.) — 1. vgl. vorst. Referat. — Unter Verw. der Fluoreszenz der Komplexe $^1/_2$ LADH-DPNH-Fettsäure u. $^1/_2$ LADH-DPNH wurden in 0,1 μ Phosphatpuffer bei 23,5° u. pH 7 die pK-Werte der Caprat-Komplexe u. Isobutyramid-Komplexe sowie bei pH 6—9 die für den Imidazol-Komplex bestimmt. Glycin, welches zur Pufferung bei pH 9 verwendet wurde, gibt einen bin. aber keinen tern. Komplex. Dagegen bilden sich bei den Titrationen in Ggw. von relativ hohen A.-Konzz. „unnatürliche" bin. u. tern. A.-Komplexe. Es wird der Einfl. des pH auf die pK-Werte diskutiert u. versucht, den Mechanismus zu erklären.

G. Talsky. 4210□

Leberalkoholdehydrogenase. 3. Mitt. **Kinetik in Gegenwart von Caprat, Isobutylamid und Imidazol.** Hugo Theorell und John S. McKinley-McKee. (Acta chem. scand. **15.** 1834—65. 1961; engl.) — 2. vgl. vorst. Referat. — *K-Caprat* (I) u. *Isobutyramid* üben auf die Kinetik des Leberalkoholdehydrogenase (LADH)-Coenzym-Substrat-Syst. bei pH 7 Inhibitor-Wrkg. aus. Im Bereich von pH 5—10 kann dagegen *Imidazol* (II) die Rk.-Geschw. sowohl beschleunigen, als auch in Abhängigkeit von der Konz. des Coenzyms u. des Substrates hemmen, was durch Bldg. eines tern. Enzym-Coenzym-II-Komplexes erklärt wird. Allg. wirkt sich der Angriff des Substrates oder der konkurrierenden Inhibitoren auf die substratbindende Seite nicht störend aus auf die Hin-Rk.-Geschw. des Coenzyms. Die gelegentlich auftretenden großen Änderungen der pK-Werte gehen parallel mit den Änderungen der Rück-Rk.-Geschw.-Konstante. Es wird die Art des Angriffes der Coenzyme, der Substrate u. der Inhibitoren diskutiert. Zn scheint an das Protein durch 3 der 6 oktaedr. Bindungen fixiert zu sein. Die freien Bindungen halten vermutlich H_2O-Moll. fest, wovon eines bei höherem pH ein H^+ abgibt. Das entstehende Zn–OH^- geht mit dem positiv geladenen Pyridinring im DPN eine komplexe Bindung ein, woraus sich die pH-Abhängigkeit des pK-Wertes von $^1/_2$ LADH-DPN erklärt. Vff. schließen, daß die Adenin-Teile von $^1/_2$ LADH-DPN u. $^1/_2$ LADH-DPNH mit dem Zn durch 2 Bindungen als dritte von zweizahnigen Liganden verknüpft sind. Das Zn bildet das Zentrum eines tern. Komplexes mit 3 Bindungen zum Protein, 2 zum Adenin u. eine zum Substrat. Die 2 Coenzyme suchen sich mit großer Bevorzugung ihre Partner durch Auswechseln während der Umlagerung aus, um eine oder die andere der 2 der 3 Bindungen frei zu machen; dadurch werden die Eigg. der dritten Bindung beeinflußt. *Glycin* (I) bildet wie o-Phenanthrolin u. $\alpha.\alpha'$-Dipyridyl einen bin. Komplex mit LADH, jedoch keine tern. Komplexe, welche die Coenzyme enthalten. Es wird angenommen, daß I als dritter zweizahniger Ligand wirkt u. die Bindung des Adenin-Anteils des Coenzyms an das Zn verhindert.

G. Talsky. 4210□

Leberalkoholdehydrogenase. 4. Mitt. **Kinetik in Gegenwart von zinkbindenden Agentien.** Robert A. Plane und Hugo Theorell. (Acta chem. scand. **15.** 1866—74. 1961; engl.) — 3. vgl. vorst. Referat. — Es wurde die Kinetik sowohl der Oxydation von A. durch *Nicotinamidadenindinucleotid* (NAD) als auch die Red. von Aldehyd durch red.

NAD-Phosphat in Ggw. verschiedener Zn-bindender Substanzen (Äthylendiamin, Na-Oxalat, $Na_2P_2O_7$, Na_2SO_4, $Na_2S_2O_3$, o-Phenanthrolin, 2.2'-Dipyridyl, Br^-, ClO_4^-, SCN^- u. F^-) untersucht. Aus den Vers.-Ergebnisssen folgern Vff., daß die Bindung der Inhibitoren zu dem Enzym die Bindung des dritten zweizahnigen Liganden parallel macht, um Zn freizusetzen. Dies zeigt an, daß das Zn im Enzym oktaedr. an mehr als 2 seiner Koordinationsstellen gebunden ist. Zweizahnige Liganden konkurrieren mit NAD u. red. NAD-Phosphat, was zeigt, daß eine ihrer normalen Bindungsseiten am Zn liegt. Zusätzlich werden tern. Komplexe zwischen Enzym–Substrat–Inhibitor gebildet, welche deutlich gesteigerte Affinität zum Inhibitor u. Substrat des Enzyms besitzen. Weiterhin konkurrieren einzahnige Liganden mit dem Substrat unter Bldg. tern. Komplexe mit Enzym–Coenzym-Komplexen. Daraus geht hervor, daß auch die Substrate an das Zn gebunden sein können. G. TALSKY. 4210□

Die Cofaktor-Spezifität der Äthanoldehydrogenase von Acetobacter peroxydans. Daniel E. Atkinson und William F. Serat. (Biochim. biophysica Acta [Amsterdam] **39.** 154—56. 25/3. 1960. Los Angeles, Calif., Univ. of California, Dep. of Chem.; engl.) — Vff. fanden, daß zwar rohe zellfreie Extrakte von *Acetobacter peroxydans* Äthanoloxydation auf Kosten von TPN^+ bewirkten, nicht jedoch nach Zentrifugation bei $105000 \cdot g$ die überstehende Lsg. oder das Sediment, d. h., daß 2 oder mehr Enzyme zusammenwirken. Aus unter Belüftung gewachsenen Keimsuspensionen hergestellte zellfreie Rohextrakte ließen eine Nicotinamidadenindinucleotid (NAD^+)-Red. infolge starker Reoxydation durch die partikuläre Oxydase erst nach Verbrauch des gelösten O_2 oder nach Vergiftung der Oxydase durch CN^- erkennen. Dagegen beginnt die $NADP^+$-Red. sofort nach Zugabe des Enzyms, wird aber durch CN^- stark gehemmt, eine Oxydase liegt nicht vor. Dieses Ergebnis scheint ebenfalls zunächst für Nicotinamidadenindinucleotidphosphat (NADP)-Spezifität der *Äthanoldehydrogenase* zu sprechen, bes., wenn das Einsetzen der DPN-Red. infolge geringerer A. oder Enzym-Konzz. nicht registriert wird. Nach Abzentrifugieren der partikulären Oxydase wird diese sofort erkennbar. Die überstehende Lsg. enthält eine NADP-spezif. Acetaldehyddehydrase. Die scheinbare TPN-Spezifität wird also durch folgende Rkk. vorgetäuscht: $CH_3CH_2OH + NAD^+ \rightleftharpoons CH_3CHO + NADH + H^+$ (überstehende Lsg.); $NADH + {}^1/_2O_2 + H^+ \rightarrow NAD^+ + H_2O$ (Sediment); $CH_3CHO + NADP^+ + H_2O \rightleftharpoons CH_3COOH + NADPH + H^+$ (überstehende Lsg.). Hieraus ergibt sich in der Summe $CH_3CH_2OH + NADP^+ + {}^1/_2 O_2 \rightarrow CH_3COOH + NADPH + H$. Dadurch wird verständlich, daß CN^--Hemmung der NADH-Oxydase die Gesamt-Rk. zum Stillstand bringen muß. HANS THIELE. 4210□

Der Wirkungsmechanismus von Dithiocarbaminat-Verbindungen auf den Verlauf der Acetatoxydation in Hefe. Jostein Goksoyr. (Univ. Bergen, Årbok, naturvitensk. Rekke **1958.** Nr. 3. 1—16. Bergen, Univ.; engl.) — Bäckerhefe wird durch Metallkomplexe der *Dimethyldithiocarbaminsäure* (I) u. durch *Tetramethylthiuramdisulfid* (II) stark in der Wrkg. gehemmt, wenn ein Acetat das Atmungssubstrat darstellt. Weniger stark ist die Hemmung durch Glucose, A. u. Lactat. Als Ort der Hemmwrkg. von I-Verbb. wird die Oberfläche der Hefezellen angenommen. H_2S wurde bei Verss. mit *Acetylcoenzym A* (III) in Ggw. von Na-I ohne jede enzymat. Mitwrkg. gebildet. Na- oder Zn-I wirkt auf III-Kinase nicht hemmend, ebenso hemmen sie ein Citrogenase-Präp. aus *Aspergillus niger* nicht. L-Äpfelsäure verkürzt die „exponentielle Phase" der Atmung in Acetatsubstrat u. verhindert teilweise die Wrkg. von Zn-I. P. NACHTWEY. 4210□

Quantitative Histochemie des Nephrons. 3. Mitt. **Milchsäuredehydrogenase-Aktivität beim Menschen und anderen Arten.** Sjoerd L. Bonting, Victor E. Pollak, Robert C. Muehrcke und Robert M. Kark. (J. clin. Invest. **39.** 1381—85. Sept. 1960. Chicago, Ill., Univ. of Illinois, Coll. of Med., Dep. of Biol. Chem. and Med., Presbyterian-St. Lukes Hosp., Cook County Hosp. and Res. and Educat. Hosp., Dep. of Med.; engl.) — 2. vgl. C. **1961.** 15427. — Im Nephron von Mensch, Affe, Hund, Ratte, Kaninchen, Frosch u. Krötenfisch (*Obsanus tau*) wird die Aktivität der *Milchsäuredehydrogenase* (I) nach einer früher beschriebenen Meth. bestimmt. In den Tubuli wird in allen Fällen ein höhere I-Aktivität gefunden als in den Glomeruli. Mensch u. Hund zeigen die höchsten, Frosch u. Krötenfisch die niedrigsten Aktivitäten. Innerhalb der Zelle scheint die I-Aktivität ausschließlich am nichtpartikulären Cytoplasma gebunden.
H. STRUCK. 4210□

Quantitative Histochemie des Nephrons. 4. Mitt. **Alkalische Phosphatase und Milchsäuredehydrogenase-Aktivität bei Nierentubulierkrankungen.** Victor E. Pollak, Sjoerd L. Bonting, Robert C. Muehrcke und Robert M. Kark. (J. clin. Invest. **39.** 1386—93. Sept. 1960; engl.) — 3. vgl. vorst. Referat. — An verschiedenen anatom. u. funktionellen Teilen des Nephrons wird die Aktivität der *alkal. Phosphatase* (I) u. der *Milchsäuredehydrogenase* (II) bestimmt. Bei verschiedenen Nierenerkrankungen werden

I u. II ebenfalls untersucht. Die I-Aktivität nahm in den Tubuli bei fast allen Erkrankungen ab, die II-Aktivität dagegen nur in 2 von 3 Fällen beim FANCONI-Syndrom. Es wird angenommen, daß I keine wesentliche Rolle bei der Glucoserücksorption spielt. H. STRUCK. 4210□

Quantitative Histochemie des Nephrons. 5. Mitt. **Alkalische Phosphatase und Milchsäuredehydrogenase-Aktivität bei Lupus-Nephritis.** Victor E. Pollak, Sjoerd L. Bonting, Robert C. Muehrcke und Robert M. Kark. (J. clin. Invest. **39.** 1394 bis 1400. Sept. 1960; engl.) — 4. vgl. vorst. Referat. — An Biopsiematerial von Lupus-Nephritis werden die *alkal. Phosphatase* (I) u. die *Milchsäuredehydrogenase* (II) bestimmt. I scheint generell abzunehmen, bei II konnten keine wesentlichen Unterschiede gegenüber der normalen Niere beobachtet werden. Die Glomeruli scheinen bei Lupus nephritis um ca. 40% schwerer zu sein als bei normalen Nieren. H. STRUCK. 4210□

Biosynthese organischer Säuren während der Gärung von Aspergillus niger in Malzextrakt–Hefeextrakt-Glucosemedium. P. N. Raina, H. R. Chokshi und C. V. Ramakrishnan. (Enzymologia [Den Haag] **20.** 62—66. 15/11. 1958. Baroda, India, M. S. Univ. of Baroda, Fac. of Sci., Dep. of Biochem.; engl.) — Die Unters. der Medien in verschiedenen Stadien der Gärung von *Aspergillus niger*, N. R. C. 233, auf *MYG*-(Malz-Hefeextrakt-Glucose) Medium zeigte, daß verschiedene organ. Säuren (*Äpfel-, Oxal-, Citronensäure*) sich in verschiedenen Stadien der Gärung anhäufen. Enzym-Unterss. weisen auf eine bestimmte Störung in den an der Säure-Bldg. beteiligten Enzym-Syst. (*Oxalacetessigsäurerehydrolase, Apfelsäuredehydrogenase, Kondensierendes Enzym, Aconitase, Isocitronensäuredehydrogenase*) hin. H. AMAN. 4210□

Der Einfluß von 2.4-Dinitrophenol auf die Veratmung von Substraten des Citronensäurecyclus durch Kaninchen-Reticulocyten und Hühner-Erythrocyten. S. Rapoport und L. Ababei. (Acta biol. med. german. [Berlin] **7.** 533—42. 1961. Humboldt-Univ. zu Berlin, Physiolog.-chem.-Inst.; dt.) — Durch *Citrat, Lactat, Acetat, Succinat, Oxalacetat* (I), *Fumarat* u. *α-Ketoglutarat* wird die Atmung (A) von Kaninchenreticulocyten etwas gesteigert. Wird außerdem noch *2.4-Dinitrophenol* (II) zugesetzt, so ist die Steigerung größer, im Falle des I als Substrat sehr groß. In Ggw. u. Abwesenheit von II hemmt *Glucose* (III) die Atmung. Bei allen Ansätzen, die II allein oder zusammen mit Substraten enthalten, fällt die A mit der Zeit ab. Nach 3 Std. liegen die Werte oft schon unter denen der endogenen Ansätze, deren A nur wenig abfällt. Setzt man außer II u. dem Substrat noch III zu, so ist die A größer. Bei I oder Succinat als Substrat ist in Ggw. von III u. II der A-Abfall mit der Zeit wesentlich kleiner als ohne III. Mit Hühnererythrocyten erhält man im wesentlichen die gleichen Ergebnisse. Der zeitliche A-Abfall unter II ist jedoch schwächer. U. HINTERBERGER. 4210□

Zur Kenntnis der α-Ketoglutarsäuredehydrogenase bei der Bildung von Glutaminsäure durch Brevibacterium flavum. Isamu Shiio, Shin-ichiro Otsuka und Masahiro Takahashi. (J. Biochemistry [Tokyo] **50.** 164—65. Aug. 1961. Kawasaki, Ajinomoto Co, Inc., Central Res. Labor.; engl.) — *α-Ketoglutarsäure* (I) u. CO_2 sind bei *Brevibacterium flavum* Nr. 2247 die Endprodd. des aeroben Glucosestoffwechsels. Der Bakterienstamm vermag I nicht anzugreifen, das deutet auf einen Mangel an I-Dehydrogenase hin. Vff. verglichen deshalb die Aktivitäten der I-Dehydrogenase u. anderer Enzyme aus Extrakten von *B. flavum* mit denen aus Extrakten von *E. coli* Crooks. Es zeigte sich, daß *B. flavum* nur über eine unbedeutende I-Dehydrogenaseaktivität verfügt. Der Mangel an I-Dehydrogenase ist auch der Grund dafür, daß *B. flavum* zur Bldg. von Glutaminsäure fähig ist. M. LORENZ. 4210□

L-Lysin-Oxydase, eine neue Oxygenase. Nobutomo Itada, Akira Ichihara, Tsutomu Makita, Osamu Hayashi, Masami Suda und Nobuji Sasaki. (J. Biochemistry [Tokyo] **50.** 118—21. Aug. 1961. Kyoto, Kyoto Univ., Fac. of Med., Dep. of Med. Chem. and Fac. of Sci., Dep. of Chem.; Osaka, Osaka Univ., Inst. of Protein Res.; engl.) — *L-Lysinoxydase* katalysiert folgende Rk.: *L-Lysin* (I) + O_2 → *δ-Aminovaleriansäure* (II) + CO_2 + NH_3. Das Enzym wurde aus einem Pseudomonasstamm isoliert. Wird I in Ggw. von ^{18}O durch das Enzym-Präp. oxydiert, dann findet man ein O-Atom in II wieder. Vff. schließen, daß *L-Lysinoxydase* eine Oxygenase ist. M. LORENZ. 4210□

Oxydation von m-Dihydroxyphenolen durch Enzyme von Piricularria oryzae. David Stefanye. (J. Bacteriol. **82.** 617—18. Okt. 1961. Frederick, Md., Fort Detrick, U.S. Army Biol. Labor.; engl.) — Bei der katalyt. Oxydation mit Hilfe von Enzymen aus *Piricularria oryzae* entsteht aus Resorcin eine Substanz mit einem R_F-Wert von 0,27; die gleiche Substanz entsteht neben *2.2'-Dihydroxydiphenochinon-(4.4')*. 2.4.5-Tribromresorcin liefert bei der enzymat. Oxydation ein Polymerisations-Prod. ohne O_2-Verbrauch u. ohne Br-Abspaltung. P. GREGORZEWSKI. 4210□

Mechanismus der künstlichen Stimulierung biologischer Oxydationen durch Hypoxanthin. Robert M. Mac Leod, Irwin Fridovich und Philip Handler. (J. biol. Chemistry **236.** 1847—49. Juni 1961. Durham, N.C., Duke Univ. School of Med., Dep. of Biochem.; engl.) — Vgl. C. **1962. 3495.** — Die Oxydation von *Sulfit* (I) in tier. Gewebe wird durch *Sulfitoxydase* u. — wahrscheinlich unspezif. — durch andere Enzyme katalysiert. Bei hohen I-Konzz. bewirken mehrere gereinigte Oxydationsenzyme, z. B. bes. *Xanthinoxydase*, eine Ketten-Rk. freier Radikale zwischen I u. O_2 in Ggw. der betreffenden Enzymsubstrate. Unterss. an unterteilten Präpp. der F III A-Fraktion aus Hundeleber zeigen, daß der Bedarf an *Hypoxanthin* (II) als Cofaktor bei der hepat. I-Oxydation ein Artifakt dieser Art darstellt, das keine Beziehung zur biolog. I-Oxydation hat. Andere peroxydable Substrate wie z. B. Phenol oder Anilin zeigen eine I analoge Wrkg., wobei die Ketten-Rk. durch spezif. Inhibitoren, wie z. B. Mannit, Cystein oder Ascorbat, unterbrochen werden kann. Es ist möglich, daß zahlreiche andere Syst., in denen II eine biolog. Oxydation stimuliert, ähnliche Artifakten einschließen. G. KIRSTEN. 4210□

Alkalische Pyridinnucleotidtranshydrogenase. Chen-Lu Tsou, Chung-Yu Chi und Lo-Chang Ou. (Scientia sinica **7.** 748—57. Juli 1958. Shanghai, Acad. Sinica, Inst. of Biochem.; engl.) — Phosphatextrakte aus Acetonpulver von Rinderleber enthalten eine *Pyridinnucleotidtranshydrogenase* (I), welche folgende Rk. katalysiert: Red. Triphosphopyridinnucleotid (red. Nicotinamidadenindinucleotidphosphat, NADPH) + oxydiertes Diphosphopyridinnucleotid (oxydiertes Nicotinamidadenindinucleotid, NAD^+ $\rightleftharpoons$ $NADP^+$ + NADH. I kann nach einer für Reinigung von *L-Glutaminsäuredehydrogenase* (II) bekannten Meth. 26fach angereichert werden. I unterscheidet sich von der von KAPLAN u. Mitarbeiter (vgl. C. **1956. 14 379**) beschriebenen *Transhydrogenase* (III). I wirkt optimal bei pH 8,2, dagegen III bei pH 6,2. Vff. schlagen vor, I als „*alkal. Pyridinnucleotidtranshydrogenase*" oder einfach als „*alkal. Transhydrogenase*" zu bezeichnen. I wird durch Inkubation mit o-Phenanthrolin gehemmt, woraus geschlossen wird, daß ein Metall an der I-Wrkg. beteiligt ist. — I ist nicht ident. mit III. A. HESSE. 4210□

Das Hitzezersetzungsprodukt von Flavinadenindinucleotid in wäßriger Lösung. 3. Mitt. **Die chemische Konstitution der „4. Flavinverbindung."** Kunio Yagi und Yoshitaka Matsuoka. (J. Biochemistry [Tokyo] **48.** 93—100. Juli 1960. Nagoya, Nagoya Univ., School of Med., Dep. of Biochem.; engl.) — 2. vgl. C. **1962. 6446.** — *Flavinadenindinucleotid* geht durch Erhitzen in neutraler wss. Lsg. in die „*4. Flavin-Verb.*", *FFC* (I), $C_{17}H_{19}N_4O_8P$, über, diese durch Erhitzen in Essigsäure oder n HCl (7 Min.) in *Flavinmononucleotid*. I besteht aus äquimol. Teilen Riboflavin u. H_3PO_4, zeigt keine sek. Dissoziation u. verbraucht je Isoalloxazinkern 1 Mol $NaJO_4$ unter Bldg. von *6.7-Dimethylisoalloxazin-9-acetaldehyd* (II), orangegelbe Kristalle, der in verd. alkal. bzw. saurer wss. Lsg. bei Belichtung in *Lumiflavin* bzw. *Lumichrom* übergeht. II-Oxydation mit Bromwasser gibt *6.7-Dimethylisoalloxazin-9-essigsäuremethylester*, $C_{15}H_{14}N_4O_4$, F. 288—293° (Zers.); gelbe Nadeln. Die Ribitseitenkette von I wird demnach zwischen $C'_{(2)}$ u. $C'_{(3)}$ gespalten. I ist mit *Riboflavin-4'.5'-cyl.-phosphat* identisch. K. MAIER. 4210□

Untersuchung zur Erklärung des Mechanismus der Biosynthese von Flavinadenindinucleotid (FAD) aus ^{32}P-markiertem Flavinmononucleotid (FMN). Kazuo Watarai, Toshie Uchida, Eiji Ishikawa, Junji Itaya und Nobuhiko Katsunuma. (Vitamins [Kyoto] **8.** 331—32. 1955. Nagoya, Nagoya Univ., School of Med., Dep. of Biochem., Obu, Nat. Sanatorium Obuso; jap., Auszug: engl.) — ^{32}P-*FMN* wird aus Kaninchenleber, die mit ^{32}P-Phosphat behandelt wurde, unter Verw. des Ionenaustauschers IRA-400 zur Reinigung, hergestellt. Zu einem Substrat aus ATP u. ^{32}P-FMN wird als Enzym-Syst. homogenisierte Rattenleber gegeben u. 30 Min. bei 35° bebrütet. Das FMN u. das gebildete *FAD* zeigen den gleichen Geh. an ^{32}P/Mol. Danach erfolgt die FAD-Synthese nach: ^{32}P-FMN + ATP → ^{32}P-FAD + Pyrophosphat. L. SCHULER. 4210□

Enzymatisch aktive Proteine aus Streptokokkenzellen. 1. Mitt. **Fraktionierung und Spezifität.** Anwar A. Hakim. (Enzymologia [Den Haag] **20.** 67—85. 15/11. 1958. Miami Beach, Fla., Res. Labor. Miami Heart Inst.; engl.) — Durch Fraktionierung mit $(NH_4)_2SO_4$ wurden *Diphosphopyridinnucleotidase*, *Streptokokkenproteinase*, *M-Protein*, *Desoxyribonuclease* u. *Ribonuclease* aus Streptokokkenzellen isoliert. Die Spezifität der einzelnen Enzyme wurde untersucht. H. AMAN. 4210□

Untersuchungen über fluorierte Pyrimidine. 13. Mitt. **Hemmung der Thymidylatsynthetase.** K.-U. Hartmann und Charles Heidelberger. (J. biol. Chemistry

236. 3006–13. Nov. 1961. Madison, Wis., Univ. of Wisconsin, Med. School, McArdle Memorial Labor.; engl.) — 12. vgl. C. **1962.** 1639. — Es wird eine Schnellmeth. zur genauen Best. von *Thymidylatsynthetase* (**I**) unter Verw. von ^{3}H-*Desoxyuridylat* (**II**) beschrieben, die für den Millimikromolmaßstab geeignet ist. In Ggw. von Tetrahydrofolsäure (aus Folsäure mit PtO_2-H_2 in Eisessig) sind kein red. Triphosphopyridinnucleotid u. 2wertige Kationen erforderlich (pH-Maximum 6,7). Die **I**-Best. erfolgte im 105000·*g*-Überstand mit Ultraschall behandelter EHRLICH-Ascitestumorzellen. $(NH_4)_2SO_4$-Fällung erhöhte die spezif. Aktivität geringfügig. **I** wird spezif. sehr stark durch *5-Fluor-2'-desoxyuridin-5'-monophosphat* (**III**) kompetitiv, nicht aber durch *5-Fluoruridin-5'-monophosphat* oder Thymidylat, des Rk.-Prod., gehemmt. Beim Fehlen von ATP wird **I** von *5-Fluoruracil*, *5-Fluoruridin* (**IV**) oder *5-Fluor-2'-desoxyuridin* nicht merklich gehemmt. Letzteres hemmt in Ggw. von ATP infolge des Vork. von Kinasen im **I**-Rohpräp. stark. Unter den gleichen Bedingungen hemmen **IV**, *β-D-Arabinosyl-5-fluoruracil, 5-Chlor-2'-desoxyuridin* u. *5-Brom-2'-desoxyuridin* **I** sehr wenig. *5-Jod-2'-desoxyuridin* hemmt in Ggw. von ATP nicht. Das α-Isomere von **III** hemmt nicht. *5-Fluor-2'-desoxycytidin-5'-monophosphat* hemmt, wahrscheinlich infolge Desaminierung zu **III**, etwas schwächer als **III**. Die MICHAELIS-Konst. für **II** ist $3{,}7 \cdot 10^{-5}$, die Inhibitor-Konst. für **III** $2{,}2 \cdot 10^{-8}$ m. In normaler Rattenleber ist die spezif. **I**-Aktivität kaum nachweisbar. Diese nimmt aber in regenerierender Leber >10fach zu. Die spezif. **I**-Aktivität im Morris 5123-Hepatom u. einem Lymphknoten eines Patienten mit HODGKINscher Krankheit ähnelte der letzteren. **III** wurde aus käuflichem ^{3}H-Desoxycytidylat durch Einw. von $NaNO_2$-Lsg. in Acetatpuffer, pH 4,2 (Raum-Temp., 5 Std.), $CaCl_2$-Fällung u. Fraktionierung an Dowex-1-Formiat hergestellt. K. MAIER. 4210□

Chemiosmotische Kopplung bei oxydativer und photosynthetischer Phosphorylierung. P. Mitchell. (Biochem. J. **79.** 23 P–24 P. Juni 1961. Edinburgh, Univ., Zool. Dep.; engl.) — Vf. stellt eine chemiosmot. Hypothese der Elektronentransportphosphorylierung zur Diskussion. Die durch Oxydo-Red. oder Photonen angeregte Elektronenübertragung erfolgt vektoriell durch eine, die wss. Phasen A u. B trennende Membran. Dieser Vorgang erzeugt in A H^+, in B OH^-. Die Membran ist für Ionen relativ impermeabel, ermöglicht aber den Austausch von H^+ u./oder OH^- gegen Ionen äquivalenter u. gleicher Ladung. Sie enthält ein anisotropes *Adenosintriphosphatase* (**II**)-Syst. E, das die Rk. Phosphat + ADP ⇌ ATP + H^+ + OH^- katalysiert. Das akt. Phosphat (**I**)-Acceptorzentrum E steht in schneller Wechselwrkg. mit OH^- von A u. H^+ von B^-, in langsamer mit H^+ von A, OH^- von B^- u. H_2O von A u. B. Die durch Elektronenübertragung erzeugte H^+-Differenz dehydratisiert **I** + ADP durch OH^-- u. H^+-Entziehung aus Phosphorylium u. saurem Acceptor im **II**-Syst. auf spezif. Wegen. K. MAIER. 4210□

Phosphorylierung durch Gerstenwurzelmitochondrien und Phosphatresorption durch Gerstenwurzeln. P. C. Jackson, S. B. Hendricks und B. M. Vasta. (Plant Physiol. **37.** 8–17. Jan. 1962. Beltsville, Md., U.S. Dep. of Agricult., Agricult. Res. Serv., Soil u. Water Conservation Res. Div., Min. Nutr. Labor.; engl.) — Gerstenwurzelmitochondrien wurden durch Zentrifugieren von 6 Tage alten Sämlingen isoliert. 75% der Aktivität der Phosphorylierung war in dieser Mitochondrienfraktion lokalisiert bei nur 2% des Gesamt-N-Gehalts. Die Mitochondrien respirieren u. esterfizieren Phosphat in konst. bleibenden Mengen. Die phosphorylierten Mengen sind von der PO_4^{3-}-Konz. linear abhängig. Das P/O-Verhältnis ist bei niedriger PO_4^{3-}-Konz. (10^{-3} m) 1–1,5, bei höherer nähert es sich 2,0. *Succinat* (**I**), *Ascorbat, Glutamat, β-Hydroxybutyrat* (**II**) u. *α-Ketoglutarat* (**III**) unterhalten die Phosphorylierung u. Respiration. Bei **II** wird jedoch nur halb so viel verestert wie bei **I** u. **III**. Phosphorylierung u. Respiration steigen bei **II**-Konz. von 10^{-5} m bis 10^{-3} m an, erreichen zwischen 10^{-3} u. 10^{-2} m ein Maximum u. fallen nur bei höheren Konzz. wieder ab. Die entsprechenden Maxima liegen für **III** zwischen 10^{-4} u. 10^{-3} m u. für Glutamat zwischen 10^{-2} u. 10^{-1} m. Phosphorylierung u. Respiration wurden durch *Azid*, *NH_4OH*, *Amytal*, *Nembutal* u. *Acetat* gehemmt. *Dinitrophenol* hemmte nur die Phosphorylierung, nicht aber die Respiration. W. HILLER. 4210□

Gewebekomponenten des Haushuhns. 5. Mitt. **Phosphomonoesterasen im Samenplasma des Hahns.** D. J. Bell und P. E. Lake. (Biochem. J. **82.** 277–81. Febr. 1962. Edinburgh, A.R.C. Poultry Res. Center.; engl.) — 4. vgl. C. **1961.** 15056. — Das Samenplasma des Haushahns enthält eine sehr akt. *Phosphatase*, die speziell akt. gegenüber *4-Nitrophenylphosphat*, weniger akt. gegenüber *2-* u. *1-Glycerinphosphat* ist. Die maximalen Aktivitäten liegen bei pH 4,9 u. 5,2. Eine ebenfalls vorkommende alkal. Phosphatase mit beträchtlich geringerer Aktivität entspricht der im Blut vorkommenden. Die Sekrete des Samenleiters zeigten hohe saure Phosphataseaktivität, die erektilen Kloakengewebe waren relativ schwach. Die saure Phosphatase wird im Gegensatz zu

der im menschlichen Samenplasma oder der Prostata vorkommenden nicht durch rechtsdrehendes Tartrat gehemmt. Ihr Verh. gegenüber Cu^{2+}, Ca^{2+} u. F^- ist ähnlich.
H.-G. TRÜPER. 4210□

Phosphatasen im Zentralnervensystem. G. H. Bourne. (Nature [London] **179.** 1247—48. 15/6. 1957. London, London Hosp.; engl.) — Es wurde eine histochem. Unters. über die Verteilung verschiedener Phosphatasen im Rattenhirn durchgeführt. Als Substrate wurden verwendet: *Glycerophosphat, Glucose-, Fructose-* u. *Galaktosephosphat, Östron-3-phosphat, Hexöstrol-* u. *Cortisonphosphat, Äthanolaminphosphat, Carbamylphosphat, Riboflavin-5-phosphat, phosphoryliertes Hesperidin, Pyridoxalphosphat* u. *Carboxyphenylphosphat*; pH 9,0. H. AMAN. 4210□

Hemmwirkung einiger Antimalariamittel und ähnlicher Verbindungen auf Hexokinase aus Hefe und Plasmodium berghei. Dorothy M. Fraser und W. O. Kermack. (Brit. J. Pharmacol. Chemotherapy **12.** 16—23. März 1957. Aberdeen, Univ., Dep. of Biol. Chem.; engl.) — Von 8 getesteten Stoffen hemmt nur Proguanil Hefe-*Hexokinase* nicht, wohl aber sein Metabolit *4.6-Diamino-1-p-chlorphenyl-1.2-dihydro-2.2-dimethyl-1.3.5-triazin;* weitere getestete Substanzen: *N^1-o-Chlorphenyl-N^5-isopropylbiguanid HCl, N^1-3.4-Dichlorphenyl-N^5-isopropylbiguanid HCl, 4.6-Diamino-1-[3.'4'-dichlorphenyl]-1.2-dihydro-2.2-dimethyl-1.3.5-triazin HCl, 4-Amino-6-p-chloranilino-1.2-dihydro-2.2-dimethyl-1.3.5-triazin, 4-Amino-6-[3'.4'-dichloranilino]-1.2-dihydro-2.2-dimethyl-1.3.5-triazin, 3-Methoxy-8-chlor-5-[7-diäthylaminoheptylamino]-acridin HCl, 2.3-Dimethyl-4-[3'-diäthylaminopropylamino]-chinolin.* Präinkubation mit den getesteten Verbb. führt zu verstärkter Hemmung, die bei Mepacrin durch Erhöhung der ATP-Konz. wieder verringert wird. Die Hexokinase-Konz. aus Hämolysaten von Mäuse- oder Rattenreticulocyten ist nicht wesentlich höher als bei normalen Erythrocyten, sie ist aber bedeutend erhöht in Mäuse- oder Rattenerythrocyten, die mit *P. berghei* infiziert sind. Die Hemmwrkg. der getesteten Stoffe auf Hexokinase aus *P. berghei* entspricht den mit Hefe-Hexokinase erhaltenen Ergebnissen. Bei den chemotherapeut. wirksamen Verbb. scheint die Hemmwrkg. auf Plasmodiumhexokinase der Antimalaria-Wrkg. parallel zu gehen. Da aber auch eine Reihe von ähnlich gebauten Substanzen Hexokinase hemmen, ohne gegen Malaria wirksam zu sein, nehmen Vff. an, daß die Hexokinasehemmung in vivo nur eine untergeordnete Rolle für den Wrkg.-Mechanismus der Antimalaria-Wrkg. spielt. H. REMBOLD. 4210□

Die Wirkung von Glucose und Inosin auf den Oxalacetatabbau unter dem Einfluß von 2.4-Dinitrophenol in Kaninchen-Reticulocyten. L. Ababei und S. Rapoport. (Acta biol. med. german. [Berlin] **7.** 543—49. 1961. Humboldt-Univ. zu Berlin, Physiolog.-chem. Inst.; dt.) — Während die Atmung von Kaninchenreticulocyten bei Zusatz von *2.4-Dinitrophenol* (I), I + Oxalacetat (II) oder I + Inosin mit der Zeit stark abfällt, bleibt sie mit I + II + Glucose bzw. I + II + Inosin über mindestens 5 Std. konstant. In Ansätzen, die Inosin oder Glucose enthalten, bleibt das säurelabile Phosphat weitgehend erhalten, dabei ist Inosin wirksamer. Die Erhaltung des Adenylsäure-Syst. durch die Substratphosphorylierung wird für die oben beschriebenen Wrkg. verantwortlich gemacht. Die freie Verschiebung der Adeninnucleotide zwischen den Zellkompartimenten wird wahrscheinlich gemacht. U. HINTERBERGER. 4210□

Induzierte Enzymsynthese in wäßrigen Suspensionen erschöpfter Aerobacter aerogenes-Zellen der stationären Phase. R. E. Strange. (Nature [London] **191.** 1272—73. 23/9. 1961. Porton, near Salisbury, Wiltshire, Microbiol. Res. Establishment; engl.) — In verschiedenem Nährmedium gezüchtete *A. aerogenes*-Zellen wurden 0,5 Std. nach Erreichen der stationären Phase gewaschen u. in gepufferter NaCl-Lsg., pH 6,5, bei 37° aerob inkubiert. Mit zunehmender Inkubationsdauer traten Protein- u. Ribonucleinsäureverluste ein, die einer Abnahme der Fähigkeit zur induzierten *β-Galaktosidase* (I)-Synth. in N-freiem Medium u. Ggw. von Lactose oder Methyl-β-D-thiogalaktopyranosid parallel ging. Die verminderte I-Synth. beruht nicht auf einem ATP-Mangel. Zellen der stationären Phase, die in belüfteten Suspensionen von 37° gehalten wurden, zeigten noch nach 68 Std. die Fähigkeit zur I-Synth. in Ggw. von Inducer u. einer geeigneten N-Quelle, wie Pepton. Nährstofferschöpfung beeinflußt offensichtlich den Mechanismus der adaptiven Enzym-Bldg. nicht. Der Verbrauch von Zellpolymeren, wie Protein, Ribonucleinsäure, Glykogen, vermindert, bei unbeeinflußter Lebensfähigkeit, die Reserven derart, daß die Fähigkeit zur adaptiven Enzym-Bldg. absinkt.
K. MAIER. 4210□

Hyaluronidasehemmung durch Salbenapplikation von Heparin und Heparinoiden. H. Mathies und O. Burk. (Med. exp. [Basel] **2.** 329—33. 1960. München, Univ., Med. Poliklinik; dt.) — *Heparin-* (I) u. *Heparinoid*-(II)-salben rufen eine statist. gesicherte Hemmung des *Hyaluronidase*-(III)-spreadings hervor. Für das Maximum der Hemmung bestehen in zeitlicher Hinsicht u. in Abhängigkeit von der angewandten Menge an I oder II Unterschiede. Die III-Wrkg. wird bereits durch Dosen ausgelöst, die noch keinen Einfl. auf die Blutgerinnung ausüben. P. NACHTWEY. 4210□

Abhängigkeit der Hyaluronidasehemmung von der Catecholamindynamik. H. Mathies und G. Schlierf. (Med. exp. [Basel] **2.** 333—38. 1960. München, Univ., Med. Poliklinik; dt.) — Die Hemmwrkg. des *Adrenalins* (I) auf die Diffusion der *Hyaluronidase* (II) zeigt sich, wenn der I-Geh. des Blutes, durch Freigabe aus der Nebennierenrinde oder aus äußeren Gründen vorübergehend erhöht, auf einen niedrigeren Wert zurückfällt. P. NACHTWEY. 4210□

Verhalten einiger Enzyme unter der Wirkung von Urethan. L. D'Agostino, N. Vicino und L. Salonna. (Boll. Soc. ital. Biol. sperim. **31.** 270—72. März/April 1955. Bari, Univ., Ist. di Clin. Med.; ital.) — Labor.-Tieren wurden über mehrere Tage bis zur Vergiftung 200 mg *Urethan*/kg injiziert. Danach wurde in der Leber die Aktivität einiger Enzyme gemessen. Die *Ribonuclease* war um ca. 2% erhöht. Die *Bernsteinsäuredehydrase* um 48 bzw. 83% erhöht, die *Milchsäuredehydrase* um 44% u. die *Cytochrom-Oxydase* um 27%. M. WIEDEMANN. 4210□

Das Verhalten der Cholinesterase in der Leber und im Serum unter der Wirkung von Urethan. L. D'Agostino, N. Vicino und N. Salonna. (Boll. Soc. ital. Biol. sperim. **31.** 272—74. März/April 1955. Bari, Univ., Ist. di Clin. Med.; ital.) — Vgl. vorst. Referat. — Labor.-Tieren wurden bis zur Vergiftung 200 mg *Urethan*/kg täglich injiziert. In der Leber war die *Cholinesterase* um 17% im Mittel, im Serum um 37% verringert. M. WIEDEMANN. 4210□

Über die Wirkung von dl-ac-N-Tetralyl-β-alanindiäthylamidderivaten auf die Plasmacholinesterase. W. D. Wiezorek, P. Wolf und M. Müller. (Naturwissenschaften **48.** 224. 1. April-H. 1961. Leipzig, Univ., Inst. für Pharmakol. und Toxikol.; dt.) — Die Substanzen *dl-N-Tetralyl-(1[2?])-N-allyl-β-alanindiäthylamid* (I), *dl-N-Tetralyl-β-alanindiäthylamid* (II), *dl-N-Tetralyl-N-methyl-β-alanindiäthylamid* (III) u. als Vgl.-Substanz *dl-β-Tetralylamin* (IV) wurden als Hydrochloride auf ihre Einw. auf die Plasmacholinesterase von Ratten, Meerscheinchen, Pferde u. I auch auf die des Menschen untersucht. Plasmaverdünnungen waren bei Ratte 1 : 33, beim Meerschweinchen 1 : 16. der pI_{50} liegt für Mensch, Pferd u. Meerschweinchen im Bereich von 4 für I; II, III u. IV sind weniger wirksam. H. LIEBMANN. 4210□

Charakterisierung von Cholinesterasen und anderen Carboxyl-Esterasen nach Elektrophorese und Immunelektrophorese in Gelose. 1. Mitt. **Anwendung für das Studium der Esterasen im normalen menschlichen Serum.** J. Uriel. (Ann. Inst. Pasteur **101.** 104—19. Juli 1961. Inst. Pasteur, Serv. de Chim. microbienne; franz.) — Verschiedene *Esterasen* aus normalem Blutserum werden durch *Elektrophorese* (4 Zonen bei Verw. von β-Naphthylacetat als Substrat) u. *Immunelektrophorese in Gelose* (5 Zonen bei Verw. von β-Naphthylacetat als Substrat) isoliert. Die darunter befindliche *Cholinesterase* kann durch ihre Inhibition durch *Eserin* oder *organ. Phosphate* u. durch ihre spezif. Rk. mit *Indoxylacetat* erkannt werden. G. ZIEBARTH. 4210□

Durch Stärkegelelektrophorese nachgewiesene Cholinesterasen im Serum. Joseph Bernsohn, Kevin D. Barron und Adeline Hess. (Proc. Soc. exp. Biol. Med. **108.** 71—73. Okt. 1961. Hines, Ill., V. A. Hosp., Neuropsychiatr. Res. Labor.; Chicago, Ill., Northwestern Univ. Med. School, Dep. of Neurol. and Psychiatry; engl.) — Durch Starkegelelektrophorese können im Serum von Menschen, Ratten u. Katzen bis zu 7 Banden einer Enzymaktivität gegen Cholinester nachgewiesen werden. Es scheint sich um verschiedene Mol.-Arten des Enzyms zu handeln. Möglicherweise besteht ein Einfl. der Enzymadsorption an inertes Protein. K. ZINGRAF. 4210□

Untersuchungen an Tanninen. 8. Mitt. **Einfluß von Tanninen auf die Cystein-Desulfhydrase-Aktivität von Escherichia coli.** Koiti Kimura, Kazuko Yamauchi und Shigeaki Kuwano. (Chem. pharmac. Bull. [Tokyo] **7.** 426—34. Juni 1959. Osaka, Univ., Pharmaceut. Fac.; engl.) — Die enzymat. Bldg. von H_2S durch *Escherichia coli* wird durch die meisten Tannine u. verwandten Verbb. gehemmt. Es wurden untersucht: *Gallotannin, Gallussäure* (I), *Protocatechusäure, p-Hydroxybenzoesäure, Salicylsäure, Benzoesäure, Gallussäuremethylester, Protecatechusäureäthylester, Pyrogallol, Phloroglucin, Brenzcatechin, Resorcin, Hydrochinon, Phenol, d-Catechin* (II), *m-Digallussäure, Trimethylgallussäure, Gallussäureäthanolamid, Ellagsäure, Gallussäureäthylester, Gallussäurepropylester* u. *Kaffeesäure.* Die Hemmung durch Polyhydroxyl-Verbb. ohne freie Carboxylgruppe ist größer als die durch Carbonsäuren. Die Hemmung konkurriert nicht mit dem Substrat, noch wird sie durch Zugabe von Coenzym aufgehoben. Um maximale Hemmung zu erhalten, müssen die Zellen mit dem Inhibitor eine bestimmte Zeitdauer vor Zugabe des Substrats inkubiert werden. *Cystein* kann teilweise das Enzym vor der Hemmwrkg. schützen. Diese Schutz-Wrkg. wird deutlicher, wenn Substrat u. Inhibitor miteinander inkubiert u. dann zur Mischung zugegeben werden. Die Hemmwrkg. durch I wird beträchtlich erhöht durch Belüftung der Inhibitor-Lsg., was vermuten läßt, daß die oxydierte Form von I mehr hemmt als I selbst. Es bestehen viele Unterschiede zwischen dem Mechanismus der Hemmung durch I u. II. H. AMAN. 4210□

O-Sulfatester des L-Serins, L-Threonins und L-Hydroxyprolins. K. S. Dodgson, A. G. Lloyd und N. Tudball. (Biochem. J. **79.** 111—17. April 1961. Cardiff, Univ. of Wales, Dep. of Biochem.; engl.) — Vff. beschreiben Herst.-Verff. u. Verh. der O-Sulfatester (SEs) der Hydroxyaminosäuren *Serin* (I), *Threonin* (II) u. *Hydroxyprolin* (III). Folgende R_F-Werte wurden in 3 verschiedenen Lsgm. auf Whatman Nr. 1 bestimmt [Butanol–Eisessig–W. 50 : 12 : 25, 2-Methylpropanol-(2)–Ameisensäure–W. 8 : 3 : 4 u. Propanol-(1)–NH_3 (25%ig.)–W. 6 : 3 : 1]: I 0,12, 0,46 u. 0,47, II 0,15, 0,52 u. 0,49, III 0,15, 0,50 u. 0,49. Weitere Charakterisierung durch Papierelektrophorese u. IR-Spektroskopie. Die SEs von I, II u. III sind gegen Säurehydrolyse (4%ig. Trichloressigsäure, 135°) stabil, SEs–I u. –II zeigten gegen Alkali (n NaOH, für I u. II 100°, für III 115°) geringere Stabilität als III. Messung der freigesetzten SO_4^{2-}-Ionen. Enzymat. Sulfatation von I, II oder III mit speziellem Rattenleberenzym-Syst. gelang nicht. Es wird ein Verf. zur Herst. eines Enzym-Präp. mit maximaler Aktivität bei pH 7 aus Rattenleber beschrieben, welches SEs–I, nicht aber –II oder –III desulfatisiert. Die Abspaltung von SO_4^{2-} wurde durch ^{35}S-Messungen auf Papierchromatogrammen verfolgt.
P. TEICHGRÄBER. 4210□

Serumglutaminsäure–Oxalessigsäure-Transaminase bei Leberbilharziose. A. M. Higazi, A. R. Fahmy und S. Kaddah. (J. Egypt. med. Assoc. **43.** 923—28. 1960. Cairo, Cairo Univ., Kasr El-Aini Fac. of Med., Dep. of Med. and Physiol.; engl.) — Bei Ägyptern ergab sich als normaler Serum-*Glutaminsäure–Oxalessigsäure–Transaminase*-Spiegel ein Wert zwischen 6 u. 32, im Durchschnitt 18,8 Einheiten/ml. Bei Bilharziose finden sich in den Anfangsstadien erhöhte Werte (zwischen 50 u. 160 Einheiten/ml), bei vorgeschrittenen Fällen sind die Werte jedoch normal oder nur leicht erhöht (11 bis 50 Einheiten/ml), was darauf hinweist, daß keine akt. Zellnekrose mehr vor sich geht, da der Test nur die Zellschädigung, nicht jedoch die Zellfunktion erfaßt. Es wird empfohlen, in Fällen mit erhöhten Werten keine drast. Behandlungsmaßnahmen mit hepatotox. Mitteln zu ergreifen. U. TAUSENDFREUND. 4210□

Enzymatische Eigenschaften des L-Aminosäurepolymerase-Systems von Escherichia coli. Bention Nisman und Hiroshi Fukuhara. (C. R. hebd. Séances Acad. Sci. **248.** 2036—38. 1/4. 1959; franz.) — Die frühere Unters. (C. **1962.** 10131) an *Aminosäurepolymerase* (I) wird forgesetzt, u. zwar an der sog. „incorporation A", d. h. der Aufnahme von durch *Trichloressigsäure* (II) u. durch *Hydroxylamin* (III) wieder extrahierbaren ^{14}C-Aminosäuren. Bei Erhöhung der I-Konz. wird die Summe von „incorporation A" u. „incorporation B" (nicht durch II extrahierbar) entsprechend der I-Konz. gesteigert. Die Aufnahme von 11 Aminosäuren erweist sich als additiv u. entspricht den Einzelaufnahmen. — Die noch in der „A-Stellung" befindlichen u. noch nicht in „B" fixierten ^{14}C-Aminosäuren können nicht durch nichtradioakt. Aminosäuren, selbst bei 25fachem Überschuß, verdrängt werden. Da aber die Aminosäuren aus der „A-Stellung" durch III verdrängt werden können, schließen die Vff., daß die in „A-Stellung" fixierte Aminosäure sich in irgendeinem aktivierten Zustand befindet. Diese Aktivierung ist aber verschieden von der von HOAGLAND (C. **1957.** 11335) beobachteten Aktivierung der Aminosäuren. A. HESSE. 4210□

Die Hydrolyse des Mercuripapains durch Leucinaminopeptidase ohne Verlust der enzymatischen Aktivität. Robert L. Hill und Emil L. Smith. (J. biol. Chemistry **231.** 117—34. März 1958. Salt Lake City, Utah, Univ. of Utah, Labor. for the Study of Hereditary and Metabol. Disorders and Dep. of Biol. Chem. and Med.; engl.) — *Leucinaminopeptidase* (LAP) kann Peptidbindungen hydrolysieren, die einer freien α-Aminogruppe benachbart sind. *Mercuripapain* wird durch LAP am endständigen N hydrolysiert, wobei seine Aktivität nach Reaktivierung mit Cystein u. Versen erhalten bleibt. Es wird bewiesen, daß dieser Angriff auf der Wrkg. der LAP beruht. Für die Aktivität des Papains ist demnach nicht das vollständige Mol. erforderlich. Die Region des endständigen N ist entbehrlich; aus ihr können die Hälfte bis Zweidrittel der 180 Reste des Papains entfernt werden. Offensichtlich ist die C-ständige Region für die Aktivität des Mol. verantwortlich. Sie ist in der Aminosäure-Zus. von der N-ständigen unterschieden. Die Substratspezifität des Papains bleibt trotz der LAP-Einw. erhalten.
M. GÖRLICH. 4210□

Untersuchungen über Exopeptidasen menschlicher Erythrocyten. Reinhard J. Haschen. (Wiss. Z. Martin-Luther-Univ. Halle-Wittenberg, math.-naturwiss. R.

10. 751—53. 1961. II. Med. Univ.-Klin.; dt.) — Im Hämolysat menschlicher Erythrocyten werden die *Leucinaminopeptidase* (LAP), *Glycyl-L-leucindipeptidase* (GLDP) u. *Tripeptidase* (TP) untersucht. LAP wird durch Mn^{2+} u. Co^{2+} um 60% aktiviert, durch Präinkubation mit EDTA oder o-Phenanthrolin fast vollständig inaktiviert, Mn^{2+} in gleicher Konz. bewirkt vollständige Reaktivierung des EDTA-gehemmten Enzyms, pH-Optimum bei 8—8,4. GLDP wird durch 0,0001m Zn^{2+} um 110% u. durch Phosphat schwach aktiviert, durch Ca^{2+}, Mn^{2+}, Mg^{2+} u. Co^{2+} gehemmt. Durch die oben erwähnten Chelatbildner erfolgt ebenfalls Hemmung, pH-Optimum 8,2. TP wird durch Co^{2+} um 40% u. durch Fe^{2+} u. Fe^{3+} schwach aktiviert, Ca^{2+}, Mn^{2+}, Mg^{2+} u. Zn^{2+} zeigen schwache Hemmwirkung. EDTA wirkt schwach aktivierend, o-Phenanthrolin vollständig hemmend. pH-Optimum 7,2. P. GREGORZEWSKI. 4210□

O-phosphorylierte und unphosphorylierte Peptid-Substrate für Trypsin-Untersuchungen. D. Theodoropoulos, H. Bennich und O. Mellander. (Nature [London] **184.** 270—71. 25/7. 1959. Univ. of Gothenburg, Dep. of Med. Biochem.) — In einer vorl. Mitt. berichten Vff. über die Wrkg. von Trypsin auf *α-Carbäthoxy-L-lysyl-L-serylglycin* u. die entsprechende O-phosphorylierte Verb. (vgl. THEODOROPOULOS u. Mitarbeiter, Nature, im Druck). Um die Rolle der Orthophosphorsäure am Serylrest zu untersuchen, wurden der *α-Carbäthoxy-ε-carbobenzoxy-L-lysyl-L-(O-acetyl)-serylglycinbenzylester* (I), $C_{31}H_{40}N_4O_{10}$, F. 163—164°, $[\alpha]_D^{20}$ —17,6° (c = 1,7 in Essigsäure), sowie das *α-Carbäthoxy-L-lysyl-L-serylglycin* (II), $[\alpha]_D^{22}$ —22,5° (c = 1% wss. Lsg.) hergestellt. **II** wurde mit Trypsin bei pH 8,25 u. 25° inkubiert u. papierchromatograph. untersucht. 30 Min. lange Inkubation ergab eine völlige Spaltung der Lysylserinbindung. *O-Acetyl-L-serylglycin* (III), $[\alpha]_D^{22}$ +5° (c = 1,0 in W.), das ebenfalls aus der Spaltung stammte, zeigte ninhydrinpositive Reaktion. Bei **III** fand unter bestimmten Voraussetzungen O → N-Wanderung der Acetylgruppe statt. Zur Herst. von *α-Carbäthoxy-L-lysyl-L-(diisopropylphosphoryl)-serylglycin* (**IV**) wurde *α-Carbäthoxy-[ε-carbobenzoxy)-L-lysyl-L-serylglycinbenzylester* mit einem Überschuß von Diisopropylfluorophosphat zum *α-Carbäthoxy-(ε-carbobenzoxy)-L-lysyl-L-(diisopropylphosphoryl)-serylglycinbenzylester* (**V**), C_{35}·$H_{51}N_4O_{12}P$, F. 175—176°, umgesetzt. Hydrolyse von **V** ergab **IV**, $[\alpha]_D^{22}$ —23° (c = 1% in W.). **IV** wurde ebenfalls mit Trypsin inkubiert u. dann untersucht. Die Lysylserinbindung war vollständig hydrolysiert. Es scheint, daß ein neutral substituierter Phosphorsäurerest in Nachbarschaft zur trypsinempfindlichen Peptidbindung die Hydrolyse dieser Bindung nicht verzögert. R. HEINRICH. 4210□

Maskierung des Kathepsins in den roten Blutzellen von Kaninchen durch Blokkierung der SH-Gruppen. W. Künzel, C. Wagenknecht und S. Rapoport. (Acta biol. med. german. [Berlin] **7.** 609—12. 1961. Humboldt-Univ. zu Berlin, Physiolog.-chem. Inst.; dt.) — Die *Protease* der Kaninchenerythrocyten, die bei pH 3,5 ihr Optimum hat, ist ein SH-Enzym. Phenylhydrazin u. oxydiertes Glutathion hemmen das Enzym nur im Hämolysat, nicht jedoch in der intakten Zelle. Das wird damit erklärt, daß die SH-Gruppen des Ferments in der intakten Zelle maskiert sind. U. HINTERBERGER. 4210□

Ein proteolytisches Enzym von Streptomyces griseus. 7. Mitt. **Substratspezifität der Streptomyces griseus-Protease.** Masao Nomoto, Yoshiko Narahashi und Mitsuru Murakami. (J. Biochemistry [Tokyo] **48.** 906—18. Dez. 1960. Tokyo, Inst. of Physical and Chem. Res.; engl.) — Vgl. Reports Inst. Physical Chem. Res. **35.** [1959.] 261. — *S. griseus-Protease* (I) ist sehr wenig spezif. u. hydrolysiert zahlreiche Peptide, Amide u. Ester, darunter die Mehrzahl der spezif. Substrate von Pepsin, Trypsin, Chymotrypsin, Papain, Kathepsin C, Carboxypeptidase, Leucinaminopeptidase, Aminotripeptidase, Glycylleucindipeptidase, Iminodipeptidase usw. **I** hydrolysiert ferner, allerdings langsam, Peptide mit D-Aminosäureresten. Glycylglycin u. Glycylprolin wurden nicht gespalten, ebenso keine N-Acylaminosäuren u. Diketopiperazinderivate. **I** ist eine Peptidase eines neuen Typs; K_m für *Glycyl-L-leucin* (II) 1,25·10^{-2}m, proteolyt. Koeff. für **II** 0,18·10^{-2}, für Carbobenzoxy-L-glutamyl-L-tyrosin 0,18·10^{-2}.
K. MAIER. 4210□

Eine begrenzte Proteolyse des nativen Ovalbumins durch eine Proteinase aus Streptomyces griseus. Kazuo Satake, Susumu Kurioka und Takehiko Neyasaki. (J. Biochemistry [Tokyo] **50.** 95—101. Aug. 1961. Tokyo, Tokyo Metropolitan Univ., Fac. of Sci., Dep. of Chem.; engl.) — Natives Ovalbumin wird einer begrenzten Proteolyse durch eine Proteinase (Pronase) aus *Streptomyces griseus* unterworfen. Bei dieser Proteolyse werden zwei andere native Proteine der Zus. Ala·Ala u. Ala·Gly·Val·Asp gebildet. M. LORENZ. 4210□

Untersuchungen über die Protease und einen Proteaseninhibitor in der Rattenplacenta unter normalen und pathologischen Bedingungen. T. Goetze und E. Goetze. (Acta biol. med. german. [Berlin] **7.** 580—88. 1961. Friedrich-Schiller-Univ. Jena, Inst.

für patholog. Physiol.; dt.) — Die *Protease* der Placenta weißer Ratten hat ein pH-Optimum bei 3,9 u. zeigt bei physiolog. pH-Werten kaum noch Aktivität. Vom 10. Tag bis zum Ende der Trächtigkeit sinkt die Aktivität des Enzyms nur unbedeutend u. ist auch unter der Geburt nicht verändert. Im Gegensatz zu den proteolyt. Fermenten des Pankreas läßt sich das Enzym durch Blutplasma nicht hemmen. Durch eiweißfreie Nahrung, Durst, CCl_4-Vergiftung, Hydrocortison u. Prednisolon läßt sich die Proteasenaktivität nicht beeinflussen. Der in der Placenta enthaltene Proteaseninhibitor hemmt die Pankreasproteasen u. die des Erythrocytenstromas. Er ist mit A. nicht extrahierbar, fällbar mit Ammoniumsulfat, thermolabil u. dialysiert nur sehr langsam.
U. HINTERBERGER. 4210□

Hinweis auf eine Dimerisierung von Lysozym in alkalischer Lösung. A. J. Sophianopoulos und K. E. Van Holde. (J. biol. Chemistry **236.** PC 82—PC 83. Dez. 1961. Urbana, Ill., Univ. of Illinois, Dep. of Chem. and Chem. Engng.; engl.) — Bei pH 5,4 liegt *Lysozym* (I) (chromatograph. homogenes Präp. aus Hühnereiweiß) monodispers vor (extrapoliert: Molgew. 14400). Mit steigendem pH nimmt das mittlere Molgew. zu. Bis pH 10 besteht offenbar ein Gleichgewicht zwischen monomerem u. dimerem I. Die Assoziation ist reversibel. K. MAIER. 4210□

Austausch von Deuterium-Wasserstoff zwischen Lysozym und Wasser. L. Kanarek, A. Hvidt, J. Léonis und M. Ottesen. (Arch. int. Physiol. Biochim. **69.** 596—97. Sept. 1961. Bruxelles, Univ., Labor. de Chim. gén. II, Kopenhagen, Dép. chim. du Labor. Carlsberg; franz.) — Der D-H-Austausch ist bei dem nativen *Lysozym* (I) abhängig von der Temp. u. vom pH. Vff. berichten über Austauschverss. an I, das durch Einw. einer gesätt. Harnstoff-Lsg. bei 15% (pH 8,5) denaturiert u. chromatograph. in 5 Fraktionen aufgeteilt wurde. 3 dieser Fraktionen tauschen bei pH 3,2 (0 oder 38°) weniger H aus als das native Enzym, 2 Fraktionen jedoch mehr. Bei der therm. Denaturierung (pH 3,2; 4 Std. 55—83°) erleidet I eine irreversible Veränderung. I, das bei 55, 60 u. 72° denaturiert wurde, tauscht im Gegensatz zu I, das bei 83° gehalten wurde, weniger H aus als das native Enzym. Vff. schließen aus diesen Verss. auf einen 2stufigen Mechanismus bei der Denaturierung von I, der einmal die therm., zum anderen die chem. Denaturierung betrifft. Unterdrückt man die Wrkg. des denaturierenden Agens nach dem 1. Stadium, so zeigt das Protein eine kompaktere Kondition als vor der Behandlung. Im Laufe des 2. Stadiums tritt eine irreversible Umwandlung von I ein, die ihm eine weniger stabile Struktur verleiht. B. GÖRLICH. 4210□

Einbau markierter Aminosäuren in eine Lipidfraktion der isolierten Rattenleber. Ottavio Barnabei und Renata Ferrari. (Arch. Biochem. Biophysics **94.** 79—84. Juli 1961. Ferrara, Univ., Inst. of Gen. Physiol.; engl.) — Vgl. Boll. Soc. ital. Biol. sperim. **36.** [1960.] 880. — Vff. fanden in der von Blut durchströmten Rattenleber schnellen Einbau von ^{14}*C-Aminosäuren* in eine Phosphatidpeptidfraktion. Die Hydrolyse des Phosphatidpeptids zeigte, daß sich die Radioaktivität hauptsächlich in der in Ae. unlösl. Aminosäurefraktion befand. Der ^{14}C-Einbau wurde durch Äthionin, Chloramphenicol, KCN u. durch anaerobe Bedingungen gehemmt. H.-G. FLOSS. 4210□

Zur Kenntnis des Fettsäureabbaus durch Schimmelpilze. 3. Mitt. **Über eine Decarboxylase der mittleren β-Ketomonocarbonsäuren (β-Ketolauratdecarboxylase).** Wilhelm Franke, Arno Platzeck und Gisela Eichhorn. (Arch. Mikrobiol. **40.** 73—93. 1961. Köln, Univ., Inst. für Gärungswiss. u. Enzymchem.; dt.) — 2. vgl. Arch. Mikrobiol. **31.** [1958.] 359. — In Extrakten guter Methylketonbildner (Aspergillus niger Stamm 311 oder 370 2 Tage gezüchtet auf 5% Saccharose, 0,25% Hefeextrakt u. Salze) läßt sich eine Decarboxylase der β-Ketomonocarbonsäuren nachweisen, deren Wrkg. von C_4—C_{12} ansteigt, oberhalb C_{12} aber rasch abfällt. Nach dem optimalen Substrat bezeichnen Vff. das Enzym als *β-Ketolauratdecarboxylase.* Das pH-Optimum der Wrkg. steigt mit zunehmender Länge der C-Kette (u. abnehmender Löslichkeit der freien Säuren) von 5,5 auf ca. 7 an. Die enzymat. CO_2-Abspaltung verläuft als Rk. 1. Ordnung. Die Enzymgewinnung erfolgt durch Homogenisieren des gewaschenen Preßmycels, 20 Min. langes Zentrifugieren, Dialyse, Ansäuern, Hitze- u. Kältebehandlung. Zusatz von NH_4-Laurat oder Tween 20 zu zuckerhaltigen Nährlsgg. erhöht die enzymat. Aktivität der Mycelextrakte nicht. Das Enzym, das im Cytoplasma blockiert ist, ist konstitutiv u. seine Aktivität am größten in möglichst jungem Mycel (35—40 Std.). Bei Kaltlagerung der Lsgg. erweist sich die Decarboxylase als sehr beständig (bei —20° 2 Monate akt.), ebenso bei pH 5—8. Relativ groß ist auch seine Säurebeständigkeit, selbst bei pH 1 (15 Min.). Dialyse (1 Tag) bringt beträchtliche Verluste, wobei Leitungswasser das schonendste Dialysemedium ist. Auffallend ist die Thermostabilität des Enzyms. Erst nach ½ std. Erhitzen auf 100° tritt deutlicher Aktivitätsverlust ein. Bei Kälte- u. Hitzebehandlung u. beim Ansäuern der Rohextrakte erfolgt starke Flockung, im klaren Überstand ist die Enzymaktivität gegenüber dem Rohextrakt erhöht. Auch der Nd. zeigt eine gewisse Aktivität. Aceton- u. A.-Fraktionierung bei Temp. unter 0° sind zur Enzymreinigung ungeeignet. $(NH_4)_2SO_4$-Fraktionierung ergibt mehrfache Anreicherung. Die physiolog. Bedeutung der Methylketon-Bldg. ist noch unklar. Vff. nehmen an, daß bei gewissen Schimmelpilzen die Thiolase-Rk. am β-Ketoacyl-Coenzym A gehemmt ist u. die nach der Abspaltung des Coenzym-A-Restes gebildeten β-Ketosäuren durch Decarboxylierung eliminiert werden. B. GÖRLICH. 4210 □

Eine einfache Methode zur Bestimmung des Färbeindex des Blutes durch die Messung der Lipolyse. Pierre May. (C. R. hebd. Séances Acad. Sci. **245**. 2551—54. 23/12. 1957; franz.) — Gegenüber den Unzulänglichkeiten der bisherigen quant. Best. von *Lipoproteinlipase* (I) schlägt Vf. eine Meth. vor, die auf einer quant. Schätzung der Lipolyse beruht. Sie gibt die Werte der lipolyt. Aktivität proportional der Konz. an I wieder. Gemessen wird die Minderung der Opazität einer künstlichen Emulsion in Ggw. von Plasma, die durch die Lipolyse hervorgerufen wird, also durch freigemachte Fettsäuren infolge der Hydrolyse der Triglyceride. Gibt man Fettsäuren zu einer eingestellten Lsg. aus Eosin u. Rinderplasmaalbumin, so ändert sich augenblicklich deren Farbe. Die Rk. läuft in sehr verd. Milieu bei Zimmertemp. ab. Die Empfindlichkeit der Meth. erlaubt es, ein Plasma von 10mal geringerer Aktivität zu bestimmen als es dem Durchschnitt entspricht. P. NACHTWEY. 4210 □

Biochemische Systeme mit „Einzelkohlenstoff"-Übertragung. F. R. Dalal und A. Sreenivasan. (Proc. nat. Inst. Sci. India, Part A **26**. 232—49. Dez. 1960. Mysore, Central Food Technol. Res. Inst.; engl.) — Übersicht, *Folsäure* (I) u. *Vitamin* B_{12} bei Transmethylierungen, Methylbiogenese, I u. *Vitamin* B_{12} bei C_1-Übertragungen, Umwandlung von I in den *Citrovorumfaktor*, Umwandlung von *Uracil* in *Thymin*, *Methionin*-Synth. aus *Homocystein*, *Serin*-Synth. aus *Glycin*, Umwandlung von *Äthänolamin* in *Cholin*, Einfl. von I auf die labile Methyloxydation. — 153 Literaturangaben. P. GREGORZEWSKI. 4210 □

Basenaustauschreaktion von Thiaminase I nach Behandlung mit Schwefelwasserstoff. Tadashi Kawakami. (Vitamins [Kyoto] **9**. 14—18. 1955. Niigata, Niigata Univ., School of Med., Dep. of Internal Med.; jap., Auszug: engl.) — Aus den inneren Organen von Süß- u. Meerwasserschaltieren, Karpfen, Farnen, Hahnenkamm sowie den Kultur-Fll. von *Bacterium thiaminolyticus* wird *Thiaminase I* (I) durch Behandlung mit Aceton u. Reinigung durch H_2S-Sättigung in Lsg. gewonnen. Nach Verdünnen der I-Lsgg., bis keine I-Wrkg. mehr nachweisbar ist, wird *Thiamin* (II) u. Citratpuffer (pH 5,5) zugegeben. Nach Zusatz von je 10^{-3} Mol Anilin bzw. Pyridin tritt eine Basenaustausch-Rk. ein, so daß II zerlegt wird u. sich je nach Wrkg. ein „Anilin- bzw. Pyridinwert" errechnen läßt. I wird nach diesem Verh. in ein stabiles u. instabiles u. letzteres wiederum in 2 Gruppen unterteilt: 1. instabil beim Basenaustausch gegen beide Basen u. 2. instabil nur jeweils gegen eine der Basen. L. SCHULER. 4210 □

Biologischer Abbau von Dehydro-L-ascorbinsäure; 2.3-Diketoaldonsäuredecarboxylase von Rattenleber. Yasuo Kagawa, Yoshitake Mano und Norio Shimazono. (Biochim. biophysica Acta [Amsterdam] **43**. 348—49. 23/9. 1960. Tokyo, Univ. of Tokyo, Fac. of Med., Dep. of Biochem.; engl.) — *2.3-Diketo-L-gulonsäure* (I), das Hydrolysenprod. von *Dehydro-L-ascorbinsäure* wurde durch *2.3-Diketoaldonsäuredecarboxylase* aus Rattenleber zu *L-Lyxonsäure* u. *L-Xylonsäure* decarboxyliert. Das Entstehen von 2 Rk.-Prodd. ist wahrscheinlich auf eine Enolisierung von I vor der Decarboxylierung zurückzuführen. K. ZINGRAF. 4210 □

Darstellung zellfreier Extrakte von Staphylokokken-Penicillinase. Harry G. Steinman. (J. Bacteriol. **82**. 620—21. Okt. 1961. Bethesda, Md., U. S. Public Health Serv., Nat. Inst. of Health, Nat. Inst. of Allergy and Infect. Diseases, Labor of Clin. Invest.; engl.) — Durch Anwendung eines mechan. Schnellschüttlers gelingt die Freisetzung der *Penicillinase* aus den Bakterienzellen innerhalb weniger Minuten. P. GREGORZEWSKI. 4210 □

Energieversorgung der Hefezelle unter anaeroben Stoffwechselbedingungen. W. Nordheim. (Mschr. Brauerei **14**. 71—80. Mai 1961. Beil. zu Brauerei. Berlin, Dtsch. Akad. der Wiss., Inst. für Med. u. Biol.; dt.) — Im Gegensatz zur bisherigen Annahme, daß unter anaeroben Bedingungen der anoxygene Spaltungsstoffwechsel (Gärung) die für die Proliferation der Hefezelle erforderliche Energie zu liefern vermag, zeigten Verss. mit verschiedenem Hefezellmaterial, daß die Gärung allein nicht die energet. Potenz besitzt, um die biosynthet. Grundfunktionen der Zelle (Fortpflanzung bzw. Eiweiß-Synth., Phosphatstoffwechsel) aufrechtzuerhalten bzw. biosynthet. verwertbare Energie zu liefern. Während sich die ausschließlich atmenden Hefezellarten (Torulazeen) beim Fehlen von O_2 völlig asynthet. verhalten, besitzen die Gärungshefen u. die zymagen umgezüchteten Atmungshefen die Fähigkeit anoxysynthet. Zell-Rkk. zu vollführen, z. B. ohne O_2 zu proliferieren oder Phosphat von außen über die Zellmembran ins Plasma zu transferieren. Die Potenz zu dieser Anoxysynth. besteht jedoch nur so lange, wie die Zelle über ein entsprechendes anoxygenes Energiepotential verfügt. Dieses erschöpft sich im Laufe von fortgesetzter anaerober Passagenzüchtung (sog. Diminutionzüchtung; Verss. mit Sacch. carlsbergensis Frohberg) mehr u. mehr, bis schließlich anoxybiot. Cytostase (Anabiose) eintritt, in der alle biosynthet. Funktionen ohne gleichzeitige Abnahme des Gärvermögens ruhen. Dieser Anabiosezustand läßt sich durch O_2 oder durch O_2-freie Koch- u. Ae.-Extrakte aus Hefen oder aus tier. Organ- u. Drüsengeweben oder durch Substanzen lipider Art (*Phosphatide*: Lecithin, Kephalin; *Sterine*: Cholesterin, Stigmasterin, Ergosterin; *Carotinoide*) wieder aufheben. In den Glycerinphosphatiden bilden die ungesätt. Fettsäuren die eigentliche Wrkg.-Gruppe, während die Sterine als solche anabiot. akt. sind. Ohne Wrkg. erwiesen sich Adenosintri- u. -diphosphat, Phosphokreatin, Phosphoarginin, Acetylphosphat, Acetyl-CoA u. die Redoxkatalysatoren Diphosphopyridinnucleotid u. α-Liposäure. Vf. nimmt an, daß sich in der Hefezelle bebestimmte Zellmetabolite vorfinden, die nach einem oxydoreduktiv regulierten Rk.-Mechanismus zur Elektronenübertragung in Kopplung mit anoxysynthet. wirksamer Energielieferung spezif. befähigt sind u. daß der asynthet. Prozeß der Gärung u. der anoxysynthet., durch O_2 oder O_2-freie Zellextrakte ausgelöste Prozeß, gundsätzlich voneinander verschieden sind. Letzterer stellt eine neue Energiequelle dar, die bei der Energieversorgung der Gärungshefezellen unter anaeroben Bedingungen eine große Bedeutung besitzt. B. GÖRLICH. 4270□

E₃. Mikrobiologie. Bakteriologie. Immunologie

Ein neuer nur einfache Reagentien erfordernder Indoltest. Miguel Gracián. (J. Bacteriol. **82.** 618. Okt. 1961. Cali, Columbien, Univ. del Valle, Dep. of Preventive Med. and Public Health; engl.) — Bei Zugabe von 0,1 ml Lsg. I (1 Teil 37% CH_3O, 2 Teile konz. H_2SO_4) pro ml Bakterienkulturbrühe u. nach Umschütteln pro ml Brühe 1 Tropfen Lsg. II (0,5% $K_2Cr_2O_7$ in dest. W.) entsteht eine rosa Färbung, wenn *Indol* vorhanden ist. Bei Abwesenheit von Indol entsteht eine Gelbfärbung.
P. GREGORZEWSKI. 4300□

Untersuchung des Wachstums und der Entwicklung von Chlorella-Populationen im Kulturverband. 6. Mitt. Basophile und Oxydoreduktions-Beziehungen in Chlorella-Zellen. R. Řetovský und Irena Klášterská. (Folia microbiol. [Praha] **6.** 127—35. 1961. Prague, Czechoslovak Acad. of Sci., Inst. of Biol., Dep. of Microbiol.; engl.) — 5. vgl. Folia microbiol. [Praha] **6.** [1961.] 115. — Die Färbemöglichkeiten von *Chlorella vulgaris* Beijerinck var. *viridis* (Chodat) u. *Chlorella pyrenoidosa* (Pringsheim) mit der GRAM-Färbemeth., durch Red. von 2.3.5-Triphenyltetrazoliumchlorid u. Tellursäure, durch Oxydation der Leucoform des Neutralrots u. durch das basophile Verh. wurden eingehend untersucht. Zusammenfassend konnte allg. festgestellt werden, daß Chlorellazellen mineral. Nährstoffe, bes. P, nur während der vegetativen Phase absorbieren, wobei in diesem Stadium die Bldg. von *Ribonucleinsäure* (I) auf die Zelloberfläche konzentriert ist. Bein Eintritt in die reproduktive Phase u. der Differenzierung der Chondriome in fadenförmige Mitochondrien entsteht *Desoxyribonucleinsäure* auf Kosten von I.
W. KREIPE. 4310□

Der Kohlenstoff- und Stickstoff-Verwendungsstoffwechsel von ammoniakassimilierenden Stämmen der beiden Säugetiertypen des Mycobacterium tuberculosis. Gerhard Lebek. (Zbl. Bakteriol., Parasitenkunde, Infektionskrankh. Hyg., I. Abt., Orig. **169.** 85—95. Juli 1957. München, Univ., Hyg. Inst. u. Dtsch. Forsch.-Amt für Tuberkulose „Ludolph-Bauer-Inst."; dt.) — Für alle untersuchten Tb-Stämme (Tb-St.) (drei humane u. zwei bovine) konnte *Glycerin* als *Kohlenstoffquelle* (C-Q) dienen. Ein Teil der Tb-St. vermehrte sich auch mit Glucose, essigsaurem, buttersaurem oder brenztraubensaurem Natrium als alleiniger C-Quelle. Wenn Ammoniumchlorid die Stickstoffquelle (N-Q) bildete, konnte keine der folgenden Substanzen als alleinige C-Q dienen: Methanol, A., Erythrit, Adonit, Mannit, Sorbit, Dulcit, Mesoinosit, Arabinose, Xylose, Ribose, Rhamnose, Mannose, Galactose, Fructose, Sorbose, Saccharose, Maltose, Cellobiose, Trehalose, Lactose, Melibiose, Raffinose, Na-Formiat, Na-Propionat, Na-Lactat, Na-Oxalat, Na-Succinat, Na-Fumarat, Na-Tartrat, Na-Malat, Na-Glutarat u. Na-Citrat. Die als C-Q geeigneten Substanzen wurden von den Tb-St. als H-Donatoren aktiviert. Darüber hinaus wurden folgende Stoffe von den Tb-St. dehydriert, obwohl sie als C-Q ungeeignet waren: Na-Lactat u. Na-Glutarat, Mannit, Sorbit, Arabinose, Xylose, Rhamnose, Mannose, Galaktose, Maltose u. Lactose. Als gemeinsame C-Q u. N-Q konnte

ein Teil der Tb-St. verwerten: Alanin, Asparagin, Na-Glutaminat u. Na-Asparaginat, während Glykokoll, Glycylglycin, Serin, Methionin, Valin, Phenylalanin, Tyrosin, Histidin, Arginin, Prolin, Cystin, Cystein, Tryptophan, Kreatin, Kreatinin, Harnstoff, harnsaures Natrium u. Leucin für keinen der Tb-St. als gemeinsame Quelle dienen konnten. Als N-Q verwendeten alle untersuchten Tb-St. Glykokoll, Glycylglycin, Lysin, Asparagin, Na-Glutaminat u. Na-Asparaginat, wenn Glycerin als C-Q diente. Für alle Tb-St. sind als N-Q (wenn Glycerin C-Q ist) weniger gut geeignet Ammoniumchlorid u. harnsaures Natrium, während für einen Teil der Tb-St. bei gleicher C-Q Alanin, Arginin, Leucin, Valin, Histidin, Serin, Kreatin, Kreatinin u. Kaliumnitrat als N-Q dienen können. Methionin, Tyrosin, Phenylalanin, Cystin, Cystein, Tryptophan u. Harnstoff konnten in keinem Falle als alleinige N-Q eingesetzt werden. Zwischen den Ammoniak assimilierenden humanen u. bovinen Tb-St. konnten keine regelmäßigen Unterschiede im C- u. N-Verw.-Stoffwechsel erkannt werden, es existieren aber individuelle Unterschiede zwischen den einzelnen humanen u. bovinen Stämmen.
H. KLUGE. 4310□

Über die Assimilation von β-Alanin durch Neurospora crassa. Harald Aurich. (Arch. Mikrobiol. **39.** 221—29. 1961. Leipzig, Univ., Physiol.-Chem. Inst.; dt.) — *Neurospora crassa* vermag mit *β-Alanin* (**I**, 1,0 g N/Liter äquivalent) als einziger N-Quelle nur wenig u. allmählich zu wachsen. Zusätze von Vitaminen der B_6-Gruppe (*Pyridoxal-5-phosphat, Pyridoxin·HCl* oder *Pyridoxal·HCl*, 0,5 μm) verbessern die Assimilation. Das Wachstumsmaximum liegt dann etwa am 18. Tag. *α-Alanin* (**II**) ist eine bessere N-Quelle, Wachstumsmaximum etwa am 6. Tag. Während der Autolyse erscheint mit **I** u. **II** freies NH_3, das aus dem Mycel u. aus **I** u. **II** stammt. Nach Erschöpfung der prim. C-Quelle (Saccharose) wird auch das C-Gerüst von **II** verbraucht; bei **I** fehlt hierfür der Beweis. Aus der verschiedenen Nutzung von **I** u. **II** werden für den **I**-Abbau spezif. Fermente angenommen.
H. AMAN. 4310□

Nicotinsäurebedarf von Candida pseudotropicalis. G. E. Foley, W. D. Winter jun. und H. D. Riley. (J. Bacteriol. **82.** 616—17. Okt. 1961. Boston, Mass., Children's Hosp. Med. Center, Harvard Med. School, Dep. of Path., Children's Cancer Res. Found., Labor. of Microbiol.; engl.) — Unter den *Candida-pseudotropicalis*-Stämmen gibt es nur sehr wenige, die *Nicotinsäure* unbedingt benötigen.
P. GREGORZEWSKI. 4310□

Aktivierung der Disulfid-Formen von Thiamin und dessen Phosphaten zu Wachstumsfaktoren für Lactobacillus fermenti. Z. G. Bánhidi. (J. Bacteriol. **79.** 181—90. Febr. 1960. Stockholm, Univ. of Stockholm, Wenner-Gren Inst. for Exp. Biol.; engl.) — *Thiamin* kann als Wuchsstoff für *Lactobacillus fermenti* durch *Thiamindisulfid* nur dann ersetzt werden, wenn im Medium gleichzeitig Cystein vorhanden ist. Zur Erzielung einer vollen Wuchsstoff-Wrkg. von 0,0094 μg Thiamindisulfid müssen über 400 μg Cystein im Medium vorhanden sein. In Ggw. suboptimaler Thiamin-Konz. wird das Wachstum der Bakterien auch durch Thiamindisulfid stark gefördert. Als Ursache wird die Spaltung der Disulfidform durch die reduzierende Wrkg. der Bakterien angenommen. Die Aktivierung gelingt auch mit Cystin, wenn dieses zusammen mit dem Medium hitzesterilisiert wird, ferner mit Ascorbinsäure oder Trioseredukton. Auch die Disulfide von Thiaminorthophosphat u. Thiaminpyrophosphat sind für die Zelle erst nach Aktivierung verwertbar.
D. CLAUS. 4310□

Die biologische Wirkung von cellulären Hemm- und Wirkstoffen. 2. Mitt. **Die Kinetik der Wirkung von Urethan auf das Wachstum von Tetrahymena pyriformis.** John J. Eiler, Joseph Z. Krezanoski und Kwan-Hua Lee. (J. Amer. pharmac. Assoc., sci. Edit. **48.** 666—69. Nov. 1959. San Francisco, Univ. of California, Med. Center, School of Pharmac.; engl.) — 1. vgl. C. **1961.** 1830. — Steigende Mengen von *Urethan* (**I**) bewirken eine progressive Steigerung der mittleren Generationszeit bei normalen Zellen von *Tetrahymena pyriformis*. — Das Wachstum läßt sich durch ein autokatalyt. Geschw.-Gesetz zweiter Ordnung in Ggw. oder Abwesenheit von **I** darstellen, das in logarithm. Form lautet: $2{,}3/P_x \cdot \log (P_t/P_x - P_t) \cdot (P_x - P_0)/P_0 = k_2 \cdot t$; hierin bedeuten: P_t die zeitabhängige Population, P_0 die Anfangspopulation, P_x die maximale Population u. k_2 die Reproduktions-Konst. zweiter Ordnung. — Sowohl **I** als auch der O_2-Bedarf beeinflussen die Konz. eines für das Wachstum erforderlichen, geschwindigkeitsbegrenzenden Faktors. — Die Reproduktions-Konst. erster Ordnung (k_1) sowie P_x stellen brauchbare Maßstäbe für die Messung der quant. **I**-Wrkg. dar.
A. HESSE. 4310□

Untersuchung über die Methylierung des somatischen Polyosids. Extrakt aus Salmonella typhi. Regina Tinelli. (Bull. Soc. Chim. biol. **43.** 357—66. 1961. Paris, Inst. Pasteur, Serv. des Vaccins; franz.) — Vf. isoliert aus einem Acetontrockenpulver-Präp. von *Salmonella typhi* durch Hydrolyse mit Essigsäure ein *Polyosid* (**I**), das 20% *Galaktose* (**II**), 20% *Glucose* (**III**), 17—20% *Mannose* (**IV**), 19—20% *Rhamnose* (**V**), 14%

Tyvelose (**VI**) sowie 0,4% N u. 0,7% P enthält u. inhomogen ist. Bei mehrfacher erschöpfender Methylierung von **I** (nach FREUDENBERG u. BOPPEL in fl. NH_3) wird ein Prod. mit 39% OCH_3 (α_D +69° [W.]) erhalten, das einer vorsichtigen Säurehydrolyse (1n H_2SO_4, Zimmer-Temp. —100°; 9—10 Std.) unterworfen wird. Nach Ionophorese u. Behandlung mit Ionenaustauschern werden die Methylzucker papierchromatograph. identifiziert. In den erhaltenen 5 Fraktionen lassen sich *2.4-Dimethylglucose, 2.3.4-* u. *2.3.6-Trimethylglucose, 2.3.4.6-Tetramethylglucose, 2.4.6-Trimethylgalaktose, 2.3.4.6-Tetramethylgalaktose, 2.3-Dimethylrhamnose, 2.3.4-Trimethylrhamnose, 2.4.6-Trimethylmannose* (**VII**), *2.3.4.6-Tetramethylmannose* u. ein Methyl-Deriv. von **VI** (Fraktion 1); ferner *2.3-Dimethylglucose, 2.6-Dimethylmannose* u. *2.6-Dimethylgalaktose* (Fraktion 2 u. 3); *4.6-Dimethylmannose, 3.4-Dimethylrhamnose* (Fraktion 4) sowie *3.6-Dimethylmannose* (Fraktion 5) nachweisen. Aus den Ergebnissen der Methylierung u. Perjodatoxydation geht hervor, daß **I** eine weitgehend verzweigte Struktur besitzt u. seine Endgruppen u. Kettenglieder aus **II, III, IV** u. **V** bestehen. Die Verzweigungspunkte, von denen niemals 2 auf ein u. demselben Zucker-Mol. der Hauptkette vorkommen, befinden sich vorwiegend an **II, III** u. **V**. Die Bindung von **VI** an das Nachbarzucker-Mol. ist sehr labil. Das Auftreten von **VII** zeigt, daß **VI** als Endgruppe mit **IV** verknüpft ist.

P. FAHRNLAENDER. 4315□

Aminosäuren-Zusammensetzung der mycobakteriellen Zellwand. Della R. Belknap, Merrill N. Camien und Max S. Dunn. (Proc. Soc. exp. Biol. Med. **107.** 289—92. Juni 1961. Los Angeles, Calif., Univ. of California, Chem. Labor.; engl.) — Die Aminosäuren-Zus. der Zellwände von 4 Mycobakterienstämmen (*Mycobacterium tuberculosis Stamm H 37 Ra* u. *F 1136, M. ranae* u. der nichtklassifizierte „*Battey*"-Stamm *F 811*) wurde mittels quant. Säulenchromatographie bestimmt. *Glutaminsäure, Alanin* u. *Diaminopimelinsäure* waren die Hauptbestandteile aller Zellwand-Präpp.; *Asparaginsäure, Serin, Threonin, Glycin, Isoleucin, Leucin* u. *Valin* waren in signifikanten Mengen in den Zellwänden eines oder mehrerer, aber nicht aller Mycobakterien vorhanden. Chromatograph. feststellbare Mengen von *Arginin, Cystin, Histidin, Lysin, Methionin, Phenylalanin, Prolin* u. *Tyrosin* fehlten. H. AMAN. 4315□

Chemische Untersuchungen der Protoplastenmembran von Bacillus megatherium KM. M. D. Yudkin. (Biochem. J. **82.** 40 P. März 1962. Cambridge, Univ., Dep. of Biochem., Med. Res. Council Unit for Chem. Microbiol.; engl.) — Schnelle, vollständige Auflösung von *B. megatherium* unter Freisetzung der Protoplastmembran bei Zusatz von *Lysozym* (**I**) tritt bei Zellen der exponentiellen Phase ein, wenn diese (20 mg/ml) in 0,01 m Na-Phosphat, pH 7,0, in Ggw. von 0,01 m $MgCl_2$, 400 μg **I**/ml u. 2 μg Desoxyribonuclease/ml suspendiert werden (Abzentrifugieren der Membranen bei 20000·*g*). Poly-β-hydroxybutyrat sedimentierte mit den Membranen u. wurde durch Chlf.-Extraktion abgetrennt. Kalter Trichloressigsäureextrakt enthielt keine Teichosäure. Nach Kochen des Rückstandes der Chlf.-Extraktion mit CH_3OH + 5% HCl war mit Ae. eine weitere Lipidfraktion, nach Erhitzen mit 6 n HCl ein 3. Ae.-Extrakt erhältlich. Der endgültige Rückstand bestand größtenteils aus Protein. Extrahiertes Neutrallipid u. Phospholipid (**II**) betrugen 12,9% u. 10,0% des Membrantrockengewichts. **II**-Hydrolysat enthielt Äthanolamin, kleine Mengen Aminosäuren, aber kein Cholin. Ca. 80% der Fettsäuren bestanden aus verzweigten C_{15}-Säuren, wobei die Isosäure, *13-Methyltetradecansäure*, doppelt so häufig wie die Anteisosäure war. K. MAIER. 4315□

Vergleichende Untersuchungen über das Vorkommen von freien und gebundenen Aminosäuren in Algen und Pilzen. Manfred Wagner. (Zbl. Bakteriol., Parasitenkunde Infektionskrankh. Hyg., II. Abt. **115.** 50—65. 31/1. 1962. Jena, Friedrich-Schiller-Univ., Inst. für allg. Bot.; dt.) — In allen untersuchten Algen u. Pilzen werden papierchromatograph. 17 Aminosäuren gefunden: *Alanin, Arginin, Asparaginsäure, Cystein/Cystin, Glutaminsäure, Glycin, Histidin, Isoleucin, Leucin, Lysin, Methionin, Phenylalanin, Prolin, Serin, Threonin, Tyrosin* u. *Valin.* P. GREGORZEWSKI. 4315□

Untersuchungen über das Vorkommen von D-Aminosäuren in Algen und Pilzen. Manfred Wagner. (Zbl. Bakteriol., Parasitenkunde Infektionskrankh. Hyg., II. Abt. **115.** 66—78. 31/1. 1962. Jena, Friedrich-Schiller-Univ., Inst. für allg. Bot.; Dt. Akad. der Wiss. zu Berlin, Inst. für exp. Therap. u. Mikrobiol.; dt.) — Vgl. vorst. Referat. — Nur in H_2SO_4-Hydrolysaten von verschiedenen Algen u. Pilzen konnten *D-Aminosäuren* mit D-Aminosäureoxydase u. papierchromatograph. nachgewiesen werden. *Chlorella* u. *Phaeophyceae* u. *Basidiomyceten* enthalten *D-Alanin.* Bei *Halidrys* u. *Chorda* wurde außerdem *D-Asparaginsäure* wahrscheinlich gemacht. P. GREGORZEWSKI. 4315□

Ein Glucosamin–Muram–Adenyl–Aminosäure-Komplex aus Bakterienzellen. K. E. Cooksey, R. A. Anwar, C. Roy und R. W. Watson. (Arch. Biochem. Biophysics **94.** 541—43. Sept. 1961. Ottawa, Canada, Nat. Res. Conc., Div. of Appl. Biol.; engl.) — Ein Adenylatkomplex, der an Muramsäure, an Glucosamin u. an Aminosäuren gebunden ist, wurde aus A.-Extrakten von Kilomengen der log. Phase des *Aerobacter cloacae* NRC 492 isoliert. Durch Papierchromatographie, Elektrophorese bei hohen Spannungen, spektrophotometr. Vgl. sowie HCl-Hydrolyse konnten die einzelnen Bestandteile des Komplexes nachgewiesen werden. L. MACHER. 4315□

Die Lipide des Halobacterium cutirubrum. S. N. Sehgal, M. Kates und N. E. Gibbons. (Canad. J. Biochem. Physiol. **40.** 69—81. Jan. 1962. Ottawa, Canada, Nat. Res. Council, Div. of Appl. Biol.; engl.) — Der 2% betragende Gesamtlipid-Geh. der Zellextrakte von *Halobacterium cutirubrum* besteht zu 93% aus Phosphatiden, den Rest bilden Carotinoidpigmente. Die Phosphatidkomponenten enthalten zumeist keine Fettsäureestergruppen, dafür dürften sie aber langkettige Alkylgruppen aufweisen, die esterartig an Glycerin gebunden sind. Etwa 73% der Phosphatidfraktion besteht aus einer einzelnen Komponente, die ein langkettiger Ester, wie Diphosphatidylglycerin, sein kann. Kleinere Anteile an Lecithin, Lysolecithin, Phosphatidylinosit u. Phosphatidylglycerin dürften ebenfalls vorhanden sein, wie dies chromatograph. Unterss. ergaben.
L. MACHER. 4315□

Die Lipidzusammensetzung von Bacillus cereus, die durch Alkoholanwesenheit im Kulturmedium beeinflußt wird. M. Kates, D. J. Kushner und A. T. James. (Canad. J. Biochem. Physiol. **40.** 83—94. Jan. 1962. Ottawa, Nat. Res. Counc., Div. of Appl. Biol.; London, Nat. Inst. for Med. Res.; engl.) — In alkoholfreien Medien gewachsene Zellen von *Bacillus cereus* hatten einen Lipoid-Geh. von 2,6% in der Trockensubstanz. Etwa die Hälfte der Lipide bestand aus Phosphatiden: 40% Phosphatidyläthanolamin, 28% Phosphatidylglycerin, 6% Lecithin, 10% Lyso-Verbb. (Lysolecithin, Lysophosphatidyläthanolamin) u. drei saure Phosphatide unbekannter Struktur. Die Fettsäuren der Gesamtlipide waren gesätt., wobei die verzweigtkettigen Hauptkomponenten C_{13}-, C_{15}- u. C_{17}-Säuren darstellten. Die neutralen Lipide bestanden zumeist aus Diglyceriden mit einem geringeren Anteil an Triglyceriden. 5—10% der Lipide enthielten unverseifbare, langkettige Alkohole (n-C_{16} u. n-C_{18}) u. Spuren langkettiger Aldehyde, die aus Plasmalogen stammten. In Ggw. von A. gewachsene Zellen hatten gewöhnlich einen höheren Phosphatidyl-Geh. bei niedrigerem Nichtphosphatid-Geh. u. einen höheren unverseifbaren Anteil als die Kontrollzellen. Der Gesamtlipid-Geh. oder das relative Verhältnis der Phosphatidkomponenten von in alkohol. Medium gewachsenen Zellen unterschied sich nur unwesentlich von Kontrollzellen.
L. MACHER. 4315□

Auffinden spezifischer Lipide bei Mycobakterien mit Hilfe der Infrarotspektroskopie. D. W. Smith, H. M. Randall, A. P. MacLennan, R. K. Putney und S. V. Rao. (J. Bacteriol. **79.** 217—29. Febr. 1960. Madison, Wis., Univ. of Wisconsin, Dep. of Med. Microbiol.; Ann Arbor, Mich., Univ. of Michigan, H. M. Randall Labor. of Physics; engl.) — Aus etwa 70 Stämmen verschiedener Mycobakterien (*M. tuberculosis*, *M. bovis*, *M. avium*, *M. phlei* u. a.) wurden *Lipide* extrahiert, mit Hilfe der Säulenchromatographie getrennt u. IR-spektroskop. charakterisiert. Viele der gefundenen Lipide traten bei allen oder vielen der untersuchten Stämme auf, sie wurden nicht weiter untersucht. Für 6 andere Lipide, die für bestimmte Stämme charakterist. waren, werden die IR-Spektren wiedergegeben. Es sind dies: *Phthioceryldimycocerosat*, an Hand einer authent. Probe analysiert. Verseifung dieser Verb. führte zu Mycocerosinsäure u. zu Phthiocerol. Substanz *Ga* u. *Gb* sind in ihrer Struktur unbekannt. Auf Grund IR-spektroskop. Werte u. UV-Absorption wird ein aromat. Äther als Bestandteil beider Verbindungen angenommen. Verseifung von Ga u. Gb führte zu Mycocerosinsäure. Ga u. Gb ergaben bei Hydrolyse O-Methyl-6-desoxyhexosen. Andere Lipidgruppen, als *Jav*, *Jat* u. *Jabs* bezeichnet, lieferten nach Hydrolyse ebenfalls Desoxyhexosen, Jav u. Jat außerdem Aminosäuren. Die einzelnen Substanzen unterscheiden sich vermutlich nur in ihren Zuckerkomponenten. Das Auftreten der spezif. Lipide wurde nicht vom Alter der Kulturen u. der Zus. des Nährmediums u. bei chromogenen Stämmen nicht von einer Licht-Einw. beeinflußt. Isoniazid resistente Stämme bilden das spezif. Lipid unverändert. D. CLAUS. 4315□

Vorkommen einer Substanz mit Sterinreaktionen bei Escherichia coli. Simone Dauchy, Fernand Kayser und Jean Villoutreix. (C. R. Séances Soc. Biol. Filiales **150.** 1974—77. 1956, herausgeg. 26/4. 1957. Nancy, Fac. de Pharm., Labor. de Chim.; franz.) — Aus einer Kultur von *Escherichia coli* in einem Glucosesalzmedium wurden ca. 5,4 mg (pro 100 g Trockenbacillen) einer LIEBERMANN-positiven Substanz extrahiert, welche ein unlösl. Digitonid liefert u. wahrscheinlich ein Sterin ist. H. AMAN. 4315□

Ein Antioxydans in Saccharomyces cerevisiae. 2. Mitt. Konzentration des aktiven Bestandteils. Tsutomu Nogami. (Vitamins [Kyoto] **8.** 315—18. 1955. Toyama, Rot-Kreuz-Krankenh.; jap., Auszug: engl.) — Der als *Antioxydans* akt. Bestandteil in

Saccharomyces cerevisiae ist in 70% ig. A. lösl. u. bei 100° noch beständig. Er wird erhalten durch Extraktion von S. cerevisiae mit 70% ig. A., Entfernung von störenden wasserlösl. Verunreinigungen durch Säureton (pH 3), Adsorption an Aktivkohle (6—8% bei pH 3,5 u. 80°), Elution der Kohle mit 2,5% ammoniakal. Aceton bei 70°, Fällung mit Phosphorwolframsäure, Zerlegung des Nd. mit $Ba(OH)_2$ in W., Einengen u. Extraktion mit abs. A. 1% des eingetrockneten Konzentrates stabilisiert das in Leberöl enthaltene Vitamin A. Beim Lagern nimmt die Aktivität in 50 Tagen um 50% ab, doch gewinnt der in abs. A. lösl. Extrakt des Präp. dann wieder die ursprüngliche Aktivität.
L. SCHULER. 4315□

Pigmente in Trichophyton rubrum. P. D. Mier. (Nature [London] **179.** 1084—85. 25/5. 1957. London, Inst. of Dermatol., Biochem. Dep.; engl.) — Rohe Extrakte aus *Trichophyton rubrum* wurden im aufsteigenden Papierchromatogramm (WHATMAN Nr. 3 MM, 70% Chlf., 30% PAe) in 3 Fraktionen geteilt: *Pigment A*, R_F 0,95, hellgelb; *Pigment B*, R_F 0,75, orangerot; *Pigment C*, R_F 0,45, tief bläulichrot. Durch fraktionierte Fällung des Chlf.-Eluates mit *PAe.* u. weitere Reinigung wurde *Pigment B* als feine, dunkelrote Nadeln, *Pigment C* als feine Purpurnadeln erhalten, während *Pigment A* als amorpher, fester Körper zurückblieb. Aus dem Verh. der Farbstoffe gegen Alkali, Red.-Mittel, atmosphär. O_2 in red. Zustand u. ihren Absorptionsspektren zwischen 200—600 mμ dürfte es sich um Anthrachinon-Derivv. (*Polyhydroxy-2-methylanthrachinone*) handeln. Weitere Unterss. über die Struktur der Farbstoffe sind im Gange. H. AMAN. 4315□

Hemmungsanalytische Versuche zum Rückkoppelungseffekt bei Hydrogenomonas. H. G. Schlegel und R. v. Bartha. (Z. Naturforsch. **16 b.** 777—80. Dez. 1961. Göttingen, Univ., Inst. für Mikrobiol.; dt.) — Gewaschene Suspensionen, in der exponentiellen Wachstumsphase geernteter, chemolithotroph gezüchteter Knallgasbakterien (*Hydrogenomonas*, Stamm 16) oxydieren H_2 in Ggw. von CO_2 3—4fach rascher als ohne CO_2. Auch nicht wachsende, „ruhende" Zellen fixieren CO_2 u. verwerten sie zur Synth. von *Poly-β-hydroxybuttersäure*. Maximaler Elektronentransport erfolgt nur, wenn energiebedürftige CO_2-Fixierung möglich ist. In Abwesenheit von CO_2 beschleunigt *2.4-Dinitrophenol* die H_2-Aufnahme nur um 20%. Thiazinfarbstoffe, wie *Methylenblau* (I) u. *Thionin,* bewirken typ. Entkoppelungs-Rkk. mit 2—3fach vermehrter H_2-Aufnahme. In Ggw. von CO_2 vermindern SH-Gruppen-Gifte, wie *Monojodacetat* (II) oder *Monojodacetamid,* die die Intermediärprozesse der CO_2-Fixierung blockieren, die Geschw. der H_2-Aufnahme bis zu derjenigen der CO_2-freien Kontrolle. Bei Trennung der durch **II** gehemmten CO_2-Fixierung von der H-Transportkette durch **I**-Zusatz nimmt die Aufnahme erneut zu. Die Hemmungsverss. sprechen für die Vorstellung, daß die die „Leerlauf-H_2-Oxydation" (ohne CO_2) übersteigende Knallgas-Rk. in Ggw. von CO_2 eng mit der CO_2-Fixierung gekoppelt ist. K. MAIER. 4320□

Versuchsanlage zur Untersuchung der Nutzung von Leucin durch Saccharomyces cerevisiae. J. W. Spanyer jun. und Alan T. Thomas. (J. agric. Food Chem. **4.** 866—68. Okt. 1956. Louisville, Ky., Brown-Forman Distillers' Corp.; engl) — Die Unterss. in Vers.-Fermentatoren bestätigten die Annahme, daß die Hefe α-Aminosäuren unter Bldg. von Alkoholen desaminiert u. decarboxyliert. Es wurde das *Leucin*-Syst. unter Standardbedingungen untersucht. Die Resultate zeigen, daß die Menge gebildeten Fuselöls annähernd eine lineare Funktion der Menge von zugegebenem Leucin ist.
H. AMAN. 4320□

Der endogene Stoffwechsel von Escherichia coli. E. A. Dawes und D. W. Ribbons. (Biochem. J. **82.** 49 P. März 1962. Glasgow, Univ., Dep. of Biochem.; engl.) — Aerob auf Glucose-NH_4-Salz-Medium gezüchtete *Escherichia coli*-Zellen der exponentiellen Phase enthalten 5—6% Kohlenhydrat (I) (Trocken-Gew.), das in belüfteter gewaschener Suspension auf 2—3% absinkt, während der *Glykogen* (II)-Geh. von ca. 3% auf prakt. Null abfällt. Während der **I**-Erschöpfung findet sich in den Zellen wenig NH_3 u. keines wird ausgeschieden. Nach **II**-Verbrauch setzt NH_3- u. Aminosäure (**III**)-Ausscheidung ein u. verläuft mit linearer Geschwindigkeit. Der innere freie **III**-Pool bleibt weitgehend konstant. Q_{O_2} fällt während der 1. Std. der **II**-Erschöpfung rasch ab u. wird dann während des Stoffwechsels der N-Verbb. konstant. Auf Trypton-Glucose-Nährböden gezüchtete Zellen geben fast ident. Ergebnisse. **II** dient anscheinend bei *E. coli* als primäres endogenes Substrat. Nach dessen Verbrauch werden N-Verbb. unter NH_3-Bldg. abgebaut. K. MAIER. 43 0□

Lävanbildung durch Zymomonas enobilis (Pseudomonas lindneri). D. W. Ribbons, E. A. Dawes und D. A. Rees. (Biochem. J. **82.** 45 P. März 1962. Glasgow, Univ., Dep. of Biochem.; Edinburgh, Univ., Dep. of Chem.; engl.) — Bei Züchtung von *Z. mobilis,* einer Kohlenhydrat als Energiequelle benötigenden Species, in Ggw. von *Saccharose* (I) findet Bldg. von *Lävan* (II) statt. Als einziger Zuckerrest wurde *Fructose* (94,5%

Anhydrofructose) nachgewiesen. Perjodatoxydation u. partielle Säurehydrolyse zeigten, daß **II** ein *Fructosan* mit vorwiegend 2.6-Glykosidbindung ist. Zellextrakte bildeten **II** aus **I** oder Raffinose. Eine **I**-Phosphorylase war nicht feststellbar. K. Maier. 4320□

Untersuchungen über Acylaseaktivität und Mikroorganismen. 12. Mitt. **Optische Spaltung von Glutaminsäure und Asparaginsäure durch den Stoffwechsel der Bodenbakterien an Benzoylderivaten von DL-Aminosäuren.** Etsuko Toyoura. (Chem. pharmac. Bull. [Tokyo] **7.** 785—86. Okt. 1959. Kanazawa Univ.; Fac. of Pharm., Labor. of Antibiotics; engl.) — 11. vgl. Chem. pharmac. Bull. [Tokyo] **7.** [1959.] 702. — Vf. untersuchte die Bodenbakterienstämme KT-230, KT-231, KT-232 u. KT-233 (Pseudomonasarten) auf ihre Aktivität gegenüber *Glutaminsäure, Asparaginsäure* u. deren Benzoyl-Derivv. u. zeigte, daß KT-230 u. 231 *Benzoyl-DL-glutaminsäure* (**I**) u. *Benzoyl-DL-asparaginsäure* (**II**) spalten können, wenn sie als einzige C-Quellen im Medium vorliegen, nicht jedoch KT-232 u. 233. Aus einer 7tägigen Kultur von KT-231 in einer Nährlsg. mit **I** oder **II** wurden *L-Glutaminsäure* u. *Benzoyl-D-glutaminsäure* bzw. *L-Asparaginsäure* u. *Benzoyl-D-asparaginsäure* isoliert. H. Thiele. 4320□

Untersuchungen über Acylaseaktivität und Mikroorganismen. 13. Mitt. **Optische Spaltung von p-Methoxyphenylalanin und 3.4-Methylendioxyphenylalanin durch den Stoffwechsel der Bodenbakterien an Benzoylderivaten von DL-Aminosäuren.** Etsuko Toyoura. (Chem. pharmac. Bull. [Tokyo] **7.** 787—88. Okt. 1959; engl.) — 12. vgl. vorst. Referat. — Vf. untersuchte die Bodenbakterienstämme KT-230 u. KT-231 auf ihre Aktivität gegenüber *p-Methoxyphenylalanin,* einem Hydrolyse-Prod. des Antibioticums *Puromycin* u. dem in Natur-Prodd. noch nicht nachgewiesenen *3.4-Methylendioxyphenylalanin* u. deren Benzoylderivaten. Es wird gezeigt, daß Stamm KT-231 *Benzoyl-p-methoxy-DL-phenylalanin* u. *Benzoyl-3.4-methylendioxy-DL-phenylalanin* spaltet u. in die entsprechenden L-Aminosäuren u. Benzoyl-D-aminosäuren überführt. H. Thiele. 4320□

Untersuchungen über Acylaseaktivität und Mikroorganismen. 14. Mitt. **Ein Bodenbakterienstamm mit der Fähigkeit zur Spaltung von Lysin im Verlaufe des Stoffwechsels von α-N-Phenylacetyl-ε-N-benzoyl-DL-lysin.** Etsuko Toyoura. (Chem. pharmac. Bull. [Tokyo] **7.** 789—90. Okt. 1959; engl.) — 13. vgl. vorst. Referat. — Vf. isolierte einen vermutlich zur Gattung *Pseudomonas* gehörenden Bodenkeim KT-311, der beträchtliche Aktivität gegenüber *α-N-Phenylacetyl-ε-N-benzoyl-DL-lysin* zeigt u. dieses in *ε-N-Benzoyl-L-lysin* (**I**) u. *α-N-Phenylacetyl-ε-N-benzoyl-D-lysin* überführt. Dieser Keim konnte das Benzoyl-Deriv. des **I** im Gegensatz zum Phenylacetyl-Deriv. nicht hydrolysieren. H. Thiele. 4320□

Wirkungen von Diaminopimelinsäure und Lysin während des Wachstums auf die Diaminopimelinsäuredecarboxylaseaktivität gewisser Bakterien. P. J. White. (Biochem. J. **82.** 39 P. März 1962. London, Twyford Labor.; engl.) — Bei 3 *Staphylococcus aureus*-Stämmen, *Escherichia coli* (A.T.C.C. 9637) u. 2 Mutanten, M 81—29 [*Diaminopimelinsäure* (**I**) oder *Lysin* (**II**= erforderlich] u. M 122—64 (Asparagat + **I** oder **II** erforderlich), wurde die **I**-*Decarboxylase* (**III**)-Aktivität durch Inkubation gewaschener Suspensionen mit *meso* (*DL*)-**I** in Phosphatpuffer, pH 6,8; Pyridoxalphosphat u. Cetyltrimethylammoniumbromid bestimmt. Alle Organismen wiesen bei Kultur in Bouillon niedrigere **III**-Aktivität (Q_{CO_2} = 1—5 μ Liter/Std./mg Trocken-Gew.) auf als in definierten Nährlösungen. Einige zeigten bei Züchtung in **II**-Ggw. verminderte **III**-Aktivität. *meso-* + *LL*-**I** (90 mg/Liter) im Nährmedium erhöhten die **III**-Aktivität von *E. coli 9637*. **I** induziert demnach die **III**-Bldg. nicht wesentlich, während **II** in einigen Fällen als Repressor wirkt. K. Maier. 4320□

Der Stoffwechsel des Arginins und seiner Derivate bei Streptomyces griseus. Nguyen-van-Thoai, Françoise Thomé-Beau und Dang-Ba Pho. (C. R. Séances Soc. Biol. Filiales **155.** 1911—13. 1961, herausgeg. 28/2. 1962. Paris, Coll. de France, Labor. de Biochim. gen. et comparée; franz.) — Der katabol. Weg des *Arginins* führt bei *S. griseus* schemat. bis zum Krebs-Cyclus über folgende Stufen: *L-Arginin* (**I**) → *γ-Guanidobuttersäureamid* (**II**) → *γ-Guanidobuttersäure* (**III**) → *γ-Aminobuttersäure* (**IV**) → *Bernsteinsäuresemialdehyd* (**V**) → *Bernsteinsäure* (**VI**). Mangels einer L-Aminosäureoxydase des *S. griseus* findet bei der Umwandlung von **I** in **II** keine oxydative Desaminierung statt, sondern eine oxydative Decarboxylierung, die durch eine Hydrolyse der Amidogruppe in die betreffende Säure mittels einer spezif. Amidase begleitet ist; **IV** wird durch eine oxydative Desaminierung oder durch eine Transaminierung in **V** verwandelt u. diese durch ein Zwischenprod. in **VI**. L. Macher. 4320□

Fettsynthese von Aspergillus nidulans. 2. Mitt. **Veränderungen in der Zusammensetzung des Fetts von A. nidulans in Abhängigkeit von der Stickstoffkonzentration des Mediums.** Jagjit Singh und Ishwar Datt. (J. sci. ind. Res. [New Delhi], Sect. C **17.** 7—9. Jan. 1958. Chandigarh, Panjab Univ., Dep. of Chem. Technol.; engl.) — 1. vgl.

C. **1962**. 7570. — Bei einem Geh. von 0,3% NH_4NO_3 bildet *Aspergillus nidulans* das meiste Fett, das dabei auch den höchsten Geh. an gesätt. Säuren hat. Bei höheren N-Konzz. wird mehr Mycel mit niedrigem Fett-Geh. gebildet. F. RADLER. 4320☐

Über die Bedeutung des ätherischen Öls von Eutrema wasabi als Quelle des Schwefels für die bakterielle Synthese von Thiamin. Mitsue Nishida. (Vitamins [Kyoto] **8**. 319. 1955. Yamaguchi Jun. Wom. Coll., Labor. of Food Sci.; japan., Auszug: engl.) — Kultur-Verss. mit *Staphylococcus aureus* unter Zusatz der Pyrimidin- bzw. ± Thiazolkomponente von *Thiamin* (I) zum Nährboden (Bouillon) zeigen, daß der S-Geh. des S-Verbb. enthaltenden essentiellen Öls (II) von *Eutrema wasabi* bei Zugabe zur Bouillon von den Bakterien nicht als S-Lieferant zur Synth. von I verwertet wird, sondern daß eher eine gewisse Hemmung der I-Synth. durch II zu beobachten ist. L. SCHULER. 4320☐

Über Zuckerverbindungen von Riboflavin. 1. Mitt. **Biosynthese von Riboflavinylglucosiden durch Aspergillus oryzae.** Sei Tachibana und Hideo Katagiri. (Vitamins [Kyoto] **8**. 304—08. 1955. Kyoto, Kyoto Univ., School of Agricult., Dep. of Agricult. Chem.; jap., Auszug: engl.) — Eine Mutante von *Aspergillus oryzae*, erhalten durch Hochfrequenzbestrahlung, wird auf einem synthet. Medium, das *Maltose* (I) enthält, weitergezüchtet, worauf aus der Nähr-Lsg. mehrere Zucker-Verbb. von *Riboflavin* (II) isoliert werden konnten. Eine davon (in maximal 30% Ausbeute) ist ident. mit einem II-Glykosid, das schon aus Rattenleber isoliert wurde. Die Transglykosidaseaktivität der Mutante ist optimal bei pH 4,6 u. 45°. I läßt sich als Glucosedonator ersetzen durch *lösl. Stärke*, *Salicin*, *Lactose*, *Melibiose* u. *Saccharose*. II-Monophosphat dagegen kann II in einem phosphatasefreien Enzym-Syst. nicht hinsichtlich der Bldg. von II-*Glykosiden* (IV) ersetzen. Vff. nehmen an, daß die IV-Bldg. mit der Polysaccharid-Synth. von Asp. oryzae in Zusammenhang steht. L. SCHULER. 4320☐

Biosynthese eines neuen Riboflavinphosphats durch Aspergillus oryzae. Sei Tachibana und Hideo Katagiri. (Vitamins [Kyoto] **8**. 309—14. 1955; jap., Auszug: engl.) — Vgl. vorst. Referat. — Eine neue Mutante von *Aspergillus oryzae* (l. c.) erzeugt ein neues *Riboflavinphosphat* (I), wenn sie auf einem synthet. Nährboden gezüchtet wird, der 3 (%) Glucose, 0,1 NH_4NO_3, 0,1 KH_2PO_4, 0,05 KCl u. 0,05 $MgSO_4$ u. 0,002 *Riboflavin* (II) enthält. Für die Gewinnung des neuen I wird das Kulturfiltrat nach 10 Tagen im Vakuum auf $^1/_5$ eingeengt, mit $(NH_4)_2SO_4$ gesätt., mit Phenol extrahiert u. der Extrakt papierchromatograph. mit Butanol–HCOOH–W. (%:1:1) als Entwickler behandelt. Aus dem Fleck mit R_F 0,19 wird I krist. erhalten. Aus dem Ergebnis der Hydrolyse mit nHCl folgt für I die Zus. eines I-*Diphosphats* (III). Es zeigte keine Coenzym-Wrkg. für Äpfelsäuredehydrogenase, weshalb Vff. eine cycl. Esterstruktur für III vorschlagen. L. SCHULER. 4320☐

Mikrobiologische Darstellung von Carotinoiden. 4. Mitt. **Der Einfluß verschiedener Getreidearten auf die Erzeugung von β-Carotin durch gepaarte Stämme von Blakeslea trispora.** A. Ciegler, Margie Arnold und R. F. Anderson. (Appl. Microbiol. **7**. 94—98. März 1959. Peoria, Ill., Northern Utilization Res. and Developm. Div., Fermentat. Labor.; engl.) — 3. vgl. C. **1959**. 10288. — Es wird der Einfl. verschiedener Sojabohnen-Prodd. u. Getreidearten allein u. kombiniert auf die Synth. des *β-Carotins* (I) durch gepaarte Kulturen von + - u. — - Stämmen *Blakeslea trispora* untersucht. Die beste Ausbeute wird mit einem Hexan-extrahierten Sojabohnenölmehl als Grundnahrung erhalten (35—40 mg Carotin/100 ml Medium). I liegt zu 95% als *all-trans-β-Carotin* vor. Die höchste Ausbeute an I wird am 5. Tage der Inkubation erzielt. H. STRUCK. 4320☐

Mikrobiologische Darstellung von Carotinoiden. 5. Mitt. **Der Einfluß von Lipiden und ähnlichen Substanzen auf die Herstellung von β-Carotinen.** A. Ciegler, Margie Arnold und R. F. Anderson. (Appl. Microbiol. **7**. 98—101. März 1959; engl.) — 4. vgl. vorst. Referat. — Es wird der Einfl. von natürlichen Ölen u. Fetten u. Detergentien auf die *Carotin*-Synth. durch gepaarte Stämme von *Blakeslea trispora* untersucht. Es wird eine deutliche Synth.-Steigerung bei Ggw. von *Olein*- u. *Linolsäure* beobachtet. Weiter bewirken *β*- oder *α-Ionon* u. einige nichtion. oberflächenakt. Mittel (*Triton*) eine erhöhte Synth. des *β-Carotins* durch *Blakeslea trispora*. H. STRUCK. 4320☐

Der Einfluß von Lösungsmitteln auf die bakteriostatische und bactericide Wirkung organischer Säuren. E. A. Cooper und A. E. Goddard. (J. appl. Chem. **7**. 613—19. Nov. 1957. Chalfont St. Giles, Bucks. Home Farm; Leicester, Alderman Newton's Boys' School; engl.) — An *Bacillus aerogenes* wurde der Einfl. von *Aceton* (I) u. anderen keton. Lsgm. auf die bakteriostat. u. bactericide Wrkg. bestimmter organ. Säuren untersucht. Die Reihenfolge der bakteriostat. Wrkg. zweibas. Säuren in Nährbouillon war: *Maleinsäure* = *Malonsäure* > *Äpfelsäure* > *Bernsteinsäure*; in Ggw. von I (7%) stieg ihre Wrkg. bis zu einer hemmenden Verdünnung von 1:2500 an. Zur Desinfektion waren etwas stärkere Säure-Lsgg. nötig als zur Hemmung. Die keimtötende Wrkg. der Säuren (15 Min.-

Test) bei 20° in Abwesenheit von organ. Substanz nahm beträchtlich durch I (20%) oder *Äthylmethylketon* zu; *Triacetondialkohol* u. *Äthylenglykol* (30%) jedoch hatten geringere Wirkung. Die Dissoziation der Säuren in bakteriostat. u. keimtötenden Verdünnungen wurde in wss. I (5—20%) durch I nicht beeinflußt, jedoch wurde die Adsorption der Säuren durch Aktivkohle vermindert. H. AMAN. 4330□

Die in vitro bakteriostatische Aktivität einiger Semicarbazone, Thiosemicarbazone und Thiazolinone gegenüber dem Kochschen Bacillus (Stamm $H_{37}Rv$). S. Avramovici und A. Toma. (An. ştiinţ. Univ. „Al. I. Cuza" Iaşi, Secţ. I [N. S.] **4.** Nr. 2. 191—96. 1958. Iaşi, Univ. „Al. I. Cuza", Labor. de chim. org.; rum.) — Von den untersuchten 19 Verbb. zeigen 5 eine Aktivität von 10^{-5} u. 10^{-6} gegenüber dem Tuberkulosebacillus, sind also wirksamer als Conteben; es sind dies die *Thiosemicarbazone* von *o-Hydroxy-*, *p-Methoxy-* u. *p-Dimethylaminobenzylidenaceton* u. von *Piperonylidenaceton*, ferner *Piperonylidenaceton-Δ^2-thiazolinon-(4)-hydrazon* mit dem FF. 185, 189—190, 195—196 u. 232—233°. Die Konstit. von *3-Amino-4-methylthiazolon-(2)-imid* (I) wird erörtert. Das Anil von I wird durch leichtes Erhitzen mit HNO_3 (7,5 ml HNO_3, spezif. Gew. 1,4, + 7,5 ml dest. W.) in *3-(p-Nitrobenzylidenamino)-4-methylthiazolon-(2)-oxim* (II), $C_{11}H_{10}N_4O_3S$, F. 205° (verd. A.) übergeführt; II krist. aus dem Filtrat aus, ziegelgelbe Kristalle. II (alkohol. Lsg.) bildet mit Cu-Acetat (wss. Lsg.) in Ggw. einiger Tropfen Essigsäure als dunkelbraunen, fast schwarzen Nd. einen Komplex, $C_{11}H_9CuN_4O_3S$, F. >300°. R. K. MÜLLER. 4330□

Über die Wirkung einiger Quecksilberacetylide. 1. Mitt. Fungicide Aktivität und Wirkungsmechanismus. Kiichiro Tanaka. (J. Biochemistry [Tokyo] **50.** 102—07. Aug. 1961. Tokyo, Sankyo Co. Ltd., Takamine Labor.; engl.) — Sporen von *Cochliobolus miyabeanus* Stamm C-35 wurden in einem Kartoffel-Rohrzucker-Medium zusammen mit verschiedenen Mengen folgender Hg-Verbb.: *Hg-Bis-[furyl-(2)-acetylid]* (I), *Hg-Bis-[phenylacetylid]* (II), *Hg-Bis-[Benzoylacetylid]*, *Phenylquecksilberphenylacetylid* in einer feuchten Kammer bei 27° inkubiert. Nach 24 Std. wurde die Sporenkeimung ermittelt. Von den getesteten Verbb. verfügten I u. II über die höchste sporostat. Aktivität, während die übrigen Verbb. genauso wirksam waren wie *Phenylquecksilberacetat* (III). Gibt man gleichzeitig mit II oder III zur Sporensuspension Glutathion, dann wird der sporostat. Effekt von II u. III vermindert. Äthylendiamintetraessigsäure (EDTA) verringerte nur bei III u. $HgCl_2$ den sporostat. Effekt, während dieser bei II durch EDTA unbeeinflußt blieb. Im Gegensatz zu $HgCl_2$ u. III waren die anderen geprüften Hg-Acetylide gegenüber β-Amylase (aus Süßkartoffel) u. Alkoholdehydrogenase (aus Bäckerhefe) inakt. u. nur wenig akt. gegenüber Urease (aus Jackbohnen). Vf. schließt, daß nur $HgCl_2$ u. III SH-Gruppen enthaltende Enzyme hemmen. M. LORENZ. 4330□

Über die Wirkung einiger Quecksilberacetylide. 2. Mitt. Spektrophotometrische Untersuchungen über die Wirkung von Quecksilber-bis-[phenylacetylid]. Kiichiro Tanaka. (J. Biochemistry [Tokyo] **50.** 108—17. Aug. 1961; engl.) — 1. vgl. vorst. Referat. — Spektrophotometr. u. stöchiometr. Unterss. zeigten, daß 1 Mol *Hg-Bis-[phenylacetylid]* (I) u. 1 Mol Glutathion (II) unter Bldg. von 1 Mol Diglutathionylquecksilber (III) u. 2 Mol Phenylacetylen reagieren. Wahrscheinlich entsteht dabei als hypothet. Zwischen-Prod. Phenäthinylglutathionylquecksilber, das mit II unter Bldg. von III reagiert. Spektrophotometr. Unterss. wurden auch über die Rk. von I mit dem Protein der Urease durchgeführt. I hemmte die Urease nur teilweise. Es wird angenommen, daß I schnell mit den akt. SH-Gruppen des Ureaseproteins reagiert, dagegen langsam mit den trägen („sluggish") SH-Gruppen. M. LORENZ. 4330□

Einfluß von Sulfadiazin auf die Synthese von Desmethylchlortetracyclin durch Streptomyces aureofaciens. Joseph J. Goodman und Mary Matrishin. (J. Bacteriol. **82.** 615. Okt. 1961. Pearl River, N.Y., Amer. Cyanamid Comp., Lederle Labor.; engl.) — Durch Zugabe verschiedener Sulfonamide, bes. *Sulfadiazin* (I), wird die Chlortetracyclin-Synth. von *Streptomyces aureofaciens* (S. a.)-Kulturen teilweise inhibiert u. *Desmethylchlortetracyclin* (II) gebildet. Diese Hemmung u. die II-Bldg. unterbleibt, wenn I 16 Std. nach Beginn der Inkubation zugesetzt wird, oder wenn S. a. in Medien steigenden I-Geh. inkubiert u. dadurch adaptiert wird. Ebenso kann die I-Wrkg. durch *p-Aminobenzoesäure*, *Folsäure* u. *Folinsäure* aufgehoben werden. Daraus folgt, daß die Einführung der C_6-Methylgruppe in die Tetracyclinstruktur eine Fol- u. Folinsäure-abhängige Rk. ist, die durch I, Sulfonamide u. Folsäureantagonisten blockiert wird.
P. GREGORZEWSKI. 4340□

Die Biosynthese von Pneumokokken-Kapselpolysacchariden. G. T. Mills und Evelyn E. B. Smith. (Biochem. J. **82.** 38 P—39 P. März 1962. Brooklyn, N.Y., State Univ., Downstate Med. Center, Dep. of Med.; engl.) — *Pneumokokken* der Typen I, II, III, V, VIII u. XXXIII sind zur Bldg. von *Uridindiphosphatglucose* (UDPG) aus α-D-Glucose-1-phosphat u. UTP u. ihrer Umwandlung in *UDP-Galaktose* sowie *UDP-Glucuronsäure* (UDPGA) fähig. Typ I u. XXXIII wandeln UDPGA in *UDP-Galakturonsäure* um. Ein Enzymextrakt aus Typ III bildet aus ^{14}C-UDPG u. ^{14}C-UDPGA das typenspezif. Kapselpolysaccharid; die UDP-Verbb. sind jedoch nicht durch Zucker oder Zuckerphosphate ersetzbar. Optimale Synth.-Bedingungen liegen bei pH 8,3 u. 32° vor u. sind an die Ggw. von Mg^{2+} gebunden. An einer Fraktion (zwischen 30000·*g* u. 100000·*g* sedimentiert) wird die typenspezif. Polysaccharid-Bldg. nachgewiesen u. die Funktion von UDPG u. UDPGA als ihre direkten Vorläufer festgestellt. Entsprechende Ergebnisse werden auch an Typ VIII erhalten. A. TÄUFEL. 4370□

Aus Clostridium perfringens Typ D isolierte Polysaccharide. F. Meisel-Mikołajczyk. (Bull. Acad. polon. Sci., Sér. Sci. biol. **6.** 313—18. 1958. Warschau, School of Med., Dep. of Microbiol.; engl.) — Vgl. C. **1960.** 2576 u. 17490. — Vf. isoliert aus 14 bis 20 Tage alten, 0,1% *Glucose* (I) enthaltenden Rinderherz-Infusionskulturen von *Clostridium perfringens* Typ D, Stamm 235 (a) u. 368 (b) durch Fällung mit 55—65%ig., 70—75%ig. u. 80%ig. A. 3 *Polysaccharid* (**II**)-Fraktionen, die chem. u. serolog. untersucht werden. **II** ergeben eine positive MOLISH-Rk. u. verhalten sich im Immunisierungstest an Kaninchen serolog. aktiv. Die Fixierungsrk. mit Serum 235 verläuft mit den 3 **II**-Fraktionen aus a in den Verdünnungen 1:10⁶; 1:10000 u. 1:2000; mit **II** aus b u. Serum 368 in höheren Konzz. (1:50000—1:10⁵) positiv. **II** aus a u. b zeigen Kreuzrkk. mit Sera, die mit Hilfe des anderen Stammes erhalten worden sind. Die *Anthron*-Meth. nach MORRIS [*Xylose*- (**III**), bzw. **I**-Lsg. als Standard] ergibt für **II** aus a höhere **III**- bzw. **I**-Geh. (18,31—45,27% bzw. 2,61—8,93%) als für **II** aus b (13,88—22,81% bzw. 1,877 bis 2,71%). Auch die nach Hydrolyse von **II** (2n HCl, 8 Std.) erhaltenen *Glucosamin*- u. Gesamt-N-Werte sind bei **II** aus a höher (1,88—5,31%) (b: 1,48—2,35) u. 7,79—12,89% (b: 3,2—5,3%). In den **II**-Hydrolysaten werden auf chromatograph. Wege *Uronsäuren*, **I**, **III**, *Galaktose*, *Mannose*, *Methylribose* (?), Spuren *Rhamnose* u. bei **II** aus b zusätzlich *Arabinose* nachgewiesen. P. FAHRNLAENDER. 4370□

Chemische Veränderungen des Tuberkulin-Proteins. 2. Mitt. **Diazotierung.** Yoshimi Okada. (J. Biochemistry [Tokyo] **48.** 697—705. Nov. 1960. Osaka, Univ., Fac. of Sci., Dep. of Biochem.; engl.) — 1. vgl. C. **1962.** 5343. — Das Tuberkulin-akt. Protein *hC* aus dem menschlichen Stamm *Aoyama B* wurde mit diazotiertem *p-Aminophenol* (**I**), *o-Aminophenol*, (**II**), *Sulfanilsäure* (**III**) u. *p-Aminoacetophenon* (**IV**) gekuppelt. Die mit **I** u. **II** erhaltenen Diazokörper zeigen die gleiche Aktivität wie unverändertes *hC*. Bei der Diazotierung mit **III** u. **IV** wird dagegen eine geringere Aktivität des *hC* beobachtet. Es werden Aminosäurenanalysen vornehmlich der aromat. u. bas. Aminosäuren von unverändertem *hC* u. *diazotiertem* durchgeführt. Das Mol-Verhältnis einiger Aminosäuren (*Phenylalanin*, *Tyrosin*, *Histidin*, *Lysin* u. *Arginin*) entspricht demjenigen der krist. tuberkulinakt. Peptide von YAMAMURA (Proc. Japan Acad. **35.** [1959.] 295). H. J. STRUCK. 4370□

Bestimmung der Baktericidität von Serum durch Messung der Bakterienatmung. Anwendung auf das Studium der Eigenschaften von Hyper-γ-globulinserum. R. Vargues, B. Grenier und B. Moraud. (Ann. Inst. Pasteur **101.** 56—75. Juli 1961. Tours, Ecole de Méd., Centre de Rech.; franz.) — Es wird eine Meth. zur Best. der *Baktericidität von Serum* durch Messung der Atmung von *E. coli* im WARBURG-App. unter Einfl. des Serums beschrieben. Durch Messung einer großen Zahl von *Hyper-γ-globulinseren* verschiedener Krankheitsbilder wird festgestellt, daß keine Beziehung zwischen der *Baktericidität* u. dem *γ-Globulin*-Geh. der Seren besteht. G. ZIEBARTH. 4370□

Vergleich der Aminosäurenzusammensetzung in den Bakteriophagen T 2 und T 3. Dean Fraser. (J. biol. Chemistry **227.** 711—15. Aug. 1957. Berkeley, Calif., Univ. of California, Virus Labor.; engl.) — Eine Analyse der in T 2- u. T 3-Bakteriophagen enthaltenen Aminosäuren mit Hilfe der Ionenaustauschchromatographie zeigt keine wesentlichen Unterschiede zwischen den beiden verschiedenartigen Viren, die den gleichen Wirt angreifen. R. LENSCHAU. 4374□

Die Wirkung von Chloramphenicol auf die T 3-Phagenreproduktionsfähigkeit röntgenbestrahlter Escherichia-coli-B-Zellen. F. Herčík. (Folia biol. [Praha] **6.** 269—76. 1960. Brno, Czechoslov. Acad. of Sci., Inst. of Biophys.; engl.) — Die Fähigkeit zur T 3-Phagenreproduktion durch *Escherichia coli* B wird sowohl durch 60 kV Röntgenbestrahlung, als auch durch *Chloramphenicol*-Gaben merklich geschwächt. Gibt man bestrahlten Zellen gleichzeitig mit der Phageninfektion Chloramphenicol, so wird die Phagenreproduktion im Vgl. zu unbestrahlten Zellen wesentlich weniger beeinflußt. H.-G. TRÜPER. 4374□

Röntgenbeugungsuntersuchungen an bakteriellen Viren. A. C. T. North und Alexander Rich. (Nature [London] **191.** 1242—45. 23/9. 1961. Cambridge, Mass., Inst.

of Technol., Dep. of Biol.; engl.) — Bei der Bakteriophage T 2 ist ein Teil der *Desoxyribonucleinsäure* (I) im Kopf parallel zum Schwanz orientiert. I kann auch in krist. Teilen des Virus um 140 Å bei der Phage T 2 u. in krist. Teilen um 120 Å bei der Phage T 7 vorkommen C. GOTTFRIED. 4374

Derivate des 3.4-Xylidins und verwandter Verbindungen als Inhibitoren des Influenzavirus: Zusammenhänge zwischen chemischer Konstitution und biologischer Aktivität. R. J. Clark, A. Isaacs und J. Walker. (Brit. J. Pharmacol. Chemotherapy 13. 424—35. Dez. 1958. London, Nat. Inst. for Med. Res.; engl.) — Die Prüfung von 85, z. T. von 3.4-Xylidin sich ableitenden Verbb. auf Hemmwrkg. gegenüber dem Wachstum von Influenzavirus (Stamm MEL) in Gewebekultur (Chorioallantoismembran) ergab, bes. bei Ersatz der 3.4-Xylylgruppe durch andere einfache Arylradikale eine beträchtliche Abhängigkeit der Hemmwrkg. von der chem. Konst. *N-[2-Piperidinoäthyl]-3.4-xylidinhydrochlorid* (I), das hohe Hemmwrkg. ohne merkliche Toxizität gegenüber dem Wirkgewebe aufweist, inaktiviert das Virus vor dessen Adsorption nicht direkt, stört nicht die Virusadsorption durch die Gewebe, hemmt nicht die Abgabe frisch gebildeten Virus durch Gewebe, senkt aber spezif. die Synth. von Virushämagglutinin stärker als es die Bldg. lösl. komplementbindenden Antigens herabsetzt. Die I-bedingte Hemmung des Viruswachstums in Gewebekultur wurde durch ausreichenden Zusatz von 4.5-Dimethyl-o-phenylendiamin, nicht aber durch Riboflavin oder Vitamin B_{12} aufgehoben. Die Hemmung der Virus-Synth. durch I u. verwandte Verbb. beruht möglicherweise auf einer Herabsetzung der Eiweiß-Synth. im Cytoplasma.

Versuche (Hemmwrkg. von 0,1 mg/cm³; 0 bis 4+): *Halogenacylarylamide* (II), a) aus Amin u. Chloracetyl- oder α-Chlorpropionylchlorid in sd. Bzl. (2 Std.), b) aus Amin u. Chloracetylchlorid in Eisessig in Ggw. von Na-Acetat. — *α-Chlor-6-nitroaceto-3.4-xylidid*, $C_{10}H_{11}ClN_2O_3$, F. 150°, a, gelbe Nadeln (Bzl.); 88% (Ausbeute). — *α-Chlor-3.4-dimethoxyacetanilid*, $C_{10}H_{12}ClNO_3$, F. 133—135°, a, Nadeln (wss. A.); 81%. — *α.3.4-Trichloracetanilid*, $C_8H_6Cl_3NO$, F. 105—107°, b, Nadeln (wss. A.); 89%. — *α-Chlor-N-diphenylyl-(2)-acetamid*, $C_{14}H_{12}ClNO$, F. 98—100°, b, Stäbchen (wss. A.); 92%. — *α-Chlor-N-diphenylyl-(4)-acetamid*, F. 176—178°, b, Platten (CH_3OH); 80%. — *α.5-Dichloraceto-o-toluidid*, $C_9H_9Cl_2NO$, F. 128—130°, b, Platten (wss. A.); 82%. — *α-Chlorpropionyl-3.4-xylidid*, $C_{11}H_{14}ClNO$, F. 139—140°, a, Nadeln (wss. A.); 88%. — *Piperidino-*, *Pyrrolidinyl-(1)-* u. *Dialkylaminoacylarylamide*, aus II u. 2 Mol Amin in sd. Bzl. (5 Std.); *Hydrochloride*, aus Acetonlsg. der Basen mit HCl-Gas. — *α-Piperidinoacetanilid*, $C_{13}H_{18}N_2O$, F. 97—98°, Nadeln (wss. A.), 54%. *Hydrochlorid*, $C_{13}H_{18}N_2O \cdot HCl$, F. 181—183°, Platten, Nadeln, +. — *-acetbenzylamid*, F. 43—48°. *Hydrochlorid*, $C_{14}H_{20}N_2O \cdot HCl$, F. 148—150°, Platten ($CH_3OH$-Äthylacetat), 66%, 2+. — *-acet-o-toluidid*, $C_{14}H_{20}N_2O$. F. 95—98°, Platten (wss. A.), 77%. *Hydrochlorid*, F. 168—171°, —. — *-m-*, *Hydrochlorid*, $C_{14}H_{20}N_2O \cdot HCl$, F. 185—187°, Nadeln ($CH_3OH$-Äthylacetat), 65%, 3+. — *-p-*, $C_{14}H_{20}N_2O$, F. 65—67° Nadeln (wss. A.), 85%. *Hydrochlorid*, F. 212—214°, 2+. — *-acet-2.3-xylidid*, F. 73—75°, Nadeln (wss. A.), 84%. *Hydrochlorid*, $C_{15}H_{22}N_2O \cdot HCl$, F. 221—223°, Nadeln ($CH_3OH$-Äthylacetat), +. — *2.4-*, $C_{15}H_{22}N_2O$, F. 86—88°, Nadeln (wss. A.), 77%. *Hydrochlorid*, F. 217—219°, —. — *-2.5-*, $C_{15}H_{22}N_2O$, F. 95—96°, Platten (wss. A.), 83%. *Hydrochlorid*, F. 185—187°, 2+. — *-2.6-*, $C_{15}H_{22}N_2O$, F. 112 bis 114°, Nadeln (wss. A.), 79%. *Hydrochlorid*, F. 183—185°, —. *-3.4-*, (IV), $C_{15}H_{22}N_2O$, F. 71—73°, Nadeln (wss. A.), 85%. *Hydrochlorid*, F. 189—191°, 3+. — *-3.5-*, $C_{15}H_{22}N_2O$, F. 87—89°, Nadeln (wss. A.), 72%. *Hydrochlorid*, F. 216—218°, —. — *2.4.5-Trimethyl-α-piperidinoacetanilidhydrochlorid*, $C_{16}H_{24}N_2O \cdot HCl$, F. 243—248°, Nadeln ($CH_3OH$-Äthylacetat), 84%, +. — *2.4.6-*, *Base*, $C_{16}H_{24}N_2O$, F. 104—106°, Platten (wss. A.), 94%. *Hydrochlorid*, F. 195—196°, Nadeln (A.–Ae.), +. — *6-Nitro-α-piperidinoacet-3.4-xylidid*, $C_{15}H_{21}N_3O_3$, F. 272—273°, gelbe Nadeln (n-Propanol); 93%. — *6-Amino-α-piperidinoacet-3.4-xylididdihydrochlorid*, $C_{15}H_{23}N_3O \cdot 2\,HCl$, F. 272—275°, aus vorst. Verb. durch Hydrierung mit RANEY-Ni in A. (Raum-Temp., 3 atm.), Platten (CH_3OH-Äthylacetat), 72%, —. — *3.4-Dimethoxy-α-piperidinoacetanilid*, $C_{15}H_{22}N_2O_3$, F. 78—79°, Platten (wss. A.), 83%. *Hydrochlorid*, F. 183—185°, —. — *α-Piperidino-N-diphenylyl-(2)-acetamid*, $C_{19}H_{22}N_2O$, F. 134—135°, Nadeln (wss. A.), 92%. *Hydrochlorid*, F. 169—170°, Nl. beim Test. — *-(4)-*, *Base*, $C_{19}H_{22}N_2O$, F. 108—110°, Nadeln (wss. A.), 93%. *Hydrochlorid*, Nl. beim Test. — *p-Chlor-α-piperidinoacetanilid*, F. 86—88°, Nadeln (wss. A.), 85%. *Hydrochlorid*, $C_{13}H_{17}ClN_2O$, F. 220—222°, +. — *3.4-Dichlor-*, *Base*, F. 74—76°, Nadeln (wss. A.), 58%. *Hydrochlorid*, $C_{13}H_{16}Cl_2N_2O$, F. 196—198°, 4+. — *5-Chlor-α-piperidinoacet-o-toluididhydrochlorid*, $C_{14}H_{19}ClN_2O \cdot HCl$, F. 235—237°, Platten ($CH_3OH$-Äthylacetat), 87%, 2+. — *p-Brom-α-piperidinoacetanilid*, $C_{13}H_{17}BrN_2O$, F. 85—88°, Nadeln (wss. A.), 67%. *Hydrochlorid*, F. 229—231°, 4+. — *p-Jod-*, *Hydrochlorid*, $C_{13}H_{17}JN_2O \cdot HCl$, F. 218—220°, Nadeln ($CH_3OH$-Äthylacetat), 87%, 4+. — *4-Chlor-2-nitro-*,

Hydrochlorid, $C_{13}H_{16}ClN_3O_3 \cdot HCl$, F. 230—232°, Nadeln (A.–Ae.),Nd. — *2-Amino-4-chlor-Hydrochlorid*, +. — *α-Piperidino-p-sulfamoylacetanilid*, F. 196—198°, 90%. *Hydrochlorid*, $C_{13}H_{19}N_3O_3S \cdot HCl$, F. 268—270°, Nadeln ($CH_3OH$-Äthylacetat), —. — *α-Pyrrolidinyl-(1')-acet-3.4-xylididhydrochlorid*, $C_{14}H_{20}N_2O \cdot HCl$, F. 200—203°, Nadeln ($CH_3OH$-Äthylacetat), 78%, 4 +. — *α-Morpholinoacet-3.4-xylidid*, $C_{14}H_{20}N_2O_2$, F. 83—85°, Platten (wss. A.), 52%. *Hydrochlorid*, F. 222—224°, —. *α-[Benzyloxycarbonylpiperazinyl-(1)]-acet-3.4-xylidid*, F. 177—180°, aus 3,94 g α-Chloracet-3.4-xylidid u. Benzyloxycarbonylpiperazin in sd. Bzl.; 5,35 g. — *α-Piperazinyl-(1')-*, *Hydrochlorid*, $C_{14}H_{21}N_3O \cdot HCl$, F. 242—245°, Nadeln ($CH_3OH$-Äthylacetat), 31%, 4 +. — *α-Piperidinopropion-*, *Base* (**V**) $C_{16}H_{24}N_2O$, F. 78—80°, Nadeln (wss. A.), 72%. *Hydrochlorid*, F. 178—181°, 4 +. — *α-Pyrrolidinyl-(1')-propion-*, *Hydrochlorid*, $C_{15}H_{22}N_2O \cdot HCl$, F. 225—227°, Platten ($CH_3OH$-Äthylacetat), 78%, 4 +. — *3.4-Dimethoxy-α-piperidino-propionanilidhydrochlorid*, $C_{16}H_{24}N_2O_3 \cdot HCl$, F. 197—199°, Platten ($CH_3OH$-Äthylacetat), 78%, —. *Glycyl-3.4-xylidid* (**III**), $C_{10}H_{14}N_2O$, F. 97—99°, aus α-Chloracet-3.4-xylidid u. äthanol. NH_3 bei 0°; Nadeln (wss. A.); 87%. *Hydrochlorid*, F. 259—261°, Nadeln (CH_3OH-Äthylacetat), —. Als Nebenprod. sek. Amin, F. 164—166°. *N-α-Chloracetylglycyl-*, $C_{12}H_{15}ClN_2O_2$, F. 190 bis 192°, aus 3,6 g **III** u. Chloracetylchlorid in Eisessig; Nadeln (wss. A.); 2,9 g. — *N-α-Piperidinoacetylglycyl-*, F. 198—200°, aus 1,3 g vorst. Verb. u. Piperidin in Bzl.; 0,22 g. *Hydrochlorid*, $C_{17}H_{25}N_3O_2 \cdot HCl$, F. 237—239°, Nadeln ($CH_3OH$-Äthylacetat), +. — *α-Dimethylaminoacet-*, *Hydrochlorid*, $C_{12}H_{18}N_2O \cdot HCl$, F. 166—168°, Platten ($CH_3OH$-Äthylacetat), 48%, —. *α-Diäthyl-*, *Hydrochlorid*, $C_{14}H_{22}N_2O \cdot HCl$, F. 165—167°, Platten ($CH_3OH$-Äthylacetat), 72%, 3+. — *α-Dipropyl-*, *Hydrochlorid*, $C_{16}H_{26}N_2O \cdot HCl$, F. 154 bis 156°, Nadeln (Äthyläther–PAe.), 82%, 2 +. — *α-Dibutyl-*, *Hydrochlorid*, $C_{18}H_{30}N_2O \cdot HCl$, F. 155—157°, Nadeln (Bzl.–PAe.), 31%, Nd. — *α-Diallyl-*, *Hydrochlorid*, $C_{16}H_{22} \cdot N_2O \cdot HCl$, F. 133—136°, Platten (Bzl.), 63, 4 +. — *1-Arylcarbamoylmethylpyridiniumchloride* usw., aus Halogenacylarylamid u. Pyridin, Picolin oder Nicotinamid in sd. A. (4 Std.). Weitere *Quaternäre* NH_4-*Salze*, aus tert. Amin mit CH_3J in heißem A., mit Allylbromid im Einschlußrohr (100°, 5 Std.). — *1-o-Tolylcarbamoylmethylpyridiniumchlorid*, $C_{14}H_{15}ClN_2O$, F. 190—192°, Nadeln (CH_3OH-Äthylacetat), 66%, —. — *1-m-*, $C_{14}H_{15}ClN_2O$, F. 218—220°, Platten (CH_3OH-Äthylacetat), 76%, —. — *1-p-*, $C_{14}H_{15} \cdot ClN_2O$, F. 245—247°, Platten ($CH_3OH$-Äthylacetat), 67%, +. — *1-[2.3-Xylylcarbamoylmethyl]-*, $C_{15}H_{17}ClN_2O$, F. 197—199°, Nadeln (CH_3OH-Äthylacetat), 43%, —. — *1-[2.4-*, $C_{15}H_{17}ClN_2O$, F. 165—167°, Nadeln (CH_3OH-Äthylacetat), 64%, —. — *1-[2.5-*, $C_{15}H_{17} \cdot ClN_2O$, F. 184—186°, Nadeln ($CH_3OH$-Äthylacetat), 64%, —. — *1-[2.6-*, $C_{15}H_{17}ClN_2O$, F. 197—199° (CH_3OH-Äthylacetat), 50%, —. — *1-[3.4-*, $C_{15}H_{17}ClN_2O$, F. 236—238° (CH_3OH-Äthylacetat), 75%, 4 +. — *1-[3.5-*, $C_{15}H_{17}ClN_2O$, F. 164—166°, Platten (CH_3OH-Äthylacetat), 35%, —. — *1-[2.4.5-Mesityl-*, $C_{16}H_{19}ClN_2O$, F. 100—102° Nadeln (CH_3OH-Äthylacetat), 81%, —. — *1-[3.4-Dimethoxyphenyl-*, $C_{15}H_{17}ClN_2O_3$, F. 201—203°, Nadeln (CH_3OH-Äthylacetat), 60%, —. — *1-[Diphenylyl-(4)-*, $C_{19}H_{17}ClN_2O$, F. 242—244°, 86%, 4 +. — *1-[m-Chlorphenyl-*, $C_{13}H_{12}Cl_2N_2O$, F. 256—258°, Nadeln (CH_3OH-Äthylacetat), 76%, 3 +. — *1-[p-*, $C_{13}H_{12}Cl_2N_2O$, F. 230—232°, Nadeln (CH_3OH-Äthylacetat), 62%, +. — *1-[3.4-Dichlorphenyl-*, $C_{13}H_{11}Cl_3N_2O$, F. 282—284°, Nadeln (CH_3OH-Äthylacetat), 62%, 4 +. — *1-[5-Chlor-o-tolyl-*, $C_{14}H_{14}Cl_2N_2O$, F. 214—216°, Nadeln (CH_3OH-Äthylacetat), 49%, 3 +. — *1-[p-Bromphenyl-*, $C_{13}H_{12}BrClN_2O$, F. 235—237°, Nadeln (CH_3OH, Äthylacetat), 61%, 3 +. — *1-[p-Jodphenyl-*, F. 248—250°, Platten (CH_3OH-Äthylacetat). 71%, 4 +. *Pikrat*, $C_{19}H_{14}JN_5O_8$, F. 216—218 °, gelbe Nadeln (Dimethylformamid-Ae.). — *4-Methyl-1-[3.4-xylyl-*, $C_{16}H_{19}ClN_2O$, F. 219—222°, Platten (CH_3OH-Äthylacetat), 68%, 3 +. — *3-Carbamoyl-1-[3.4-xylyl-*, $C_{16}H_{18}ClN_3O_2$, F. 275—277°, Nadeln (wss. A.), 86%, —. — *1-Methyl-1-[3.4-xylyl-*, *Jodid*, $C_{16}H_{25}JN_2O$, F. 177—180°, Platten (CH_3OH-Äthylacetat), 70%, —. — *1-[3.4-Dimethoxyphenylcarbamoylmethyl]-1-methylpiperidiniumjodid*, $C_{16}H_{25}JN_2O_3$, F. 176°, Platten (CH_3OH-Äthylacetat), 85%, —. — *Triallyl-[3.4-xylylcarbamoylmethyl]-ammoniumbromid*, $C_{19}H_{27}BrN_2O$, F. 150—152°, Nadeln (A.–Ae.), 59%, +. — *1-[2-Amino-4-chlorphenylcarbamoylmethyl]-1-methylpiperidiniumjodid*, $C_{14}H_{21}ClJ \cdot N_3O$, F. 205—207°, Nadeln (wss. A.), 71%, —. — *N-[2-Piperidinoäthyl]-3.4-xylidindihydrochlorid* (**I**), $C_{15}H_{24}N_2 \cdot 2\,HCl$, F. 176—178°, aus 2,46 g **IV** mit $LiAlH_4$ in Tetrahydrofuran; Nadeln (CH_3OH-Äthylacetat); 2,3 g; 4 +. — *N-[2-Pyrrolidinyl-(1')-äthyl]-*, $C_{14}H_{22}N_2 \cdot 2\,HCl$, F. 172—176°, Platten (A.–Ae.), 21%, 4 +. — *N-[2-Piperidinopropyl]-*, $C_{16}H_{26}N_2 \cdot 2\,HCl$, F. 180—182°, aus **V** durch Red. in Dibutyläther (8 Std.); Platten (CH_3OH-Äthylacetat), 64%, 4 +. — *N-[3-*, $C_{16}H_{26}N_2 \cdot HCl$, F. 222—224°, aus 17,8 g 3-Piperidinopropylchlorid u. 3.4-Xylidin in sd. A.; Nadeln, 18 g, 4 +. — *2-[3.4-Xylyloxy]-äthanol*, $Kp._{1,5}$ 130—134°, aus 12,2 g 3.4-Xylenol u. Äthylenoxid in A. in Ggw. von $NaOC_2H_5$ (Einschlußrohr, 80°, 4 Std.); n_D^{25} 1,5331; 14,8 g. — *2-[3.4-Xylyloxy]-äthylchlorid*, $C_{10}H_{13}ClO$, $Kp._{0,14}$ 90—92°, aus vorst. Verb. mit $SOCl_2$ in sd. Chlf. in Ggw. von Pyridin (2 Std.); n_D^{23} 1,5329; 7,25 g. — *N-2-[3.4-Xylyloxy]-äthylpiperidinhydro-*

chlorid, $C_{15}H_{23}NO \cdot HCl$, F. 182—184°, aus vorst. Verb. u. Piperidin bei 140° (4 Std.); Platten; 1 g; 4 +. — *1-Brom-3-[3.4-xylyloxy]-propan*, $C_{11}H_{15}BrO$, Kp.$_{0,17}$ 94°, aus 9,2 g 3.4-Xylenol mit 1.3-Dibrompropan in sd. A. in Ggw. von $NaOC_2H_5$ (4 Std.); n_D^{19} 1,5425; 9,9 g. — *N-3-[3.4-Xylyloxy]-propylpiperidinhydrochlorid*, $C_{16}H_{25}NO \cdot HCl$, F. 170—172°, aus vorst. Verb. mit Piperidin in sd. Toluol (2 Std.); Platten (A.-Ae.); 1,3 g; 4 +. — *Glycid-3.4-xylyläther*, $C_{11}H_{14}O_2$, Kp.$_{1,3}$ 122—127°, aus 12,3 g 3.4-Xylenol u. Epichlorhydrin; Öl, n_D^{20} 1,5284; 9,54 g. — *1-Piperidino-3-[3.4-xylyloxy]-propanol-(2)*, $C_{16}H_{25}NO_2$, F. 75—77°, aus vorst. Verb. u. Piperidin unter Rückfl. (5 Std.); Platten (wss. A.); 1,65 g. *Hydrochlorid*, $C_{16}H_{25}NO_2 \cdot HCl$, F. 171—173°, Nadeln ($CH_3OH$-Äthylacetat), 4 +. — *3.4-Xylylthioacetpiperidid*, $C_{15}H_{21}NS$, F. 83—85°, aus 3,7 g 3.4-Dimethylacetophenon, S u. Piperidin durch 15 Std. Erhitzen unter Rückfl.; Stäbchen (Propanol); 2,5 g. — *N-2-[3.4-Xylyl]-äthylpiperidinhydrochlorid*, F. 261—263°, aus 1 g vorst. Verb. durch 5 Std. Erhitzen mit RANEY-Ni in sd. A.; Platten (Propanol); 0,48 g; 4 +. — *4-Cyano-o-xylol*, Kp.$_{20}$ 116—118°, aus 24,2 g 3.4-Xylidin durch Rk. des Diazoniumsalzes mit heißer $NiCl_2$–NaCN-Lsg.; 19,5 g. — *3.4-Dimethylbenzaldehyd*, Kp.$_{0,8}$ 68°, aus 26,2 g vorst. Verb. mit HCl-gesätt. äther. $SnCl_2$-Lsg. in Ae.-Chlf.; 15,8 g. — *β-3.4-Xylylpropionsäure*, $C_{11}H_{14}O_2$, F. 82—84°, aus 8 g vorst. Verb. durch Erhitzen mit Malonsäure u. Pyridin auf dem Wasserbad bis zum Ende der CO_2-Entw., Veresterung von 5,7 g der gebildeten 3.4-Dimethylzimtsäure, F. 171—173° (7,6 g), mit CH_2N_2, Hydrierung mit H_2–Pd–$SrCO_3$ in CH_3OH; Nadeln (wss. A.); 4,7 g. — *N-3-[3.4-Xylyl]-propylpiperidid*, $C_{16}H_{23}NO$, F. 35—37°, Sublimation bei 100—150° u. 1,5 mm, aus 4 g vorst. Säure über das Säurechlorid mit Piperidin; 5,1 g. — *N-3-[3.4-Xylyl]-propylpiperidinhydrochlorid*, $C_{16}H_{25}N \cdot HCl$, F. 183—185°, aus 4,4 g vorst. Verb. mit $LiAlH_4$ in Tetrahydrofuran; Platten (A–Ae.); 3,3 g; 4 +. — *β-3.4-Dimethylbenzoylpropionsäure*, $C_{12}H_{14}O_3$, F. 129—131°, aus 10 g o-Xylol u. Bernsteinsäureanhydrid in Nitrobenzol nach FRIEDEL-CRAFTS; Prismen (wss. Eig.); 14,8 g. — *γ-3.4-Xylylbuttersäure*, $C_{12}H_{16}O_2$, Kp.$_{0,04}$ 126°, aus 14,4 g vorst. Verb. durch CLEMMENSEN-Red.; Öl; 6,7 g. — *N-4-[3.4-Xylyl]-butylpiperidinhydrochlorid*, $C_{17}H_{27}N \cdot HCl$, F. 174—176°, aus 5,7 g vorst. Verb. über Säurechlorid, Piperidid u. $LiAlH_4$-Red. in Tetrahydrofuran; Platten (Bzl.); 2,75 g; 4 +. — *Piperidinomethyl-3.4-xylylketonhydrochlorid*, $C_{15}H_{21}NO \cdot HCl$, F. 177—179°, aus 1,8 g ω-Chlor-3.4-dimethylacetophenon u. Piperidin in Bzl. (Wasserbad, 5 Std.); Nadeln (A.–Ae.); 0,82 g; 2 +. — *2-Piperidinoäthyl-3'.4'-xylylketonhydrochlorid*, $C_{16}H_{23}NO \cdot HCl$, F. 182 bis 184°, aus 1,5 g 3.4-Dimethylacetophenon, Piperidinhydrochlorid, Paraformaldehyd u. A. (+ 1 Tropfen konz. HCl) durch 3 Std. langes Erhitzen unter Rückfl.; Platten (CH_3OH-Äthylacetat); 1,1 g; 4 +. — *$N^1.N^1$-Cyclopentamethylen-N^5-3.4-xylyldiguanid*, $C_{15}H_{23}N_5$, F. 147—150°, aus 4,7 g 3.4-Xylyldicyandiamid, Piperidin u. $CuSO_4 \cdot 5H_2O$ in 2-Äthoxyäthanol–W. unter Rückfl. (2 Std.); Stäbchen (wss. A.); 2,4 g. *Hydrochlorid*, F. 233—235°, Rosetten (CH_3OH–Äthylacetat), 4 +. — *$N^1.N^1$-Cyclotetramethylen-, Hydrochlorid*, $C_{14}H_{21}N_5 \cdot HCl$, F. 243—244°, aus Pyrrolidin analog wie vorst.; Nadeln (CH_3OH–Äthylacetat); 4 +. — *N^1-m-Tolyldiguanidhydrochlorid*, —. — *N^1-p-*, —. — *N^1-2.5-Xylyldiguanidhydrochlorid*, 2 +. — *N^1-3.4-*, 4 +. — *3.4-Xylylguanidinnitrat*, 4 +. — *3.4-Dimethylbenzamidinhydrochlorid*, $C_9H_{12}N_2 \cdot HCl$, F. 195—196°, aus 12,6 g 4-Cyano-o-xylol, Chlf. u. A. durch Sättigung mit HCl bei 0°, 3 Tage Stehenlassen bei 2° u. 5 Tage Stehenlassen des Eindampfrückstandes mit kaltgesätt. äthanol. NH_3 bei 37°; Platten (CH_3OH-Äthylacetat); 13,6 g; 4 +. — *$N^1.N^1$-Diäthyl-N^4-[2-diäthylaminoäthyl]-sulfanilamidhydrochlorid*, 2 +. — *N'-2-Diäthylaminoäthyl-$N^1.N^1$-cyclopentamethylensulfanilamidhydrochlorid*, 4 +. — *4.5-Dimethyl-2-[3-piperidinopropylamino]-thiazoldihydrochlorid*, $C_{13}H_{23}N_3S \cdot 2\,HCl$, F. 234 bis 236°, aus 2,1 g 3-Piperidinopropylamindihydrochlorid u. 3-Thiocyanbutanon-(2) in W. unter Rückfl. (6 Std.); Nadeln (A.–Ae.); 1,73 g; +. K. MAIER. 4374

Eine Mikromethode für die N-endständige Aminosäureanalyse von Proteinen. W. G. Laver. (Biochim. biophysica Acta [Amsterdam] **53.** 469—75. 11/11. 1961. Canberra, Australian Nat. Univ., John Curtin School of Med. Res., Dep. of Microbiol.; engl.) — Die neue Mikrometh. ist eine Modifikation von EDMANS Methode. Mit stark radioakt. (^{35}S) *p-Jodphenylisothiocyanat* lassen sich chromatograph. sehr kleine Mengen Protein bestimmen, so von gereinigtem Influenza-Virus B (Sn-Stamm) bis herab zu 10^{-4} Mol N-endständiger Aminosäure. Es wurde gezeigt, daß das obengenannte *Influenza-Virusprotein Glycin* u. *Asparaginsäure* enthält. M. SCHÖNBERG. 4374□

Über einige Faktoren, die die photodynamische Empfindlichkeit von Paramaecium caudatum gegenüber 3.4-Benzpyren beeinflussen. Samuel S. Epstein und Marjorie Burroughs. (Nature [London] **193.** 337—38. 27/1. 1962. Boston, Mass., Labor. of Microbiol., Childrens Cancer Res. Found. and Dep. of Pathol., Harvard Med. School at the Childrens Hosp. Med. Center; engl.) — Der Einfl. von O_2 u. N_2 sowie verschiedener Antioxydantien auf die photodynam. Empfindlichkeit (PDE) von *Paramaecium cauda-*

tum gegenüber *3.4-Benzpyren* wurde untersucht. Die PDE wird unter anaeroben Bedingungen völlig gehemmt, wie Verss. unter Verringerung des O_2- bzw. Steigerung des N_2-Geh. zeigten. Auch verschiedene Antioxydantien (*butyliertes Hydroxyanisol*, *α-Tocopherol*) schützten gegen die photodynam. Toxizität, andere dagegen nicht (*Ascorbinsäure*, *Propylgallat*, *2.6-Di-tert.-butyl-p-kresol*). Nur geringe Schutz-Wrkg. hatten Substanzen mit freien SH-Gruppen (*Cystein*, *Glutathion*, *Dimercaptopropanol*). Von 15 getesteten Rinder-Plasmaproteinen zeigten *β-Lipoprotein* u. *α-Globulin* die beste Schutz-Wrkg.; eine gleich große Wrkg. zeigte „*Tween 80*", das als Vgl. geprüft wurde. Eine Erhöhung der PDE wurde durch Na- u. K-Salze, ferner durch ein Ansteigen des pH-Wertes u. durch Verw. alternder Kulturen erreicht. E.-R. LOCHMANN. 4380□

E_4. Pflanzenchemie. Pflanzenphysiologie. Pflanzenpathologie

Die Herstellung von Radioautographien ganzer Blätter für die Untersuchung der Translokation. C. D. Nelson und G. Krotkov. (Plant Physiol. **37.** 27—30. Jan. 1962. Kingston, Ontario, Queens Univ., Dep. of Biol.; engl.) — Vff. beschreiben 4 Meth., die an *Glycine max* erprobt wurden. 1. Das Blatt wird zwischen Photopapier gelegt, schnell auf —80° gekühlt, dann 2 Tage bei —20° gehalten. 2. Das Blatt wird zwischen Filtrierpapier ausgepreßt, bei 75° 16 Std. getrocknet u. 2 Tage lang damit ein Film exponiert. 3. Wie Meth. 1, das Blatt wird zwischen Trockeneis „trockengefroren". 4. Das Blatt wird zwischen 2 Filme gepreßt, in Al-Folie eingepackt u. bei —20° gehalten. W. HILLER. 4400□

Schwefelsäure in der Braunalge Desmarestia. Richard W. Eppley und Carlton R. Bovell. (Biol. Bull. **115.** 101—06. Aug. 1958. Pacific Groove, Calif., Stanford Univ., Hopkins Marine, Stat.; engl.) — Saft von Algen der Art *Desmarestia* ist stark sauer u. hat z. T. unterschiedlichen pH-Wert: *D. munda* 1,0—0,7, *D. herbacea* 2—3, *D. latifrons* ca. 5,0. Die Säure ist in den Vakuolen u. nicht frei im Cytoplasma lokalisiert. P. NACHTWEY. 4410□

Acrylsäure, ein antibiotisches Prinzip in den Phaeocystis-Blüten antarktischer Gewässer. John McNeill Sieburth. (Science [Washington] **132.** 676—77. 9/9. 1960. Blacksburg, Virginia Polytechnic Inst., Dep. of Veter. Sci.; engl.) — Die Substanz, die die gastrointestinale Mikroflora der Pygoscelid-Pinguine hemmt, stammt letztlich aus dem *Phaeocystis*-Phytoplankton (Umweg über *Euphausia superba*, die Nahrung der Pinguine). Aus *Phaeocystis* konnte nun eine saure Substanz isoliert werden, deren Na-Salz die gleichen chem. u. antibakterielle Eigg. wie *Na-Acrylat* besitzt. U. TAUSENDFREUND. 4420□

Die Isolierung von Trifolin aus den weißen Blüten von Prunus persica Batsch. Tatsuo Ohta, Toshio Miyazaki und Susumu Mihashi. (Pharmac. Bull. [Tokyo] **8.** 647—48. Juli 1960. Tokyo, Tokyo Coll. of Pharmac.; engl.) — Aus lufttrockenen, halbgeöffneten weißen Blüten von *Prunus persica* wurde *Trifolin* (I; *Kämpferol-3-galaktosid*, $C_{21}H_{20}O_{11} \cdot 1{,}5\,H_2O$), F. 236° (Zers.), mit 0,037% Ausbeute isoliert. Durch I-Methylierung mit CH_2N_2 u. Hydrolyse mit 3%ig. H_2SO_4 wurde *3-Hydroxy-5.7.4'-Trimethoxyflavon*, F. 143° (CH_3OH) u. durch saure I-Hydrolyse u. anschließende Acetylierung *Kämpferoltetraacetat*, $C_{23}H_{18}O_{10} \cdot H_2O$, F. 185—186°, wasserfrei, F. 186,5°, erhalten. K. MAIER. 4420□

Untersuchungen über die Konstitution des Tannins der Prothallien von Farnen. Suzanne Laurent. (Rev. gén. Bot. **68.** 417—30. Juli 1961; franz.) — Das in den Vacuolen von Prothallien der Farnkräuter u. in deren wss. Extrakten vorkommende *Tannin* ist im wesentlichen ein einfaches Galloyl-Deriv. mit Katechinstruktur. Es ist begleitet von anderen ganz einfachen Phenolkörpern, die Katechin- und Gallussäurestruktur haben. P. NACHTWEY. 4420□

Chemische Zusammensetzung der Blätter von Piper betle. J. W. Airan und A. R. Sheth. (J. Univ. Bombay [N. S.] **26.** Nr. 3. Sect. A 1—6. Nov. 1957. Bombay, Wilson Coll.; engl.) — Papier- u. säulenchromatograph. werden nach Hydrolyse der Blätter mit HCl folgende Bestandteile festgestellt: *Leucin*, *Phenylalanin*, *Alanin*, *Arginin*, *Threonin*, *Serin*, *Asparaginsäure*, *Glutaminsäure*, *Methionin*, *Valin*, *Tyrosin*, *γ-Aminobuttersäure*, *Ascorbinsäure*, *Äpfelsäure*, *Oxalsäure*, *Glucose*, *Fructose*, *Maltose* u. *Glucuronsäure*. P. GREGORZEWSKI. 4420□

Natürlich vorkommende Chlordepsidone. S. Neelakantan und T. R. Seshadri. (Proc. nat. Inst. Sci. India, Part A. **26.** 84—98. Dez. 1960. Delhi, Univ. of Delhi, Dep. of Chem.; engl.) — Übersicht, Isolierung von *Pannarin*, *Gangaleoidin*, *Vicanicin*,

Diploicin, Nidulin, Nornidulin, Dechlornornidulin aus Fungi, Flechten, Actinomyceten u. höheren Pflanzen, Biosynth. halogenierter Naturprodukte. — 47 Literaturangaben. P. GREGORZEWSKI. 4420□

Die Chemie von Damnacanthusarten. 1. Mitt. Die farbigen Anthrachinon-Bestandteile von Damnacanthus major, D. major var. parvifolius und D. indicus var. microphyllus. 1. Mitt. Susumu Nonomura. (J. pharmac. Soc. Japan [Yakugaku-Zasshi] **75.** 219—21. Febr. 1955. Univ. of Kumamoto, Pharm. Fac.; jap.; Auszug: engl.) — Folgende Anthrachinon-Derivv. werden isoliert: *Damnacanthal* (I), F. 208°, *Juzunal*, F. 248°, *Damnacanthol*, F. 288°, *Damnidin*, F. 180°, u. eine neutrale Verb., F. 160°. I bildet beim Erhitzen *Purpuroxanthin*. P. GREGORZEWSKI. 4420□

Die Chemie von Damnacanthusarten. 2. Mitt. Die farbigen Anthrachinon-Bestandteile von Damnacanthus major, D. major var. parvifolius und D. indicus var. microphyllus. 2. Mitt. Susumu Nonomura. (J. pharmac. Soc. Japan [Yakugaku-Zasshi] **75.** 222—24. Febr. 1955; jap.; Auszug: engl.) — 1. vgl. vorst. Ref., 3. vgl. C. **1962.** 1595. — *Damnacanthal* besitzt eine Hydroxylgruppe in β-Stellung, u. in o-Stellung zu dieser eine Aldehydgruppe. *Juzunal* ist *Hydroxydamnacanthal*; *Damnacanthol* wird als *Lucidin-α-methyläther* erkannt. *Damnidin*, $C_{17}H_{16}O_5$, bildet ein Triacetat. Außerdem wird eine neutrale Verb., $C_{30}H_{52}O$, die ein Acetat bildet, isoliert. P. GREGORZEWSKI. 4420□

Isolierung von $\Delta^{3,5}$-Desoxytigogenin ($\Delta^{3,5}$-25D-Spirostadien) aus einigen Dioscoreaceen. Takeo Tsukamoto, Toshio Kawasaki, Tatsuo Yamauchi und Yasutaka Shimauchi. (Pharmac. Bull. [Tokyo] **5.** 492—93. Okt. 1957. Katakasu, Fukuoka, Univ. of Kyushu, Med. Fac., Pharmaceut. Inst.; engl.) — Bei der Unters. der Sapogenine aus *Dioscorea septemloba* Thumb., *D. tokoro* Makino u. *D. nipponica* Makino wird neben *Diosgenin* (I; R_F 0,68; PAe./Toluol/A./W., 40:5:1:9; mit $SbCl_3$ rosa) ein neues *Sapogenin* (II; R_F 0,98) gefunden u. durch direkten Vgl. als $\Delta^{3,5}$-*Desoxytigogenin* identifiziert. Die Bldg. von II ist auf eine Dehydratisierung von I oder Dioscin während der Hydrolyse der I-Glykoside zurückzuführen. — $\Delta^{3,5}$-*Desoxytigogenin* (II), $C_{27}H_{40}O_2$, F. 164—165°, a) neben I durch 3—5std. Kochen der entfetteten CH_3OH-Extrakte mit 2—4 n HCl in 50%ig. A.; b) aus I nach WALL u. SEROTA (J. Amer. chem. Soc. **78.** [1956] 1747); $[\alpha]_D^{11}$ —177° (Chlf.); R_F 0,02 (Äthylcellosolve/Propanol/CH_3OH/W., 35:10:30:10, an paraffinimprägniertem Papier); LIEBERMANN-BURCHARD-Rk. weinrot → braun; KARIYONE-HASHIMOTO-Rk. bei 50° purpurrot; mit Digitonin kein Nd.; IR-Spektr. vgl. Original. F. HELLER. 4420□

Zur Struktur eines aus Papaver rhoeas isolierten Rhoeadin-Isomeren. 8. Mitt. über Papaver-Rhoeas-Alkaloide. W. Winkler und W. Awe. (Arch. Pharmaz. **294/66.** 301—06. Mai 1961. Köln, Fa. Dr. Madaus & Co., Pharmaz. Chem.-Abt.; Braunschweig, TH, Inst. für Pharmaz. Technol.; dt.) — 7. vgl. C. **1961.** 7994. — In einer früheren Mitt. (vgl. C. **1958.** 13539) wurde die Isolierung einer dem *Rhoedin* (I) wahrscheinlich isomeren Base aus *Papaver rhoeas* beschrieben. Diese Base konnte jetzt in sehr reiner Form erhalten werden (F. 165—167°) u. wird als *Rhoeas-Alkaloid A* (II) bezeichnet. Die UV-Absorption des II entspricht der des I (λ_{max_1} = 241 u. λ_{max_2} = 291 mμ), die Elementaranalyse entspricht ebenfalls dem I ($C_{21}H_{21}NO_6$). Das IR-Spektrum des II zeigt gegenüber dem I einige Abweichungen. Bei der Oxydation des II mit 2 n HNO_3 entsteht *Hydrastinin* (III) analog wie aus dem I. III zeigt gleiche Fluorescenz u. R_F-Werte wie authent. III. Für II wird die Bezeichnung *Isorhoedin* vorgeschlagen. H. STRUCK. 4420□

Scheinbarer freier Raum und Resorption von Rubidium durch Gerstenwurzeln. Myriam Shealtiel. (C. R. hebd. Séances Acad. Sci. **247.** 507—10. 28/7. 1958; franz.) — Vf. untersucht an abgeschnittenen Gerstenwurzeln nach unter verschiedenen Bedingungen (Konz., Temp., Zeit) erfolgter Resorption von *Rb*$^+$ (aus markiertem RbCl) dessen Desorption in W. bei verschiedenen Temp. u. Desorptionszeiten. Die hieraus abgeleiteten Werte des „scheinbaren freien Raumes" (A. F. S.) (intercellulare Räume zwischen Membran u. Cytoplasma) überschreitet in bestimmten Fällen 100%. Es wird hieraus gefolgert, daß ein Teil des desorbierten Rb^+ am Resorptionsmechanismus akt. beteiligt ist. H. SPOHN. 4450□

Über die Entwicklung der Galaktoside während der Bildung und Keimung der Samen von Soja hispida (Moench). Daniel Bourdon und Marcel Quillet. (C. R. hebd. Séances Acad. Sci. **247.** 504—06. 28/7. 1958; franz.) — Vff. verfolgen mit enzymat., elektrophoret. u. papierchromatograph. Meth. die progressive Entw. der *Glucoside* der Sojabohne während des Wachstums u. der Reife, das gleichzeitige Verschwinden der Zuckerreserve in den Hülsen u. die Veränderung der Zucker des Samens während der ersten Tage der Keimung. Dabei werden im Samenkorn die *Saccharo-Galaktoside* zuletzt gebildet u. zuerst wieder verwendet. Die Wiederverwertung der Galaktoside erfolgt bereits bei der Quellung des Samens in W., nach 3tägiger Keimung sind sie bis auf Spuren verschwunden, *Galaktose* selbst verschwindet augenblicklich zu Beginn der Keimung. Das verzögerte Auftreten der Galaktose u. ihr vorzeitiges Verschwinden offenbaren deren Rolle als Nährstoff der Jungpflanze zu Beginn des Wachstums.

H. SPOHN. 4460 □

Untersuchungen über die Biosynthese von Lignin unter Verwendung von Kohlenstoffisotopen. 10. Mitt. **Die Bildung von Lignin aus Phenylpropanoiden in Gewebekulturen der Weymouthskiefer.** Takayoshi Higuchi. (Canad. J. Biochem. Physiol. **40.** 31—34. Jan. 1962. Saskatoon, Saskatchewan, Canada; Nat. Res. Counc., Prairie Reg. Labor.; engl.) — Vgl. C. **1962.** 6819. — Gewebekulturen aus Weymouthskiefer (*Pinus strobus*) wurden mit *$^{14}C_{(ar)}$-Phenylalanin*, *$^{14}C_{(2)}$-p-Cumarinsäure*, *$^{14}C_{(2)}$-Ferulasäure* sowie *$^{14}C_{(2)}$-Sinapinsäure* versetzt, um den Einbau dieser Substanzen in Fichten-*Lignin* zu studieren. Die Ergebnisse zeigen, daß die ersten 3 Verbindungen gute Vorstufen für Fichtenlignin darstellen, während dies für $^{14}C_{(2)}$-Sinapinsäure nicht ohne weiteres gilt. An Stelle von Syringylmethylketon wurde nur radioakt. Vanillylmethylketon isoliert. Dieser Befund deutet darauf hin, daß bei der Lignin-Bldg. eine Desmethoxylierung der Sinapinkomponente erfolgt. Weiter zeigen die Unterss., daß für die Biosynth. des Lignins die erforderlichen Enzyme im Cambium anwesend sind u. auch in den Gewebekulturen die Lignin-Bldg. über die genannten Verbb. verläuft.

H. G. FRÖHLICH. 4460 □

Die Wirkung von Licht auf die Leukoanthocyan-Synthese bei Impatiens balsamina. R. E. Alston. (Bot. Gaz. **120.** 99—101. Dez. 1958. Austin, Texas, Univ. of Texas, Plant Res. Inst.; engl.) — Vgl. C. **1961.** 3035. — Nach der früher beschriebenen Meth. (l. c.) untersucht Vf. die *Leukoanthocyan* (I)-Bldg. in den Hypokotylen bei Sämlingen von *Impatiens balsamina* L. in 18tägigen Hell- u. Dunkelkulturen. Parallel zu der Gew.-Zunahme der Hypokotyle steigt der I-Geh. linear sowohl bei Dunkel- als auch bei Lichtkulturen an. Bei letzteren ist die Bldg. der I doppelt so hoch wie bei den Dunkelkulturen. Es wird angenommen, daß die I-Bldg. direkt oder indirekt mit der Photosynth. im Zusammenhang steht. H. SPOHN. 4460 □

Eine Bemerkung zur spektrophotometrischen Bestimmung von Chlorophyll. J. Bruinsma. (Biochim. biophysica Acta [Amsterdam] **52.** 576—78. 30/9. 1961. Wageningen, Netherlands, Plant Physiol. Res. Centre.; engl.) — Die spektrophotometr. Best.-Meth. von MAC KINNEY (J. biol. Chemistry **140.** [1941.] 315) u. ARNON (Plant Physiol. **24.** [1949.] 1), die sich in ihren Ergebnissen um ca. 5% unterschieden, wurden nachgeprüft. Für den Geh. (c) von Chlorophyll in mg/Liter 80%ig. Aceton-Extrakt wird folgende Formel vorgeschlagen: $c = 20{,}2\ A_{645} + 8{,}02\ A_{663} = 1000\ A_{652}/36$ (A_{645} = Absorption bei 645 mμ, usw.). K. ZINGRAF. 4460 □

Stickstoffwirkungen auf Mais. R. C. Anderson und J. M. MacGregor. (Agric. Chemicals **14.** Nr. 6. 54—55. 125—27. Juni 1959. Univ. of Minnesota, Dep. of Soil Sci.; engl.) — In N-Düngungs-Verss. zu Mais kamen auf 5 verschiedenen Bodentypen N-Gaben von 40 u. 80 lbs/acre in Form von Ammoniumnitrat, Harnstoff, Nitrana (41% N), Uran (Name eines N-haltigen Düngemittels) (28% N) u. Ammoniakgas zur Anwendung. Auf allen Böden wurden die Maiserträge bei Steigerung der N-Düngung von 40 auf 80 lbs/acre noch signifikant gesteigert. Lediglich auf einem sandigen Lehmboden ergaben sich Wrkg.-Unterschiede der geprüften N-Formen. NH_3-Gas u. Uran erbrachten geringere Blatt-N-Geh. u. Erträge als die anderen Formen. Durch die N-Düngung wurde der Rohprotein-Geh. in Blatt u. Korn beachtlich gesteigert (um 0,43—1,38 bzw. 0,16 bis 0,36% N). WILFRIED WERNER. 4470 □

Die Verwendung von organischem Phosphat in Nährlösungskulturen. S. K. Majumder und Stuart Dunn. (Plant and Soil [The Hague] **10.** 266—70. März 1959. Durham, Univ. of New Hampshire, Dep. of Bot.; engl.) — Bei der Anzucht von Mais in Nährlsgg. konnte *KH_2PO_4* ohne Beeinträchtigung des Wachstums durch *Äthylammoniumphosphat* (I) erfolgreich ersetzt werden. *Monoäthylphosphat* u. *Mono-n-propylphosphat* erwiesen sich dagegen als keine brauchbaren P-Quellen. Im Gegensatz zu KH_2PO_4, welches bei höheren pH-Werten (pH 6,0—7,0) das anorgan. Fe^{3+} der Nährlsg. ausfällt u. dadurch Chlorosen erzeugt, reagierte I nicht mit Fe^{3+}. Vff. folgern, daß man in diesem pH-Bereich der Nährlsg. die Fe-Versorgung sowohl durch Chelate als auch durch I sicherstellen kann. WILFRIED WERNER. 4470 □

Wachstum und Ernährung von Timotheegras (Phleum pratense L.). 2. Mitt. **Wachstum der Pflanze in Beziehung zur Entwicklung der Bestockung.** R. H. M. Langer. (Ann. appl. Biol. **45.** 528—41. Sept. 1957. Hurley, Berks.; Grassland Res. Inst.; engl.) — 1. vgl. Ann. appl. Biol. **44.** [1956.] 166. — Bei einer Timotheegraskultur in Nährlsg. wurde die Bestockung, Ähren-Bldg., Entw. des Trockengew. u. der Blattfläche sowie das Nettoassimilationsverhältnis u. Wachstums-Geschw. im Verlauf der Kultur bestimmt. W. HILLER. 4480□

Wachstum und Ernährung von Timotheegras (Phleum pratense L.). 3. Mitt. **Absorption und Verteilung von Stickstoff, Phosphor und Kalium während des Wachstums des ersten Jahres.** R. Dorrington Williams. (Ann. appl. Biol. **45.** 664—73. Dez. 1957; engl.) — 2. vgl. vorst. Referat. — Totaltrockengew., *N*, *P* u. *K* wurden während 27 Ernten bestimmt. N, P u. K fielen von Juni bis Oktober sehr stark ab u. blieben während des Winters nahezu konstant. Die N-, P- u. K-Aufnahme war in den ersten Phasen des vegetativen Wachstums u. zu Beginn des Ährenschiebens sehr stark, später war sie niedriger. Bei nicht Ähren schiebenden Schossen war die Aufnahme über die ganze Periode gleichmäßiger. W. HILLER. 4480□

Wachstum und Ernährung von Timotheegras (Phleum pratense L.). 4. Mitt. **Die Wirkung der Stickstoff-, Phosphor- und Kaliumversorgung auf das Wachstum während des ersten Jahres.** R. H. M. Langer. (Ann. appl. Biol. **47.** 211—21. Juni 1959; engl.) — 3. vgl. vorst. Referat. — Den stärksten Einfl. zeigte *N* auf die Zahl der Schosse, *K* zeigte kaum Einfluß. Bei hohem N- u. *P*-Geh. wirken K-Gaben auf die Blattfläche u. das Trockengew. stärker fördernd als bei geringeren N- u. P-Gaben. W. HILLER. 4480□

Eine Bestimmungsmethode für Nemin. E. J. Winkler, Shimpei Kuyama und David Pramer. (Nature [London] **191.** 155—56. 8/7. 1961. New Brunswick, N.J., Rutgers State Univ., Dep. of Agric. Microbiol.; engl.) — *Nemin* (I), ein Stoffwechsel-Prod. der Nematode *Nevaplectana glaseri*, ruft bei Nematoden verzehrenden Pilzen, wie *Arthrobotrys conoides*, Wachstum u. Bldg. von Mycelverzweigungen, wobei die Hyphenfäden mit einem klebrigen Sekret bedeckt sind, (Nematodenfangeinrichtung) hervor. Es wurde ein Test entwickelt, bei dem als I-Einheit die reziproke höchste Verd., die noch Bldg. von Nematodenfangeinrichtungen durch *A. conoides* auf Agarmedium bewirkt, dient. Wasserextrakte der frei lebenden Nematode *Panagrellus redivivus* zeigten die größte I-Aktivität (200 E./mg Trockengew.), Seren von Rind, Pferd, Schwein u. Schaf hatten geringere Wrkg. (11,6—23,0 E.). Schweineascariden stellen eine gute I-Quelle 37 (E./mg) dar. K. MAIER. 4485□

Schnelle und einfache colorimetrische Methode für die Bestimmung von Mikromengen Gibberellsäure. Horace D. Graham und Linnie B. Thomas. (J. pharmac. Sci. **50.** 44—48. Jan. 1961. Alabama, The George Washington Carver Foundation, Tuskegee Inst.; engl.) — *Gibberellsäure* (I) gibt mit salzsaurem, alkohol. *2.4-Dinitrophenylhydrazin* (5 Min. Erhitzen auf 100°) eine Verb., die nach Behandlung mit 10%ig. alkohol. KOH eine stabile, weinrote Färbung annimmt. Die Farbintensität ist abhängig vom I-Geh. u. wird bei 430 oder 540 mμ gemessen. *Indolyl-(3)-essigsäure, 2.4-Dichlorphenoxyessigsäure* u. *Kinetin* geben die typ. Farbrk. nicht. U. MOTHES. 4485□

Eine Bemerkung zur Vermehrung von Lagerstroemia indica durch Stecklinge mit Hilfe von Pflanzenwuchsstoffen. P. N. Bajpai und A. S. Parmar. (Agra Univ. J. Res. **7.** Part II. 167. Juli 1958. Kanpur, Government, Agric. Coll., Dep. of Horticult.; engl.) — Nach einmaligem Eintauchen von beblätterten Stecklingen in 0,04%ig. *Indolyl-(3)-essigsäure* bewurzeln 63%, nach Behandlung mit *Naphthylessigsäure* nur 28%. Entblätterte Stecklinge bewurzeln schlechter. P. GREGORZEWSKI. 4485□

Die Beziehung zwischen Konstitution und Aktivität bei das Pflanzenwachstum regulierenden Verbindungen. 2. Mitt. **Wachstumsregulierende Aktivität substituierter Amide der 2.4-Dichlorphenoxyessigsäure.** A. M. Johnston. (Biochem. J. **82.** 425—28. März 1962. P. O. Northrand, Transvaal, South Africa, African Explosives and Chem. Inds. Ltd., Res. Dep.; engl.) — 1. vgl. J. chem. Soc. [London] **1961.** 2335. — Eine Anzahl N-substituierter *2.4-Dichlorphenoxyessigsäureamide* (I) zeigte stark unterschiedliche *Auxin* (II)-Wirksamkeit. Vf. nimmt an, daß I als solche, ohne vorherige Hydrolyse, wirken. Eine wesentliche Voraussetzung für ein akt. II-Mol. ist ein Elektronendonator oder ein nucleophiles Zentrum in einer bestimmten Stellung der Seitenkette. Geprüfte I (II-Aktivität von *2.4-Dichlorphenoxyessigsäure* = 100): *Amid,* 98 ± 7; *Methylamid,* 65 ± 8; *Äthyl-,* 39 ± 4; *Isopropyl-,* 41 ± 4,5; *β-Hydroxyäthyl-,* 2 ± 3,5; *Anilid,* 84 ± 8,5; *p-Toluidid,* 63 ± 6; *p-Nitranilid,* 3 ± 3; *m-,* 5 ± 4; *p-Aminoanilid,* 4 ± 2,5; *m-,* 6 ± 2; *p-Chloranilid,* 61 ± 6; *3.4-Dichlor-,* 41 ± 7,5; *Dimethylamid,* 8 ± 2; *Bis-[β-hydroxyäthyl]-,* 5 ± 4; *N-Methylanilid,* 37 ± 5,5; *N.N-Diphenylamid,* 4 ± 4; *p-Acetylaminoanilid,* 45 ± 1,5, *m-,* 73 ± 9. K. MAIER. 4485□

Vergleich der Wirkung von β-Indolylessigsäure und einigen Triazin-Derivaten. Paul-Emile Pilet und Michel Gaschen. (Rev. gén. Bot. **68.** 431—40. Juli 1961.

Schweiz, Lausanne, Univ., Labor. de Physiol. vég.; franz.) — Vff. vergleichen die Wrkg. von *β-Indolylessigsäure* (I) mit denen von Triazinen, dem *3-Amino-1.2.4-triazol* (*Aminotriazol*, **II**), *2-Chlor-4-äthylamino-6-isopropylamino-symm.-triazin* (*Atrazin*, **III**) u. dem *2-Chlor-4.6-bis-isopropylamino-symm.-triazin* (*Propazin*, **IV**) auf die Wurzeln der Linse (*Lens culinaris*). **I** u. **III** wirken teils synergist. u. teils antagonistisch. Die Wrkg. von **II** ist viel schwächer als die von **I**. **III** u. **IV** hemmen stärker als **I**. P. NACHTWEY. 4485□

Eine quantitative und qualitative Untersuchung über Zucker, die in Tabak gefunden wurden, der von der Grünen Pfirsichblattlaus Myzus persicae befallen war, und deren Honigtau. R. L. Baron und F. E. Guthrie. (Ann. entomol. Soc. America **53.** 220—28. März 1960. Raleigh, N.C., North Carolina Agricult. Exp. Stat., Dep. of Entomol.; engl.) — In Gewächshaus- u. Labor-Verss. weisen Vff. nach, daß starker Aphidenbefall den Zucker-Geh. von Tabakpflanzen quant. verringert. Chromatograph., chem. u. enzymat. Best. der Zucker des gesunden Tabakblattes ergab zu etwa gleichen Teilen *Glucose* (I), *Fructose* (II) u. *Saccharose* (III). Eine Analyse des Honigtaues ergab bei 9,8—13,8% Feuchtigkeits-Geh. II u. III im gleichen Verhältnis wie im Blatt, jedoch nur relativ geringe Mengen von I. Als Metaboliten der Läuse waren im Honigtau 3 Oligosaccharide (*Glucosylsaccharose*, *Maltosylsaccharose*, *Maltosyltrisaccharose*) nachweisbar, die weder mit $AgNO_3$ noch mit Anilinhydrogenphthalat reagierten, mit 2.4-Dinitrophenylhydrazin jedoch deutliche Flecke ergaben. *Myzus* entfernt beim Saugakt I u. konvertiert sie über noch unbekannte Zwischenstufen in nicht reduzierende Oligosaccharide. Der chromatograph. Nachw. mit Ninhydrin ergab im Honigtau 8, in den Extrakten normaler Blätter 6 verschiedene Aminosäuren. H. G. W. GLEISS. 4490□

Beobachtungen über die Wirkung von Kupferfungiciden auf Erdbeerlaub in Zentral-New Brunswick. F. A. Wood. (Canad. J. Plant Sci. **38.** 477—80. Okt. 1958. Fredericton, New Brunswick, Canada Dep. of Agric.; engl.) — Nach Anwendung der *Cu*-Fungicide: *Crag potato fungicide*, *Bordeauxbrühe* (4—4—40), *Basicop*, *C. O. C. S.* bzw. *Perenox* im Juni u. später erfolgte starke Rotfärbung des Erdbeerlaubs infolge vorzeitiger Bldg. von Anthocyan, während diese Erscheinung bei Anwendung von Cu-freien Fungiciden ausblieb. F. RANG. 4495□

Synthese und herbicide Wirkung von aryldithiocarbaminsaurem Ammonium und substituierten Ammoniumsalzen. Károly Szabó, Lászlóné Görög und Józsefné Hamrán. (Növénytermelés [Pflanzenbau] **5.** 185—92. Juli 1956; ung.) — Zur Unkrautvertilgung erwiesen sich solche Verbindungen wirkungsvoll, in deren Moll. am N eine Carbonyl- oder Thiocarbonylgruppe gebunden ist. Es wurde eine Reihe von *Ammonium-N-aryldithiocarbamaten* u. mit dem substituierten Thiocarbamid nahe verwandte substituierte NH_4-Verbb. aus aromat. Aminen u. CS_2 mit NH_3 durch 5std. Kochen in benzol. oder äther. Lsg. hergestellt. Die herbicide Wrkg. dieser Verbb. wurde durch Samenbeize u. Besprühen von gleich entwickeltem Weizen u. Raps geprüft. Zum Besprühen wurde eine 1%ig. wss. Lsg. oder Suspension, mit 1% *butylnaphthylsulfonsaurem Ammonium* als Benetzungsmittel vermischt, benutzt. Nach 4 Tagen konnte festgestellt werden, daß die physiolog. Wrkg. auf Dikotylen viel stärker ist als auf Monokotylen u. die Verbb. daher als selektive Herbicide verwendet werden können. Bezeichnet man die Wrkg. mit einem Bruch, wo der Zähler die Schädigung des Weizens u. der Nenner die des Rapses in % bedeutet, so sind *phenyldithiocarbaminsaures Ammonium* (0/95) u. *Cyclohexylammonium-p-chlorphenyldithiocarbamat* (0/96) die wirksamsten. J. PLANK. 4495

Versuch einer Bestimmung des biologischen Wertes von Humus. J. Pochon, M.-A. Chalvignac, L. Leborgne und P. Tardieux. (Ann. Inst. Pasteur **101.** 13—20. Juli 1961; franz.) — Vff. versuchen, durch Messung des Einfl. von Humusproben auf das Wachstum von *Rhizobium* eine Einteilung der Humusarten nach ihrem biolog. Wert zu schaffen. G. ZIEBARTH. 4499□

E₅. Tierchemie. Tierphysiologie. Tierpathologie

Einige chemische Bestandteile der Eischale von Drosophila melanogaster. 1. Mitt. **Aminosäuren.** B. R. Wilson. (Ann. entomol. Soc. America **53.** 170—73. März 1960. New Brunswick, N.J., Rutgers Univ., Dep. of Entomol.; engl.) — Gewaschene Schalen geschlüpfter Eier von Taufliegen wurden mit einer Kamelhaarbürste von anhaftenden Fremdpartikeln befreit u. bei —20° aufbewahrt. Zur Best. des *Amino-N* der Eier u. Eischalen mit dem Mikro-KJELDAHL von STEYERMARK et al. [1951] u. der Meth. von NIEDERL u. NIEDERL [1942] wurden die Proben 30 Min. bei 105° getrocknet u. in H_2SO_4 gelöst. Der Amino-N beträgt im Ei 10,3% (Proteinäquivalent: 65—67%), in der Schale 13% (80—82%). Papierchromatograph. Unterss. der Eischalen in 2 Lsgm.-Syst. (n-Butanol–Ameisensäure–W. 75 : 15 : 10 u. Phenol–W. 80 : 20) ergaben das Vork. folgender 14 Aminosäuren (in der Reihenfolge abnehmender Konz.): *Asparaginsäure*, *Alanin*, *Glutaminsäure*, *Tyrosin*, *Serin*, *Glycin*, *Arginin*, *Lysin*, *Thronin*, *Valin*, *Prolin*, *Hydroxyprolin*, *Leucin*, *Histidin* sowie in Spuren *Cystin* u./oder *Cystein*. H. G. W. GLEISS. 4520□

Eine vergleichende Untersuchung über die Cuticula der Spinnentiere. 2. Mitt. **Chemische Beschaffenheit.** A. Krishnakumaran. (Z. vergleich. Physiol. **44.** 478—86. 1961. Tirupati, A.P., India, Sri Venkateswara Univ., Dep. of Zool.; engl.) — Schnitte der Cuticula von *Thelyphonus* (T), *Rhipicephalus* (R), *Argiope* (A), *Galeodes* (G) u. *Carcinoscorpius* (C) wurden folgenden Rkk. unterworfen: Xanthoprotein-, MILLON- u. Biuret-Rk. auf Proteine, Chitosan-Rk. auf Chitin, Ninhydrin-Rk. auf Aminosäuren, Sudan-Farbrk. auf Lipoide, Säurejod-Rk. nach FEIGL auf Schwefel, BAKER's Test, Eisenchlorid- u. Silberbindungs-Rk. auf aromat. Stoffe (bes. Phenole) u. Rkk. mit Phosphormolybdänsäure u. Diazobenzolsulfonsäure. Die chitinfreie Epicuticula besteht aus Lipoprotein, die Procuticula aus einem Chitin–Protein-Komplex. Die Mesocuticula ist ein Teil der Lamellenschicht, die zur Gerbung vorbereitet, aber nicht erhärtet ist. Die Cuticula von T, R u. A sowie die Chelicerenspitze von G sind phenolgegerbt, die von R, A, G u. C enthält Schwefel, die von G u. C nachweisbare Schwefelverbindungen. H. G. W. GLEISS. 4520□

Extraktion von Lipoiden aus der Vorstufe des Stilett-Flügeldecken-Materials einer Pentatomide. P. W. Miles. (Nature [London] **191.** 911—12. 26/8. 1961. Adelaide, South Australia, Univ. of Adelaide, Waite Agric. Res. Inst.; engl.) — Die austral. Eucalyptus-Schildwanze *Eumecopus spec.* hat eine zweilappige Speicheldrüse, in deren Vorderlobus das Ausgangsmaterial für die Deckflügel nachgewiesen wurde durch Koagulation in W., physiolog. NaCl-Lsg. u. Glycerin, Bldg. von sudanophilen Öltröpfchen mit Königswasser u. türkisblaue Anfärbung mit Toluidinblau. Ca. 5 mg des getrockneten koagulierten Vorläufers wurden mit 15 ml Chlf.–Methanol (4 : 1) 18 Std. bei 60° bebrütet. Nach Verdampfen des Lsgm. verblieben 350 μg des Lipoids. Es ist stark fluorescierend, sudanophil u. mit Nilblauacetat anfärbbar. Es gelang der chromatograph. Nachw. von Aminen mit Ninhydrin, von „Lipinen" mit BAKERS Säurehämatin, von Phosphat mit der modifizierten HANES-ISHERWOOD-Rk. in Ggw. von H_2S u. von ungesätt. Steroiden durch purpurbraune Verfärbung mit dem LIEBERMANN-BURCHARDT-Test. H. G. W. GLEISS. 4520□

Chinone als aktives Prinzip der Abwehrstoffe von Diplopoden. H. Schildknecht und K. H. Weis. (Z. Naturforsch. **16b.** 810—16. Dez. 1961. Erlangen, Univ., Inst. für organ. Chem.; dt.) — Adsorptions- u. papierchromatograph. Unters. der 2.4-Dinitrophenylhydrazinfällung der Inhaltsstoffe der Abwehrblasen von *Cylindroiulus teutonicus* Pocock, *Brachyiulus unilineatus* Koch u. nicht genau bestimmten *Diplopoden*-Species (Belg.-Kongo, Neu-Guinea, Madagaskar) ergaben in Verbindung mit UV-Messungen als wirksames Prinzip *Toluchinon* u. *2-Methyl-3-methoxy-p-benzochinon*. Bei den einheim. Species enthielt die Blase je Individuum ca. 1,2 mg, bei den fremdländ. ca. 200 bis 350 mg Chinon. K. MAIER. 4520□

Untersuchungen über das Toxin eines Kugelfisches. 5. Mitt. **Vergleich mit Tetrodotoxin.** Akira Yokoo und Shiro Morosawa. (J. pharmac. Soc. Japan [Yakugakuzasshi] **75.** 235—36. Febr. 1955. Univ. of Okayama, Fac. of Sci., Dep. of Chem.; jap., Auszug: engl.) — *Speroidin* u. *Tetrodotoxin* sind identisch. P. GREGORZEWSKI. 4520□

Jodfixierung durch einen Enteropneusten (Glossobalanus minutus Kow.) und ihre Kennzeichnung. Jean Roche, Giuseppe Rametta und Gaetano Salvatore. (C. R. Séances Soc. Biol. Filiales **155.** 1902—06. 1961, herausgeg. 28/2. 1962. Neapel, Staz. Zool.; Inst. di Patol. Gen. dell'Univ.; franz.) — In mit ^{131}J versetztem Meerwasser fixiert der Schlundatmer *Glossobalanus minutus* (G.m.) rasch markierte Jodide (0,8 μc/ml $Na^{131}J$), wobei die Anreicherung an ^{131}J mit der Zeit zunimmt. Das Verhältnis ^{131}J im Gewebe zu ^{131}J im Meerwasser beträgt nach 1 Tag 1,4 u. nach 8 Tagen 4,4. Chromatograph. u. elektrophoret. Analysen von n-Butanolextrakten aus Geweben des G.m. zeigten die Anwesenheit nur eines einzigen markierten Konstituenten. Trotz der Anreicherung an ^{131}J konnte eine Biosynth. von Jodthyronin nicht nachgewiesen werden. L. MACHER. 4550□

Azoproteine. 3. Mitt. **Die Kupplung acetylierten Rinderserumalbumins mit Arsanilsäure und p-Aminobenzoesäure.** Anita V. Luisada-Opper, Harry Sobotka und J. D. Chanley. (J. biol. Chemistry **236.** 2250—53. Aug. 1961. New York, N.Y., Mount Sinai Hosp., Dep. of Chem.; engl.) — 2. vgl. C. **1961.** 3341. — Vff. untersuchen, in welchem Maße die Kupplung der Tyrosyl- u. Histidylreste im krist. *Rinderserumalbumin* (I) mit *diazotierter Arsanilsäure* (II) u. markierter *diazotierter p-Aminobenzoesäure* (III) als Haptene durch eine voraufgegangene partielle oder vollständige Acetylierung von I an seinen freien OH- u. NH_2-Gruppen beeinflußt wird. Bei der Umsetzung von I mit II oder III sind nur 40—60% des insgesamt gebundenen Haptens an einer chromogenen Azogruppierung beteiligt. Vollständig acetyliertes I liefert mit II dagegen ein Prod., in welchem 90% des Haptens in Azobindung vorliegen. Mit fallendem Anteil an O-Acetylgruppen in dem acetylierten I wird bei der Umsetzung mit II zwar der %-Satz an Azogruppen pro gebundener II nicht erhöht, wohl aber die abs. Menge an gebundener II pro Mol. Protein. Bei der Kupplung von acetyliertem I mit III werden unabhängig vom O- u. N-Acetyl-Geh. maximal 60—70% der III in einer Azobindung festgelegt. Die Ausbeuten an Azokörpern bei dieser Kupplung sind pH-abhängig. Nach der Hydrolyse der Kupplungs-Prodd. mit 6n HCl u. der anschließenden Extraktion mit Ae. wurde in beiden Phasen *p-Aminobenzoesäure* gefunden, im Ae. auch *p-Hydroxybenzoesäure*. Es wird angenommen, daß der an der Kupplung nicht beteiligte Anteil von III entweder als solcher oder salzartig als p-Hydroxybenzoesäure an Guanidylgruppen des Arginins im Protein gebunden ist. Der vom O-Acetyl-Geh. unabhängige Verlauf der Kupplung von acetyliertem I mit III wird auf eine Hydrolyse der O-Acetylgruppen durch die Carboxylgruppen von III zurückgeführt. K. HEYNS. 4551☐

Immunisierung gegen homologe Milch bei Kaninchen. Stewart Sell und William O. Weigle. (Proc. Soc. exp. Biol. Med. **107.** 850—53. Aug./Sept. 1961. Pittsburgh, Pa., Univ. of Pittsburgh, School of Med., Dep. of Pathol.; engl.) — Injektion von homologer Milch oder Casein im FREUDschen Adjuvans (J. Allergy **28.** [1957.] 18) bewirkte bei ♂ u. ♀ Kaninchen die Bldg. von Antikörpern gegen homologe Milch; dagegen bildeten ♀ Tiere nach Injektion von autologer Milch keine Antikörper gegen diese. Bei keinem der ♀ Tiere trat während der Lactation eine „auto-allerg." Schädigung der Brust auf. K. ZINGRAF. 4551☐

Spezifische Hemmung von Anti-D-Antikörpern durch Colominsäure. William C. Boyd und Egli Reeves. (Nature [London] **191.** 511. 29/7. 1961. Boston, Mass., Univ., School of Med., Dep. of Immunochem.; engl.) — Es wird gefunden, daß nicht nur *N-Acetylneuraminsäure* (vgl. DODD, BIGLEY u. GEYER, C. **1961.** 5853), sondern auch ihr Polymeres, die sog. *Colominsäure* (I), in relativ geringen Konzz. (0,006 m) spezif. die Anti-D-, nicht aber die Anti-C- oder Anti-E-Antikörper hemmt. Diese Wrkg. von I ist zur Verhinderung von Erythroblastose eines ungeborenen Kindes klin. angewendet worden. D. ZIEBARTH. 4551☐

Hexosamin- und Hydroxyprolin-Gehalt des Frakturenkallus bei normalen und Aminoacetonitril-behandelten Ratten. Lorenzo Bolognani. (Proc. Soc. exp. Biol. Med. **108.** 70—71. Okt. 1961. Iowa City, Iowa, State Univ. of Iowa, Dep. of Orthoped. Surg.; engl.) — Der *Hexosamin*-Geh. im Frakturenkallus normaler Ratten stieg während der ersten 2 Wochen steil an; er war im Callus *Aminoacetonitril*-behandelter Tiere wesentlich geringer. Im *Hydroxyprolin*-Geh. des Callus bestanden keine signifikanten Unterschiede zwischen den beiden Gruppen. K. ZINGRAF. 4552☐

¶ **Beiträge zur Biochemie der Seidenraupe. 7. Mitt. Geordnetes Fortschreiten des Fibroinogens im Reservoir der Seidendrüse während des 5. Larvalstadiums.** T. Fukuda und M. Florkin. (Arch. int. Physiol. Biochim. **67.** 214—21. April 1959. Liège, Univ. de Liège, Inst. Léon Fredericq, Biochim.; engl.) — 6. vgl. C. **1962.** 6855. — Raupen des Seidenspinners (*Bombyx mori* L.) wurde 1 μc $^{14}C_{(2)}$*-Glyin* 120 Std. nach Beginn des 5. Larvalstadiums per os verabreicht. Bei darauffolgender sukzessiver Dissektion der Tiere in Abständen von 24 Std. über 6 Tage wurde jeweils eine der beiden Seidendrüsen (SD) in dest. W. gewaschen, getrocknet u. 10 Tage einem Röntgenfilm ausgesetzt. Die andere SD wurde transversal in 19 Segmente von 0,5 mm Dicke zerschnitten, getrocknet u. radioautographiert. Das im Vorderabschnitt beider SD synthetisierte Fibroinogen passiert den Mittelabschnitt, wird dort am Ende des 5. Larvalstadiums in der Reihenfolge seiner Bldg. angeordnet u. erscheint sukzessiv im Fibroin des Seidenfadens. H. G. W. GLEISS. 4555☐

Phosphorstoffwechsel der Brustdrüse. 1. Mitt. Untersuchungen der Phosphorverbindungen der Milchsekretion während der späten Schwangerschaft, des Colostrums und der Milch während der frühen Lactation bei Kühen und Ziegen. Tetsu Johke und Takashi Goto. (Bull. nat. Inst. agric. Sci. [Chiba, Japan], Ser. G Nr. **20.** 211—24. Mai 1960; jap., Auszug: engl.) — Zur Klärung der Veränderungen von *Phosphor*-Verbb. in der Milch bei funktionellen Veränderungen in der Brustdrüse wurden folgende Ergebnisse erzielt: Der *Gesamt-P*-Geh. des Sekrets in den letzten Schwangerschaftsstadien steigt mit näherkommendem Geburtstermin; in der Erstmilch ist ein Maximum von 1524 μg/ml bei der Kuh bzw. von 1970 μg/ml bei der Ziege zu beobachten; während der Sekretion dieser Colostrummilch kommt es zur Verminderung des P-Geh.; die Veränderungen von *anorgan. P* u. *Lipoid-P* folgen allg. denjenigen von Gesamt-P. Der *Ester-P*-Geh. der Sekretion steigt bei der Geburt, hohe Werte werden in der Colostrumperiode gehalten (309 bzw. 505 μg/ml); während der Colostrumperiode ist auch ein hoher Geh. an *Phosphoprotein-P* zu beobachten (257 bzw. 260 μg/ml). Entsprechend dem Verh. der P-Veränderungen in der Vorgeburtssekretion lassen sich zwei Gruppen von Tieren aufstellen: 1. geringer Vorgeburts-P-Geh. mit beachtlichem Anstieg nach der Geburt, 2. hoher P-Geh. in der letzten Vorgeburtszeit (bes. Ester-P u. Phosphoprotein-P, auch hoher *Lactose*-Geh.), kein besonderer Anstieg mehr nach der Geburt. Papierchromatograph. Resultate: die Hauptkomponente der säurelösl. Phosphate der 1. Gruppe besteht 15 Tage vor der Geburt aus *anorgan. P. Glucose-1-phosphat* (I), *Glucose-6-phosphat* (II) u. andere Zuckerphosphate erscheinen 2—3 Tage vor der Geburt. In der frühen Periode nach der Geburt sind außer anorgan. P, I u. II auch *Galaktose-1-phosphat* (III), *Uridin-5'-monophosphat, Uridindiphosphat, Uridindiphosphatacetylhexosamin, Guanidisindiphosphathexose, Adenosindiphosphat* u. andere Nucleotide nachweisbar. In Gruppe 2 werden 10 Tage vor der Geburt anorgan. P, I u. II sowie andere, nicht identifizierte Zuckerphosphate gefunden; keine zusätzlichen Nucleotide in der Colostrumperiode. 15 u. 30 Tage nach Beginn der Milchsekretion lassen sich in der Kuhmilch keine Nucleotide mehr nachweisen, dagegen immer noch I, II u. III sowie einige andere, nichtidentifizierte Zuckerphosphate. Die Ziegen, die eine ähnliche Verteilung wie die beiden Gruppen bei der Kuh aufweisen, zeigen allerdings als Eigentümlichkeit im Colostrum u. in der mittleren Lactationszeit jeweils Nucleotide in beiden Gruppen; diese Besonderheit konnte als einziger bemerkenswerter Unterschied der beiden Tiertypen festgehalten werden. Der Geh. an Nucleinsäure-P war bei beiden Tierarten sowohl in der Vorgeburtszeit als auch im Colostrum hoch, sank dann jedoch auf nur 1% des Gesamt-P in der Normalmilch. Die Phosphor-Verbb., bes. Ester-P, tendieren in der Ziegenmilch zu höheren Werten als in der Kuhmilch. U. TAUSENDFREUND. 4555 □

Kennzeichen einiger aus Kuhmilch isolierter Proteinsubfraktionen. J. R. Brunner und M. P. Thompson. (J. Dairy Sci. **44.** 1224—37. Juli 1961. East Lansing, Mich., Michigan State Univ., Dep. of Food Sci.; engl.) — Vff. stellten aus Magermilch 4 u. aus Rahm eine weitere Proteinsubfraktion dar, wobei die letztere die Hüllen der Fetttröpfchen bildet. Es handelt sich um die klass. *Proteose–Pepton-Fraktion* (I, ROWLAND), das *σ-Protein* (II, ASCHAFFENBURG), *Milchkomponente 5* (III, JENNESS), das *Minorprotein* (IV, WEINSTEIN) u. das nicht näher benannte „*lösl. Membranprotein*" (V). Allen diesen Fraktionen gemeinsam sind niedriger N-Geh. (10—14%), hoher Asche- (3—7%) u. P-Geh. (0,6—1,5%) sowie das Vorhandensein von Hexose. V enthält ferner 11,4% Lipidsubstanzen komplex gebunden. Alle Fraktionen sind elektrophoret. u. in der Ultrazentrifuge uneinheitlich, scheinen jedoch eine gemeinsame Komponente in größerer Menge zu besitzen. Teilweise sind die Fraktionen in 12%ig. Trichloressigsäure lösl. (von 3,98% bei II bis 41,24% bei IV), wobei nach erfolgter Renninbehandlung, die Löslichkeit, außer bei V, zunimmt. WINFRIED KRÜGER. 4555 □

Herstellung kristallisierter N-Acetylneuraminsäure (O-Sialsäure) aus dem Casein von Kuhmilch. B. Ribadeau Dumas und C. Alais. (Bull. Soc. Chim. biol. **43.** 377—85. 1961. Jouy-en-Josas, Seine-et-Oise, Stat. Centr. de Rech. Laitières et de Technol. de Prod. Animaux; franz.) — Vff. unterwerfen aus entrahmter Kuhmilch durch Fällung bei pH 4,7 erhaltenes *Casein* (I) einer mehrfachen Säurehydrolyse (0,03n H_2SO_4, 80°, 1 Std.). Nach Entfernung von Kationen u. Hydrolyse-Prodd. über Dowex 50-X 8 (H^+-Form) wird *Sialsäure* (II) durch Behandlung mit Dowex 1-X 8 (Formiatform) u. fraktionierte Elution mit HCOOH-Lsgg. steigender Konzz. (0—0,4m) aus dem Rk.-Gemisch abgetrennt. Die weitere II-Anreicherung läßt sich durch Lyophilisierung der eingeengten II-Fraktionen (Entfernung von HCOOH), Behandlung des in dest. W. gelösten lyophilisierten Prod. mit Methanol bei 40° u. Versetzen mit Ae. (Entfernung amorpher Verunreinigungen) durchführen. Das äther. Filtrat scheidet innerhalb von 48 Std. Kristalle (Nadeln) aus. Sie werden mit Ae./Methanol (3 : 1) gewaschen u. sind chromatograph. mit synthet. II (*N-Acetylneuraminsäure*) identisch. Ausbeute: 53,8% des I-Hydrolysats bzw. 0,16% der I-Trockenmasse. Neben II wird ein heterogenes, peptidartiges Prod. (III) erhalten, das 12,3% N, 0,33% P, 0,5% II u. 3,7% *Tryptophan* enthält, teilweise dialysierbar ist u. bei der Papierelektrophorese nicht wandert. Hydrolyse von III (6n HCl, 110°, 24 Std.) liefert Aminosäuren (außer Tyrosin, Cystein u. Methionin); bei gemäßigtem Abbau (2n HCl, 100°, 2 Std.) wird *Galaktose* gefunden. P. FAHRNLAENDER. 4555 □

Biologische Acylierungen. 5. Mitt. Hormonale Kontrolle von Acylierungen. Wirkung von Östradiol und Stilböstrol auf die Acetylierung in vivo und auf den Stoffwechsel der Citronensäure. C. Panagopoulos, C. Matsopoulos, C. Sekeris,

E. Damigos, A. Haralampides und A. Koukopoulos. (Med. exp. [Basel] **2.** 363—77. 1960. Athen, Hosp. „Timios Stavros", Biol. Res. Labor. and Biol. Labor.; engl.) — Die biolog. Acetylierung erfolgt in vivo unter hormonaler Einwirkung. Indirekt ist mit diesem Vorgang der Stoffwechsel der *Citronensäure* (I) verbunden. Vff. gaben an Vers.-Personen täglich 12 mg *p-Aminosalicylsäure (PAS)*/kg, eine Menge, die größer ist, als biolog. im menschlichen Körper acetyliert werden kann, u. stellten die Ausscheidung an acetylierter PAS wie auch die Menge an gebildeter u. im Urin ausgeschiedener I fest. Dann wurde den Vers.-Personen *Östradiol* (II) in unterschiedlichen Mengen (1, 5, 10 mg) u. 6 Std. später PAS verabfolgt. II führte zu einer signifikanten Abnahme der acetylierten PAS u. einem proportionalen Anstieg der I-Ausscheidung. Stilböstrol vermindert die Acetylierungsrate nur wenig u. bewirkt auch nur einen geringen Anstieg der I-Ausscheidung. Bemerkenswert ist die geringe Acetylierungsrate bei Männern mit Prostatacarcinom. I führt bei diesen zu einer weiteren Verminderung der Acetylierungsvorgänge, aber prakt. zu keiner Beeinflussung der I-Ausscheidung. P. NACHTWEY. 4559 □

Progesteron im Blut. 3. Mitt. **Progesteron im peripheren Blut schwangerer Frauen.** R. V. Short und B. Eton. (J. Endocrinology **18.** 418—25. Juli 1959. Cambridge, Univ., Dep. of Vet. Clin. Studies, A.R.C. Unit of Reprod. Physiol. and Biochem.; United Cambridge Hosp., Obstetr. and Gynecol. Dep.; engl.) — 2. vgl. C. **1962.** 9036. — Um Anhaltspunkte für die *Progesteron* (I)-Konz. im Blut schwangerer Frauen zu erhalten, wurde bis jetzt nur sein Umwandlungs-Prod. Pregnandiol im Urin bestimmt. Dabei übten Umwandlungsrate u. Umwandlungs-Geschw. von I einen schwer zu erfassenden Einfl. auf die erhaltenen Werte aus. Mit einer früher ausgearbeiteten Meth. (SHORT, C. **1962.** 9035) untersuchten Vff. den Konz.-Gang von I im Verlauf der Schwangerschaft (47 Frauen; 11. Woche der Schwangerschaft bis zur Geburt). Für die spektrophotometr. Best. von I mit Absorptionsmessung bei 240 mμ wurden ca. 50 ml peripheres Blut (Heparinzusatz) benötigt, dessen Plasmafraktion weiterverarbeitet wurde. Störende Verunreinigungen, die sich durch hohe Absorption bei 220 mμ bemerkbar machten, konnten durch eine weitere zusätzliche Chromatographie beseitigt werden. Um methcd. Fehler auszuschalten (Verluste bei der Extraktion) wurden die erhaltenen Werte mit dem Faktor 1,37 (73% Ausbeute) multipliziert. — Ergebnisse: Mit einer Anfangskonz. von 2γ I/100 ml Plasma stiegen die Werte zunächst stetig, mit der 35. Woche sehr steil auf 28—32γ% an. Dabei wiesen Zwillingsschwangerschaften deutlich erhöhte Werte auf. Nach der Geburt fielen mit Ausstoßen der Placenta als I-produzierendem Organ die Werte unter die Grenze der Nachweisbarkeit (0,3—0,5γ%) ab. Aus geburtshilflichen Eingriffen (3 Fälle), bei denen die Placenta künstlich entfernt u. gleichzeitig die I-Konz. im Blut verfolgt wurde (z. B. in 3 Min. Abfall des I-Wertes von 18,1 auf 12,0γ%), schließen Vff. für I auf eine Halbwertszeit von ca. 5 Minuten. K. ZOPFF. 4559 □

Hydrolyse, Extraktion und Fraktionierung der Gallenandrogene im weiblichen Rind. W. R. Miller und C. W. Turner. (J. Dairy Sci. **44.** 1356—63. Juli 1961. Columbia, Mo., Univ. of Missouri, Dep. of Dairy Husbandry; engl.) — Aus Galle von Kühen konnten Vff. durch Salzsäurehydrolyse der Gallen-Fl., Ae.-Extraktion, A.-Fraktionierung u. Digitoninfällung zwei Androgene isolieren, die vorläufig als *Androsteron* u. *Epiandrosteron* (bzw. ungesätt. Derivv. von beiden) identifiziert wurden. Das Auftreten von 3-Hydroxysteroiden in der Galle im Gegensatz zu 3-Keto-Derivv. in den Faeces läßt einen enterohepat. Kreislauf der Androgene oder eine Umwandlung durch Mikroorganismen des Gastrointestinaltrakts vermuten. WINFRIED KRÜGER. 4559 □

Eine Untersuchung der colorimetrischen Bestimmung von 17β-Östradiol, 17α-Östradiol, Östron, Östriol und 16-Epiöstriol mit der Kober-Reaktion. W. Nocke. (Biochem. J. **78.** 593—602. März 1961. Bonn-Venusberg, Univ., Chirurg. Klinik u. Poliklinik, Chem. Abt.; Düsseldorf, Medizin. Akad., Frauenklinik; engl.) — Die KOBER-Rk. zur Best. natürlich vorkommender Östrogene wird krit. geprüft. Optimale Farbrkk. werden zur Best. von *17β-Östradiol* (I; 518 mμ) mit 48%ig. H_2SO_4, für *17α-Östradiol* (II; 521 mμ) mit 45%ig., für *Östron* (III; 515 mμ) mit 43%ig. u. mit 50%ig. für *Östriol* (IV) u. *16-Epiöstriol* (V) bei 514 mμ im 2. Schritt der KOBER-Rk. erzielt. Optimale Erhitzungszeiten beim 2. Rk.-Schritt sind für II u. III 6 Min., für I 10 Min. u. für V 5 Minuten. Im 1. Rk.-Schritt betragen die optimalen H_2SO_4-Konzz. für III, II u. V 66%, für IV 76% u. für I 55%; die optimale Erhitzungszeit beträgt 4 Minuten. Der unter optimalen Bedingungen erzielte Farbkomplex ist wenigstens 24 Std. im Dunkeln stabil. UV-Licht fördert den Farbumschlag von gelb nach rosa. Auf diesen ermittelten optimalen Rk.-Bedingungen wurde eine modifizierte KOBER-Rk. zur routinemäßigen Östrogen-Best. aus dem Harn aufgebaut. Optimale Rk.-Bedingungen sind hochgradig vom Reinheitsgrad der H_2SO_4 abhängig. Es wurde H_2SO_4 p. A. MERCK verwendet. U. LASCHET. 4559 □

Isoleucyl[8]-oxytocin, ein biologisch hochwirksames Polypeptid. B. Berde und H. Konzett. (Med. exp. [Basel] **2.** 317—22. 1960. Basel, Sandoz Akt.-Ges., Pharmakolog. Labor.; dt.) — *Isoleucyl[8]-oxytocin* (I) wurde in wss. Lsg. vor u. nach der Reinigung durch Gegenstromverteilung in 9 pharmakolog. Testen parallel mit *Oxytocin* (II) geprüft. Hohe Wirksamkeit von I wurde an den Testobjekten gefunden, an denen sich auch II als wirksam erweist. In den für Vasopressin charakterist. Testen zeigte I eine geringere Wirksamkeit. Die diuret. Wrkg. von I ist bei der Ratte ca. 2mal so stark wie die von II. Dies kann auf den Menschen nicht bezogen werden, weil II beim Menschen die Diurese nicht steigert. P. Nachtwey. 4560 □

Weitere Untersuchungen über die Wirkungsweise des adrenocorticotropen Hormons. Fernand G. Péron. (J. biol. Chemistry **236.** 1764—68. Juni 1961. Shrewsbury, Mass., Worcester Found. for exp. Biol.; engl.) — Isolierte Rattennebennieren werden in Ggw. maximaler Konzz. von *TPNH* u. *adrenocorticotropem Hormon* (*ACTH*) inkubiert. Die erhöhte Bldg. an *Corticosteron* beruht nicht auf einem erhöhten Freiwerden desselben eurch ACTH aus dem Gewebe. *Adenosin-3'.5'-phosphat* erzeugt die gleiche Menge an dndogenem TPNH, die durch Zugabe von ACTH nicht erhöht wird. *^{14}C-Cholesterin* (I) u. *7-^{3}H-Pregnenolon* (II) werden als Vorläufer der *Corticosteroide* benutzt. 1,88% des I u. 52,88% des II werden in Corticosteroide umgewandelt. H. Struck. 4560 □

In vitro-Untersuchungen über adipöses Rattengewebe. 7. Mitt. **Wirkungen der Nebennierenrindenhormone.** Bernard Jeanrenaud und Albert E. Renold. (J. biol. Chemistry **235.** 2217—23. Aug. 1960. Boston, Mass., Harvard Med. School, Dep. of Med., Baker Clinic Res. Labor.; engl.) — 6. vgl. C. **1961.** 12897. — Im Vgl. zum Fettgewebe unbehandelter Ratten ist bei alloxandiabet. Tieren mit u. ohne Adrenalektomie die Oxydation von *$^{14}C_{(2)}$-Brenztraubensäure* (I) um ca. 75% herabgesetzt. Der Einbau von I in das Fettgewebe ist um ca. 90% vermindert. Eine etwa gleich große Oxydationserniedrigung findet sich bei Verw. von *Glucose* (II) als Substrat; die ebenfalls stark erniedrigte Lipogenese ist hier bei diabet. Ratten geringer als bei diabet. u. adrenalektomierten. Längerer Nahrungsentzug bewirkt bei normalen u. adrenalektomierten Ratten Herabsetzung der I- u. II-Oxydation durch Fettgewebe u. Verminderung der Lipogenese. *Cortison*-Behandlung der hungernden adrenalektomierten Ratten führt bei beiden Substraten zur weiteren Verminderung der Oxydation u. der Lipogenese. Bei Einhaltung gleicher Nahrungsbedingungen zeigt das Fettgewebe adrenalektomierter u. scheinadrenalektomierter Ratten keine Unterschiede in der I-Oxydation u. dem I-Einbau. Bei II sind Oxydation u. Lipogenese der adrenalektomierten Tiere sogar etwas erhöht. Fettgewebe adrenalektomierter Ratten zeigt gegenüber Insulin keine erhöhte Rk.-Fähigkeit. Die Freisetzung unveresterter Fettsäuren aus dem Fettgewebe des Inkubats war erhöht, wenn das Gewebe hungernder Tiere genommen wurde; diese Rk. war nachweisbar sowohl bei normalen als auch bei adrenalektomierten Tieren. Zugabe von *Cortisol* führte zu erheblicher Erhöhung der freigesetzten Säuremenge. *Desoxycorticosteron* zeigte diesen Effekt in abgeschwächter Form. R. Timmler. 4561 □

Die Wirkung von Adrenalektomie, Aldosteron und Dehydratation auf den Elektrolytstoffwechsel von Rattennierenrindenschnitten. Jean Crabbé und George Nichols jun. (Amer. J. Physiol. **199.** 871—75. Nov. 1960. Boston, Mass., Peter Brent Brigham Hosp., Dep. of Med. and Biochem.; Harvard Med. School; engl.) — Bei normal hydratisierten Ratten beeinflußten weder Adrenalektomie noch *Aldosteron* (I) (in vivo injiziert oder dem Inkubationsmedium zugesetzt) signifikant Geschw. u. Umfang von *Na*- u. *Wasser*-Speicherung sowie *K*-Erschöpfung von Nierenrindenschnitten. Nach Adrenalektomie war der O_2-Verbrauch des Rindengewebes um 10—13,5%, die NH_3-Bldg. um 27—33% herabgesetzt. Im Unterschied zum O_2-Verbrauch beeinflußte I die NH_3-Bildung. Nach I-Injektion in vivo stieg letztere um 27—65% an. Die NH_3-Konzz. des Inkubationsmediums entsprachen der fortschreitenden Alkalisierung mit zunehmender Inkubation. Wassermangel bewirkte vermehrte Na-Speicherung u. K-Erschöpfung sowie verminderten O_2-Verbrauch u. verringerte NH_3-Bldg. inkubierter Schnitte von intakten wie adrenalektomierten Ratten. K. Maier. 4561 □

Wirkung der äußerlichen Anwendung von Hydrocortison auf die bei Kaninchen durch Vaccina-Viren hervorgerufenen Hautschädigungen. Carlos Campillo-Sainz, Francisco Salido-Rengell und Maria de los Angeles Gama. (Proc. Soc. exp. Biol. Med. **108.** 67—70. Okt. 1961. México, D.F., México, Inst. Nac. de Virol. de la S.S.A.; engl.) — Äußerliche Anwendung von *Cortison* bei Kaninchen, deren Haut von einer Vaccinavirusinfektion befallen war, verringerte die Anzahl der Schäden nicht; jedoch zeigten die Schädigungen in den behandelten Bereichen eine größere Ausdehnung u. heilten langsamer ab. Im Viren-Geh. bestanden keine wesentlichen Unterschiede gegenüber den Kontrollen. K. Zingraf. 4561 □

Kutane Schädigungen bei der Noradrenalin-Infusion (19 Beobachtungen. Prophylaxe und Behandlung). R. Vilain und J. Cukier. (Presse méd. **69.** 648—51. 22/3. 1961. Paris, Hôp. de la Pitié, Clin. chirurg.; franz.) — Es wird bei 19 Fällen von *Noradrenalin* (I)-Infusionen in Beinvenen über das Auftreten von nekrot. Hautschädigungen berichtet. Diese Schädigungen können durch subkutane Injektionen von *Regitin* während der folgenden 12 Std. nach einer I-Infusion verhindert werden. Statt I sollte jedoch *Hypertensin* verwendet werden, das die gleichen Antikollaps-Wrkg. wie I besitzt, aber keine Hautnekrosen verursacht. — 16 Literaturangaben. G. KIMMERLE. 4561

Zunahme des Wassergehaltes der Schilddrüse und Aufnahme von ^{24}Na nach Thyrotropinanwendung. David H. Solomon. (Biochim. biophysica Acta [Amsterdam] **43.** 346—47. 23/9. 1960. Los Angeles, Calif., Univ. of California, Dep. of Med. and Zool.; engl.) — Intracardiale Injektion von *Thyrotropin* (*Thytropar*) bei 36 Std. alten ♂ Küken bewirkte eine Zunahme des *Wasser*-Geh. der Schilddrüse u. beschleunigte die Aufnahme von *^{24}Na* durch dieselbe. K. ZINGRAF. 4562 □

Der Einfluß von Trijodthyronin auf die Acetylcholinfreisetzung durch ein Phrenicus-Zwerchfell-Präparat. Joan Pickens und Mary F. Lockett. (J. Endocrinology **23.** 231—36. Dez. 1961. London, Chelsea Coll. of Sci. and Technol., Dep. of Physiol. and Pharmacol.; engl.) — 0,01 μg% (—)-*Trijodthyronin*, der als Bad-Fl. dienenden Tyrode-Lsg. zugesetzt, verringerte die in der Bad-Fl. in Rk. auf einen über den Phrenicusnerv im Zwerchfell der Ratte ausgelösten Tetanus auftretende *Acetylcholin*-Menge. K. ZINGRAF. 4562 □

Wirkung von Insulin auf die Verteilung der Radioaktivität im Protein von Zellfraktionen vom isolierten Rattenzwerchfell. Ira G. Wool. (Biochim. biophysica Acta [Amsterdam] **52.** 574—76. 30/9. 1961. Chicago, Ill., Univ. of Chicago, Dep. of Physiol.; engl.) — In vitro zugesetztes *Insulin* (I) steigerte die Aufnahme von *^{14}C* von L-*Phenylalanin* in das Protein des isolierten Rattenzwerchfells u. in das Protein aller vom Zwerchfell isolierten Fraktionen (Zellbruchstücke, Mitochondrien, Mikrosomen u. lösl. Bestandteile). Die Wrkg. von I ist bereits 5 Min. nach Beginn der Inkubation deutlich.
K. ZINGRAF. 4564 □

Inselzellen des Pankreas bei normalen und CoCl$_2$-behandelten Meerschweinchen. Eine Untersuchung der Feinstruktur. A. C. Esterhuizen und J. D. Lever. (J. Endocrinology **23.** 243—52. Dez. 1961. Univ. of Cambridge, Dep. of Anat.; engl.) — Beschreibung der in den Zellen der LANGERHANSschen Inseln des Pankreas von Meerschweinchen durch einmalige oder wiederholte Verabreichung von *CoCl$_2$* bewirkten Veränderungen. K. ZINGRAF. 4564 □

Orale Antidiabetica. U. P. Basu und S. K. Dutta. (Proc. nat. Inst. Sci. India, Part A **26.** 59—67. Dez. 1960. Calcutta, Bengal Immunity Res. Inst.; engl.) — Übersicht. — 61 Literaturangaben. P. GREGORZEWSKI. 4564 □

Der Einfluß von N^1-Sulfanilyl-N^2-n-butylharnstoff und N^1-[4-Methylbenzolsulfonyl]-N^2-butylharnstoff auf die Resorption der Glucose aus dem Darm und auf die Motorik des Verdauungstraktes. V. Kujalová und P. Fábry. (Arzneimittel-Forsch. **10.** 58—60. Jan. 1960. Prag, Inst. für Ernährungsforsch., Physiolog. Abt.; dt.) — An Albinoratten wurde die Wrkg. der Oralantidiabetica *N^1-Sulfanilyl-N^2-n-butylharnstoff* (*BZ 55*) u. *N^1-[4-Methylbenzolsulfonyl]-N^2-butylharnstoff* (*D 860*) auf die Resorption von *Glucose* aus dem Darm u. die Motorik des Verdauungstrakts in vivo untersucht. BZ 55 u. D 860 in einer Dosierung von 500 mg/kg beeinflußten weder die Geschw. der Glucoseresorption aus dem Dünndarm noch die Aktivität der alkal. Phosphatase in der Darmwand.
W. F. EBEL. 4564 □

Carboxytolbutamidausscheidung nach subkutaner Implantation von Tolbutamid-Kugeln bei Ratten. Berton E. Ballard und Eino Nelson. (Arch. int. Pharmacodynam. Thérap. **133.** 206—11. Aug./Sept. 1961. San Francisco, Calif., Univ. of California, Med. Center; School of Pharm.; engl.) — Es konnte gezeigt werden, daß die Ausscheidung von *Carboxytolbutamid* (I) nach subkutaner Implantation von *Tolbutamid* (II)-Kugeln bei Ratten der Gleichung $W_0^{1/3} - (W_0 - W/f)^{1/3} = Kt$; $W = W_0 - W_u/f$ folgte, wobei W_0 = Anfangsgew. des Implantats, W = Gew. zum Zeitpunkt t, W_u = Gesamtmenge des ausgeschiedenen I (ausgedrückt als II) u. f = Bruchteil einer Dosis, welcher aus dem Harn in Form von I wiedergewonnen werden kann. K. ZINGRAF. 4564 □

Neue physiologische Beweise für den Ursprung der hypoglykämischen und antidiabetischen Wirkung von p-Aminophenylsulfamidoisopropylthiadiazol im Pankreas. A. Loubatières, P. Bouyard und Chr. Fruteau de Laclos. (C. R. Séances Soc. Biol. Filiales **149.** 2187—91. Dez. 1955. Montpellier, Fac. de Méd., Labor. de Physiol. appl.; franz.) — Vgl. C. **1957.** 11070. 4743; C. **1958.** 6883 u. 477. — Vff. entfernten normalen Hunden, die mit *p-Aminophenylsulfamidoisopropylthiadiazol* (I) behandelt worden sind, oder solchen Hunden, die durch Alloxan Hypoglykämie zeigten, von diesem Diabetes aber geheilt waren, den Pankreas total. I wirkt nur hypoglykäm. vor der Pankreatektomie. I wirkt demnach im Pankreas. P. NACHTWEY. 4564□

Untersuchungen über den Bohr-Effekt von Schaf-Hämoglobin. Derek G. Smyth, Frederick C. Battaglia und Giacomo Meschia. (J. gen. Physiol. **44.** 889—98. Mai 1961. New Haven, Conn., Yale Univ., School of Med., Dep. of Biochem. and Physiol.; engl.) — Vff. beschreiben eine einfache Meth. zur Messung der Änderung des pH-Wertes von *Hämoglobin*-Lsgg. bei Oxydation u. Reduktion. Es werden Zahlen angegeben, die die Abwesenheit des BOHR-Effekts in Hämoglobin bestätigen, das mit p-Chlormercuribenzoat behandelt ist. Weiter wird über die Einw. einer Anzahl von SH-Inhibitoren auf den BOHR-Effekt einer Hämoglobin-Lsg. berichtet u. eine Erklärung vorgeschlagen, die mit ster. Faktoren im Protein begründet wird. P. NACHTWEY. 4572□

Untersuchungen über die Heterogenität des Hämoglobins. 2. Mitt. **Die Heterogenität verschiedener menschlicher Hämoglobintypen bei der Carboxymethylcellulose- und Amberlite IRC-50-Chromatographie. Quantitative Aspekte.** C. A. Meyering, A. L. M. Israels, T. Sebens und T. H. J. Huisman. (Clin. chim. Acta [Amsterdam] **5.** 208—22. März 1960. Groningen, State Univ., Dep. of Pediat.; engl.) — 1. vgl. C. **1962.** 199. — Vff. subfraktionieren *Hämoglobin* (Hb)-Lsgg. aus jungen u. alten Erythrocytenzellen an Carboxymethylcellulose mit automat. pH-Gradientenanordnung (vgl. WEINSTEIN u. BEUTLER, J. Lab. clin. Med. **45.** [1955.] 616) unter bes. Berücksichtigung der Menge dieser Komponenten (Ko.) in Blutproben von Neugeborenen u. verschiedenen Hb-patholog. Patienten. Weiter untersuchten sie die Aufnahme von ^{51}*Cr* u. ^{59}*Fe* durch einige Hb-Ko. u. ihre Affinität zu O_2. Die Fraktionen Hb-A_1, Hb-F_1, Hb-S_1 u. Hb-E_1 sind relativ konst. in Vollbluterythrocyten, während sie in jungen Zellen erniedrigt sind. Daraus u. aus dem unterschiedlichen Einbau der Isotope in die verschiedenen Ko. schließen die Vff. auf den Bldg.-Mechanismus in vivo. Die O-Affinität von Hb-A_1, Hb-A_0, Hb-F_1 u. Hb-F_0 ist gleich, nur Hb-A_2 zeigt größere Affinität.
P. TEICHGRÄBER. 4572□

Der Phosphorstoffwechsel in menschlichen Erythrocyten. 4. Mitt. **Abbau von Adeninnucleotiden in aufbewahrtem Blut.** Makoto Nakao, Masamiti Tatibana und Haruhisa Yoshikawa. (J. Biochemistry [Tokyo] **48.** 672—83. Nov. 1960. Tokyo, Univ. of Tokyo, Fac. of Med., Dep. of Physiol. Chem. and Nutrit.; engl.) — 2. Vgl. C. **1962.** 3873. — Die Änderungen der Konzz. der *P*-Verbb. in Erythrocyten bei Aufbewahrung in Citronensäure–Citrat–Dextrose-Medium, ohne u. mit *Inosin* (I)-Zusatz, bei 4° wurden mit Hilfe von ^{32}P als Indicator säulenchromatograph. (Dowex-1, X 10, Formiat) verfolgt. Die auffallendste Veränderung war die Abnahme von *2.3-Diphosphoglycerinsäure* (II) unter gleichzeitiger Speicherung anorgan. Orthophosphats. *Adenosintriphosphat* (III) nahm während der Lagerung infolge Rückganges der Rephosphorylierung kontinuierlich ab, so daß nach 8 Wochen die Gesamtmenge an Adeninnucleotid extrem niedrig war. I-*Monophosphat* (IV) nahm beträchtlich zu, u. *Hypoxanthin* (V) wurde in einer der Abnahme der Gesamtnucleoside (einschließlich IV) entsprechenden Menge gespeichert. Nach Inkubation des gelagerten Blutes + I hatten Zuckerphosphate u. II merklich zugenommen, die Gesamtmenge der Adeninnucleotide dagegen sich geringfügig verringert, obgleich III beträchtlich anstieg. IV nahm ebenfalls bei Inkubation unter I-Zusatz zu, wobei die Synth. nicht nur aus Adenosinmonophosphat durch Desaminierung, sondern wahrscheinlich auch aus V erfolgt. Erythrocyten-III unterliegt allmählich einem Abbau zu V, wobei Adenosintriphosphatase, Adenylatkinase, Adenylsäuredesaminase, 5'-Nucleotidase, Adenosindesaminase u. Nucleosidphosphorylase beteiligt sind. Ergänzung durch I allein reicht nicht zur Wiederherst. des III-Spiegels langgelagerter Erythrocyten aus. K. MAIER. 4573□

Der Phosphorstoffwechsel in menschlichen Erythrocyten. 5. Mitt. **Der ^{32}P-Einbau während sehr kurzer Zeitabstände.** Masamiti Tatibana, Kanji Miyamoto, Takashi Odaka und Makoto Nakao. (J. Biochemistry [Tokyo] **48.** 685—90. Nov. 1960. Tokyo, Univ. of Tokyo, Fac. of Med., Dep. of Physiol. Chem. and Nutrit.; Inst. of Infectious Diseases; engl.) — 4. vgl. vorst. Referat. — Die Unters. des ^{32}P-Einbaus ($H_3{}^{32}PO_4$) während sehr kurzer Intervalle in die säurelösl. organ. Phosphate mittels Ionenaustauschharzchromatographie zeigte, daß dieser in *2.3-Diphosphoglycerat* (I) ziemlich langsam erfolgte (bis 90 Sek. Inkubation keine nachweisbare Markierung). Nach 30 Min. war die spezif. Aktivität von I nur ca. $^1/_5$—$^1/_8$ der von *Adenosintriphosphat* (II). II u. *Adenosindiphosphat* (III) wiesen bereits 10 Sek. nach ^{32}P-Zusatz nachweisbare Aktivität auf, wenn I oder Zuckerphosphate prakt. noch inakt. waren. Der ^{32}P-Einbau in II nimmt nach sehr kurzer Latenzphase linear mit der Zeit zu. Neben II u. III zeigten

mehrere unbekannte Verbb. sehr frühzeitig ^{32}P-Aufnahme. Zwischen den labilen Phosphatgruppen von I u. III trat sehr rasch Einstellung eines ^{32}P-Gleichgewichtes ein.
K. MAIER. 4573 □

Über die Mucolipidnatur der ABO-Gruppensubstanz der Erythrocyten. Tamio Yamakawa und Reiko Irie. (J. Biochemistry [Tokyo] **48.** 919—20. Dez. 1960. Tokyo, Univ. of Tokyo, Inst. of Infect. Diseases, Dep. of Chem.; engl.) — Chromatograph. gereinigtes *Gruppe A-Mucolipid* (akt. Fraktion II nach J. Biochemistry [Tokyo] **48.** [1960.] 490) wurde in physiolog. NaCl-Lsg. mit Anti-A-Kaninchenserum gefällt u. nach dem Trocknen mit Ae.-CH_3OH-Chlf. (1 : 1 : 1) extrahiert. Die Hemmwrkg. dieser Lipidfraktion auf die Hämagglutination der Erythrocyten durch Isoantikörper entsprach derjenigen der Probe vor der Fällung. Das IR-Spektrum ergab eine typ. Mucolipidstruktur frei von Ester—C=O-Gruppen, was mit dem angenommenen Mucolipidcharakter des gruppenakt. Haptens der Erythrocyten übereinstimmt. K. MAIER. 4573 □

Der Stoffwechsel der Serumproteine. 2. Mitt. **Die Wirkung der Proteindiät auf den Umsatz von Rattenserumproteinen.** Henry Jeffay und Richard J. Winzler. (J. biol. Chemistry **231.** 111—16. März 1958. Chicago, Ill., Univ. of Illinois, Dep. of Biochem., Coll. of Med.; engl.) — 1. vgl. C. **1962.** 2058. — Die Umsatzrate u. die Halbwertszeit von Serumalbumin sind durch Proteindiät beeinflußbar. Die *Serumalbumine* von Ratten, die mit einer niedrigen Proteindiät (0—5% Proteinanteil) ernährt wurden, zeigen verlängerte Halbwertszeiten u. verlangsamte Umsatzraten gegenüber den Albuminen von Ratten, die eine normale Proteindiät erhielten (12% Protein). Bei erhöhter Proteinkost (30—40% Protein) setzen sich die Albumine viel rascher um (erniedrigte Halbwertszeiten u. erhöhte Umsatzraten). Ohne Einfl. ist die Diät auf die Umsatzrate aller Serumglobuline. Die Autoren nehmen daher an, daß die Serumalbumine der Ursprung der Aminosäuren sind, die zur Synth. anderer Körperproteine benutzt werden. Eine derartige intermediäre Bldg. u. Verwertung der Serumalbumine würde die Veränderungen der Umsatzrate u. der Halbwertszeit erklären. M. GÖRLICH. 4574 □

Gesamt-, Neutral-, Ester- u. Sulfat-Schwefel im Harn von Hammeln und Milchkühen bei verschiedener Fütterung. F. Knappen. (Z. Tierphysiol., Tierernähr., Futtermittelkunde **15.** 119—27. April 1960. Bonn, Rhein. Friedrich-Wilhelm-Univ., Inst. für Anat. u. Physiol. der Haustiere; dt.) — Es ist nicht möglich, aus dem Verhältnis der einzelnen *S*-Fraktionen in Harnstichproben Folgerungen auf Entgiftungsprozesse oder verstärkten Eiweißzerfall zu ziehen. K. MAIER. 4577 □

Beiträge zur Biochemie der Seidenraupe. 20. Mitt. **Veränderungen des Prolingehaltes in der Hämolymphe während der Entwicklung von Bombyx mori L.** Gh. Duchâteau-Bosson, Gh. Jeuniaux und M. Florkin. (Arch. Int. Physiol. Biochim. **69.** 369—73. Mai 1961. Liège, Univ., Inst. Léon Fredericq, Biochim.; franz.) — 18. vgl. Biochem. Z. **333.** [1960.] 370. — Während des 5. Raupenstadiums gelangt vor allem aus der Nahrung *Prolin* (I) in die Hämolymphe der Seidenraupe; dieses wird durch das Gewebe u. die Spinndrüse aufgenommen, so daß der I-Geh. der Hämolymphe unverändert bleibt. I wird wahrscheinlich zur Synth. der Aminosäuren des Fibroins (vor allem Alanin, Serin u. Glykokoll) benutzt. Nach Beendigung des Einspinnens steigt der I-Geh. der Hämolymphe an. K. ZINGRAF. 4578 □

Wirkung von 2.4-Dinitrophenol und Natriumazid auf den O_2-Verbrauch und den Gehalt an energiereichen Phosphaten während der embryonalen Entwicklung des Fisches Oryzias latipes. Juro Ishida, Kenjiro Yamagami und Kazuo Moriwaki. (Sci. Pap. Coll. gen. Educat., Univ. Tokyo **8.** 201—11. Dez. 1958. Tokyo, Univ. of Tokyo, Coll. of Gen. Educ., Biol. Inst.; engl.) — An Embryonen von *Oryzias* bewirkt *2.4-Dinitrophenol* (I, $5 \cdot 10^{-4}$m) nur in den ersten Tagen der embryonalen Entw. eine beachtliche Aktivierung des O_2-Verbrauchs u. eine Abnahme des Geh. an energiereichem Phosphat. In allen Stadien verursacht NaN_3 (10^{-3}m) eine 15—20%ig. Atmungshemmung. In Kombination mit I hebt NaN_3 die Atmungssteigerung durch I vollständig auf. Der Geh. an energiereichem Phosphat wird bei 2—3std. Behandlung durch 10^{-3}m NaN_3 etwas u. durch $5 \cdot 10^{-4}$m I beträchtlich verringert. Nur nach 2std. Behandlung konnte die Norm, auch der Atmung, wiederhergestellt werden. H. AMAN. 4583 □

Schwefelhaltige Verbindungen und Ernährung. Hisashi Ariyama. (Vitamins [Kyoto] **8.** 279—90. 1955. Sendai, Tohoku Univ., School of Agric., Dep. of Leving Sci.; jap.) — Übersicht über den Zusammenhang zwischen chem. Problemen der Ernährung u. S-haltigen Vitaminen (*Thiamin, Biotin* u. *Vitamin L_2* oder *5'-Thiomethyladenosin*) sowie Aminosäuren (*Cystin, Methionin* u. *Lanthionin*). — 56 Literaturangaben.
L. SCHULER. 4585 □

Behandelte Proteinnahrungsmittel pflanzlichen Ursprungs. V. Subrahmanyan, M. Narayana Rao und M. Swaminathan. (Proc. nat. Inst. Sci. India, Part A **26.**

99—112. Dez. 1960. Mysore, Central Food Technol. Res. Inst.; engl.) — Übersicht über proteinreiche Nahrungsmittel wie Ölsaatmehl u. Hülsenfrüchte als Nahrungszusätze, deren Nährwert, sowie Zusätze von synthet. *l-Lysin* u. *dl-Methionin* zur Steigerung des Nährwertes. — 89 Literaturangaben. P. GREGORZEWSKI. 4585□

Fettsäurezusammensetzung der aus mit Milchfett, Maisöl und Schmalz gefütterten Ratten extrahierten Lipide. V. R. Bhalerao, J. Endres und F. A. Kummerow. (J. Dairy Sci. **44.** 1283—92. Juli 1961. Urbana, Univ. of Ill., Dep. of Food Technol.; engl.) — ♂ Albinoratten wurden mit einer Diät gefüttert, die 20% des zu testenden Fettes enthielt. Nach 4 Wochen wurden die Tiere getötet u. die Leber- bzw. Körperlipide durch Gaschromatographie der Fettsäure (FS)-methylester analysiert. Im Körperfett fanden sich bei Milchfettfütterung 1,7—5,4% ungeradzahlige u. verzweigtkettige FS, während solche bei Maisöl- oder Schmalzfütterung fehlten. Lebergewebe zeigte dagegen eine bemerkenswerte Selektivität gegenüber FS. *Linolsäure* (I) wurde in den Lebern milchfettgefütterter Tiere zu 2% der Gesamtlipidmenge, bei Maisölfütterung zu 39% bestimmt. Für *Arachidonsäure* lauten die Werte 13% (Milchfett) bzw. 10% (Maisöl). Die anderen FS-Werte sind tabellar. angeführt. Erhitztes Milchfett (200°, bis 24 Std. unter Durchleiten von Luft), dessen I-Geh. durch Zugabe von I-Methylester dem des frischen Fettes angeglichen wurde, führte zu keinen signifikanten Veränderungen in der Zus. der Körper- oder Leberlipide. WINFRIED KRÜGER. 4585□

Wirkung verschiedener Öle und Fette auf das Serumcholesterin bei hypercholesterinämischen Ratten. Ragnar Nicolaysen und Rolv Ragard. (J. Nutrit. **73.** 299—307. März 1961. Blindern, Univ. of Oslo, Johan Throne Holst's Inst. for Nutrit. Res.; engl.) — Es werden Verss. mit einer Reihe von polyolefin. Fettsäuren bzw. Fetten durchgeführt; eingehende Angaben über Vorbereitung, Haltung u. Fütterung der Ratten, über Darst., Herkunft sowie chem. Charakterisierung der herangezogenen polyolefin. Lipide, über die Best. des *Cholesterins* (I) nach eigner Meth. (Acta physiol. scand. **43.** [1958.] 359), über die benutzte Arbeitsweise der Gaschromatographie u. der Alkaliisomerisierung. Die Tier-Verss. werden nach dem Verf. des kurativen Tests (2 bzw. 4 Wochen) sowie des langdauernden prophylakt. Tests durchgeführt; Mitteilung der Ergebnisse in Tabellen u. graph. Darstellungen. An Hand einer eingehenden Auswertung (32 Literaturangaben) wird für die kurative Meth. abgeleitet, daß die eingesetzte synthet. *Arachidonsäure* ebenso wie die Fettsäuren des Lebertrans eine deutlich I senkende Wrkg. entfalten, nicht aber das Unverseifbare aus dem Lebertran; daraus wird gefolgert, daß die polyolefin. Fettsäuren die Ursache für den Effekt sind, der auch bei anderen polyolefin. Ölen von Seetieren beobachtet wird u. bei dem ein gewisser Zusammenhang mit der Menge an Pentaen- u. Hexaensäuren erkennbar wird. Dies zeigt sich auch beim Vgl. mit Soja- u. Maiskeimöl; die anderen geprüften Seetieröle entfalten einen ca. 4fach stärkeren I senkenden Effekt als Linolsäure; die senkende Wrkg. von Eigelbfett bzw. des ganzen Eigelbs entspricht etwa dem Geh. an Linolsäure; es wird abgeleitet, daß Eigelb nicht einen unbekannten, I erhöhenden Faktor enthält. Der langdauernde prophylakt. Vers. mit Butter, mit 3 Sorten von Margarine auf verschiedener Fettbasis u. mit Sojaöl in hydriertem Cocosfett läßt erkennen, daß der Geh. an I im Serum — unabhängig von der Art des Fettes — in Korrelation zum Geh. an polyolefin. Fettsäuren steht. K. TÄUFEL. 4585□

Ernährungsmäßig bedingte Änderungen der Fettsäuren von Erythrocyten und Mitochondrien von Gehirn und Leber. L. A. Witting, C. C. Harvey, B. Century und M. K. Horwitt. (J. Lipid Res. **2.** 412—18. Okt. 1961. Elgin, Ill., Elgin State Hosp., L. B. Mendel Res. Labor.; Chicago, Ill., Univ. of Illinois, Coll. of Med., Dep. of Biol. Chem.; engl.) — Es werden systemat. Verss. unternommen, um einen objektiven biochem. Ausdruck für essentiellen *Fettsäure*-Mangel zu ermitteln. Bei den Lipiden des Unters.-Materials (Mitochondrien von Gehirn u. Leber sowie Erythrocyten von Ratten) wird bes. auf Veränderungen geprüft, wie sie durch diätet. Maßnahmen verursacht sein könnten: Änderungen im Geh. an essentiellen Fettsäuren, Auftreten von nichtessentiellen polyolefin. Fettsäuren in den untersuchten Geweben als Ausdruck für Mangel an essentiellen Fettsäuren, Einbau von Fettsäuren aus dem Futterfett in die Gewebelipide. Eingehende Angaben über die Vorbereitung u. Fütterung der Tiere, über die Gewinnung u. Verarbeitung der Erythrocyten sowie der Mitochondrien aus Gehirn u. Leber, über die Darst. der Gesamtlipide, ihre Überführung in die Methylester der Fettsäuren u. deren gaschromatograph. Identifizierung u. Bestimmung. Aus den tabellar. mitgeteilten Befunden wird gefolgert, daß die Fettsäure-Zus. der geprüften Gewebe leicht u. drastisch durch Variierung des Futterfettes hinsichtlich seiner konstituierenden Fettsäuren verändert wird. Wenn der Geh. der geprüften Organlipide an Linolsäure unter 10% der Gesamtfettsäure herabsinkt, treten andere polyolefin. Fettsäuren vermehrt auf. Bei

Mangel an essentiellen Fettsäuren im Futter manifestieren sich zusätzlich 2 isomere noch nicht strukturell aufgeklärte Eicosantriensäuren; dies erfolgt nicht, wenn in der Diät polyolefin. Fettsäuren enthalten sind. Relativ wenig werden die Lipide der Gehirnmitochondrien vom Futterfett beeinflußt; es lassen sich aber auch bei ihnen solche Änderungen in der Fettsäure-Zus. herbeiführen. Es zeigt sich, daß die nichtessentiellen polyolefin. Fettsäuren des Lebertrans in die geprüften Gewebe eingebaut werden. Zusammenfassend wird abgeleitet, daß die nachgewiesenen Änderungen der polyolefin. Fettsäuren, wie sie am Aufbau der Phospholipide u. anderer Lipidkomplexe beteiligt sind, für die metabol. Vorgänge von Bedeutung sein dürften (patholog. Entgleisungen).
K. TÄUFEL. 4585□

Entfernung von Diphenyl aus den Schalen von Südfrüchten. Anna Rajzman. (Ann. Nutrit. l'Alimentat. **15.** Nr. 5. Rev. 239—46. 1961. Rehovoth, Israel, Inst. nat. et univers. d'Agric.; franz.) — Der *Diphenyl*-Geh. der Schalen von Agrumen wird im Laufe der Aufbereitung für die menschliche oder tier. Ernährung fast vollkommen beseitigt. Der Grad der Eliminierung beim Kochen, Trocknen oder der Konfitürebereitung hängt weitestgehend vom Zerstörungsgrad der Schalen ab. H. STRUCK. 4585□

Wirkung der Antibiotica-Zufütterung auf die Körpervitamine. 4. Mitt. **Einflüsse von Terramycin auf Wachstum und Körpervitamine von Küken in einem frühen Stadium.** Hisayoshi Iwata, Masafuto Wada, Takuya Hayashida und Kunihiko Kobayashi. (Vitamins [Kyoto] **8.** 427—31. 1955. Fukuoka, Kyushu Univ., School of Agric., Dep. of Agric. Chem.; jap., Auszug: engl.) — 3. vgl. Vitamins [Kyoto] **7.** [1954.] 945. — Gruppen von Küken erhalten vom 1.—30. Lebenstag einen Zusatz von 30 mg *Terramycin* (I)/kg Grundkost, welche auf Magermilchpulver (Ma.) oder Sojaölpreßkuchen (So.) aufgebaut ist. Bei den Küken mit Ma.-Kost erhöht sich durch I-Zusatz die Wachstums-Geschw. um ca. 20%, der Fütterungs-Wrkg.-Grad um maximal 15%; bei So.-Kost wird dies nicht beobachtet. Ein Einfl. auf Serum-Ca, Zahl der Mikroorganismen im Caecum u. auf den Geh. an Vitamin A, B_1, B_2 u. C in Leber u. Muskel ist bei beiden Gruppen nicht sicher erkennbar. L. SCHULER. 4585□

Veränderungen des Kohlenhydratstoffwechsels bei Personen mit genereller Unterernährung und Vitaminmangelsyndrom. L. L. Barbieri, P. Puddu, A. Oliva und M. Loli-Piccolomini. (Int. Z. Vitaminforsch. [Bern] **31.** 153—69. 1961. Bologna, Univ., Ist. di Clin. Med. Gen. e Terap. Med.; ital.) — Durch i.v. Fructosebelastung von unterernährten Patienten mit *Vitamin-B*-Komplex-Mangel konnten die Störungen des Kohlenhydratstoffwechsels bei diesen in 2 Gruppen eingeteilt werden: 1. Bei Personen mit normalen *Milchsäure* (I)- u. *Brenztraubensäure* (II)-Werten im Blut im Nüchternzustand trat eine Zunahme des II-Wertes ein, der auf Veränderungen der oxydativen Aktivität der *Decarboxylase* zurückzuführen ist. 2. Bei Personen mit erhöhten I-Werten u. normalen II-Werten im Nüchternzustand waren die Stoffwechselveränderungen auf Störungen in den Atmungsketten, bes. auf eine Störung der Reoxydation von *red. Nicotinamidadenindinucleotid* zurückzuführen. K. ZINGRAF. 4587□

Thiaminstoffwechsel in diabetischen Tieren. 1. Mitt. **Gehalt an Thiamin und dessen Phosphorylierung in Geweben von Ratten mit Alloxandiabetes.** Kazuko Machida. (Vitamins [Kyoto] **8.** 320—23. 1955. Nagoya Univ., School of Med., Dep. of Physiol.; jap., Auszug: engl.) — Der Geh. an *Thiamin* (I) in den Geweben von alloxandiabet. Ratten (AR) ist geringer, bes. in der Leber, als bei normalen Ratten (NR). In der Leber ist das Verhältnis gebundenes I/Gesamt-I niedriger als bei NR. Bei i.v. Gaben von I ist die Zunahme von I in Leber, Niere u. Herz bei den AR viel geringer als bei den NR, bes. die Phosphorylierung des I ist bei den AR stark gehemmt. Bei vorheriger Verabreichung von *Insulin* erreicht jedoch der I-Geh. in den Geweben u. die Phosphorylierung den gleichen Grad wie in den NR. L. SCHULER. 4587□

Thiaminstoffwechsel in diabetischen Tieren. 2. Mitt. **Thiaminabsorption im Verdauungstrakt.** Kazuko Machida. (Vitamins [Kyoto] **8.** 324—27. 1955; jap., Auszug: engl.) — 1. vgl. vorst. Referat. — Bei alloxandiabet. Ratten (AR) ist die *Thiamin* (I)-Absorption durch isolierte Dünndarmschlingen geringer als bei normalen Ratten (NR), doch verschwindet der Unterschied bei mit *Insulin* vorbehandelten Ratten. Noch geringer ist die Absorption bei Ratten mit exstirpiertem Pankreas. Es bleibt die Phosphorylierung aus. Bei gleichzeitiger Zugabe von *ATP* mit I in das Darmlumen nimmt die I-Absorption bei den AR erheblich zu mit gleichzeitiger teilweiser Phosphorylierung; bei NR ist der ATP-Einfl. gering. L. SCHULER. 4587□

Thiaminstoffwechsel in diabetischen Tieren. 3. Mitt. **Der Einfluß von Hypophysenhinterlappenhormon auf den Thiamingehalt bei alloxandiabetischen Ratten.** Kazuko Machida. (Vitamins [Kyoto] **8.** 327—30. 1955; jap., Auszug: engl.) — 2. vgl. vorst. Referat. — Bei normalen Ratten (NR) verursacht die subkutane Verabreichung von

Pituitrin (II, als *Pituitan*) keine signifikante Änderung im *Thiamin* (I)-Geh. verschiedener Organe, ebensowenig im Verhältnis von gebundenem zu freiem I. Bei alloxandiabet. Ratten (AR) steigt jedoch nach II-Gabe der I-Geh. in Leber u. Niere an u. die Phosphorylierung wird gefördert. Wird bei AR II gleichzeitig mit I gegeben, so ist der I-Anstieg stärker als bei I-Zufuhr allein u. auch die Phosphorylierung wird stärker gefördert. Bei NR sind diese Effekte gering. L. SCHULER. 4587 □

Änderung im Gehalt an Thiamin und Riboflavin bei der Lagerung von Gemüsen und Früchten. Mototeru Yano und Tadashi Yamaguchi. (Vitamins [Kyoto] 8. 299—303. 1955. Tokyo, Kitasato Inst., Biochem. Labor.; jap., Auszug: engl.) — Nach 12tägiger Lagerung bei Raum-Temp. zeigten sich bei 3 Arten von japan. Blattgemüsen Abnahmen des *Thiamin-* (bzw. *Riboflavin-*) Geh., in %, von 20—40 (15—40), bei Schwarzwurzeln 18 (26), Rettig 62 (63), Möhren 22 (27), Äpfeln 16 (21), Persimonen 12 (14), Mandarinen 30 (38) u. Orangen (5 Tage) 33 (33). Gesetzmäßigkeiten werden nicht abgeleitet. L. SCHULER. 4587 □

Untersuchung über den Einfluß von Riboflavin auf die Ernährung unter ungewöhnlichen Milieubedingungen. Mituo Fuzita. (Vitamins [Kyoto] 8. 437—41. 1955. Akashi, Hyogo Agric. Exp. Stat., Labor. of Home Improvement; jap., Auszug: engl.) — 350 ♂ Vers.-Personen werden 10 Monate lang unter Bedingungen niedriger Umgebungs-Temp. (—10 bis +10°) mit hoher (85%) Luftfeuchtigkeit oder sonnenloser Umgebung bei einer Normalkost von 2900 cal aus 95 g Eiweiß, 18 g Fett, 190 γ Thiamin, 150 γ *Riboflavin* (I), 14 mg Ascorbinsäure u. reichlich Vitamin A hinsichtlich Körper-Gew., Befinden usw. beobachtet. Nach ca. 7 Monaten zeigt sich Verminderung der Sehkraft u. der Dunkeladaptation. Durch Verabreichung von I werden diese Mangelerscheinungen rasch behoben. Auch Gruppen mit absichtlich herabgesetztem Geh. an einem der Vitamine werden zum Vgl. herangezogen u. statist. ausgewertet. L. SCHULER. 4587 □

Mikrobestimmung von Riboflavin im Blut. Kunio Yagi, Saburo Kikuchi und Toru Kariya. (Vitamins [Kyoto] 8. 450—51. 1955. Nagoya, Univ. of Nagoya, School of Med., Dep. of Biochem. and Internal Med.; jap., Auszug: engl.) — Zur Best. von *Riboflavin* (I) im Blut wird das Citratblut 15 Min. bei 80° mit W. ausgezogen (4 ml) u. unter gutem Rühren mit 1,0 ml 10%ig. Trichloressigsäure versetzt u. nach Zentrifugieren im Überstehenden das I nach dem Lumiflavinfluorescenz-Verf. bestimmt.
L. SCHULER. 4587 □

Untersuchungen über die Bestimmung von Riboflavin nach dem Lumiflavinverfahren. 1. Mitt. **Über fluorescierende Stoffe, die die Bestimmung von Riboflavin im menschlichen Harn verhindern.** Isao Ishiguro, Kiheiji Tanaka und Osamu Kinoshita. (Vitamins [Kyoto] 8. 452—57. 1955. Nagoya, Univ. of Nagoya, School of Med., Dep. of Biochem.; jap., Auszug: engl.) — Die Best. von *Riboflavin* (I) im menschlichen Harn nach dem Lumiflavinfluorescenz-Verf. gibt selten richtige Werte, da andere fluorescierende Stoffe im Harn stören. Es scheint sich dabei um *Anthranilsäure* u. deren Derivv. zu handeln. Folsäure, I, Pyridoxin u. Metaboliten dieser Vitamine sind ohne Einfl. auf die Störung. Oxydation mit $KMnO_4$ beseitigt am wirksamsten die störenden Stoffe. L. SCHULER. 4587 □

Safran als mögliche Riboflavin-Quelle. R. Rajagopalan, B. R. Baliga und J. V. Bhat. (Proc. nat. Inst. Sci. India, Part A 23. 128—34. Dez. 1960. Bangalore, Indian Inst. of Sci., Biochem. Dep., Fermentation Technol. Labor.; engl.) — 150 mg *Safran*, aus Narben von *Crocus sativis* gewonnen, haben die gleiche Wrkg. wie 40 mg reines synthet. *Riboflavin.* P. GREGORZEWSKI. 4587 □

Überempfindlichkeit gegen den Phenylcarbinol-Stabilisator in injizierbarem Vitamin B_{12}. B. Lagerholm, A. Lodin und H. Gentele. (Acta allergol. [Copenhagen] 12. 295—98. 1958. Stockholm, Karolinska Sjukhuset, Dep. of Dermatol.; engl.) — Während einer Injektionsbehandlung mit *Vitamin* B_{12} kam es bei einem Mann zu typ. allerg. Rkk. (Gelenkschwellung, Juckreiz, Urtikaria). Unterss. ergaben, daß das Allergen das *Phenylcarbinol* war, das der Lsg. als Stabilisator zugesetzt worden war.
G. KIMMERLE. 4587

Aktivierter Faulschlamm als Quelle für Vitamin B_{12}. 5. Mitt. **Jahreszeitliche Schwankungen des Vitamin-B_{12}-Gehalts im aktivierten Faulschlamm.** Tadashi Kamikubo und Toshio Miyawaki. (Vitamins [Kyoto] 8. 443—45. 1955. Nagoya City, Water works and Sewage Bureau; Kyoto, Kyoto Univ., School of Engng., Dep. of Ind. Chem.; jap., Auszug: engl.) — 4. vgl. C. **1962.** 13462. — Im Jahre 1954 wurden an 4 verschiedenen Erzeugungsorten in Japan an je einem Tag im Januar, Mai, August u. November, je um 8, 12 u. 16 Uhr die Luft- u. Wasser-Temp. u. der Geh. an *Vitamin* B_{12} (I) im getrockneten Faulschlamm bestimmt. Die niedrigsten Werte (4,5 γ I/g) ergeben sich im Winter bei 6—11° Luft- u. 12,5° Wasser-Temp., die höchsten (6,6—9,1) im

Herbst bei 12—16° Luft- u. 16° Wasser-Temp., während im Frühling u. Sommer Schwankungen um 5 γ (Extreme: 2,5—6,4) beobachtet werden. L. Schuler. 4587 □

L-Ascorbinsäure-Biosynthese in Tieren. B. C. Guha. (Proc. nat. Inst. Sci. India, Part A **26.** 68—83. Dez. 1960. Calcutta, Univ., Coll. of Sci. and Technol.; engl.) — Die Biosynth. von *L-Ascorbinsäure* (I) aus *D-Glucuronolacton* (II) u. *L-Gulonolacton* (III) in Leber- bzw. Nierenhomogenaten wird durch *KCN* stimuliert u. durch den lösl. Überstand der Homogenate inhibiert. Das verantwortliche Enzym für die I-Bldg. ist *L-Gulonooxydase* (**IV**); diese ist bei den entwicklungsgeschichtlich tiefer stehenden Tieren (Amphibien, Reptilien, Vögel) in den Nierenmikrosomen, bei einigen Vögeln u. den meisten Säugetieren in den Lebermikrosomen enthalten. Den Primaten u. dem Meerschweinchen fehlt **IV**, diese sind daher auf die I-Zufuhr von außen angewiesen. Spezif. Substrate sind lediglich II u. III. Im lösl. Überstand ist eine *Gulonolactonase* enthalten, die durch Bldg. der freien Säuren (D-Glucuronsäure, L-Gulonsäure) das spezif. Substrat beseitigt u. dadurch die I-Synth. verhindert. **IV** enthält Thiolgruppen, da es durch p-Chlormercuribenzoat inaktiviert u. durch red. Glutathion reaktiviert wird. P. Gregorzewski. 4587 □

Änderungen in den Vitamin-C-Fraktionen während der Lagerung von Gemüsen und Obst. Emiko Nakamura. (Vitamins [Kyoto] **8.** 424—26. 1955. Tokyo, Kitasato Inst., Biochem. Labor.; jap., Auszug: engl.) — Der zeitliche Verlauf der Änderungen im Geh. an *Ascorbinsäure* (I), *Dehydroascorbinsäure* (II) u. *Diketogulonsäure* (III) während einer 10—21 tägigen Lagerung wird an einer Rapsart, Spinat, Lauch, Weißkohl, Rübe, Rettich, Möhre, Mandarinenfleisch u. -schale untersucht. Die Abnahme an I war viel größer (bis auf $^1/_3$—$^1/_2$) als die Zu- bzw. Abnahme von II u. III. — 2 ausführliche Tabellen. L. Schuler. 4587 □

Untersuchung über Vitamin C im Blut. 4. Mitt. **Bestimmung von Vitamin C in kleinen Volumina von Gesamtblut mittels 2.4-Dinitrophenylhydrazin.** Tetsuzo Takahashi. (Vitamins [Kyoto] **9.** 26—28. 1955. Tokyo, Inst. of Public Health, Dep. of Nutrit. and Biochem.; jap., Auszug: engl.) — 3. vgl. C. **1962.** 12741. — Für die Best. von *Vitamin C* im Bereich von 0,24—0,64 mg% im Gesamtblut, je 0,2 ml, wird an 60 Erwachsenen das colorimetr. *2.4-Dinitrophenylhydrazin*-Verf. in abgeänderter Form als brauchbar erprobt. L. Schuler. 4587 □

Über die fluorometrische Bestimmung von Vitamin C. Koji Kimura. (Vitamins [Kyoto] **9.** 23—25. 1955. Tokyo, Kitasato Inst., Biochem. Labor.; jap., Auszug: engl.) — In 13 Arten pflanzlichen u. 16 tier. Geweben wird *Vitamin C* vergleichsweise nach dem fluorometr. Verf. von Ogawa (vgl. C. **1950/54.** 3205 S) u. nach dem colorimetr. Verf. von Roe in der abgeänderten Form nach Teruuchi (Vitamins [Kyoto] **7.** [1954.] 508) bestimmt. Für die pflanzlichen Gewebe stimmten beide Ergebnisse gut überein, während für tier. Gewebe das fluorometr. Verf. erheblich höhere Werte (aber nicht mit konst. Abweichung) ergeben, so daß für diesen Fall das fluorometr. Verf. als unterlegen betrachtet werden muß. L. Schuler. 4587 □

Wirkung von Dicarnitin und synthetischem Carnitin auf das Wachstum des Tibiaknorpels von Hühnerembryonen, die in synthetischem Milieu aufgezogen werden. Madeleine Kieny. (C. R. hebd. Séances Acad. Sci. **243.** 320—21. 16/7. 1956; franz.) — *Dicarnitin* u. das synthet. *Carnitin* (I; *Vitamin* B_T) haben sich als sehr günstig erwiesen zur in vitro-Entw. der knorpeligen Tibia von Hühnerembryonen, die in synthet. Milieu aufgezogen werden. Ihre makroskop. Wrkg. sind mit denen ident., die mit *p-Aminobenzoesäure* (II) erhalten werden, oder können sie noch übertreffen, wenn sie in hohen Konzz. angewendet werden. Die günstigen Wrkg. von I u. II unterstützen sich nicht, wenn sie zu gleicher Zeit benutzt werden. P. Nachtwey. 4587 □

Einfluß der Diät auf den Stoffwechsel der B-Vitamine. Konosuke Tomabechi, Isao Nakamura und Ichiro Nakagawa. (Vitamins [Kyoto] **8.** 432—37. 1955. Tokyo, Inst. of Public Health, Dep. of Nutrit. and Biochem.; jap., Auszug: engl.) — 1. vgl. Vitamins [Kyoto] **6.** [1953.] 251. — Die Verschiedenheit des Einfl. von tier. u. pflanzlicher Kost auf die Verfügbarkeit der *B-Vitamine* wird in Verss. mit erwachsenen Menschen u. Ratten untersucht. *Thiamin* (I) im Harn nimmt zu, wenn die Kost reich an *Cellulose* (II) ist oder II zu tier. Kost zugesetzt wird, da offenbar dadurch die I-Synth. durch die Darmflora gefördert wird. Die Ausscheidung von *Riboflavin* im Harn dagegen wird nur erhöht bei gleichzeitiger Zufuhr von II u. (tier.) Eiweiß. Dies wird auf den Einfl. des im tier. Eiweiß vorhandenen *Vitamin* B_{12} (III), *Methionin* u. *Tryptophan* zurückgeführt. Orale Gaben von III verursachen keine der angegebenen Erscheinungen. L. Schuler. 4587 □

Die Bestimmung der Vitamine in Gartenbauprodukten mittels Infrarotspektrographie. Ettore Bottini und Antonio Zavanaju. (Staz. chim.-agrar. sperim.

Torino, Annu. Part A **19.** 17—67. 1955/1957. Torino, Staz. Chim.-Agr. sperim.; ital.) — Beschreibung der Best. von Vitaminen in Gartenbau-Prodd. mittels IR-Spektrographie. Diese liefert zuverlässigere Werte als die meisten bisher vorgeschlagenen Methoden. K. ZINGRAF. 4587 □

Carotinoide und Vitamin A. Chikataro Kawasaki. (Vitamins [Kyoto] **9.** 1—13. 1955. Toyonaka, Osaka Univ., School of Pharm.; jap.) — Übersicht über die Chemie der *Carotinoide* u. deren Zusammenhang mit *Vitamin A.* — 71 Literaturangaben. L. SCHULER. 4587 □

Untersuchungen über die Zersetzung der Carotine von getrockneter Luzerne. Mario Bonsembiante und Antonio Iliceto. (Atti Ist. Veneto Sci., Lettere Arti, Cl. Sci. mat. natur. **116.** 25—35. 1958. Padova, Univ., Ist. di Zootecn. e di Chim. Org.; ital.) — Eine Zers. der *Carotine* in Mehl von getrockneter Luzerne erfolgt hauptsächlich unter Einfl. des Luft-O_2 (Verringerung auf die Hälfte bei 10° in 180 Tagen, bei 30° in 41 Tagen). In der Praxis kann die Zers. nur durch Verw. von Antioxydantien unterbunden werden. K. ZINGRAF. 4587 □

Zusammenhang zwischen dem Druck der Cerebrospinalflüssigkeit und der Vitamin-A-Konzentration des Plasmas von Holstein-Kälbern, die mit dosierten Carotinmengen gefüttert wurden. H. D. Eaton und J. E. Rousseau jun. (J. Dairy Sci. **44.** 1368—70. Juli 1961. Storrs, Conn., Agricult. Exp. Stat.; Urbana, Ill., Illinois Agricult. Exp. Stat.; engl.) — Bei 91 ♂ Holstein-Kälbern wurde der Zusammenhang zwischen dem Druck der Cerebrospinal-Fl. (CSF) u. der *Vitamin-A* (I)-Konz. im Plasma ermittelt. Zwischen 0,0 u. 11,9 μg I/100 ml sinkt der Druck der CSF von 355 auf 130 mm einer 0,85%ig. NaCl-Lsg., bei weiter steigenden I-Werten bis 35,9 μg/100 ml fällt er nur noch wenig ab (93—58 mm). WINFRIED KRÜGER. 4587 □

Untersuchungen über die Extraktion von Vitamin A aus Fischleber. 3. Mitt. **Über den Zusammenhang zwischen Frischheitsgrad von Haifischleber und Vitamin A.** Shinko Tachino, Haruo Tanaka und Manabu Kitamikado. (Vitamins [Kyoto] **8.** 291—93. 1955. Fukuoka, Kyushu Univ., School of Agricult., Dep. of Fisheries Chem.; jap., Auszug: engl.) — Obwohl aus der Zunahme des spektrophotometr. Verhältnisses von E 300/328 mμ hervorgeht, daß *Vitamin A* (I) bei nicht mehr frischer Haifischleber (HL) sich zu zersetzen beginnt, zeigt sich, daß die Ausbeute an I ansteigt, wenn statt frischer HL sich bereits zersetzende verwendet wird, was Vff. wie folgt erklären: In den äußeren Gewebeschichten der HL sind reichlich Öltröpfchen mit geringem I-Geh., der (nach Alkalibehandlung) leicht extrahierbar ist. In den tieferen Schichten ist der Öl-Geh. konzentrierter, wird aber der Extraktion erst zugänglich, wenn die Bindung des I an Eiweiß durch enzymat. Vorgänge bei beginnender Zers. gelockert bzw. gelöst wird. L. SCHULER. 4587 □

Untersuchungen über die Extraktion von Vitamin A aus Fischleber. 4. Mitt. **Zusammenhang zwischen Frischheitsgrad von Haifischleber und Vitamin A.** 2. Mitt. Shinko Tachino, Haruo Tanaka und Manabu Kitamikado. (Vitamins [Kyoto] **8.** 294—97. 1955; jap., Auszug: engl.) — **3.** vgl. vorst. Referat. — Ganz frische Haileber (HL) ergibt bei der alkal. Aufarbeitung schwer zu behandelnde Emulsionen mit unlösl. Eiweißrestanteilen, wodurch die Öl- u. *Vitamin A* (I)-Ausbeute (gemessen an der Wrkg.-Stärke) herabgesetzt wird. Durch Vgl.-Verss. mit 40tägiger Lagerung in braunen Flaschen werden laufend die Veränderungen im Geh. an freiem u. gebundenem I sowie die I-Wrkg.-Stärken (WS) aus verschiedenen frischen HL beobachtet u. ergeben folgendes: Die WS von I aus frischer HL (welche nur wenig oder kein freies I enthält) bleibt unverändert erhalten, während jene aus HL mit verschiedenen Graden beginnender Zers. (mit anfänglich hohem Geh. an freiem I) auf den gleichen I-Spiegel wie die ersteren absinken, wobei nach der Lagerung kein freies I mehr erhalten geblieben ist. L. SCHULER. 4587 □

Untersuchungen über Antioxydantien für Vitamin A. 17. Mitt. **Beziehungen zwischen Struktur und Antioxydanswirkung phenolischer Verbindungen.** Goichiro Katsui und Hiroshi Kuyama. (Vitamins [Kyoto] **8.** 297—99. 1955. Fuse, Kinki Univ., School of Sci. and Technol.; jap., Auszug: engl.) — 16. vgl. Vitamins [Kyoto] **7.** [1954.] 962. — Die Übersicht über den Zusammenhang zwischen Struktur u. Antioxydans-Wrkg. (AW) von phenol. Verbb., wie *Isoamylhydrochinon, p-Hydroxyanisol, 2.6-Dimethylkresol, 2-Methyl-, 2-Äthyl-, 2-Methyl-4-äthyl-, 2-Methyl-4-n-butyl-, 2-Methyl-4.6-diäthyl-* u. *2.4.6-Triäthylresorcin* u. 2kernigen Verbb., wie *3.4-Bis-[m.p-dihydroxyphenyl]-hexan*, bes. im Vgl. mit *Nordihydroguaretsäure* (I) bestätigt die Ergebnisse früherer Beobachter. Die mehrkernigen Verbb. vom Molgew. ca. 300—500 zeigen hohe AW, deren Stärke weitgehend von der Art des zur Kondens. benutzten Ausgangsphenols abhängt. Von den 3 Verbb. *2.2'-Dihydroxy-3.3'-di-tert.-butyl-5.5'-dimethyldiphenylmethan* (II), *2-Methyl-4.4'-bis-[2-hydroxy-3-tert.-butyl-5-methylphenyl]-propan* u.

-butan zeigen höchste AW jene ohne Alkylsubstitution in der Alkylenkette u. geringste jene mit Alkylsubstitution von 2 H. Bei ster. Hinderung in o-Stellung zu OH besteht höhere AW als ohne diese. CH_3 in p-Stellung erhöht die AW (II ist stärker als I). Ersatz der 5.5'-Dimethylgruppen durch 5.5'-Dibutyl- ergibt eine nur ungenügende AW. Bei den Verbb. nach Di-[2-methyl-4-hydroxy-5-isopropylphenyl]-alkylmethan ist die gleiche Wrkg. vorhanden, wenn das Alkyl Methyl, Propyl oder Butyl darstellt.

L. SCHULER. 4587 □

Eine Untersuchung über die Wirkung einer massiven prophylaktischen Dosis von Vitamin A und D auf die neugeborenen Milchkälber. J. Weits, J. M. King und R. G. Warner. (Netherl. J. agric. Sci. 7. 190—93. Aug. 1959. Ithaca, N.Y., Cornell Univ.; Wageningen, Netherlands, Labor. of Animal Physiol.; engl.) — Noch nicht 14 Tage alte Kälber erhielten eine Einzeldosis von 250000 I.E. *Vitamin D* (I) u. 500000 I.E. *Vitamin A* (II) bzw. 2mal diese Dosis. Alle Tiere erschienen nach der Gabe normal. Histolog. Unterss. zeigten keinerlei Läsionen, die auf I- u. II-Überschuß zurückzuführen sind. Der Geh. des Blutes an Ca u. P wurde durch die Behandlung kaum verändert. Nur bei einigen Kälbern waren die Phosphatasewerte in den ersten Tagen nach der Behandlung sehr hoch.

W. HILLER. 4587 □

Provitamin D in bestimmten talgartigen Geweben der Maus und des Meerschweinchens. A. A. Kandutsch, E. D. Murphy und M. E. Dreisbach. (Arch. Biochem. Biophysics 61. 450—55. April 1956. Bar Harbor, Maine, Roscoe B. Jackson Mem. Labor.; engl.) — Steringemische, die aus Vorhautdrüsen der Maus, aus einem Vorhautdrüsentumor u. aus der Analdrüse des Meerschweinchens isoliert wurden, enthielten *7-Dehydrocholesterin* (I) in Konzz. von 35,3—66,3% der gesamten Sterine. Andere Sterine, die in dem Gemisch vorhanden waren, wurden als *Δ^7-Cholestenol* u. *Cholesterin* identifiziert. Die Konz. dieser 3 Sterine im Verhältnis zum Frischgew. der Drüsen wurde geschätzt. Verschiedene andere Talgdrüsen wurden auf die Anwesenheit von Sterinen geprüft.

P. NACHTWEY. 4587 □

Resorption von Methyl-ω-[trimethylsilyl]-dodecanoat und Trimethylhexadecylsilan aus dem Verdauungstrakt von Ratten. J. Paul und W. F. R. Pover. (Arch. Biochem. Biophysics 87. 312—17. April 1960. Birmingham, Univ., Dep. of Med. Biochem. and Pharmacol.; engl.) — In einer Triglyceridträgersubstanz verfüttert, werden *ω-[Trimethylsilyl]-dodecansäuremethylester* u. *Trimethylhexadecylsilan* aus dem Verdauungstrakt von Ratten resorbiert. Nach 5—8tägiger Verfütterung können sie als Lipoid-lösl. *Organosilicon-Verbb.* (I) aus der Leber der Tiere extrahiert werden u. lösl. Kieselsäure erscheint im Harn. Dagegen finden sich keine I in den Chyluslipoiden.

Versuche: *11-Bromundecansäuremethylester*, $C_{12}H_{23}BrO_2$, aus 11-Bromundecansäure, Methanol u. H_2SO_4. — *ω-[Trimethylsilyl]-dodecansäuremethylester*, $C_{16}H_{34}O_2Si$, $Kp._{125}$ 166°, n_D^{20} 1,4695, $D.^{20}$ 0,9724 aus vorst. Verb. u. Trimethylsilylmethyllithium in n-Pentan. — *Trimethylhexadecylsilan*, $C_{19}H_{42}Si$, $Kp._{125}$ 188°, F. 7—9°, $D.^{20}$ 0,8006, n_D^{20} 1,4432, aus Hexadecylchlorsilan u. Methylmagnesiumjodid in Äther.

K. ZINGRAF. 4594 □

Glucuronidbildung beim aktiven Transport von Aminosäuren und Thyroxinanalogen durch den Rattendarm. D. F. Tapley, R. Herz jun., J. E. Ross, T. F. Deuel und L. Leventer. (Biochim. biophysica Acta [Amsterdam] 43. 344—45. 23/9. 1960. New York, N.Y., Columbia Univ., Coll. of Phys. and Surg., Dep. of Med.; engl.) — *^{131}J-L-Monojodtyrosin* (I) u. *^{131}J-Trijodthyroessigsäure* (II) werden in vitro akt. von der Mucosaseite eines ausgestülpten Rattendünndarmsackes auf die Serosaseite transportiert. Dabei bilden sich säurelabile, alkalistabile Konjugate, wahrscheinlich Glucuronide, die nicht akt. transportiert werden. Der Transport von II wird durch Aminosäuren gehemmt. Für den Transport von I ist die α-Aminogruppe unbedingt erforderlich. Es wird angenommen, daß der akt. Transport von I durch die Erzeugung von 2 Glucuroniden erfolgt (eines davon ist bestimmt ein Ätherglucuronid, das andere vielleicht ein N-Glucuronid).

K. ZINGRAF. 4594 □

Vorkommen von Homocystein in der Pansen-Flüssigkeit. H. Henderickx. (Arch. int. Physiol. Biochim. 69. 443—48. Sept. 1961. Gent, State Agricult. Univ., Dep. of Animal Nutr.; engl.) — Die Umwandlung von *Methionin* (I) über *Homocystein* (II) u. *Cystathionin* in *Cystein* (III) wurde bei Ratten nachgewiesen. Vf. zeigt an Hand von Inkubations-Verss. mit einem künstlichen Rumen u. ^{35}S, daß I aus III von den Mikroorganismen des Pansen gebildet u. in Proteine eingebaut wird. Das Zwischenprod. II findet sich jedoch nur in der proteinfreien Fraktion. Das Inkubationsgemisch aus 100 ml filtrierter Pansen-Fl., 10 ml Mineralsalz-Lsg. [500 mg Stärke, 500 mg Glucose, 25 mg N als $(NH_4)_2SO_4$, 25 μc ^{35}S als Na_2SO_4 ad 200 ml] wurde nach 6 Std. enteiweißt, die Proteine isoliert u. hydrolysiert u. die Aminosäuren papierchromatograph. (Lsgm.: n-Butanol–Essigsäure–W. = 60:15:25, Entwickler: 1% Ninhydrin–Aceton) aufgetrennt. Die Messung der Radioaktivität ergab 3 Maxima im Hydrolysat entsprechend der Lage von I, II u. III. Vf. schließt daraus, daß I aus III über II gebildet werden kann.

B. GÖRLICH. 4594□

Biologische Verwertbarkeit von Eisen und Kupfer aus verschiedenen Verbindungen bei der Ratte. A. H. Nesbit und W. P. Elmslie. (Trans. Illinois State Acad. Sci. **53.** 101–05. 1960. Quincy, Moorman Manufacturing Comp.; engl.) — Da bei Zufügen von Spurenmetallen zu künstlichen Kostformen u. Vitamin-Präpp. neuerdings in W. unlösl. Formen dieser Metalle (zur Vermeidung von Vitaminzerstörungen) verwendet werden, wurde die biolog. Verwertbarkeit einiger Zubereitungen an der Ratte geprüft. So erwies sich bei der anäm. Ratte (Prüfung von Hämoglobinspiegel u. Regeneration der Erythrocyten) *Ferrocarbonat* als relativ unverwertbar (nur 26–35%ig. Anstieg des Hämoglobins bei täglicher Zufuhr von 0,2 mg Fe für 2 Wochen), *metall. Fe* stand mit 67% zwischen erstem u. *Ferrosulfat* (121–129%ig. Anstieg) in seiner Fähigkeit zur Regeneration von Hämoglobin u. Erythrocyten. Von Cu-Verbb. erwiesen sich, gemessen an der Cu-Deponierung in der Rattenleber, *Kupferoxid*, *Cu-Konzentrat* (74,1% Cu) u. *Cu-Pyrophosphat* in Mengen von 250–500 mg/kg Futter ca. $^1/_4$, $^1/_3$ u. $^1/_2$ so verwertbar wie *Cu-Sulfat*, welches als Kontrolle diente u. mit 100% angesetzt wurde.

U. TAUSENDFREUND. 4596□

Vorläufige Beobachtungen über Verteilung und Biosynthese des Serinäthanolaminphosphorsäurediesters. H. Rosenberg und A. H. Ennor. (J. Biochemistry [Tokyo] **50.** 81–84. Aug. 1961. Canberra, Australian Nat. Univ., John Curtin School of Med. Res., Dep. of Biochem.; engl.) — Vertreter des gesamten Tierreiches, von den Protozoen bis zu den Säugetieren, wurden hinsichtlich des Vork. der D- bzw. L-Form des *Serinäthanolaminphosphorsäurediesters* (I) untersucht. D-I fand sich nur in erdbewohnenden Oligochaeten, L-I nur in Fischen, Vögeln, Amphibien u. Reptilien. Injiziert man 16 Wochen alten Küken i.v. anorgan. ^{32}P u. bestimmt eine Std. danach in den verschiedensten Organen die in I auftretende Radioaktivität, dann findet man die höchste Aktivität in der Niere, was darauf schließen läßt, daß in ihr die Synth. des I stattfindet. Die hohe Aktivität im Plasma deutet darauf hin, daß I nach erfolgter Synth. in der Niere in den Körper transportiert wird, um vielleicht im Intestinum, wo die I-Konz. ebenfalls relativ hoch ist, eine spezif. Funktion zu übernehmen. Inkubiert man Kükennierenhomogenat mit einer Lsg., die Mg^{2+}, Äthanolamin, Serin, Adenindi- u. Cytidintriphosphat (II) u. K-Succinat in N-Äthylmorpholinpuffer enthält, u. verfolgt den Einbau von anorgan. ^{32}P, dann ist der Einbau um 50% vermindert, wenn II in der Lsg. fehlt. Das läßt vermuten, daß II bei der Synth. von I eine gewisse Rolle spielt. Die Biosynth. von I scheint auch energieabhängig zu sein. Fügt man nämlich zur obigen Nährlsg. 2.4-Dinitrophenol, dann findet kein Einbau von anorgan. ^{32}P in I statt.

M. LORENZ. 4596□

Die Nutzbarmachung und der Stoffwechsel von $^{14}C_{(4)}$-Cholesterin durch die erwachsene Stubenfliege. J. N. Kaplanis, W. E. Robbins und L. A. Tabor. (Ann. entomol. Soc. America **53.** 260–64. März 1960. Beltsville, Md., U.S.D.A., Agr. Res. Serv., Entomol. Res. Div.; engl.) — Einen Tag alten, mit CO_2 anästhetisierten Imagines der Stubenfliege (*Musca domestica* L.) wurde in den Thorax eine Suspension von 0,1 ml einer N.N-Dimethylformamid-Lsg. von $^{14}C_{(4)}$-*Cholesterin* (I; 1 mg/0,1 ml) in 0,9 ml dest. W. injiziert. Die Fütterung erfolgte mit einem Gemisch aus Saccharosepuder u. fettfreier Milch (1:1) mit 0,01% „slow-acting“ Sterin. Ventral fixierte Filterpapierscheiben wurden nach 3 Tagen mit 5–10 µl Aceton extrahiert u. auf radioakt. Verbb. analysiert. Die Exkretion betrug 2,0–2,5% der applizierten Dosis, davon ca. 10% saures Material. In Homogenisaten behandelter Weibchen u. deren Eiern waren 3 Wochen nach Behandlung noch 78% der Radioaktivität wiederzufinden: 18% in lebenden, 15% in toten Weibchen u. 45% in den Eiern. Säulenchromatograph. Analyse der ^{14}C-Verbb. der Weibchen u. Eier (Eiwerte in Klammern) ergab mit n-Hexan 0,1 (0,1) % KW-Stoffe, mit Bzl. 2 (15–20) % Sterinester, mit Ae. 95 (77–81) % freie Sterine u. mit Methanol 2,4 (2,5) % polare Steroide. Chromatograph. Trennung der Fraktionen der freien Sterine u. Sterinester mit Al_2O_3 (Woelm, sauer) ergab die Acetate von I u. 7-Dehydro-I. I wird demnach hauptsächlich zur Eiproduktion verwendet.

H. G. W. GLEISS. 4596□

Meeressterine. 9. Mitt. **Die Biosynthese von 24-Methylencholesterin in Muscheln.** U. H. M. Fagerlund und D. R. Idler. (Canad. J. Biochem. Physiol. **39.** 1347–55. Sept. 1961. Vancouver, Fisheries Res. Board of Canada, Technolog. Stat., Chem. Sect.; engl.) — 8. vgl. C. **1962.** 207. — Injiziert man Muscheln (*Saxidomus giganteus*) $^{14}C_{(4}$-

Cholesterin, so wird dieses in vivo umgewandelt in radioakt. *24-Methylencholesterin.* Die höchste Umsetzung erzielt man bei Injektion in die Verdauungsdrüse.
WALTER SIMON. 4596

Über das Vorkommen physikalisch gebundenen Nichtprotein-Stickstoffs in kollagenartigen Proteinen. F. S. Steven, G. R. Tristram und I. R. Tyson. (Biochem. J. **80.** 41 P. Sept. 1961. Univ. of St. Andrews, St. Salvator's Coll., Dep. of Physiol. and Biochem.; engl.) — Durch verschiedene Verff. (Extraktion mit 0,1m Essigsäure, Na_2HPO_4, Dialyse, selektive Fällung) ließ sich aus *Kollagen* von Kalbshaut ein Nichtproteinanteil isolieren, dessen N-Geh. ca. 2% des ursprünglich lösl. Kollagen-N ausmacht. Bei 2dimensionaler Papierchromatographie wurden 11 verschiedene Komponenten gefunden. Die N-terminalen Reste der zugehörigen Proteine sind Ala, Asp, Glu, Gly, Leu u./oder Ileu, Lys, Phe, Ser, Thr, Val. Vermutlich haben diese Komponenten innerhalb des intakten Kollagenkomplexes in der Haut eine wichtige Funktion inne.
K. HEYNS. 4597□

Taubenbrustmuskel als idealer Prüfstoff zum histologischen Nachweis von Glykogen. Ramesh M. Naik. (Stain Technol. **36.** 247—48. Juli 1961. Baroda, India, M. S. Univ. of Baroda, Dep. of Zool., Labor. of Histochem.; engl.) — Zum Nachw. von *Glykogen* (I) ist der Taubenbrustmuskel geeigneter als Leberschnitte, weil er als gemischter Muskel aus weißen (ca. 70 μ ∅) u. roten Fasern (30 μ ∅) besteht. Diese weisen ca. $^1/_5$ des I-Geh. der weißen Fasern auf. W. WESLY. 4597□

Die Rolle der Calciumionen bei der Beschleunigung der Glykolyse des ruhenden Muskels durch extracelluläres Kalium. Leon Kaye und W. F. H. M. Mommaerts. (J. gen. Physiol. **44.** 405—13. Nov. 1960. Los Angeles, Calif., Univ. of California, Dep. of Med., Los Angeles County Heart Ass. Cardiovascular Res. Labor.; engl.) — Es wurde die Bedeutung von Ca^{2+} beim Mechanismus der Koppelung von Excitation u. Kontraktion in der Muskulatur (isolierter Froschsartoriusmuskel) bei K^+-Veränderungen unter Berücksichtigung der anaeroben Glykolyse geprüft. Dabei erwies sich die Aktivierung der Glykolyse des ruhenden Muskels durch Steigerung des extracellulären K^+-Geh. als abhängig von der gleichzeitigen Ggw. von Ca^{2+}, nicht jedoch von Na^+. Diese Regulation des Stoffwechsels durch ein Membrancharakteristicum scheint auf einer Einw. auf ein frühes Glied der Glykolyseenzymkette zu beruhen. U. TAUSENDFREUND. 4597□

Einige Kationen-Wechselwirkungen im Muskel. R. A. Sjodin. (J. gen. Physiol. **44.** 929—62. Mai 1961. London, Univ., Coll. Biophysics Dep.; Uppsala, Univ., Physiol. Inst.; engl.) — Die Isotopen $^{42}K^+$, $^{86}Rb^+$ u. $^{137}Cs^+$ werden vom Schneidermuskel des Frosches gegen Na^+ ausgetauscht. Für die Geschw. u. die quant. Verhältnisse des Austausches werden Gleichungen aus Modell-Verss. abgeleitet. Die Übereinstimmung mit diesen wird aufgezeigt. P. NACHTWEY. 4597□

Eine Untersuchung des Treppen-Phänomens der Herzkammermuskulatur und seiner Beziehung zur inotropen Aktivität verschiedener Medikamente. W. G. Nayler. (J. gen. Physiol. **44.** 393—404. Nov. 1960. Melbourne, Baker Med. Res. Inst.; engl.) — Es werden die bisher aufgestellten Theorien über die Ursachen des sog. Treppenphänomens der isolierten Herzkammermuskulatur (nach Ruhepause) einer Prüfung unterzogen. Dabei ergaben sich unter Aufzeichnung der inotropen Rk.-Kurven am Krötenherzmuskel 2 Rk.-Formen: a) Verminderung der Zeitspanne zur Erreichung der Spitzenspannung unter Verkürzung der Zuckungsdauer, hervorgerufen durch Ca^{2+}-Überschuß, *Strophanthin* u. das Treppenphänomen, b) Gleichbleiben oder Verlängerung der Zeitspanne zur Erreichung der Spitzenspannung bei unveränderter Zuckungsdauer unter dem Einfl. von *Noradrenalin*, aminähnlichen Substanzen, die durch *Tyramin*, *Cocain* u. *Reserpin* freigesetzt werden sowie durch Verminderung des K^+-Gehaltes. Ca^{2+} muß als wichtiger Faktor der inotropen Rk. beim Treppenphänomen u. der Wrkg. von Glykosiden angesehen werden; die Beteiligung von Aminen am Treppenphänomen ließ sich nicht nachweisen. U. TAUSENDFREUND. 4597□

Die Wirkung einiger Derivate der α-Naphthol-Reihe auf die Gallenexkretion von Bromsulfophthalein. J. Vanlerenberghe, G. Milbled, F. Guerrin und N. Bar. (C. R. Séances Soc. Biol. Filiales **155.** 1945—46. 1961, herausgeg. 28/2. 1962. Lille, Fac. de Méd., Labor. de Physiolog.; franz.) — Vier, in der Stellung 1 substituierte Derivv. der Naphthoyl-(4)-propionsäure (I): *1-Hydroxy-*, *1-Methoxy-*, *1-Äthoxy-* u. *1-Phenoxy-* wurden zusammen mit *Dehydrocholsäure* als Vgl.-Basis in Dosen von 50 mg/kg i.v. Ratten injiziert, *Bromsulfophthalein* (II) dagegen in die Halsschlagader, zu Beginn in einer Dosis von 2 mg u. dann stündlich weitere 2 mg. Während 1-Hydroxy-I nur schwächer wirkt, konnte bei den anderen drei Derivv. ein deutlicher choleret. Effekt festgestellt werden, der sich in der Verminderung der II-Konz. der Galle äußerte.
L. MACHER. 4597□

Einige hormonale Effekte auf die Aufnahme freier Fettsäuren durch Leber. John J. Spitzer und William T. McElroy jun. (Amer. J. Physiol. **199.** 876—78. Nov. 1960. Philadelphia, Pa., Hahnemann Med. Coll. and Hosp., Dep. of Physiol.; engl.) — Die Unters. der Aufnahme *freier Fettsäuren* (I) durch die Leber durch Messung der portalen-hepat. I-Differenz u. Leberdurchblutung bei Hunden zeigte, daß i.v. zugeführtes *Adrenalin* (II) oder *Noradrenalin* (III) diese Differenz u. die I-Aufnahme der Leber erhöhten. Die Leberdurchblutung sank nach III, nicht aber merklich nach II, ab. *Glucose*-Infusion vermindert die Differenz u. die I-Aufnahme der Leber. *Insulin* senkte die Leberaufnahme, jedoch war der Unterschied nicht signifikant.

K. MAIER. 4597□

Zur Biomorphose und Biochemie des menschlichen Rückenmarks. 2. Mitt. **Untersuchungen der Alternswandlungen des Vorkommens der Gesamtlipoide und Untersuchungen verschiedener Fettfraktionen.** Konrad Seige. (Z. Alternsforsch. **14.** 126—47. Aug. 1960. Leipzig, Med. Univ.-Klin., Labor. für Alternsforschung; dt.) — Vf. untersucht die Altersabhängigkeit der Zus. der *Lipoide* von Trockenpulvern des menschlichen Rückenmarks u. stellt fest, daß der Gesamt-*Lipoid*-Geh. bis etwa zum 10. Lebensjahr ansteigt u. im höheren Alter geringfügig abnimmt. Beim ♂ Geschlecht liegt der Lipoid-Geh. im Durchschnitt höher als beim ♀. Die Gesamt-*Sterine* nehmen bis zum 50. Lebensjahr zu u. im hohen Alter wieder ab. Bei der Verseifung der Rückenmarkslipoide vermindert sich auch der Gesamtsteringehalt. Die *Phosphor*-Konz. als Maß für den *Phosphatid*-Geh. im Rückenmark ist im 1. Lebensjahr am höchsten, sinkt bis zum 10. Lebensjahr ab u. steigt dann wieder an. Der Geh. an *Acetalphosphatiden* (Plasmalogene) nimmt bis zum 80. Lebensjahr stetig ab um dann stark anzusteigen. Der *N*-Geh. nimmt mit zunehmendem Alter ab. Während die Konz. der *Cerebroside* keine typ. Altersabhängigkeit zeigt, erreicht der Geh. der zu ihnen gehörenden *Ganglioside* vor dem 30. Lebensjahr ein Maximum, um dann bes. im höheren Lebensalter abzunehmen. Der *S*-Geh. der Lipoide erreicht auch vor dem 30. Lebensjahr ein Maximum, er erreicht bei Frauen höhere Werte als bei Männern. A. GUDE. 4598□

Zur Biomorphose und Biochemie des menschlichen Rückenmarks. 3. Mitt. **Asche- und Mineralgehalt in der Trockensubstanz — Stickstoff, Phosphor und Schwefel im lipoid- und wasserfreien Rückstand.** Konrad Seige und Volker Thierbach. (Z. Alternsforsch. **15.** 46—61. Febr. 1961; dt.) — 2. vgl. vorst. Referat. — Vff. analysieren Trockenpulver von Rückenmarksproben von Menschen verschiedener Altersstufen u. finden, daß der Asche-Geh. im 1. Lebensjahr am höchsten liegt u. dann absinkt. Der Na^+-Geh. der Asche ist im 1. Jahr am höchsten, nimmt bis zum 40. ab u. steigt dann langsam wieder an. Den gleichen Gang nimmt die K^+-Konz., die ihr Minimum aber bei ca. 50 Lebensjahren erreicht. Der Ca^{2+}-Geh. sinkt bis zum 40. Jahre ab, steigt dann aber stark an u. erreicht ca. 180% des Anfangswertes im Alter von 90 Jahren. Der *N*-Geh. des Lipoid- u. wasserfreien Rückstands sinkt bis zum 50. Jahre ab u. steigt erst vor dem 90. Jahre wieder an, während der *Phosphor*-Geh. zwischen 10 u. 20 Jahren ein Maximum erreicht, dann abnimmt u. erst zwischen 80 u. 90 Jahren wieder ansteigt. Der *S*-Geh. hat keine bezeichnende Altersabhängigkeit, er liegt bei Frauen höher als bei Männern. A. GUDE. 4598□

Der Einfluß von Strychnin auf die Inhibition einer Reizleitung. J. T. Allanson und I. C. Whitefield. (J. Physiology **134.** 12P—13P. 28/11. 1956. Birmingham, Univ., Dep. of Physiol.; engl.) — Intravenöse oder örtliche Applikation von 3%ig. *Strychninsulfat*-Lsg. auf die Oberfläche des Hirnstamms oberhalb des Nucleus verursacht weder während noch nach der Applikation eine Änderung der Inhibition eines zweiten Tones durch die Reizung durch einen ersten Ton. Daraus folgt, daß der Hemmungsmechanismus entweder anders als bei der vorderen Hornzelle ist, oder der Ort der Inhibition ist gut gegen äußeren chem. Einfl. abgeschirmt. P. GREGORZEWSKI. 4598□

Die Messung der Hirnerregbarkeit durch die Anwendung von Hexafluordiäthyläther (Indoklon). Edward B. Truitt jun., Ethel M. Ebersberger und Alfred S. C. Ling. (J. Pharmacol. exp. Therapeut. **129.** 445—53. Aug. 1960. Baltimore, Md., Univ. of Maryland, School of Med., Dep. of Pharmacol.; engl.) — An Hand einer einfachen Meth. zur quant. Best. der Hirnkrampfschwelle wird die Wrkg. von *Hexafluordiäthyläther* (I) in Vgl. gesetzt zum Elektroschock (E), u. zur i.v. *Pentylentetrazol*-Gabe. I verhält sich gegenüber antikonvulsiv wirkenden Pharmaca, wie Phenobarbital-Na, Trimethadion, Methocarbamol u. Diphenylhydantoin-Na, u. II ähnlicher als E. Von den Vff. wird I als Ersatz für II bei Antikonvulsivtests empfohlen.

H. LIEBMANN. 4598□

Die Veränderung von elektrischen Strömen in den Gehörgängen durch die Wirkung von KCl. J. P. Legouix und S. Rauch. (C.R. Séances Soc. Biol. Filiales **155.**

1884—88. 1961, herausgeg. 28/2. 1962. Paris, Coll. de France, Labor. de Neurophysiol. gen.; franz.) — Führt man einen Tropfen 10%ig. KCl-Lsg. in die Perilymphe des Tympanums ein, so wird eine mittels Elektroden gemessene rapide Verminderung des „mikrophon. Potentials" (MP) bewirkt, die in der Vorhöhle des Ohres gemessen, weniger stark ist. K^+ verändert folglich die schwer zu präzisierenden innerohrlichen Ströme. Bei diesen Verss. wurde das MP der Gehörgänge von Meerschweinchen mittels isolierter Elektroden aus Silberdraht gemessen, die in die Spiralen der Ohrschnecke eingesetzt wurden. L. MACHER. 4598□

Geschmacksschwellen und Abneigung gegen Nahrungsmittel. R. Fischer, F. Griffin, S. England und S. M. Garn. (Nature [London] **191.** 1328. 23/9. 1961. Columbus, Ohio, Columbus Psychiatric Inst., Res. Div., Ohio State Univ., Health Centre; Yellow Springs, Ohio, Fels Res. Inst.; engl.) — Es wurden bei 48 Personen die Geschmacksschwellen für *D-Saccharose* (I), *NaCl, HCl, Chinonsulfat* (II) u. *6-n-Propylthiouracil* (III) bestimmt. Die Substanzen wurden dann in bidest. Cu-freiem W. in 20 Konzz. von $3{,}66 \cdot 10^{-7}$ m bis $3{,}84 \cdot 10^{-1}$ m gelöst u. jeweils 3mal verabreicht. Zwischen Abneigungen gegen Nahrungsmittel u. Schwellen-Konzz. von I, NaCl oder HCl bestand kein signifikanter Zusammenhang, während bei II u. III eine signifikante Beziehung zur prozentualen Abneigung gegen 118 Lebensmittel nachweisbar war, wobei niedrige Geschmacksschwellen (hohe Empfindlichkeit) mit Aversion gegen zahlreichere Nahrungsmittel einherging. K. MAIER. 4598□

E₆. Pharmakologie. Therapie. Toxikologie. Hygiene

^{89}Sr-, ^{134}Cs- und ^{131}J-Transfer und Ablagerung im Hühnerei. Masaharu Oshima und Hiroshi Nozaki. (Bull. nat. Inst. agric. Sci. [Chiba, Japan], Ser. G Nr. **20.** 225—36. Mai 1960; jap., Auszug: engl.) — Nach Verabreichung von ^{89}*Sr*, ^{134}*Cs* u. ^{131}*J* an Legehennen finden sich folgende Gesamtwerte der betreffenden radioakt. Elemente in den Eiern: Dotter: Sr 2,04—2,23% der verabreichten Dosis, Cs 0,38, J 7,85—11,92; Eiklar: Sr 0,60—0,62, Cs 1,17, J 0,32—0,34; Schale Sr 45,47, Cs u. J nur wenig; die Gesamtdosis von Sr ist demnach die größte; zur Vermeidung der Kontamination mit Cs muß vorwiegend das Hühnerfleisch, weniger das Ei gemieden werden; J akkumuliert vorwiegend im Dotter. U. TAUSENDFREUND. 4601□

Die Rolle des Blutes beim Transport von ^{90}Sr-^{90}Y in einem fernöstlichen Fisch. Howard Boroughs und Della F. Reid. (Biol. Bull. **115.** 64—73. Aug. 1958. Honolulu, Univ. of Hawaii, Hawai Marine Labor.; engl.) — Zur Unters. wurde *Tilapia mossambica* (50—110 g je Fisch) verwendet. Die konz. Lsgg. von ^{90}Sr—^{90}Y aus Oak Ridge wurden durch Verdünnen mit Salzwasser mit dem Blut annähernd isoton. gemacht. 0,2 ml der Isotopen-Lsg. wurden in die Herzkammer eingespritzt. Beide Isotopen verschwinden schnell aus dem Blut; nach 24 Std. verbleiben nur 0,8—1,6% der injizierten Dosis im Blut. Fast das ganze ^{90}Sr des Blutes ist ins Plasma eingegangen, sehr wenig ist in den Zellen oder Zellwänden zu finden. ^{90}Y dagegen ist im Stroma vorhanden. Blutgefäßhaltige Gewebe nehmen eher ^{90}Y an als ^{90}Sr. P. NACHTWEY. 4601□

Die Behandlung der funktionellen Zeichen einer silicotischen respiratorischen Insuffizienz durch ein mittels radioaktivem Jod hervorgerufenes Myxödem. R. Mornex und J. L. Michaud. (Arch. Maladies profess. Méd. Travail Sécurité soc. **22.** 62—63. Jan./Febr. 1961. Lyon, Centre de pathol. toxique et professionelle et de la Clin. Méd. B; franz.) — Es wird bei einem Fall von silicot. respirator. Insuffizienz durch ^{131}*J*-Injektionen ein Myxödem erzeugt, wodurch die Atmungsbeschwerden gebessert werden. G. KIMMERLE. 4601

Suche nach Strahlenschutzmitteln. 1. Mitt. **Synthese von 2.2′-Diamino-5.5′-dihydrazinocarbonyldiphenyldisulfid.** Jerzy Tułecki und Urszula Potocka-Michajluk. (Poznańskie Towarzystwo Przyjaciół Nauk, Wydział lekarski, Prace Komisji farmac. **2.** 5—10. 1960. Poznań, Akad. Med., Kat. Technol. Chem. Środk. leczn.; pol.) — *2.2′-Diamino-5.5′-dihydrazinocarbonyldiphenyldisulfid* wird durch Umsetzung von 6-Carbäthoxy-2-aminobenzthiazol mit Hydrazin in Ggw. von Luft-O_2 dargestellt.

Versuche: *6-Äthoxycarbonyl-2-aminobenzthiazol*, F. 240,5°, aus p-Aminobenzoesäureäthylester u. NaSCN in Ggw. von Br_2 nach KAUFMANN [1935]; 79,3% (Ausbeute). — *2.2′-Diamino-5.5′-dihydrazinocarbonyldiphenyldisulfid*, $C_{14}H_{16}N_6O_2S_2$, F. 229° (Zers.), aus 10 g vorst. Verb. u. 50 ml 85%ig. Hydrazinhydrat bei 2std. Erwärmen auf 110°, Einengen im Vakuum auf $^1/_3$ des Vol., Zusatz von 20 ml W. u. Kühlen auf 0°, gelbe Kristalle, lösl. in 70%ig. A., Pyridin, Dioxan, unlösl. in anderen organ. Lsgm. u. in W.; 83,9%. — 10 Literaturangaben. F. URBAN. 4601□

Die adrenalinogene Wirkung des Kaliums auf das Meerschweinchen und auf die Ratte. René Hazard und Suzanne Larno. (C.R. Séances Soc. Biol. Filiales **155.** 1881—83. 1961, herausgeg. 28/2. 1962. Paris, Fac. de Med., Labor. de Pharmacol.; franz.) — Die in die Halsschlagader von Meerschweinchen injizierte Dosis von 0,015 g *KCl* bewirkte eine arterielle Hypertension, die mit der Wrkg. von 0,5—0,75 γ *Adrenalin* (I) vergleichbar ist; 0,0225 g KCl wirkten ähnlich wie 1 γ I. I-hemmendes *Yohimbin* (0,005 g) oder *Tolazolin* (fortgesetzte Injektion von 0,005 g, 0,005 g u. 0,010 g) verursachten eine nur blutdruckerniedrigende Wrkg. des KCl. Die druckerhöhende Phase blieb unterdrückt (der Hypertension geht eine Hypotension voraus). — Bei Ratten erhöhten 0,015 g KCl den Blutdruck ebenso wie 0,10 γ I. Yohimbin (0,007 g, 0,002 u. 0,001 g fortlaufend injiziert) oder Tolazolin (0,005 g) bewirkten, daß KCl nur Hypotension hervorrief. 0,02 g *Sparteinsulfat* betonte bloß die oben bewirkte Hypotension ohne die Hypertension wiederherzustellen. L. MACHER. 4606□

Toxikologische und pharmakologische Wirkungen von Gadolinium- und Samariumchlorid. T. J. Haley, K. Raymond, N. Komesu und H. C. Upham. (Brit. J. Pharmacol. Chemotherapy **17.** 526—32. Dez. 1961. Los Angeles, Calif., Univ. of California, School of Med., Dep. of Biophys. and Nucl. Med., Labor. of Nucl. Med. and Radiat. Biol.; engl.) — 12 Wochen dauernde orale Verabreichung von $GdCl_3$ oder $SmCl_3$ hatte keinen Einfl. auf das Wachstum oder das Blutbild von Ratten. ♂ Tiere zeigten nach $GdCl_3$ Leberschäden. Symptome der akuten Vergiftung nach intraperitonealer Verabreichung von $SmCl_3$ oder $GdCl_3$ waren Atemlähmung, Lethargie, Bauchkrämpfe u. Diarrhoe, bei Sm auch Muskelkrämpfe. Der Tod erfolgt durch Kreislaufversagen u. Atemlähmung. An abgeschürfter Haut erzeugten beide Verbb. nichtheilende Geschwüre, an intakter Haut u. an den Augen nur vorübergehende Reizungen. K. ZINGRAF. 4606□

Biochemische Untersuchungen toxischer Stoffe. 13. Mitt. Der Stoffwechsel von Acenaphthylen. R. P. Hopkins, C. J. W. Brooks und L. Young. (Biochem. J. **82.** 457—66. März 1962. London, St. Thomas's Hosp. Med. School, Dep. of Biochem.; engl.) — 12. vgl. C. **1961.** 1632. — Nach oraler (Magensonde) oder subkutaner Zufuhr von *Acenaphthylen* (I) wurden aus dem Harn von Kaninchen *cis-* u. *trans-Acenaphthendiol-(1.2)* (II) (0,2—0,5% u. 3—4% von I) isoliert. Im Rattenharn waren *cis-* u. *trans-*II nach I-Zufuhr papierchromatograph. nachweisbar. Im Harn I-behandelter Kaninchen u. Ratten setzte Hydrolyse mit β-Glucuronidase beide II-Formen frei. Eine wesentliche gegenseitige *cis* ⇌ *trans*-II-Umwandlung fehlte im Harn. Aus angesäuertem Harn I-behandelter Tiere wurde *Naphthalsäureanhydrid* isoliert. Ein Stoffwechselschema wird diskutiert.

Versuche: *cis-Acenaphthendiol-(1.2)-monobenzoat*, F. 189—190°, aus I u. Ag-Benzoat–J_2 in trockenem Bzl. bei Raum-Temp.; Nadeln (Toluol). *cis-Acenaphthendiol-(1.2)*, $C_{12}H_{10}O_2$, F. 207—208°, durch Verseifen mit KOH in W.-Dioxan–CH_3OH (über Nacht, Raum-Temp.); Nadeln (Aceton); 45,6% (Ausbeute). *Diacetat*, F. 130 bis 131°. — *trans-Acenaphthendiol-(1.2)-dibenzoat*, wie vorst. in sd. Bzl. (1 Std.). *Racem. trans-Acenaphthendiol-(1.2)* (II), $C_{12}H_{10}O_2$, F. 157—158° (Bzl.-Aceton, 9 : 1), durch Verseifen wie oben; 52,6%. — *Acenaphthenon-(1)*, $C_{12}H_8O$, F. 119—120,5° (wss. A.), aus *cis-* oder *trans-*II durch Erhitzen mit 15 Vol.-%ig. H_2SO_4 (Wasserbad, 2 Std.); 40,5%. *Oxim*, $C_{12}H_9NO$, F. 174—175°. — *Naphthalsäureanhydrid*, $C_{12}H_6O_3$, F. 273—274°, aus Acenaphthen mit $Na_2Cr_2O_7$ in Essigsäure; Nadeln (konz. HNO_3-W., 10 : 1); 47%. — *N-Anilinonaphthalimid*, $C_{18}H_{12}N_2O_2$, F. 215—216°, aus 30 mg vorst. Verb. u. Phenylhydrazin in sd. Bzl.-A. (1 : 1) + Spur Essigsäure (30 Min.); gelbe Nadeln (wss. A.); 24 mg. K. MAIER. 4607□

Wirkung von Hydrochinon auf die durch Fasten und Natrium-4-hydroxybutyrat hervorgerufene Ketonurie. H. Laborit, B. Weber und J. Gérard. (Agressologie [Paris] **2.** 615—18. Dez. 1961. Paris, Hôp. Boucicaut, Labor. d'Eutonol., Sect. de Rech. Physio-Biol. de la Marine Nat.; franz.) — 7,5—20 mg *Hydrochinon*/kg verringern oder beseitigen die durch den Hungerzustand selbst, nicht aber die im Hungerzustand durch *Na-4-Hydroxybutyrat* hervorgerufene Ketonurie. K. ZINGRAF. 4607□

Pharmakologische Wirkung von Strukturen mit labilem Wasserstoff (Hydrochinon, Brenzcatechin, Resorcin und AET) auf den Blutdruck des Kaninchens nach Sympathicomimeticis, Sympathicolyticis, Neuroplegicis und Ganglioplegicis. Mögliche Rolle der Reduktion von Triphosphopyridinnucleotid. F. Brue, H. Laborit und C. Baron. (Agressologie [Paris] **2.** 619—22. Dez. 1961. Paris, Hôp. Boucicaut, Labor. d'Eutonol., Centre de Rech. Biophysiol. de la Marine Nat.; franz.) — *Hydrochinon, Brenzcatechin, Resorcin* u. *AET* bewirken beim Kaninchen eine Blutdruckerhöhung, die auch nach vorheriger Anwendung von Chlorpromazin + Adrenalin bzw. Hydergin allein oder in Kombination mit Pentamethonium noch zu beobachten ist. Diese Wrkg. scheint auf dem Vorhandensein eines labilen H-Atoms, das zur Red. von Triphosphopyridinnucleotid imstande ist, zurückzuführen zu sein. K. Zingraf. 4607☐

Vergleich der Wirkungen von Hydrochinon und p-Chinon auf den arteriellen Druck beim Kaninchen. Möglicher Zusammenhang mit ihrem Redox-Verhalten gegenüber Triphosphopyridinnucleotid. H. Laborit, F. Brue und C. Baron. (Agressologie [Paris] **2.** 623—25. Dez. 1961. Paris, Hôp. Boucicaut, Labor. d'Eutonol., Sect. de Rech. Biophysiol. de la Marine Nat.; franz.) — Vgl. vorst. Referat. — *Chinon* als Oxydations-Prod. von *Hydrochinon* bewirkt beim Kaninchen keine Blutdruckerhöhung; diese scheint daher an die OH-Gruppe gebunden zu sein. K. Zingraf. 4607☐

Wirkungen von Diphenolen und ihren Derivaten auf die elektroencephalographische Aktivität. B. Broussolle und C. G. Wermuth. 1. Mitt. (Agressologie [Paris] **2.** 641—48. Dez. 1961. Toulon, Hôp. St. Anne, Centre d'Etud. et Rech. de Bio-Physiol. appl. á la Marine CERB; franz.) — *Brenzcatechin* (I) u. *Hydrochinon* (II) besitzen eine stark erregende Wrkg. auf das Zentralnervensystem. Die EEG-Aktivierung durch **I** u. **II** ist nach Durchschneiden der Verbindungsstelle zwischen Mesencephalon u. Pons (Cerveau isolé) nicht aufgehoben, sondern lediglich verringert. Blockierung einer OH-Gruppe durch Bldg. eines H_3PO_4-Esters verringert die erregende Wrkg., Blockierung beider OH-Gruppen hebt sie auf. K. Zingraf. 4607☐

Veränderung des Blutzuckers nach Injektion von Hydrochinon. J.-P. Delcambre, J.-M. Jouany und C. Baron. (Agressologie [Paris] **2.** 665—66. Dez. 1961. Paris, Labor. d'Eutonol., Centre d'Etud. et de' Rech. Biophysiol. de la Marine Nat.; franz.) — Bei wachen, curarisierten u. nicht narkotisierten künstlich beatmeten Kaninchen bewirkte *Hydrochinon* eine Zunahme des Blutzuckers, selbst nach Injektion von Hydergin. K. Zingraf. 4607☐

Veränderung des Kaliumgehaltes im Blut des wachen Kaninchens nach intravenöser Injektion von Hydrochinon. J.-P. Delcambre, J.-M. Jouany und C. Baron. (Agressologie [Paris] **2.** 667—69. Dez. 1961. Paris, Hop. Boucicaut, Labor. d'Eutonol., Centre de Rech. Biophysiol. de la Marine Nat.; franz.) — Beim wachen Kaninchen bewirkte i.v. injiziertes *Hydrochinon* stets eine Zunahme des *K*-Geh. im Blut. K. Zingraf. 4607☐

Chinhydron und Resistenz der Ratte gegen Anoxie in geschlossenem Gefäß. M. Reynier, B. Broussolle, J. Drout und A. Orsetti. (Agressologie [Paris] **2.** 675—78. Dez. 1961. Toulon, Hôp. Sainte-Anne, Sect. de Rech. Physio-Biol. de la Marine Nat. CERB; franz.) — 10 mg *Chinhydron*/kg erhöhten die Resistenz der Ratte gegen Anoxie im geschlossenen Gefäß, verringern den O_2-Verbrauch u. setzen die Körper-Temp. herab. K. Zingraf. 4607☐

Wirkung von Diglycidyläther auf das Blut von Versuchstieren. C. H. Hine, J. K. Kodama, R. J. Guzman, M. K. Dunlap, R. Lima und G. S. Loquvam. (Arch. environment. Health **2.** 31—44. Jan. 1961. San Francisco, Calif., Univ. of California, School of Med., Dep. of Pharmacol. and exp. Ther. and Prevent. Med.; engl.) — Es wird über die Wrkg. von *Diglycidyläther* (*Bis-[2.3-epoxypropyl]-äther*, **I**) auf das zirkulierende Blut u. die Blut-Bldg. an Ratten, Kaninchen u. Hunden berichtet. Als Vgl.-Substanzen wurden *Epoxy-Harz A* (**II**), *Triglycidylphosphat* (**III**) u. *Mechloräthaminhydrochlorid* (**IV**) herangezogen. Untersucht wurde die Wrkg. nach Applikation auf die Haut, bei Inhalation der Dämpfe u. bei parenteraler Injektion. Zusammenfassend ergaben die Unterss., daß **I** bei Ratten, Kaninchen u. Hunden nach Applikation auf die Haut, nach Inhalation der Dämpfe u. bei Injektion radiomimet. Wrkg. besitzt. Als hervortretende Eig. auf die inneren Organe wurde eine Beeinträchtigung der lymphoiden Organe, eine Degeneration der Testes u. einige Nebennierenabnormalitäten beobachtet. Schädigungen der Lunge, Leber u. Nieren wurden nur in tox. Dosen gesehen. **I** zerstört die Haut u. das subkutane Gewebe, es entstehen Nekrosen; zu Abszeß-Bldg. kommt es nach i.m. Injektion bei Hunden. Hornhauttrübungen traten auf nach Applikation von 125 mg/kg oder mehr auf die Haut von Ratten u. bei Inhalations-Verss. mit Konzz. von 24 ppm. **I** senkt die Leukocytenzahl u. verändert das Verhältnis von polymorphkernigen zu lymphat. Zellen, beeinträchtigt das Knochenmark u. führt zu Veränderungen des Verhältnisses von myeloischen Zellen zu Zellen des roten Blutbildes. Bei Ratten kommt es noch in Konzz. von 3 ppm zu solchen Veränderungen; bei i.v. Injektion bewirken noch 12,5 mg/kg beim Hund gleiche Effekte. Nach den Unterss. der Vff. ist **I** eine sehr tox. Verb.; die damit umgehenden Personen sollten sich vor jedem Kontakt mit der Fl. u. vor Einw. der Dämpfe schützen. **II** u. **III** zeigen ähnliche radiomimet. Eigg., doch ist **II** weit weniger aktiv. H. Zeller. 4607☐

Einige Wirkungen von Epoxyverbindungen auf das Blut. J. K. Kodama, R. J. Guzman, M. K. Dunlap, G. S. Loquvam, R. Lima und C. H. Hine. (Arch. environment. Health **2.** 50—61. Jan. 1961. San Francisco, Calif., Univ. of California Med. Center, Dep. of Pharmacol and exp. Ther. and Prevent. Med.; engl.) — Vgl. vorst. Referat. — Untersucht wurden folgende Verbb.: Monoepoxide: *Glycidol, n-Butylglycidyläther, Phenylglycidyläther, Allylglycidyläther, Glycidylaldehyd.* Diepoxide: *Butadiendioxid, Diglycidyläther, Vinylcyclohexandioxid, Glycidylphenylglycidyläther, Epoxy-Harz* B. Triepoxide: *Diglycidylphenylglycidyläther, Triglycidylphosphat, Epoxy-Harz* A. Als negative Kontrolle diente *Propylenglykol,* als positive Kontrolle *Busulfan* u. *Mechloräthaminhydrochlorid.* Die Prodd. wurden in Dosen, die sichtbare tox. Wrkg., jedoch keine hohe Mortalität hervorrufen, Ratten i.m. injiziert. Die Injektionen erfolgten an 3 aufeinanderfolgenden Tagen u. nach einer 4tägigen Pause nochmals für 3 Tage. Die Tiere wurden am 12. Tag getötet. Die Blut-Unterss. wurden vor der 1. Injektion sowie am 4., 8 u. 12. Tage vorgenommen. Bestimmt wurden die Zahl der roten Blutzellen, Hämoglobin u. Leukocytenwerte. Das Knochenmark wurde nach der Meth. von GERARDE untersucht. Außerdem wurden Gewichtskontrollen durchgeführt u. nach dem Töten Sektion u. histolog. Unterss. von Lunge, Leber, Niere, Nebenniere, Thymus, Milz u. Hoden. Die gefundenen Ergebnisse sind in 4 ausführlichen Tabellen dargestellt. Dabei wurden die häufigsten histolog. Veränderungen in Thymus, Milz u. Hoden gefunden. 3 Verbb. (*Allylglycidyläther, Vinylcyclohexandioxid, Epoxy-Harz* A) bewirkten jedoch Leberschädigungen u. *Allylglycidyläther* darüber hinaus noch Schädigungen des Pankreas u. der Lunge. Viele der Verbb. hatten eine schädigende Wrkg. auf das hämatopoet. Syst., die jedoch nicht so stark war wie die beiden positiven Kontrollsubstanzen *Busulfan* u. *Mechloräthaminhydrochlorid.* Auf die Berücksichtigung der beobachteten radiomimet. Wrkg. der genannten Epoxide bei der Verarbeitung dieser Prodd. wird hingewiesen. H. ZELLER. 4607□

Stoffwechsel von Arzneimitteln. 12. Mitt. **Die Wirkung von β-Diäthylaminoäthyldiphenylpropylacetathydrochlorid (SKF-525-A) auf den Stoffwechsel von Äthylhexabital.** Hisao Tsukamoto, Eigo Takabatake, Toshihiko Ariyoshi und Yukio Kuroiwa. (Pharmac. Bull. [Tokyo] **5.** 485—86. Okt. 1957. Katakasu, Fukuoka, Univ. of Kyushu, Med. Fac., Pharmaceut. Inst.; engl.) — 11. vgl. Pharmac. Bull. [Tokyo] **5.** [1957.] 266. — *β-Diäthylaminoäthyldiphenylpropylacetathydrochlorid* (*SKF-525-A*; SMITH KLINE & FRENCH), welches die Wrkg. einer ganzen Reihe von Arzneimitteln, einschließlich Barbituraten, infolge Verlangsamung ihrer Stoffwechsel-Geschw. verlängert, verlangsamte bei Ratten, Mäusen u. Kaninchen auch die Umwandlungs-Geschw. von *Äthylhexabital* zu *3-Ketoäthylhexabital* unter gleichzeitiger Verlängerung der hypnot. Wirkung. U. TAUSENDFREUND. 4607□

Stoffwechsel von Arzneimitteln. 13. Mitt. **Das Stoffwechselschicksal von Methylhexabital (5-Cyclohexenyl-3.5-dimethylbarbitursäure).** 5. Mitt. **Weitere Untersuchungen über Isolierung, Charakterisierung und Identifizierung von mit dem Harn des Kaninchens ausgeschiedenen biologischen Umwandlungsprodukten der Substanz.** Hidetoshi Yoshimura. (Pharmac. Bull. [Tokyo] **5.** 561—64. Dez. 1957. Katakasu, Fukuoka, Univ. of Kyushu, Med. Fac., Pharmaceut. Inst.; engl.) — 12. vgl. vorst. Referat. — Es konnten aus dem Harn von Kaninchen nach Verabreichung von *Methylhexabital* (**I**; *5-Cyclohexenyl-3.5-dimethylbarbitursäure*) 3 weitere **I**-Metaboliten isoliert werden, deren chem. Struktur in 2 Fällen als *5-[3-Oxo-1-cyclohexenyl]-5-methylbarbitursäure* (**II**) u. als *β-5-[3-Hydroxy-1-cyclohexenyl]-3.5-dimethylbarbitursäure* charakterisiert werden konnte; die Tatsache, daß **II** (3-Keto-nor-I) trotz Fehlens von Nor-**I** auftritt, deutet auf eine schneller als die Demethylierung vor sich gehende Oxydations-Geschwindigkeit. Als Hauptmetaboliten können immer noch gelten: die diastereoisomere *5-[3-Hydroxy-1-cyclohexenyl]-3.5-dimethylbarbitursäure,* bei welcher die α-Form die β-Form überwiegt, sowie *3-Keto*-**I**; insgesamt machen die Metaboliten jedoch erst 10% von **I** aus, das Schicksal der restlichen 90% bleibt noch zu klären. U. TAUSENDFREUND. 4607□

Stoffwechsel von Arzneimitteln. 14. Mitt. **Stoffwechselschicksal von p-Aminosalicylsäure bei Kaninchen** (2. Teil). Hisao Tsukamoto, Akira Yamamoto und Osamu Kamata. (Pharmac. Bull. [Tokyo] **5.** 565—69. Dez. 1957. Katakasu, Fukuoka, Univ. of Kyushu, Med. Fac., Pharm. Inst.; engl.) — 13. vgl. vorst. Referat; 1. Teil vgl. Pharmac. Bull. [Tokyo] **3.** [1955.] 427. — Außer dem bereits im 1. Teil erwähnten esterartigen *p-Aminosalicylsäureglucuronid* (welches hier als *Methyl-[4-acetamido-2-acetoxybenzoyl-2.3.4-tri-O-acetyl-β-D-glucopyranosid]-uronat* identifiziert werden konnte) lassen sich aus dem Harn des mit *p-Aminosalicylsäure* behandelten Kaninchens *m-Aminophenylglucuronid, p-Aminosalicylursäure, m-Aminophenylsulfat* isolieren bzw. papierchromatograph. nachweisen. U. TAUSENDFREUND. 4607□

Stoffwechsel von Arzneimitteln. 15. Mitt. **Isolierung und Papierchromatographie der Harnglucuronide von Salicylsäure beim Kaninchen.** Hisao Tsukamoto, Keitaro Kato und Kiyoshi Tatsumi. (Chem. pharmac. Bull. [Tokyo] **5.** 570—72. Dez. 1957. Katakasu, Fukuoka, Univ. of Kyushu, Med. Fac., Pharmaceut. Inst.; engl.) — 14. vgl. vorst. Referat. — Im Harn von mit *Salicylsäure* (I) behandelten Kaninchen konnten äther- u. esterartige Glucuronide von I papierchromatograph. nachgewiesen werden. Es gelang die Isolierung u. Charakterisierung des ätherartigen Glucuronids als *Methyl-[o-methoxycarbonylphenyl-2.3.4-tri-O-acetyl-β-D-glucopyranosid]-uronat.*

U. TAUSENDFREUND. 4607 □

Stoffwechsel von Arzneimitteln. 16. Mitt. **Das Stoffwechselschicksal von Methylhexabital (5-Cyclohexenyl-3.5-dimethylbarbitursäure).** 6. Mitt. **Untersuchungen über die Reduktion des 3-Keto-methylhexabitals (5-[3-Oxo-1-cyclohexenyl]-3.5-dimethylbarbitursäure) und über die pharmakologische Aktivität der biologischen Umwandlungsprodukte des Methylhexabitals aus dem Harn von Kaninchen.** Hidetoshi Yoshimura. (Chem. pharmac. Bull. [Tokyo] **6.** 13—15. Febr. 1958. Katakasu, Fukuoka, Univ. of Kyushu, Med. Fac., Pharmacol. Inst.; engl.) — 15. vgl. vorst. Ref., 5. Mitt. vgl. C. **1962.** 15312. — Die durch Red. von *3-Keto-methylhexabital* (*5-[3-Oxo-1-cyclohexenyl]-3.5-dimethylbarbitursäure*; I) erzielbaren beiden isomeren OH-Verbb. mit dem F. 213 bis 215° u. 143—143,5° erwiesen sich in allen Eigg. außer den opt. als ident. mit den hauptsächlichen Harnmetaboliten von *Methylhexabital* (*5-Cyclohexenyl-3.5-dimethylbarbitursäure*), der diastereoisomeren (+)-α- u. (+)-β-(*5-[3-Hydroxy-1-cyclohexenyl]-3.5-dimethylbarbitursäure.* Die beiden letztgenannten Verbb., I u. *Nor*-I [*3-Oxo-1-cyclohexenyl]-5-methylbarbitursäure*) zeigten jeweils keine hypnot. Wrkg. mehr.

U. TAUSENDFREUND. 4607 □

Stoffwechsel von Arzneimitteln. 22. Mitt. **Das Stoffwechselschicksal von Thiamylal.** Hisao Tsukamoto, Hiroyuki Ide und Eigo Takabatake. (Chem. pharmac. Bull. [Tokyo] **8.** 236—39. März 1960. Katakasu, Fukuoka, Univ. of Kyushu, Med. Fac., Pharm. Inst.; engl.) — 21. vgl. C. **1962.** 12007. — Bei papierchromatograph. Unters. der Ausscheidungs-Prodd. nach peroraler Verabreichung von *Thiamylal* (YOSHITOMI PHARMACEUT. Co. LTD.; *5-Allyl-5-[1-methylbutyl]-2-thiobarbitursäure*; I) zeigte sich, daß I nicht nur zu Verbb. mit dem Thiobarbitursäurering u. seinen O-Homologen, sondern auch zu solchen ohne Ringstruktur abgebaut wird. Einer der Metaboliten konnte als Carboxysäure mit Thiobarbitursäurering u. ungesätt. Allylseitenkette identifiziert werden, OH-Derivv. fanden sich nicht, dagegen Metaboliten ohne Carbonsäurecharakter.

U. TAUSENDFREUND. 4607 □

Stoffwechsel von Arzneimitteln. 23. Mitt. **Stoffwechselschicksal von p-Hydroxybenzoesäure und seinen Derivaten beim Kaninchen.** 1. Mitt. Hisao Tsukamoto und Seisuke Terada. (Chem. pharmac. Bull. [Tokyo] **8.** 1066—70. Dez. 1960. Katakasu, Fukuoka, Univ. of Kyushu, Med. Fac., Pharmaceut. Inst.; Nakagawacho, Nagasaki, Nagasaki Prefect., Hyg. Res. Labor.; engl.) — 22. vgl. vorst. Referat. — Bereits früher konnte festgestellt werden, daß bei Dosen von 0,4 g *Methyl-p-hydroxybenzoat*/kg beim Kaninchen $^1/_3$ als freie *p-Hydroxybenzoesäure* ausgeschieden werden, der Rest in gebundener Form. Dieser Rest wurde in dieser Unters. chromatograph. identifiziert; es handelt sich um ein *esterartiges Glucuronid* u. um ein *ätherartiges Glucuronid,* welches als Methyl-acetyl-Deriv. erkannt wurde u. dessen Struktur *Methyl-[p-methoxycarbonylphenyl-2.3.4-tri-O-acetyl-β-D-glucopyranosid]-uronat* ist. U. TAUSENDFREUND. 4607 □

Wirkung von 2-Aminoäthylisothiuronium-Hydrobromid auf den Gehalt von reduziertem Glutathion, Brenztraubensäureüberschuß, Glutamin-Brenztraubensäure-Transaminase und Prothrombin im Blut. H. Rosengarten. (Agressologie [Paris] **2.** 649—51. Dez. 1961. Varsovie, Inst. d'Hématol., Serv. de Clin. Chir.; franz.) — *2-Aminoäthylisothiuroniumhydrobromid* (*Surrectan*) erhöht den Geh. von *Brenztraubensäure* (I) im Blut; es beeinflußt die Alkalireserve, die Glutamin-I-Transaminase-Aktivität u. den Prothrombin-Geh. im Blut prakt. nicht. K. ZINGRAF. 4607 □

Wirkung von 2-Aminoäthylisothiuroniumhydrobromid (AET) und von Hydrochinon auf die durch Dinitrophenol (DNP) bewirkte Zunahme des Sauerstoffverbrauchs bei der Ratte. H. Laborit und M. Corbel. (Agressologie [Paris] **2.** 671—74. Dez. 1961. Paris, Hôp. Boucicaut, Labor. d'Eutonol., Centre d'Etud. et de Rech. Bio-Physiol. de la Marine Nat.; franz.) — Vgl. vorst. Referat. — *2-Aminoäthylisothiuroniumhydrobromid* (I) u. *Hydrochinon* (II) bewirken bei der intakten Ratte eine Verringerung des O_2-Verbrauches; dagegen wird der infolge von Dinitrophenol erhöhte O_2-Verbrauch durch I herabgesetzt, durch II noch weiter gesteigert. K. ZINGRAF. 4607 □

Über einige pharmakologische Eigenschaften des 17-Methoxy-18-oxy-15.16.17.-18.19.20-hexadehydroyohimban. Raymond-Hamet. (C.R. hebd. Séances Acad.

Sci. **247.** 1913—15. 24/11. 1958; franz.) — Pharmakolog. Unterss. an *17-Methoxy-18-oxy-15.16.17.18.19.20-hexadehydroyohimban* ergaben eine dosisabhängige Wrkg.-Umkehr. Niedrige Dosen zeigten eine deutliche yohimbinanaloge Umkehr der durch Adrenalin hervorgerufenen Hypertension. Mittlere Dosen ergaben eine biphas. Rk. (hypotensiver Beginn mit nachfolgender Hypertension). Bei hohen Dosen (Injektion von 4 mg/kg) ergab sich eine ausschließliche hypertensive Wrkg. bis zu einer Blutdrucksteigerung von 77 mm Hg (176 mm Hg bis zu 253 mm Hg). Bzgl. des verwendeten Tiermaterials muß auf frühere Mitt. des Vf. verwiesen werden. K. RUCKPAUL. 4607 □

Biologische Wirkung der Gibberellsäure auf Laboratoriumstiere. E. Albertini, R. Della Volpe und F. Rezzesi. (Med. exp. [Basel] **2.** 344—48. 1960. Parma, Univ., Inst. Gen. Pathol. and Exp. Med.; engl.) — *Gibberellsäure* (I) bewirkt bei Ratten u. Mäusen, die mit MCCALLUMS Standardnahrung ernährt werden u. täglich Injektionen von I erhielten, eine Steigerung der Gewichtszunahme um 20%. Diese ist der Dosis von I nicht direkt proportional. In weniger starkem Ausmaß wirkt I auf die somat. Entw. wie auch auf einige endokrine Drüsen u. Stoffwechselfunktionen. P. NACHTWEY. 4607 □

Neue Insekticide. S. S. Tiwari und Brajendra Nath Tripathi. (Current Sci. **26.** 397—98. Dez. 1957. Lucknow, Lucknow Univ., Chem. Labor.; engl.) — Vgl. C. **1957.** 11841. — Die Chloracetate verschiedener substituierter Phenole u. der durch FRIESsche Verschiebung gewonnenen entsprechenden o-Hydroxyketone sowie einige Phenyl-2-furoate u. die entsprechenden o-Hydroxy-2-furophenone wurden an 5 Tage alten, labor.-bürtigen Imagines der Gemeinen Stubenfliege (*Musca domestica* L.) auf ihre insekticide Wrkg. getestet. Je 0,2 cm³ einer 1%ig. Terpentin-Lsg. der 26 verschiedenen Verbb. wurden bei 28—30° u. 76—83%ig. relativer Luftfeuchte mit einer Aero-Spray-Flinte in Glaskrüge versprüht, die jeweils 20 Fliegen enthielten. Bestimmt wurde der Zeitraum zwischen Versprühen u. Rückenlage von 50 u. 100% der Fliegen. Die meisten der Verbb. töteten die Fliegen viel rascher ab als die zum Vgl. herangezogenen Standardgifte DDT, BHC u. Pyrethrin. Einige Phenylchloracetate waren 20mal aktiver.
H. G. W. GLEISS. 4607 □

Alkylphosphatvergiftung und 5-Hydroxytryptamin-Stoffwechsel des Zentralnervensystems. U. Schwabe, D. Heye, H. J. Hildebrandt und T. Hukuhara. (Naunyn-Schmiedebergs Arch. exp. Pathol. Pharmakol. **241.** 254—59. 1961. Göttingen, Univ., Pharmakol. Inst.; dt.) — Der *5-Hydroxytryptamin* (I)-Geh. des Rattenhirns zeigte nach Vergiftung mit verschiedenen Dosen von *Paraoxon*, *Parathion* u. *Malathion* keine signifikanten Veränderungen gegenüber dem von Kontrolltieren. Auch die länger dauernde Vergiftung über 18 Std. u. die wiederholte Vergiftung über 3 Tage hatte keinen Einfl. auf die I-Menge im Gehirn. Auch der durch Iproniazid erhöhte, wie auch der durch Reserpin erniedrigte I-Geh. des Gehirns zeigte durch die *Alkylphosphate* (II) keine Veränderungen. Bei der II-Vergiftung in vivo ergaben sich auch keine Veränderungen der Monoaminoxydase-Aktivität im Gehirn. Bei der II-Vergiftung ist also eine Änderung des I-Stoffwechsels im Gehirn nicht beteiligt. 20 Literaturangaben.
G. KIMMERLE. 4607

Die Entwicklung und Charakterisierung der Resistenz der Stubenfliege (Musca domestica) gegenüber Carbamat-Insekticiden. G. P. Georghiou, R. L. Metcalf und R. B. March. (J. econ. Entomol. **54.** 132—40. Febr. 1961. Riverside, Univ. of California, Citrus Exp. Stat.; engl.) — Selektion der Larven u. Imagines zweier Subkolonien eines Stammes der Stubenfliege mit normaler Empfindlichkeit für alle Insekticide (außer der Cyclodien-Gruppe) mit *Isolan* (1-Isopropyl-3-methylpyrazolyl-(5)-dimethylcarbamat, I) u. *3-Isopropylphenyl-N-methylcarbamat* (II) ergab nach 20 Generationen gegenüber I eine 7- bzw. 19,5fache, gegenüber II eine 50- bzw. 7,5fache Resistenz. Injektion von II führte zu 4,9facher Resistenz der Adulten. Fast totale Kreuz-Resistenz (KR) bestand bei den selektierten Stämmen gegenüber *Pyrolan* (1-Phenyl-3-methylpyrazolyl-(5)-dimethylcarbamat), *Sevin* (1-Naphthyl-N-methylcarbamat) u. *Alkylphenyl-N-methylcarbamat*, wobei Alkyl entweder 2-Isopropyl, 3-Isopropyl, 2-Isopropoxy oder 3-tert.-Butyl ist. Die KR gegenüber 3.5-Dimethoxyphenyl-N-methylcarbamat u. Phenyl-N.N-dimethylcarbamat betrug etwa das 10- bzw. 30fache. Beide mit Carbamaten selektierten Stämme zeigten schwache (< 3fache) Kreuztoleranz gegenüber DDT, Prolan (1.1-Bis-[p-chlorphenyl]-2-nitropropan), Parathion, Chlorthion u. Dicapthon, dagegen hohe (3—6fache) Kreuztoleranz gegenüber Methoxychlor, Malathion, Diazinon, Ronnel u. Allethrin. Gegenüber chlorierten KW-stoffen u. phosphororgan. Insekticiden resistente Stämme zeigten KR-Werte, die sich denen der Carbamate näherten. Bei allen KR-Testen war innerhalb der N-Methyl- u. N.N-Dimethylcarbamat-Gruppen deutliche Spezifität erkennbar. Die Kreuztoleranz gegenüber I u. II in Kombination mit *Piperonylbutoxid* (III) (1 : 5) betrug das 6- bzw.

3fache bei allen resistenten Stämmen. Selektion des III-resistenten Stammes über 8 Generationen mit III u. II ergab nur 3fache Toleranz. H. G. W. GLEISS. 4607☐

Die Wirkung von Coffein auf die Beweglichkeit von Radiocalcium im Schneidermuskel des Frosches. C. P. Bianchi. (J. gen. Physiol. **44.** 845—58. Mai 1961. USA, Bethesda, US Public Health Serv., Nat. Inst. of Arthr. and Metab. Diseases; engl.) — *Coffein* (I) erhöht in 0,005 m Lsg. in etwa gleicher Weise Eindringen u. Ausscheidung von ^{45}Ca in/aus Fasern des Schneidermuskels vom Frosch. Durch I soll die Bindung von ^{45}Ca sowohl in der Membran als auch im Muskelplasma red. werden. Diese Deutung stimmt mit der Ansicht überein, daß die Muskelzusammenziehung abhängig ist von der thermodynam. Aktivität des Ca in den Muskelfasern. P. NACHTWEY. 4608☐

Veränderung der corticalen, reticulären und hippocampalen Aktivität beim Kaninchen durch Nicotin. C. W. Dunlop, C. Strumpf, D. S. Maxwell und W. Schindler. (Amer. J. Physiol. **198.** 515—18. März 1960. Los Angeles, Calif., Univ. of California, School of Med., Dep. of Anat.; Sawtelle, Calif., Veterans Administration Hosp.; engl.) — Von den 3 beim Kaninchen untersuchten Bezirken des Zentralnerven-Syst. zeigte der hippocampale die niedrigste Schwelle für *Nicotin* (I)-Wirkungen. Nach I-Injektion (3 mg/kg i.v.) war das Auftreten regulärer 4—8,5 Wellen/Sek. („Regularisierung") im Elektroencephalogramm (EEG) von erhöhter Erregbarkeit der hippocampalen Einheit begleitet. Während der Anfälle war die Aktivität gesenkt. Reticulare u. neocorticale EEG-Aktivität wurde durch I nur wenig beeinflußt. Elektr. Reizung des Hippocampus, die „Regularisierungs"- u. Anfallsentladungen auslöste, veränderte die reticulare Erregbarkeit, während ein Einfl. auf die neocorticale nicht eindeutig feststellbar war. K. MAIER. 4608☐

Wirkungen von Veratrumalkaloiden, Procain und Calcium auf Stearinsäuremembranen und die Bedeutung für die pharmakologische Wirkung. Abraham M. Shanes und Norman L. Gershfeld. (J. gen. Physiol. **44.** 345—63. Nov. 1960. Bethesda, US-Dep. of Health, Education and Welfare, Public Health Serv., Nat. Inst. of Health, Nat. Inst. of Arthritis and Metabol. Dis.; engl.) — Wie in vivo so haben auch an künstlichen Stearinsäure-Membranen *Veratridin* (I), *Cevadin* (II), *Veracevin* (III) u. *Veratramin* (IV) unterschiedliche Wrkg., so daß offenbar die gleichen physikal. Effekte an dem Stearat-Film u. an der natürlichen Membran vor sich gehen. I u. II reagieren in Konzz., die an der lebenden Membran Potential- u. Ionenveränderungen hervorrufen, mit der künstlichen einschichtigen Stearat-Membran unter Hervorrufen einer „interfacial dissolution", wobei das Alkaloid u. Stearat die Oberfläche verlassen. III wirkt in der gleichen Konz. nicht auf die künstliche Membran. Die Rk. von IV ist schwach u. ähnelt der von *Procain* (V). Die Wrkg. von I u. II werden durch 10^{-3} m Ca^{2+}, niedrigen pH-Wert sowie 3,7 u. $4{,}7 \cdot 10^{-8}$ m V antagonist. beeinflußt. U. TAUSENDFREUND. 4608☐

Eine Analyse der Atemlähmung infolge formosanischer Elapidengifte. C. Y. Lee und M. T. Peng. (Arch. int. Pharmacodynam. Thérap. **133.** 180—92. Aug./Sept. 1961. Taipei, Taiwan, Nat. Taiwan Univ., Coll. of Med., Pharmacol. Inst. and Dep. of Physiol.; engl.) — Durch die Gifte von *Naja naja atra* (I) u. von *Bungarus multicinctus* (II) wird des Atemzentrum von Hunden nicht direkt geschädigt; seine Aktivität ist noch nachweisbar, wenn die Atemmuskulatur bereits gelähmt ist (Phrenicus-Entladung, HERING-BREUER-Reflex). I u. bes. II lähmen die Intercostalmuskeln rascher als das Zwerchfell. Neostigmin oder Tensilon können die durch I oder II bewirkte Atemlähmung nicht aufheben. Die Todesursache bei der I-Vergiftung der Katze scheint eher Kreislaufversagen als Atemlähmung zu sein. K. ZINGRAF. 4609☐

Physiologische Wirkung des Skorpiongiftes. Robert A. Patterson. (Amer. J. trop. Med. Hyg. **9.** 410—14. Juli 1960. Tempe, Ariz., State Univ., Poisonous Animals Res. Labor.; engl.) — Vf. gibt anästhetisierten Hunden (a), Kaninchen (b) u. Katzen (c) Skorpiongift (I, aus *Centruvoides sculpturatus*, 1 mg/kg, i.v.) u. untersucht dessen Wrkg. auf Blutdruck, Kreislauf, Atmung u. Duodenum. I verursacht bei a u. c Atmungsstörungen (Abnahme der Atmungsfrequenz u. -amplitude), die schließlich zur Anoxie u. zum Tode führen. Ferner tritt innerhalb von 1—3 Min. nach I-Zufuhr eine mit Vasoconstriction verbundene Hypertension auf; die Herzfrequenz wird nur wenig beeinflußt, doch wird bei a u. b mit niedriger Anfangsfrequenz eine verstärkte Tachycardie beobachtet. I (100 μg) zeigt eine stimulierende Wrkg. auf die Skelettmuskulatur des Frosches, die bei Transsektion des Ischiasnerv ausbleibt. Auf isolierte Gastrocnemius-Ischias-Nerven-Muskel-Präpp. des Frosches besitzt I keinen Einfluß. Die peristalt. Darmbewegungen werden bei b u. c durch I unterdrückt. Als Spätsymptome werden Speichelfluß u. Mydriase beobachtet. Aus den Ergebnissen geht hervor, daß I in seiner Wrkg. dem *Epinephrin* ähnelt. Die durch I induzierte Hypertension wird z. T. durch Abgabe von Pressorsubstanzen aus den Nebennieren hervorgerufen. Die Skelettmuskelstimulation scheint auf eine anfängliche periphere Wrkg. von **I** hinzuweisen, die nachfolgend in eine vom Zentralnerven-Syst. abhängige Rk. übergeht. P. FAHRNLAENDER. 4609□

Wirkung des Giftes der südamerikanischen Spinne Loxosceles laeta in vitro. Jehan Vellard. (C. R. hebd. Séances Acad. Sci. **243.** 825—26. 10/9. 1956; franz.) — Das Gift der *Loxosceles laeta* erzeugt bei Tieren Histaminfreisetzung. Bei Unterss. in vitro hatte bzw. erzeugte das Gift folgende Eigg.: Hemmung der Plasmakoagulation durch Thrombin, keine hämolyt. Wrkg. auf Blutkörperchen von Hund, Pferd u. Kaninchen, erhöhter Widerstand der Erythrocyten gegenüber hypoton. Lösungen. P. NACHTWEY. 4609□

Stimulation der Uteruskontraktion durch Küchenschabenextrakte (Periplaneta). L. Barton Browne, E. S. Hodgson und J. K. Kiraly. (Science [Washington] **134.** 669—70. 8/9. 1961. Canberra, Commonwealth Sci. and Ind. Res. Org.; Nat. Biol. Standards Labor.; New York, Columbia Univ.; engl.) — Blut- u. Darmextrakte von *Periplaneta americana* stimulieren kräftig die Kontraktionen des isolierten Rattenuterus. Die Substanz ist hitzelabil u. nicht dialysierbar. P. GREGORZEWSKI. 4609□

Die antibakterielle und antifungielle Aktivität von Thiolestern. Robert Woodside, Morris Zief und Gene Sumrell. (Antibiotics and Chemotherapy **9.** 470—74. Aug. 1959. Phillipsburg, N. J., J. T. Baker Chem. Co., Res. Labors.; engl.) — Mittels Methacrylchlorid wurden verschiedene *Methacrylsäurephenylester* (**I**) hergestellt u. neben aliphat. u. aromat. *Thiolestern* (**II**) in vitro auf Wrkg. gegenüber Bakterien (*Staphylococcus aureus, S. lutea, Streptococcus faecalis, Bacillus subtilis, B. cereus, Klebsiella pneumoniae*) u. Hefen sowie hefeähnliche Pilze (*Candida albicans, C. guilliermondii, Hansenula anomala, Saccharomyces cerevisiae, C. neoformans, C. tropicalis*) geprüft. Antibakteriell u. antifungiell am wirksamsten waren *Thiolmethacrylsäure-p-chlorphenylester* (DL_{50}, 100 mg/kg, intraperitoneal) u. *Thiolbrenzschleimsäure-p-chlorphenylester.* Weitere untersuchte Verbb.: Methacrylsäurephenylester: *unsubstituiert, -o-,-m-, p-chlorphenyl-, -2.4-dichlorphenyl-, -2.4.6-* u. *-2.4.5-trichlorphenyl-, 2.4.5.6-tetrachlorphenyl-, -pentachlorphenyl-, -pentabromphenyl-.* Thiolmethacrylsäureester: *-methyl-, tert.-butyl-, -isopropyl-. Thiolessigsäurebutylester, 3-Methylmercapto-2-methylthiolpropionsäuremethylester, 3-Isopropylmercapto-2-methylthiolpropionsäureisopropylester, Thiolacrylsäure-tert.-butylester, Thiolmethacrylsäureäthylester, -phenylester, 2-Methylthiolpropionsäurephenylester, Thiolbrenzschleimsäurephenylester, Thiolacrylsäurephenylester, Thiolbenzoesäure-, 2-Methylthiolpropionsäure-p-chlorphenylester, Thiolbrenzschleimsäure-, Thiolmethacrylsäurepentachlorphenylester, Thiolbrenzschleimsäure-, Thiolessigsäure-, Dithiolbernsteinsäure-bis-[p-chlorphenylester], Äthylen-1.2-dithiolcarbonsäurediphenylester, Thiolcrotonsäurephenylester, 3-Phenyl-2-äthylthiolacrylsäurephenylester.* K. MAIER. 4610□

Eine Kontrolluntersuchung mit Triclobisoniumchlorid bei äußerlicher Infektion des Auges. R. U. Stern, W. T. Rados, J. Insabella, H. Gambacorta, H. Moskowitz und N. Otazo. (Amer. J. Ophthalmol. [3] **50.** 595—99. Okt. 1960. Newark, N. J., United Hosp. of Newark, Newark Eye and Ear Unit.; engl.) — *Triclobisoniumchlorid* (**I**, N.N'-Bis-[(2'.2'.5'-trimethylcyclohexyl)-butyl-(2)]-N.N-dimethylhexamethylendiamin-bis-methochlorid), eine biquartäre Diamin-Verb.; *Triburon*, HOFFMANN-LA ROCHE, INC., Nutley, N. J.) besitzt hohe bakteriostat. u. mäßige bactericide Eigg., die Wrkg. in vitro gegen eine große Zahl von Krankheitserregern einschließlich Antibiotica-resistenter Staphylokokken ist gut. **I** ist eine stabile krist. Verb., lösl. in W. u. Alkohol. 0,1% gepufferte wss. Lsg. ist auf das Auge reizlos, beugt vor u. heilt Hornhautgeschwüre. Die Reepithelisierung der Hornhaut wird nicht gestört. **I** ist in **94**% aller klin. beobachteten Augeninfektionen wirksam. P. NACHTWEY. 4610□

Neuere Antibiotica: Ihr Eindringungsvermögen ins Auge. F. P. Furgiuele, T. W. Sery und Irving H. Leopold. (Amer. J. Ophthalmol. [3] **50.** **614**—22. Okt. 1960. Philadelphia, Pa., Wills Eye Hosp.; engl.) — Die Antibiotica *Ristocetin* (**I**) (*Spontin*, ABBOT LABOR.), *Chloramphenicol* (**II**; *Chloromycetin*, PARKE DAVIS LABOR.), *Kanamycin* (**III**; *Kantrex*, BRISTOL LABOR.) u. *Spiramycin* (**IV**; CIBA, PHARMACEUT., INC.) wurden auf ihr Eindringungsvermögen ins Auge untersucht. Nur große Dosen vermögen ins Auge einzudringen. Bei i.v. Anwendung bestehen kaum Unterschiede zwischen **II, III** u. **IV. I** ergab höchstes Niveau im Blut. P. NACHTWEY. 4611□

Pharmakologische Studien über einige Derivate des 1.3-Dioxolans unter spezieller Berücksichtigung ihrer Wirkungen auf das Zentralnervensystem. 1. Mitt. F. Melson. (Acta biol. med. german. [Berlin] **6.** 395—406. Mai 1961. Jena, Friedrich-Schiller-Univ., Inst. für Pharmakol.; dt.) — Vgl. C. **1961.** 16922. — Es wurde die Wrkg. von 15 2.2-disubstituierten *4-Hydroxymethyl-1.3-dioxolanen* auf das Zentralnerven-Syst. von Albinomäusen untersucht. Die Spontanaktivität wurde durch *Dioxalane* (I) herabgesetzt. Alle untersuchten I führten zu einer bedeutend längeren Lähmungsdauer als *Glyketal*. Die Wrkg. von *Evipan* u. *Adalin* wurde durch I potenziert, diejenige von *Elrodorm* dagegen nicht. Gegenüber *Metrazol* u. *Strychnin* wirken I antiionvulsiv, *Pikrotoxin*-Krämpfe werden kaum beeinflußt. Daraus, sowie aus Verss. an der Spinalkatze, wird geschlossen, daß I an den Interneuronen des Rückenmarkes angreifen. I bewirken bei Katzen einen Abfall des Blutdruckes, dies könnte über eine Freisetzung von *Serotonin* im Zentralnerven-Syst. zustande kommen. D. SCHEUCH. 4620□

Pharmakodynamische Eigenschaften von 3-[p-Methylphenoxy]-propandiol-(1.2). Wacław Banaszkiewicz, Cyryl Stachowiak und Tadeusz Wrociński. (Poznańskie Towarzystwo Przyjaciół Nauk, Wydział lekarski, Prace Komisji farmac. 2. 27—36. 1960. Poznań, Akad. Med., Zakł. Chem. farmac., Zakł. Farm.; pol.) — Es werden die pharmakodynam. Eigg. folgender 3-Phenoxypropan-1.2-diole verglichen: *o-Methyl-* (I), *p-Methyl-* (II), *o-Methoxy-* (III). Der Angriffspunkt aller Präpp. ist das Rückenmark. Sie wirken bei spast. Zuständen der Muskulatur, beruhigen u. hemmen die durch Strychnin hervorgerufenen Kontraktionen. I u. II haben etwa die gleiche Wrkg., III wirkt etwas schwächer. II hat ein breiteres Wrkg.-Spektrum als I. Die Verschiebung der Methylgruppe von o- nach p- vermindert die Toxizität. DL_{50} beträgt bei Mäusen subkutan 145 mg II/100 g.

Versuche: 3-Phenoxypropan-1.2-diole: *o-Methyl-* (I), F. 64—66°, $Kp._{15}$ 200 bis 225°, durch Umsetzung von 108,16 g o-Kresol mit einer alkohol. Lsg. von 23 g Na, Zusatz von 110,5 g Glycerinmonochlorhydrin unter Rühren, Filtrieren von abgeschiedenem NaCl, 1 std. Erwärmen des Filtrats, nochmaliges Filtrieren u. fraktionierte Dest. im Vakuum; 61 % (Ausbeute). — *p-Methyl-* (II), F. 72—74°, analog mit p-Kresol; 64,7 %. F. URBAN. 4620□

Erster Versuch einer Deutung des Wirkungsmechanismus der Monoaminoxydase-Hemmstoffe. M. Hérold und J. Cahn. (Agressologie [Paris] 2. 679—86. Dez. 1961. Paris, Hôp. de la Pitié, Centre de Thérap. Expérim. u. Clin. Neuro-chir., Labor. de Neurochim.; franz.) — Die *Monoaminoxydase* (I)-*Hemmstoffe* verringern den Geh. von *Diphosphopyridinnucleotid* (II) im Hirn, hemmen die Oxydation von red. II proportional zur angewandten Dosis u. zur Steigerung des Geh. von *Serotonin* (III), *Noradrenalin* (IV) u. *γ-Aminobuttersäure* (V) im Hirn. Es erfolgt eine Orientierung der *Glucose* (VI) im Sinne einer direkten Oxydation, wobei sie zu einem ausreichenden Vorrat von red. *Triphosphopyridinnucleotid* (VII) für die Hydroxylierung von Tryptophan u. Phenylalanin, die für die Synth. von III u. IV erforderlich sind, beiträgt. Auf diese Weise hat die Hemmung von I ihren Platz in den Rk.-Abläufen, die die Synth. von III u. Brenzcatechinaminen fördern, der Oxydation von V entgegenwirken, eine Entkopplung von Oxydation u. Phosphorylierung durch Hemmung der Oxydation von red. Diphosphopyridinnucleotid der Mitochondrien bewirken, VI in Richtung des Pentoseweges ausrichten, die Lipogenese fördern u. durch die Lipide die Deckung des Energiebedarfes sichern, da die nötige Menge Oxalacetat jeweils durch Carboxylierung von Pyruvat in Ggw. von red. VII geliefert wird. K. ZINGRAF. 4620□

Ein neuer Monoaminoxydase-Hemmstoff: 4-Hydroxybuttersäureisopropylhydrazid (PC 614). J. Cahn, M. Herold, J. Alano, N. Barre, P. Espagnol, E. Gautier, C. Helbecque, O. Kabacoff, G. Mathias und O. Mathias. (Agressologie [Paris] 2. 687—96. Dez. 1961. Paris, Hôp. de la Pitié, Centre de Thérap. Expérim.; franz.) — *4-Hydroxybuttersäureisopropylhydrazid* (*PC 614*; I) (DL_{50}/24 Std. intraperitoneal, Maus, 6,1 g/kg) unterscheidet sich von anderen Monoaminoxydase-Hemmstoffen in folgender Weise: In Dosen, welche die zur Enzymhemmung erforderlichen übersteigen, besitzt es eine hypnot. Wrkg.; es verstärkt die sedative Wrkg. von *Reserpin* (II); eine antagonist. Wrkg. gegen II tritt erst ein, wenn die hypnot. Wrkg. abgeklungen ist. I besitzt keine krampferzeugende Wrkg. u. verändert den Blutdruck u. die Herzarbeit nicht. In niedriger Dosierung verändert es die Kreislaufdynamik u. bes. den peripheren Widerstand nicht; in hohen Dosen verringert es das Herzminuten-Vol. u. das Schlag-Vol. u. erhöht den peripheren Widerstand. K. ZINGRAF. 4620□

Wirkung einiger „Psycholeptica" auf die kompensatorische Nebennierenhypertrophie der Ratte. G. Georges, M. Herold und E. Gautier. (Agressologie [Paris] 2. 605—08. Dez. 1961. Paris, Hôp. de la Pitié, Centre de Thérap. Expérim.; franz.) — Bei der ♀ Ratte wurde die kompensator. Nebennierenhypertrophie nach einseitiger Adrenalektomie durch *Librium* stark u. durch *Largactil* u. *Dominal* wenig verringert, durch *Equanil*, *Taracton* u. *Haloperidol* nicht beeinflußt, durch *Reserpin* dagegen um 61% gesteigert. K. ZINGRAF. 4620□

Die Beeinflussung des Cortisonabbaus durch Phenothiazine im Rattenleberhomogenisat. M. Karl und W. Klinger. (Acta biol. med. german. [Berlin] **7.** 550—53. 1961. Jena, Friedrich-Schiller-Univ., Inst. für Pharmakol.; dt.) — Der Abbau von *Cortison* in Rattenleberhomogenaten wird durch *Wofapyrin* u. K_4 (*Aminophenazon* + *Benzylbutenolid*) gehemmt u. durch *Phenothiazinkörper* (*Chlorpromazin*, *Promethazin*) gefördert. U. HINTERBERGER. 4620□

Zur Motilitäts- und Stoffwechsel-steigernden Wirkung des Phenmetrazins. F. K. Ohnesorge und A. L. Khan. (Arzneimittel-Forsch. **11.** 793—95. Aug. 1961. Kiel, Univ., Pharmakol. Inst.; dt.) — *Phenmetrazin* (*2-Phenyl-3-methylmorpholin*) erhöht bei Mäusen die Motilität (5—30 mg/kg); nach höheren Dosen sinkt die Laufleistung ab, während der O_2-Verbrauch hoch bleibt. P. GREGORZEWSKI. 4620□

Der Einfluß des Mescalins auf optisch hervorgerufene Potentiale am nicht anästhesierten Kaninchen. J. R. Smythies, W. P. Koella und C. K. Levy. (J. Pharmacol. exp. Therapeut. **129.** 462—70. Aug. 1960. Shrewsbury, Mass., Worcester Foundation for Exp. Biol. Lab. of Neurophysiol.; engl.) — Durch Lichtreize hervorgerufene Potentiale werden von der opt. Region der Großhirnrinde abgeleitet u. quant. ausgewertet. *Mescalin* zeigt in Dosen von 5, 10, 20 u. 40 mg/kg so deutliche Veränderungen der auftretenden Wellen, daß sich eine Dosis-Wrkg.-Kurve aufstellen läßt. Vff. empfehlen diese Meth. zur Unters. der Mescalinanaloge zur Ermittlung der Struktur-Wrkg.-Beziehungen. H. LIEBMANN. 4620□

Einige Wirkungen von Reserpin bei Fasanen. C. W. Carlson und W. C. Morgan. (Proc. South Dakota Acad. Sci. **37.** 48—52. 1958. Brookings, South Dakota State Coll., Agricult. Exp. Station; engl.) — *Reserpin*-Beimischung zum Futter (2—4 mg/lb) von Fasanenküken vom ersten Lebenstage an bis zu 12 Wochen verringert nicht, sondern erhöht evtl. die Mortalität u. verlangsamt die Wachstumsgeschwindigkeit. P. GREGORZEWSKI. 4620□

Die Wirkung von d-Lysergsäurediäthylamid und 5-Hydroxytryptamin auf spinale Reflexe. H. Weidmann. (Helv. physiol. pharmacol. Acta **15.** Nr. 2. C43 bis C44. 1957. Basel, Sandoz AG, Pharmakol. Labor.) — Verss. an 50 Spinalkatzen über den Einfl. von *d-Lysergsäurediäthylamid* (I) u. *5-Hydroxytryptamin* (II) auf die neuronalen Schaltstellen des Rückenmarks. **I** (10 g/kg) verursacht hierbei in 60% der Verss. eine lang anhaltende allg. Erregung, die sich bes. bei den polysynapt. Reflexen zeigt. **II**-*Kreatinsulfat* (10 γ/kg) weist entweder rein fördernde, rein hemmende oder biphas. kurzzeitige Wrkg. auf. Eine Hemmung der erregenden **I**-Wrkg. durch **II** wurde ebenfalls nachgewiesen. R. LAFFERENZ. 4620□

Beitrag zu einer biochemischen Deutung der experimentellen Psychosen. 5. Mitt. **Verhinderung der durch chronische Vergiftung mit LSD 25 beim Kaninchen in vivo ausgelösten Veränderungen des Hirnstoffwechsels. Die Wirkung von Adrenalin, Ephedrin, Phentolamin und Pyridostigminbromid.** M. Herold, J. Cahn, M. Dubrasquet, J. Alano, N. Barré und J. P. Buret. (C. R. Séances Soc. Biol. Filiales **152.** 45—49. 25/8. 1958; franz.) — 4. vgl. C. **1962.** 3890. — *Adrenalin*, *Ephedrin*, *Pyridostigminbromid* u. *Phentolamin* können in verschiedenem Umfang der Ausbldg. des durch chron. Zufuhr von *Lysergsäurediäthylamid* (50 γ tägl., 15 Tage) beim Kaninchen auslösbaren biochem. Syndroms u. von EEG-Veränderungen des Hirnes entgegenwirken. K. MAIER. 4620□

Förderung von Metrazolkrämpfen durch Iproniazid und β-Phenylisopropylhydrazin bei Mäusen. M. T. Spoerlein und Albert M. Ellman. (Arch. int. Pharmacodynam. Thérap. **133.** 193—99. Aug./Sept. 1961. Newark, N.Y., Rutgers State Univ., Coll. of Pharmacy, Dep. of Pharmacol.; engl.) — Bei ♂ Albinomäusen förderten *Iproniazid* (I) u. *β-Phenylisopropylhydrazin* (II) das Auftreten u. die Letalität der durch eine s. c. Schwellendosis von *Metrazol* (*Pentylentetrazol*) bewirkten ton. Extensokrämpfe. Diese Wrkg. war Dosis- u. Zeit-abhängig (Maximal-Wrkg. von I nach $^1/_2$—1 Std., von II nach $1^1/_2$ Stunden). K. ZINGRAF. 4622□

Beitrag zur Pharmakologie der Appetitzügler. F. G. Valdecasas, J. A. Salvá und E. Cuenca. (Arzneimittel-Forsch. **11.** 626—27. Juli 1961. Barcelona, Univ., Cát. de Farm.; engl.) — Vff. geben Spinalkatzen i.v. Injektionen folgender Anorexica: *Ephedrin* (**I**), *Cyclohexamethamphetamin* (**II**, *Eventin*), *Phenmetrazin* (**III**, *Preludin*), *Califon* (**IV**) u. *Diäthylpropion* (**V**, *Tenuat*, *Lepomin*) u. 10 Min. später *Reserpin* (**VI**) u.

untersuchen den Blutdruck auf kymograph. Wege. Es zeigt sich, daß **I, II, III** u. **IV** die **VI**-Wrkg. auf den Kreislauf in gleicher Weise wie *Amphetamin* modifizieren, indem **VI** in Ggw. vorst. Verbb. eine starke Hypertension auslöst. **V** besitzt keine Einw. auf die **VI**-Reaktion. Auch bei anästhetisierten Hunden zeigen vorst. Verbb. die gleichen Wrkg. wie bei Spinalkatzen, jedoch mit stärkeren individuellen Schwankungen u. unterschiedlichen Intensitäten der Reaktionen. Aus den Ergebnissen geht hervor, daß bei kombinierter Anwendung von Appetitzüglern u. **VI** schädliche Nebenwrkg. auftreten können.
P. FAHRNLAENDER. 4622□

Eine neue Methode zur Unterscheidung der sedativen Wirksamkeit. H. Turrian, R. Doebelin und F. Gross. (Helv. physiol. pharmacol. Acta **15.** Nr. 2. C39—C41. 1957. Bâle, Schweiz, Labor. de Rech., Dép. pharmac. de Ciba.) — Vff. beschreiben eine Vorr. zur Messung u. Registrierung der Motilitätsverminderung von Mäusen etc. zwecks Best. der Wrkg.-Stärke von sedativ wirksamen Substanzen. Entsprechende Vgl.-Werte bekannter Sedativa werden angegeben. R. LAFFERENZ. 4627□

Wirkung von Glucose auf den Schlaf und die Ketonurie infolge von Na-4-Hydroxybutyrat bei der hungernden Ratte. J. Gérard und B. Weber. (Agressologie [Paris] **2.** 611—14. Dez. 1961. Paris, Hôp. Boucicaut, Labor d'Eutonol., Centre d'Étud. et de Rech. Bio-Physiol. de la Marine Nat.; franz.) — Die Dauer des durch 1,2 g *Na-4-Hydroxybutyrat* (**I**) bei der Hungerratte hervorgerufenen Schlafes wurde durch 2 g *Glucose* (**II**)/kg verlängert, durch 4 g **II**/kg dagegen verkürzt; die Ketonurie infolge von **I** wurde durch 4 g **II**/kg, nicht aber durch 2 g **II**/kg beseitigt; diese Wrkg. sind wahrscheinlich auf eine durch **II** ausgelöste Insulin-Sekretion zurückzuführen. K. ZINGRAF. 4627□

Wirkung verschiedener Pharmaka (Amphetamin, Cocain, Coffein, Hexobarbital, Meprobamat, Morphin, Dextromoramid *l*-Methadon, Pethidin und 3570 CT) auf die Zeitdauer der Erschöpfung und Ausdauer von Mäusen bei Schwimmversuchen (20°). J. Jacob und G. Michaud. (Med. exp. [Basel] **2.** 323—28. 1960. Paris, Inst. Pasteur, Labor. Pharmacol., Serv. de Chim. Thérapeut.; franz.) — Vff. prüfen Mäuse im Schwimmtest mit den v.a. Substanzen. In stimulierenden Dosen hatte *Amphetamin, Cocain* u. *Coffein* keinen Einfl. auf die Erschöpfungszeit schwimmender Mäuse. In narkot. Dosen verkürzten *Hexobarbital* u. *Meprobamat* die Schwimmdauer. In geringer Dosis verlängerte Meprobamat im Gegensatz zu Hexobarbital die Erschöpfungszeit. *Morphin* verlängerte die Schwimmdauer u. unterdrückte die Ruhelosigkeit. Die anderen Analgetica zeigten weniger günstige Wrkg., sie erzeugten eine stärkere motor. Unruhe.
P. NACHTWEY. 4627□

Sensibilisierung der durch Papain bewirkten Herzmuskelnekrosen durch K- oder Mg-Mangel. H. Selye und E. Bajusz. (Z. Vitamin-, Hormon- u. Fermentforsch. [Wien] **10.** 39—45. 27/1. 1959. Montréal, Univ. de Montréal, Inst de Méd. et de Chirurgie exp.; engl.) — Die Bldg. der Herzmuskelnekrosen durch i.v. Injektion von Papain wird bei Ratten, die 1 Woche Mg- oder K-arm ernährt wurden, stark erleichtert. Die sensibilisierende Wrkg. der K-armen Kost kann durch Zusatz von $MgCl_2$, die der Mg-armen Kost durch Zusatz von KCl aufgehoben werden. B. GÖRLICH. 4627□

Wirkung von Morphin auf einige Sympathicus-innervierte Effektoren. A. B. Cairnie, H. W. Kosterlitz und D. W. Taylor. (Brit. J. Pharmacol. Chemotherapy **17.** 539—51. Dez. 1961. Aberdeen, Univ. of Aberdeen, Dep. of Physiol.; engl.) — 0,5—0,55 mg *Morphin* (**I**)/kg i.v. hemmten die Kontraktion der Nickhaut der Katze nach Reizung der postganglionären Sympathicusfasern. **I** war bei niedriger Reizfrequent wirksamer als bei hoher; die Geschw. der Kontraktion wurde bei allen Frequenzen verringert. *Cocain* wirkte antagonist. gegen **I** u. verstärkte die Kontraktion bei niedriger Reizfrequenz mehr als bei hoher. Die Wrkg. von injiziertem Noradrenalin wurde durch **I** nicht beeinflußt. **I** besaß auch keinen Einfl. auf die herzbeschleunigende Wrkg. der Herznerven u. keine eindeutige Wrkg. auf die Entleerung der Milz nach Reizung der Milznerven.
K. ZINGRAF. 4627□

Die Wirkung von einigen blockierenden Substanzen auf das sympathische und parasympathische postganglionäre Aktionspotential. Francisco Alonso-de Forida, Jorge Cato, Lorenzo Ramírez und Efraín G. Pardo. (J. Pharmacol. exp. Therapeut. **129.** 433—37. Aug. 1960. Mexico, Univ. Nacional Autónoma de Mexico, Dep. of Pharmacol. and Physiol.; engl.) — Am Ganglion cervicale craniale u. am Ganglion ciliare der Katze bewirkten die Verbb. *Tetraäthylammoniumchlorid* (**I**), *Hexamethoniumchlorid* (**II**), *d-Tubocurarinchlorid, Äthylmethylisooctenylaminhydrochlorid* (**III**), *Diphenmethanilmethylsulfat, Methanthelinbromid* (**IV**) u. *Methylscopolaminbromid* sehr ähnliches Verh. der postganglionären Aktionspotentiale, wenn präganglionär supramaximal gereizt wurde.

Gegenüber **I, II, III** u. **IV** war das Ganglion cervicale craniale etwas empfindlicher als das Ganglion ciliare. H. LIEBMANN. 4628□

Die Uterus relaxierenden Eigenschaften von Isoxsuprin. P. M. Lish, I. W. Hillyard und K. W. Dungan. (J. Pharmacol. exp. Therapeut. **129.** 438—44. Aug. 1960. Evansville, Ind., Mead Johnson and Comp. Dep. of Pharmacol., Res. Div.; engl.) — *2-Phenoxy-2-propylamino-1-[p-hydroxyphenyl]-propanolhydrochlorid* (*Isoxsuprin*) zeigt in verschiedenen hormonellen Stadien eine ausgeprägte Hemmung der Längs- u. Zirkulärmuskulatur des Uterus. Es wird der Angriff an den adrenerg. β-Receptoren diskutiert. Die begleitende papaverinähnliche Wrkg. kann von Tierart zu Tierart wechseln. H. LIEBMANN. 4628□

Die Krampfaktivität des Pentylentetrazols bei Mäusen beeinflußt durch Applikationsart, akute Adrenalektomie und Reserpin. J. Maxwell Little und Eugene A. Conrad. (J. Pharmacol. exp. Therapeut. **129.** 454—61. Aug 1960. Winston-Salem, N.C., Bowman Gray School of Medicine of Wake Forest Coll., Dep. of Physiol. and Pharmacol.; engl.) — *Pentylentetrazol* (**I**) wurde bei Mäusen in Dosen verabreicht, die 50% klon. (DKn_{50}) u. ton. (DTn_{50}) Krämpfe hervorriefen. Bei oraler Gabe von **I** lagen die Werte für DKn_{50} um 59% u. für die DTn_{50} um 39% höher als bei subcutaner Gabe; außerdem war die Latenzperiode signifikant verkürzt. Die orale Prämedikation von *Reserpin* (**II**), 25 mg/kg, bei oraler Gabe von **I** führte ebenfalls wie die intraperitoneale Verabreichung von 4 mg **II**/kg bei subcutaner Gabe von **I** zur signifikanten Abnahme der DKn_{50} u. der DTn_{50}. Durch Adrenalektomie nahm die DKn_{50} u. die DTn_{50} bei parenteraler Gabe zu; bei oraler Verabreichung wurde nur die DKn_{50} signifikant erhöht. Nach Adrenalektomie hatten 25 mg **II**/kg oral keinen Einfl. auf die Erhöhung der DKn_{50} u. DTn_{50} von **I**. Bei parenteraler Gabe von 4 mg **II**/kg macht sich die Abnahme in der DKn_{50} erst nach 60 Min. bemerkbar. Die DTn_{50} zeigt nach 30 Min. eine Abnahme wie mit **II** allein, diese ist nach 60 Min. jedoch nicht mehr signifikant. H. LIEBMANN. 4628□

Über die pharmakodynamischen Eigenschaften eines Thiazolderivats. R. Charonnat, P. Lechat und J. Chareton. (Thérapie **12.** 68—71. 1957. Paris, Serv. de Méd. infant. de l'Hôpital Saint-Louis, Labor. de Parasitol., Fac. de Pharm.; franz.) — *4-Methyl-5-[β-chloräthyl]-1.3-thiazol* (**I**) zeigt an Kaninchen eine 50fach stärkere anticonvulsive Wrkg. als das *4-Methyl-5-[β-hydroxyäthyl]-1.3-thiazol* (**II**), während die entsprechenden *Acetyl-*, *Carbaminyl-*, *HBr-*, *HJ-Ester* von **II** schwächer als **I** wirken. 5—20 mg **I** unterdrücken sowohl die durch elektr. Reize als auch die durch Cardiazol (25 mg/kg) ausgelösten Krämpfe. Hingegen wirkt **I** nur wenig gegen Strychnin-Krämpfe an der Maus u. Nicotin- bzw. Acetylcholin-Krämpfe beim Kaninchen. R. LAFFERENZ. 4628□

Einfluß von Phenolphthaleinen und Phenolsulfonphthaleinen auf die Muskellähmung durch d-Tubocurarin. Jean Cheymol, Francois Bourillet und Hannelor Puppel. (Thérapie **12.** 72—79. 1957. Paris, Fac. Méd., Labor. pharmacol.; franz.) — Unterss. in situ am Nerv. sciatic./Muscul. tibialis anter. des anästhetisierten Kaninchens u. am isolierten Nerv–Muskel-Präparat der Ratte ergeben, daß *Phenolphthalein* u. *Tetrajodphenolphthalein* (50—100 mg/kg) Anticurare-Wrkg. besitzen, aber selbst nicht curarisierend wirken. *Phenolsulfonphthalein* (**I**) hingegen zeigt sensibilisierende Wrkg., indem es, vorher oder nachher verabreicht, die Wrkg. des *d-Tubocurarins* verstärkt; am isolierten Präp. der Ratte hingegen zeigt **I** Anticurare-Wirkung. Das *Dibrom*-Deriv. von **I** sensibilisiert wie **I**, aber schwächer, u. das *Tetrabrom*-Deriv. von **I** ist in situ am Kaninchen inakt. in jeder Hinsicht. Beim *Phenoltetrachlorphthalein* (substituiert am Phthalsäurering) überdecken stark tox. Wrkg. die Resultate. R. LAFFERENZ. 4628□

Einfluß chronischer sympathischer Enervierung auf die Wirkung verschiedener vasodilatorischer Substanzen. L. Chevillard und H. Giono. (C.R. Séances Soc. Biol. Filiales **152.** 38—40. 25/8. 1958. Paris, Labor. de Biochim. des Vitamines, Ecole pratique des Hautes Études.; franz.) — Verss. mit Meerschweinchen, 2 Monate nach unilateraler Enervierung durch Abtragen des oberen Ganglion cervicale u. des Ganglion stellare, zeigen, daß hiernach die vasodilator. Effekte von *Amylnitrit*, *Pentaerythrittetranitrat*, *Pentamethonium* u. *Histamin* sehr stark vermindert sind. Weniger stark ausgeprägt sind die Wrkg.-Verminderungen von *Chlorpromazin* u. *Dibenamin*. R. LAFFERENZ. 4630□

Untersuchung der unmittelbaren Blutdruckwirkungen von Natrium-4-Hydroxybutyrat beim Kaninchen und ihrer Veränderung durch die Injektion von Hydrochinon. F. Brue, H. Laborit und C. Baron. (Agressologie [Paris] **2.** 627—30. Dez. 1961. Paris, Hôp. Boucicaut, Labor. d'Eutonol., Centre de Rech. Bio-Physiol. de la Marine Nat.; franz.) — *Na-4-Hydroxybutyrat* (**I**) bewirkt beim Kaninchen einen brüsken Blutdruckabfall, der durch Vagusdurchschneidung nicht beeinflußt wird, mit allmählicher Rückkehr zur Norm oder zu leichter Hypertension. Der Blutdruckabfall tritt nach vorheriger Injektion von *Hydrochinon* (II) nicht auf. II allein bewirkt einen Blutdruckanstieg, der jedoch durch vorherige Injektion von I verringert wird. Adrenalin wirkt auch nach I blutdrucksteigernd. K. ZINGRAF. 4630☐

Untersuchung der Wirkungen von Natrium-4-Hydroxybutyrat und Hydrochinon auf den Blutdruck des Kaninchens nach beiderseitiger Pneumogastricus-Durchschneidung und beiderseitiger Novocain-Infiltration im Sinus caroticus-Bereich. F. Brue, H. Laborit und C. Baron. (Agressologie [Paris] 2. 631—34. Dez. 1961. Paris, Hop. Boucicaut, Labor. d'Eutonol., Centre de Rech. Bio-Physiol. de la Marine Nat.; franz.) — Vgl. vorst. Referat. — Der beim Kaninchen nach Injektion von *Na-4-Hydroxybutyrat* (I) auftretende Blutdruckabfall u. der Blutdruckanstieg infolge von *Hydrochinon* (II) werden durch beiderseitige Durchschneidung des Pneumogastricus nicht beeinflußt. Beiderseitige Sinus caroticus-Infiltration mit Novocain bewirkt Hypertension; diese wird durch I aufgehoben oder umgekehrt u. durch II stark potenziert. K. ZINGRAF. 4630☐

Über die Wirkung von Natrium-4-Hydroxybutyrat auf den Blutdruck des Kaninchens. Hypothese einer Hemmung der Gefäßbaroreceptoren. F. Brue, H. Laborit und C. Baron. (Agressologie [Paris] 2. 635—40. Dez. 1961. Paris, Hôp. Boucicaut, Labor. d'Eutonol., Centre d'Etud. et de Rech. Bio-Physiol. de la Marine Nat.; franz.) — Vgl. vorst. Referat. — Nach i.v. Injektion von *Na-4-Hydroxybutyrat* (I) in einer Dosis von mindestens 0,5 g/kg bewirkte eine beiderseitige Novocain-Infiltration des Sinus caroticus-Bereiches beim Kaninchen keinen Blutdruckanstieg, sondern einen Blutdruckabfall; Vff. schließen daraus auf eine Lähmung der Gefäßbaroreceptoren durch I. Verwiesen wird auch auf die durch I bewirkte Muskelerschlaffung (evtl. Lähmung der Dehnungsreceptoren der Muskelbündel) u. die Veränderungen des Atmungsrhythmus (evtl. Lähmung der gegenüber Thoraxdehnung empfindlichen Pneumogastricus-Endigungen). K. ZINGRAF. 4630☐

Eine Untersuchung verschiedener Hypotensiva. 4. Mitt. Diquartäre Piperidinderivate. J. P. Buckley, M. L. Jacquart, R. K. Bickerton, W. J. Hudak, F. M. Schalit, J. J. Defeo und J. A. Bianculli. (J. Amer. pharmac. Assoc., sci. Edit. **49.** 586—89. Sept. 1960. Pittsburgh, Pa., Univ. of Pittsburgh School of Pharm.; engl.) — 3. vgl. C. **1962.** 10180. — Verschiedene diquartäre Piperidin-Derivv. u. ditertiäre Amine werden auf ihre hypotensive Wrkg. an Hunden u. Ratten geprüft. Die wirkungsvollsten sind: *N-Methylpipecolinsäure-3-morpholinopropylesterdimethojodid* (I), *N-Methylpipecolinsäure-2-morpholinoäthylester-dimethobromid* (II), u. *2-[3-Diäthylaminopropin-(1)-yl]-N-methylpiperidindimethobromid.* I u. II verursachen bei Hunden nach oraler Verabreichung einen mehr als 11 Std. dauernden Blutdruckabfall. Außerdem wurden untersucht: *N-Methylpipecolinsäure-3-dimethylaminopropylesterdimethojodid,* N-Methylpiperidindimethobromide: *3-Dimethylaminomethylcarbonyloxy-*, *4-Dimethylaminomethylcarbonyloxy-*, N-Methylpiperidindimethojodide: *3-[2-Dimethylaminoäthylcarbonyloxy]-*, *3-Pyrrolidinomethylcarbonyloxy-*, *3-[2-Morpholinoäthylcarbonyloxy]-*, N-Methylpiperidindimethobromide: *3-[3-Dimethylaminopropin-(1)-yl]-*, *3-[3-Morpholinopropin-(1)-yl]-*, *3-[3-Pyrrolidinopropin-(1)-yl]-*, *3-[4-Diäthylaminobutin-(2)-yl]-*, *3-[4-Morpholinobutin-(2)-yl]-*, *3-[4-Pyrrolidinobutin-(2)-yl]-*, *2-[2-Morpholinoäthylcarboxymethyl]-*, *3-[3-Dimethylaminopropylamino]-*. P. GREGORZEWSKI. 4630☐

Pharmakologische Prüfung einer aus Crataegus isolierten Substanz. 10. Mitt. Willmar Schwabe und Richard Neu. (Arzneimittel-Forsch. **10.** 60—61. Jan. 1960. Karlsruhe-Durlach, Fa. Dr. Willmar Schwabe, Forsch.-Labor.; dt.) — *l-Epicatechin* wurde als ein neuer Inhaltsstoff des aus Früchten von *Crateagus oxyacantha* gewonnenen Crataegutt gefunden; es hat einen bedeutenden Anteil an der Gesamtwrkg. des Arzneimittels. W. F. EBEL. 4630☐

Die Wirkung von Corticosteroiden und Herzglykosiden auf Ionentransporte am Erythrocyten. F. Sulser und W. Wilbrandt. (Helv. physiol. pharmacol. Acta **15.** Nr. 2. C37—C39. 1957. Bern, Univ., Pharmakol. Inst.; dt.) — Herzglykoside u. deren Aglykone hemmen den aktiven Na^+- u. K^+-Transport. Vff. finden, in vitro, daß die Hemmwrkg. des *k-Strophanthosids* durch Ggw. von *Cortison*, *Cortexon* u. *Aldosteron* oberhalb eines bestimmten Schwellenwertes für das Konz.-Verhältnis Steroid/Glykosid antagonist. beeinflußt wird. Na- u. K-Transport werden hierbei nicht symmetr. verändert. R. LAFFERENZ. 4630☐

Verstärkte Bindung von Kaliumionen an Actomyosin durch herzwirksame Glykoside. P. G. Waser. (Helv. physiol. pharmacol. Acta **15.** Nr. 2. C42—C43. 1957. Zürich, Univ., Pharmakol. Inst.; dt.) — Verss. mittels Ausgleichsdialyse ergeben, daß Ggw. der herzwirksamen Glykoside (2—4 γ/ml) die K^+-Ionenbindung an *Actomyosin* verstärkt. Untersucht wurden hierzu der Einfl. von *Lanatosid A, B* u. *C, Convallatoxin, k-Strophanthosid, Cymarin, Allocymarin, Emicymarin, Alloemicymarin, Scillaren A* u. *Hexahydroscillaren A*. R. LAFFERENZ. 4630

Zur Wirkung von synthetischem Bradykinin auf die Gefäßpermeabilität. S. Witte, K. Th. Schricker und E. Schmid. (Arzneimittel-Forsch. **11**. 619—21. Juli 1961. Erlangen, Med. Univ.-Klin.; dt.) — Vff. untersuchen die Wrkg. synthet. *Bradykinins* (I) auf die Gefäßpermeabilität am Mesenterium der Ratte mittels Fluorescenzmarkierung der Plasmaproteine (i.v.-Injektion von Brillantsulfoflavin) auf vitalmkr. Wege. Es zeigt sich, daß lokal applizierte, geringe I-Dosen (bis $100 \cdot 10^{-9}$g/kg i.v.) nach 1 Min. eine gesteigerte physiolog. Gefäßpermeabilität hervorrufen. Bei erkrankten Tieren besitzt I keine stimulierende Wrkg. auf den patholog. Farbstoffaustritt bzw. die Durchlässigkeit fluorochromierter Plasmabestandteile. Höhere intracutane I-Gaben ($20—50 \cdot 10^{-9}$ g/0,1 ml) verursachen an der menschlichen Haut eine ca. 1—2 Min. anhaltende Schmerz-Rk., Rötung an der Injektionsstelle u. Bldg. einer Quaddel, die nach 10 Min. wieder verschwindet. Aus den Ergebnissen geht hervor, daß I den Austritt von Plasmaproteinen in das interstitielle Gewebe des Rattenmesenteriums auslöst. P. FAHRNLAENDER. 4633

Pharmakologische Untersuchungen mit Polythiazide, einem neuen Diureticum und blutdrucksenkendem Mittel. A. Scriabine, B. Korol, B. Kondratas, M. Yu, S. Y. P' an und J. A. Schneider. (Proc. Soc. exp. Biol. Med. **107**. 864—72. Aug.-Sept. 1961. Groton, Conn., Chas. Pfizer & Co., Med. Res. Labor., Macrobiol. Res. Dep.; engl.) — *2-Methyl-3-[β.β.β-trifluoräthylthiomethyl]-6-chlor-7-sulfamyl-3.4-dihydro-1.2.4-benzothiadiazin-1.1-dioxyd* (*Polythiazide*; I) erwies sich bei Ratten u. Hunden als oral hochwirksames Diureticum mit raschem Wrkg.-Eintritt u. einer Wrkg.-Dauer von 12—24 Stunden. Die Ausscheidung von Na^+ u. Cl^- war etwa gleich, die von K^+ 10mal geringer als die von Na^+. Die natriuret. Wrkg. von **I** betrug bei der Ratte das 10fache derjenigen von Trichlormethiazid, die kaliuret. nur das 0,4fache; 10 mg/kg i.v. verringerten die Glomerulusfiltrations-Geschw. nicht. In vitro zeigte **I** Carbohydrase-Hemmung. Eine blutdrucksenkende Wrkg. wurde bei Ratten u. Hunden mit experimenteller Hypertension am 2. Behandlungstage deutlich. K. ZINGRAF. 4634

Das Verhalten der Carboanhydrase und des antidiuretischen Hormons unter dem Einfluß von p-Chlorphenyldiaminotriazin beim Menschen. H. Frank und R. Arras. (Arzneimittel-Forsch. **11**. 621—25. Juli 1961. Erlangen, Med. Univ.-Klin.; dt.) — Vff. untersuchen die Wrkg. von *p-Chlorphenyl-2.4-diamino-sym.-triazinhydrochlorid* (I, *Orpidan*) auf die *Carboanhydrase*-(II)-Aktivität menschlicher Erythrocyten u. das Verh. des antidiuret. Hormons im Plasma. Die II-Best. erfolgt auf colorimetr. Wege nach ROUGHTON u. BOOTH in Veronalpuffer-Lsg. unter Verw. von Bromthymolblau-Indicator. Beim Versetzen dieser Enzym-Lsg. mit wss. gesätt. CO_2-Lsgg. tritt infolge Hydratation (Bldg. von H_2CO_3) eine pH-Abnahme ein. Es wird festgestellt, daß **I** (100 mg/100 ml) im Gegensatz zu *Acetazolamid* (1 mg/100 ml) keine **II**-Inhibition verursacht. Auch durch die verwendeten Lsgm. (A., 1.2-Propylenglykol) wird die **II**-Aktivität nicht beeinflußt. Das antidiuret. Hormon (*Adiuretin* [III]) läßt dagegen nach I-Zufuhr eine deutliche Abnahme erkennen, die jedoch in vitro bei Inkubation von **III** mit **I** nicht auftritt. Aus den Ergebnissen wird geschlossen, daß die diuret. Wrkg. von **I** nicht auf eine **II**-Inhibition zurückzuführen ist, sondern auf einer Hemmung der Produktion von Hypophysenhinterlappenhormon beruht. P. FAHRNLAENDER. 4634

Die Hemmung der Magenruhesekretion und der Sekretionsreaktion auf Histamin durch 2.2-Diphenyl-4-diisopropylaminobutyroamidmethyljodid beim Menschen. A. Mullie. (Arch. int. Pharmacodynam. Thérap. **106**. 447—56. 1/6. 1956. Ghent, Univ. of Ghent, Policlin. for Int. Med.; engl.) — Das relativ ungiftige *2.2-Diphenyl-4-diisopropylaminobutyramidmethyljodid* (*Priamide Eupharma*, PHARMACEUT. LABOR. DR. J. C. JANSSEN) erwies sich als wirksamer u. langwirkender Hemmstoff der Magensekretion beim Menschen. Durch eine Einzeldosis von 30 mg peroral konnte die Ruhesekretion (basale Sekretion) für mindestens 12 Std. gehemmt werden; 5 mg i.m. hemmten auch die Rk. der Magensekretion auf Histamin. U. TAUSENDFREUND. 4645

Chemie und Pharmakologie von mit 4-[4-Hydroxy-4-phenylpiperidino]-butyrophenon verwandten Verbindungen. 3. Mitt. **Dauer der antiemetischen Wirkung und orale Wirksamkeit von Haloperidol (R 1625) und Chlorpromazin bei Hunden.** Paul A. J. Janssen, Carlos J. E. Niemegeers und Karl H. L. Schellekens. (Arzneimittel-Forsch. **10**. 955. Nov. 1960. Beerse, Res. Labor. Dr. C. Janssen.; engl.) — 2. vgl. C. **1962**. 12008; 4. vgl. C. **1962**. 9064. — Die antagonist. Wrkg. gegen das durch Apomorphin hervorgerufene Erbrechen bei Hunden von *Haloperidol* (*4'-Fluor-4-(1-[4-hydroxy-4-(4-*

chlor)-phenylpiperidino])-*butyrophenon* ist 50—200mal stärker als die von Chlorpromazin. Es ist von längerer Wrkg.-Dauer u. peroral verabreicht ebenso wirksam wie subcutan. P. GREGORZEWSKI. 4646□

Die Beeinflussung des Apomorphinerbrechens durch Pervitin, Iproniazid und Catecholaminvorstufen. W. Förster und E. Günther. (Acta biol. med. german. **7.** 613. 1961. Med. Akad. Magdeburg, Pharmakol. Inst.; dt.) — Das durch *Apomorphin* (I) hervorrufbare Erbrechen wird durch gleichzeitige Verabreichung eines der folgenden, in steigender Wrkg. angeordneten Stoffe, in seiner Häufigkeit gesteigert: *Tyramin, Dihydroxyphenylalanin, Iproniazid* (II), *Tryptophan, 5-Hydroxytryptamin.* Wird II zeitlich vor I gegeben, so nimmt seine steigernde Wrkg. ab. 24 Std. vorher gegeben ist es wirkungslos. Gibt man II gleichzeitig mit *Pervitin* u. I, so hebt es die Pervitinhemmung des I-Erbrechens völlig auf. Die hemmende Wrkg. von *Chlorpromazin* auf das I-Erbrechen wird durch II nicht beeinflußt. *Serotonin* wird als der Stoff angesehen, der unmittelbar auf das I-Erbrechen wirkt. U. HINTERBERGER. 4646□

Untersuchung der anthelminthischen Eigenschaften des Piperazinsebacinats. R. Turpin, R. Cavier und J. Savaton-Pillet. (Thérapie **12.** 56—67. 1957. Paris, Serv. de Méd. Infant. de L'Hôpital Saint-Louis, Labor. de Parasitol. de la Fac. de Pharmacie.; franz.) — Vff. fanden, daß das *Piperazinsebacinat* gegenüber Oxyuren, Ascariden u. Trichocephaloiden wesentlich wirksamer bzw. geeigneter ist als das *-Diphenylacetat, -Dilaurat* oder *-Adipinat.* Die DL_{50} vom -Sebacinat wird an der Maus mit 6,70 g/kg gefunden. R. LAFFERENZ. 4649□

Beiträge zur Bekämpfung der Helminthiasen in der R.P.R. N.N'-disubstituierte Piperazinderivate mit anthelminthischer Wirkung. C. N. Ionescu, St. Groszkowski, A. Serper, M. Ionescu, A. Sorescu, D. Panaitescu und A. Hacig. (Studii Cercetări Chim. [Bucureşti] **5.** 7—15. Jan./März 1957. Bucureşti, Fac. de Farm., Cat. de chim. farm u. Inst. de parazitol.; rum.) — Vgl. C. **1958.** 1923. — Zur Prüfung auf anthelminth. Wrkg. werden *N.N'-Diphenylpiperazin* (I), *N.N'-Dibenzylpiperazin* (II) u. *N.N'-Dicyclohexylpiperazin* (III) dargestellt. I, II u. III wirken anders u. stärker auf *Ascaris suum* als äquivalente Mengen *Piperazin.* Am aktivsten ist III, das eine irreversible Hemmung ohne Erregungsperiode bewirkt. I, II u. III werden von der Maus in Mengen von 0,33 g/kg u. vom Hund in Mengen von 0,1 g/kg gut vertragen, I u. II auch bei 3,3 g/kg bzw. 1 g/kg.

Versuche: *N.N'-Diphenylpiperazin* (I), F. 163—164°, Hydrochlorid 223—225° (Zers.); 16 g Anilin werden mit 32 g $C_2H_4Br_2$ u. 18 g Soda (wasserfrei) 2 Std. auf dem Wasserbad, dann 6 Std. auf dem Luftbad bei 160° am Rückfluß erhitzt, das Prod. 12 Std. mit Wasserdampf behandelt, filtriert, in der Wärme mit 10%ig. HCl behandelt, filtriert, mit 10%ig. NH_4OH alkalisiert; 70% (Ausbeute). — *N.N'-Dibenzylpiperazin* (II), F. 90—91° (A.), Hydrochlorid 275—277° (Zers.); 100 g krist. Piperazin u. 45 g Benzylchlorid werden bei mäßigem Rückfluß 2 Std. auf 175—180° erhitzt, nach Zusatz von 250 ml 10%ig. HCl 12 Std. mit Wasserdampf behandelt, mit 10%ig. NaOH alkalisiert, filtriert; 44%. — *N.N'-Dicyclohexylpiperazin,* $C_{16}H_{30}N_2$ (III), F. 118° (60%ig. A.), Hydrochlorid 280—282° (Zers.), in W. unlösl., leichtlösl. in 96%ig. A. in der Wärme, wenig in 60%ig. A., in Ae., Chlf. u. Bzl. lösl., 20 g Cyclohexylamin (aus Cyclohexanonoxim durch Red. mit Na) werden im Wechsel mit 40 g NaOH-Pulver in kleinen Portionen zu 41 ml $C_2H_4Br_2$ in 2 Std. bei 90—100° zugegeben, 3 Std. bei 110—120°, 4 Std. bei 120—130° erhitzt; nach Abkühlung wird mit W. gewaschen, mit 200 ml 10%ig. HCl in Ggw. von Kohle behandelt, filtriert, mit 10%ig. NaOH alkalisiert, filtriert u. mit W. gewaschen; 25%. R. K. MÜLLER. 4649□

Systematische Wirkungen von Co-Ral und Coralox. Über das Eintröpfeln in das Auge von Kaninchen, Hund und Menschen. Maurice Kadin. (Amer. J. Ophthalmol. [3] **50.** 622—27. Okt. 1960. Chicago, Ill., Univ. of Chicago, Dep. of Surg. Ophthal.; engl.) — *Co-Ral* (*Diäthyl-O-*[*3-chlor-4-methylcumarinyl-*(*7*)]*-thiophosphat*; I) u. *Coralox* (II; Sauerstoffanalogon von I) wurden in 0,25% Erdnußöl-Lsg. in den Konjunctivalsack eingeträufelt. Blutproben wurden manometr., Gewebe in gleicher Weise oder chem.-colorimetr. auf Acetylcholin im Spektrophotometer geprüft. Die Cholinesteraseaktivität sinkt entsprechend der Empfindlichkeit gegen Diisopropylfluorphosphat. Tox. Wrkg. wurden nicht festgestellt. P. NACHTWEY. 4670□

Untersuchungen über die Calciumcyanamid-Vergiftung. Hirosi Murakami. (Ind. Med. Surgery **30.** 35—37. Jan. 1961. Kyoto, Univ., Fac. of Med.; engl.) — In in vivo- u. in vitro-Verss. hatte techn. *Calciumcyanamid* (I) keinen Einfl. auf die *Cytochromoxydase* der Leber, auf SH-Verbb. (*Glutathion,* II) u. A.-Verteilung im Gewebe. I hemmt aber die Acetaldehyddehydrogenase, so daß ein Antabus-Effekt zustande kommt. Eine Reaktivierung des Fermentes gelingt mit Vitamin C u. II, nicht aber mit Vitamin B_1,

Vitamin B_6, Glucuronsäure u. Cystein. In vivo bildet sich aus I Ammoniak ($CaCN_2 + 2 HCl = H_2CN_2 + CaCl_2$; $H_2CN_2 + H_2O = HCNO + NH_3$; $HCNO + H_2O = CO_2 + NH_3$), woraus Harnstoff entsteht, der vermehrt im Harn ausgeschieden wird. Die Synth. von Harnstoff in der Leber wird aber durch I gehemmt, so daß sich NH_3 im Organismus anhäuft. G. Kimmerle. 4675

Behandlung einer schweren Vergiftung durch ein Organophosphorinsekticid (Parathion) mit 76-76 RP (N-Methyl-α-pyridylaldoxim). M. Gaultier, Et. Fournier, P. Gervais und A. Gorceix. (Arch. Maladies profess. Méd. Travail Sécurité soc. **22.** 55—57. Jan./Febr. 1961; franz.) — Ein schweres Vergiftungsbild stellte sich bei einem 17jährigen nach freiwilligem Trinken von 20 ml einer 4%ig. *Parathion*-Lsg. (*Toxaphis*, entspricht 0,8 g Wirkstoff) ein. Die erfolgreiche Behandlung wurde mit Injektionen von Atropin u. *α-Pyridylaldoxim-N-methylsulfat* (*76-76 RP*, mehrmals 100—200 mg) durchgeführt. G. Kimmerle. 4675

Berufliche Pneumopathien bei in einer metallurgischen Ferrochromfabrik beschäftigten Arbeitern. L. Roche, P. Galy, M. Passerat und J. Canicave. (Arch. Maladies profess. Méd. Travail. Sécurité soc. **22.** 63—66. Jan./Febr. 1961. Lyon, Centre de Pathol. toxique et professionelle; franz.) — 4 Fälle von Pneumopathien werden bei Arbeitern einer metallurg. *Ferrochrom*-Fabrik berichtet u. die klin. Symptomatologie besprochen. G. Kimmerle. 4681

Chronische Kohlenmonoxydvergiftung. Peter A. Breysse. (Ind. Med. Surgery **30.** 20—22. Jan. 1961. Seattle, Univ. of Wash., Environmental Res. Labor.; engl.)— G. Kimmerle. 4681

F. Pharmazeutische Chemie. Desinfektion

Mikrobiologisch bedingte Zersetzungen von Arzneimitteln und ihre Verhütung. K. Münzel. (Pharmac. Acta Helvetiae **34.** 453—88. Nov. 1959. Beilage zu: Schweiz. Apotheker-Ztg. Basel, Hoffmann-La Roche & Co. AG, Pharm. Forschungsabt.) — Überblick über physikal. u. chem. Meth. zur Konservierung von Arzneimitteln, die Wechselwrkg. der Konservierungsmittel mit den Arzneimitteln u. ihre Wirksamkeit. — 110 Literaturangaben. E.-H. Goeckel. 4750□

Mitteilung über ein verbessertes Dragierverfahren für Tabletten. S. J. Tucker und A. B. Rednick. (J. Amer. pharmac. Assoc., sci. Edit. **49.** 738. Nov. 1960. Philadelphia, Pa., Smith Kline and French Labor.; engl.) — Statt wasserlösl. Farbstoffe werden beim Dragieren unlösl. Pigmentfarbstoffe benutzt. Das Glätten entfällt, wodurch die Arbeitszeit auf etwa die Hälfte verkürzt wird. Zum Andecken werden nur 2, zum Auftragen 1 u. zum Färben 25 Schichten benötigt. Rezepte für Andeck- u. Farbsirup werden angegeben. E.-H. Goeckel. 4766□

Über die Herstellung und Prüfung von Suppositorien. 3. Mitt. **Herstellung von Suppositorien mit einigen ausgewählten Grundmassen.** S. Erbe. (Arch. Pharmaz. Ber. dtsch. pharmaz. Ges. **293/65.** Nr. 11. Mitt. dtsch. pharmaz. Ges. **30.** 185—90. Nov. 1960. Radebeul, VEB Chem. Werke, Forschungsabt.; dt.) — 2. vgl. Arch. Pharmar. Ber. dtsch. pharmaz. Ges. **293/65.** Nr. 9. Mitt. dtsch. pharmaz. Ges. **30.** 157. 1960. — Kurze Übersicht über die galen. Eigg. wichtiger Suppositoriengrundmassen des Handels mit Rezepturangaben. — 27 Literaturangaben. — E. Lück. 4766□

Vorkommen eines Saponosids in den Kapseln von Blighia unijugata Baker. A. Bienfait. (J. Pharmac. Belgique [N.S.] **16 (43).** 226—28. Mai/Juni 1961. Tervuren, Ministère des Aff. afric., Labor. de Rech. Chim.; franz.) — Aus einem alkohol. Extrakt der Kapseln von *Blighia unijugata* Baker konnte durch Ausfällen mit Ae. ein Pulver mit den Eigg. eines Saponosids erhalten werden. Durch Hydrolyse mit HCl wurde ein in A. kristallisierbares Genin, $C_{16}H_{26}O_2$, F. 316—318°, isoliert u. mittels Chromatographie u. Ionophorese Arabinose u. Rhamnose nachgewiesen. K. Zingraf. 4782□

Über das Vorkommen eines Saponosids in Anemone nemorosa. A. Bienfait. (Bull. Pharmac. Belgique [N.S.] **15 (42).** 167—72. Mai/Juni 1960. Ministère du Congo belge et du Ruanda-Urundi, Labor. de Rech. Chim.; franz.) — Aus alkohol. Extrakten von *Anemone nemorosa* wurde durch Ausfällen mit Ae. ein strohgelbes Pulver mit den Eigg. eines Saponosids erhalten. 48std. Hydrolyse mit 5%ig. HCl bei 80° lieferte ein Genin, $C_{30}H_{38}O_4$, F. 317,5° (krist. aus A.). Mit Chromatographie u. Ionophorese wurden Arabinose, Rhamnose u. Glucose nachgewiesen. K. Zingraf. 4782□

Der Einfluß von Kalium, Stickstoff und Phosphor auf das Wachstum und die Glykosid-Ansammlung in Digitalis lanata. 1. Mitt. **Der Ertrag an Blättern und Gesamtglykosiden.** D. P. N. Tsao, L. M. Gomez und M. G. Chaubal. (J. pharmac. Sci. **50.**

801—02. Sept. 1961. Kongston, R. I., Univ., Coll. of Pharm.; engl.) — *Digitalis lanata*-Pflanzen wurden in Bodenkulturen mit einem Geh. von 20 g KCl, 40 g NH_4NO_3 bzw. 63 g Superphosphat auf 20 sq.ft. gezogen. Gegenüber Kontrollpflanzen zeigten die mit K oder N behandelten keine auffälligen Unterschiede im Ertrag an Blättern u. Glykosiden (I). Dagegen war bei den mit P behandelten Pflanzen sowohl der Ertrag an Blättern als auch die I-Synth. deutlich reduziert. H. ALTHOFF. 4782

Röntgenmutation und Wirkstoffgehalt bei Datura. Züchtungsversuche an Arzneipflanzen. 27. Mitt. E. Steinegger und F. Zbinden. (Pharmac. Acta Helvetiae **36.** 543—47. Okt. 1961. Beil. zu Schweiz. Apotheker-Ztg. Bern, Univ., Pharm. Inst., Pharmakogn. Abt.; dt.) — 26. vgl. Pharmac. Acta Helvetiae **36.** [1961.] 74. — Im Jahre 1958 wurden die Nachkommen der 1954 u. 1955 bestrahlten Samen von *Datura var. godronii* DANERT kultiviert u. auf ihren *Alkaloid* (I)-Geh. untersucht. Nur bei 1,5% der Pflanzen wurden auffallende Geh.-Unterschiede festgestellt, davon bei etwa der Hälfte im Sinne einer starken Verminderung u. bei den übrigen im Sinne einer weniger ausgeprägten Erhöhung; 1959 u. 1960 wurden diese Pflanzen zur Kontrolle nochmals nachgezogen. Eine Vermehrung der I-Produktion pro Pflanze zeigte sich nur in jenen Fällen, die sich gleichzeitig als Autotetraploide erwiesen. Neue I wurden nicht gefunden, wohl aber Verschiebungen im Mengenverhältnis von I; so eine Mutante mit viel *Cuskhygrin*, die sich bereits durch verlängerte Kapselform ausgezeichnet hatte. H. ALTHOFF. 4782

Gummen und Schleime. Lucienne Bézanger-Beauquesne. (Produits pharmac. **16.** 301—07. 346—54. Aug. 1961. Lille, Fac. de Méd. et de Pharmac.; franz.) — Übersicht über Herkunft, Eigg., Struktur u. Anwendung von Pflanzengummen u. -schleimen. — 22 Literaturhinweise. J. LEHMBERG. 4786□

Mitteilung über das Hydrophil-Lipophil-Gleichgewicht von Traganth. Wallace I. Guess. (J. Amer. pharmac. Assoc., sci. Edit. **49.** 736. Nov. 1960. Austin, Univ. of Tex., Coll. of Pharm.; engl.) — Vom Vf. konnten mit Spans keine Öl-in-Wasseremulsionen zur Ermittlung des Hydrophillipophil-Gleichgewichts von Traganth erhalten werden. Es wurde mit Hilfe von Tweens bestimmt (Tabelle). E.-H. GOECKEL. 4786□

Beziehung zwischen pH-Wert und Wirksamkeit von Konservierungsmitteln. 1. Mitt. **Saure Medien.** Durward N. Entrekin. (J. pharmac. Sci. **50.** 743—46. Sept. 1961. Athens, Univ. of Georgia, School of Pharm.; engl.) — Tripticase-Sojabrühe wurde mittels MC ILVANE-Puffer auf pH 2, 3, 4, 5 oder 6 eingestellt u. mit aus einer Bodenprobe stammenden Mikroorganismen beimpft. Den Test-Lsgg. wurden dann die zu prüfenden Konservierungsmittel in verschiedenen Konzz. zugesetzt. Bei pH 2 wurden alle Mikroorganismen auch in Abwesenheit eines Konservierungsmittels abgetötet, so daß bei diesem pH keine Konservierung erforderlich zu sein scheint. *Methylparaben* (I) erweist sich nach längerer Einw. als germicid, der *Propyl* (II)- u. der *Butylester* (III) erweisen sich bei pH 6 als unwirksam. *p-Chlorphenylpropandiol* ist in einer Konz. von 0,5% über den gesamten getesteten pH-Bereich germicid, *Salicylamid* zeigt die beste Wrkg. bei pH $\leqq 5$, *Cetyltrimethylammoniumbromid* wirkt in allen Konzz. über den gesamten getesteten pH-Bereich. *Na-Benzoat* ist bei pH $\leqq 5$ wirksam u. *Hg-Chlorid* erfordert oberhalb pH 4 eine Konz. von 1 : 25000. *Sorbinsäure* zeigt die beste Wrkg. bei pH $\leqq 5$, in 0,2%ig. Konz. wirkt sie auch bei pH 6. *Na-Dehydracetat* konserviert bei einer Konz. von 0,2% u. pH < 5. *Vanillinsäure* besitzt keine germicide Wrkg., ihre Ester sind dagegen wirksam. I mit II kombiniert zeigt nicht die gleiche Wrkg. wie I allein; die Kombination wirkt etwa wie II. *Hexachlorophen* u. *Hexylresorcin* waren in allen getesteten Konzz. u. in den getesteten pH-Bereichen germicid. H. P. FIEDLER. 4786□

Solutio opiopapaverini atropicae pro injectione F. H. ohne lokale Reizung. A. Højlund Carlsen und Vagn J. Pedersen. (Arch. Pharmac. og Chem. **67** (**117**). 35—37. 16/1. 1960. Frederiksberg Hosp., kirurg. afd. A u. apotek.; dän.) — Bei einem Injektions-Präp. mit Papaverin (I) u. Atropin haben sich lokale Reizerscheinungen infolge zu hohen osmot. Druckes gezeigt. Daher wurde ein isoton. Präp. entwickelt, das noch durch Verw. von I als Sulfat statt des weniger lösl. Hydrochlorids verbessert wurde. Das neue Präp. enthält 1 (g) Methylatropinbromid, 10 Tetrapon, 41,35 I-Sulfat, 10 0,1n HCl u. 27 Na_2SO_4 in 1000 ml sterilisiertem W., es ist nach 1 Std. Erhitzen auf 100° isoton. u. hat pH ca. 3. Gegenüber dem Ausgangs-Präp. fehlen Glycerin u. Urethan, die Konz. beträgt nur ca. 50% desselben. R. K. MÜLLER. 4790□

Stabilität von Methocarbamol in wässeriger Lösung. Gianni Linoli und Piero Cantagalli. (Boll. chim. farmac. **98.** 582—93. Okt. 1959. Siena, Ist. Sieroterap. e Vaccinogeno „A. Sclavo"; ital.) — Eine wss. Lsg. *Methocarbamol* mit pH 7 ist bei Raum-Temp. >18 Monate stabil u. kann während dieser Zeit i. v. verabreicht werden. K. ZINGRAF. 4790□

Über die Neutralisation von für parenterale Verabreichung bestimmtem Olivenöl. M.-Th. François und J. Germain. (Ann. pharmac. franç. **18.** 776—78. Nov. 1960. Nancy, Fac. de Pharm., Labor de Mat. méd.; franz.) — Olivenöl, das für die parenterale Verabreichung bestimmt ist, soll nach den Vorschriften der französ. Pharmakopoe 1908 durch Waschen mit A. entsäuert werden. Die Neutralisation der freien Fettsäuren gemäß Pharmakopoe 1909 mittels Na_2CO_3 (I) ist nicht geeignet, da I-Reste bzw. Seifen in dem Öl zurückbleiben können. Die Extraktion der freien Fettsäuren mittels A. wird jetzt zweckmäßig in einer der neueren fl.-fl.-Extraktoren vorgenommen.
H. P. FIEDLER. 4790□

Angenäherte Schergeschwindigkeiten in einigen pharmazeutischen Prozessen. Norman L. Henderson, Paul M. Meer und H. B. Kostenbauder. (J. pharmac. Sci. **50.** 788—91. Sept. 1961. Philadelphia, Pa., Temple Univ., School of Pharm.; engl.) — Bei der Herst., Weiterverarbietung u. Applikation pharmazeut., fl. u. halbfester Zubereitungen, die den nicht-NEWTONschen Fll. zuzuordnen sind, können Scherkräfte auftreten, die für die Beurteilung des rheolog. Verh. von Wert sind. Vff. ermittelten für eine Reihe von pharmazeut. Prozessen die approximativen Scher-Geschw. u. weisen auf ihre Bedeutung u. die Notwendigkeit ihrer Berücksichtigung hin. H. P. FIEDLER. 4790□

Ein Überblick über das Vorkommen und Testen von Pyrogenen und die Herstellung von pyrogenfreien Lösungen. A. R. M. Bewick. (Lab. Pract. **9.** 153—56. März 1960. Abbott Labor. Ltd., Biolog. Dep.; engl.) — Bei der Herst. pyrogenfreier Lsgg. ist auf eine gute Technik der Wasser-Dest. u. abs. Sauberkeit der verwendeten App. zu achten. Weiter werden Beweise dafür angeführt, daß die Pyrogene an Glas adsorbiert u. beim Autoklavieren frei werden. Einige Maßnahmen bei der Durchführung des Pyrogentestes werden diskutiert u. vor allem auf die Bedeutung der Injektions-Geschw. hingewiesen. H. STRUCK. 4790□

Neue Arzneimittel. Anonym. (Dtsch. Apotheker-Ztg. **97.** Nr. 19. Beilage: Neue Arzneimittel u. Spezialitäten **4.** Nr. 5. 21—24. Mai 1957; dt.) — *Acelat Gel* (FRANKFURTER ARZNEIMITTELFABRIK, BRD): Gel mit Xanthen-9-carbonsäure-β-diisopropylaminoäthylestermethobromid, Kamillenextrakt. Gegen Gastritiden. — *Afluon* (ASTA, BRD): Tabletten mit 0,41 (mg) Mg-Fluorid (= 0,25 F). Kariesprophylaxe. — *B-Crinol* (CRESYN-GESELLSCHAFT, BRD): Lsg. von Vitaminen des B-Komplexes, Nicotinamid, Ca-Pantothenat, Euresol. Gegen Hypovitaminosen. — *Cathejell* (MONTAVIT, Österreich): Gel mit 1% Dimethylaminobenzhydryläther. Gleitmittel. — *Ceachin* (DR. WOLFF, BRD): Dragees mit 50 (mg) Chinin, 60 Salicylamid, 60 Phenacetin, 25 Ascorbinsäure. Gegen Erkältungskrankheiten. — *Cordisanol* (DR. SCHWARZ, BRD): Dragees mit 50 (mg) Herb. Spartii scopar., 50 Fruct. Crateagi, 50 Rad. Valerianae, 10 Bulb. Scillae, 2 Herb. Adonidis, 2 Herb. Convallariae. Cardiotonicum. — *Dorma-etten* (BAYER, BRD): Tabletten mit 100 (mg) Adalin, 2,5 Promethazinmaleinat. Sedativum. — *Duvadilan* (HEYL, Berlin-West): Ampullen u. Tabletten mit 10 mg 1-[p-Hydroxyphenyl]-2-[1-methyl-2-phenoxyäthylamino]-propanol-(1)-hydrochlorid. Angioticum. — *Enpac* (BENCKISER, BRD): lyophil getrocknete, humane Lactobacillis acidophilus-Stämme in Milchpulver. Gegen Antibiotica-Nebenerscheinungen. — *Euplacentan* (DR. MADAUS, BRD): Salbe mit Wirkstoffen frischer Humanplacenten. Dermaticum. — *Hormocillin* (DR. RAMMLER, BRD): Trockenampullen mit 300000 I. E. Procain-Penicillin, 100000 I. E. Penicillin G-Natrium. Antibioticum. — *Hypo-Phyton* (CAESAR & LORETZ, BRD): Dragees mit Equisetum arvense, Olea europaea, Rauwolfia serpentina, Viscum album. Antihypertonicum. — *Liquidoplast* (DR. HAMMER, BRD): Lsg. von Polyvinyl-Derivv. in Aceton-Äthylacetat-Gemischen. Fl. Verbandmittel. — *Lyangin* (CAESAR & LORETZ, BRD): Dragees mit Rad. Echinaceae angustifoliae, Herb. Equiseti, Hepatropendrogen. Antiphlogisticum. — *Matuben* (CASELLA, BRD): Ampullen mit 1% Isaminblau u. Ampullen mit 2,5% 2-Amino-4-methyl-6-β-naphthylaminopyrimidinformaldehydbisulfit. Cytistaticum. — *M-Creme* (MEDELAB, BRD): Salbe mit N-p-Methoxybenzyl-N-dimethylaminoäthylaminopyridin, p-aminobenzoesaurem Na, Linolensäure. Antiallergicum. — *Moskol* (BYK-GULDEN, BRD): Tabletten mit 10 (mg) Ephedrinhydrochlorid, 10 Papaverinhydrochlorid, 50 1.3-Dimethylxanthin, 10 Extr. Belladonnae, 75 Amidopyrin, 35 Na-Naphthylacetat-1.3.7-trimethylxanthin, Antasthmaticum. — *Perspiran* (GÖDECKE, Berlin-West): Tabletten mit 25 (mg) Ephedrinhydrochlorid, 125 Theophyllin, 7,5 Phenobarbital; Suppositorien mit 250 Theophyllin, 50 Ephedrinhydrochlorid, 15 Phenobarbital. Antasthmaticum. — *Physival* (FRESE, BRD): Salbe mit Extr. Crataegi Extr. Valerianae, Extr. Adonidis, Mentholvalerianat, Campher, Ol. Rosmarini. Angioticum. — *Rauwopur* (GIULINI, BRD): Ampullen mit 0,1 (mg) Reserpin, 0,25 Rescinnamin, 0,06 Raupin, 0,14 Ajmalin, 0,6 Yohimbasäuremethylester. Antihypertonicum. — *Scherisolon compositum* (SCHERING, Berlin-West): Salbe mit Prednisolon u. Hexachlorophen. Dermaticum. — *Sedohermal* (HERMAL-Chemie, BRD): Lsg. von Follikelhormon,

Dimercaptopropanol, organ. Schwefel, Resorcin in Isopropanol. Gegen Akne. — *Senapsyl* (Mack, BRD): 10 (mg) Heparin, 20 Lipocaic-Faktor. Antiscleroticum.
K. Gerecke. 4800□

Eine vergleichende in vitro Auswertung eines neuen Wismutsalzes Wismutaluminat. Peter R. Bateson. (J. Pharmacy Pharmacol. **10.** 123—31. Febr. 1958. London, Mining & Chem. Prod. Ltd., Res. Dep.; engl.) — Bei der Behandlung von Magengeschwüren werden allg. Antacida zur Neutralisierung der Säure u. Inaktivierung des Pepsins angewandt. Das neue Wismutsalz *Wismutaluminat* wird mit Al-Glycinat, Al-Hydroxydgel B.P.C., Mg-Trisilicat, Bi-Carbonat, Bi-Subnitrat, Mg-Carbonat, MgO, $NaHCO_3$ u. Al-Hydroxyd-Puder verglichen u. als am besten geeignet erkannt.
D. Onken. 4805□

Spontane Zersetzung und Aufbewahrung von Wismutcamphercarbonat. E. Maggiorelli. (Boll. chim. farmac. **99.** 212—14. April 1960. Firenze, Ist. Chim. Farmaceut. Mil., Rep. Anal.; ital.) — Bi-Camphercarbonat (I) läßt sich bei 4° gut aufbewahren; bei 20—24° verliert es in 2 Monaten ca. 8% an Gewicht, ist aber in organ. Lsgm. immer noch gut lösl.; bei 35° oder mehr zersetzt es sich rasch. I muß daher immer in Mengen, die zum baldigen Verbrauch bestimmt sind, hergestellt u. bei niedriger Temp. aufbewahrt werden.
K. Zingraf. 4806□

Die Ascorbinsäure. Lucienne Bézanger-Beauquesne. (Produits pharmac. **14.** 625—33. Dez. 1959. Lille, Fac. de Méd. et de Pharm.; franz.) — Übersicht über Geschichte, Struktur u. Eigg., Nachw. u. Best. der *Ascorbinsäure* (I). Ausführlich wird ferner die Bedeutung der I im Pflanzenreich u. für den Menschen diskutiert. — 64 Literaturangaben.
H. P. Fiedler. 4808□

Über die Darstellung von 1-Jod-6-hexanol. Antonietta Scaglia. (Boll. chim. farmac. **98.** 464. Aug. 1959. Milano, Ist. di Ric. Terap. Alexander Fleming; ital.) — Das zur Diagnose von hyperplast. Prozessen benötigte 1-Jodhexanol-(6), $Kp._2$ 88—90° (gelblichrötliches Öl, lösl. in Ae. u. A., unlösl. in W.) wurde aus Hexandiol-(1.6) u. KJ in phosphorsaurem Medium dargestellt.
K. Zingraf. 4824□

Eine kürzere Sterilisationsperiode für im Autoklaven erhitzte Lösungen. G. R. Wilkinson, F. G. Peacock und E. L. Robins. (J. Pharmacy Pharmacol., Suppl. **12.** 197 T—202 T. Dez. 1960. Ware, Allen & Hanburys Lim., Res. Div.; engl.) — Die schnellere Kühlung der sterilisierten Flaschen wird durch Verdüsen von kaltem W. erreicht. Art der Anbringung der Düsen (Abb.), die Tröpfchengröße (50—100 μ) u. die Daten für einen Autoklaven, der 200 1-Literflaschen faßt, werden angegeben.
E.-H. Goeckel. 2843□

Untersuchung der Zersetzung von Dextroselösungen während der Sterilisation. W. T. Wing. (J. Pharmacy Pharmacol., Suppl. **12.** 191 T—196 T. Dez. 1960. Newcastle Gen. Hosp., Pharm. Dep.; engl.) — Die Vertiefung der stabilen, blauen Farbe, die bei der Rk. von sterilisierten Dextrose-Lsgg. mit Folin-Ciocalteu-Reagens entsteht, wird als Maß des Zers.-Grades der Lsgg. benutzt, da nur die Zers.-Prodd. wie Gluconsäure u. 5-Hydroxymethylfurfurol u. eine andere unbekannte, aber eine kräftige Färbung liefernde Verb. reagieren. Die Zers. nimmt mit der Erhöhung der Dextrose-Konz., der Temp. u. mit der Verlängerung der Sterilisationszeit zu. Der pH-Wert, der während der Sterilisation fällt, hat einen großen Einfluß. Bei pH 3 ist ein Minimum an Zers. festzustellen, ebenso ist der Zusatz von Puffern u. z. B. 0,01%ig. HCl günstig. Die Anwesenheit von Begleitsubstanzen beeinflußt die Zers. ebenfalls. Prüfung auf Zers.: Nach Mischung von 4 ml Dextrose-Lsg. mit 0,6 ml Folin-Ciocalteu-Reagens u. 1 ml 25%ig. Na_2CO_3-Lsg. wird auf dem Wasserbad 15 Min. bei 37° erhitzt u. gegen einen auf gleiche Weise behandelten Blindwert im Spekker-Absorptiometer mit Filter N. 608 gemessen.
E.-H. Goeckel. 4832□

Ein einfaches Rheometer zur Bestimmung der Viscoelastizität von Strukturflüssigkeiten. Duncan E. McVean und Albert M. Mattocks. (J. pharmac. Sci. **50.** 785—88. Sept. 1961. Ann Arbor, Univ. of Michigan, Coll. of Pharm.; engl.) — Vff. beschreiben ein einfaches Rheometer (Abb.), das nach dem Prinzip der aufsteigenden Kugel arbeitet u. mit einem der üblichen Registriergeräte verbunden werden kann, vornehmlich zur Unters. von Struktur-Fll. bestimmt u. bes. zum Studium der Sedimentation von Suspensionen geeignet ist.
H. P. Fiedler. 4880□

Analytische Anwendungen der Beugung der Röntgenstrahlen. 5. Mitt. **Beugungsspektren einiger vom Diphenylmethan abgeleiteter Antihistaminica, Spasmolytica und Tranquillizer.** J.-C. Colleter, M. Gadret und J. Roy. (Bull. Soc. Pharmacie Bordeaux **100.** 87—92. 1961; franz.) — 4. vgl. Bull. Soc. Pharmacie Bordeaux **99.** [1960.] 141—44.
K. Zingraf. 4880□

Einige Bemerkungen über die Bestimmungsmethode des Dänischen Arzneibuchs für Natriumcitratlösung für Bluttransfusion. F. Fischer Jensen. (Arch.

Pharmac. og Chem. **67(117).** 29—34. 16/1. 1960. København, Righosp. apotek; dän.) — Bei der Best. von *Na-Citrat* (I) in Injektions-Lsgg. durch Eindampfen zur Trockne auf dem Wasserbad u. Trocknen bei 105° bis zur Gewichtskonstanz werden richtige Werte (berechnet auf I-Dihydrat) nur erhalten, wenn wirklich zur Trockne verdampft wird (nach beginnender Kristallisation ca. 1 Std.); andernfalls werden um ca. 10% zu niedrige Werte gefunden, weil kein Dihydrat, sondern I mit niedrigerem Geh. an Kristallwasser entsteht. Die Prüfung erfolgt mittels Flammenphotometrie, Kryoskopie, Ionenaustausch u. Titration nach KARL FISCHER. R. K. MÜLLER. 4880□

Über eine charakteristische Reaktion der Mandel- und Nußöle. M.-Th. Francois, S. Heinrich und Milena Mihajlov. (Ann. pharmac. franç. **18.** 773—75. Nov. 1960. Nancy, Fac. de Pharm., Labor. de Mat. méd.; franz.) — Die französ. Pharmakopoe unterscheidet Mandel (I)- u. Nußöl (II) durch ihre Kennzahlen. In I kann jedoch während der Lagerung der Geh. an freien Fettsäuren leicht über 0,5% ansteigen u. I deshalb die für II typ. Kennzahlen annehmen. Vff. schlagen vor, I u. II durch die bekannte BIEBER-Rk. zu unterscheiden. 5 ml eines auf Zimmer-Temp. abgekühlten, aus gleichen Teilen H_2SO_4, HNO_3 u. W. bestehenden Gemisches werden mit 1 ml des zu prüfenden Öles kräftig geschüttelt. Nach dem Trennen der Emulsion wird die Färbung der beiden Schichten kontrolliert. Die offizinellen I u. II u. die durch A.-Extraktion gewonnen Aprikosen- u. Olivenkernöle liefern eine ungefärbte Säureschicht u. unterscheiden sich durch die Färbung der Ölschicht, die bei frischem I ungefärbt bleibt. Wurden die Öle mit Bzn. (Kp. 58—68°) extrahiert, liefern nur aus frischen Kernen von Aprikosen, Mirabellen oder Oliven gewonnene Öle eine ungefärbte Säureschicht, aus älteren Kernen erhaltene Öle ergeben eine mehr oder weniger stark gelb gefärbte Säureschicht. Die Ölschicht wird nur bei den Olivenkernölen gelblich gefärbt, alle übrigen Öle liefern Schichten, die rötlich, chamois oder kastanienbraun gefärbt sind. Werden offizinelle I mit durch Pressung gewonnenen Olivenkernölen verglichen, kann festgestellt werden, daß sich die Ölschicht der I schneller verfärbt als die der Olivenkernöle.

H. P. FIEDLER. 4880□

Antioxydantien. Die Mikrobestimmung von Hydrochinon. Mohamed Z. Barakat, Saad K. Shehab und Abdel Maksoud Abdalla. (J. Amer. pharmac. Assoc., sci. Edit. **49.** 360—62. Juni 1960. Giza, Cairo, Egypt, Cairo Univ., Fac. of Vet. Med.; engl.) — *Hydrochinon* (I) wird durch 0,1%ig. wss. N-Bromsuccinimid (II)-Lsg. rasch u. quant. zu Benzochinon oxydiert, wobei freigesetzte HBr durch $NaHCO_3$ gebunden wird. Die Endpunktserkennung der Titration erfolgt mit KJ, aus dem durch überschüssiges II J freigesetzt wird (Stärke-Lsg. als Indicator). Nach dieser Meth. läßt sich I in Fetten (Butter, Schmalz, Lebertran), in äther. Lsgg. von Anaesthetica sowie in photograph. Entwicklern bestimmen. Bei letzteren muß störendes SO_3^{2-} durch Ba^{2+} gefällt u. abfiltriert werden. Der Fehler der Best. bleibt bei 0,5—2 mg I unter 2%.

WINFRIED KRÜGER. 4880□

Elektrophoretische Trennungen von Sulfonamid-Reihen. R. Ruggieri. (Boll. chim farmac. **98.** 465—70. Aug. 1959. Firenze, Ist. Chim. Farm. Mil.; ital.) — Die papierelektrophoret. Trennung von Sulfonamiden gelingt am besten, wenn die Puffer so gewählt werden, daß man in schwach alkal. Bereich arbeiten kann. K. ZINGRAF. 4880□

Spezialanalysen einiger Sulfonamide verlängerter Wirkung. G. Bellomonte, A. Calò und C. Cardini. (Pharmac. Acta Helvetiae **35.** 141—47. April/Mai 1960. Beilage zu: Schweiz. Apotheker-Ztg. Rom, Ist. Sup. di Sanità; franz.) — Spektrophotometr., papierchromatograph. u. ionophoret. Unterss.: *3-Sulfanilamido-6-methoxypyridazin*, *3-Sulfanilamido-6-chlorpyrazidin*, *3-Sulfanilamido-2-phenylpyrazolon*, *2.4-Dimethoxy-6-sulfanilamido-1.3-diazin* werden beschrieben. H. JACOBI. 4880□

Neue colometrische Bestimmung des Theophyllins und Coffeins. R. Bontemps. (Pharmac. Acta Helvetiae **35.** 128—40. April/Mai 1960. Beilage zu: Schweiz. Apotheker-Ztg. Bruxelles, Labor. de Chim. du Serv. de Contrôle des Méd.; franz.) — Vf. untersucht eine neue colorimetr. Best. des *Theophyllins* mit Dichlorchinonchlorimid in borsaurem Medium in Ggw. von Isopropylalkohol (I) bei verschiedenen Rk.-Bedingungen (Temp., Konz. des Reagens u. des I), sowie eine colorimetr. Best. des *Coffeins* durch Oxydation mit Na-Hypochlorid in Ggw. von Pyridin, Eliminierung des Überschusses des Oxydationsmittels durch Na-Hyposulfit u. Alkalisieren der Lsg. unter Variierung der Mengen des Oxydations- u. Red.-Mittels, Dauer der Oxydation u. Temperatur.

H. JACOBI. 4880□

Beitrag zur Analytik von arzneilich verwendeten Phenothiazin-Derivaten. 1. Mitt. F. Eiden und H.-D. Stachel. (Dtsch. Apotheker-Ztg. **100.** 1369—71. 24/11. 1960. Marburg/Lahn, Univ., Pharmazeut.-chem. Inst.; dt.) — Vff. maßen die UV-Spektren einiger als Arzneimittel verwendeter Phenothiazin-Derivv. (I) zwischen 200 u. 350 mμ

in abs. oder 90%ig. Methanol. Während die Substituenten am Thiazin-N keinen Einfl. auf die Bandenlage haben, bewirken Substituenten in 3-Stellung (Cl, OCH_3, SCH_3, CH_3, $COCH_3$, COOR, $CONH_2$) einen bathochromen Effekt, wie er von aromat. Verbb. her bekannt ist. Diese spektralen Verschiebungen sind groß genug, um zumindest orientierend festzustellen, welches I vorliegt, zumal die Spektren der Salze u. Basen ident. sind. WINFRIED KRÜGER. 4880□

Beitrag zur Analytik von arzneilich verwendeten Phenothiazin-Derivaten. 2. Mitt. H.-D. Stachel und F. Eiden. (Pharmaz. Ztg. verein. Apotheker-Ztg. **105.** 1330—33. 10/11. 1960; dt.) — 1. vgl. vorst. Referat. — Phenothiazin (I)-basen oder -salze (Atosil-, Dibutil-, Latibon- u. Megaphenhydrochlorid) lassen sich in Form von Reinsubstanzen oder Zubereitungen (Tabletten, Dragees, Suppositorien) mit 0,1n $HClO_4$ in Eisessig unter Verw. von Acetanhydrid (II) oder Gemischen aus II mit Methylenchlorid oder Chlf. als Lsgm. titrieren. Als Indicator wird eine 0,5%ig. Lsg. von Kristallviolett in II verwendet. Die wiedergefundenen Mengen der I-Derivv. schwanken zwischen 95,3 u. 100,3%. WINFRIED KRÜGER. 4880□

Densitometrische Bestimmung von Aesculosid und Fraxosid nach Papierelektrophorese. G. Faugeras und R. Paris. (Ann. pharmac. franç. **18.** 698—704. Okt. 1960. Paris, Univ., Fac. de Pharm., Labor. de Mat. méd.; franz.) — Die Best. von *Aesculosid* u. *Fraxosid* erfolgt nach elektrophoret. Abtrennung verwandter Substanzen in 5%ig. $Na_2B_4O_7$-Lsg. (pH 9,4) densitometr. in Ultraviolettlicht. K. ZINGRAF. 4880□

Die Dissoziationskonstanten der Alkaloide. Bestimmungsmethoden und Bedeutung. F. Moll. (Dtsch. Apotheker-Ztg. **101.** 1035—39. 24/8. 1961. Braunschweig, TH, Inst. für Pharm. Chem. u. Lebensmittelchem.; dt.) — Aussagen über die Basenstärke einzelner Alkaloide lassen sich durch Messung der Konst. der bas. Dissoziation machen. Die Alkaloide sind als organ. Substitutions-Prodd. des NH_3 Anhydrobasen. An allg. Best.-Meth. zur Ermittlung der Dissoziations-Konst. werden vom Verf. die Leitfähigkeitsmessung, die Best. aus der Löslichkeit von Salzen, photometr. Meth. u. die elektrometr. Titration angegeben. An Best.-Meth. für wasserunlösl. Basen wird die Meth. der Titration des wasserlösl. Salzes der unlösl. Säure mit Lauge näher beschrieben u. auf die Umgehung möglicher Fehler hingewiesen. D. ONKEN. 4880□

Fluorescimetrische Bestimmung von Chinin in Arzneimitteln. P.-H. Balatre und Cl. Lefêvre. (Ann. pharmac. franç. **18.** 481—85. Juli/Aug. 1690. Lille, Univ., Fac. de Méd., Labor. de Pharm. galén.; franz.) — Zu Chinin (I)-haltigen Präpp. wird A.-Aceton (1 : 1) in solchen Mengen zugesetzt, daß I (3—5 μg) in Verdünnung von ca. 1 : 500000 vorliegt, u. nach Zusatz von 6 Tropfen 20%ig. H_2SO_4 wird die Fluorescenz gemessen. K. ZINGRAF. 4880□

Zur Reserpin-Bestimmung. Ernest Kahane und Marcelle Kahane. (Ann. pharmac. franç. **16.** 726—37. Dez. 1958. Montpellier, Fac. des Sci.; franz.) — *Reserpin* (I) kann quant. mit der Mikro-ZEISEL-Meth. bestimmt werden; auch die colorimetr. I-Best. liefert brauchbare Werte, ist aber bei gefärbten Zubereitungen ungeeignet. Die UV-Spektrophotometrie der I-Chlf.-Lsgg. im Bereich von 250—320 mμ erlaubt eine genaue I-Bestimmung. Chlf.-I-Lsgg. enthalten nach längerem Stehenlassen I-Abbau-Prodd., die nicht durch Hydrolyse, sondern durch UV-Licht-Einw. verursacht werden. Diese Abbau-Prodd. können durch Chromatographie über Hyflosupercel (Cellulosepulver) abgetrennt werden. Eine 2 Monate im Dunkeln aufbewahrte I-Lsg. enthielt noch 95% I, eine Probe, welche 1 Std. lang WOODschem Licht ausgesetzt war, nur noch 65% I. Wird bei der spektrophotometr. I-Best. statt Chlf. Dioxan, Methanol oder Essigsäure als Lsgm. verwendet, so werden unterschiedliche Absorptionskurven erhalten. Methanol scheint das beste Lsgm. für die I-Best. zu sein. H. P. FIEDLER. 4880□

Anwendung der Gegenstromverteilung zur Trennung und Bestimmung der Alkaloide von Hydrastis canadensis. Guiseppe Biglino. (Boll. chim. farmac. **99.** 195—200. April 1960. Torino, Univ., Ist. di Chim. Farmaceut. e Tossicol.; ital.) — Durch Gegenstromverteilung mit tert. Amylalkohol + Boratpuffer pH 8 oder mit tert. Butanol + Phosphatpuffer pH 7 ist es möglich, *Hydrastin* (I), *Canadin* (II) u. *Berberin* (III) in künstlichen Gemischen u. in Extrakten oder Tinkturen von *Hydrastis canadensis* zu trennen. Zur Best. der Alkaloide werden die Tinkturen u. Extrakte zur Beseitigung gefärbter Fremdsubstanzen auf eine Al_2O_3-Säule aufgebracht u. mit 85%ig. A. ausgewaschen. Im Eluat wird III sofort, I u. II nach Eindampfen, Extraktion mit Ae. u. Trennung mit Bzl./A. spektrophotometr. bestimmt. K. ZINGRAF. 4880□

Die Bestimmung der wichtigsten Nebenalkaloide im Opium. J. Büchi und R. Huber. (Pharmac. Acta Helvetiae **36.** 571—86. Okt. 1961. Beilage zu: Schweiz. Apotheker-Ztg. Zürich, ETH, Pharm. Inst.; dt.) — Die Möglichkeiten zur Trennung u. Best. der wichtigsten *Opium* (I)-*Alkaloide* werden aufgezeigt u. die bisherigen Meth.

zusammengestellt u. z. T. überprüft. Eine neue Meth. zur Best. von *Codein* (**II**), *Thebain* (**III**), *Papaverin* (**IV**) u. *Narcotin* (**V**) in **I** wurde ausgearbeitet. **I** wird mit 0,1n HCl über eine Al_2O_3-Säule („WOELM sauer") eluiert. Das Filtrat wird mit NaOH alkalisiert u. mit Ae. im App. nach KUTSCHER-STEUDEL extrahiert. An einer Kieselgursäule (Hyflo-Super-Cel) mit McILVAIN-Puffer pH 4,8 als stationärer u. Ae.-Bzl. (3 : 1) als mobiler Phase wird der Extrakt chromatographiert. Die 1. Fraktion enthält **IV** u. **V**, die 2. **III** u. die 3. **II**. Nach Aufspaltung des Lactonringes von **V** mit NaOH kann **IV** durch Ausschütteln mit Ae. von **V** abgetrennt u. nach Neutralisieren der wss. Lsg. mit HCl u. Erwärmen im Wasserbad **V** in der ammoniakal. gemachten Lsg. mit Ae. ausgeschüttelt werden. Die getrennten Alkaloide werden als Reineckate gefällt u. gravimetr. u. titrimetr. bestimmt. — 38 Literaturangaben. H. ALTHOFF. 4880□

Beitrag zur Identifizierung der Provenienz des Opiums durch Spektrophotometrie im sichtbaren und UV-Licht. Vladimir Kusevic. (Ann. pharmac. franç. **18.** 706—10. Okt. 1960. Zagreb, Yougoslavie, Inst. de Contr. des Méd.; franz.) — Mittels direkter Spektrophotometrie (in HCl-Na-Acetat, pH 3,9, oder in 1n H_2SO_4) im sichtbaren u. UV-Licht konnte die Provenienz von 60 Opiumproben fehlerfrei ermittelt werden. K. ZINGRAF. 4880□

Über die Prüfung von DL-Menthol auf Verunreinigungen durch DL-Isomenthol. 3. Mitteilung zum Artikel Menthol in einem neuen Deutschen Arzneibuch. H. Böhme, K. van Emster und M. Warmbier. (Arch. Pharmaz. Ber. dtsch. pharmaz. Ges. **293/65.** 711—19. Juli 1960. Marburg/Lahn, Univ., Pharmaz. Inst.; dt.) — 2. vgl. Arch. Pharmaz. Ber. dtsch. pharmaz. Ges. **293/65.** [1960.] 238. — Vff. beschreiben eine Prüfungs-Meth. zur Best. von DL-Isomenthol (**I**) in DL-Menthol (**II**). Die Meth. beruht darauf, daß das zu untersuchende **II** mit α-Naphthylisocyanat behandelt wird, dann auf 45—50° erwärmt, abgekühlt u. weiterhin auf 100—110° im Ölbad erhitzt wird. Nach dem Erkalten wird das Rk.-Prod. mit n-Hexan (**III**) behandelt unter Bldg. von Naphthylurethan. Letzteres wird im Mörser mit **III** zerrieben u. im sd. Wasserbad unter Rückfluß erhitzt. Aus dem gebildeten Rückstand läßt sich an Hand der Eichkurve der **I**-Geh. bestimmen. Genaue Angaben über die Meth. werden mitgeteilt. Von untersuchten **II**-Handels-Präpp. waren 4 Präpp. mit **I** verunreinigt. J. SEIDEMANN. 4880□

Trennung und Bestimmung der Vitamine B_{12} und B_1 und der Adenosin-5-monophosphorsäure in Gemischen zur subcutanen Anwendung. C. S. Tauro und G. F. di Paco. (Boll. chim. farmac. **98.** 460—63. Aug. 1959. Pisa, Labor. Ric. Guidotti & Co.; ital.) — In Gemischen von Vitamin B_{12} (**I**), Vitamin B_1 u. Adenosin-5-monophosphorsäure (**II**) wird **I** an Aktivkohle u. **II** an Anionenaustauscher (Amberlit IR 410) adsorbiert; dann erfolgt spektrophotometr. Bestimmung der getrennten Komponenten. K. ZINGRAF. 4880□

Über eine weitere Farbreaktion zur Identifizierung von Ascorbinsäure. L.-E. Adolf. (Arch. Pharmaz. **294/66.** Nr. 3. Mitt. dtsch. pharmaz. Ges. **31.** 193. März 1961. Laupheim, Fa. Dr. Rentschler & Co., Wiss. Labor.; dt.) — Mit Ninhydrin-Reagens (0,2%ig in 95% Butanol u. 5% 2n-Essigsäure) besprüht, gibt Ascorbinsäure auf SCHLEICHER-SCHÜLL-Papier 2040b eine blauviolette Färbung, die je nach Konz. bei Zimmer-Temp. nach bis zu 24 Std., im Trockenschrank bei 105° in 5—20 Min. auftritt. Nachw.-Grenze 0,0001 mg Ascorbinsäure (blaßblau, aber deutlich erkennbar). Der für Dünnschichtchromatographie verwendete Kieselgelbelag auf dem Filtrierpapier stört den Nachweis. W. RITTLER. 4880□

Shionogi Seiyaku Kabushiki Kaisha, Osaka, Japan, **Herstellung von feinkörnigen Medikamenten.** Man mischt die Medikamente mit wachsartigen oder festen, fettartigen Stoffen mit F. ≦100°, schmilzt, gießt die Schmelze unter Rühren in Suspensionsmittel enthaltendes W. u. kühlt die Suspension ab. — Man mischt 40 g Sulfisoxazol u. 40 g Bienenwachs u. bei 80° dazu 500 cm^3 wss. 2%ig. Polyvinylalkohol-Lsg., kühlt die Suspension unter weiterem Rühren ab u. erhält Körnchen mit einer Größe von 100 μ, die, mit Sirup gemischt, keinen bitteren Geschmack zeigen. (**Jap. A. S. 1 849/1960** vom 9/9. 1957, ausg. 8/3. 1960.) M. PANKOW. 4767

Chicopee Mfg. Corp., Mass., übert. von: Kenneth H. Barnard, Barnstable, Mass., V.St.A., **Geprägte Faservliese für medizinische, sanitäre Zwecke, Taschentücher, Polster, Tischtücher, Vorhänge** oder dgl. werden durch Verhaften des Faservlieses mit einem im Waffelmuster aufgedruckten Bindemittel erhalten, wobei weniger als 35% der Vliesoberfläche von Bindemittel bedeckt sein soll. Für oben genannte Zwecke geeignet sind Vliese aus *Viscosezellwolle* u. bzw. oder *Baumwolle*. Als geeignete Bindemittel sind angegeben: *Viscose*, *Polyvinylacetat* u. *Polyvinylchlorid*. 7 Abb., bes. zur Auftragvorrichtung. (**A. P. 2 958 608** vom 18/4. 1958, ausg. 1/11. 1960.) H. MÖLLERING. 4795

Farbwerke Hoechst Akt.-Ges., vormals Meister Lucius & Brüning, Deutschland, **Herstellung jodierter Phenoxyphenylessigsäuren,** dad. gek., daß man Oxazolone der allg. Formel I durch Erwärmen mit 95%ig. Essigsäure u. konz. HCl in Brenztraubensäure-Derivv. der allg. Formel II überführt, diese in alkal. Lsg. mit H_2O_2 behandelt unter Bldg. von Essigsäure-Derivv. der allg. Formel III, in denen nach Veresterung die Nitrogruppe red. u. die NH_2-Gruppe über das Diazoniumsalz durch J ersetzt wird. (R_1 = H oder CH_3; R_2 u. R_3 = H, J oder CH_3; R_4 = CH_3 oder Phenylrest.) — *4-[4'-Methoxyphenoxy]-3-jod-5-aminophenyl-*

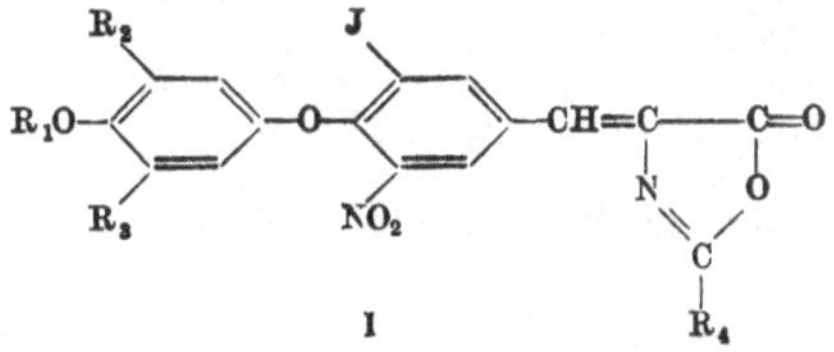

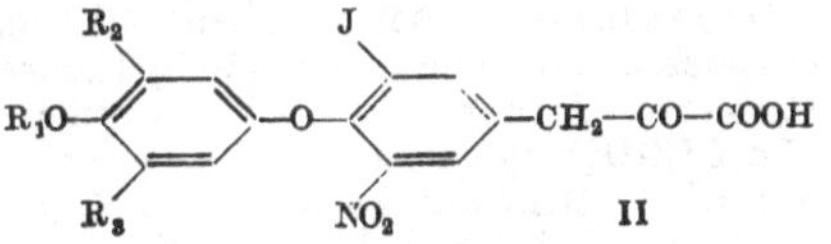

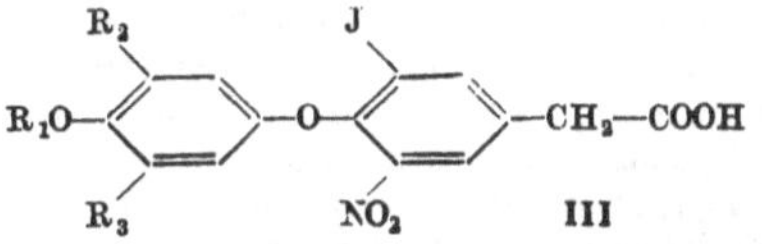

essigsäure u. *-3.5-dijodphenylessigsäure* (**IV**), F. 164°, aus 2''-Phenyl-4''-[3-jod-5-nitro-4-(4'-methoxyphenoxy)-benzyliden]-oxazolon-(5'') über 4-[4'-Methoxyphenoxy]-3-jod-5-nitrophenylsäure (F. 198—200°) u. 4-[4'-Methoxyphenoxy]-3-jod-5-nitrophenylessigsäure (F. 159°); daraus (mit HJ) *4-[4'-Hydroxyphenoxy]-3-jod-5-aminophenylessigsäure-Na-Salz*·5 H_2O, F. 77—80°, u. *-3.5-dijodphenylessigsäure*, F. 219°; *Methylester*, F. 192°. **IV** auch aus 4-[4'-Methoxyphenoxy]-3.5-dijod-α-benzoylaminozimtsäuremethylester über -3.5-dijodphenylbrenztraubensäure, F. 205°. — *4-[4'-Methoxy-3'-methylphenoxy]-3.5-dijodphenylessigsäure*, F. 169°, aus 4-[4'-Methoxy-3'-methylphenoxy]-3-jod-5-nitrobenzaldehyd über 2''-Methyl-4''-[4-(4'-methoxy-3'-methylphenoxy)-3-jod-5-nitrobenzyliden]-oxazolon-(5'') (F. 191°). — 4-[4'-Methoxy-3'-methylphenoxy]-3-jod-5-nitrophenylbrenztraubensäure, F. 205—206° (Zers.), -3-jod-5-nitrophenylessigsäure, F. 155°, u. -3-jod-5-aminophenylessigsäure, F. 158°. — *4-[4'-Hydroxy-3'.5'-dimethylphenoxy]-3.5-dijodphenylessigsäure*, F. 208°, aus 4-[4'-Methoxy-3'.5'-dimethylphenoxy]-3-jod-5-nitrobenzaldehyd über 2''-Methyl-4''-[4-(4'-methoxy-3'.5'-dimethylphenoxy)-3-jod-5-nitrobenzyliden]-oxazolon-(5'') (F. 273°), 4-[4'-Methoxy-3'.5'-dimethylphenoxy]-3-jod-5-nitrophenylbrenztraubensäure (F. 198—200° [Zers.]). -3-jod-5-nitrophenylessigsäure (F. 198°), -3-jod-5-aminophenylessigsäure (F. 161°) u. -3.5-dijodphenylessigsäure (F. 203—204°). — *Heilmittel.* (**F. P. 1 227 221** vom 21/8. 1958, ausg. 19/8. 1960. D. Prior. 21/8. 1957.) S. BÖTTCHER. 4807

J. R. Geigy Akt.-Ges., Basel (Erfinder: Charles J. Morel, Arlesheim), Schweiz, **Schleimsäurederivate.** Man setzt 1 Mol Tetraacetylschleimsäuredichlorid (I) oder -dibromid in Ggw. eines säurebindenden Mittels mit 2 Mol eines Mono- oder Dialkylesters einer aliphat. Amino-mono- oder -dicarbonsäure mit prim. oder sek. NH_2-Gruppe zu den entsprechenden N.N'-Tetraacetylschleimsäure-bis-aminomonocarbonsäuredialkylestern bzw. -amino-dicarbonsäuretetraalkylestern um, die *antiphlogist. Eigg.* haben. — 21 Gewichtsteile **I**, gelöst in 500 Vol. Chlf., werden mit 14 (Gewichtsteilen) Glycinäthylesterhydrochlorid u. danach unter Rühren u. Kühlen mit 22 Triäthylamin, gelöst in 75 Vol. Chlf., bei 0—5° tropfenweise versetzt, das Ganze wird noch 3 Std. lang bei Zimmer-Temp. gerührt, die Chlf.-Lsg. mit verd. HCl, $NaHCO_3$-Lsg. u. W. gewaschen, über Na_2SO_4 getrocknet u. der nach Abtreiben des Lsgm. verbleibende Rückstand aus Methanol umkristallisiert. Man erhält *N.N'-Tetraacetylschleimsäure-bis-glycindiäthylester*, F. 216—218°. Die Schleimsäure-Derivv. der allg. Formel **II** werden analog hergestellt (R angegeben): *L-$H_5C_2OOC \cdot CH_2CH_2CH(COOC_2H_5) \cdot NH$-*, F. 147 bis 148°; *L-$H_5C_2OOC \cdot CH_2CH(COOC_2H_5) \cdot NH$-*, F. 140—141°; *L-$H_5C_2OOC \cdot CH(CH_2CH_2 \cdot SCH_3) \cdot NH$-*, F. 191—192°; *$H_5C_2OOC \cdot CH_2 \cdot N(CH_3)$-*, F. 78—79°; *L-$H_5C_2OOC \cdot CH(CH_3) \cdot NH$-*, F. 192—195°. (**Schwz. P. 342 580** vom 8/5. 1956, ausg. 15/1. 1960.) A. MOHR. 4807

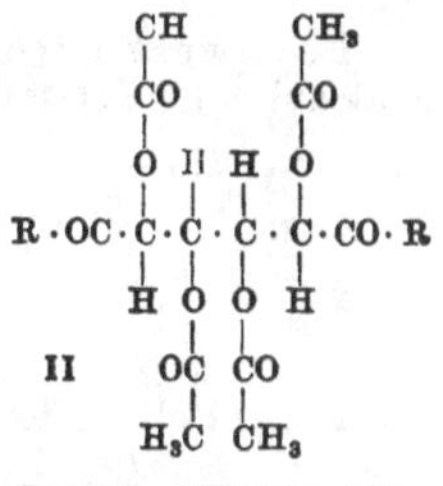

Fulvio Bracco, Italien, **Herstellung von S-Acylpantetheinen,** dad. gek., daß man ein gemischtes Anhydrid von Pantothensäure mit einer Alkancarbonsäure, H_2SO_4 oder einer organ. Phosphorsäure oder Pantothensäureazid in Ggw. von Basen mit den Hydrochloriden von S-Acetyl-, -Butyryl-, -Caproyl-, -Lauroyl-, -Myristoyl-, -Palmitoyl-, -Stearoyl-, α- oder β-Naphthoyl-, -Benzoyl- oder -[p-Brombenzoyl]-mercaptoäthylamin umsetzt. Man behandelt Ca-d-Pantothenat in wss. Lsg. mit Oxalsäure, filtriert,

verd. mit Tri-[n-butyl]-amin, isoliert das Tributylammoniumsalz, löst es in Äthylacetat, setzt mit Chlorameisensäureäthylester um u. behandelt das das gemischte Anhydrid von Pantothensäure mit Äthylkohlensäure enthaltende Gemisch mit S-Benzoylmercaptoäthylaminhydrochlorid; bei Aufarbeiten erhält man S-Benzoylpantethein, F. 117—117,5°, das man auch aus dem gemischten Pantothensäure-Isovaleriansäureanhydrid erhalten kann. — *S-[α-Naphthoyl]-pantethein*, F. 106—108°, *S-[β-Naphthoyl]-*, F. 148,5—149°, *S-[p-Brombenzoyl]-*, F. 114—115°, *S-Myristoyl-*, F. 52—53°, *S-Palmitoyl-*, F. 54,5—55°, *S-Stearoyl-*, F. 58—59°, *S-Caproyl-*, F. 43°, *S-Acetyl-*, *S-Butyryl-* u. *S-Lauroylpantethein*, F. 50°. (**F. P. 1 228 806** vom 4/6. 1956, ausg. 2/9. 1960. Schwz. Prior. 15/6. 1955.)
S. BÖTTCHER. 4807

W. M. S. Merrell Co., V.St.A. (Erfinder: Robert Edward Allen, Frank Patrick Palapoli, Edward Lewis Schumann und Marcus George von Campen jun.), **Herstellung von aminoalkoxysubstituiertem Triphenyläthanolen**, dad. gek., daß man ein entsprechendes Benzophenon mit einem Benzyl-Mg-Halogenid oder ein entsprechendes halogenalkoxysubstituiertes Triphenyläthanol mit einem Li-Dialkylamid oder Alkylamin umsetzt. — 105 g 4-[β-Diäthylaminoäthoxy]-benzophenon (I) werden in 400 cm^3 Ae. unter Rühren während 30 Min. mit 1 Liter 0,45n Lsg. von p-Methoxybenzyl-Mg-Chlorid in Ae. versetzt. Man rührt 1 Std. lang, gießt in 10%ig. NH_4Cl-Lsg. u. erhält nach Aufarbeiten *1-[p-(β-Diäthylaminoäthoxy)-phenyl]-1-phenyl-2-[p-methoxyphenyl]-äthanol*, F. 104—106°. I, Kp.$_{0,7}$ 200—204°, wird aus 4-Hydroxybenzophenon u. β-Diäthylaminoäthylchlorid hergestellt. — *1-[m-(β-Diäthylaminoäthoxy)-phenyl]-1-phenyl-2-[p-methoxyphenyl]-äthanol* (*Citrat*, F. 91—93°), aus 3-[β-Diäthylamino]-äthoxybenzophenon (Kp.$_{0,35}$ 173°). — *1-[p-(β-Diäthylaminoäthoxy)-phenyl]-1-phenyl-2-[p-chlorphenyl]-*, F. 116—117°, *-1-phenyl-2-[p-tolyl]-*, F. 91—92°, *-1-[p-chlorphenyl]-2-[p-anisyl]-*, F. 125°, *-1-[p-tolyl]-2-phenyl-*, F. 106,5—108,5°, *-1-[p-tolyl]-2-[p-methoxyphenyl]-*, F. 99 bis 101°, *-1-[p-tolyl]-2-[p-chlorphenyl]-*, F. 102—104°, *-1-[p-chlorphenyl]-2-phenyl-*, F. 121 bis 122°, u. *-1-[p-chlorphenyl]-2-[p-chlorphenyl]-äthanol*, F. 128—130°, aus p-Chlorbenzyl-, p-Methylbenzyl-Mg-Chlorid u. 4-[β-Diäthylaminoäthoxy]-4′-chlor- (F. 79—80°) bzw. -4′-methylbenzophenon (Kp.$_{0,6}$ 232°), hergestellt aus 4-Hydroxy-4′-chlor- bzw. -4′-methylbenzophenon. — *1-[p-(β-Dimethylaminoäthoxyphenyl]-*, F. 122—123°, *1-[p-(β-Dibutylaminoäthoxyphenyl]-*, F. 63—64°, *1-[p-(β-Piperidinoäthoxyphenyl]-*, F. 123—125°, *1-[p-(β-Dimethylaminoisopropoxy)-phenyl]-*, F. 155—161°, *1-[p-(δ-Diäthylaminobutoxy)-phenyl]-* (*Citrat*, F. 87—89°) u. *1-[p-(β-Methylaminoäthoxy)-phenyl]-1-phenyl-2-[p-methoxyphenyl]-äthanol*, F. 156°, aus 4-[β-Dimethylamino- (Kp.$_{0,3}$ 176—180°), 4-[β-Dibutylamino- (Kp.$_{0,3}$ 209°), 4-[β-Piperidinoäthoxy]-benzophenon (Kp.$_{1,5}$ 225—226°; F. 64—65°), 4-[β-Dimethylaminoisopropoxy]-benzophenon (Kp.$_{1,2}$ 193°), 4-[δ-Chlorbutoxy]-benzophenon (Kp.$_{0,3}$ 204°), 4-[β-Chloräthoxy]-benzophenon (F. 78°), 1-[p-(δ-Chlorbutoxy)- (F. 110—112°) bzw. 1-[p-(β-Chloräthoxy)-phenyl]-1-phenyl-2-[p-methoxyphenyl]-äthanol (F. 103°), die aus β-Dimethyl-, β-Di-[n-butyl]-aminoäthylchlorid, -[β-Chloräthyl]-piperridin, 1-Dimethylamino-2-chlorpropan, 1.4-Dichlorbutan bzw. Chlorbromäthan hergestellt wurden u. Li-Diäthylamid bzw. Methylamin. — Analog *1-[p-(β-Pyrrolidino)-* u. *-(β-Morpholinäthoxy)-phenyl]-1-phenyl-2-[p-methoxyphenyl]-äthanol*, aus -[β-Chloräthyl]-pyrrolidin bzw. -morpholin. — *Pharmazeutica.* (**F. P. 1 224 805** vom 18/7. 1957, ausg. 27/6. 1960. A. Prior. 23/7. 1956.)
S. BÖTTCHER. 4807

Farbwerke Hoechst Akt.-Ges., vormals Meister Lucius & Brüning, Deutschland, **Herstellung von 2-Sulfamidothiadiazolderivaten** der allg. Formel I

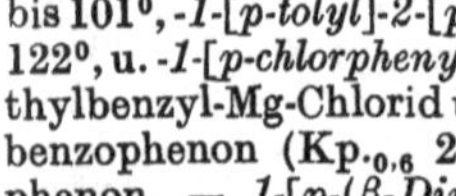

I

(R = substituierter Phenyl-, Phenylalkyl-, Naphthyl- oder Tetrahydronaphthylrest; R_1 = Alkyl-, Cycloalkyl- oder Phenylalkylrest), dad. gek., daß man entsprechende Thiadiazole mit Sulfen- oder Sulfinsäurechloriden umsetzt u. anschließend oxydiert, oder N^1-Acyl-N^3-sulfonylthiosemicarbazide mit wasserabspaltenden Mitteln, Thiosemicarbazone mit Sulfonsäurehalogeniden, Halogenthiadiazole mit Sulfamiden oder entsprechende Thiadiazole mit Sulfonsäurehalogeniden umsetzt. — 42.2 (g) 4-Chlorbenzolsulfonsäurechlorid, 36,6 2-Amino-5-cyclohexyl-1.3.4-thiadiazol u. 200 cm^3 Pyridin werden 45 Min. auf 60° erwärmt; nach dem Abtreiben von Pyridin u. Zusatz von HCl krist. *2-[4′-Chlorbenzolsulfamido]-5-cyclohexyl-1.3.4-thiadiazol*, F. 183—185°. — Weitere 1.3.4-Thiadiazole: *2-[5′.6′.7′.8′-Tetrahydronaphthyl-(2′)-sulfamido]-5-isobutyl-*, F. 171—173°. — *2-[4′-(tert.-Butyl)-benzolsulfamido]-5-isobutyl-*, F. 193—194°. *Ca-Salz*, F. 250—260° (Zers.). — *2-[4′-Methylbenzolsulfamido]-5-isopropyl-*, F. 122—123°, *-5-pentyl-*, F. 129—131°, u. *-5-cyclohexyl-*, F. 203—205°. — *2-[4′-Methoxybenzolsulfamido]-5-isopropyl-*, F. 138—140°, *-5-[β-cyclopentyläthyl]-*, F. 167 bis 169°, u. *-5-isobutyl-*, F. 144—146°. — *2-[4′-Methylbenzolsulfamido]-5-isobutyl-*, F. 170 bis 172°, *-5-[tert.-butyl]-*, F. 144—146°, u. *-5-[β-phenyläthyl]-*, F. 138—140°. — *2-[4′-Iso-*

propylbenzolsulfamido]-5-isopropyl-, F. 181—183°. — *2-[3'.4'-Dimethylbenzolsulfamido]-5-propyl-*, F. 170—171°. — *2-[3'.4'-Dimethoxybenzolsulfamido]-5-propyl-*, F. 137—139°. — *2-[2'-Methyl-6'-chlorbenzolsulfamido]-5-isobutyl-*, F. 155—157°. — *2-[Phenylmethansulfamido]-5-isobutyl-*, F. 205—207°. — *2-[4'-Methylbenzolsulfamido]-5-äthyl-*, F. 165—167°. — Als Ausgangs-Prodd. werden genannt: 2-Amino-5-äthyl-, 2-Amino-5-isobutyl-, -6-isobutyl-, -5-propyl-, -5-[β-phenyläthyl]-, -5-[β-cyclopentyläthyl]-, -5-isopropyl-, -5-pentyl-1.3.4-thiadiazol-, Tetralin-6-sulfonsäure-, 4-[tert.-Butyl]-, 4-Methyl-, 4-Methoxy-, 4-Isopropyl-, 3.4-Dimethyl-, 3.4-Dimethoxy-, 2-Methyl-6-chlorbenzolsulfonsäure-, Phenylmethansulfonsäure- bzw. p-Toluolsulfonsäurechlorid. — *Pharmazeutica*. (**F. P. 1 217 988** vom 22/12. 1958, ausg. 6/5. 1960. D. Prior. 21/12. 1957.) S. BÖTTCHER. 4807

Dr. Karl Thomae G. m. b. H., Deutschland, **Herstellung tertiärer Amine** der allg. Formel I (A u. B mit N = Pyrrolidin- oder Piperidinrest; Y = Alkylrest), dad. gek., daß man entsprechende Nitrile mit Halogenbenzyl-Mg-Halogeniden, Nitrile der allg. Formel II mit Alkyl-Mg-Halogeniden, Amine der allg. Formel III mit 1.4-Dihalogenbutan oder 1.5-Dihalogenpentan oder entsprechende Styrol-Derivv. in Ggw. von Alkalimetall mit Pyrrolidin oder Piperidin umsetzt oder Halogenbenzylalkylketone in Ggw.

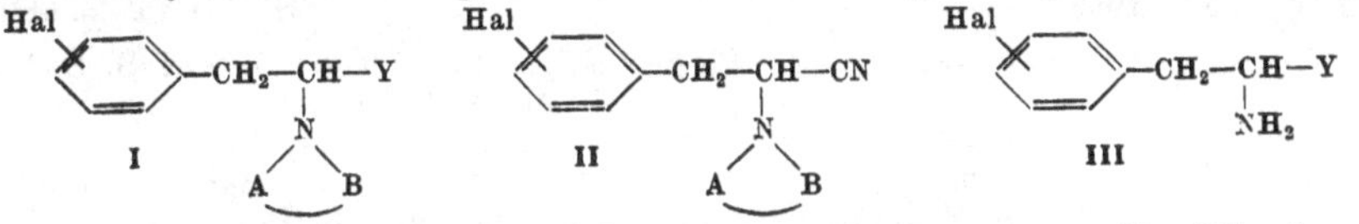

I II III

von katalyt. aktiviertem H mit Pyrrolidin oder Piperidin umsetzt. — *1-[p-Chlorphenyl]-2-piperidinopentan*, $Kp._{0,2}$ 124° (*Hydrochlorid*, F. 178—179°), aus p-Chlorbenzyl-MgCl u. α-Piperidinovaleronitril. — *1-[p-Chlorphenyl]-2-pyrrolidinopentan*, $Kp._{0,5}$ 123° (*Hydrochlorid*, F. 126—128°), *-2-pyrrolidino-4-methylpentan*, $Kp._{0,4}$ 120—125° (*Hydrochlorid*, F. 165—166°), *-2-pyrrolidino-3-methylbutan*, $Kp._{0,4}$ 115—116° (*Hydrochlorid*, F. 195°), *-2-pyrrolidinohexan*, $Kp._{0,5}$ 130° (*Hydrochlorid*, F. 114—116°), *-2-pyrrolidinooctan*, $Kp._{0,4}$ 138°, u. *-2-piperidinopropan*, $Kp._{0,6}$ 125—126° (*Hydrochlorid*, F. 200—201°), aus α-Pyrrolidinovaleronitril, -isocapronitril, -isovaleronitril, -capronitril, -octanonitril bzw. α-Piperidinopropionitril. — *1-[o-Chlorphenyl]-2-piperidinopentan*, $Kp._{0,15}$ 122° (*Hydrochlorid*, F. 168—170°), aus o-Chlorbenzyl-MgCl. — *1-[p-Chlorphenyl]-2-pyrrolidinobutan*, $Kp._{0,6}$ 122° (*Hydrochlorid*, F. 141°), aus [p-Chlorbenzyl]-äthylketon. — *1-[o-Chlorphenyl]-2-pyrrolidinopentan*, $Kp._{0,25}$ 112°. — Andere Ausgangsstoffe sind [p-Chlorbenzyl]-propylketon, 1-[p-Chlorphenyl]-2-aminopentan, 2-[p-Chlorphenyl]-1-pyrrolidinopropionitril (F. 69—70°) u. 1-[p-Chlorphenyl]-penten-(1). — *Therapeutica*. (**F. P. 1 224 855** vom 8/1. 1959, ausg. 28/6. 1960. D. Prior. 10/1. 1958.) S. BÖTTCHER. 4807

American Cyanamid Co., New York, N.Y., V.St.A., **Xanthyliden- und Thioxanthylidenpiperazine** der Formel I, in der X für O oder S; R_1 für H, Halogen, Alkoxyrest mit nicht mehr als 6 C-Atomen u. R für niedriges Alkyl mit nicht mehr als 6 C-Atomen stehen, erhält man durch Dehydratisierung eines in 1-Stellung durch R substituierten 4-{3-[9-Hydroxy-xanthyl-(9)]-propyl}-piperazins oder eines 1-R-4-{3-[9-Hydroxythioxanthyl-(9)]-propyl}-piperazins mit Hilfe von Mineralsäuren. — *Psychotherapeutica*. Hergestellt wurden folgende in 4-Stellung substituierte 1-Methylpiperazine: 4-{3-[Xanthyliden-(9)]-propyl}-; F. (HCl-Salz) 252°. — 4-{3-[2-Methoxyxanthyliden-(9)]-propyl}-; F. (HCl-Salz) 211—213°. — 4-{3-[Chlorthioxanthyliden]-propyl}-; F. (HCl-Salz) 220°; bei 247—249° Zersetzung. — 4-{3-[2-Methoxythioxanthyliden]-propyl}-; F. (HCl-Salz) 225—226°. (**E. P. 842 804** vom 27/5. 1958, ausg. 27/7. 1960. A. Prior. 18/7. 1957.) F. OBERMEIER. 4807

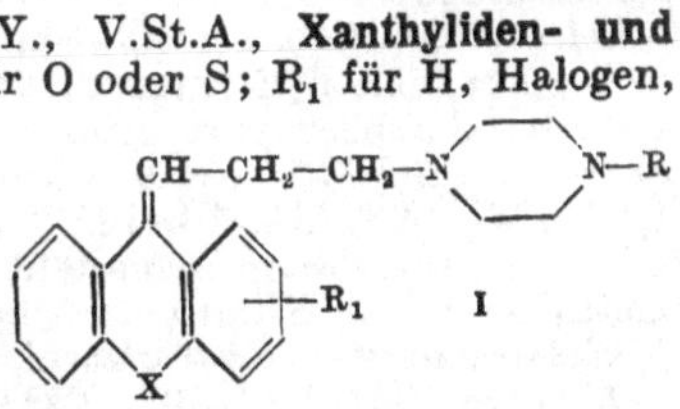

I

Knoll Akt.-Ges. (Erfinder: Oskar Bub), **Herstellung von cyclischen Acetalen** der Formel I, in der R für H oder einen Carbohydratrest steht, der auch Heteroatome enthalten kann, u. Y einen Heterocyclus darstellt, der eine ringgebundene Iminogruppe enthält, die durch bas. Reste substituiert sind. Man erhält I durch Acetylierung einer Verb. der Formel II, in der R die obengenannte Bedeutung hat u. X für eine Iminogruppe steht, mit einem Glykol u. anschließende Rk. des cycl. Acetals in Ggw. eines bas. Kondens.-Mittels mit einem tert. Aminoalkylhalogenid. — Man erhitzt z. B. 25 g 3-Acetylphenothiazin mit 13 g Glykol u. 0,5 g 4-Toluolsulfonsäure in 250 cm^3 Benzol. Nach Abtrennen der Benzolphase wird diese mit Na_2CO_3-Lsg. u. W. gewaschen u. anschließend destilliert → *3-Acetylphenothiazin-*

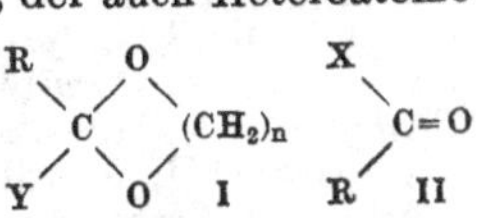

I II

äthylenketal, F. 114—116° F; in analoger Weise erhält man: *3-Acetyl-10-[3'-dimethylaminopropyl]-phenothiazinäthylenketal*, F. 190—191° F; *3-n-Valeryl-10-[3'-dimethylaminopropyl]-phenothiazinäthylenkatal; 3-Acetylphenothiazintrimethylenketal*. F. 185—186° F; *3-Acetyl-10-[3'-dimethylaminopropyl]-phenothiazintrimethylenketal*, $Kp._{0,01}$ 240—255° F; *2-Acetyl-9-[2'-diäthylaminoäthyl]-carbazoläthylenketal*, F. 166—167° F; *1-Diäthylaminopropyl-2-acetyl-3-phenylindoläthylenketal*, $Kp._{0,2}$ 210—215° F. — *Medikamente*. (**Aust. P. 226 421** vom 3/6. 1957, ausg. 18/2. 1960. D. Prior. 2/6. 1956.)
H. NEBELSIEK. 4807

Merck & Co., Inc., V.St.A. (Erfinder: David Frederic Hinkley), **Herstellung von Benzo-1.2.4-thiadiazin-1.1-dioxiden**, dad. gek., daß man HCOOH u. Formamid, Dimethylformamid, Dimethylacetamid oder Dimethylsulfoxid bei 75—175° mit o-Sulfamylanilin (I) umsetzt. — 0,145 (Mol) I werden in 0,323 Dimethylformamid bei 125° mit 0,586 90%ig. HCOOH versetzt, 2 Std. auf 125° erwärmt u. abgekühlt. Bei Zusatz von W. fällt *Benzo-1.2.4-thiadiazin-1.1-dioxid* aus. — *7-Sulfamyl-* u. *6-Chlor-7-sulfamylbenzo-1.2.4-thiadiazin*, F. 358,5°, $E^{1\%}_{1cm}$, 404—279 mμ, aus 2.4-Disulfamyl- bzw. 5-Chlor-2.4-disulfamylanilin. (**F. P. 1 224 766** vom 21/5. 1959, ausg. 27/6. 1960. A. Prior. 25/9. 1958.)
S. BÖTTCHER. 4807

General Foods Corp., White Plains, N.Y., übert. von: Abner S. Salant, Plainfield, N.J., V.St.A., **Herstellung von Thiamin (I)-Präparaten**, die frei von unangenehmem Geschmack u. haltbar sind, dad. gek., daß man 5 g Carragheen mit 4,75 mg I-Mononitrat vermischt, das Gemisch in 150 cm³ W. dispergiert, auf pH 3,5 einstellt u. trocknet. (**A. P. 2 945 039** vom 11/8. 1958, ausg. 12/7. 1960.)
K. KOEBKE. 4809

Ciba Soc. An., Schweiz, **Herstellung eines neuen Oktapeptids und seiner Derivate.** Man suspendiert Nitro-L-argininmethylesterhydrochlorid in Dioxan, fügt Triäthylamin hinzu u. setzt bei 10° mit Diäthylchlorphosphit u. N-Carbobenzyloxy-L-asparagin um zu *N-Carbobenzyloxy-L-asparaginylnitro-L-argininmethylester*, F. 165 bis 170°; dessen Na-Salz wird in wss.-alkal. Lsg. mit 2n HCl behandelt unter Bldg. von *N-Carbobenzyloxy-L-asparaginylnitro-L-arginin*, F. 98—101°; $[\alpha]_D$ +10° (c = 1,4; Methanol). Man setzt in Dimethylformamid in Ggw. von 1.3-Dicyclohexylcarbodiimid mit *L-Valyl-L-tyrosinmethylester* um, der aus *Carbobenzoxy-L-valyl-L-tyrosinmethylester* (I) durch Behandeln mit HBr über das *Hydrobromid*, F. 208—209°, $[\alpha]_D$ + 31° (c = 1,08; Methanol), hergestellt wurde, zu *N-Carbobenzyloxy-L-asparaginylnitro-L-arginyl-L-valyl-L-tyrosinmethylester*, F. 202—206°, $[\alpha]_D^{23}$ —4° (c = 0,94; Dimethylformamid); *freie Säure*, F. 175—183°; $[\alpha]_D^{23}$ 0° (c = 0,4; Methanol); letztere wird in Ggw. von 1-Cyclohexyl-3-morpholinoäthylcarbodiimid mit *L-Isoleucyl-L-histidyl-L-prolyl-L-phenylalaninmethylester* (II) zu *N-Carbobenzyloxy-L-asparaginylnitro-L-arginyl-L-valyl-L-tyrosyl-L-isoleucyl-L-histidyl-L-prolyl-L-phenylalaninmethylester*, F. 190—205°, $[\alpha]_D^{23}$ —29° (c = 0,52; Dimethylformamid), umgesetzt, aus dem man durch Behandeln mit methanol. HCl die Carbobenzyloxygruppe abspaltet, hydriert u. verseift, zu *L-Asparaginyl-L-arginyl-L-valyl-L-tyrosyl-L-isoleucyl-L-histidyl-L-prolyl-L-phenylalanin*, F. 195—205°. I, F. 144—147°, $[\alpha]_D^{22}$ —19° (c = 1,06; Chlf.), wurde aus Carbobenzyloxy-L-valin u. L-Tyrosinmethylester hergestellt; **II** (*Dihydrobromid*, F. 130—140°), aus L-Histidinmethylester u. N-Carbobenzyloxy-L-isoleucin über *N-Carbobenzyloxy-L-isoleucyl-L-histidinmethylester, Hydrochlorid*, F. 160—165° (Zers.), *-hydrazid*, F. 186—187°, $[\alpha]_D^{20}$ —51° (c = 1,327; 1n HCl), —22° (c = 0,558; Methanol), das mit dem aus N-Carbobenzyloxy-L-prolin u. L-Phenylalaninmethylester über *Carbobenzyloxy-L-prolyl-L-phenylalaninmethylester* hergestellten *L-Prolyl-L-phenylalaninmethylester, Hydrochlorid*, F. 157—158°, $[\alpha]_D^{23}$ —41° (c = 4,15; W.), reagiert unter Bldg. von *N-Carbobenzyloxy-***II**, F. 105—110°, $[\alpha]_D^{22}$ —56° (c = 0,971; Methanol). — *L-Asparaginyl-L-arginyl-L-valyl-L-tyrosyl-L-valyl-L-histidyl-L-prolyl-L-phenylalanin* (**III**) aus dem *Trihydrochlorid* des *Methylesters*, hergestellt aus *N-Carbobenzyloxy-L-asparaginylnitro-L-arginin* u. *L-Valyl-L-tyrosyl-L-valyl-L-histidyl-L-prolyl-L-phenylalaninmethylester* (**IV**) über *N-Carbobenzyloxy-***III***-methylester*, F. 214—216°, $[\alpha]_D^{23}$ —27° (c = 2,22; Dimethylformamid). **IV**, aus *Carbobenzyloxy-L-valyl-L-tyrosin* (**V**) u. *L-Valyl-L-histidinmethylester* (**VI**) über *Carbobenzyloxy-L-valyl-L-tyrosyl-L-valyl-L-histidin*, F. 236—238°, $[\alpha]_D^{23}$ —10° (c = 2,10; Eisessig), *Methylester*, F. 222—224°, $[\alpha]_D^{24}$ —31° (c = 2,09; Eisessig), u. L-Prolyl-L-phenylalaninmethylester. **V**, F. 161—163°, $[\alpha]_D^{22}$ + 26° (c = 4,01; Pyridin), aus Carbobenzyloxy-L-valin u. L-Tyrosinäthylester über *Carbobenzyloxy-L-valyl-L-tyrosinäthylester*, F. 142 bis 145°, $[\alpha]_D^{24}$ + 33° (c = 3,96; Chlf.); **VI**, aus L-Histidinmethylester über *N-Carbobenzyloxy-L-valyl-L-histidinmethylester*, F. 161—163°, $[\alpha]_D^{23}$ —22° (c = 2,04; A.). — *L-Asparaginyl-L-arginyl-L-valyl-L-tyrosyl-L-leucyl-L-histidyl-L-prolyl-L-phenylalanin*, aus *N-Carbobenzyloxy-L-asparaginylnitro-L-arginyl-L-valyl-L-tyrosyl-L-leucyl-L-histidyl-L-prolyl-L-*

phenylalaninmethylester, F. 175—190°; *L-Valyl-L-tyrosyl-L-leucyl-L-histidyl-L-prolyl-L-phenylalaninmethylester* (VII), F. 130—140°, $[\alpha]_D^{24}$ —53° (c = 0,636; Methanol), u. *N-Carbobenzyloxy*-**VII**, F. 142—147°, $[\alpha]_D^{24}$ —60° (c = 1,291; Methanol); *L-Leucyl-L-histidyl-L-prolyl-L-phenylalaninmethylester, N-Carbobenzyloxy-Deriv.*, F. 110—115°, $[\alpha]_D^{24}$ —57° (c = 1,031; Methanol); *N-Carbobenzyloxy-L-leucyl-L-histidinhydrazid*, F. 168 bis 169°, $[\alpha]_D^{22}$ —27° (c = 0,808; Methanol), —52° (c = 0,733; 1n HCl), *-methylester*, F. 131 bis 132°, aus L-Histidinmethylester u. N-Carbobenzyloxy-L-leucin. — *L-Asparaginyl-L-lysyl-L-valyl-L-tyrosyl-L-leucyl-L-histidyl-L-prolyl-L-phenylalanin, Methylestertrihydrobromid*, F. 180—220° (Zers.); *N-Carbobenzyloxy-L-asparaginyl-[N^ε-carbobenzyloxy]-L-lysyl-L-valyl-L-tyrosyl-L-leucyl-L-histidyl-L-prolyl-L-phenylalaninmethylester*, F. 210 bis 215°; *N-Carbobenzyloxy-L-asparaginyl-[N^ε-carbobenzyloxy]-L-lysin*, F. 175—181°, *Methylester*, F. 152—161°, aus N^ε-Carbobenzyloxy-L-lysinmethylester. — *L-Asparaginyl-L-arginyl-L-leucyl-L-tyrosyl-L-isoleucyl-L-histidyl-L-prolyl-L-phenylalanin, Methylestertrihydrochlorid; N-Carbobenzyloxy-L-asparaginylnitro-L-arginyl-L-leucyl-L-tyrosyl-L-isoleucyl-L-histidyl-L-prolyl-L-phenylalaninmethylester*, F. 204—206°; *N-Carbobenzyloxy-L-leucyl-L-tyrosin, Methylester*, $[\alpha]_D^{22}$ —14° (c = 1,108; Methanol), aus N-Carbobenzyloxy-L-leucin; *L-Leucyl-L-tyrosyl-L-isoleucyl-L-histidyl-L-prolyl-L-phenylalaninmethylester*, F. 130—140°, *N-Carbobenzyloxy-Deriv.*, F. 139—141°, $[\alpha]_D^{22}$ —51° (c = 1,87; Methanol). — Die Oktapeptide zeigen *Hormoneffekte*. (**F. P. 1 218 415** vom 4/9. 1957, ausg. 10/5. 1960. Schwz. Prior. 6/9. 1956, 8/2., 6/3. u. 31/7. 1957.) S. BÖTTCHER. 4809

Merck & Co. Ltd., Montreal, Quebec, Canada, übert. von: James M. Sprague, Gwynedd Valley, und Charles S. Miller, Lansdale, Pa., V.St.A., **Therapeutica** bestehen aus Penicillin oder seinen Salzen u. einem Zusatz von p-[Alkyl- oder Dialkylsulfamyl]-benzoesäuren mit insgesamt 3—8 C-Atomen in den Alkylresten, z. B. p-[Di-(n-propyl)-sulfamyl]-benzoesäure. (**Can. P. 558 662** vom 14/11. 1957, ausg. 10/6. 1958.) EBERHARD RIEDEL. 4811

Merck & Co., Inc., Rahway, N.J., übert. von: Dale P. J. Goldsmith, Rochester, N.Y., und Rae Taub, Metuchen, N.J., V.St.A., **Herstellung von tert.-Octylamin-Penicillinsalzen.** Penicillin oder seine Salze werden mit α.α.γ.γ-Tetramethylbutylamin, dessen N-Alkyl- oder N-[Alkoxyarylalkyl]-Verbb. bzw. ihren Säureadditionssalzen in Ggw. eines inerten Lsgm. umgesetzt. (**Can. P. 558 301** vom 5/5. 1955, ausg. 3/6. 1958. A. Prior. 1/7. 1954.) EBERHARD RIEDEL. 4811

Chas. Pfizer & Co., Inc., Brooklin, übert. von: Walter D. Celmer, Garden City, und Billie Kenneth Koe, Woodside, N.Y., V.St.A., **Methanol- und äthanolhaltige Natrium- und Kaliumsalze von Novobiocin (I).** Man stellt von Na-I in Methanol eine übersätt. Lsg. her, aus der das Methanol-Deriv. beim Abkühlen ausfällt, F. 222 bis 229° (Zers.); verliert beim Trocknen an der Luft das Methanol; $[\alpha]_D^{25}$ —31,8° (c = 1; Pyridin); —45,4° (Methanol); —37,8° (0,5n-wss. NaOH). — *K-I·Methanol*, $[\alpha]_D^{25}$ —49,5° (c = 1; Methanol); —21,9° (Pyridin). — *Na-I·Alkohol.* Mit n- oder Propanol-(2) oder n-Butanol werden keine Addukte erhalten. — *Zwischenprodd.* zur Herst. von *reinem* Na- u. K-I. (**A. P. 2 891 051** vom 28/3. 1957, ausg. 16/6. 1959.) G. KRAUSS. 4811

Farbwerke Hoechst Akt.-Ges., vormals Meister Lucius & Brüning, Frankfurt/M.-Hoechst, **Herstellung von Blutplasmaersatzmitteln** unter Verw. von Kollagenabbauprodukten. Diese werden einem schonenden hydrolyt. Abbau bis zu einer Mol.-Größe von 2000—20000, bes. 5000—10000, unterworfen. Das entstandene Hydrolysat wird mit einem mehrfunktionellen Isocyanat vernetzt, wobei 20—80% der berechneten Isocyanatmenge angewandt werden. Das erhaltene Prod. wird auf pH 7 eingestellt u. die Lsg. durch Salzzusatz isoton. gemacht. Der hydrolyt. Abbau wird z. B. durch saure, alkal. oder fermentative Hydrolyse bei 60—150° erreicht. Erhitzungsdauer bei Knochengelatine 5—6 Std. bei 120° im geschlossenen Gefäß. Die Lsg. hat eine Plasmaersatzmittel-Konz. von 4—6%, die etwa der Protein-Konz. im Blut entspricht. Die Rk. mit Isocyanaten erfolgt mit den Aminogruppen bzw. Amid- oder Guanidingruppen der Peptidketten unter Bldg. von Harnstoffgruppen. Hierbei findet eine Vernetzung zweier oder mehrerer Polypeptidketten über Harnstoffbrücken zu einem größeren Mol. statt. Die erhaltenen Plasmaersatzmittel geben klare Lsgg. ohne tox. Wirkung. Die Lsgg. werden bei 120° sterilisiert. (**Oe. P. 212 493** vom 20/1. 1959, ausg. 27/12. 1960. D. Prior. 22/1. 1958.) M. F. MÜLLER. 4813

Österreichisches Institut für Haemoderivate G. m. b. H. (Erfinder: Wilhelm Auerswald und Hans Eibl), Wien, Österreich, **Herstellung eines Poliomyelitis Adsorbat-Impfstoffes** mit verstärkter immunisierender Wrkg., aus einer wss. Lsg., die wenigstens eine der 3 Haupttypen von inaktiviertem Poliomyelitisvirus enthält. Die Lsg. wird unter sterilen Bedingungen durch Zusatz einer sek. Phosphat-Lsg. auf pH 6,8 bis 7,8 eingestellt u. unter Rühren bei 4—40° mit so viel Al-Salz-Lsg. versetzt, daß die Gesamtmischung bzgl. Al maximal 0,02 mol. geworden ist u. dabei eine stabile Suspension von $AlPO_4$ entstanden ist. Ggf. werden noch Lsgg. von den fehlenden Virustypen zugemischt. (**Oe. P. 210 067** vom 26/4. 1957, ausg. 11/7. 1960.) M. F. Müller. 4813

J. R. Geigy Akt.-Ges. (Erfinder: Elvin A. Holstins, Marcel Sohva, Franz Litvan und Willy Stoll), Basel, Schweiz, **Narkotische Emulsionen für parenterale Behandlung** werden hergestellt aus Verbb. der allg. Formel I (R_1, R_2 u. R_3 = niedrigmol. Alkylgruppen; R_4 = niedrigmol. Alkyl-, Alkenyl-, α-Oxoalkyl- oder α-Hydroxyalkylgruppen), z. B. *2-Methoxy-4-allylphenoxyessigsäurediäthylamid*, indem 2—10 (Teile) der Verb. mit 1—5 Inositphosphatid u. ölarmem sowie pyrogen- u. hystaminfreiem Sojalecithin mit einem zusätzlichen Geh. an Glyceriden oder Polyoxyäthylen-Derivv. höherer Fettsäuren mit W. emulgiert werden u. auf 100 aufgefüllt wird. Die Emulsion wird mit einem üblichen Zusatzstoff (Glucose) zur Erreichung der Isotonie mit menschlichem Blut eingestellt. (**Ung. P. 149 537** vom 26/1. 1961, ausg. 20/11. 1961. Schwz. Prior. 27/1. 1960.) F. Landsberger. 4815

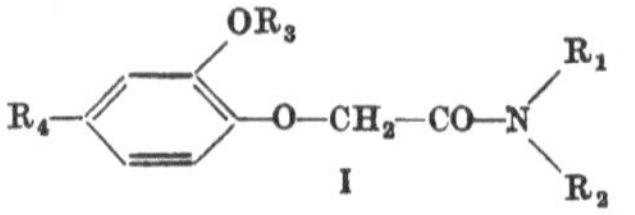

I

American Cyanamid Co., New York, übert. von: Victor Jack Cabasso, Pearl River, N.Y., V.St.A., **Herstellung von Hundestaupevaccine.** Der durch Passagen durch lebende Hühnerembryos soweit modifizierte Virus, daß damit infizierte Frettchen oder Hunde keine Krankheitszeichen mehr zeigen, wird in vitro auf Hühnerembryogewebe in mehreren Passagen gezüchtet. Die daraus gewonnene Vaccine zeigt keine schädlichen Begleiterscheinungen mehr. — Durchführungsbeispiele u. Tabellen über Frettchenimmunisierungen. (**A. P. 2 965 544** vom 24/2. 1959, ausg. 20/12. 1960.) H. Schindler. 4815

Dezsö Ambrus, József Manczinger und László Prohászka, Budapest, Ungarn, **Herstellung von in 6-Stellung substituierten 2.2.4-Trimethyl-1.2-dihydrochinolinen** in einer Stufe durch Kondens. von Aceton mit p-Äthoxy- oder p-Methoxyanilin in Ggw. eines Katalysators, bes. J, bei Temp. $>100°$. Das entstehende W. wird kontinuierlich abdest. u. das rohe Endprod. durch Dest. im Vakuum gereinigt. — *Mittel gegen Encephalomalacie-Erkrankungen bei Geflügel.* (**Ung. P. 149 469** vom 24/12. 1960, ausg. 20/8. 1961.) F. Landsberger. 4815

Farbenfabriken Bayer Akt.-Ges., Leverkusen (Erfinder: Christian Wiegand und Kurt Kaemmerer, Wuppertal), **Herstellung von wasserlöslichen Salzen nitrierter Benzimidazole.** 5-(6)-Nitrobenzimidazole, die in 2-Stellung ein H-Atom oder eine niedrigmol. Alkylgruppe enthalten, werden in an sich bekannter Weise mit starken anorgan. Säuren umgesetzt. Beispiele: folgende 5-Nitrobenzimidazol-Derivv. (**I**): **I**·HCl, farblose dünne Prismen, F. 254—258°; **I**-Sulfat, farblose Prismen, F. 173—176°; 2-Methyl-**I**·HCl, verfilzte Nadeln, F. 255—258°, 2-Äthyl-**I**·HCl, mikrokristalline Prismen, F. 278—279°, Zers.; 2-Isopropyl-**I**·HCl, farblose verfilzte Nadeln, F. 255—257° (Zers.). Verw. zur *Behandlung von Geflügelcoccidiose.* (**D. A. S. 1 116 675** Kl. 12p vom 2/6. 1959, ausg. 9/11. 1961.) A. Kalix. 4815

John M. Adamek, Halifax, Nova Scotia, Canada, **Behandlung von Leukosis** bei Kücken mit einem Gemisch aus 5 (%) $CaCO_3$, je 3 Mono- u. Tricalciumphosphat, 2 Eisensulfat, 2 $CuSO_4$, 1 NaCl, 2 $MnSO_4$, 1,5 KJ, 5 Vitamin A u. D-Komplex, 2 $NaHCO_3$, 1 Na_2SO_4, 0,5 S, 1 Fe_2O_3, 2 Kohle, 8 trockene Melasse, 10 Milch, 50 Vitamin-B-Komplex mit B_{12} u. 1 Colchicinextrakt. Das Gemisch wird in Verbindung mit 10%ig. wss. $MnSO_4$-Lsg. verabreicht. (**Can. P. 558 134** vom 21/11. 1957, ausg. 3/6. 1958.) Eberhard Riedel. 4815

Gaba Akt.-Ges., Basel, Schweiz, **Zahnpflegemittel.** Zur Bekämpfung der Caries verwendet man das Rk.-Prod. einer Aminosäure, z. B. Glykokoll (**I**), Sarcosin (**II**), Lysin (**III**), Alanin (**IV**) u. Betain (**V**) mit HF, wobei die Rk., bes. in wss., alkohol. oder wss.-alkohol. Lsg. vorgenommen wird, in Trinkwasser, Speisesalz, Milch, Tabletten, Kaugummi oder Zahnputzmitteln. — Beispiele: 21,5 (g) **I** werden mit 19,75 38%ig. HF in einer Pt-Schale auf dem Wasserbad erhitzt; das W. wird dann verdampft; nach Zusatz von A. u. nochmaligem Verdampfen erhält man $HF \cdot NH_2 \cdot CH_2 \cdot COOH$, Kristalle, schwerlösl. in A. u. Methanol (**VI**); unlösl. in Aceton (**VII**), leicht lösl. in Wasser. Ebenso erhält man aus **II** u. HF → $CH_3 \cdot NH \cdot CH_2 \cdot COOH \cdot 2\,HF$; Kristalle, lösl. in W. u. heißem **VI**; schwerlösl. in A.; unlösl. in **VII**. Aus **III** u. HF → $NH_2 \cdot (CH_2)_4 \cdot CH\,(NH_2) \cdot COOH \cdot HF$, Kristalle, schwerlösl. in A. u. **VI**; unlösl. in **VII**; leichtlösl. in W.; **IV** u. HF → $CH_3CH \cdot (NH_2) \cdot COOH \cdot HF$, Prismen, lösl. in W.; schwer lösl. in A.; etwas besser in **VI**; **V** u. KF → $[(CH_3)_3N\text{-}CH_2C\text{-}OO]_4 \cdot KF$ (**VIII**), Kristalle; leicht lösl. in W.; lösl. in **VI**; etwas weniger lösl. in A.; **V** u. ZrF_4 → $(CH_3)_3N \cdot CH_2 \cdot COO \cdot ZrF_4$, Kristalle; schwer lösl. in A. u. **VI**; unlösl. in **VII**; leichtlösl. in W.; **I** u. SnF_4 → $NH_2CH_2COOH \cdot SnF_2$. Zahnpasta: 40 (%) $CaCO_3$,

15 Glycerin, 1 Traganth, 1,5 Aromastoffe, 2,0 Fettalkoholsulfat, 2,77 **VIII**, 37,63 W. u. 0,1 p-Hydroxybenzoesäuremethylester. (**E. P. 848 235** vom 1/10. 1957, ausg. 14/9. 1960. Schwz. Prior. 3/10. 1956.) E. PETERSEN. 4823

Gerhard Reiss, Linz, Österreich, **Zahnpflegemittel**, welche als wirksame Bestandteile 3—5% schwerlösl. Fluoride, wie Ca-, Mg- oder Al-Fluorid enthalten. — Beispiel: 120 (g) Schlemmkreide, 220 Seifenpulver, 1200 Glycerin, 80 äther. Öle, 3—5 Fluorid. (**Oe. P. 211 959** vom 12/2. 1957, ausg. 25/11. 1960.) M. F. MÜLLER. 4823

Abbott Laboratories, North Chicago, übert. von: **Kenneth E. Hamlin jun.**, Lake Bluff, Ill., V.St.A., *Acetylenische Carbinole.* (**Can. P. 558 854** vom 7/5. 1954, ausg. 17/6. 1958. A. Prior. 12/5. 1953. — C. **1959.** 12634 [A. P. 2 779 799].)

Farbenfabriken Bayer Akt.-Ges., Leverkusen, *Basisch substituierte Hydracrylsäureester.* (**E. P. 873 330** vom 22/2. 1960, ausg. 19/7. 1961. D. Prior. 27/2. 1959. — C. **1961.** 14757 [D. A. S. 1 102 156].)

Asta-Werke Akt.-Ges., Chemische Fabrik, Brackwede/Westf., *N.N-disubstituierte β-Aminoalkyläther von aromatisch-aliphatischen Alkoholen.* (**E. P. 875 060** vom 27/5. 1960, ausg. 16/8. 1961. D. Prior. 30/5. 1959. — C. **1962.** 10933 [D. A. S. 1 122 544].)

F. Hoffmann-La Roche & Co. Akt.-Ges., Basel, Schweiz, *Herstellung von 3.4.5-Trimethoxybenzamiden.* (**Holl. P. 99 414** vom 18/2. 1958, ausg. 16/10. 1961. A. Prior. 19/2. 1957. — C. **1960.** 12431 [Oe. P. 202 138].)

Air Reduction Co., Inc., New York, N.Y., übert. von: **Daniel C. Rowlands**, Worthington, Ohio, V.St.A., *Herstellung von 3-Methyl-3-hydroxy-2-butanil.* (**Can. P. 556 201** vom 1/12. 1954, ausg. 22/4. 1958. A. Prior. 21/4. 1954. — C. **1955.** 11252 [A. P. 2 703 333].)

F. Hoffmann-La Roche & Co. Akt.-Ges., Basel, Schweiz, *Herstellung von Tetrahydrofurfurylammoniumverbindungen.* (**Holl. P. 99 419** vom 5/3. 1958, ausg. 16/10. 1961. Schwz. Prior. 5/3. 1957. — C. **1961.** 1294 [E. P. 830 866].)

Ministerul Industriei Petrolului si Chimiei (Erfinder: **Costin Nenitescu** und **Constantin Bucur**), Bukarest, Rumänien, *5-Nitrofurfurolsemicarbazon.* (**Schwz. 357 411** vom 8/5. 1957, ausg. 30/11. 1961. Rumän. Prior. 11/5. 1956. — C. **1959.** 7565 [D. A. S. 1 048 590].)

Dr. Karl Thomae G.m.b.H. (Erfinder: **Heinz Scheffler** und **August Kottler**), Biberach/Riss, *Quaternäre Verbindungen von 2-Aryl-2-aminomethyldioxolanen-(1.3).* (**Schwz. P. 357 733** vom 22/8. 1955, ausg. 15/12. 1961. D. Prior. 10/9. 1954. — C. **1960.** 1330 [Holl. P. 88 507].)

Recordati-Laboratorio Farmacologico S.p.A. (Erfinder: **Paolo Da Re**), Mailand, Italien, *Basische Ester der 3-Methylflavon-8-carbonsäure.* (**Schwz. P. 358 014** vom 5/11. 1957, ausg. 15/5. 1961. — C. **1961.** 5184 [A. P. 2 921 070].)

Spofa, Spojené Farmaceutické Závody, Národní Podnik (Erfinder: **Karel Fučík**), Prag, Tschechoslowakei, *Chromonyl-(3)-[4-hydroxycumarinyl-(3)]-methane.* (**Schwz. P. 358 375** vom 6/3. 1957, ausg. 31/5. 1961. Tschech. Prior. 10/3. 1956. — C. **1959.** 3581 [D. A. S. 1 029 381].)

F. Hoffmann-La Roche & Co. Akt.-Ges., Basel, Schweiz, *Herstellung substituierter 2-Oxohexahydrobenzochinolizine.* (**Holl. P. 99 423** vom 28/3. 1958, ausg. 16/10. 1961. Schwz. Prior. 2/4. 1957. — C. **1960.** 12434 [Oe. P. 202 145].)

F. Hoffmann-La Roche & Co. Akt.-Ges., Basel, Schweiz, *Herstellung von 2-Hydroxyhexahydrobenzo-[a]-chinolizinen.* (**Holl. P. 99 437** vom 10/9. 1958, ausg. 16/10. 1961. Schwz. Prior. 20/9. 1957. — C. **1961.** 9895 [D. A. S. 1 083 268].)

F. Hoffmann-La Roche & Co. Akt.-Ges., Basel, Schweiz, *Herstellung von pharmakologisch wirksamen Xanthenolen.* (**Holl. P. 99 368** vom 31/5. 1957, ausg. 16/10. 1961. Schwz. Prior. 29/6. 1956. — C. **1959.** 8650 [D. A. S. 1 048 589].)

Abbott Laboratories, Chicago, Ill., V.St.A., *Herstellung von Piperazinderivaten.* (**Holl. P. 99 511** vom 7/11. 1955, ausg. 16/10. 1961. A. Prior. 12/11. 1954. — C. **1960.** 3636 [E. P. 789 704].)

Olin Mathieson Chemical Corp., New York, N.Y., V.St.A. (Erfinder: **K. G. Florey, J. Bernstein, A. R. Restivo** und **H. L. Yale**), *Phenthiazine.* (**Belg. P. 565 369** vom 4/3. 1958, ausg. 15/7. 1960. A. Prior. 7/3. 1957. — C. **1961.** 18794 [Aust. P. 221 044].)

Lepetit S.p.A., Mailand, Italien, *Herstellung eines pharmakologisch wirksamen 2-Amino-1.3.4-thiadiazols.* (**Holl. P. 99 361** vom 4/5. 1957, ausg. 16/10. 1961. It. Prior. 5/5. 1956. — C. **1959.** 2901 [D. A. S. 1 042 591].)

F. Hoffmann-La Roche & Co. Akt.-Ges., Basel, Schweiz, *Herstellung substituierter Morphinane.* (**Holl. P. 99 456** vom 1/12. 1958, ausg. 16/10. 1961. Schwz. Prior. 4/12. 1957. — C. **1962.** 2464 [F. P. 1 206 594].)

Helmut Legerlotz, Jersey City, N.J., V.St.A., *Herstellung von Camphersulfonatsalzen.* (**Can. P. 557 845** vom 7/6. 1952, ausg. 27/5. 1958. — C. **1954.** 5401 [F. P. 1 035 513].)

N. V. Philips' Gloeilampenfabrieken, Eindhoven (Erfinder: **Hendrikus Obias Huisman**, Amsterdam, und **Anne Smit**, Weesp), Holland, *Herstellung von Aldehyden der Vitamin-A-Reihe.* (**Holl. P. 99 527** vom 14/9. 1955, ausg. 15/11. 1961. — C. **1959.** 12942 [F. P. 1 156 719].)

Simon L. Ruskin, New York, N.Y., V.St.A., *Herstellung von Ca-Ascorbat-Dihydrat.* (**Can. P. 556 828** vom 26/9. 1955, ausg. 6/5. 1958. A. Prior. 28/3. 1947. — C. **1953.** 7356 [A. P. 2 596 103].)

Ciba Akt.-Ges., Basel (Erfinder: **Leopold Ruzicka**, Zürich, **Rudolf Anliker**, Binningen, und **Hans Heusser**, Kreuzlingen), Schweiz, *Herstellung von Norsteroiden.* (**Schwz. P. 358 417** vom 13/7. 1956, ausg. 15/1. 1962. — C. **1960.** 5255 [D. A. S. 1 054 087].)

Glaxo Laboratories Ltd., Greenford, England, *Saure Hydrolyse von Semicarbazonbindungen in Steroiden.* (**Holl. P. 99 447** vom 7/11. 1958, ausg. 16/10. 1961. E. Prior. 14/11. 1957. — C. **1960.** 15496 [D. A. S. 1 074 040].)

Ciba Ltd., Basel, Schweiz, *Einführung von Sauerstoff in die 21-Stellung von Steroiden.* (**Holl. P. 99 577** vom 1/7. 1955, ausg. 15/11. 1961. Schwz. Prior. 2/7. 1954. — C. **1958.** 11319 [D. A. S. 1 022 586].)

Ciba Ltd., Basel, Schweiz, *Einführung von Sauerstoff in die 11-Stellung von Pregnanderivaten.* (**Holl. P. 99 566** vom 4/2. 1955, ausg. 15/11. 1961. Schwz. Prior. 5/2. 1954. — C. **1959** 6233 [D. A. S. 1 036 852].)

Ciba Ltd., Basel, Schweiz, *Herstellung von Halogenpregnenen.* (**Holl. P. 99 574** vom 24/5. 1955, ausg. 15/11. 1961. Schwz. Prior. 25/5. 1954. — C. **1959.** 2559 [D. A. S. 1 021 367].)

American Cyanamid Co., New York, N.Y., V.St.A., *Herstellung von Steroiden der $\Delta^{1,4}$-Pregnadienreihe.* (**Oe. P. 216 685** vom 30/10. 1956, ausg. 10/8. 1961. A. Prior. 22/5. 1956. — C. **1960.** 7941 [D. A. S. 1 070 176].)

Upjohn Co., Dover, Del., V.St.A., *Herstellung von 11-oxygenierten 6-Fluorprogesteronen.* (**Holl. P. 99 453** vom 26/11. 1958, ausg. 16/10. 1961. A. Prior. 29/11. 1957. — C. **1959.** 12635 [A. P. 2 838 501].)

Løvens Kemiske Fabrik ved A. Kongsted, Ballerup (Erfinder: **Poul Borrevang**, Kopenhagen), Dänemark, *Herstellung von Testosteronderivaten.* (**Oe. P. 216 687** vom 16/11. 1959, ausg. 10/8. 1961. E. Prior. 19/11. 1958. — C. **1962.** 10198 [D. A. S. 1 114 488].)

Glaxo Laboratories Ltd., Greenford (Erfinder: **Thomas Eric Holt**, Bushey Heath, und **John Charles Clayton**, West Harrow), England, *Herstellung von reinem Hecogeninacetat.* (**Schwz. P. 357 719** vom 20/2. 1956, ausg. 15/12. 1961. E. Prior. 21/2. 1955. — C. **1959.** 6895 [E. P. 784 536].)

Eli Lilly & Co., Indianapolis, Ind., V.St.A., *Herstellung eines Antibioticums.* (**Holl. P. 99 520** vom 15/5. 1952, ausg. 15/11. 1961. — C. **1955.** 4412 [D. B. P. 920 934].)

Merck & Co., Inc., Rahway (Erfinder: **James Gillin**, Westfield), N.J., V.St.A., *Mononatriumnovobiocin.* (**D. A. S. 1 130 823** Kl. 12q vom 31/3. 1958, ausg. 7/6. 1962. A. Prior. 4/4. 1957. — C. **1962.** 3909 [Belg. P. 566 261].)

Imperial Chemical Industries Ltd., London, übert. von: **Cyril F. Abbott** und **Wilfred T. Harrow**, Manchester, Lancashire, England, *Anästhetica.* (**Can. P. 558 999** vom 4/1. 1955, ausg. 17/6. 1958. E. Prior. 6/1. 1954. — C. **1958.** 9859 [E. P. 760 603].)

Farbwerke Hoechst Akt.-Ges., vormals Meister Lucius & Brüning, übert. von: **Walter Aumüller, Gerhard Korger, Rudi Weyer** und **Wolf Helmut Wagner**, Frankfurt/M., *Sulfonylurethane.* (**A. P. 2 990 326** vom 8/7. 1958, ausg. 27/6. 1961. D. Prior. 9/7. 1957. — C. **1959.** 14825 [D. A. S. 1 048 907].)

Farbenfabriken Bayer Akt.-Ges., Leverkusen (Erfinder: **Rudolf Hiltmann, Fritz Mietzsch†** und **Kurt Kaemmerer**, Wuppertal), *Basisch substituierte Alkyläther von o-Kresotinsäureestern und deren Salze.* (**D. A. S. 1 118 219** Kl. 12q vom 21/2. 1957, ausg. 30/11. 1961. — C. **1960.** 14120 [Oe. P. 203 001].)

Hans Kaiser, Hrsg., Pharmazeutisches Taschenbuch. 5., erw. u. verb. Aufl. Stuttgart: Wissenschaftliche Verl.-Ges. 1962. (XI + 1158 S. m. Abb.) 8°. DM 58,—.

Charles Owens Wilson, Textbook of organic medicinal and pharmaceutical chemistry. 4th edit. Philadelphia: Lippincott. 1962. (883 S. m. Abb.) $ 14,—.

Charles O. Wilson and Tony Everett Jones, American drug index 1962. Philadelphia: Lippincott; London: Pitman Medical. 1962. (VII + 840 S. m. Tab.) 55 s.

—, Apotheker-Jahrbuch. 1962. Stuttgart: Wissenschaftliche Verl.-Ges. 1962. (XXIV + 698 S.) 8°. DM 34,50.

G. Analyse. Laboratorium

Fortschritte auf dem Gebiet der Ausstattung und Geräte im Jahre 1959. Howard J. Francis jun. (Microchem. J. **4.** 387—96. Sept. 1960. Philadelphia, Pa., Pennsalt Chem. Corp.; engl.) — Vf. gibt einen Überblick vom Standpunkt des Mikrochemikers über die im Jahre 1959 erschienenen Arbeiten auf dem Gebiet der Ausstattung u. Geräte. In tabellar. Form werden Geräte zur Elementaranalyse, zur Best. funktioneller Gruppen, für tritrimetr. u. spektrophotometr. Verff., für die Dest., die Wasser-Best., die Chromatographie, die Molgew.-Best., die Best. physikal. Eigg., die Zonenreinigung u. Sublimation, die Probenahme u. Handhabung, die Elektrophorese u. zum Wägen sowie verschiedene App. (Herst. u. Eichung von Polyäthylenpipetten, Geräte zur Lsgm.-Extraktion im Mikromaßstab, für die DTA, die Mikrofiltration u. zum Eindampfen von Lsgm.) behandelt. — 104 Literaturangaben. GERHARD SCHULZE. 5010□

Elektrometrische Schmelzpunktbestimmung. Dora Elcira Saavedra Alva. (An. Fac. Farmac. Bioquím. **8.** 489—93. 1957. Lima, Univ. Nac. Mayor de San Marcos, Cat. Quím. Analit. Funcional, Labor. de Invest.; span.) — Vf. betrachtet die Vor- u. Nachteile der einzelnen Meth. zur F.-Best. u. beschäftigte sich ausführlich mit der thermoelektr. Methode. K. HUSTE. 5018□

Quantitative Untersuchung der Filtration eines kompressiblen Niederschlags. Dario Rodriguez Devesa. (Rev. Real Acad. Ci. exact., físic. natur. Madrid **52.** 343—81. 1958. Madrid; span.) — Vgl. C. **1962.** 7260. — Vf. beschreibt eine App. zum Filtrieren unter Druck bei einem Gesamtvol. $<$ 2,9 Liter u. bei Drücken bis 4 kg/cm². Untersucht wurde die Filtration von techn. $CaCO_3$-Lsgg. in 0,01 m $Na_4P_2O_7$-Suspensionen in Abhängigkeit von der Korngröße. Die Sedimentations-Geschw. wurden in verschieden konz. NaOH-Lsgg. untersucht. Zur Best. der Permeabilität der Ndd. in Abhängigkeit von Teilchengröße u. spezif. Oberfläche wurde eine App. nach KARMAN benutzt. Die gefundene Beziehung zwischen Permeabilität u. Korndurchmesser ist $K = 0{,}25 \cdot 10^{-9} \cdot D^{0{,}76}$ (K in cm² u. D in μ) u. zwischen spezif. Oberfläche u. Korndurchmesser $S_0 = 1{,}20 \cdot D^{-0{,}53}$ (S_0 in cm²/cm³). Für die Porosität des Nd. wurde unabhängig von der Korngröße u. dem verwendeten Druck eine Konst. von 0,80 erhalten. K. HUSTE. 5024□

Methode zur Befestigung von Wasserstrahlpumpen aus Glas an Wasserleitungen. Theodore D. Perrine. (J. chem. Educat. **37.** 481. Sept. 1960. Bethesda, Md., Nat. Inst. of Health; engl.) — Vf. beschreibt eine Möglichkeit, Wasserstrahlpumpen aus Glas mit Hilfe von Metallrohrbuchsen an Wasserleitungen auszuschrauben. GERHARD SCHULZE. 5026□

Vorrichtung für die Destillation im Halbmikromaßstab. Armando Ricciardi. (Rev. Fac. Ing. Quím. **28.** 37—38. 1959. Inst. de Invest., Labor. Quím. I; span.) — Es wird ein kleiner Kolben mit seitlichem Kühleransatz für die fraktionierte Dest. von 100—500 mg-Mengen im Vakuum beschrieben. K. HUSTE. 5038□

Fraktionssammler für die Destillation im „Hochvakuum". H. Tarbes. (Chim. analytique [4] **42.** 308. Juni 1960. Régie Auton. des Pétr., Labor., Sect. Anal.; franz.) — Die beschriebene App. vermeidet die Verw. von Vakuumhähnen u. verhindert die Änderung des Dest.-Druckes im Augenblick der Fraktionstrennung. A. BLASCHETTE. 5038□

Ein Gerät zur gravimetrischen Bestimmung der Helium- und Quecksilberdichte fester poröser Stoffe. Vladislav Daneš, Robert Polák und Miroslav Křivánek. (Chem. Listy **55.** 987—92. Aug. 1961. Praha, Čs. akad. věd., Ústav fys. chem.; tchech.) — Beschreibung einer App. zur Best. der He- u. Hg-Dichte von Feststoffen an ein u. derselben Probe. Das Poren-Vol. wird durch Wägung von Hg ermittelt, wodurch gegenüber den üblichen volumetr. Meth. eine größere Genauigkeit erzielt wird. M. RYBA/Prag. 5048

Fortschritte in der quantitativen anorganischen Analyse im Jahre 1959. Robert Maurmeyer. (Microchem. J. **4.** 307—20. Sept. 1960. Brooklyn, N.Y., Brooklyn Coll., Chem. Dep.; engl.) — Kurzer Jahresüberblick über die Weiterentw. der quant. anorgan. Analyse im Jahre 1959. Im einzelnen werden behandelt: Gravimetrie, Titrimetrie, instrumentelle Meth. (photometr., spektrograph., polarograph., turbidimetr., fluorimetr. Verff.) u. Verschiedenes (Ringofen-Meth., Waagen- u. Wägetechnik sowie anorgan. Mikrogravimetrie). — 58 Literaturangaben. GERHARD SCHULZE. 5050□

Anwendung der Neutronenaktivierungsanalyse in der analytischen Chemie. G. W. Leddicotte, W. T. Mullins, L. C. Bate, J. F. Emery, R. E. Druschel und W. A. Brooksbank jun. (Progr. nuclear Energy, Ser. IX **1.** 123—44. 1959. Oak Ridge, Tenn., Oak Ridge Nat. Labor.; Geneva Conf. Paper, 1958, P/927; engl.) — Vff. geben eine Übersicht über Spuren-Best. von 52 Elementen in verschiedenen Materialien durch Neutronenaktivierungsanalyse; O-, Ar- u. S-Best. werden bes. beschrieben. Die Anwendbarkeit der Meth. wird ferner bei Mikrobest. einzelner Elemente u. bei Ermittlung der Korngrößenverteilung von Metallen u. Metalloxiden durch Sedimentationsanalysen aufgezeigt. H.-D. FREYER. 5052□

Ionenaustauschtechniken. J. E. Salmon. (Lab. Pract. **9.** 571—76. Aug. 1960. Battersea Coll. of Technol., Chem. Dep.; engl.) — Zusammenfassung über die Anwendung von Ionenaustauschern für allg. analyt. u. präparative Zwecke, zur Spurenanalyse, für Ionenaustauschermembranen, Ionenaustauschchromatographie u. zu Unterss. über Komplexbildung. — 19 Literaturhinweise. P. SCHARNER. 5062□

Ionenaustauschchromatographie. J. P. Redfern. (Lab. Pract. **9.** 842—46. Dez. 1960; engl.) — Einführende Übersicht. A. BLASCHETTE. 5062□

Niederspannungs-Impulsentladung im Vakuum zur Erzeugung von Spektren. F. S. Pedoss, N. Ss. Swentitzki und S. I. Schlepkowa. (Оптика и Спектроскопия [Optik u. Spektroskopie] **6.** 815—17. Juni 1959; russ.) — Vff. beschreiben einen Generator zur Erzeugung von Niederspannungs-Impulsentladungen als Lichtquelle in Vacuumspektrographen. Die Entladung wird durch eine weniger als 0,2 mm von einer Elektrode entfernte Hilfselektrode gezündet u. springt dann auf die Analysenfunkenstrecke über. Im Spektrum tritt ein weniger intensiver Untergrund als an Luft auf, Linien hoher Anregungsenergie erscheinen stärker. R. GERBATSCH. 5063□

Ein Apparat zur Funkenanalyse mit der porösen Becherelektrode. O. E. Clinton. (Spectrochim. Acta [London] **1959.** 283—86. Hamilton, New Zealand, Dep. of Agric., Rukuhia Soil Res. Stat.; engl.) — App.- u. Verf.-Beschreibung. W. BETCKE. 5063□

Eine einfache Becherelektrode für die spektrographische Analyse von Lösungen. G. P. Mitchell, G. Orme und F. Farrell. (Spectrochim. Acta [London] **1959.** 272 bis 274. Mai. Mitcham In., Surrey, Mullard Radio Valve Co., Ltd.; engl.) — Beschreibung einer Becherelektrode nach dem Prinzip der FELDMAN-Elektrode für spektrograph. Analysen: eine Kohleanode taucht aus der im Glasbecher befindlichen Analysen-Lsg. u. überragt die Oberfläche um 1 mm. Von oben wird die Kathode herangeführt, so daß bei einer Entladung unter hoher Spannung etwas Lsg. im Raum zwischen den Elektroden verdampft wird. W. BETCKE. 5063□

Ein Elektrodenheizblock zur Lösungsspektralanalyse. S. Meyer und O. G. Koch. (Spectrochim. Acta [London] **12.** 278—80. Sept. 1958. Neunkirchen/Saar, Hauptlabor.

der Neunkircher Eisenwerk A. G.; dt.) — Beschreibung des Aufbaus u. der Handhabung einer App. zur Erhitzung von Graphitelektroden für die Lsg.-Spektralanalyse nach SCHEIBE u. RIVAS. H.-J. EICHHOFF. 5063□

Eine einfache Anordnung zur Messung von Absorptionsspektren wässeriger Systeme bei erhöhten Temperaturen. D. W. Grant, D. E. Glanville und G. L. Strachan. (Spectrochim. Acta [London] **12.** 109—13. Sept. 1958. Harwell, Atomic Energy Res. Establ.; engl.) — Beschreibung eines Einsatzes mit Widerstandsheizung für Küvettenhalterungen von Spektralphotometern, die eine Messung bei Temp. bis zu 250° erlauben. Die aus zylindr., abgeschmolzenen Pyrexampullen bestehenden Küvetten werden in einen Messingblock eingesetzt, in dem die freiliegenden Heizdrähte zwischen gleichzeitig in zentralen Bohrungen die Ampullen haltenden Teflonringen ausgespannt sind. Quant. Messungen sind möglich. Die Einfl. der zylindr. Küvettenform u. der Veränderung des Brechungsindex von Küvettenmaterial u. Inhalt auf die opt. Weglänge werden diskutiert. H.-J. EICHHOFF. 5063□

Photometrische Titrationen. 2. Mitt. **Entwurf und Konstruktion eines photometrischen Titrationsgerätes.** H. Flaschka und P. Sawyer. (Talanta [London] **8.** 521—31. Juli 1961. Atlanta, Ga., Georgia Inst. of Technol., School of Chem.; engl.) — 1. vgl. C. **1961.** 15505; **4.** vgl. C. **1962.** 6897. — Vff. beschreiben die Konstruktion eines einfachen photometr. Titrationsgerätes. Als Lichtempfänger dient eine Photodiode, deren Anordnung den Ausschluß von Fremdlicht sehr leicht möglich macht, so daß das Gefäß während der Titration nicht abgedeckt werden muß. Weiterhin werden Meth. zur Auswertung der Daten behandelt u. Möglichkeiten diskutiert, die das Arbeiten unter höchster Genauigkeit gestatten. Die Charakteristika des Gerätes werden mitgeteilt u. die Ergebnisse der Prüfung von Stabilität, Empfindlichkeit u. Linearität der Anzeige angegeben. Als typ. Beispiele werden die Titrationskurven von Cu^{2+} mit EDTA bei pH 10 u. mit Triäthylentetramin bei pH 7 bei 622 nm dargestellt. GERHARD SCHULZE. 5066□

Graphische Untersuchung der Meßwerte von photometrischen Titrationen mit Indicatoren. Kenneth A. Connors und Takeru Higuchi. (Analytica chim. Acta [Amsterdam] **25.** 509—12. Dez. **1961.** Evanston, Ill., Northwestern Univ., Dep. of Chem.; Madison, Wis., Univ. of Wisconsin, School of Pharm.; engl.) — Es werden 3 Gleichungen zur linearen Extrapolation der Meßwerte einer photometr. Titration mit Indicator zur Best. des Endpunktes u. der Gleichgewichts-Konst. der Titrations-Rk. $BHA + I \rightleftharpoons IHA + B$ angegeben, bei der der Farbwechsel des Indicators I bei der Titration der Base B mit der Säure HA messend verfolgt wird. P. KURZMANN. 5066□

Die Hochfrequenztitration und deren Anwendungsmöglichkeiten. E. Pungor. (Ann. Univ. Sci. Budapestinensis Rolando Eötvös nominatae, Sect. Chim. **1.** 127 bis 135. 1959. Budapest, L. Eötvös Univ., Inst. für anorg. u. analyt. Chem.; dt. — Vf. beschreibt die Meßmethodik der Hochfrequenztitration. Als Anwendungsbeispiele werden u. a. eine titrimetr. Alkaloid-Best. mit Silicowolframsäure angeführt, ferner kann mit dem Hochfrequenztitrimeter eine mit Leitfähigkeitsänderungen verbundene Zers., z. B. von Chlorpromazin in geschlossenen Ampullen, festgestellt werden. H.-D. FREYER. 5066□

Hochfrequenztitrationen. 3. Mitt. **Jodometrische Titrationen mit Hochfrequenzindikation.** L. Balazs und E. Pungor. (Ann. Univ. Sci. Budapestinensis Rolando Eötvös Nominatae, Sect. Chim. **2.** 319—24. 1960. Budapest, L. Eötvös Univ., Inst. für anorg. u. analyt. Chem.; dt.) — 2. vgl. C. **1962.** 14628. — Vff. schlagen zur Best. von SO_2^{2-}-, As^{3+}- u. Sb^{3+}-Ionen ein jodometr. Hochfrequenztitrations-Verf. vor. Als Maß-Lsg. wird eine methanol. Jod-Lsg. verwendet, mit der ausgeprägte Titrationskurven erhalten werden. Wss. Jod-Lsg. verursacht infolge ihres J^--Geh. nach dem Titrationspunkt eine Leitfähigkeitszunahme, so daß sich die Richtungstangente der Titrationskurve im Endpunkt nur geringfügig ändert. Bei der SO_3^{2-}-Best. wird O_2 durch Pentan als Sperr-Fl. ferngehalten. Zur Erzielung einer vollständigen Oxydation der As^{3+}-Ionen werden die H^+-Ionen durch $NaHCO_3$-Zusatz aus dem Oxydationsgleichgewicht entfernt. Bei der Sb^{3+}-Best. im alkal. Medium wird zur Verhinderung der Hydrolyse Seignettesalz zugesetzt. H.-P. PIETSCH. 5066□

Eine neue Gruppe von metallochromen Indicatoren. J. Körbl, V. Svoboda, D. Terzijska und R. Pribil. (Chem. and Ind. **1957.** 1624—25. 14/12. Prague, Pharmaceut. and Biochem. Res. Inst.; Czechoslovak. Acad. of Sci., Analyt. Labor.; Brno, Res. Dep. Lachema; engl.) — Die Kondens. von Thymolsulfonphthalein (**I**) mit Formaldehyd u. Glycin (**II**), Sarkosin (**III**), DL-α-Aminoisobuttersäure (**IV**), DL-Serin (**V**), L-Cystein, L-Prolin (**VI**) oder L-Histidin erfolgt innerhalb von 10—40 Std. zu den entsprechenden Bis-[carboxyalkylaminomethyl]-Derivv. von **I.** β-Alanin (**VII**) u. Taurin geben, auch bei verlängerter Rk.-Zeit, geringere Ausbeuten. Eine noch geringere Reaktivität zeigen DL-α-Alanin, DL-α-Amino-n-buttersäure, DL-Norvalin, DL-Valin, Asparaginsäure u. Anthranilsäure. **II**, **III**, **IV**, **V**, **VI** u. **VII** wurden in der gleichen Weise mit o-Kresolsulfophthalein (**VIII**), Thymolphthalein (**IX**) u. Fluorescein (**X**) kondensiert. Folgende Kondens.-Prodd. zeigen (am Cu^{2+}) bedeutende Indicator-Eigg.: *Glycinthymolblau* (aus **I** u. **II**); *Glycinkresolrot* (**II**—**VIII**); *Glycinthymolphthalein* (**II**—**IX**); *Glycin-o-kresolphthalein* (**II**-o-Kresolphthalein); *Sarkosinthymolblau* (**I**—**III**); *Sarkosinkresolrot* (**III**—**VIII**); *β-Alaninthymolblau* (**I**—**VII**); *β-Alaninkresolrot* (**VII**—**VIII**); *Serinthymolblau* (**I**—**V**); *Serinkresolrot* (**V**—**VIII**); *Serinfluorescein* (**V**—**X**); *Methylalaninthymolblau* (**I**—**IV**); *Methylalaninkresolrot* (**IV**—**VII**); *Methylalaninthymolphthalein* (**IV**—**IX**); *Methylalaninfluorescein* (**IV**—**X**); *Prolinthymolblau* (**I**—**VI**); *Prolinkresolrot* (**VI**—**VIII**). Sulfophthalein-Derivv. (**XI**) reagieren allg. mit Cu^{2+} u. zeigen in schwach saurem Medium einen Umschlag von Gelb nach intesiv Blau (Derivv. von **I**) bzw. nach Purpur (Derivv. von **VIII**). Bei den **I**-Derivv. erfolgt die Rk. in Abhängigkeit von der Struktur der Aminosäure sofort (**II**, **III**, **V**) oder sie ist zeitabhängig, u. das Farbmaximum wird innerhalb von 10 oder mehr Sek. erreicht (**IV**, **VI**). Mit Ni^{2+} sind die Rkk. allg. zeitabhängig, die schnellste Rk. ist die mit Derivv. von **III**. Daraus ergibt sich, daß für die Rk.-Geschw. mit Cu^{2+} u. Ni^{2+} die Substitution am α-C u. am N der Aminosäure wichtig ist. Bei **XI** ist die Empfindlichkeit für Cu^{2+} vom pH der Lsg., vom Aminosäurerest u. vom für die Kondens. verwendeten Sulfophthalein abhängig; Derivv. von **VIII** sind allg. etwas empfindlicher als die von **I**. Phthalein-Derivv. reagieren mit Kationen nur in schwach ammoniakal. Medium, wo sie selbst violett sind. Rk. mit Cu^{2+} ruft Entfärbung oder einen hypsochromen Effekt hervor, bei Zugabe einer äquivalenten Menge Komplexon (**XII**) erscheint sofort wieder die ursprüngliche Farbe. Mit Ni^{2+} entsteht unmittelbar eine intesiv blaue Farbe, die auf Zusatz von **XII** nur langsam in die Originalfarbe umschlägt. Die Fluorescenz der Derivv von **X** wird in gewissen pH-Bereichen von einigen Kationen unterdrückt. P. Scharner. 5068□

Vereinfachte Methoden der Spektralanalyse inerter Gase auf Beimengungen. O. P. Botschkowa, L. P. Rasumowskaja, Ss. E. Frisch und N. B. Tschernyschewa. (Оптика и Спектроскопия [Optik u. Spektroskopie] **6.** 818—20. Juni 1959; russ.) — Vff. legen kurz die schon früher (vgl. Botschkowa u. Mitarbeiter, C. **1960.** 10693) beschriebene Meth. zur Best. von gasförmigen Verunreinigungen in Edelgasen mit Hochfrequenzanregung, Filter u. photoelektr. Anzeige dar u. besprechen bes. die Verw. u. Aufbewahrung von Eichgasgemischen. R. Gerbatsch. 5086□

Infrarot-Gasanalysatoren zur industriellen Kontrolle. A. E. Martin, A. M. Reid und J. Smart. (Res. appl. in Ind. **11.** 258—65. Juli 1958. Newcastle-upon-Tyne, Grubb, Parsons & Co. Ltd.; engl.) — Einige moderne Luft-IR-Gasanalysatoren u. solche für feste Wellenlängen mit Gittern oder mit Interferenzfiltern werden beschrieben, Verff. zur Überwindung der durch Überlappen von Absorptionsbanden hervorgerufenen Schwierigkeiten diskutiert u. einige Anwendungen erwähnt. W. Betcke. 5088□

Spektrographische Analyse von Luftproben auf Berylliumverunreinigungen. M. P. Brash. (Appl. Spectroscopy **14.** 43—45. 1960. Wilmington, Mass., Avco Corp., Res. and Advanced Dev. Div.; engl.) — Zur Best. von Be in atmosphär. Dunst wird eine bestimmte Menge Luft gefiltert, das Filter wird bei 500° verascht, die Asche mit 2 ml konz. H_2SO_4, 5 Tropfen (Tr.) konz. HNO_3, 2 Tr. 70%ig. $HClO_4$ u. 2 Tr. 48%ig. HF abgeraucht, die Mischung mit 1 ml $AlCl_3$-Lsg. (1 g Al/Litern) als innerem Standard versetzt u. auf 10 ml aufgefüllt. Zur spektrograph. Best. (Gitterspektrograph; Lsg.-Funkentechnik; Verw. von rotierenden Graphitelektroden) wird im Konz.-Bereich 0,2—5 μg das Linienpaar 3131,07 Å Be-2575, 10 Å Al; im Bereich 1—10 μg 3131,07 Å Be-3082, 16 Å Al; bei höheren Konzz. 2348,61 Å Be-3082, 16 Å Al benutzt. W. Betcke. 5088□

Nebelkammer zum Zählen von Teilchen in Aerosolen. Bernard G. Saunders. (Rev. sci. Instruments **27.** 273—77. Mai 1956. Oak Ridge, Tenn., Oak Ridge Nat. Labor., Health Phys. Div.; engl.) — Die Nebelkammer ist ähnlich wie die von Green [1927] konstruiert, arbeitet jedoch vollständig automatisch. Der Nebel kann durch Expansion sowohl in einer volumenabhängigen als auch in einer druckabhängigen Kammer, deren Konstruktion beschrieben ist, erzeugt werden. Das Bild des durch eine Blitzlichtlampe beleuchteten Spaltes wird durch ein Mikroskopobjektiv im Zentrum der mit Aerosolnebel gefüllten Ultramikroskopzelle abgebildet. Nach Aufnahme des rechtwinklig gestreuten Lichtes durch eine 16-mm-Filmkamera werden Kammer u. Zelle evakuiert, es wird neues Aerosol eingelassen, der Film transportiert, adiabat. expandiert, der Kameraverschluß geöffnet u. die Blitzlampe gezündet. Die Zählung der Teilchen erfolgt nach Projektion auf einen vergrößerten unterteilten Rahmen durch einen Mikrodrucker. Die Messungen können in Abständen von 1 Min. erfolgen. Der Meßbereich beträgt $200-2\cdot10^6$ Aerosolteilchen/cm^3 je nach Schlitzbreite. R. Junge. 5088□

a) Elemente und anorganische Verbindungen

Adsorption einiger Metalle an Anionenaustauscherharzen aus Kaliumthiocyanatlösungen. Janice B. Turner, Robert H. Philip und R. A. Day jun. (Analytica chim. Acta [Amsterdam] **26.** 94—98. Jan. 1962. Atlanta, Ga., Emory Univ., Dep. of Chem.; engl.) — Vff. untersuchen die Adsorption von Sc, V, Cr, Mn, Fe, Co, Ni, Cu, Zn, Cd, Ag, Th u. U aus SCN^- (I)-Lsgg. an Dowex-1 (80—100 mesh; 8% Divinylbenzol-Geh., durch mehrtägiges Schütteln mit 6m I-Lsg. aus der Cl^-- in die I-Form überführt). Cr, Mn, Th u. U werden aus bis zu 8m I-Lsgg. nicht adsorbiert. Cu bildet mit I Niederschläge. V^{4+} wird zwar aus 8m I-Lsg. adsorbiert, bildet aber bei der Behandlung mit 1m I-Lsg. einen schwarzen, nicht eluierbaren Nd. auf dem Harz. Für Zn, Co, Cd, Sc u. Ag wurden die Verteilungs-Koeff. als Funktion der I-Konz. bestimmt. Auf Grund des unterschiedlichen Adsorptions-Verh. lassen sich z. B. Cr u. Sc voneinander trennen. Sc wird aus 1m I-Lsg. vom Austauscher aufgenommen, während Cr durch die Säule läuft. Sc kann dann mit 0,025m I-Lsg. eluiert werden. Ferner können z. B. Ni, Co u. Fe voneinander getrennt werden. Aus 0,04m I-Lsg. werden Co u. Fe, nicht aber Ni, adsorbiert. Co wird dann durch 0,02m I-Lsg. u. Fe nach Waschen der Säule mit 12m HCl durch sehr verd. HCl eluiert. W. Hein. 5100□

Die Kontrolle von schwerem Wasser durch Infrarotspektroskopie. W. H. Stevens und J. G. Bayly. (Progr. nuclear Energy, Ser. IX **1.** 211—24. 1959. Chalk River, Ontario, Atomic. Energy of Canada Ltd.; engl.) — Zur Best. von D_2O u. HDO in H_2O wird ein IR-spektrometr. Differenz-Verf. (gemessen wird die Absorption bei 2,94 μ) benutzt. Eine Meth. zur Kontrolle von Atomenergieanlagen auf Undichtigkeiten wird beschrieben, die auf der IR-spektrometr. Best. von D_2O-Dampf beruht. Es lassen sich noch 0,1 g D_2O in 1000 m^3 Luft bei einer relativen Feuchtigkeit von 50% nachweisen. W. Betcke. G 238□

Eine neue Methode zur Schnellbestimmung von Nitrat und eine Untersuchung der Darstellung von Phenolsulfonsäure-Reagens. K. R. Middleton. (J. appl. Chem. **8.** 505—09. Aug. 1958. Samaru, Zaria, Nigeria, Agric. Res. Stat.; engl.) — Wenn man Nitrat-Lsg. tropfenweise zu einer sauren Lsg. von p-Phenolsulfonsäure (I) gibt, so daß sich I stets im Überschuß befindet, lassen sich bei nachfolgendem Versetzen mit NH_3 u. Best. des Extinktions-Koeff. ε bei 4260 Å reproduzierbare Ergebnisse erzielen, die noch 2,5 ppm Nitrat erfassen. I ist leichter herstellbar als Phenoldisulfonsäure. Die mit NO_3^- gebildete Verb., deren Konstit. diskutiert wird, hat in alkal. Lsg. einen etwas höheren ε-Wert. Zur Herst. von I wird eine Lsg. von 1 Teil Phenol in 4—7 Gew.-Teilen konz. H_2SO_4 2—5 Std. lang unter Rückfluß auf 100° erhitzt. Zu 2 ml dieser Lsg. werden unter Rühren langsam 2 ml NO_3^--Lsg. gegeben u. nach dem Abkühlen mit 25 ml 3n NH_3-Lsg. versetzt. Die gelbe Farbe des NH_4-Salzes bleicht beim Stehen über Nacht an Luft um ca. 3%. R. Junge. G 243□

Reaktion von Hyponitriten. 4. Mitt. **Chemische Bestimmung von Natriumhyponitrit, Natriumnitrit und Natriumnitrat nebeneinander.** T. M. Oza und N. L. Dipali. (J. Indian chem. Soc. **32.** 559—62. Aug. 1955. Ahmedabad, Gujarat Coll. u. Dharwar, Karnatak Coll., Inorgan. and Phys. Chem. Labor.; engl.) — 3. vgl. C. **1950/54.** 4889 S. — Na-Hyponitrit (I) wird durch CO_2 zu Soda u. N_2O zersetzt; im Gemisch mit Na-Nitrit (II) kann letzteres nach Zersetzen von I mit CO_2 mittels $KMnO_4$ bestimmt werden. I neben II wird ferner durch Fällen der Ag-Salze, Auswaschen des $AgNO_2$ aus dem Nd mit W., Lösen des Ag-Hyponitrits in HNO_3 u. Titrieren mit K-Rhodanid bestimmt (nicht in Ggw. von viel II). Bei Anwesenheit von Nitrat (III) werden I u. II in einem Teil der Lsg. wie vorst. bestimmt u. in einem anderen Teil nach Zersetzen des I u. Kochen — Oxydation des II zu III — das gesamte III bestimmt. Subtraktion des Nitratäquivalents von II ergibt den III-Wert. — Die I-haltigen Lsgg. lassen sich nur stark alkal. aufbewahren. G. v. Dechend. G 243□

Anorganische Dünnschichtchromatographie. 3. Mitt. **Trennung der Alkaligruppe.** H. Seiler und W. Rothweiler. (Helv. chim. Acta **44.** 941—48. 15/6. 1961. Basel, Univ., Inst. für anorgan. Chem.; dt.) — 2. vgl. C. **1962.** 14630; 4. vgl. C. **1962.** 11305. — Die Trennung von Li, Na, K u. Mg durch Dünnschichtchromatographie an einer Kieselgel–Stärke-Schicht mit abs. A. u. 18% Eisessig als Laufmittel wird beschrieben. Die Elemente werden in Form der Acetate verwendet; die Salze starker Säuren können durch doppelte Umsetzung mit $Ba(CH_3COO)_2$ auf der Schicht in die Acetate verwandelt werden; das Ba-Salz bleibt am Startpunkt zurück. Als Nachw.-Reagens dient wss. Violursäure. Die Reihenfolge in der Steighöhe ist Li > Mg > Na > K. W. Betcke. G 272□

Titration von Calcium mit Trilon in Gegenwart großer Aluminiummengen. M. A. Popow. (Заводская Лаборатория [Betriebs-Lab.] **26.** 540—42. 1960. Nowosibirsk,

Zentr. Labor. der geolog. Verwalt.; russ.) — Die Ermittlung des Äquivalenzpunktes bei der Titration von Ca mit Trilon B (I) bei pH > 12 wird durch Ggw. von Saccharose (II) bzw. Glycerin (III) erleichtert, was durch die Bldg. von nichthydrolysierbaren Ca-II u. Ca-III-Komplexen, die die Rk. des Ca mit I bzw. mit Chromdunkelblau nicht beeinträchtigen, zu erklären ist. Die Einführung von II bzw. III verhindert die Bldg. des schwerlösl. Ca-Aluminats (IV), wenn die Ca-Konz. der Lsg. ≤ 0,0035 m ist; bei stärkeren Ca-Konzz. fällt IV aus, wird aber bei der sofortigen Titration des Gemisches mit I leicht gelöst. Die hemmende Wrkg. von II bzw. III auf die Bldg. von IV wurde von Vf. zur Best. von Ca im Flußspat u. dolomit. Kalkstein angewandt. Nach der Lsg. des Fluorits in neutraler $AlCl_3$-Lsg. wird das Ca von Al durch Fällung mit Oxalsäure getrennt. Die optimale Konz. von II bzw. III in der zu titrierenden Lsg. beträgt für Saccharose 0,030 bis 0,035 bzw. für Glycerin 0,7 Mol/Liter. Die Best. ist durch hohe Genauigkeit u. gute Reproduzierbarkeit gekennzeichnet. Der Analysengang für die Fluorite wird eingehend beschrieben. S. Baryschnikow. G 283

Der Aufschluß von Radiumsulfat mit Ionenaustauschharzen und die Abtrennung des Radium D und Polonium von Radium. W. Dedek. (Mber. dtsch. Akad. Wiss. Berlin **1**. 502—05. 1959. Leipzig, Dt. Akad. der Wiss., Inst. für angew. Radioaktivität; dt.) — Vorl. Mitt. zu der C. **1961**. 5196 referierten Arbeit. A. Blaschette. G 286 □

Colorimetrische Schnellbestimmung von Quecksilber mit Hilfe der Zinn (II)-Reduktionsmethode in starker Phosphorsäure. Toshiyasu Kiba, Ikuko Akaza und Osamu Kinoshita. (Bull. chem. Soc. Japan **33**. 329—35. März 1960. Kanazawa, Univ., Fac. of Sci., Dep. of Chem.; engl.) — Durch Red. mit Sn(II) in starker H_3PO_4 (50 g $SnCl_2 \cdot 2 H_2O$ werden mit 250 g durch Erhitzen auf 300° entwässerter H_3PO_4 30 Min. lang auf 300° erhitzt; Sn(II)-Reagens) u. anschließender Dest. kann anorgan. u. organ. gebundenes Hg in Mengen von 5—50 μg für die colorimetr. Best. abgetrennt werden. Die Probe wird in einem Dest.-Kolben, dessen Ableitung in einen Scheidetrichter (Inhalt: 5 ml 0,1n $KMnO_4$-Lsg. u. 5 ml 10%ig. H_2SO_4) führt, mit 5—10 ml Sn(II)-Reagens übergossen. Nach ca. 15 Min. langer Dest. unter Durchleiten von CO_2 wird das Destillat mit 15 ml 1n H_2SO_4, 1 ml 20%ig. $HONH_2 \cdot HCl$ u. 2 ml 6n Essigsäure versetzt u. mit 5 ml Chlf. ausgeschüttelt. Die Chlf.-Schicht wird verworfen u. Hg in 10 ml 0,001 bis 0,005%ig. Dithizon-Lsg. in Chlf. extrahiert. Die Absorption wird bei 517 mμ gemessen. Als Anwendungsbeispiele sind die Analysen verschiedener pharmazeut. Präpp. beschrieben. W. Betcke. G 290 □

Schnelle Bestimmung von Quecksilberverbindungen im technischen Phenylquecksilberacetat. Mieczysław Wroński. (Chem. analit. [Warszawa] **5**. 601—04. 1960. Łódź, Uniw., Zakł. Technol. chem.; pol.) — Der Gesamt-Hg-Geh. im techn. Phenylquecksilberacetat (I) wird nach Aufschluß der Probe mit konz. H_2SO_4, Verdünnen mit W., Aufkochen mit Br_2 bis zum Klarwerden der Lsg., Zusatz von NaOH u. Ammoniak, Zerstören des überschüssigen Br_2 mit Na_2SO_3 u. Titration mit einer 0,05n Na-Thioglykolat-Lsg. (II) in Ggw. von Thiofluorescein ermittelt. Hg-Acetat (III) wird mit W. extrahiert, mit NaOH alkalisiert u. ebenfalls mit II titriert. Die Hg-organ. Verbb. werden in einer anderen Probe mit Br_2-Wasser u. 2n HNO_3 in der Wärme zersetzt u. das freigesetzte Hg^{2+} ebenfalls mit II titriert. Diese Titration erfaßt III mit. Die Trennung der Nebenprodd. der Umsetzung von Bzl. mit III zu I erfolgt nach folgender Vorschrift: 1 g I wird 3mal mit kleinen Mengen (zusammen 50 ml) 80%ig. CH_3COOH ausgekocht. Der Rückstand, Phenyltriquecksilbertriacetat, wird mit heißem W. gewaschen, bei 50° getrocknet u. gewogen. Das Filtrat wird mit W. auf 100 ml verdünnt. 20 ml der über dem ausgefallenen Nd. stehenden Fl. werden mit Br_2-Wasser aufgekocht u. Hg^{2+} mit II titriert. Diese Best. erfaßt die Summe von I u. III. Der Geh. an Phenyldiquecksilberdiacetat läßt sich aus der Differenz des Gesamt-Hg-Geh. im techn. I u. dem Hg-Geh. von I u. III berechnen. F. Urban. G 290 □

Wismut, Thallium und Quecksilber in Steinmeteoriten durch Aktivierungsanalyse bestimmt. W. D. Ehmann und J. R. Huizenga. (Geochim. cosmochim. Acta [London] **17**. 125—35. Aug. 1959. Lemont, Ill., Argonne Nat. Labor.; engl.) — Die Verff. zur Best. von *Bi*, *Tl* u. *Hg* in Steinmeteoriten durch Neutronenaktivierung werden beschrieben. Die Häufigkeiten sind: ^{209}Bi $2{,}2 \cdot 10^{-9}$, ^{203}Tl $0{,}40 \cdot 10^{-9}$ u. ^{202}Hg $30 \cdot 10^{-9}$ g/g Meteorit. Dem entsprechen die kosm. Häufigkeiten bezogen auf 10^6 Si-Atome von Bi = 0,0016, Tl = 0,0003 u. Hg = 0,023. J.-E. Hiller. G 334 □

Spektrophotometrische Schnellbestimmung von Vanadin und Molybdän in Uranmaterialien. P. R. Kuehn, O. H. Howard und C. W. Weber. (Analytic. Chem. **33**. 740—44. Mai 1961. Oak Ridge, Tenn., Union Carbide Nucl. Co., Oak Ridge Gaseous Diffusion Plant, Techn. Div.; engl.) — Vff. beschreiben eine Meth. zur photometr. Schnellbest. von V u. Mo, die eine geeignete Anpassung des Benzhydroxamsäure-Verf. für V u. des Thiocyanat-Verf. für Mo darstellt u. eine genaue Best. dieser als Verunreinigungen in hydrolysiertem UF_6 oder gelösten U-Oxiden vorhandenen Elemente nach einer einmaligen Extraktion mit n-Hexanol gestattet. Jedes der beiden Elemente läßt sich mit einer Genauigkeit von ± 1 μg im 95%-Vertrauensbereich bei Konzz. zwischen 5 u. 20 μg bestimmen. Die Nachw.-Grenze liegt bei 1 μg. Die Meth. eignet sich zur Betriebsüberwachung. Die vollständige Analyse erfordert 30 Minuten. Die üblichen Verunreinigungen stören nicht; Fe- u. U-Strömungen lassen sich durch einmaliges Waschen des Hexanolextraktes mit $(NH_4)_2HPO_4$-Lsg. beseitigen. Gerhard Schulze. G 336 □

Spektrophotometrische Untersuchungen an in der analytischen Chemie verwendeten metallorganischen Komplexen. 6. Mitt. **Spektrophotometrische Bestimmung von Uran mit Quercetinsulfonsäure.** Takuji Kanno. (Sci. Rep. Res. Inst. Tôhoku Univ., Ser. A **12.** 532—39. Dez. 1960. Tohoku, Univ., Res. Inst. of Miner. Dressins and Metallurg.; engl.) — 5. vgl. C. **1962.** 8730. — Die neutrale wss. Lsg. von Quercetinsulfonsäure (I) bildet mit UO_2^{2+}-Ionen einen lösl. braungefärbten Komplex, der eine breite Absorptionsbande mit einem Absorptionsmaximum bei 460 mμ zeigt. Der Absorptionsgrad ist bei pH 6,0—7,5 definiert, jedoch steigt die Absorption durch I selbst bei pH $>$6,5 stark an. Zur quant. U-Best. muß daher bei pH 6,0—6,5 gearbeitet werden. Die I-Konz. soll $4{,}8 \cdot 10^{-4}$ Mol/Liter betragen. Die Eichkurve folgt dem Beerschen Gesetz im Konz.-Bereich von 1—12,5 μg UO_2^{2+}/ml, der mol. Extinktions-Koeff. beträgt 17600. Bei Th-Geh. unter denen des U muß 0,005% EDTA zugesetzt werden. Liegt der Th-Geh. über dem des U oder sind andere störende Ionen anwesend, wird U durch Extraktion mit Tri-n-butylphosphat aus 7n HCl abgetrennt. F. Vier. G 339 □

Direkte Titration von Aluminium und stufenweise Titration von Eisen(III) und Aluminium mit EDTA und 3-Hydroxy-2-naphthoesäure als Indicator. Hans Kristiansen. (Analytica chim. Acta [Amsterdam] **25.** 513—15. Dez. 1961. Blindern, Univ. of Oslo, Chem. Inst. A.; engl.) — Al wird bei pH 3 bei 50° mit EDTA-Lsg. gegen 3-Hydroxy-2-naphthoesäure als Fluorescenzindicator titriert. Der Endpunkt ist erreicht, wenn die durch UV-Licht angeregte Fluorescenz ihre Farbe von Blau nach Grün ändert. Der relative Fehler betrug bei 25 ml Al —0,05 bis —0,2%. Die unterschiedlichen Stabilitäts-Konst. der Komplexe von Fe(III) u. Al mit EDTA bei pH 2 zusammen mit der niedrigen Rk.-Geschw. der Komplex-Bldg. von Al mit EDTA bei niedrigen Temp. erlaubt die Best. von Fe neben Al. Zuerst wird Fe bei niedriger Temp. u. pH 2 bestimmt; dann wird auf ca. 50° erwärmt, das pH auf 3 gebracht u. Al im Dunkeln bei Bestrahlung mit UV-Licht titriert. Der Umschlag des Indicators von Blau nach Grün war trotz der gelben Farbe der Lsg., die das Blau abschwächte, durch Vgl. mit einer Lsg. des reinen Indicators scharf zu erkennen. P. Kurzmann. G 354 □

Untersuchungen über die Metallkomplexe der Hydroxamsäuren. 5. Mitt. **Bestimmung von Eisen und Mangan nebeneinander mit Anthranilohydroxamsäure.** R. L. Dutta. (J. Indian chem. Soc. **37.** 167—70. März 1960. Calcutta, Ind. Assoc. for the Cultivation of Sci., Inorg. Chem. Labor.; engl.) — 4. vgl. C. **1961.** 6970. — Fe(II) sowohl als auch Fe(III) u. Mn lassen sich auf Grund ihrer Komplex-Bldg. mit Anthranilohydroxamsäure (2-Aminobenzohydroxamsäure, I) u. der Extrahierbarkeit des Fe-Komplexes in Isobutanol (II) auch bei 250fachem Fe-Überschuß nach einem spektrometr. Verf. nebeneinander bestimmen. I wird nach einer modifizierten Vorschrift aus $HONH_2$ u. Methylanthranilat in A. in Ggw. von C_2H_5ONa gewonnen. Zur Best. wird die Probe-Lsg. mit überschüssigem I (4%ig. wss. Lsg.) versetzt, das pH auf 4—5 eingestellt u. der orangerote Fe-Komplex durch mehrmaliges Ausschütteln mit II extrahiert. Fe wird durch Absorptionsmessung bei 450 mμ bestimmt (bei Ggw. von Ti, U oder Mo bei 500 mμ); V stört erheblich. Mn (weinroter Komplex) wird in der wss. Phase nach Zusatz von NH_3 (pH $>$9,2) durch Absorptionsmessung bei 490—500 mμ bestimmt. Cu, Ni u. Co lassen sich mit NaCN maskieren; bei Anwesenheit kleiner Mengen V, Mo, Ti oder U wird ein Überschuß NH_3 angewendet u. die Absorption bei 550 mμ gemessen. Das Reagens eignet sich auch zur Best. von V, das bei pH 3—4 einen purpurfarbenen, in II extrahierbaren Komplex (λ_{max} = 460—470 mμ) bildet. W. Betcke. G 354 □

Dünnschichtchromatographie von Ferrocenderivaten. 7. Mitt. **Über Ferrocenderivate.** K. Schlögl, H. Pelousek und A. Mohar. (Mh. Chem. **92.** 533—41. 19/7. 1961. Wien, Univ., Org.-chem. Inst.; dt.) — 6. vgl. Mh. Chem. **92.** [1961.] 219. — Die Dünnschichtchromatographie erwies sich zur raschen Trennung u. Identifizierung von Ferrocen-Derivv. als sehr geeignet. Auf Kieselgel G (Merck) als Adsorbens wurden insgesamt 49 Ferrocenylketone, Ferrocenylcarbinole u. Glykole, Ester, Äther u. N-haltige Derivv. des Ferrocens u. (etwas weniger glatt) auch Alkyl- (u. Alkenyl-)ferrocene chromatographiert, wobei bes. in Bzl. u. Bzl.-A.-Mischungen z. T. ausgezeichnete Trennungen erzielt werden konnten. Die R_F-Werte dieser Verbb. sind in 5 Abb. graph. zusammengestellt. Neben der Kontrolle der Friedel-Crafts-Rk. ist also mit Hilfe der

Dünnschichtchromatographie die Verfolgung der Hydrierung, partiellen Hydrierung oder Hydrogenolyse, der Verätherung oder Dehydratisierung sowie eventueller Umlagerungen oder Oxydationen auf dem Gebiet der Ferrocenchemie bequem möglich.
U. Skurnia. G 354 □

Isonitrosothiocampher als colorimetrisches Reagens. Die colorimetrische Bestimmung von Kobalt. Nihar Kumar Dutt und Himansu Bhattacharyya. (Sci. and Cult. **25.** 694. Juni 1960. Calcutta, Univ., Coll. of Sci., Inorg. Chem. Labor.; engl.) — Der zur gravimetr. *Co*-Best. verwendete Isonitrosothiocampher eignet sich auf Grund der Löslichkeit des Nd. in 50%ig. A. mit roter Farbe auch als Reagens zur colorimetr. Co-Bestimmung. Die Fällung ist bei pH >7 vollständig. Die Absorption wird bei 510 mμ gemessen. Die Co-Konz. darf 1—15 ppm betragen. W. Betcke. G 355 □

Untersuchungen an Thiazolderivaten als analytisches Reagens. 8. Mitt. **Colorimetrische Bestimmung von Kupfer, Kobalt und Nickel mit 2-Benzothiazolylaldehyd-2-benzothiazolylhydrazon oder 2-α-Naphthothiazolylaldehyd-2-benzothiazolylhydrazon.** Toyozo Uno und Sumiyuki Akihama. (Japan Analyst **10.** 822—27. Aug. 1961. Kyoto, Univ., Fac. of Pharm.; jap., Auszug: engl.) — 7. vgl. Japan Analyst **10.** [1961.] 756. — 2-Benzothiazolylaldehyd-2-benzothiazolylhydrazon (I) u. 2-α-Naphthothiazolylaldehyd-2-benzothiazolylhydrazon (II) geben mit Cu^{2+}, Co^{2+} u. Ni^{2+} orange bis rotorange Färbungen. 2 ml der Proben-Lsg. (Cu^{2+}: **I**, pH 4,00, **II**, pH 5,42; Co^{2+}: pH 8,00; Ni^{2+}: pH 5,42) werden mit 2 ml einer 0,075%ig. **I**-Lsg. oder 2 ml einer 0,05%ig. **II**-Lsg. in Dioxan behandelt u. mit Dioxan auf 5 ml aufgefüllt. Die quant. Best. wird bei der Wellenlänge der maximalen Absorption für jeden Komplex durchgeführt. Die entsprechenden Werte sind für λ_{max} in mμ u. für den molaren Absorptions-Koeff. $\varepsilon \cdot 10^4$ mit **I**: Cu^{2+}: $\lambda = 464$, $\varepsilon = 3{,}251$; Co^{2+}: $\lambda = 462$, $\varepsilon = 5{,}799$; Ni^{2+}: $\lambda = 468$, $\varepsilon = 6{,}024$, u. mit **II**: Cu^{2+}: $\lambda = 476$, $\varepsilon = 4{,}126$; Co^{2+}: $\lambda = 475$, $\varepsilon = 5{,}533$; Ni^{2+}: $\lambda = 474$, $\varepsilon = 6{,}395$. Die Best. von Cu soll innerhalb von 10 Min. nach der Rk. erfolgen, während Ni u. Co nach 10 Min. oder länger gemessen werden. Nach dieser Meth. können 0,25—5,05 μg Cu/ml, 0,1—5,2 μg Co/ml u. 0,1—2,9 μg Ni/ml bestimmt werden. Zn^{2+} u. Pd^{2+} stören.
K. Ross. G 358 □

Untersuchungen an Thiazolderivaten als analytisches Reagens. 9. Mitt. **Colorimetrische Bestimmung von Kupfer, Kobalt und Nickel mit 2-Benzothiazolylphenylketoxim.** Toyozo Uno und Sumiyuki Akihama. (Japan Analyst **10.** 828—32. Aug. 1961; jap., Auszug: engl.) — 8. vgl. vorst. Referat. — 2-Benzothiazolylphenylketoxim (I) gibt mit Co^{2+} eine gelborange, mit Cu^{2+} u. Ni^{2+} eine gelbe Färbung. 2 ml Proben-Lsg. werden mit 0,5 ml NH_3–NH_4Cl-Puffer, pH 9,00, 1 ml einer 0,2%ig. **I**-Lsg. in A. gemischt u. mit Dioxan auf 5 ml aufgefüllt. Cu wird bei 362 mμ, Co bei 358 mμ u. Ni bei 356 mμ nach 30 Min. gegen eine Blindprobe gemessen. Die molaren Absorptions-Koeff. sind für Cu $1{,}303 \cdot 10^4$, Co $2{,}178 \cdot 10^4$ u. Ni $1{,}899 \cdot 10^4$. Nach dieser Meth. können 0,25—20,20 μg Cu/ml, 0,1—10,65 μg Co/ml u. 0,25—10,40 μg Ni/ml bestimmt werden. Selektive Best. aus der Mischung der 3 Metalle ist möglich nach Verändern des pH, wodurch sich die Wellenlänge der Absorption verschiebt. Die Cu-Best. wird durch Pd u. Co, die Co-Best. durch Pd u. Ag u. die Ni-Best. durch Fe, Pd u. Cd gestört.
K. Ross. G 358 □

3-Oximinomethylsalicylsäure als analytisches Reagens. 1. Mitt. **Gravimetrische Bestimmung von Kupfer und Nickel.** Asit Kumar Ray und Priyadaranjan Ray. (J. Indian chem. Soc. **37.** 133—40. März 1960. Calcutta, Indian, Assoc. for the Cultiv. of Sci., Dep. of Inorg. Chem.; engl.) — 3-Oximinomethylsalicylsäure (I) bildet mit Cu(II) u. Ni(II) farbige Komplexe (Metall:I = 1:2), die in W. u. organ. Lsgm. unlösl., in starken Säuren, Ätzalkalien u. NH_3 lösl. sind u. sich zur gravimetr. Best. der Metalle eignen. Zur Cu-Best. wird die Probe-Lsg. mit NH_3 neutralisiert, zur Entfernung der gebildeten Trübung mit HCl angesäuert, auf 150 ml verd., auf dem Wasserbad erwärmt u. mit wss., etwas A. enthaltender **I**-Lsg. (10 ml 1%ig. Lsg./5 mg Cu) versetzt. Das pH wird mit verd. Alkali auf 2,5—3,0 eingestellt, der gelbgrüne Nd. nach 10 Min. abfiltriert u. bei 110° getrocknet. Cu wird so von Hg^{2+}, Pb^{2+}, Cd^{2+}, Zn^{2+}, Ni^{2+}, Mn^{2+}, Co^{2+} u. Al^{3+} getrennt, während Sb^{3+}, Bi^{3+} u. Fe^{3+} durch Weinsäure in Lsg. gehalten werden müssen. Auch in Ggw. von AsO_3^{3-}, AsO_4^{3-}, VO_4^{3-}, MoO_4^{2-} u. PO_4^{3-} läßt sich bei Cu bei pH 2,5—6 fällen. — Die Ni-Fällung wird in entsprechender Weise bei pH 5,6—6,0 durchgeführt (hellgrüner Nd.). — Angaben über die Fällungs-Rkk. (Nd.-Farbe, pH, Löslichkeit) mit **I** sind für Ag^+, Pb^{2+}, Hg^{2+}, Cu^{2+}, Ni^{2+}, Pd^{2+}, Fe^{3+}, Cd^{2+}, Zn^{2+}, Co^{2+}, Mn^{2+}, UO_2^{2+}, Bi^{3+}, Ti^{4+}, VO_3^-, MoO_4^{2-}, Th^{4+} u. Zr^{4+} tabellar. zusammengestellt. Die Struktur der Komplexe wird diskutiert. W. Betcke. G 358 □

Elektroanalyse durch Isotopenverdünnung. 2. Mitt. **Bestimmung von Silber in Mikrogrammengen.** J. Růžička und P. Beneš. (Collect. czechoslov. chem. Commun.

26. 1784—92. Juli 1961. Prague, Czech. Inst. of Technol., Fac. of Technol. and Nucl. Phys., Dep. of Nucl. Chem.; Prag, Tschech. TH, Fak. der Technol. u. Kernphys., Inst. für Kernchem.; engl.) — 1. vgl. C. **1961.** 2045. — Die Empfindlichkeit der l. c. beschriebenen elektrolyt. Mikrometh. zur radiometr. Best. von Ag unter Verw. von 2 gleichen, in Serie geschalteten Elektrolysezellen wurde durch Einführung einer potentiostat. Vorr. zur genauen automat. Kontrolle u. Stabilisierung des Kathodenpotentials während der Elektrolyse wesentlich erhöht, so daß μg-Mengen Ag bestimmt werden können; sonst bleibt das Prinzip der Meth. unverändert. Der Hauptteil des Potentiostaten besteht aus einem Titrator, der so eingerichtet ist, daß beim Erreichen einer bestimmten, vorher gewählten Potentialdifferenz der Kathode einer der beiden Zellen gegen die gesätt. Kalomelelektrode der Stromkreis durch ein Relais unterbrochen wird; sobald das Kathodenpotential unter den gewählten Wert sinkt, wird der Strom automat. wieder eingeschaltet. Die Unterbrechung der Elektrolyse dauert bei gutem Rühren nur einen kleinen Sek.-Bruchteil. Das Elektrodenpotential der anderen Zelle wird, sofern die Zellenwiderstände übereinstimmen, nicht gesondert reguliert. Dadurch wird in beiden Zellen die gleiche Menge Ag ausgeschieden. Die Kathoden bestehen aus einem 1 mm dicken Ag-Draht, an dessen 8 mm langer Spitze Ag ausgeschieden wird; die übrige Drahtoberfläche wird vor der Analyse mit Kollodium überzogen. Die Elektrode kann auch amalgamiert werden. Als Anode wird eine Spirale aus Pt-Draht (Dicke 0,5 mm, Länge 20 cm) verwendet, in deren Achse sich die Kathode befindet. Zur Vermeidung der Ausscheidung der schwarzen Ag-Form wird das Kathodenpotential nur um 50 mV negativer gegenüber dem Gleichgew.-Potential der Ag-Kathode gewählt, oder es wird mit der amalgamierten Kathode gearbeitet, die sich auch durch die hohe H-Überspannung u. selektive Ag-Ausscheidung in Ggw. anderer Metallkationen sowie bei der Best. von Ag-Mengen $< 100\ \mu$g bewährt. Am besten verläuft die Ag-Ausscheidung in 0,05—1 m, mit HNO_3 zu pH 1—4 angesäuerten KNO_3-Lsgg., wo die Stromausbeute prakt. 100%ig. ist. Die radioakt. $AgNO_3$-Lsg. (I) wird aus metall. ^{110}Ag (Halbwertszeit 270 Tage, spezif. Aktivität 35 mc/g) durch Lsg. in HNO_3 u. zweckmäßige Verdünnung bereitet. Zur Best. von $>10^{-5}$ g Ag wird die spezif. Aktivität dieser Lsg. durch Zugabe von inakt. Ag vermindert. — Analysendurchführung: In die eine Zelle wird ein geeignetes Vol. des Gemisches von I mit der inakt. Probe-Lsg., in die andere etwa dasselbe Vol. von I abgemessen u. mit der Leitelektrolyt-Lsg. auf 2 ml in beiden Zellen verd.; die Zelle, in der die Ag-Konz. kleiner ist, wird der Potentiostat angeschlossen. Nach ca. 3 Min. langem Durchleiten von N_2 durch die beiden Lsgg. wird das Kathodenpotential eingestellt u. der Strom unter ständigem Einleiten von N_2 eingeschaltet. Die Dauer der Elektrolyse ist so zu wählen, daß die Aktivität des ausgeschiedenen Ag einen kleinen Meßfehler gewährleistet; meistens beträgt sie ca. 10 Minuten. Danach wird die Aktivität der beiden abgespülten u. getrockneten Kathoden mit einem Scintillationszählrohr mit Hohlkristall 3mal je nach 1 Min. gemessen. Die Berechnung des Ergebnisses erfolgt wie l. c. beschrieben. Die Meth. ermöglicht, bis 10^{-6} g Ag zu bestimmen; die durchschnittliche Abweichung vom arithmet. Mittel beträgt für 10^{-3} bis 10^{-4} g Ag $\pm$ 0,8%, für 10^{-4} bis 10^{-5} g $\pm$ 1,1% u. für 10^{-5} bis 10^{-6} g $\pm$ 2,3%. Cu, Ni u. Cd stören selbst in 10fachem Überschuß nicht. Vorteilhaft ist, daß die Trennung u. Überführung von Ag in die zu elektrolysierende Lsg. nicht quant. sein muß, zumal die Verluste an Ag, die nach der Einstellung des Isotopenverhältnisses ggf. eintreten, keinen Einfl. auf das Analysenergebnis haben. K. Kámen/Prag. G 359

Extraktiv-photometrische Trennverfahren für Gold. 1. Mitt. **Die Extraktion von Gold als Polyäthylenglykol-goldchlorid.** Max Ziegler. (Z. analyt. Chem. **182.** 166—69. 1961. Göttingen, Univ., Anorg.-chem. Inst.; dt.) — Setzt man Au(III)-Salze mit Polyäthylenglykol in 10%ig. salzsaurer Lsg. zu Oxoniumsalzen um u. extrahiert mit Methylenchlorid, so läßt sich Au selektiv neben einem Überschuß an anderen Metallionen trennen u. photometr. bis zu einer Mindestmenge von ca. 300 μg Au/10 ml CH_2Cl bei 320 nm bestimmen. Trennungen von Au:Fe = 1:5000, Au:Co = 1:5000, Au:Ni = 1:5000, Au:Mn = 1:1000, Au:Pd = 1:3000, Au:Pt = 1:200 u. Au:Rh = 1:75 sind beschrieben. H. Nentwig. G 360□

Chlorpromazinhydrochlorid als analytisches Reagens. 2. Mitt. **Colorimetrische Bestimmung von Mikromengen Gold.** Lee Kum-Tatt. (Analytica chim. Acta [Amsterdam] **26.** 478—81. Mai 1962. Singapore, Malaya, Gov. Dep. of Chem.; engl.) — 1. vgl. C. **1962.** 11670. — Vf. beschreibt eine photometr. Meth. zur Best. von Au, die auf der Oxydation von Chlorpromazinhydrochlorid (I) in saurer Lsg. unter Bldg. eines rotgefärbten freien Radikals beruht. Das Absorptionsspektrum des Oxydations-Prod. weist bei 530 nm ein Maximum auf. Optimale Bedingungen wurden bei Verw. von 20% H_3PO_4 in der Best.-Lsg. u. 5 mg I/ml gefunden. Die Säure-Konz. kann ohne Einfl. auf die Farbe bis 35% gesteigert werden. Unter den optimalen Bedingungen ist die Farbe mindestens 3 Std. lang stabil u. wird von Licht u. Temp. (25—29°) nicht beeinflußt. Das BEERsche Gesetz ist von 0,5—8,0 μg Au/ml erfüllt. Bei der Best. von 4 μg Au/ml ergab sich bei 8 Meßwerten eine Standardabweichung von 0,003 cm^{-1}. Folgende Ionen stören nicht: Na, Mg, K, Ca, Cu, Ag, Fe, Hg, Co, Ni, Cd, Zn, Pb, As, Al, Mn, Cr u. UO_2^{2+}-Ionen, die I oxydieren, wie Ce(IV), $Cr_2O_7^{2-}$, MnO_4^- u. VO_3^-, oder Ionen, die mit I gefärbte Komplexe bilden, wie Pd u. Pt, stören. Die Pd- u. Pt-Komplexe lassen sich mit Chlf. extrahieren. $SnCl_2$, $TiCl_3$, SO_3^{2-} u. Ascorbinsäure stören durch ihre Red.-Wrkg. auf Au(III) oder auf das farbige Oxydations-Prod., EDTA stört durch Komplex-Bldg. mit Au. Durch Abrauchen mit Königswasser lassen sich diese Verbb. entfernen. HNO_3 in einer Konz. von > 15% oxydiert I, schwächere Lsgg. üben keinen Einfl. aus. Die Störung durch Fe läßt sich durch H_3PO_4 ausschalten, wenn die Cl^--Konz. 1 m überschreitet. Ist kein Fe vorhanden, kann an Stelle des H_3PO_4 1 m HCl verwendet werden.

GERHARD SCHULZE. G 360□

Ein fremdgezündeter 220-V-Wechselstrom-Funken für hohe Genauigkeit bei der Metallanalyse. C. G. Carlsson. (Spectrochim. Acta [London], Proc. Colloquium spectroscop. int VI **1956.** 370—376. 1957. Stockholm, Metallogr. Inst.; engl.) — Angabe der Schaltung für einen einfachen Niederspannungsfunkengenerator mit Fremdzündung unter Verw. eines mechan. Unterbrechers. Erläuterung des Einfl. der verschiedenen Parameter an Hand von Oscillogrammen des Entladungsstromes. An Beispielen wird die Leistungsfähigkeit der App. belegt u. ihre Verw.-Möglichkeit diskutiert.

H.-J. EICHHOFF. 5280□

Thermodynamische Methode zur Bestimmung der Bedingungen der Analyse von Gasen in Metallen und ihre Verwendung für die Ausarbeitung der Analysenmethodik. Ju. A. Kljatschko und Je. M. Tschisstjakowa. (Заводская Лаборатория [Betriebs-Lab.] **26.** 1335—38. 1960. Zentr. Bardin-Forsch.-Inst. für Eisenmetallurgie; russ.) — Es wird versucht, aus thermodynam. Daten die günstigsten Bedingungen für die Gas-Best. nach dem Heißextraktions-Verf. zu berechnen. Die Brauchbarkeit der abgeleiteten Formeln wird am Beispiel der Gas-Best. in Mn nachgewiesen. K. FRIEDRICH. 5280□

Spektrographische Bestimmung von Sauerstoff, Stickstoff und Wasserstoff in Metallen. V. A. Fassel, W. A. Gordon und R. J. Jasinski. (Progr. nuclear Energy, Ser. IX **1.** 230—43. 1959. Ames, Iowa, Iowa State Coll., Inst. for Atomic Res. and Ames Labor. of USAEC; engl.) — Es wird eine App. u. Meth. zur spektrograph. Best. von O in Stahl als CO im Bogen zwischen Graphitelektroden beschrieben. Die Reproduzierbarkeit ist bei größeren O-Geh. (0,01—0,1%) ± 5—6%, bei kleineren O-Geh. ± 10—12%. Das Verf. eignet sich auch zur Best. von O in V, Ni u. Cu. Bei Zr, Ti, Nb, Ta, Th u. a. ist dagegen ein Verschmelzen der Probe im Pt-Bad in einer entsprechenden Ausbuchtung der unteren Graphitelektrode erforderlich. Nach entsprechend modifizierten Verf. werden N in Stahl als CN u. H in Ti bestimmt. W. BETCKE. 5280□

Spektrographische Analyse von Legierungen durch Lösungszerstäubungs-Verfahren. R. A. Bingham. (Metallurgia [Manchester] **64.** 199—208. Okt. 1961. Midland Metallurg. Labor. Ltd.; engl.) — Für eine bessere Reproduzierbarkeit u. Ausschaltung von Gefüge-Einfl. aus den Proben wurde eine Vorr. entwickelt, mit der Lsgg. von Al- u. Schwermetall-Legg. als Nebel in den Lichtbogen (Graphitelektroden) eingesprüht werden können. — Arbeitsvorschriften u. Eichkurven. K. STEIN. 5280□

b) Organische Verbindungen

Fortschritte in der quantitativen organischen Elementaranalyse im Jahre 1959. Al Steyermark und Barbara E. Mc Gee. (Microchem. J. [New York] **4.** 353—72. Sept. 1960. Nutley, N.J., Hoffmann-La Roche, Inc.; engl.) — Überblick über die Entw. auf dem Gebiet der quant. organ. Elementaranalyse im Mikromaßstab im Jahre 1959. Meth. der Spurenanalyse wurden nicht berücksichtigt. Nach der Behandlung allg. Gesichtspunkte werden die Arbeiten in tabellar. Anordnung wie folgt mitgeteilt: Übersichtsarbeiten, C–H-Best., Best. von C, von O, von N (nach DUMAS u. nach KJELDAHL), von Cl, Br u. J, von F, von S, von Metallen, B, Si usw. (Erdalkalimetalle, Sb, As, B, Ca, Cu, Fe, Pb, Mg, Hg, Se, Si, Na u. Sn) sowie von P. — 165 Literaturangaben.

GERHARD SCHULZE. 5352□

Fortschritte in der organischen Analyse funktioneller Gruppen im Jahre 1959. T. S. Ma. (Microchem. J. **4.** [New York] 373—86. Sept. 1960. Brooklyn, N.Y., Brooklyn Coll., Dep. of Chem.; engl.) — Überblick über die Weiterentw. auf dem Gebiet der Analyse funktioneller Gruppen im Mikromaßstab im Jahre 1959 im Anschluß an den vorangegangenen Bericht (C. **1960.** 15515). Im einzelnen werden behandelt: O-Funktionen (Acyl-, Alkoxyl-, Carbonyl-, Carboxyl-, Hydroxylgruppen, Ester u. Peroxide), N-Funktionen (Amino- u. Amido-, Hydrazido-, Hydrazino- u. Hydrazo-, Nitro-, Nitroso- u. Azo-

sowie quatern. Ammoniumgruppen), S-Funktionen (Mercaptogruppen, Sulfide, Sulfonate), ungesätt. Funktionen (Äthylen- u. Benzylidengruppen) u. verschiedene Funktionen (saure u. bas. Gruppen sowie akt. H). — 57 Literaturangaben.

Gerhard Schulze. 5360□

Anwendungen der Infrarotspektroskopie. 3. Mitt. **Die Simultanbestimmung von Methoxy- und Äthoxygruppen.** D. M. W. Anderson und J. L. Duncan. (Talanta [London] **8.** 1—7. Jan. 1961. Edinburgh, Univ., Dep. of Chem.; engl.) — 2. vgl. Talanta [London] **7.** [1960.] 70; 1. vgl. C. **1961.** 8773. — Zur gleichzeitigen Best. von Methoxy- u. Äthoxygruppen als Alkylhalogenide im Mikromaßstab wird die Absorption des CH_3J (1265 cm^{-1}) u. des C_2H_5J (1215 cm^{-1}) im IR in der Dampfphase gemessen. Bei einem Methoxy/Äthoxy-Verhältnis $>4:1$ wird die Absorption der Alkylbromide, CH_3Br (1320 cm^{-1}) u. C_2H_5Br (1250 cm^{-1}), zur Best. herangezogen. Die Genauigkeit beträgt $\pm$ 1%, während die Rk.-Zeit ca. 30 Min. beträgt. S stört nicht. Harro Zimmer. 5360□

Anwendungen der Infrarotspektroskopie. 4. Mitt. **Fälle anomaler Alkoxylbestimmungen an Zuckern und mehrwertigen Alkoholen.** D. M. W. Anderson und J. L. Duncan. (Talanta [London] **8.** 241—48. April 1961; engl.) — 3. vgl. vorst. Referat. — Mit Hilfe der IR-Spektroskopie wurde eine Reihe von flüchtigen Rk.-Prodd., die bei der Alkoxyl-Best. nach Zeisel entstehen, identifiziert. Ein Prod. aus gewöhnlichen Zuckern ist 2.5-Dimethylfuran, welches die jodometr. Alkoxyl-Best. nach Vieböck stört. Die Annahme, daß bei der Zeisel-Best. aus Zuckern Hexyljodid u. aus mehrwertigen Alkoholen Vinyljodid entsteht, ist nach den Unterss. nicht zutreffend.

Harro Zimmer. 5360□

Anwendung der Chemiluminescenz von Derivaten des Diacridins für analytische Zwecke. 1. Mitt. **Identifizierung niederer aliphatischer Alkohole.** Eugeniusz Michalski und Maria Turowska. (Chem. analit. [Warszawa] **5.** 625—30. 1960. Łódź, Univ., Zakł. Chem. nieorg.; pol.) — Die qual. Best. des Alkohols ist durch Ermittlung des pH möglich, bei dem die Chemiluminescenz von Methyl- oder Äthyl-Derivv. des Diacridins in Ggw. von H_2O_2 auftritt oder verschwindet. Der katalyt. Effekt der Alkohole auf die Chemiluminescenz ist von der Mol.-Größe u. von der Konz. abhängig. Der Effekt steigt mit steigender Konz. u. mit der Länge der C-Kette des Alkohols. Bei äquimol. Konzz. (0,171 Mol) tritt das Löschen des Effektes durch Methanol bei pH 7,13 (5,4), durch 96%ig. A. bei pH 6,82 (4,80), durch Isopropanol bei pH 6,62 (3,66) u. durch tert.-Butanol bei pH 6,50 (3,22 mMol/Liter) ein. Die kleinste bestimmbare Menge des Alkohols ist 1 ml. W. muß vor der Best. entfernt werden, außer es ist stets in konst. Konz., wie beim 96%ig. A., vorhanden. Eine Identifizierung von A.-Gemischen ist nach dieser Meth. nicht möglich. F. Urban. G 560□

Anwendung der Chemiluminescenz von Derivaten des Diacridins für analytische Zwecke. 2. Mitt. **Versuche zur Bestimmung von Methyl- und Äthylalkohol nebeneinander.** Eugeniusz Michalski und Maria Turowska. (Chem. analit. [Warszawa] **5.** **631—36. 1960**; pol.) — 1. vgl. vorst. Referat. — Zwischen dem pH-Wert, bei dem die Luminescenz von Diacridin–H_2O_2-Lsgg. auftritt oder auslöscht, u. der Zus. von Methanol–A.-Mischungen, die die Luminescenz katalysieren, besteht eine lineare Beziehung. Mit steigendem A.-Geh. im Gemisch nimmt der Grenz-pH-Wert ab. Das A.-Gemisch muß vor der Best. entwässert werden. Die Best. hat bei visueller Beobachtung der Luminescenz eine Genauigkeit von 10%. F. Urban. G 560□

Neue analytische Anwendungsmöglichkeiten der Oxydationen mit Perjodat. L. Maros, I. Molnár-Perl und E. Schulek. (Acta chim. Acad. Sci. hung. **26.** 467—72. 1961. Budapest, L. Eötvös Univ., Inst. für Anorg. u. Analyt. Chem.; dt.) — Vgl. C. **1961.** 14041, 14770 u. 15867. — Es werden die bei der Oxydation von *α-Glykolen* u. *Polyhydroxy-Verbb.* mit Perjodat gebildeten Aldehyde nach dem von Vff. ausgearbeiteten „Hydrogensulfit–Cyanid-Verf." bestimmt. Bei der Best. von α-Aminoalkoholen u. α-Diaminen wird neben den Aldehyden auch das gebildete NH_3 erfaßt. W. Hampel. G 570□

Bestimmung von Diäthylenglykolspuren in Triäthylenglykol mit Hilfe der Gaschromatographie. Samuel Spencer und Herbert G. Nadeau. (Analytic. Chem. **33.** 1626—27. Okt. 1961. New Haven, Conn., Olin Mathieson Chem. Corp.; engl.) — Vff. beschreiben eine empfindliche gaschromatograph. Meth., mit der noch 5 ppm *Diäthylenglykol* (I) u. *Triäthylenglykol* (II) nachgewiesen werden können, Vers.-Bedingungen: Gaschromatograph mit Flammenionisationsdetektor; 1 m lange Säule mit 5% Igepal CO-880 auf Fluoropak 80 (20—80 mesh); 9 lbs./sq.in. Anfangsdruck; 20 lbs./sq.in. H_2-Druck; 26 lbs./sq.in. Luftdruck; 40 ml/min Durchfluß-Geschw.; 200° Säulen-Temp.; maximale Probengeber-Temp.; 100 V Spannung; Abschwächung bei **I** 4x, bei **II** 100·16; 0,001 ml Probenvolumen. Als Bandenhöhe errechnen sich 14 cm/0,1% **I** u. als Bandenflächen-Gew. 58 mg /0,01% **I** bei 14 mg/cm² Papiergewicht. Diese Werte werden mit denen nach der gewöhnlich benutzten Meth. verglichen, bei der mit einem Wärmeleitfähigkeitsdetektor in Verbindung mit einer 3 ft. langen Trennsäule mit 5% Carbowax 20 M auf Fluoropak u. mit He als Trägergas bei einer Säulen-Temp. von 210° gearbeitet wird. Bei einer Abschwächung von 1x betrug hier die Bandenhöhe 0,9 cm/0,1% I u. das Bandenflächen-Gew. 2,4 mg/0,1% I. Die neue Meth. ist auf die Trennung von anderen Glykolen, wie z. B. *Monoäthylenglykol* oder *Tetraäthylenglykol*, gleichfalls anwendbar. W. HEIN. G 570□

Analytische Anwendung einer Celite/Dinitrophenylhydrazinsäule. P. Haverkamp Begemann und K. de Jong. (Recueil Trav. chim. Pays-Bas **78.** 275—83. April 1959. Vlaardingen, Unilever Res. Labor.) — Geringe Mengen an *Carbonyl*-Verbb. in Ae. oder PAe. lassen sich quant. in die 2.4-Dinitrophenylhydrazone umwandeln, wenn man die Lsg. über eine mit dinitrophenylhydrazinhaltigem Celite beschickte Säule gibt. So können z. B. die bei der Ozonisierung ungesätt. Verbb. entstehenden Aldehyde u. Ketone als Hydrazone abgetrennt u. durch PAe. von der Säule eluiert werden. Im eingedampften Eluat können mit Isooctan/Methanol oder Dioxan/W. die Dinitrophenylhydrazone auf Grund ihrer R_F-Werte identifiziert werden. Als Beispiel werden die Unterss. der Ozonierungs-Prodd. von *2-Äthylbuten-(1)*, *2-Äthylhexen-(1)*, *3-Methylhepten-(2)*, *2-Pentylnonen-(1)*, *Ölsäuremethylester*, *Linolensäuremethylester* u. *Hexen-(2)-säuremethylester* angeführt. E. MOISAR. G 650□

Über eine neue Methode zur Bestimmung von Aldehyden. L. Maros und E. Schulek. (Ann. Univ. Sci. Budapestinensis Rolando Eötvös nominatae, Sect. Chim. **2.** 227—29. 1960. Budapest, Univ., Inst. für anorg. u. analyt. Chem.; dt.) — Nach der Anlagerungs-Rk. von HSO_3^- an Aldehyd zu Aldehydbisulfit (I) wird der HSO_3^--Überschuß mit J_2-Lsg. oxydiert. In alkal. Lsg. wird I mit KCN bzw. NH_2OH zersetzt, wobei neben Aldehydcyanhydrinen bzw. Aldoximen Sulfit entsteht. SO_3^{2-} wird in saurer Lsg. unter Pentan als Sperr-Fl. mit J_2-Lsg. direkt titriert. Die Pentanschicht schützt vor störendem Luft-O_2. Oxydationsmittel sowie in der Fl. gelöstes O_2 oxydieren das überschüssige SO_3^{2-}. Ihre störende Wrkg. sowie die der Red.-Mittel ist damit bei dieser Meth. ausgeschlossen. Nach dieser Meth. wurden bestimmt: *Formaldehyd*, *Acetaldehyd*, *Glyoxal*, *Glyoxylsäure*, *Benzaldehyd* u. *Furfurol*. H. TESCHNER. G 660□

Prinzipien und Möglichkeiten der Bestimmung von Aldehyden mit Bisulfit. E. Schulek und L. Maros. (Ann. Univ. Sci. Budapestinensis Rolando Eötvös nominatae, Sect. Chim. **2.** 231—36. 1960; dt.) — Vgl. vorst. Referat. — Zur Best. der Aldehyde über die Zers. der Aldehydbisulfite (I) ist eine entsprechende Stabilität (geeigneter Dissoziationsgrad) der I Voraussetzung. Sie hängt vom pH-Wert u. der Temp. der Lsg. ab. Zwischen pH 3 u. 5 (in essigsaurer Lsg.) wurde die größte Stabilität gefunden; in alkal. u. stark sauren Medien zersetzen sich die I. Die bei niedrigeren Temp. zu erwartenden höheren Stabilitätswerte ließen bei den zwischen 20 u. 0° durchgeführten Verss. keine Unterschiede erkennen, sofern mit einem 3—4fachen Sulfitüberschuß (dieser erhöht die Geschw. der Bldg. von I) gearbeitet wurde. Untersucht wurden bei genannten Temp. *Formaldehyd* (II), *Acetaldehyd*, *Glyoxal*, *Glyoxylsäure*, *Glycerinaldehyd*, *Benzaldehyd* u. *Furfurol*. Die Zers. von Acetaldehydbisulfit durch HCO_3^- verläuft langsam u. die Titration währt lange. II läßt sich nach diesem Verf. nicht bestimmen, wohl aber I mit kleinen Stabilitäts-Konst., z. B. Glycerinaldehyd. Nach dem „Bilsufit-Cyanid"-Verf. werden die Aldehyde in Ggw. von Oxydations- u. Red.-Mitteln direkt bestimmt. In 0,1n Konzz. wurden 0,1—1 mVal Aldehyd bestimmt; Verss., geringere Mengen (0,01—0,1 mVal) II in 0,01n Konzz. zu bestimmen, verliefen unbefriedigend. Bei der Best. von 0,005—0,025 mMol II traten Fehler von $\pm$(5—15)% auf. Bei höherer Temp. (30°) lagen die Werte über den berechneten, bei 0° darunter. Im 0,1n-Maßstab fanden sich keine temperaturbedingten Schwankungen. Die niedrigeren Werte lassen sich mit der Dissoziation der I erklären. Wahrscheinlich sind die gefundenen höheren Werte (bei 30°) auf die bei Temp.-Erhöhung eintretenden Pyrosulfit-Bldg. zurückzuführen. Da das Pyrosulfit vermutlich mit II zu Formaldehydpyrosulfit reagiert, überschreitet die gebundene Bisulfitmenge das Molverhältnis 1 : 1 beachtlich (5—15%). Bisulfit-Anlagerungs-Verss. an α.β-ungesätt. *Crotonaldehyd* ergaben mit einer $K_2S_2O_5$-Lsg. Addition von 1 Mol HSO_3^-, mit einer nachträglich angesäuerten Na_2SO_3-Lsg. dagegen von 2 Molen; bei vorher angesäuerter Na_2SO_3-Lsg. wurde 1 Mol HSO_3^- angelagert. Diese unterschiedliche HSO_3^--Addition beruht auf der Eigenart des Sulfits, wobei anzunehmen ist, daß die Doppelbindung nur mit einem der „Sulfite", das beim Ansäuern intermediär gebildet wird, reagiert: $2\,SO_3^{2-} + 2\,H^+ = 2\,HOSO_2^- \rightleftharpoons 2\,HSO_3^- \rightleftharpoons S_2O_5^{2-}$. Auch die α.β-ungesätt. Aldehyde können nach der „Bisulfit-Cyanid"-Meth. bestimmt werden, da bei der Zers. der I durch KCN bzw. NH_2OH nur das an die Aldehydgruppe gebundene HSO_3^- abgespalten wird. H. TESCHNER. G 660□

Eine definierte Diazokupplung. Das 3-Phenyl-5-nitrosamino-1.2.4-thiodiazol oder Phenitrazol. Maurice Pesez, Jaroslav Bartos und Jean-François Burtin. (Talanta [London **5**. 213—15. Sept./Okt. 1960. Paris, Centre de Rech. Roussel-Uclaf; franz.) — 3-Phenyl-5-nitrosamino-1.2.4-thiodiazol (Phenitrazol; **I**) gestattet Diazokupplung unter genau definierten Bedingungen. In saurem Medium wird **I** zu einer Diazoverb. dehydriert, die direkt mit Phenolen oder aromat. Aminen kondensieren kann. **I** ermöglicht die Best. von *Aldehyden*, deren Phenylhydrazone Formazane bilden. Einige Hunderstel Milligramm können noch colorimetr. bestimmt werden.

Versuche: *3-Phenyl-5-nitrosamino-1.2.4-thiodiazol* (**I**), nach GOERDELER (C. **1955**. 4589 u. C. **1958**. 10932). *Phenole* u. *Arylamine*: 1 ml alkohol. Lsg. mit 1 ml 0,4%ig. alkohol. Lsg. von **I** u. 1 ml $HClO_4$ (55⁰ Bé) versetzen, kühlen, 3 ml 20%ig. NaOH zugeben u. nach 5 Min. messen. *Aldehyde*: 1 ml alkohol. Lsg. mit 0,5 ml einer 0,5%ig. wss. Phenylhydrazinhydrochlorid-Lsg. versetzen, 20 Min. stehenlassen, kühlen, 1 ml Reagens (gleiche Teile $HClO_4$ [55⁰ Bé] u. 0,4%ig. Lsg. von **I**) u. nach 5 Min. bei 0⁰ 3 ml 20%ig. NaOH zugeben. Nach 5 Min. bei 0⁰ messen. K. ROSS. G 660□

Neue spektrophotometrische Methode zur Bestimmung von Formaldehyd. Ummaid Singh Mahnot und N. C. Sogani. (J. Indian chem. Soc. **37**. 185—88. März 1960. Ajmer, Governm. Coll., Chem. Dep.; engl.) — Zur colorimetr. Best. von *Formaldehyd* (**I**) wird der weinrote 1 : 1-Komplex benutzt, den **I** in saurer Lsg. mit Sulfanilsäure (**II**) bildet. 10—60 mg **I** werden mit 10 ml 5%ig. **II**-Lsg. (Na-Salz) u. 10 ml 2,5 Vol.%ig. H_2SO_4 versetzt (das pH soll 1,2—1,5 betragen) u. 20 Min. lang auf dem kochenden Wasserbad erwärmt. Dann wird auf 100 ml aufgefüllt u. die Absorption gemessen. Der mol. Extinktions-Koeff. bei 480 mμ wurde zu 32,35, die Dissoziations-Konst. des Komplexes bei 25⁰ zu $3{,}69 \cdot 10^{-3}$ bestimmt. W. BETCKE. G 670□

Untersuchung auf dem Gebiet der Lipide. 4. Mitt. **Untersuchung ungesättigter Glyceride durch Papierchromatographie.** I. K. Ssarytschewa, M. N. Wargaftik, O. W. Utkina und N. A. Preobrashenski. (Журнал Общей Химии [J. allg. Chem. **30 (92)**. 1048—50. März 1960; russ.) — 3. vgl. C. **1962**. 11879. — α-O-Oleoyl-, α-O-Linoleoyl- u. α-O-Linolenoylglycerin lassen sich durch Chromatographie mit umgekehrten Phasen [Silicon (Typ 2)/75%ig. Essigsäure] an WOLODARSKI-Papier gut trennen. Ähnlich wurden die in den früheren Mitt. beschriebenen synthet. *Triglyceride* (**T**) papierchromatograph. untersucht; hierzu wurde das 2 Std. lang bei 120⁰ getrocknete Papier mit einer 5%ig. äther. Lsg. des Silicons getränkt, als unbewegliche Phase diente eine Alkanfraktion aus Kerosin mit $Kp._{758}$ 150—200⁰, als bewegliche Aceton/W. (95 : 5). Nach den Ergebnissen lassen sich mit diesem Verf. **T** mit unterschiedlichem Ungesättigtheitsgrad [z. B. $\alpha.\alpha'$-Dilinoleoyl-β-stearoin (**I**), Trilinoleoin (**II**) u. α-Linoleoyl-$\beta.\alpha'$-dilinolenoin] gut voneinander trennen. Auch **T** mit gleicher Gesamtzahl an Doppelbindungen, aber unterschiedlichen Säureresten (z. B. **I**, α-Linoleoyl-$\beta.\alpha'$-dioleoin, α-Stearoyl-β-linolenoyl-α'-oleoin; **II** u. α-Stearoyl-$\beta.\alpha'$-dilinolenoin) geben Flecke, die zu einer Trennung von Gemischen hinreichend weit auseinander liegen. Im Falle von **T** mit insgesamt gleichen, nur unterschiedlich angeordneten Säureresten (z. B. **I** u. α-Stearoyl-$\beta.\alpha'$-dilinoleoin) ist das ausgearbeitete Verf. nicht mehr zur Trennung, aber noch zum analyt. Nachw. geeignet. H.-E. TOUSSAINT. G 810□

Bestimmung der Weinsäure neben Citronensäure. E. Schulek und L. Maros. (Ann. Univ. Sci. Budapestinensis Rolando Eötvös nominatae, Sect. Chim. **2**. 243—46. 1960. Budapest, Univ., Inst. für anorg. u. analyt. Chem.; dt.) — Weinsäure (**I**) besitzt den Charakter eines vizinalen Glykols u. kann daher mit JO_4^- zu Glyoxylsäure (**II**) oxydiert werden. **II** reagiert gleichfalls mit JO_4^-, wobei HCOOH, CO_2 u. JO_3^- gebildet werden. Nach der „Bisulfit–Cyanid"-Meth. kann **II** in Ggw. von Citronensäure (**III**) u. anderen organ. Säuren, die nicht den Charakter eines vizinalen Glykols haben, direkt bestimmt werden. **III** reagiert mit JO_4^- langsam, ohne ein Aldehyd zu bilden. Die geeigneten Voraussetzungen, unter denen **II** nicht über das analyt. zulässige Maß hinaus zersetzt wird, fanden sich bei der Oxydation in 30—50%ig. alkohol. Lösung. Bei Zugabe gleicher Säuremengen wird die Oxydations-Geschw. von **I** zu **II** in alkohol. Lsg. gesteigert, die Oxydation von **II** jedoch verlangsamt. Die günstigsten Bedingungen liegen in einer Lsg., die 2% H_3PO_4 u. 40% A. enthält, vor. Die Oxydation der **I** ist nach 20 Min. gänzlich abgelaufen; auch nach 40 Min. tritt kein auf die Oxydation der **II** zurückführbarer Verlust auf. **II** wird nach der jodometr. „Bisulfit–Cyanid"-Meth. direkt titriert. Dabei konnte **I** selbst neben der 50—100fachen Menge **III** noch mit genügender Genauigkeit bestimmt werden. H. TESCHNER. G 850□

Bestimmung der Glucon- und der Citronensäure. 3. Mitt. **Analyse von wichtigen Salzen der Glucon- und der Citronensäure auf Grund der Bildung von Kupferkomplexen.** J. Leopold und Z. Valtr. (Československ. Farmac. **8**. 486—89. Nov. 1959.

Spolana-Neratovice, Závod Julia Fučíka Kaznějov, biochem. výzk.; tschech.) — 2. vgl. Nahrung 2. [1958.] 532. — Zur Best. von *Gluconsäure* (I) wird das zu analysierende Material (180—500 mg I) zu 10 ml einer 5%ig. $CuSO_4$-Lsg. u. 20 ml einer 6,45%ig. Na_2HPO_4-Lsg., der nach 15 Min. 4,28%ig. NaOH zugefügt wird, gegeben. Nach dem Filtrieren wird in 30 ml des Filtrats das durch I gebundene Cu jodometr. nach Zugabe von 0,5 g KJ, 5 ml HCl (1 : 1) u. 5 ml einer 20%ig. KCNS-Lsg. mit n/10 $Na_2S_2O_3$-Lsg. titriert. Citronensäure (II) wird analog bestimmt. Die zur Analyse kommende Menge soll 80—700 mg II betragen. Ca-Gluconat wird in 30 ml W. gelöst, mit 10%ig. Soda-Lsg. u. Phenolphthalein 20 Min. lang auf 90° erhitzt, filtriert u. in 50 ml des Filtrats wird nach Zugabe von H_2SO_4 u. Erwärmen auf 60° (20 Min.) sowie Neutralisation mit NaOH I wie oben bestimmt. I aus Fe-Gluconat wird nach Behandeln mit dem Ionenaustauscher Katex H bei pH 1—2 u. Neutralisieren mit NaOH jodometr. bestimmt. NH_4-Citrat mit NaOH zur Trockne eindampfen, Rückstand mit H_2SO_4 neutralisieren u. dann II wie oben bestimmen. Aus der Fe-Citrat-Lsg. Fe mit NaOH fällen u. in 50 ml des Filtrats II wie oben bestimmen. Fe-NH_4-Citrat wie vorst. bestimmen. Aus Ca-Citrat wird vor der Best. von II mit Oxalsäure Ca entfernt. In 50 ml des Filtrats II in Ggw. von Borax bestimmen. E. VEVERA. G 850

Bestimmung von D-Galaktosamin in Gegenwart von Glucosamin. C. Cessi und Franca Serafini-Cessi. (Biochem. J. **82.** 43 P. März 1962. Bologna, Univ., Ist. di Fis.; Ist. di Patol. gen. et Gruppo di Biofis.; engl.) — Es wird eine Meth. zur Best. von *Galaktosamin* neben *Glucosamin* angegeben. 0,1—0,5 ml einer Lsg. der Aminozucker (20—100 μg) werden mit 0,5 ml einer Lsg., bestehend aus Methanol abs., 20% Triäthylamin, 6% Acetylaceton u. 1% Pyridin, versetzt u. zu einem Pyrrol-Deriv. kondensiert. Nach 16std. Einw. (55°) wird mit 6 ml Boratpuffer $K_2B_4O_7 \cdot 4\,H_2O$ (50,2 g/Liter) + H_3BO_3 (40,6 g/Liter) erhitzt (Abspaltung der Seitenkette). Nach der Dest. werden 2 ml der Lsg. mit 8 ml einer alkohol. Lsg. mit 8% p-Dimethylaminobenzaldehyd u. 3,5% konz. HCl versetzt u. die Extinktion bei 550 mμ gemessen. Die Streuung durch Glucosamin beträgt 2%. A. TÄUFEL. G 3400□

Trennung und Messung der Reaktionsprodukte von Phenylisorhodanid mit Galaktosamin und Glucosamin. J. E. Scott. (Biochem. J. **82.** 43P. März 1962. Taplow, Bucks, Canadian Red. Cross Memorial Hosp., Rheumat. Res. Unit, Med. Res. Council; engl.) — Es wird eine Meth. zur Trennung der Rk.-Prodd. von Isorhodanid mit Glucosamin u. Galaktosamin unter Heranziehung der Elektrophorese in Molybdatpuffer (pH 5) angegeben. Dabei bewegt sich das Glucosamin-Deriv. schneller. Es handelt sich um *4-Tetrahydroxybutyl-1-phenyl-2-mercaptoimidazole*. Sie werden mit $AgNO_3$–NaOH oder Dichlorchinon–Dichlorimid sichtbar gemacht (Rotfärbung). Vf. benutzt die zwischen Extinktion (240 mμ) u. der Menge des angewandten Hexosamins bestehende lineare Beziehung zur Messung des Verhältnisses von Galaktosamin : Glucosamin, da die Farbausbeute von Galaktosamin u. Glucosamin ident. zu sein scheint. Es wird in kurzer Form über die experimentellen Einzelheiten berichtet. A. TÄUFEL. G 3400□

Eine turbidimetrische Methode zur Bestimmung von Chondroitinschwefelsäure mit Rivanol. M. Németh-Csóka. (Biochim. biophysica Acta [Amsterdam] **50.** 585—88. 8/7. 1961. Pécs, Hungary, Central Labor. of County Hospital Pécs; engl.) —

Eine Meth. zur quant. Best. von *Chondroitinschwefelsäure* (I) basiert darauf, daß diese in schwach saurer Lsg. mit Rivanol (2-Äthoxy-6.9-diaminoacridinlactat) eine Trübung entwickelt, die photometr. gemessen wird. Man gibt zu 5 ml Puffer (0,1m Acetat, 0,1m Citratphosphat, 0,067m NaCl, pH 5,5) 0,1 ml der zu prüfenden Lsg. u. 0,1 ml Rivanol-Lösung. Nach 5 Min. wird bei 530 mμ gemessen. Das Verf. zur I-Best. kann auch in Ggw. von Protein angewendet werden. PH. FRESENIUS. G 3400□

Untersuchungen an Leucomycin. 1. Mitt. Papierchromatographische Analyse von Leucomycin und verwandten Macroliden. Jinnosuke Abe, Yasuo Suzuki, Tetsuo Watanabe und Kazuo Satake. (J. chem. Soc. Japan, pure Chem. Sect. [Nippon Kagaku Zasshi] **81.** 969—71. Juni 1960. Sizuokaken-Ôhito, Tôyô-Zyôzô-KK.; jap., Auszug: engl.) — Aus 10 g Leucomycin werden durch Ausziehen mit 20 cm^3 kaltem Bzl. benzollösl. *Leucomycin A* (I) (6,1 g, umkrist. aus Bzl.–Cyclohexan) u. benzolunlösl. *Leucomycin B* (II) (2,4 g, umkrist. aus heißem Bzl.) isoliert. Während I u. II beim aufsteigenden Chromatographieren an Filterpapier mit dem mit $^1/_{15}$m/Liter Phosphorsäure-Puffer-Lsg. (pH 5,9) gesätt. n-Butylacetat (III) entwickelt, nur je einen Flecken (R_F 0,23 u. 0,78) zeigen, werden sie durch absteigendes Chromatographieren am mit III behandelten Filterpapier mit der mit III gesätt. $^1/_{15}$m Phosphorsäure-Puffer-Lsg. (pH 8,0) als Laufmittel in 2 (I, R_F 0,40 u. 0,20) bzw. 4 (II, R_F 0,78, 0,59, 0,40 u. 0,22) Flecken getrennt. Die Flecken entsprechen: *Leucomycin* A_1 ($C_{16}H_{18}NO_{17}$, F. 136—136°), A_2 ($C_{65}H_{111}NO_{22}$, F. 142—144°), B_1 ($C_{35}H_{59}NO_{13}$, F. 214,5—216,5°), B_2 $C_{38}H_{65}NO_{16}$, F. 214—216°), B_3 ($C_{34}H_{53}NO_{13}$, F. 216—217°) u. B_4 ($C_{38}H_{59}NO_{16}$, F. 221—223,8°). Die

R_F-Werte der verwandten Macrolide bei beiden chromatograph. Verff. betragen: *Propionylleucomycin* A_1 ($C_{49}H_{85}NO_{18}$, F. 123–126°) 0,95 u. 0,29; *Tetrahydroleucomycin* A_1 (C_{46}·$H_{86}NO_{17}$, F. 162–165°) u. 0,44 u. 0,10; *Acetylleucomycin A* 0,95 u. 0,05; *Erythromycin* 0,07 u. 0,40; *Magnamycin* 0,78 u. 0,18; *Spiramycin* 0,05 u. 0,20. E. MAEKAWA. G 3900□

Bohumil Kakac und **Zdeněk J. Vejdelěk**, Handbuch der Kolorimetrie. Bd. I: Kolorimetrie in der Pharmazie. Jena: Gustav Fischer Verl. 1962. (XV + 1139 S. m. 56 Abb. u. 12 Taf.) DM 79,20.

W. M. Peschkowa und **M. I. Gromowa**, Praktisches Handbuch der Spektrophotometrie und Colorimetrie. Moskau: Verl. der Moskauer Univ. 1961. (175 S.) 30 Kop. [Russ.]

Ernest Haywood Swift and **William P. Schaefer**, Qualitative elemental analysis. San Francisco, London: Freeman. 1962. (XIV + 469 S. m. Abb. u. Tab.) 42 s.

H. Angewandte Chemie

I. Allgemeine chemische Technologie

Abtragungsverhalten von Werkstoffen, die beim Wiedereintritt von Raketen in die Atmosphäre hohen Wärmeströmungsgeschwindigkeiten ausgesetzt sind. R. M. Krupka und D. E. Taylor. (Corrosion [Houston] **16.** 385t–389t. Aug. 1960. Chicago, Ill., Univ., Midway Labor.; engl.) – Die beim Wiedereintritt von Überschallflugkörpern in die Atmosphäre auftretenden hohen Wärmeströmungs-Geschw. werden im Labor. nachgeahmt, indem man Werkstoffe der Plasmaentladung luftstabilisierter, elektr. Lichtbögen hoher Intensität aussetzt. Die Abtragungs-Geschw., Wärmebilanz u. effektive Abtragungswärme von *Cu, Al, rostfreiem Stahl, Mo,* ZrO_2, *Mullit,* Al_2O_3, *Bakelite, Nylon* u. *Graphit* werden ermittelt. Bei den höchsten angewandten Temp. zeigen die Kunststoff- u. Graphitproben niedrigere Gewichtsverlust-Geschw. während der Abtragung als metall. u. keram. Proben. W. WESLY. 5804□

Abschätzung von Wärmeaustauscher-Daten. Sverre K. Jenssen. (Chem. Engng. Progr., Sympos. Ser. **56.** 195–201. 1960. Stockholm, Sweden, AB Rosenblads Patenter; engl.) – Zur Abschätzung der optimalen Lösung eines Wärmeaustausch-Problems führt Vf. eine dimensionsbehaftete Größe J ein, mit deren Hilfe sowohl die Leistungsfähigkeit eines Austauschers als auch die optimalen Arbeitsbedingungen ermittelt werden können. Jedes Wärmeaustausch-Problem, bei dem der Druckabfall u. die Temp. gegeben sind, besitzt einen bestimmten Wert der Größe J, aus dem ersichtlich ist, welcher Druckabfall für jede Wärmeübertragungs-Einheit gebraucht wird. Von besonderer Bedeutung ist die Möglichkeit, mit Hilfe des Wertes von J Kostenabschätzungen durchführen zu können. WOLFGANG WAGNER. 5814□

Bestimmung der Kerndimensionen von gekreuzten Gas-Gas-Wärmeaustauschern. P. S. Lykoudis und M. R. Shastri. (Chem. Engng. Progr., Sympos. Ser. **56.** 177–82. 1960. Lafayette, Ind., Purdue Univ.; engl.) – Ausgehend von den 5 Grundgleichungen von DIAGUILA u. LIVINGWOOD (Advisory Comm. Aeronaut. Techn. Note **3891.** [1956.]) für die Ermittlung der Kerndimensionen eines Gas–Gas-Wärmeaustauschers mit gekreuzter Gasströmung leiten Vff. eine einfache Näherungsgleichung mit nur noch einer Unbekannten ab, die eine leichte Lösung des Problems gestattet. Die Beziehung, deren Anwendung an numer. Beispielen dargelegt wird, ergibt die Anfangsbedingungen beider Strömungen, die Druckabfälle, die Temp.-Änderung eines der beiden Gase sowie die Kerndimensionen. WOLFGANG WAGNER. 5814□

Wahre Temperaturdifferenzen in einem 1-2-Teilstrom-Wärmeaustauscher. D. L. Schindler und H. T. Bates. (Chem. Engng. Progr., Sympos. Ser. **56.** 203–06. 1960. Lincoln, Nebr., Univ. of Nebraska; engl.) – Der 1–2-Teilstrom-Austauscher wird mit Hilfe der üblichen dimensionslosen Größen beschrieben u. ein TEN-BROECK-Diagramm zur schnellen Ermittlung der Korrekturfaktor-Parameter für den Vgl. mit einer Gegenströmung konstruiert. In den Fällen, in denen sich die Ausgangs-Temp. einander nähern oder überschneiden, erfordert der 1–2-Austauscher eine übermäßig große Oberfläche. Dann müssen andere Anordnungen zur Vergrößerung der Wirksamkeit der Wärmeübertragung gewählt werden. Der Teilstromaustauscher nutzt die verfügbare Temp.-Differenz maximal aus u. stellt damit eine wesentliche Verbesserung gegenüber dem konventionellen 1–2-Austauscher dar. Der Druckabfall im 1–2-Teilstromaustauscher ist annähernd der gleiche wie in einem 1–2-Austauscher gleicher Oberfläche. Ein numer. Beispiel dient zur Erläuterung der Ergebnisse. WOLFGANG WAGNER. 5814□

Analytische Untersuchung der Wärmeübertragungs-Geschwindigkeiten für parallele Strömung von flüssigen Metallen durch Rohrbündel. 1. Mitt. O. E. Dwyer und P. S. Tu. (Chem. Engng. Progr., Sympos. Ser. **56.** 183–93. 1960. Upton, N.Y.,

Brookhaven Nat. Labor.; engl.) — Ausgehend von der Meth. von LYON (Chem. Engng. Progr., Symposium Ser. **47.** [1951.] 75) für die Strömung fl. Metalle in Rohren von kreisförmigem Querschnitt berechneten Vff. die NUSSELT-Zahlen für voll entwickelte, turbulente u. parallele Strömung von Metallen durch gestaffelte Rohrbündel, bei denen die Rohre in einem gleichseitigen Dreieck angeordnet sind. Zur Berechnung wurde ein konst. Wärmefluß von den äußeren Oberflächen der Rohre angenommen u. das Modell eines Ringes benutzt: Die von jedem Rohr abgegebene Wärmemenge soll von einem angenommenen Ring des strömenden Metalls um das Rohr aufgenommen werden, dessen Dimensionen genau definiert sind. Zur Auswertung benutzten Vff. die Geschw.-Verteilungs-Daten von ROTHFUS, WALKER u. WHAN (Amer. Inst. Chem. Engng. J. **4.** [1958.] 240) für eine Strömung in konzentr. Ringen. Es wurden der Einfl. der PRANDTL-Zahlen, der PECLET-Zahlen, der Rohrdurchmesser, der Rohrabstände sowie des Verhältnisses der Wirbelübertragung zur momentanen Wärmeübertragung auf die NUSSELT-Zahlen ermittelt. WOLFGANG WAGNER. 5816□

Wärmeübertragung mit Molekularsieb-Adsorbentien. 1. Mitt. **Effektive thermische Leitfähigkeit.** B. D. Phillips, F. W. Leavitt und C. Y. Yoon. (Chem. Engng. Progr., Sympos. Ser. **56.** 219—29. 1960. Tonawanda, N.Y., Linde Co., Div. of Union Carbide Corp.; engl.) — Mit einer näher beschriebenen App. wurden die effektiven therm. Leitfähigkeiten in einer mit Molekularsiebkugeln (LINDE-Mol.-Sieb Typ 5A) gefüllten Kolonne sowohl bei ruhendem als auch bei strömendem Gas gemessen. Zur Unters. des Einfl. der therm. Eigg. des Gases wurden die Verss. mit Luft, H_2, CH_4, C_3H_8, Ar u. He durchgeführt. Zur Auswertung der Meßergebnisse wurde eine Meth. verwendet, bei der die Geschw. des Gases an der Oberfläche, die therm. Leitfähigkeit des Gases sowie die spezif. Wärmen berücksichtigt werden. Durch Messungen bei stationären Strömungsbedingungen war es möglich, die effektive therm. Leitfähigkeit des Bettes mit adsorbiertem Gas zu bestimmen. Selbst beträchtliche Beladungen üben jedoch prakt. keinen Einfl. auf die effektive therm. Leitfähigkeit aus.
WOLFGANG WAGNER. 5816□

Wärmeübertragung von Rohren mit Längsrippen auf ein gepacktes Bett. 2. Mitt. B. D. Phillips. (Chem. Engng. Progr., Sympos. Ser. **56.** 229—35. 1960; engl.) — 1. vgl. vorst. Referat. — Aus den Leitungs-Eigg. des Füllmittels u. einem „effektiven Heizradius" von Rippenrohren läßt sich die punktweise Temp.-Verteilung in einem Kolonnenfüllstoff, der mit einem Bündel solcher Rohre geheizt wird, vorherberechnen. Der effektive Heizradius wird aus Meßergebnissen mit einzelnen Rippenrohren, die von Molekularsiebkugeln umgeben waren, abgeleitet. Die Wärmeabgabe von einem solchen Heizrohr auf ein Füllkörperbett wird durch die Gasströmungs-Geschw. u. die Rohr-Temp. bestimmt. In Übereinstimmung mit früheren Ergebnissen an zylindr. Betten erfolgt mit einer Steigerung der Gasströmungs-Geschw. auch eine Steigerung der Geschw. der Wärmeübertragung. Für ruhendes Gas konnte unter Benutzung der Vorstellungen vom effektiven Heizradius u. von der effektiven therm. Leitfähigkeit eine Meth. zur Vorherberechnung der vorübergehenden Temp. innerhalb einer Anhäufung von Rippenrohren entwickelt werden. Diese Meth. liefert auch die Temp. längs des Bettes unter stationären Bedingungen der Gasströmung. WOLFGANG WAGNER. 5816□

Wärmeübertragung auf ein einzelnes Kühlrohr in einem Reaktor mit bewegtem Bett. D. J. Loudin und K. O. Beatty. (Chem. Engng. Progr., Sympos. Ser. **56.** 243—50. 1960. Raleigh, N.C., North Carolina State Coll.; engl.) — In einer Pilotanlage zur Red. von UO_3 zu UO_2 wurde die Wärmeübertragung auf ein einzelnes Kühlrohr, das quer zum strömenden Füllmaterial in die Kolonne eingebaut war, ermittelt. Der therm. Widerstand an der äußeren Oberfläche des Kühlrohrs beträgt ohne Strömung von Luft im Bett näherungsweise $^2/_3$ des Gesamtwiderstandes zwischen dem Bett u. der Kühlluft im Rohr u. ca. $^1/_5$ des Gesamtwiderstandes, wenn heiße Luft durch das Bett strömt. Die Wärmeübertragungs-Koeff. auf der Außenseite des Kühlrohrs sind mehrfach größer als diejenigen, die sich für eine Luftströmung über das Kühlrohr in Abwesenheit fester Körper ergeben würden. Eine Abhängigkeit der Wärmeübergangs-Geschw. von der Strömungs-Geschw. des Feststoffmaterials konnte bei den verwendeten geringen Strömungs-Geschw. nicht beobachtet werden. Aus den für Luft erhaltenen Werten läßt sich der therm. Widerstand einer gleichen Anordnung für andere Gase ableiten. Die so erhaltenen äußeren Wärmeübertragungs-Koeff. entsprechen weitgehend den in der Literatur für den Wärmeübergang von gepackten Betten auf Rohrmäntel angegebenen Werten. WOLFGANG WAGNER. 5816□

Flüssigkeitsmechanik und Wärmeübertragung in vertikalen Filmsystemen. A. E. Dukler. (Chem. Engng. Progr., Sympos. Ser. **56.** 1—10. 1960. Houston, Tex., Univ.; engl.) — Unter Verw. der von DEISSLER [1950] für die Viscosität u. die therm.

Leitfähigkeit in Wirbeln nahe einer festen Grenzfläche vorgeschlagenen Beziehungen leitet Vf. neue Gleichungen für die Geschw. u. die Temp.-Verteilung in dünnen vertikalen Fl.-Filmen ab. Die Geometrie ähnelt derjenigen von Verdampfern mit absteigendem Film, vertikalen Kondensoren u. Film-Kühlvorr., wobei turbulente Schwankungen nahe der Wandungen berücksichtigt sind. Durch numer. Lösung der Gleichungen mit einer IBM-650 wurden aus den Geschw. u. Temp.-Verteilungen die Dicke des fl. Films u. der punktförmige Wärmeübertragungs-Koeff. berechnet. Die graph. wiedergegebenen Daten umfassen sowohl die Bedingungen für laminare als auch für turbulente Strömung u. berücksichtigen die unterschiedlichen Fl.-Eigg. sowie die Ggw. eines gleichsinnig oder entgegengesetzt strömenden Gases. Aus den Werten für die Wärmeübertragungs-Koeff. wurden mittlere Kondens.-Wärmeübertragungs-Koeff. abgeleitet. Bei niedrigen Reynolds-Zahlen u. Abwesenheit von Grenzflächeneffekten stimmen die Ergebnisse mit der klass. Nusseltschen Beziehung überein. Im Gebiet der Turbulenz besteht Übereinstimmung mit den empir. Gleichungen für Colburn [1934] für voll entwickelte Turbulenz. Auch für das bes. für prakt. Verhältnisse wichtige Zwischengebiet ergeben die Ableitungen brauchbare Werte. Wolfgang Wagner. 5816 □

Wärmeübertragung zwischen einzelnen Festkörperteilchen und einer (Gas-)Strömung bei relativer erzwungener Konvektion. T. Tsubouchi und S. Satō. (Chem. Engng. Progr., Sympos. Ser. **56.** 285—300. 1960. Sendai, Japan, Tohoku Univ.; engl.) — Zur Ermittlung der Wärmeübertragungs-Koeff. kleiner kugelförmiger oder nahezu kugelförmiger Festkörperpartikel auf eine horizontale Gasströmung wurden Perlthermistoren verwendet, deren Oberflächen-Temp. über die zuvor bestimmte Beziehung zwischen Heizleistung u. elektr. Widerstand zu ermitteln war. Für hohe Strömungs-Geschw. der Luft wurde mit einer windkanalähnlichen Einrichtung gearbeitet, bei niedrigen Geschw. fand eine kreisförmige Anordnung Verwendung. Hier war zusätzlich die Berücksichtigung der natürlichen Konvektion erforderlich. Die aus den Ergebnissen abgeleitete Beziehung liegt für hohe Reynolds-Zahlen im Bereich der von anderen Autoren angegebenen Formeln. Für niedrige Reynolds-Zahlen stimmt sie gut mit den experimentellen Ergebnissen von Frössling [1938] u. Ranz u. Marshall [1952] sowie der Theorie von Drake u. Backer [1950] überein. Wolfgang Wagner. 5816 □

Örtliche Wärmeübertragung und Druckabfall bei der Kondensation von Refrigerant-22 in horizontalen Rohren. Manfred Altman, F. W. Staub und R. H. Norris. (Chem. Engng. Progr., Sympos. Ser. **56.** 151—59. 1960. Schenectady, N.Y., Gen. Electr. Co.; engl.) — In Bearbeitung der mit der Konstruktion optimaler Kondensatoren zusammenhängenden Probleme wurden umfangreiche Unterss. über die örtlichen Wärmeübertragungs-Koeff. u. den Druckabfall bei der Kondens. von *Refrigerant-22* in einer Modellanlage durchgeführt. Zur Auswertung der Ergebnisse wurde der vereinfachende theoret. Ansatz von Carpenter u. Colburn [1951] benutzt. Mit Hilfe eines empir. ermittelten Korrekturfaktors war auch eine Auswertung der Daten außerhalb des Bereichs der Überhitzung möglich. Zur Berücksichtigung des Einfl. hoher Dampfspannungen für horizontale Rohre diente eine Modifikation der Beziehungen von Seban (ASME **76.** [1954.] 299) bzw. Rohsenow u. Mitarbeitern (C. **1957.** **13149**). Unter Verw. der Berechnungs-Meth. von Martinelli u. Nelson (Trans. Amer. Soc. mechan. Engr. **70.** [1948.] 695) ergibt sich gute Übereinstimmung zwischen der Theorie u. dem experimentellen Material. Wolfgang Wagner. 5816 □

Der Einfluß einer elektrolytischen Gasentwicklung auf die Wärmeübertragung. F. O. Mixon jun., Wan Yong Chon und K. O. Beatty jun. (Chem. Engng. Progr., Sympos. Ser. **56.** 75—81. 1960. Raleigh, N.C., North Carolina State Coll.; engl.) — Mit einer näher beschriebenen Anordnung wurde der Einfl. einer elektrolyt. Gasblasen-Entw. auf die Wärmeübertragungs-Koeff. zwischen einer horizontalen Cu-Platte u. einer ruhenden Wassermenge untersucht. Die gefundene Erhöhung der Wärmeübertragung entspricht derjenigen unter den Bedingungen des Oberflächensiedens. Daraus kann geschlossen werden, daß beim Vorgang des Oberflächensiedens der Einfl. von latenten Wärmen von untergeordneter Bedeutung ist u. daß die hohen Wärmeübertagungs-Koeff. auf eine mechan. Bewegung des an der Grenzfläche vorhandenen Fl.-Films zurückzuführen ist. Wolfgang Wagner. 5816 □

Wärmeübertragung auf Natrium-Kalium-Legierungen beim Sieden in einem Becken. Niels Madsen und C. F. Bonilla. (Chem. Engng. Progr., Sympos. Ser. **56.** 251—59. 1960. New York, N.Y., Columbia Univ.; engl.) — Ausführliche Beschreibung experimenteller Unterss. zum Problem der Wärmeübertragung auf sd. Alkalimetalle. Alle Verss. wurden mit einer *Na–K*-Leg. mit **44%** K durchgeführt. Zur Berechnung der Wärmeübertragung wurden von der elektr. zugeführten Heizleistung die Wärmeverluste an die Umgebung des Bades abgezogen. Die experimentell ermittelten Wärme-Geschw.

q/A lassen sich für die angegebene Leg. beim Sieden in einem horizontalen Becken von 1—4 in. Tiefe durch die Beziehung $q/A = 134 \cdot \pi^{0,25} \cdot \Delta\, t^{1,24}$ darstellen. Diese Gleichung gilt für q/A-Werte zwischen 20000 u. 135000 B.t.u./hr.sq.ft. u. Drücke im Dampfraum über der Fl. zwischen $\pi = 2$ u. 760 mm. Δ t ist die Differenz zwischen der mittleren Temp. der sd. Metalloberfläche u. dem Gleichgewichts-Kp. der Leg. beim jeweiligen Druck. Aus dieser Gleichung folgt, daß die Wärmeübertragungs-Koeff. bei konst. Wärme-Geschw. der 0,20ten Potenz des abs. Drucks über der Fl. proportional sind. Mit der Tiefe des Bades nimmt die Temp. des fl. Metalls zu. WOLFGANG WAGNER. 5816☐

Ausgeführte Arbeiten und neue Möglichkeiten bei Anwendung der mechanischen Vibration in einheitlichen Arbeitsgängen. José Piazza. (Rev. Fac. Ing. Quím. **28.** 159—80. 1959. Univ. del Sur, Labor. Investig. Oper. Unitarias; span.) — Es werden die Ausführung eines Gyroskops besonderer Bauart u. die damit vorgenommenen Verss. der Film-Bldg. an Rohrwandungen, welche der gyroskop. Vibration unterworfen werden, erläutert. Durch derartige Einrichtungen lassen sich miteinander nicht mischbare Fll., Fll. u. Suspensionen trennen. Unter Mitwirkung der Fl.-Reibung sind Verdampfungen von Lsgg. bis zur Trockne der gelösten Salze zu erreichen. Lufteinschlüsse aus Fll. werden entfernt, da durch übertragene Gyroskop-Wrkg. auf Eintauchrohre z. B. mit einer Frequenz von 3000 U/min ein Vakuum von mehr als 400 mm Hg oder ein Luftdurchgang von 1000 Liter/h erhalten wird. R. KAISER. 5828☐

Neuartige Silicone als Treibmittel für Diffusionspumpen. W. Simmler und W. Bächler (Vakuum-Techn. **8.** 155—58. Sept. 1959; dt.) — Nach einer Besprechung der bisher bekannten Siliconöle als Treibmittel für Diffusionspumpen wird über neue, verzweigte *Phenylmethylpolysiloxane* der nebenst. Formel berichtet. Diese Prodd. sind ölige Fll., die die besonders hohe Temp.-Beständigkeit der Siliconöle mit einer ungewöhnlich vorteilhaften Neigung der Dampfdruckkurve u. sprunghaften Anstieg der Viscosität mit wachsender Kettenlänge verbinden. Über die vakuumtechn. Eigg. dieser Verbb., wie Dampfdruckkurve, Sauggeschw., Endtotaldruck, Restgas-Zus. u. Verh. bei Lufteinbrüchen wird im einzelnen berichtet. G. ENGELHARDT. 5880☐

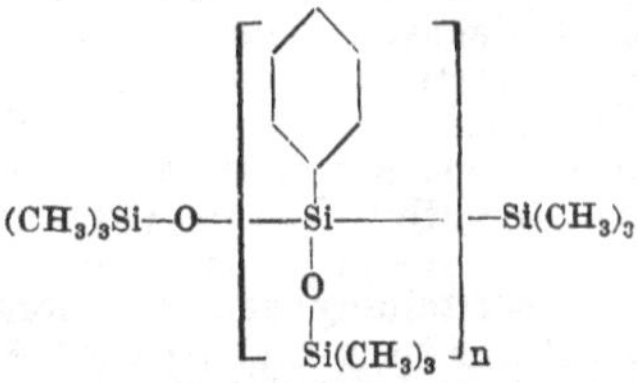

Verfahrensregelung. Fred D. Marton. (Instruments Control Syst. **32.** 1206—07. Aug. 1959; engl.) — Beschreibung einer 3-Komponenten-Speisewasserregelung, einer Verriegelungs-Vorr. mit Hilfe eines kleinen 3-Wege-Ventils gegen Steuerluftstörungen u. einer Handregelung von Beizbädern. Die Zugabe der Säure zu den verschiedenen Bädern erfolgt daher über Vol.-Messer mit Voreinstellung. Ein elektromagnet. betätigtes Ventil schließt das pneumat. gesteuerte Hauptventil für die Säure, sobald die eingestellte Menge durchgeflossen ist, die gleichzeitig registriert wird. Die Auslösung des Vorgangs erfolgt durch Druckknopfbetätigung. M. GRENACHER. 5888☐

Kontinuierliche Verfahrensreglung. D. D. Friel. (Ind. Engng. Chem., int. Edit. **52.** 494—96. Juni 1960; engl.) — Feuchtemesser für H_2 mit einem Meßbereich von 1 ppm bis zu einigen 100 ppm basieren auf der Elektrolyse von Meta- oder Orthophosphorsäure. Als Überträger der Feuchte von der zu messenden Fl., z. B. Toluol, in die Elektrolysezelle wird ein Stickstoffstrom verwendet. In der Gaschromatographie ist durch Anwendung abgeschirmter Thermistoren eine Empfindlichkeitssteigerung bis 100 ppm, in Sonderfällen sogar 10 ppm für Vollausschlag erreicht worden. Photoelektr. Analysengeräte für SO_2, NO_2, CO_2, organ. Fll., wie Benzol-Derivv., Ketone, chlorierte KW-Stoffe, verwenden Absorptionen im ultraroten, sichtbaren u. UV-Gebiet u. besitzen Meßbereiche von 0,01—100%. Durch Verw. von zwei photoelektr. Zellen mit entsprechend gewählten Absorptionsfiltern wird Unabhängigkeit der Anzeige von Verschmutzungen der Küvetten u. Schwankungen der Lichtintensität erreicht. Auswahl der Filter, die in Form von Glas-, Fl.- oder Gasfiltern in Anwendung kommen, ist ausschlaggebend. Die nachgeschalteten Verstärker haben logarithm. Kennlinien. Die Geräte sind auch für Dickenmessungen von Filmen verwendbar. Anwendungen: Acetondampf in Luft, Konz. 10 bis 1000 ppm mit Filtern von 310 u. 365 mμ, Dickenmessung von Filmüberzügen. M. GRENACHER. 5888☐

Erfolgversprechende Auswahl der Meßstellen bei der Verfahrensregelung. Wilfred H. Howe. (Instruments Control Syst. **32.** 1190—94. Aug. 1959; engl.) — Die Bedeutung des Meßwerts für den Prozeßablauf, Wahl der Meßstelle, Instrumentengenauigkeit, Einfl. der dynam. Eigg., bes. die nachteilige Auswirkung von Meßwertverzögerungen, letztere an Hand von Diagrammen, werden erläutert. Eine zweckentsprechende Auswahl der Meßtechnik vermag die Gesamtkosten zu senken, vor allem in Anbetracht der Erhöhung der Sicherheit der Anlage, der Möglichkeit optimaler Prozeßführung u. der Schaffung von Informationen als Grundlage für eine Automatisierung. M. Grenacher. 5888□

Automatische Temperatur- und Druckkompensation. Donald M. Stough. (Instruments Control Syst. **32.** 1180—89. Aug. 1959; engl.) — Die zur Feststellung der effektiven Durchflußmenge notwendige laufende Druck- u. Temp.-Korrektur der gemessenen Wirkdrücke der Meßscheibe hat die gerätebauende Industrie zur Konstruktion automat. kompensierender Durchflußmesser veranlaßt, die sowohl in mechan., pneumat. u. elektr. Ausführung angeboten werden. Die mechan. Syst. erreichen die erforderliche Prod.-Bldg. durch Hebel-Syst. u. Verbindungsgestänge u. die Wurzelziehung über Kurvenscheiben, während die pneumat. Ausführungen Transmitter u. Regler in Verbindung mit Metallbälgen u. Düse–Prallplatten-Syst. verwenden. Die elektr. Anordnungen bevorzugen für die Prod.-Bldg. von Druck u. Wirkdruck den Differentialtrafo mit verstellbarem Eisenkern, Verstärker u. Nullmotoren u. für die Temp.-Kompensation Widerstandsthermometer in Brückenschaltung. M. Grenacher. 5888□

Messung des Durchflusses von strömenden Stoffen. R. Süss. (Chemiker-Ztg.–Chem. Apparatur **84.** 255—59. 20/4. 1960; dt.) — Für die volumetr. Verff. (V) zur Messung des Durchflusses von strömenden Stoffen werden vorwiegend motor. Zähler verwendet, die in Rohrleitungen eingebaut werden u. zumeist über magnet. Kupplungen ein Meßinstrument antreiben. Außerdem werden Drehkolbenzähler u. Turbinenzähler für dieses Meßverf. angewandt. Von den dynam. Verff. ist die Schwebekörper-Meth. die einfachste. Außerdem verwendet man Wirk- u. Staudruck-Verff. sowie Strömungsteiler-Verff. u. Tauchrohrverfahren. Für physiolog. Meth. dient z. B. die induktive Durchflußmessung, wobei ein fl. Leiter mit konst. physikal. Eigg. senkrecht durch ein Magnetfeld bewegt wird, wobei eine Spannung induziert wird, die ein direktes Maß für die Durchfluß-Geschw. (DG) darstellt. Die Best. der DG mit Isotopen wird erwähnt. R. Strufe. 5888

Herstellung von Kernbrennstoffelementen für den Borax-IV-Reaktor. Joseph H. Handwerk und Robert A. Noland. (Progr. nuclear Energy, Ser. V **2.** 239—60. 1959. Lemont, Ill., Argonne Nat. Labor.; engl.) — Der Borax-IV-Reaktor ist ein wassergekühlter u. moderierter Siedewasserreaktor für Wasser-Temp. $\leqq 417^0$ F u. Drücke von 300 lbs./sq. inch. Als Brennstoff dient ^{235}U, das durch hocherhitzte gerade Zylinder aus ThO_2 mit 6,35% UO_2 ergänzt wird. Der Schutzblechwerkstoff ^{232}Th wird aus geraden, hoch erhitzten ThO_2-Zylindern ergänzt. Diese keram. Pellets sind in Rohren aus Al-Leg. mit 1% Ni abgedichtet, wobei der Ring zwischen Pellet u. Innenwandung des Rohres mit Pb gefüllt ist. Die Herst. der keram. Pellets u. der Reaktoraufbau werden beschrieben. — 16 Schrifttumshinweise. W. Wesly. 5894□

Kernbrennstoffelemente für den gasgekühlten Reaktor. L. Grainger. (Progr. nuclear Energy, Ser. V **2.** 280—94. **1959.** Risley, U.K.A.E.A.; engl.) — Beschreibung des in Großbritannien angenommenen Programms zur Entw. gasgekühlter Reaktoren mit erhöhten Temp. u. Leistungen der Brennstoffelemente u. der mit (gasgekühlten) Reaktoren bereits gewonnenen Erfahrungen, wobei Durchbiegung u. Aufblähung der Brennstoffelemente u. die mechan. Eigg. der Mg-Brennstoffumhüllung die Hauptprobleme darstellen. Be-Brennstoffhüllen u. keram. Brennstoffe sind geplant. — 13 Schrifttumshinweise. W. Wesly. 5894□

Zerstörungsfreie Prüfung von Brennstoffelementen. W. J. McGonnagle. (Progr. nuclear Energy, Ser. V **2.** 380—97. **1959.** Lemont, Ill., Argonne Nat. Labor.; engl.) — Vgl. C. **1960.** 6393. — Übersicht über die Verff. zur zerstörungsfreien Prüfung von Kernbrennstoffelementen (visuelle, therm., radiograph., akust., elektr., elektromagnet. Prüfung, Druckmessung strömender Gase oder Fll., Eindringen von Öl), ihre Vorteile, Empfindlichkeit u. Anwendungsgrenzen. — 18 Schrifttumshinweise. W. Wesly. 5894□

Reaktor-Kontrollwerkstoffe. W. Kermit Anderson und Donald N. Dunning (Progr. nuclear Energy, Ser. V **2.** 193—205. **1959.** Schenectady, N.Y., Gen. Electr. Co., Knolls Atomic Power Labor.; engl.) — Übersicht über die Kontrollwerkstoffe für Kernreaktoren u. die Merkmale zu ihrer Auswahl, Erörterung der Verw. von B enthaltenden, rostfreien Stählen, von Legg. von B mit Ti oder Zr, von Hf u. von Metallen der Seltenen Erden u. der Strahlungsschäden dieser Werkstoffe. W. Wesly. 5894□

Ein organisch moderierter Kernreaktor für chemische Fabriken. B. D. Baines und J. M. Conway-Jones. (Brit. chem. Engng. **7.** 112—16. Febr. 1962; engl.) — Eine krit. Betrachtung der Leistungsfähigkeit eines organ. moderierten Kernreaktors, Wärme an Betriebe zu liefern, die einen großen Bedarf an Niederdruckdampf u. Kraft haben, der durch Gegendruckdampfturbinen gedeckt wird. Durch Wahl einer geeigneten Dampfführung ist es möglich, den für chem. Fabriken typ. Kraftbedarf/Wärmemenge-

Verhältnissen über einen weiten Bereich gerecht zu werden. Die wirtschaftliche Entw. eines für diese Zwecke geplanten (hypothet.) Reaktors, der 68 t Dampf stündlich liefern soll, wird erörtert. Das Brennelement besteht aus Uranoxid mit 1,7% U 235. Als Moderator u. Kühl-Fl. dient Terphenyl. Die durch Strahlung verursachten Verunreinigungen des Kühlmittels (Gase u. Polymere) werden laufend durch eine besondere Anlage entfernt u. entsprechend frisches Kühlmittel eingespeist. Ein Dampfkosten-Vgl. eines üblichen u. eines nuclearen Wärmekraftwerks ergibt die Wettbewerbsfähigkeit des letzteren. F. ZEIDLER. 5894□

Eignungsprüfung von Tantal, Molybdän und Beryllium als Behälter für flüssiges Wismut. J. W. Seifert und A. L. Lowe jun. (Corrosion [Houston] **17.** 475t–78t. Okt. 1961. Babcock and Wilcox Co.; engl.) — Unterss. über die Eignung von Ta, Mo u. Be als Behälter für fl. Bi in einem Kernreaktor mit fl. Metall als Brennstoff zeigen eine hinreichende Korrosionsfestigkeit (KF) bei 750 u. 975° F. Die KF von Ta steht in Beziehung zur Oberflächenzurichtung. Schweißen haben auf die KF von Ta keinen Einfluß. Die Geschw.-Zunahme beeinflußt die KF von Mo + 0,5% Ti in umgekehrter Weise, nicht aber die KF von Ta u. Be. W. WESLY. 5894□

Glas zum Beseitigen von Spaltprodukten. L. C. Watson. (Glass Ind. **41.** 264–67. 292–96. Mai 1960. Chalk River, Ontario, Chem. Engng. Branch, Atomic Energy of Canada Ltd.; engl.) — Es wird eine Meth. beschrieben, mit der radioakt. Spaltprodd. mit einem Versatz von Nephelin–Syenit u. $CaCO_3$ geschmolzen u. so dem Glase einverleibt werden. Das Glas hält die Spaltprodd. weitgehend fest, selbst wenn es in W. versenkt wird. Die Auslaugung nimmt mit steigender Temp. oder auch bei Entglasung zu, aber beide Effekte können verhindert werden. γ-Strahlung bis zu $1{,}7 \cdot 10^{12}$ erg/g Glas hat keinen Einfl. auf die Auslaugung. Werden diese Gläser trocken gelagert, so ist die Gefahr einer Verbreitung der Spaltprodd. vernachlässigbar klein. Es wird ferner die Sicherheit eines Verf. untersucht, bei dem die Gläser vergraben werden. Dieses Verf. ist billiger, obwohl es ein abgeschlossenes Gebiet verlangt. H.-O. MULFINGER. 5894□

Über einen neuen Nickel-Tonerde-Katalysator. Tatsuo Yamanaka. (J. sci. Res. Inst. [Tokyo] **49.** 243–48. Sept. 1955; engl.) — Ein Ni-Aluminat-Katalysator (I) wird folgendermaßen hergestellt: Die Fällungen, die man entweder aus den Nitrat-Lsgg. von Ni u. Al mit NaOH oder aus Ni-Lsg. mit Na–Aluminat-Lsg. erhält, werden erst mit heißer 7–10%ig. NaOH u. dann mit warmem W. ausgewaschen. Der getrocknete Rückstand erscheint auf Grund von Elektronenbeugungs- u. elektronenmkr. Aufnahmen als homogen im Gegensatz zu einem nicht mit NaOH ausgewaschenen Nd. (**II**). Der aus **I** durch Mischen mit Kaolin u. Red. mit H_2 (350°) gewonnene Katalysator hat gegenüber dem aus **II** gewonnenen trotz des etwa doppelten S-Geh. eine höhere Wirksamkeit bei der Hydrierung von Acetaldehyd (140–150°, Normaldruck). Sie liegt etwas unter der von RANEY-Ni (**III**). Die Lebensdauer des **I**-Katalysators ist höher als die von **III**. Ausbeute 85–90% A., nach 20 Std. unverändert. R. JUNGE. 5904□

Über die kinetische Anomalie von gelockerten Katalysatorbetten. Pál Szolcsányi. (Veszprémi Vegyipari Egyetem Közleményei [Mitt. Univ. chem. Ind. Veszprém] **5.** 41–46. 1961. Lehrstuhl für physikal. Chem.; ung.) — Als Ergebnis früherer Verss. wurde festgestellt, daß die beim Vgl. von Wirbelschichten u. Ruheschüttungen in der Nähe des Ausgangspunkts beobachtete kinet. Anomalie — laut welcher die Konversion in Wirbelschichten größer ist als in Ruheschüttungen — durch Diffusionshemmung infolge der Unregelmäßigkeiten der Mediumverteilung in der Ruheschüttung erklärt werden kann. Die Hemmung hört mit der Ausbildung der Wirbelschicht im Verhältnis des Körnchenübergangs vom dichten zum losen Schichtteil auf. Die Richtigkeit der Löchertheorie der katalyt. Wirbelschichtreaktoren wird dadurch bekräftigt. J. PLANK. 5904

Oxydation von SO_2 durch fluidisiertes Eisenoxid als Katalysator. Tibor Blickle, János de Jonge, Zoltán Ferenczy und Pál Káldi. (Veszprémi Vegyipari Egyetem Közleményei [Mitt. Univ. chem. Ind. Veszprém] **5.** 109–20. 1961. Lehrstuhl für chem. Technol.; ung.) — Vff. untersuchten die Oxydation von mit Luft gemischtem SO_2 in Fe_2O_3-Wirbelschichten verschiedener Korngröße, Strömungs-Geschw., bei Temp. von 450–600° u. beobachteten bei kleinerem O_2-Geh. des Gasgemisches u. größerer Strömungs-Geschw., wie auch bei grobkörniger Kontaktmasse, eine kleinere Konversion als bei Anwendung einer höheren Wirbelschicht — wodurch die Berührungsdauer des Gases trotz stärkerer Strömung vergrößert wird — u. feinkörnigem Katalysator. Unter den günstigsten Bedingungen konnte eine Konversion bis 90% erreicht werden. Die Sulfatierung des Katalysators ist oberhalb 500° gering u. sulfatierter Kontakt kann im SO_2–Luft-Gemisch fluidisiert regeneriert werden. Aus $FeSO_4 \cdot 7\,H_2O$ bereitetes Fe_2O_3 bewährt sich besser als Pyritabbrand. J. PLANK. 5904

Franz Pelikan (Erfinder: Philipp Albrecht, Marktredwitz, und Franz Pelikan), München, **Herstellung eines Kittes oder Klebers,** bes. zum Aufkleben von Belägen auf Böden. Ein Gemisch von Sulfitablauge oder -pulver mit Zusatz von Chromaten, Glycerin, Gips sowie ggf. Kaolin oder Bindeton, wird mit W. zu der zum Auftragen erforderlichen Konsistenz angerührt. Dem Gemisch kann als Füllstoff Talkum zugesetzt werden. (**D. B. P. 975 049** Kl. 22i vom 12/5. 1954, ausg. 20/7. 1961. Anmeldung bekanntgemacht 1/12. 1955.) H. Raeithel. 5811

Chemische Fabrik Grünau Akt.-Ges., Deutschland, **Herstellung von oberflächenaktivem Esterprodukt** aus Polyalkoholen, welche ein zentrales C-Atom direkt an 4 C-Atomen gebunden enthalten, oder aus einem mit einer Fettsäure unvollständig veresterten Polyalkohol durch Behandlung mit einem Alkylenoxid, oder aus einem Polyalkohol durch Rk. mit einem Alkylenoxid u. danach partielle Veresterung des Umsetzungsprodukts. Zur katalyt. Beschleunigung der Einw. des Alkylenoxids wird in Ggw. eines Alkalihydroxids gearbeitet. Die erhaltenen Prodd. dienen als Emulgierungs- u. Lsgm. bei der Herst. von Salben, Cremen, kosmet. Emulsionen sowie in der Textil- u. Lederindustrie. — 28,6 (kg) Pentaerythritmonostearat werden in Ggw. von 0,3 NaOH mit Äthylenoxid bei 160—180° u. 3 at oxäthyliert, bis 71,4 davon aufgenommen worden sind. Das erhaltene viscose, hellgelbe Prod. wird als *Emulgierungsmittel* verwendet. — Pentaerythrit wird in Ggw. von NaOH mit Äthylenoxid bei 150° u. 3 at Druck umgesetzt. Das Rk.-Prod. wird mit Lanolin u. akt. Kohle in Ggw. von etwas NaOH bei 265° ca. 2—3 Std. behandelt. Nach dem Abfiltrieren der Kohle bei 120° wird mit $NaClO_2$ in Ggw. von wenig Citronensäure gebleicht u. über Fullererde filtriert. Eine 10%ig. Lsg. des Rk.-Prod. dient als *Emulgierungsmittel.* (**F. P. 1 204 834** vom 6/10. 1958, ausg. 28/1. 1960. D. Prior. 25/10. 1957.) M. F. Müller. 5825

National Research Development Corp., London, England (Erfinder: John Aveston), **Anionenaustauschende vernetzte Polystyrolharze,** die auf Grund ihrer tert. Aminogruppen einen schwach bas. Charakter aufweisen, aber außerdem einen Teil stark bas., bes. quatern. NH_4-Gruppen (**I**) enthalten, werden mit einer starken Base, bes. NaOH oder KOH, auf 100° erhitzt, um die **I** in die OH-Gruppen umzuwandeln. (**E. P. 804 074** vom 18/1. 1956, ausg. 5/11. 1958.) C. Lüttgen. 5827

E. I. du Pont de Nemours & Co., Wilmington, Del. (Erfinder: Claude Ross Cutlip, Toledo, Ohio, und Richard David Scheer, Kennett Square, Pa.), V.St.A., **Verwendung von Indicatorfarbstoffen in Gefrierschutzmitteln** (**I**) mit Farbänderungen zwischen pH 8,5 u. 6,0 zur Feststellung von Korrosionen in solchen **I**, die neben einem einwertigen Alkohol noch einen Korrosionsinhibitor, bes. $Na_2B_4O_7$, enthalten. Bevorzugt wird Phenolsulfonphthalein. Als **I** sind in den Mengenbeispielen Äthylen- (u. Propylen-) glykol genannt. (**D. A. S. 1 114 674** Kl. 46c⁴ vom 14/1. 1960, ausg. 5/10. 1961.) H. Schindler. 5859

Alexander Wacker, Frankfurt/M., **Anheben und Bewegen von unerwünschten Fremdkörpern in mit Flüssigkeit gefüllten Behältern** (**I**), wie Ampullen, Flaschen u. dgl., dad. gek., daß mittels eines Ultraschallschwingers über eine Kopplungs-Fl. ein durch schallopt. Mittel gebündeltes, nur in Richtung der zu untersuchenden **I** gerichtetes Ultraschallstrahlungsfeld erzeugt wird. (**D. A. S. 1 081 254** Kl. 421 vom 22/7. 1958, ausg. 5/5. 1960.) W. v. Huhn. 5879

Kraftanlagen Akt.-Ges. (Erfinder: Ernst Mudersbach), Heidelberg, **Probenahme eines strömenden Mediums** zum Zwecke einer laufenden Best. der mittleren Werte seiner stofflichen Zus. u./oder seiner Temp., dessen zu bestimmende Eigg. über den Querschnitt (**I**) der Strömung hinweg unterschiedlich sind, mit Hilfe von mehreren Entnahmerohren (**II**), deren die Best.-Punkte bildenden Öffnungen über den zu untersuchenden **I** planmäßig, bes. gleichmäßig, verteilt sind, gek. durch einen Mischbehälter, in den die **II** einmünden u. der die laufend aus der Strömung entnommenen kleinen Einzelströme nach erfolgter Mischung den Meß- bzw. Analysengeräten zuführt. (**D. A. S. 1 045 689** Kl. 421 vom 25/3. 1952, ausg. 4/12. 1958.) W. v. Huhn. 5887

Siemens & Halske Akt.-Ges., Berlin und München (Erfinder: Helmut Oster, Karlsruhe), **Analyse von Gasen** (**I**), bes. von Gasgemischen oder Dämpfen, mit einem *elektr. Feld* (**II**) innerhalb des zu analysierenden **I**, dad. gek., daß der beim Einströmen eines Vgl.-Gases in das **II** entstehende Staudruck gemessen wird. (**D. A. S. 1 047 487** Kl. 421 vom 10/11. 1956, ausg. 24/12. 1958.) W. v. Huhn. 5887

Atomic Energy of Canada Ltd., Ottawa (Erfinder: John G. Bayly und William H. Stevens, Deep River), Ontario, Canada, **Ermittlung der Deuterium- und Tritiumkonzentration in Luft,** dad. gek., daß der Wasserdampf der Luft kondensiert, das Kondensat (**I**) gesammelt u. der ^2H- u. ^3H-Geh. des **I** durch Messung des Absorptionsgrades einer IR-Strahlung in der Nähe einer Absorptionswellenlänge des

HDO-Mol. durch das I bestimmt wird. (**D. A. S. 1 110 443** Kl. 421 vom 21/5. 1959, ausg. 6/7. 1961. A. Prior. 2/6. 1958 u. 27/1. 1959.) W. v. Huhn. 5887

Farbwerke Hoechst Akt.-Ges., vormals Meister Lucius & Brüning, Frankfurt/M. (Erfinder: Karl Maximilian Bürger, Burghausen), **Quantitative Bestimmung der Komponenten gasförmiger und leicht flüchtiger organischer Gemische durch Chromatographie** unter Verw. von CO_2 als Treibgas, dad. gek., daß dem CO_2 geringe Mengen radioakt. ^{14}C beigefügt sind. (**D. A. S. 1 032 004** Kl. 421 vom 19/12. 1956, ausg. 12/6. 1958.) W. v. Huhn. 5887

Tootal Broadhurst Lee Co. Ltd. (Erfinder: William K. Donaldson und Dennis Ainscough), Manchester, England, **Messung der anteilmäßigen Mengen eines gasförmigen Gemisches** (I), bei der eine Probe des I in einen Probenraum (II) gebracht u. ein Bestandteil des I kondensiert wird, um eine Änderung des Drucks im II zu bewirken, dad. gek., daß das Kondensieren in einem mit dem II räumlich verbundenen, aber therm. von ihm getrennten geschlossenen Kondens.-Raum vorgenommen wird, ohne daß die Temp. in dem II auf die Kondens.-Temp. fällt. (**D. A. S. 1 060 631** Kl. 42k vom 14/9. 1954, ausg. 2/7. 1959. E. Prior. 18/9. 1953.) W. v. Huhn. 5887

Industrial Machinery Co. Ltd. (Erfinder: Samuel Gilman), London, England, **Messung der Dichte eines kontinuierlich oder diskontinuierlich bewegten Gutes** (I), das Schwankungen in seinen chem. u./oder physikal. Eigg., bes. in seinem Feuchtigkeits-Geh. unterworfen ist, dad. gek., daß die einzelnen Bereiche des I entweder gleichzeitig oder hintereinander ein an sich für die Best. der Dichte (II) bekanntes Strahlungsmeßgerät u. eine gleichfalls bekannte, zur Best. der II die elektr. Eigg., bes. das dielektr. Verh. des I auswertende, Meßvorr. durchlaufen, wobei die bei gleichbleibender II durch Unregelmäßigkeiten der sonstigen chem. u./oder physikal. Eigg. des I hervorgerufenen Schwankungen in der Anzeige der Dichte-Meßvorr. durch elektr. Zusammenschalten der beiden genannten Meßvorr. korr. oder ausgeschaltet werden, so daß eine Messung erhalten wird, die unabhängig von den Unregelmäßigkeiten der sonstigen Material-Eigg. die tatsächliche II des I anzeigt. Das I kann aus einem bewegten *Tabakstrang*, einer fortlaufenden *Zigarettenstange*, aus *Textilerzeugnissen* oder *Papier* bestehen. (**D. A. S. 1 107 426** Kl. 421 vom 18/2. 1954, ausg. 25/5. 1961. E. Prior. 18/2. 1953 u. 29/1. 1954.) W. v. Huhn. 5887

Bernhard Joos, Zürich, Schweiz, **Messung des pH-Wertes biologischer Flüssigkeiten**, dad. gek., daß die Glaselektrode einen Raum für die Bezugspuffer-Lsg. (I) aufweist, der von der zur Aufnahme der biolog. Fl. dienenden Glaselektrodenmembran (II) durchsetzt wird, u. ein Thermometer in den Raum der I hineinragt u. das Verhältnis zwischen dem inneren Vol. der verwendeten II u. dem außerhalb der II eingefüllten Fl.-Vol. mindestens 1 : 100 beträgt. (**D. A. S. 1 036 539** Kl. 421 vom 2/3. 1953, ausg. 14/8. 1958.) W. v. Huhn. 5887

Hans J. Zimmer, Verfahrenstechnik, Frankfurt/M. (Erfinder: Friedrich Nessler, Wiesbaden), **Kontinuierliche Messung von Sauerstoffspuren in Gasen** mit Hilfe einer galvan. Meßzelle, welche aus einer unedlen Metallanode (I) u. einer edleren Metallkathode (II) sowie einem geeigneten Elektrolyt (III) besteht, wobei das Gas in den III eingeleitet u. der im äußeren Stromkreis fließende Depolarisationsstrom als Maß für den O_2-Geh. gemessen wird, dad. gek., daß das Gas unterhalb der teilweise in den III eingetauchten II, jedoch oberhalb der ganz eingetauchten I, in gleichmäßigem Strom eingeleitet wird. (**D. A. S. 1 107 968** Kl. 421 vom 17/3. 1960, ausg. 31/5. 1961.) W. v. Huhn. 5889

Asger Holm Bangsgaard, Aalborg, Dänemark, **Kohlenoxidindicator,** bestehend aus Silicagel (I) u. Pd-Chlorid sowie ggf. Farbzusätzen, dad. gek., daß der Indicator außerdem NH_4NO_3 oder $CuCl_2$ enthält, wobei die Korngröße des I vorzugsweise 0,5—1 mm (100—200 Maschen) beträgt. (**D. A. S. 1 113 596** Kl. 421 vom 4/9. 1959, ausg. 7/9. 1961. Dän. Prior. 4/9. 1958.) W. v. Huhn. 5889

Jenoptik Jena G. m. b. H. (Erfinder: Wolfgang Nebe), Jena, **Analyse von Dreistoffgemischen** mit Hilfe eines Zweistrahlinterferometers, dad. gek., daß nacheinander drei interferometr. Messungen (I) vorgenommen werden, von denen die erste I im weißen Licht erfolgt u. die beiden anderen I nach Kompensation des Gangunterschiedes im weißen Licht im monochromat. Licht mit bei jeder I verschiedener Wellenlänge durchgeführt werden. (**D. A. S. 1 110 918** Kl. 421 vom 21/4. 1959, ausg. 13/7. 1961.) W. v. Huhn. 5889

Proctor & Schwartz, Inc., Philadelphia (Erfinder: John Sherrard Christie jun., Oreland), Pa., V.St.A., **Farbüberwachung eines Flüssigkeitsbades** (I), dad. gek., daß dem I beim Feststellen einer Abweichung des I vom Normal fl. Farbbestandteile zugesetzt werden, um die Farbe des I u. seiner Proben wieder an das Normal anzugleichen. (**D. A. S. 1 113 836** Kl. 42h vom 12/2. 1959, ausg. 14/9. 1961. A. Prior. 13/2. 1958. **Zusatz zu D. A. S. 1 104 212; C. 1962. 1419.**) W. v. Huhn. 5889

General Electric Co., New York, übert. von: David W. Lillie, Schenectady, N.Y., V.St.A., **Herstellung eines Brennstoffelementes für Kernreaktoren.** Durch eine Schmelze aus *Al* oder *Zr* wird gasförmiges BCl_3 oder BBr_3 geleitet, wobei sich elementares B in feiner Verteilung abscheidet. Die Schmelze wird mit bis zu 50% mit spaltbarem Material versetzt, u. zwar mit ^{233}U oder ^{235}U oder einer Mischung derselben u. darauf vergossen. (**A. P. 2 951 801** vom 11/7. 1958, ausg. 6/9. 1960.) C. Götze. 5895

Esso Research and Engineering Co., Elizabeth, N.J., V.St.A., **Bestimmung der Konzentration eines Schlüsselbestandteiles in einem Gasgemisch** (**II**), dad. gek., daß man zwei **II** von prakt. gleicher Zus., deren eines eine unbekannte u. deren anderes eine bekannte Konz. an dem Schlüsselbestandteil (**I**) enthält, abwechselnd u. period., vorzugsweise in Perioden von je $^1/_{10}$—10 Min. Dauer, bei prakt. gleicher Temp. u. gleichem Druck durch ein gegen beide **II** chem. inertes u. den **I** selektiv adsorbierendes Adsorptionsmittel (**III**) leitet, sodann an einem thermoelektr. Wandler (**IV**) vorbeiführt u. das von dem **IV** erzeugte Gleichstromsignal, dessen Größe eine Funktion des Konz.-Unterschiedes an dem **I** in den beiden **II** ist, mißt u. so die unbestimmte Konz. an dem **I** in dem einen **II** ermittelt, wobei man die Menge des **III** so bemißt, daß das von dem **IV** erzeugte Signal in dem Zeitraum, in welchem das jeweilige **II** durch das **III** strömt, einen maximalen Wert erreicht. (**D. A. S. 1 079 860** Kl. 421 vom 16/2. 1954, ausg. 14/4. 1960.) W. v. Huhn. 5903

Hans Fuhrmann, Hamburg, **Messung von Gasspuren in einem Trägergas** durch Zugabe zu einer Absorptions-Fl. (**I**) u. durch Messung mittels chem.-physikal. Meth., dad. gek., daß das zu analysierende Gas einer dosierten Menge **I** zugeleitet, die Gasmenge pro Zeiteinheit konst. gehalten, die Messung nach einem Schaltprogramm durchgeführt u. anschließend der Ablauf für die **I** freigegeben wird. Bes. geeignet für H_2S-, Cl_2- u. SO_2-Bestimmung. (**D. A. S. 1 077 894** Kl. 421 vom 20/3. 1959, ausg. 17/3. 1960.) W. v. Huhn. 5903

Siemens & Halske Akt.-Ges., Berlin und München (Erfinder: Helmut Trostel, Pforzheim), **Selektives Filter für Ultrarot-Gasanalysegeräte** zur Ausschaltung des Störeinfl. durch Wasserhäute, dad. gek., daß wenigstens in den Meßstrahlengang eine dünne Fl.-Schicht (**I**) aus einer Mischung von D_2O u. H_2O eingeschaltet ist. **I** ist ca. 10 μ dick. Das Verhältnis D_2O zu H_2O beträgt 8 : 1 bis 10 : 1. (**D. A. S. 1 072 828** Kl. 421 vom 29/8. 1958, ausg. 7/1. 1960.) W. v. Huhn. 5903

Farbenfabriken Bayer Akt.-Ges. (Erfinder: Heinrich Nassenstein, Köln, und Richard Menold), Leverkusen, **Feststellung der Eignung fester Katalysatoren** für eine zu katalysierende Rk., bei denen die katalyt. Aktivität eines Festkörpers durch Fehlstellen beeinflußt wird, dad. gek., daß die im Prüfling vorhandenen Haftstellen für Elektronen in bekannter Weise zur Anregung der Exoelektronen (**I**) besetzt werden u. daß die Emission der **I** in beliebiger Weise gemessen wird. (**D. A. S. 1 087 374** Kl. 421 vom 8/9. 1956, ausg. 18/8. 1960.) W. v. Huhn. 5905

American Can Co., New York, N.Y., übert. von: **Clarence R. Bierman**, Villa Park, und **Raymond E. Mietz**, Melrose Park, Ill., V.St.A., *Dichtungsmasse.* (**Can. P. 557 562** vom 24/3. 1954, ausg. 20/5. 1958. A. Prior. 10/4. 1953. — C. **1958.** 10517 [A. P. 2 767 152].)

Union Carbide & Carbon Corp., New York, übert. von: **Lester L. Winter**, Lewiston, N.Y., und **Theodore Edstrom**, Parkview, Ohio, V.St.A., *Heißhärtbares Bindemittel.* (**Can. P. 557 143** vom 12/9. 1956, ausg. 6/5. 1958. A. Prior. 11/10. 1955. — C. **1960.** 11417 [A. P. 2 884 391].)

Directie van de Staatsmijnen in Limburg, übert. von: **Martinus L. Goedkoop**, Geleen, Holland, *Herstellung von Kationenaustauschern.* (**Can. P. 558 557** vom 19/3. 1951, ausg. 10/6. 1958. Holl. Prior. 21/3. 1950. — C. **1954.** 9108 [E. P. 695 232].)

„Vetrocoke" S.p.A., Turin, übert. von: **Giuseppe Giammarco**, Porto Marghera, Italien, *Entfernung von H S aus Gasgemischen.* (**Can. P. 557 112** vom 26/6. 1956, ausg. 6/5. 1958. **It.** Prior. 30/6. 1955 u. 13/2. 1956. — C. **1960.** 2646 [D. P. [DDR] 16 565].)

Esso Research and Engineering Co., Elizabeth, N.J., V.St.A., übert. von: **Thorkild F. Lonstrup**, Sarnia, Ontario, Canada, *Luftfilteröl.* (**Can. P. 556 287** vom 15/8. 1955, ausg. 22/4. 1958. A. Prior. 24/8. 1954 u. 22/7. 1955. — C. **1962.** 976 [E. P. 772 981].)

Dow Corning Corp., übert. von: **William H. Ragborg**, Midland, Mich., V.St.A., *Dämpfungsflüssigkeiten.* (**Can. P. 556 272** vom 11/9. 1954, ausg. 22/4. 1958. A. Prior. 27/11. 1953. — C. **1958.** 2837 [D. A. S. 1 006 997].)

Dow Corning Corp., übert. von: **William H. Ragborg**, Midland, Mich., V.St.A., *Organopolysiloxane als hydraulische Flüssigkeit.* (**Can. P. 556 273** vom 26/5. 1956, ausg. 22/4. 1958. A. Prior. 8/8. 1955. — C. **1961.** 2056 [A. P. 2 877 184].)

Esso Research and Engineering Co., Elizabeth, N.J., übert. von: **Charles N. Kimberlin jun.**, und **Elroy M. Gladrow**, Baton Rouge, La., V.St.A., *Behandlung von SiO_2-MgO-Katalysatoren.* (**Can. P. 557 627** vom 22/3. 1955, ausg. 20/5. 1958. A. Prior. 21/4. 1954. — C. **1959.** 8274 [A. P. 2 773 843].)

A. Bouron et **L.-A. Bouron**, Calcul et disposition des appareils de cristallisation. Paris: Béranger. 1962. (XXIV + 462 S.) 108 NF.

L. Mironneau, Manuel du frigoriste. Tome I: Production du froid. Paris: J.-B. Baillière & Fils. 1962. (492 S. m. 156 Abb.) 30 NF.

Foster Dee Snell, Dictionary of commercial chemicals. 3rd edit. Princeton (New Jersey): Van Nostrand. 1962. (VIII + 714 S. m. Abb.) $ 12,50.

II. Betriebsschutz. Feuerschutz

Dräger-CO-Meß- und Warnanlagen für verschiedenartige Aufgaben. Fritz Bangert. (Dräger-Hefte **1961.** 5351—55. April/Juni; dt.) — Beschreibung der Geräte. Th. Meier. 5930□

Berufsfaktoren (Industriegifte) und Atherosklerose. M. A. Kownatzki. (Гигиена и Санитария [Hyg. u. Sanitätswes.] **26.** Nr. 9. 62—69. Sept. 1961; russ.) — Übersicht. — 43 Literaturhinweise. F. du Mans. 5932□

Strahlenschutz beim Arbeiten mit radioaktiven Isotopen in der zerstörungsfreien Werkstoffprüfung. Egon Becker. (Wiss. Z. Hochschule Schwermaschinenbau Magdeburg **4.** 147—56. 1960. Magdeburg, Hochschule für Schwermaschinenbau, Fak. für Technol. des Maschinenbaus, Inst. für Werkstoffkunde u. Werkstoffprüfung; dt.) — Übersicht über die biolog. Wrkg. ionisierender Strahlungen u. die Möglichkeiten des physikal. Strahlenschutzes bei der zerstörungsfreien Werkstoffprüfung. W. Fiedler/Radebeul. 5932□

Schutz der Einzelperson gegen radioaktiven Staub. Gerhard Stampe. (Dräger-Hefte **1961.** 5335—38. April/Juni; dt.) — Beschreibung von Schutzgeräten. Th. Meier. 5932□

Unfallgefahren in Lager- und Werkstatträumen. F. Jürke. (Keram. Z. **12.** 325—26. Juni 1960; dt.) F. O. W. Meyer. 5936□

Übersicht über die Untersuchungen über Luftverschmutzung in Europa. Arthur C. Stern. (Amer. ind. Hyg. Assoc. J. **21.** 459—65. Dez. 1960. Cincinnati, Ohio, U.S. Publ. Health Serv., Sanitary Engng. Center, Div. of Air Pollution; engl.) W. Wesly. 5948□

Staubfreie Luft. Zum Schutz gegen Verschmutzungen und Korrosionen. Heinz Wilke. (Wasser, Luft Betr. **5.** 279—84. Juli 1961; dt.) H. Dorsch. 5948□

Geruchsbeseitigung in der Umgebung von Lack-Fabriken. P. W. Sherwood. (Fette, Seifen, Anstrichmittel **62.** 1154—56. Dez. 1960. White Plains, N.Y.; dt.) — Bericht über Prüfmeth. zur Erfassung der Geruchsbelästigung in der Umgebung einer Lackfabrik u. Möglichkeiten der Beseitigung. L. Kempf. 5948

Badische Anilin- & Soda-Fabrik Akt.-Ges., Ludwigshafen/Rh. (Erfinder: Wolfgang Siebert, Schriesheim), **Bestimmung des Chlorgehaltes von Luft** oder anderen Gasen, dad. gek., daß man als Maß für den Cl_2-Geh. die durch die Umsetzung des Cl_2 mit Hg-Dampf bewirkte Abnahme der Strahlungsabsorption von Hg-Dampf bestimmter Schichtdicke u. Ausgangs-Konz. benutzt. (**D. A. S. 1 074 879** Kl. 421 vom 3/2. 1955, ausg. 4/2. 1960.) W. v. Huhn. 5937

Mine Safety Appliances Co., Pittsburgh, Pa. (Erfinder: Harold H. Roth, Bay City, Mich.), V.St.A., **Anzeige der Gegenwart und Konzentration von Cyanwasserstoff oder Schwefelwasserstoff in Luft,** wobei man die eine dieser Verbb. enthaltende Luft (I) durch eine absorbierende Fl. (**II**) leitet u. so eine Lsg. der in I enthaltenden Verb. in **II** herstellt, dad. gek., daß man den pH-Wert der Lsg. auf wenigstens 10 einstellt, die Lsg. vorzugsweise zu einer Silberelektroden (**III**)-Halbzelle leitet, zwischen **III** u. der Lsg. eine relative Bewegung erzeugt u. die zwischen **III** u. einer Bezugselektrode erzeugte, der jeweiligen Konz. entsprechenden EMK mit Hilfe eines Anzeigegerätes ermittelt. (**D. A. S. 1 085 697** Kl. 421 vom 25/6. 1958, ausg. 21/7. 1960.) W. v. Huhn. 5937

Drägerwerk, Heinr. & Bernh. Dräger, Lübeck, **Nachweis von in der Seitenkette substituierten Thioäthern,** bes. **Lost,** in Prüfröhrchen, wobei diese mit *Edelmetallsalzen* Addukte (I) bilden, die ihrerseits mit organ. Reagensmitteln unter Farbänderung reagieren, dad. gek., daß diese im dampfförmigen Zustand mit den **I** in Berührung gebracht werden. (**D. A. S. 1 077 457** Kl. 421 vom 21/2. 1958, ausg. 10/3. 1960.) W. v. Huhn. 5937

Bendix Corp., New York, N.Y. (Erfinder: Thomas J. Bulat, Davenport, Iowa), V.St.A., **Wässerige Reinigungslösung für radioaktiv verseuchte Gegenstände,** dad. gek., daß sie aus einer 1—2%ig. wss. Lsg. bzw. Dispersion eines Gemisches von Äthylendiamintetraessigsäure (I), Na_2SO_4, NaOH, MnO_2 u. Ruß besteht. 100 cm^3 Lsg. enthalten z. B. 1 g **I,** 0,2 g Na_2SO_4, 0,2 g NaOH, 0,1 g MnO_2 u. 0,1 g Ruß. (**D. A. S. 1124822** Kl. 61b vom 12/3. 1959, ausg. 1/3. 1962. A. Prior. 28/3. 1958.) A. Gradl. 5937

Martin Kühn, Düsseldorf, **Niederschlagung von Aerosolen** organ. Stoffe, bes. carcinogener KW-Stoffe, durch Durchleiten durch mit Adsorptions- u. Absorptions-Fll. (I) benetzten Füllkörpern versehene Behälter, dad. gek., daß organ. I verwendet werden, deren Dampfdruck (D) niedriger als D der festzuhaltenden Stoffe ist u. die durch chem. Umwandlung in niedrigersd. oder in W. lösl. Stoffe übergeführt werden können. Als I werden Acetale u. Ketale, bes. cycl. Ketale, verwendet oder auch Ester aus in W. lösl. ein- u. mehrwertigen Alkoholen u. Glykoläthern u. Di- oder Polycarbonsäuren. (**D. A. S. 1 044 454** Kl. 421 vom 26/4. 1957, ausg. 20/11. 1958.) W. v. HUHN. 5941

III. Elektrotechnik

Anwendung der Metallklebtechnik im Elektromaschinenbau. H. Koinzack. (Plaste u. Kautschuk **7.** 334—35. Juli 1960. Fürstenwalde/NL.; dt.) — Behandelt werden Verkleben von oxidkeram. Magnetwerkstoffen, Schleifringkörpern sowie Anwendung von Epoxyharzen im Werkzeugbau. B. SCHEIFELE. 5950 □

Im Vakuum aufgedampfte Metall-Schichtwiderstände. Susumu Namba, Hifumi Tamura und Kihichiro Hirose. (Sci. Pap. Inst. physic. chem. Res. [Tokyo] **54.** 353—61. Dez. 1960. Isurugi Senior High School; Semi-conductor Labor.; engl.) — Beschreibung einer Meth., bei der im Vakuum Ti u. Zr aus einem W-Schiffchen verdampft werden. Die Schichten weisen eine große Affinität gegenüber dem Glas auf. Bei Oxydierung der aufgedampften Ti- u. Zr-Überzüge durch Ionenbeschuß bei Raum-Temp. werden physikal. u. chem. sehr stabile Schichtwiderstände erhalten. Sie besitzen Oberflächenwiderstände von 50 Ω bis 500 kΩ/Flächeneinheit. Bei verstärkter Oxydierung zeigen die Schichten über ein Jahr lang an Luft keine Widerstandsänderung. Der Temp.-Koeff. des Widerstandes hängt hauptsächlich von den Aufdampfbedingungen, der Filmdicke u. dem Oxydationsgrad ab. Der Temp.-Koeff. der Filme ist kleiner als der von Metallkörpern. H. SCHIBILLA. 5954 □

Drahtlacke in der Elektro-Industrie. F. Hansch. (Fette, Seifen, Anstrichmittel **62.** 1152—54. Dez. 1960. Hamburg, Dr. Beck & Co. G. m. b. H.; dt.) L. KEMPF. 5956

Vinyl-Plastisol — ein vielseitiger Werkstoff zur Drahtisolierung und Einkapselung von Drahtgeflecht-Konstruktionen. Robert C. Lawrence jun. (Wire and Wire Products **35.** 1366—68. 1436—37. Okt. 1960. East Providence, R.I., Chem. Prod. Corp.; engl.) W. WESLY. 5956 □

Eigenschaften und Verarbeitung von Äthylen-Mischpolymerisaten. D. J. Vaughan und W. W. Spohn. (Wire and Wire Products **35.** 1323—25. 1438. Okt. 1960. Wilmington, Del., E. I. du Pont de Nemours & Co.; engl.) — Übersicht über Eigg. u. Verw. von Polyäthylen u. Äthylen-Mischpolymerisaten für Drähte u. Kabel.
W. WESLY. 5956 □

Einige wichtige Gebiete der Ausnutzung von Verbindungen der Seltenen Erden. G. W. Ssamssonow. (Цветные Металлы [Nichteisenmetalle] **32.** Nr. 2. 58—59. Febr. 1959; russ.) — Vf. beschreibt eine rationelle Technologie für die Gewinnung von Boriden Seltener Erden (MeB_6), die für Kathoden von Synchrophasotronen, Magnetronverstärkern, Cyclotronen u. in der Elektronenmikroskopie Verw. finden, durch Red. ihrer Oxide bei 1600—1700° im Vakuum. Es wurde festgestellt, daß außer LaB_6 auch YB_6, ScB_6 u. GdB_6 hohe Thermoemissions-Eigg. aufweisen. Auch die Sulfide u. Silicide oder Seltenen Erden verfügen über einen hohen F., einen niedrigen Wärmeausdehnungs-Koeff. u. können mit einer Geschw. von 1000°/Min. abgekühlt u. erhitzt werden.
ELSE HEINEMANN. 5962

Siemens & Halske Akt.-Ges., Berlin und München, **Herstellung reinster kristalliner Substanzen, vorzugsweise Halbleitersubstanzen,** z. B. von Si, Ge oder Verbb. von Elementen der III. u. V. oder II. u. VI. Gruppe des Period. Syst. oder von Komponenten solcher Stoffe aus der Gasphase, bes. durch chem. Rk., z. B. therm. Zersetzung. Der zu gewinnende Stoff wird an einer sich an der Oberfläche in fl. Phase befindlichen Stelle eines Körpers abgeschieden, der aus dem gleichen Stoff besteht. Der Schmelztropfen wird pneumat. oder elektromagnet. getragen. Es kann aus dem Schmelztropfen nach Maßgabe des Nd. ein Stab oder auch zwei Stäbe gezogen werden. Dotierungsmaterial kann gasförmig, fest oder fl. in den Schmelztropfen gebracht werden. Bei Anwendung einer Gasentladung soll die Nd.-Elektrode Anode sein. — Abbildungen. (**F. P. 1 125 277** vom 25/5. 1955, ausg. 29/10. 1956. D. Prior. 25/5. u. 15/9. 1954.)
O. STEIL. 5953

N. V. Philips' Gloeilampenfabrieken, Eindhoven (Erfinder: Hein Koelmans, Eindhoven, Holland, und Hermann Georg Grimmeiss, Aachen), **Halb-**

leiterkörper aus GaP. Zur Herst. wird ein Ga–P-Rk.-Prod., in dem der P-Geh. höchstens gleich dem von GaP ist, zur Dotierung in einem geschlossenen Gefäß in Ggw. von Zn oder Cd so hoch erhitzt, daß Zn oder Cd in das Rk.-Prod. eindiffundiert u. die Temp. der kältesten Stelle des Gefäßes wenigstens ca. 550° für Zn u. wenigstens ca. 500° für Cd beträgt, wobei in wenigstens einem Teil des Halbleiterkörpers der p-Leitungstyp entsteht. (**D. A. S. 1 100 173** Kl. 21g vom 29/8. 1959, ausg. 23/2. 1961.)
H. KESSEL. 5953

Radio Corp. of America, New York, N.Y. (Erfinder: Dietrich Meyerhofer, Princeton, N.J.), V.St.A., **Halbleiteranordnung** mit einer p-leitenden III–V-Verb. als Halbleiterkörper. Wenigstens eine mit dem Halbleiterkörper verschmolzene gleichrichtende Elektrode besteht aus SnTe (I) oder einer Mischung aus I u. Sn. (**D. A. S. 1 098 617** Kl. 21g vom 20/11. 1959, ausg. 2/2. 1961. **F. P. 1 240 303** vom 10/11. 1959, ausg. 14/12. 1960. Beide A. Prior. 20/11. 1958.) H. KESSEL. 5953

Siemens-Schuckertwerke Akt.-Ges., Berlin und Erlangen (Erfinder: Reimer Emeis, Ebermannstadt), **Halbleiteranordnung** mit einkristallinem Grundkörper, z. B. aus Si, in dem mindestens an einer Stelle, an der die oberflächliche Kristallstruktur durch mechan. Behandlung gestört ist, eine Elektrode einlegiert ist. Zur Herst. wird der Halbleiterkörper vor dem Leg.-Prozeß in einer Mischung von fettlösender Fl. u. einer pulverförmigen, chem. neutralen Masse, z. B. Al_2O_3, deren einzelne Körnchen scharfe Kanten u. Spitzen aufweisen, bewegt, z. B. zusammen mit dem Pulver gewälzt oder geschüttelt. (**D. A. S. 1 096 502** Kl. 21g vom 13/3. 1959, ausg. 5/1. 1961.)
H. KESSEL. 5953

Farbwerke Hoechst Akt.-Ges., vormals Meister Lucius & Brüning, Frankfurt/M. (Erfinder: Otto Fuchs, Hofheim, Hans Dexheimer, Mainz, und Michael Lederer, Frankfurt/M.), **Halbleiteranordnung** mit einem Halbleiterkörper aus einer organ. Verbindung. Diese besteht aus einem hochmol. Rk.-Prod. von H_2O_2 u. einem aromat. polyfunktionellen Isocyanat, bei dem die Isocyanatgruppen direkt an einen unsubstituierten oder an einen mit Isocyanatgruppen nicht reagierende Gruppen enthaltenden aromat. Kern gebunden sind. (**D. A. S. 1 097 037** Kl. 21g vom 26/7. 1957, ausg. 12/1. 1961.) H. KESSEL. 5953

Hughes Aircraft Co. (Erfinder: Jon H. Myer), Culver, Calif., V.St.A., **Halbleiteranordnung.** Zur Herst. wird der Halbleiterkörper vor dem Anbringen der Elektrode mit einem Salz in Berührung gebracht, das einen Aktivator als eines seiner Elemente enthält, u. dann auf eine Temp. erhitzt, die über dem F. des Salzes, unter dem F. des Halbleitermaterials u. unter der Zers.-Temp. des Salzes liegt. Dann wird das überschüssige Salz entfernt. (**D. A. S. 1 097 038** Kl. 21g vom 21/6. 1957, ausg. 12/1. 1961. **F. P. 1 179 023** vom 17/7. 1957, ausg. 20/5. 1959. **E. P. 848 226** vom 27/6. 1957, ausg. 14/9. 1960.) H. KESSEL. 5953

LICENTIA Patent-Verwaltungs-G. m. b. H., Frankfurt/M. (Erfinder: Adalbert Knopp und Enno Arends, Belecke/Möhne), **Halbleiteranordnung.** Bei der Herst. wird der Halbleiterkörper mit Ultraschall behandelt. (**D. A. S. 1 097 039** Kl. 21g vom 2/7. 1958, ausg. 12/1. 1961.) H. KESSEL. 5953

Globe-Union, Inc. (Erfinder: Rolland R. Roup und Jack St. Clair Kilby), Milwaukee, Wis., V.St.A., **Halbleiteranordnung.** Zur Herst. wird ein gleichmäßig gesinterter Erdalkalititanatkörper durch allseitige Red. in einer reduzierenden Atmosphäre zu einem n-leitenden Halbleiterkörper mit einer DK von ca. 6000 umgewandelt. Darauf werden 2 Elektroden aus Ag, Pt, Zn oder Graphit so aufgebracht, daß zwischen mindestens einer Elektrode u. dem Halbleiterkörper eine isolierende Grenzschicht von ca. 2,5 μ Dicke entsteht. (**D. A. S. 1 097 568** Kl. 21g vom 22/4. 1958, ausg. 19/1. 1961. **E. P. 832 063** vom 30/1. 1956, ausg. 6/4. 1960. **A. P. 2 841 508** vom 27/5. 1955, ausg. 1/7. 1958.) H. KESSEL. 5953

Telefunken G. m. b. H., Berlin (Erfinder: Wolfgang Schäfer, Ulm), **Halbleiteranordnung** mit legierten pn-Übergängen. Zur Herst. wird die zu legierende Oberfläche so behandelt, daß sich eine gleichmäßige Kristallgitterstörung ergibt, deren Tiefe geringer ist als die der Leg.-Front. Dann wird das Leg.-Material aufgebracht u. einlegiert. (**D. A. S. 1 099 085** Kl. 21g vom 3/12. 1958, ausg. 9/2. 1961.) H. KESSEL. 5953

Siemens-Schuckertwerke Akt.-Ges., Berlin und Erlangen (Erfinder: Wolfgang Ernst, Berlin), **Halbleiteranordnung.** Sie wird zur Herst. einer Schutzschicht mindestens an den Stellen ihres pn-Überganges mit einem fl., bes. aber einem gas- oder dampfförmigen Aryl- oder Alkylhalogensilan behandelt. Die so aufgebrachte Schicht bildet zusammen mit einer Feuchtigkeitshaut durch Polymerisations eine feste zusammenhängende Schicht. (**D. A. S. 1 100 174** Kl. 21g vom 31/10. 1956, ausg. 23/2. 1961.) H. KESSEL. 5953

Westinghouse Electric Corp., East Pittsburgh (Erfinder: William B. Green, Greensburg), Pa., V.St.A., **Siliciumhalbleiteranordnung.** Zur Herst. wird ein W-Körper als flächenhafte Elektrode, Gegenelektrode oder Grundplattenelektrode vor seiner Anbringung mit mindestens einem Cu-Überzug u. darüber mit mindestens einem weiteren Überzug aus einem Edelmetall versehen. (**D. A. S. 1 102 914** Kl. 21g vom 9/6. 1959, ausg. 23/3. 1961. A. Prior. 13/6. 1958.) H. KESSEL. 5953

N. V. Philips' Gloeilampenfabrieken (Erfinder: Hubert Jan van Daal, Wilhelmus Franciscus Knippenberg und Albert Huizing), Eindhoven, Holland, **Siliciumcarbidhalbleiteranordnung.** Mindestens eine aufgeschmolzene Elektrode besteht ganz oder teilweise aus mindestens einem der hochschm. Übergangselemente Mo, W, Ta, Ti, Nb, V, Zr u. Hf, bes. aus einer Au–Ta- oder einer Au-Nb-Legierung. (**D. A. S. 1 105 067** Kl. 21g vom 22/8. 1959, ausg. 20/4. 1961. **F. P. 1 233 420** vom 25/8. 1959, ausg. 12/10. 1960. Beide Holl. Prior. 27/8. 1958.) H. KESSEL. 5953

Siemens-Schuckertwerke Akt.-Ges., Berlin und Erlangen (Erfinder: Hans Schweickert und Adolf Herlet, Pretzfeld), **Selengleichrichter.** Bei der Herst. durch Aufdampfen nach dem Hauptpatent ist der Partialdruck des Zusatzstoffes $< 10^{-2}$ Torr. (**D. B. P. 974 580** Kl. 21g vom 20/6. 1952, ausg. 16/2. 1961. Anmeldung bekanntgemacht 7/10. 1954. **Zusatz zu D. B. P. 971 526; C. 1960. 2990.**) H. KESSEL. 5977

Rudolf Sewig, Wiesbaden, **Herstellung von Elektroden für elektrolytische Zwecke,** die aus einem formsteifen Stützkörper (I) u. einer diesen außen bedeckenden, zusammenhängenden dünnen Membran (II) bestehen, dad. gek., daß die **II** ggf. in erwärmtem plast. Zustand, durch Unterdruck fest auf den **I** aufgezogen u. die zur Evakuierung u. zum Einfüllen des inneren Elektrolyten dienende Leitung anschließend von der Elektrode getrennt oder abgeschmolzen wird. (**D. A. S. 1 044 448** Kl. 421 vom 20/6. 1953, ausg. 20/11. 1958.) W. v. HUHN. 5993

Maschinenfabrik Oerlikon, Zürich, Schweiz, **Bipolarer Elektrolyseur des Filterpressentyps.** Die von der Zelle zum Gassammelbehälter führende isolierende biegsame Leitung besteht aus Polyäthylen mit hohem Molgew., z. B. Polytetrafluor- oder Polytrifluorchloräthylen, u. ist an den Anschlußstellen mit mit Gas oder Bitumen gefüllten Spielräumen versehen. — Abbildung. (**E. P. 806 376** vom 15/4. 1957, ausg. 23/12. 1958. Schwz. Prior. 18/5. 1956.) K. DEMMLER. 5993

Procel Soc. An., Casablanca, Marokko, übert. von: **Paul Germain** und **Nicolas Drisch,** Paris, Frankreich, *Behandlung von Cellulosefasern.* (**Can. P. 557 740** vom 25/5. 1956, ausg. 20/5. 1958. — **C. 1956.** 5991 [F. P. 1 052 900].)

Steatite Research Corp., Keasbey, übert. von: **Ernst A. Schoenberg,** Metuchen, N.J., V.St.A., *Ferromagnetischer Mg-Zn-Ferrit.* (**Can. P. 557 115** vom 13/10. 1953, ausg. 6/5. 1958. A. Prior. 24/11. 1952. — C. **1958.** 6063 [A. P. 2 773 039].)

Heinrich Morr, Frankfurt/M., übert. von: **Ludwig Scheichl,** Ladenburg/Neckar, *Hochporöse Elektroden für galvanische Elemente.* (**Can. P. 557 184** vom 1/3. 1954, ausg. 6/5. 1958. D. Prior. 4/3. u. 13/6. 1953. — C. **1957.** 772 [F. P. 1 102 989].)

National Lead Co., New York, übert. von: **Reginald H. Greenburg,** Brooklyn, N.Y., und **Joseph A. Orsino,** Mountain Lakes, N.J., V.St.A., *Negative Elektroden.* (**Can. P. 558 039** vom 30/3. 1954, ausg. 27/5. 1598. A. Prior. 31/3. 1953. — C. **1957.** 2035 [F. P. 1 097 774].)

Sylvania Electric Products, Inc., Salem, Mass., übert. von: **Leonard W. Kates,** Hempstead, N.Y., V.St.A., *Hoch wärmefeste Legierung für Kathoden.* (**Can. P. 557 441** vom 22/4. 1953, ausg. 13/5. 1958. A. Prior. 29/4. 1952. — C. **1956.** 10573 [A. P. 2 720 458].)

Soc. d'Électronique et d'Automatisme, Courbevoie, Frankreich, *Herstellung von Überzügen mit Elektrolumineszenz.* (**E. P. 851 076** vom 31/12. 1956, ausg. 12/10. 1960. F. Prior. 30/12. 1955. — C. **1959.** 251 [D. A. S. 1 023 820].)

Ionics, Inc., Cambridge, übert. von: **Norman W. Rosenberg,** Newton Center, Mass., V.St.A., *Elektrodialysieren von Flüssigkeiten.* (**Can. P. 558 272** vom 29/6. 1953, ausg. 3/6. 1958. A. Prior. 18/7. 1952. — C. **1960.** 17569 [E. P. 772 862].)

IV. Wasser. Abwasser

Die kohlensäurehaltigen Quellen der Umgebung des Balaton. József Cziráky und Kálmán Schiefner. (Hidrol. Közlöny [Z. Hydrol.] **41.** 387—97. Okt. 1961. Budapest, Balneolog. Inst. u. Staatl. Hygien. Inst.; ung.) — Zusammenfassung der hydrogeolog., chem. u. bakteriolog. Verhältnisse von 24 Quellen. G. CSAJÁGHY. 6012

Die katalytische Wirkung der Mineralwässer von Lukácsfürdő und Balatonfüred. Miklós Frank. (Hidrol. Közlöny [Z. Hydrol] **41.** 514—22. Dez. 1961. Budapest, Inst. Rheuma u. Bäderwesen; ung.) — Die W. beider Quellen zersetzten H_2O_2 anfangs mit größerer Geschw. als einer Rk. 1. Ordnung entspricht. Nach 4 Std. vermindert sich die katalyt. Wrkg. u. verläuft gemäß einer monomol. Reaktion. Die Ergebnisse der Reihen-Verss. stimmen untereinander u. auch mit den Mittelwerten anderer Jahre gut überein. Das rasche Herabsinken der katalyt. Wrkg. lenkt die Aufmerksamkeit darauf, daß gewisse Mineralwässer in kurzer Zeit einen Teil ihrer biolog. Aktivität einbüßen. Es ist daher erwünscht, daß die Patienten ihre Trinkkur nach Möglichkeit unmittelbar an der Quelle durchführen. G. Csajághy. 6012

Probleme der vollständigen Entsalzung des Wassers mit Ionenaustauschern. Adolf Richter. (Ion [Madrid] **21.** 617—22. 626. Nov. 1961. Leverkusen, Lab. técnicos de Farbenfabriken Bayer AG.; span.) — Vf. gibt eine allg. Übersicht über die Probleme, die bei der halbtechn. u. techn. Wasseraufbereitung auftreten, bes. bei der Anwesenheit organ. Säuren (Huminsäuren), die entweder durch vorheriges Fällen mit Al u. Fe beseitigt werden oder durch Adsorption an einen porösen Spezialaustauscher (Lewatit MP 500) u. von Detergentien, die von Anionenaustauschern festgehalten werden. K. Huste. 6020□

Methode zur Bestimmung der freien Schwefelsäure in Kesselstein. B. G. Balaschow und E. Ja. Chyrak. (Заводская Лаборатория [Betriebs-Lab.] **26.** 1080—82. 1960; russ.) — Zur Best. freier H_2SO_4 an den äußeren Teilen von mit stark S-haltigen Brennstoffen beheizten Kesselanlagen benötigt man bei diesem Verf. wenigstens 1 g der Ablagerung auf der Kesselwand. Ca. 0,2 g der Probe werden zerkleinert im Porzellanschiffchen eingewogen, in ein Quarzrohr gebracht u. in einem Ofen auf ca. 380° erhitzt. Das verjüngte Ende des Quarzrohres ist mit einem Schottschen Filter verbunden, das mit 15 ml einer 0,3%ig. Na_2CO_3-Lsg. beschickt ist. Nach 10—20 Min. langem Erhitzen des Quarzrohres ist die Abscheidung von Dämpfen beendet. Man nimmt das Quarzrohr aus dem Ofen heraus, entfernt das Porzellanschiffchen aus dem abgekühlten Rohr u. saugt mit einer Wasserstrahlpumpe die Absorptions-Fl. in einen Kolben. Die H_2SO_4 wird maßanalyt. oder gravimetr. bestimmt. E. Steinberg. 6030□

Abdichten von Bewässerungskanälen gegen Wasserverluste mittels Kunststofffolien. Gyula Marjai. (Hidrol. Közlöny [Z. Hydrol.] **42.** 37—40. Febr. 1962. Szarvas, Bewässerungs- u. Reispflanzungs-Forsch.-Inst.; ung.) — Das Verf. besteht darin, daß unter einer Erddecke von 30 cm Stärke eine 0,2 mm starke Supervinylfolie in der gesamten Querschnittsbreite in dem Kanal verlegt wird. Nach einer Beobachtungsperiode von $1^1/_2$ Jahren konnten Beschädigungen weder durch Tiere noch Pflanzen oder mechan. Einw. nachgewiesen werden. Der Kostenaufwand ist kleiner als bei den bisher angewandten Verfahren. G. Csajághy. 6034

Forschungsergebnisse aus dem Betrieb der Teerphenolanlage in den Keramischen Werken in Poštorná, ČSSR. L. Mazel und B. Drábek. (Vodní Hospodářství **1961.** 246—49. Juni. Brno, Výzk. ústav vodohosp.; tschech.) — Vff. haben in den Jahren 1958—59 den Betrieb u. bes. die Funktion der Schlackenfilter zur Beseitigung von Phenol überprüft. Die Schlacke enthält 89,6% anorgan. u. 10,4% organ. Bestandteile. Das Teerphenolabwasser hatte in einem Liter durchschnittlich 1,011—1,211 g ungelöste Stoffe, 15,997—20,105 g Gesamtstoffe in Lsg., 1,700—3,600 g einwertige Phenole, 3,700—12,000 g zweiwertige Phenole, 0,280—0,420 g Teer u. pH 7,3—7,5. Die Schlackenfilter sind nicht überdacht u. weisen trotzdem auch im Winter, z. B. in 0,5 m Tiefe, eine Temp. von + 4,9° auf. Vff. meinen, daß höhere Temp. in Schlackenfiltern durch biochem. oder Oxydationsvorgänge verursacht sind. Außerdem hat man im W. vor u. nach der Reinigung u. ähnlich in der Schlacke die Mikroorganismen bestimmt. 1 kg Schlacke weist Milliarden von Mikroben auf, obzwar das Rohwasser vor der Filtration keine Mikroben enthalten hat, u. ferner sind in der Schlacke Phenol u. Teer vorhanden. Nach 12monatigem Betrieb war die Filtrationswirksamkeit der Schlacke noch sehr gut. — 15 Literaturangaben. J. Spinka. 6040□

Textilabwasserreinigung durch Verwendung zur Naßförderung von Schlacke und Flugasche von Dampfkesseln. J. Nosek, M. Ratkovský und O. Růžička. (Vodní Hospodářství **1961.** 358—59. Aug. Gottwaldov, Centroprojekt; tschech.) — Bei den Verss. hat man das mit Flußwasser verdünnte Textilabwasser zur Naßförderung der Schlacke u. der Flugasche von Dampfkesseln benutzt. Textilabwasser folgender Kennzeichnung: Farbe violett, pH 7,6, Trockenrückstand 2240, Sulfate 100 u. biolog. Verbrauch von Sauerstoff 160, wurde eingesetzt. Nach der Verdünnung mit Flußwasser (1: 1) haben sich die Farbe u. pH nur wenig geändert, aber der Trockenrückstand ist auf 1118, die Sulfate sind auf 86 u. der biolog. Sauerstoffverbrauch ist auf 85 gesunken. Durch die Naßförderung hat sich die Qualität des Textilabwassers um 40% u. durch Klärung mit 300 mg/Liter $FeSO_4$ u. 100 mg/Liter $Ca(OH)_2$ beinahe um 50% gebessert. J. Spinka. 6040□

Eindickung des Schlammes. Zdeněk Koníček. (Vodní Hospodářství **1961.** 243—45. Juni. Praha, Katedra sdravot. inženýrství; tschech.) — In dem Durchfluß-

Eindickungsbehälter bilden sich 4 Zonen. Am Grund des Behälters ist die Eindickungszone, dann die Übergangszone, die Zone der freien Sedimentation u. die Zone der relativ reinen Flüssigkeit. Das Gleichgewicht der Fll. in dem Durchfluß-Eindickungsbehälter richtet sich nach der Gleichung: $Q_n = Q_k + Q_s$, wo Q_n die zufließende Menge, Q_k die abfließende Menge des Schlammes u. Q_s die überlaufende Menge der Fl. ist. Durch Verss. wurde bestätigt, daß mit Durchrühren der Eindickungszone sich der Eindickungsprozeß beschleunigt u. gleichzeitig steigt die Konz. des abgesetzten Schlammes. Diese Konz. vermehrt sich auch, je länger der Schlamm im Eindickungsbehälter verbleibt. — 7 Literaturangaben. J. SPINKA. 6040□

Bestimmung von Ammoniak im Regenwasser. Tadeusz Burakowski. (Acta geophysica polon. **8.** 194—99. 1960. Warsaw, Polish Acad. of Sci., Inst. of Geophys.; engl.) — Vf. beschreibt ein colorimetr. Verf. zur Best. von NH_3 im Regenwasser durch NESSLERS Reagens. H.-D. FREYER. 6060□

Analyse natürlichen Wassers mit Ionenaustauscher — Trennung metallischer Ionen mit Formiat-Pufferlösung. Hiroyuki Tsubota. (J. chem. Soc. Japan, pure Chem. Sect. [Nippon Kagaku Zassi] **81.** 927—31. Juni 1960. Tiba; jap., Auszug: engl.) — Natürliches W. wird durch eine Kolonne des Kationenaustauschers Amberlite IR-120 bzw. Dowex 50-X 12 (H^+-Typ) geleitet. Die Kolonne wird nacheinander mit 0,2n u. 0,5n HCl, mit 1m Ameisensäure u. 1m Ammoniumformiat (**I**) stufenweise auf pH 3,0 bis 4,2 gebracht u. schließlich mit 1m u. 2m **I** eluiert, wobei in derReihenfolge Alkalimetallionen, Fe^{3+}, Al^{3+} u. Mn^{2+}, Mg^{2+}, Ca^{2+} u. Sr^{2+} voneinander getrennt zurückgewonnen werden. Das Eluieren mit HCl kann unter Umständen ausgelassen werden. Die Meth. ist nicht nur auf die Trennung u. Best. der Hauptbestandteile des Naturwassers, sondern auch auf die Best. der Spurenelemente u. der radioakt. Bestandteile anwendbar. E. MAEKAWA. 6060□

Bestimmung des Sulfatgehaltes natürlicher Wässer mittels Ionenaustauschverfahren. Vera Tolnay und Stefania Rapp-Sik. (Hidrol. Közlöny [Z. Hydrol.] **41.** 512—13. Dez. 1961. Budapest, Geolog. Anstalt; ung.) — Ein Anteil des W. wird genau neutralisiert u. nach Durchlaufen eines Kationenaustauschers gegen Methylorange mit 0,05n NaOH, die dem H^+ äquivalente Menge der Kationen bestimmt. Ein 2. Anteil wird kalt mit neutraler $BaCl_2$-Lsg. versetzt, aufgekocht u. nach Erkalten samt Nd. in den Kationenaustauscher gefüllt. Die abfließende Lsg. mit 0,05n NaOH titriert ergibt die gesamte Kationenmenge, inbegriffen das überschüssige $BaCl_2$. Ebenso wird die dem zugesetzten $BaCl_2$ äquivalente Menge NaOH ermittelt u. aus den Differenzen SO_4 berechnet. G. CSAJÁGHY. 6060

Fa. August Klüber, Schriesheim (Erfinder: Gerhard E. Kurzmann, Schwetzingen), **Ermittlung der optimalen Zusatzmenge von Korrosionsinhibitoren (I) zu strömendem natürlichen Wasser** oder wss. Fll., dad. gek., daß man ein oder mehrere mit Strommessern kombinierte galvan. Elemente in den Fl.-Strom bzw. einen Nebenstrom davon einsetzt, verschiedene Mengen von **I**, vorzugsweise kontinuierlich, zufügt u. auf Grund des jeweils gemessenen galvan. Stromes die zweckmäßige Menge von **I** ermittelt. (**D. A. S. 1 081 696** Kl. 421 vom 6/3. 1959, ausg. 12/5. 1960.)
W. v. HUHN. 6035

Théophile Isidore Sophie Vermeiren, Belgien, *Behandlung von Inkrusten bildenden und korrodierend wirkenden Flüssigkeiten.* (**F. P. 74 088** vom 12/8. 1958, ausg. 3/3. 1961. Belg. Prior. 21/8. 1957. Zusatz zu F. P. 1 145 070; C. 1959. 8279. — C. **1961.** 11093 [Oe. P. 209 275].)

Philipp Müller Nachf. Eugen Bucher & Co., Deutschland, *Behandlung von Wasser, besonders Brauwasser.* (**F. P. 73 172** vom 5/3. 1958, ausg. 23/9. 1960. D. Prior. 8/3. 1957. Zusatz zu F. P. 1 161 410; C. 1960. 14479. — C. **1960.** 14479 [Oe. P. 202 528].)

Gordon Maskew Fair und **John Charles Geyer,** Wasserversorgung und Abwasserbeseitigung. Grundlagen, Technik und Wirtschaft. München: Oldenbourg. 1957—61. (XVI + 969 S. m. 262 Abb.) 8°. DM 140,—.

E. W. Gussjatzkaja und **L. G. Loginowa,** Leitfaden der Spektralbestimmung der Spurenelemente im Trockenrückstand wenig mineralisierter natürlicher Wässer. Moskau: Gossgeoltechisdat. 1956. 7 Kop. [Russ.]

Ross E. McKinney, Microbiology for sanitary engineers. New York: McGraw-Hill. 1962. (293 S. m. Abb.) $ 9,75.

—, Disposal of radioactive wastes into marine and fresh waters. Vienna: International Atomic Energy Agency; München: Oldenbourg. 1962. (365 S.) 8° = Bibliographical Series No. 5 = Scientific technical Information. Publ. 21, 5. DM 10,50.

—, Water pollution research: report of the Water Pollution Research Board with the report of the Director of Water Pollution Research Laboratory. 1961. London: H.M.S.O. 1962. (VI + 127 S. m. 4 Taf., Tab. u. Diagr.) 8 s. 6 d.

—, Radioactive-waste disposal into the sea; report of the ad hoc panel. Vienna: I.A.E.A.; London: H.M.S.O. 1961. (175 S. m. Tab. u. Diagr.) 15 s.

V. Anorganische Industrie

Ammoniumsulfat ohne Schwefelsäure. Anonym. (Quím. e Ind. [Bilbao] 6. 179—85. Sept./Okt. 1959; span.) — Beschreibung des Verf. der Piritas Españolas („PE-Verf."): Adsorption von SO_2 durch eine organ. Base (Xylidin, Pyridinbasen aus Teer, Methylanilin), Chinolin usw. für sich oder im Gemisch), Oxydation des Sulfits mit Luft-O_2 im Kreislauf-Verf., Zers. des Sulfats in wss. Lsg. mit NH_3 unter Ausnutzung der entwickelten Wärme zum Abdampfen von W., Waschen u. Trocknen der Kristalle von $(NH_4)_2SO_4$. Die App. wird im Schema wiedergegeben. Die wirtschaftlichen Grundlagen des Verf. werden erörtert. R. K. Müller. H 243 □

Anreicherung und Extraktion von Germaniumverbindungen in Braunkohlen-Gaswässern durch Niederschlagsbildung mit Formaldehyd. 1. Mitt. **Mechanismus der Phenol-Formaldehyd-Niederschlagsbildung.** Miklós Nádasy. (Magyar Kémiai Folyóirat [Ung. Z. Chem.] 68. 80—85. Febr. 1962. Veszprém. Forsch.-Inst. chem. Schwerind.; ung.) — Das in Braunkohlengaswässern befindliche, an o-Diphenole gebundene Ge kann als Phenol-Formaldehydharz-Nd. isoliert werden. Die Polykondens. zu Resitharz ist optimal mit gut filtrierbarem Prod. in Ggw. von Formaldehydüberschuß (2 Vol-% 35%ig. Formalin) u. H_2SO_4 bei pH 3 u. 1—2std. Kochen. Bei Modell-Verss. (Brenzcatechin 3 g/Liter, Resorcin 3 g/Liter, $(NH_4)_2CO_3$ 25 g/Liter u. verschiedener GeO_2-Geh.) wurde die Ge fast ganz an das Formaldehydkondensat gebunden, falls die Kondensat-Konz. 6—6,5 g/Liter u. die GeO_2-Anfangskonz. höchstens 200 mg/Liter betrug. Die im Kondensat erhaltene GeO_2-Menge nimmt mit der ursprünglichen Konz. bis zum Grenzwert von ca. 70—75 mg GeO_2/g Kondensat zu. Zur optimalen Fällung des Ge müssen im Gaswasser mindestens 6 g/Liter Phenole enthalten, davon ca. die Hälfte o-Diphenole sein. P. Tolnay. H 326

Kali-Chemie Akt.-Ges. (Erfinder: Ulrich Hauschild und Edmund von Herz), Hannover, **Reinigung wässeriger Wasserstoffperoxidlösungen,** die durch Oxydation einer organ. Verb. hergestellt wurden, dad. gek., daß man die H_2O_2-Lsgg. mit wasserunlösl., nichtpolymeren, festen, organ. wachsartigen Stoffen mit Molgew. zwischen ca. 170 u. 1000 (höhere aliphat. Alkohole, Carbonsäuren, Ketone, KW-Stoffe, höhere Ester aliphat. Carbonsäuren u. Alkohole) bei Raum-Temp. behandelt, wobei man die Stoffe in dünner Schicht auf einen porösen Träger auftragen kann. Beispiele: Paraffin (Molgew. 400—430), techn. Wachsalkohol (ca. 250), Stearinsäure (ca. 284), techn. Esterwachs (ca. 850), sonnengebleichtes, mechan. gereinigtes Bienenwachs (ca. 640), pulverförmiges Stearon (ca. 506). Es werden klare, geruchlose Lsgg. mit vermindertem C-Geh. erhalten. (**D. A. S. 1 108 191** Kl. 12i vom 7/4. 1960, ausg. 8/6. 1961.) K. Demmler. H 241

Farbwerke Hoechst Akt.-Ges., vormals Meister Lucius & Brüning, Frankfurt/M. (Erfinder: Franz Brandmair, Ernst Kolbe, Hans Krautmann, Meitingen, Konrad Hengst, Limburgerhof, und Werner Kunzer, Ludwigshafen/Rh.), **Konzentrieren der mit einem adiabatischen Turm hergestellten Salzsäure** auf höhere HCl-Konzz. als sie durch rein adiabat. Arbeitsweise erreichbar sind, dad. gek., daß das Konzentrieren der Turmsäure durch Absorption von konz. HCl-Gasen erfolgt, die aus einem Teilstrom der Turmsäure durch Desorption in einem Ausdampfer gewonnen werden, wobei als Heizmittel für den Ausdampfer die am Kopf des adiabat. Turmes austretenden Dämpfe verwendet werden. Es wird z. B. aus HCl-Abgasen der Benzolchlorierung eine Salzsäure mit 38 Gew.-% HCl erzeugt, die nur 0,001—0,002% organ. Beimengungen enthält. — Verf.-Schemata. (**D. A. S. 1 124 022** Kl. 12i vom 20/9. 1960, ausg. 22/2. 1962.) K. Demmler. H 247

Courtaulds Ltd. (Erfinder: John Edward Fields und Georg Schmidt), London, England, **Herstellung anorganischer Thiocyanate.** In einer neutralen, im wesentlichen mit W. nicht mischbaren Fl. gelöste Thiocyansäure wird mit einer festen, anorgan. Base oder deren wss. Lsg. oder Suspension umgesetzt. (**D. A. S. 1 123 304** Kl. 12k vom 11/5. 1960, ausg. 8/2. 1962. E. Prior. 14/5. 1959.) H. Roos. H 253

Olin Mathieson Chemical Corp. (Erfinder: Charles Cicero Clark, Frank Albert Kanda und Aden Jackson King), **Herstellung von Diboran** durch Rk. von B, Metallboriden oder B_4C mit W. oder Metalloxiden (**I**) in einer H_2-Atmosphäre bei 850—1500°, wobei das Verhältnis der Grammatome B zu den im W. oder in **I** vorhandenen Grammatomen O = 1 : 1 bis 10 : 1 betragen soll. Als **I** kommen bes. ZrO_2, Al_2O_3 u. ThO_2 in Frage. (**Aust. P. 229 094** vom 22/8. 1958, ausg. 28/7. 1960.) C. Lüttgen. H 258

Knapsack-Griesheim Akt.-Ges., Knapsack (Erfinder: Gerhard Hartlapp, Harri Kribbe und Klaus Beltz, Knapsack, Waldemar Bielenberg, Köln, und Friedrich Thomas, Hermülheim), **Herstellung von Alkaliphosphaten**

aus Alkalihalogeniden, P, O_2 u./oder Luft sowie ggf. W., dad. gek., daß das Alkalihalogenid innerhalb u. gleichgerichtet mit dem den Sprühkegel bildenden Zuführungsstrom der die Flammenzone speisenden Komponenten, bestehend aus fl. P sowie O_2 u./oder Luft, in Flammenrichtung fein zerstäubt u. das Rk.-Prod. aufgearbeitet wird. — Zeichnung. (**D. A. S. 1 112 053** Kl. 12i vom 18/12. 1959, ausg. 3/8. 1961.)
A. GRADL. H 264

Peter Spence & Sons Ltd. (Erfinder: John Coates und Stanley Beaver), Widnes, England, **Tonerdegewinnung.** Um die Tonerde frei von Cl- u. SO_4-Ionen zu halten, wird $Al_2O_3 \cdot 3\ H_2O$ während der Fällung oder beim Waschen mit entionisiertem W. in Berührung gebracht. (**E. P. 867 186** vom 12/6. 1958, ausg. 3/5. 1961.)
H. NEBELSIEK. H 294

Monsanto Chemical Co., St. Louis, Mo., V.St.A., **Wasserlösliche Komplexverbindungen von Chrom, Molybdän oder Wolfram** erhält man durch Rk. eines Arylmetall-Verb., wie eines Aryl-Mg-Halogenids oder eines Li-Aryls mit einer Halogen-Verb., bes. einem Chlorid, von Cr, Mo oder W u. anschließende Hydrolyse des Produkts. Die in W. lösl. ion. Komplex-Verbb. können durch Zugabe von Stoffen, welche mit ihnen in W. unlösl. Salze bilden, gefällt werden, wie mit Chloriden, Jodiden, Perchloraten, Pikraten, Tetraphenylbor-Na oder Reinecke-Salzen. Die in W. unlösl. Cr-Komplex-Verbb. können durch Red., bes. nach Suspension in Bzl. oder anderen organ. Lsgm., mit wss. Unterphosphoriger Säure oder alkal. Hydrosulfit-Lsg., in nichtion. Bis-Aren-Cr-Komplexe, wie $Cr(C_6H_6)_2$, schwarze Nadeln, F. 282—284°, übergeführt werden. Diese Verbb. ergeben beim Erhitzen unter Zers. auf Metallunterlagen einen Cr-Spiegel. (**E. P. 868 650** vom 16/10. 1957, ausg. 25/5. 1961. A. Prior. 16/10. 1956.) J. MÜHLEISEN. H 332

Nuclear Development Corp. of America, übert. von: Morris Kolodney und Seymour C. Hyman, River Edge, N.J., V.St.A., **Gewinn von Uran und/oder Vanadinverbindungen** aus Erzen. Man läßt z. B. zwecks Gewinnung des U durch ein Bett des feingebrochenen Erzes eine wss. Na_2CO_3-Lsg. zirkulieren, verwirft dabei die anfangs austretende Lsg. u. sammelt die Teile der Perkolations-Fl., die die Hauptmenge des U gelöst enthalten. Aus diesen fällt man dann in üblicher Weise mit NaOH das U aus. (**A. P. 2 964 380** vom 14/1. 1955, ausg. 13/12. 1960.) H. NEBELSIEK. H 339

Friedrich Henneberger, Bitterfeld, **Herstellung von praktisch alkalifreiem Eisenhydroxid,** ggf. im Gemisch mit 2wertigen Metallcarbonaten. Metallsalz-Lsgg., z. B. $FeCl_2$-Lsgg., werden zunächst mit Soda-Lsg. in Ggw. von NH_4-Salzen bei 60—80° vorgefällt u. dann mit Soda bei 90—95° vollständig ausgefällt. (**D. P. [DDR] 22 368** Kl. 12n vom 17/12. 1959, ausg. 5/12. 1961 [Wirtschaftspatent].) W. WITTHOLZ. H 354

Kali-Forschungs-Anstalt G. m. b. H., Hannover (Erfinder: Hans Autenrieth, Hannover, und Gerd Peuschel, Benthe), **Elektrostatische Aufbereitung von Mineralgemischen** unter vorgängiger Konditionierung des Aufbereitungsgutes. Für die Konditionierung verwendet man organ. u. anorgan. anion. Substanzen, d. h. solche, die unter Bldg. eines negativ geladenen Molekülrestes ein oder mehrere H- oder Metallionen abspalten können, wobei Carbonsäuren, Sulfonsäuren, organ. Sulfate bzw. die Salze dieser Verbb. ausgeschlossen sind. Die in Betracht kommenden Substanzen, saure OH-Gruppen oder enolisierbaren O (an C oder N gebunden) oder saure Amino-, Imino-, Sulfamido- oder Carboxyaminogruppen oder sonstige, durch benachbarte Doppelbindungen oder elektronensaugende Substituenten aktivierten H-tragende Gruppen im Mol. enthalten, der aber auch durch ein Metall ersetzt sein kann. Als Stoffe werden genannt: α-Nitroso-β-naphthol, Pentachlorphenol, α-Naphthol, Murexid, Brenzcatechin, Rosolsäure, Pyrogallol, Saccharin, 5-Nitrobarbitursäure, Anthron, Tetramethyldiaminobenzophenon. (**D. A. S. 1 108 632** Kl. 1b vom 27/4. 1957, ausg. 15/6. 1961.) W. HAUSWALD. 6149

Österreichische Stickstoffwerke Akt.-Ges., Österreich, *Anreichern von Deuterium in Wasserstoff oder Ammoniak.* (**F. P. 1 224 376** vom 12/3. 1959, ausg. 23/6. 1960. Oe. Prior. 14/3. 1958. — C. **1961.** 11094 [Oe. P. 209 863].)

Deutsche Gold- und Silber-Scheideanstalt vormals Roessler, Deutschland, *Anreichern von schwerem Wasserstoff.* (**F. P. 1 229 332** vom 3/7. 1959, ausg. 6/9. 1960. D. Prior. 4/7. 1958. — C. **1961.** 12602 [D. A. S. 1 066 187].)

Deutsche Gold- und Silber-Scheideanstalt vormals Roessler, Deutschland (Erfinder: **Donald F. Kreuz** und **Leonard R. Darbee**), *Herstellung von Wasserstoffperoxid.* (**F. P. 1 223 758** vom 5/5. 1959, ausg. 20/6. 1960. A. Prior. 16/5. 1958. — C. **1960.** 9684 [D. A. S. 1 072 228].)

Inventa Akt.-Ges. für Forschung und Patentverwertung, Schweiz, *Herstellung von Hydroxylaminsulfat-Lösungen.* (**F. P. 1 225 773** vom 17/2. 1959, ausg. 4/7. 1960. Schwz. Prior. 18/2. 1958. — C. **1961.** 6636 [D. A. S. 1 092 892].)

mperial Chemical Industries Ltd., England, *Schwefelmonochlorpentafluorid.* (**F. P. 1 223 126** vom 30/4. 1959 ,ausg. 15/6. 1960. E. Prior. 30/4., 1/10. 1958 u. 15/4. 1959. — C. **1961.** 6637 [D. A. S. 1 087 576].)

Union Carbide Corp., V.St.A. (Erfinder: **John Martin Finn jun., Edwin Morgan Nelson** und **Robert Angelo Mercuri**), *Herstellung von Bor.* (**F. P. 1 229 114** vom 18/6. 1959, ausg. 5/9. 1960. A. Prior. 25/6. 1958. — C. **1962.** 4298 [E. P. 857 060].)

Kali-Chemie Akt.-Ges., Deutschland, *Herstellung von Perborat.* (**F. P. 1 224 764** vom 21/5. 1959, ausg. 27/6. 1960. D. Prior. 14/6. u. 3/10. 1958. — C. **1960.** 2727 [D. A. S. 1 064 485] u. C. **1960.** 14150 [D. A. S. 1 079 010].)

Olin Mathieson Chemical Corp., V.St.A., *Herstellung von Bortrichlorid.* (**F. P. 1 223 907** vom 11/5. 1959, ausg. 21/6. 1960. — C. **1961.** 13681 [D. A. S. 1 087 583].)

Olin Mathieson Chemical Corp., V.St.A., *Herstellung von Bortrichlorid im Fließbett.* (**F. P. 1 224 476** vom 13/5. 1959, ausg. 24/6. 1960. — C. **1960.** 16557 [D. A. S. 1 079 609].)

Monsanto Chemical Co., V.St.A. (Erfinder: **Forrest Vaughan Williams** und **Robert Arthur Ruehrwein**), *Herstellung von Borphosphid.* (**F. P. 1 221 988** vom 3/3. 1959, ausg. 7/6. 1960. A. Prior. 3/3. 1958. — C. **1962.** 3940 [A. P. 2 966 426].)

Montecatini Soc. Gen. per l'Industria Mineraria e Chimica, Italien (Erfinder: **Giovanni Perri** und **Giuseppe Tubiello**), *Konzentrieren von Rohphosphaten.* (**F. P. 1 229 308** vom 3/7. 1959, ausg. 6/9. 1960. It. Prior. 8/7. 1958. — C. **1961.** 4847 [D. A. S. 1 090 188].)

Chemiebau Dr. A. Zieren G.m.b.H., Deutschland, *Herstellung von Orthophosphorsäure.* (**F. P. 1 229 325** vom 3/7. 1959, ausg. 6/9. 1960. D. Prior. 9/7. 1958. — C. **1960.** 2998 [D. A. S. 1 063 583].)

Laporte Chemicals Ltd., England, *Gewinnung von Bariumoxid.* (**F. P. 1 204 948** vom 17/10. 1958, ausg. 28/1. 1960. E. Prior. 29/10. 1957. — C. **1962.** 3941 [E. P. 860 969].)

Pechiney Comp. de Produits Chimiques et Électrométallurgiques, Paris (Erfinder: **René Perieres**, La Tronche, und **Louis Ruelle**, Grenoble), Frankreich, *Aluminiumherstellung.* (**Ung. P. 144 819** vom 4/12. 1956, ausg. 15/3. 1959. F. Prior. 4/11. 1955. — C. **1961.** 4156 [Oe.P. 204 791].)

Badische Anilin- & Soda-Fabrik Akt.-Ges., Deutschland (Erfinder: **Joseph Hille** und **Wolfgang Dürrwächter**), *Herstellung von wasserfreiem Aluminiumchlorid in der Wirbelschicht.* (**F. P. 1 223 646** vom 11/2. 1959, ausg. 17/6. 1960. D. Prior. 12/2. 1958. — C. **1960.** 1291 [D. A. S. 1 061 757].)

National Distillers Products Corp., V.St.A. (Erfinder: **Robert Charles Wade**), *Reinigen von Titan- und Zirkoniumsubchloriden.* (**F. P. 1 223 231** vom 20/9. 1956, ausg. 15/6. 1960. A. Prior. 21/9. 1955. — C. **1961.** 18461 [A. P. 2 830 888].)

Wah Chang Corp., New York, übert. von: **Pai Yen Loung**, Glen Cove, Long Island, N.Y., V.St.A., *Reinigung von Alkaliwolframaten.* (**Can. P. 552 462** vom 1/11. 1955, ausg. 28/1. 1958. A. Prior. 2/11. 1954. — C. **1959.** 15476 [D. A. S. 1 053 483].)

Union Carbide Corp., V.St.A. (Erfinder: **Donald Wesley Breck** und **Nancy Anne Acara**), *Synthetische kristalline Zeolithe vom Typ T.* (**F. P. 1 223 775** vom 5/5. 1959, ausg. 20/6. 1960. A. Prior. 8/5. 1958. — C. **1962.** 2132 [A. P. 2 950 952].)

Union Carbide Corp., V.St.A. (Erfinder: **Donald W. Breck** und **Nancy A. Acara**), *Synthetische kristalline Zeolithe.* (**F. P. 1 227 245** vom 9/12. 1958, ausg. 19/8. 1960. A. Prior. 13/12. 1957. — C. **1961.** 17705 [A. P. 2 962 355].)

VI. Silicatchemie. Baustoffe

Probleme der Wissenschaft auf dem Gebiet der Chemie und Technologie der Silicate. P. P. Budnikow. (Silikattechnik **11.** 450—52. Okt. 1960; dt.) N. PETERS. 6160□

Über die Bildung und Konstitution von Calciumferrit. Isao Kushima und Tsuyoshi Amanuma. (Mem. Fac. Engng., Kyoto Univ. **19.** 178—90. April 1957. Kyoto, Univ., Dep. Metallurgy; engl. — C. **1959.** 10497.) R. KAISER. 6160□

Wissenschaft in der keramischen Industrie. N. F. Astbury. (Proc. Roy. Soc. [London], Ser. A **258.** 27—45. 4/10. 1960. Brit. Ceram. Res. Assoc.; engl.) — Übersicht über die Entw. der keram. Industrie bis zu den hochfeuerfesten Sondererzeugnissen aus Oxiden, Nitriden u. Carbiden, einschließlich Herst. u. Analysierung von Glasuren, Emails u. Halbleitern. R. G. KAISER. 6206□

Fortschritte auf dem Gebiet der technischen Keramik. Frank J. Fallon. (Ceram. Age **75.** Nr. 3. 24—30. März. Nr. 4. 43—49. April 1960; engl.) — Die Entw. der gelenkten Geschosse, Raumschiffe u. dgl. hat die Ausbildung von Bestandteilen elektron. Geräte notwendig gemacht, die bei hoher Temp. u. unter schweren mechan. Beanspruchungen arbeitsfähig sind. Hierbieten sich Al_2O_3-reiche Körper, bes. als dielektr. Bestandteile, an. F. REINHART. 6206□

Thoriumoxid für keramische Anwendungen. C. E. Curtis. (Progr. nuclear Energy, Ser. V **2.** 223—36. 1959. Oak Ridge, Nat. Labor., Ceramic Labor., Metallurgy Div.; engl.) — Übersicht über die Verff. zur Gewinnung von ThO_2, seine Eigg., Rkk., bes. mit feuerfesten Stoffen, u. Anwendung zur Herst. keram. Werkstoffe u. deren Eigenschaften. — 31 Schrifttumshinweise. W. WESLY. 6206□

Herstellung feinkeramischer Erzeugnisse aus Berylliumoxid. Karl Pump und Kurt Entreß. (Silikattechnik **11.** 463—64. Okt. 1960. Neuhaus, VEB keram. Werke; dt.) — Überblick nach Literaturangaben. N. PETERS. 6206□

Braunkohlentone und ihre Verwendbarkeit für die Baukeramik. N. Biehl und O. Bätz. (Silikattechnik **12.** 499—502. Nov. 1961. Großräschen, Inst. für Grobkeramik; dt.) — Überblick über die Verwertungsmöglichkeiten verschiedener Tonvorkommen. H. VÖLZ. 6208□

Majolikamassen. Al. Stancovschi. (Rev. Construcţ. Mater. Construcţii **12.** 251—54. 1960; tschech.) — Überblick über Eigg., Zus. u. Glasuren von Majolikamassen. G. BAUER. 6214 □

Beitrag zur Schaffung einer internationalen Terminologie auf dem Gebiet der Portlandzemente. L. Lejsek und V. Tichomirov. (Stavivo **39.** 413—15. Dez. 1961. Brno; tschech.) J. SCHNEIDER. 6222 □

Der Flotationsprozeß in der Zementindustrie. Renato Tonacci und Felix von Baldass. (Ind. ital. Cemento **31.** 595—600. Dez. 1961. Itapevi, Sao Paolo, Cimento Sta. Rita Soc. An.; ital.) — Es werden die Einrichtung einer Kalksteinaufbereitung nach DORR u. das Verf. beschrieben. Der Rohstoff, ein 70% $CaCO_3$ u. wenig MgO enthaltendes Gestein, wird auf 15% + 200 mesh gemahlen u. in DORR-OLIVER-Scheidern in die 2 Kornklassen getrennt. Aus dem Grobanteil wird in einer Flotationsanlage mit Methylisobutylcarbinol (I) als Schäumer u. Oleinsäure (II) als Sammler das Gut vom wertlosen Gestein geschieden, wobei 1—1,5 kg II u. 0,02 kg I verbraucht werden. 60% Überlauffeststoff mit 82—84% $CaCO_3$ werden mit dem Mahlfeingut in DORR-OLIVER-Scheidern entwässert, 40% Flotationsberge gehen mit 15—20% $CaCO_3$ auf Halde. R. KAISER. 6222 □

Der Einfluß der Brennbedingungen und des Tonerdemoduls auf das Auftreten von Periklas im Portlandzementklinker. Ludomira Czarnik. (Cement-Wapno-Gips **16 (26).** 367—75. Dez. 1961. Kraków, Akad. Górn.-Hutn., Kat. Technol. Mat. wiąż.; pol.) — Zementklinker mit erhöhtem MgO-Geh. (1—10%), der bei 1380 bzw. 1450° gebrannt wird, enthält bei langsamem Kühlen größere Periklaskristalle. Bei schnellem Kühlen sind die Kristalle klein. Ebenso werden die Periklaskristalle in Klinker mit niedrigem Al_2O_3-Modul (0,64) nicht so groß u. sind weniger zahlreich. — 18 Literaturangaben. F. URBAN. 6222 □

Über die Zusammensetzung von Sulfoaluminat-Klinkern. Nobue Fukuda. (Bull. chem. Soc. Japan **34.** 138—39. Jan. 1961. Tokuyama, Tokuyama Soda Co. Ltd., Cement Div.; engl.) — Vf. stellte durch Erhitzen (30 Min.) von Mischungen aus Gips, Bauxit u. Kalkstein auf 1350° verschiedene Sulfoaluminat-haltige Klinker her, in denen das Mol-Verhältnis $Al_2O_3 : SO_3$ Werte zwischen 8,2 u. 0,8 annahm. Röntgenograph. u. chem. Analyse ergaben, daß die tern. Verb. $3\,CaO \cdot 3\,Al_2O_3 \cdot CaSO_4$ (I) den Hauptbestandteil der Klinker bildet. Der Geh. an I ist äquivalent dem Al_2O_3-Geh. der Klinker, wenn in diesen $Al_2O_3 : SO_3 < 3$, dem $CaSO_4$-Geh., wenn $Al_2O_3 : SO_3 > 3$. Außerdem finden sich in den Klinkern freies wasserfreies $CaSO_4$ u. vermutlich β-$CaO \cdot SiO_2$. HEINZ SCHULTZ. 6222 □

Einfluß der Auslaugung auf die mechanische Festigkeit von Portlandzementklinkern. Slobodan Isakovski. (Kem. u. Ind. [Zagreb] **10.** 341—42. Okt. 1961. Novi Sad; kroat.) — Durch Auslaugen des Portlandzementklinkers wird sein Geh. an freiem CaO gesenkt u. gleichzeitig werden seine mechan. Eigg. verbessert. F. URBAN. 6222 □

Messung des spezifischen Gewichts von Zement und sein Einfluß auf die Bestimmung des Feinheitsgrades nach der Blaine-Methode. Giuseppe Frigione. (Ind. ital. Cemento **31.** 609—14. Dez. 1961. Neapel, Cementerie del Tirreno „Cementir", S. p. A.; ital.) — Zur Best. des Feinheitsgrades von Zementpulvern wird heute allg. der BLAINE-Test nach ASTM C 204-55 verwendet. Für seine Berechnung nach der Formel $S_s = K_1 \cdot \sqrt{\varepsilon^3} \cdot \sqrt{T}/\gamma\,(1 - \varepsilon)$ ist das spezif. Gew. γ von entscheidender Bedeutung, bei sehr feinen Pulvern jedoch schwer genau zu bestimmen. Im Vgl. zu dem viel Zeit beanspruchenden, sehr genauen Pyknometertest ergeben sich die besten Werte in relativ kurzer Zeit mit dem Volumenometer nach CUZZER-NOTARI. Zur Abkürzung der Berechnung dienen 2 Nomogramme. Für verschiedene Zementtypen werden die hiernach errechneten BLAINE-Werte genannt. R. G. KAISER. 6222 □

Mischungsaufbau für normalen Beton und Leichtbeton. Joseph J. Shideler. (J. PCA Res. Dev. Lab. **2.** Nr. 1. 11—14. Jan. 1960.; engl.) H. VÖLZ. 6224 □

Eine Untersuchung der Zentrifugenmethode zur Bestimmung von Zement im Frischbeton. Stanton Walker, D. L. Bloem, R. D. Gaynor und J. R. Wilson. (Mater. Res. Standards **1.** Nr. 6. 454—60. Juni 1961. Philadelphia, Pa., ASTM Headquarters; engl.) — Im Labor.-Maßstab lassen sich durch Anwendung dieser Meth. reproduzierbare Ergebnisse mit Abweichungen bis zu 0,2 bag/cu.yd. erzielen. Diese Werte sind nur schwer auf die betriebliche Praxis übertragbar. Betriebsproben erfordern eine häufigere Probenahme u. Korrekturfaktoren. Die mit Hilfe von Zentrifugen im Labor. erhaltenen Ergebnisse wurden den üblichen Analysen-Meth. in Form von Tabellen gegenübergestellt. H. SCHUMANN. 6224 □

Neue leichte Baustoffe. Alfred Schlögl. (Silikattechnik **11.** 298—99. Juli 1960. Weimar, Inst. für Baustoffe; dt.) — Vf. gibt einen Überblick über die zur Zeit angewendeten natürlichen u. künstlichen, meist als Abfall- oder Nebenprodd. hergestellten, porigen Zuschlagstoffe für Leichtbeton, die bekannten Verff. u. Mittel zur Herst. von Zellen- u. Porenbeton. Abschließend werden Forderungen aufgestellt, in welcher Weise diese Industrie weiterentwickelt werden sollte. G. FRIKELL. 6224 □

Granulierte Hochofenschlacke als Zuschlag zu Leichtbeton. Andrzej Szmit. (Cement-Wapno-Gips **16** (**26**). 46—53. Febr. 1961. Bytom; pol.) — Die Festigkeit eines Leichtbetons, der mit granulierter Hochofenschlacke u. Zement, Kalk oder Gips als Bindemittel hergestellt worden ist, ist für Außenwände kleiner Häuser ausreichend. Betonbausteine können auch mit Zusatz von Flugstaub u. granulierter Schlacke hergestellt werden. F. URBAN. 6224 □

Beeinflussung der Eigenschaften des Betons bei teilweisem Ersatz des Portland-Zementes durch Flugasche. J. D. McIntosh, J. P. R. Jordan und W. O'Callaghan. (Mitt. Vereinig. Großkesselbesitzer **1959.** 432—39. Dez. London; dt.) — Durch Verss. wurde festgestellt, daß der Ersatz von bis zu 25 Gew.-% Portlandzement (PZ) durch verschiedene in England erhältliche Flugaschen keine bedeutende Änderung im Setzmaß u. Verdichtungsfaktor von frischem Beton verursacht. Die Druckfestigkeit bei solchen Proben entspricht anfangs nur etwa der angewendeten Menge PZ. Nach einem Jahr wird diese Einbuße an Festigkeit gegenüber reinem PZ wieder eingeholt, wenn 25% PZ ersetzt werden u. die Mischung etwas fetter angesetzt wird. Die Asche soll eine spezif. Oberfläche von mindestens 3500—4000 cm^2/g haben u. der Geh. an Unverbranntem soll nicht über 10% liegen. Asche ohne ausreichende Rk.-Fähigkeit ist vorteilhaft als Füllstoff zu verwenden. Nachbehandlung des Betons mit oder ohne Flugasche zeigt, daß die relative Festigkeit von der Art der Nachbehandlung unabhängig ist.
G. FRIKELL. 6224 □

Österreichische Flugaschen als Bindemittelzusätze. Otto W. Blümel. (Mitt. Vereinig. Großkesselbesitzer **1959.** 421—31. Dez. Graz; dt.) — Vf. berichtet über mit österreich. Braunkohlenflugasche vorgenommenen Unterss., wobei ihre Eignung als Zusätze zu Baukalken mit 40—60 (%) Flugasche zu 60—40 Kalkhydrat zur Herst. von Putz- u. Mauermörtel festgestellt wurde. Wesentlich für das Zustandekommen befriedigender latenthydraul. Eigg. ist die Zus. u. die spezif. Oberfläche. Der Glühverlust muß < 7 (%), der Geh. an SO_3 soll höchstens 3 betragen. MgO darf im Gemisch mit Kalk oder Portlandzement (PZ) 5 nicht überschreiten. Aschen mit 0—7 Rückstand auf dem 10000-Maschen-Sieb sind einwandfrei, gröbere Aschen mit 38 u. mehr Rückstand reagieren auf jeden Fall langsamer, so daß die damit hergestellten Prodd. in der Entw. der Festigkeit zumindest nachhinken. Da die von PZ abgeschiedene Menge Kalkhydrat je nach dem angewendeten Prod. wechselt, sind die bei seiner Verw. immer auftretenden Erhärtungsverzögerungen verschieden groß. G. FRIKELL. 6224 □

Die Aschensinteranlage des VEB Steinkohlenwerk August Bebel, Zwickau/Sa. Walter Knaust und Helmut Kröner. (Silikattechnik **12.** 481—83. Nov. 1961. Weimar, Inst. für Baustoffe; dt.) — Beschreibung einer Anlage zur Flugaschesinterung. Die Eigg. des Aschesinters werden mitgeteilt. H. VÖLZ. 6224 □

Neue Angaben über das Schwefel-Ton-Bindemittel. Petru Baltă und Avram Klein. (Rev. Construcţ. Mater. Construcţii **12.** 247—51. 1960; tschech.) — Vff. teilen Vers.-Ergebnisse von Unterss. an Schwefel-Ton-Bindemitteln mit, die als Zementersatz gedacht sind. G. BAUER. 6224 □

Die Technologie der neuen Blähtonwerke. Hans Hanke. (Silikattechnik **11.** 302—04. Juli 1960. Halle/Saale, VEB Projektierung Steine u. Erden; dt.)
G. FRIKELL. 6224 □

Untersuchungen über den Blähvorgang bei Tonschiefer. Karl Heinz Lucke. (Silikattechnik **11.** 300—01. Juli 1960. Weimar, Inst. für Baustoffe; dt.) — Voraussetzung für ein Aufblähen von Tonschiefern ist eine Pyroplastizität (PP) bei 1100—1200° bei gleichzeitiger Bldg. von Gasen, die aus einem Geh. an Carbonaten von Ca u. Mg, Pyrit, Eisenglanz, Magnetit u. W. enthaltenden Schichtsilicaten herrühren u. aus Wasserdampf, CO_2 oder O_2 bestehen. Organ. Bestandteilen kommt im Gegensatz zum Hydroxylwasser hierfür wenig Bedeutung zu. Die Korngröße des Rohschiefers soll zwischen 2 u. 30 mm liegen, da die PP u. die Gas-Entw. neben der chem. Zus. auch hiervon beeinflußt werden. G. FRIKELL. 6224 □

Eigenschaften des Hüttenbimssteines nach neuesten Untersuchungen. Andrzej Szmit. (Cement-Wapno-Gips **16** (**26**). 379—85. Dez. 1961. Bytom; pol.) — Zur Herst. von Bimsbeton ist Hüttenbims mit nachst. Eigg. notwendig: Schütt-Gew. der Fraktion 10—20 mm 600—800 kg/m^3, Zerkleinerungsindex der Fraktion 10—20 mm 0,8—1,0, Porosität 40—60% u. Vol.-Gew. 1,2—1,8 g/cm^3. F. URBAN. 6224 □

Ermittlung einiger Faktoren, die die Dichtebestimmung von Zuschlagstoffen beeinflussen. J. R. Hosking. (Cement, Lime Gravel **36.** 319—26. Nov. 1961. Road

Res. Labor. of the Dep. of Sci. Ind. Res.; engl.) — Entsprechend der brit. Standard-Meth. weicht die Dichte von Zuschlagstoffen gleicher Zus., bestimmt in Behältern verschiedener Ø bis zu 4 lb./ft., voneinander ab. Der Wert für loses Material nimmt mit der Größe des Meßgefäßes zu, bei kompaktem Material nimmt der Wert ab. Übereinstimmende Ergebnisse lassen sich durch eine bestimmte, von dem Ø des Behälters u. dem Material abhängige Zahl von Stößen beim Einstampfen der Masse erreichen.
H. SCHUMANN. 6224□

Der Zerfall von Kalksteingebäuden und seine Verhütung. Jacques Kauffmann. (Corrosion et Anticorrosion **8.** 87—95. März 1960; franz.) — Die Zerstörung erfolgt durch Einw. von Bakterien, die in der Luft enthaltenes NH_3 zu NO_2 verarbeiten. Der Verlauf der Rk. gemäß nachfolgender Formel wurde experimentell nachgewiesen: $2\,CaCO_3 + (NH_4)_2SO_4 + 4\,O_2 \rightleftharpoons Ca(NO_3)_2 + CaSO_4 + 2\,CO_2 + 4\,H_2O$. Voraussetzung für den Ablauf dieser Rk. ist die Ggw. von W., das in Form von Regen oder Grundwasser gelöstes NH_3 u. ggf. H_2SO_4 heranbringt. Als Gegenmaßnahme ist die Verw. sehr reinen Kalkgesteins mit gut ausgebildeten Kristallen, das dem Angriff besser standhält als unreines Gestein anzusehen. Vorteilhaft ist die gleichzeitige Anwendung weniger dichten Gesteins, das eine schnelle Trocknung bewirkt. Bei Anwendung von Schutzanstrichen ist neben der Wasserabweisung die Notwendigkeit zur Wasserverdunstung zu beachten. Weitere Gegenmaßnahmen werden genannt. G. FRIKELL. 6226□

Eigenschaften von Erzeugnissen aus Steinguß. I. Je. Lipowski. (Литейное Производство [Giesserei-Betr.] **1961.** Nr. 12. 10. Dez.; russ.) — Die physikal.-chem. physikal.-chem. sowie die Festigkeits-Eigg. von Erzeugnissen aus durch Umschmelzen von Basalt oder sonstigem Gestein mit Zusätzen erhaltenem *Steinguß* werden mitgeteilt. Es werden Angaben über die Gattierung gemacht. Die Schmelze wird bei 1450 bis 1500° durchgeführt. Die Kristallisation der Gußstücke erfolgt in einer Muffel mit beweglichem Boden u. einer tunnelartigen Vorr. bei 950—1000° im Verlauf von 7 bis 15 Min. in Abhängigkeit von der Form dieses Steingusses. Aus Abfällen der Gießerei u. leichtfl. Brennstoffschlacken einer Elektroanlage wird ein Pulver hergestellt, das als Füllmittel für chem. beständigem Zement dient. Ein Steinguß besteht aus 46—48 (%) SiO_2, 10—12 *CaO*, 18—20 Al_2O_3, 8—10 *MgO*, 0,8—9 Fe_2O_3, 2—2,5 $Na_2O + K_2O$. Der Steinguß ist ein gutes Dielektrikum. Die Gußstücke haben die Mikrostruktur einer *Pyroxen*-Zus. mit Körnern von 0,02—0,05 mm u. bestehen aus 60 (%) Diopsid, 30 Augit, bis 2 α-Quarz u. bis 8 Glas als Rest. Dieser Steinguß ist korrosionsbeständig u. verschleißfest; sein Nachteil ist seine Sprödigkeit u. geringe Temp.-Beständigkeit.
H. HOCHSTEIN. 6228□

Polyvinylacetat im Bauwesen. Joachim Ebigt. (Ind. Plast. mod. **12.** Nr. 2. 8—13. März 1960; franz.) B. SCHEIFELE. 6228□

Vorschlag zur industriellen Aufbereitung städtischer Abfallstoffe Berlins. Paul Preßke. (Silikattechnik **12.** 502—08. Nov. 1961. Berlin, Magistrat, Stadtbauamt; dt.) — Vf. weist auf das Problem der Beseitigung städt. Abfallstoffe hin u. bringt Vorschläge für ihre industrielle Verarbeitung u. Nutzung. H. VÖLZ. 6228□

Messung der Abriebfestigkeit von Schleifkörnungen. Donald E. Cadwell und Ernest J. Duwell. (Amer. ceram. Soc. Bull. **39.** 663—67. Nov. 1960. St. Paul, Minn., Minnesota Min. & Manuf. Co.; engl.) — Beschreibung der Versuche. Als Ausdruck der Abriebfestigkeit (A) wird ein Faktor benutzt, der sich an Hand einer Formel aus dem Verhältnis der A der zu untersuchenden Substanz zu der eines Standard-Prod. aus Al_2O_3 errechnen läßt. A ist abhängig von der Textur des Produktes. G. FRIKELL. 6238□

Ein neuer Weg zur Beurteilung von losem Schleifkorn. G. Pahlitzsch. (Microtecnic [Lausanne] **15.** 121—29. Juni 1961. Braunschweig, TH; dt.) — Beschreibung eines Verf. u. Gerätes zur Prüfung der Beschaffenheit von losem Schleifkorn, das die Verringerung der Korngröße als Beurteilungsmerkmal verwendet, u. seiner Anwendung (Beispiele). W. WESLY. 6238□

Schleifkörperherstellung mit Komprimiermaschinen. Hans Hadert. (Adhäsion **4.** 645—46. Dez. 1960. Berlin; dt.) — Zur Ersparung teurer u. ungenauer Handarbeit wird für die Herst. von Kleinschleifkörpern, wie Dentalschleifscheiben u. Schleifstiften, die Verw. von Tablettiermaschinen oder Preßautomaten empfohlen. Zur Erzielung der hierbei zu fordernden Grünfestigkeit der Preßkörper sind die bisher verwendeten, meist organ. Klebemittel wegen ihrer Poren-Bldg. beim Brennen der Schleifkörper nicht geeignet. Vorteilhaft ist der Zusatz von ca. 2% Na-Wasserglas (48/50° Bé) zum Pulvergemisch u. Verkneten der Masse im EIRICH-Mischer. Sehr grobe Pulverkörnungen sind zum automat. Verpressen nicht geeignet. Alle anderen Körnungen, von der Schlämmung bis herab zu 80 oder im Gemisch auch 60 u. 80, sind hier anwendbar.
G. FRIKELL. 6238□

Das Polarisationsmikroskop im Dienste der Untersuchungen keramischer und glastechnischer Rohstoffe. M. Mehmel. (Glas-Email-Keramo-Techn. **9.** 322—26. Sept. 1958; dt.) — Forts. der C. **1961.** 8437 referierten Arbeit. — Die Anwendbarkeit mkr. Meth. zur Best. der Mineralkomponenten u. zur Überwachung des Reinheitsgrades keram. Rohstoffe wird an den Gruppen der Feldspatvertreter, Glimmer, Li-Minerale, Speckstein oder Talk, rhomboedr. Carbonate u. der plast. Rohstoffe (Tone) dargelegt. Die Grenzen der mkr. Anwendung werden besprochen. — 25 Literaturangaben.
H. NOACK. 6240

Jenaer Glaswerk Schott & Gen. (Erfinder: Walter Geffeken), Mainz, **Interferenzfähige Systeme abwechselnd hoch- und niedrigbrechender, aufgedampfter Schichten für das Infrarotgebiet,** dad. gek., daß wenigstens ein Teil der niedrigbrechenden Schichten ganz oder teilweise aus PbF_2 besteht. Ein Teil dieser Schichten kann aus einer Mischung von PbF_2 mit hochbrechenden Stoffen, wie Te, Ge oder Si, bestehen. (**D. A. S. 1 113 837** Kl. 42h vom 17/8. 1960, ausg. 14/9. 1961.)
W. v. HUHN. 6201

Siemens & Halske Akt.-Ges., Berlin und München (Erfinder: Egon Wiberg und Max Schmidt, München), **Herstellung von Siliciumüberzügen auf Quarz, Glas oder SiO_2-haltigen keramischen Gegenständen.** Das an der Oberfläche der Gegenstände befindliche SiO_2 wird bei erhöhter Temp. durch ein Metallhydrid, bes. durch ein solches der I. Gruppe des Period. Syst., wie LiH, zu Si reduziert. — Z. B. wird ein Hartporzellankörper in einem eisernen Rohr nach Einbetten in LiH-Pulver 10 Min. lang auf 350—400° erhitzt. Das Red.-Mittel kann aber nach Vermischen mit einem fl. Bindemittel auch als Paste auf den zu behandelnden Gegenstand aufgetragen werden. Als Streckmittel läßt sich das Hydrid eines Elementes der II. Gruppe des Period. Syst., z. B. CaH_2, verwenden. (**D. B. P. 975 411** Kl. 32b vom 16/2. 1954, ausg. 23/11. 1961. Anmeldung bekanntgemacht 7/6. 1956.) HANS HOFFMANN. 6203

Österreichisch-Amerikanische Magnesit Akt.-Ges., Radenthein, Kärnten, Österreich (Erfinder: Eduard Steinhoff, Wiesbaden), **Ausmauerungs- und Besatzsteine** für Regeneratoren (heißgehende Herdöfen) aus Magnesit u./oder Forsterit oder Gemischen dieser Stoffe mit anderen Stoffen werden zur Verminderung des Zerfalls während der Anheizperiode ($< 100°$) vor ihrem Einbau mit Kunstharz (härtbare Harze, bes. Phenolharze) imprägniert. (**Oe. P. 212 479** vom 26/1. 1959, ausg. 27/12. 1960.)
O. KAYSER. 6219

Franz Hasenöhrl, Wiener Neustadt, Niederösterreich, **Erzeugung von gebranntem Kalk in Formstücken.** Gemahlener Naturkalkstein (3 mm) wird mit gerade soviel gelöschtem Kalk u. W. gebunden, daß die daraus hergestellten Formstücke porös sind, u. dann gebrannt. Die so erhaltenen Formstücke können länger an der Luft gelagert werden als der herkömmliche Stückkalk. (**Oe. P. 200 988** vom 22/12. 1956, ausg. 10/12. 1958.) O. KAYSER. 6227

Herbert Michlmayer, Wien, Österreich, **Spritzverfahren zum Herstellen asbesthaltiger Schichten** auf Unterlagen (Wärme- u. Schalldämmung). Es wird ein Gemisch von Asbestfasern u. einem Bindemittel, das aus Casein u. einem alkal. ragierenden Stoff [$Ca(OH)_2$; Soda; NaOH; Na_2SiO_3; Borax] besteht, verwendet. (**Oe. P. 211 725** vom 10/1. 1959, ausg. 25/10. 1960.) O. KAYSER. 6229

Union des Verreries Mécaniques Belges, Soc. An., Charleroi, Belgien (Erfinder: **E. Brichard, É. Plumat, G. Meunier** und **E. Delière**), *Herstellung von elektrisch leitenden Überzügen.* (**Belg. P. 561 018** vom 21/9. 1957, ausg. 20/5. 1960. — C. **1961.** 5576 [D. A. S. 1 070 350].)

Armour Research Foundation of Illinois Institute of Technology, Chicago, übert. von: **Samuel W. Bradstreet,** Oak Park, und **James S. Griffith,** Chicago, Ill., V.St.A., *Vergüten hitzebeständiger Körper.* (**Can. P. 557 574** vom 16/5. 1955, ausg. 20/5. 1958. A. Prior. 19/5. 1954. — C. **1960.** 7298 [E. P. 807 302].)

Dyckerhoff Zementwerke Akt.-Ges., Wiesbaden, *Sulfatbeständiger Portlandzement.* (**E. P. 870 838** vom 21/10. 1958, ausg. 21/6. 1961. D. Prior. 25/10. 1957. — C. **1959.** 12029 [D. A. S. 1 054 366].)

Johns-Manville Corp., New York, N.Y., übert. von: **John W. Plauka** und **Robert E. Parry,** Martinsville, N.J., V.St.A., *Anorganisch überzogene Bauplatten.* (**Can. P. 557 353** vom 18/6. 1954, ausg. 13/5. 1958. A. Prior. 28/9. 1953. — C. **1958.** 1404 [A. P. 2 766 140].)

Norton Co., Worcester, übert. von: **Loring Coes jun.,** Brookfield, Mass., V.St.A., *Schleifscheiben.* (**Can. P. 557 362** vom 8/1. 1954, ausg. 13/5. 1958. A. Prior. 10/3. 1953. — C. **1957.** 2314 [A. P. 2 725 286].)

—, Zement-Taschenbuch. 1962. Wiesbaden: Bauverl. 1961. (464 S. m. Abb. u. Taf.) 8°. DM 6,50.

M. P. Elinson, Ss. G. Wassilkow und **L. N. Popow,** Grundlagen der Herstellung von Aggloporit. Moskau: Gosstroiisdat. 1962. (138 S. m. Abb.) 44 Kop. [Russ.]

Je. A. Galabutskaja, System Ton—Wasser. Lehrbuch für den Spezialkursus der Keramiktechnologie für Studenten der chem.-technol. Fakultät. Lwow: 1962. (212 S. m. Zeichng.) 81 Kop. [Russ.]

A. A. Golubowitsch, A. M. Jerussalimtschik und **A. Ss. Sharenow**, Technologie von bituminösen Dachdeckermaterialien. Moskau: Gosstroiidat. 1961. (374 S. m. Abb., Zeichng. u. Skizzen) 1 Rbl. 43 Kop. [Russ.]

P. O. Gribowski, Heißguß keramischer Erzeugnisse. Moskau: Gossenergoisdat. 1961. (400 S. m. Abb.) 1 Rbl. 28 Kop. [Russ.]

Konstantin Dimitriewitsch Nekrassow, Hitzebeständiger Beton. In Deutsch. Wiesbaden, Berlin: Bauverl. 1961. (300 S. m. 128 Abb. u. 69 Taf.) 8⁰. DM 44,—.

Ss. P. Onatzki, Herstellung von Keramsit. Moskau: Gosstroiisdat. 1962. (243 S. m. Abb.) 1 Rbl. [Russ.]

Gerhard Rühl, Die chemische Technologie von Zement und Beton in den Jahren 1945 bis 1960. Düsseldorf: Knapp. 1962. (156 S.) 8⁰. DM 26,—.

VII. Agrikulturchemie. Schädlingsbekämpfung

Einführende Untersuchungen über die Evolution der alluvialen Böden der Zuławy in der Weichselmündung. Tadeusz Witek. (Roczniki Nauk rolniczych, Ser. A **82.** 659—88. 1961. Puławy, IUNG, Zakł. Glebozn.; poln.) — Alluviale Sedimente in der Weichselmündung haben einen Gley- u. Torfprozeß mitgemacht. Bei höherer Feuchtigkeit trat Versumpfen ein. Die Sedimente werden vom Vf. auf Grund der Unterss. eingeteilt in junge alluviale Böden, braune alluviale Böden, Torfböden u. Schwarzerden. — 26 Literaturangaben. F. URBAN. 6304

Die Schwarzerden von Błonie, Sochaczew und Lowicz. A. Musierowicz, Z. Olszewski, Z. Brogowski und M. Kepka. (Roczniki Nauk rolniczych, Ser. A **82.** 503—62. 1961. Warszawa, SSGW, Zakł. Glebozn.; Politechn., Zakł. Glebozn.; pol.) — Das Muttergestein der Schwarzerden im Gebiet Błonie, Sochaczew u. Łowicz (westlich Warschau) stammt aus dem Quartär u. besteht aus Sand, Moränenton, Staub u. Schlamm sowie Schiefer. Der Humus-Geh. liegt bei 2—6%. Das C/N-Verhältnis beträgt 8,4—17,14. Die Böden sind neutral bis schwach alkalisch. Sie enthalten bedeutende Mengen $CaCO_3$. Die K-Konz. ist gering. Der Geh. an in 20%ig. HCl lösl. P_2O_5 beträgt maximal 0,072%. Austauschbares Mg ist reichlich vorhanden. Die hydrolyt. Acidität ist gering. Die Sorptionskapazität u. die Sättigung mit bas. Kationen ist dagegen groß. — 34 Literaturangaben. F. URBAN. 6304

Einige Eigenschaften der Braunerden Westpommerns. Saturnin Borowiec und Zygmunt Chudecki. (Roczniki Nauk rolniczych, Ser. A **84.** 593—611. 1961. Szczecin, WSR, Zakł. Glebozn.; pol.) — Die Böden Westpommerns lassen sich in eigentliche Braunerden, saure Braunerden u. ausgewaschene (degradierte) Braunerden einteilen. Das Muttergestein dieser Böden besteht aus Moränenton, Staubablagerungen u. Schiefer. Die Differenzierung ist nicht nur durch die Art des Muttergesteins, sondern auch durch Erosion, Pflanzenwelt u. Kultivierungs-Meth. bedingt. — 20 Literaturangaben. F. URBAN. 6304□

Der Sorptionskomplex der Braunerden und Bielice-Böden der Masurischen Seenplatte. Jan Siuta. (Roczniki Nauk rolniczych, Ser. A **82.** 563—657. 1961. Warszawa, SGGW, Zakł. Glebozn.; pol.) — Die Böden der Masur. Seenplatte werden eingeteilt in Braunerden u. Bieliceerden. Die Braunerden unterteilen sich in eigentliche Braunerden mit neutraler Rk., hohem Humus-Geh. u. großem Sorptionskomplex, in ausgelaugte, teilweise saure Braunerden, die kaum $CaCO_3$ enthalten, einen großen Sorptionskomplex aber mit unvollständiger Absättigung mit bas. Kationen haben, u. in saure Braunerden mit geringer Sorptionskapazität. Bieliceböden enthalten kein $CaCO_3$. Die Sorptionskapazität ist gering, das Verhältnis Ca : Mg ist anders als im Muttergestein, im Gegensatz zu den Braunerden. Die Bldg. der Bieliceböden ist somit nicht mit dem Auswaschen der Braunerden zu verwechseln. — 48 Literaturangaben. F. URBAN. 6304

Mangan in den wichtigeren Böden der Wojewodschaft Lodz. Arkadiusz Musierowicz und Krystyna Czarnowska. (Roczniki Nauk rolniczych, Ser. A **84.** 563—92. 1961. Warszawa, SGGW, Zakł. Glebozn.; pol.) — Der Geh. an Gesamt-Mn (lösl. in konz. H_2SO_4), colorimetr. bestimmt, beträgt in den untersuchten Podsol- u. Schwarzerdeböden der Wojewodschaft Łódź in der oberen Schicht (0—35 cm) 50,5 bis 850 mg/kg trockenen Bodens. In tieferen Lagen (35—140 cm) haben nur Braunerden u. Schwarzerden alluvialen Ursprungs sowie leichte Bieliceböden mehr Gesamt-Mn als in der oberen Schicht. Die obere Schicht enthält meist mehr austauschbares Mn als tiefere Schichten. Akt., assimilierbares Mn stellt in der oberen Schicht einen Anteil von 15—91, in den unteren Schichten 0—80% des Gesamt-Mn. Bieliceböden u. leichte Schwarzerde enthalten zu wenig akt. Mn. — 13 Literaturangaben. F. URBAN. 6304□

Verteilung des Eisens auf Bodenteilchen verschiedener Größe. R. Gallego und E. Laborda. (An. Edafol. Fisiol. vegetal **18.** 783—95. Dez. 1959; span.) — An einigen

Podsolböden u. einem braunen Boden Nordspaniens wird die Fe-Verteilung auf die verschiedenen Kornfraktionen untersucht. Die obersten Horizonte erweisen sich als Fe-ärmer. Die Hauptmenge des Fe reichert sich mit den Tonen in den B-Horizonten an. Das koll. Fe aus Ton wird in allen Fällen mobilisiert. In den Grobkornfraktionen ist die Fe-Verteilung unregelmäßig. R. K. MÜLLER. 6304□

Benzpyrene im Boden. Max Blumer. (Science [Washington] **134.** 474—75. 18/8. 1961. Woods Hole, Mass., Woods Hole Oceanograph. Inst.; engl.) — *3.4-* u. *1.2-Benzpyren* werden spektroskop. in Bodenproben aus ländlichen Gebieten der USA nachgewiesen, sie scheinen ein allg. Bestandteil der Böden zu sein.
P. GREGORZEWSKI. 6304□

Einige neuere Entwicklungen bei der Produktion und der Verwendung von Düngemitteln. William Ogg. (Gazz. chim. ital. **89.** 373—91. Jan. 1959; ital.) — Vgl. C. **1962.** 13172. M. WINIKER. 6304□

Die Wirksamkeit verschiedener Stickstoffquellen, zum Beispiel Harnstoff und Ammoniumnitrat im Vergleich mit Ammoniumsulfat, mit und ohne Phosphorsäuredüngung zur Erhöhung der Baumwollerträge auf schwarzen Baumwollböden des Tungabhadra-Projekts. P. Ambadasrao. (Mysore agric. J. **35.** 161—66. Juli/Sept. 1960. Dhadesugar, Mysore State Agric. Exp. Stat.; engl.) — In dreijährigen Feld-Verss. überprüfte Vf. die Wrkg. steigender *N*-Gaben [0,20 u. 40 lbs. N/acre in Form von *Harnstoff*, NH_4NO_3 u. $(NH_4)_2SO_4$] bei unterschiedlichem *P*-Niveau (0,10 u. 20 lbs. P_2O_5/acre) auf den Baumwollertrag. Die Erträge stiegen mit zunehmender N-Düngung unabhängig von der N-Form nahezu linear an. P-Zufuhr hatte keinen Einfl. auf den Ertrag u. wirkte in Kombination mit N sogar leicht depressiv. WILFRIED WERNER. 6304□

Düngeversuche auf natürlichen Weideböden. Gunnar Giöbel und Eliel Steen. (Kungl. Lantbrukshögskolan Statens Lantbruksförsök, Statens Jordbruksförsök, Medd. Nr. **109.** 1—59. 1960; schwed.) — Durch P–K-Düngung von Naturweiden werden bes. die Leguminosen (um ca. 28%) gefördert, bei zusätzlicher N-Düngung gehen sie bis auf 2—5% zurück, dagegen nehmen die Gräser stark zu. Auf mageren Böden nimmt der P-Geh. der Gräser bei P–K-Düngung auf 0,30—0,55% zu, der K-Geh. auf 2,5%, der Ca-Geh. auf 1,25%, der Rohprotein-Geh. auf 17,5%; bei zusätzlicher N-Düngung gehen Ca u. P zurück, Protein nimmt bis zu 19,4% zu. In der botan. Zus. spielen bei Naturweiden die Moose eine Rolle, sie verschwinden meist bei P–K–N-Düngung, bes. wirksam ist $(NH_4)_2SO_4$. Für magere Böden werden (je ha) 200—250 kg 20%ig. Superphosphat u. 75—100 kg 50%ig. K-Salze empfohlen. Für das Weiden von Jungtieren u. Schlachtvieh genügen 30—80 kg N, für Milchkühe sind besser 60—140 kg N anzuwenden.
R. K. MÜLLER. 6304□

Versuche mit steigenden Mengen Stickstoff auf mehrjährig genutzten Weiden. Gunnar Giöbel und Eliel Steen. (Kungl. Lantbrukshögskolan Statens Lantbruksförsök, Statens Jordbruksförsök, Medd. Nr. **112.** 1—58. 1960; schwed.) — Vgl. vorst. Referat. — Bei einer P-K-Grunddüngung mit 300—400 (kg/ha) 20%ig. Superphosphat u. 150—200 40%ig. K-Salzen werden auf mehrjährig genutzten Weiden N-Zusatzdüngemengen bis 900, 1000, 1400, 2000 u. 4800 (15,5%ig. Kalksalpeter) angewandt. Mit steigender N-Menge geht die Ertragssteigerung je kg N zurück, bei der Höchstmenge werden 4859 kg Trockensubstanz mehr erzielt. Das Optimum liegt bei 1250 kg/ha. Wie bei den früheren Unterss. (l. c.) wird bei N-Zusatzdüngung eine Abnahme der Leguminosen u. eine Zunahme der Gräser bis zu 75% beobachtet. R. K. MÜLLER. 6304□

Wirkungen von Stickstoffdüngung und Schnitthäufigkeit auf Ertrag und Zusammensetzung von Napier-Gras in Puerto Rico. José Vicente-Chandler, Servando Silva und Jacinto Figarella. (J. Agric. Univ. Puerto Rico **43.** 215—27. Okt. 1959; engl.) — In 3jährigen *N*-Düngungs-Verss. (0—2000 lbs. N/acre) zu Napiergras (Pennisetum purpureum) stiegen bei allen Jahren die Erträge bis zu 800 lbs. N an, die Rohprotein-Geh. u. -erträge sogar bis zu 2000 lbs. N. Bei Gaben bis 1200 lbs. N lag die N-Ausnutzung stets über 60%. Der Ausnutzungsquotient zur Trockenmasse-Bldg. fiel jedoch schon bei $>$ 400 lbs. N ab. Mit zunehmender N-Gabe fiel der Geh. des Futters an P u. K ab, der Lignin-Geh. stieg an u. die Geh. an Mg u. Ca wurden nicht beeinflußt. Bei der Schnitthäufigkeit 60 Tage wurden höhere Erträge als bei 40 oder 96 Tagen erzielt. Bei der optimalen Kombination 800 lbs. N u. 60 Tage Schnittintervall betrug der Ertrag 130 tons Grünmasse mit 9,7% Roheiweiß. Der Nährstoffentzug lag hier bei 674 lbs. N, 554 lbs. K u. je 120 lbs. P, Ca u. Mg/acre. — Der pH-Wert des Bodens fiel durch die als $(NH_4)_2SO_4$ verabreichte N-Düngung deutlich ab.
WILFRIED WERNER. 6304□

Wirkungen von Stickstoffdüngung und Schnitthäufigkeit auf Ertrag und Zusammensetzung von Guinea-Gras in Puerto Rico. José Vicente-Chandler, Servando Silva und Jacinto Figarella. (J. Agric. Univ. Puerto Rico **43.** 228—39. Okt.

1959; engl.) — Zu Guinea-Gras (Panicum maximum) wurden 2jährige N-Düngungs-Verss. mit *N*-Gaben zwischen 0 u. 1600 lbs. N/acre durchgeführt. Bis 800 lbs. N stiegen die Erträge, bis 1600 lbs. die Eiweiß-Geh. u. -erträge an. Bis 800 lbs. wurden ca. 50% des Dünger-N entzogen; der Ausnutzungsquotient des N zur Prod. je kg Trockenmasse fiel stetig ab. Mit zunehmenden N-Gaben stieg der Lignin-Geh. der Pflanzen an, der P-Geh. sank ab u. die Geh. an K, Ca u. Mg blieben nahezu gleich. Ein Schnittintervall von 60 Tagen erwies sich am günstigsten. Der optimale Ertrag lag bei 73 tons Grünmasse pro Jahr u. war mit einem Entzug von 500 (lbs./acre) N, 330 K, 286 Ca, 169 Mg, u. 70 P verbunden. — Der pH-Wert fiel durch die $(NH_4)_2SO_4$-Düngung um 2,1 Einheiten der Geh. des Bodens an austauschbaren Basen um 5,5 mval/100 g ab.

WILFRIED WERNER. 6304 □

Wirkungen von Stickstoffdüngung und Schnitthäufigkeit auf Ertrag und Zusammensetzung von Para-Gras in Puerto-Rico. José Vicente-Chandler, Servando Silva und Jacinto Figarella. (J. Agric. Univ. Puerto Rico **43.** 240—48. Okt. 1959; engl.) — In einem einjährigen *N*-Steigerungs-Vers. zu Para-Gras (Panicum purpurascens) wurde mit 800 lbs. N/acre der höchste Ertrag, mit 1600 lbs. der höchste Eiweiß-Geh. u. -ertrag erzielt. Die N-Aufnahme lag bis 800 lbs. bei ca. 50% der Gabe. Der Ausnutzungsquotient des Dünger-N fiel mit der N-Steigerung ab. Desgleichen fiel der P-Geh. des Futter ab, während der Lignin-Geh. anstieg u. die Geh. an Ca, Mg u. K nicht beeinflußt wurden. Mit dem Alter der Pflanzen fiel ihr Geh. an N, P, Ca, Mg u. K ab, der Lignin-Geh. stieg an. Beim Optimalertrag von 70 tons Grünmasse mit 9,5% Eiweis, der bei 800 lbs. N u. einem Schnitturnus von 60 Tagen erzielt wurde, wurden folgende Nährstoffmengen entzogen (lbs./acre): 469 N, 524 K, 52,4 P, 120 Ca u. 77 Mg. — Es wird empfohlen, die N-Gabe in Trockenjahren auf 400 lbs./acre zu beschränken.

WILFRIED WERNER. 6304 □

Versuche mit Stalldünger. 2. Mitt. **In Svealand und Götaland 1943—1956 ausgeführte Versuche mit Verteilung des Stalldüngers in der Fruchtfolge.** Eric Manell. (Kungl. Lantbrukshögskolan Statens Lantbruksförsök, Statens Jordbruksförsök, Medd. Nr. **106.** 1—22. 1960; schwed.) — 1. vgl. C. **1959.** 9364. — In 13jährigen Verss. wird die Wrkg. von Stalldünger bei verschiedenen Fruchtfolgen mit ganzen (halben) Gaben von 42 (21) t/ha untersucht. Stalldünger hat die beste Wrkg. bei Rüben u. Kartoffeln, es folgen Rasen, Herbst- u. Frühjahrssaat. Bei Herbstsaat, Rüben u. Kartoffeln beträgt mit ganzer (halber) Gabe die Ertragssteigerung im Mittel 1588 (1070) Futtereinheiten (FE)/ha oder 38 (51) FE/t, also, wenn die Ertragssteigerung bei ganzer Gabe = 100% gesetzt wird, bei halber Gabe 67%. Für alle Fruchtarten, die mit halber Gabe gedüngt wurden, ist die Ertragssteigerung im Mittel 966 FE/ha oder 46 FE/t. Eine Qualitätsverbesserung durch Stalldüngung ist nicht mit Sicherheit festzustellen.

R. K. MÜLLER. 6304 □

Feuchtigkeit und Flecken an Tabak. G. S. Taylor, H. G. DeRoo und Paul E. Waggoner. (Tobacco Sci. **4.** 62—68. New Haven u. Windsor, Conn., Connecticut Agric. Exp. Stat.; engl.) — Feld-Verss. mit Breitblattabak unter einem Kunststoffzelt, das Regen u. Sonnenlicht mit $\lambda < 3500$ Å abschirmte, u. mit Connecticut-Schattentabak unter einem gewöhnlichen Schattenzelt ergaben bei hohen Bodenfeuchtigkeiten verstärktes Auftreten von Wetterflecken auf den Blättern. Als Ursache der Flecken-Bldg. werden vor allem Toxine der Luft (Ozon, SO_2) angesehen, die durch die Spaltöffnungen in die Blätter eindringen u. das Gewebe nekrotisieren. Verss. mit abgetrennten Blättern in einer durch UV-Bestrahlung mit Ozon (0,55—0,80‰) angereicherten Atmosphäre führten zu starker Flecken-Bldg., wenn das Blattgewebe kurz vor der Ozonbehandlung mit Wasser vollgesaugt war, dagegen trat Resistenz gegen Wetterflecken-Bldg. bei vorher abgewelkten Blättern ein. Die erhaltenen Ergebnisse stimmen mit den Erfahrungen der Pflanzer überein.

F. HOFMANN. 6304 □

Der Einfluß der Kulturbedingungen auf die biochemischen Eigenschaften des Blumenkohls. A. L. Feldman. (Известия Высших Учебных Заведений, Пищевая Технология [Hochschulnachr., Nahrungsmittel-Technol.] **1960.** Nr. 1. 28—32. Odessa, Technolog. Inst. für Nahrungsmittel- u. Kälteind., Lehrstuhl für Biochemie u. Mikrobiologie; russ.) — Die Aktivität der Oxydations-Syst. des Blumenkohls in Abhängigkeit von der Sorte u. den Kulturbedingungen wird erörtert. Zwischen der Aktivität der *Peroxydase* (I) u. der der *Polyphenoloxydase* (II) besteht eine umgekehrte Abhängigkeit. Hochwertige Blumenkohlsorten sind durch hohe **I**- bzw. niedrige **II**- u. *Katalase* (**III**)-Aktivität gekennzeichnet. Sorten mit sehr geringer **I**- u. mit hoher **II**- u. **III**-Aktivität erwiesen sich als ungenießbar.

S. BARYSCHNIKOW. 6304

Der Einfluß des Beizens von Maiskorn mit verschiedenen Repellentien auf den Schädigungsgrad der Saat durch Rabenvögel. Barbara Siemaszko und Jan

Pinowski. (Roczniki Nauk rolniczych, Ser. A **83.** 391—401. 1960. IHAR; Polska Akad. Nauk, Zakł. Ekologii; pol.) — Präpp. auf der Basis *Diphenylguanidin* u. *Anthrachinon* hatten keine Schutz-Wrkg. gegen Vogelfraß bei keimendem u. aufgehendem Mais. Das poln. Teer-Präp. *Corbotox* war dagegen längere Zeit wirksam. F. URBAN. 6312□

Bekämpfung von Spergula arvensis bei Kohlpflanzen. R. C. Stephen. (New Zealand J. Agric. **99.** 115. 117. 15/8. 1959. Balclutha, Dep. of Agricult.; engl.) — Verwendet wurden *ICA*, *Propham* (I) u. *CIPC* als Vorauflaufherbicide. Völlige Bekämpfung von Spergula arvensis wurde nur mit I (1 lb/acre) u. CIPC (1 u. 2 lb/acre) erreicht. Die höchsten Trockensubstanzerträge des Kohls wurden bei 2 lb/acre CIPC erhalten. Nur CIPC ist zur Spergulabekämpfung zu empfehlen, weil II die Keimung beeinträchtigt u. TCA in günstigen Jahren nicht genügend wirksam ist. W. HILLER. 6312□

Einige Beziehungen zwischen Wachstum, Atmung und 2.4.5-Trichlorphenoxyessigsäure-Behandlung in wachsenden Aprikosenfrüchten. P. B. Catlin und E. C. Maxie. (Proc. Amer. Soc. horticult. Sci. **74.** 159—73. Dez. 1959. Davis, Calif., Univ. of California; engl.) — Vff. verfolgten den Wachstumsverlauf u. die Atmungsintensität von Aprikosenfrüchten vom Fruchtansatz bis zur Reife. Bei Beginn der Fruchtsteinhärtung wurde eine Besprühung mit *2.4.5-T* (I; 75 bzw. 100 ppm) vorgenommen. In 2 der 3 Vers.-Jahre wurde durch I die Wachstums-Geschw. im mittleren Entw.-Drittel der Früchte beschleunigt. In einem Jahr folgte auf diese Beschleunigung gegen Ende des Wachstums eine Abnahme der Wachstums-Geschw. der Früchte im Vgl. zu den unbehandelten Kontrollen. Die Atmungsintensität der Früchte (24 Std. nach dem Pflücken bestimmt) fiel zunächst stark ab, blieb im mittleren Drittel konst. u. fiel gegen Ende der Frucht-Entw. wieder ab. Durch I wurde die Atmungsintensität der Früchte zunächst stimuliert (1 u. 6 Std. nach dem Pflücken), fiel nach 24 Std. aber unter die Werte der unbehandelten Früchte ab. WILFRIED WERNER. 6312□

Einflüsse der jahreszeitlichen Witterung auf die Wirksamkeit von N-[Naphthyl-(1)]-phthalamidsäure-Sprays zur Pfirsich-Ausdünnung. T. B. Harrison. (Proc. Amer. Soc. horticult. Sci. **74.** 154—58. Dez. 1959. Harrow, Ontario, Canada, Dep. of Agric., Res. Stat.; engl.) — Es wurden 4jährige Verss. über die Brauchbarkeit von *N-[Naphthyl-(1)]-phthalamidsäure* (I)-Sprays zur Pfirsichausdünnung durchgeführt. In 3 der 4 Vers.-Jahre wurde durch I (100—400 ppm) eine befriedigende Fruchtausdünnung erzielt, wobei eine Besprühung 7 Tage nach der Vollblüte wirksamer war als 14 Tage nach der Vollblüte. Die Witterungsbedingungen im Jahr ohne I-Wrkg. begünstigten ein schnelles Abtrocknen der Sprays, wogegen in den Jahren mit geringerer Sonneneinstrahlung eine gute I-Wrkg. erzielt wurde. Eine wirksame I-Besprühung hatte ein verstärktes Terminalwachstum u. eine erhöhte Fruchtknospendifferenzierung zur Folge. Schäden an Bäumen, Blättern oder Früchten infolge der I-Behandlung wurden nicht beobachtet. WILFRIED WERNER. 6312□

Der Vergleich einer Dörreringelung und einer chemischen Ringelung zur Verhütung der Sporenbildung des die Eichenwelle verursachenden Pilzes. J. H. Ohman, N. A. Anderson und D. W. French. (J. Forestry **57.** 503—06. Juli 1959. Univ. of Minnesota, Dep. of Plant Patholog. and Bot., St. Paul, Minn., Lake States Forest Esp. Stat., U. S. Dep. of Agricult., Forest Serv.; engl.) — Verglichen wurden Dörreringelung (DR; Entfernen alles saftführenden Holzes auf 1 in. Breite) u. chem. Ringelung (CR, Abringeln der Borke auf 6 in. Breite u. Bestreichen der Wunde mit Chemikalien). Als Mittel wurden verwendet: 1. 40% Na-Arsenit gemischt mit 10% wss. Lsg. von *Na-Pentachlorphenolat* (1:1). 2. Eine Mischung von Al_2O_3 + NaOH + H_2O. Die CR war der DR überlegen. W. HILLER. 6312□

Gefahren einer falschen Anwendung von Insekticiden in der Landwirtschaft. N. Dutt und B. C. Kundu. (Sci. and Cult. **26.** 11—16. Juli 1960. Barackpore, West Bengal, Inte Agric. Res. Inst.; engl.) — An Hand einer Literaturübersicht werden von Vff. die Gefahren aufgezeigt, die bei unsachgemäßer Anwendung von Insekticiden für Pflanze, Tier u. bes. für den Menschen bestehen. Das Problem der Insekticidrückstände ist heute bes. aktuell. Die Toleranzdosen von Insekticidrückständen auf Nahrungsmitteln für den Menschen sind angegeben. — 56 Literaturangaben.
WILFRIED WERNER. 6312□

Die systemische Wirkung von Benzolhexachlorid in Pflanzen: Quantitative Messungen. F. R. Bradbury und W. O. Whitaker. (J. Sci. Food Agric. **7.** 248—53. April 1956. Widnes, Lancs., Imperial Chemical Industries Ltd., Widnes Labor., Res. Dep.; engl.) — Samen wurde 6 Wochen *Benzolhexachlorid* (I)-Dämpfen ausgesetzt. Die stärksten Dosen wurden hierbei von Öllein- u. Rapssamen (74—111 γ/g) aufgenommen. Geringere Mengen wurden von Samen von Hafer (35 μg/g), Faserlein (25) u. Weizen (19) aufgenommen. Die Aufnahme stieg mit der Dauer der Einwirkung. Wurden Weizensämlinge einer wss. Lsg. (7,8 μg/ml) für 13 Tage ausgesetzt, so war ein Maximum der Aufnahme bei 9 Tagen festzustellen (100 μg/g Frisch-Gew.). Die I-Aufnahme durch Samen hat Ähnlichkeit mit der von γ-I durch Insekten. W. HILLER. 6312 □

Der Einfluß des Alterns auf die biologische Wirksamkeit einiger DDT-Anwendungsformen beim Besprühen von Vieh. D. K. O'Neill und A. E. Alexander. (Austral. J. agric. Res. **12.** 733–42. Juli 1961. Sydney, New South Wales Dep. of Agric.; Univ., Dep. of Phys. Chem.; engl.) — Die tox. Wrkg. von *DDT* in 4 verschiedenen Anwendungsformen auf Haemaphysalis bispinosa (NEUMANN) über einen Zeitraum von 28 Tagen wurde in vitro untersucht. In Form unterkühlter Schmelzen wies DDT eine unterschiedliche Toxizität auf, die vom Geh. an oberflächenakt. Agentien bestimmt sein dürfte, der seinerseits das Entstehen von DDT-Kristallen beeinflußt. In Anwesenheit von schwefelsaurem Butyloleat bildeten sich in größeren Mengen Ablagerungen, die nach 14 Tagen ein Maximum erreichten, während die Toxizität mit dem Altern progressiv zunahm. Weniger ausgeprägt waren diese Erscheinungen in Anwesenheit von Mischungen anion. u. nichtion. oberflächenakt. Agentien (Zus. nicht angegeben). Zusätze von 0,2% Bentonit oder 0,35% NaCl verringerten die Bldg. von Ablagerungen u. die Toxizität, vermutlich durch Adsorption der oberflächenakt. Agentien, wodurch eine Stabilisierung der Suspensionen eintrat. DDT in Form dispergierbaren Pulvers zeigte diese Unterschiede nicht, was auf der sehr geringen Konz. oberflächenakt. Agentien beruhen dürfte. Bentonit- oder NaCl-Zusätze blieben hier wirkungslos. Der Einfl. der hydrophoben Oberfläche des Schädlings auf das Haftvermögen der DDT-Teilchen wird erörtert. — 12 Literaturangaben. W. KREIPE. 6312 □

Versuche mit systemischen Insekticiden zu Reis. C. C. Bowling. (J. econ. Entomol. **54.** 937–41. Okt. 1961. Beaumont, Tex., Texas Agric. Exp. Stat.; engl.) — In Gefäß-Verss. hatte Saatgutbehandlung des Reises mit *Di-Syston* (I) oder *Phorate* [II, 1 (lb./100 lbs.)] ca. 30 Tage eine ausgezeichnete Wrkg. gegen Draeculacephala portola Ball. *Tetram* u. *Shell SD-3562* fielen dagegen stark ab. Der beste Erfolg mit gekörntem I [2 (lbs./acre)] wurde erzielt bei Anwendung zum Boden, sofortiger Bewässerung u. Fluten nach 24 Std., II war bei derselben Aufwandmenge noch etwas besser.
FRITZ MÜLLER/Ludwigshafen. 6312 □

Bekämpfung einiger Baumwollschädlinge in Freilandversuchen 1960. C. B. Cowan jun., C. R. Parencia jun. und J. W. Davis. (J. econ. Entomol. **54.** 1011–14. Okt. 1961. Waco, Tex., Entomol. Res. Div.; engl.) — Gegen Anthonomus grandis Boheman (**a**) zeigte das beste Bekämpfungsergebnis *Guthion*, genügend wirkten *Geigy 30494* (I), *Bayer 29493* (II), *Shell SD-5539* (III), *Shell SD-5533* (IV) u. *Sevin*. Gegen **a** u. Heliothis zea Boddie (**b**) wirkte gut Sprühen oder Stäuben mit *Toxaphen* + *DDT* (VI) oder *Strobane* + **VI**. Gegen **b** waren erfolgreich *Shell SD-4402* + *Methylparathion* oder *Endrin* + **VI**. Aussichtsreich erschien auch *Am. Cyanamid 24055 Anti-feeding Compound*, unwirksam waren **II** oder *Bayer 30911* (VII). Gegen Trichloplusia ni Hübner versagte *Methyltrithion* + **VI**. Gegen Alabama argillacea Hübner waren erfolgreich I, *Geigy 36368*, II, IV u. III. *Am. Cyanamid 24055* fiel dagegen ab, VII versagte.
FRITZ MÜLLER/Ludwigshafen. 6312 □

Gabenhöhe und jahreszeitliches Verhalten von Insekticiden zur Bekämpfung der Europäischen Kiefernschoßmotte. J. W. Butcher und R. B. Carlson. (J. econ. Entomol. **54.** 987–89. Okt. 1961. East Lansing, Mich., Michigan State Univ.; engl.) — Ausgezeichnete Bekämpfungsergebnisse gegen Rhyacionia buoliana Schiffermüller wurden bei Frühjahr- u. Sommersprühungen mit 0,5, 1 oder 2 lbs./100 gall. *Dimethoate* erzielt. *DDT* u. *Methoxychlor* waren im Sommer bedeutend weniger wirksam, als im Frühjahr, das umgekehrte war der Fall bei *Sevin* u. *American Cyanamid SF 60* (*Malathion* + Haftmittel). *Bayer 29493* u. *Guthion* wirkten gut im Sommer, *Am. Cyanamid Anti-feeding Compound 24055* war nur wenig wirksam.
FRITZ MÜLLER/Ludwigshafen. 6312 □

Die Bestimmung von Cellulose und Haushaltskohle im Kompost aus Stadtmüll. L. J. Mebius. (Analyst **86.** 821–25. Dez. 1961. Groningen, Inst. voor Bodemvruchtbaarheid.; engl.) — Vf. beschreibt eine Meth. zur Best. von Cellulose u. Haushaltskohle im Kompost. Zur Unters. werden 500 mg entnommen u. in einem 300-ml-ERLENMEYER-Kolben mit 80 ml SCHERRER- u. -KÜRSCHNERs-Reagens (70%ig. CH_3COOH mit 27,5 g CCl_3COOH u. 68 ml konz. HNO_3 pro Liter) 90 Min. lang am Rückfluß erhitzt. Der Rückstand wird in einem Filtertiegel, der eine Schicht aus 5 g Asbest enthält, mit der Reagens-Lsg., dann mit W. säurefrei u. schließlich mit Aceton gewaschen u. getrocknet. Nach dem Glühen bei 900° kann aus dem Verlust der Geh. an Cellulose plus Haushaltskohle bestimmt werden. Die Probe zur Best. der Cellulose allein wird analog vorbereitet u. mit 40 ml 15%ig. H_2SO_4 u. 25 ml 2n $K_2Cr_2O_7$-Lsg. versetzt u. 90 Min. lang im Wasserbad erhitzt. Vom Rückstand wird abfiltriert, die Lsg. mit der Wasch-Fl. vereinigt u. auf 250 ml aufgefüllt. Dann werden 25 ml entnommen u. mit 25 ml 0,22 n $FeSO_4$-Lsg. versetzt. Der Überschuß an $FeSO_4$ wird mit 0,1 n $KMnO_4$-Lsg. gegen N-Phenylanthranilsäure als Indicator zurücktitriert. Der Cellulose-Geh. wird unter Berücksichtigung des Blindverbrauchs berechnet. Die Meth. wurde mit gutem Erfolg zur Best. verschiedener Kompostsorten angewendet. D. PAPENFUSS. 6322□

Untersuchungen über die Methodik der Bestimmung einiger Formen der Acidität des Bodens. Mendel Kac-Kacas und Teresa Różycka. (Roczniki Nauk rolniczych, Ser. A **84.** 631—59. 1961. Puławy, IUNG, Prac. Nawoż.; pol.) — Die Bedingungen bei der Messung der Acidität des Bodens wurden untersucht. Der pH-Wert u. die Austauschacidität des Bodens sind von der Konz. u. dem pH der angewandten Salz-Lsg. abhängig. Empfohlen wird eine 1,0 n KCl-Lsg. mit pH 5,5—6,0. Zur Best. des pH genügt bei Anwendung dieser Lsg. $^1/_4$std. Schütteln der Probe. Bei Anwendung einer 1,0 n $CaCl_2$-Lsg. ist diese Zeit für die Einstellung des dynam. Gleichgewichts viel zu kurz. Bei der Best. der hydrolyt. Acidität in einer Ca-Acetat-Lsg. werden stets höhere Werte erhalten als bei Verw. einer Na-Acetat-Lösung. Zur Berechnung der Gesamtacidität soll zweckmäßig nur das Ergebnis der Messung mit Ca-Acetat herangezogen werden. Die Unters.-Ergebnisse führen zu dem Schluß, daß bei Messung der Acidität des Bodens mit einer Salz-Lsg. nicht nur Kationen ausgetauscht werden, sondern daß auch Zers. der Bodenmineralien unter dem Einfl. der Salz-Lsg. eintritt. — 14 Literaturangaben. F. URBAN. 6324□

N. V. de Bataafsche Petroleum Mij., Holland (Erfinder: Juan Gabriel Morales, Hsing Yuan Fan und Harry Graham Durham), **Herstellung von Polyhalogenpolycycloalkendicarboximiden** der allg. Formel **I** (X = Halogen; X′ = H, Halogen oder Alkoxyrest; n = 0—4; Y = Gruppe der Formel **II**; R = KW-Stoff-Rest; W = KW-Stoff-Rest, der ganz oder teilweise halogeniert sein kann). — Man stellt durch Wasserabspaltung mit Essigsäureanhydrid u. Na-Acetat aus der entsprechenden Maleamid- bzw. Phthalamidsäure u. ggf. anschließende Chlorierung *N-Hexaheptylmaleinimid*, F. 164—166°, *N-[Hexaheptylmethyl]-maleinimid*, F. 113 bis 114°, *2-Chlor-N-[hexaheptylmethyl]-maleininimid*, F. 75—76°, *2.3-Dichlor-N-[hexaheptylmethyl]-succinimid*, F. 125—132°, *N-[Hexaheptylmethyl]-phthalimid*, F. 131—132° u. *N-[Aldrylmethyl]-maleininimid*, F. 160—162°, her. — Die Ausgangs-Prodd. werden durch Kondens. der entsprechenden Amine mit Malein-säureanhydrid hergestellt. — „Hexaheptyl" 1.4.5.-6.7.7-Hexachlorbicyclohepten-(5)-yl-(2)- Aldryl = 5.6.7.8.9.9-Hexachlor-1.2.3.4.4a.-5.8.8a-oktahydro-1.4;5.8-dimethanoyl-(2). — *Fungicide.* (**F. P. 1 223 398** vom 27/12. 1958, ausg. 16/6. 1960. A. Prior. 27/12. u. 30/12. 1957.) S. BÖTTCHER. 6313

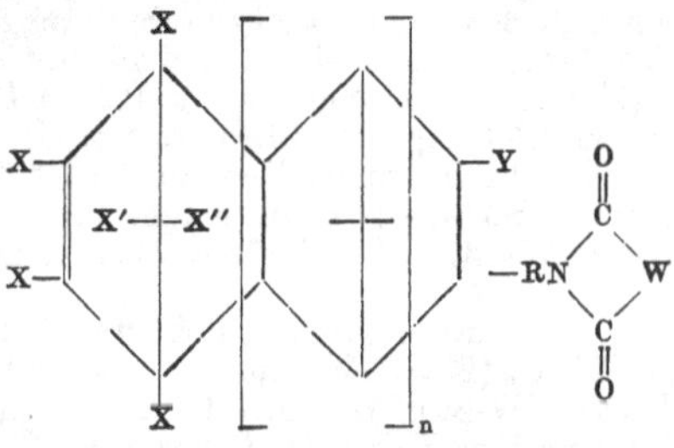

I II

Shell Internationale Research Mij. N. V., Den Haag, Holland (Erfinder: Daniel R. Marks, Memphis, Tenn., V.St.A.), **Herstellung von 1.2.3.4.10.10-Hexachlor-6.7-epoxy-1.4.4a.5.6.7.8.8a-oktahydro-1.4.5.8-dimethylennaphthalin („Endrin")** durch Epoxydation von 1.2.3.4.10.10-Hexachlor-1.4.4a.5.8.8a-hexahydro-1.4.5.8-dimethylennaphthalin mit einer organ. Persäure, dad. gek., daß in ein metall. Verunreinigungen enthaltendes Rk.-Gemisch von 1.2.3.4.10.10-Hexachlor-1.4.4a.5.8.8a-hexahydro-1.4.5.8-dimethylennaphthalin u. Persäure Pyridin-2.6-dicarbonsäure eingeführt wird. Bes. sind als Verunreinigungen Fe oder Ni vorhanden. Man setzt die Pyridincarbonsäure in ca. 0,5—15 Mol je Mol der Verunreinigung zu. (**D. A. S. 1 116 220** Kl. 12o vom 20/5. 1959, ausg. 2/11. 1961.) G. KÖNIG. 6313

General Aniline & Film Corp., New York, N.Y., übert. von: William E. Duggins, Berkley Heights, N.J., V.St.A., **Herstellung von 1.3-Dichlorpropin und 3-Brom-1-chlor-1-propin.** Man fügt zu einer 1—3 Mol NaOCl enthaltenden wss. Lsg., die auf 5—10° gekühlt wird, unter Rühren 1 Mol Propargylchlorid. Nach 3 Std. langem Rühren wird das Rk.-Prod. mit Ae. extrahiert u. das 1.3-Dichlorpropin durch Abdestillieren des Lsgm. isoliert. In gleicher Weise wird 3-Brom-1-chlor-1-propin aus Propargylbromid mit NaOCl erhalten. Verwendbar als *Begasungsmittel gegen Schädlinge im Erdboden*, bes. gegen *Nematoden.* (**A. PP. 2 950 330** u. **2 950 331** vom 31/1. 1958, ausg. 23/8. 1960.) W. GRÄGER. 6313

Ruhrchemie Akt.-Ges., Oberhausen-Holten (Erfinder: Hans Feichtinger, Dinslaken, und Hans-Werner Linden, Moers), **Herstellung von 1-Fluor-3-chlor-**

4.5.6.7.10.10-hexahalogen-4.7-endomethylen-4.7.8.9-tetrahydrophthalanen, wobei die Halogenatome aus Cl oder F bestehen, dad. gek., daß man 1-Br-4.5.6.7.10.10-hexahalogen-4.7-endomethylen-4.7.8.9.-tetrahydrophthalane mit Schwermetallfluoriden in 1-Fluor-4.5.6.7.10.10-hexahalogen-4.7-endomethylen-4.7.8.9-tetrahydrophthalane umwandelt u. diese mit üblichen Chlorierungsmitteln in 1-Fluor-3-chlor-4.5.6.7.10.10-hexahalogen-4.7-endomethylen-4.7.8.9-tetrahydrophthalane überführt. Als Schwermetallfluoride eignen sich bes. AgF u. HgF_2. Die Rk. wird vorteilhaft beim Kp. in Ggw. von Acetonitril oder anderen organ. Lsgm. durchgeführt. — 4.5.6.7.10.10-Hexachlor-4.7-endomethylen-4.7.8.9-tetrahydrophthalan in CCl_4 werden unter UV-Strahlung mit Br versetzt. Man entfernt bei 60° das Lsgm. u. setzt anschließend Petroläther zu. Man erhält *1-Br-4.5.6.7.10.10-hexachlor-4.7-endomethylen-4.7.8.9-tetrahydrophthalan,* F. 74 bis 75°. Man löst die Verb. in Acetonitril u. setzt einen 50% AgF enthaltenden CaF_2-Träger zu u. hält die Mischung 8 Std. unter Rühren auf Siedetemperatur. Man erhält *1-F-4.5.6-7.10.10-hexachlor-4.7-endomethylen-4.7.8.9-tetrahydrophthalan,* ($C_9H_5OCl_6F$), F. aus PAe. 212—213°. Behandelt man diese Verb. in CCl_4 gelöst mit Cl_2 unter UV-Bestrahlung erhält man *1-Fluor-3.4.5.6.7.10.10-heptachlor-4.7-endomethylen-4.7.8.9-tetrahydrophthalan,* F. aus A. 96—97°, ($C_9H_4OFCl_7$). — 1-Br-10.10-Difluor-4.5.6.7-tetrachlor-4.7-endomethylen-4.7.8.9-tetrahydrophthalan ($C_9H_5OF_2Cl_4Br$) u. HgF_2 → 1.10.10-Trifluor-3.4.5.6.7-pentachlor-4.7-endomethylen-4.7.8.9-tetrahydrophthalan, F. 54—56° ($C_9H_4OF_3Cl_5$). Aus 4.5.10.10-Tetrafluor-6.7-dichlor-4.7-endomethylen-4.7.8.9-tetrahydrophthalan → 1.4.5.10.10-Pentafluor-3.6.7-trichlor-4.7-endomethylen-4.7.8.9-tetrahydrophthalan. (**D. A. S. 1 101 439** Kl. 12q vom 19/9. 1958, ausg. 9/3. 1961.) G. KÖNIG. 6313

Velsicol Chemical Corp. (Erfinder: Sidney B. Richter), Chicago, Ill., V.St.A., **Herstellung von 4.5.6.7.10.10-Hexachlor-4.7-endomethylen-4.7.8.9-tetrahydrophthalan** (I) durch Rk. von Hexachlorcyclopentadien mit 1.4-Dioxybuten-(2) bei Temp. von 100° u. höher, dad. gek., daß die Rk. in einem inerten Lsgm. u. in Ggw. eines stark sauren Katalysators durchgeführt u. das gebildete W. sofort entfernt wird. Als Lsgm. eignen sich Alkohole mit 4—10 C-Atomen oder chlorierte KW-Stoffe. — 1 (Mol) Hexachlorpentadien u. 0,5 1.4-Dioxybuten mit Isoamylalkohol vermischt u. auf Rückfluß-Temp. (ca. 139°) erhitzt. Man erhält I, F. aus Heptan 240—247°. Man kann das Rk.-Prod. unmittelbar zu *1.3.4.5.6.7.10.10-Oktachlor-4.7-endomethylen-4.7.8.9-tetrahydrophthalan,* weiterchlorieren. Diese Verb. ist ein *Insekticid.* I ist das Zwischenprod. hierzu. (**D. A. S. 1 098 952** Kl. 12q vom 25/2. 1959, ausg. 9/2. 1961. A. Prior. 24/3. 1958.) G. KÖNIG. 6313

Ludwig Maier, Kilchberg, Zürich, Schweiz, **Halogenphosphine** der Formel $R_nP(X)_{3-n}$ (R = KW-Stoff-Rest, X = Halogen, n = 1 oder 2) erhält man durch Rk. von P mit KW-Stoff-Halogeniden der Formel R—X bei einer Temp. zwischen 200° u. der Sublimations-Temp. des P, bes. bei 300—400° ggf. in Ggw. von Metallkatalysatoren, bes. *Cu, Ag, Zn* oder deren Mischungen. — Durch ein mit 100 g *roten P* in Pulverform, der vor der Rk. 1 Std. bei 300° mit H_2 behandelt wurde, gefülltes Rohr leitet man 10 Std. bei einer mit 300° beginnenden u. alle 2 Std. um 20° bis 380° steigenden Temp. CH_3Cl (I), kühlt die Dämpfe auf Raum-Temp. u. dann zur Gewinnung von I auf —78°. Man erhält 47 g Rk.-Gemisch, bei Zusatz von 20 g Cu bzw. 20 g Cu + 5 g Ag jedoch 120 g einer Mischung aus geringen Mengen *Methylphosphin + Dimethylchlorphosphin* u. als Hauptprod. CH_3PCl_2. Analog erhält man aus: CH_3Br → CH_3PBr_2 + $(CH_3)_2PBr$ + PBr_3; CH_3J → CH_3PJ_2 + PJ_3; C_2H_5Cl → $C_2H_5PCl_2$ + $(C_2H_5)_2PCl$ + PCl_3; CH_2=CH—Br → CH_2 = CH—PBr_2 (Ausbeute 47%). — *Insekticide* u. *Zwischenprodukte.* (**D. A. S. 1 122 522** Kl. 12o vom 6/7. 1959, ausg. 25/1. 1962. Schwz. Prior. 7/7. 1958.) A. JAHN. 6313

Diamond Alkali Co., V.St.A. (Erfinder: **Robert F. Lindemann**), *Herbicide auf Basis von Dimethylhalogenterephthalaten.* (**F. P. 1 227 492** vom 3/4. 1959, ausg. 22/8. 1960. A. Prior. 4/4. 1958. — C. **1962.** 3 239 [D. A. S. 1 112 339].)

Monsanto Chemicals Ltd. (Erfinder: **Joseph Patrick Brown** und **Ernest Bryson McCall**), *Substituierte Dithiobiurete.* (**Aust. P. 224 687** vom 18/6. 1957, ausg. 12/11. 1959. E. Prior. 21/6. 1956. — C. **1960.** 4 003 [E. P. 813 926].)

Ruhrchemie Akt.-Ges., Oberhausen, *Insektenvertilgungsmittel.* (**Ung. P. 144 738** vom 11/1. 1957, ausg. 15/3. 1959. D. Prior. 11/1. 1956. — C. **1959.** 2946 [D. A. S. 1 034 412].)

VEB Farbenfabrik Wolfen, Wolfen, Kr. Bitterfeld (Erfinder: **Hans Maier-Bode**, Wolfen, und **Gottfried Kölz**, Dessau), *Schädlingsbekämpfungsmittel.* (**Ung. P. 145 030** vom 18/2. 1957, ausg. 15/6. 1959. D. Prior. 6/3. 1956. — C. **1959.** 11389 [D. P. [DDR] 14 880].)

VIII. Metallurgie. Korrosion

Hubschrauber-elektromagnetische Prüfung, Erzlagerstätte von Mobrun, Noranda. Norman R. Paterson. (Canad. Mining J. **82.** Nr. 11. 53—58. Nov. 1961. Hunting Survey Corp. Ltd.; engl.) — Beschreibung der Prospektierung einer Lagerstätte von *Pyrit,*

Zinkblende u. *Kupferkies* mittels eines an einem Hubschrauber angebrachten Magnetometers. W. WESLY. 6354□

Radiometrische Erzscheider in Afrika. Peter Holz. (Canad. Mining J. **82.** Nr. 11. 74—75. Nov. 1961. Wright, Anderson (South Africa) Ltd.; engl.) — Beschreibung eines radiometr. Erzscheiders einer *U*-Mine. W. WESLY. 6360□

Verdrängung von Blei aus Galenit durch Eisen. A. Je. Gurijew. (Цветные Металлы [Nichteisenmetalle] **29.** Nr. 6. 41—43. Juni 1956; russ.) — Beim Verschmelzen von *PbS* mit metall. *Fe* wird das *Pb* aus dem Sulfid unter Bldg. von metall. Pb bis 72—79% verdrängt. Ein Überprüfen der Rk. bei 1170° zeigte im Laufe von 30 Min. bei reinem PbS eine Verdrängung von 92% *Pb* durch *Fe*. Beim Verschmelzen von metall. Fe mit Pb-Konzentraten mit 74—81,5% Pb ersetzt das Fe 90—94% Pb im Sulfid. Von dem restlichen ca. 12% Pb im Stein entfallen ca. $^3/_4$ auf metall. Pb, der Rest auf das Sulfid. Die Rk. ist nach 10 Min. prakt. beendet u. wird zwischen 1170 u. 1300° von der Temp. prakt. nicht beeinflußt. J. TŮMOVÁ. 6360□

Über Kupolofenmassen, ihre Herstellung und Anwendung. Stig Fransson. (Gjuteriet **49.** 193—94. 197—98. 201—03. 1959. AB Forshammars Bergverk.; schwed.) — Für die feuerfeste Ausfutterung von Kupolöfen gibt es keine „Universalmassen". Die Masse muß unter Berücksichtigung des Ofentyps, der Betriebsverhältnisse, der Schmelzkapazität u. der Schmelzzeiten gewählt werden. Vf. erörtert die Faktoren, die die Qualität saurer Futterungen aus Quarz u. feuerfesten Tonen bestimmen, die Herst. u. das Stampfen oder Aufspritzen der Masse, die Frage der Zweckmäßigkeit eines Graphitzusatzes usw. R. K. MÜLLER. 6370□

Physikalisch-chemische Prozesse der Umbildung und des Verschleißes der Böden von Siemens-Martin-Öfen bei schnellem Ausflicken. W. A. Bron und L. B. Choroschawin. (Сталь [Stahl] **22.** 33—36. Jan. 1962. Östl. Inst. für feuerfeste Stoffe.; russ.) — Die physikal.-chem. Grundlage der Schnellmeth. zum Ausflicken der Herde von SIEMENS-MARTIN-Öfen mit Zunder ist die intensive Rekristallisation des *Periklas*, die durch die hohe Konz. der Fe-Oxide u. durch den relativ geringen Geh. an Silicaten während der Verschlackung des Herdes bedingt ist u. die sich nicht nur in den Körnern, sondern auch in einzelnen feinen Periklaskristallen (Magnesiowüstit) entwickelt. Letztere bilden mit Silicaten u. dem Glas den bindenden Teil der Herde u. mit den Magnesiowüstitkristallen in den Aggregaten eine kristalline Verwachsung. H. HOCHSTEIN. 6370□

Bestimmung der linearen Verbrennungsgeschwindigkeit des Kokses in der Verbrennungszone des Kupolofens. Czeslaw Podrzucki. (Giesserei, techn.-wiss. Beih. **13.** 33—41. Jan. 1961. Krakau/Polen; dt.) — Bei der Best. der linearen Verbrennungs-Geschw. des Kokses werden Gleichungen für die Verbrauchs-Geschw. des O in der Koksschicht u. für die Änderung der O_2-Konz. in den Gasen mit der Höhe der Verbrennungszone abgeleitet. Die Formel der linearen Verbrennungs-Geschw. des Kokses u. die Best. der entsprechenden Zahlenwerte wird behandelt. Die mit Hilfe der verschiedenen Formeln ermittelten Werte für h_s (Höhe der Verbrennungszone) stimmen zufriedenstellend genau mit den im Kupolofenbetrieb gemessenen Werten überein. Sie geben Aufschluß über Änderungen der Höhe der Zone hoher Temp. im Kupolofen. — 39 Literaturangaben. H. HOCHSTEIN. 6370□

Analyse von Hochofen-Durchsatzleistungen. Ch. G. Thibaut. (Rev. techn. luxembourg. **53.** 201—11. Okt./Dez. 1961; franz.) — Theoret. u. rechner. Behandlung der die Hochofenleistung, bes. die Verbrennung bestimmenden Einflüsse. — 31 Schrifttumsangaben. H. HOCHSTEIN. 6370□

Heizöl-Einspritzung in einen Hochofen. P. Hazard. (J. Iron Steel Inst. **199.** 127—33. Okt. 1961. Soc. des Aciéries de Pompey; engl.) — Die Gründe für die Heizöleinspritzung in einen Hochofen u. die hierzu erforderliche Vorr. werden erörtert. Die die Auswahl des Heizöls bestimmenden Faktoren u. die in der Praxis erhaltenen Ergebnisse der Heizöleinspritzung hinsichtlich der Erhöhung der Ofenleistung werden beschrieben. H. HOCHSTEIN. 6370□

Hochofenleistung bei Einspritzen durch die Windformen. J. M. Ridgion. (J. Iron Steel Inst. **199.** 135—43. Okt. 1961. Middlesbrough, BISRA.; engl.) — Das Problem der Berechnung der Hochofenbrennstofferfordernisse wird unter besonderer Berücksichtigung der Einw. einer Einspritzung von Brennstoffen u. anderen Materialien an den Windformen u. unter Veränderung der Wind-Zus. u. der Wind-Temp. erörtert. Eine Prüfung der therm. u. chem., den Ofenbetrieb bestimmenden Faktoren zur Erhöhung der Hochofenleistung wird angestellt. — 23 Literaturangaben. H. HOCHSTEIN. 6370□

Der Einfluß der Zeit beim Erhitzen von Buntmetallen nach der Induktionsmethode. Ss. Ss. Sujew. (Цветные Металлы [Nichteisenmetalle] **33.** Nr. 8. 62—65. Aug. 1960; russ.) — Für die Erstellung eines Berechnungsschemas von Induktionsanlagen mit 2650 bis 2500 Hz werden Formeln gebracht, wonach in Abhängigkeit von der Zeit zwischen der Entnahme des Barrens aus dem Induktionsofen u. seiner Bearbeitungszeit das zulässige Temp.-Gefälle u. die minimal erforderliche Erwärmungszeit festgelegt werden können. Auf Grund der Leistungsfähigkeit der Anlage wird die Anzahl der gleichzeitig zu erwärmenden Barren ermittelt. Die erhaltenen Ergebnisse für *Messing* u. *Ni* gelten in Annäherung auch für ähnliche Legg. u. Metalle. ELSE HEINEMANN. 6370

Verarbeitung der Xanthogenat-Kobaltkuchen. S. A. Scheka, I. M. Cheifetz L. A. Kotorlenko. (Украинский Химический Журнал [Ukrain. chem. J.] **26.** 776—80. 1960. Inst. für allg. u. anorgan. Chemie der Akad. der Wiss. der UkrainSSR; russ.) — Untersucht werden die verschiedenen Meth. der Zerlegung von Xanthogenat-Co-Kuchen, u. zwar die Extraktions- u. die Röst-Meth. sowie die Zerlegung durch eine Base (NaOH) oder Säure (H_2SO_4). Es wird durch diese Verss. nachgewiesen, daß die Röstmeth. bedeutende Vorzüge vor den anderen Meth. sowohl in technolog. als auch im Verbrauch von Rk.-Mitteln besitzt. H. HOCHSTEIN. 6380□

Rückgewinnung von Gold, Silber und Nickel aus alkalischen Cyanidlösungen mittels schwach basischer Ionenaustauschharze. J. Aveston, D. A. Everest, N. F. Kember und R. A. Wells. (J. appl. Chem. **8.** 77—86. Febr. 1958. Teddington, Chem. Res. Labor., Radiochem. Group; engl.) — Vgl. C. **1958.** 11736. — *Au* wird als Cyanoaurat aus alkal. CN^--Lsgg. von schwach bas. Anionenaustauschern selektiv adsorbiert u. mit wss. *NaCSN*-Lsg. quant. eluiert. Durch S enthaltende Anionen, bes. CSN^-, verursachte Störungen vermeidet man durch Vermischung des schwach bas. Anionenaustauschers mit 6—10% stark bas. Austauscherharz. Harze mit gleichen Anteilen schwach u. stark bas. Austauschermasse sind selektiv für *Ni* u. *Ag*, die sonst gemeinsam adsorbiert werden. Man eluiert sie mit NaCNS oder $NaNO_3$ mit Zusätzen von NH_3 oder *NaCN*. — Fließschema. W. WESLY. 6380□

Neuere Aufzeichnungen über das Stranggießen von Nichteisenmetallen. 2. Mitt. **Aluminium und Aluminium-Legierungen.** E. Herrmann. (Metall **15.** 201—10. März 1961. dt.) — 1. vgl. C. **1962.** 8393. — Beschreibung von Vorrichtungen. F. VIER. 6382□

Sinterungs-Kennwerte von Wabush-Hämatit. K. E. Merklin und F. D. DeVaney. (Blast Furnace, Coke Oven, raw Mater. Committee Iron Steel Divis., Amer. Inst. Mining metallurg., Petroleum Congr., Proc. **19.** 469—81. April 1960. Duluth, Picklands Mather & Co.; engl.) — Satzweise sowie auch kontinuierlich durchgeführte Sinter-Unterss. zeigen, daß die WABUSH-Hämatite (Specular iron)-Konzentrate mit Mesabi-Feinerzen in einer Menge bis zu 50% gemischt u. mit geringem Fe-Verlust auf dem Sinterband gesintert werden können. Die Verw. von *CaO* an Stelle von *Kalkstein* gewährleistet eine Verbesserung in der Sintergeschwindigkeit. — Diskussion. H. HOCHSTEIN. 6390□

Reduktion von eisenschüssigen Ton enthaltendem Kalabagh-Eisenerz mit Sui-Gas. Syed Ishtiaq Ali, Mushtaq Ismail und George Hahn (unter Mitarbeit von Latif Ahmad, Sadrul Hassan Rizvi und M. M. Qurashi). (Pakistan J. sci. ind. Res. **2.** 197—209. Okt. 1959. Karashi, Pakistan, Council of Sci. and Ind. Res.; engl.) — Die Red. mit *Sui*-Gas (85% H_2 u. 15% Co) von eisenschüssigen Ton enthaltendem Kalabagh Fe-Erz (34% Fe) ist möglich, wenn der Ton (Chamosit) durch ein Vorrösten über 950° zersetzt wird. Außerdem muß ein Luftstrom von genügend hoher Geschw. beim Vorrösten angewendet werden. Nur unter diesen Bedingungen bestehen die Haupt-Zers.-Prodd. aus α-Fe_2O_3 u. SiO_2. Die Röstzeit soll möglichst kurz sein, da bei langen Röstzeiten *Fe-Orthosilicat* gebildet wird. Auch das Fe-Orthosilicat kann zu metall. Fe durch *Sui*-Gas red. werden, wobei die Geschw. des *Sui*-Gases eine wichtige Rolle spielt. Eisenschwammähnliche Klumpen werden nur bei hohen *Sui*-Gas-Geschw. gebildet. Es wird angenommen, daß die Red. von Fe-Oxiden als exotherm. Rk. bei 1000° zu einem solchen Wärmeüberschuß führt, daß Sinterung eintritt. Dadurch wird eine weitere Red. reduzierbarer Verbb. einschließlich der Gangart verhütet u. metall. Fe wird in der Gangart in die unmagnet. Fraktionen ausgetragen. Bei den Red.-Verss. neigt Fe-Erz mit einer Teilchengröße von ca. 0,5 cm dazu, in einer dicken Schicht zurückzubleiben. Eine schnelle Durchdringung des Gases durch alle Teile dieser Schicht kann daher nicht mit Sicherheit erzielt werden. Die günstigsten Röst- u. Red-Bedingungen scheint das Wirbelschicht-Verf. zu bieten. H. HOCHSTEIN. 6390□

Die Veränderungen der Stoffzusammensetzung von technischen Agglomerat in Abhängigkeit von der Höhe des Sinterkuchens. A. W. Rudnewa, T. Ja. Malyschewa, G. A. Ssokolow und I. I. Gultjai. (Сталь [Stahl] **22.** 5—9. Jan. 1962. Baikow-Inst. für Metallurgie; russ.) — Die mineralog. Zus. von fertigem Agglomerat wird durch die Temp. u. Dauer der Sinterung bestimmt. Mit steigender Konz. der festen Lsg. von *Herzynit* im *Magnetit* wird die Reduzierbarkeit der festen Lsg. stark vermindert. Die

Bldg. dieser Lsg. ist durch die hohen Temp. des Prozesses bedingt, bei denen Al_2O_3 in die geschmolzenen Anteile des Agglomerates übergeht u. bei der Kristallisation bes. mit den Fe-Oxiden reagiert. Die Bldg. von *Ca-Ferriten* in den Agglomeraten wird nicht durch die chem. Zus., sondern durch die Temp. der Gattierungsschicht bestimmt. In Agglomeraten mit einer Basizität von 1,3—1,4 werden Ca-Ferrite als Zwischenphase zu Beginn des Sinterprozesses bei 1100—1200° beobachtet. Im fertigen Agglomerat mit einer Basizität von 1,3—1,4 werden die Ca-Ferrite durch *Fe–Ca-Silicate* ersetzt. Bei schroffer Abkühlung des äußeren Sinterkuchens hat das Agglomerat infolge der Abschreckung eine glasartige Struktur. Die unteren Agglomeratschichten, die durch vorgewärmte Luft abgekühlt sind, besitzen einen krist. Aufbau u. eine höhere Festigkeit. Die Eigg. des mittleren Sinterkuchens sind für die Hochofenschmelzführung am günstigsten. Die Sinterung einer Beschickung mit erniedrigtem Brennstoffanteil in der unteren Schicht ohne Luftvorwärmung schließt die Bldg. spröder, glasartiger Zonen in der äußeren Sinterkuchenschicht nicht aus. H. HOCHSTEIN. 6390□

Neuzeitliche Entwicklungen in der Möller-Behandlung auf französischen Hochofenwerken. J. E. Astier, J. Michard und P. Dancoisne. (J. Iron Steel Inst. **199.** 143—48. Okt. 1961. Maizières-les-Metz, Inst. de Recherches de la Sidérurgie; engl.) — Nach einer Übersicht über die neueren Entw. der Möllerbehandlung in Frankreich werden die experimentell erhaltenen Werte eines Hochofenbetriebes mit einem aus 100% Sinter bestehenden Möller mitgeteilt u. vom Standpunkt des spezif. Koksverbrauches u. der Ofenleistung erörtert. Ein Vers. zur theoret. Erklärung des Hochofenbetriebes unter Verw. der aus Unterss. im Ofenschacht erhaltenen Werte wird unternommen. Ein vorgeschlagenes Ofenmodell, das mit 100% selbstgängigem Sinter betrieben wird, kann für eine Anzahl von Berechnungen zur Verbesserung des Ofenbetriebes verwendet werden. H. HOCHSTEIN. 6390□

Großversuche an einem älteren Minette-Hochofen. Marcel Steffes. (Rev. techn. luxembourg. **53.** 222—29. 1 Tafel. Okt./Dez. 1961; dt.) — Die Arbeitsweise eines Minette Hochofens für den Betrieb mit reinem Erzmöller im Grubenanlieferungszustand u. mit verschiedenem Koks wird zahlenmäßig durch Großverss. festgestellt u. es werden die hierbei gewonnenen Ergebnisse über das Hochofengas, den Heißwind, die Kühlwasser-, Leitungs- u. Strahlungsverluste, den C-Verbrauch, die Roheisen-, Schlacke- u. Staubmenge, das Ausbringen sowie über die Stoff- u. Wärmebilanz mitgeteilt. H. HOCHSTEIN. 6390□

Das Verhalten von Chrom in Schlacke-Metall-Systemen unter reduzierenden Bedingungen. C. W. McCoy und W. O. Philbrook. (Trans. metallurg. Soc. AIME **212.** 226—35. 1958, herausgeg. 1959. Niagara Falls, N.Y., Electro Metallurgical Co.; Pittsburgh, Carnegie Inst. of Technol.; engl.) — Vgl. C. **1961.** 2423. — Die Red. von *CrO* aus $CaO–SiO_2–Al_2O_3$-Schlacken durch C-gesätt. *Fe* verhält sich wie ein Prozeß 1. Ordnung mit einer Geschw. von 0,001 g Cr min^{-1} cm^{-2} (% Cr)$^{-1}$ u. ist im wesentlichen von der Schlacken-Zus. u. -Temp. über einem wichtigen Fe-Schmelzbereich unabhängig. Das Gleichgewichtsverhältnis (% Cr)/[% Cr] ist unter 0,04 für Schlacken mit CaO/SiO_2-Verhältnissen über 6. H. HOCHSTEIN. 6390□

Faktoren, die die Bildung von Graphit oder Carbiden in Gußeisen beeinflussen. A. Bordes. (Metalen **14.** 298—303. 15/10. 337—41. 16/11. 374—77. 15/12. 1959. **15.** 5—8. 15/1. 36—40. 15/2. 54—56. 29/2. 78—80. 15/3. 94—96. 31/3. 149—55. 16/5. 207—210. 214. 30/6. 1960. Metaalinst., T.N.O., Gieterijcentr.; niederl.) — Übersicht über das Vork. von *C* in Gußeisen, den Verlauf der Graphit-Bldg., deren Beeinflussung durch Zus., Rohstoffart, Schmelz-Verf., Gießtemp., Anlaßverf. u. theoret. Grundlagen. — 42 Schrifttumshinweise. W. WESLY. 6402□

Gefügeänderung in Gußeisen durch Wärmebehandlung. Werner Jellinghaus. (Giesserei, techn.-wiss. Beih. **1961.** 1—18. Jan. Düsseldorf, MPI. für Eisenforschung; dt.) — An weißen u. grauen Gußeisenschmelzen mit 1,1—3,% C u. 0—2,2% *Si* sowie Si-reichen Schmelzen wurden Gefüge- u. Eig.-Änderungen im festen Zustand untersucht. Da die Si u. C-Geh. die Neigung vom metastabilen zum stabilen Gefüge überzugehen bestimmen, werden die Zustandsschaubilder des stabilen Syst. *Fe–FeSi–C* u. des metastabilen Syst. $Fe–FeSi–Fe_3C$ besprochen; die beschränkte Aufnahmefähigkeit des Zementits für Si wird bes. behandelt. Proben im Gußzustand wurden durch Erwärmen in Austenit übergeführt u. dann auf Temp. unter der Perlitstufe abgeschreckt. Die für das metastabile Syst. kennzeichnende Perlit-Bldg. tritt nicht nur bei weißen, sondern auch bei grau erstarrten Proben ein; die Umformung des Perlits in Ferrit u. Graphit geschieht nach längerer oder kürzerer Zeit. Im Zwischenstufenbereich bleiben die metastabilen Gefüge bestehen, weil für die Aufspaltung des Carbids in Ferrit u. Graphit eine starke Volumenvergrößerung benötigt wird; die wegen des prakt. unbeweglichen Verh. der

Fe-Atome in der Zwischenstufe nicht zustande kommt. Die Zerfalls-Geschw. des Austenits wird durch Legieren mit Si stark vermindert. Bei der Härtung von weißem Gußeisen bleibt die Austenit–Martensit-Umwandlung um so unvollständiger, je mehr Ledeburit zugegen ist. Si erhöht die Anlaßbeständigkeit des Martensits u. verzögert die Bldg. des Zementits aus dem gehärteten Gußeisen. Schmelzen mit mindestens 2% C u. 2% Si lassen sich unter A_1 selbst nach rein weißer Erstarrung vollkommen graphitisieren. Bei 3,5% C u. 0,8 oder 0,6% Si ist bereits im Gußgefüge ein ansehnlicher Graphitanteil vorhanden; die Überführung des Perlits u. des noch vorhandenen Ledeburits in Ferrit u. Graphit durch Glühen unter A_2 bleibt aber unvollständig. Die Zerfall-Geschw. der ledeburit.-perlit. Gefüge nimmt mit steigendem Si-Geh. zu. Bei niedrigen Si-Geh. beginnt oft die Graphit-Bldg. im Sandguß früher als im Kokillenguß. Das Stehenbleiben der Graphit-Bldg. nach schnellem Beginn führt zu der Annahme, daß der Zerfall des Zementits in Ferrit u. Graphit durch eine geringe Übersättigung an Si gefördert wird, nach dem Abwandern des überschüssigen Si wird die Zerfalls-Geschw. kleiner. An Zementit, der aus Si-haltigem Perlit isoliert war, u. auch an Carbidisolaten aus weißen, ledeburit. Schmelzen wurde eine starke Verminderung des Si-Geh. gegenüber der Schmelzanalyse festgestellt. Beim Zerfall des durch Wiedererwärmen aus dem Gußzustand gebildeten Austenits in der Zwischenstufe wurden Zeit–Mengen–Kurven erhalten, die bei gleichgehaltenem Si-Geh. einen starken Einfl. des C-Geh. u. auch der Bindung auf die Zerfallsdauer erkennen lassen. — 31 Literaturangaben. Diskussion.

H. HOCHSTEIN. 6402□

Der Einfluß der Überhitzungstemperatur und der Einführung von Magnesium auf die Eigenschaften von Gußeisen mit kugelförmigem Graphit. Je. Je. Farafonow und M. Ss. Kolmakowa. (Литейное Производство [Giesserei-Betr.] **1957.** Nr. 3. 14—16. März.) — Untersucht wurden der Einfl. der Überhitzungs-Temp. u. eines *Mg*-Zusatzes auf die Graphitausbildung u. die Festigkeits-Eigg. von perlit. u. ferrit. Gußeisen mit Kugelgraphitausbildung. Ein überhitztes Gußeisen (Überhitzungs-Temp. bis 1550°) wurde in einer vorgewärmten Pfanne bis auf die Soll-Temp. gebracht, darauf ca. 0,7% Mg zugesetzt, die Schlacke von der Oberfläche abgezogen, darauf 0,9% eines 75%ig. *Ferrosiliciums* zugesetzt u. schließlich bei 1300—1320° abgegossen. Hierbei wurde ein Gußeisen mit 2,7—2,9 (%) *C*, 3,90—4,05 *Si*, 0,375—0,380 *Mn*, 0,281—0,295 P, 0,015—0,021 *S* u. 0,05—0,10 *Mg* erhalten. Es zeigte sich, daß die Festigkeitswerte mit abnehmender Temp. des Mg-Zusatzes, unabhängig vom Probenquerschnitt, zunahmen. Mit steigendem Mg-Geh. wurden Menge u. Abmessungen der ausgeschiedenen Graphiteinschlüsse vermindert; die Menge des Perlits in der Grundmasse nahm zu. Mit zunehmendem Probendurchmesser wurde die Perlitmenge verringert. Die gleichen Unterss. mit einem Zusatz von 0,9 Mg zum fl. Gußeisen ergaben, daß die Werte für die mechan. Eigg. im Vgl. zu denen mit einem Zusatz von 0,7 Mg unverändert blieben, jedoch wurde die Menge des zurückbehaltenen Mg mit der Erhöhung des Mg-Zusatzes bei allen Unters.-Temp. verschlechtert. Die Zunahme der Festigkeits-Eigg. des Gußeisens mit der Temp.-Erniedrigung der Modifizierung durch Mg war mit einer Erhöhung der zurückbehaltenen Mg-Menge verbunden. Hierbei wurden Menge u. Abmessungen der Graphiteinschlüsse verringert, während die Perliteinschlüsse zunahmen. In Proben mit größerem Querschnitt bedingte die Verringerung der Menge an zurückbehaltenem Mg eine größere Senkung der mechan. Eigenschaften. Eine analoge Unters. des perlit. Gußeisens mit Kugelgraphit. wurde nach der gleichen Methodik bei Zusatz von 0,8% Mg u. 0,8% 75%ig. Ferrosilicium durchgeführt. Bei Senkung der Einführungs-Temp. wurden die Mengen des zurückbehaltenen Mg u. die Festigkeits-Eigg. in dünnen u. dicken Proben erhöht. Dabei wurde die zurückbehaltene Mg-Menge mit steigender Temp. kontinuierlich vermindert. Das Gußeisengefüge bestand aus Perlit mit 5—15% Ferrit. Die Graphitkugeln wurden bei der Verminderung des zurückbehaltenen Mg größer. Mit sinkender Temp. des Mg wurden die mechan. Eigg. u. die Quasiisotropie des Gußeisens verbessert. Mit zunehmender Überhitzungs-Temp. nahm das zurückbehaltene Mg zu; die mechan. Eigg. u. die Quasiisotropie des Gußeisens wurden verbessert. Die Menge des Mg-Zusatzes wurde nicht nur durch die Temp. des Gußeisens in der Pfanne, sondern auch durch die Schmelzbedingungen bestimmt.

H. HOCHSTEIN. 6404□

Empirie, Produktionszahlen und Wissenschaft bei der Stahlherstellung. Eduard Maurer. (Abh. dtsch. Akad. Wiss. Berlin, Kl. Math., Physik Techn. **1961.** 1—36; dt.) — Histor. Überblick. — 61 Schrifttumsangaben. H. HOCHSTEIN. 6408□

Prozesse einer oxydierenden Schmelze von Stahl in einem rotierendem Laboratoriumsofen. Ss. I. Filippow, T. Sh. Arysstynbajew und G. Ss. Ssurowzew. (Известия Высших Учебных Заведений, Черная Металлургия [Hochschulnachr.,

Eisenmetallurgie] **1960.** Nr. 2. 10—14. Moskau, Stahl-Inst.; russ.) — In einem mit Hochfrequenz induktiv beheizten rotierenden Labor.-Ofen (200 kHz; 60 kW) wird unter Aufblasen von techn. O_2 durch 2 Rohre in einer Menge von 0,25—9 Liter/Min. u. bei einer Umdrehungs-Geschw. des Ofens von 0—16 U/Min. Stahl oxydierend geschmolzen u. bes. das Verh. von *As* im Stahl untersucht. Die Vers.-Ergebnisse lassen eine As-Austreibung erkennen. Bis zu einer krit. Konz. der Beimengungen im Stahl verläuft der kinet. Oxydationsprozeß im Diffusionsbereich, u. die Oxydations-Geschw. wird durch das Eintreffen des O_2 in der Rk.-Zone bestimmt. In diesem Rk.-Bereich befanden sich *C* u. *V*; für sie war der entscheidende Faktor die Menge des verbrauchten O_2 u. die Durchmischung zeigte keinen Einfluß. Unterhalb der krit. Konz. wird der Oxydationsprozeß stark verlangsamt u. der entscheidende Faktor wird die Verschiebung des oxydierten Elementes innerhalb der Schmelze. Es entstehen Bedingungen für die Entw. des umgekehrten Prozesses, der Red.; der Durchmischungsfaktor des Stahles erhält Bedeutung. Unter solchen Rk.-Bedingungen befanden sich As u. V. Es entsteht die Aufgabe, für sie die krit. Konzz. zu verändern, z. B. auf dem Wege eines ausreichenden Schlacken-Bldg.-Prozesses kann man sie weitgehend aus dem fl. Stahl entfernen. Es werden Angaben über die Oxydation des As bei den verschiedenen Oxydationsbedingungen u. Umdrehungs-Geschw. des Ofens gemacht. *P* zeigt eine mit geringer Neigung zur Oxydation zu Beginn der intensiven O_2-Blasperiode, jedoch prakt. sind die Konz.-Schwankungen unwesentlich. H. HOCHSTEIN. 6408□

Vorzüge und Fragen der Verbesserung des Elektroschlacken-Umschmelzens von Stahl. I. A. Garewskich, Ju. A. Schulte, W. D. Maximenko und B. Ss. Speranski. (Сталь [Stahl] **22.** 39—41. Jan. 1962. Saporoshe, Maschinenbau-Inst.; russ.) — Die Elektroschlacken-Umschmelzung von Stahl nach der Meth. des PATON-Inst. für Elektroschweißung wurde erörtert u. bei der Unters. der metallurg. Vorgänge dieses Verf. die Bedeutung des Temp.-Bereiches, des Mechanismus der Wechselwrkg. des fl. Stahles mit der Schlacke u. der technolog. Faktoren auf die Stahlqualität ermittelt. Hierbei zeigt sich, daß durch das Verf. ein Stahl mit hohem Reinheitsgrad an nichtmetall. Einschlüssen erschmolzen werden kann. Für die Verbesserung der Stahlqualität müssen Rohlinge mit minimalem Geh. an *S* u. an Schlacke einer bestimmten chem. u. mineralog. Zus. verwendet werden. H. HOCHSTEIN. 6408□

Das Verhältnis zwischen den tatsächlichen und den Gleichgewichtskonzentrationen des Wasserstoffes im Stahl im Verlauf einer Siemens-Martin-Schmelze. K. T. Kurotschkin, B. A. Baum und R. P. Kosstjutschenko. (Известия Высших Учебных Заведений, Черная Металлургия [Hochschulnachr., Eisenmetallurgie] **1960.** Nr. 2. 25—31. Uraler Polytechn. Inst.; russ.) — Die Gleichgew.-Konzz. des H in Stahlproben, die während des Verlaufs einer SIEMENS-MARTIN-Schmelze u. zwar vom Augenblick des Einschmelzens an gezogen waren, nehmen strikt zu u. erreichen vor der Desoxydation des Stahles einen Höchstwert. Im allg. sind die tatsächlichen H-Konzz. im fl. Stahl in kleinen SIEMENS-MARTIN-Öfen in allen Schmelzperioden geringer als die Gleichgewichtskonzentrationen. Eine Ausnahme ist der Augenblick des Stahlabstichs aus dem Ofen u. seines Verweilens in der Gießpfanne, wenn die Gleichgewichts-Konzz. niedriger als die tatsächlichen werden. Daher ist es zum Schutz der Stahlschmelze vor H notwendig, das Vorzeichen des Unterschiedes der Gleichgewichts- u. der tatsächlichen Konzz. zu berücksichtigen. H. HOCHSTEIN. 6408□

Niobzusatz für Rohrleitungsstähle. A. G. Barkow. (Gas Age **128.** Nr. 8. 32—38. 12/10. 1961. Natural Gas Pipeline Co. of America.; engl.) — Stähle mit 0,19—0,27 (%) *C*, 0,81—1,30 ***Mn***, 0,009—0,013 ***P***, 0,020—0,026 *S*, 0,023—0,032 *Nb*, Rest ***Fe*** mit dem üblichen *Si*-Geh. werden wegen ihrer Feinkörnigkeit, guten Schweißbarkeit. hohen Zerreißfestigkeit u. Streckgrenze, bes. wegen ihres hohen Streckgrenzenverhältnisses, wegen ihrer Kerbschlagfestigkeit u. Biegefestigkeit als Werkstoff für Gasrohrleitungen empfohlen. Als günstigste Zus. dieser Stähle wird angesehen: bis max. 0,26 C, bis max. 1,30 Mn u. bis max. 0,05 Nb. Die Festigkeits-Eigg. der Stähle werden für Rohre mit Durchmessern bis zu 30″ angegeben. H. HOCHSTEIN. 6408□

Die Veränderung der Carbidphase beim Anlassen von gehärtetem Stahl. W. G. Permjakow und M. W. Belouss. (Известия Высших Учебных Заведений, Черная Металлиргия [Hochschulnachr., Eisenmetallurgie] **1960.** Nr. 6. 119—23. Kiew, Polytechn. Inst.; russ.) — Das beim Niedertemp.-Anlassen von gehärtetem Stahl auftretende Carbid unterscheidet sich hinsichtlich seiner Zus. u. Eigg. vom Zementit Fe_3C, entspricht der Formel Fe_2C u. seine Dichte wird auf 7,15 g/cm³ geschätzt. H. HOCHSTEIN. 6408□

Die mechanische Alterung des Stahl 08 kp. B. Ss. Natapow und E. Ss. Falkewitsch. (Известия Высших Учебных Заведений, Черная Металлургия [Hochschulnachr., Eisenmetallurgie] **1960.** Nr. 6. 114—18. Saporoshe, Maschinenbau-Inst.; russ.) — Auf Grund von Festigkeitsprüfungen u. von elektron. Mikroaufnahmen wird an dem niedriggekohlten Karosserieblech-Stahl *08 kp* die Natur der mechan. Alterung untersucht. Hieraus ergibt sich die Vorstellung von der Wanderung der N- u. C-Atome zu Versetzungen u. die nachfolgende Wolken-Bldg. um diese herum. Diese Wolken blockieren die Versetzungen, wodurch die Kriechgrenze, Festigkeit, Härte u. dgl. erhöht werden. Alle diese Merkmale sind mit einer Verschiebung der Versetzungen verbunden. Späterhin bilden sich auf den Versetzungen (dieser Prozeß wird durch eine Temp.-Erhöhung beschleunigt) subdisperse fest mit den Versetzungen selbst verbundene Ausscheidungen. Infolge der festen Bindung der N- u. C-Atome mit den Versetzungen wird der Ablauf der Koagulationsprozesse äußerst erschwert. Hierdurch wird die Besonderheit der mechan. Alterung erklärt; die Rückkehr der physikal.-mechan. Eigg. zum Ausgangszustand tritt bei verhältnismäßig hohen Temp. ein u. hängt in der Hauptsache mit den Rekristallisationsprozessen zusammen. H. HOCHSTEIN. 6408☐

Der Einfluß von Kohlenstoff und Nickel auf die mechanischen Eigenschaften von nichtrostendem Stahlguß bei niedrigen Temperaturen. G. Mayer und K. Balajiva. (Metallurgia [Manchester] **65.** 11—17. Jan. 1962. Birmingham, Intern. Nickel Co. (Mond), Ltd.; engl.) — Im Temp.-Bereich 20° bis —196° wurden an nichtrostendem Stahlguß nichtstabilisierte u. mit *Nb* stabilisierte *Cr–Ni*-Stähle mit 18% *Cr*, z. T. auch mit 3% *Mo*) Zerreiß- u. Kerbschlag-Verss. unternommen. Die Unters. erstreckte sich auf die Wrkg. verschiedener *C-* u. *Ni*-Gehalte. Der günstigste C-Geh. liegt bei 0,05 bis 0,06% außer bei Mo-legierten stabilisierten Stählen, wo er bis zu 0,11% betragen kann. Der 18/10/3 *Cr–Ni–Mo*-Stahl hat eine bes. gute Kerbzähigkeit bei niedrigen Temperaturen. Der günstigste Ni-Geh. beträgt 10%, nur bei stabilisierten Mo-haltigen Stählen sollte er je nach C-Geh. 12—14% betragen. Eine Homogenisierungs-Temp. von 1050° ist nicht immer ausreichend. K. STEIN. 6410☐

Beitrag zur Erschmelzung und Wärmebehandlung von molybdän- und kupferhaltigen, vollaustenitischen Eisen–Nickel–Chrom–Gußlegierungen. Karl Roesch und Karl-Heinz Schmitz. (Gießerei, techn.-wiss. Beih. **13.** 43—55. Jan. 1961. Remscheid u. Genf.; dt.) — Je nach dem *Si-* u. *Mn*-Geh. der Schmelze bilden sich bei der Herst. von Mo- u. Cu-haltigen austenit. *Fe–Ni–Cr*-Guß-Legg. feste oder fl. Desoxydationsprodukte. Flüssige Desoxydationsprodd. steigen leicht an die Metalloberfläche. Bei den festen handelt es sich überwiegend um SiO_2, welches bei der Abkühlung durch sich ausscheidende *Cr(II)-Oxide* verflüssigt werden kann, wobei die sich bildenden *Cr-Silicate* durch die bereits eingetretene Kristallskelett-Bldg. nicht mehr an die Oberfläche ausseigern können u. in die Korngrenzen geschoben werden. Als nichtmetall. Korngrenzenfilme verhindern diese Einschlüsse den metall. Kontakt zwischen den Körnern u. setzen die Werkstoffgüte stark herab. Bei gegebenem Si- u. Cr-Geh. wird diese Erscheinung mit steigendem Mn-Geh. verringert. Der Mn-Geh. soll aber nicht über 1,2% betragen. Bei Zugabe einer *Mg*-Leg. zu Legg. mit unter 50% Ni tritt eine Mg-Verdampfung u. starke Spül-Wrkg. bei weiterer Verbesserung des Reinheitsgrades ein, sofern ein günstiges Si/Mn-Verhältnis bereits vorher zu fl. Desoxydations-Prodd. geführt hat. Bei Zugabe einer *Si*-haltigen Mg-Leg. kann das zusätzlich eingebrachte Si zu festen Desoxydations-Prodd. führen. Die nichtmetall. Korngrenzenablagerungen bestehen aus 2 dünnen Häuten, deren Zusammenschmelzen durch einen Gasfilm verhindert wird. Hierbei handelt es sich vorwiegend um H, der sich bei der Abkühlung ausscheidet. Bei nicht zusammenhängenden Korngrenzenablagerungen ist durch ein nachträgliches Aufheizen auf 1250° eine Koagulation möglich. Die Gieß-Temp. ist an erster Stelle bei sauer erschmolzenen Legg. von Bedeutung, da bei zu tiefen Gieß-Temp. eine Chromoxidausscheidung eingeleitet werden kann, die zur Bldg. von nichtmetall. Korngrenzenfilmen führt. Bei bas. erschmolzenem u. unter weißer Schlacke red. Stahl ist der O-Geh. u. somit die Ausscheidungsmöglichkeit von Cr-Oxiden geringer. Die in den Legg. auftretenden intermetall. Phasen weisen gegenüber der Grundmasse höhere Geh. an Mo, Cu u. Si auf. Mit steigenden Geh. an diesen Elementen wird die intermetall. Phasenmenge größer. Die Ausscheidung dieser Phase aus der austenit. Grundmasse geschieht unterhalb 1130°. Ein Wiedererwärmen über 1130° führt zu einer Wiederauflsg. der intermetall. Phasen. Die Ausscheidung tritt bevorzugt an Cr-Oxiden ein. Bei der Abkühlung aus der Schmelzhitze werden Cr(II)-Oxide unter Abgabe von metall. Cr in Cr(III)-Oxide umgewandelt u. ungünstige Einfll. nichtmetall. Korngrenzensubstanzen u. intermetall. Phasen auf die Kerbschlagzähigkeit, Warmverformbarkeit u. Schweißbarkeit wird bestätigt. — 20 Literaturangaben. H. HOCHSTEIN. 6410☐

Hochfeste austenitische nichtrostende Stähle. K. J. Irvine, D. T. Llewellyn und F. B. Pickering. (J. Iron. Steel Inst. **199.** 153—75. Okt. 1961. United Steel Co. Ltd.; engl.) — Im allg. üben die Substitutionselemente eine festigkeitssteigernde

Wrkg. aus, da sie den interatomaren Abstand im Fe in zunehmendem Maße verändern. Da jedes dieser Substitutions-Legierungselemente einen Einfl. auf die Kontraktion oder Ausdehnung des Fe-Gitters ausübt, sind sie außerordentlich bei der Regelung der Kohäsionsspannung in jeder Ausscheidungs-Rk. nützlich. Es wird ferner gezeigt, daß Ausscheidungs-Rkk. die besten Mittel zur Erreichung einer hohen Festigkeit in einem austenit. nichtrostenden Stahl liefern. Wenn eine Carbidausscheidung angewendet wird, dann hängt der Härtungsbetrag vom Gesamt-Geh. von $C + N + P$ ab. Wenn dieses Gesamtbetrag 0,4 oder 0,5% erreicht, können bes. hohe Festigkeiten (60—70 t/in²) erzielt werden. Bei einem über 0,5% betragenden Gesamtzusatz tritt eine zellenförmige Ausscheidung auf, welche die Formbarkeit verringert. Sehr günstige Eigg. können von solchen austenit. Stählen erhalten werden, in denen eine intermetall. Verb. die Ausscheidungsphase ist. Typ. Stähle haben *Ni–Al*, *Ni–Ti*- oder *Ni–Al–Ti*-Zusätze. Die Ausscheidungs-Rk. tritt im Temp.-Bereich von 750—800° auf u. es können daher gute Hochtemp.-Eigg. erzielt werden. Eine bevorzugte Zus. austenit. nichtrostender Stähle ist 25 (%) Ni, 15 Cr, 1 Al u. 2,5 Ti. Mit diesem Stahl können sehr gute Festigkeits-Eigg. bis zu einem Zugfestigkeitswert von ca. 70 t/in² erhalten werden.

H. HOCHSTEIN. 6410□

Regulierung der Zugabe von neutralem Elektrolyten zu Elektrolysebädern der Zinkindustrie. I. L. Peissachow und W. F. Denissow. (Цветные Металлы [Nichteisenmetalle] **29.** Nr. 6. 35—41. Juni 1956. Forsch.-Inst. für Nichteisenmetalle; russ.) — Der *Säure-Geh.* von *Elektrolytbädern* bei der elektrolyt. *Zn*-Gewinnung wird bisher durch die Best. des spezif. Gew. des gebrauchten Elektrolyten kontrolliert. Theoret. Berechnungen der Acidität in Abhängigkeit von spezif. Gew. zeigen, daß das Bad bei der Zugabe des neuen, neutralen Elektrolyten großen Schwankungen unterworfen wird. Die Regelung der Zugabe des neutralen Elektrolyten soll daher nicht durch die Best. des spezif. Gew. des gebrauchten Elektrolyten, sondern aus der Differenz des spezif. Gew. des gebrauchten u. neuen Elektrolyten erfolgen. Prakt. Berechnungsbeispiele.

J. TŮMOVÁ. 6426□

Mangan-Bronzen. K. Dies. (Metall **15.** 1161—72. Dez. 1961. Bad Homburg V. D. H.; dt.) — Übersicht über *Mn-Bronzen* u. *Mehrstoff–Mn-Bronzen.*

F. VIER. 6432□

Das Schmelzen von oxydierten Nickelerzen in Hochöfen. I. P. Schtscherbak. (Цветные Металлы [Nichteisenmetalle] **33.** Nr. 8. 43—46. Aug. 1960; russ.) — Zur Vermeidung der bisherigen Ni-Verluste (15%) im rechtwinkligen Schachtofen wurde ein Hochofen mit einer Luftbeschickung über Elektroturbogebläse von 180 m³/Min. bei 0,75 atü, Temp. 750°, erprobt. Verss. ergaben, daß das Ausbringen von Ni in den Stein um 10 (%) erhöht u. der Koksverbrauch um 10 vermindert werden kann. Die Zus. u. Menge der Beschickung, sowie die Zus. der Krätzschlacke u. der Gichtgase werden tabell. gebracht. ELSE HEINEMANN. 6434

Über den Einfluß von Strukturumwandlungen auf den Charakter der Oxydation von Nickel- und Kupfer-Nickel-Feinstein. L. N. Starkow und M. I. Kotschnew. (Цветные Металлы [Nichteisenmetalle] **33.** Nr. 8. 75—76. Aug. 1960; russ.) — Untersucht wurde ein *Ni-Feinstein* (**I**), bestehend aus 75,50 (%) *Ni*; 0,04 *Co*; 1,08 *Cu*; 0,34 *Fe*; 17,98 *S*, u. ein *Cu–Ni-Feinstein* (**II**) aus 46,96 Ni; 0,10 Co; 18,81 Cu; 2,64 Fe; 23,63 S. Für **I** liegt die eutektoide Umwandlung bei 532°, die eutekt. bei 635. Die charakterist. Temp.-Intervalle des **II** sind folgende: bei 890—900° Kristallisationsbeginn des Cu_2S u. Cu_5FeS_4; bei 655—578° Kristallisation des Zweistoffeutektikums, bei 578° des Dreistoffeutektikums; 500—490° Zerfall des festen $Ni_{3+x}S_2$ mit Ausscheiden des feindispersen *Ni* u. Ni_3S_2. In Abhängigkeit von der Korngröße machte sich bei 300—400° eine bedeutende Oxydation bemerkbar. Um eine die Reaktionsfähigkeit steigernde feine Struktur zu erhalten, wird eine schnelle Kristallisation der Schmelze empfohlen.

ELSE HEINEMANN. 6434

Fortschritte bei Zinn netzförmig enthaltenden Aluminiumlagern. P. G. Forrester. (Zinn u. seine Verwendung **1962.** Nr. 54. 1—3. Glacier Metal Co., England; dt.) — Übersicht über Eigg. u. Anwendung der *Al–Sn*-Lager mit 20 (%) *Sn*, 1 *Cu* u. netzförmiger Sn-Struktur, die kalt verformt, dann zur Erzielung der netzförmigen Struktur warm behandelt u. durch Walzen mit einer Stahlstützschale verbunden werden.

W. WESLY. 6446□

Einfluß der Temperatur auf die Trennung der Elemente der Seltenen Erden durch Ionenaustausch und Rückgewinnung der EDTA aus den Ausfluß-Lösungen. R. E. Lindstrom, J. O. Winget und J. S. Berber. (U. S. Dep. Interior, Bur. Mines, Rep. Invest. **1961.** Nr. 5879. 1—16. Reno, Nev., Reno Metallurgy Res. Center; engl.) — Die für die Verss. verwendeten Oxide Seltener Erden stammten aus Bastnäsit-Konzentraten; *Ce* u. *La* wurden z. T. im voraus entfernt. Bei Verw. eines 4%ig. *Divinylbenzin* (DVB)-Harzes wirken sich die Temp.-Unterschiede zwischen 70 u. 200° F u. Änderungen in der Durchfluß-Geschw. kaum aus. Ein 12%iges DVB-Harz ist gegen beides empfindlicher; jedoch ist bei 200° F die Wrkg. gleich. Die *Äthylendiamintetraessigsäure* (EDTA) wurde 0,015 m in Ammoniakwasser gelöst; pH = 8. Die Anwendung von H bzw. Cu als zurückhaltende Ionen ergibt bei höheren Temp. eine gute Trennung der Elemente der Seltenen Erden. Wegen ihrer hohen Kosten ist es wichtig, die EDTA zurückzugewinnen. Hierfür kommen 3 Wege in Frage, von denen der beste die Ausfällung des Cu aus den Cu-Chelat-Lsgg. mit *Kalk* u. anschließende Abscheidung der EDTA aus dem Ca-EDTA-Chelat mit H_2SO_4 ist. — 17 Literaturstellen. F. HOCHSTETTER. 6448□

Beobachtungen beim Mahlen einer spröden Legierung. Heinrich Merz. (Z. Metallkunde **52.** 229—32. April 1961. Zug, Schweiz, Landis & Gyr A. G.; dt.) — Bei der Auswertung von aus Mahl-Verss. an einer pulverisierten homogenen Vorlegierung aus *Al, Cu* u. *Nb* erhaltenen Siebanalysen auf dem Körnungsnetz nach ROSIN–RAMMLER-SPERLING zeigte sich regelmäßig bei 0,1 mm Korngröße ein Knickpunkt der RRS-Geraden. F. VIER. 6474□

Die Theorien der Sinterung im Hinblick auf Effekte bei der pulvermetallurgischen Herstellung thermoelektrischer Werkstoffe. 2. Mitt. **Experimentelle Methoden und Versuchsergebnisse.** Friedrich Wendler und Horst Schreiner. (Z. Metallkunde **52.** 224—28. April 1961. Nürnberg, Siemens-Schuckertwerke A. G.; dt.) — 1. vgl. C. **1961.** 16989. — Die thermoelektr. Eigg. eines pulvermetallurg. hergestellten Werkstoffs sind nicht nur vom Stoff u. seiner Zus., sondern auch von seinem Gefüge abhängig. Bei der pulvermetallurg. Herst. von Halbleitern sollen neben möglichst hoher Sinter- u. Enddichte maximale thermoelektr. Eigg. erreicht werden. Für Bi_2Te_3 werden der Einfl. des Preßdrucks, der Sinter-Temp. auf die Sinterdichte u. die Möglichkeit des Kaltverdichtens untersucht. Der bei bestimmten Arbeitsbedingungen auftretende Dichteabfall wird erörtert. — 34 Literaturangaben. F. VIER. 6474□

Einige praktische Erfahrungen bei der Materialprüfung von Sintermetallen mit Wirbelstromverfahren. Albert Keil. (Z. Metallkunde **52.** 215—18. April 1961. Pforzheim, Platinschmelze Dr. E. Dürrwächter -DODUCO- KG.; dt.) — Leitfähigkeitsmessungen mit Hilfe des Wirbelstrom-Verf. zeigten, daß der Zerfall von Ag_2O, das mit metall. *Ag*-Pulver vermischt u. gepreßt wurde, bereits oberhalb 150° einsetzt. Risse in *W*-Stäben konnten in einem Wirbelstromgerät dann festgestellt werden, wenn die Länge des Risses 25—50% der Spulenlänge des Gerätes beträgt. F. VIER. 6474□

Über den Einfluß von Kaltvorlagerung auf das Aushärtungsverhalten verschiedener Legierungen. Heinz Borchers, Max Kainz und Siegfried Pixner. (Z. Metallkunde **52.** 276—79. April 1961. München, TH.; dt.) — Unterss. an *α-Fe, PbSb 2, PbSb 8, AlMgSi* u. *AlCuMg* ergaben, daß unter gewisen Bedingungen eine Vorlagerung bei —20 bis —195° eine beschleunigte u. erhöhte oder eine verlangsamte u. erniedrigte Warmaushärtung zur Folge hat. Nach den bisherigen Feststellungen wird die Kaltaushärtung nicht beeinflußt. Durch Vorlagerung mit weit fortgeschrittener Kaltaushärtung kann die Warmaushärtung gehemmt werden. Durch Verlagerung in oder unter dem Temp.-Bereich einphasiger Entmischung, die zu geringer oder durch Härtemessungen noch nicht nachweisbarer Kaltaushärtung geführt haben, kann die Warmaushärtung beschleunigt u. erhöht werden. — 13 Literaturangaben. F. VIER. 6480□

Bedeutung der Kristallstruktur für die Formbarkeit von reinem Eisen bei erhöhter Temperatur. Jack L. Robbins O. Cutler, Shepard und Oleg D. Sherby. (J. Iron Steel Inst. **199.** 175—80. Okt. 1961. Stanford, Calif., Univ.; engl.) — Die Verdrehungsverformbarkeit von drei reinen Fe-Sorten wurde im Temp.-Bereich von 600 bis 1200° bei einer Dehn-Geschw. von 47% je Sek. bestimmt. Die Ergebnisse dieser Unters. zeigen, daß α-Fe beträchtlich mehr verformbar als γ-Fe bei erhöhten Temp. ist. 2 Faktoren tragen mit zu der höheren Verformbarkeit des α-Fe bei. Der Hauptfaktor wird der schnelleren Diffusions-Geschw. der Atome in der offeneren kub. raumzentrierten Struktur zugeschrieben u. der 2. Faktor hängt mit einer größeren Anzahl von Gleitvorgängen im kub. raumzentrierten Fe gegenüber dem kub. flächenzentrierten Fe zusammen. Die mögliche Bedeutung des Korngrenzenschubs u. der Rekristallisation auf die Verformbarkeit wird mit Bezug auf die Reinheit u. Temp. der Fe-Sorten erörtert. — 25 Literaturangaben. H. HOCHSTEIN. 6480□

Elastomechanisches Verhalten von rostbeständigem Federstahl. Hans Presendanz und Helmut Brandis. (Draht-Welt **47.** 105—14. Febr. 1961. Krefeld, Deutsche Edelstahlwerke, Forschungsinst.; dt.) — Dämpfungs- u. Schubmodulmessungen an je einem austenit. (17,58 (%) Cr, 7,21 Ni) u. ferrit. (13,33 *Cr*) rostfreien *Federstahl* in kaltverformtem Zustand u. nach Wärmebehandlung (0,5 Std. bei 1050° in Öl u. im Ofen) zeigen die Abhängigkeit des Schubmoduls von der Temp. (800 bis —180°). Die Dämpfungsanomalien werden beschrieben. Die Ergebnisse stimmen mit Angaben des Schrifttums gut überein. W. Wesly. 6480□

Einfluß der Entkohlung auf das Biegeverhalten und Dauerbiegeverhalten von ölschlußvergüteten Stahldrähten. Peter Fischer. (Draht-Welt **47.** 114—16. Febr. 1961. Ebingen, Württ.; dt.) — Unterss. über den Einfl. der Entkohlung (Abstufung durch Wasserdampfzusatz) beim Härten von unlegiertem Stahldraht mit 0,98% C bei abgestufter Tiefe u. Stärke der Entkohlung auf die mechan. Eigg., bes. das stat. Biege- u. das Dauerbiege-Verh. zeigen, daß die Werte schon bei schwacher Entkohlung absinken. W. Wesly. 6480□

Festigkeit und Sprödigkeit von Bewehrungsstählen. Herman Parland. (Valtion tekn. Tutkimuslaitos, Sarja III [State Inst. techn. Res., Ser. III] **1961.** Nr. 18. 1—82; finn.) — Das Verhältnis von Festigkeit zur Sprödigkeit bei kaltverformten Bewehrungsstählen wird in Abhängigkeit von der Form, chem. Zus. u. Kaltverformungsgrad erörtert u. die Bedeutung der Festigkeits-Eigg. für die Haltbarkeit von Spannbetonbewehrungen herausgestellt. H. Hochstein. 6480□

Untersuchung über Restspannungen durch Anwendung durch Wasserstoff verursachter Risse. Koichi Masubuchi und D. C. Martin. (Welding J. **40.** Nr. 12. Suppl.: Welding Res. 553s—563s. Dez. 1961. Tokyo, Transportation Techn. Res. Inst., Welding Div. u. Columbus, Ohio, Batelle Mem. Inst.; engl.) — Sytemat. Rißmuster entstehen, wenn man wärmebehandelte Schweißen an *SAE 340*-Stahl mit H_2 behandelt. Die Rißmuster sind je nach Stahltyp verschieden u. stehen in Beziehung zur Verteilung der Restspannungen, für die mathemat. Gleichungen abgeleitet werden. W. Wesly. 6480□

Beziehung zwischen Härte und Zugfestigkeit von Aluminiumlegierungen in einem größeren Temperaturbereich. E. R. Petty. (Metallurgia [Manchester] **65.** 25—26. Jan. 1962. Banbury, Aluminium Labor.; engl.) — Vorverss. ließen vermuten, daß ähnlich wie bei Stahl zwischen Härte u. Zugfestigkeit, aber auch der 0,2-Grenze, eine gute lineare Übereinstimmung herrscht. Mit verschiedenen Al-Legg. konnten in einem größeren Temp.-Bereich Werte für die Umrechnungs-Koef. gesammelt werden, die die Umrechnung der Härte auf Zugfestigkeit u. 0,2-Grenze gestatten u. unabhängig von der Zus. u. der Temp. sind. K. Stein. 6480□

Untersuchungen über die Zerreißfestigkeit einiger hochschmelzender Metalle bei niederen Temperaturen. W. M. Armstrong und John A. H. Lund. (Canad. Mining metallurg. Bull. **54.** 504—09. Juli 1961. Vancouver, B. C., Univ. of Brit. Columbia; engl.) — Geprüft wurden Einkristalle von *V* u. Vielkristalle von V u. *Ta* bei Temp. von +20° bis —196°. Die Herst. der Proben u. ihre Reinheit werden angegeben. Aus den Verss. geht hervor, daß die obere Streckgrenze in kub.-raumzentrierten Metallen sich nicht in folgerichtiger Abhängigkeit von der Temp. für eine gegebene Zus., Beanspruchungs-Geschw., Korngröße u. Belastungsart befindet. So fand bei dem hochreinen V-Einkristall ein deutlicher Wechsel in der Beziehung zwischen Streckgrenze u. Temp. innerhalb eines engen Temp.-Bereichs statt. Es wird vermutet, daß die Art der Verunreinigung, hier bes. *H*, *C* u. *N*, eine Rolle spielt. F. Hochstetter. 6480□

Dauerschwingversuche an Titan. Dieter Haffer und Wilhelm Hofmann. (Materialprüfung **3.** 5—14. 20/1. 1961. Braunschweig, TH, Wöhler-Inst. für Festigkeits- u. Schwingungs-Verss.; dt.) — Aus Zug-, Druck- u. Biegewechsel-Verss. an Rundproben aus Reintitan unterschiedlicher Kaltverformung u. Glüh-Temp. wurden mehrere Wöhler-Kurven gewonnen. Sie verteilen sich auf ungekerbte u. verschieden scharf gekerbte Proben, auf eine Prüf-Temp. von 20° u. 300°. Die stat. Prüfungen zeigen, daß die Dauer-Verss. teilweise bei Beanspruchungen oberhalb der Streckgrenze $\sigma_{0,2}$ ablaufen. Die Kerbempfindlichkeit der Ti-Proben verschiedener Vorbehandlung läßt sich über Formzahl α_k, Kerbwrkg.-Zahl β_k, Nutzzahl $n = \alpha_k/\beta_k$ u. bezogenes Spannungsgefälle χ^* mit der anderer Werkstoffe vergleichen. Danach ist das untersuchte Ti nicht kerbempfindlicher als Stahl mit etwa gleicher Festigkeit. — 20 Literaturangaben. H. Hochstein. 6480□

Messung der Größe der inneren Defekte von Metallen mittels der Ultraschallmethode. F. I. Iwanow und M. A. Akulinin. (Заводская Лаборатория [Betriebs-Labor.] **23.** 309—11. 1957. Nowo-Kramatorsk, Maschinenbaufabrik; russ.) — Beschreibung der Meth., die mit einem Fehler von ±(2—15)% behaftet ist. Ch. Weiske. 6480□

Mikrostrukturen von mit Aluminium überzogenen Stählen. James C. Wilkins. Metal Progr. **80.** Nr. 3. 73—74. Sept. 1961; engl.) — Erläutert wurden 3 Mikrographien, davon zeigt eine einen Al-Überzug von 0,002 in. Dicke auf Stahl mit einer Zwischenschicht aus einer *Fe–Al*-Leg. von 0,0007 in. Dicke mit einem *Fe*-Geh. von ca. 45%. Nach der 2. Mikrographie haben sich zwischen einem *Al–Si*-Überzug von 0,001 in. Dicke 2 scharf getrennte Zwischenschichten gebildet mit einem Gesamt-Geh. an Fe von 33,5%. Die 3. Mikrographie ist hergestellt worden nach Glühen eines *Al*-überzogenen Stahls auf über 900°. Hier hat sich eine hochschmelzende dichte Fe–Al-Zwischenschicht gebildet. F. VIER. 6482 □

Temperaturänderungen beim Strangpressen von Aluminium, Zinn und Blei. A. R. E. Singer und J. W. Coakham. (J. Inst. Metals **89.** 177—82. Febr. 1961. Swansea, Univ. Coll. u. London, Northampton Coll. of Adv. Technol.; engl.) — Die Temp.-Änderungen beim Strangpressen von handelsüblich reinem *Al*, hochreinem Al, *Sn* u. *Pb* bei Geschw. von 1—30 in./Min. auf einer 100-t-Laborpresse wurden bestimmt. Danach wuchs die am Preßstempel auftretende Temp. über die des Knüppels hinaus, in einigen Fällen um 200°. Diese Temp.-Steigerung fand immer in 2 Stufen statt. Einer 1. schnellen Steigerung folgte ein langsam Steigen, das die längste Dauer hatte. Zuletzt ging noch einmal ein schnelles Steigen, während die letzten 10% des Knüppels gepreßt wurden, vor sich. Das Steigen der Temp. ist abhängig von den physikal. Eigg. des Materials, dem Preßverhältnis u. der -Geschwindigkeit. Unter den Vers.-Bedingungen wuchs die Temp. proportional dem log der Preß-Geschw. an. F. VIER. 6490 □

Anlassen von Stahl in Quetten. A. P. Guljajew und S. A. Krainewa. (Известия Высших Учебных Заведений, Черная Металлургия [Hochschulnachr., Eisenmetallurgie] **1960.** Nr. 2. 121—23. Moskau, Maschinenbau-Abend-Inst.; russ.) — Die Verminderung des Härteverzugs beim Anlassen ist in bedeutendem Grade durch die beim Anlassen ablaufenden Phasenumwandlungen bedingt. Wenn ein 5std. Anlassen bei 600° voraufgeht u. darauf nach Einspannen der Probe in einer Quette zur Erzielung eines elast. Verzuges bei 300 u. bei 500° angelassen wird, so ist die Größe der Durchbiegung beim Anlassen bei 300° ca. 10 (%) u. bei 500° 80 der ursprünglichen elast. Verformung anstatt 60 u. 100, wie dies beim Erwärmen in der Quette ohne voraufgehendes Anlassen auftritt. H. HOCHSTEIN. 6492 □

Bedingungen der Induktionswärmebehandlung von Schnellarbeitsstahl. I. N. Kidin. (Известия Высших Учебных Заведений, Черная Металлургия [Hochschulnachr., Eisenmetallurgie] **1960.** Nr. 2. 112—17. Moskau, Stahl-Inst.; russ.) — Untersucht wird der Einfl. der Erhitzungs-Geschw. bei einer induktiv vorgenommenen Erwärmung auf die Härte-Temp. eines Schnellarbeitsstahles mit 0,74 (%) *C*, 0,20 *Mn*, 0,24 *Si*, 16,57 *W*, 3,91 *Cr*, 1,24 *V*, 0,71 *Mo*, 0,14 *Ni*, 0,018 *S*, 0,025 *P* mit nachfolgendem 1, 3 u. 10std. Anlassen bei 560, 600 u. 650° auf die Strukturausbildung. Hierbei zeigt sich, daß bei allen vorgenommenen Variationen der induktiven Erhitzung die Menge der Carbide größer ist im Vgl. zu einer entsprechenden langsamen Erwärmung desselben Schnellarbeitsstahles. H. HOCHSTEIN. 6492 □

Korrosionsbeständigkeit der Verbindungsstellen von Aluminiumlegierungen, die mit leichtflüssigem Lot gelötet sind. Ss. W. Laschko-Awakjan und N. F. Laschko. (Сварочное Производство [Schweisstechn. Betr.] **1961.** Nr. 5. 13—16. Mai; russ.) — Eine Verkleinerung des Bereichs, innerhalb dessen sich ein Lot im fest-fl. Zustand befindet, kann durch Legieren mit in der Grundmasse der Leg. wenig lösl., jedoch die Temp. der beginnenden Schmelzung erniedrigenden Elementen erzielt werden. Es erwies sich als ausreichend, in Legg. mit 35—39% *Zn* geringe Zusätze an *Cd* oder *Bi* von ca. 0,2%, einzeln oder zusammen einzuführen, um sie bei Temp. von 250—260° nicht warmbrüchig u. nicht leichtfl. zu machen. Unter ähnlichen korrosionsbeständigen Loten erwies sich das Lot *WP 250 A* auf *Sn*-Basis mit 35—39 (%) Zn, 0,4 Cu, 0,2 bis 0,3 Cd, 0,2—0,3 Sb, Rest Sn am günstigsten. Eine Lötung von Al-Legg. mit diesem Lot kann im Bereich von 210—260° durchgeführt werden. Verbb. aus den Legg. *AMg* u. *AMn*, die durch Lot *WP 250 A* verlötet sind, werden zerstört. In den mit diesem Lot gelöteten Verbb. wird nämlich die Neigung zur Ritzkorrosion in einer 3% NaCl + 0,1% H_2O_2-Lsg. nicht vollständig unterdrückt, jedoch wird die Korrosions-Geschw. gegenüber der mit anderen leichtfl. Loten (*P 200 A* u. *P 205 A*) gelöteten Verbb. um das mehrfache verlangsamt. Die Korrosionsbeständigkeit solcher Verbb. unter Bedingungen einer angenähert industriellen Atmosphäre ist auch wesentlich höher. Eine hohe Korrosionsbeständigkeit ist den Verbb., die durch Lote auf der Zn–Al-Basis gelötet sind, eigen. Eine hohe Beständigkeit gegen Ritzkorrosion besitzen Verbb. aus Al-Legg., die mit Loten *PSr 5 AKZ* [5 Ag, 2 Al, bis 0,15 Si] oder *PAKZ* (*20 Al*, 0,15 Si unter Entfernung des Flußmittels nach der Lötung gelötet sind. Ritzkorrosion, die an Proben aus der mit Lot *PAKZ* gelöteten Leg. *AMg* auftrat, wurde durch eine frontale galvan. Korrosion der gelöteten Naht hervorgerufen. H. HOCHSTEIN. 6504 □

Über die Bedeutung der Thermoelektronenemission und der thermischen Ionisation bei der Stabilisation des Bogens im CO_2-Strom. G. I. Lesskow. (Автоматическая Сварка [Automat. Schweissen] **14.** Nr. 10. 20—29. Okt. 1961. Brjansk, Transport-Maschinen-Inst.; russ.) — Untersucht werden Größe u. Dauer des Auftretens einer Thermoelektronen-Emission von verschiedenen Kathoden sowie die Zeit der Entionisierung der Dämpfe von leicht ionisiert werdenden Stoffen im Zwischenelektrodenraum nach einem Stromübergang durch Null. Es wird gezeigt, daß der aktivierte Lichtbogen am Anfang der Halbperiode sowohl in einer offenen Atmosphäre als auch im CO_2-Strom durch Ionen u. Elektronen, die eine gewisse Zeit im Zwischenelektrodenraum auftreten, erregt wird. H. HOCHSTEIN. 6506□

Gasflammenaufschweißung bei Aufstäubung verschleißfester Überzüge. A. L. Koslowski und I. I. Isskoldski. (Сварочное Производство [Schweißtechn. Betr.] **1961.** Nr. 9. 13—17. Sept.; russ.) — Ausgearbeitet wird ein technolog. Prozeß der Aufbringung von Überzügen auf Stahloberflächen aus einem pulverförmigen Ni–Cr–B-Gemisch, das Körner von unregelmäßiger Form enthält u. nicht schüttfähig ist. Die Meth. basiert auf Erzeugung einer Faser aus einem plast. Bindemittel (Polyäthylen mit Polyisobutylen), das mit aufgestäubten Pulver beschickt ist. Diese Überzüge werden mit Gasflammen-Aufschweißung aufgetragen. Sie besitzen eine hohe Härte. Es wird festgestellt, daß Überzüge aus *Ni–Cr–B* ohne Zusatz von *Si* schlecht schmelzen u. porös bleiben. Die Si-haltigen Überzüge besitzen dagegen eine hohe Dichte. Auch erhöhen die Si-Zusätze die Härte der Überzüge. Überzüge aus *Cr-Boriden* mit *Fe* werden beim Herunterschmelzen in wesentlichem Maße oxydiert. H. HOCHSTEIN. 6506□

Schweißverbindungen unter Schutzgas, Pulver und Schlacke. W. Hummitzsch. (Schweisstechnik [Wien] **15.** 75—81. Juli. 87—91. Aug. 1961. Hamm/Westf.; dt.) — Bericht über Erkenntnisse, die sich aus dem Unterschlackeschweißen ergeben. F. VIER. 6506□

Verfahren zur Einführung von Ultraschallschwingungen in das Schweißbad. A. A. Jerochin und L. L. Ssilin. (Сварочное Производство [Schweisstechn. Betr.] **1960.** Nr. 5. 4—7. Mai. Baikow-Inst. für Metallurgie der Akad. der Wiss. der UdSSR; russ.) — Beschrieben werden verschiedene Vorr. zur Übertragung von Ultraschallschwingungen durch Eintauchen des Austrahlers der Ultraschallschwingung in die fl. Schweiße (*Al* oder nichtrostender *Cr–Ni*-Stahl *1Ch18N9*), ferner durch eine zu kühlende Gleitunterlage oder durch einen Teil der Oberfläche eines Gleitstückes bei der Elektroschlackenschweißung sowie Vorr. zur Übertragung von Quer- u. Längs-Ultraschallschwingungen durch einen Zusatzdraht. Die Vorzüge der Vorr. werden behandelt. Die Auswahl des jeweils geeigneten Verf. hängt von den Bedingungen des Schweißprozesses u. den Besonderheiten eines jeden Verf. der Behandlung des Schweißbades durch Ultraschallschwingungen ab. H. HOCHSTEIN. 6506□

Das Schweißen von Titan auf Stahl. D. R. Mitchell und H. D. Kessler. (Welding J. **40.** Nr. 12. Suppl.: Welding Res. 546s—552s. Dez. 1961. Toronto, Ohio, Titanium Corp. of America; engl.) — Ti wird unter Verw. von V als Zwischenwerkstoff mittels Loch-, herkömmlicher Widerstandspunkt- oder Reihenwiderstandspunktschweißung an Stahl befestigt. Die Arbeitsweisen werden im einzelnen beschrieben. W. WESLY. 6506□

Wurzelschichtverfahren zur Schutzgas-Lichtbogenschweißung von Titan. W. J. Leonard. (Welding J. **40.** 1246—53. Dez. 1961. Oak Ridge, Tenn., Nat. Labor., Metallurgy Div.; engl.) — Zum Schweißen von Ti eignen sich Stumpfstöße oder vorgefertigte Einsätze mit kreisförmigem, ellipt. oder viereckigem Querschnitt. W. WESLY. 6506□

Übertiefe, mit Elektronenstrahlen hoher Energiedichte ausgeführte Schweißungen. Eine Umwälzung auf dem Schweißgebiet. E. R. Aemisegger jun. und Hans A. Nyenhuis. (Welding J. **40.** 1240—45. Dez. 1961. New York, N.Y., Hamilton Electrona, Inc.; engl.) — Übersicht über Grundlagen, Ausführung, Zubehör, Anwendung u. Zukunftsaussichten des Verf. der Elektronenstrahlschweißung. W. WESLY. 6506□

Argon-Lichtbogenschweißung von Aluminiumbehältern. A. M. Gofner und W. W. Sheltenkow. (Сварочное Производство [Schweisstechn. Betr.] **1961.** Nr. 6. 32—34. Forsch.-Inst. des Ministeriums für Bauwesen der Russ. Sozial. Föderation SR; russ.) — Die Technologie der Herst. von Behältern aus der Al-Leg. *AD1* unter Montagebedingungen u. Anwendung einer automat. Ar-Lichtbogenschweißung mit einer Schweißelektrode wird erörtert. Diese Behälter besaßen eine Stärke von 8—10 mm. Es zeigte sich, daß eine einwandfreie Schweißnaht auch bei Verw. von Ar mit geringem O_2-Geh. ohne Poren-Bldg. erhalten werden kann. H. HOCHSTEIN. 6506□

Erörterungen über die Verwendung von Gasgemischen bei der Schutzgasschweißung mit Abschmelzelektroden. L. Wolff und M. Komers. (Welding J. **40.** Nr. 12. Suppl.: Welding Res. 536s—539s. Dez. 1961. Höllriegelskreuth, Linde's Eismaschinen AG., u. Düsseldorf, Phönix-Rheinrohr AG.; engl.) — Unter den zahlreichen, für die Schutzgasschweißung verwendeten inerten, reduzierenden u. oxydierenden Gasen eignet sich zum Schweißen von Schmiedeeisen am besten ein aus 80 (%) *Ar*, 15 CO_2 u. 5 O_2 bestehendes Gemisch. W. WESLY. 6506□

Elektroden mit Gasschutzhüllen aus Kunststoff zum Schweißen von niedrigkohlenstoffhaltigen und niedriglegierten Stählen. A. G. Masel, Je. M. Rogowa und L. I. Ssorokin. (Сварочное Производство [Schweisstechn. Betr.] **1960.** Nr. 5. 25—28. Mai. Allunions Forsch.-Inst. für Stahl; russ.) — Eine neue Art von Schweißelektroden mit Kunststoff-Überzügen wird vorgeschlagen, in der als Binde- u. Gasschutzkomponente *Teer* verwendet wird. Die neuentwickelten Elektroden *WSsP-16* u. *WSsP-16M* zum Schweißen niedriggekohlter u. niedriglegierter Stähle mit Gleich- oder Wechselstrom gewährleisten günstige elektr. Schweißverhältnisse u. sind gegen Feuchtigkeit unempfindlich. Die mechan. Eigg. der Schweißverbindungen beim Schweißen mit den *WSsP*-Elektroden entsprechen den in dieser Beziehung (an die Elektroden *E 50* mit u. ohne *Ferromolybdän*-Zusatz) zu stellenden Anforderungen. Sie eignen sich bes. für das Schweißen von Rohren u. Metallkonstruktionen. H. HOCHSTEIN. 6506□

Die Ungleichmäßigkeit des Austenits bei der Schmelzschweißung von perlitischem Stahl. M. Ch. Schorschorow und B. A. Smirnow. (Сварочное Производство [Schweisstechn. Betr.] **1961.** Nr. 6. 1. Baikow-Inst. für Metallurgie der Akad. der Wiss. der UdSSR; russ.) — Der Homogenisierungsvorgang des Austenits im Nahtbereich beim Schweißen perlit. Stähle wird durch die Ggw. zweier Perioden der Verringerung des Mikrohärtebereiches gekennzeichnet, u. zwar 1. während der Erhitzung oberhalb des A_{c3}-Punktes bis zur Anfangstemp. des Kornwachstums u. 2. während der Abkühlung nach Vollendung des Kornwachstums. Auf die Vollendung des Austenit-Homogenisierungsvorganges beim Schweißen der untersuchten Stähle zeigen die Struktur-Ausgangsungleichmäßigkeit sowie die Ggw. carbidbildender Elemente im Stahl den stärksten Einfluß. Bei geringer Ausgangsungleichmäßigkeit wird der Homogenisierungsvorgang des Austenits im Nahtbereich beim Schweißen der C-haltigen Stähle prakt. auch unter den Bedingungen einer Hand-Lichtbogenschweißung, einer Aufschweißung bei niedrigen Werten der Lichtbogenenergie u. bei hoher Ausgangsungleichmäßigkeit unter Bedingungen der automat. Schweißung unter einem Flußmittel von Stahl mittlerer Dicke vollendet. Eine hohe Austenitgleichmäßigkeit in der Nahtzone von Stählen, die Carbidbildner enthalten, wird bes. bei einer Elektroschlackenschweißung von Stahl mit großer Dicke gewährleistet. Beim Schweißen der perlit. Stähle wird infolge der Vollendung des Austenithomogenisierungsvorgangs die Austenitbeständigkeit bei der Abkühlung in der Hauptsache durch die Korngröße bestimmt. In Stählen mit Carbidbildnern wird die Veränderung der Austenitbeständigkeit nicht nur durch die Korngröße, sondern auch durch die Austenitungleichmäßigkeit bedingt.
H. HOCHSTEIN. 6506□

Einige Gesetzmäßigkeiten der Kohlenstoffabwanderung in den Schweißverbindungen von perlitischen Stählen. L. Ss. Liwschitz und Ss. I. Panitsch. (Сварочное Производство [Schweisstechn. Betr.] **1960.** Nr. 5. 23—24. Mai. Allunions Forsch.-Inst. für Stahl; russ.) — Die bei der Unters. der Gesetzmäßigkeit der C-Abwanderung in Schweißverbindungen perlit. Stähle erhaltenen Ergebnisse zeigen in Form der Abhängigkeit der Tiefe der entkohlten Zone für verschiedene Stahl-Legg. von der Dauer u. Temp. des Erwärmungsprozesses, daß die Entkohlung bei 550° sehr langsam vor sich geht. Bei 625° ist die Entkohlungs-Geschw. prakt. wahrnehmbar. Bei 700° ist sie schon so groß, daß sie zu einer Zerstörung der Schweißverbindung führen kann.
H. HOCHSTEIN. 6506□

Die Gewinnung des Flußmittels AN-8 aus den Flußmitteln AN-348A und AN-20. A. W. Bysstrow, A. P. Schalimow und A. K. Schaban. (Сварочное Производство [Schweisstechn. Betr.] **1961.** Nr. 9. 28—29. Sept. Kusnetzk, Metallurg. Kombinat; russ.) — Aus den bisherigen Flußmitteln *AN-348A* u. *AN-20* wird das neue Flußmittel *AN-8* mit der Zus. entwickelt: 33—36 (%) SiO_2, 21—26 *MnO*, 4—7 *CaO*, 5—7 *MgO*, 11—15 Al_2O_3, 13—19 CaF_2, bis 1,5 *FeO*, bis 0,15 *S*, bis 0,15 *P*. Das Flußmittel wird nach sorgfältiger Durchmischung bei der Elektroschlackenschweißung einer Stahlgießpfanne erprobt. Der Einbrand hierbei ist ausreichend. Fehler wurden nicht festgestellt.
H. HOCHSTEIN. 6506□

Keramische Flußmittel für die automatische Schweißung des nichtrostenden Stahls 1Ch18N9T. D. M. Kuschnerew und M. P. Grebelnik. (Сварочное Производство [Schweisstechn. Betr.] **1960.** Nr. 5. 1—4. Mai. Inst. für Elektrotechnik der

Akad. der Wiss. der UkrainSSR; russ.) — Entwickelt wird ein keram. Flußmittel *K-8* auf der Basis des Schlacken-Syst. $CaO–MgO–TiO_2–Al_2O_3–CaF_2$ mit einem bedeutenden Zusatz bas. Oxide. Infolge des Fehlens leichtreduzierbarer Oxide im Flußmittel u. auch durch die Desoxydation der Schweiße durch *Si* beim Schweißen des Stahles *1Ch18N9T* unter diesem Flußmittel tritt eine intensive Oxydation des *Cr* u. *Ti* nicht auf u. es wird ein niedriger O-Geh. im Schweißgut gewährleistet. Sowohl bei Anwendung von Gleich- als auch Wechselstrom wird durch dieses Flußmittel eine gute Schweißnahtausbldg. sowie eine hohe Beständigkeit der Naht gegen die Bldg. von Poren u. Rissen erzielt. Auch die Beständigkeit der Schweißnähte gegen interkristalline u. gegen allg. Korrosion ist sowohl im Zustand nach der Schweißung als auch nach einem 2std. Anlassen bei 650° gut. Hinsichtlich Festigkeit u. Plastizität fallen die unter dem Flußmittel *K-8* hergestellten Stähle nicht gegenüber den entsprechenden Werten des Grundmetalles ab. Das Flußmittel wird bei der Herst. von Teilen für den chem. Maschinenbau aus *1Ch18N9T* mit Stärken von 5—30 mm empfohlen. H. HOCHSTEIN. 6506☐

Die Eigenschaften von geschweißten Verbindungen aus dem ferritisch-austenitischen Stahl Ch25N5TMF. I. A. Saks. (Автоматическая Сварка [Automat. Schweissen] **14.** Nr. 12. 16—27. Dez. 1961. Leningrad, Kirow-Werk; russ.) — Der ferrit.-austenit. Stahl *Ch25N5TMF* besitzt ein hohes Verformungsvermögen bei Temp. nahe der Soliduslinie, was seine hohe technolog. Festigkeit beim Schweißen bedingt. Die ausgearbeiteten Zuschlagmittel u. Schweißverff. gewährleisten eine Schweißung dieses Stahles mit einer Dicke bis 75 mm im Gußzustand ohne Vorwärmung. Eine stabilisierende Wärmebehandlung bei 850°, die zur Erzielung einer interkristallinen Korrosionsbeständigkeit erforderlich ist, versprödet prakt. die Schweißnaht der ferrit.-austenit. Leg. nicht. Die Herst. einer Schweißnaht aus der Stahl-Leg. mit 25 (%) *Cr* u. 5 *Ni*, die gegen interkristalline Korrosion im Zustand nach der Schweißung beständig ist, ist prinzipiell möglich. Nur die Verschweißungsgrenze bei allen untersuchten Meth. sowie die therm. beeinflußte Zone bei automat. Schweißung des Gußmetalls sind gegen Korrosion unbeständig. H. HOCHSTEIN. 6506☐

Ermüdungsverhalten geschweißter Verbindungen in Armierungsstahlstäben für Beton. W. W. Sanders jun., P. G. Hoadley und W. H. Munse. (Welding J. **40.** Nr. 12. Suppl.: Welding Res. 529s—535s. Univ. of Illinois u. Vanderbilt Univ.; engl.) — Ermüdungs-Unterss. an geschweißten Armierungsstahlstäben für Beton mit 0,43 (%) *C*, 0,39 *Mn*, 0,019 *P*, 0,035 *S*, 0,15 *Si* zeigen, daß die Ermüdungsfestigkeit am höchsten in 60° V-stumpfgeschweißten Verbindungen ist u. nur 5—15% unter der Festigkeit nicht geschweißter Stäbe liegt. W. WESLY. 6506☐

Interkristalline Korrosion von Schweißnähten des Stahls 1Ch18N9T. W. W. Roschtschin und L. M. Georgijewski. (Сварочное Производство [Schweisstechn.] Betr. **1961.** Nr. 12. 13—15. Dez.; russ.) — Das Fehlen einer Neigung zur interkristallinen Korrosion bei gemäß der Norm *146GOSsTa6032-58* hergestellten Proben aus austenit. Stahl *1Ch18N9T* gewährleistet noch kein Fehlen dieser Neigung bei T-förmigen Schweißnähten, bei denen Korrosionsrisse beobachtet wurden. Bei einem Schweißen unter dem Flußmittel *AN-26* von Konstruktionen aus Stahl *1Ch18N9T* können gegen interkristalline Korrosion stabil beständige T-förmige Schweißverbindungen bei Verw. eines Elektrodendrahtes *EI649* (OCh18N9FBSs) erhalten werden. H. HOCHSTEIN. 6506☐

Eine Untersuchung über die Schlageigenschaften von Schweißen aus rostfreiem Stahl bei tiefen Temperaturen. H. W. Mishler und H. J. Nichols. (Welding J. **40.** Nr. 12. Suppl.: Welding Res. 564s—568s. Dez. 1961. Columbus, Ohio, Battelle Mem. Inst. u. Monroeville, Pa., U.S. Steel Corp., Applied Res. Labor.; engl.) — Unterss. über die Kerbschlag-Eigg. von Schweißen mit ummantelter Elektrode, Gas-Metallichtbogenschweißen (GS) u. Schweißen mit verdecktem Lichtbogen an den rostfreien Stählen *304*, *304L* u. *310*, gemessen bei —320 u. —421 °F, zeigen, daß die GS an *304L*-Stahl die besten Eigg. aufweisen. Die besten Schlag-Eigg. der erwärmten Zone hat *310*. Die Schlag-Eigg. des Grundmetalls von *304* u. *310* sind einander nahezu gleich u. denen von *304L*-Grundmetall überlegen. W. WESLY. 6506☐

Zur Frage der Schweißung und der Korrosionsbeständigkeit der Bimetalle Stahl–Kupfer, Stahl–Bronze, Stahl–Messing. A. N. Krutikow, T. W. Aresst und M. M. Krisstal. (Сварочное Производство [Schweisstechn. Betr.] **1962.** Nr. 2. 15—17. Febr. Forsch. u. Konstruktion-Inst. der UdSSR für chem. Maschinenbau; russ.) — Die Möglichkeiten der Verw. von mit Cu u. mit dessen Legg. (Bronze, Messing) plattiertem Stahl im chem. Maschinenbau werden erörtert. Die Ergebnisse einer metallograph. u. Korrosions-Unters. sowie auch einer Prüfung der mechan. Eigg. der Schweißverbindungen werden mitgeteilt. Diese Ergebnisse von Korrosionsprüfungen von Schweißverbindungen der Bimetalle *Stahl 10-Cu* u. *Stahl 10-Messing* (L 90) zeigten, daß das Metall der Schweißnaht an Korrosionsbeständigkeit das Grundmetall übertrifft. Die Korrosionsbeständigkeit der Schweißverbindung mit der Bronze-Plattierungsschicht entspricht in Essigsäure nach einer Hand-Lichtbogenschweißung der Korrosionsbeständigkeit des Grundmetalls; bei automat. Schweißung ist sie etwas niedriger. Die Bronze-Schweißnähte neigen etwas zur Gefügekorrosion. H. HOCHSTEIN. 6506□

Ultraschallmethode zur Kontrolle von Schweißnähten. Ss. T. Nasarow und Ju. P. Panow. (Заводская Лаборатория [Betriebs-Lab.] **23.** 305—08. 1957. Moskau, Höhere Techn. Baumann-Lehranstalt; russ.) CH. WEISKE. 6506□

Verfahren und Anlagen zur Entgiftung und Neutralisation von Abwässern aus metallverarbeitenden Betrieben. A. Wissenschaftliche Grundlagen. 2. Mitt. K. Arnold und D. Jakob. (Galvanotechnik **52.** 321—26. 15/6. 1961; dt.) — 1. vgl. C. **1962.** 3251. — Beschrieben wird die Messung des *Chromat*-Geh. in wss. Lsg., die Messung des *Cyanid*-Geh., die Verw. von Bezugselektroden u. von „Salzbrücken". F. VIER. 6508□

Untersuchungen über die Wirkung aromatischer Sulfonsäuren als Fremdsäuren in Chrombädern. L. Bosdorf und K. Müller. (Metall **15.** 1189—93. Dez. 1961. Düsseldorf; dt.) — Die Verss. ergaben, daß das *Na-Salz* der *Benzoldisulfonsäure* als Fremdsäurespender sowohl allein als auch mit K_2SiF_6 in wss. Cr-Salz-Lsgg. brauchbar ist. Die Stromausbeute eines Mischsäure-Elektrolyten mit der Disulfonsäure als einer Komponente ergab 18,6%. Jedoch sind derartige Cr-Bäder gegenüber Verunreinigungen empfindlicher als die üblichen. F. VIER. 6518□

Die Hart- bzw. Starkeloxierung des Aluminiums. G. Elssner. (Metall **15.** 1194—98. Dez. 1961. Neuss/Rh., Langbein-Pfanhauser Werke; dt.) — Überblick. 15 Literaturangaben. F. VIER. 6530□

Untersuchungen über Oxydationsvorgänge an Nickel-Chrom-Heizleiter-Legierungen. Volker Schumacher. (Z. Metallkunde **52.** 280—84. April 1961. Altena, Vereinigte Deutsche Metallwerke A.G.; dt.) — Oxydations-Verss. an Legg. aus 80 (Gew.%) *Ni* u. 20 *Cr* zeigen, daß Zusätze von *Ce* u. *Ca* sowie von deren Oxiden einen deutlichen Einfl. auf die Oxydations-Geschw. u. die Haftfähigkeit der gebildeten Oxidschichten bei Temp.-Wechsel-Beanspruchung haben. Die Gründe, die zu einer Hemmung der Oxydations-Geschw. u. zur Erhöhung der Haftfähigkeit u. damit zur Verlängerung der Lebensdauer von Heizleiterdrähten führen, werden erörtert. F. VIER. 6530□

Die anodische Oxidschicht auf Aluminium als Farbträger. Max Schenk. (Galvanotechn. u. Oberflächenschutz [Zürich] **2.** 42—46. März/April 1961. Dietwil, Aargau; dt. u. franz.) — Übersicht über Eigg., Aufbringen u. Fähigkeit der anod. Oxidschicht auf Al, Farben in sich aufzunehmen u. die Verw. dieser Eig. bei Schildern. W. WESLY. 6534□

Das Färben von nichtrostendem Stahl. Karl Klein. (Galvanotechnik **52.** 319—20. 15/6. 1961; dt.) — Die entfettete Probe wird mit konz. HCl gebeizt, in eine Lsg. von $FeCl_3$ in HCl u. dann in eine Lsg. von 50 g As_2O_3 in 500 ml konz. HCl + 500 ml W. getaucht. Nach beginnender Brauntönung geht die Färbung über Blau in Grau über. Man kann den entfetteten, getrockneten Stahl auch in eine Lsg. von 60 g As_2O_3 u. 60 g $FeCl_3 \cdot 6\,H_2O$ in 1000 ml konz. HCl tauchen u. darin bewegen. Die anfangs ungleichmäßige Tönung geht nach ca. 30 Sek. in einen gleichmäßigen, fast schwarzen Ton über. W. WESLY. 6534□

Korrosionsverhalten von Gußeisen, speziell im Hinblick auf die Verfahrenstechnik. Erich Rabald. (Werkstoffe u. Korrosion **12.** 544—49. Sept. 1961. Mannheim. Sept. 1961; dt.) — Überblick über die Entw. des Gußeisens, die Bedeutung des Gefüges. Anwendungsbeispiele, die die Beständigkeit von Gußeisen gegen *Oleum* demonstrieren. F. VIER. 6538□

Die Beeinflussung der Korrosion von Kupfer und seinen Legierungen durch Temperatur und Geschwindigkeit von Trinkwasser. Malvern F. Obrecht und Laurence L. Quill. (Heating, Piping Air Condit. **33.** Nr. 4. 129—34. April 1961. Michigan State Univ., Dep. of Chem.; engl.) — Zusammenstellung der Erfahrungen über die Korrosion von Verteiler-Syst. für Kalt- u. Warmwasser aus Cu (-Legg.) u. ihre Beeinflussung durch Beschaffenheit, Geschw. u. Temp. des W. u. die Zus. der Legierung. — 12 Schichttumshinweise. W. WESLY. 6538□

Korrosionsermüdung gekerbter Stahlproben. D. S. Dugdale. (Metallurgia [Manchester] **65.** 27—28. Jan. 1962; engl.) — An gekerbten Stahlproben (0,22% C) wird unter normalen Vers.-Bedingungen eine Dauerfestigkeit von ca. 32 t/sq.m. ermittelt. Bei einer zusätzlichen Korrosionsbeanspruchung (Feuchtigkeit, Lauge) kommen Anrisse im Kerbgrund selbst bei Beanspruchungen von nur 0,5 t/sq.m. nicht zur Ruhe sondern führen, wie an Verss. gezeigt werden konnte, bei weniger als 100 Millionen Lastwechseln zum Dauerbruch. Für die Praxis folgert daraus, daß bei Vorliegen korrodierender Einfl. eine Herabsetzung der spez. Belastung nicht genügt, um Brüche mit Sicherheit zu vermeiden. K. STEIN. 6538□

Korrosionsermüdung von vergüteten Aluminiumlegierungen in der Atmosphäre. Trevor Broom und Anthony Nicholson. (J. Inst. Metals **89.** 183—90. Febr. 1961. Birmingham, Univ.; engl.) — Untersucht wurden Proben einer *Al*-Leg. mit 4% *Cu* u. *Duralumin*-Legg. auf ihre Dauerfestigkeit in Luft, Vakuum u. N_2, O_2, H_2 u. Wasserdampf, von denen nur Wasserdampf Einfl. auf die Dauerfestigkeit hatte. In vollkommen trockener Atmosphäre stieg diese auf das Achtfache an. Wesentliche Verbesserungen durch Oberflächenbehandlung konnten nur durch Überziehen mit einem Butylkautschuk, der wasserundurchlässig ist, erzielt werden. Die schnellere Ermüdung in Ggw. von Wasserdampf hängt offenbar mit der Riß-Bldg. u. dem Rißwachstum zusammen u. der Bldg. u. Diffusion von H-Ionen auf reinen Oberflächen. — 22 Literaturangaben.
F. VIER. 6538□

Der passive Schutz von Erdleitungen durch Umhüllungen. Edmond Leclerc. (Rev. techn. luxembourg. **53.** 212—18. Okt./Dez. 1961. Lüttich, Univ.; franz.) — Überblick über die verschiedenen Korrosionserscheinungen an den in die Erde verlegten Leitungen aus Eisen (Stahl oder Gußeisen), über die korrosimetr. Verff. u. über den Leitungsschutz durch Überzüge, bes. bituminöse Anstriche, u. deren Überwachung u. Prüfung. H. HOCHSTEIN. 6538□

Druck und Belastung als Parameter für den Metall-Verschleiß. A. Dorinson und V. E. Broman. (Wear [Amsterdam] **4.** 93—110. März/April 1961. Harvey, Ill., Sinclair Res. Labor., Inc.; engl.) — Mit Weißöl als Schmiermittel u. bei Drucken von 10898 u. 4922 kg/cm^2 wurden verschiedene Belastungen angewendet. Zuerst trat eine starke Steigerung des Verschleißes ein, dann ließ er nach u. darauf trat eine Steigerung der Verschleiß-Geschw. ein. Der Verschleiß hing dabei von dem Druck auf die scheinbare Kontaktfläche ab. Es wird angenommen, daß die Deformierung der Spitzen, die durch die Oberflächenrauhigkeit bedingt sind, mit ihrer Tiefenverteilung verbunden ist, wodurch die Tiefe des Fressens der Probestücke bedingt ist. Unter Berücksichtigung der Geometrie der Verschleißproben kann man den Vol.-Verschleiß in Übereinstimmung mit einem Modell bringen. — 17 Literaturzitate. F. ROSENDAHL. 6546□

Metropolitan-Vickers Electrical Co. Ltd. (Erfinder: John Stratton Turnbull), **Formen für Präzisionsguß.** Mantel bzw. Kern werden aus *Sand* u. *Al-Phosphat* in etwas größerer bzw. etwas kleinerer Dimension als gewünscht in üblicher Weise geformt u. dann mit einem Brei, der Sand u. dgl. u. durch Hydrolyse von Äthylsilicat gebildeten *A.* u. SiO_2 enthält, ausgekleidet, wonach zum Abbinden der A. angezündet wird. (**Aust. P. 224 682** vom 7/11. 1958, ausg. 12/11. 1959. E. Prior. 14/11. 1957.)
H. MÖLLERING. 6383

Agathe Schranz geb. Zimmermann, Hahnenklee, Hans-Joachim Schranz, Wilhelmshaven, Gisela Czowalla geb. Schranz, Grünwald, München, und Gerhard Schranz, Rheinberg (Erfinder: Hubert Schranz, Hahnenklee), **Flotation von feinkörnigen oxidischen Eisenerzen.** Man verwendet einen Sammler der allg. Formel I. Hierin bedeutet R aliphat. gesätt. oder ungesätt. KW-Stoff-Kette, A eine beliebige Säurerestgruppe, z. B. SO_3^{2-} u. COO^{2-}. Ein solcher Sammler ist eine *N-Alkyl-N-Acylaminsäure* oder deren Salze, z. B. *Natriumlaurylsarkosid.* (**D. A. S. 1 120 394** Kl. 1c vom 9/5. 1958, ausg. 28/12. 1961.) W. HAUSWALD. 6391

$$R{-}\underset{\displaystyle R}{\underset{|}{N}}{-}R{-}A{-}H \qquad \text{I}$$

Usine Genevoise de Dégrossissage d'Or (Erfinder: Ernest Dubois und Yves Kupfer), Genf, Schweiz, **Eisen-Legierung für Federn, besonders Uhrfedern** besteht aus 0,20—0,35 (%) *C*, 1—3,5 *Nb*, 16—19 *Cr*, 7,5—10,5 *Ni*, 0,2—1,2 *Si*, 0,7—1,5 *Mn*, Rest im wesentlichen *Fe*. Zweckmäßig beträgt das Nb/C-Geh.-Verhältnis 1 : 8. Die Leg. kann ferner noch bis 0,8 *Mo* enthalten. Eine bevorzugte Zus. der Leg. ist: 0,28 C, 2,2 Nb, 18 Cr, 8 Ni, 0,9 Si, 0,8 Mn, 0,5 Mo, Rest Fe. Die Lsg. wird nach Abschreckung aus dem Temp.-Bereich der festen Lsg. zu Blech ausgewalzt, in Bänder geschnitten u. diese nach Aufrollung $^1/_2$ Std. bei 375—500° geglüht. Die so behandelte Leg. besitzt eine hohe Dauerwechselfestigkeit u. erhöhte Elastizitätseigenschaften. (**Schwz. P. 351 624** vom 30/1. 1959, ausg. 31/7. 1961.) H. HOCHSTEIN. 6411

General Electric Co. Ltd., London (Erfinder: Anthony Chitty, Wembley), England, **Herstellung einer Suspension aus Thoriumoxid in der Schmelze eines niedrigschmelzenden Metalls,** z. B. *Bi* oder einer solchen Leg., dad. gek., daß der Schmelze bis zu 50% Th-Oxid zugesetzt wird u. das Gemisch in einer inakt. Atmosphäre (N_2) in Ggw. eines oder mehrerer der Metalle *Al*, *Ba*, *Ca*, *Fe*, *Mg*, *Si*, *Na*, *Ti*, *U*, *Zn* oder *Zr* heftig bewegt wird, wobei die Menge dieses oder dieser Metalle in der Suspension, ausgedrückt in Atomen, nicht mehr als $^1/_3$ des im Th-Oxid enthaltenen Th in Atomen beträgt. Die Metalle Al, Ba usw. können dem Gemisch in fester Form zugesetzt oder als Teile einer Vorr., z. B. als Rührwerk, oder als Wandungen des Mischbehälters, die mit dem Gemisch in Berührung kommen, angewendet werden. (**D. A. S. 1 111 836** Kl. 40b vom 4/7. 1958, ausg. 27/7. 1961. **Belg. P. 569 112** vom 3/7. 1958, ausg. 24/3. 1961. Beide E. Prior. 5/7. 1957 u. 2/6. 1958.) C. GÖTZE. 6471

Siemens-Planiawerke Akt.-Ges. für Kohlefabrikate, Meitingen (Erfinder: Erich Fitzer, Meitingen, und Peter Gerassimoff, Wien, Österreich), **Herstellung von Legierungen mit weniger als 50% Aluminium.** Herst. von Sinter-Legg. der *Übergangsmetalle* u. bzw. oder der *Aktiniden* mit *Al* in Mengen unter 50 Gew.-% u. evtl. kleineren Zusätzen anderer Metalle, dad. gek., daß die Leg.-Pulver direkt durch Leg.-Bldg. dieser in Hg gelöst oder elementar bzw. als Hg-Verbb. feinst verteilt vorliegenden Metalle mit dem in Hg gelöstem Al unter völligem Ausschluß von Luft u. Feuchtigkeit bei Temp. $> 360^0$, bes. $> 450^0$, unter Druck hergestellt, nach mechan. u. therm. Abtrennung des anhaftenden bzw. gebundenen Hg ohne vorheriger Mahlzerkleinerung direkt zu Formkörpern verpreßt u. in sauerstoff- u. wasserdampffreier Atmosphäre bzw. im Vakuum gesintert werden. Die Abtrennung des Hg erfolgt nur durch Dest. von den gebildeten Leg.-Pulvern im rohrförmigen Druckbehälter durch partielle Kühlung. (**D. A. S. 1 078 773** Kl. 40b vom 27/6. 1957, ausg. 31/3. 1960.) G. APEL. 6475

General Electric Co., V.St.A. (Erfinder: Arno Gatti), **Passivieren von selbst entzündlichem Metallpulver** (*Fe, Ni, Co*). Die Pulverteilchen werden mit einem passivierenden Mittel (*N*, $TiCl_4$, $SiCl_4$, CCl_4) zusammengebracht, z. B. im H_2-Strom, der Dämpfe des Mittels enthält, so daß sie O_2-beständig werden. (**F. P. 1 243 740** vom 29/12. 1959, ausg. 18/1. 1961. A. Prior. 29/12. 1958.) H. BAUR. 6475

VEB Forschungs- und Versuchsanstalt für Strömungsmaschinen, Dresden (Erfinder: Heinz Drechsel, Rolf Michael, Dresden, und Wolfgang Weise, Pirna), **Löten von Metallteilen,** bes. von Stahlteilen, mit *Cu* als Lot, in O_2-freier Atmosphäre. Dieser Atmosphäre werden in Gasphase gebrachte Metalle, z. B. $CrCl_3$ zugesetzt, die in die Oberfläche der Metallteile u. des Lotes eindiffundieren u. dadurch ihre Veredlung bewirken. Das Verf. ist bes. im chem. Apparatebau oder beim Bau von Maschinen für die Nahrungs- u. Genußmittelindustrie von Bedeutung. (**D. A. S. 1 116 033** Kl. 49h vom 20/4. 1959, ausg. 26/10. 1961.) W. HAUSWALD. 6505

Küppers Metallwerk G. m. b. H., Bonn (Erfinder: Horst Melchiors, Wesseling, und Wolfgang-Dieter Luz, Frankfurt/M.), **Flußmittel für Weichlote,** besteht aus einer Trägersubstanz auf Harz- oder Wachsbasis, vorzugweise *Kolophonium*, u. einem Aktivierungsmittel. Dieses besteht aus dem halogenwasserstoffsauren Salz eines N.N-disubstituierten Alkanolamins. Die Substituenten am N weisen 1—6 C-Atome auf. Solche Amine sind: *N.N-Diäthyläthanolamin, N.N-Diäthylisopropanolamin.* (**D. A. S. 1 119 086** Kl. 49h vom 14/5. 1958, ausg. 7/12. 1961.) W. HAUSWALD. 6505

Albert Berthold Henninger, Karlsruhe, **Herstellung eines Flußmittels zum Hartlöten von Leichtmetallen und deren Legierungen.** Die Bestandteile des bekannten, aus *Chloriden* u. *Fluoriden der Alkali-, Erdalkali-* u. *Erdmetalle* u. aus einer Lsg. u./oder Suspension der Doppelsalze von *Schwermetall-* u. *Li-Halogeniden*, bes. $3\ CdCl_2 \cdot 4\ LiCl$, sowie einfacher Li-Halogenide in für die Lsg. dieser Salze geeigneten organ. Lsgm. höherer DK bestehenden Flußmittels werden bis zu annähernd koll. Feinheit gemahlen. Nach Zusatz eines organ. Lsgm. kann das Flußmittelgemisch einer nochmaligen Mahlung unterworfen werden. (**D. A. S. 1 120 847** Kl. 49h vom 5/1. 1955, ausg. 28/12. 1961.) W. HAUSWALD. 6505

International Nickel Co. (Mond) Ltd. (Erfinder: David Wade Rhys), London, England, **Verwendung einer Kupfer–Palladium–Mangan-Dreistofflegierung als Hartlot zum Verbinden von Metallgegenständen,** die Temp. von 550^0 u. mehr ausgesetzt werden. Die Leg. besteht aus 10—50 (%) *Pd*, 2—44 *Mn*, Rest 28—85 *Cu*. Die Zus. liegt innerhalb eines in einer Zeichnung dargestellten Feldes des Dreistoffsystems. (**D. A. S. 1 120 846** Kl. 49h vom 26/9. 1958, ausg. 28/12. 1961. E. Prior. 1/10. 1957.) W. HAUSWALD. 6505

Phoenix-Rheinrohr Akt.-Ges. Vereinigte Hütten- und Röhrenwerke, Düsseldorf (Erfinder: Wilhelm Rädeker, Mülheim), **Erzielung von geschweißten, im gesamten Bereich der Schweißung gegen interkristalline Spannungskorrosionen (Laugensprödigkeit) beständigen Stahlgegenständen** mit einem Schweißdraht aus einem Stahl mit einer solchen Zus., daß er im niedergeschmolzenen Zustand ein etwas edleres elektrochem. Potential als der Grundwerkstoff besitzt. Die Schweißzone wird hierbei nachfolgend einer Glühbehandlung von 750—800° für die Dauer von 20 Min.

bis 2 Std. unterworfen. (**D. B. P. 975 427** Kl. 49h vom 20/1. 1952, ausg. 23/11. 1961. Anmeldung bekanntgemacht 18/11. 1954.) W. HAUSWALD. 6507

Holding Intercito Soc. An., Zürich (Erfinder: Willy Welz, Glattbrugg), Schweiz, **Pulvergemisch zur Herstellung eines Schweißmittels für das Unterpulverschweißen,** das überwiegend aus Al_2O_3 u. CaF_2 besteht u. mit Hilfe eines Bindemittels agglomerisiert, gekörnt u. ggf. geglüht wird. Das Gemisch, das keine freie SiO_2 enthält, soll mindestens etwa 45 (%) Al_2O_3 u. mindestens etwa 10 CaF_2 aufweisen. Das Pulver besteht z. B. aus 50 *Bauxit* u. 50 *Flußspat* oder aus 45 Bauxit, 35 Flußspat u. 20 *Wollastonit.* (**D. A. S. 1 116 514** Kl. 49h vom 24/6. 1958, ausg. 2/11. 1961. Schwz. Prior. 5/7. 1957.) W. HAUSWALD. 6507

Schweißwerk Wattenscheid G. m. b. H. & Co., Wattenscheid/Westf., **Herstellung einer Auftrags- und Verbindungsschweißung,** bes. bei schadhaft gewordenen Gießformen (Stahlwerkskokillen) für den Vakuumguß, mittels eines elektr. Lichtbogens ohne Vorwärmung des Werkstückes unter Verw. einer stromführenden Stahlelektrode. Zur Bldg. der Grundnaht wird eine Stahlelektrode aus 0,16 (%) *C*, 0,2 *Si*, 0,98 *Mn*, 0,014 *P*, 0,01 *S*, 0,06 *Cr*, 0,43 *Mo*, 0,12 *Cu*, Rest *Fe*, gleichzeitig mit einem Zusatzgußstab aus 3,3 *C*, 3,0 *Si*, 0,4 *Mn*, 0,15 *P*, 0,05 *S*, Rest *Fe*, verschmolzen. (**D. A. S. 1 117 362** Kl. 49h vom 3/11. 1958, ausg. 16/11. 1961.) W. HAUSWALD. 6507

Westfälische Union Akt.-Ges. für Eisen- und Drahtindustrie, Hamm/Westf. (Erfinder: Werner Hummitzsch und Franz Mersmann, Hamm), **Verwendung von Stählen als Zusatzwerkstoff für die elektrische Schutzgas-Schweißung.** Die Stähle bestehen aus 0,08—0,3 (% *C*, über 0,5—2,5, vorzugweise nicht unter 1, *Si*, über 1—3 *Mn*, Rest techn. *Eisen.* Die Stähle können zusätzlich bis zu 0,5 *Ti*, *Zr* u. *Al* einzeln oder zu mehreren enthalten. Außerdem können zusätzlich bis zu 3 *Ni*, *Cr*, *Cu* u. *Mo* einzeln oder zu mehreren vorhanden sein. Die Zusatzwerkstoffe dienen für das Lichtbogenschweißen beruhigter Stähle unter CO_2 oder unter Gemischen von CO_2 mit einatomigen Gasen, wie Ar u. He, oder zweiatomigen Gasen, wie H_2, als Schutzgas. (**D. A. S. 1 116 513** Kl. 49h vom 29/7. 1955, ausg. 2/11. 1961.) W. HAUSWALD. 6507

Farbwerke Hoechst Akt.-Ges., vormals Meister Lucius & Brüning, Frankfurt/M., **Rommeln von Metallteilen** zum Entgraten, Entrosten, Entzundern, Entfetten oder Polieren. Zur Verhinderung späterer Korrosionserscheinungen, bes. bei Eisen u. Stahl, wird ein saures *Salz von Phosphorsäuren* sowie ggf. noch *Netzmittel*, bes. solche nichtionogenen Typs, enthaltende wss. Lsg. verwendet. Anschließend muß gespült werden. Dem letzten Spülbad werden CrO_3 u./oder H_3PO_4 bzw. ihre Salze zugesetzt. (**F. P. 1 242 583** vom 7/12. 1959, ausg. 6/1. 1961. D. Prior. 6/12. 1958.) H. BAUR. 6513

Erhard Fasshauer, Seesen, Harz (Erfinder: Erhard Fasshauer, Seesen, Harz, und Walter Berg, Berlin-Spandau), **Elektrolytisches Polieren von Wolfram und Molybdän** durch Verw. eines NH_3 u. $(NH_4)_2SO_4$ enthaltenden Elektrolyten. Der Elektrolyt wird auf etwa Zimmer-Temp. gehalten u. eine anod. Stromdichte von 0,5—1,0 A/cm² angewendet. Das Verf. eignet sich bes. zum Elektropolieren von *elektr. Entladungsgefäßen* z. B. *Kathodenschichtträgern*, *Metallspiegeln*, *Lichtbogenelektroden* oder Fertigung von *Kontakten.* (**D. B. P. 974 610** Kl. 48a vom 17/12. 1943, ausg. 2/3. 1961. Anmeldung bekanntgemacht 21/8. 1952.) H. HÄNLE. 6515

Metal & Thermit Corp. (Erfinder: Frank Passal), **Galvanisches cyanidisches Kupferbad** besteht aus einer alkal. Lsg. von *CuCN* u. freien *CN*-Ionen mit einem Zusatz von 0,025—0,5 g/Liter einer quatern. *Polyäthoxy-Verb.* von folgender allg. Formel. In dieser ist R eine Alkylgruppe mit 8—16 C-Atomen u. X ein Halogenion. n u. m sind ganze Zahlen von 1—14. Diese als Netzmittel bekannten Verbb. erzeugen glänzende Cu-Ndd. in einem ziemlich weiten Stromdichtebereich.

$$\left[R{-}N\begin{matrix} -(C_2H_4O)_nH \\ -(C_2H_4X)_mH \\ -CH_3 \end{matrix} \right]^+ X^-$$

(**F. P. 1 250 128** vom 19/2. 1960, ausg. 24/3. 1961. A. Prior. 19/3. 1959.) F. MARKHOFF. 6517

Metal & Thermit Corp., Rahway, N.J. (Erfinder: Frank Passal, Detroit, Mich.), V.St.A., **Galvanisches Chrombad** besteht aus einer CrO_3-Lsg., die AlF_6-, ZrF_6- u./oder TiF_4-Ionen enthält. Das Verhältnis CrO_3 zu den komplexen Ionen soll zwischen 50:1 u. 200:1 liegen. Die komplexen Ionen stellen wirksame Katalysatoren dar, die allein oder zusammen mit SO_4-Ionen verwendet werden. (**F. P. 1 251 479** vom 30/12. 1959, ausg. 19/4. 1961. **D. A. S. 1 120 834** Kl. 48a vom 12/1. 1960, ausg. 28/12. 1961. Beide A. Prior. 15/1. 1959.) F. MARKHOFF. 6519

Metal & Thermit Corp., Rahway, N.J., und Frank Passal, Detroit, Mich., V.St.A. (Erfinder: Frank Passal), **Nebelverhindernder Zusatz in galvanischen**

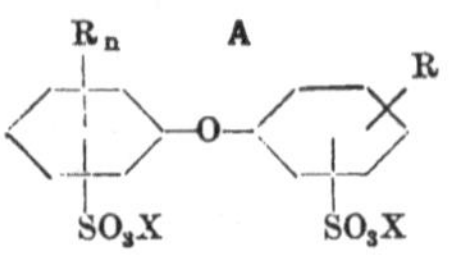

Chromsäurebädern besteht aus mindestens 0,005, bes. 0,01 bis 0,25 g/Liter *disulfoniertem Alkyldiphenyloxyd* der allg. Formel **A**, in der R eine Alkylgruppe mit 6—18 C-Atomen, n = 0 oder 1 u. X = H bedeutet. Beispiel: 250 (g/Liter) CrO_3, 2,5 SO_4 als Na_2SO_4, 0,25 *Na-Salz des sulfonierten Dodecyldiphenyloxids*, Temp. 43°, Stromdichte 0,155 A/cm². (**D. A. S. 1 103 102** Kl. 48a vom 23/9. 1958, ausg. 23/3. 1961. A. Prior. 8/10. u. 22/11. 1957.) H. HÄNLE. 6519

Riedel & Co. (Erfinder: Karl Friedrich Daum), Bielefeld, **Galvanisches Abscheiden korrosionsbeständiger, rißfreier Glanzchromüberzüge,** dad. gek., daß ein Bad mit einem Geh. an 300—400 (g/Liter) CrO_3, 0,3—0,5% H_2SO_4, bezogen auf CrO_3, 0,8—1,5 eines Salzes der H_2SiF_6 oder eine äquivalente Menge der freien Säure, 0,5—2,0 eines *Fluorids der Metalle der II.* u. *IV. Gruppe des Period. Syst.* u. 4—10 Cr^{3+} verwendet u. bei Raum-Temp. von ca. 20° mit einer Stromdichte von 2—8 A/dm² gearbeitet wird. (**D. A. S. 1 099 818** Kl. 48a vom 16/11. 1959, ausg. 16/2. 1961.) H. HÄNLE. 6519

L. J. V. Granier, Beausoleil, Frankreich, **Bad zum stromlosen Versilbern,** enthält ein durch von *Ag-Halogenid* in *Alkali-Hyposulfit* enthaltenden wss. Lsgg. gebildetes Komplexsalz. Mit einem durch einen Überschuß von *Bisulfit* sauer reagierenden Bad kann *Fe, Pb* oder *Ni* versilbert werden. Mit einem durch Zusatz von Na_2CO_3 alkal. reagierenden Bad kann *Zn* versilbert werden. Bäder mit einem geringen Überschuß an NH_3 eignen sich für *Cu* u. seine Legierungen. (**Belg. P. 568 972** vom 28/6. 1958, ausg. 2/12. 1960. F. Prior. 10/10. 1949.) F. VIER. 6527

Bergwerksverband G. m. b. H. (Erfinder: Bernhard Jüttner), Essen, **Anodische Herstellung einer nichtmetallischen Schutzschicht auf Aluminium** durch Verw. wss. *Mellitsäure* als Elektrolyt. Beispiel: 30 g Mellitsäure werden in 200 cm³ W. gelöst. Bei 40 V Gleichstrom werden zu Anfang 0,4 A gemessen u. nach 6 Std. ist der Wert kaum noch meßbar. Die Schicht ist mechan. u. chem. widerstandsfähig. Der metall. Charakter des Al ist durch diese Schutzschicht völlig aufgehoben. (**D. A. S. 1 101 897** Kl. 48a vom 30/10. 1959, ausg. 9/3. 1961.) H. HÄNLE. 6529

Minnesota Mining & Mfg. Co., V.St.A., **Überzugslack für metallische Oberflächen,** bes. für *Kupferdraht,* aus einer Lsg. des plast. Polymer-Prod. von *Trifluorchloräthylen* in einem organ. Lsgm., wie *Perfluorchlorbutan, Hexachlortetrafluorbutan, Trifluorpentachlorpropan, Oktafluoroktachlorheptan, Tetrachlordifluoräthan.* Der Überzug wird nach dem Auftragen durch Erhitzen bei 390—400° gehärtet. — Diagramme. (**F.P. 1 208 416** vom 10/6. 1958, ausg. 23/2. 1960.) M. F. MÜLLER. 6529

Soc. Continentale Parker, Frankreich, **Phosphatieren von Eisenmetallen** mittels *Zn-Phosphat*-Lsgg., die als Beschleuniger H_2O_2 enthalten, u. deren Acidität durch Zugabe von $ZnCO_3$ konst. gehalten wird. Die vorhergehende Reinigung der zu phosphatierenden Bleche ist genau durchzuführen, z. B. mit einer wss. alkal. Lsg., die ein *Alkalimetallphosphat, Boran* u. ein *Polyoxyäthylenäthanol* als oberflächenakt. Mittel enthält. (**F. P. 1 246 802** vom 2/10. 1959, ausg. 13/2. 1961. E. Prior. 3/10. 1958 u. 30/9. 1959.) H. BAUR. 6533

Soc. Continentale Parker, Frankreich, **Vorbehandeln von Metalloberflächen vor dem galvanischen Aufbringen von Metallüberzügen.** Die Oberflächen werden unter Bedingungen *phosphatiert,* daß das Gew. der aufgebrachten Phosphatschicht 0,2—10 g/m² beträgt. Auf diese wird dann unmittelbar der Metallüberzug galvan. niedergeschlagen. (**F. P. 1 251 464** vom 11/12. 1959, ausg. 19/4. 1961.) F. MARKHOFF. 6533

Soc. Continentale Parker, Frankreich, **Phosphatieren von Metalloberflächen** durch Aufbürsten oder Aufspritzen einer wss. sauren Lsg. eines schichtbildenden Phosphats mit mindestens 0,5 Gew.-% *Polyvinylalkohol,* dessen Viscosität in 4%ig. wss. Lsg. mindestens 6 cP beträgt. Zum Phosphatieren einer feuerverzinkten Metalloberfläche soll die noch SiF_4 u. *Ni* enthaltende Lsg. in einer Konz. von mindestens 200 Punkten verwendet werden. Beispiel: Konzentrat aus 100 (Gew.-Teilen) *ZnO*, 10 $NiCO_3$, 0,75 *Nitroguanidin,* 150 H_3PO_4, 80 HNO_3, 12 H_2SiF_6 u. 250 *Polyvinylalkohol* (als 10%ig. Lsg.) werden mit W. auf 1000 aufgefüllt. (**F. P. 1 247 850** vom 12/2. 1960, ausg. 24/2. 1961. E. Prior. 12/2. 1959.) H. BAUR. 6533

E. I. du Pont de Nemours & Co., V.St.A. (Erfinder: Arthur Henry Parker und John Philip Sherick), **Nichtwässerige Phosphatierungslösung für Metalle.** Die nicht entflammbare Lsg. besteht aus einem Halogen-KW-Stoff (*Trichloräthylen, Perchloräthylen*) mit einem Geh. an ca. 2—12 Gew.-% eines niederen aliphat. Alkohols mit 3—8 C-Atomen (*n-Butanol*) u. einer phosphatierungswirksamen Menge H_3PO_4. Beispiel: 2000 (cm³) *Trichloräthylen,* 350 *2-Heptanol,* 10 H_3PO_4 (85%ig), 2 Min. Tauchen bei 87°. (**F. P. 1 243 997** vom 21/11. 1959, ausg. 18/1. 1961. A. Prior. 21/11. 1958 u. 26/2. 1959.) H. BAUR. 6533

Badische Anilin- & Soda-Fabrik Akt.-Ges., übert. von: **Adolf Johannsen, Herbert Wolf** und **Willi Danz**, Ludwigshafen/Rh., und **Wilhelm Pfannmüller**, Mannheim, *Rösten von schwefelhaltigem Material.* (**Can. P. 558 588** vom 21/7. 1953, ausg. 10/6. 1958. D. Prior. 30/7. 1952. — C. **1958.** 2566 [Belg. P. 521 654].)

Strategic-Udy Metallurgical & Chemical Processes Ltd., Hamilton, Ontario, Canada, übert. von: **Marvin J. Udy**, Niagara Falls, N.Y., V.St.A., *Eisenaufarbeitung.* (**Can. P. 559 090** vom 2/5. 1953, ausg. 17/6. 1958. A. Prior. 10/3. 1953. — C. **1960.** 2686 [A. P. 2 805 929].)

Strategic-Udy Metallurgical & Chemical Processes Ltd., Hamilton, Ontario, Canada, übert. von: **Marvin J. Udy**, Niagara Falls, N.Y., V.St.A., *Eisenaufarbeitung.* (**Can. P. 559 091** vom 2/5. 1953, ausg. 17/6. 1958. A. Prior. 10/3. 1953. — C. **1959.** 11060 [A. P. 2 805 930].)

Magnesium Elektron Ltd., übert. von: **Derek J. Whitehead** und **James H. T. Petch**, Clifton Junction, Manchester, England, *Magnesiumlegierungen.* (**Can. P. 558 017** vom 19/4. 1955, ausg. 27/5. 1958. E. Prior. 26/4. 1954. — C. **1961.** 8464 [Schwz. P. 327 368].)

Magnesium Elektron Ltd., übert. von: **Derek J. Whitehead**, Clifton Junction, Manchester, England, *Magnesiumlegierungen.* (**Can. P. 558 018** vom 6/9. 1955, ausg. 27/5. 1958. E. Prior. 25/10. 1954. — C. **1959.** 7955 [F. P. 1 133 235].)

Dow Chemical Co., übert. von: **Douglas S. Chisholm** und **Don F. Hall**, Midland, Mich., V.St.A., *Herstellung von Titanlegierungen.* (**Can. P. 558 944** vom 22/1. 1954, ausg. 17/6. 1958. A. Prior. 11/2. 1953. — C. **1959.** 12048 [A. P. 2 766 113].)

Westinghouse Electric Corp., East Pittsburgh, übert. von: **Donald E. Thomas, Kenneth M. Goldman, Robert B. Gordon** und **William A. Johnson**, Pittsburgh, Pa., V.St.A., *Zirkoniumlegierungen.* (**Can. P. 558 412** vom 11/3. 1955, ausg. 3/6. 1958. A. Prior. 15/3. 1954. — C. **1959.** 12684 [A. P. 2 772 964].)

Vereinigte Aluminium-Werke Akt.-Ges., Bonn, übert. von: **Heinrich Neunzig**, Gindorf bei Grevenbroich, *Behandlung von Aluminium.* (**Can. P. 558 381** vom 14/9. 1951, ausg. 3/6. 1958. D. Prior. 26/9. 1950. — C. **1954.** 9854 [E. P. 693 876].)

Westinghouse Electric Corp., East Pittsburgh, Pa., übert. von: **Martin F. Quaely**, Montclair, und **William C. Lilliendahl**, Mountain Lakes, N.J., V.St.A., *Schutz von Wolfram und Molybdän bei hohen Temperaturen.* (**Can. P. 559 115** vom 24/3. 1954, ausg. 17/6. 1958. A. Prior. 29/6. 1953. — C. **1959.** 7628 [A. P. 2 772 227].)

Westinghouse Electric Corp., East Pittsburgh, übert. von: **Myron Ceresa**, Pittsburgh, Pa., V.St.A., *Elektrische Abscheidung ternärer Legierungen.* (**Can. P. 558 107** vom 11/6. 1954, ausg. 27/5. 1958. A. Prior. 10/7. 1953. — C. **1957.** 8351 [A. P. 2 739 933].)

Westinghouse Electric Corp., East Pittsburgh, übert. von: **George W. Jernstedt**, Pittsburgh, Pa., V.St.A., *Erzeugung glänzender galvanischer Überzüge.* (**Can. P. 558 392** vom 2/4. 1949, ausg. 3/6. 1958. A. Prior. 1/5. 1948. — C. **1953.** 7918 [F. P. 985 230].)

Westinghouse Electric Corp., East Pittsburgh, übert. von: **Richard E. Woehrle**, Trafford, und **James W. Condon**, Pittsburgh, Pa., V.St.A., *Glanzzusätze für galvanische, saure Kupferbäder.* (**Can. P. 558 411** vom 9/2. 1955, ausg. 3/6. 1958. A. Prior. 26/2. 1954. — C. **1960.** 6993 [A. P. 2 799 634].)

Westinghouse Electric Corp., East Pittsburgh, Pa., übert. von: **Martin F. Quaely**, Montclair, N.J., V.St.A. *Galvanisch abgeschiedene Überzüge.* (**Can. P. 558 400** vom 22/5. 1953, ausg. 3/6. 1958. A. Prior 14/6. 1952. — C. **1957.** 6278 [A. P. 2 739 109].)

United Aircraft Corp., übert. von: **John K. Atticks**, East Hartford, Conn., V.St.A., *Herstellung vernickelter Aluminiumpropeller.* (**Can. P. 558 772** vom 22/12. 1955, ausg. 10/6. 1958. A. Prior. 30/12. 1954. — C. **1962.** 5087 [E. P. 804 287].)

United Aircraft Corp., East Hartford, übert. von: **Donald G. Richards**, Andover, Conn., V.St.A., *Schutzschicht auf Oberflächen von Aluminium oder Aluminiumlegierungen.* (**Can. P. 559 100** vom 27/10. 1954, ausg. 17/6. 1958. A. Prior. 23/11. 1953. — C. **1959.** 17457 [Aust. P. 205 594].)

Anstalt für die Entwicklung von Erfindungen und gewerblichen Anwendungen Energa, Vaduz, Liechtenstein, *Verminderung der Hitzeeinwirkung auf Wandungen der Verbrennungsräume von Raketen.* (**Holl. P. 100 132** vom 10/6. 1955, ausg. 15/1. 1962. D. Prior. 10/6. 1954. — C. **1958.** 1978 [F. P. 1 125 825].)

I. I. Dslijew, Metallurgie des Cadmiums. Moskau: Metallurgisdat. 1962. (189 S. m. Abb.) 60 Kop. [Russ.]

Heinrich Quiring, Platinmetalle. Stuttgart: Ferdinand Enke Verl. 1962. (VII + 288 S. m. 26 Abb. u. 74 Zahlentaf.) DM 69,—.

Adrien Saulnier et **Roger Develay**, Structures et propriétés caractéristiques de quelques alliages de titane. Paris: Service de documentation et d'information technique de l'aéronautique. 1961. (IV + 152 S. m. Abb.) 35 NF.

—, Stahleisen-Wörterbuch. Deutsch-englisch. Englisch-deutsch. 2., erw. u. verb. Aufl. Düsseldorf: Verl. Stahleisen. 1962. (340 S.) DM 16,50.

IX. Organische Industrie

Alkylierung von Benzol durch Fraktionen von Polymeren in Gegenwart von Aluminiumchlorid. R. A. Schichalijewa, M. M. Mowssumsade und L. Ss. Dedussenko. (Известия Высших Учебных Заведений [Баку], Нефть и Газ [Hochschulnachr. (Baku), Erdöl Gas] **3**. Nr. **4**. 85—90. 1960. Asisbekow-Inst. für Erdöl u. Chem. der AserbaidshanVR; russ.) — 150 g Bzl. werden einer Alkylierung (Alk) mit einem Gemisch aus 95 g der Fraktion 48—110°, bei einem Druck von 9 Torr in Ggw. von 12 g $AlCl_3$ unterworfen. Das Alkylat (I) hat folgende Konst.: Molgew. 216; $D._4^{20}$ 0,870; n_D^{20} 1,496. Verss. zeigen, daß die Alk von Bzl. mit engeren Fraktionen eine bessere Ausbeute des I ermöglicht, wobei das I aus tiefsd. Fraktionen im Gegensatz zu dem aus hochsd. ein kleineres Molgew. aufweist. Jedoch die Fraktion mit 130 (Molgew.; $Kp._9$ 50°)

gibt ein **I** mit 206, was dem theoret. zu erwartenden **I** entspricht. Aus der Fraktion 186 entsteht ein **I** von 192,5, was weit unter dem theoret. liegt. Dieses ist auf den Zerfall hochmol. Olefine der Fraktion 98—110° in Ggw. von Al_2O_3 u. der nachfolgenden Alk zurückzuführen. Bei der Oxydation von **I** mit *$KMnO_4$* entstehen aromat. Säuren u. Fettsäuren von salbenartiger Konsistenz, was auf die Oxydation der Seitenketten von **I** u. nichtalkylierter Olefine zurückzuführen ist. Die Ausbeute der **I** betrug, bezogen auf die *Olefine* der Ausgangsfraktion, 20—25%. ELSE HEINEMANN. 6578

Die Gewinnung von Phenanthren verschiedenen Reinheitsgrades. L. D. Glusman. (Кокс и Химия [Koks u. Chem.] **1959.** Nr. 2. 39—43. Charkow, Forsch.-Inst. für Kohlechem.; russ.) — Die Möglichkeit der Gewinnung von 70—85%ig. techn. *Phenanthren* (**I**) aus Rohanthracen u. Anthracenöl, der Mutterlauge von der Anthracenanreicherung, durch Lsgm. wird bestätigt u. eine Meth. für die Gewinnung von **I** beliebigen Reinheitsgrades aus techn. **I** vorgeschlagen. Nach dieser Meth. wird techn. **I** (Preßgut) durch Schmelzen mit festem KOH bei 240—260° u. anschließend bei 300 bis 350° sowohl von Carbazol (**IV**) als auch von Diphenylensulfid (**V**) befreit u. nach Abtrennen der KW-Stoffschicht von der alkal. Unterschicht destilliert. Zur Entfernung von Anthracen (**III**) erfolgt eine Behandlung des Destillats (90—93%ig. **I**) bei 130—140° mit Maleinsäureanhydrid (**II**; 110% der erforderlichen theoret. Menge). Nach Auswaschen von überschüssigem **II** mit 15%ig. NaOH wird die abgeschiedene KW-Stoffschicht umdest. u. 2mal aus A. umkristallisiert. Das so gewonnene reine **I** ist frei von **III**, **IV** u. **V**, enthält über 99% Rein-**I** u. schmilzt bei ca. 100°. N. HVIID. H 2850□

Über die Herstellung von kristalliner Glucose aus Maismehl. E. A. Obuchowski und A. A. Malyshew. (Сахарная Промышленность [Zucker-Ind.] **34.** Nr. 11. 67—71 Nov. 1960; russ.) — Die meiste Zeit bei der Herst. von *Glucose* (**I**) beansprucht die Kristallisation, die beim Primär-Prod. 130 Std. u. beim Sekundär-Prod. 250 Std. beträgt. Der normale Verlauf der Kristallisation hängt hauptsächlich von der Reinheit der als Ausgangs-Prod. verwendeten Stärke ab. Verss. zeigen, daß bei Zusatz von NaCl (**II**) zu **I**-Sirupen von 56—58° Brix die Doppel-Verb. (**III**) von **I** mit **II** in der kurzen Zeit von nur 6—8 Std. auskristallisiert. Die Zerlegung von **III** in **I** u. **II** mit kaltem W. verläuft ohne Schwierigkeiten. Auch in Ggw. von lösl. Nebenprodd. im Hydrolysat (bis zu 3%) krist. **III** gut aus. Die Technologie der Herst. von krist. **I** aus Maismehl 95%ig. Ausmahlung wird eingehend beschrieben. Die Zus. von so hergestellter Handels-**I** lautet: 99,67% **I**, 0,19% Asche, 0,14% **II**, 9,0% H_2O. Für die Herst. von 1 t krist. Handels-**I** werden ca. 2,5 t Mais benötigt. Es wird vorgeschlagen, die **I**-Herst. auch in kleinen Zuckerfabriken durchzuführen, die dadurch ihre Produktivität erhöhen können. Der größte Teil der benötigten Ausrüstung ist in Zuckerbetrieben vorhanden.
S. AUGUSTAT. H 3400□

Celanese Corp. of America, New York, N.Y., V.St.A., **Trennung von organischen Basen.** Ein Gemisch von organ. Basen, deren Kpp. nahe beieinander liegen, u. die nur in azeotropen Gemischen destillieren, wird verdampft u. die Dämpfe von unten in eine Dest.-Kolonne eingeleitet. Im Gegenstrom dazu werden Säuredämpfe eingeführt, u. zwar in einer Menge, daß nur die stärkste Base neutralisiert wird, während die schwächeren als Dampf entweichen. Die Säuren, z. B. HCl, H_2SO_4, $HClO_4$ oder Toluolsulfonsäuren, werden in Form von verd. wss. Lsgg. verwendet, so daß sich die stärkste Base am unteren Ende der Dest.-Kolonne in Form einer wss. Salz-Lsg. abscheidet. Das Verf. eignet sich bes. zur Trennung von Basen, bei denen die Stärke der stärkeren Base mindestens das 1,5fache von der der schwächeren beträgt u. für Gemische, in denen die zu entfernende Base höchstens 25% der Gesamtmenge ausmacht. Beispiele: Pyridin + Piperidin, 3- oder 4-Picolin + 2.6-Lutidin, $(CH_3)_3N$ + $(CH_3)_2NH$. (**E. P. 811 117** vom 22/9. 1955, ausg. 2/4. 1959. A. Prior. 24/9. 1954.) A. KALIX. 6557

Farbwerke Hoechst Akt.-Ges., vormals Meister Lucius & Brüning, Frankfurt/M. (Erfinder: Walter Schmidt, Ulrich Schwenk, Frankfurt, Walter Berndt, Schneidhain/Taunus, Erhard Weber, Otto Probst und Lothar Hörnig, Frankfurt/M.), **Aldehyde, Ketone oder den Aldehyden entsprechende Säuren** werden erhalten, indem in einer 1. Rk.-Stufe Olefine in Abwesenheit von O_2 mit sauren Katalysator-Lsgg., die Edelmetallsalze, die unter den Rk.-Bedingungen mit den Olefinen Komplexsalze bilden u. in denen die Edelmetalle mindestens 2wertig sind, u. Redoxkatalysatoren (Cu-, Fe-Salze) enthalten, umgesetzt u. diese Katalysator-Lsgg., die frei von Nd. sind, in einer 2. Rk.-Stufe mit O_2 oder freien O_2 enthaltenden Gasen in Abwesenheit von Olefin wieder aufoxydiert werden. Die Katalysator-Lsg. wird vor der Wiederoxydation von Olefinen u. Rk.-Prodd. durch Abstreifen mit Wasserdampf befreit. — Abbildung. (**D. A. S. 1 123 312** Kl. 12o vom 1/8. 1957, ausg. 8/2. 1962.)
A. JAHN. 6583

E. I. du Pont de Nemours & Co., Wilmington, Del., übert. von: Louis Spiegler, Woodbury, N.J., V.St.A., **Reduktion von organischen Nitroverbindungen.** Die Nitro-Verbb. (**I**) werden in W. dispergiert u. 0,025%, bezogen auf das Gew. von **I** an Pd, Pt oder ihren Oxiden, als Katalysator zugesetzt. Die Red. wird in einem Rührautoklav durchgeführt, aus dem zunächst die Luft durch Einleiten von N_2 verdrängt wird. Dann wird das Rk.-Gemisch auf 50—95° erwärmt u. H_2 so eingeleitet, daß sein Partialdruck 200—700 Torr beträgt u. so lange, bis nichts mehr absorbiert wird. Nach Abfiltrieren des Katalysators können die entstandenen Amine aus W. umkrist. werden. I u. H_2 brauchen nur techn. rein zu sein. Das Verf. eignet sich bes. zur Herst. von *p-Aminophenol* u. *p-Aminobenzoesäure*. (**A. P. 2 947 781** vom 10/6. 1953, ausg. 2/8. 1960.) A. KALIX. 6585

Badische Anilin- & Soda-Fabrik Akt.-Ges. (Erfinder: Heinrich Pasedach und Matthias Seefelder), Ludwigshafen/Rh., **Partielle Hydrierung von Acetylenverbindungen.** Vgl. F. P. 1 190 949; C. **1961.** 14826. Nachzutragen ist: Aus 3-Piperidinobutin-(1) wird *3-Piperidinobuten-(1)*, Kp.$_8$ 47—48°, u. aus 1-Äthinylcyclohexen-(1) → *Vinylcyclohexen-(1)*, Kp.$_{39}$ 58—59°, erhalten. (**D. A. S. 1 115 238** Kl. 12o vom 5/2. 1957, ausg. 19/10. 1961.) W. GRÄGER. 6585

Esso Research and Engineering Co., Elizabeth (Erfinder: Alan Schriesheim, Fords), N.J., V.St.A., **Gleichzeitiges Isomerisieren und Alkylieren von n-Paraffinkohlenwasserstoffen** mit 4—6 C-Atomen über Al-Halogenid-Katalysatoren, dad. gek., daß die KW-Stoffe in fl. Phase in Ggw. eines $AlCl_3$ oder $AlBr_3$ im Gew.-Verhältnis von 1—3:1 enthaltenden Katalysators bei 10—50° mit einem Olefin mit 2—5 C-Atomen in an sich bekannter Weise umgesetzt werden u. daß zu jeder gegebenen Zeit nur ein verhältnismäßig kleiner Anteil der Gesamtolefinmenge mit dem Paraffin-KW-Stoff u. dem Katalysator in Berührung kommt. — Zeichnung. (**D. A. S. 1 121 597** Kl. 12o vom 2/12. 1958, ausg 11/1 1962. A. Prior. 19/12. 1957.) E. KAHLES. H 510

National Research Development Corp., London (Erfinder: William Kenneth Rodgerson Musgrave, Durham, John Perrett, Norton, und John Savory, Brandon, Durham), England, **Herstellung von fluorenthaltenden, perhalogenierten aliphatischen beziehungsweise cycloaliphatischen Jodiden beziehungsweise Bromiden,** dad. gek., daß ein perfluoriertes ggf. halogensubstituiertes Olefin bzw. Cycloolefin mit JF_5, JF_7, BrF_3 oder BrF_5 in Ggw. von J_2 bzw. Br_2 umgesetzt wird, wobei mindestens so viel J_2 bzw. Br_2 hinzugefügt wird, daß das frei werdende F mit diesen zu JF bzw. BrF reagieren kann. Im Falle der Rk. eines perfluorierten Olefins mit BrF_3 u. Br_2 wird zweckmäßig in Ggw. eines inerten Lsgm. (Trifluortrichloräthan) gearbeitet. Zweckmäßig werden die J- oder Br-Fluoride mit J_2 bzw. mit Br gemischt, das Gemisch in ein Druckgefäß gebracht, unter den Kp. des Perfluorolefins abgekühlt, dieses eingeführt u. das Druckgefäß verschlossen, bis die Rk. prakt. vollständig ist. Es werden so C_2F_5J, C_3F_7J, C_2F_4ClJ oder C_2F_4ClBr in hohen Ausbeuten erhalten. Die Prodd. werden bei Polymerisationen als *Kettenübertragungsmittel*, als Quelle für *freie Radikale* u. für den Aufbau langer perfluorierter C-Ketten mittels Rkk., wie die WURTZ-Rk., verwendet. (**D. A. S. 1 121 598** Kl. 12o vom 18/2. 1960, ausg. 11/1. 1962. E. Prior. 18/2. 1959.) W. GRÄGER. H 510

Phillips Petroleum Co., übert. von: William T. Nelson, Bartlesville, Okla., V.St.A., **Trennung von stärker ungesättigten von weniger ungesättigten Kohlenwasserstoffen,** bes. mit gleichem oder ähnlichem Kp., erfolgt durch Behandeln der KW-Stoffgemische mit N-Alkylpyridonen-(2) mit höchstens 5 C-Atomen im Alkyl. Löslichkeit von C_2H_2 (**II**), C_2H_4 (**III**), CO_2 u. N_2 bei 0 u. 30° in N-Methylpyridon-(2) (**I**) vgl. Tabelle. Es können getrennt werden: **II** von **III**; Bzl. von n-Heptan; Cyclohexan von n-Heptan; Naphthene u. Aromaten von gesätt. Naphthenen u. Paraffin-KW-Stoffen mit **I**, N-Äthyl-, N-Isopropyl- oder N-Butylpyridon-(2). **II** (Löslichkeit als BUNSEN-Koeff. α angegeben) kann in Form seiner Lsg. auch gelagert werden. (**A. P. 2 849 396** vom 29/6. 1953, ausg. 26/8. 1958.) G. KRAUSS. H 520

Distillers Co. Ltd. (Erfinder: Frank Christopher Newman), Edinburgh, England, **Stabilisieren von Monochlorbutenen,** wie 3-Chlorbuten-(1) u./oder 1-Chlorbuten-(2). Als Stabilisierungsmittel werden eine oder mehrere organ. S-Verbb. (Methyl-, Äthyl-, Propyl-, Isopropyl-, Butyl-, Amyl-, Hexyl-, Dodecyl- oder Benzylmercaptan, Thioglykolsäure, Mercaptobenzothiazol oder Thiodiphenylamin) den Monochlorbutenen in Mengen von 0,01—1 Gew.-% zugesetzt. Zweckmäßig wird die fraktionierte Dest. des bei der Chlorierung von n-Buten erhaltenen Rk.-Prod. in Ggw. einer S-Verb. mit gegenüber dem Kp. der Monochlorbutene gleichem oder niedrigerem Kp. (bes. Isopropylmercaptan) u. einer S-Verb. mit höherem Kp. (Dodecyl- oder Benzylmercaptan, Mercaptobenzothiazol oder Thiodiphenylamin) durchgeführt. Diese S-Verbb. sind nach angegebenen Tabellen weit wirksamer als die bisher bekannten Inhibitoren Hydrochinon, Anisol oder tert.-Butylbrenzcatechin. (**E. P. 863 718** vom 11/6. 1958, ausg. 22/3. 1961.)

W. Gräger. H 520

Montecatini Soc. Gen. per l'Industria Mineraria e Chimica, Mailand, übert. von: Giacomo Fauser, Novara, Italien, **Gewinnung von reinem Acetylen** (I) aus dieses enthaltenden Gasgemischen, die durch unvollständige Verbrennung von CH_4 gewonnen werden u. neben I H_2, CO, CO_2, C_2H_4, CH_4, N_2, O_2 u. höhermol. Acetylene (II; Diacetylen, Methyl-, Monovinyl-, Äthylacetylen u. höhermol. Acetylene mit Kp. >64°) enthalten. Das Gasgemisch wird auf 13 at bei ca. 25° verdichtet, mit wss. NH_4OH u. NaOH gewaschen, um CO_2 u. II mit Kp. >64° zu entfernen. Das Restgas wird auf 3—4° abgekühlt, die entstandene Fl. entfernt, CH_3OH zugesetzt, auf —25° gekühlt, ein Teil von CH_3OH, in dem II u. Feuchtigkeit enthalten ist, entfernt, der Rest auf —70 bis —80° abgekühlt, um alle II u. einen Teil von I durch Waschen mit CH_3OH zu entfernen. Weiteres I wird jeweils mit frischem CH_3OH bei —80 u. —85° ausgewaschen. Das Restgas aus H_2, CO, CH_4, N_2, O_2 u. C_2H_4 wird fraktioniert dest. u. das Gemisch aus H_2 u. CO zur Herst. von CH_3OH verwendet. Aus den CH_3OH-Extrakten wird durch stufenweises Erwärmen reines I erhalten. — Vgl. A. P. 2 834 431; C. **1959.** 12051. — Vorr., Zeichnung. (**A. P. 2 894 602** vom 23/2. 1956, ausg. 14/7. 1959. It. Prior. 24/9. 1955.)

G. Krauss. H 530

E. I. du Pont de Nemours & Co., Wilmington, Del., übert. von: James Warren Graham, North Muskegon, und Robert W. Keown, Montague, Mich., V.St.A., **Stabilisierung von Monovinylacetylen** (I), das als Verunreinigungen Divinylacetylen, Hexadien-(1.3)-in-(5), Butatrien, Chloropren, CH_2=CHCl u. CH_3CHO enthält, gegen Polymerisation bei der Dest., beim Handhaben oder Lagern, bei —70 bis +90°, erfolgt durch Zusatz von 1—1000 ppm I eines *Sulfids* der Metalle der 1. u. 2. Gruppe des Period. Syst. u. der Übergangsmetalle. Als Stabilisierungsmittel sind geeignet: H_2S, Na_2S, K_2S, CaS, BaS, HgS, Cu_2S, CoS, NiS, Cs_2S, die als wss., aceton. oder alkohol. Lsg. verwendbar sind. — Nach dem anderen Verf. dienen als Stabilisierungsmittel die *Oxime* von aliphat., cycloaliphat. u. aromat. Aldehyden u. Ketonen, wie Aceton-, Butyraldehyd-, Butanon-, Cyclohexanon-, Benzaldehyd-, Acetophenonoxim. Die Stabilisierung des I-Gases erfolgt z. B. im Gegenstrom mit der Lsg. des Stabilisierungsmittels. — I wird erhalten aus C_2H_2 in Ggw. von Cu_2Cl_2 nach A. P. 2 759 985 u. Abtrennen nach A. P. 2 796 448; beide C. **1960.** 4999. (**A. PP. 2 934 577** vom 20/6. 1958, ausg. 26/4. 1960 u. **2 947 795** vom 5/12. 1958, ausg. 2/8. 1960.)

G. Krauss. H 530

Farbenfabriken Bayer Akt.-Ges., Leverkusen (Erfinder: Rudolf Merten, Köln), **Herstellung von wasserlöslichen Metallalkoholaten** durch Austausch der Alkoholkomponenten, dad. gek., daß der Alkoholaustausch mit Verbb. durchgeführt wird, die durch Anlagerung von Äthylenoxid an hydrophobe, mindestens 4 C-Atome enthaltende organ. Verbb., die mindestens ein akt. H-Atom enthalten, erhalten werden. Bei dem Alkoholaustausch wird vorteilhaft in Ggw. von geringen Mengen W., durch die nur eine teilweise Hydrolyse der Metallalkoholate erfolgen kann, gearbeitet. Titantetrabutylat u. 7fach hydroxäthyliertes C_{12}—C_{14}-Alkoholgemisch geben bei 90° in Ggw. von wenig W. ein schwach gelbliches, in W. lösl. *Titanhydroxyalkoholat*, n_D^{20} 1,4817. — *Emulgier- u. Imprägniermittel.* (**D. A. S. 1 122 049** Kl. 12o vom 11/9. 1959, ausg. 18/1. 1962.)

G. König. H 550

Esso Research and Engineering Co. (Erfinder: Thomas Herman Hakala und Isidor Kirshenbaum), Elizabeth, N.J., V.St.A., **Dialkyläther** werden aus Olefinen in starken Säuren in Ggw. von 1—25 Mol-%, bezogen auf die Olefine, von halogenierten aromat. KW-Stoffen (I), die noch einen oder mehrere Substituenten, wie Alkyl-, Sulfonsäure-, Methoxy- oder Phenylgruppen, enthalten können, bei 190—250° F u. 500—3000 lbs./sq.in., vorteilhaft in Ggw. eines Lsgm. für den herzustellenden Äther, wie KW-Stoffe oder Äther oder deren Gemische, erhalten. Als I kommen bes. halogeniertes 1.2.3.4-Tetrahydronaphthalin, Chlorbenzol, Chlortoluole u. Chlornaphthaline in Betracht. I verhindert oder unterdrückt die Bldg. von Polymeren der Olefine sowie der färbenden Bestandteile. (**E. P. 843 671** vom 27/11. 1957, ausg. 10/8. 1960.)

G. König. H 560

Chemische Werke Hüls Akt.-Ges. (Erfinder: Werner Schmidt, Walter Franke und Willi Ziegenbein), Marl, Kr. Recklinghausen, **Herstellung von Dimethoxydecadienen** durch Rk. von Chlormethoxypentenen in aliphat. Nitrilen (bes. CH_3CN oder Propionitril) als Lsgm. mit feinverteiltem metall. Fe in Ggw. von Aktivatoren (bes. Metalle, die in der Spannungsreihe hinter Fe stehen, wie Cd, Co, Ni, Sn, Pb, Pd, Cu, Hg, Ag, Au, Pt oder deren Salze, wie Chloride, Sulfate, Nitrate, Phosphate, Acetate, Formiate, Oxalate, Benzoate oder Phthalate), dad. gek., daß außerdem

in Ggw. von als FRIEDEL-CRAFTS-Katalysatoren bekannten Halogeniden der in der Spannungsreihe vor Fe stehenden Metalle ($AlCl_3$, BF_3, $ZnCl_2$) sowie von Fe u. B gearbeitet wird. Diese Moderatoren, die eine längere Inkubationszeit sowie den spontanen Ablauf der stark exothermen Rk. verhindern, sind in Mengen von 0,1—10 Gew.-%, bes. 1 bis 3 Gew.-%, bezogen auf Chlormethoxypentan, erforderlich. Die Rk. wird bei 50—150°, bes. 70—90°, durchgeführt. (**D. A. S. 1 119 254** Kl. 12o vom 1/6. 1960, ausg. 14/12. 1961.)
W. GRÄGER. H 570

Eastman Kodak Co., V.St.A. (Erfinder: Hugh John Hagemeyer jun., Glenn Vincent Hudson und Edward Joseph Mooney), **Herstellung ungesättigter aliphatischer Aldehyde** mit 4—12 C-Atomen, dad. gek., daß Aldehyde mit 2—6 C-Atomen aldolisiert werden, aus den gebildeten Aldolen W. abgespalten u. der Aldehyd durch Einleiten von Wasserdampf in Ggw. einer Alkalihydroxid-Lsg. mit einer Konz. von 10—30 : 1000 gereinigt wird. — Aus n-Butyraldehyd bzw. Isobutyraldehyd wird bei nachheriger Hydrierung *2-Äthylhexanol* bzw. *-isohexanol*, aus n-Valeraldehyd *2-Propylheptanol* hergestellt, die mit Phthalsäureestern verestert werden können. — Beschrieben wird ferner die Reinigung von *2-Propyl-4-methylhexen-(2)-al* u. *2-Butylocten-(2)-al*. (**F. P. 1 224 715** vom 20/5. 1959, ausg. 27/6. 1960. A. Prior. 27/5. 1958.)
S. BÖTTCHER. H 670

Celanese Corp. of America, V.St.A. (Erfinder: Roy Henry Prinz und Bob Charles Kerr), **Stabilisierung konzentrierter wäßriger Formaldehydlösungen** mit >40 Gew.-% HCHO durch Zusatz von 10—1000 ppm eines Koll. (Gelatine, Pektine, Polyoxyäthylenlauryläther, Cellulosemethyläther). (**F. P. 1 228 672** vom 24/6. 1959, ausg. 31/8. 1960. A. Prior. 24/6. 1958 u. 18/5. 1959.)
S. BÖTTCHER. H 670

Cellophane Soc. An., Frankreich, **Reinigung von Methyläthylketon (I)**, das ca. 40% Toluol enthält u. aus Lsgm.-Dämpfen von Lacken, Vinylidenchloridpolymeren usw. stammt, durch Waschen der mit Wasserdampf gemischten Dämpfe mit einem mit I nicht, mit W. mischbaren, NaOH enthaltenden Lsgm., Kondens., Dekantieren u. Trocknen über $CaCl_2$ oder Silicagel. — Verf.-Schema. (**F. P. 1 224 241** vom 5/2. 1959, ausg. 22/6. 1960.)
S. BÖTTCHER. H 710

Rohm & Haas Co., Philadelphia, Pa., V.St.A. (Erfinder: J. L. O'Brien und H. J. Schneider), **Acryl- und Methacrylsäurehydroxyalkylester** werden durch Hydrolyse von Acryl- u. Methacrylsäurevinyloxyalkylestern (erhältlich nach A. P. 2 692 256; C. **1956**. 14509) in W. mit einer starken Mineralsäure (H_2SO_4, HCl, HNO_3, H_3PO_4) in Ggw. oder Abwesenheit eines Polymerisationsverzögerers u. eines Lsgm. (Dioxan) erhalten. — Aus 20 g Methacrylsäure-4-vinyloxybutylester, $Kp._1$ 65—72°, u. 100 cm³ 0,5%ig. H_2SO_4 bei Raum-Temp. nach 16 Std. → *Methacrylsäure-4-hydroxybutylester*, $C_8H_{14}O_3$, $Kp._{0,05}$ 65—70°; n_D^{25} 1,4518; 35%. — Methacrylsäure-2-vinyloxyäthylester → *Methacrylsäure-2-hydroxyäthylester*, $C_6H_{10}O_3$, $Kp._{0,3-0,4}$ 55—65°; n_D^{28} 1,4489; 77%. — Methacrylsäure-5-vinyloxypentylester → *Methacrylsäure-5-hydroxypentylester*, $C_9H_{16}O_3$, $Kp._{0,3-0,4}$ 85—90°; 36%. — Acrylsäure-2-vinyloxyäthylester → *Acrylsäure-2-hydroxyäthylester*, $C_5H_8O_3$; n_D^{25} 1,4480; VZ. 496; OHZ. 481; 57%. — Acrylsäure-4-vinyloxybutylester → *Acrylsäure-4-hydroxybutylester*. — Acrylsäure-5-vinyloxypentylester → *Acrylsäure-5-hydroxypentylester*. — *Zwischenprodd.* zur Herst. von *Überzugsmassen* u. *Mischpolymeren*. (**Belg. P. 562 435** vom 16/11. 1957, ausg. 3/6. 1960. A. Prior. 20/11. 1956 u. 14/2. 1957.)
G. KRAUSS. H 810

Chemstrand Corp., V.St.A. (Erfinder: Eugene Lee Ringwald), **Reinigung aliphatischer Nitrile**, bes. *Adiponitril*, durch Behandeln mit 10—70%ig. HNO_3 bei 60—150°, Waschen mit verd. Alkali u. Destillation. (**F. P. 1 224 100** vom 29/12. 1958, ausg. 22/6. 1960. A. Prior. 30/12. 1957.)
S. BÖTTCHER. H 820

Kyowa Hakko Kogyo Co. Ltd., übert. von: Kakuo Kitahara, Tokyo, Japan, **l-Äpfelsäure (II)** wird in bis zu 90%ig. Ausbeute durch 16std. bis 3 Tage lange, bes. 20std. Einw. von Fumarase (I) auf die wss. Suspension eines fumarsauren Salzes, bes. von Ca-, Mg- oder Zn-Fumarat, bei 15—45°, bes. bei 25°, u. einem pH von 5—8 erhalten, wobei I von *Lactobacillus brevis*, *L. delbrueckii* u. *Escherichia coli* geliefert wird. Das hierbei abgeschiedene II-Salz, z. B. $Ca(C_4H_4O_5)_2 \cdot H_2O$, wird z. B. mit H_2SO_4 zerlegt. II dient z. B. zur Herst. von Gelees, als Emulgator für die Herst. von Margarine u. Mayonnaise, als Säuerungsmittel für Flaschengetränke; ihre Ester dienen als Weichmacher. (**A. P. 2 972 566** vom 7/12. 1959, ausg. 21/2. 1961.)
O. MÜLLER-MEININGEN. H 850

Monique Blazère, Frankreich, **Herstellung von Thioharnstoff**, dad. gek., daß $CaCN_2$ in so viel W. gelöst wird, daß Hydrolyse eintritt u. der Überschuß an Ca als $Ca(OH)_2$ ausfällt, worauf verd. u. filtriert u. die Lsg. bei 25—30° in H_2S-Atmosphäre fluidisiert wird. Es wird noch einige Min. lang auf 60—80° erwärmt, durch Behandeln mit 6—12% CO_2 u. O_2 enthaltenden Gasen bei 40—80° carbonisiert u. an Ionenaustauschern gereinigt. (**F. P. 1 224 215** vom 4/2. 1959, ausg. 22/6. 1960.) S. Böttcher. H 880

Chenevier, Bailly & Cie., Frankreich (Erfinder: André Pluye), **Gewinnung von Aminosäuren,** dad. gek., daß Hydrolysate von Fischeiweiß durch Zentrifugieren u. Filtrieren in feste u. fl. Bestandteile getrennt u. aus letzteren durch Extraktion u. Dest. oder Dekantieren u. Zentrifugieren eine Polypeptidmasse mit 33% Amino-N vom Gesamt-N, eine wss. Lsg. von Aminosäuren mit 50—60% Amino-N u. ein Vitaminöl gewonnen wird. (**F. P. 1 218 653** vom 20/12. 1958, ausg. 12/5. 1960.) S. Böttcher. H 950

Rottweiler Kunstseidefabrik Akt.-Ges., Rottweil/Neckar (Erfinder: Hans Binder, Frankfurt/M., und Rudolf Heinle, Rottweil/Neckar), **Herstellung organischer stickstoffhaltiger Phosphorverbindungen,** dad. gek., daß Phosphonsäureimide oder Phosphorsäuremonoesterimide der allg. Formel **A**, in der R u. Z beliebig substituierte aliphat., aromat., araliphat. oder cycloaliphat. Reste in direkter P—C- bzw. N—C-Bindung oder aromat. oder hydroaromat. Reste in P—O—C-Bindung, Z außerdem auch die Reste von Diaminen oder Hydroxalkylaminen bedeuten, bei Temp. zwischen 110 u. 240° mit Verbb. umgesetzt werden, die ein reaktionsfähiges H enthalten, wie W., ein- oder mehrwertige Alkohole, Phenole, Carbonsäuren, Verbb. mit durch 2 Carbonylgruppen benachbarten Methylengruppen, wie 1.3-Carbonsäureester oder 1.3-Diketone, Amine u. Di- oder Polyamine. Vorteilhaft sollen mehrwertige Alkohole in einem mol. Verhältnis zum Phosphonsäure- oder Phosphormonoesterimid umgesetzt werden, so daß jeweils eine OH-Gruppe mit 1 Mol Phosphonsäure- oder Phosphormonoesterimid reagiert. — Äthylphosphonsäurecyclohexylimid (**I**) wird mit überschüssigem wasserfreiem Cyclohexanol unter Druck 5 Std. lang auf 230° erhitzt. Nach Abdestillieren von Cyclohexanol u. Waschen sowie Umkristallisieren wird *Äthylphosphonsäurecyclohexylamidhexahydrophenylester*, $C_{14}H_{28}$·NO_2P, F. 117°, erhalten. — **I** u. Benzylalkohol auf 240° erhitzt geben *Äthylphosphonsäurecyclohexylamidbenzylester*, $C_{15}H_{24}NO_2P$, F. 194—195°. — **I** u. Cyclohexylamin $\xrightarrow{150°}$ *Äthylphosphonsäuredicyclohexylamid*, $C_{14}H_{29}N_2OP$, F. 161—162°. — **I** u. Anilin $\xrightarrow[\text{Druck}]{240°}$ *Äthylphosphonsäurecyclohexylamidanilid*, $C_{14}H_{23}N_2OP$, F. 182°. — Äthylphosphonsäureanil mit Phenol in Dioxan gelöst, gibt bei 150° *Äthylphosphonsäurephenylesteranilid*, $C_{14}H_{16}$·NO_2P, nicht kristallisierend. — Analog wird erhalten mit Cyclohexylamin *Äthylphosphonsäureanilidcyclohexylamid*, $C_{14}H_{23}N_2OP$, F. 153—155°. — Phenylphosphonsäurecyclohexylimid (**II**) in Anisol mit überschüssigem Phenol auf 190—200° unter Druck 5 Std. erhitzt, ergibt *Phenylphosphonsäurecyclohexylamidphenylester*, $C_{18}H_{22}NO_2P$, F. 234 bis 236°. — **II** u. Cyclohexylamin $\xrightarrow[\text{Druck}]{140°}$ *Phenylphosphonsäuredicyclohexylamid*, $C_{18}H_{29}$·N_2OP, F. 169°. — **II** in Anisol mit Eisessig $\xrightarrow[\text{Druck}]{180-200°}$ *O-Acetylphenylphosphonsäurecyclohexylamid*, $C_{14}H_{20}NO_3P$, nicht kristallisierend. — **II** u. Acetylaceton $\xrightarrow{\text{Rückfluß}}$ *Acetonylphenylphosphinsäurecyclohexylamid*, $C_{15}H_{22}NO_2P$, F. 285—290° (Zers.). — **II** u. Malonsäurediäthylester $\xrightarrow[\text{Druck}]{200°}$ *Phenylisoamylphosphinsäurecyclohexylamid*, $C_{17}H_{28}NOP$, Benzylphosphonsäurecyclohexylimid u. Phenol in Ggw. von Xylol $\xrightarrow[\text{Druck}]{200°}$ *Benzylphosphonsäurephenylestercyclohexylamid*, $C_{19}H_{24}NO_2P$, F. 198—200°. — Cyclohexylphosphonsäurecyclohexylimid u. CH_3OH $\xrightarrow[\text{Druck}]{150°}$ *Cyclohexylphosphonsäuremethylestercyclohexylamid*, $C_{13}H_{26}NO_2P$, F. 260—265°. — Mit überschüssigem Cyclohexylamin wird *Cyclohexylphosphonsäuredicyclohexylamid*, $C_{18}H_{35}N_2OP$, F. 280—281°, erhalten. — Phosphorsäurephenylestercyclohexylimid (**III**) u. CH_3OH $\xrightarrow[\text{Druck}]{150°}$ *Phosphorsäurephenylmethyldiestercyclohexylamid*, $C_{13}H_{20}NO_3P$, F. 268—269°. — **III** u. Isopropanol $\xrightarrow[\text{Druck}]{150°}$ *Phosphorsäurephenylisopropyldiestercyclohexylamid*, $C_{15}H_{24}NO_3P$, F. 271°. — **III** u. Phenol in Ggw. von Bzl. $\xrightarrow[\text{Druck}]{150°}$ *Phosphorsäurediphenylestercyclohexylamid*, $C_{18}H_{22}NO_3P$, F. 199—200°. — **III** u. wasserfreies Glykol in Anisol gelöst $\xrightarrow[\text{Druck}]{150°}$ *Bis-glykolester von Phosphorsäurephenylestercyclohexylamid*, $C_{26}H_{38}N_2O_6P_2$, F. 254—256°. — **III** u. überschüssiges Glykol ohne Anisol $\xrightarrow[\text{Druck}]{150°}$ *Phosphorsäurephenylmonoglykolestercyclohexylamid*, $C_{14}H_{22}NO_4P$. — **III** u. Butylamin $\xrightarrow[\text{Druck}]{150°}$ *Phosphorsäurephenylester-N-cyclohexyl-N'-butyldiamid*, $C_{16}H_{27}N_2O_2P$, Harz. — **III** u. Cyclohexylamin $\xrightarrow[\text{Druck}]{180°}$ *Phosphorsäurephenylesterdicyclohexylamid*, $C_{18}H_{29}N_2O_2P$, F. 202°. — Mit überschüssigem Anilin → *Phosphorsäurephenylestercyclohexylamidanilid*, $C_{18}H_{23}N_2O_2P$, F. 212°. — $^1/_6$ Mol **III** u. $^1/_2$ Mol Hexamethylendiamin in Bzl. $\xrightarrow[\text{Druck}]{150°}$ *N.N'-Bis-[phosphorsäurephenylestercyclohexylamid]-hexamethylendiamid*, $C_{30}H_{48}N_4O_4P_2$,

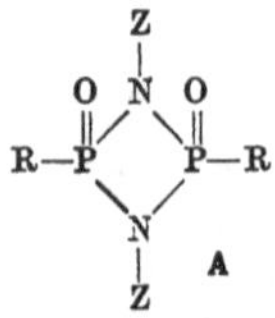

A

F. 209°. — 1/4 Mol Phosphorsäurephenylestermethylimid u. 1/8 Mol Glykol in Ggw. von Dioxan $\xrightarrow[\text{Druck}]{220^0}$ *Bis-glykolester von Phosphorsäurephenylestermethylamid*, $C_{16}H_{22}N_2O_6P_2$, Harz. — Phosphorsäurephenylesterbenzylimid u. Phenol $\xrightarrow[\text{Druck}]{210^0}$ *Posphorsäurediphenylesterbenzylamid*, $C_{19}H_{18}NO_3P$, F. 105—107°. — **III** u. großer Überschuß an W. $\xrightarrow[\text{Druck}]{110^0}$ *Phosphorsäuremonophenylestercyclohexylamid*, $C_{12}H_{18}NO_3P$, F. 268,5°. — Phosphorsäurephenylesterbenzylimid u. Anilin in Ggw. von Xylol $\xrightarrow{230-240^0}$ *Phosphorsäurephenylesterbenzylamidanilid*, $C_{19}H_{19}N_2O_2P$, F. 184°. — Phosphorsäurephenylesterhexamethylenimid u. CH_3OH $\xrightarrow[\text{Druck}]{150^0}$ *N.N'-Bis-[phosphorsäurephenylmethyldiester]-hexamethylendiamid*, $C_{20}H_{30}N_2O_6P_2$. — 1/10 Mol Phosphorsäurephenylesteranil u. 1/10 Mol Phenol in Ggw. von Xylol $\xrightarrow[\text{Druck}]{220^0}$ *Phosphorsäurediphenylesteranilid*, $C_{18}H_{16}NO_3P$, F. 167—168°. — Mit überschüssigem Cyclohexylamin $\xrightarrow[\text{Druck}]{200^0}$ *Phosphorsäurephenylestercyclohexylamidanilid*, $C_{18}H_{23}\cdot N_2O_2P$, F. 192—194°. — 1/10 Mol Phosphorsäurephenylester-p-tolylimid u. 1/10 Mol Phenol in Ggw. von Xylol $\xrightarrow[\text{Druck}]{220^0}$ *Phosphorsäurediphenylester-p-toluidid*, $C_{19}H_{18}NO_3P$, F. 150°. — Phosphorsäurecyclohexylestercyclohexylimid u. Cyclohexanol $\xrightarrow[\text{Druck}]{200^0}$ *Phosphorsäuredicyclohexylestercyclohexylamid*, $C_{18}H_{34}NO_3P$, F. 225—226°. — *Fungicide, Insecticide, Flammenschutz-, Schmier-, Arzneimittel, Herst.* von *Polymerisaten*. (**D. A. S. 1 084 716** Kl. 12o vom 5/3. 1958, ausg. 7/7. 1960.) G. KÖNIG. H 980

Universal Oil Products Co., V.St.A., **Herstellung von Alkylbenzolen,** dad. gek., daß Bzl. in einem Verdünnungsmittel, wie n-Pentan, n-Hexan oder n-Heptan, in Ggw. von 98,5%ig. H_2SO_4 mit einem Olefin alkyliert wird. — Zum Beispiel wird ein Gemisch aus 43 (Gew.-%) Bzl., 47 n-Hexan, 3 Cyclohexan, 12 Methylcyclopentan u. 38 C_6—C_7-Isoparaffinen mit tetramerem Propen zu *Dodecylbenzol* umgesetzt. (**F. P. 1 223 016** vom 28/4. 1959, ausg. 14/6. 1960.) S. BÖTTCHER. H 1010

Soc. des Usines Chimiques Rhône-Poulenc, Frankreich (Erfinder: Georges Bichet und Georges Poilane), **Herstellung von Cumolhydroperoxid,** dad. gek., daß Cumol in fl. Phase in Ggw. eines Alkalisalzes der α-Äthylhexansäure (auch Essig-, Butter-, Isobutter-, n-Octan-, Laurin-, Stearin-, Öl- oder Naphthensäure) oxydiert wird. (**F. P. 1 218 577** vom 17/12. 1958, ausg. 11/5. 1960.) S. BÖTTCHER. H 1050

Distillers Co. Ltd., Edinburgh, Schottland (Erfinder: Bernard Hammond Markham Thompson), **Resorcin.** Das bei der Oxydation von m-Diisopropylbenzol (**I**) entstehende, **I**-Dihydroperoxid (**II**) enthaltende Oxydationsgemisch wird der katalyt. Spaltung unterworfen u. das Material, das weniger flüchtig als Resorcin (**III**) ist, in der Hitze unter Durchleiten von Wasserdampf zersetzt. Gleichzeitig werden zusätzliche Mengen von **III** u. gebildetem m-Isopropenylphenol abdestilliert. **III** wird aus dem wss. Destillat bei einem pH-Wert von wenigstens 4, ggf. in Ggw. kleiner Mengen von $(NH_4)_2SO_4$ oder einer flüchtigen Base isoliert. — Eine rohe wss. **III**-Lsg. (pH 2,2), wie sie bei der Säurespaltung von **II** nach Neutralisieren u. Abdestillieren von Aceton erhalten wird, u. die ca. 41% **III**, 29% Nebenprodd. u. 30% W. enthält, wird einer Hitzebehandlung u. der Dest. mit überhitztem Wasserdampf unterworfen u. die heißen Dämpfe in einer mit einem Wassermantel versehenen Vorlage abgeschreckt. Aus dem aus einer öligen oberen Phase (**IV**) u. einer unteren wss. **III**-Phase (pH 2,8) bestehenden Kondensat wird **IV** entfernt, die wss. Phase entwässert u. destilliert. Neben 3% Rückstand wird 96%ig. **III** erhalten. Von den aus den Nebenprodd. durch Dest. abgetrennten Prodd. gehen nur 22% der Beschickung bei $<$ 140°/13 Torr über, der Rest besteht aus einem harzartigen Rückstand. Wird die rohe wss. Ausgangs-**III**-Lsg. vor der Hitzebehandlung u. Wasserdampf-Dest. mit wss. NH_4OH bis auf pH 3,9 neutralisiert u. das Gemisch, wie oben beschrieben, aufgearbeitet, so wird bei der Dest. 97%ig. **III** neben 2,4% Dest.-Rückstand erhalten. Von den Nebenprodd. gehen in diesem Fall 78% bei $<$ 140°/13 Torr über. (**E. P. 857 113** vom 8/8. 1958, ausg. 29/12. 1960. **Zusatz zu E. P. 775 813; C. 1958. 4932.**) A. MOHR. H 1060

Director, Haffkine Institute, Bombay, Indien, **Herstellung von N[1]-(4-Methylbenzolsulfonyl)-N[3]-n-butylharnstoff,** F. 124—125°, durch Rk. von p-Toluolsulfonamid (**I**) mit n-Butylisothiocyanat (**II**), bes. in Ggw. von wss. Alkali, u. Behandeln des Rk.-Prod. mit Hg-, Pb-, Ag-Oxiden. — 14,2 g **I** werden in 175 (cm^3) Aceton (**III**) gelöst, 120 0,75n NaOH u. dann 10 **II** werden zugegeben, 24 Std. lang wird erwärmt auf 60—70°, **III** abdest., verd. mit W. u. mit CH_3COOH angesäuert, wobei *N[1]-[4-Methylbenzolsulfonyl]-N[3]-n-butylthioharnstoff* ausfällt, der abfiltriert, mit W. gewaschen u. aus Ae. umkrist. wird, F. 95—96°. 10 g hiervon werden in 35 Bzl. gelöst, unter Rühren langsam 1,2 Hg_2O in 2 Std. zugegeben, noch ½ Std. lang gerührt, filtriert, Bzl. abdest. u. der Rückstand aus Chlf. umkristallisiert. (**Ind. P. 62 696** vom 28/12. 1957, ausg. 12/5. 1960.) C. LÜTTGEN. H 1090

Esso Research and Engineering Co., Del., übert. von: William A. Dimler jun., Colonia, und Alan A. Schetelich, Cranford, N.J., V.St.A., **Farblose Weichmacher-Ester** aus aliphat. C_8—C_{14}-Alkoholen u. zweibas. Säuren oder deren Anhydriden werden bei Verw. von Alkoholen, die vor der in bekannter Weise durchgeführten Veresterung mindestens 1 Tag lang mit mindestens 5 ppm Alkaliborhydrid in einem Lsgm., z. B. Isopropanol, vorbehandelt werden, erhalten. — Beispiel: *Phthalsäuredecylester*. (**A. P. 2 957 023** vom 29/5. 1957, ausg. 18/10. 1960.)
L. Stadelmann. H 1220

Olin Mathieson Chemical Corp., übert. von: Herman A. Bruson und Jack Rockett, New Haven, Conn., V.St.A., **Halogenierte Arylmonoäther von 9.10-Dihydroxystearinsäure und deren Salze.** Diese Prodd., die als Herbicide bzw. Zusätze zu germiciden Seifen u. als Emulgatoren u. Schmierölzusätze verwendet werden können, werden durch Rk. von halogenierten Phenolen in Ggw. alkal. Katalysatoren mit einem Salz der 9.10-Epoxystearinsäure (I) u. ggf. Überführung der erhaltenen Salze in die entsprechenden freien Carbonsäuren erhalten. Die Rk., die nach dem Schema R·OH + $H_3C\cdot(CH_2)_7\cdot\underbrace{CH\cdot CH}_{O}\cdot(CH_2)_7\cdot COOMe \rightarrow H_3C\cdot(CH_2)_7\cdot CH(OH)\cdot CH(OR)\cdot(CH_2)_7\cdot COOMe$ [oder $H_3C\cdot(CH_2)_7\cdot CH(OR)\cdot CH(OH)\cdot(CH_2)_7\cdot COOMe$] verläuft (R = Halogenarylrest; Me = Metall), liefert ein Gemisch von 2 Isomeren. — Ein Gemisch aus 80,1 g trocknem Na-Salz von **I** u. 66,6 g Pentachlorphenol (**II**) in 350 cm^3 wasserfreiem Toluol wird 5 Std. lang unter Rühren gekocht u. Toluol im Vakuum abdestilliert. 500 cm^3 W. u. 22 cm^3 konz. HCl werden zugesetzt; restliches **II** wird durch Wasserdampf-Dest. abgetrieben. 132,8 g eines Gemisches von *9-Hydroxy-10-pentachlorphenoxy-* u. *9-Pentachlorphenoxy-10-hydroxystearinsäure* wird in Form eines viscosen, klarbraunen Öls erhalten. Analog werden viscose, bernsteinfarbene bis gelbe Prodd. bei Ersatz von **II** durch p-Chlorphenol, 2.4-Dichlor- bzw. 2.4.5-Trichlorphenol oder p-Bromphenol erhalten. (**A. P. 2 942 013** vom 10/6. 1955, ausg. 21/6. 1960.) A. Mohr. H 1250

Imperial Chemical Industries Ltd., London, England (Erfinder: Robert John Benzie), **Aromatische Diamine** werden durch katalyt. Hydrierung von aromat. Dinitro-Verbb. (**I**) in der Weise erhalten, daß die Hydrierung in der Dampfphase durchgeführt, ein auf amorphem oder aktiviertem Al_2O_3 niedergeschlagener NiS-Katalysator (**II**) verwendet u. bes. bei 200—450° u. unter Anwendung von ca. 30—200 Mol, bes. ca. 90 Mol H_2 auf 1 Mol **I** gearbeitet wird. — Zum Beispiel wird 2.4-Dinitrotoluol (**III**) [9 (Gew.-Teile/h)] bei 90—95° in eine evakuierte, auf 200—210° erhitzte Kammer, durch die auf 225° vorerhitzter H_2 in einer Menge von 20 strömt, geleitet. Das **II**/Dampf/H_2-Gemisch wird durch eine mit **II** gefüllte, auf 225° erhitzte Kammer geleitet. Das durch Kühlen gewonnene Kondensat enthält neben 37% W. 63% *Toluylendiamin-(2.4)*, das durch Dest. isoliert wird u. weniger als 0,1% **III** enthält. Weitere Beispiele: Red. von m-Dinitrobenzol u. eines Gemisches aus **III** u. 2.6-Dinitrotoluol. (**E. P. 832 939** vom 27/11. 1957, ausg. 21/4. 1960.) A. Mohr. H 1310

General Electric Co., übert. von: Ben A. Bluestein, Schenectady, N.Y., V.St.A., **β-Cyanäthylphenyldichlorsilan** (**I**) wird durch Rk. von Phenyldichlorsilan (**II**) mit Acrylonitril (**III**) in Ggw. eines Katalysators erhalten, der ein Gemisch von Cu_2O oder Cu(I)-Halogenid mit einem Trialkylamin darstellt, wobei die beiden Stoffe in einer Menge von 0,1—20 Mol-%, berechnet auf die Mol-Menge von **II** + **III**, verwendet werden. — 20 (Mol) **II** werden mit 15 **III** in Ggw. von 2 Tributylamin u. 2 CuCl 38 Std. lang gekocht. Bei der fraktionierten Dest. wird **I** in 25%ig. Ausbeute, berechnet auf **III**, erhalten. Erfolgt die Rk. in Abwesenheit von CuCl, so wird **I** in einer Ausbeute von nur wenigen % erhalten. — *Zwischenprod.* zur *Herst.* von *Siloxanen*. (**A. P. 2 971 972** vom 30/3. 1959, ausg. 14/2. 1961. **D. A. S. 1 127 898** Kl. 12o vom 22/3. 1960, ausg. 19/4. 1962. A. Prior. 30/3. 1959.) J. Mühleisen. H 1380

Imperial Chemical Industries Ltd., England, **Herstellung alkenylaromatischer Verbindungen** der allg. Formel $Ar-[C(R)=CH_2]_n$ (Ar = aromat. Rest, R = Alkylrest; $n \geqq 1$), dad. gek., daß aus Verbb. der allg. Formel $Ar-[C(R)(OH)-CH_3]_n$ bei 200—350° in Ggw. von γ-Al_2O_3 W. abgespalten wird. — *p-Diisopropenylbenzol*, Kp. 230°, F. 63—64°, aus p-Diisopropylbenzol-$\alpha.\alpha'$-diol (F. 135—142°). (**F. P. 1 218 735** vom 20/2. 1959, ausg. 12/5. 1960. E. Prior. 3/3. 1958 u. 2/2. 1959.) S. Böttcher. H 1410

Montecatini Soc. Gen. per l'Industria Mineraria e Chimica (Erfinder: Giampaolo Chiusoli und Francesco Minisci), Mailand, Italien, **Herstellung der Peroxide der Methylcyclohexanone,** dad. gek., daß Methylcyclohexanone mit 30%ig. wss. H_2O_2 in Ggw. von Dioxan behandelt werden. (**D. A. S. 1 088 485** Kl. 12o vom 14/6. 1957, ausg. 8/9. 1960. It. Prior. 15/6. u. 9/10. 1956.) G. König. H 1980

Badische Anilin- & Soda-Fabrik Akt.-Ges. (Erfinder: Walter Stilz und Horst Pommer), Ludwigshafen/Rh., **1.4-Divinylbenzole** werden durch Rk.

einer Oxo-Verb. (Aldehyde oder Ketone) in Ggw. eines bas. Mittels u. eines Lsgm. (KW-Stoffe, Äther, Amide) bei ca. 0—100° mit einem Bis-phosphonsäureester der allg. Formel I (R u. R_1 = gleiches oder verschiedenes Alkyl, Cycloalkyl, Aryl, Aralkyl; R_2, R_3, R_4, R_5, R_6 u. R_7 = H, gleiches oder verschiedenes Alkyl, Cycloalkyl, Aryl, Aralkyl, ggf. veresterte Carboxyl-, Carbonamid- oder Cyangruppen; R_2 u. R_3 sowie R_4 u. R_5 können auch Glieder eines ankondensierten, cycloaliphat. oder aromat. Ringes sein; R_2, R_3, R_4 u. R_5 können auch noch Halogen, NH_2, NO_2, SO_3H, Alkoxy, Aryloxy oder SH bedeuten) erhalten. — Aus 35 (Teilen) p-Xylylendichlorid u. 85 Phenyldiäthoxyphosphin nach 4 Std. bei 190—200° → 69 *p-Xylylen-bis-phenylphosphinsäureäthylester*, F. 186—187°; aus $HCON(CH_3)_2$ Nadeln; aus 22 davon u. 16 Piperonal in 50 $HCON(CH_3)_2$ bei 40° unter Zusatz von 20 30%ig. methanol. CH_3OH → *1.4-Bis-[3'.4'-methylendioxystyryl]-benzol*, aus Dimethylformamid hellgelb leuchtende Blättchen, F. 266—268°. — Benzaldehyd → *1.4-Distyrylbenzol*, F. 161—172°. (**D. A. S. 1 122 065** Kl. 12o vom 15/3. 1960, ausg. 18/1. 1962. **Zusatz zu D. A. S. 1108219; C. 1962. 5479.**) G. Krauss. H 2210

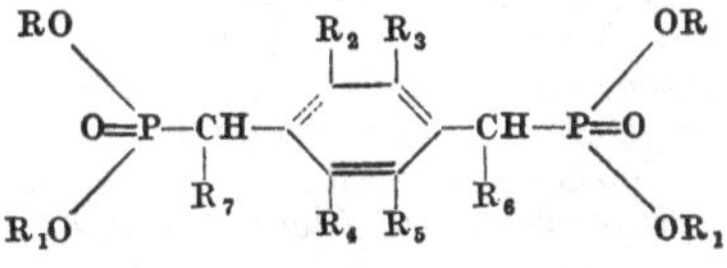

I

Union Carbide Corp., V.St.A. (Erfinder: Alford Gailey Farnham, Francis Nicholas Apel und Howard Leonard Bender), **Herstellung von Bisphenolen,** dad. gek., daß ein Phenol, das in p-Stellung zur OH-Gruppe ein akt. H-Atom besitzt, in Ggw. eines sulfonierten Kunstharzionenaustauschers bei 40—100° mit einem Keton umgesetzt wird, das in α-Stellung zur CO- eine CH_3-Gruppe besitzt. — 10 (Mol) Phenol (**I**) werden mit 1 Aceton (**II**) gemischt u. das Gemisch durch eine mit einem sulfonierten Styrol/Divinylbenzol-Kunststoff beschickte Kolonne von 75° gepumpt; nach 14 Std. wird abgekühlt, wobei *2.2-Bis-[4-hydroxyphenyl]-propan*, F. 155 bis 157°, kristallisiert. — Analog *Bis-phenole* aus **I** u. Acetophenon, F. 180—184°, o-Kresol u. **II**. — *1.1-Bis-[4-hydroxy-3-chlorphenyl]-cyclohexan*, $Kp._{25}$ 200°, aus o-Chlorphenol u. Cyclohexanon. (**F. P. 1 218 070** vom 29/12. 1958, ausg. 9/5. 1960. A. Prior. 31/12. 1957.) S. Böttcher. H 2260

Iromedica Akt.-Ges., St. Gallen, Schweiz, **Herstellung von o-[Bis-(4-hydroxyphenyl)-methyl]-benzylalkohol** (**I**) durch Red. von o-[Bis-(4-benzyloxyphenyl)-methyl]-benzoesäure (Phenolphthaleinsäuredibenzyläther; **II**), deren Ester oder Chlorid mit Komplexmetallhydriden schwacher oder starker Polarität in ätherartigen Lsgm. u. Abspaltung der Benzylreste aus dem Rk.-Prod. durch katalyt. Hydrierung mit Pd/Kohle oder Raney-Ni. — Zu 0,34 (g) $NaBH_4$ in 20 Diäthylenglykoldimethyläther (**III**) werden 0,4 $AlCl_3$ in 20 **III** u. zu der erhaltenen Lsg. 7,71 **II**-Methylester in 80 **III** gegeben. 6—7 Std. lang wird auf 60—70° erwärmt u. abgekühlt. 20 30%ig. KOH werden zugesetzt. Es wird kurz erwärmt, die organ. Schicht abgetrennt u. das Lsgm. verdampft. Der Rückstand wird in 20 CH_3OH mit 1,5 Pd/Kohle (5% Pd) u. der berechneten Menge H_2 red., die Rk.-Lsg. filtriert u. eingedampft, 92% *Phenolphthalol* (**I**), F. 199—200° (verd. A.). (**Oe. P. 212 307** vom 21/8. 1959, ausg. 12/12. 1960. Schwz. Prior. 22/8. 1958.) L. Grossner. H 2270

N. V. Philips' Gloeilampenfabrieken (Erfinder: Hendrik Durk Moed und Jan van Dijk), **Herstellung gemischter sekundärer Aralkylaryloxyalkylamine.** Eine Lsg. von 10 g 1-Methyl-2-phenoxyäthylamin (**III**) in 40 CH_3OH (**I**) wird mit 6 Styroloxid (**V**) in 10 **I** 4 Std. lang gekocht, mit 37 2n HCl verd., im Vakuum auf 30 eingedampft, mit 30 W. verd., 3mal mit Ae. extrahiert, die extrahierte Lsg. mit 50 A. verd. u. mit 25 2n NaOH alkalisiert. Die abgeschiedene ölige Schicht, die nach einigen Tagen krist., wird abgetrennt. Die Kristalle werden mit W. gewaschen u. getrocknet. Ausbeute: 4,2 *1-Phenyl-2-[1'-methyl-2'-phenoxyäthylamino]-äthanol-(1)*, F. 101,5—102°. Analog aus 2-Phenoxyäthylamin (**IV**) u. Anetholoxid (**II**) → *1-[4'-Methoxyphenyl]-1-[2'-phenoxyäthylamino]-propanol-(2)*, F. 91—91,5°, aus **III** u. **II** → *1-[4'-Methoxyphenyl]-1-[1'-methyl-2'-phenoxyäthylamino]-propanol-(2)*, F. 104,5—106°, u. aus **IV** u. **V** → *1-Phenyl-2-[2'-phenoxyäthylamino]-äthanol-(1)*, F. 116—117°; *Hydrochlorid*, F. 192—194°. (**Aust. P. 227 465** vom 11/10. 1957, ausg. 14/4. 1960. Holl. Prior. 15/10. 1956.) C. Lüttgen. H 2520

Sterling Drug, Inc., New York, N.Y. (Erfinder: Eugene Wilhelm Schoeffel und Daniel Martin Barton, Rothschild, Wis.), V.St.A., **β-Naphthol** (**I**). Die bekannte Herst. von **I** durch Sulfonierung von Naphthalin mit H_2SO_4, Überführen des Sulfonierungsgemisches mit Wasserdampf in ein β-Naphthalinsulfonsäure (**II**), H_2SO_4 u. W. enthaltendes Säuregemisch (**III**) u. Erhitzen des mit einem Salz (**IV**) eines Alkali- oder Erdalkalimetalls, dessen Säurerest schwächer sauer als **II** ist, oder mit einem wss. Alkali- oder Erdalkalihydroxid (**V**) alkal. gestellten Rk.-Gemisches wird dadurch verbessert, daß **III** mit **IV** oder **V** auf mindestens 90° u. unter einem mindestens dem Dampfdruck des Gemisches entsprechenden Druck unter Rühren vermischt wird. Hierdurch wird das gebildete **II**-Salz auch bei hohen Konzz. unter Bldg. eines dünnfl., leicht zu handhabenden Breies aus der Lsg. ausgesalzen, der sich bes. gut für die alkal. Hydrolyse des **II**-Salzes zu **I** eignet u. die Durchführung dieser Hydrolyse im kontinuierlichen Betrieb ermöglicht. Als Alkalisalz wird dem **III** vorzugsweise wss. NaOH bei über 140° in solchen Mengen zugesetzt, daß ein 10—35 Gew.-Teile β-naphthalinsulfonsaures Na in Suspension enthaltendes fl. Gemisch entsteht, das bei einer Temp. von 300—370° hydrolysiert wird. (**Schwz. P. 356 136** vom 6/6. 1955, ausg. 29/9. 1961.) A. Mohr. H 2700

Ciba Akt.-Ges., Basel (Erfinder: Hans Batzer, Arlesheim, und Erwin Nickles, Basel), Schweiz, **Herstellung von neuen, Epoxidgruppen enthaltenden Acetalen und Ketalen,** dad. gek., daß Verbb. der allg. Formel, worin R_1 bis R_9 u. R_1' bis R_9',

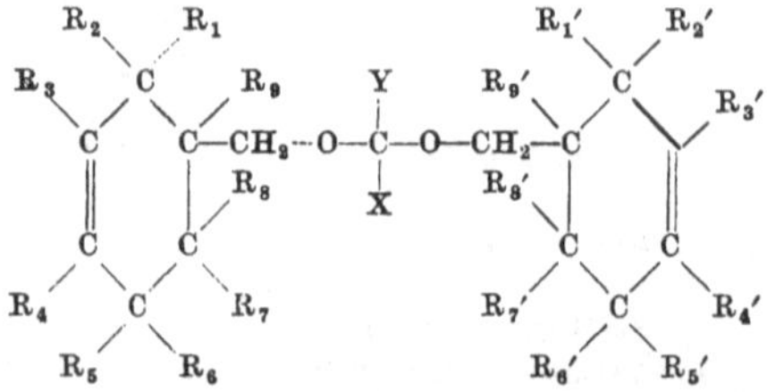

für einwertige Substituenten, wie Halogenatome, Alkoxygruppen, oder aliphat., cycloaliphat., araliphat. oder aromat. KW-Stoffreste, bes. für niedere Alkylreste mit 1 bis 4 C-Atomen oder für H stehen, wobei R_1 u. R_5 bzw. R_1' u. R_5' zusammen auch einen 2wertigen Substituenten, wie eine Methylengruppe, bedeuten können, u. X u. Y für H oder einwertige organ. Reste, wie aliphat., cycloaliphat., aromat. oder heterocycl. Reste stehen, in an sich bekannter Weise mit epoxydierenden Mitteln, bes. organ. Persäuren, behandelt werden. — Δ^3-Tetrahydrobenzylalkohol u. Paraformaldehyd werden mit Bzl. u. p-Toluolsulfonsäure 5 Std. lang gekocht. Es entsteht *Bis-[Δ^3-tetrahydrobenzyl]-formal,* $C_{15}H_{24}O_2$, $Kp._{16}$ 173—176°. — 336 (Teile) des Formals werden in Bzl. gelöst, wasserfreies CH_3COONa zugesetzt u. unter Eiskühlung 42%ig. CH_3CO_2OH eingetragen, wobei das Rk.-Medium auf 30° gehalten wird. Es entsteht ein niedrigviscoses Harz, *Bis-[3.4-epoxyhexahydrobenzyl]-formal,* mit einem Epoxid-Geh. von 7,1 Epoxidäquivalenten/kg, $Kp._{0,4}$ 171—175°. — Es werden ferner hergestellt: *Bis-[6-methyl-Δ^3-tetrahydrobenzyl]-formal,* $C_{17}H_{28}O_2$, $Kp._{13}$ 176—180°; *Bis-[3.4-epoxy-6-methylhexahydrobenzyl]-formal.* — *Benzaldehyd-bis-[Δ^3-tetrahydrobenzyl]-acetal,* $C_{21}H_{28}O_2$, $Kp._{0,03}$ 141—148°; *Benzaldehyd-bis-[3.4-epoxyhexahydrobenzyl]-acetal.* — *Acetaldehyd-bis-[Δ^3-tetrahydrobenzyl]-acetal,* $C_{16}H_{26}O_2$, $Kp._{15}$ 172—180°; *Acetaldehyd-bis-[3.4-epoxyhexahydrobenzyl]-acetal.* — *Aceton-bis-[Δ^3-tetrahydrobenzyl]-ketal,* $C_{17}H_{28}O_2$, $Kp._9$ 161° (2. Dest.); *Aceton-bis-[3.4-epoxyhexahydrobenzyl]-ketal.* — *Bis-[2.5-endomethylen-Δ^3-tetrahydrobenzyl]-formal,* $C_{17}H_{24}O_2$, $Kp._{13}$ 193—198°; *Bis-[3.4-epoxy-2.5-endomethylenhexahydrobenzyl]-formal.* — *Monochloracetaldehyd-bis-[6-methyl-Δ^3-tetrahydrobenzyl]-acetal,* $C_{18}H_{29}ClO_2$, $Kp._{12}$ 190—200°; *Monochloracetaldehyd-bis-[3.4-epoxy-6-methylhexahydrobenzyl]-acetal.* — *Glyoxaltetrakis-[Δ^3-tetrahydrobenzyl]-acetal; Glyoxal-tetrakis-[3.4-epoxyhexahydrobenzyl]-acetal.* — Mit sauren oder bas. Härtern finden die Acetale u. Ketale in Lsg. oder als Emulsion als Textilhilfsmittel, Lacke, Laminierharze, Anstrichmittel, Tauch- u. Gießharze, Spachtelmassen, Klebstoffe u. als Isolationsmassen für die Elektroindustrie Verwendung. (**D. A. S. 1 091 112** Kl. 12o vom 21/7. 1959, ausg. 20/10. 1960. **E. P. 865 340** vom 21/7. 1959, ausg. 12/4. 1961. Beide Schwz. Prior. 22/7. 1958.) G. König. H 3030

F. Hoffmann-La Roche & Co. Akt.-Ges., Basel (Erfinder: Arnold Brossi, Riehen, Max Gerecke, Basel, Emilio Kyburz, Riehen), Schweiz, **Herstellung von spirocyclischen Ketonen** der allg. Formel **I** (R_1, R_2, R_3, R_4 = H, Alkyl-, Alkoxy-, OH-Gruppe oder Halogen; R_5 = H oder niedrigmol. Alkylgruppe), indem an ein 2-Carbalkoxycumaranon-(3), der allg. Formel **II** (R_6 = niedrigmol. Alkylgruppe) ein Alkenylmethylketon $R_5—CH{=}CH—CO—CH_3$ addiert wird. Das entstehende Prod. wird in alkal. Medium (Benzyltrimethylammoniumhydroxid) in Ggw. eines organ. Lsgm. (CH_3OH + CH_3ONa) cyclisiert u. das gewonnene spirocycl. Polyketon in bekannter Weise zum Enolester oder -äther umgewandelt. Die 2'.3'-Enolester oder -äther werden in alkal. Medium epimerisiert u. die gewonnene Mischung zu stereoisomeren Racematen getrennt. Dies kann vor oder nach der Ring-Bldg. erfolgen. (**Ung. P. 149 607** vom 25/6. 1960, ausg. 20/12. 1961. Schwz. Prior. 25/11. 1959.) F. Landsberger. H 3061

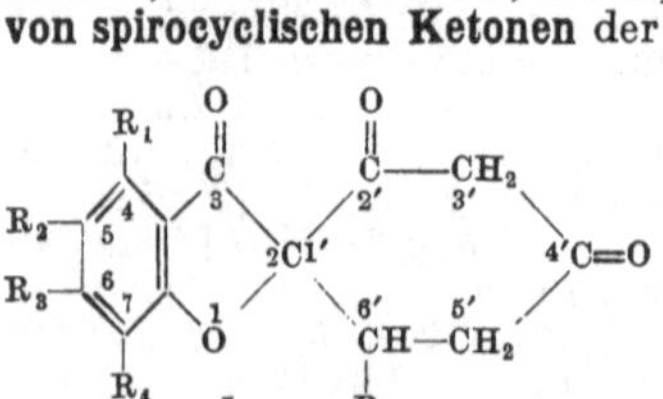

I

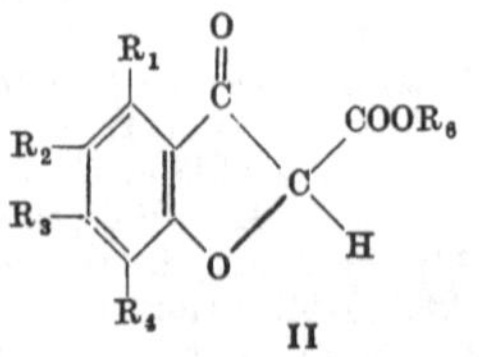

II

W. M. Beljakow und W. N. Alexandrow, **Herstellen von N-[β-Hydroxyäthyl]-pyrrolidin,** Kp. 181—185°, aus 0,2 (Mol) 1.4-Dichlorbutan u. 0,6 $HOCH_2CH_2NH_2$ durch langsames Erwärmen auf 100°, 12—14std. Erhitzen bei 150—160°, Alkalisieren u. Ausäthern. (**UdSSR. P. 121 131** vom 26/11. 1958.) B. PANKOW. H 3081

Deutsche Akademie der Wissenschaften zu Berlin (Erfinder: Alfred Rieche, Egon Gründemann und Ernst Schmitz), Berlin, **Herstellung von Bis-[3.5.5-trimethyl-1.2-dioxolanyl-(3)]-peroxid** (Mesitylperoxid), F. 122—123°, dad. gek., daß Diacetonalkohol u. H_2O_2 in Ggw. von Mineralsäure umgesetzt werden. (**D. A. S. 1 100 033** Kl. 12q vom 11/4. 1959, ausg. 23/2. 1961.) G. KÖNIG. H 3102

Farbenfabriken Bayer Akt.-Ges., Deutschland (Erfinder: Heinrich Gold und Peter Kurtz), **Herstellung von 5-Aminopyrazolen.** Zu D. A. S. 1 093 369, C. **1961.** 8475 sind folgende 5-Aminopyrazole zu ergänzen: *3-Methyl-*, $Kp._{0,05-0,1}$ 135 bis 139°, *1-[1-Cyanpropen-(1)-yl-(2)]-3-methyl-*, F. 85—86°, *1-[Benzothiazolyl-(2)]-3-methyl-*, F. 188—190°, *1-Phenyl-3-methyl-*, F. 114—115°, aus 1-Cyanpropadien-(1.2) (I) u. $N_2H_4 \cdot H_2O$, 2-Hydrazinobenzothiazol, 1-Cyan-2-chlorpropen-(2). — Ferner das Rk.-Prod., F. 217—218°, aus I u. 3-Hydrazino-1-thiacyclopentyl-1.1-dioxid. (**F. P. 1 224 884** vom 2/2. 1959, ausg. 28/6. 1960. D. Prior. 4/2. 1958.) S. BÖTTCHER. H 3122

Jefferson Chemical Co., Inc., V.St.A. (Erfinder: George Phillip Speranza), **Herstellung von Oxazolidonen,** dad. gek., daß ein organ. Isocyanat bei 100—250° in Ggw. eines quart. Ammoniumsalzes, z. B. $(C_2H_5)_4NBr$ (I) oder Tetramethylammoniumjodid, mit einem Alkylenoxid umgesetzt wird. — In einem Autoklaven werden 100 (g) Phenylisocyanat, 50 Äthylenoxid, 3 I u. 300 cm^3 Dioxan gemischt, 1 Std. lang auf 200° erhitzt, wobei der Druck auf 13,4 at steigt. Aus Ae. wird *3-Phenyloxazolidon-(2)*, F. 120,2°, erhalten. — *3-Phenyl-5-methyl-*, F. 79,5—81,5°, *3-Äthyl-*, $Kp._{10}$ 129 bis 130°, n_D^{26} 1,4515, u. *3-Phenyl-5-n-decyloxazolidon-(2)*, F. 68,5—69,7°, *2.4-Bis-[oxazolidonyl-(3)]-toluol*, aus Propylenoxid, Toluol-2.4-diisocyanat, Äthylisocyanat bzw. 1.2-Dodecylenoxid. — In gleicher Weise werden *Polymere* aus Toluol-2.4-diisocyanat u. Vinylcyclohexendioxid bzw. dem Diepoxid aus Epichlorhydrin u. Bis-[4-hydroxyphenyl]-dimethylmethan erhalten. (**F. P. 1 217 930** vom 16/12. 1958, ausg. 6/5. 1960. A. Prior. 19/12. 1957.) S. BÖTTCHER. H 3132

J. R. Geigy Soc. An., Schweiz, **Herstellung fluorescierender Verbindungen der Arylpyronreihe** der allg. Formel **I** (A = 2wertiger aromat. Rest.; X = 2wertiger Rest, der einen heterocycl. 5- oder 6gliedrigen Ring bildet; n = 0 oder 1), dad. gek., daß ein aromat. Aldehyd, der in o-Stellung zur Aldehydgruppe eine ggf. verätherte OH-Gruppe besitzt, u. eine Verb. der Formel **II** (Y = ggf. modifizierte Carboxylgruppe) einer Alkoholyse unterworfen, die ggf. entstehende o-Alkoxystyrol-Verb. in die o-Hydroxystyrol-Verb. u. diese in die Pyron-(2)-Verb. übergeführt wird, die ggf. äthyliert oder aralkyliert wird. — 2-[Cyanmethyl]-benzimidazol u. 2-Hydroxynaphthaldehyd-(1) werden in A. gelöst, n-Piperidin wird zugesetzt. Es wird *α-[Benzimidazolyl-(2')]-β-[2'-hydroxynaphthyl-(1')]-acrylonitril* erhalten, das mit HCl behandelt u. 24 Std. unter Bldg. von *3-[Benzimidazolyl-(2')]-5.6-benzocumarin*, F. 277°, gekocht wird. Mit Cu-Phthalocyanin oder einem Azofarbstoff aus 2.4-Dichloranilin u. 4.4'-Bis-[acetoacetylamino]-3.3'-dimethyldiphenyl einem Kunststoff aus Polyvinylchlorid u. Phthalsäuredioctylester zugesetzt, verleiht die Verb. *grünblaue Fluorescenz.* — *3-[Benzimidazolyl-(2')]-cumarin, -7-methoxycumarin, -7-äthoxycumarin, -7-diäthylaminocumarin*, F. 232—234°, *-7-aminocumarin*, F. 320—325° (Zers.), aus 2-Hydroxy-, 4-Methoxy-2-hydroxy-, 4-Äthoxy-2-hydroxybenzaldehyd, 4-Diäthylamino-2-hydroxybenzaldehyd über α-[Benzimidazolyl-(2')]-β-[2'-hydroxy-4'-diäthylaminophenyl]-acrylonitril (F. 234—235°), 2-Methoxy-4-acetylaminobenzaldehyd über α-[Benzimidazolyl-(2')]-β-[2'-methoxy-4'-acetylaminophenyl]-acrylonitril [F. 252 bis 253° (Zers.)]. — *3-[Benzthiazolyl-(2')]-7-hydroxy-*, F. 305°, *-7-diäthylamino-*, F. 204°, *-7-dimethylamino-*, F. 290—291°, u. *-6-methyl-7-dimethylaminocumarin*, aus 7-Hydroxycumarin-3-carbonsäureäthylester u. o-Aminothiophenol, 7-[N.N-Diäthylamino]-, 7-[N.N-Dimethylamino]- bzw. 6-Methyl-7-dimethylaminocumarin-3-carbonsäureäthylester. — *3-[Benzimidazolyl-(2')]-*, F. 329—330°, *3-[5'-Methylbenzimidazolyl-(2')]-*, F. 336°, u. *3-[1'-Methylbenzimidazolyl-(2')]-7-dimethylaminocumarin*, F. 233°, aus 1.2-Diaminobenzol, 4-Methyl-1.2-diamino- bzw. 1-Methylamino-2-aminobenzol. — *3-[1'-Äthylbenzimidazolyl-(2')]-7-dimethylaminocumarin*, F. 222°, aus N-Äthyl-o-phenylendiamin. — *3-[5'-Me-*

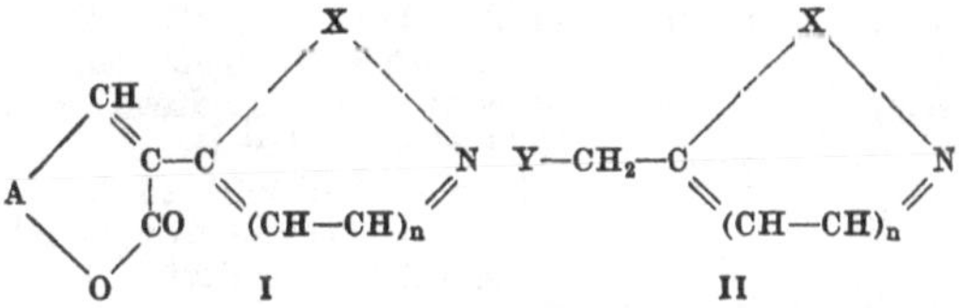

I II

thylbenzimidazolyl-(2')]-7-diäthylaminocumarin, F. 235°. — *3-[5'-Sulfobenzimidazolyl-(2')]-7-dimethylaminocumarinphenylester*, F. 307—308°, *-dimethylamid*, F. 323—333°, u. *3-[5'-Methylsulfonylbenzimidazolyl-(2')]-7-dimethylaminocumarin*, F. 299—301°, aus 1.2-Diaminobenzol-4-sulfonsäurephenylester (F. 110—111°), -4-sulfonsäuredimethylamid bzw. -4-methylsulfon (F. 162—163°). — *3-[5'-Carbomethoxybenzimidazolyl-(2')]-*, F. 316—317°, *3-[Naphthimidazolyl-(2')]-7-dimethylamino-*, F. 317—318°, u. *-7-diäthylaminocumarin*, F. 254 bis 255°, aus 3.4-Diaminobenzol-1-carbonsäuremethylester (F. 108—110°) bzw. 1.2-Diaminonaphthalin. — *3-[6'-Chlorbenzthiazolyl-(2')]-7-dimethylamino-*, F. 293—294°, u. *-7-diäthylaminocumarin*, F. 197—199°, aus 5-Chlor-2-aminothiophenol. — *3-[5'-Methylbenzthiazolyl-(2')]-7-dimethylaminocumarin*, F. 288°, aus Zn-4-Methyl-2-aminothiophenolat. — Die genannten Prodd. lassen sich in die *Methosulfate*, *Äthosulfate*, *p-Toluolsulfonate*, *Zinkchloride* u. *Hydrochloride* überführen. (**F. P. 1 228 637** vom 18/6. 1959, ausg. 31/8. 1960. Schwz. Prior. 19/6. 1958 u. 9/6. 1959.) S. BÖTTCHER. H 3211

Farbenfabriken Bayer Akt.-Ges., Leverkusen, **Herstellung von Thiochromonen.** In Abänderung des Verf. gemäß E. P. 803 803 werden die Thiophenole in Ggw. von Polyphosphorsäure mit Diacylessigsäureestern der allg. Formel R—CO—CH·(COR_1)—$COOR_2$, kondensiert, in der R = H, eine Alkyl-, Aryl-, substituierte Aryl-, Cycloalkyl-, Heteroaryl- oder eine teilweise bzw. vollständig hydrierte heterocycl. Gruppe, die noch durch ein Halogen oder eine Alkyl- oder Alkoxygruppe substituiert sein kann, bedeutet; R_1 für eine Alkyl- oder Arylgruppe steht u. R_2 ein Alkylrest mit 1—4 C-Atomen ist. — Aus Thiophenol u. Diacetylessigsäureäthylester bei 100° (2 Std.) → *2-Methylthiochromon*, F. 104° (Ligroin); aus 2-Methyl-5-acetamidothiophenol u. Diacetylessigsäureäthylester → *2.8-Dimethyl-5-acetamidothiochromon*, F. 163—164° (A.); durch Kochen mit HCl/A. → *2.8-Dimethyl-5-aminothiochromon*, F. 170° (CH_3OH); aus 2-Methyl-5-acetamidothiophenol u. α-Benzoylacetessigsäureäthylester u. Kochen mit A./HCl → *2-Phenyl-5-amino-8-methylthiochromon*, F. 114—115°; aus 2-Methyl-5-acetamidothiophenol u. α-(p-Chlorbenzoyl)-acetessigsäureäthylester, Abspalten der Acylgruppe durch Behandeln mit kochender alkohol. HCl → *2-[p-Chlorphenyl]-5-amino-8-methylthiochromon*, F. 176—177°. (**E. P. 804 689** vom 14/6. 1957, ausg. 19/11. 1958. D. Prior. 4/7. 1956. **Zusatz zu E. P. 803 803; s. nachst. Referat.**) W. HEYER. H 3221

Farbenfabriken Bayer Akt.-Ges., Leverkusen, **Thiochromone und Thioxanthone.** Inhaltlich ident. mit F. P. 1 169 556; C. **1960.** 11822. (**E. P. 803 803** vom 6/7. 1956, ausg. 5/11. 1958. D. Prior. 6/7. 1955.) W. HEYER. H 3221

Ciba Akt.-Ges., Basel, Schweiz, **Herstellung von Chinacridonen** durch Cyclisierung von Verbb. der allg. Formel I, wobei R_1 = H, Alkyl- oder Arylgruppe u. R_2 = ggf. durch Halogen, Nitro-, Alkyl-, Alkoxy- oder Arylgruppen substituierter Arylrest, in dem mindestens eine o-Stellung zur NH-Gruppe frei ist, mit Polyphosphorsäuren $H_{n+2}P_nO_{3n+1}$, bes. $H_6P_4O_{13}$, bei 150—250°. — 8 (Teile) 2.5-Bis-[phenylamino]-terephthalsäure u. 80 Polyphosphorsäure (83—84% P_2O_5) werden 2 Std. lang auf 200° erhitzt u. 1 Std. lang bei dieser Temp. gehalten; die Rk.-Lsg. wird mit W. verd., filtriert u. der Rückstand mit NaOH ausgekocht; 7,1 *Chinacridon*. — Analog aus 2.5-Bis-[2'.4'-dimethylphenylamino]-terephthalsäure *2.4.9.11-Tetramethylchinacridon*. — Aus 2.5-Bis-[4'-diphenylylamino]-terephthalsäure *2.9-Diphenylchinacridon*. — Aus 2.5-Bis-[2'.4'-dichlorphenylamino]-terephthalsäure *2.4.9.11-Tetrachlorchinacridon*. (**Oe. P. 212 316** vom 26/5. 1959, ausg. 12/12. 1960. **F. P. 1 226 825** vom 2/6. 1959, ausg. 16/8. 1960. Beide Schwz. Prior. 11/6. 1958.) L. GROSSNER. H 3231

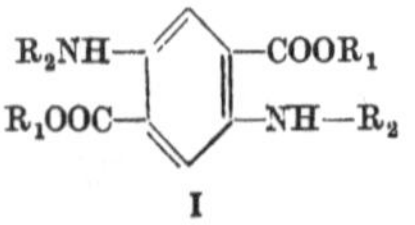

I

Soc. des Usines Chimiques Rhône-Poulenc, Paris, Frankreich, **Neutrales Piperazinguajakolat** (F. 100—101°), wird durch Rk. von a) wasserfreiem Piperazin mit Guajakol in einem inerten organ. Lsgm. oder durch Rk. von b) Piperazinhydrat mit Guajakol in wss. Lsg. u. Abkühlen der nach a) u. b) erhaltenen Rk.-Gemische erhalten. (**Belg. P. 568 589** vom 13/6. 1958, ausg. 4/11. 1960. F. Prior. 15/6. 1957.) F. OBERMEIER. H 3272

Food Machinery & Chemical Corp., V.St.A. (Erfinder: Richard Howard Westfall), **Herstellung von Cyanursäure,** dad. gek., daß ein Granulat von roher Cyanursäure u. Harnstoff (65 : 35 Gew.-%) in einer Wirbelschicht durch eine Rk.-Zone von 230—375° geleitet, die Gase bei 115—130° kondensiert, gewaschen u. unumgesetzter Harnstoff wieder zurückgeführt wird. — 4 Zeichnungen. (**F. P. 1 229 102** vom 4/6. 1959, ausg. 5/9. 1960. A. Prior. 10/6. 1958.) S. BÖTTCHER. H 3313

Sumitomo Chemical Co. Ltd. (Erfinder: Terno Oshima), Osaka, Japan, **Herstellung von 3.5-Bis-[alkoxymethyl]-4-oxotetrahydro-1.3.5-oxadiazinen und Substitutionsprodukten.** Verbb. der allg. Formel I können nach 2 verschiedenen Verff.

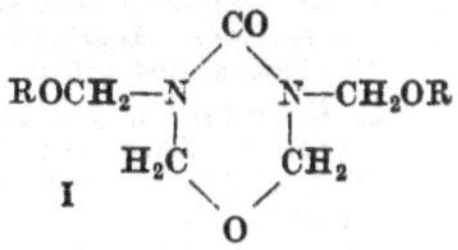

I

erhalten werden: a) 1 Mol Harnstoff (II) wird mit mehr als 5 Mol CH_2O (III) bei 40—80° u. einem pH >10 umgesetzt; b) der aus 1 Mol II u. 2 Mol III gewonnene Dimethylolharnstoff wird mit mehr als 3 Mol III u. pH >10 umgesetzt. In beiden Fällen wird das Rk.-Gemisch in neutralem oder saurem Bereich konz. u. der Rückstand im sauren Bereich mit einem Alkohol vom Typus ROH behandelt. Hierbei ist R ein ungesätt. aliphat. oder cycloaliphat. Rest, der inerte Substituenten tragen kann. Der pH-Wert bei der Rk. wird mit NaOH, KOH, NH_3 oder organ. Aminen eingestellt. — Beispiele: folgende 4-Oxotetrahydro-1.3.5-oxadiazine: *3.5-Bis-[methoxymethyl]-*, $Kp._{0,5-1,5}$ 116—118°; *3.5-Bis-[allyloxymethyl]-*, $Kp._3$ 155—157°; *3.5-Bis-[cyclohexyloxymethyl]-*, F. 53°, $Kp._{0,2}$ 160°, n_D^{25} 1,4950; *3.5Bis-[benzyloxymethyl]-*, $Kp._{0,25}$ 180°, n_D^{23} 1,4030; *3.5-Bis-[n-octyloxymethyl]-*, $Kp._{0,1}$ 173 bis 175°, n_D^{25} 1,4612. Verw. als Klebmittel, Lacke, Anstrichfarben, Textilbehandlungsmittel. (**D. A. S. 1 123 334** Kl. 12p vom 3/3. 1960, ausg. 8/2. 1962. Jap. Prior. 3/3. 1959 u. 8/1. 1960.) A. Kalix. H 3323

Badische Anilin- & Soda-Fabrik Akt.-Ges., Deutschland (Erfinder: Otto von Schickh und Horst Metzger), **Herstellung von ω-Aminododecylsäurelactam,** F. 154—154,5°, dad. gek., daß Cyclododecan in CCl_4 bei —30 bis +40° unter Licht-Einw. mit HCl u. NOCl umgesetzt, das gebildete Cyclododecanonoximhydrochlorid mit H_2SO_4 u./oder SO_3 behandelt u. das Lactam durch Zusatz von W. zur Kristallisation gebracht wird. (**F. P. 1 226 130** vom 30/5. 1959, ausg. 8/7. 1960. D. Prior. 30/5. u. 3/6. 1958.) S. Böttcher. H 3390

Bergwerksgesellschaft Hibernia Akt.-Ges. (Erfinder: Wilhelm Ester und August Sommer), Herne, **Herstellung hochprozentiger Peroxidlösungen von Terpenkohlenwasserstoffen** aus niedrig-%ig. Lsgg., dad. gek., daß eine niedrig-%ig. Peroxid-Lsg. eines Terpen-KW-Stoffes in einem Dünnschichtverdampfer üblicher Bauart dest. wird u. die im Kopf des Verdampfers anfallenden Prodd. in einer mit geeigneten Einbauten versehenen Dest.-Kolonne rektifiziert werden, wobei auf dem Kopf der 2. Kolonne frischer, ggf. Verunreinigungen enthaltender Terpen-KW-Stoff aufgegeben wird, um den notwendigen Rücklauf zu erhalten, u. das Sumpf-Prod. der Dest.-Kolonne kontinuierlich auf den Kopf des Dünnschichtverdampfers fließt. — Skizze. (**D. A. S. 1 082 254** Kl. 12o vom 28/6. 1958, ausg. 25/5. 1960.) G. König. H 3600

Universal Oil Products Co., Des Plaines, Ill., V.St.A., *Alkylieren von Kohlenwasserstoffen.* (**Holl. P. 99 882** vom 26/4. 1956, ausg. 15/12. 1961. A. Prior. 27/4. 1955. — **C. 1960.** 4350 [A. P. 2 858 349].)

Engelhard Industries, Inc., V.St.A. (Erfinder: **John W. Peter, John L. Gring** und **Carl D. Keith**), *Isomerisierung von Alkanen.* (**F. P. 1 186 284** vom 14/8. 1957, ausg. 19/8. 1959. A. Prior. 19/10. 1956. — **C. 1961.** 10360 [A. P. 2 944 096].)

Monsanto Chemical Co., St. Louis, Mo., übert. von: **Herbert E. Morris**, La Marque, Tex., V.St.A., *Reinigung von Dichloräthan.* (**Can. P. 558 036** vom 13/6. 1953, ausg. 27/5. 1958. A. Prior. 23/8. 1952. — **C. 1957.** 4241 [A. P. 2 748 176].)

Dow Chemical Co., übert. von: **Robert P. Ruh** und **Ralph A. Davis**, Midland, Mich., V.St.A., *Bromierung von Polyhalogenmethanen.* (**Can. P. 558 574** vom 8/6. 1953, ausg. 10/6. 1958. A. Prior. 2/7. 1952. — **C. 1955.** 6846 [A. P. 2 658 086].)

Heinrich Koppers G.m.b.H., bzw. **Friedrich Totzek**, Essen, *Herstellung von gasförmigen Kohlenwasserstoffen.* (**Belg. P. 547 439** vom 30/4. 1956, ausg. 6/11. 1959. **F. P. 1 151 561** vom 30/4. 1956, ausg. 31/1. 1958. Beide D. Prior. 2/5. u. 23/11. 1955. **A. P. 2 926 077** vom 30/4. 1956, ausg. 23/2. 1960. D. Prior. 2/5. 1955. — **C. 1962.** 1791 [E. P. 787 829].)

Dominion Tar & Chemical Co. Ltd., übert. von: **David C. G. Gattiker** und **Shou Chu Liang**, Montreal, und **Johann G. D. Schulz**, Villa LaSalle, Quebec, Canada, *Herstellung von Vinylchlorid.* (**Can. P. 559 231** vom 27/5. 1955, ausg. 24/6. 1958. E. Prior. 29/9. 1954. — **C. 1961.** 15196 [E. P. 766 601].)

Monsanto Chemical Co., St. Louis, Mo., übert. von: **Robert G. Roth**, La Marque, und **William F. Yates**, Texas City, Tex., V.St.A., *Stabilisator für Vinylchlorid.* (**Can. PP. 558 308** vom 2/11. 1953, ausg. 3/6. 1958. A. Prior. 19/3. 1953 u. **558 309** vom 2/11. 1953, ausg. 3/6. 1958. A. Prior. 20/3. 1953. — **C. 1962.** 1792 [E. P. 760 050].)

Farbwerke Hoechst Akt.-Ges., vormals Meister Lucius & Brüning, Frankfurt/M., *Niedermolekulare, ungesättigte aliphatische Kohlenwasserstoffe durch Cracken von Kohlenwasserstoffen.* (**E. P. 823 956** vom 18/4. 1956, ausg. 18/11. 1959. D. Prior. 28/4. 1955. — **C. 1961.** 7394 [Oe. P. 201 573].)

Farbenfabriken Bayer Akt.-Ges., Leverkusen, *Abtrennen von Acetylen, Methylacetylen und allen aus diese enthaltenden Kohlenwasserstoffen durch Hydrierung.* (**E. P. 835 689** vom 15/12. 1958, ausg. 25/5. 1960. D. Prior. 17/12. 1957, 22/4. u. 2/5. 1958. — **C. 1960.** 6659 [D. A. S. 1 062 693], **C. 1960.** 10059 [D. A. S. 1 071 074] u. **C. 1960.** 13521 [D. A. S. 1 075 106].)

Th. Goldschmidt Akt.-Ges. (Erfinder: **Gerd Rossmy**), Essen, *Entfernen von Äthern aus Gemischen mit Kohlenwasserstoffen oder Halogenkohlenwasserstoffen.* (**E. P. 873 873** vom 1/10. 1958, ausg. 2/8. 1961.— **C. 1961.** 16278 [D. A. S. 1 104 510].)

Rohm & Haas Co., Philadelphia, übert. von: **Warren H. Watanabe**, Philadelphia, Pa., und **Lawrence E. Conlon**, Moorestown, N. J., V.St.A., *Umäthern von Vinyläthern.* (**Can. P. 558 714** vom 16/7. 1953, ausg. 10/6. 1958. A. Prior. 15/8. 1952. — **C. 1950/54.** 2119 S [F. P. 1 082 273].)

DEHYDAG Deutsche Hydrierwerke G. m. b. H., übert. von: **Wilhelm Rittmeister**, Düsseldorf, *Herstellung aliphatischer Alkohole.* (**Can. P. 558 212** vom 17/3. 1955, ausg. 3/6. 1958. D. Prior. 19/3. 1954. — C. **1957.** 12894 [D. A. S. 1 005 497].)

Procter & Gamble Co. of Canada, Ltd., Toronto, Ontario, Canada, übert. von: **Victor Mills**, Wyoming, **Edwin O. Korpi** und **Joseph Blinka**, Cincinnati, Ohio, V.St.A., *Herstellung aliphatischer Alkohole.* (**Can. P. 558 703** vom 3/10. 1955, ausg. 10/6. 1958. A. Prior. 1/11. 1954. — C. **1958.** 1697 [D. A. S. 1 008 273].)

DEHYDAG Deutsche Hydrierwerke G. m. b. H., Düsseldorf, übert. von: **Wilhelm Rittmeister**, Erkrath-Unterbach, *Herstellung ungesättigter aliphatischer Alkohole.* (**Can. P. 558 565** vom 25/4. 1956, ausg. 10/6. 1958. D. Prior. 22/8. 1955. — C. **1957.** 13482 [D. B. P. 965 236].)

Ansul Chemical Co., übert. von: **Robert J. Zellner** und **Philip J. Ehman**, Marinette, Wis., V.St.A., *Depolymerisierung von Paraldehyd.* (**Can. P. 557 883** vom 4/3. 1955, ausg. 27/5. 1958. — C. **1956.** 11846 [A. P. 2 722 552].)

E. I. du Pont de Nemours & Co., Wilmington, Del., V.St.A., *Reinigung von gasförmigem Formaldehyd.* (**E. P. 870 382** vom 14/3. 1958, ausg. 14/6. 1961. A. Prior. 4/4. 1957. — C. **1961.** 8832 [D. A. S. 1 090 191].)

Armour & Co., Chicago, Ill., V.St.A., *Herstellung ungesättigter höherer Aldehyde.* (**Holl. P. 98 525** vom 7/5. 1957, ausg. 17/7. 1961. A. Prior. 7/5. 1956. — C. **1961.** 2093 [F. P. 1 174 380].)

Soc. Industrielle des Dérivés de l'Acétylène, Paris (Erfinder: **André Galvin**, Saint Avre-la Chambre, **Paul Besson**, La Chambre, **Pierre Brun** und **Pierre Thirion** und **Pierre Benite**, Rhône), Frankreich, *Gewinnung von reinem Methyläthylketon.* (**D. A. S. 1 122 506** Kl. 12o vom 1/8. 1955, ausg. 25/1. 1962. F. Prior. 5/8. 1954. — C. **1958.** 4028 [F. P. 1 111 081].)

Montecatini Soc. Gen. per l'Industria Mineraria e Chimica (Erfinder: **Robert Hügel** und **Adolfo Pasetti**), Mailand, Italien, *Herstellung von Diisobutylketon (Isovaleron).* (**D. A .S. 1 127 341** Kl. 12o vom 15/8. 1956, ausg. 12/4. 1962. It. Prior. 26/8. 1955. — C. **1959.** 11728 [F. P. 1 155 785].)

Mathieson Chemical Corp., Baltimore, Md., übert. von: **Robert M. Thomas** und **Ernest H. Millard jun.**, Niagara Falls, N.Y., V.St.A., *Verwendung von Acetylen-Äthylen-Gemischen.* (**Can. P. 557 700** vom 11/6. 1953, ausg. 20/5. 1958. A. Prior. 11/6. 1952. — C. **1957.** 5702 [F. P. 1 082 890].)

Dow Chemical Co., Midland, Mich., übert. von: **Donald G. Kundiger, Joe G. Peterson** und **Ernest A. Ikenberry**, Manhattan, Kans., V.St.A., *Herstellung von aliphatischen α-Chlor-α-methylcarbonsäuren und -säurechloriden.* (**Can. P. 556 269** vom 19/8. 1954, ausg. 22/4. 1958. A. Prior. 3/9. 1953. — C. **1958.** 3742 [E. P. 754 295].)

California Spray-Chemical Corp., Richmond, Calif., V.St.A., *Maleinsäureanhydrid aus 10—35%igen wässerigen Alkalikationen enthaltenden Maleinsäurelösungen.* (**E. P. 824 182** vom 18/4. 1956, ausg. 25/11. 1959. A. Prior. 9/5. 1955. — C. **1959.** 3644 [F. P. 1 149 595].)

Lonza Electric & Chemical Works Ltd., Gampel, übert. von: **Pio Guyer, Werner Richarz**, Zürich, und **Paul Walther**, Visp, Schweiz, *Reinigung von Dinitrilen.* (**Can. P. 556 665** vom 29/6. 1957, ausg. 29/4. 1958. Schwz. Prior. 30/6. 1956. — C. **1959.** 9400 [A. P. 2 841 537].)

Badische Anilin- & Soda-Fabrik Akt.-Ges., Deutschland (Erfinder: **Otto von Schickh** und **Rudi Heinz Rotzoll**), *Nitrile.* (**F. P. 1 233 860** vom 14/8. 1959, ausg. 12/10. 1960. D. Prior. 22/8. 1958. — C. **1961.** 3812 [D. A. S. 1 089 759].)

Inventa Akt.-Ges. für Forschung und Patentverwertung Luzern (Erfinder: **Wilhelm Braun**), Luzern, Schweiz, *Harnstoff.* (**Schwz. P. 357 387** vom 25/7. 1957, ausg. 30/11. 1961. — C. **1961.** 8115 [E. P. 844 110].)

Lonza Electric & Chemical Works Ltd., Basel, Schweiz, *Herstellung von Harnstoff.* (**Ind. P. 62 600** vom 16/12. 1957, ausg. 12/9. 1960. — C. **1961.** 14828 [Schwz. P. 352 323].)

Deutsche Gold- und Silber-Scheideanstalt vormals Roessler, Frankfurt/M., *Katalytische Herstellung von Cyanwasserstoff und Wasserstoff.* (**Holl. P. 100 171** vom 25/5. 1956, ausg. 15/1. 1962. D. Prior. 4/6. 1955. — C. **1957.** 13813 [D. A. S. 1 013 636].)

Bergwerksgesellschaft Hibernia Akt.-Ges., Wanne-Eickel, übert. von: **Otto Gross**, Wanne-Eickel, und **Heinz Berger**, Herne, *Blausäuregewinnung.* (**A. P. 2 975 144** vom 11/3. 1953, ausg. 14/3. 1961. D. Prior. 24/3. 1952. — C. **1957.** 6282 [D. B. P. 954 957].)

Olin Mathieson Chemical Corp., Baltimore, Md., übert. von: **Bernard H. Nicolaisen**, Kenmore, N.Y., V. St.A., *Herstellung primärer aliphatischer Amine.* (**Can. P. 559 043** vom 20/1. 1956, ausg. 17/6. 1958. A. Prior. 20/1. 1955. — C. **1958.** 14 172 [A. P. 2 805 254].)

Wyandotte Chemical Corp., Wyandotte, übert. von: **Lester G. Lundsted**, Grosse Ile, und **Walter F. Schultz**, Wyandotte, Mich., V.St.A., *Vollständig hydroxypropylierte aliphatische Diamine.* (**Can. P. 557 481** vom 21/6. 1954, ausg. 13/5. 1958. A. Prior. 28/7. 1953. — C. **1955.** 10625 [A. P. 2 697 118].)

International Minerals & Chemical Corp., Chicago, übert. von: **William E. Jones**, Glenview, Ill., V.St.A., *Behandlung Glutaminsäure enthaltender Hydrolysate.* (**Can. P. 556 648** vom 1/2. 1955, ausg. 29/4. 1958. A. Prior. 19/2. 1954. — C. **1956.** 13848 [A. P. 2 723 291].)

Henri Beaufour und **Albert Beaufour**, Dreux, Eure et Loir, **André Buzas** und **Claude Dufour**, Puteaux, Seine, Frankreich, *Herstellung von Betaincitraten.* (**Can. P. 558 126** vom 7/9. 1954, ausg. 3/6. 1958. F. Prior. 9/11. 1953. — C. **1958.** 1699 [F. P. 1 094 362].)

Dow Corning Corp., Midland, Mich., übert. von: **Leo H. Sommer**, State College, Pa., V.St.A., *Herstellung von Fluorsilanen.* (**Can. P. 558 945** vom 6/11. 1954, ausg. 17/6. 1958. A. Prior. 30/11. 1953. — C. **1956.** 10122 [A. P. 2 713 063].)

Union Carbide & Carbon Corp., New York, übert. von: **George H. Wagner**, Clarence, und **William G. Whitehead jun.**, Kenmore, N.Y., V.St.A., *Umlösen von Chlorsilangemischen.* (**Can. P. 557 131** vom 16/10. 1953, ausg. 6/5. 1958. A. Prior. 29/10. 1952. — C. **1957.** 6897 [E. P. 746 866].)

Union Carbide & Carbon Corp., New York, übert. von: **George H. Wagner**, Kenmore, und **Arthur N. Pines**, Snyder, N.Y., V.St.A., *Herstellung von Bis-[trihalosilyl]-alkenen.* (**Can. P. 557 132** vom 30/10. 1953, ausg. 6/5. 1958. A. Prior. 13/12. 1952. — C. **1957.** 5130 [A. P. 2 740 802].)

Union Carbide & Carbon Corp., New York, übert. von: **George H. Wagner**, Kenmore, und **Arthur N. Pines** Snyder, N.Y., V.St.A., *Dehydrochlorierung von Chloralkylchlorsilanen.* (**Can. P. 557 133** vom 30/1 1953, ausg. 6/5. 1958. A. Prior. 18/12. 1952. — C. **1957.** 546 [E. P. 743 968].)

Columbia-Southern Chemical Corp., Pittsburgh, Pa., übert. von: **Loyd W. Piester,** New Martinsville, W. Va., V.St.A., *Gewinnung von Trichlorbenzol.* (**Can. P. 559 223** vom 28/7. 1953, ausg. 24/6. 1958. A. Prior. 24/10. 1952. — C. **1956.** 12687 [A. P. 2 724 003].)

Mathieson Chemical Corp., Baltimore, Md., übert. von: **Bernard H. Nicholaisen,** Kenmore, N.Y., V.St.A., *Herstellung von Hexachlorbenzol.* (**Can. P. 559 020** vom 25/1. 1954, ausg. 17/6. 1958. A. Prior. 3/2. 1953. — C. **1958.** 6951 [A. P. 2 777 003].)

Rütgerswerke Akt.-Ges., übert. von: **Adolf Hupe, Karl F. Lang, Karl-Heinz Koch,** Frankfurt/M., **Julius Geller,** Bad Homburg v. d. H., **Heinrich Schildwächter,** Castrop-Rauxel, **Erich Goschel,** Neu-Isenburg, und **Franz Dostal,** Frankfurt/M., *Trennung von Phenol, Cumol und anderen Verbindungen.* (**Can. P. 557 101** vom 26/10. 1954, ausg. 6/5. 1958. D. Prior. 4/11. 1953. — C. **1958.** 9615 [F. P. 1 114 955].)

Pittsburgh Plate Glass Co., Pittsburgh, Pa., übert. von: **Alfred R. Bader,** Milwaukee, Wis., V.St.A., *Herstellung von Phenolestern.* (**Can. P. 558 049** vom 22/4. 1954, ausg. 27/5. 1958. A. Prior. 23/4. 1953. — C. **1959.** 2967 [A. P. 2 822 378].)

Shawinigan Chemicals Ltd., Montreal, übert. von: **Thomas P. G. Shaw,** Shawinigan Falls, Quebec, Canada, *Herstellung von Alkyläthern von Hydroxycumol.* (**Can. P. 559 076** vom 17/8. 1955, ausg. 17/6. 1958. A. Prior. 27/9. 1954. — C. **1958.** 7617 [A. P. 2 777 000].)

Farbenfabriken Bayer Akt.-Ges., Leverkusen (Erfinder: **Walter Retter,** Leverkusen, und **Werner Müller,** Köln), *Herstellung von Mono- und Disulfiden von mehrfach halogenierten Phenolen.* (**Holl. P. 99 058** vom 17/5. 1956, ausg. 15/9. 1961. D. Prior. 18/5. 1955. — C. **1958.** 13359 [D. A. S. 1 024 089].)

UCLAF, Paris (Erfinder: **Leon Velluz,** Paris, **Robert Joly,** Montmorency, **Robert Bucourt,** Villiers-le-Bel, und **Colette Fabignon,** Paris), Frankreich, *Herstellung von aromatischen Sulfonen.* (**D. A. S. 1 111 173** Kl. 12o vom 8/6. 1959, ausg. 20/7. 1961. F. Prior. 5/7. u. 22/12. 1958. — C. **1962.** 2172 [F. P. 1211 412].)

Olin Mathieson Chemical Corp., East Alton, Ill. (Erfinder: **William F. Brill,** Skillman, N.J.), V.St.A., *Herstellen von Benzolcarbonsäuren.* (**D. A. S. 1 125 416** Kl. 12o vom 21/7. 1956, ausg. 15/3. 1962. A. Prior. 22/7. 1955. — C. **1959.** 7295 [E. P. 797 475].)

Imperial Chemical Industries Ltd., England, *Oxydation von Kohlenwasserstoffen.* (**F. P. 1 181 351** vom 20/8. 1957, ausg. 15/6. 1959. E. Prior. 20/8. 1956 u. 29/7. 1957. — C. **1961.** 7396 [E. P. 841 053].)

Ciba Ltd., Basel, übert. von: **Alfred Renner** und **Gustav Widmer,** Basel, und **Walter Wettstein,** Münchenstein, Schweiz, *Herstellung von Benzonitril.* (**Can. P. 558 916** vom 6/6. 1956, ausg. 17/6. 1958. Schwz. Prior. 9/6. 1955. — C. **1959.** 4630 [F. P. 1 150 400].)

Imperial Chemical Industries Ltd., London, übert. von: **Royden L. Heath** und **Edmund C. Owen,** Manchester, Lancashire, England, *Reinigung von Terephthalsäure.* (**Can. P. 557 992** vom 6/7. 1954, ausg. 27/5. 1958. E. Prior. 17/7. 1953. — C. **1957.** 4531 [E. P. 750 806].)

Imperial Chemical Industries Ltd., London, übert. von: **Robert R. Coats,** Harrogate, Yorkshire, England, *Reinigung von Terephthalsäure.* (**Can. P. 557 996** vom 2/9. 1955, ausg. 27/5. 1958. E. Prior. 8/9. 1954. — C. **1958.** 7601 [E. P. 768 273].)

Imperial Chemical Industries Ltd., London, übert. von: **Arthur W. C. Taylor,** Norton-on-Tees, County of Durham, und **William A. O'Neill,** Harrogate, Yorkshire, England, *Reinigung von Terephthalsäure.* (**Can. P. 557 998** vom 16/2. 1956, ausg. 27/5. 1958. E. Prior. 25/2. 1955. — C. **1958.** 11953 [E. P. 781 936].)

Vereinigte Glanzstoff-Fabriken Akt.-Ges., Wuppertal-Elberfeld, übert. von: **Rudolf Lotz,** Klingenberg/M., *Herstellung von Terephthalsäuredimethylester.* (**Can. P. 558 779** vom 28/7. 1954, ausg. 10/6. 1958. D. Prior. 3/8. 1953. — C. **1957.** 1563 [D. B. P. 940 825].)

Chinoin Gyógyszer és Vegyészeti Termékek Gyara, Budapest, Ungarn, *Substituierte Sulfonylharnstoffe.* (**E. P. 872 567** vom 28/6. 1957, ausg. 12/7. 1961. Ung. Prior. 8/9. 1956. — C. **1961.** 17009 [F. P. 1 192 169].)

Universal Oil Products Co., Des Plaines, übert. von: **Joseph A. Chenicek,** Bensenville, Ill., V.St.A., *Alkylierungsprozeß.* (**Can. P. 559 452** vom 28/6. 1955, ausg. 24/6. 1958. A. Prior. 29/6. 1954. — C. **1958.** 8192 [E. P. 774 345].)

Sun Oil Co., Philadelphia, übert. von: **Charles L. Thomas,** Swarthmore, Pa., V.St.A., *Herstellung von aromatischen Aminen.* (**Can. P. 559 414** vom 13/5. 1954, ausg. 24/6. 1958. A. Prior. 5/11. 1953. — C. **1957.** 5116 [A. P. 2 749 298].)

General Aniline & Film Corp., New York, N.Y., übert. von: **Max E. Chiddix,** Easton, Pa., und **Robert L. Sundberg,** Alpha, N.J., V.St.A., *Quartäre Ammoniumsalze.* (**Can. P. 558 966** vom 28/5. 1953, ausg. 17/6. 1958. A. Prior. 28/5. 1952. — C. **1958.** 5514 [A. P. 2 759 975].)

Rohm & Haas Co., Philadelphia, Pa., V.St.A., *Halogenierte Phenoxyalkylamine.* (**E. P. 870 399** vom 19/12. 1957, ausg. 14/6. 1961. A. Prior. 24/12. 1956. — C. **1961.** 18132 [F. P. 1 192 408].)

Ciba Ltd., Basel, Schweiz, *Hydroxy- und Mercaptoalkanoylaminocarbonsäureamide.* (**E. P. 867 572** vom 1/10. 1957, ausg. 10/5. 1961. Schwz. Prior. 17/10. 1956, 26/4. u. 30/7. 1957. — C. **1961.** 11141 [D. A. S. 1 052 990 u. F. P. 1 184 471] u. C. **1961.** 12269 [Oe. P. 202 559].)

International Minerals & Chemical Corp., Chicago, übert. von: **Bruno Vassel,** Deerfield, Ill., V.St.A., *Herstellung von Tyrosin.* (**Can. P. 559 001** vom 11/8. 1955, ausg. 17/6. 1958. A. Prior. 17/1. 1955. — C. **1958.** 6968 [E. P. 774 961].)

Dow Corning Corp., übert. von: **John W. Ryan,** Midland, Mich., V.St.A., *Acetoxysiliciumkohlenwasserstoffe.* (**Can. P. 558 576** vom 13/7. 1955, ausg. 10/6. 1958. A. Prior. 19/8. 1954. — C. **1959.** 4306 [F. P. 1 137 495].)

Dow Corning Corp., übert. von: **Loren A. Haluska,** Midland, Mich., V.St.A., *Halogenierte Arylsilane.* (**Can. P. 558 946** vom 20/1. 1956, ausg. 17/6. 1958. A. Prior. 6/4. 1955. — C. **1959.** 5632 [F. P. 1 149 293].)

Studiengesellschaft Kohle m. b. H., Mülheim/Ruhr, übert. von: **Günther Wilke,** Mülheim/Ruhr, und **Herbert Müller,** Ludwigshafen/Rh., *Cyclododecatriene-(1.5.9).* (**A. P. 2 979 543** vom 22/1. 1958, ausg. 11/4. 1961. D. Prior. 31/1. 1957. — C. **1959.** 8331 [D. A. S. 1 043 329].)

American Cyanamid Co., New York, N.Y., V.St.A., *Herstellung von Cyclopentadienyltitantrihalogeniden.* (**E. P. 883 551** vom 17/10. 1958, ausg. 29/11. 1961. A. Prior. 29/10. 1957. — C. **1960.** 16595 [D. A. S. 1 072 246].)

F. Hoffmann-La Roche & Co. Akt.-Ges., Basel (Erfinder: **Gabriel Saucy**, Riehen, Basel), Schweiz, *Herstellung von neuen hydrierten Naphthalinen.* (**D. A. S. 1 073 487** Kl. 12o vom 10/5. 1958, ausg. 21/1. 1960. **Belg. P. 567 878** vom 20/5. 1958, ausg. 12/8. 1960. **E. P. 828 591** vom 21/5. 1958, ausg. 17/2. 1960. Alle Schwz. Prior. 21/5. 1957. — C. **1962.** 5503 [Holl. P. 97 407].)

Crown Zellerbach Corp., übert. von: **William M. Hearon**, Camas, Wash., V.St.A., *Herstellung von Conidendrol.* (**Can. P. 557 612** vom 29/12. 1949, ausg. 20/5. 1958. — C. **1954.** 11302 [A. P. 2 612 508].)

Ciba Akt.-Ges. (Erfinder: **Gustav Adolf Groß**), Basel, Schweiz, *Oxydation von technischem Anthracen zu Anthrachinon.* (**D. A. S. 1 119 245** Kl. 12o vom 8/4. 1957, ausg. 14/12. 1961. Schwz. Prior. 19/4. 1956 u. 20/2. 1957. — C. **1960.** 14519 [F. P. 1 175 452].)

American Cyanamid Co., New York, N.Y. (Erfinder: **Isaiah Von**, Plainfield, N.J.), V.St.A., *Alkylierung eines Dihydroxydibenzanthrons.* (**D. A. S. 1 128 938** Kl. 22b vom 2/10. 1956, ausg. 3/5. 1962. A. Prior. 3/10. 1955. — C. **1958.** 1145 [A. P. 2 781 362].)

Hooker Chemical Corp., Niagara Falls, N.Y., V.St.A. (Erfinder: **C. F. Baranauckas**, **A. Blackwell** und **J L. Olmstead**), *Herstellung von reinem 1.4.5.6.7.7-Hexachlorbicyclo-[2.2.1]-hepten-(5)-dicarbonsäure-(2.3)-anhydrid.* (**E. P. 854 509** vom 11/4. 1957, ausg. 23/11. 1960. **Belg. P. 556 958** vom 24/4. 1957, ausg. 26/2. 1960. Beide A. Prior. 3/7. 1956. **A. P. 2 903 463** vom 3/7. 1956, ausg. 8/9. 1959. — C. **1960.** 10409 [F. P. 1 171 888].)

Saline Ludwigshalle Akt.-Ges., Deutschland, *Cyclische perfluorierte Äther.* (**F. P. 1 233 841** vom 12/8. 1959, ausg. 12/10. 1960. D. Prior. 21/8. 1958. — C. **1960.** 8014 [D. A. S. 1 069 639].)

Norwich Pharmacal Co. (Erfinder: **Walter Kimel**, Highland Park, N.J., **John Hamilton Coleman** und **William Barlow Stillman**), Norwich, N.Y. ,V.St.A., *5-Nitrofuranderivate.* (**D. B. P. 974 615** Kl. 12q vom 20/11. 1949, ausg. 2/3. 1961. Anmeldung bekanntgemacht 1/10. 1953. A. Prior. 16/8. 1946. — C. **1957.** 14139 [Oe. P. 188 710].)

Soc. des Usines Chimiques Rhône-Poulenc, Paris, übert. von: **Louis Poizat**, Serezin-du-Rhône, und **Claire Ortoli**, Lyon, Frankreich, *Herstellung von Indol und dessen Homologen.* (**Can. P. 557 767** vom 3/10. 1956, ausg. 20/5. 1958. F. Prior. 29/10. 1955. — C. **1959.** 2288 [F. P. 1 135 022].)

Merck & Co., Inc., Rahway, N.J., übert. von: **Harold R. Snyder**, Urbana, Ill., V.St.A., und **John A. MacDonald**, Elrose, Saskatchewan, Canada, *Herstellung von N-Acyltryptophanen.* (**Can. P. 557 705** vom 30/12. 1954, ausg. 20/5. 1958. A. Prior. 14/1. 1954. — C. **1960.** 7687 [A. P. 2 810 727].)

J. R. Geigy Akt.-Ges., Basel, Schweiz, *Herstellung von 1.2-Diphenyl-4-n-butyl-3.5-dioxopyrazolidin.* (**Holl. P. 100 179** vom 15/9. 1956, ausg. 15/1. 1962. Schwz. Prior. 16/9. 1955. — C. **1959.** 4309 [Oe. P. 193 377].)

Celanese Corp. of America, New York, N.Y., übert. von: **Alexander F. MacLean** und **Charles C. Hobbs jun.**, Clarkwood, Tex., V.St.A., *Synthese von Pyridinen.* (**Can. P. 558 542** vom 20/1. 1955, ausg. 10/6. 1958. A. Prior. 2/2. 1954. — C. **1958.** 8194 [A. P. 2 780 627].)

Lonza Electric & Chemical Works Ltd., Basel, übert. von: **Simon Perl**, Visp/Canton Valais, Schweiz, *Gewinnung von Pyridincarbonsäuren aus ihren Salzen.* (**Can. P. 558 287** vom 5/5. 1955, ausg. 3/6. 1958. Schwz. Prior. 5/5. 1954. — C. **1958.** 9616 [F. P. 1 119 975].)

American Cyanamid Co., New York, N.Y., übert. von: **Thomas Rees**, Cincinnati, Ohio, und **Fred B. Dorf**, Plainfield, N.J., V.St.A., *Pyrazin-2.3-dicarbonsäure-Mono-K-Salz.* (**Can. P. 557 567** vom 26/8. 1954, ausg. 20/5. 1958. A. Prior. 4/12. 1953. — C. **1957.** 4483 [A. P. 2 723 974].)

Hoffmann-La Roche Ltd., Montreal, Quebec, Canada, übert. von: **Karl Doebel** und **Hans Spiegelberg**, Basel, Schweiz, *Herstellung neuer Xanthinderivate.* (**Can. P. 557 342** vom 16/10. 1954, ausg. 13/5. 1958. Schwz. Prior. 4/11. 1953. — C. **1957.** 9516 [D. B. P. 949 470].)

Ludwig Heumann & Co. Chem. pharm. Fabrik (Erfinder: **Rudolf Bauereis**), Nürnberg, *N-substituierte 2.4-Diamino-1.3.5-triazine.* (**Ung. P. 144 805** vom 27/8. 1956, ausg. 31/5. 1959. D. Prior. 31/8. 1955. — C. **1957.** 10069 [D. A. S. 1 008 303].)

American Cyanamid Co., New York, N.Y., übert. von: **Johnstone S. Mackay**, Pittsburgh, Pa., und **Joseph H. Paden**, Stamford, Conn., V.St.A., *Synthese von Melamin.* (**Can. P. 558 172** vom 10/5. 1954, ausg. 3/6. 1958. A. Prior. 18/9. 1953. — C. **1959.** 14565 [E. P. 767 344].)

Jacobus Rinse, Bernardsville, N.J., V.St.A., *Herstellung von polymeren organischen Aluminiumverbindungen.* (**Holl. P. 99 936** vom 20/3. 1957, ausg. 15/12. 1961. E. Prior. 21/3. 1956. — C. **1961.** 16285 [F. P. 1 179 288].)

J. Rinse, Bernardsville, N.J., V.St.A., *Trimere Aluminiumalkoxy-, -phenoxy- oder -acyloxyverbindungen.* (**Belg. P. 555 969** vom 20/3. 1957, ausg. 26/2. 1960. E. Prior. 21/3. 1956. — C. **1961.** 16286 [F. P. 1 179 288].)

VEB Leuna-Werke „Walter Ulbricht", Leuna, *Vorbehandlung von Lactamölen.* (**Holl. P. 100 158** vom 22/2. 1956, ausg. 15/1. 1962. — C. **1960.** 654 [Oe. P. 197 356].)

F. Hoffmann-La Roche & Cie. Soc. An., Basel, Schweiz, *Morphinderivate aus 3-Hydroxymorphinan und Halogenphenacyl.* (**Belg. P. 567 461** vom 7/5. 1958, ausg. 12/8. 1960. Schwz. Prior. 9/5. 1957. — C. **1962.** 3628 [F. P. 1 195 013].)

Council of Scientific & Industrial Research, Neu Delhi (Erfinder: **Jayramdas Hirabhai Amin** und **Sasanka Chandra Bhattacharyya**, Poona), Indien, *Herstellung von Dihydrojasmon.* (**D. A. S. 1 107 222** Kl. 12o vom 12/5. 1959, ausg. 25/5. 1961. — C. **1962.** 10645 [F. P. 1 225 514].)

Soc. des Usines Chimiques Rhône-Poulenc, übert. von: **Charles Sannie**, Paris, Frankreich, *Herstellung von Sapogeninen.* (**Can. P. 559 084** vom 15/1. 1957, ausg. 17/6. 1958. F. Prior. 25/1. 1956. — C. **1961.** 15569 [F. P. 1 179 952].)

Glaxo Laboratories Ltd., Greenford, England, und **Harold Bernard Henbest**, Belfast, Nordirland, *Herstellung von 8α- oder 9α-Hydroxysteroiden.* (**Ind. P. 62 943** vom 25/1. 1958. E. Prior. 1/2. 1957. — C. **1962.** 3265 [F. P. 1 197 999].)

Vitamins Ltd., London, England, *Gewinnung von Ergosterol aus Hefe.* (**Holl. P. 99 613** vom 8/5. 1956, ausg. 15/11. 1961. E. Prior. 12/5. 1955. — C. **1961.** 6685 [D. A. S. 1 039 195].)

X. Färberei. Organische Farbstoffe

Moderne Farbstoffe und Färbeverfahren. 3. Mitt. A. J. Hall. (Textile Recorder **79.** Nr. 947. 59—61. Febr. 1962; engl.) — 2. vgl. C. **1962.** 11012. — Die *Reaktiv*-Farbstoffe u. ihre Anwendung auf Cellulosefasern wird behandelt. Die handelsüblichen *Reaktiv*-Farbstoffe werden in 3 Hauptgruppen eingeteilt: solche, die einen 1.3.5-Triazinring mit 1 oder 2 reakt. Halogenatomen, die einen Pyrimidinring mit 2 reakt. Cl-Atomen u. die eine Vinylsulfonylgruppe enthalten. Die beiden ersten verbinden sich mit der Cellulose durch Veresterung, die letzteren geben Celluloseäther. An repräsentativen Beispielen werden die eintretenden Haupt- u. Nebenrkk. erläutert. Als gegenwärtig gebräuchlichste Verff. werden der Pad-steam-, der Pad-jig- u. der Pad-batch-Prozeß beschrieben. Abschließend werden Hinweise über den Absorptionsgrad bei verschiedenen Färbebedingungen gegeben. L. Jentgen. 7048□

Agostino Schiavio, Mailand, Italien, **Herstellung von gut wasserlöslichen, salzbeständigen Verdickungsmitteln für Druckpasten,** die für das *Bedrucken* von *Textilmaterialien* bes. geeignet sind, durch Verätherung von Polysaccharide enthaltenden Pflanzenprodd., dad. gek., daß Tamarindensamenmehl in an sich bekannter Weise im alkal. Medium mit an Hydroxylgruppen angreifenden Verätherungsmittel umgesetzt wird. Als solche sind geeignet: halogenierte Fettsäuren oder deren Alkalisalze, Alkylhalogenide, Halogenhydrine u. Alkylenoxide. (**D. A. S. 1 108 198** Kl. 12o vom 21/11. 1957, ausg. 8/6. 1961. It. Prior. 28/5. 1957.) G. König. 7007

Gevaert Photo-Producten N. V., Mortsel, Belgien, **Herstellung von verbesserten Polyvinylcyanid enthaltenden Gebilden.** Inhaltlich ident. mit Holl. P. 91 841; C. **1960.** 5651. (**Belg. P. 553 896** vom 3/1. 1957, ausg. 29/1. 1960. Holl. Prior. 13/1. 1956.) F. Böhm. 7017

Gevaert Photo-Producten N. V., Mortsel, Belgien, **Färben von Gebilden aus Nitrilgruppen enthaltenden Polymeren.** Mit *sauren Farbstoffen*, Dispersions-, Direkt- oder Metallkomplexfarbstoffen wird in Ggw. von NH_2OH u. einer Base, z. B. KOH, bes. jedoch einem mehrwertigen aliphat. Amin, wie $H_2NCH_2CH_2NH_2$ gefärbt. (**Belg. P. 566 353** vom 2/4. 1958, ausg. 29/7. 1960. **Zusatz zu Belg. P. 553 896; s. vorst. Referat.**) F. Böhm. 7021

Imperial Chemical Industries Ltd., England, **Färben von Cellulosetextilien** mit Mono- oder Polyazofarbstoffen, die wenigstens eine löslichmachende ionogene Gruppe u. wenigstens einen 1.3.5-Triazinylaminorest oder eine N-substituierte Aminogruppe enthalten, die wenigstens ein Halogenatom an einem C-Atom des Triazinrings enthält. — Beispiel: Gebleichte Baumwolle wird bei Raumtemp. mit einer 1%ig. Lsg. eines roten Farbstoffs behandelt, der durch Kupplung von diazotierter Orthanilsäure mit 1-[4'.6'-Dichlor-symm.-triazinyl-(2')amino]-naphthol-(8)-disulfonsäure-(3.6) erhalten wird. Die Färbelsg. enthält außerdem 1 (%) $NaHCO_3$ u. 0,2 eines hochsulfonierten Öls. Nach dem Kalandern wird das Gewebe in warmer Luft bei 110° getrocknet. Nach dem Waschen u. Seifen wird wieder getrocknet. Das Baumwollgewebe ist licht- u. waschecht hellrot gefärbt. — 20 weitere Beispiele u. Tabelle mit 73 meistens gelb-, organgerot- u. rotfärbenden Farbstoffen. (**F. P. 1 187 663** vom 18/4. 1957, ausg. 15/9. 1959. E. Prior. 18/4. 1956.) M. F. Müller. 7021

Farbenfabriken Bayer Akt.-Ges., Deutschland (Erfinder: Carl Taube und Klaus Böckmann), **Färben und Bedrucken von Gebilden aus Hydroxyl- und Amidgruppen enthaltendem Material,** bes. aus natürlicher oder regenerierter Cellulose, unter Verw. von Farbstoffen der allg. Formel **I** u. **II** (F = Rest eines wasserlösl. Farbstoffes,

$$F{-}\left[{-}X{-}CH_2{-}CH(OH){-}CH_2{-}Cl\right]_n \quad (I) \qquad F{-}\left[{-}X{-}CH_2{-}\underset{\diagdown O \diagup}{CH{-}CH_2}\right]_n \quad (II)$$

X = 0 oder >N — R, R = H oder ein Substituent, n = ganze Zahl). Das gefärbte Material wird mit einem sauren Fixierungsmittel u. danach mit Wärme behandelt. Das zu färbende Material kann auch vor dem Färben mit dem Fixierungsmittel behandelt werden, um nach dem Färben bzw. Bedrucken der Wärme ausgesetzt zu werden. Ggf. wird der Färbelsg. oder der Druckpaste Harnstoff zugesetzt. Die Farbstoffe werden z. B. hergestellt aus wasserlösl. Farbstoffen, welche prim. oder sek. Aminogruppen u./ oder OH-Gruppen enthalten, durch Rk. mit Epi- oder Dichlorhydrin in wss. Medium bei 20—100°. Die erhaltenen Farbstoffe mit NH_2- u. OH-Gruppen können außerdem wasserlösl. machende Substituenten enthalten, z. B. COOH-, SO_3H-, Acylamino-, Sulfon- oder Sulfamidgruppen. — 20 (g) 1-Hydroxy-2-[2-sulfobenzolazo]-8-{3.5-bis-[4-(2-hydroxy-3-chlorpropylamino)-benzamido]-benzamido}-naphthalin-3.5-disulfonsäure werden bei 35—40° in 940 W. gelöst u. 40 40%ig. NaOH zugegeben. Mit dieser Lsg. wird ein Baumwollgewebe foulardiert, bei 60—100° getrocknet, 10 Min. lang auf 140° erhitzt, mit warmem W. gespült u. geseift. Es wird eine kochfeste rote Färbung erhalten. — 20 1-[3-(2-Hydroxy-3-chlorpropylamino)-phenyl]-4-[3-sulfo-4-(2-hydroxy-3-chlorpropoxy)-benzolazo]-5-hydroxypyrazol werden in 760 W. gelöst u. 20 Na_2CO_3 u. 200 Harnstoff zugesetzt. Ein Baumwollmousseline wird dabei waschfest gelb gefärbt. — Weitere Beispiele. (**F. P. 1 213 093** vom 25/10. 1958, ausg. 29/3. 1960. D. Prior. 28/10. 1957 u. 17/1. 1958.) M. F. Müller. 7023

Badische Anilin- & Soda-Fabrik Akt.-Ges. (Erfinder: Alfred Schuhmacher und Alfred Ehrhardt), Ludwigshafen/Rh., **Herstellung von 2.4-Dihydroxychinazolinen.** Aus o-Cyanaminobenzoesäuren, deren Kern durch Halogenatome, CH_3-, OCH_3-, CF_3-, COOH-Gruppen oder ankondensierte Ringe substituiert sein kann, werden bei 20—100° in Ggw von NaOH durch Ringschluß die Na-Salze der entsprechend substituierten 2.4-Dihydroxychinazoline (I) erhalten, aus denen durch Ansäuern mit starken Säuren die freien I gewonnen werden können. Die Ausgangsprodd. werden nach dem Verf. der D. A. S. 1 107 235 hergestellt. Das dabei erhaltene Rk.-Gemisch kann sofort mit NaOH zur Gewinnung von I umgesetzt werden. — Beispiele: 2.4-Dihydroxychinazoline (I): *6.8-Dibrom-* (*Di-Na-Salz*), F. 299—302°; *7-Trifluormethyl-*, F. 315 bis 320°; *6.7-Benzo-*, F. 342°, graue Kristalle; *6.8-Dichlor-*, F. 283—286°; *Di-Na-Salz-*, F. 281—284°; *8-Carboxy-*, F. >360°. Verw. als *Zwischenprodd. zur Herst. von Farbstoffen.* (**D. A. S. 1 117 130** Kl. 12p vom 14/10. 1959, ausg. 16/11. 1961.) A. Kalix. 7049

Badische Anilin- & Soda-Fabrik Akt.-Ges. (Erfinder: Johannes Dehnert, Alfred Kirsch und Gerhard Leibner), Ludwigshafen/Rh., **Herstellung von Metallkomplexfarbstoffen.** Azofarbstoffe aus Diazoverbb. mit komplexbildender Gruppe in o-Stellung zur Diazoniumgruppe u. aus aromat. oder heterocycl. Hydroxy- oder Aminoverbb. mit kupplungsfähiger o-Stellung zu —OH oder $—NH_2$ werden im Gemisch miteinander oder mit anderen metallisierbaren Azo- oder Azomethinfarbstoffen, ggf. auf der Faser, in die 1 : 2- oder 1 : 1-Metallkomplexverbb. übergeführt. Die Diazo- u./oder Azokomponente enthalten mindestens eine Gruppe der allg. Formel $—SO_2—NH—SO_2—R$ (R = ggf. substituierter KW-Stoffrest). Die 1 : 1-Metallkomplexverbb. können mit farblosen Komplexbildnern oder mit metallfreien komplexbildenden Farbstoffen umgesetzt werden. Die Farbstoffe eignen sich zum Färben von Wolle, Seide u. Leder, von Polyamid- u. Polyurethan u. z. T. auch Baumwollfasern. Sie dienen auch für die Herst. gefärbter organ. Lsgg. oder gefärbter plast. Massen sowie zum Spinnfärben von Kunstfasern. — *1-Amino-2-hydroxybenzol-5-sulfonsäure-4'-chlorbenzolsulfonsäureimid* → *2-Hydroxynaphthalin.* Der Farbstoff färbt Wolle rot u. nachchromiert violett u. sehr gut licht- u. naßecht. *1-Amino-2-hydroxy-5-chlorbenzol* → *2-Hydroxynaphthalin-6-sulfonsäurebenzolsulfonsäureimid.* Der Farbstoff färbt Wolle rotviolett. (**D. A. S. 1 115 384** Kl. 22a vom 31/5. 1957, ausg. 19/10. 1961. **F. P. 1 208 272** vom 31/5. 1958, ausg. 23/2. 1960. **E. P. 883 131** vom 29/5. 1958, ausg. 22/11. 1961. Beide D. Prior. 31/5. 1957.) F. Rath. 7053

J. R. Geigy Akt.-Ges. (Erfinder: Walter Biedermann, Fabio Beffa und Guido Schetty), Basel, Schweiz, **Herstellung von chromhaltigen Azofarbstoffen.** Ein metallisierbarer Monoazofarbstoff der allg. Formel $A_1—N=N—B_1$ u. ein metallisierbarer Disazofarbstoff der allg. Formel $A_2—N=N—B_2—X—Y—N=N—Z$ werden miteinander oder nacheinander in die 1 : 2-Chromkomplexverb. übergeführt. Die Symbole bedeuten A_1 u. A_2 = Reste von Diazokomponenten der Benzol- oder Naphthalinreihe mit metallisierbarer Gruppe in o-Stellung zur Azobindung; B_1 u. B_2 = Reste von Azokomponenten mit OH in Nachbarstellung zur Azobindung; X = 2wertiges Brückenglied wie Carbonylamino, Sulfonylamino oder Sulfonyloxy u. Y—N=N—Z = Rest einer nichtmetallisierbaren Monoazo-Verbindung. Die wasserunlösl. Farbstoffe eignen sich zum Färben von Lacken, Firnissen, Papier, Viscose-, Polyamid-, Celluloseäther- u. Celluloseesterspinnmassen u. Polyesterkondensaten. Die wasserlösl. Farbstoffe sind bes. für Wolle u. ferner für Casein-, Polyamid- u. Polyurethanfasern geeignet. — 5,72 (Teile) des Disazofarbstoffs *4-Chlor-2-amino-1-hydroxybenzol* → *1-Hydroxynaphthalin-3-sulfonsäure-N-methyl-4'-benzolazophenylamid* werden mit der 1 : 1-Chromkomplexverb. entsprechend 0,52 Cr u. 3,94 des Monoazofarbstoffs *1-Amino-2-hydroxynaphthalin-4-sulfonsäure* → *2-Hydroxynaphthalin* bei 90—95° bis zum Verschwinden der Ausgangsstoffe erhitzt Der wie üblich isolierte Farbstoff färbt Wolle naßecht rotstichigmarineblau. (**D. A. S. 1 114 961** Kl. 22a vom 13/4. 1959, ausg. 12/10. 1961. Schwz. Prior. 14/4. 1958. **Zusatz zu D. A. S. 1 111 318; C. 1962. 9912. Schwz. P. 346 633** vom 14/4. 1958, ausg. 15/7. 1960. **Zusatz zu Schwz. P. 342 307; C. 1961. 3823. A. P. 2 933 490** vom 12/3. 1959, ausg. 19/4. 1960. Schwz. Prior. 14/4. 1958.) F. Rath. 7055

General Aniline & Film Corp., New York, N.Y., übert. von: Joseph M. Wilkinson jun. und Edgar E. Renfrew jun., Easton, Pa., V.St.A., **Anthrachinonfarbstoffe und andere Additionsprodukte von 1-Acyloxybuten-(3)-onen-(2).** Verbb. **I** der verschiedensten Art, die ein reaktionsfähiges H-Atom enthalten, bilden mit 1-Acyloxybuten-(3)-onen-(2) (**II**) bei Temp. zwischen 15 u. 210°, bes. 75—130° in inerten Lsgm., bes. Eisessig, Additionsprodd., die als Weichmacher, Antioxydationsmittel, Lsgm., diffusionsfestmachende Substituenten an Farbbildnern u. Zwischenprodd. für die Herst. von Pharmazeutika verwendbar sind. Ist **I** ein prim. oder sek. Aminoanthrachinon (**III**), dessen NH_2-Gruppe am Kern sitzt, so entstehen Farbstoffe, die auf Wolle, Seide, Acetatseide u. polymeren Fasern wie „Nylon", „Orlon", „Dacron" u. „Acrylan" intensivere u. echtere Färbungen ergeben als die als Ausgangsprodd. verwendeten **III**. — Beispiele für Anthrachinone: 1-Amino-, 1.4-Diamino-, 2-Hydroxy-1-amino-, 2- u. 4-Nitro-1-amino-, 4-Halogen-1-amino-, 4-Benzoylamino-1-amino-, 3-Carboxy-2-amino-, 4-Hydroxy-6-sulfo-1-amino-, 2.4.6.8-Tetrachlor-1.5-diamino-, 1-Anilino-4-amino-, 4.5-Diaminochrysazin, 5.8-Diaminochinizarin, 4.8-Diaminoanthrarufin; Beispiele für andere **I**: W., H_2S, aliphat. Mercaptane, aliphat. Alkohole, Phenole, Thiophenole, NH_3, prim. u. sek. Alkyl-, Aryl-, Alkylaryl- u. Heteroamine wie CH_3NH_2, Piperidin, Cyclohexylamin, Anilin, Benzylamin, o-Anisidin, 2-Aminobiphenyl, α- u. β-Naphthylamin, Cumidin, Indol, Carbazol, m-Aminoacetanilid, Hydrochinonmonomethyläther, Kresole, Salicylsäure, 8-Hydroxychinolin, α- u. β-Naphthol, Cyclohexanol, $HOCH_2CH_2OH$, $ClCH_2CH_2OH$, Tetrahydrofurfurylalkohol, Pentaerythrit usw. (50 weitere Beispiele für **I**). Bei Durchführung der Rk. werden die **I** zum Ausgleich für Verluste durch Polymerisationen im Überschuß verwendet. — Beispiele: 1.4-Bis-[4-acetoxy-3-oxobutylamino]-anthrachinon, färbt Acetatseide licht- u. waschecht blau; 1-Amino-2-methoxy-4-[4-acetoxy-3-oxobutylamino]-anthrachinon, färbt Acetatseide violett; Additionsprod. aus 1-Acetoxybuten-(3)-on -(2) (**IV**) u. 1-Aminoanthrachinon, färbt Acetatseide scharlachrot; Additionsprod. aus **IV** u. 2-Aminoanthrachinon, färbt Acetatseide goldorange; Additionsprod. aus **IV** u. 1.4-Diaminoanthrachinonsulfonsäure, färbt Wolle tiefblau; 1-[p-Acetamidoanilino]-4-[4-acetoxy-3-oxobutylamino]-anthrachinon, färbt Acetatseide grünblau; [3-Oxo-4-acetoxybutylmercapto]-benzol (Additionsprod. aus **IV** u. Thiophenol), Nadeln; F. 37,5°; Additions-Prod. aus **IV** u. Anilin, Nadeln, F. 38°; Additionsprod. aus **IV** u. Phenol, Nadeln, F. 80°; Additionsprod. aus **IV** u. Dioctylamin, viscoses, unkristallisierbares Öl. (**A. P. 2 834 792** vom 31/12. 1952, ausg. 13/5. 1958.)

A. KALIX. 7059

General Aniline & Film Corp., New York, N.Y., übert. von: Robert E. Brouillard, Westfield, N.J., V.St.A., **Herstellung von Metallphthalocyaninen** durch Erhitzen von Phthalocyaninbildnern (**A**), wie aromat. o-Dicarbonsäuren, deren Anhydriden, Estern, Säurechloriden, Ammoniumsalzen, Mono- oder Diamiden, Imiden, Iminoimidinen, entsprechenden o-Cyancarbonsäuren, deren Estern, Amiden oder Ammoniumsalzen, ω.ω'-Polyhalogen-o-dimethyl- u. ω-Polyhalogen-o-cyanmethylaromat. Verbb., mit N-Donatoren, wie Harnstoff (**I**), Biuret, Guanidin, Guanylharnstoff, Dicyandiamid oder Cyanursäure, sowie mit Salzen von Cu, Al, Mg, Ni, Fe, Co, Zn oder V in Ggw. von Mo-Katalysatoren (**B**) in inertem Lsgm. auf 150—210°. Nach Can. P. 551 610 werden dem Rk.-Gemisch ferner 25—100% (bezogen auf **A**) eines Alkali-, Erdalkali- oder Ammoniumphosphats, nach Can. P. 551 611 H_2SO_4 oder deren Alkali-, Erdalkali-, Ammoniumsalze oder Monoester mit C_{1-5}-Alkoholen oder Sulfaminsäure zugesetzt. — *Cu-Hexadekachlorphthalocyanin*, aus Tetrachlorphthalsäurenanhydrid u. **I** durch Erhitzen mit $CuCl_2$ in Ggw. von Alkaliphosphat u. **B** auf 200°. — Analog: *Chloraluminiumphthalocyanin*, aus $AlCl_3$, Phthalsäureanhydrid (**II**) u. **I** mit Alkalisulfat. — *Mg-Phthalocyanin*, aus MgO, **I** u. **II** mit Alkalisulfat. (**Can. PP. 551 610** vom 25/10. 1951, ausg. 14/1. 1958. A. Prior. 24/11. 1950 u. **551 611** vom 25/10. 1951, ausg. 14/1. 1958. A. Prior. 14/11. 1950.)

EBERHARD RIEDEL. 7073

XIa. Farben. Anstriche. Lacke. Naturharze

Die angeriebenen Pigmente. F. Margival. (Trav. de Peinture **15.** 460—62. Dez. 1960; franz.) — Behandelt wurden die in verschiedenen Bindemitteln fertig angeriebenen Pigmente u. Pigmentmischungen.

B. SCHEIFELE. 7092 □

Untersuchungen über die Lichtechtheit organischer Pigmente. 2. Mitt. R. Haug. (Dtsch. Farben-Z. **15.** 511—15. Dez. 1961. Stuttgart, Forschungsinst. für Pigmente u. Lacke; dt.) — Forts. der C. **1962.** 11018 ref. Arbeit. — Es wurden außerdem der Einfl. der Bindemittel auf die Licht- u. Wetterechtheit untersucht. Als Maß für die Lichtechtheit wurde die durchschnittliche Neigung der Buntpigmentkonz.-Lichtsummen-

Kurve gegen die Ordinate (Kiloluxstunden) verwendet. Nitrocellulosekombinationslack verhielt sich bzgl. der Erhaltung der opt. Farbwrkg. am günstigsten. Die bewitterten Anstriche wurden ebenfalls farbmetr. vermessen. H. VÖLZ. 7092b □

Dimerisierte Fettsäuren. Richard Rowe. (Paint Technol. **23.** 257—62. Aug./Sept. 1959. Manchester, Victor Wolf Ltd.; engl.) — Übersicht über die Geschichte, Herst. im Labor.- u. Industriemaßstab, Chemie u. Verw. von dimerisierten Fettsäuren (freie Säuren, Alkaliseifen, Ester, synthet. Harze usw.). — 45 Literaturangaben. G. PLATZER. 7096 □

Die Entwicklung von Aerosol-Lacken. B. Hoffmann. (Fette, Seifen, Anstrichmittel **62.** 1143—46. Dez. 1960. Frankfurt/Main-Höchst, Farbwerke Hoechst A. G.; dt.) — Verw. von Frigen als Sicherheitstreibgas. L. KEMPF. 7106

Polyvinylacetat und Anstrichfarben. August Schaefer. (Ind. Plast. mod. **12.** Nr. 2. 4—7. März 1960; franz.) — Anwendungsarten von Polyvinylacetat in Form von Lösungslacken u. bes. Emulsionen (Dispensionen). B. SCHEIFELE. 7106 □

Fortschritte in der Chemie der Anstriche. 11. Mitt. **Die Chemie der Farbstoffe.** Phillip M. Fisk. (Paint Manufact. **30.** 236—40. Juli 1960; engl.) — 10. vgl. C. **1961.** 9991. — Nach theoret. Erwägungen über die Beziehungen zwischen Farbe u. chem. Konstit. wird die Diazotierungs-Rk. u. die Bldg. von Azoverbb. behandelt. M. WINIKER. 7106 □

Beitrag zur Kenntnis der Wetterfestigkeitsprüfung von Anstrichen auf Ölbasis. Frederico Ponte Filho. (Rev. brasil. Quim. **47.** 480. 482. 484. 486—87. Juni 1959; port.) — Bericht über Erfahrungen bei der Anstrichprüfung mit dem Weather-Ometer u. Verbesserungsvorschläge. R. K. MÜLLER. 7158 □

Metals Disintegrating Co., Inc., Union City, übert. von: Alexander F. Knoll, Westfield, und Loren C. Hurd, Basking Ridge, N.J., V.St.A., **Stabile Aluminium-Pigmentpasten,** enthaltend neben dem schuppenförmigen Al vom „nonlaefing"-Typ wss. Lsgg. von Phosphorsäure oder deren Alkali-, Ammonium-, Erdalkali-, Zn- bzw. Mg-Salze. Die Pasten sind gut als Zusatz für Anstrichmittel auf wss. Basis, z. B. Latexfarben, geeignet. (**A. P. 2 858 230** vom 26/6. 1957, ausg. 28/10. 1958.) P. KRUG. 7093a

Interchemical Corp., New York, übert. von: Norman G. Gaylord, Westbury, N.Y., V.St.A., **Zur Herstellung von Überzügen geeignete Polymerisate.** Man erhitzt 5—30 (Teile) eines Allyloxyalkanols der allg. Formel $CH_2{=}CHCH_2O(CH_2)_nOH$, in der n 2—20 bedeutet, 5—15 Acrylsäure (**I**) oder Methacrylsäure (**II**) u. 100 **I**- oder **II**-Ester von C_1-C_8-Alkoholen in Ggw. von Benzoylperoxid, bes. in Form ihrer Lsgg. in Xylol. Die Prodd. sind mit lösl. heißhärtbaren Aminoplasten kombinierbar. (**A. P. 2 853 462** vom 28/5. 1956, ausg. 23/9. 1958.) C. LÜTTGEN. 7097

J. R. Geigy Akt.-Ges., Basel, Schweiz, **Viscosefarbkonzentrate vom Typ Öl-in-Wasser-Emulsion,** enthaltend neben W. 4,5—40 (%) Pigmente, 6—20,5 nichtflüchtige Harze (I), 1,0—5,5 Schutzkolloid u. 1,6—7,5 Dispergier- u. Emulgiermittel. I ist eine Mischung aus einem *Pentaerythritalkydharz* (mit 50—100% der Alkoholkomponente als Pentaerythrit u. einer Mischung von Phthalsäure mit bis zu 65 Gew.-%, bezogen auf das Alkydharz, einer mehrfach ungesätt. Fettsäure als Säurekomponente) mit einem in organ. Lsgm. lösl. *Aminoplastharz,* letzteres in Mengen von 5—100, bezogen auf Alkydharz. (**E. P. 806 571** vom 3/6. 1955, ausg. 31/12. 1958. A. Prior. 14/6. 1954.) P. KRUG. 7107

National Starch Products, Inc., New York, N.Y., übert. von: Albert I. Goldberg, Berkeley Heights, und Kazimierz V. Jasinski, North Plainfield, N.J., V.St.A., **Anstrichmittel,** bestehend aus einer wss. Dispersion von Polyvinylacetat, -chlorid, -propionat oder -butyrat oder deren Mischpolymerisaten mit Croton-, Acryl-, Methacrylsäure (I) u. den Estern von I oder α, β-ungesätt. Dicarbonsäuren mit geradkettigen aliphat. Alkoholen u. 1—20% einer Methoxypolyäthylenglykols mit einem Molgew. von 335—785. Das Mittel ist frostbeständig u. gibt glänzende, wasserfeste Anstriche. (**A. P. 2 910 448** vom 29/3. 1956, ausg. 27/10. 1959.) C. LÜTTGEN. 7107

National Research Development Corp., London, England (Erfinder: Charles Ernest Bird), **Aluminiumreiche Anstrichmittel.** Man verwendet solche Metallpulver (außer *Al* auch dessen Legg. mit geringen Anteilen von Zn, Mg, Si u./oder Cd oder deren Mischungen mit kleinen Anteilen an Zn, Cd oder Pb), die durch Behandlung mit z. B. organ. Lsgm., wie Xylol, Cyclohexanol, Butanol oder Glykolmonoäthyläther, vom anhaftenden Gleitmittel (Stearat oder Stearinsäure) vollständig befreit wurden, ohne daß eine Oxydation der Al-Teilchen eintritt. Epoxyharze oder Polyester werden als Bindemittel für die Anstrichmassen bevorzugt. Man kann so stromleitende Überzüge herstellen. (**E. P. 801 986** vom 14/1. 1955, ausg. 24/9. 1958.) P. KRUG. 7107

I. I. Denker, M. Ja. Scharow und A. Ss. Ssopman, **Lackfarbengrundierung für Fe- und Buntmetall-Legierungen,** widerstandsfähig u. weitgehend temperatur- u. feuchtigkeitsempfindlich, aus 1 (Gewichtsteil) Butylmethacrylat u. Methacrylsäure, 0,3 Abietinharz, 0,1 Trikresylphosphat, 0,6 Zn-Chromfarbe, 0,2 Titanweiß u. 0,5 Talkum, gelöst in einem Lsgm.-Gemisch aus 50(%) Butylacetat, 20 Bzl. oder Toluol, 20 Butanol u. 10 Alkohol. (**UdSSR. P. 117 994** vom 12/10. 1953.) B. PANKOW. 7107

Giovanni Villaschi, Como, Italien, **Lackieren von Metallen, bes. Messing.** Man taucht die zu lackierenden Gegenstände in eine wss. Lsg. von K_2S, trägt mit dem Pinsel HNO_3 u. darüber eine wss. Lsg. von Anilinrot auf. (**It. P. 519 422** vom 21/5. 1954.) K. KOEBKE. 7107

Louis Chaussade, Maurice Chaussade und André Chaussade, Frankreich, **Verzieren von Gegenständen aus plastischen Massen,** z. B. aus Harzen aus Harnstoff, Melamin, Dicyandiamid, Aminoplasten oder Phenoplasten, durch Auftragen eines Farbgemisches (I) unter Verw. eines Klischees u. eines über einen Rahmen gespannten Seidengewebes, als écran-sovie bezeichnet, das durch Aufbringen von Polyvinylalkohol–Bichromat sensibilisiert worden ist. I enthält z. B. 50 (g) TiO_2, 1,05 Pigmentrot, 4 Bronzepulver, 4,5 Kollodium. Der mit dem Farbgemisch verzierte Gegenstand aus plast. Masse wird danach in einem Ofen bei Temp. von 60—110° wärmebehandelt. (**F. P. 1 145 556** vom 7/3. 1956, ausg. 28/10. 1957.) M. F. MÜLLER. 7107

Louis Chaussade, Maurice Chaussade und André Chaussade, Frankreich, **Verzieren von plastischen Massen,** bes. von Gegenständen, in beliebiger Weise unter Verw. eines Gemisches aus Äthoxylinharz, z. B. 35 (g) „Epikote", u. 1 g Katalysator (Äthylendiamin, -tri- u. tetramin). Nach dem Aufbringen des Gemisches wird z. B. mit ultrafeinem Bronzepulver bepudert. (**F. P. 71 699** vom 4/6. 1957, ausg. 13/1. 1960. **Zusatz zu F. P. 1145556; s. vorst. Referat.**) M. F. MÜLLER. 7107

Robert Bowran & Co. Ltd., England, **Farbanstrich- und Überzugsmittel,** welches einen nichtflüchtigen u. wasserwiderstandsfähigen Stoff, z. B. Steinkohlenteer-Prodd., aromat. Erdölrückstände, Phenol–Formaldehyd-Harze, Derivv. des Kolophoniums, Paraffine, chlorierte Diphenyl-Verbb. u. KW-Stofföle, enthält. Als Pigmente u. Korrosionsschutzmittel dienen z. B. Graphit, SiO_2, TiO_2, Fe_2O_3. Zn-Chromat u. Mennige. Geeignete organ. Lsgm. sind Aceton, Methyläthylketon, Methylisobutylketon, Cyclohexanon, Äthylenglykolmonoäthyläther, Äthyllactat, Diäthylcarbonat, Benzylalkohol u. Diacetonalkohol. — 58 (Teile) Steinkohlenteer, bei 70° geschmolzen, werden mit 15 Anthracenöl verrührt, in die geschmolzene Masse werden 0,2 Äthylcellulose, die in 1,8 Diacetonalkohol dispergiert ist, sowie 0,2 Sojalecithin u. 24,8 Diacetonalkohol eingetragen. Nach dem Abkühlen wird das Mittel z. B. auf die Innenseite eines Schiffsrumpfes mit der Bürste aufgetragen. Beim Stehen erhärtet der Überzug ohne Rücksicht auf die Anwesenheit von W. oder Feuchtigkeit zu einem rostschützenden dünnen Film. (**F. P. 1 189 442** vom 2/1. 1958, ausg. 2/10. 1959.) M. F. MÜLLER. 7107

American-Marietta Co., Stoner-Mudge Co. Division, Chicago, Ill., übert. von: Gerald P. Roeser, Lahaska, Pa., V.St.A., **Lösungen von Vinylharzen in Propylencarbonat und aromatischen Kohlenwasserstoffen.** Mischpolymerisate aus Vinylchlorid (I) u. Vinylacetat mit einem Geh. von <90 Gew.-% I werden gelöst von einer Mischung aus aromat. KW-Stoffen (Bzl., Toluol, Xylol oder deren Mischungen) u. *Propylencarbonat*, dessen Anteil 9—75 Gew.-% beträgt, während keines der Lsgm. für sich die Mischpolymerisate lösen kann. — *Überzüge.* (**A. P. 2 850 470** vom 31/8. 1956, ausg. 2/9. 1958.) A. JAHN. 7107

Westinghouse Electric Corp., East Pittsburgh, übert. von: Leonard E. Edelman, Pittsburgh, Pa., V.St.A., **Überzugsmassen auf der Grundlage modifizierter Epoxyharze.** Man verwendet solche modifizierten Epoxyharze, die durch Zusatz eines Rk.-Prod. (I) aus einer olefin. ungesätt. Fettsäure mit mindestens 12 C-Atomen u. einem vinylaromat. Monomeren zu einem Epoxyharz (mit einem Epoxyäquivalent von 900—1000, Molgew. ca. 175) u. Erhitzen auf 190—250° bis zur SZ. <15 erhalten wurden. I wurde hergestellt durch langsame Zugabe des Monomeren zur auf 150—220° unter Rückfluß erhitzten Fettsäure, wobei die Zusatzmenge so gewählt wird, daß <2, jedoch >1 olefin. Gruppe des Monomeren auf 1 olefin. Gruppe der Fettsäure kommen. I wird in solchen Mengen dem Epoxyharz zugesetzt, daß auf eine OH-Gruppe desselben 1 Carboxylgruppe des Fettsäure-Rk.-Prod. vorliegt. Die Überzugsmassen enthalten alsdann noch bis zu 60%, bezogen auf modifiziertes Epoxyharz, eines Harnstoff- oder Melaminaldehydharzes u. Lsgm. für die Harze. Pigmente können zugesetzt werden. Die aus dem

Mittel erhaltenen Überzuge werden an der Luft getrocknet bzw. bei erhöhter Temp. eingebrannt. (**A. P. 2 909 497** vom 21/7. 1953, ausg. 20/10. 1959.) P. KRUG. 7107

Philco Corp., Philadelphia, übert. von: Miriam G. Groner, New Britain, Pa., V.St.A., **Filmbildende Überzugsmassen zur Herstellung von durch Erhitzen entfernbaren Zwischenschichten auf dem Glaskörper von Kathodenstrahlröhren,** enthaltend 3,5—5 (Gew.-%) Nitrocellulose (Viscosität ½—1000 Sek.), 5—25 wasserunlösl. Weichmacher u. 5—25 Octylacetat in einer Mischung aus einem wasserlösl. Alkohol (Propyl- u. Butylalkohol) mit einer größeren Menge eines flüchtigen Esters (Propyl- u. Butylacetat). (**A. P. 2 860 063** vom 17/1. 1956, ausg. 11/11. 1958.) P. KRUG. 7107

Armour & Co., Chicago, übert. von: **Werner L. Riegler,** Western Springs, und **Richard L. Bercher,** Chicago, Ill., V.St.A., *Pigmente.* (**Can. P. 558 882** vom 12/7. 1955, ausg. 17/6. 1958. A. Prior. 16/11. 1954. — C. **1959.** 9061 [E. P. 785 388].)

Canadian Titanium Pigments Ltd., Montreal, Quebec, Canada, übert. von: **William Grave,** Livingston, N.J., V.St.A., *Herstellung von Pigmenten aus Rutil und Erdalkalimetallsulfaten.* (**Can. P. 556 238** vom 22/4. 1953, ausg. 22/4. 1958. A. Prior. 23/4. 1952. — C. **1956.** 8762 [F. P. 1 075 986].)

Sylvania Electric Products, Inc., Salem, übert. von: **Keith H. Butler,** Marblehead, Mass., V.St.A., *Herstellung von Halogenphosphaten.* (**Can. P. 559 430** vom 4/12. 1950, ausg. 24/6. 1958. A. Prior. 31/12. 1949. — C. **1956.** 7370 [F. P. 1 028 649].)

Columbian Carbon Co., New York, N.Y., übert. von: **Charles D. Downes,** Newton, Pa., und **John Martin,** Hamilton Square, N.J., V.St.A., *Zinkferrite.* (**Can. P. 557 912** vom 21/11. 1955, ausg. 27/5. 1958. A. Prior. 24/2. 1955. — C. **1960.** 10772 [A. P. 2 904 395].)

Ciba Ltd., Basel, übert. von: **Warner Grubenmann,** Neuewelt/Basel, Schweiz, *Herstellung von Pigmenten.* (**Can. P. 558 913** vom 3/7. 1953, ausg. 17/6. 1958. Schwz. Prior. 4/7. 1952 u. 29/5. 1953. — C. **1956.** 9866 [F. P. 1 079 477].)

Imperial Chemical Industries Ltd., London, übert. von: **Ronald J. Carter** und **James K. Lovell,** Slough, Buckinghamshire, und **John S. Gourlay,** Maidenhead, Berkshire, England, *Dehydratisiertes Ricinusöl.* (**Can. P. 557 991** vom 23/2. 1952, ausg. 27/5. 1958. — C. **1957.** 806 [A. P. 2 711 416].)

Celanese Corp. of America, New York, N.Y., übert. von: **William B. Horback** und **Walter D. Paist,** Summit, N.J., V.St.A., *Methylendimethyläther als Lösungsmittel für Vinylpolymere.* (**Can. P. 558 539** vom 15/7. 1949, ausg. 10/6. 1958. A. Prior. 20/10. 1948. — C. **1953.** 3481 [A. P. 2 561 513].)

Firestone Tire & Rubber Co., übert. von: **Paul H. Johnson,** Akron, Ohio, V.St.A., *Wasserfarbe.* (**Can. P. 558 606** vom 26/5. 1953, ausg. 10/6. 1958. A. Prior. 18/2. 1953. — C. **1956.** 14506 [F. P. 1 082 926].)

Firestone Tire & Rubber Co., übert. von: **Paul H. Johnson,** Akron, Ohio, V.St.A., *Frostbeständige Wasserfarbe.* (**Can. P. 558 607** vom 26/5. 1953, ausg. 10/6. 1958. A. Prior. 18/2. 1953. — C. **1957.** 3135 [F. P. 1 084 412].)

Firestone Tire & Rubber Co., übert. von: **Paul H. Johnson,** Akron, **John H. Musch,** Silver Lake, und **Cullen W. Metzger,** Massilon, Ohio, V.St.A., *Frostbeständige Wasserfarbe.* (**Can. P. 558 608** vom 26/5. 1953, ausg. 10/6. 1958. A. Prior. 18/2. 1953. — C. **1957.** 2604 [F. P. 1 084 448].)

Firestone Tire & Rubber Co., übert. von: **John H. Musch,** Silver Lake, Ohio, V.St.A., *Frostbeständige Wasserfarbe.* (**Can. P. 558 610** vom 26/5. 1953, ausg. 10/6. 1958. A. Prior. 18/2. 1953. — C. **1956.** 14504 [F. P. 1 082 914].)

—, Jahrbuch der Lackchemie. Ausg. 2. Kunstharzdispersionen. Stuttgart: Colomb. 1961. (438 S. m. 6 Abb. u. Tab.) 8°. DM 38,—.

G. Champetier et **H. Rabaté,** Physique des peintures, vernis et pigments. Tome II. Paris: Dunod. 1962. (400 S. m. 210 Abb.) 68 NF.

Erwin Herrmann, Handbuch für den Pigmentverbraucher. Hannover: Curt R. Vincentz Verl. 1962. (292 S. m. 60 Abb., 6 Taf. u. 65 Tab.) DM 36,—.

XIb. Plaste (Kunstharze. Plastische Massen)

Neue Katalysatoren für Polymere. Anorganische Komplexverbindungen. Peter Baldwin. (Rubber J. int. Plastics **137.** 776. 12/12. 1959; engl.) — Während konventionelle Katalysatoren Gemische von iso-, syndio- u. atakt. Polymeren liefern, lassen sich mit metallorgan. Komplexkatalysatoren jeweils eine dieser Typen (stereospezif. Polymere) erzielen. B. SCHEIFELE. 7170□

Ultraviolettabsorber in Kunststoffen. R. A. Coleman und J. A. Weicksel. (Mod. Plastics **36.** Nr. 12. 117. 119. 121. 198. Aug. 1959. American Cyanamid Co., Res. Labor.; engl.) — Vff. beschreiben die Wrkg. der UV-Absorber zur Lichtstabilisation von Kunststoffolien u. erörtern die besonderen Forderungen, die sich aus der Verw. solcher Folien zu Verpackungszwecken ergeben. Vgl. der nach ihrer chem. Konst. (Salicylester, Hydroxybenzophenone, Benztriazole) unterschiedenen, handelsüblichen UV-Absorber hinsichtlich ihrer Absorptionseigenschaften. H. SONTAG. 7170□

Einige experimentelle Untersuchungen über das Fließverhalten von Polyäthylenen. R. W. Hogg. (Plastics **24.** 69—72. Febr. 1959. The Metal Box Co; engl.) — Von 13 Polyäthylenen, die sich durch Herst.-Verff. u. Dichten unterscheiden, wurde das Fließ-Verh. der Schmelzen nach bekannten Prüfmeth. untersucht. Die Unterschiede in den rheolog. Eigg. der verschiedenen Typen werden auf Grund struktureller Betrachtungen erklärt.

Die Grenzen der Prüfmeth., deren Ergebnisse teilweise nicht mit denen aus der Praxis des Spritzgießens u. Preßspritzens übereinstimmen, werden aufgezeigt. Die Ergebnisse werden an Kurven erläutert. H. SONTAG. 7172□

Spritzgießen von trocken eingefärbtem Polyäthylen. Clifford L. Weir. (Mod. Plastics **35.** Nr. 11. 97—99. 102—03. Juli 1958. Clifton, N.J., W. R. Grace & Co. Polymer Chem. Div.; engl. — C. **1959.** 13952.) H. SONTAG. 7172□

Die Fluorchlorpolymeren Kel-F und Voltalef. A. Flamant. (Ind. Plast. mod. **11.** Nr. 3. 26—32. März; Nr. 5. 45—48. Mai 1959. Saint-Gobain, Serv. Dev. Cie.; franz.) — Die unter der Bezeichnung Kel-F u. Voltalef bekannten F-Cl-Polymeren werden in 3 Klassen unterteilt: 1. thermoplast. Harze [Hochpolymere des Trifluorchloräthylens (**I**)], 2. Elastomere (F- u. Cl-haltige Mischpolymere) u. 3. Öle, Fette, Wachse (Niederpolymere von **I**). Vf. beschreibt Herst., Eigg., Kennzahlen, Einsatzgebiete u. Verarbeitungsmöglichkeiten nach den verschiedenen Verfahren. H. SONTAG. 7172□

Spritzgießen von Polypropylen. R. Hanna und J. Lomaz. (Ind. Plast. mod. **11.** Nr. 4. 28—34. April 1959; franz.) — Vff. behandeln ausführlich die Probleme der Gestaltung der einzelnen Teile der Spritzgußmaschine sowie der Betriebsbedingungen, bes. der Temp.-Führung, bei der Verarbeitung von Polypropylen im Spritzgußverfahren. H. SONTAG. 7172□

Verhalten eines Hart-PVC-Rohrs bezüglich Kriechen und Brechen infolge Spannungsbeanspruchung. J. H. Faupel. (Mod. Plastics **35.** Nr. 11. 120—28. 188. Juli; Nr. 12. 132—39. 202. Aug. 1958. Wilmington, Del., E. I. du Pont de Nemours & Co., Engng. Res. Labor. Engng. Dep.; engl.) — Durch Anwendung der viscoelast. Theorie zur Analyse des stat. Drucks bei isotropem u. anisotropem Material werden mathemat. Beziehungen zwischen Kriechen u. Spannungsrelaxation bei Kunststoffen u. zwischen innerem Druck u. einer als Spannungsäquivalent („equivalent stress") bezeichneten Größe, die den Vgl. verschieden geformter Rohre u. die Vorherbest. der Bruchspannung bei verschiedenen Beschickungen der Rohre ermöglicht, abgeleitet. Nach diesen Gleichungen lassen sich Kriechverh. u. Brechen infolge von Spannungsbeanspruchung bei Kunststoffen auf Grund der Spannungsrelaxationswerte vorherbestimmen. Experimentell wurden Kriechen, Spannungsbruch u. Spannungsrelaxation bei einem Hart-PVC-Rohr untersucht. Dabei wurden die verschiedenen Spannungszustände durch Variieren des Verhältnisses zwischen äußerer Spannung u. innerem Druck erzielt. Die Ergebnisse werden unter Anwendung der theoret. abgeleiteten Gleichungen erörtert. H. SONTAG. 7172□

Herstellung, Eigenschaften und Anwendung von Schaumpolystyrol. Telesfor Wiecheć. (Tworzywa, Guma, Lakiery **5.** 238—41. Juli/Aug. 1960. Inst. Tworzyw sztucznych; pol.) — Übersicht. F. URBAN. 7172□

Vergleich der Molekulargewichtsverteilung von 2 Polymethylmethacrylatproben. M. Daune und L. Freund. (Ind. Plast. mod. **11.** Nr. 4. 39—40. April 1959. Strasbourg, Centre de Rech. sur les Macromolécules; franz.) — Vff. untersuchten 2 Polymethylmethacrylatproben, die trotz gleichen Molgew. u. gleicher grundmol. Viscositätswerte unterschiedliche mechan. Eigg. besaßen. Auf Grund der Best. der BROWNschen Diffusionswerte wurde erkannt, daß sich beide Proben durch ihre Molgew.-Verteilung unterscheiden. In beiden Fällen lag zwar eine kontinuierliche Verteilung vor, sie bewegte sich aber bei der einen Probe in engeren Grenzen als bei der anderen. H. SONTAG. 7172□

Beziehungen zwischen der Aktivität von Peroxiden und der Polymerisation. Orville L. Mageli, Suzanne D. Stengel und Donald F. Doehnert. (Mod. Plastics **36.** Nr. 7. 135—37. 140. 144. 172. März 1959; engl. — C. **1961.** 15941.) H. SONTAG. 7176□

Neue Epoxidharze. Z. Hertz. (Tworzywa, Guma, Lakiery **5.** 241—42. Juli/Aug. 1960; pol.) — Übersicht. F. URBAN. 7176□

Cellulosepropionat. 2. Mitt. **Behandlung und Anwendung.** D. A. Jones. (Plastics **23.** 462—64. Dez. 1958. Celanese Corp. of America; engl.) — Vgl. C. **1961.** 6695. — Vf. gibt eine Zusammenfassung der techn. Eigg. u. industriellen Anwendungsmöglichkeiten des Thermoplasts Cellulosepropionat, das als „Forticel" im Handel ist. Seine Hitzebeständigkeit bis 200° F (u. 30 Min. in kochendem W.), Stoßfestigkeit, Oberflächenhärte (zwischen 10 u. 120 in der ROCKWELL-Skala), Stabilität bei geringer Feuchtigkeitsabsorption (ca. 1,7%) u. die günstige Oberflächenbeschaffenheit, die gar keine oder nur geringe Politur erfordert, prädestinieren dieses Material für Auto-, Radio- u. Telefonbestandteile, für Spritzen, Transistoren u. andere Gebrauchsartikel. Es werden die Poliermittel u. -Verf. besprochen sowie das Verkleben von gleichem u. fremdem Material mit organ. Lsg., wie Aceton, Methanol, Äthylacetat, Methylcellosolve, Mesithyloxid, Methylcellosolveacetat, Äthyllactat u. Diazetonalkohol. Beim Lackieren ist eine Rk. zwischen

Lack u. Oberfläche zu vermeiden. Die techn. Eigg. von Forticel bei seiner Verarbeitung (Bohren, Gewindedrehen) werden mit denen von Celluloseacetat verglichen. I. ZOEKE. 7199□

Eigenschaften, die von Preßmassen für ihre Verarbeitung nach automatischen Preßverfahren gefordert werden. Frank J. Donohue. (Mod. Plastics **35**. Nr. 11. 104—08. 174—75. Juli 1958. Springfield, Mass., Monsanto Chem. Co. Plastics Div., Thermosetting molding materials; engl.) — Als wesentliche Merkmale der Eignung von Preßmassen für die Verarbeitung in automat. arbeitenden Pressen werden vom Vf. die geeignete, eine gleichmäßige Zufuhr gewährleistende Korngröße, die Fähigkeit, sich leicht u. gleichmäßig vorwärmen zu lassen, das gute Fließverh. u. die rasche Härtung zur Ausbildung leicht auswerfbarer Preßlinge angesehen. H. SONTAG. 7204□

Dow Chemical Co., Midland, Mich., übert. von: John L. McCurdy, Torrance, Calif., und Leo Kin, Midland, Mich., V.St.A., **Nichtentflammbare Kunststoffkörper,** die aus einer Vielzahl in sich abgeschlossener Zellen bestehen, erhält man aus thermoplast. Polymeren, die wenigstens 50% Styrol u. 3—10% α.β-Dibromäthylbenzol oder 1.2-Bis-[dibrommethyl]-benzol enthalten. (**Can. P. 558 230** vom 22/1. 1954, ausg. 3/6. 1958.) EBERHARD RIEDEL. 7171

E. I. du Pont de Nemours & Co., übert. von: Ralph H. Sudekum, Wilmington, Del., V.St.A., **Chlorsulfonierte Polykohlenwasserstoffe.** Lsgg. von ungehärteten, halogensulfonierten Poly-KW-Stoffen (**A**) u. einem Härtemittel für **A** in einem Lsgm.-Gemisch aus einem Lsgm. für **A** u. einem Quellmittel für **A** werden hergestellt. Als Antigelmittel werden 1—100 (Teile), bes. 1—5 je 100 **A**, eines einwertigen aliphat. Alkohols oder von Essig-, Phthal-, Citronen-, Adipin-, Malein- oder Salicylsäure oder deren Anhydriden zugesetzt. (**Can. P. 558 235** vom 26/8. 1953, ausg. 3/6. 1958. A. Prior. 24/2. 1953.) EBERHARD RIEDEL. 7173

Bergwerksgesellschaft Hibernia Akt.-Ges., Herne, übert. von: Ermbrecht Rindtorff, Recklinghausen, und Karl Schmitt, Herne, **Polymerisation von Olefinen.** Olefine, bes. Äthylen oder Propylen, werden in eine Dispersion von halogenierten Al-Alkyl-Verbb. u. Titanhalogeniden in hydrierten Alkylbenzolen vom Kp. $>120^0$, bes. Äthylcyclohexan, als Dispersionsmittel bei 20—90°, bes. 80°, u. 1—20 at Druck eingeleitet, die gebildeten Polymeren werden abgetrennt u. das Dispersionsmittel wird durch Behandlung mit Na, K, NaOH, Na_2CO_3 oder CaO gereinigt. (**Can. P. 558 186** vom 28/10. 1955, ausg. 3/6. 1958. D. Prior. 30/10. 1954.) EBERHARD RIEDEL. 7173

Dow Chemical Co., übert. von: Walter O. LeFèvre und Kenneth G. Harding, Midland, Mich., V.St.A., **Herstellung von Polymeren aus Diolefinen und aromatischen Vinylverbindungen.** Eine aromat. Monovinyl-Verb. u. ein aliphat. konjugiertes Diolefin werden in wss. Emulsion alternierend polymerisiert, die Rk. beginnt mit der Polymerisation des Diolefins, dessen Anteil am Gesamtprod. 37,5—94,5 Mol-% beträgt, bei 70—110° u. pH 1,5—3 in Ggw. von H_2O_2 u. anorgan. Fe^{3+}-Salz. (**Can. P. 557 619** vom 1/10. 1948, ausg. 20/5. 1958.) L. GROSSNER. 7173

Ralph A. Naylor, Stamford, Conn., und William B. Hardy, Bound Brook, N.J., V.St.A., **Gegen Lichteinwirkung stabilisiertes Polyvinylchlorid** enthält 0,01 bis 5 Gew.-% eines o-Hydroxybenzophenons (**I**), bes. *2-Hydroxy-4-methoxy-, 2.2'-Dihydroxy-4-methoxy-* u. *2.2'-Dihydroxy-4.4'-dimethoxybenzophenon*, u. als phenol. Antioxydationsmittel ein in 4-Stellung durch eine CH_3- oder C_2H_5- u. in 6-Stellung durch eine tert. Alkylgruppe mit 4—5 C-Atomen substituiertes symm. 2.2'-Methylen-bis-phenol (*4.4'-Dihydroxydiphenyldimethylmethanglycidylpolyäther, 2.2'-Methylen-bis-[4-methyl-6-tert.-butylphenol]; 2.2'-Methylen-bis-[4-methyl-6-tert.-amylphenol]; 2.2'-Methylen-bis-[4-äthyl-tert.-butylphenol]; 2.2'-Methylen-bis-[4-äthyl-6-tert.-amylphenol]; 3.4-Methylendioxyphenol; 2.6-Di-tert.-butyl-4-methylphenol; 2.6-Di-tert.-butyl-4-äthylphenol*). Weitere Beispiele für **I**: *2-Hydroxy-4-methoxy-4'-chlor-, 2-Hydroxy-5-methyl-, 2.2'-Dihydroxy-, 2-Hydroxy-4'-methoxy-, 2-Hydroxy-4-butoxy-, 2-Hydroxy-4-äthoxy-, 2-Hydroxy-4-methoxy-4'-brom, 2-Hydroxy-4-äthoxy-4'-methyl-, 2-Hydroxy-4-äthoxy-4'-äthyl-, 2-Hydroxy-4.4'-diäthoxy-, 2-Hydroxy-4-äthoxy-4'-propoxy-, 2.2'-Dihydroxy-4-äthoxy-4'-propoxy-, 2.2'-Dihydroxy-4-äthoxy-4'-butoxy-, 2-Hydroxy-4.4'.5'-trimethoxy-, 2-Hydroxy-4.2'.4'-tributoxybenzophenon.* (**A. P. 2 919 259** vom 22/8. 1956, ausg. 29/12. 1959.) A. JAHN. 7173

Metal & Thermit Corp., New York, übert. von: Elliot L. Weinberg, Long Island City, N.Y., Ernest W. Johnson und Clarence K. Banks, Westfield, N.J., V.St.A., **Hitze- und Lichtstabilisatoren** für *Polyvinylchloride* bestehen aus

Verbb. der Formel *Sb(S—R—COOR')*$_3$ (R = Alkylen-, Arylen- oder Aralkylenrest; R' = Alkyl-, Aryl- oder Aralkylrest), bes. *Sb-S.S'.S''*-Tri-[nonylmercaptoacetat] oder Tri-[octadecylthiomalat], die die Polymeren bis zu 2% dispergiert enthalten. (**Can. P. 558 663** vom 12/9. 1953, ausg. 10/6. 1958.) EBERHARD RIEDEL. 7173

Ferro Chemical Corp., übert. von: Floyd Robert Hansen, Bedford, und Stanley Bennet Elliott, Walton Hills, Ohio, V.St.A., **Licht- und hiztebeständige Halogenkohlenwasserstoffharze,** gek. durch eine Mischung des Polymeren mit 0,1—8% eines viscositätsherabsetzenden Stabilisators der allg. Formel R—O—$(CH_2)_n$—CO—OM (R = Alkyl-, Aryl-, Alkaryl- oder Aralkylrest mit 4—20 C-Atomen; n = ganze Zahl von 1—3; M = Cd, Zn oder Sn). Genannt sind bes. Cd-2-Äthylbutoxypropionat (I), Zn-2-Äthylbutoxyacetat u. Zn-2-Äthylhexoxybutyrat. — Man mahlt z. B. eine Mischung aus 100 (Teilen) Polyvinylchlorid, 47 Dioctylphthalat u. 1 I bei 350° F, wobei die Masse erst nach 60 Min. dunkelgelb wird. — Mengenbeispiele. (**A. P. 2 844 572** vom 6/7. 1954, ausg. 22/7. 1958. **Jap. A. S. 10785/1959** vom 19/11. 1956, ausg. 18/12. 1959.) G. VOGEL. 7173

Carlisle Chemical Works, Inc., Reading, Ohio, übert. von: Gerry P. Mack, Jackson Heights, Long Island, und Ferdinand B. Savarese, Brooklyn, N.Y., V.St.A., **Mit Stannandiolätherestern stabilisierte halogenhaltige Harze.** Vinylharze, bes. Polyvinylchlorid, werden gegen Wärme u. Licht stabilisiert durch Verbb. der allg. Formel I oder deren Polymere der allg. Formel II (R, R_1 u. R_2 = KW-Stoffreste; Z = Rest von Monocarbonsäuren oder Halbestern von Dicarbonsäuren; x > 1), bes. *Dibutylzinnmonomethoxymethylmaleat,* in Mengen von 0,1—5% Sn. (**Can. P. 556 545** vom 21/3. 1951, ausg. 29/4. 1958. A. Prior. 23/3. 1950.) L. GROSSNER. 7173

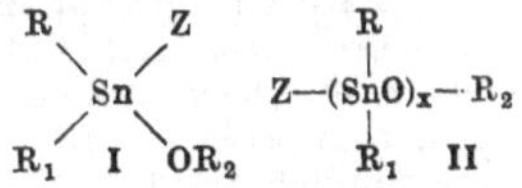

Greengate & Irwell Rubber Co. Ltd., Salford, England (Erfinder: William Gordon Hallam und Gerald Hugh Gostick), **Antistatische und flammenfeste Masse,** bestehend aus weichgemachtem Vinylchloridpolymerisat (I) oder -mischpolymerisat, einem Butadien-Acrylnitrilmischpolymerisat (II) u. elektr. leitendem Ruß, z. B. 100 (Teile) I, 10—15 II u. 20—80 Ruß. (**E. P. 810 841** vom 24/2. 1956, ausg. 25/3. 1959.) C. LÜTTGEN. 7173

E. I. du Pont de Nemours & Co., Wilmington, Del., übert. von: Mack Francis Fuller, Woodbury, N.J., V.St.A., **Polyvinylchloridschwämme mit offener Zellstruktur** erhält man, indem man Polyvinylchlorid (II) mit einem Weichmacher (bes. Didecylphthalat, Dioctylsebacat, 2-Äthylhexylphthalat, Dioctyladipat) zu einem Plastisol (I) mischt, ein Blähmittel zusetzt (N.N'-Dinitroso-N.N'-dimethylterephthal-, -adipin-, -bernstein- oder -sebacinsäurediamid, p-(tert.-Butyl)-benzazid) u. die fl. Mischung auf 60—130° erhitzt, wobei das Blähmittel das Gas freigibt u. I in einen Schaum verwandelt. Diesen erhitzt man dann auf Temp. zwischen 130° u. dem Fließpunkt des I, wobei dieses geliert. — Man erhitzt eine Mischung aus 100 (Teilen) II, 125 2-Äthylhexylphthalat, 5 bas. Pb-Carbonat, 4 Dinitrosopentamethylentetramin u. 2 Citronensäure 30 Min. auf 100° u. dann 20 Min. auf 150°, wodurch das I-Vol. sich auf das 2,5 fache vergrößert. (**A. P. 2 888 414** vom 22/8. 1956, ausg. 26/5. 1959.) A. JAHN. 7173

Dow Chemical Co., übert. von: Gerald A. Griess, Midland, Mich., V.St.A., **Modifizierte aromatische Vinylharze** erhöhter Schlagfestigkeit u. Dehnung erhält man durch Blockpolymerisation eines Gemisches von 50—90 (Teilen) mindestens einer Monovinyl-Verb. der Benzolreihe, bes. 60—96 Styrol u. 2—30 α-Methylstyrol, 2—40 mindestens einer Monoisopropenyl-Verb. der Benzolreihe u. 2—10 mindestens eines ungesätt. Kautschukpolymerisats eines konjugierten aliphat. Diolefins mit 4—6 C-Atomen, bes. eines ungesätt. Copolymerisats von Styrol u. Butadien-(1.3), in Ggw. eines organ. Peroxids bei 50—100° bis zur Polymerisation des halben Ansatzes, darauf bei 100—230°, wobei nicht über 10 Std. auf >175° erhitzt wird. (**Can. P. 557 290** vom 16/5. 1953, ausg. 13/5. 1958.) L. GROSSNER. 7173

E. I. du Pont de Nemours & Co., übert. von: William F. Gresham, Wilmington, Del., V.St.A., **Lineare Polymere** von multivinylaromat. Verbb. erhält man durch Polymerisation des Monomeren, bes. Divinylbenzol, bei 1—200 at u. 0—300° in Abwesenheit von Hydroxyl u. O_2 in Ggw. eines Gemisches von $TiCl_4$ u. einem Red.-Mittel, wie LiAl-Tetraalkyl, das geeignet ist, Ti^{4+} zu $Ti^{<3+}$ zu reduzieren. (**Can. P. 559 251** vom 30/7. 1955, ausg. 24/6. 1958. A. Prior. 22/11. 1954.) EBERHARD RIEDEL. 7173

Dow Chemical Co., übert. von: Louis C. Rubens, Midland, Mich., V.St.A., **Herstellung von Zellkörpern** aus aromat. Vinylpolymerisaten, bes. Polystyrol, dad.

gek., daß man in ihnen 2—15% Neopentan (**I**) dispergiert u. das Gemisch über den Kp. des **I** u. den Erweichungspunkt des Polymerisats erhitzt. Man erhält Prodd. mit sehr kleinen Zellen. (**A. P. 2878194** vom 23/11. 1956, ausg. 17/3. 1959. **E. P. 817656** vom 20/11. 1957, ausg. 6/8. 1959. A. Prior. 23/11. 1956.) C. LÜTTGEN. 7173

Shell Development Co., New York, N.Y., übert. von: Martin N. Berger, Salford, Lancashire, Vincent R. Gray, Pontnewydd, Newport, Monmouthshire, und Herbert M. E. Steiner, Altrincham, Cheshire, England, **Herstellung von Copolymeren** aus >60% Styrol mit einer C_4-KW-Stofffraktion, die 15—35% Butadien u. n-Butene enthält, durch Polymerisation aus wss. Emulsion in Ggw. eines Peroxidkatalysators u. eines Aktivators aus einem Polyäthylenpolyamin bei 0—65° bis zu einem ca. 60%ig. Ablauf der Rk. u. Beendigung der Polymerisation bei einer um 10—30° höheren Temperatur. (**Can. P. 558723** vom 10/5. 1954, ausg. 10/6. 1958. E. Prior. 11/5. 1953.) EBERHARD RIEDEL. 7173

Shell Development Co., New York, N.Y., übert. von: Herbert A. Newey, Lafayette, Calif., V.St.A., **Herstellung amidhaltiger Copolymerer** aus einem α-Olefin (**A**) mit ≧ 10 C-Atomen, einem Ester (**B**) einer ungesätt. Carbonsäure mit einem niederen Alkanol u. einem N-substituierten ungesätt. Carbonsäureamid, dessen Substituenten eine polare Gruppe der Art $-N_2R$, $-OH$, $-COOH$, $-CHO$, $-CONR_2$, $-SCN$, $-CN$ oder $-SH$ darstellten, durch Erhitzen eines Copolymeren von **A** mit **B** mit einem Molgew. 4000 u. durchschnittlich 4—1,1 Estergruppen je Mol. **A** mit einem entsprechend substituierten prim. Amin in einer solchen Menge, daß 35—90% der Ester- in Amidgruppen umgewandelt werden. Das Endprod. soll ein Molgew. 150000 besitzen. (**Can. P. 558725** vom 28/6. 1955, ausg. 10/6. 1958. A. Prior. 12/7. 1954.) EBERHARD RIEDEL. 7173

Dow Chemical Co., Midland, Mich., übert. von: John L. McCurdy, Torrance, Calif., und Leo Kin, Midland, Mich., V.St.A., **Feuerfeste Kunststoffe** bestehen aus >80% eines Thermoplastes, der sich zu >50% aus einer Verb. der Formel $Ar-C(R)=CH_2$ (Ar = aromat. Rest; R = H oder CH_3) zusammensetzt, bes. Polystyrol, u. enthalten 3—10% eines polyhalogenierten alkylaromat. KW-Stoffs (**A**), bes. α.β-Dibromäthylbenzol oder 1.2-Bis-[dibromäthyl]-benzol, u. 0,2—2% eines Stabilisators für **A**. (**Can. P. 558943** vom 20/1. 1954, ausg. 17/6. 1958.) EBERHARD RIEDEL. 7173

Sherwin-Williams Co., Cleveland, Ohio, übert. von: James A. Arvin, Homewood, und Wayne B. Gitchel, Chicago, Ill., V.St.A., **Polymerprodukte** erhält man durch Polymerisation eines Naturharzes (**I**) mit freien Carboxylgruppen u. SZ. >30, bes. Kolophonium, mit Styrol (**II**) u. 5—35% eines trocknenden Öles bei 300—550° F. **I** u. **II** werden im Mengenverhältnis 1:1 bis 9:1 eingesetzt. (**Can. P. 559079** vom 20/11. 1946, ausg. 17/6. 1958.) EBERHARD RIEDEL. 7173

Dow Chemical Co., Midland, übert. von: Clifford Jones, Linwood, Bronson O. Harris und Frank L. Ingley, Midland, Mich., V.St.A., **Herstellung formbarer Styrol-Acrylnitril-Copolymerer** durch Erhitzen eines Gemisches von 20 bis 35 (Gew.-%) Acrylnitril, 80—35 Styrol u. 0—30 α-Methylstyrol mit 10—40 Bzl., Alkylbenzol oder deren kernchlorierten Derivv. als Polymerisationsmodifikator auf 130—175° bis zur Bldg. von 20—50 Copolymerisat, das aus dem Rk.-Gemisch abgetrennt wird u. in 10%ig. Butanon-Lsg. bei 25° eine Viscosität von 6—40 cP aufweist. (**Can. P. 556940** vom 27/10. 1955, ausg. 6/5. 1958.) L. GROSSNER. 7173

Minnesota Mining & Mfg. Co., St. Paul, Minn., übert. von: John M. Hoyt, Woodside, N.Y., V.St.A., **Fluoroprenmischpolymere** erhält man durch Mischpolymerisation von ca. 50—70 Mol-% Fluoropren mit ca. 50—30 Mol-% eines Cl-haltigen Monoolefins (Vinylchlorid, Vinylidenchlorid, 2-Chlorpentafluoropropen) in wss. Suspension in Ggw. von anorgan. (K-, Na- oder NH_4-Persulfat) oder organ. Perverbb. (Trichloracetyl-, Trifluordichlorpropionyl-, Trifluoracetyl-, Difluoracetyl-, Chloracetyl-, 2.4-Dichlorbenzoyl-, Dichlorfluoracetyl-, Benzoyl-, Di-tert.-butylperoxyd) bei —20 bis 150°, bes. 5—100°, u. im pH-Bereich 7—12. Flexible, ölfeste *Überzugsmassen*. (**A. P. 2915510** vom 17/8. 1956, ausg. 1/12. 1959.) A. JAHN. 7173

Pittsburgh Plate Glass Co., Pittsburgh, Pa., übert. von: Howart L. Gerhart, Milwaukee, Wis., V.St.A., **Cyclopentadien-Vinylacetat-Copolymere** erhält man durch Erhitzen eines Gemisches von Dicyclopentadien u. 5—56% Vinylacetat während ½—24 Std. auf 390—575° F. (**Can. P. 559391** vom 20/4. 1954, ausg. 24/6. 1958.) EBERHARD RIEDEL. 7173

Norton Co., Worcester, übert. von: Loring Coes jun., Brookfield, Mass., V.St.A., **Phenol-Aldehyd-Harze** erhält man durch Erhitzen einer Mischung, die ein in o- u./oder p-Stellung unsubstituiertes Phenol, bes. Phenol oder ein Phenol/Kresol-Gemisch, Diformalpentaerythrit u. ein Dicarbonsäureanhydrid, bes. Maleinsäureanhydrid, enthält. (**Can. P. 558 674** vom 7/10. 1954, ausg. 10/6. 1958. A. Prior. 26/4 1945.) EBERHARD RIEDEL. 7177

American Cyanamid Co., New York, N.Y., übert. von: Raymond R. Harris, Washington, Pa., V.St.A., **Polyesterharze.** Ein Glykol u. eine α.β-ungesätt. Dicarbonsäure, bes. Fumarsäure, werden zu einem Rk.-Prod. der SZ. 15—50, bes. 28, umgesetzt, das Prod. wird mit 0,5—2% einer Verb. mit mindestens 3 OH- oder COOH-Gruppen, bes. Pentaerythrit, weiter umgesetzt. Dem erhaltenen hochmol. Polyester wird eine polymerisierbare Substanz mit einer Vinylgruppe, Kp. $\geq 60^0$, u. keiner konjugierten C=C-Bindung, bes. Styrol, zugesetzt. (**Can. P. 556 209** vom 1/4. 1947, ausg. 22/4. 1958. A. Prior. 2/10. 1946.) L. GROSSNER. 7177

Union Carbide Canada Ltd., Toronto, Ontario, Canada, übert. von: Harold F. Wakefield, Upper Montclair, Sidney J. Schultz, Cranford, und Stanley H. Richardson, Millington, N.J., V.St.A., **Modifizierte Polyesterharze.** Heiß verarbeitbare Polyesterharze erhält man aus einem Polyester (**A**) einer ungesätt. Dicarbonsäure mit einem 2wertigen Alkohol unter Beimischung von 1—10% (bezogen auf **A**) eines phenollösl. Rk.-Prod. aus a) einer polyvalenten Metall-Verb., bes. Salzen, Oxiden, Hydroxiden von z. B. Zn oder Cd, b) einer NH_2-Gruppen enthaltenden Verb., u. zwar 5 (Mol je Metallatom) NH_3, >3 NH_4OH, >3 Harnstoff, >3 Alkylenpolyaminen oder 10—32 nur Iminogruppen enthaltenden Alkylpolyaminen, u. c) >4 eines Phenols, das außer OH- u. COOH-Gruppen keine weiteren funktionellen Gruppen enthält. — Dem Polyesterharz können ferner bis zu 20% eines öllösl. Phenol-Aldehyd-Harzes beigemischt sein. (**Can. PP. 558 376** u. **558 377** vom 12/2. 1954, ausg. 3/6. 1958. Beide A. Prior. 27/2. 1946.) EBERHARD RIEDEL. 7177

Badische Anilin- & Soda-Fabrik Akt.-Ges. (Erfinder: Fritz Brunnmüller und Karl Martin), Ludwigshafen/Rh., **Herstellung stabiler, hochkonzentrierter Cyclohexanonperoxidlösungen** durch Rk. von Cyclohexanon u. wss. H_2O_2-Lsgg. in Ggw. von Mineralsäuren, dad. gek., daß man die Rk. bei 35—60^0 durchführt u. erst nach der Rk. ein Lsgm. zusetzt. — *Polymerisationsmittel* für Gießharze auf Polyesterbasis. (**D. A. S. 1 060 857** Kl. 12o vom 10/5. 1957, ausg. 9/7. 1959.) G. KÖNIG. 7177

Shell Development Co., New York, N.Y., V.St.A., übert. von: Pieter Bruin und Nantko Kloos, Amsterdam, Holland, **Härtung von Epoxidharzen** mit Phenol-Aldehyd-Resolen. Ein Glycidylpolyäther eines mehrfunktionellen Phenols mit einem Epoxyäquivalent >1 u. ein Phenol-Aldehyd-Harz mit wenigstens 2 reaktionsfähigen Gruppen werden im Verhältnis 60:40 bis 90:10, bes. 70:30 bis 80:20, während ½—4 Std. unter Abwesenheit anderer Rk.-Partner auf 80—170^0, bes. 110—150^0, erhitzt. (**Can. P. 558 065** vom 15/2. 1955, ausg. 27/5. 1958. Holl. Prior. 19/2. 1954.) EBERHARD RIEDEL. 7177

Shell Development Co., New York, N.Y., V.St.A., übert. von: Edward T. Borrows, Bowdon, Cheshire, David G. Stewart, Flixton, Manchester, und Dhafir Y. Waddan, Manchester, England, **Herstellung von Polyepoxiden.** Monoolefinepoxide, z. B. Äthylenoxid, werden in Ggw. von Verbb. $Me(OR)_x$ (Me = 2- oder 3wertiges Metallion; OR = Alkoxidrest; x = 2 bzw. 3), bes. von Al-Trialkoxiden oder Zn-tert.-Butoxid, polymerisiert. — Als Polymerisationskatalysatoren können auch Verbb. $Me(R)R'_x$ (R = KW-Stoffrest; R' = H, Halogen-, KW-Stoffrest, Alkoxy- oder sek. Aminogruppe; x = 2 bzw. 1), bes. Triäthyl-Al oder Äthyl-Zn-tert.-Butoxid, verwendet werden. (**Can. PP. 558 066** u. **558 067** vom 2/2. 1956, ausg. 27/5. 1958. E. Prior. 4/2. u. 30/12. 1955.) EBERHARD RIEDEL. 7177

Shell Development Co., New York, N.Y., V.St.A., übert. von: David G. Stewart, Epsom, Surrey, und Edward T. Borrows, Bowdon, Cheshire, England, **Alkylenoxidpolymere.** Alkylenoxide, bes. Gemische von Äthylen- u. Propylenoxide, werden durch Erhitzen in Ggw. eines Katalysators der Formel $MeRR'_{x-1}$ (Me = Metallatom der II. oder III. Gruppe des period. Syst.; R = KW-Stoffrest; R' = H, Halogen-, KW-Stoff- oder Alkoxyrest, x = Metallwertigkeit), bes. von Diäthylaluminiumchlorid, auf 85—200^0 polymerisiert. — Polymerisate mit Molgew. >20000 erhält man durch Polymerisation in Ggw. eines Katalysators der Formel $[M_1(R_1)R_2)_a(R_3)_b(R_4)_c(R_5)_d] \cdot (M_2)_y$ (M_1 u. M_2 = 2 verschiedene Metalle der I., II. oder III. Gruppe des Period. Syst.; R_1 = Alkyl- oder Alkoxyrest; R_2 = Alkylrest; R_3 = Alkoxyrest R_4 = Halogen; R_5 = H; a + b + c + d = 2, 3 oder 4; y entspricht der Metallwertigkeit), bes. von Magnesiumaluminiumbutoxid, bei 0—300^0. (**Can. PP. 558 729** vom 20/8. 1956 u. **558 730** vom 9/10. 1956, beide ausg. 10/6. 1958. E. Prior. 22/8. bzw. 10/10. 1955.) EBERHARD RIEDEL. 7177

Union Carbide & Carbon Corp., New York, N.Y., übert. von: Benjamin G. Wilkes jun., Wilkinsburg, und Arthur B. Steele, Pittsburgh, Pa., V.St.A.,

Wassermischbare Glycidyläther der Formel $CH_3O-(C_2H_3R^1)-O-(C_2H_3R^2)-O-CH_2-CH-CH_2$ (mit O-Brücke zwischen den beiden letzten C-Atomen) (R^1 u. R^2 = H oder CH_3), bes. die Methylglycidyläther von Diäthylenglykol oder Äthylenpropylendiglykol, werden zu wassermischbaren Polymerisaten polymerisiert. (**Can. P. 559 443** vom 19/1. 1952, ausg. 24/6. 1958.)
EBERHARD RIEDEL. 7177

Dow Chemical Co., Midland, übert. von: Edward O. Ohlmann, Bay City, und William S. Thurber, Midland, Mich., V.St.A., **Stabilisierte Polyglykole.** Polyglykole der Formel $H(OC_nH_{2n})_m-OH$ (n = kleine Zahl; m $\geqq$ 2), z. B. Polyäthylenglykol mit Molgew. 600, oder Polyoxyalkylenäther aliphat. Alkohole u. ihre aliphat. Säureester, z. B. ein aus Äthylen- u. Propylenoxid mit Glycerin hergestellter Glycerylpoly-[oxyäthylen]-[oxy-1.2-propylen]-äther, werden gegen Zers. stabilisiert durch einen Zusatz von 0,1—5% eines Kondens.-Prod. aus einem kernhydroxylierten aromat. KW-Stoff, bes. m- u./oder p-Kresol, u. einer äquimol. Menge eines Gemisches von aromat. Di-[α-alkenyl]-KW-Stoffen, bes. eines Gemisches aus 65% Divinylbenzol u. 35% Äthylvinylbenzol. (**Can. P. 558 229** vom 13/10. 1953, ausg. 3/6. 1958.)
EBERHARD RIEDEL. 7177

Dow Chemical Co., Midland, Mich., übert. von: George W. Stanton und Forrest A. Ehlers, Walnut Creek, Calif., V.St.A., **Durch Formale und Acetale stabilisiertes Polyacrylonitril.** Ein Polymeres mit mindestens 60(%) Polyacrylonitril, Rest monoäthylen. ungesätt. Copolymerisat, enthält als Stabilisator 1—20 einer Verb. der allg. Formel $RCH(OCH_2CH_2X)_2$ (R = H oder Methyl; X = H; Cl, Methoxyl, Äthoxyl oder Methoxyl + Äthoxyl), bes. *Äthylenglykolmonomethylätherformal* oder *-acetal* oder *Di-[2'-chloräthyl]-formal*. (**Can. P. 556 270** vom 4/7. 1955, ausg. 22/4. 1958.)
L. GROSSNER. 7181

Dow Chemical Co., Midland, Mich., übert. von: George W. Stanton und Forrest A. Ehlers, Walnut Creek, Calif., V.St.A., **Durch Glykoläther stabilisierte Acrylonitril-Polymere.** Ein Polymeres mit $\geqq$60 (%) Polyacrylonitril wird stabilisiert durch 1—20 Glykoläther der allg. Formel $ROCH(X)CH_2OCH_2CH(X)OR'$ (X = H oder Methyl; R = Methyl oder Äthyl; R' = H, Methyl oder Äthyl), bes. *Diäthylenglykol-mono- oder -dialkyläther* oder *Dipropylenglykoläther*. (**Can. P. 557 292** vom 20/6. 1955, ausg. 13/5. 1958.)
L. GROSSNER. 7181

Dow Chemical Co., Midland, Mich., übert. von: George W. Stanton und Forrest A. Ehlers, Walnut Creek, Calif., V.St.A., **Durch β-Alkoxypropionitril stabilisierte Acrylonitril-Polymere.** Polyacrylonitrile u. Mischpolymerisate von Acrylonitril u. monoäthylen. ungesätt. Verbb. mit $\geqq$60 (%) Acrylonitril werden stabilisiert durch 1—20 Propionitriläther der allg. Formel $R-(O-CH_2CH_2CN)_n$ (R = Alkyl- oder Alkylenreste mit 1—3 C-Atomen; n = 1 oder 2), bes. *β-Methoxypropionitril*, *β-Isopropoxypropionitril* u. *β.β-Äthylen-bis-[oxypropionitril]*. (**Can. P. 557 294** vom 19/6. 1956, ausg. 13/5. 1958.)
L. GROSSNER. 7181

Minnesota Mining & Mfg. Co., übert. von: Martin W. Croze, St. Paul, Minn., und Paul L. Hedrick, Irvington, N.J., V.St.A., **Metallbeschichtung von Polytetrafluoräthylen** (I) durch Aufdampfen von bei Sinterungs-Temp. von I nicht schm. Metallen im Vakuum auf vorgeformte Gegenstände, bes. selbsttragende Filme, u. anschließendes Sintern. (**Can. P. 557 054** vom 7/9. 1954, ausg. 6/5. 1958.)
L. GROSSNER. 7205

E. I. du Pont de Nemours & Co., Wilmington, Del., übert. von: Jerome Hochberg, Newburgh, N.Y., V.St.A., **Glasüberzugsmassen.** Man überzieht Glas auf einer Seite mit einem Kunststoff, der im wesentlichen aus Polytetrafluoräthylen (I) besteht, auf der anderen Seite mit einem Polymerisat (III) mit mindestens 80% Vinylchlorid u. überdeckt die letztgenannte Schicht mit einem druckempfindlichen Klebemittel (Polyisobutylen). Man trägt I in Form einer cremeartigen Paste auf, die die Zus. hat: 1. 73,8 (Gew.-Teile) einer Mischung aus 60 Polytetrafluoräthylen + 3,6 Octylphenylpolyglykoläther (II) + 36,4 W.; 2. 18,3 einer Mischung aus 60 Talk + 1 II + 39 W., 3. 6,9 einer Mischung aus 33 Poly-n-butylmethacrylat + 0,9 Triäthanolamin + 4,8 sulfoniertes Oleylacetat + 61,3 W. u. 4. 1 NH_4-Alginat. III wird bes. in Form einer 95%ig. Lsg. in Methyläthylketon angewendet. — Das erhaltene Material kann unmittelbar auf Metall, Holz oder Glas aufgebracht werden, u. ist lösungsmittelfest, hitzebeständig, nicht absorbierend u. abweisend für klebrige Stoffe. — Zum Beispiel für *Labor.-Einrichtungen* geeignet. (**A. P. 2 907 677** vom 10/9. 1956, ausg. 6/10. 1959.) A. JAHN. 7205

Imperial Chemical Industries Ltd., London, England (Erfinder: John Atton Fendley), **Neue thermoplastische Mischungen** bestehen aus Methacrylsäurenitril oder dessen Mischpolymeren mit <90% Methacrylsäuremethylester u. einem

Gummimischpolymeren, das mindestens 65—95% Butadien-(1.3) enthält. Man erhält diese durch Emulsionspolymerisation der Monomerengemische in Ggw. von H_2O_2, K-Persulfat oder Redoxkatalysatoren bei 0—60°. — Geeignet zur Herst. von Rohren, Rohrkupplungen, Kühlschrankteilen, Schutzhelmen, Steuerrädern, Getrieben, Riemenscheiben, Kämmen. (**E. P. 815 250** vom 20/8. 1956, ausg. 24/6. 1959.) A. JAHN. 7205

Pittsburgh Plate Glass Co., Pittsburgh, Pa., übert. von: Roger M. Christenson, Gibsonia, Pa., und Richard A. Freeman, Rockford, Ill., V.St.A., **Verbinden von durchsichtigen Filmen** oder Folien, z. B. von mehreren Schichten von α-Cellulosefilmen, durch Tränken der Folien mit einem fl. Kondens.-Prod., das durch Kondens. von 1,5 Mol HCHO u. 2 Mol eines durch FRIEDEL-CRAFTS-Rk. aus Butadien u. Phenol erhaltenen Gemisches aus p- u. o-[Buten-(2)-yl]-phenol unter nichtoxydierenden Bedingungen u. Abwesenheit von Fe hergestellt wird; Vorhärten der getränkten Folien, Aufeinanderpressen u. anschließendes Aushärten. (**Can. P. 558 051** vom 10/1. 1955, ausg. 27/5. 1958. A. Prior. 9/3. 1954.) EBERHARD RIEDEL. 7205

Leybold-Hochvakuum-Anlagen G. m. b. H., Köln (Erfinder: Heinz Ravet, Rodenkirchen/Rh.), **Herstellen von Werkstücken aus mit einem Härter versetztem, gegebenenfalls Füllstoffe enthaltendem Gießharz** im Vakuum-Gießverf., dad. gek., daß die Mischung von Gießharz u. Härter im Vakuum erfolgt, u. daß vor u./oder während der Zugabe des Härters zur Gießmasse in den Vakuumraum aus einem getrennten Vorrat eine solche Menge des Härters verdampft wird, daß im Umgebungsraum der Gießmasse annähernd Sättigungspartialdruck des Härterdampfes herrscht. Das Verf. ermöglicht eine stöchiometr. genaue Dosierung des zugesetzten Härters. (**D. A. S. 1 100 265** Kl. 39a vom 9/3. 1956, ausg. 23/2. 1961.) H. NATHER. 7205

Chemische Werke Albert, Wiesbaden, und Fürstlich Hohenzollernsche Hüttenverwaltung, Laucherthal, Kr. Sigmaringen (Erfinder: Gerhard Böltz, Laucherthal), **Herstellen von Kunstharz-Verbundlagern**, bestehend aus einem metall. Stützkörper u. einer Metallpulver enthaltenden, gehärteten Kunstharzgleitschicht, in der das Verhältnis von gehärtetem Kunstharz zu Metallpulver 1:1 bis 1:5 beträgt u. die Metallpulver enthält, dessen F. im Härtungs- bzw. Vernetzungs-Temp.-Bereich des angewendeten Kunstharzes liegt, dad. gek., daß die Kunstharz–Metallpulver-Mischung nach bekannten Meth. auf den Stützkörper aufgebracht u. dort unter allmählicher Steigerung der Temp. zunächst über das völlige Schmelzen des Harzes hinaus bis zum völligen Schmelzen des Metallpulvers erhitzt wird, worauf die endgültige Aushärtung des Kunstharzes 10—20° unterhalb des F. des Metallpulvers durchgeführt wird. (**D. A. S. 1 100 266** Kl. 39a vom 6/11. 1956, ausg. 23/2. 1961.) H. NATHER. 7205

Union Carbide & Carbon Corp., New York, N.Y., übert. von: **Benjamin Phillips** und **Paul S. Starcher**, Charleston, W.Va., V.St.A., *Epoxyderivate.* (**Can. P. 559 097** vom 28/7. 1954, ausg. 17/6. 1958. A. Prior. 13/8. 1953. — C. **1959.** 1281 [A. P. 2 794 812].)

Centre National de la Recherche Scientifique, Paris, Frankreich, *Herstellung niederer Polymerer.* (**E. P. 815 305** vom 21/9. 1955, ausg. 24/6. 1959. F. Prior. 24/9. 1954. — C. **1958.** 1438 [F. P. 1 111 725].)

Westinghouse Electric Corp., East Pittsburgh, übert. von: **Newton C. Foster**, Pittsburgh, Pa., V.St.A., *Mischpolymerisate.* (**Can. P. 558 391** vom 31/5. 1948, ausg. 3/6. 1958. A. Prior. 2/6. 1947. — C. **1952.** 1915 [A. P. 2 550 114].)

Badische Anilin- & Soda-Fabrik Akt.-Ges., Ludwigshafen/Rh., *Herstellung wasserlöslicher Mischpolymerisate.* (**Holl. P. 99 372** vom 4/7. 1957, ausg. 16/10. 1961. D. Prior. 7/7. 1956. — C. **1960.** 667 [D. A. S. 1 037 129].)

Centre National de la Recherche Scientifique, Paris, Frankreich, *Herstellung von Pfropfpolymerisaten.* (**Holl. P. 99 378** vom 27/7. 1957, ausg. 16/10. 1961. F. Prior. 27/7. 1956. — C. **1960.** 2020 [D. A. S. 1 056 829].)

Badische Anilin- & Soda-Fabrik Akt.-Ges., Ludwigshafen/Rh., *Herstellung von Kunststoffmassen.* (**Holl. P. 99 388** vom 25/9. 1957, ausg. 16/10. 1961. D. Prior. 28/9. 1956. — C. **1962.** 671 [Oe. PP. 208 585 u. 208 586].)

Farbwerke Hoechst Akt.-Ges., vormals Meister Lucius & Brüning, Frankfurt/M., *Auswaschen von wasserunlöslichen organischen Substanzen mit wässerigen Lösungen.* (**E. P. 871 621** vom 2/10. 1957, ausg. 28/6. 1961. D. Prior. 2/10. 1956. — C. **1962.** 10299 [Holl. P. 97 719].)

Badische Anilin- & Soda-Fabrik Akt.-Ges., Ludwigshafen/Rh. (Erfinder: **Herbert Friederich**, Worms und **Wolfgang Lehnerer**, Ludwigshafen/Rh.), *Herstellung von Polymeren aus ungesättigten Kohlenwasserstoffen.* (**Holl. P. 99 483** vom 24/10. 1956, ausg. 16/10. 1961. D. Prior. 28/10. 1955. — C. **1959** 13649 [F. P. 1 161 787].)

Phillips Petroleum Co., Bartlesville, Okla., V.St.A., *Katalytische Polymerisation von Olefinen.* (**Holl. P. 99 332** vom 22/9. 1956, ausg. 16/10. 1961. A. Prior. 22/9. 1955. — C. **1960.** 16272 [Aust. P. 217 629].)

E. I. du Pont de Nemours & Co., übert. von: **John L. Crandall**, Wilmington, Del., V.St.A., *Photopolymerisierbare Verbindungen aus olefinischen Monomeren und α-substituierten Acyloinen.* (**Can. P. 556 279** vom 23/12. 1952, ausg. 22/4. 1958. A. Prior. 23/10. 1952. — C. **1956.** 11857 [A. P. 2 722 512].)

Dow Chemical Co., V.St.A. (Erfinder: **Fred Donald Hoerger** und **Harry William Smeal**), *Halogenieren von Polyolefinen.* (**F. P. 1 198 424** vom 8/1. 1958, ausg. 7/12. 1959. A. Prior. 18/1. 1957. — C. **1961.** 17767 [A. P. 2 913 449].)

Imperial Chemical Industries Ltd., London, übert. von: **William G. Oakes**, Northwich, Cheshire, England, *Massen aus festen Polyäthylenen.* (**Can. P. 556 641** vom 18/12. 1954, ausg. 29/4. 1958. E. Prior. 21/12. 1953. — C. **1960.** 3393 [D. A. S. 1 026 954].)

United States Gasket Co., Camden, übert. von: **Merritt A. Rudner**, Haddenfield, N.J., V.St.A., *Zementierbares Polytetrafluoräthylen.* (**Can. P. 556 760** vom 10/12. 1954, ausg. 29/4. 1958. A. Prior. 10/12. 1953. — C. **1959.** 4980 [E. P. 792 012].)

Farbwerke Hoechst Akt.-Ges., vormals Meister Lucius & Brüning, Frankfurt/M., übert. von: **Otto Fuchs**, Hofheim/Taunus, **Anton Staller** und **Rudolf Schäff**, Frankfurt/M., *Lösungsmittel für Polytrifluorchloräthylen.* (**Can. P. 558 960** vom 16/10. 1956, ausg. 17/6. 1958. D. Prior. 10/6. 1952. — C. **1956.** 1169 [D. B. P. 926 163].)

Montecatini Soc. Gen. per l'Industria Mineraria e Chimica, Mailand, Italien, und **Karl Ziegler**, Mülheim/Ruhr (Erfinder: **Domenico Maragliano** und **Enzo Di Giulio**, Mailand, Italien), *Verbesserung der mechanischen Eigenschaften und der Verarbeitung von linearen Propylenhochpolymeren.* (**Jap. A. S. 6 640/1960** vom 5/12. 1956, ausg. 7/6. 1960. It. Prior. 6/12. 1955. — C. **1959.** 318 [Oe. P. 197 079].)

Esso Research and Engineering Co., V.St.A. (Erfinder: **Bruce R. Tegge**), *Herstellung von Polyisobutylen.* (**F. P. 1 154 037** vom 26/6. 1956, ausg. 1/4. 1958. A. Prior. 1/7. 1955. — C. **1961.** 1389 [A. P. 2 856 392].)

Polymer Corp. Ltd., Sarnia, übert. von: **Arthur M. Eastham**, Ottawa, Ontario, Canada, *Stabilisator für Butadien.* (**Can. P. 558 052** vom 29/10. 1953, ausg. 27/5. 1958. — C. **1959.** 17512 [A. P. 2 843 571].)

Wacker-Chemie G. m. b. H., München, *Herstellung von Vinylchloridpolymeren.* (**Holl. P. 99 391** vom 8/10. 1957, ausg. 16/10. 1961. D. Prior. 9/10. 1956. — C. **1960.** 11835 [D. A. S. 1 069 387].)

UCLAF, Paris, Frankreich, *Salze der Thiodiglykolsäure.* (**Belg. P. 565 142** vom 25/2. 1958, ausg. 15/7. 1960 F. Prior. 26/2. 1957. — C. **1961.** 15583 [F. P. 1 184 545].)

B. F. Goodrich Co., New York, N.Y., V.St.A., *Herstellung von Terpolymeren aus Vinylidencyanid.* (**Holl. P. 99 324** vom 26/7. 1956, ausg. 16/10. 1961. A. Prior. 3/8. 1955. — C. **1959.** 16175 [A. P. 2 838 476].)

Firestone Tire & Rubber Co., Akron, übert. von: **Chris E. Best**, Uniontown, Ohio, V.St.A., *Konstanthalten des Farbtons von aktinischem Licht ausgesetzten Vinylidenchloridharzen.* (**Can. P. 558 612** vom 28/3. 1955, ausg. 10/6. 1958. A. Prior. 30/8. 1954. — C. **1959.** 4643 [D. A. S. 1 034 354].)

Esso Research and Engineering Co., Elizabeth, N.J., V.St.A., *Herstellung von Polystyrol.* (**Holl. P. 99 349** vom 8/2. 1957, ausg. 16/10. 1961. A. Prior. 8/2. 1956. — C. **1961.** 8854 [F. P. 1 172 241].)

Metal & Thermit Corp., Rahway, N.J., V.St.A., *Stabilisieren von halogenhaltigen Harzen.* (**E. P. 815 875** vom 11/6. 1957, ausg. 1/7. 1959. A. Prior. 13/12. 1956. — C. **1961.** 6698 [A. P. 2 935 491].)

Rohm & Haas Co., übert. von: **Virginia W. Fegley** und **Stanley P. Rowland**, Philadelphia, Pa., V.St.A., *Acrylsäure- und Methacrylsäureester-Harze.* (**Can. P. 558 713** vom 22/6. 1953, ausg. 10/6. 1958. A. Prior. 9/7. 1952. — C. **1955.** 5195 [A. P. 2 680 735].)

Shell Development Co., Emeryville, übert. von: **Edward C. Shokal**, Walnut Creek, **Paul A. Devlin**, San Francisco, und **De Loss E. Winkler**, Orinda, Calif., V.St.A., *Copolymere.* (**Can. P. 558 721** vom 7/5. 1951, ausg. 10/6. 1958. A. Prior. 23/5. 1950. — C. **1960.** 1014 [A. P. 2 839 514].)

Distillers Co. Ltd., Edinburgh, Schottland, übert. von: **John H. W. Turner**, Cowbridge, **Leonard R. Anthony** und **Peter L. Bramwyche**, Penarth, Glamorgan, Wales, England, *Phenol–Aldehyd-Harze.* (**Can. P. 558 215** vom 16/3. 1954, ausg. 3/6. 1958. E. Prior. 26/3. 1953. — C. **1959.** 11085 [F. P. 1 104 021].)

N. V. Philips' Gloeilampenfabrieken, übert. von: **Rinse Dijkstra** und **Jelis de Jonge**, Eindhoven, Holland, *Herstellung von Phenol–Furfurol-Harzen.* (**Can. P. 559 365** vom 9/6. 1953, ausg. 24/6. 1958. Holl. Prior. 11/6. 1952. — C. **1957.** 3405 [F. P. 1 086 806].)

Hercules Powder Co., Wilmington, Del., V.St.A., *Herstellung von Diglykolterephthalat.* (**Holl. P. 99 346** vom 25/1. 1957, ausg. 16/10. 1961. A. Prior. 29/2. 1956. — C. **1960.** 17632 [A. P. 2 906 737].)

N. V. Philips' Gloeilampenfabrieken, übert. von: **Herman Bloem** und **Marinus Stel**, Eindhoven, Holland, *Herstellung von Novolaken.* (**Can. P. 559 353** vom 9/3. 1951, ausg. 24/6. 1958. Holl. Prior. 14/3. 1950. — C. **1953.** 9334 [Schwed. P. 135 975].)

Institut Français du Pétrole, des Carburants et Lubrifiants, Seine, Frankreich (Erfinder: **Moise Lerer**), *Schmiermittel und synthetische oberflächenaktive Substanzen aus Ricinusöl.* (**F. P. 1 165 833** vom 7/6. 1955, ausg. 20/10. 1958. — C. **1961.** 5629 [E. P. 820 571].)

Lockheed Aircraft Corp., Burbank, übert. von: **Eli Simon**, Los Angeles, und **Frank W. Thomas**, Burbank, Calif., V.St.A., *Herstellung von Polyestern.* (**Can. P. 558 653** vom 19/1. 1955, ausg. 10/6. 1958. A. Prior. 13/9. 1954. — C. **1960.** 5335 [E. P. 802 153].)

Vereinigte Glanzstoff-Fabriken Akt.-Ges., Wuppertal, *Kontinuierliche Herstellung von Polyamiden.* (**Holl. P. 99 338** vom 16/11. 1956, ausg. 16/10. 1961. D. Prior. 20/12. 1955. — C. **1959.** 321 [Oe. P. 197 083].)

Dow Corning Corp., V.St.A. (Erfinder: **Ronald J. Volkmann** und **Henry H. Baecker**), *Organosiloxanemulsionen.* (**F. P. 1 171 982** vom 6/2. 1956, ausg. 4/2. 1959. A. Prior. 7/2. 1955. — C. **1957.** 8373 [A. P. 2 755 194].)

Dow Corning Corp., übert. von: **Arthur F. Gordon**, Midland, Mich., V.St.A., *Fluorierung von halogenkohlenwasserstoffsubstituierten Organosiliciumverbindungen.* (**Can. P. 558 233** vom 9/12. 1954, ausg. 3/6. 1958. A. Prior. 11/1. u. 24/5. 1954. — C. **1960.** 2025 [D. A. S. 1 061 079].)

Allied Chemical & Dye Corp., New York, N.Y., übert. von: **David B. Hatcher**, Chicago, Ill., V.St.A., *Silanol-Fettsäure-modifizierte Epihalohydrinharze.* (**Can. P. 556 205** vom 19/6. 1952, ausg. 22/4. 1958. A. Prior. 11/7. 1951. — C. **1956.** 4294 [A. P. 2 695 276].)

Kalle & Co. Akt.-Ges., Wiesbaden-Biebrich, übert. von: **Otto Hermann**, Wiesbaden, und **Hermann Müller**, Wiesbaden-Biebrich, *Herstellung von Polyterephthalat-Folien.* (**Can. P. 558 645** vom 17/2. 1956, ausg. 10/6. 1958. D. Prior. 19/2. 1955. — C. **1960.** 14537 [A. P. 2 911 321].)

American Viscose Corp., Philadelphia, Pa., übert. von: **John A. Yourtee**, Fredericksburg, Va., V.St.A., *Füllstoffe für Cellulose*. (**Can. P. 558 178** vom 10/6. 1950, ausg. 3/6. 1958. A. Prior. 11/6. 1949. — C. **1954**. 3819 [F. P. 1 020 023].)

—, Kunststoffe in Österreich. Herausgeg. vom Fachverband der chemischen Industrie Österreichs, Gruppe kunststofferzeugende Industrie, Gruppe kunststoffverarbeitende Industrie und Arbeitsgemeinschaft der kunststoffverarbeitenden Gewerbebetriebe. Wien: Dressler. 1961. (254 S. m. Abb.) 8°

Dieter Hayer, Das Einfärben von Kunststoffen. München: Carl Hanser Verl. 1962. (128 S. m. 48 Abb. u. 29 Tab.) DM 19,80.

David A. Jones and **Thomas W. Mullen**, Blow molding. New York: Reinhold; London: Chapman & Hall. 1961. (IX + 210 S. m. Abb., Tab. u. Diagr.) 44 s.

XII. Kautschuk

Billiger synthetischer Kautschuk durch Verwertung von Erdgasen. O. Solomon und I. Popescu. (Rev. Chim. [Bucureşti] **8**. 453—66. Juli 1957; rum.) — Übersicht über den Stand der Kautschukgewinnung aus Erdgasen durch Polymerisation von Butadien für sich oder mit Styrol oder α-Methylstyrol. — 47 Literaturangaben.
R. K. Müller. 7224□

Zur Frage der Klassifikation der Ruße für die Gummiindustrie. K. A. Petschkowskaja, P. N. Orlowski und E. I. Goldman. (Каучук и Резина [Kautschuk u. Gummi] **20**. Nr. 4. 47—48. April 1961. Forsch.-Inst. der Reifenindustrie; russ.) — Es wird eine neue Klassifikation für die Ruße in der Gummiindustrie vorgeschlagen, welche die durch GOST 7885-56 festgelegte ältere Rußklassifikation ersetzen soll. Die Benennung jeder Rußsorte deutet auf die Herst.-Weise u. auf die entsprechende Rohstoffbasis hin. C. Kozák. 7226□

PA 80-Kautschuk, ein neues Material. H. C. Baker. (Austral. Plastics Rubber J. **16**. Nr. 180. 19—23. Juli 1960. Brit. Rubber Prod. Res. Assoc.; engl.) — Durch die Anwendung des vom Rubber Res. Inst. of Malaya entwickelten PA 80-Kautschuks können bei allen Naturkautschuktypen die Verarbeitungs-Eigg. verbessert werden. PA 80 (= processing aid 80) ist ein Kautschukverarbeitungshilfsmittel. Die Anwendungs-Meth. u. die Herst. von Natur- u. Synth.-Kautschukmischungen mit PA 80 sowie die dadurch erzielten Verarbeitungs-Eigg. auf Schneckenstrangpressen werden beschrieben.
R. Schäff. 7226□

Die Rolle der Hysterese beim Reifenverschleiß und Laboratoriumsabrieb. A. Schallamach. (Rubber Chem. Technol. **33**. 857—67. Juli/Sept. 1960. Proc. Internat. Rubber Conf. **1959**. 142—48. Nov. Welwyn Garden City, Herts., Brit. Rubber Prod. Res. Assoc.; engl.) — Eine einfache Theorie für die Beziehung zwischen Verschleiß gleitender (slipping) Räder u. äußeren Parametern wird angegeben. Sie zeigt auch die Bedeutung der elast. Eigg. u. den unerwarteten Einfl. der mechan. Hysterese. Der experimentelle Beweis für diesen Teil der Theorie wurde hauptsächlich durch Labor.-Unterss. erbracht. Beim Vers. der Anwendung der Theorie auf den Reifenverschleiß auf der Straße muß man beachten, daß die mechan. Eigg. von Reifen nur z. T. durch die Lauffläche, ihr elast. Verh. aber hauptsächlich durch den pneumat. Mantel bestimmt werden. Labor.-Unterss. an kompakten Rollen geben daher ein übertriebenes Maß für den Einfl. der Hysterese der Lauffläche auf die Verschleißgeschwindigkeit. Trotzdem müßte die Beziehung zwischen Verschleiß u. Hysterese für Reifen genau so gelten, wie für andere gleitende Rollen, wenn die Rückfederung, die zum Reifen als Ganzes gehört, in die Berechnungen einbezogen wird. Während der Rollwiderstand sehr wahrscheinlich nur geringen Einfl. auf den Verschleißmechanismus hat, wächst er mit steigender Hysterese des Reifens. Daher muß die Verlängerung der Lebensdauer eines Reifens durch Steigerung seiner Hysterese durch höheren Treibstoffverbrauch bezahlt werden. R. Schäff. 7248□

Franz Clouth Rheinische Gummiwarenfabrik Akt.-Ges. (Erfinder: Ewald Hartmann), Köln, **Herstellen von Gummi–Metall-Verbundteilen,** bei welchen eine Gummischicht zwischen zwei Metallteilen eingebracht wird u. die korrosionsgefährdeten Oberflächen der Metallteile durch Gummiauflagen geschützt werden, dad. gek., daß gleichzeitig mit der unter Druck erfolgenden Einvulkanisation der Gummizwischenschicht auch die Gummiauflagen aufvulkanisiert werden u. die Gummiauflagen hierbei aus einem Mischpolymerisat von Butadien u. Polyacrylonitril bestehen u. zwischen dem Metall u. der Gummiauflage eine Bindeschicht auf der Basis von Chlorkautschuk eingebracht wird. (**D. A. S. 1 095 510** Kl. 39a vom 14/8. 1958, ausg. 22/12. 1960.)
H. Nather. 7231

Continental Gummi-Werke Akt.-Ges., Hannover (Erfinder: Erich Christoph, Hannover, und Richard Behrens, Peine), **Herstellen von Schläuchen,** welche Mischungen aus *synthet. Kautschuk* enthalten u. große Beständigkeit gegenüber aromat. KW-Stoffen aufweisen, gek. durch die Kombination folgender Verf.-Schritte: a) Umwickeln eines Dornes mit Polyamid- oder Polyurethanbändern; b) Dichten der Umwicklung; c) Präparieren der so hergestellten Schlauchseele mit einer Haft-Leg., bestehend aus einer polyamid- oder polyurethanhaltigen Lsg. oder einer Lsg., die Isocyanate, ggf. ein lösl. Phenolformaldehydharz u. Chlorbutadien-(1.3)-Polymerisat oder Butadien–Acrylsäurenitril-Mischpolymerisat enthält; d) Aufbringen der äußeren aus Chlorbutadien-(1.3)-Polymerisat oder aus einem Butadien–Acrylsäurenitril-Mischpolymerisat bestehenden Schlauchwandung; e) festes Umwickeln des so gebildeten Rohlings; f) Vulkanisation. (**D. A. S. 1 075 822** Kl. 39a vom 14/6. 1955, ausg. 18/2. 1960.) H. NATHER. 7231

Continental Gummi-Werke Akt.-Ges. (Erfinder: Richard Beckadolph, Paul Aufleger und Otto Leseberg), Hannover, **Herstellen von Blöcken aus vulkanisiertem Kautschuk für die Erzeugung mikroporöser Scheiderplatten,** bei dem vorbereitete Kautschukmilch zu einem blockförmigen Gegenstand erheblicher Dicke vulkanisiert u. die Koagulations-Temp. der Kautschukmilch durch Wärmesensibilisierung erniedrigt wird, gek. durch die Kombination folgender teilweise bekannter Merkmale: a) Verw. von Polyvinylmethyläther als Wärmesensibilisierungsmittel, b) Koagulation durch Einbringen der Kautschukmilch in ein hochfrequentes elektr. Wechselfeld, c) Vulkanisation der koagulierten Kautschukmilch in Ggw. von W., wobei der Druck über den der Vulkanisations-Temp. entsprechenden Sattdampfdruck erhöht ist. (**D. A. S. 1 095 507** Kl. 39a vom 10/11. 1956, ausg. 22/12. 1960.) H. NATHER. 7231

Phillips Petroleum Co., übert. von: **William C. Hewitt**, Bartlesville, Okla., V.St.A., *Herstellung von synthetischem Kautschuk.* (**Can. P. 559 049** vom 10/11. 1952, ausg. 17/6. 1958. A. Prior. 4/12. 1951. — C. **1956.** 13565 [E. P. 729 499].)

General Electric Co., Schenectady, übert. von: **Charles W. Pfeifer**, Troy, N.Y., V.St.A., *Siliconkautschuke mit verbesserten Kompressionseigenschaften.* (**Can. P. 557 314** vom 26/3. 1953, ausg. 13/5. 1958. A. Prior. 3/4. 1952. — C. **1955.** 10872 [A. P. 2 666 041].)

Metal & Thermit Corp., New York, übert. von: **Elliott L. Weinberg**, Long Island City, N.Y., V.St.A., *Durch nicht heterocyclische Mercaptocarbonsäure-Derivate stabilisierte Kautschuke.* (**Can. P. 556 672** vom 31/3. 1954, ausg. 29/4. 1958. A. Prior. 2/6. 1953. — C. **1957.** 13826 [E. P. 747 239].)

Metal & Thermit Corp., New York, N.Y., übert. von: **Louis A. Tomka**, Westfield, N.J., und **Elliott L. Weinberg**, Long Island City, N.Y., V.St.A., *Durch Organozinnverbindungen stabilisierter Kautschuk.* (**Can. P. 556 674** vom 17/12. 1954, ausg. 29/4. 1958. A. Prior. 29/1. 1954. — C. **1958.** 13918 [A. P. 2 789 105].)

Metal & Thermit Corp., New York, N.Y., übert. von: **Louis A. Tomka**, Westfield, N.J., und **Elliott L. Weinberg**, Long Island City, N.Y., V.St.A., *Durch Organozinnverbindungen stabilisierter Kautschuk.* (**Can. P. 556 675** vom 17/12. 1954, ausg. 29/4. 1958. A. Prior. 29/1. 1954. —C. **1959.** 5646 [A. P. 2 789 862].)

Metal & Thermit Corp., New York, N.Y., übert. von: **Louis A. Tomka**, Westfield, N.J., und **Elliott L. Weinberg**, Long Island City, N.Y., V.St.A., *Mit Organozinnverbindungen stabilisierter Kautschuk* (**Can. P. 557 706** vom 17/12. 1954, ausg. 20/5. 1958. A. Prior. 29/1. 1954. — C. **1958.** 13918 [A. P. 2 789 106].)

Metal & Thermit Corp., New York, N.Y., übert. von: **Louis A. Tomka**, Westfield, N.J., V.St.A., *Mit Organozinn- oder -oxychlorid stabilisierter Kautschuk.* (**Can. P. 557 707** vom 17/2. 1955, ausg. 20/5. 1958. A. Prior. 7/4. 1954. — C. **1959.** 4324 [A. P. 2 798 863].)

Ridbo Laboratories, Inc., Trenton, übert. von: **Eric O. Ridgway**, Scotch Plains, und **Newell A. Perry**, Hamilton Square, N.J., V.St.A., *Einarbeitung von sulfuriertem Tallöl in Elastomere.* (**Can. PP. 559 062, 559 063, 559 064, 559 065** u. **559 066** vom 23/10. 1953, ausg. 17/6. 1958. Alle A. Prior. 31/7. 1953. — C. **1958.** 1441 [F. P. 1 125 911].)

Farbenfabriken Bayer Akt.-Ges. (Erfinder: **Friedrich Lober** und **Helmut Freytag**), Leverkusen, *Vulkanisationsbeschleunigung.* (**Jap. A. S. 6 881/1960** vom 10/1. 1958, ausg. 10/6. 1960. D. Prior. 12/1. 1957. — C. **1960.** 4048 [D. A. S. 1 068 006].)

Loren G. Polhamus, Rubber: botany, production and utilization. London: L. Hill; New York: Interscience. 1962. (XVII + 448 S. m. Abb., 64 Taf., Tab. u. Diagr.) 80 s.

XIII. Ätherische Öle. Parfümerie. Kosmetik

Die ätherischen Öle der Sassafraslorbeergewächse. 2. Mitt. Sassafraslorbeer vom Safrol–Campher-Typ. Terence R. M. Mollan. (Perfum. essent. Oil Rec. **52.** 349–50. Juni 1961. São Paulo, Inst. de Pesquisas Technol.; engl.) — 1. vgl. C. **1962.** 6994. — Vf. gewann verschiedene Fraktionen des äther. Öles aus Rinden, Zweigen, frischen u. getrockneten Blättern eines in Horto, Florestal de Cantareira, wachsenden, botan. nicht näher gek. Sassafraslorbeergewächses. Die physikal.-chem. Kennzahlen der verschiedenen Fraktionen u. ihr Geh. an *Safrol* u. *Campher* wurden bestimmt. H. SONTAG. 7262 □

Die ätherischen Öle der Sassafraslorbeergewächse. 3. Mitt. Sassafraslorbeer vom Safrol–Zimtaldehyd-Typ. Terence R. M. Mollan. (Perfum. essent. Oil Rec. **52.** 411—12. Juli 1961; engl.) — 2. vgl. vorst. Referat. — Vf. gewann verschiedene Fraktionen des äther. Öles aus Rinden, Zweigen, frischen u. getrockneten Blättern einer weiteren, botan. nicht näher gek. Varietät der in Horto, Florestal de Cantareira, wachsenden Sassafraslorbeergewächse. Die physikal.-chem. Kennzahlen der verschiedenen Fraktionen u. ihr Geh. an *Safrol* u. *Zimtaldehyd* wurden bestimmt. H. SONTAG. 7262 □

Die Oxydation der Terpene. 1. Mitt. Mechanismus und Reaktionsprodukte der Autoxydation von D-Limonen. Richard A. Bernhard und Allen G. Marr. (Food Res. **25.** 517—30. Juli/Aug. 1960. Davis, Calif., Univ., Dep. of Food Sci. and Technol. and Bacteriol.; engl.) — Die Autoxydation von *D-Limonen* verläuft über Bldg. freier Radikale. Nach einer typ. Induktionsphase (I) folgt eine Phase mit konst. Oxydationsgeschwindigkeit. Bei Zusatz von Substanzen, die die Bldg. freier Radikale fördern, wie Hämatin u. Benzoylperoxid wird I prakt. aufgehoben, während $CuSO_4$ u. UV-Licht I verlängern. Die Aktivierungsenergie beträgt 8,9 kcal/mol. Gaschromatograph. wurden ca. 11 Oxydations-Prodd. festgestellt, wovon 3, *D-Carvon*, *trans-Carveol* u. *2-Limonylperoxid*, identifiziert wurden. Der mögliche Rk.-Weg, der zu diesen Verbb. führt, wird diskutiert. — 19 Literaturangaben. U. BEHRENS. 7262 □

Über Elsholtziaöl. Horst Schmidt. (Seifen-Öle-Fette-Wachse **85.** 499—500. 523—24. 551—52. 17/8., 18. u. 19/9. 1959. Amer. Perfumer Aromatics **75.** Nr. 4. 33—36. April 1960. Holzminden, Fa. Haarmann & Reimers, Parfümerie-Lab.; dt.) — Das seit einiger Zeit von China auf den europäischen Markt gelangende äther. Öl „*Elsholtziaöl*" scheint von gleicher botan. Herkunft wie das von ASACHINA u. MURAYAMA [1940] dest. Öl. Es enthält als Hauptbestandteil vermutlich das bisher in der Natur noch nicht nachgewiesene Keton *3-Methyl-2-isovaleroylfuran*, $C_{10}H_{14}O_2$ (ASACHINA u. KUBADA [1924]). Der Geruch des Öls ist äußerst intensiv aromat., fast „chem." u. eignet sich daher bes. für Parfümkompositionen mit ausgeprägtem „Kopfgeruch", wozu vom Vf. eine Reihe von Rezepten für reine Parfüme, für die Parfümierung von Portugalessenzen, Birkenwässer, Gesichtswässer, Sprays u. Lippenstifte sowie für Seifen- u. Waschpulverparfüme unter Verw. von Elsholtziaöl mitgeteilt werden. H. SPOHN. 7276

Einige für die Kosmetik interessante organische Schwefelverbindungen. 2. Mitt. Gavern T. Walker. (Seifen-Öle-Fette-Wachse **84.** 827—28. 23/12. 1958; dt.) — 1. vgl. C. **1960.** 2372. — Übersicht über den prakt. Einsatz folgender Mercaptane u. Disulfide auf kosmet. Gebiet: Thiomalonsäure, 2-Diäthylaminoäthanthiolhydrochlorid, Diphenyldisulfid, Phenylmercaptoessigsäure, Carboxymethylmercaptobernsteinsäure u. Thiodiglykolsäure. — 28 Literaturangaben. H. SONTAG. 7284 □

Haarwaschmittel — Shampoo. Herbert Manneck. (Seifen-Öle-Fette-Wachse **84.** 63—64. 5/2. 1958; dt.) — Unter besonderem Hinweis auf die französ., schweizer. u. amerikan. Patentliteratur werden die Entw.-Tendenzen auf diesem Gebiet gekennzeichnet. H. SONTAG. 7284 □

Stationäre Flüssigphasen für die Gas–Flüssig–Chromatographie, die zur Trennung der Komponenten der ätherischen Öle geeignet sind. Richard A. Bernhard. (Food Res. **25.** 531—37. Juli/Aug. 1960. Davis, Calif., Univ., Dep. of Food Sci. and Technol.; engl.) — 40 Fll. wurden hinsichtlich ihrer Eignung als stationäre Phase für die gaschromatograph. Trennung äther. Öle untersucht. Die beste Auftrennung der Komponenten des Citronenöls wurde mit LAC-2-R 446 (Polyester von Adipinsäure u. Diäthylenglykol bzw. Pentaerythrit) u. LAC-4-R 777 (Polyester von Bernsteinsäure u. Diäthylenglykol) erzielt. H. THIELEMANN. 7286 □

Ein neues Verfahren zur Bestimmung des Wassergehaltes in Aerosolen, kosmetischen Cremes, ihrer Grundstoffe und in ätherischen Ölen. Béla Lòrànt. (Seifen-Öle-Fette-Wachse **87.** 609—11. 27/9. 1961. Budapest, Inst. für Chemie u. Lebensmittelunters.; dt.) — Eine von SMITH u. BRYANT entwickelte Meth. zur Best. des Wasser-Geh. von Aerosolen, Cremes u. Grundstoffen der kosmet. Industrie mit Acetylchlorid wird hinsichtlich seiner Anwendbarkeit auf folgende Stoffe untersucht: Vaseline, Paraffine, Wachse, Lanolin, Polyäthylenglykole, Glycerin, pflanzliche Öle, Talg u. andere tier. Fette, Aerosole u. äther. Öle. Es wurden gute Ergebnisse, bes. bei niedrigen Wasser-Geh., erzielt. Das Verf. wird beschrieben. W. PETT. 7294 □

Dilatometrische Untersuchungen in der Kosmetik. Gavern T. Walker. (Seifen-Öle-Fette-Wachse **87.** 728. 25/10. 1961; dt.) — Vf. beschreibt die bei der Herst. u. Lagerung kosmet. Präpp. (z. B. Lippenstifte, Cremes, Emulsionen) auftretenden Erscheinungen des „Schwitzens" u. der „Separation". Als Grund hierfür wird eine ungenügende Kenntnis des Verhältnisses der einzelnen Bestandteile im F.-Bereich angegeben. Daher wird auf die Wichtigkeit der dilatometr. Unterss. bei Ölen, Fetten,

Wachsen u. deren Gemischen sowie auf die Anwendung in der Kosmetik hingewiesen. Zur Durchführung der Unterss. wird ein Verf. mittels Dilatometer nach WILLSMER (C. **1954.** 11563) empfohlen. H. FRANZEN. 7294 □

Über die Wasser- und Öl-Aufnahme von Pudern. H. von Czetsch-Lindenwald und H. Baumann. (Fette, Seifen, Anstrichmittel **60.** 851—52. Sept. 1958. Alexandria; Frankenthal/Pfalz; dt.) — Bei der Best. der Kennzahlen über die Wasser- u. Ölaufnahme von Pudern in der von MÜHLEMANN u. VEGEZZI abgeänderten Form der ENSLIN-App. wurde erkannt, daß die Sättigung weitgehend vom Schütt-Gew. u. -Vol. der Proben abhängig ist. Das Verf. wurde daher von Vff. insofern abgeändert, als die Dosierung der zu untersuchenden Proben nicht nach Gew., sondern nach Vol. erfolgte, d. h. es wurde jeweils ein bestimmtes Vol. der Probe zur Messung eingefüllt, die Menge dann gewogen u. die gefundenen Werte auf 1 g umgerechnet. Die Wasser- u. Ölaufnahme wurde für eine Anzahl von Puderbasen u. fertigen Pudern nach der alten u. nach der abgeänderten Meth. bestimmt u. die Werte tabellar. gegenübergestellt. Der Vgl. zeigt, daß durch die neue Modifikation der Meth. die Beeinflussung der Meßwerte durch äußere, nicht steuerbare Faktoren ausgeschaltet wird. H. SONTAG. 7294 □

XV. Gärungsindustrie

Die Vermehrung von Mikroorganismen der verschiedenen O_2-Bedarfsgruppen in Beziehung zum Redoxpotential des Mediums und zur Menge des im Medium gelösten Sauerstoffs. F. Weinfurtner, A. Uhl und H. Ott. (Brauwissenschaft **13.** 70—72. 92—98. Febr./März 1960. Beilage zu: Brauwelt, Ausg. B. Weihenstephan, Inst. für Gärungsphysiol. u. Techn. Mikrobiol.; dt.) — Die Vermehrung von obligat aeroben, mikroaerophilen, fakultativ anaeroben u. obligat anaeroben Bakterien wurde unter verschiedenen Sauerstoffbedingungen untersucht. Vff. stellten dabei fest, daß das Wachstum vor allem von der Menge des gelösten Sauerstoffs abhängt. Ein wesentlicher Einfl. des Redoxpotentials konnte bei allen untersuchten Bakterien nicht festgestellt werden; er scheint nur insofern vorhanden zu sein, als die rH-Werte vom Geh. des gelösten Sauerstoffs abhängen. Letzterer wurde elektrochem. nach TÖDT gemessen. S. ZAAKE. 7500 □

Einfluß der Belüftung beim Weichen auf die Qualität des Malzes. W. Sirot. (Mschr. Brauerei **14.** 18—22. Febr. 1961. Beil. zu: Brauerei; dt.) — Unterss. über den Einfl. der Belüftung beim Weichen auf die Qualität des Malzes ergaben für einen Wechsel von Wasser- u. Luftweiche bei täglich 2maligem Wasserwechsel ein optimales Verhältnis von Wasser-:Luftweiche wie 3:1. Der Mälzungsschwund erweist sich als von der Belüftung unabhängig. Umschichtige Luft-Wasserweiche mit stündlich 10 Min. langem Belüften des Weichwassers brachte optimale Qualität bei Belüftung während der gesamten Weichzeit, womit frühere Unterss. bestätigt werden. R. RISTOW. 7540 □

Versuche zur Erhöhung der Eiweißstabilität des Bieres durch Belüften der kochenden Würze. Martin Bartel. (Brauwissenschaft **11.** 85—86. April 1958. Beilage zu: Brauwelt, Ausg. B. Urach/Wttbg.; dt.) — Eine Nachprüfung des von SCHILD [1957] beschriebenen Verf. zur Herst. eiweißstabiler Biere durch Belüftung der kochenden Würze bestätigt nur den unwesentlichen Einfl. des O_2 auf Farbe u. Geschmack des Bieres. Eine Erhöhung der Beständigkeit von Gesamteiweiß u. Schaum u. eine Veränderung von Gärbild u. Vergärung werden nicht festgestellt. W. WESLY. 7544 □

Die Anthocyanogene im Mälz- und Brauprozeß. J. R. A. Pollock. (Rev. Fermentat. Ind. aliment. **15.** 171—74. 1960. Nutfield, Surrey, Brewing Ind. Res. Found.; franz.) — Zu den Polyphenolen im Malz u. im Hopfen gehören die *Anthocyanogene* (I), die sich bei der Erhitzung mit Mineralsäuren in Anthocyanidinfarbstoffe umwandeln. Vf. vermittelt eine Vorstellung über den Chemismus dieser Verbb., ferner beschreibt er ihr Vorliegen in den Rohstoffen u. ihren Einfl. auf das Fertigprodukt. Die Ursachen der Kälte- u. der Oxydationstrübung des Bieres in den Flaschen werden vornehmlich in I gesehen. Durch Behandlung des Bieres mit Nylonpulver konnten HARRIS u. RICKETTS eine Verminderung der Konz. von I erzielen, die sich in einer Herabsetzung der Flaschentrübung auswirkte. Somit ist dem Brauer ein neues Mittel zur Bierstabilisierung gegeben. B. FRANZ. 7550 □

Physikochemische Untersuchung über die Assoziationsverbindungen zwischen pflanzlichen Proteinen und polyphenolartigen Substanzen. Lucien Chapon, Bernard Chollot und Edmond Urion. (Bull. Soc. Chim. biol. **43.** 429—42. 1961. Nancy, Labor. de Rech. de l'École de Brasserie; franz.) — Bei der Extraktion von Pflanzenstoffen durch wss. Lsgm. werden Lsgg. erhalten, in denen, wie z. B. im durch Vff. untersuchten Bier, native oder denaturierte *Proteine* (I) vorkommen, die teilweise mit mehr oder weniger kondensierten polyphenolartigen Substanzen [*Tannoiden* (II)] assoziiert sind. Diese Assoziations-Verbb. verhalten sich wie die I selbst u. unterliegen z. B. dem Vorgang der Alterung, bei dem sich die chem. Bindungen zwischen I u. II in zunehmendem Maße verstärken. So enthält ein frisch bereitetes, klares Bier I u. II in Lsg.; während der Alterung desselben tritt (nach Abkühlung auf 0^0) eine Trübung auf, die sich bei geringer Temp.-Erhöhung wieder auflöst, im fortgeschrittenen Alterungsstadium jedoch irreversibel ist. Durch Adsorption des nach Dialyse des Bieres noch vorhandenen freien II an hochmol. *Polyvinylpyrrolidon* (III) läßt sich zwischen I u. II in Lsg. u. in der dispersen Phase ein Gleichgewicht nachweisen; ferner wird gezeigt, daß die reversiblen Trübungen als unlösl. Assoziate zwischen I u. II auf Grund von H-Brücken (zwischen den Peptidgruppierungen von I u. den phenol. Funktionen von II) anzusehen sind. Bei fortschreitender Alterung u. oxydativen Einfl. treten weitere Bindungen (z. B. —O—O—, —S—S—, >C—C<) hinzu, die auch durch Einw. von Schwermetallsalzen (z. B. Sn^{2+}), Versetzen mit H_2O_2 oder Peroxydase induziert werden u. die Trübungen unlösl. werden lassen. Zur quant. Best. der I-II-Komplexe werden nephelometr. Messungen an dem dialysierten u. mit III versetzten Bier vorgenommen, wobei in Abhängigkeit von der zugeführten III-Menge eine glockenförmige Diffusionskurve erhalten wird, deren Maximum durch die zur Fixierung des gesamten II notwendigen minimalen III-Konz. bestimmt ist. Das zwischen I u. II bestehende Gleichgewicht läßt sich durch Verminderung der I- oder II-Konzz. [Adsorption an Bentonit, Nylon, unlösl. I, Hefen bzw. enzymat. Abbau hochmol. I oder Behandlung mit niedrigmol. III (Bldg. lösl. II–III-Komplexe)] verschieben, wobei die Neigung zur Bldg. unlösl. I–IIAssoziate abnimmt. Die reversiblen Trübungen des Bieres sprechen auf pH-Änderungen empfindlich an u. zeigen bei pH 4—4,5 ein Löslichkeitsminimum. P. FAHRNLAENDER. 7550□

Das Schaumproblem. P. Kolbach. (Mschr. Brauerei **14.** 13—18. Febr. 1961. Beil. zu: Brauerei. Berlin, Vers.- u. Lehranst. für Brauerei, Brauereichem.-technol. Abt.; dt.) — In einem Überblick wird über Fortschritte in der Erforschung der die Schaumgüte beeinflussenden Faktoren während des Zeitraumes von 1953—1960 berichtet. Grundlage war die Entw. geeigneter Schaummeßmethoden. Den stärksten Einfl. haben Malz u. Fe-Geh.; schlecht gelöste Malze geben möglicherweise auf Grund höheren Gerstengummi-Geh. besseren Schaum. Der Einfl. der Maisch-Verff. ist gering, jedoch ist eine Eiweißrast bei mittlerer Temp. ungünstig. Das Kochen der Würze sollte zu einem Optimum aus Eiweißkoagulation u. Bitterstoffaufnahme geführt werden, da beide Faktoren gegenläufig wirken. Unterss. über den Einfl. der Würzekühlung wären wünschenswert. Für die Hauptgärung ist kalte Führung vorzuziehen. Der schlechte Schaum der Exportbiere beruht auf Eliminierung der Albumosen durch die Stabilisierungsmittel. R. RISTOW. 7550□

Farbstoffe in den Weintrauben und ihre Veränderungen während der Verarbeitung. Zdeněk Kuttelvašer. (Kvasný Průmysl **6.** 133—38. Juni 1960. Praha, Výzk pracov. Vinařsk. záv.; tschech.) — In Trauben u. im Wein sind als Farbstoffe Anthocyane (I), Flavonole, Carotine, Xanthophyll bzw. Chlorophyll enthalten. Am wichtigsten sind die I, die gleich den Polyphenolen mit den Gerbstoffen des Weines eng zusammenhängen. Von gelben Farbstoffen weißer Trauben sind Quercetin, Quercitrin u. Rutin vorhanden; sie sind diätet. wichtig, da sie die Wrkg. von Vitamin P ausüben. Die I (Cyanidin, Quercetin, Catechin) können in den Epidermiszellen der Schalen teilweise auch als Leuko-Verbb. auftreten, die im Laufe der Gärung in Farbstoffe übergehen. Blaue Trauben haben einen höheren Geh. an I als weiße. Weitere Farbstoffe sind Malvin, Petunin, Päonin, Delphinidin. Im Rotwein sind 1—40 mg/Liter Quercetin enthalten; die rote Farbe wird während der Weinbereitung aus Organoplasten der Traubenschalen frei. Der zu Gärbeginn 26,7 mg/Liter betragende Geh. an Oenidin steigt nach 7 Gärtagen auf 983,3 mg/Liter, also um das 40fache. Chromatograph. lassen sich die Farbstoffe nur im Jungwein verfolgen, denn im alten Wein bleibt ein Teil der Farbstoffe unaufgeschlossen am Startpunkt. L. MACHER. 7552□

Untersuchung des biologischen Säureabbaus im Wein. 5. Mitt. **Über das Metabioseverhältnis zwischen Weinhefen und Äpfelsäure-abbauenden Bakterien.** Ferdinand Radler. (Arch. Mikrobiol. **37.** 267—77. 1960. Siebeldingen über Landau/Pfalz, Forschungs-Inst. für Rebenzüchtung Geilweilerhof; dt.) — 4. vgl. C. **1960.** 13551. — Weinhefen scheiden Stoffe aus, die säureabbauenden Bakterien das Wachstum auch in Mangelnähr-Lsgg. ermöglichen. Obwohl diese Bakterien in ihrem Nähr- u. Wuchsstoffbedarf sehr anspruchsvoll sind, kann der Abbau der *Äpfelsäure* zu Milchsäure mit Bakterienhefemischkulturen in einer ganz einfachen Nähr-Lsg. durchgeführt werden. Es wird gefolgert, daß der biolog. Säureabbau im Wein nicht durch einen Nährstoffmangel der säureabbauenden Bakterien, sondern nur durch ungünstige Wachstumsbedingungen (niedriger pH-Wert, hoher SO_2-Geh., niedrige Temp. u. hoher A.-Geh.) gehemmt werden kann. — 31 Literaturangaben. P. GREGORZEWSKI. 7554□

Ein neuer Urheber des biologischen Abbaues von Säuren der Obstfrucht- und Weinrebenweine. N. N. Prostoserdov. (Vinařství 53. 76—77. Mai 1960. Moskau; tschech.) — Durch gereinigte Stämme von Schizosaccharomyceten, bes. einen neuen Stamm *Schizosaccharomyces acidodevorax*, kann die Acidität von Obst- u. Traubenweinen um 78—95% vermindert werden. Diese Hefen sind gegenüber SO_2 unempfindlicher als Saccharomyces. R. K. MÜLLER. 7554

Zur Kenntnis der Weineiweißstoffe. 4. Mitt. Einfluß der Bentonitschönung auf das Traubenprotein. J. Koch und H. Schwahn. (Z. Unters. Lebensmittel **107.** 413—15. Mai 1958. Geisenheim/Rhg., Forschungsanst. für Wein-, Obst- u. Gartenbau; dt.) — 3. vgl. C. **1961.** 1757. — Durch papierelektrophoret. Unterss. wurde erkannt, daß die Bentonitschönung eine Meth. darstellt, die nicht zur Eiweißstabilität, sondern zur Eiweißfreiheit von Weinen u. Mosten führt. M. WINIKER. 7554□

Natürlicher Bromgehalt von Wein. P. Jaulmes, S. Brun-Cordier und J.-C. Cabanis. (Trav. Soc. Pharmac. Montpellier **20.** 84—92. 1960. Montpellier, Fac. de Pharm., Labor. de Chim. analyt. et Toxicol.; franz.) — Die Best. des Br-Geh. zahlreicher französ. Weinsorten nach dem von PERRONET u. ROQUES (C. **1954.** 3079) beschriebenen, etwas abgewandelten Verf. ergibt Geh. von 0,14—0,6 (mg/Liter); der Cl-Geh. beträgt im Mittel 30. Weine aus Meeresnähe enthalten ≧ 1,4 Br, aus einer bestimmten Kellerei sogar 0,7—2,6 Br u. 140 Cl. — 17 Literaturangaben. W. WESLY. 7554□

Zur Messung der enzymatischen Amylolyse. Nachtrag zur Gruppe A: Viscosimetrische Amylasenbestimmung. Eine viscosimetrische Mikromethode zur Bestimmung des α-Amylasegehaltes in Getreide und Mahlprodukten. Hugo Wildner, Gudrun Wildner und B. Belderok. (Brauwissenschaft **11.** 86—89. April 1958. Beilage zu: Brauwelt, Ausg. B. Bamberg, Inst. für angew. Biochem.; Kulmbach, Ireks Forschungsinst. für Gärungswiss.; dt.) — Vgl. Brauwissenschaft **9.** [1956.] 262—72. 296—302. — Zur Behebung der Wrkg. vorhandener β-Amylase wird als Substrat eine Lsg. lösl. Stärke verwendet, die vorher mit β-Amylase im Überschuß behandelt worden ist. In dieser Lsg. wird die gesamte Stärke in Erythrodextrin umgewandelt. Der Einfl. von Begleitstoffen auf die Viscosität der Lsg. wird durch Verdünnung des Extraktes (1:3) oder Korrektur ausgeschaltet. Der Korrekturfaktor beträgt für Weizenmehl 0,125, für Weizenschrot 0,275 Min. je ml Extrakt. Die Herabsetzung der Durchlaufzeit des gepufferten Extraktes ist ein Maß für den Geh. an α-Amylase. Die viscosimetr. Meth. wird ausführlich beschrieben. W. WESLY. 7594□

Nachtrag: Zur Messung der enzymatischen Amylolyse. Bestimmung der Aktivität der Amylasen im Malz. Hugo Wildner und Gudrun Wildner. (Brauwissenschaft **11.** 89. April 1958, Beilage zu: Brauwelt, Ausg. B; dt.) — Eine Nachprüfung des von BLOM (C. **1957.** 8380) angegebenen Verf. zur Best. der Aktivität der Amylasen im Malz zeigt, daß die Beziehung zwischen der α-Amylase (A)-Aktivität u. dem Zuwachs an Extrakt bzw. an Rohmaltose geringer ist, als BLOM annimmt. Der Extraktzuwachs ist das Ergebnis der α-A- u. nicht der β-A-Aktivität. Nur α-A vergrößert den Zuwachs an Extrakt u. Rohmaltose u. greift unverkleisterte Stärke des Malzes an. Es muß genügend β-A vorhanden sein, um die durch α-A aus der Stärke losgerissenen Dextrine sofort in Maltose überzuführen. W. WESLY. 7594□

Die Bestimmung der diastatischen Kraft in Malzextrakten. Francesco Muntoni. (Boll. Lab. chim. provinc. **9.** 405—13. Okt./Dez. 1958. Roma, Ist. super. di Sanità, Labor. di Chim.; ital.) — Die Meth. von POLLAK-EGLOFFSTEIN zur Best. der diastat. Kraft in Malzextrakten wird modifiziert u. vereinfacht. Die Meth. wird ausführlich beschrieben. G. PLATZER. 7598□

Über den Nachweis von Glucose des Handels in Mosten und Weinen. Giovanni Ceresa. (Staz. chim.-agrar. sperim. Torino, Annu **20.** 249—57. 1958—1960. Torino, Staz. chim.-agraria sperim.; ital.) — Beschreibung eines papierchromatograph. Verf. mit n-Butanol–A.–W. (4,0 : 1,1 : 1,9) als beweglicher Phase u. p-Anisidinphthalat als Entwickler zur Best. von Handelsglucose in Weinen u. Mosten. — 18 Literaturangaben. K. ZINGRAF. 7606□

Über die Gültigkeit des ω-Hydroxymethylfurfurol-Testes für die Untersuchung von Süßweinen auf konzentrierte Moste. Giovanni Ceresa. (Staz. chim.-agrar. sperim. Torino, Annu. **20.** 233—36. 1958—1960. Torino, Staz. chim.-agraria sperim.; ital.) — Beschreibung einer papierchromatograph. Meth. mit n-Butanol–A.–H_2O (4 : 1,1 : 1,9) als Lsgm.-Gemisch u. p-Anisidinphthalat als Entwickler zur Best. von

ω-Hydroxymethylfurfurol (I) in konz. Mosten u. Süßweinen. Eindickung bei relativ hoher Temp. u. Pasteurisierung fördern die Bldg. von I. — 15 Literaturangaben.
K. ZINGRAF. 7606□

Miles Laboratories, Inc., Elkhart, Ind., V.St.A., **Gewinnung von Enzymen oder Enzymgemischen aus ihren wässerigen Extrakten,** dad. gek., daß man den Extrakt mit einer Suspension oder einem Schlamm eines Salzes einer „Lebensmittelsäure" (Citrat, Succinat, Acetat, bes. Na-Gluconat) u. einer niedrigmol. aliphat. Hydroxyverb. (A., Methanol, Isopropanol, Aceton) mischt, das Gemisch absitzen läßt u. den Nd. (durch Filtern u. Trocknen) gewinnt. Als Prodd. sind genannt: Proteasen u. Peptidasen (Pepsin, Trypsin, Papain, Ficin, Bromelin), pekteolyt. Enzyme, Amylasen, Invertasen Ureasen, Lipasen, Phosphatasen, Peroxydasen, Sulfidasen, Phenolasen u. deren Gemische, bes. Oxydase u. Katalase u. deren Gemisch. — Mengenbeispiele für *Aspergillus niger*-Extrakte, Tabellen. (**E. P. 862 195** vom 16/12. 1958, ausg. 1/3. 1961. A. Prior. 23/12. 1957.) G. VOGEL. 7509

Konrad Ostertag, München, **Gerstenmalzherstellung.** Die Gerste wird 1 Tag in einem Bottich unter dauerndem Wenden u. Wasserwechsel gewaschen, nach dem Ablaufen des W. auf das eine Ende eines wandernden Keimbettes entleert, auf diesem 2 Tage mit W. besprüht, belüftet u. gewendet. — Vorr., Zeichnung. (**E. P. 858 389** vom 5/9. 1958, ausg. 11/1. 1961. D. Prior. 26/9. 1957.) G. VOGEL. 7541

Pabst Brewing Co., Chicago, Ill., V.St.A., **Herstellung von Hopfenextrakt,** dad. gek., daß als Rohstoff frische, ggf. eingefrorene, Hopfenzapfen mit ihrem ursprünglichen Geh. an W. u. nichtwss. Bestandteilen verwendet werden. Die Extraktion erfolgt mit CH_3OH (I) bei $\geqq 65^0$, das Abdestillieren des I bei 75—175 mm Hg Druck. Aus dem I-Extrakt wird bes. eine wasserlösl. Fraktion abgetrennt, um tanninfreie Prodd. zu erhalten. *Biererzeugung.* — Beispiele, Tabellen, Zeichnung. (**E. P. 827 334** vom 17/7. 1957, ausg. 3/2. 1960. A. Prior. 17/7. 1956.) G. VOGEL. 7541

W. Heyer, München, und F. W. Schick, Frankfurt/M., **Herstellung eines trockenen Hopfenextrakts** mit erhöhtem Isohumulon-Geh., dad. gek., daß man gemahlenen Hopfen in (4—6%ig.) Bierwürze (ca. 1—2 Std. bei normalem Druck oder 30 Min. bei 0,3 atü) kocht, wobei das pH auf 8,0—8,3 eingestellt wird, u. die fl. Masse trocknet. Vorher können die Gerbstoffe mit W. entfernt werden. Das mit dem Prod. hergestellte Bier hat *bakteriostat.* Wrkg., bes. gegen *Tuberkulose.* (**Belg. P. 558 105** vom 5/6. 1957, ausg. 25/3. 1960.) G. VOGEL. 7541

Canadian Breweries Ltd., Toronto, Canada, **Behandlung von Würze für gehopfte Gärungsgetränke** unter Entfernung einer höheren Trub- u. Kältetrubmenge als bei der üblichen Abscheidung des Bruches nach dem Hopfenkochen, dad. gek., daß man der gekochten heißen Würze vor der Trubabscheidung eine bestimmte Menge Polyvinylpyrrolidon (I) (PVP), bes. bei 180—212° F zusetzt, wodurch eine bessere Würzeklärung u. eine höhere Ausbeute an Hopfenbitterstoffen im fertigen Getränk erreicht wird. Das I wird mit dem Trub fast völlig wieder entfernt. — Tabellen. (**E. P. 854 455** vom 2/6. 1958, ausg. 16/11. 1960. A. Prior. 7/6. 1957.) G. VOGEL. 7545

H. Stackler, Dortmund, **Wärmeregenerierung, insbesondere in der Brauerei,** dad. gek., daß man *Abwärme* (z. B. aus dem Kessel), die nicht mehr zum Würzekochen erforderlich ist, auf Kühlwasser überträgt, das bereits Wärme u. Kondensat von der Würzekochung aufgenommen hat. Frischwasser strömt z. B. von unten nach oben nacheinander durch den Würzekühler, einen Setzbottich, einen Warmwasserbehälter, in dem die heiße Würze vorgekühlt wird, in einen Heißwasserbehälter, dem auch die Abwärme zugeführt wird. Gewinnung von Warm- u. Heißwasser. — Vorr., Zeichnung. (**Belg. P. 560 788** vom 13/9. 1957, ausg. 22/4. 1960. D. Prior. 14/9. 1956.)
G. VOGEL. 7545

Soc. An. des Produits purs de Courcelles (SOPURA), Courcelles, Belgien, **Stabilisieren von Bier gegen Hefetrübungen,** dad. gek., daß man dem Bier, z. B. 5 oder 10 g, einer ungesätt. Fettsäure mit konjugierten Doppelbindungen (6—8 C-Atome) bei einem pH von ca. 8,5 (durch Alkalizusatz zum Lsg.-Wasser für die Säure) zusetzt. Bes. geeignet ist eine Verb. mit der Formel: $CH_3{-}CH{=}CH{-}CH{=}CH{-}COOH$. (**Belg. P. 552 965** vom 27/11. 1956, ausg. 15/1. 1960. F. Prior. 22/2. 1955.)
G. VOGEL. 7551

Francis Justin Miller, Oakland, Calif., V.St.A., **Imprägnieren von Wein und anderen nichtschäumenden Getränken mit CO_2** oder einem anderen Gas unter Druck, dad. gek., daß man das Gas nur durch die nicht bewegte Oberfläche des Weins im Gefäß (Behälter, Faß, Flasche) eindringen läßt u. den Gasdruck aufrechterhält bis das Getränk, bes. *Schaumwein*, den gewünschten Gasdruck besitzt. Vor dem Imprägnieren kann die im

Wein usw. enthaltene Luft durch Einw. von Vakuum, ggf. unter Umrühren, entfernt werden. — Beispiel. (**Belg. P. 552 911** vom 24/11. 1956, ausg. 15/1. 1960. **A. P. 2927028** vom 30/10. 1957, ausg. 1/3. 1960.) G. VOGEL. 7555

Armour & Co., Chicago, Ill., V.St.A., **Aerobe Gärungen durch Zusatz von Mikroorganismen zu einer Nährlösung,** dad. gek., daß man die Nährlsg. mit H_2O_2 sterilisiert, erst Katalase u. dann die Mikroorganismen zufügt, für letztere Wachstumsverhältnisse schafft u. dem Wachstum entsprechend fortlaufend weiteres H_2O_2 zusetzt. Als Prodd. sind genannt: 1. Hefe aus Melasse (frei von *Streptococci*, *Lactobacilli* usw.), 2. Torula utilis, 3. Riboflavin (mittels *Eremothecium ashbyii*), 4. Citronensäure (mittels *Aspergillus niger*), 5. Vitamin-B_{12}-ähnliche Prodd. (mittels *Streptomyces griseus*), 6. Penicillin G (mittels *Penicillium chrysogenum* Q_{176}), 7. Streptomycin (mittels *Streptomyces griseus*), 8. ein Oxydations-Prod. von 1-*l*-Dehydrocorticosteron oder 9. 1-*l*-Hydroxyprogesteron aus Progesteron (jeweils mittels *Trichothecium roseum*). — Mengenbeispiele. (**E. P. 861 784** vom 10/1. 1958, ausg. 22/2. 1961. A. Prior. 11/1. 1957.) G. VOGEL. 7579

Imperial Chemical Industries Ltd., London (Erfinder: Arthur John Birch, Manchester, John Frederick Grove und Ian Stewart Nixon, Welwyn), England, **Herstellung von Gibberellinsäure (I)** durch Züchtung eines akt. Stammes von *Gibberella fujikuroi* (*Fusarium moniliforme*) in einer Nähr-Lsg. u. Hemmung des Pilzwachstums, um die Säure-Bldg. zu erhöhen, dad. gek., daß dem Gäransatz Mevalonsäure (3.5-Dihydroxy-3-methyl-n-valeriansäure) oder ein Deriv. (Lacton, Aldehyd, H_3PO_4-Ester) dieser Säure als Vorstufe der I zugesetzt wird. — Mengenbeispiele, Tabellen. (**E. P. 844 341** vom 23/4. 1958, ausg. 10/8. 1960. **A. P. 2 977 285** vom 17/4. 1959, ausg. 28/3. 1961. E. Prior. 23/4. 1958.) G. VOGEL. 7579

XVI. Nahrungs-, Genuß- und Futtermittel

Eignung verschiedener Mango-Sorten zur Herstellung von Mango-Getreide-Flocken. Girdhari Lal, G. V. Krishnamurthy, N. L. Jain und B. S. Bhatia. (Food Sci. [Mysore, India] **9.** 121—23. April 1960. Mysore, Central Food Technol. Res. Inst.; engl.) — Von über 500 Mangosorten sind nur einige für die Lebensmittelindustrie von Bedeutung. Die Güte der Flocken hängt in erster Linie von Farbe u. Aroma der Pulpe ab. Es wurde gefunden, daß durch geeignete Mischung einer Pulpe von geringerer Qualität mit einer qual. guten Flocken erhalten werden können, welchen den aus den einzelnen Pulpen erhaltenen überlegen sind. Die Herst. der Flocken unter Zusatz von Weizenmehl, Glucose, Rohrzucker, Pektin, etwas $CaCO_3$ u. $NaHCO_3$ (bis zum pH 5,00) wird beschrieben. Die angegebene Zus. einer typ. Flockenprobe zeigt den hohen Geh. an Kohlenhydraten, Mineralsalzen, Ascorbinsäure u. β-Carotin.
EBERHARD MÜLLER. 7670□

Ansammlung von wasserlöslichem Stickstoff im Hefeteig in Abhängigkeit von der Temperatur der Säuerung. M. Ss. Tulski. (Хлебопекарная и Кондитерская Промышленность [Brot- u. Konditorei-Ind.] **3.** Nr. 9. 19—20. Sept. 1959. Moskau, Techn. Inst. für die Lebensmittel-Ind.; russ.) — Beim Säuerungsprozeß verläuft die Proteolyse im Hefeteig im Temp.-Bereich von 48—55° mit gleicher Intensität. Beim Brühen (Anfangs- u. Endtemp. 58—54°) findet eine starke Hemmung der proteolyt. Spaltung der Eiweißstoffe statt. Als optimale Säuerungs-Temp. sind 48—52° anzunehmen. In diesem Bereich vollzieht sich die intensivste Säure-Bldg. u. Ansammlung von in W. lösl. N.
H. TREUMANN. 7674

Der Einfluß der Temperatur auf die Dynamik der Zucker, des Aminostickstoffes und der wasserlöslichen Stoffe bei der Gärung von Sauerteig und Teig aus Roggenmehl. P. M. Plotnikow. (Известия Высших Учебных Заведений, Пищевая Технология [Hochschulnachr., Nahrungsmittel-Technol.] **1960.** Nr. 1. 48—55. Leningrad, Technolog. Inst. für Nahrungsmittelind., Lehrstuhl für Technol. des Bäckereiwesens; russ.) — Untersucht wurde die Dynamik von *Zucker* (I), *Amino-N* u. *wasserlösl. Substanzen* bei der Gärung von Roggensauerteig (RS) bzw. Roggenmehlteig (RT) bei Temp. von 26—27 u. 33—34° bzw. 33—34°. Die Verss. zeigen, daß im Laufe der Gärung, bes. bei erhöhter Temp., der Geh. an I, Amino-N u. wasserlösl. Substanzen im RS u. RT zunächst zunimmt; nach 1—2std. Gärung erniedrigt sich aber der I-Gehalt. Eine Gärung von RT bei erhöhter Temp. verbessert die Qualität des Brotes. S. BARYSCHNIKOW. 7674

Einige backverbessernde Wirkungen von Halogenaten und ihre intermediäre Reduktion im Teig. R. Tkachuk und I. Hlynka. (Cereal Chem. **38.** 393—98. Sept. 1961. Winnipeg, Manitoba, Grain Res. Labor.; engl.) — Die Red. von Bromat im Teig geht wahrscheinlich über Bromit, Hypobromit u. Brom. Ein Vgl. der Wrkg. dieser Stoffe mit Chlorit, Hypochlorit u. Cl wurde im Extensographen u. im Back-Vers. vorgenommen. Die erste Red.-Stufe (zu Bromit) hat nur geringe backverbessernde Wrkg., die erste u.

zweite gemeinsam ergeben erst eine für die Backverbesserung wirksame chem. Rk. mit den funktionellen Gruppen im Teig. NaOCl ist als backverbesserndes Mittel gleich wirksam wie Bromat u. Jodat. H. HAEVECKER. 7674□

Untersuchung der oberflächenaktiven Eigenschaften von Phosphatidkonzentraten. L. Ja. Auerman, L. D. Dotzenko und L. I. Putschkowa. (Известия Высших Учебных Заведений, Пищевая Технология [Hochschulnachr., Nahrungsmittel-Technol.] **1960.** Nr. 1. 76—78. Moskau, Technolog. Inst. für Lebensmittelind., Lehrstuhl für Technol. des Bäckereiwesens; russ.) — Durch Auflösung von 0,5 (%) *Soja-* bzw. 4,0 *Sonnenblumenphosphatidkonzentrat* (**I**; Zusatz zur Verbesserung der Brotqualität) in W. wird die Oberflächenspannung (OS) des W. (an der Phasengrenze Fl./Luft, gemessen bei 30°) von 71,2 (erg/cm²) auf 61,1 bzw. 50,3 herabgesetzt. Bei wss. **I**-Lsgg. wird durch eine $KBrO_3$-Zugabe die OS der Lsg. erniedrigt. So wurde durch eine Zugabe von 0,005% $KBrO_3$ zu einer **I**-Lsg. die OS der Lsg. von 61,6 (erg/cm²) auf 33,9 herabgesetzt. S. BARYSCHNIKOW. 7674

Einfluß eines Zusatzes von enzymatischen Schimmelpräparaten auf die Qualität des Brotes. W. I. Kretowicz. (Przemysł spożywczy **15.** Nr. 10. 4—9. Okt. 1961. Moskau, Akad. der Wiss. der UdSSR, Inst. für Biochem.; pol.) — Zusatz von 5—7% von ungereinigtem „Schimmelmalz" (Hefekuchen von Aspergillus oryzae) zum Brotteig liefert ein Roggenbrot mit spezif., aromat. Geschmack. Als Zusatz zu Weizenmehlbrot ist ungereinigtes Schimmelmalz ungeeignet, da es noch Proteasen enthält. Gereinigte Präpp. mit einer bestimmten Aktivität der proteolyt. u. amylolyt. Enzyme verbessern die physikal. Eigg. des Brotteiges aus Hartweizenmehl. F. URBAN. 7674□

Technologie der Gewinnung von Sojaeiweiß-Anreicherungsmittel. Je. N. Wolkow, K. A. Steptschkow und Je. Ss. Straschnenko. (Консервная и Овощесушильная Промышленность [Konserven- u. Dörrgemüse-Ind.] **14.** Nr. 9. 23—25. Sept. 1959. Zentr. Forsch.-Inst. für die Konserven- u. Trockengemüse-Ind.; russ.) — Der Rohstoff (Sojamehl, Sojakuchen) für die Gewinnung von Sojaeiweiß-Anreicherungsmittel für Speisen wird vor der Hydrolyse mit einer 15%ig. HCl-Lsg. behandelt. Die Hydrolyse wird in einem Reaktor mit Dampfmantel u. mechan. Mischer durchgeführt. Dabei wird eine Temp. von 128—130° u. ein Druck von 1,5 atü aufrechterhalten. Nach Abkühlung wird mit $NaHCO_3$ neutralisiert. Das Hydrolysat wird zweimal geklärt (mit Kohle oder Aktivkohle). H. TREUMANN. 7684□

Entbitterte, nicht denaturierte Sojabohnenflocken durch Waschen mit Alkohol und Sprühverdampfung des Lösungsmittels. G. C. Mustakas, L. D. Kirk und E. L. Griffin jun. (J. Amer. Oil Chemist's Soc. **38.** 473—78. Sept. 1961; engl.) — Man wäscht entfettete Sojabohnenflocken mit wss. Alkoholen u. gewinnt das Lsgm. durch Sprühverdampfung zurück. Eine wirksame Entbitterung bewirken 95%ig. A. u. 91%ig. Isopropylalkohol. Auf diese Weise erhält man Mehle, deren N-Verbb. eine N-Löslichkeitszahl (= wasserlösl. N·100 : Gesamt-N) von $\geqq 68$ gegen 80 des Ausgangs-Prod. aufweisen. W. WESLY. 7684□

Malathion-Netzpulver zum Schutze gesackter Futtermittel gegen Insektenbefall. J. A. McFarlane. (Trop. Sci. **3.** 114—26. 1961. London, Colonial Pool for Stored Prod. Res.; engl.) — Ein Sprühbelag von 100—130 (mg/sq.ft.) *Malathion* (**I**) tötete Vollkerfe von Tribolium castaneum (a) unter trop. Lagerhausbedingungen ab u. schützte Säcke mit Reiskleie 4 Wochen gegen das Eindringen von a. Die Verunreinigung des Inhaltes mit **I** blieb gering, auf Filterpapier wurden nach 4 Wochen nur noch 60% des ursprünglichen **I**-Belages festgestellt. Sprühbeläge auf ganzen Sackstapeln von 90—100 **I** schützten nach der Begasung mit *Phosphin* 1—2 Wochen vollkommen, 3—4 Wochen genügend gegen Neubefall. FRITZ MÜLLER/Ludwigshafen. 7686□

Gas-Plasma-Bestrahlung von Reis. 1. Mitt. **Hydrationscharakteristica.** A. S. Roseman, J. T. Hogan, R. B. Stone und J. C. Webb. (Cereal Chem. **38.** 423—31. Sept. 1961. New Orleans, La., Southern Reg. Res. Labor.; engl.) — Geschälter Ganzkorn-Reis wurde unter verschiedenen Zeit- u. Temp.-Bedingungen einer Gas-Plasma-Bestrahlung ausgesetzt. Die Wasserabsorptionsfähigkeit stieg erheblich an. Die Vergrößerung der Absorptionsfähigkeit in Abhängigkeit von den Vers.-Bedingungen wird diskutiert. H. HAEVECKER. 7686□

Gas-Plasma-Bestrahlung von Reis. 2. Mitt. **Wirkung von Hitze auf die Hydrations- und Kocheigenschaften.** J. T. Hogan und A. S. Roseman. (Cereal Chem. **38.** 432—38. Sept. 1961; engl.) — 1. vgl. vorst. Referat. — Die Hydrations-Eigg. von Reis werden durch Hitzebehandlung bei red. Druck in gleicher Weise verändert wie durch Gas-Plasma-Bestrahlung unter gleichen Bedingungen. Die Wasserabsorption liegt bei der Hitzebehandlung (45°) höher als bei der Bestrahlung. Die Kochzeiten der behandelten Reismuster sind verkürzt. H. HAEVECKER. 7686□

Faktoren, die die Textur von Äpfeln beeinflussen. Robert C. Wiley und G. E. Stembridge. (Proc. Amer. Soc. horticult. Sci. **77.** 60—72. Juni 1961. College Park, Md., Univ. of Maryland; engl.) — Die Festigkeit von Äpfeln wird wesentlich von dem Geh. an alkoholunlösl. Trockensubstanz, vom Reifegrad, vom Geh. an Pektinstoffen, Stärke u. stärkeähnlichen Stoffen beeinflußt. E. LÜCK. 7688□

Zusatz von Geschmacksenzymen zu verarbeiteten Lebensmitteln. 2. Mitt. **Vergleich der Wirkung von Geschmacksenzymen von Senf und Kohl auf getrockneten Kohl.** D. A. M. Mackay und E. J. Hewitt. (Food Res. **24.** 253—60. Mai/Juni 1959. New York, N.Y., Evans Res. and Dev. Corp.; engl.) — 1. vgl. KONIGSBACHER, HEWITT u. EVANS, C. **1960.** 12530. — Vff. erhalten durch Inkubation von getrocknetem Kohl mit einem Ferment-Präp. aus Kohl u. einem solchen aus Senf u. anschließender Hexanextraktion zwei Senfölextrakte, die nach Umsetzung mit Ammoniak zu den entsprechenden Thioharnstoff-Derivv. papierchromatographiert werden. Beide Extrakte geben 6 gleiche Flecke. Bei Verw. des Ferment-Präp. aus Kohl werden intensivere Flecke erhalten. 5 Flecke zeigen die gleichen R_F-Werte wie Allyl-, Methyl-, 3-Butenyl, sek.-Butyl- u. ω-Methylsulfid-n-propylthioharnstoff. R. REISS. 7690□

Verwertung von Apfeltreber. D. S. Johar, G. V. Krishnamurthy und B. S. Bhatia. (Food Sci. [Mysore, India] **9.** 82—84. März 1960. Mysore, Central Food Technol. Res. Inst.; engl.) — Der Preßrückstand von der Apfelsaft-Herst. wurde erfolgreich zur Herst. von Prodd., wie Cider, Bier, alkoholfreiem Getränk, Essig, Pektinextrakt u. Pektin, verwendet. Die Verff. werden beschrieben. EBERHARD MÜLLER. 7706□

Hohe Viscosität von Zellwandsuspension aus Tomatensaft. R. T. Whittenberger und G. C. Nutting. (Food Technol. **12.** 420—24. Aug. 1958. Philadelphia, Pa., Eastern Reg. Res. Labor.; engl.) — Natürliche u. zugesetzte Elektrolyte bewirken eine relativ geringe Viscosität von Tomatensaft. Entfernung der Elektrolyte einschließlich lösl. Pektins organ. Säuren u. Mineralsalze kann das Eindicken des Saftes zu einem Semigel veranlassen. An dem Dickungsprozeß ist nur ein kleiner Anteil des Extraktrückstandes beteiligt, nämlich die Zellwände u. von deren Bestandteilen die Cellulose. Wenn die Elektrolyte entfernt werden, quellen die Zellwände u. werden zunehmend hydrophil. Die Viscosität nimmt bei Elektrolytzusatz wieder ab. PH. FRESENIUS. 7706□

Die baktericiden Eigenschaften von Tomatenerzeugnissen. L. M. Petrshikowskaja. (Известия Высших Учебных Заведений, Пищевая Технология [Hochschulnachr., Nahrungsmittel-Technol.] **1960.** Nr. 1. 87—93. Odessa. Technolog. Inst. für Nahrungsmittel- u. Kälteind., Lehrstuhl für Biochem. u. Mikrobiol.; russ.) — Untersucht wurde die baktericide Wrkg. des Saftes der Tomatensorten „Odesski-19", „Majak" u. des unsortierten Rohstoffs auf folgende Mikroorganismen: *Bact. coli commune, Proteus vulgaris, Bact. muripestifer, Staph. pyogenes aureus, Bact. subtilis, B. mesentericus, B. mycoides, B. solaniperda* u. *B. megatherium.* Die baktericide u. bakteriostat. Wrkg. des Saftes der Sorte „Odesski-19" war bes. ausgeprägt. Tomatenmarkkonzentrate aus allen Sorten mit 18—20% Trockensubstanz zeigten, unabhängig von der Sorte, eine maximale baktericide Wirkung. S. BARYSCHNIKOW. 7706

Untersuchungen über Oberflächenphänomene bei Nahrungsmitteln. 3. Mitt. **Oberflächenspannung einiger Obst- und Gemüseprodukte, alkoholischer Getränke, Kaffee und Tee.** Jan Czajka. (Roczniki państwowego Zakładu Hig. **11.** 423—29. 1960; pol.) — 2. vgl. C. **1962.** 9189. — 2%ig. wss. Lsgg. von Marmeladen mit hohem Zucker-Geh. verändern ihre Oberflächenspannung σ über längere Zeit (30 Tage) nur wenig. Eine Qualitätsprüfung solcher Prodd. ist mit dieser Meth. somit nicht durchführbar. Bei Gemüsesäften gibt es bzgl. der Änderung von σ stabile u. instabile Produkte. So zeigt Tomatensaft eine Erhöhung von σ mit der Zeit, Saft von Essiggurken u. Sauerkraut zeigt kaum eine Änderung. Bei Kaffee- u. Teeabsud nimmt zunächst σ ab, später wieder zu. Obst- u. Traubenweine haben eine kleinere σ als Bier. Im Wein bilden sich im Laufe der Zeit oberflächenakt., im Bier oberflächeninakt. Stoffe. 45%ig. Branntwein zeigt keine Veränderungen von σ. F. URBAN. 7706□

Die Entwicklung von Zigaretten mit niedrigem Hauptstromrauch. Milton O. Schur und James C. Rickards. (Tobacco Sci. **4.** 69—77. 1960. Pisgah Forest, N. C., Olin Mathieson Chem. Corp., Ecusta Paper Div.; engl.) — Zur Reduzierung der Gewichtsmenge des Hauptstromrauches von Zigaretten gibt es 3 Möglichkeiten: 1. Filtrierung des Rauches, bei der nur die Teilchenphase des Rauches verringert wird. 2. Erhöhung der Geschw. der freien Verglimmung zwischen den Zügen durch Imprägnieren des Zigarettenpapiers mit Salzen bes. organ. Säuren oder durch bes. Behandlung der Fasern bei der Papierherstellung. 3. Vergrößerung der Porosität des Zigarettenpapiers, so daß ein Teil der eingesaugten Luft nicht durch die Verbrennungszone geht. Vorteile der letztgenannten Meth. im Vgl. zur erstgenannten sind Verringerung der Teilchen- u. Gasphase des Hauptstromrauchs in gleichem Maße u. herabgesetzter Zug-

widerstand der Zigarette. — Rauch-Verss. mit Zigaretten einheitlicher Tabakmischung aber verschiedener Papierporosität ergaben stets Abnahme der Rauchmenge des Hauptstroms mit wachsender Porosität. Die Geschw. der freien Verglimmung nahm bei Zigaretten mit inhärierend porösem Papier mit der Porosität zu, bei Zigaretten mit durch Perforation porös gemachtem Papier blieb sie nahezu konstant. Bei lokalisierter Perforation hinter dem Mundstück der Zigarette haben die Rauchteilchengewichtszugzahlkurven für perforierte u. unperforierte Zigarette fast die gleiche Form wie für eine Zigarette mit u. ohne Filter. Nach Imprägnieren des Papieres mit *Ammoniumsulfamat* steigt das Rauchteilchengewicht des Hauptstroms der Zigaretten im Vgl. mit citrat- u. phosphatimprägnierten Papieren gleicher Porosität stark an. Als Ursache werden ungünstige Asche- u. Kohlrand-Bldg. der Zigaretten mit sulfamatimprägniertem Papier angesehen. — Es wird vorgeschlagen, den Zugwiderstand von Zigaretten mit stark perforiertem Papier durch Ansetzen eines gering absorbierenden Filters wieder zu „normalisieren", um Schwierigkeiten beim Anzünden zu vermeiden.
F. HOFMANN. 7734□

Die mikrobiologische Bestimmung der essentiellen Aminosäuren in Fischprotein. N. L. Lahiry und B. E. Proctor. (Food Res. **21.** 87—90. Jan./Febr. 1956. Cambridge, Mass., Massachusetts Inst. of Techn., Dep. of Food Technol.; engl.) — Der Geh. an essentiellen Aminosäuren bei den Fischen *Alosa sapidissima, Melanogrammus deglefinus* u. *Stromateus cineseus* wurde mit Hilfe von *Leuconostoc mesenteroides* bestimmt. Die Aminosäure-Zus. der 3 Species ist der von Rindern u. anderen tier. Proteinen ähnlich. Sie sind eine hervorragende Quelle für *Lysin* u. gute Quellen für *Tryptophan* u. *Methionin,* die in den Pflanzenproteinen nur in geringem Maße vorhanden sind. W. HILLER. 7752□

Neue Technologie des Kalträucherns von Fisch unter Verwendung einer Räucherlösung. I. I. Łapszin. (Przemysł spożywczy **15.** 13—18. 1961; pol. — C. **1962.** 7000.)
F. URBAN. 7752□

Eine Untersuchung über die Leistungsfähigkeit einer Ultrahoch-Kurzzeit-Pasteurisieranlage für Milch. 2. Mitt. **Berechnung der bactericiden Wirksamkeit.** H. Burton. (J. Dairy Res. **25.** 324—37. Juni 1958; engl.) — 1. vgl. C. **1962.** 8102. — Mathemat. Unterss. über die Wirksamkeit einer Milchpasteurisieranlage unter Berücksichtigung der Wärmeverteilung u. der Fließeigenschaften. E. LÜCK. 7756□

Eine Untersuchung über die Leistungsfähigkeit einer Ultrahoch-Kurzzeit-Pasteurisieranlage für Milch. 3. Mitt. **Vergleich der experimentell bestimmten und der berechneten sporiciden Wirkung auf einen Bacillus subtilis-Stamm.** H. Burton, J. G. Franklin, D. J. Williams, Helen R. Chapman, A. Jean W. Harrison und L. F. L. Clegg. (J. Dairy Res. **25.** 338—43. Juni 1958; engl.) — 2. vgl. vorst. Referat. — Es zeigte sich weitgehende Übereinstimmung in den berechneten u. experimentell bestimmten Wrkg. auf Bacillus subtilis. E. LÜCK. 7756□

Eine Untersuchung über die Leistungsfähigkeit einer Ultrahoch-Kurzzeit-Pasteurisieranlage für Milch. 4. Mitt. **Vergleich der experimentell bestimmten und der berechneten sporiciden Wirkung auf einen Stamm von Bacillus stearothermophilus.** H. Burton, J. G. Franklin, D. J. Williams, Helen R. Chapman, A. Jean W. Harrison und L. F. L. Clegg. (J. Dairy Res. **26.** 221—25. Okt. 1959; engl.) — 3. vgl. vorst. Referat. — Auch bei Verss. mit einem Stamm von Bacillus stearothermophilus ergab sich eine gute Übereinstimmung zwischen der tatsächlichen u. der berechneten sporiciden Wirksamkeit der Anlage. E. WIEHR. 7756□

Über synthetisches Carotin und seine Verwendung als Lebensmittelfarbstoff. W. Schuchardt. (Oléagineux **10.** 259—64. April 1955. Grenzach, Firma Hoffmann-La Roche; franz.)— Vf. gibt einen Überblick über die bis 1953/54 durchgeführten Synth. des *β-Carotins* (I). Das synthet. I hat dieselben chem., physikal. u. biolog. Eigg. wie das natürliche I. Die Zugabe von I zu Lebensmitteln soll unterhalb 60° vorgenommen werden, da sonst teilweise Isomerisierung eintritt. Zum Färben von Margarine verwendet man 3—4 g, von Butter 2 g u. von Teigen 5—6 g I/t Produkt. Bei Teigen sollen noch 10—12 g Lactoflavin/t zugesetzt werden. GOTTFRIED SCHREIBER. 7758□

Einfluß der Jahreszeit auf die Geschwindigkeit der Säurebildung durch Säurewecker. J. Stadhouders. (Nederl. Melk- en Zuiveltijdschr. **15.** 358—76. Okt./Dez. 1961. Ede, Nederlands Inst. voor Zuivelonderz; holl.) — Vf. bestätigt die Ergebnisse von AUCLAIR u. RITTER, nach denen sich in kurzzeithocherhitzter Milch die Säureweckeraktivität im Sommer u. Winter nur geringfügig unterscheidet. Das besagt nicht, daß das ganze Jahr über gleiche Stimulatoren wirksam sind. So ist die Hemmwrkg. der *Peroxydase* (I) in Wintermilch stärker ausgeprägt als in Sommermilch. Die Diskrepanzen zwischen den Ergebnissen von SZULAK u. MEANWELL u. denen des Vf. werden dadurch erklärt, daß jene nahezu 100%ig. I-resistente oder I-sensible u. nicht handelsübliche

Kulturen untersuchten, die I-sensible u. I-resistente Organismen enthalten. Bei *Streptococcus cremoris 972*, einem I-sensiblen Stamm, wurde die Aktivität in 100% kurzzeithocherhitzer Milch durch die Hemmwrkg. der I bestimmt, die jahreszeitlich schwankt. Daher zeigen solche Stämme im Gegensatz zu handelsüblichen Mischkulturen jahreszeitliche Aktivitätsschwankungen, während letztere starke I-Aktivität in Herbst- u. Wintermilch durch bevorzugte Entwicklung der I-resistenten Keime kompensieren. Darüber hinaus enthält Wintermilch mehr thermostabile Stimulatoren als Sommermilch. In 30 Min. im Dampftopf erhitzter Milch wurden daher Aktivitätsschwankungen der Säurewecker beobachtet mit stärkerer Säure-Bldg. im Winter (Inaktivierung der I). Die geringere I-Aktivität im Sommer gegenüber kurzzeiterhitzter Milch beruht offenbar darauf, daß gewisse in Sommermilch reichlich vorhandene thermolabile Stimulatoren, die die I-Wrkg. normalerweise maskieren, bei Dampfbehandlung ebenfalls, nicht jedoch bei Kurzzeiterhitzung, inaktiviert werden. Wahrscheinlich handelt es sich hierbei um SH-Verbb. niedrigen Molgew., die für eine Anti-I-Wrkg. bekannt sind u. durch Dampfbehandlung zerstört werden. Die Substanzen wurden bisher nicht identifiziert, es wird angenommen, daß sie erst beim Melken in die Milch gelangen. — 18 Literaturangaben.

HANS THIELE. 7760□

Geschmack- und aromabildende Stoffe in Käse. Der Aminosäuregehalt von Edamer Käse. L. A. M. Ali und H. Mulder. (Nederl. Melk- en Zuiveltijdschr. **15.** 377—91. Okt./Dez. 1961. Wageningen, Agric. Univ., Dairying Labor.; engl.) — Vff. untersuchten verschiedene Edamer Käse auf ihren Geh. an freien Aminosäuren u. auf deren Einfl. auf den Geschmack. Zur Unters. gelangten nur Original Edamer Käse, die speziell hierfür unter verschiedenen Bedingungen aus Roh-, pasteurisierter oder asept. ermolkener Milch hergestellt worden waren. Der Geh. an freien Aminosäuren wurde nach MOORE u. STEIN chromatograph. an einer Ionenaustauschersäule bestimmt. Im allg. erwies sich der Aminosäure-Geh. aller untersuchten reifen Käse ($11^1/_2$ Monate alt) als nahezu gleich, u. zwar unabhängig von Aromaunterschieden. Die höchsten Konzz. (>1000 mg/100 g Protein) wurden für *Glutaminsäure* (I), *Leucin, Lysin, Valin* u. *Prolin* gefunden, *Cystin* war kaum in Mengen über 10 mg/100 g Protein vorhanden. Die qual. u. quant. Verteilung von 20 freien Aminosäuren entsprach prakt. dem Aminosäure-Geh. des *Caseins* (II). Abbau u. Synth. dürften die Ursachen einiger quant. Unterschiede sein, möglicherweise auch Verlust während der II-Hydrolyse u. -Analyse. 1 Tag alter Käse enthielt durchweg 7—8 freie Aminosäuren in Mengen bis zu 25 mg/100 g Protein. Die restlichen Säuren wurden erst während der Reifung zunehmend frei. Da jeder Aminosäure ein spezif. Geschmack zukommt, ist ohne weiteres auch eine mehr oder weniger starke geschmackbildende Wrkg. gegeben, zumal einzelne Aminosäuren, z. B. I in reifem Edamer direkt zu schmecken sind. Der Geschmack ist aber auch von der Konsistenz u. der Ggw. anderer Aromastoffe abhängig. Der typ. „Edamer"-Geschmack ist den Aminosäuren nicht zuzuschreiben. Käse aus pasteurisierter u. asept. gewonnener Milch zeigt wenig ausgeprägten Geschmack bei normalem Aminosäuregehalt. Die Aminosäuren sind also offenbar nur an der Geschmacksgrundlage beteiligt, nicht an der Ausbldg. feinerer Nuancen. HANS THIELE. 7760□

Vitamine in Käsen. R. Karlin. (Ann. Nutrit. l'Alimentat. **15.** Nr. 5. Mém. orig. 103—58. 1961. Lyon, Inst. Pasteur; franz.) — Übersicht. — 112 Literaturangaben.

S. GROITZSCH. 7760□

Aminogenese und Proteolyse in siliertem Viehfutter. Robert Bonnet und Amédée Rousset. (C. R. hebd. Séances Acad. Sci. **249.** 1257—58. 5/10. **1959**; franz.) — Im Silogrünfutter (Prairiegras, Luzerne, Kartoffeln, Diffusionsschnitzel) können sich wesentliche Mengen an NH_3 bilden. Zusatz an HCl oder HCOOH hemmt die NH_3-Bildung. Der Proteolyse-Koeff. von 4,40 von Prairiegras fällt in Ggw. von HCl auf 2,70 bzw. bei HCOOH auf 3,20. Die Säure wirkt demnach auf den Eiweißabbau weniger intensiv als auf die NH_3-Bildung. Die Proteolyse u. die NH_3-Bldg. sind eng miteinander verknüpft. Die NH_3-Bldg. ist überwiegend einer bakteriellen Aktivität zuzuschreiben, weniger aber der Proteolyse. Durch Ggw. von Desamidasen kann in den amidreichen Rohkartoffeln trotz Ansäuerns 10% des Gesamt-N zu NH_3 abgebaut werden.

L. MACHER. 7782□

Versuche mit Tangmehl als Zusatzfutter für Schlachtschweine. Arne Jensen und Johannes Minsaas. (Tidsskr. norske Landbruk **67.** 81—95. April 1960. Trondheim, NTH, Norsk inst. for tang- og tareforskn.; norw.) — Ein Zusatz von ca. 3% Tangmehl zu üblichem Schweinefutter hat in keinem Fall zu irgendwelchen Nachteilen geführt. Bei einem Wachstum, das bei oder über der Norm lag, wurden die Tiere von 20 auf 95 bis 100 kg Lebendgewicht gefüttert. R. K. MÜLLER. 7786□

Die Wirkung von Detergentienzusätzen auf die Verdaulichkeit von Geflügelfutter. W. Bolton. (J. agric. Sci. **57.** 83—86. Aug. 1961. Edinburgh, A.R.C. Poultry Res.

Centre; engl.) — Zusätze von nichtionogenen Detergentien, z. B. Lissapol N, verbessern die *Verdaulichkeit* (**a**) von Fett, nicht aber die von Kohlenhydraten u. Eiweiß. Anion. Detergentien, z. B. Teepol L, vermindern die **a** des Fettes etwas, kation. Detergentien, z. B. Cetavlon, beeinträchtigen die **a** des Fettes erheblich. Letztere hatten auch einen ungünstigen Einfl. auf die **a** der Kohlenhydrate. E. LÜCK. 7786□

Ein fester Nährboden zur Bestimmung von Streptokokken des Verdauungstraktes in Nahrungsmitteln. Józef Maleszewski. (Roczniki państwowego Zakładu Hig. **12.** 177—86. 1961. Warszawa, Państw. Zakł. Hig.; pol.) — Für die Isolierung u. Zählung der Mikrokokken ist ein fester Nährboden mit Zusatz von 2.3.5-Trichlorphenyltetrazol u. NaN_3 geeignet, da er selektiv wirkt. Die Zählung kann schon nach 24 Std. erfolgen. Auf Grund physiolog. Teste auf dem Nährboden läßt sich die Infizierung der Nahrungsmittel mit Kokken aus menschlichen u. tier. Faeces (Streptococcus faecalis, S. zymogenes, S. liquifaciens, S. bovis, S. faecium) abschätzen. — 19 Literaturangaben. F. URBAN. 7788□

Entwicklung der Lebensmittelanalyse in den letzten 20 Jahren. 1. Mitt. Dezső Törley. (Budapesti müszaki Egyetem Élelmiszerkemiai Tanszékének Közleményei [Mitt. Inst. Lebensmittelchem. Univ. techn. Wiss.] **1959.** 7—10; ung.) — Kurze Übersicht der neueren Meth. für die Best. des Wasser-Geh., sowie der Aminosäuren u. Eiweißstoffe in Lebensmitteln. — 91 Literaturangaben. J. PLANK. 7792□

Untersuchungen über die Aminosäurenzusammensetzung und die gegenseitige Ergänzung der Proteine von Nahrungsmitteln mit Hilfe der quantitativen Papierchromatographie. 1. Mitt. **Methode und Untersuchungstechnik.** B. Muszkatowa. (Roczniki państwowego Zakładu Hig. **12.** 187—94. 1961. Warszawa, Państw. Zakł. Hig.; pol.) — Zur Unters. der Aminosäure (AS)-Zus. werden die Nahrungsmittel nach HENDERSON u. SNELL (mit 2,5n HCl bei 1 atü) oder nach KOFRÁNYI (mit Ameisensäure) hydrolysiert. Das Hydrolysat wird im Vakuum bei 40° zur Trockne eingedampft. Die papierchromatograph. Best. der AS erfolgt in Anlehnung an die Meth. von MCFARREN [1951]. — 34 Literaturangaben. F. URBAN. 7792□

Die quantitative Bestimmung von freien Aminosäuren in Getreide und Mehl. A. N. Ponomarewa und W. L. Kretowitsch. (Известия Высших Учебных Заведений, Пищевая Технология [Hochschulnachr., Nahrungsmittel-Technol.] **1960.** Nr. 1. 132—34. Moskau, Technolog. Inst. für Lebensmittelind., Lehrstuhl für Biochem. u. Getreidekunde; russ.) — Die vorgeschlagene quant. Best. der freien *Aminosäuren* (**I**) im Getreidekorn u. Mehl beruht auf der **I**-Extraktion mit kaltem W., der Fällung der Proteine mit A., der Vakuumeindampfung u. der chromatograph. Best. nach KRETOWITSCH u. USSPENSKAJA (vgl. C. **1959.** 15094). 18 **I** des Weizen- u. Roggenmehls wurden isoliert *Asparagin-* u. *Glutaminsäure, Serin, Glycin, Alanin, Glutamin, γ-Aminobuttersäure* + *Tyrosin, Valin, Leucin* + *Isoleucin* + *Tryptophan* u. *Phenylalanin* wurden quant. bestimmt. S. BARYSCHNIKOW. 7798

Schnellbestimmung der Proteine in Cerealien und anderen Produkten. A. R. Deschreider. (Fermentatio (Gand) **1961.** 130—39; franz.) — Die mit der Meth. von FEINSTEIN u. HART (C. **1960.** 330) erhaltenen Proteinwerte sind mit denen, die die KJELDAHL-Meth. liefert, vergleichbar. Die Meth. von FEINSTEIN u. HART bietet den Vorteil einer rascheren Ausführbarkeit, zumal eine Mineralisierung der Proben nicht erforderlich ist. Sie ist geeignet für Weizen-, Roggen-, Gersten- u. Sojamehl sowie Mehlmischungen. G. HOFER. 7798

Eine Vorrichtung zur Schnellbestimmung der Feuchtigkeit von Teigwaren. W. M. Kawelaschwili. (Хлебопекарная и Кондитерская Промышленность [Brot- u. Konditorei-Ind.] **3.** Nr. 6. 20—21. Juni 1959. Kutaissi, Bau- u. Konstruktionsbüro „Projektpribor"; russ.) — Der Feuchtigkeits-Geh. von Teigwaren muß ständig bestimmt werden, da sich ihre Haltbarkeit u. Transportfähigkeit danach richtet. Das entwickelte Gerät beruht auf dem Zusammenhang zwischen der elektr. Leitfähigkeit eines Stoffes u. seinem Feuchtigkeitsgehalt. H. TREUMANN. 7798□

Reaktionsfähige Sulfhydrylgruppen im Teig. W. Bushuk. (Cereal Chem. **38.** 438—47. Sept. 1961. Winnipeg, Grain Res. Labor.; engl.) — Reaktionsfähige Sulfhydrylgruppen im Teig wurden durch amperometr. Titration mit Jodat bestimmt. Verss. mit zugesetztem Glutathion u. sulfurierter Gelatine ergaben gute Übereinstimmung mit berechneten Werten. Durch N-Äthylmaleinimid blockierte Sulfhydrylgruppen reagieren mit Jodat nicht. Einen bedeutenden Anstieg des Geh. an Sulfhydrylgruppen zeigen Teige aus Mehlen mit kleiner Teilchengröße sowie Teige mit langer Knetzeit u. nach Behandlung mit Guanidinhydrochlorid. Die Meth. ist auch zur Best. von Sulfhydrylgruppen in Mehlwassersuspensionen brauchbar. H. HAEVECKER. 7800□

Untersuchung der mikrobiologischen Infektion von Gebäck während seiner Herstellung. Maria Bojankiewicz. (Roczniki państwowego Zakładu Hig. **12.** 139—51. 1961. Warszawa, Państw. Zakł. Hig.; pol.) — Von den untersuchten Ausgangsstoffen der Brot-Herst. ist das Mehl am stärksten mit Bacillus mesentericus infiziert. Die quant. Best. aerober Sporen, die das Verderben von Gebäck verursachen, über den Wachstumsindex auf sterilem Brot oder auf Bouillon als Nährboden ist schwer auszuwerten. F. URBAN. 7800□

Isolierung von Kokken aus Cremegebäck mit Hilfe verschiedener selektiver Nährböden. Jozef Wierzchowski, Wanda Czarnowska und Joanna Morze-Fitz. (Roczniki państwowego Zakladu Hig. **12.** 131—37. 1961. Gdańsk, WSSR, Dział Hig. Żyw. i Żywn.; pol.) — Der selektivste Nährboden für die Isolierung von Staphylokokken aus Tortencreme ist der Agarboden nach CHAPMAN. Agar mit Zusatz von Ochsenblut ist ungeeignet, da er ein guter Nährboden für alle Bakterien ist. 61,7% der untersuchten Cremeproben enthielten Staphylokokken, davon 11,4% positiv koagulierende Stämme. F. URBAN. 7800□

Colorimetrische Bestimmung von Spuren Kobalt in Erbsen. Edmund Szyszko und Barbara Chojnicka. (Roczniki państwowego Zakładu Hig. **12.** 125—30. 1961. Warszawa, Państw. Zakł. Hig.; pol.) — Die Probe (150 g Erbsen) wird verbrannt u. der Rückstand bei 540° geglüht. Die Asche wird mit HCl gelöst u. die Lsg. zur Trockne eingedampft. Der Rückstand wird in heißem W. gelöst, die Lsg. filtriert u. mit 10%ig. NaOH gegen Methylorange neutralisiert. Nach Zusatz von 30%ig. Na-Acetat-Lsg. wird aufgekocht u. der Nd. filtriert. Gewaschen wird mit 20%ig. $Na_2S_2O_3$- u. 5%ig. NaH_2PO_4-Lsg. u. schließlich mit Wasser. Filtrat u. Waschwasser werden mit einer 0,5%ig. alkal. Lsg. von β-Nitroso- α-naphthol versetzt u. dann mit CCl_4 ausgeschüttelt. Der Extrakt wird mit NaOH u. HCl gewaschen, durch Filtrieren getrocknet u. colorimetriert (Grünfilter, 455 mμ). Gefunden wurden im Mittel 11,76 $\pm$ 2,25 μg% Co. F. URBAN. 7804□

Schnellbestimmung von Wasser in Nüssen. W. Ss. Grshiwo und M. P. Agapuschkina. (Консервная и Овощесушильная Промышленность [Konserven- u. Dörrgemüse-Ind.] **16.** Nr. 10. **41**—**43.** Okt. 1961. Zentr. Forschungsinst. für Konserven -u. Dörrgemüseind.; russ.) — 3 g zerkleinerter Nüsse werden in dünner Schicht (Al-Waagschale) 3—4 Min. bei 145° getrocknet u. nach 6—7 Min. Abkühlen (Exsiccator) gewogen (Genauigkeit der Wägung $\pm$0,01 g). Die Meth. ermöglicht die Best. des Wasser-Geh. im Prod. mit einer Fehlergrenze von $\pm$0,40%. S. BARYSCHNIKOW. 7808

Bewertung mehrerer Verfahren zur Bestimmung von Arsenrückständen. I. Hoffman und M. P. Morse. (J. Assoc. off. agric. Chemists. **44.** 180—82. Mai 1961. Ottawa, Dep. of Agric., Res. Branch, Statist. Res. Serv. u. analyt. Chem. Res. Serv.; engl.) — Eine krit. Prüfung der Verff. zur Best. von AsO_4^{3-}-Rückständen auf Äpfeln ergibt, daß die Molybdänblau-Meth. den Vorzug vor der Bromid-Dest. oder dem GUTZEIT-Verf. verdient, weil sie gute Reproduzierbarkeit mit hoher Genauigkeit, prakt. Einfachheit u. großem Anwendungsbereich verbindet. W. WESLY. 7808□

Bestimmung von Schmutz in Tomaten und Tomatenprodukten. Earl W. Coulter. (J. Assoc. off. agric. Chemists. **44.** 339—42. Mai 1961. Chicago, Ill., Food and Drug Admin.; engl.) — Man versetzt Tomatensaft (bzw. mit W. gekochte Tomaten oder Tomaten-Prodd.) mit EDTA (pH auf 7,5—8,0 mit NaOH einstellen), kocht ca. 5 Min., bringt die Masse in kleinen Anteilen auf ein 140 Maschensieb, wäscht kräftig mit W., bis sich der Siebrückstand nicht mehr verringert u. betrachtet Insekteneier u. Maden bei 10facher Vergrößerung u. UV-Licht, andere Verunreinigungen bei 30facher Vergrößerung u. gewöhnlichem Licht. Das Verf. gibt gute, dem amtlichen amerikan. Verf. vergleichbare Werte. Weitere Unterss. werden empfohlen. W. WESLY. 7808□

Farbstandards aus Glas für extrahierten Honig. B. A. Brice, A. Turner jun. und J. W. White jun. (J. Assoc. off. agric. Chemists. **39.** 919—37. 15/11. 1956. Philadelphia, Pa., Regional Res. Labor.; engl.) — Bericht über die Auswahl von 6 Farbgläsern u. deren spektrale Eigg. zur Farbklassifizierung von HONIG für amtliche Kontrollen. Beschreibung eines einfachen zugehörigen Colorimeters. H.-J. EICHHOFF. 7812□

Eine Routinemethode zur Bestimmung von Coffein in Kaffee und Kaffeemischungen. Lee Kum-Tatt. (Analyst **86.** 825—28. Dez. 1961. Singapore, Governm. Dep. of Chem.; engl.) — Vf. gibt eine spektrophotometr. Meth. zur Best. von Coffein in Kaffee u. Mischungen von Kaffee mit Mais oder Zichorie an. Die Probe wird mit $CHCl_3$ am Rückfluß 30 Min. lang erhitzt. Bei der Extraktion werden störende Substanzen, wie Trigonellin, nicht gelöst, Chlorogensäure wird durch zugegebenes Ammoniak gebunden. Andere in $CHCl_3$ lösl. Substanzen werden aus dem Extrakt dadurch entfernt, daß man diesen durch eine Säule mit aktiviertem Al_2O_3 (vorher 6 Std. lang auf 800° erhitzt).

schickt. Das UV-Spektrum des mit $CHCl_3$ verd. Eluates zeigt das Maximum des reinen Coffeins bei 277 nm u. ist in Ggw. von Zichorie auf 273 nm verschoben. Bei der Auswertung muß eine Grundabsorption berücksichtigt werden. Daher wurde bei der Messung in $CHCl_3$ die Absorption bei 257, 277 u. 297 nm, bei der Messung in W. die bei 250, 273 u. 296 nm ermittelt. Die dann erhaltenen Werte standen mit den nach der BAILEY-ANDREW-Meth. erhaltenen in guter Übereinstimmung. Lediglich in Ggw. von Zichorie wurden zu hohe Werte gefunden. Es empfiehlt sich hier, den $CHCl_3$-Extrakt einzudampfen u. den Coffein-Geh. aus der N_2-Best. im Rückstand zu errechnen.
D. PAPENFUSS. 7828□

Die Bestimmung von Rutin im Tabak. A. S. Weaving. (Tobacco Sci. **4.** 1—6. 1960. Bristol, Imperial Tobacco Company, Res. Dep.; engl.) — *Rutin* (**I**) bildet mit 0,1 m $AlCl_3$-Lsg. einen farbigen Komplex (Absorptionsmaxima bei 272 u. 416 mμ). Die Extinktion bei 416 mμ genügt von 0—0,03 g **I**/l dem LAMBERT-BEERschen Gesetz. Nach dieser Meth. ermittelte **I**-Geh. in äthanol. Tabakextrakten sind zu hoch, da der *Chlorogensäure*-$AlCl_3$-Komplex stark interferiert (Maxima bei 228, 263 u. 360 mμ). — Deshalb wird vorgeschlagen, **I** im Tabak als Borsäurekomplex zu bestimmen. Reagens: Gleiche Vol. von 10% *Citronensäure* u. 0,8% *Borsäureanhydrid* in abs. Aceton. Das Absorptionsmaximum bei 418 mμ folgt für 0—200 μg **I**/10 ml dem LAMBERT-BEERschen Gesetz. — Die Rk. ist spezif. für die *3-Keto-2-hydroxy-Gruppierung* der Flavonoide. *Quercitrin, Isoquercitrin* u. *Quercetin* geben deshalb ähnliche Färbungen wie **I**. *Chlorogensäure* u. *Flavanone* reagieren nicht. Geringe H_2O-Mengen setzen die Absorptionsintensität stark herab. — Arbeitsvorschrift. F. HOFMANN. 7836□

Papierchromatographische Bestimmung von Rutin im Tabak. C. H. Yang, W. Chorney, W. Dunlap, E. L. Murphy, Y. Nakagawa, N. Scully, R. Watanabe und S. Wender. (Tobacco Sci. **4.** 238—42. 1960. Norman, Oklahoma, Univ. of Okla., Chem. Dep.; Argonne, Ill., Argonne Nat. Labor., Div. of Biol. and Med. Res.; engl.) — Zur Best. von *Rutin* (**I**) im grünen Blatt wird 2fache Papierchromatographie eines Isopropanolextraktes in den Syst. Bzl. u. tert. Butanol (15%)–W. oder W.–Isopropanol–Ameisensäure (95 : 5 : 0,1) u. n-Butanol–Essigsäure–W. (6 : 1 : 2) vorgeschlagen. Für getrocknetes u. fermentiertes Tabakmaterial ist mehrfache Papierchromatographie in den Syst. n-Butanol–Essigsäure–W. (6 : 1 : 2), Essigsäure (15%)–W. u. n-Butanol–Pyridin–Benzol–W. (5 : 3 : 1 : 3) erforderlich, um eine vollständige Abtrennung des **I** von Scopoletin, -glykosid, Caempferol-3-rhamnoglucosid, „chlorogensäureähnlichen" u. anderen noch unbekannten Verbb. zu erzielen. Zur Auswertung wird die Absorption des $AlCl_3$-**I**-Komplexes bei 415 mμ gemessen. Es ist notwendig, bei der Aufstellung von Standardkurven reines **I** in gleicher Weise zu behandeln wie den Tabakextrakt. Zusatz-Verss. von **I** zum Tabak ergaben eine 95—100%ig. Rückgewinnung. Die von WEAVING (vgl. vorst. Ref.) vorgeschlagene **I**-Best. mit Borsäure–Citronensäure-Reagens ohne vorhergehende chromatograph. Abtrennung ist für genaue Unterss. ungeeignet, da das im Tabak in relativ großer Menge vorkommende Caempferol-3-rhamnoglucosid stört (Absorptionsmaximum bei 404—405 mμ). F. HOFMANN. 7836□

F. Hoffmann-La Roche & Co. Akt.-Ges., Basel, Schweiz, **Herstellung von Polyencarbonsäureestern** u. deren *Verseifungs-Prodd.*, dad. gek., daß man ein Phosphoniumhalogenid der allg. Formel $(Aryl)_3P(X)-CHR_1-[CH=CR_2]_n-COOAlkyl$ (X = Halogen, R_1 = H oder CH_3, R_2 = abwechselnd H u. CH_3, mit CH_3 beginnend; $n = 0-3$) in das entsprechende Phosphoran überführt, dieses mit einem Aldehyd der allg. Formel **I** (R_3 = abwechselnd H u. CH_3, mit CH_3 beginnend; $m = 1-6$; $n + m \leqq 6$) kondensiert, aus dem Prod. Triarylphosphinoxyd abspaltet, ggf. die 3fache Bindung hydriert u. isomeriert u. den Ester ggf. verseift. — ([2'.6'.6'-Trimethylcyclohexen-(1')-yl] = **T**:) Triphenylcarbomethoxymethylphosphoniumbromid wird

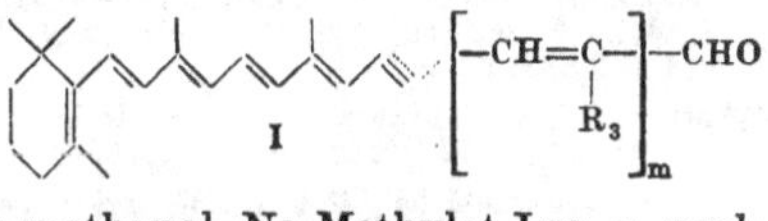

I

in CH_2Cl_2 in N_2-Atmosphäre unter Rühren mit 2n methanol. Na-Methylat-Lsg. u. nach 30 Min. tropfenweise mit 2.7.11-Trimethyl-13-**T**-tridecapentaen-(2.6.8.10.12)-in-(4)-al-(1) in CH_2Cl_2 versetzt. Nach 5std. Kochen u. Filtrieren über eine Al_2O_3-Säule erhält man *4.9.13-Trimethyl-15-***T***-pentadecahexaen-(2.4.8.10.12.14)-in-(6)-säure-(1)-methylester* (**II**), F. 114—116°, den man zu *6.7-mono-cis-4.9.13-Trimethyl-15-***T***-pentadecaheptaen-(2.4.6.-8.10.12.14)-säure-(1)-methylester*, F. 103—105°, hydriert, zur *all-trans*-Form, F. 129—130°, isomerisiert u. zu *all-trans-Säure*, F. 186—187°, verseift. — **II** auch über Carbomethoxymethylentriphenylphosphoran (F. 162—163°). — *all-trans-2.6.11.13-Tetramethyl-17-***T***-heptadecaoctaen-(2.4.6.8.10.12.14.16)-säure-(1)*, F. 189—190° (*Methylester*, F. 136 bis 137°), aus Triphenyl-[α-carbomethoxyäthyl]-phosphoniumbromid u. 4.9.13-Trimethyl-

15-**T**-pentadecahexaen-(2.4.8.10.12.14)-in-(6)-al-(1) über *2.6.11.15-Tetramethyl-17-***T***-heptacedaheptaen-(2.4.6.10.12.14.16)-in-(8)-säure-(1)-methylester*, F. 115—117°, u. *8.9-mono-cis-2.6.11.15-Tetramethyl-17-***T***-heptadecaoctaen-(2.4.6.8.10.12.14.16)-säure-(1)-methylester*, F. 131—133°, oder über [α-Carbomethyoxäthyliden]-triphenylphosphoran (F. 152—153°). — *all-trans-4.8.13.17-Tetramethyl-19-***T***-nonadecanonaen-(2.4.6.8.10.12.-14.16.18)-säure-(1)*, F. 190—191° (*Methylester*, F. 145—147°), aus 2.6.11.15-Tetramethyl-17-**T**-heptadecaheptaen-(2.4.6.10.12.16)-in-(8)-al-(1) über *4.8.13.17-Tetramethyl-19-***T***-nonadecaoctaen-(2.4.6.8.12.14.16.18)-in-(10)-säure-(1)-methylester*, F. 153—154°, u. *10.11-mono-cis-4.8.13.17-Tetramethyl-19-***T***-nonadecanonaen-(2.4.6.8.10.12.14.16.18)-säure-(1)-methylester*, F. 138—140°. — *all-trans-2.6.10.15.19-Pentamethyl-21-***T***-heneicosadecaen-(2.4.6.8.10.12.14.16.18.20)-säure-(1)*, F. 192—193°, (*Methylester*, F. 140—141°), aus 4.8.13.17-Tetramethyl-19-**T**-nonadecaoctaen-(2.4.6.8.12.14.16.18)-in-(10)-al-(1) über *2.6.10.15.19-Pentamethyl-21-***T***-heneicosanonaen-(2.4.6.8.10.14.16.18.20)-in-(12)-*, F. 161—163°, u. *12.13-mono-cis-2.6.10.15.19-Pentamethyl-21-***T***-heneicosadecaen-(2.4.6.8.10.12.14.16.18.20)-säure-(1)-methylester*, F. 133°. — *all-trans-4.8.12.17.21-Pentamethyl-23-***T***-tricosaundecaen-(2.4.6.8.10.12.14.16.18.20.22)-säure-(1)*, F. 201—203° (*Methylester*, F. 165 bis 166°), aus 2.6.10.15.19-Pentamethyl-21-**T**-heneicosanonaen-(2.4.6.8.10.14.16.18.20)-in-(2)-al-(1) über *4.8.2.11-tricosadecaen-(2.4.6.8.10.12.16.18.20.22)-in-(14)-*, F. 181—182°, u. *14.15-mono-cis-4.8.12.17.21-Pentamethyl-23-***T***-tricosaundecaen-(2.4.6.8.10.12.14.16.18.20.-22)-säure-(1)-methylester*. — *all-trans-2.6.10.14.19.23-Hexamethyl-25-***T***-pentacosadodecaen-(2.4.6.8.10.12.14.16.18.20.22.24)-säure-(1)*, F. 210—212° (*Methylester*, F. 176—177°), aus 4.8.12.17.21-Pentamethyl-23-**T**-tricosadecaen-(2.4.6.8.10.12.16.18.20.22)-in-(14)-al-(1) über *2.6.10.14.19.23-Hexamethyl-25-***T***-pentacosaundecaen-(2.4.6.8.10.12.14.18.20.22.24)-in-(16)-*, F. 187 bis 188°, u. *16.17-mono-cis-2.6.10.14.19.23-Hexamethyl-25-***T***-pentacosadodecaen-(2.4.6.8.10.12.14.16.18.20.22.24)-säure-(1)-methylester*. — Andere Ausgangsstoffe sind die Phosphoniumbromide aus γ-Bromtiglin-, 6-Brom-4-methylhexadien-(2.4)-, 8-Brom-2.6-dimethyloctatrien-(2.4.6)-säuremethylester bzw. -äthylester der letzteren, aus welchen *2.6.10.15.19-Pentamethyl-21-***T***-heneicosanonaen-(2.4.6.8.10.14.16.18.20)-in-(12)-säure-(1)-äthylester*, F. 165—166°, hergestellt wurde. — *Lebensmittelfarbstoffe*. (**Oe. P. 207831** vom 14/11. 1958, ausg. 25/2. 1960. Schwz. Prior. 27/11. 1957. E. Prior. 28/8. 1958.)
S. BÖTTCHER. 7639

Union Carbide Corp. (Erfinder: Simon Lyon Ruskin), **Zur Herstellung von Schutzüberzügen verwendbare Stärke** erhält man durch Bestrahlen der Stärke (I) mit γ-Strahlen in einer Dosis von 10000000—200000000 R/g, bes. in Ggw. von geringen Mengen W. u. V_2O_5 als Oxydationskatalysator. Die behandelte I eignet sich bes. zum *Überziehen von Lebensmitteln*, z. B. Brot, Tabakblättern, sowie von Holz- u. Metallgegenständen. (**Aust. P. 229 298** vom 25/6. 1958, ausg. 4/8. 1960.) C. LÜTTGEN. 7659

Oskar Kompa und Martha Kompa, Apolda, **Flachgebäck mit zwiebackartigem Geschmack** (auch in Waffelform) aus Mehlen von verschiedenem Ausmahlungsgrad, auch aus Flocken, dad. gek., daß das gesamte Mehl bei einer Teigausbeute von 300 mit sd. W. überbrüht u. nach 3—4 Std. mit Triebzugabe ca. 4 Min. bei niedriger Hitze gebacken wird, so daß das Durchrösten ohne wesentliche Bräunung der Außenschicht erfolgt. (**D. P. [DDR] 21 253** Kl. 2c vom 8/7. 1957, ausg. 9/5. 1961 [Ausschließungspatent].) T. OPPERMANN. 7675

Koopmans' Meelfabrieken N. V., Holland (Erfinder: **Claude Giddey**), *Kochfertige Teigwaren*. (**F. P. 1 234 030** vom 28/8. 1959, ausg. 14/10. 1960. Schwz. Prior. 30/8. 1958. — C. **1962.** 2579 [E. P. 856 799].)

Aktieselskabet Grindstedvaerket, Arhus, Dänemark, *Herstellung von Emulsionen oder Dispersionen*. (**Belg. P. 563 868** vom 10/1. 1958, ausg. 17/6. 1960. Dän. Prior. 11/1. 1957. — C. **1961.** 12680 [F. P. 1 197 828].)

Cyklus Soc. An., Schweiz (Erfinder: **Robert Menzi**), *Hydrolyse einer Proteinsubstanz*. (**F. P. 1 228 323** vom 12/3. 1959, ausg. 29/8. 1960. Schwz. Prior. 14/3. 1958. — C. **1961.** 9638 [Oe. P. 209 160].)

American Cyanamid Co., V.St.A. (Erfinder: **Jackson Sebree Kiser** und **John Allison Roberts**), *Herstellung von Futtermitteln*. (**F. P. 1 186 132** vom 1/9. 1955, ausg. 14/8. 1959. A. Prior. 10/9. 1954. — C. **1958.** 13384 [A. P. 2 806 789].)

Chas. Pfizer & Co., Inc., New York, N.Y., V.St.A., *Mittel zur Förderung des Wachstums von Tieren*. (**Oe. P. 211 644** vom 25/4. 1958, ausg. 25/10. 1960. A. Prior. 10/5. u. 9/8. 1957. — C. **1960.** 17650 [D. A. S. 1 080 845].)

Jacob Tobler Akt.-Ges., St. Gallen, Schweiz, *Herstellung eines in Wasser oder Magermilch spontan dispergierbaren flüssigen Fettstoffpräparates*. (**Oe. P. 210 726** vom 19/12. 1958, ausg. 25/8. 1960. Schwz. Prior. 19/12. 1957. — C. **1961.** 4926 [Schwz. P. 344 893].)

Karl Claus, Inh. Gebr. Claus (Erfinder: **Rupprecht Claus** und **Alfons Claus**), Limburgerhof, Pfalz, *Herstellung einer fettlosen Aufzuchtfutter-Mischung für Jungvögel*. (**Schwz. P. 357 959** vom 12/2. 1958, ausg. 15/12. 1961. D. Prior. 10/2. 1958. — C. **1960.** 11855 [D. A. S. 1 071 463].)

XVII. Fette. Seifen. Wasch- u. Reinigungsmittel. Wachse. Bohnermassen usw.

Bemerkung über Lösungsmittelrückstände in rohen Extraktionsölen. A. Prevot und F. Cabeza. (Rev. franç. Corps gras **9.** 34—39. Jan. 1962. Paris, Labor. de l'Inst. des Corps Gras; franz.) — Ausführungen über die in rohen Extraktionsölen verbleibenden Lsgm.-Reste, die bei einer mittleren Menge von 0,5% erhebliche wirtschaftliche Verluste darstellen. Zur Ermittlung des Geh. von Rohölen an Lsgm. werden 4 verschiedene, in ihrer Durchführung im einzelnen beschriebene Verff. herangezogen, von denen die gaschromatograph. Arbeitsweise nach PREVOT [1960] als zuverlässig bezeichnet wird. Gemäß den tabellar. mitgeteilten Befunden kann der Rückstand an Lsgm., der bei schlechter Regulierung der Kolonne bis zu 1,95% beträgt, durch exakte Regulierung auf 0,2% herabgedrückt werden; die optimale Arbeitsweise ist durch Verss. im Betrieb zu ermitteln. K. TÄUFEL. 7872□

Vergleichende Bewertung der oxydationsverzögernden Eigenschaften von Gossypol und verwandten Verbindungen und von einigen phenolischen Antioxydantien des Handels in Methyloleat. M. M. Hafez, M. H. Chahine und A. S. Radwan. (Grasas y Aceites **12.** 227—33. Sept./Okt. 1961. Kairo, Dokki, Nat. Res. Centre; engl.) — Gossypol (**I**), Dianilinogossypol (**II**), Gossypolessigsäure (**III**), butyliertes Hydroxytoluol (**IV**), Propylgallat (**V**) u. Tocopherolgemisch (**VI**) werden als 0,01—0,5%ig. Zusätze zu Methyloleat bei 81 u. 100° auf ihre oxydationsverzögernde Wrkg. nach der O_2-Absorptions-Meth. in einem BARCROFT-WARBURG-App. untersucht. Bei 100° in allen Konzz. wirkte **IV** stärker oxydationsverhütend als **I**—**III**, **I**—**III** sind aber **VI** überlegen; **V** ist bei 100° in Konzz. von 0,01 u. 0,02% **I**—**III** gleichwertig, bei höheren Konzz. überlegen. Bei 81° sind bei 0,01 u. 0,02% Zusatz alle mit Ausnahme von **IV** gleichwertig, bei 0,05% **V** u. **VI** wirksamer als **I**—**III**; **IV** verhütet die Oxydation von Methyloleat bei 81° am besten. — 15 Literaturangaben. M. HAGEDORN. 7878□

Die Reaktion von Epihydrinaldehyd und Glycerinaldehyd im Thiobarbitursäuretest für die Fettoxydation. Stuart Patton. (Food Res. **25.** 554—56. Juli/Aug. 1960. Park, Pa., The Pennsylvania State Univ., Univ. Park., Dep. of Dairy Sci.; engl.) — Vf. untersucht, ob Epihydrinaldehyd u. Glycerinaldehyd verantwortlich für den Thiobarbitursäuretest sind. Thiobarbitursäure gibt mit oxydativ veränderten Fetten eine Rotfärbung, während Epihydrinaldehyd u. Glycerinaldehyd nur eine Gelbfärbung ergeben. H. THIELEMANN. 7878□

Untersuchung des Samenfettes von Mimusops hexandra. R. D. Patel, L. F. Rabari und K. C. Patel. (Fette, Seifen, Anstrichmittel **63.** 711—12. Aug. 1961. Vallabh-Vidyanagar, Indien, Sardar Vallabhbhai Vidyapeeth, Dep. of Chem.; dt.) — Die Samen des in die Familie der *Sapotaceae* gehörigen 15—18 m hohen Baumes (Gew. 0,1364 g je Samen, davon 46,32% Schale u. 53,68% Kern; 23,55% Öl-Geh.) liefert im Extrakt mit PAe. ein Öl folgender Kennzahlen: $n_D^{31,5}$ 1,4865; $D.^{40}$ 0,8975; JZ. (WIJS) 70,70; VZ. 185,00; Unverseibares 1,05%; SZ. 1,408 (berechnet als Ölsäure). Die in üblicher Weise durchgeführte Analyse der Gesamtfettsäuren ergibt folgende Zus.: 14,3 (%) Palmitin-, 12,76 Stearin-, 3,62 Arachin-, 9,96 Linol-, 59,29 Ölsäure. Vgl. der Ergebnisse mit früheren eigenen Untersuchungen. K. TÄUFEL. 7894□

Über die physikalisch-chemischen Eigenschaften des Samenfettes von Citrullus colocynthis. K. C. Patel, R. D. Patel und L. F. Rabari. (Fette, Seifen, Anstrichmittel **63.** 710—11. Aug. 1961. Vallabh-Vidyanagar, Indien, Sardar Vallabhbhai Vidyapeeth, Dep. of Chem.; dt.) — Aus den Samen der in die Familie der *Cucurbitaceae* gehörigen *Citrullus colocynthis* wird je nach dem angewandten Extraktionsmittel in einer Ausbeute zwischen 20,35 u. 22,67% ein leicht gelbes Öl mit n_D^{30} 1,4940—1,4983 u. der ZJ. (WIJS) 131,9—134,5 isoliert. Die in üblicher Weise durchgeführte Analyse des mit PAe. gewonnenen Prod. (20,69% Ausbeute; $D.^{30}$ 0,9191; JZ. (WIJS) 134,2; VZ. 193,2; SZ. 2,687; Unverseifbares 0,9874%) liefert folgende Zus. der Gesamtfettsäuren: 1,13 (%) Myristin-, 5,86 Palmitin-, 5,48 Stearin-, 1,63 Arachin-, 62,52 Linol-, 23,38 Ölsäure. K. TÄUFEL. 7894□

Die in der Steinfrucht und im Öl der Olive anwesenden Polyphenole. Corrado Cantarelli. (Riv. ital. Sostanze grasse **38.** 69—72. Jan. 1961. Perugia, Univ., Ist. Ind. agrar.; ital.) — Die gepreßten Olivenöle zeigen eine bes. Widerstandsfähigkeit gegenüber dem Ranzigwerden, die bei der Raffinierung verloren geht. Die natürlichen Antioxydantien in Oliven u. Olivenölen wurden untersucht. Die gemahlenen Oliven wurden mit 1% HCl in CH_3OH extrahiert u. die gereinigten Extrakte der absteigenden Chromatographie unter Verw. von SCHLEICHER & SCHÜLL-Papier 2316, Äthylacetat/85%ig. Ameisensäure/W. (10 : 2 : 3) als Lauf- u. 15%ig. Essigsäure in 50%ig. A. als Elutionsmittel unterworfen. In reifen Früchten konnten auf colorimetr. u. spektrophotometr. Wege 2 Hauptpigmente, die in saurem Medium rotviolett u. bei pH 6 blau gefärbt sind, nachgewiesen u. als *Cyanidinmonoglucosid* u. *-diglucosid* (40—46% bzw. 30—34% des photometr. bei 540 mμ erfaßbaren Farbkomplexes) identifiziert werden. Neben diesen kommen mindestens 4 andere Pigmente vor: ein im UV-Licht gelb fluorescierendes, vermutlich ein Flavanon, ein blauviolett fluorescierendes, wahrscheinlich Kaffee- oder Ferulasäure, ein himmelblau fluorescierendes, einem 4'-Hydroxyflavon entsprechend, u. ein rosa fluorescierendes. Leukoanthocyane wurden in unreifen Früchten u. auch in Äthylacetatextrakten von reifen Oliven nachgewiesen; die saure Hydrolyse in Isoamylalkohol lieferte Cyanidin. — 26 Literaturangaben. G. PLATZER. 7894□

Die Nebenbestandteile von Pflanzenölen. Michele Vitagliano. (Riv. ital. Sostanze grasse **38.** 46—55. Jan. 1961. Sassari, Univ., Ist. ind. agrar.; ital.) — Übersicht über die Nebenbestandteile, die sog. unverseifbaren Verbb. in Pflanzenölen, die aus KW-Stoffen (**I**), Sterinen (**II**), höheren Fettalkoholen (**III**; C_{28}—C_{32}), Triterpenalkoholen, Carotinoiden, Tocopherolen (**IV**), Phosphatiden, Farbpigmenten (Chlorophyll) u. Harzen bestehen, die in rektifizierten Ölen außer **I**, **III** u. teilweise **II** u. **IV** fehlen. — 146 Literaturangaben. G. PLATZER. 7894□

Der Verlust beim Neutralisieren von Olivenöl aus Mahlkuchen (orujo). Laboratoriums-Berechnungsmethode. R. de Castro Ramos. (Grasas y Aceites **12.** 221—26. Sept./Okt. 1961. Sevilla; Inst. de la Grasa y sus Deriv.; span.) — Übertragung einer Meth. der AOCS auf Öle aus Olivenmahlkuchen zur Verlustberechnung beim Neutralisieren. Bewertung der Meth. für den Gebrauch in der Praxis. M. HAGEDORN. 7894□

Untersuchungen über das Ranzigwerden von Olivenöl. 10. Mitt. **Erfahrungen bei Versuchen über die Konservierung von raffiniertem, in Dosen abgefülltem Olivenöl.** R. Gutiérrez González-Ouijano. (Grasas y Aceites **12.** 234—38. Sept./Okt. 1961. Sevilla, Inst. de la Grasa y sus Deriv.; span.) — 9. vgl. Grasas y Aceites **11.** [1960] 3. — Raffiniertes Olivenöl wird in handelsüblichen Dosen bei 25—29° offen oder, z. T. auch mit Zusatz von Antioxydantien (AO), verschlossen aufbewahrt. Kriterien für Veränderungen sind die Peroxidzahl, der KREIS-Test, die Stabilitätsprüfung nach der A. O. M.-Meth. u. Geschmacksprüfung. Peroxid-Bldg. u. Rotfärbung werden in Abhängigkeit von der vorhandenen Luftmenge durch AO verzögert. Die O_2-Stabilität wird durch AO wesentlich verbessert, klingt langsam ab, ist aber nach 2 Jahren noch bemerkenswert hoch. Geschmacklich hält sich offen aufbewahrtes Öl während der ersten Monate besser, wird dann aber schnell ranzig. Öl in verschlossenen Dosen entwickelt nach einiger Zeit einen typ., aber nicht ranzigen Geruch; AO konservieren etwas länger, verhindern dann aber die Geruchsausbildung nicht mehr. Am besten, aber geschmacklich auch nicht völlig unverändert, hält sich Olivenöl in Flaschen u. im Kühlschrank. M. HAGEDORN. 7894□

Physikalisch-chemische Untersuchungen über die Maischen gemahlener Oliven. 10. Mitt. **Wirkungsweise der grenzflächenaktiven Mittel auf das Olivenölfruchtwasser.** J. M. Martínez Moreno, C. Gómez Herrera, C. Janer del Valle, F. Catalina und M. L. Janer del Valle. (Grasas y Aceites **12.** 213—20. Sept./Okt. 1961. Sevilla, Inst. de la Grasa y sus Deriv.; span.) — 9. vgl. Grasas y Aceites **12.** [1961] 166. — Übertragung früherer Unterss. über das Brechen von Emulsionen (Em) von Olivenölfruchtwasser (alpechín) auf andere wss. u. ölige Phasen. Die beiden Stufen des Brechens der Em u. die Stabilität der Em gegen grenzflächenakt. Stoffe werden, unterstützt durch elektronenmikroskop. Aufnahmen u. Messungen mit der Oberflächenwaage, verfolgt. Ein Vgl.-Modell für Olivenöl/alpechín wird gefunden. Theoret. Ausführungen über Öl/W.-Em schließen sich an. Alpechín scheint unter den wss. Phasen biolog. Ursprungs eine Sonderstellung einzunehmen. — 24 Literaturangaben. M. HAGEDORN. 7894□

Ernährungserfordernisse und Verbesserung der Nahrungsmittel. Anreicherung der Nahrungsmittel durch Vitamine A und D. P. N. Williams. (Chem. and Ind. **1956.** 1469 bis 1473. 15/12. Cheshire, Port Sunlight, Unilever Ltd.; engl.) — Überblick über Verss. zur Verbesserung der Margarine durch Zusatz der Vitamine A u. D u. Entw. von der ersten fabrikator. Gewinnung des Vitamins A bis zur Synthese. Angaben über andere Nahrungsmittel, „Vanaspati" (Prod. aus Pflanzenölen mit 5% Sesamöl), Trockenmilch u. Futtermittel, die mit den Vitaminen A u. D angereichert werden. A. TÄUFEL. 7900□

Geschriebene automatische Titration im Laboratorium. S. Wolf. (Seifen-Öle-Fette-Wachse **87.** 357—59. 7/6. 1961; dt.) — Die Vorteile automat. Titrationen bei Aufzeichnung der Titrationskurven in den Labor. der Fett- u. Seifenindustrie werden aufgezeigt u. 2 geeignete App. beschrieben, mit denen potentiometr. u. voltametr. u. mit Zusatzgeräten auch amperometr., konduktometr. u. photometr. Titrationen vorgenommen werden können. — 21 Literaturangaben. J. Böss. 7930□

Massenspektrometrie in der Fettuntersuchung. Ragnar Ryhage und Einar Stenhagen. (J. Lipid Res. 1. 361—89. Okt. 1960. Gothenburg, Univ., Inst. of Med. Biochem.; Stockholm, Karolinska Inst., Labor. for Mass Spectrometry; engl.) — Übersicht. — 45 Literaturangaben. P. GOLINSKE. 7932□

Die Vier-Temperaturenprobe zur Identifizierung von Speiseölen. H. Heller. (Seifen-Öle-Fette-Wachse 86. 365—67. 8/6. 1960; dt.) — Durch Best. von 4 charakterist. Temp. bei der Abkühlung u. Wiedererwärmung von Speiseölen (Trübungs-, Fest-, Fl.- u. Klarpunkt) lassen sich analyt. ähnliche Öle, z. B. Senf- u. Rüböle, unterscheiden. Beschreibung der Vers.-Anordnung u. -Ergebnisse an 15 verschiedenen Speiseölen. O. HENNING. 7932□

Versuche zur Charakterisierung von Tier- und Pflanzenfetten in den Komponenten des Unverseifbaren mit Hilfe der Röntgenstrahlenbeugung. G. Gattorta und M. Gisondi. (Riv. ital. Sostanze grasse 38. 73—75. Jan. 1961. Roma, Staz. chim. agrar. sperim.; ital.) — Im Rahmen der Unterss. über die Analysen-Meth. von Ölen u. zur Identifizierung von Fetten tier. u. pflanzlicher Herkunft wurden Verss. mit aus dem Unverseifbaren extrahierten Sterinen (I) oder von direkt durch Fällung abgetrennten Digitoniden (II) mit Hilfe des Röntgendiffraktometers ausgeführt. Die I zeigen charakterist. Röntgenbeugungen als Funktion ihrer Kristallstruktur. Die Diagramme von aus Olivenölen u. einem Gemisch aus 50% Olivenöl u. Schweineschmalz extrahierten Phyto-I u. II u. die charakterist. Beugungswerte sind wiedergegeben. G. PLATZER. 7932□

Erste Untersuchung über die Beschaffenheit von Olivenölen von einigen Olivensorten des Gebietes von Apulien. 2. Mitt. A. Cucurachi und A. Strusi. (Riv. ital. Sostanze grasse 38. 75—83. Jan. 1961. Bari, Staz. agrar. sperim.; ital.) — Vgl. C. **1961.** 1406. — Die Trennmeth. der gesätt. von den ungesätt. Fettsäuren (F) bei niedrigen Temp. eignet sich in Übereinstimmung mit den aus Testgemischen erhaltenen Ergebnissen auch zur Fraktionierung von gesätt. u. ungesätt. F zwecks anschließender chromatograph. Trennung. Die aufsteigende Chromatographie mit „umkehrbarer Phase" verwendet PAe./Bzl./Essigsäure (80 : 90 : 5) als Imprägnierungsmittel für SCHLEICHER & SCHÜLL-Papier 2040 (250 mg/g Papier) u. Aceton/Essigsäure/W. (80 : 20 : 10) als Elutionsmittel für gesätt. u. ungesätt. Fettsäuren. In den Ölen verschiedener Olivensorten wurden folgende gesätt. F nachgewiesen: Palmitin-, Stearin-, Arachin-, Behen- u. Lignocerinsäure, während ein exakter Nachw. von Myristinsäure (I) nicht gelang. Unter den ungesätt. F wurden in allen untersuchten Proben Öl- u. Linolsäure, Spuren von Linolen- u. Eikosensäure gefunden. Palmitölsäure (II) (obwohl von anderen Autoren schon nachgewiesen) wurde nicht identifiziert. Qual. Unterschiede unter den verschiedenen Ölen wurden nicht festgestellt. Die papierchromatograph. Meth. liefert befriedigendere qual. Werte als andere Methoden. — 18 Literaturangaben. G. PLATZER. 7932□

Einige neue Methoden zur Trennung und Analyse von Fettsäuren und anderen Lipiden. Krister Fontell, Ralph T. Holman und Georg Lambertsen. (J. Lipid Res. 1. 391—404. Okt. 1960. Austin, Minn., Univ., Hormel Inst. and Dep. of Physiol. Chem.; engl.) — Übersicht. — 105 Literaturangaben. P. GOLINSKE. 7936□

Eastman Kodak Co., Rochester, N.Y., übert. von: M. B. Knowles und Herman S. Pridgen, Kingsport, Tenn., V.St.A., **Antioxydans für Fette und fette Öle,** bestehend aus 5—50% eines Gemisches aus 5—42 (Teilen) eines phenol. Antioxydans von insgesamt 5—52 akt. Material u. 95—50% eines Gemisches aus 10—95 Essigsäureester des Glycerins u. evtl. 0—69 Lsgm., z. B. 75 3.5-Di-tert.-butyl-4-hydroxytoluol, 25 Citronensäure, 33,3 Diacetin u. 66,7 Triacetin. (**A. P. 2 944 908** vom 29/7. 1958, ausg. 12/7. 1960.) C. LÜTTGEN. 7879

Armour Research Foundation of Illinois, Institute of Technology, Chicago, Ill., V.St.A., **Gewinnung von Öl aus Reiskleie durch Extraktion.** Man leitet ein Lsgm. für das Öl durch die Kleie (I) im Kreislauf, wobei man unterhalb der I-Schicht einen Unterdruck aufrecht erhält, trennt die Miscella von der I, gewinnt das Öl durch Abdestillieren des Lsgm. u. führt das Lsgm. unter Erhöhen des Druckes in den Kreislauf oberhalb der I-Schicht zurück. — Vorrichtung. (**E. P. 853 137** vom 12/3. 1958, ausg. 2/11. 1960. A. Prior. 23/1. 1958.) C. LÜTTGEN. 7895

Hercules Powder Co., Wilmington, Del., V.St.A., **Harzseifen.** Seifen aus Harzen oder Harz–Fettsäure-Gemischen mit verbesserter Farbe erhält man, wenn die Verseifung in Ggw. von 0,05—0,3% Polyphosphaten, bes. $K_4P_2O_7$ oder $Na_5P_3O_{10}$, durchgeführt wird. (**E. P. 861 896** vom 21/4. 1959, ausg. 1/3. 1961. A. Prior. 1/5. 1958.) C. LÜTTGEN. 7911

Unilever Ltd., Port Sunlight, England, **Neutralisieren von stark saure Verunreinigungen enthaltenden Na- oder K-Fettsäureisäthionaten,** die bei der Herst. aus

Fettsäurechloriden u. Na- oder K-Isäthionat anfallen u. freien HCl enthalten, durch Zugabe alkalifreier Seife, bes. in Pulverform u. bei 80—110°. Die neutralisierten Prodd. eignen sich zur Weiterverarbeitung auf *Waschmittel*. (**E. P. 843 593** vom 22/1. 1959, ausg. 4/8. 1960. A. Prior. 23/1. 1958.) C. LÜTTGEN. 7913

Lever Brothers Co., New York, N.Y., übert. von: Charles H. Schramm, Hillsdale, N.J., V.St.A., **β-Aminopropionsäureamide** der allg. Formel $R_1(R_4)N-[CH_2CH_2CON(R_2)R_3]_n$ (R_1 = gesätt. oder ungesätt. acycl. KW-Stoffrest mit 8—18 C-Atomen; R_2 u. R_3 = H, Alkyl mit 1—12 C-Atomen, Alkylol mit 1—5 C-Atomen, Alkylolrest, der an das N-Atom über 1—5 Alkylenoxygruppen gebunden ist, wobei die Alkylengruppen 1—5 C-Atome enthalten, ferner sulfatiertes oder sulfoniertes Alkyl mit 1—5 C-Atomen; n = 1 oder 2; R_4 = H, wenn n = 1) erhält man durch Rk. eines Alkylamins der Formel $R_1 \cdot NH_2$ mit einem Acrylsäureester u. Weiterumsetzung des entstandenen Alkylaminopropionsäureesters mit einem Amin der Formel $NH(R_2)R_3$. Die Rk. verläuft z. B. nach $R_1 \cdot NH_2 + CH_2 : CH \cdot COOCH_3 \rightarrow R_1 \cdot NH \cdot CH_2CH_2COOCH_3$; $R_1 \cdot NH \cdot CH_2CH_2 \cdot COOCH_3 + R_2(R_3)NH \rightarrow R_1NH \cdot CH_2CH_2 \cdot CO \cdot N(R_2)R_3 + CH_3OH$. Bei Anwendung von 2 Mol Acrylsäureester auf 1 Mol Alkylamin gelangt man entsprechend zu β-Alkylaminodipropionsäureamiden. — So erhält man z. B. durch 16std. Schütteln von 240 g β-Dodecylaminopropionsäureäthylester mit 500 konz. NH_4OH *β-Dodecylaminopropionsäureamid*, glänzende weiße Platten, F. 75,4—76,2°. Analog entstehen: *β-Dodecylaminopropionsäure-N-äthylolamid*, F. 104,2—104,8°; *β-Dodecylaminodipropionsäureamid*, F. 109,4—110,4°; *β-Octylaminopropionsäureamid*, F. 58—59°; *β-Decylaminopropionsäureamid*, F. 66,5—67,5°; *β-Tetradecylaminopropionsäureamid*, F. 76—77°; *β-Hexadecylaminopropionsäureamid*, F. 80—81°; *β-Octadecylaminopropionsäureamid*, F. 85—87°; *β-Octylaminopropionsäure-N-[2-äthylol]-amid*, F. 98—98,6°; *β-Decylaminopropionsäure-N-[2-äthylol]-amid*, F. 101,8—102,6°; *β-Tetradecylaminopropionsäure-N-[2-äthylol]-amid*, F. 102,4—103,4°; *β-Hexadecylaminopropionsäure-N-[2-äthylol]-amid*, F. 104—105°; *β-Dodecylaminodipropionsäure-N-[2-äthylol]-amid*, F. 77,4—79,4°; *β-Dodecylaminopropionsäure-N-dodecylamid* u. *β-Oleylaminopropionsäure-N-[2-äthylol]-amid*, beides wachsartige Massen. — Ähnliche wachsartige Prodd. erhält man auch aus Cocosnußamin u. Acrylsäuremethylester u. anschließende Amidierung mit z. B. Äthanolamin. — Die Prodd. dienen als oberflächenakt. Mittel, denn sie besitzen *Netz-*, *Emulgier-*, *Schaum-* u. *Reinigungswirkung*. (**A. P. 2 921 085** vom 1/11. 1952, ausg. 12/1. 1960.) A. MOHR. 7913

Universal Oil Products Co., Des Plaines, übert. von: Ernest L. Pollitzer, Hinsdale, Ill., V.St.A., **Oxalkylierte ω-Methylolalkylacetophenone** der allg. Formeln $(R')_p-Ar(R)-CO-C(H)_{3-x}-(CH_2O\{[CHY]O\}_n)_xH$ u. I (Ar = Phenyl oder Cyclohexyl; R = Alkyl mit 6—18 C-Atomen; R' = Methyl; p = 0—2; Y = H, Methyl, Methylol; n = 2—10; x = 1—3). Man kondensiert ein Alkylacetophenon der allg. Formel $(R')_p-Ar(R)-CO-CH_3$ mit 1,2 oder 3 Mol HCHO u. setzt die entstandenen Methylol-Verbb. der allg. Formeln $(R')_pAr(R)COCH_2CH_2OH$, $(R')_pArCOCH(CH_2OH)_2$ u. $(R')_pAr \cdot (R)COC(CH_2OH)_3$ mit Äthylenoxid, Glycid, Propylenoxid oder deren Gemische um, bis im Mol 6—30 Alkylenoxideinheiten enthalten sind. Man kann auch vor der Oxalkylierung die Carbonylgruppe red., bes. mit H_2 in Ggw. von Ni, Co oder diesen beiden auf Kieselgur oder Pt oder Pd auf Al_2O_3 bei 25—150° u. 5—100 at. Die Oxyalkylierung erfolgt in Ggw. von organ. oder anorgan. alkal. Verbb. bei Raum-Temp. bis 150, bes. 50—120° u. 10 bis 500 lbs./sq.inch. — Aus Dodecylacetophenon (erhältlich durch Alkylieren von Bzl. mit tetramerem Propylen u. Acetylieren in Ggw. von $AlCl_3$) u. 30%ig. wss. HCHO in Ggw. von 30%ig. wss. NaOH → Trimethylol-Deriv., Wasserlöslichkeit 0,6 Teile je 100 Teile W./25°, daraus mit H_2 in Ggw. von Ni auf Kieselgur bei 50° u. 10 at → 4-Hydroxyderivat. Beide Derivv. geben mit Äthylenoxid ein *Äthylenoxid-Deriv.* mit 14 Äthylenoxideinheiten. — *Oberflächenakt. Mittel* u. *Reinigungsmittel*. (**A. P. 2 923 739** vom 17/3. 1958, ausg. 2/2. 1960.) G. KRAUSS. 7913

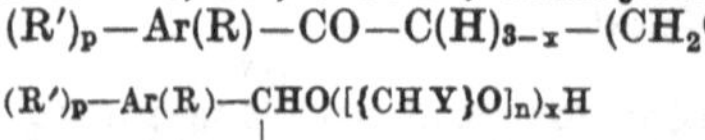

I

Rohm & Haas Co., Philadelphia, Pa., V.St.A., **Alkenyloxypolyäthoxyäthylalkyläther** der allg. Formel $R-CH_2-CH=CHCH_2(OCH_2-CH_2)_n-OR'$ (R = Alkyl mit 4—12, bes. 4—9 C-Atomen; R' = Methyl, Äthyl; n = 5—20) erhält man durch Rk. eines Alkenylhalogenids der allg. Formel $R-CH_2CH=CH-CH_2-X$ (X = Cl, Br, J) mit einem Ätheralkohol der allg. Formel $HO-(CH_2-CH_2O)_nR'$ in Ggw. einer starken Base als säurebindendes Mittel (Alkalihydroxide) bei 80—125°. — Aus 616 (Teilen) Hexaäthylenglykolmonomethyläther u. 120 NaOH bei 95—100°, dann Zusatz von Octenylchlorid, $(CH_3)_3CCH_2CH=CHCH_2Cl$, bei 100—105° → 770 $C_4H_9CH_2CH=CHCH_2(OCH_2 \cdot CH_2)_6OCH_3$, bernsteinfarbenes, wasserlösl. Öl; 92%. — $C_5H_{11}CH_2CH=CHCH_2Cl$ →

$C_5H_{11}CH_2CH{=}CHCH_2(OCH_2CH_2)_6OCH_3$. — Nonaäthylenglykolmonomethyläther + Dodecenylchlorid → $C_8H_{17}CH_2CH{=}CHCH_2(OCH_2CH_2)_9OCH_3$, wasserlösl. Öl; 82%; ist im Gemisch mit Na_2CO_3, Na-Silicaten, Borax, Na-Phosphaten ein beständiges *Netzmittel*. — Oktaäthylenglykolmonoäthyläther → $(CH_3)_3CCH_2C(CH_3)_2CH_2CH{=}CHCH_2\cdot(OCH_2CH_2)_8OC_2H_5$. — Dodekaäthylenglykolmonomethyläther + verzweigtkettiges $C_{12}H_{25}CH_2CH{=}CHCH_2Cl$ → *wasserlösl. Öl*. — *Nicht* oder *nur schwach schäumende* u. in Ggw. von Alkalien *beständige Netz-* u. *Reinigungsmittel*. (**Belg. P. 558 721** vom 26/6. 1957, ausg. 8/4. 1960.) G. KRAUSS. 7913

Monsanto Chemical Co., St. Louis, Mo., übert. von: John T. Lewis, Dayton, und Lloyd E. Weeks, Union, Ohio, V.St.A., **Reinigungsverstärker für die Chemisch-Reinigung,** bestehend aus einem Gemisch von 70—97% eines Kondens-Prod. einer OH-Gruppen enthaltenden organ. Verb. mit 8—18 C-Atomen u. 2—8 Mol eines C_2–C_3-Alkylenoxids u. 3—30 eines Alkalisulfats eines solchen Kondens.-Prod., z. B. 45 Dodecylphenol, kondensiert mit 5,6 Mol Äthylenoxid (I), 45 Decanol, kondensiert mit 30 Mol Propylenoxid u. 10 Tridecanol, kondensiert mit 1 Mol I, anschließend sulfatiert u. mit KOH neutralisiert. (**A. P. 2 941 952** vom 3/12. 1956, ausg. 21/6. 1960.) C. LÜTTGEN. 7915

Soc. Belge de l'Azote et des Produits Chimiques du Marly, Lüttich, und Soc. Carbochimique Soc. An., Brüssel, Belgien, **Stückförmige Reinigungsmittel** aus K-Alkylsulfaten von einem oder mehreren Fettalkoholen (I) mit ≧10 C-Atomen u. einem Plastizierungsmittels mit einem F. von >40°, bes. >55°, z. B. einem I mit ≧16 C-Atomen, einem Partialfettsäureester eines Polyols, einem Ester einer hydroxylierten Fettsäure oder einem Kondens.-Prod. von I u. Äthylenoxid mit einem Molgew. von >200. (**E. P. 858 075** vom 12/9. 1958, ausg. 4/1. 1961. F. Prior. 5/10. 1957 u. 2/4. 1958.) C. LÜTTGEN. 7917

California Research Corp., San Francisco, Calif., V.St.A., **Geformte Reinigungsmittel,** in der Hauptsache aus einem NH_4-Alkylsulfonat (I) mit einer C_{12}—C_{16}-Alkylgruppe bestehend, bes. n-Dodecyl-, n-Tetradecyl- u. n-Hexadecylammoniumsulfonat. Gemische aus I sollen um nicht mehr als 3 C-Atome in der Alkylgruppe differieren. (**E. P. 861 052** vom 24/11. 1958, ausg. 15/2. 1961. A. Prior. 26/11. 1957.) C. LÜTTGENS. 7917

Soc. Belge de l'Azote et des Produits Chimiques du Marly, Lüttich, und Soc. Carbochimique Soc. An., Brüssel, Belgien, **Reinigungsmittel,** bestehend aus einem Gemisch von anion akt. oder nichtionogenen Waschrohstoffen, Fettsäurealkylolamid, Polyphosphaten, Wasserglas u. Soda. Der Sodazusatz hebt die ungünstige Wrkg. des als Antikorrosionsmittel vorhandenen Wasserglases auf die Reinigungskraft auf. (**Belg. P. 564 082** vom 18/1. 1958, ausg. 17/6. 1960.) C. LÜTTGEN. 7917

Walchandnagar Industries Ltd. und Ram Surat Dubey, Walchandnagar, Indien, **Raffination von Zuckerrohrwachs** durch Behandeln mit Cl_2 in Ggw. von W., bes. im Verhältnis von 1 (Mol) Cl_2 zu 1 W., bei oder >F. des Wachses (I). Das Verf. kann auch mit einer I-Lsg. durchgeführt werden. (**E. P. 848 135** vom 3/4. 1958, ausg. 14/9. 1960. Ind. Prior. 9/8. 1957.) C. LÜTTGEN. 7925

XVIIIa. Holz. Cellulose. Zellstoff. Papier. Papierdruck. Celluloid. Linoleum

Verteilung des Polymerisationsgrades von Xylan in der radialen Richtung von Holzfasern. Motohiro Shimizu und Haruo Yamada. (J. Soc. Textile Cellulose Ind., Japan [Sen-i Gakkaishi] **15.** 545—47. Juli 1959. Iwata, Shizuoka Prefecture, Japan, Univ. of Shizuoka, Fac. of Agric.; jap., Auszug: engl.) — Xylan aus Holzfasern von *Fagus crenata Blume* u. *Betula ermannii var. communis Koidz* wurde isoliert, nachdem die Fasern nitriert worden waren u. der nitrierte Anteil entfernt war. Der Polymerisationsgrad des Xylans wird in Cuoxam gemessen u. bleibt über den ganzen Querschnitt der Faserwand konstant. — 1 Abb., 3 Tabellen, 16 Literaturhinweise. W. WERGIN. 7952 □

Die Kinetik der drucklosen Luftaustreibung aus Hackschnitzeln durch keine freien Gase enthaltende Flüssigkeiten. J. Fellegi und J. Janči. (Sborník výzkumných Prací Oboru Celulosy Papíru **3.** 57—69. 1958. Bratislava, VÚPC; slowak.) — Die Luft (**A**)-Austreibung aus Hackschnitzeln (**C**) durch Fll., die keine freien Gase enthalten, ist hauptsächlich von der Temp. bzw. der H_2O-Dampf (**B**)-Tension über der Lsg. abhängig. Durch Erhitzen kann nur ein Teil von **A** (ca. 25—30%) ausgetrieben werden. Der Rest wird wahrscheinlich im Prinzip durch **B**-Dest. entfernt werden: **B** dringt in die Poren; **B**-Tension u. **A**-Druck addieren sich, wobei ein Überdruck bis zu 1,4 at bei 100° entstehen kann. Bei drucklosem Erhitzen steigt die ausgetriebene **A**-Menge mit der Temp.; bei 100° kann durch W. bzw. Na_2SO_3-Lsg. (50 g/Liter) bis zu 95—98% der in **C** enthaltenen **A** auszutreiben. Es gilt: $t = a\,e^{bV}$ bzw. $V = (\log t - \log a)/0{,}4342\,b$ [V = auf 20° umgerechnetes ausgetriebenes **A**-Vol. in cm^3; t = Zeit; a u. b von Temp., Holzart (**D**) u. Lsg. abhängige Konst., die zur Charakterisierung verschiedener **D** u. Koch-Fl. dienen]. — 4 Abb., 3 Tabellen, 7 Literaturhinweise. G. REISNER. 7952□

Untersuchungen über die Herstellung von Zellstoff aus Bagasse. Masao Horio und Michihiro Takahama. (Bull. Inst. chem. Res., Kyoto Univ. **36.** 172—80. Sept. 1958. Horio Labor.; engl.) — An Verss. im Labor. u. in halbtechn. Umfang wird gezeigt, daß Bagasse vom Zuckerrohranbau in Indien zu lösl. Zellstoff u. Viscoseseide verarbeitet werden kann, eine Übertragung ins Große heute aber wirtschaftlich nicht zu verwirklichen ist. Dem Sulfataufschluß muß eine Entfernung der Stärke des Marks der Stengel oder eine Vorhydrolyse bei 170° mit Dampf oder H_2SO_4 vorangehen; die wechselnde Sperrigkeit des Materials ist zu beachten. Die Ausbeute an gebleichtem Zellstoff beträgt ca. 20%; eine Rückgewinnung von Glucose oder Furfurol aus den Vorhydrolyseablaugen wäre erforderlich. Die Kürze der Faser erlaubt nur eine Zumischung bis zu 30% zu ind. Bambuszellstoff für Viscoseseide. — 9 Abb., 6 Tabellen, 2 Literaturhinweise.
M. HAGEDORN. 7956□

Erzeugung von Faserhartplatten aus tropischen Harthölzern. 1. Mitt. **Wahl des Verfahrens.** Vidya Bhushan Kumar. (Holz Roh- u. Werkstoff **20.** 61—68. Febr. 1962. Baliapatam, Indien; dt.) — Vgl. der Eigg. von im Naß-Verf. unterschiedlich hergestellten Faserhartplatten (FHP) trop. Harthölzer [Biegefestigkeit, Wasseraufnahme, Quellung, Naß- (NF) u. Trockenfestigkeit (TF)] vor u. nach Wärmehärtung. Mechan. Faserbrei-Herst. ergibt relativ hydrophobe FHP mit hoher NF u. geringer TF, halbchem. Herst. führt demgegenüber zu faseriger Struktur, hoher TF u. geringer NF. Letzteres wird mit der Entfernung von *Lignin* erklärt. KLAUS SCHMIDT. 7956□

Das Bleichen mit einem Gemisch von Chlordioxyd und Chlor. E. Oltus. (Sborník výzkumných Prací Oboru Celulosy Papíru **3.** 159—67. 1958. Bratislava, VÚPC; slowak.) — Das *Bleichen* (Bl) von *Zellstoff* (**A**) mit einem durch Einw. von HCl-Gas auf festes $NaClO_3$ erhaltenem Gemisch (**B**) aus *ClO_2* u. *Cl_2* verschiedener Zus. wird untersucht. Bereits ein **B** mit wenig ClO_2 ist für die Beseitigung von Lignin aus ungebleichtem **A** wirksam. Im Vgl. zu dem durch normale Chlorierung gebleichten **A** fällt die P–Cl-Zahl (KÜNG) um ca. 44,5% (nach dem Alkalisieren). Bei der Endstufe der Nachbleiche ist die Zus. von **B** wichtig: Mit steigendem ClO_2-Geh. in der Lsg. ist eine höhere Temp. erforderlich; bei $ClO_2:Cl_2 = 1:5$ ist eine Temp. von 60° notwendig. Der größte Vorteil des Bl mit **B** besteht in der kurzen Bleichzeit u. dem höheren Bleichgrad. Bei $ClO_2:Cl_2 = 1:1$ wird keine Verschlechterung der mechan. **A**-Eigg. beobachtet. Ein größeres Verhältnis an ClO_2 führt zur Abnahme der Löslichkeit von **A** in Laugen, bes. in heißer 1%ig. NaOH-Lösung. — 4 Tabellen, 3 Literaturhinweise. G. REISNER. 7956□

Die Bedingung der Zubereitung von Neutralsulfitkochlauge. J. Fellegi, G. Milchová, V. Kubelka und V. Farkašová. (Sborník výzkumných Prací Oboru Celulosy Papiru **3.** 83—96. 1958. Bratislava, VÚPC; slowak.) — Die physikal.-chem. Herst.-Bedingungen (Hb) von *Neutralsulfitkochlauge* (**A**) durch Sulfitierung (Su) von Soda werden untersucht. Es wird festgestellt, daß der durch direktes Titrieren (Tt) mit HCl bestimmte u. aus Dissoziations-Konst. (Dk) bzw. den Verteilungskurven berechnete Geh. an Carbonaten nicht mit dem tatsächlichen Geh. übereinstimmt, da auch Na_2SO_3 dabei mitreagiert u. sich die für bin. Gemische berechneten Dk gegenseitig beeinflussen. Der Einfl. von Temp., SO_2-Konz. u. spezif. Oberfläche auf die Su wird untersucht, wobei auf die Notwendigkeit einer gründlichen CO_2-Desorption bei der Su hingewiesen wird. Die Hb von **A** unter Rückführung der abgezogenen Lauge u. die Kontrolle von **A**-Herst. durch Best. der pH-Werte u. des Puffervermögens (Tt mit 10n $CH_3 \cdot COOH$) werden beschrieben. Es besteht kein Unterschied zwischen den Eigg. von **A**, die durch Zusammenmischen (Z) von abgezogener Lauge mit frischer Kochlauge (mit genügendem $NaHCO_3$-Geh.) u. **A** die durch Z frischer Kochlauge niedriger $NaHCO_3$-Konz. mit Na_2CO_3-Lsg. hergestellt wird. — 5 Abb., 4 Tabellen, 6 Literaturhinweise.
G. REISNER. 7962□

Über das Sulfatlignin. 3. Mitt. **Elementare Zusammensetzung und funktionelle Gruppen.** Jozef Farkaš. (Sborník výzkumných Prací Oboru Celulosy Papíru **3.** 190—96. 1958. Bratislava, VÚPC; slowak.) — Die *elementare Zus.* einiger *Sulfatlignine* (**A**), die durch verschiedene Meth. aus verd. Schwarzlauge isoliert wurden, wird angegeben. Die Verteilungsmöglichkeit einiger *funktioneller Gruppen* im **A** werden diskutiert. *Summenformeln* für einige **A**, bezogen auf die Phenylpropylgruppe, den Grundbaustein von **A**, werden angeführt. — 2 Tabellen, 7 Literaturhinweise.
G. REISNER. 7966□

Voraussetzungen für die industrielle Verwendung von Ultraschall bei der Papierstoffzubereitung. Jarmil Páv. (Sborník výzkumných Prací Oboru Celulosy Papíru **3.** 168—89. 1958. Praha, VÚPP; tschech.) — Die Wrkg. von *Ultraschall* (Us) auf die *Zellstoffaser* wird durch Verss. mit piezoelektr. u. magnetostriktiven Us-Gebern (Ug) bestimmt. Beide Ug sind infolge zu großen Kraftbedarfs u. unzulänglicher Leistung für den Großbetrieb ungeeignet. Ein neuer Ug „PD-1", der auf dem Düsenprinzip mit festem Schallgeber beruht, wobei ein fester Schwinger akust. Schwingungen in das umgebende fl. Medium ausstrahlt, wird entwickelt. Unter Verw. dieses Ug wird ein App. für kontinuierliche u. halbkontinuierliche Verarbeitung von Faserstoffen konstruiert. Damit wird ungebleichter Sulfitzellstoff (**I**) verarbeitet. Im Vgl. mit im Labor.-Holländer „Valley" gemahlenen **I** werden in der gleichen Zeit eine größere Reißlänge, eine weit höhere Berstfestigkeit u. eine um ca. 200% größere Doppelbiegungszahl bei nur wenig höherem Kraftbedarf erzielt. — 8 Abb., 1 Tabelle, 4 graph. Darst., 7 Literaturhinweise. G. REISNER. 7976□

Die Verarbeitung von Krempeleiabfällen zu Zigarettenpapier. Václav Kubínek und Jiří Peták. (Sborník výzkumných Prací Oboru Celulosy Papíru **3.** 144—58. 1958. Praha, VÚPP; tschech.) — *Abfälle* aus *Flachskrempeleien*, die bis zu 30% Abwerg enthalten, lassen sich gut zu *Zigarettenpapier* verarbeiten, dessen Festigkeits-Eigg. u. äußerliches Aussehen dadurch nicht beeinträchtigt werden. Die Kochung des Rohstoffes muß bei höherem Druck u. größerer Konz. der Kochlauge (NaOH) erfolgen. Wenn die mechan. Festigkeit nicht leiden soll, muß das Bleichen mehrstufig u. schonend durchgeführt werden. — 5 Abb., 6 Tabellen, 4 Literaturhinweise. G. REISNER. 7984□

Ein Beitrag zur Untersuchung der durch Schwefelsäure verursachten Strukturänderungen der Cellulose während der Pergamentierung. Čestmír Skalický und Milena Vondráková. (Sborník výzkumných Prací Oboru Celulosy Papíru **3.** 97—116. 1958. Praha, VÚPP; tschech.) — Die durch H_2SO_4 (**I**) bei der *Pergamentierung* (Pe) von *Cellulose* (**A**) verursachten *Strukturänderungen* werden auf Grund von Röntgenogrammen nativer (**II**), hydratisierter (**III**) u. pergamentierter **A** untersucht. **I** bewirkt in der 1. Phase der Pe eine weitgehende Zerstörung der ursprünglichen **A**-Struktur. Beim Trocknen von Pergamentpapier (**B**) wird die ursprüngliche Struktur regeneriert. Die in der Praxis verwendete Trocknung bei höherer Temp. bewirkt, daß der Anteil, der sonst die Struktur von **III** hätte, in die von **II** übergeht. In techn. **B** wird die Koexistenz der Struktur von **II** u. **III** nachgewiesen. Das Verhältnis **II**/**III** wird durch die Zellstoff-Eigg. bestimmt u. beeinflußt nicht die Eigg. von **B**. — 2 Abb., 6 graph. Darst., 12 Literaturhinweise. G. REISNER. 7986□

Commonwealth Engineering Co. of Ohio, übert. von: Leo J. Novak, Dayton, Ohio, V.St.A., **Holzbeizen** werden durch Diazotieren von Anilin mit $NaNO_2$ u. HCl, Neutralisieren der Diazo-Lsg. mit NaOH, Ansäuern u. Extrahieren des braunen Farbstoffs mit Toluol erhalten. Die Beize besteht aus einem Gemisch von Na-Isodiazotat u. einer kleinen Menge (5—20 Gew.-%) Phenylnitrosamin. Eine 20—30%ig. Lsg. des braun gefärbten Na-Isodiazotats in einem Erdöl-KW-Stoff dient als die eigentliche Holzbeize. An Stelle von Anilin kann Methylanilin als Ausgangs-Verb. dienen. (**A. P. 2 921 829** vom 25/6. 1956, ausg. 19/1. 1960.) A. MOHR. 7953

Ján Fellegi, Ján Janči und Jozef Schmied, Bratislava, Tschechoslowakei, **Imprägnieren von Hackspänen für das Kochen von Cellulose, Halbcellulose und chemischem Holzstoff,** dad. gek., daß der Holzrohstoff mit der Koch-Fl. drucklos bei 70 bis 100° in einem kontinuierlichen Imprägnator oder in einem Kocher behandelt u. ggf. der Verlust an flüchtigen Bestandteilen der Koch-Fl. durch Herabsetzen der Oberflächen-Temp. der Fl. eingeschränkt wird. Danach wird die Fl. rasch auf die Endtemp. erhitzt, bes. in einer kontinuierlichen Kocheinrichtung. — 2 schemat. Zeichnungen. (**D. P. [DDR] 21 247** Kl. 55b vom 20/10. 1958, ausg. 5/5. 1961 [Wirtschaftspatent].) M. F. MÜLLER. 7957

Comercial Papelera Torras Soc. An., Barcelona, Spanien (Erfinder: Antonio Xucla Bas), **Rückgewinnung von Alkalihydroxiden, -carbonaten, -bicarbonaten und anderen Salzen aus alkalischen Zellstoffablaugen,** dad. gek., daß die Ablauge bis zu einem Feststoff-Geh. von $\geqq$320 g/Liter konz., eine Säure, wie CO_2, SO_2, H_2S, bes. bei 80—85°, zugesetzt wird, bis der I.P. der Lsg. erreicht ist, wodurch Lignin u. andere organ. Stoffe u. die Alkalisalze als Carbonat, Bicarbonat usw. je nach Art der Kochlauge ausgefällt werden, der Nd. abfiltriert, getrocknet u. verbrannt u. ggf. die Asche zu Hydroxid kaustifiziert wird. (**E.P. 869 800** vom 5/9. 1958, ausg. 7/6. 1961.) G. VOGEL. 7959

West Virginia Pulp & Paper Co., New York, N.Y., übert. von: Frank J. Ball und Richard Pueschel, Charleston, S.C., V.St.A., **Verarbeitung von**

Schwarzlauge. Die vom Holzaufschluß stammende Schwarzlauge mit einem Feststoff-Geh. von >25%, bes. 30—35%, wird ca. 1 Min. bis mehrere Std. lang, bes. 1 bis 50 Min. lang, ohne Zusatz von S in irgendeiner Form auf 220—350° unter einem Druck, der mindestens dem Dampfdruck der Fl. bei der verwendeten Temp. gleich ist oder unter Überdruck erhitzt, der Druck über der Fl. vermindert u. die entweichenden Dämpfe von CH_3SCH_3 (I) u. W. kondensiert. I wird durch Abdekantieren von der Wasserschicht u. anschließende Dest. in reiner Form erhalten. Die Rk.-Lsg. wird in einer oder 2 aufeinanderfolgenden Stufen angesäuert (bei pH 9,5 fällt 95% des vorhandenen Lignins) u. der Nd., der aus modifiziertem Lignin (II) besteht, abfiltriert. II unterscheidet sich von auf andere Weise erhältlichem Lignin durch seine größere Löslichkeit in organ. Lsgm. (A., Hexanol, CH_3COOCH_3, Aceton, $ClCH_2CH_2OH$, Dioxan, $OP\cdot(OC_2H_5)_3$, $CH_3\cdot SO_2\cdot CH_3$) durch seine größere Rk.-Fähigkeit gegenüber organ. u. anorgan. Verbb. (CH_2O, O_2) u. seine größere Ae.-Extrahierbarkeit (30%). Aus dem Filtrat lassen sich durch Extraktion in erhöhtem Maße aliphat. Säuren (III) gewinnen ($CH_3\cdot COOH$, Propionsäure, $HOCH_2COOH$, $HOOC\cdot COOH$, Milchsäure). Die Ausbeuten an I, II bzw. III betragen bis zu 3, 34,9 bzw. 25,9%. (**A. P. 2 976 273** vom 10/9. 1958, ausg. 21/3. 1961.) A. JAHN. 7967

Udic Soc. An., Vevey, Schweiz (Erfinder: Alfons Apel, Mannheim), **Hydrolyse von cellulose- und ligninhaltigem Material,** dad. gek., daß die Hydrolyse bei 15—30° mit einer 38—42%ig. Lsg. von HCl in einem wasserfreien aliphat. Alkohol mit 1—3 C-Atomen durchgeführt wird. Das Lignin wird aus dem Rk.-Gemisch durch Zusatz von W. ausgefällt, der Zucker durch Verdampfen von Alkohol u. W. gewonnen. (**A. P. 2 974 067** vom 11/2. 1958, ausg. 7/3. 1961.) A. GRADL. 7969

Dow Chemical Co., übert. von: Francis E. Windover, Garth H. Beaver und Arthur W. Anderson, Midland, Mich., V.St.A., **Wasserlösliches thermopastisches Celluloseäthergemisch,** bestehend aus (a) 2—90 (Gew.-%) eines in W. lösl. thermoplast. Hydroxyalkylalkylcelluloseäthers, dessen Hydroxyalkylgruppe 2 bis 3 C-Atome u. dessen Alkylgruppe 1—3 C-Atome enthält, u. dessen F. zumindest 10° unter der Zers.-Temp. liegt, u. (b) 98—10 eines Weichmachers aus (1) $\geqq$ 5 eines Glycerin-mono-[2-hydroxyalkyl]-alkyläthers, Glycerin-bis-[2-hydroxyalkyl]-äthers oder Glycerin-tris-[2-hydroxyalkyl]-äthers oder deren Gemischen, wobei jede 2-Hydroxyalkylgruppe 2 oder 3 C-Atome enthält, u. (2) $\geqq$ 5 eines bekannten Celluloseätherweichmachers, z. B. Glycerin, $HOCH_2CH_2OH$ oder Propylenglykol. (**A. P. 2 965 508** vom 13/5. 1958, ausg. 20/12. 1960. **E. P. 855 491** vom 7/5. 1959, ausg. 30/11. 1960. A. Prior. 13/5. 1958.) W. OVERBECK. 7971

Lodovico Codolini, Mailand, Italien, **Herstellung von Papier** unter Zusatz von Diatomeenerde (I), dad. gek., daß die I im Holländer oder in einem gesonderten Behälter in W. suspendiert u. mit ca. 5 (%), bezogen auf I, eines Hydrosulfits, 3—20 eines Phosphats von Na, K oder NH_4 u. 1—10 eines Al-Salzes einer starken Säure (Sulfat, Nitrat, Chlorid) versetzt wird. — Verbesserung des Bleicheffekts. (**It. P. 534 743** vom 1/6. 1955.) K. KOEBKE. 7975

Dow Chemical Co., übert. von: George B. Sterling, Midland, Mich., V.St.A., **Hochfalzfestes Papier,** dad. gek., daß der Stoff in wss. Suspension aus 100 (Teilen) üblicher Papierfasern u. 25—100 eines Mischpolymerisats aus 40—60 Butadien, 15—40 Acrylonitril u. 20—35 Methylisopropenylketon bereitet wird. — Mengenbeispiele, Festigkeitstabelle, Zeichnung. (**A. P. 2 932 603** vom 25/3. 1957, ausg. 12/4. 1960.) G. VOGEL. 7979

Ss. N. Gorschin und B. I. Teljatnikowa, Pentachlorphenol und seine Anwendung für den Holzschutz. Moskau: Gosslessbumisdat. 1962. (213 S. m. Abb.) 78 Kop. [Russ.]

XVIII b. Textilfasern

Die Entwicklung eines Schmelzschacht-Spinnkopfes mit dielektrischer Beheizung. Victor Bayerl, Martin Quarg und Heinz Viehweg. (Chem. Techn. **14.** 177. März 1962. Leipzig, VEB KiB-Chemie; dt.) — Um die Mängel des mit einem Rost versehenen Schmelzschachtes auszuschalten, wird ein Spinnkopf entwickelt, dessen Inhalt nur durch ein HF-Feld erwärmt u. zum Schmelzen gebracht wird, ohne daß irgendwelche Vorr. im Schacht erforderlich sind. F. ROSENDAHL. 8030 □

Abkühlung eines Spinnfadens. E. H. Andrews. (Brit. J. appl. Physics **10.** 39—43. Jan. 1959. Harrogate, Yorks., Imp. Chem. Ind. Ltd., Fibres Div.; engl.) — Die Abkühlung der stranggepreßten Masse einer Polymerschmelze wird für den Fall theoret. untersucht, daß der verfestigte Faden in einiger Entfernung von der Spinndüse aufgewickelt wird. Die Gleichungen für den Wärmefluß werden angesetzt u. näherungsweise unter Verw. empir. Daten gelöst. Die ermittelte Beziehung zwischen Temp. u. Abstand von der Spinndüse erweist sich als prinzipiell richtig, obwohl die dabei vorausberechnete radiale Temp.-Verteilung im Faden beim Beispiel des amorphen *Terylens* nur innerhalb von 20% zutrifft. E. ÜHLEIN. 8030□

Neue Wege der chemischen textilen Forschung. G. Champetier. (Teintex **27.** 5—17. 15/1. 1962. Sorbonne; franz.) — Die Beziehungen zwischen der chem. Konstit. der Fasern u. ihren textilen Eigg. werden besprochen. Die mechan. Eigg. hängen von der mol. Kohäsion im Innern der Fasern ab, die auf VAN DER WAALschen Kräften, polaren oder H-Bindungen u. der mol. Symmetrie beruht. Am Beispiel der Konstit. verschiedener *Polyamide, Polyester* u. *Polypropylene* wird dies erläutert. Die Möglichkeiten der Herst. von Copolymeren mit Anordnung der Bestandteile in regelmäßiger Folge für textile Zwecke, ebenso der Propfung kurzer oder langer Seitenketten auf lineare Makromoll. durch Anwendung von Röntgenstrahlen, γ-Strahlen usw. zwecks Veränderung der textilen Eigg. werden erörtert. L. JENTGEN. 8040□

Über den Einfluß der Faserstruktur auf deren technologische und Gebrauchseigenschaften. Jerzy Godek. (Prace Inst. Włókiennictwa **10.** Nr. 3. 38—59. 1960; pol.) — Allg. Übersicht. An Hand von Tabellen werden die Strukturänderungen der Fasern bei deren Herst. u. Verarbeitung sowie beim Gebrauch besprochen. Folgende Prüf-Meth. der Struktur-Unters. werden ausführlich diskutiert: 1. Röntgenographie, 2. IR-Spektroskopie, 3. Elektronenmikroskopie, 4. Dichtemessungen, 5. Thermochemie. — 3. Abb., 5 Tabellen, 8 Literaturhinweise. T. LUKANOFF. 8040□

Australische Wollforschung. 1. Mitt. **Struktur und Chemie der Wolle.** F. G. Lennox. (Res. appl. in Ind. **12.** 82—90. März 1959. Melbourne, C.S.I.R.O., Wool Res. Labor., Div. of Protein Chem.; engl.) — Ein allg. Überblick über die austral. Wollforschung auf dem Gebiet der Struktur, dem histolog. u. chem. Aufbau der Wolle wird gegeben. — 9 Abb., 93 Schrifttumshinweise. H.G. FRÖHLICH. 8060□

Australische Wollforschung. 2. Mitt. **Wollveredlung.** M. Lipson. (Res. appl. in Ind. **12.** 122—26. April 1959. Geelong, C.S.I.R.O., Wool Res. Labor.; engl.) — 1. vgl. vorst. Referat. — Allg. Überblick über die Arbeiten der austral. Wollforschung über das Zeichnen der Schafe, die Wollwäsche, das Carbonisieren, das Spinnen der Wolle, die Mottenechtausrüstung, die Schrumpffestausrüstung u. die SI-RO-SET-Ausrüstung. — 4 Abbildungen. H. G. FRÖHLICH. 8060□

Einige Versuche an durch Hitzebehandlung stabilisierter Viscosefaser. Kisou Kanamaru und Kazuo Koyano. (J. appl. Polymer Sci. **3.** 143—52. März/April 1960. Ookayama, Tokyo, Japan, Inst. of Technol., Dep. of Chem. Engin.; Yamaguchi, Japan, Teikoku Rayon Co., Res. Labor.; engl.) — In Fortführung der früher (vgl. C. **1959.** 14914) beschriebenen Verss. werden nun die *Viscosefasern* (I) in wss. CH_3COOH (pH 2,5—5,8) vorbehandelt (5 Std., 25°); anschließend wird **I** getrocknet u. in Paraffin auf t = 50—150° erhitzt. Die festigkeitserhöhende u. stabilisierende Wrkg. der Vorbehandlung ist die gleiche, wie l. c. gefunden. Zum Beispiel geht der Elastizitätsmodul mit wachsendem pH bei pH 3 durch ein Maximum, dessen Höhe um so höher liegt, je größer t ist; auch die Bruchfestigkeit geht zwischen pH 3,0 u. 3,5 durch ein Maximum. In gleicher Weise werden deuterierte **I** behandelt; die IR-Aufnahmen (2400—2700 cm^{-1}, Absorptionsbereich der OD-Gruppen) der deuterierten Proben zeigen stärkere Banden als die nichtdeuterierten. Daraus wird geschlossen, daß der Kristallisationseffekt nach einer Vorbehandlung bei pH 3 erst bei t = 55—70° deutlich auftritt. Röntgenaufnahmen zeigen, daß der Kristallisationsgrad nach der Vorbehandlung bei pH 3,0 u. t = 70° um 3% höher als der der ursprünglichen **I** bzw. der ohne Vorquellung wärmebehandelten **I** ist. O. FUCHS. 8074□

Stabilisierung von Viscosefasern durch Hitzebehandlung nach Vorquellung in einem ammoniakalischen Bad. Kisou Kanamaru. (J. appl. Polymer Sci. **4.** 1—9. Juli/Aug. 1960. Tokyo, Japan, Inst. of Technol., Dep. of Chem. Engin.; engl.) — Fortführung der im vorst. Referat beschriebenen Verss., wobei nun als Quellmittel wss. Lsgg. von NH_4OH im pH-Bereich 7—11 verwendet werden (je 24 Std. bei 25°, nach Erhitzen in Paraffin auf 70—160°). Die Prüfung der so vorbehandelten *Viscose*-Fasern (**I**) zeigt, daß die Stabilisierungs-Wrkg. am größten ist für pH 9,0 u. 70—90°. Die Stabilisierungs-Wrkg. der Wärmebehandlung ist hier viel stärker als bei den entsprechenden Verss. mit im Säurebad vorgequollenen **I**. Die IR-Aufnahmen von deuteriertem **I** u. die Röntgenaufnahmen stehen hiermit in Einklang. Schließlich wird gezeigt, daß der Stabilisierungseffekt sowohl bei saurer als auch bei alkal. Vorbehandlung stark vom Trocknungsgrad von **I** abhängt. O. FUCHS. 8074□

Ein neuer italienischer Erfolg auf dem Textilgebiet: die Polypropylenfasern. Giulio Natta. (Chim. e Ind. [Milano] **41.** 647—52. Juli 1959. Milano, Politecn., Ist. di Chim. ind.; ital.) — Aus linearen Makromoll. bestehendes isotakt. Polypropylen (**I**) zeigt eine regelmäßige Struktur, eignet sich zur Herst. von Textilfasern mit hoher Kristallinität (70—85%) u. beachtlicher Festigkeit. Das elast. Verh. der Fasern ist von der ster. Reinheit des Polymeren abhängig u. kann ohne weiteres innerhalb eines sehr weiten Grenzbereichs variiert werden. Wegen der geringen Dichte von **I** (0,90 bis 0,92), die niedriger als die aller bekannten künstlichen u. synthet. Textilfasern ist, wegen der geringen Gestehungskosten des Monomeren u. wegen der leichten Verspinnbarkeit ist eine ausgedehnte u. bedeutende Anwendung der Fasern von **I** vorauszusehen. 4 Abb., 5 Tabellen, 9 Literaturhinweise. G. Platzer. 8080□

Einfluß von Temperatur und Feuchtigkeitsgehalt auf die beim Ziehen von Nylon 66 erzielte Orientierung. C. G. Cannon und F. P. Chappel. (Brit. J. appl. Physics **10.** 68—71. Febr. 1959. Pontypool, Monmouthshire, Brit. Nylon Spinners Ltd.; engl.) — An 2 Proben von Fäden aus *Nylon 66* vom Ausgangs-∅ 94 μ, die mit der Hand mit einer Dehnungs-Geschw. von 6 cm/sec gezogen wurden, läßt sich zeigen, daß durch Erhöhung von Feuchtigskeits-Geh. oder Außen-Temp. bis ca. 165° das Dehnungsmaximum sowie die Orientierung der Moll. infolge ihrer größeren Beweglichkeit zunehmen. Bei >160° wirkt diesem Effekt therm. bedingte Desorientierung entgegen; auch sind geringere Werte der Doppelbrechung bei gegebener Dehnung zu beobachten (untersucht bis ca. 255°). Die Ergebnisse entsprechen dem adiabat. Ziehen an einem Absatz des Fadens bis zu einem „natürlichen Streckungsquotienten", der durch die Außen-Temp. gegeben ist, in Kombination mit dem isotherm. Ziehen, das gleichförmig längs der Probenlänge verläuft. Die hohen Werte der Doppelbrechung (ca. 0,060—0,065) bei Fäden, die mit hohen Geschw. gezogen wurden, sind wahrscheinlich z. T. durch den Anstieg der effektiven Streck-Temp. bei diesen Geschw. bedingt. E. Uhlein. 8080□

Untersuchung der triboelektrischen Eigenschaften verschiedener synthetischer Gewebe. G. Goudet und P. Laurenceau. (J. Physique Radium, Physique appl. Suppl. zu: J. Physique Radium **21.** 87A—91A. Juli 1960; franz.) — Die durch Reibung bewirkte elektr. Aufladung von Geweben aus Kunstfaser (PVC oder Acrylonitril) wird untersucht. Die Proben werden dazu zwischen gerundeten Blechen, die mit einem bestimmten Druck aufliegen, hindurchgezogen u. dabei durch Reibung reproduzierbar aufgeladen. Die entstandene Ladung wird über einen Faraday-Zylinder auf ein Quadrantelektrometer übertragen. Die Messungen zeigen, daß die PVC-Fasern stärker aufgeladen werden (4—5,5 μCoulomb/m²) als Fasern aus Acrylonitril (1,5—2 μCoulomb/m²), ferner, daß die Beladung der PVC-Fasern mit 0,5—4,0% CaF_2 eine Verringerung der elektr. Aufladung bewirkt. — 7 Abb., 1 Literaturhinweis. W. Reusse. 8080□

Die Ausarbeitung spektrographischer Methoden für den Nachweis von metallischen Elementen in Textilpräparationen. Stefania Siewierska. (Prace Inst. Włókiennictwa **10.** Nr. 3. 60—70. 1960; pol.) — Nach der Beschreibung von allg. Grundlagen der Emissionsspektrographie wird ein Verf. zur Best. von Metallspuren in Textilpräparationen bzw. in avivierten Garnen oder Geweben vorgeschlagen. Die Meth. kann auch zum Nachw. von metall. Verunreinigungen oder Fasern anorgan. Herkunft dienen. Als Beispiel wird die Best. von Al-Spuren in einem Polyamidgewebe (Steelon) unter Anwendung von Innenstandard u. diskontinuierlichem Wechselstrombogen angeführt. — 8 Abb., 3 Tabellen, 6 Literaturhinweise. T. Lukanoff. 8096□

Die Bestimmung der Gewebereißfestigkeit mit einem Kugeldurchstoß-Prüfgerät. P. J. Holzer. (Textil-Prax. **16.** 608—10. Juni 1961. Montreal, Quebec, Canada; dt.) — Bei der Gewebe-Unters. mit dem beschriebenen Kugeldurchstoß-App. erübrigt sich eine Vorbereitung der Muster. Das ermittelte Resultat gibt Aufschluß hinsichtlich der Festigkeit der schwächeren Geweberichtung. Dies ist zur Beurteilung der prakt. Verwendbarkeit der Ware ausreichend. — 6 Abb., 1 Tabelle, 3 Literaturhinweise. A. Seuffert. 8096□

Relaxationsvorgänge bei Monofilen unter gleichzeitiger überlagerter Zugwechselbeanspruchung. W. Meskat und W. Hoffmann. (Rheol. Acta (Ergänzungsh. z. Kolloid-Z.) Nr. 1. 77—86. Mai 1958. Leverkusen, Farbenfabr. Bayer A.G.; dt.) — Ein *Meßgerät* wird beschrieben, das über die bekannten Kennwerte der *Fadenprüfung* hinaus weitere Kennwerte dynam. Art zu ermitteln gestattet. Ferner erlaubt das Gerät die Unters. von statist. u. dynam. *Relaxationsvorgängen*. Ein Auswertungs-Verf. sowie erste Meßergebnisse werden mitgeteilt. — 17 Abbildungen. H. J. Hartmann. 8096□

Eine Beugungsmethode zur Messung der Durchmesseränderung in gedehnten Fasern. Vere V. Davis. (Shirley Inst. Mem. **32.** 69—75. Juni 1959. Didsbury, Shirley Inst., Brit. Cotton Ind. Res. Assoc.; engl.) — Zur Messung der Durchmesseränderung von Einzelfasern bei der Dehnung sind 3 Meth. möglich: die Interferenz, Luftströmung u. Beugung. Die Beugungs-Meth. wird beschrieben. Es werden Verss. mit schwarzem Nylon u. Terylen (**I**) bei einer relativen Feuchtigkeit von 65% u. 68° F durchgeführt. Es werden schwarze Fasern verwendet, damit kein Licht durch die Fasern dringt. Die Kurve für Terylen zeigt einen Anstieg des Durchmessers mit der Dehnung u. deshalb ein Ansteigen des Volumens. Auf die Beugungsdiagramme von schwarzen Viscosekunstseide- u. Celluloseacetatfasern wird eingegangen. — 5 Abb., 4 Literaturhinweise. E. ANTON. 8096□

Untersuchungen über thermische Behandlung von Polyvinylalkoholfasern durch Röntgenstrahlen. 4. Mitt. Kleinwinkelzerstreuung und Breitwinkelreflexion. Takani Mochizuki. (J. chem. Soc. Japan, pure Chem. Sect. [Nippon Kagaku Zassi] **81**. 200—05. Febr. 1960. Okayama, Kurasiki-Reyon-Kabusiki-Kaisya; jap., Auszug: engl. S. A14.) — 3. vgl. C. **1962**. 7175. — Von verschiedenen Polyvinylalkoholfasern werden Röntgenstrahlenkleinwinkelzerstreuung sowie -breitwinkelreflexion in den äquatorialen u. meridialen Ebenen mit einem Röntgenstrahlendiffraktometer gemessen. Mit steigender Behandlungs-Temp. nimmt die Intensität sowie die Schärfe der Reflexionen (h 0 l) u. (0 2 0) zu. Die Intensität der Kleinwinkelzerstreuungsinterferenz in der meridialen Richtung ändert sich durch therm. Behandlung der Fasern genau wie die Intensität der Breitwinkelreflexion in der äquatorialen Richtung. Die lange Periode, die aus den Daten des Zerstreuungswinkels berechnet wird, nimmt mit steigender Behandlungs-Temp. zu. Zwischen der langen Periode u. der Länge der Kristalle in der Richtung der Faserachse wird eine prakt. lineare Korrelation gefunden. Die lange Periode nimmt auch mit steigender Dichte der Faser zu. E. MAEKAWA. 8116□

American Cyanamid Co., New York, übert. von: Samuel W. Tribit, Hawthorne, N.Y., V.St.A., **Herstellung von chlorierten Triazinen.** In kalte wss. Lsgg. der Alkalisalze von Cyanur- oder Isocyanursäure, Melamin, Ammelid oder Ammelin wird in an sich bekannter Weise bei 0—5° Cl_2 eingeleitet, bis sich ein Nd. aus den Chlorierungs-Prodd. (**I**) + NCl_3 gebildet hat. Dieser wird isoliert u. das darin vorhandene NCl_3 erfindungsgemäß dadurch zerstört, daß der Nd. mit HCl verrührt wird, auf pH 1,5 bis 3,5 gebracht u. das Gemisch 10—60 Min. lang stehengelassen wird. Das **I** wird dann nach Auswaschen mit W. in der üblichen Weise isoliert. — *Bleichmittel.* (**A. P. 2 970 998** vom 13/11. 1957, ausg. 7/2. 1961.) A. KALIX. 8027

Chemische Werke Albert, Wiesbaden (Erfinder: Ottmar Schmidt, Frankfurt/M.), **Haltbares Textilhilfsmittel** mit bes. hoher Egalisier-Wrkg. besteht aus einem Gemisch (bes. 1:0,1—2) eines farbstoffaffinen Egalisierungsmittels mit einem Polyphosphat mit >2 P-Atomen im Molekül. Beim Färben von Baumwolle mit einer Farbstoffmischung aus gleichen Teilen N.N'-Dihydroanthrachinonazin u. N.N'-Dihydro-2.2'-dichloranthrachinonazin wird z. B. ein Gemisch aus gleichen Teilen des Kondens.-Prod. von Oleylamid mit 6 Mol Äthylenoxid u. Na-Hexametaphosphat verwendet. (**Schwz. P. 351 939** vom 28/5. 1956, ausg. 30/3. 1961. D. Prior. 10/8. 1955.) F. BÖHM. 8029

General Aniline & Film Corp., New York, N.Y., übert. von: William M. Perry, Bethlehem, Pa., V.St.A., **Schlichten von Glasfasern für Verstärkungsgewebe von Kunstharzformkörpern zur Herstellung von Verbundglas** u. als *Schutzüberzug für Aerosol-Glasflaschen* sind in Lsgm., wie Aceton, Butyrolacton, Butanon, $HCON(CH_3)_2$, A., CH_3OH, Propanol, Methylpyrrolidon oder Furfurol gelöste Mischpolymere aus 90—5 (%) Vinylhalogenid u. 10—95 N-Vinylpyrrolidon. — Geeignet sind 5—15%ig. Lsgg. von 73:27 Polyvinylpyrrolidon u. Polyvinylchlorid (I), 91:9 Mischpolymeres aus 3.3-Dimethyl-N-vinylpyrrolidon u. **I** oder 88:12 Mischpolymeres aus 4-Äthyl-N-vinylpyrrolidon-(2) u. CH_2=CHF. Vgl. A. P. 2 762 735; C. **1958**. 5526. (**A. P. 2 958 614** vom 16/6. 1955, ausg. 1/11. 1960.) H. MÖLLERING. 8031

Farbwerke Hoechst Akt.-Ges., vormals Meister Lucius & Brüning, Deutschland, **Herstellung 2.5-disubstituierter Oxazole,** dad. gek., daß hydroxylierte aromat. Verbb., in denen die OH-Gruppen mindestens partiell veräthert sind u. in denen mindestens eine Äthergruppe sich in o- oder p-Stellung zu einem freien H-Atom befindet, in der Wärme in Polyphosphorsäure mit α-Acylaminocarbonsäuren umgesetzt werden, in denen der Carbonylrest der Acylgruppe an einen Benzolrest gebunden ist. — 17,9 (g) Hippursäure (**I**), 13,8 Resorcindimethyläther (**II**) u. 140 Polyphosphorsäure werden unter Rühren 3 Std. lang auf 75° erwärmt. Es wird abkühlen gelassen; bei Zusatz von Eiswasser krist. *2-Phenyl-5-[2.4-dimethoxyphenyl]-oxazol,* F. 144°, das ebenso auch aus 2-Phenyloxazolon-(5) erhalten wird. — Rk.-Prodd. aus 4-Methoxybenzamidoessigsäure u. **II**, F. 124°, u. aus **I** u. Anisol, F. 126°. — Weitere Oxazole: *2-Phenyl-5-[2.4-diäthoxyphenyl]-*, F. 85—87,5°, $Kp._{0,1}$ 200°, aus **I** u. Resorcindiäthyläther. — *2-Phenyl-4-methyl-5-[2.4-dimethoxyphenyl]-*, F. 92°, aus Benzoyl-α-alanin u. **II**. — *2-Phenyl-4-isobutyl-5-[2.4-dimethoxyphenyl]-*, $Kp._{0,07}$ 170°, aus Benzoyl-dl-leucin u. **II**. — *2.4-Diphenyl-5-[2.4-dimethoxyphenyl]-*, F. 97—97,5°, $Kp._{0,1}$ ca. 205°, aus dl-α-Benzoylaminophenylessigsäure. — *2-[4-Nitrophenyl]-5-[2.4-dimethoxyphenyl]-*, F. 237°, $Kp._{0,1}$ 210 bis

220°, aus 4-Nitrobenzamidoessigsäure. — *1.4-Bis-[5-(2.4-dimethoxyphenyl)-oxazolyl-(2)]-benzol*, F. 267°, aus Terephthaloyl-bis-[aminoessigsäure). — *2-Phenyl-5-[2-methoxynaphthyl]-*, F. 119°, aus **I** u. 2-Methoxynaphthalin. — *2-Phenyl-5-[1-methoxynaphthyl]-*, F. 99,5—100°, $Kp._{0,19}$ ca. 190°, aus 1-Methoxynaphthalin. — *2-Phenyl-5-[2'-methoxy-4'-hydroxyphenyl]-*, F. 119—120°, $Kp._{0,1}$ 195°, aus Resorcinmonomethyläther. — *2-[4-Methoxyphenyl]-4-phenyl-5-[2.4-dimethoxyphenyl]-*, F. 139°, aus 4-Methoxybenzamidophenylessigsäure. — *2-Phenyl-5-[2.6-dimethoxynaphthyl]-*, F. 120°, $Kp._{0,1}$ 200°, aus 2.6-Dimethoxynaphthalin. — *2-Phenyl-5-[2'.3'-dimethoxy-4-aminophenyl]-*, aus 1-Acetamido-2.4-dimethoxybenzol. — *Opt. Bleichmittel, Lichtschutzmittel.* (**F. P. 1 227 469** vom 13/3. 1959, ausg. 22/8. 1960. D. Prior. 13/3. 1958.) S. BÖTTCHER. 8033

Dr. Th. Böhme K.G. Chem. Fabrik, Gartenberg über Wolfratshausen, **Hochveredlung von Textilien.** Das Textilgut wird mit langkettigen Fettsäurenitrilen oder deren Rk.-Prodd. mit Paraformaldehyd zusammen mit wasserlösl. Aminoplastvorkondensaten oder deren Äthern, wie Methylolmelamin oder -harnstoff oder Methylolmelaminmethyläther, in Ggw. von sauren oder potentiell sauren Katalysatoren, z. B. Rk.-Prodd. aus Fettalkoholchlormethyläther oder Fettsäureamidchlormethyl-Verbb. u. tert. Aminen imprägniert, getrocknet u. das Imprägniermittel auf der Faser bei >100° kondensiert. — Zum Beispiel werden 20 (g) Stearinsäurenitril (SZ. 2,3) mit 20 des Rk.-Prod. aus 1 Mol Octadecylchlormethyläther u. 1 Mol Dimethylcyclohexylamin bei ca. 50° bis zur klaren Lsg. verschmolzen, 160 bei ca. 50° verflüssigten Hexamethylolmelaminäther eingerührt u. das Prod. mit W. zu einer beständigen Emulsion verdünnt. Ein Baumwollgewebe, das mit einer solchen Emulsion, die 50 akt. Substanz im Liter Flotte enthält, imprägniert, bei 70° getrocknet u. 10 Min. lang bei 140° behandelt, wird, weist erhöhte wasserabweisende u. zugleich knitterfeste, waschbeständige Eigg. auf. (**Oe. P. 210 383** vom 7/3. 1958, ausg. 25/7. 1960. D. Prior. 11/3. 1957.) W. RAETZ. 8037

Ciba Akt.-Ges., Basel, Schweiz, **Schützen von cellulosehaltigem Fasergut, besonders von niederem Quellwert, gegen Mikroorganismen.** Gewebe, bes. fadenförmiges Gut, wie Vorgarn, Garn oder Zwirn, bes. aus Baumwolle, wird mit der gerade notwendigen Menge einer Härtungskatalysatoren enthaltenden wss. Fl. aus Carbamid- oder Aminotriazinkunstharzen, wie Kondens.-Prodd. aus CH_2O u. Harnstoff, Thioharnstoff, Cyanamid, Dicyandiamid, Biguanid, Melamin (**I**), Formyl- oder Acetoguanamin imprägniert u. das Kunstharz auf der Faser ohne Zwischentrocknung in Ggw. von aus der Imprägnier-Fl. stammendem W. fixiert. — Zum Beispiel wird ein abgekochtes Baumwollvorgarn mit einer wss. Lsg., die 150 (g) eines wasserlösl. Kondens.-Prod. aus 1 Mol **I** u. 2 Mol HCHO, 7,5 Diacetin u. 1 eines ionenfreien Netzmittels, z. B. des Kondens.-Prod. aus 1 Mol Octylphenol u. 8 Mol Äthylenoxid, enthält, besprüht, wobei die Dosier-Vorr. auf eine Fl.-Aufnahme von ca. 70% (bezogen auf das Faden-Gew.) eingestellt u. die Faden-Geschw. 250 m je Min. beträgt. Das besprühte u. aufgespulte Garn wird mehrere Std. lang in einem Wärmekasten bei ca. 100° belassen; das behandelte Gut weist einen ausgezeichneten Konservierungseffekt auf, ein mechan. Entfernen von überschüssiger Imprägnier-Fl. entfällt. (**Oe. P. 211 783** vom 8/9. 1959, ausg. 10/11. 1960. Schwz. Prior. 9/9. 1958.) W. RAETZ. 8045

J. R. Geigy Akt.-Ges., Basel, Schweiz, **Schützen von Keratinstoffen gegen Insektenfraß.** Keratinstoffe, wie Decken, Teppiche, Wäsche, Kleider oder Wirkwaren aus Schafwolle oder anderen Tierhaaren oder auch Felle oder Pelze werden mit im Benzolkern durch Halogen substituierten o-, m- oder p-Sulfonamidobenzoesäurearylamiden, ggf. gemeinsam mit geeigneten Trägerstoffen u./oder Verteilungsmitteln, z.B mit *2-[3'.4'-Dichlorbenzolsulfonamido]-3.5-dichlorbenzoesäure-3''.4''-dichloranilid*, *3-[3'-Trifluormethyl-4'-chlorbenzolsulfonamido]-4-chlorbenzoesäure-2''.4''.5''-trichloranilid* (**I**), *2-[3'.4'-Dichlorbenzolsulfonmethylamido]-3.5-dichlorbenzoesäure-3''.4''-dichloranilid*, *3-[3'.4'-Dichlorbenzolsulfonmethylamido]-4-chlorbenzoesäure-3''-trifluormethyl-4''-chloranilid*, *3-[3'-Trifluormethyl-4'-chlorbenzolsulfonamido]-4-brombenzoesäure-3''-trifluormethyl-4''-chloranilid*, *3-[3'-Trifluormethyl-4'-chlorbenzolsulfonamido]-4-chlorbenzoesäure-3''.4''.-5''-trichloranilid*, *3-Chlormethansulfonamido-4.6-dichlorbenzoesäure-2'.4'.5'-trichloranilid*, *4-[3'-Trifluormethyl-4'-chlorbenzolsulfonamido]-benzoesäure-3''-trifluormethyl-4''-chloranilid* behandelt. Solche Verbb. lassen sich z. B. durch Rk. eines im Benzolkern halogenierten Aminobenzoesäurearylamids mit einem Halogenid einer entsprechenden Sulfonsäure oder durch Rk. eines Halogenids einer im Benzolkern halogenierten entsprechenden Sulfonylaminobenzoesäure mit einem durch Halogen u./oder CF_3-Gruppen substituierten aromat. Amin in Ggw. eines säurebindenden Mittels herstellen, wobei die Ausgangs-Verbb. so gewählt werden, daß im Rk.-Prod. insgesamt mindestens 3 Halogenatome u./oder CF_3-Gruppen als Ringsubstituenten enthalten sind. — Zum Beispiel werden 0,5 (Teile) **I** mit 10 0,1n NaOH u. etwas A. in Lsg. gebracht, mit 3000 W. verd. u. 100 Wolle 15 Min. lang bei ca. 60° in dieser Flotte behandelt; nach Zusatz von 5 10% ig.

CH_3COOH u. weiterer 1 std. Behandlung bei 60°, Spülen u. Trocknen wird eine gegen den Angriff von Motten-, Pelzkäfer- u. Teppichkäferlarven widerstandsfähige Ware erhalten. (**Oe. P. 211 786** vom 23/12. 1958, ausg. 10/11. 1960. Schwz. Prior. 24/12. 1957.) W. RAETZ. 8063

Chemische Fabrik Stockhausen & Cie., Krefeld, **Bleichen von nicht zugerichteten oder zugerichteten, aber nicht chromierten Pelzfellen.** Die Pelzfelle werden vor dem Bleichen mit peroxid. Bleichmitteln hoher Konz. mit wss. Lsgg. von Aldehyden, bes. CH_2O, in Ggw. von reduzierenden Verbb., wie Na-Formaldehydsulfoxylat (**II**), Alkalihydrosulfit oder Alkalibisulfit, im sauren bis neutralen Bereich bei $<60°$, bes. 30—40°, behandelt, wobei vorzugsweise Aldehydmengen verwendet werden, die 10 g je Liter nicht überschreiten, u. die reduzierenden Verbb. in Mengen bis zu 20 g je Liter eingesetzt werden; zweckmäßig wird die Vorbehandlung gleichzeitig mit katalyt. wirkenden O_2-Überträgern, wie Fe-, Ni- oder Co-Salzen, sowie vorteilhaft gleichzeitig mit Komplexbildnern, wie Citronen-, Oxal-, Salicyl- oder Weinsäure, durchgeführt; die wss. Behandlungs-Lsgg. können ferner emulgierbare Fettungsmittel enthalten, die anschließende Bleichbehandlung kann ohne wesentliche Erhöhung der Alkalilöslichkeit u. ohne Veränderung der natürlichen Haarstruktur mit hohen Konzz. an H_2O_2 bei gleichzeitiger Ggw. hoher Mengen von anorgan. oder organ. Peroxiden, wie $K_2S_2O_8$, $NaBO_3$, Peressigsäure oder tert.-Butylperoxid, bes. in 2 Stufen, erfolgen. — Ein Vorbehandlungsbad enthält z. B. im Liter 20 ml 40%ig. HCHO, 15 (g) **II**, 3 $FeSO_4 \cdot 7\,H_2O$, 2 Citronensäure, 80 NaCl, 1 Nonylphenylpolyglykoläther u. 2 Fettungsmittel aus 32 (%) Fettsäurepolyglykolester, 22 Spermöl u. 45 Mineralöl; der pH-Wert wird mit HCOOH während der Dauer der Vorbehandlung auf 3,5 gehalten; ein Vorbleichbad enthält z. B. im Liter 40 ml H_2O_2, 25 (g) $K_2S_2O_8$, 60 NaCl, 10 NH_4Cl, 7 $Na_4P_2O_7$, 10 W. (**I**) u. Na-Salz hochsulfatierter Ölsäure (**III**) u. wird mit NH_3 auf pH ca. 8,5 gestellt; ein Hauptbleichbad enthält z. B. im Liter 40 (g) 35%ig. H_2O_2, 20 NaCl, 10 NH_4Cl, 10 **I**, 4 Oxalsäure u. 2 **III** u. wird mit NH_3 auf pH ca. 8,5—9 gestellt; ein reduktives Nachbehandlungsbad enthält z. B. im Liter 2 (g) Natriumhydrosulfit, 60 NaCl u. 4 Na-Hexametaphosphat. (**Oe. P. 211 469** vom 24/2. 1959, ausg. 10/10. 1960. D. Prior. 28/2. 1958.) W. RAETZ. 8067

Tootal Broadhurst Lee Co. Ltd. (Erfinder: Frederick Charles Wood, John James Ryan, Peter John Taylor, Frank Harry Burkitt und Margaret Tuson), Manchester, England, **Herstellen von Kondensationsprodukten aus Formaldehyd und Harnstoff,** dad. gek., daß in wss. Lsg. ohne Wärmeanwendung bei pH 7 bis 9 HCHO (**I**) mit H_2NCONH_2 (**II**) u. einem Polyäthylenpolyamin der allg. Formel $NH_2(CH_2CH_2NH)_xH$ (x = ganze Zahl im Werte von mindestens 2), miteinander reagieren gelassen wird, das nicht mehr als 10% des berechneten Gesamtgewichts an **II** in der Lsg. beträgt. — 100 g **II** werden in 200 cm³ 40%ig. neutralem **I** gelöst u. 4 cm³ Diäthyltriamin zugesetzt. Die Lsg. mit pH 8,5 bleibt bei Raum-Temp. 16 Std. lang stehen. Aus dieser Lsg. mit einer Viscosität von 5—7 cP fällt bei Raum-Temp. vom Zeitpunkt der Mischung ab mindestens 2 Tage lang kein fester Niederschlag. 30 cm³ dieser Lsg. werden durch Zugabe von 10 cm³ $NH_4H_2PO_4$ katalysiert u. mit W. auf 100 cm³ aufgefüllt. Diese Lsg. dient zum *Imprägnieren von Kunstseidengewebe*, das getrocknet u. 3 Min. lang auf 140° erhitzt wird, worauf es knitterfrei wird. (**E. P. 857 283** vom 9/3. 1956, ausg. 29/12. 1960.) W. SCHLITT. 8075

Chemische Fabrik Pfersee G. m. b. H., Salzburg, Österreich, **Knitterfestmachen von Acetatkunstseide** mit wasserlösl. Methylol-Verbb. von Imidazolidonen, wie Äthylen oder Hydroxyäthylenharnstoffen, z. B. Dimethyloläthylenharnstoff, u. in W. emulgierten Polysiloxanen, z. B. einem Gemisch aus Methylhydrogen-, Monomethyl- u. Dimethylsiloxan, sowie Härtungsmitteln, wie NH_4-Salzen, Salzen mehrwertiger Metalle, Zr-Salzen, $SnCl_2$ oder Salzen aus mehrwertigen Metallen u. Fett-, Öl- oder Naphthensäuren. Ein mit solchem Mittel imprägniertes, vorwiegend Acetatkunstseide enthaltendes Gewebe ist knitterfest u. wasserabweisend u. besitzt einen angenehmen fließenden u. weichen Griff. Das Mittel eignet sich auch zum Behandeln des Fasermaterials vor dem Verweben u. ergibt entsprechend veredelte Gewebe. — Beispiel. (**Oe. P. 212 270** vom 27/7. 1959, ausg. 12/12. 1960. D. Prior. 22/7. 1958.) W. RAETZ. 8077

—, Review of textile progress. Vol. 12: 1960. Manchester: Textile Institute; London: Butterworths Scientific Publications. 1962. (VIII + 534 S. m. Tab. u. Diagr.) 70 s.

XIX. Brennstoffe. Erdöl. Mineralöle

Einige Probleme der untertägigen Vergasung von Kohle. Dietrich Rotter. (Bergakademie [Freiberg] **13.** 706—11. Nov. 1961. Berlin; dt.) — Über die in vielen Ländern gewonnenen Erkenntnisse über die unterird. Vergasung von Kohlen verschiedenen Alters wird berichtet. Die Verff. werden hinsichtlich des Wrkg.-Grades untereinander verglichen. Die auftretenden Gasverluste sind nicht unerheblich, weshalb Vorschläge zur Vermeidung dieser u. zur Verbesserung der Gasqualität gemacht werden. Bei weiteren Verss. muß bes. das Verh. des Gesteins bei den auftretenden hohen Temp. berücksichtigt werden. F. Rosendahl. 8148 □

Über den Einfluß der Eigenschaften von Erdöl auf die Oberflächeneigenschaften von Gesteinen. N. D. Tairow und A. A. Abdullajewa. (Азербайджанское Нефтяное Хозяйство [Erdöl-Wirtsch. Aserbaidshan] **38.** Nr. 9. 27—28. Sept. 1959; russ.) — Der Einfl. des Druckes des umgebenden Mediums auf die Benetzung der Oberfläche von Quarz u. $CaCO_3$ durch W. u. Erdöl wird untersucht. Verss. mit Erdgas als umgebendem Medium führen zu einer Abnahme der Benetzung mit steigendem Druck, die sowohl an reinen als auch an durch Erdöl hydrophobisierten Oberflächen auftritt, jedoch bei gleichem Druck im 2. Falle größer ist. Die Abnahme der Benetzung wird mit der steigenden Sättigung der Fl. mit dem Gas bei zunehmendem Druck erklärt.
H. Vogel. 8188 □

Der Einfluß des hydrostatischen Druckes auf die Genauigkeit der Messung der Menge an Erdöl und Erdölprodukten in Behältern. Ss. G. Schtscherbakow und W. I. Tschernikin. (Известия Высших Учебных Заведений (Баку), Нефт и Газ [Hochschulnachr. (Baku), Erdöl Gas] **3.** Nr. 4. 105—11. 1960. Moskau, Gubkin-Inst. für Erdölchem. u. Gasind.; russ.) — Da zwischen den rechner. ermittelten Rauminhalt u. der tatsächlichen Erdölmenge in zylindr. Stahlbehältern große Unterschiede beobachtet werden (ca. 20 m^3 bei Behältern von 10000 m^3), wird der Einfl. des *hydrostat. Druckes* auf die Formveränderung der Behälter untersucht. Es werden Gleichungen angeführt, nach denen die Deformierung der Böden u. der Schüsse berechnet werden kann. Else Heinemann. 8188

Zähigkeitseigenschaften von Gemischen von Erdöl- und Siliconflüssigkeiten. D. Ss. Welikowski und L. W. Tscherwowa. (Химия и Технология Топлив и Масел [Chem. Technol. Brennstoffe Öle **4.** Nr. 6. 38—43. Juni 1959; Moskau, Gubkin-Inst. für Erdölchem. u. Gasind.; russ.) — Das Viscositäts-Verh. einzelnener KW-Stoffe der Mineralöle u. ihrer Gemische wird untersucht u. die Abweichungen (Depressionen) von den für die Gemische errechneten Werten, ferner die Viscositäts–Temp.-Kurven von Gemischen der Mineralöle mit *Polyäthylsiloxan* (**I**) u. *Polymethylphenylsiloxanölen* (**II**) in Abhängigkeit von deren Konz. u. die Abhängigkeit der Depressions-Koeff. für Gemische von Mineralölen mit genannten Siliconölen von der Temp. werden gezeigt. Die Depressionen von Gemischen aus Mineralöl u. **I** sind größer als die mit **II** u. von der chem. Zus. der Mineralöle abhängig. Sie werden durch Anwesenheit cycl., bes. aromat. KW-Stoffe, erhöht, während das Phenylradikal zufolge seiner Ähnlichkeit mit Mineralölen geringeren Einfl. auf eine Vergrößerung der Depression hat. Bei Herst. von Ölgemischen ist daher die gegenseitige Beeinflussung der Mineralöl- u. Siliconkomponenten zu berücksichtigen, da hierdurch Öle mit besten Viscositäts-Eigg. erhalten werden können.
N. Hvиd. 8188

Der Einfluß der Temperatur auf die Viscositätseigenschaften der Waschwässer auf Erdölbasis. N. M. Kassjanow und L. K. Muchin. (Известия Высших Учебных Заведений (Баку), Нефть и Газ [Hochschulnachr. (Baku), Erdöl Gas] **3.** Nr. **4.** 37—41. 1960. Moskau, Gubkin-Inst. für Erdölchem. u. Gasind.; russ.) — Die Unterss. der Viscositäts-Eigg. erfolgt mit einem modifizierten Rotationsviscosimeter, Anfangs-Temp. 20°, Vers.-Dauer $1^1/_2$—3 Std. mit einer 15%ig. Bitumen-Lsg. in Dieselkraftstoff mit Zusätzen von Kohle u. Na-Salzen der Fettsäuren $\geqq C_{20}$, deren Viscositäts-Verh. in Diagrammen festgehalten wird. Es erweist sich, daß mit Erhöhung der Temp. die plast. Viscosität u. dynam. Schubspannung verringert wird, d. h. der Temp.-Anstieg hat einen Abfall der tangentiellen Spannungen im gesamten Intervall der Schub-Geschw. zur Folge. Die Veränderungen der Schubspannung hängen von strukturbildenden u. stabilisierenden Zusätzen (Kalk, Seife) ab. Da die Arbeit der Pumpen durch die Waschwasser auf Erdölbasis erleichtert wird, haben letztere für Tiefbohrungen gute Perspektiven.
Else Heinemann. 8190

Untersuchung der Wirkung von Abscheidungsanlagen zur Abtrennung von Flüssigkeitströpfchen aus einem Gasstrom. I. A. Alexandrow und A. I. Skoblo. (Известия Высших Учебных Заведений (Баку), Нефть и Газ [Hochschulnachr. (Baku), Erdöl Gas] **3.** Nr. 4. 73—80. 1960. Moskau, Gubkin-Inst. für Erdölchem. u. Gasind.; russ.) — In den *Abscheidern* fließen die vom Gasstrom mitgerissenen Tropfen beim Aufprallen auf die Elemente des Abscheiders zusammen u. bilden auf dem Aufsatz eine Fl.-Schicht, die dem Gasstrom entgegenfließt. Da hierbei die hydrodynam. Gesetzmäßigkeiten für Gas u. Fl. im Gegenstrom denen in Rektifikationskolonnen gleichen, werden die funktionellen Beziehungen u. Berechnungen derselben für die Vorgänge in Abscheidern angewandt. Else Heinemann. 8190

Dagadshiker Erdöl als Rohstoff für die Gewinnung von Ölen ohne Entparaffinierung. N. F. Bogdanow und T. I. Prawenskaja. (Химия и Технология Топлив и Масел [Chem. Technol. Brennstoffe Öle] **4.** Nr. 6. 15—19. Juni 1959. Grosny, Wiss. Forsch.-Inst.; russ.) — Dagadshiker Rohöle, die für die Herst. tiefstockender Öle ohne Entparaffinierung geeignet sind, weisen nachst. Zus. u. Eigg. auf: $D._4^{20}$ 0,874, Ep. —55°, Harze 29%, Fraktion bis 300° 45%, C in Aromaten 13,8—17,6 (%) in Naphthenen 35,9—31,9, in Paraffinen 50,3—50. Aus dem Rohöl kann ohne Zugabe von Depressoren *Autoöl 18* gewonnen werden. Nach Vereinigung der Fraktionen 425 bis 570° zum Autoöldestillat 18 werden bei einer Adsorptions-Analyse folgende KW-Stoff-Gruppen festgestellt: Naphthene 58,7 (%), Zwischenprodd. 21,2, Aromaten 11,6, Harze 8,5. Die Raffinierung des Autoöldestillates erfolgt mit 4% gebrauchtem Oleum aus der Benzin-Raffination. Die Ausbeute an Autoöl 18 mit $D._4^{20}$ 0,919, Viscosität/50° 144,3 cSt, Ep. —26°, Verkokungsrückstand 0,417, beträgt 18% von Rohöl. Von Interesse sind auch die niederviscosen Öle mit ihren Epp. bis —56°. Wesentlich ist für den Entfall einer Entparaffinierung, daß keine Vermischung mit paraffin. Erdölen oder Prodd. stattfindet. N. Hvid. 8192

Die Entschwefelung von Ligroin- und Kerosindestillaten des devonischen romaschkiner Erdöls durch Ozon. Je. N. Pitzchelauri und T. A. Posspelowa. (Известия Высших Учебных Заведений (Баку), Нефть и Газ [Hochschulnachr. (Baku), Erdöl Gas] **3.** Nr. 4. 91—98. 1960. Moskau, Lomonossow-Univ.; russ.) — Untersucht werden die Bedingungen der *Ozonierung* des Romaschkino-Erdöls: der Ozonierungsgrad (Og), die Temp., der Einfl. des W. auf die Oxydation der S-Verbb. u. die Bldg. neutraler u. saurer Produkte. Ozoniert wird die Fraktion 180—310° (*Kerosindestillat*), Molgew. 185; D. 0,830; S-Geh. 0,92—1,02%; JZ —13,7 u. die Fraktion 135—230° (*Ligroindestillat*), Molgew. 130; D. 0,773; S-Geh. 0,14; JZ 5,5. Die optimale Ozonierungs-Temp. des Destillates liegt bei 10—20°, u. die günstigste Entschwefelung erfolgt bei einem Og. α = 5—6. Leichtsd. *S*-haltige Devon-Erdöle werden prakt. vollständig entschwefelt (0,01—0,02% *S*), Säure-Geh. = 1 mg *KOH*/100 ml; JZ = 1,4. Die Ausbeute des entschwefelten Destillates beträgt ca. 97%, Molgew. u. Kp. bleiben unverändert. Der O_3-Verbrauch beträgt 6—9 kg/t eines Destillates mit 0,14% S.
Else Heinemann. 8194

Eine Versuchs-Gegenstromanlage für die Entasphaltierung von Erdölkonzentraten durch flüssiges Propan. B. N. Owtschinnikow, A. W. Grebenkina und W. L. Koschurnikow. (Химия и Технология Топлив и Масел [Chem. Technol. Brennstoffe Öle] **4.** Nr. 6. 19—23. Juni 1959. Tschkalow-Erdölwerk; russ.) — Die Technik u. Arbeitsmethodik einer in der Orsker Erdölraffinerie erstellten Labor.-Groß-App. für die *Entasphaltierung* von Betriebskonzentraten (Deasphaltisat + Bitumen) mit fl. *Propan* im Gegenstrom u. Vers.-Ergebnisse werden beschrieben. An einem Fließbild werden alle Vorgänge erläutert. Die Eigg. der Konzentrate sind folgende: $D._4^{20}$ 0,932—0,953; Viscosität/100° 43,53—87,98 cSt; Verkokungstest: 6,5—7,93%; Flammpunkt im offenen Tiegel 240—288°; Ep. +18° bis +8°; S-Geh. 1,08—1,911%. Das beste Ergebnis ergibt ein Konzentrat bei einem Durchsatz von 265 g/h, einer unteren Kolonnen-Temp. von 68°, u. einer Mitteltemp. von 57°. Die Ausbeute an Deasphaltisat beträgt 68,8% vom Rohmaterial. Seine Eigg. sind: $D._4^{20}$ 0,913; Viscosität 16,37 cSt; Verkokung 1,11%; Flammpunkt im offenen Tiegel 248°; n_D^{20} 1,4961. Das Bitumen hat: $D._4^{20}$ 1,041. Bei allen Verss. besteht ein Verhältnis von Propan : Rohstoff von 8 : 1 , die obere Kolonnen-Temp. beträgt 80° u. der Druck 40 at, u. das Deasphaltisat weist bessere Eigg. als das aus der Betriebsentasphaltierung gewonnene auf, was möglicherweise durch die geringere Vol.-Geschw. in der Vers.-Kolonne begründet sein könnte. Die beschriebene Labor.-App. wird für die Erforschung der Entasphaltierungsprozesse bei der Raffination von Ölen empfohlen. N. Hvid. 8194

Die Gewinnung von Schmierölen mit hohem Viscositätsindex aus östlichen schwefelhaltigen Erdölen. Je. W. Wosnessenskaja, L. G. Sherdewa und A. A. Karassewa. (Химия и Технология Топлив и Масел [Chem. Technol. Brennstoffe Öle] **4.** Nr. 6. 1—7. Juni 1959. Unions Forsch.-Inst. für Verarbeitung von Erdöl u. Erdgas u. Produktion synthet. Kraft- u. Treibstoffe; russ.) — Für die Gewinnung von Motorenöl aus *S*-haltigen u. *paraffin.* Erdölen sollen Erdöle mit Komponenten von hohem Viscositätsindex (V-In.) verwendet werden, die aufdest. u. deren Goudrone mit techn. Propan (C_3-Fraktion = 98%) entasphaltiert u. entharzt worden sind. Helle Desasphaltisate mit gutem Verhältnis von Viscosität u. Verkokbarkeit sind günstige Rohstoffe für helle

Öle mit hohen V-In. Durch tiefgreifende selektive Extraktion mit Phenol werden aus den Destillaten u. Desaphaltisaten polycycl. Aromaten u. Harze entfernt. Die Wirksamkeit der Kolonnen ist von deren Höhe, Anzahl der Böden u. anderen techn. Bedingungen abhängig. Bei der Extraktion ist jede Emulsions-Bldg. zu vermeiden. Die Raffinate werden mit Methyläthylketon, Bzl. u. Toluol entparaffiniert. Ersteres wird statt Aceton zwecks besserer Filtrierbarkeit verwendet. Erdöle aus dem mittleren Osten geben 55—67% Destillatraffinate mit einem V-In. 100. Durch tiefgreifende Phenolreinigung erhaltene Öle weisen einen V-In. von 95—100 u. Epp. von —15 bis —12° auf. Der *S*-Geh. beträgt 0,5 bzw. 0,7%; der Verkokungsrückstand 0,27—0%. Große Perspektiven für eine weitere Qualitätsverbesserung der Öle u. Erniedrigung des Koks-Geh. der Restöle (unter 0,25%) hat die Adsorption mit beweglichen Adsorbenten. N. Hviid. 8220

Auswahl des Rohstoffs für Schmieröle mit hohem Viscositätsindex. Anna Marzec. (Nafta [Katowice] **17.** 19—22. Jan. 1961. Gliwice, Politechn. Śląska; pol.) — Aus dem Dest.-Rückstand poln. Erdöle (Kp. 330°) werden Naphthen-Paraffin-KW-Stoffe isoliert, die einen hohen Viscositätsindex haben u. zur Herst. von Schmierölen geeignet sind. — 1 Diagramm, 9 Literaturhinweise. F. Urban. 8220□

Zur Frage der Alterung von Gehäuseölen. I. I. Elowitsch. (Азербайджанское Нефтяное Хозяйство [Erdöl-Wirtsch. Aserbaidshan] **38.** Nr. 9. 38—39. Sept. 1959; russ.) — Die Alterung von *Gehäuseölen* in Verbrennungsmotoren ist auf chem. u. physikal. Strukturänderungen (Zers., Oxydation, Kondens., Polymerisation, Verunreinigung durch Verschleiß-Prodd., Straßenstaub u. Treibstoff) zurückzuführen. Hauptfaktor der Alterung ist die Anreicherung von mechan. Verunreinigungen, die die Alterungs-Prodd. (*Carbene, Carboide* u. *Asphaltene*) adsorbieren. Der Grad der Alterung ist erkennbar an der Viscosität, die von der Menge der koll.-dispersen Verunreinigungen abhängt. H. Vogel. 8220□

Kombinierte Reinigung-Entparaffinierung von Autoölen aus paraffinhaltigen Erdölen. W. A. Bojarskaja, W. N. Kirija, W. F. Lagidse und S. A. Piriaschwili. (Химия и Технология Топлив и Масел [Chem. Technol. Brennstoffe Öle] **4.** Nr. 6. 7—14. Juni 1959; Batumi, Erdölwerke; russ.) — Die Herst. qual. einwandfreier *Autoöle* aus paraffin. Erdölen kann über eine Adsorptionsreinigung in Ggw. von Silicagel u. eine Entparaffinierung mit krist. *Harnstoff* unter Verw. von CH_3OH als Aktivator bei gleichzeitiger Gewinnung von Paraffin, F. 50—55°, erfolgen. Die übliche Reinigung der Autoöle kann durch eine Perkolationsreinigung ersetzt werden, was eine Erhöhung der Ausbeute u. Qualität des Öles zur Folge hat. Eine Kombination der Perkolation u. der Entparaffinierung mit Harnstoff gibt Autoöle mit einem tiefen Ep. Shirnowsker Autoöl weist folgende Eigg. auf: Viscosität bei 50° 72,80 cSt, Ep. —2, Verkokungstest 0,25%, SZ. 0,11, Asche-Geh. 0,004%. Auf Grund der Labor.-Ergebnisse wird ein Projekt für die Gewinnung von Autoölen ausgearbeitet, welches schemat. dargestellt wird. Eine genaue Beschreibung der Arbeitsmethodik, basierend auf einer kontinuierlichen Perkolation u. Carbamidierung wird gegeben. N. Hviid. 8220

Eine Methode zur beschleunigten Bewertung der lackbildenden Fähigkeit von Automobilölen auf dem Einzylinderaggregat IT 9—2. P. F. Jurtschenko. (Химия и Технология Топлив и Масел [Chem. Technol. Brennstoffe Öle] **4.** Nr. 6. 24—26. Juni 1959; russ.) — Eine Schnellmeth. zur Bewertung der *Lack-Bldg.-Fähigkeit* von Motorenölen im für die Best. der Octanzahl verwendeten Einzylindermotor, Typ *JT9-2* (*GoST 511-52*) u. die Vers.-Bedingungen werden beschrieben. Als Ausgangsmaterialien dienen Autoöle verschiedener Provenienz mit u. ohne Dopes. Der Wärmezustand des Kolbens ist der therm. Belastung eines Automotors ähnlich. Die Prüfergebnisse sind nach 5 Std. Vers.-Dauer folgende: Lack-Bldg. auf dem Kolben 1,0 bis 5,0 Grad (Skala); Ablagerungen auf dem Kolben 0,6—2,5 g; Vgl. bei der entsprechenden Prüfung während 100 Std. mit dem üblichen Automotor GAS-51 ergeben 2,0—6,0 Grad, bzw. 2,9—3,3 g. Die Lack-Bldg.-Fähigkeit wird nach Intensität der Lack-Bldg. auf der seitlichen Kolbenoberfläche in Kennwerten nach einer Skala, u. die Ablagerung auf dem Kolben in g als Kennziffer für die Ölqualität beurteilt. Auf Grund der Prüfergebnisse wird die Verw. des Prüfmotors JT9-2 für beschleunigte Öl-Unterss. des Lack-Bldg.-Vermögens empfohlen. N. Hviid. 8220

Motoreigenschaften von Polysilicone enthaltenden Flugzeugölen. Ss. P. Berensson. (Химия и Технология Топлив и Масел [Chem. Technol. Brennstoffe Öle] **4.** Nr. 6. 44—50. Juni 1959; russ.) — Die Wrkg. kleiner Zusätze von *Polysiloxanen* (I) zum Flugzeugöl *MS-20* auf dessen Eigg. wird untersucht. Vers.-Reihen im Labor., deren Ergebnisse durch Verss. mit Flugzeugmotoren bestätigt werden, beziehen sich auf die Oxydation in dicker u. dünner Schicht bei verschiedener Konz.; Löslichkeit der beim Erhitzen in Gefäßen aus Stahl, Messing, Dural u. Porzellan gebildeten Lackfilme in PAe. u. Chlf.; Fließfähigkeit auf heißen Metallflächen; Einwirkung auf Härte u. Klebrigkeit der Lackfilme; Stabilität u. Verdampfbarkeit des Öles. Es wird festgestellt, daß I infolge ihrer Einw. auf die Eigg. der Öloberflächenschichten, sowohl in dicker als auch in dünner Schicht die Widerstandsfähigkeit gegen Oxydation bedeutend erhöhen, die Neigung der Öle zur Bldg. verkokter Ablagerungen in den Motoren verringern u. daß der Zusatz geringer Mengen I (bis 0,002%) die Schmier- u. übrigen physikal.-chem. Betriebs-Eigg. der Öle nicht verschlechtert. N. HVIID. 8220

Die Wirkung von radioaktiven Strahlen auf Schmieröle. Mirjana Trupčević. (Nafta [Zagreb] **12.** 87—91. März/April 1961. Zagreb, Inst. za naftu; kroat.) — Ein systemat. Überblick über die Prüfung der Wrkg. radioakt. Strahlen auf Schmieröle wird auf Grund von Arbeiten, die vom „Thronton Research Center“ u. in Harvell durchgeführt wurden, gegeben. Bes werden allg. Fragen u. Anforderungen, die an Schmieröle für ihren Gebrauch in Reaktoren gestellt werden, besprochen. Ein Überblick über das Verh. von synthet. Ölen, Estern, Polyphenyläthern, Siliconölen u. synthet. Fetten wird gegeben. — 5 Diagramme, 4 Tabellen, 3 Literaturhinweise. K. WEKUA. 8220□

Über die Anfertigung großflächiger kohlenpetrographischer Auflicht-Hellfeld-Aufnahmen. Balder Preuß. (Bergakademie [Freiberg] **13.** 694—700. Nov. 1961. Lauchhammer; dt.) — Zur Unters. von Rohbraunkohle, Briketts u. dgl. empfiehlt sich die Anfertigung von Auflicht-Hellfeld-Aufnahmen von Schliffen, die unter Anwendung eines Stereomikroskops SM XX u. eines speziellen Makro-Opal-Illuminators hergestellt werden können. Die Herst.-Weise wird beschrieben u. ebenso die Einrichtung einer zweckmäßigen Schliffkartei. — 16 Abb., 3 Literaturhinweise.
F. ROSENDAHL. 8244□

Verbrennungskerne. Eine Kennziffer für die Klassifizierung gasförmiger Kohlenwasserstoff-Brennstoffe. J. E. Quon, B. D. Tebbens und J. F. Thomas. (Ind. Engng. Chem., int. Edit. **53.** 235—38. März 1961. Berkeley, Calif., Univ. of California, Sanitary Engng., Res. Labor.; engl.) — Mit Hilfe einer zweiteiligen Wilson-Kammer werden die aus Diffusionsflammen ausgestoßenen Verbrennungskerne bestimmt. Eichung u. Aufbau der Meßapp. u. der Verbrennungskammer werden beschrieben. Folgende KW-Stoffe werden in der Reihenfolge ihres ansteigenden Luftverunreinigungspotentials $1/Q_m$ (Q_m = Brennstoffanteil (**Q**) in cm^3/min bei einer Kern-Konz. (**K**) von $2 \cdot 10^5/cm^3$, Beginn der Ruß-Bldg.) untersucht: CH_4, C_2H_4, Äthan, Propan, Propylen, Buten-(1), Buten-(2), Butan, Butadien u. C_2H_2. Mit steigendem **Q** steigt bei den gesätt. KW-Stoffen **K** zunächst allmählich von 10^2 bis $10^3/cm^3$ auf Werte in der Größenordnung von 10^6 bis $10^6/cm^3$. Eine weitere geringe Veränderung von Q führt zu einem unverhältnismäßig starken Anstieg von **K.** Bei C_2H_4, Buten-(1), Buten-(2) u. Butadien steigt **K** mit **Q** auf ein Maximum von ca. $5 \cdot 10^4/cm^3$, fällt dann auf ca. $10^2/cm^3$ ab, u. steigt dann ähnlich wie bei den gesätt. KW-Stoffen wieder an. Für Propylen liegt der niedrigste **K**-Wert bei ca $5 \cdot 10^4/cm^3$. Veränderungen von Q sowohl nach oben als auch nach unten lassen **K** scharf ansteigen. Das Verh. der ungesätt. KW-Stoffe kann auf die höheren Flammen-Temp. zurückgeführt werden. C_2H_2 verhält sich ähnlich den gesätt. KW-Stoffen. Der niedrigste Wert für **K** ist hier in der Größenordnung von $2 \cdot 10^4/cm^3$. — 1 Abb., 10 Literaturhinweise. R. BÄTZ. 8250□

Die Beurteilung der filmbildenden Wirksamkeit von Zusätzen in Ölen durch die Methode der markierten Atome. A. G. Chanlarowa, M. M. Melik-Sade, Ch. F. Faradshew, W. W. Ssubchanwerdichanowa und G. G. Chanlarow. (Азербайджанское Нефтяное Хозяйство [Erdöl-Wirtsch. Aserbaidshan] **38.** Nr. 11. 36—39. Nov. 1959; russ.) — Zur Unters. der *filmbildenden Wirksamkeit* von Ölzusätzen nach der Meth. markierter Atome wird ein aus zwei Metallplatten bestehendes, im Prinzip wie ein Otto- oder Dieselmotor funktionierendes Gerät ausgearbeitet. Das Gerät, sowie die Ausführungen der Verss., bei denen Platten verschiedener Zus. in Dieselkraftstoff getaucht werden, der mit ^{35}S markierte Zusätze des Gruppe *AsNJJ-7* enthält, wird beschrieben. Der Druck beträgt 6 at. Die Messungen der Radioaktivität an beanspruchten Platten werden in einer Entfernung von 10 m vom Glimmerfenster eines Zählers aus vorgenommen. Die Ergebnisse sind bei parallelen Unterss. im Bereich von 15% reproduzierbar. Das neue Gerät wird zur Unters. der Antikorrosions-Eigg. von Ölzusätzen empfohlen. K. WEKUA. 8252□

Eric Henri Berkhuijsen und Hendrik Willem Joseph Kempen, Holland, **Gewinnung von Wasserstoff und Kohlenoxid aus Kohlenwasserstoffen oder solche enthaltenden Gasen und Wasserdampf.** Das Wasserdampf-Gas-Gemisch wird bei

850—900° in Ggw. von Kontaktstoffen vorbehandelt u. unmittelbar anschließend auf 1300—1350° erhitzt. Durch die Vorbehandlung werden die > 2 C-Atome enthaltenden KW-Stoffe u. C_2H_6 in CH_4 u. C_2H_4 übergeführt. Zus. des Ausgangsstoffes: ungesätt. KW-Stoffe 12,8 (%), CO 3, H 15, gesätt. KW-Stoffe 59,7, N 9,5. Zus. des Endprod.: CO_2 4, C_2H_4 1, CO 27, H 60, CH_4 5, N 3. (**F. P. 1 202 021** vom 5/9. 1958, ausg. 7/1. 1960. Holl. Prior. 7/9. 1957.) W. WITTHOLZ. 8153

Hydrocarbon Research, Inc., V.St.A. (Erfinder: Michael J. Cicalese), **Trennung von Kohlenwasserstoffen aus Erdgasen,** dad. gek., daß ihnen unter Druck 0,5—5 Mol.-% einer C_7-KW-Stoff-Fraktion zugemischt werden, das Gemisch abgekühlt wird, wobei sich der größere Teil der C_3—C_4-KW-Stoffe kondensiert, u. das Kondensat fraktioniert wird. Das restliche Kondensat mit CH_4 u. den zugesetzten höheren KW-Stoffen wird ebenfalls fraktioniert. — 2 Verf.-Schemata. (**F. P. 1 233 842** vom 12/8. 1959, ausg. 12/10. 1960. A. Prior. 12/8. 1958.) S. BÖTTCHER. 8187

Rayonier, Inc., Shelton, Wash., übert. von: Lloyd Eugene Van Blaricom und Kenneth Russell Gray, Shelton, Wash., V.St.A., **Wässerige Bohrflüssigkeit,** die neben dispergiertem, hydrationsfähigem Ton noch ein Prod. aus Rinden von Koniferen wie Douglas-Eiche enthält. Zur Gewinnung dieses Prod. werden die Rinden mit einem organ. Lsgm. (Bzl., $Cl_2C{=}CHCl$, Toluol) zwecks Entfernung der seifenbildenden Anteile extrahiert. Die Rinde wird hierauf in einer wss. Lsg. von $NaHSO_3$ oder einem Gemisch von $NaHSO_3$ u. Na_2SO_3 bei 105—200° umgerührt, bis die Säurereste des anorgan. Salzes verbraucht sind u. ein Teil H_2SO_3 ein in W. lösl. Deriv. eines in W. unlösl. Teils der Rinde gebildet hat. Das erhaltene Prod., das frei von Seifen bildenden Anteilen u. in W. löslich ist, wird der Bohr-Fl. in einer Menge von 1—10 lbs./barrel zugesetzt. Es ermöglicht eine Kontrolle der Eigg. der Bohr-Fl. (Gel-Bldg., Viscosität u. Filtrations-Eigenschaften). (**A. P. 2 964 469** vom 1/3. 1957, ausg. 13/12. 1960.) W. HAUSWALD. 8191

Sinclair Refining Co., New York, N.Y., übert. von: Thomas O. Counts, Park Forrest, Ill., V.St.A., **Korrosionsverhinderung und korrosionsverhindernde Kohlenwasserstoffe.** Mit Eisen u. Stahl in Kontakt kommenden, Feuchtigkeit enthaltenden KW-Stoffen werden 0,25—25 lbs./1000 barrels eines neutralen oder sauren Amin- oder Ammoniumsalzes einer Säure von der allg. Formel $R \cdot CH(SO_2OH)COOH$ zugesetzt. R bedeutet einen Alkylrest mit 6—20 C-Atomen. Als Beispiele sind das Monoammonium- u. Monodibutylaminsalz u. das Bis-(di-n-butylamin)-salz der α-Sulfopalmitinsäure genannt. (**A. P. 2 966 458** vom 15/4. 1957, ausg. 27/12. 1960.) P. UNGER. 8193

Socony Mobil Oil Co., Inc., New York, N.Y., übert. von: Claiborne A. Duval jun., Beaumont, Tex., V.St.A., **Ausgeglichene Alkali-Säure-Stabilisierung von Treibstoffölen.** Treibstofffraktionen aus Erdöl mit höherem Kp. als Leichtbenzin u. die hinsichtlich der Farbe oder der Sediment-Bldg. instabil sind, werden mit einer wss. Alkalihydroxid-Lsg. von 40° Bé im Verhältnis Öl : Behandlungs-Lsg. = 4 bis 30 : 1 behandelt. Das behandelte Öl wird von den entstandenen Alkalisalzen organ. Verbb. (I), die ersetzbare saure H-Atome enthalten, u. dem wss. Alkalihydroxid abgetrennt. Anschließend wird dieses teilweise behandelte Öl mit mindestens 90 gew.-%ig. H_2SO_4 in Berührung gebracht u. eine Erdölfraktion u. ein Säureschlamm erhalten, die voneinander getrennt werden. Diese Erdölfraktion wird mit wss. Alkalihydroxid neutralisiert u. mit W. gewaschen. Die I werden mit dem Säureschlamm u. dem wss. Alkalihydroxid aus der Neutralisation in solchem Verhältnis gemischt, daß sich die neutrale wss. Schicht von I abtrennt. Beide Schichten werden in üblicher Weise in den Abwasserkanal geleitet. — Vorr., Zeichnung. (**A. P. 2 959 539** vom 25/6. 1956, ausg. 8/11. 1960.) P. UNGER. 8195

Houdry Process Corp., Wilmington, Del., übert. von: Rophie E. Bland, Paoli, Pa., V.St.A., **Katalytisches Cracken von schweren Kohlenwasserstoffölen** vom Kp. > 900° F, die metall. Verunreinigungen enthalten. Das Cracken wird an körnigem Katalysator in Ggw. von viel Dampf durchgeführt, um die Vergiftung des Katalysators durch die Metallverunreinigungen zu verhindern. Das KW-Stoff-Öl wird teilweise verdampft, zusammen mit 20—25 Gew.-% Dampf in eine 1. Rk.-Zone eingeführt u. im Gegenstrom zum Fließbettkatalysator geführt. Am Boden der 1. Zone werden die Rk.-Prodd. u. der Dampf abgezogen. Der Katalysator, an dem nicht verdampfte KW-Stoffe haften, wird in eine 2. Rk.-Zone eingebracht, wobei eine lange Verweilzeit in der 2. Zone gewählt wird u. geringe Menge Dampf zugegeben wird. Am Kopf der 2. Rk.-Zone werden die Rk.-Prodd. u. Dampf abgezogen. Die Rk.-Prodd. aus den beiden Zonen werden vereinigt. — Zeichnungen. (**A. P. 2 935 461** vom 20/1. 1956, ausg. 3/5. 1960.) E. KAHLES. 8197

Wilburn Carol Schroeder, V.St.A., **Hydrierung von Kohle** in feinverteilter Form ohne Katalysatoren kurzzeitig bei 600—1000° unter 35—420 at H_2-Druck, schnelle Abkühlung der Rk.-Gase u. Dest. der gebildeten KW-Stoffe. — Schema der Anlage. (**F. P. 1 228 286** vom 11/3. 1959, ausg. 29/8. 1960. A. Prior. 11/3. 1958.) S. BÖTTCHER. 8199

Universal Oil Products Co., Des Plaines, Ill., V.St.A., **Isomerisierung einer isomerisierbaren gesättigten Kohlenwasserstofffraktion.** Ein vorherrschend aus gesätt. C_6-KW-Stoffen einschließlich n-Hexan (I) bestehendes Einsatzgemisch (**A**) wird in einen mittleren Teil einer 1. Fraktionierzone (F) eingeführt, während gleichzeitig ein **I** enthaltendes fl. Prod. vom Boden einer 2. F dem oberen Abschnitt der 1. F zugeführt wird. Isohexane werden vom oberen Teil der 1. F abgezogen u. dem unteren Teil der 2. F zugeführt. Vom Boden der 1. F wird eine KW-Stoff-Fraktion mit höherem **I**-Geh. als **A** abgezogen, einer Isomerisierungs-Rk.-Zone zugeführt u. in Ggw. von H_2 u. eines 0,1 bis 2% Pt u. 2,5—4,5% gebundenes Fluor enthaltenden Katalysators bei 150—455°, bes. >200°, bei 6,5—70 at u. einer stündlichen Fl.-Raum-Geschw. von 0,1—10 unter Bldg. eines an Isohexan (**II**) angereicherten Rk.-Prod. (**B**) isomerisiert. **B** wird in einen mittleren Teil der 2. F eingeführt. Ein an KW-Stoffen hoher Octanzahl angereichertes, **II**-haltiges Prod. (**C**) wird vom Kopf der 2. F abgezogen u. als End-Prod. gewonnen. Vom Boden der 2. F wird ein Prod. mit einer gegenüber **A** u. **C** niedrigeren Octanzahl abgezogen u. teilweise dem oberen Teil der 1. F zugeführt, teilweise als 2. End-Prod. des Verf. gewonnen. — Beispiel; 2 Skizzen. (**Oe. P. 208 826** vom 23/4. 1959, ausg. 25/4. 1960. A. Prior. 24/4. 1958.) EBERHARD RIEDEL. 8201

P. M. Lewikow, **Kontinuierliche H_2SO_4-Reinigung von Rohbenzol aus Kohle,** wobei unter Verw. einer Wirbelpumpe in der Anlage eine Polymerisation der ungesätt. Verbb. eintritt. — Verf.-Schema. (**UdSSR. P. 117 199** vom 16/4. 1958.) B. PANKOW. 8203

Shell Internationale Research Mij. N. V., Den Haag, Holland (Erfinder: Jan Roelof Johan van Dongen und Donald Pescott Plummer), **Herstellung hochoctaniger Leichtbenzine oder Leichtbenzinbestandteile.** Ein S-haltiges KW-Stoff-Öl (End-Kp. mindestens 220°) wird bei erhöhter Temp. unter Druck mit H_2 oder einem H_2-haltigen Gas u. einem Entschwefelungskatalysator in Ggw. einer zugesetzten Menge Polymerbenzin oder einer polymeren Leichtbenzinfraktion behandelt. Eine oder mehrere Leichtbenzinfraktionen mit End-Kp. <220° werden erhalten, das Leichtbenzinpolymere wird aus C_4-Alkenen hergestellt. — Zeichnung. (**E. P. 875 349** vom 4/12. 1959, ausg. 16/8. 1961.) P. UNGER. 8205

American Oil Co., übert. von: Irvin H. Lutz, Texas City, Tex., V.St.A., **Herstellung von hochoctanigem Leichtbenzin.** Eine schwere Schwerbenzinfraktion vom Kp. der C_7-KW-Stoffe bis 400° F wird in Ggw. eines Pt-Katalysators bei 875 bis 1000° F, 100—500 lbs./sq.in., einer H_2-Rücklaufgasmenge von 2000—10000 cu.ft. je barrel Schwerbenzin einer Raumströmungs-Geschw. von 0,1—5 Gew./Gew./Std. reformiert u. ein Reformat mit einer Octanzahl von über 937-1 (ohne Zusatz) erhalten. Das Reformat wird fraktioniert u. 2 Fraktionen erhalten, von denen eine Octanzahl von 100 F-1 (ohne Zusatz) hat. — Zeichnung. (**A. P. 2 968 609** vom 30/12. 1955, ausg. 17/1. 1961.) E. KAHLES. 8207

Ethyl Corp., New York, N.Y., V.St.A., **Cyclopentadienylmangantricarbonylverbindungen** werden durch Rk. einer Mn-Verb. (I) mit einem Cyclopentadien-, Inden- oder Fluoren-KW-Stoff u. CO in Ggw. eines Übergangsmetallcarbonyls u. eines Elements der Gruppe II oder IIIA des Perioden-Syst., bei Drücken von 25—8000 lbs./sq.in. erhalten. I kann ein Oxid, Sulfid, Sulfat, Carbonat u. bes. ein Halogenid sein. — Auf ein in einem Druckgefäß befindliches Gemisch von 4 (Teilen) $MnCl_2$, 2 Mg-Pulver, 4 dimerem Methylcyclopentadien, 1 $Fe(CO)_5$ u. 50 $HCON(CH_3)_2$ wird CO bis zu einem Druck von 3500 lbs./sq.in. aufgedrückt u. 1 Std. lang auf 195° erhitzt. Bei der Dampf-Dest. wird *Methylcyclopentadienyl-$Mn(CO)_3$* in 28%ig. Ausbeute, berechnet auf $MnCl_2$, erhalten. — *Antiklopfmittel für Brennstoffe.* (**E. P. 861 371** vom 10/4. 1959, ausg. 22/2. 1961. A. Prior. 25/4. 1958.) J. MÜHLEISEN. 8209

Thiokol Chemical Corp., übert. von: Carl E. Pearl, Azusa, Calif., V.St.A., **β-Äthoxyäthyldekaboran** der Formel $B_{10}H_{13}-CH(CH_3)-OC_2H_5$, gelbe Fl., $Kp._{0,9}$ 80 bis 109°, wird durch Rk. von 1 Mol Dekaboran mit 0,2—12 Mol $CH_2=CH-OC_2H_5$ bei —30 bis +170° in Ggw. eines FRIEDEL-CRAFTS-Katalysators, zweckmäßig in Ggw. eines Lsgm., wie n-Heptan, Ae. u. CS_2 erhalten. Zwischenprod. u. *Brennstoff für Gasturbinen.* (**A. P. 2 977 391** vom 15/1. 1957, ausg. 28/3. 1961.) J. MÜHLEISEN. 8211

California Research Corp., San Francisco, übert. von: Maurice R. Barusch, Richmond, und Primo L. Pinotti, Larkspur, Calif., V.St.A., **Heizöl,** bestehend aus einem größeren Anteil fl. KW-Stoffe u. einem geringeren Anteil an Erdalkaliglykolat, wie Ba- oder Ca-Glykolat sowie einem geringeren Anteil an einem öllösl. Erdalkalisulfonat mit einem Molgew. von 150—800, wobei das Verhältnis von Glykolat u. Sulfonat zu Heizöl 0,25—10 mMol/kg u. der Metall-Geh. des Glykolats 0,05 bis 8,0 mMol/kg sowie das Mol-Verhältnis von Metall im Glykolat zu Metall im Sulfonat $>$1,75 beträgt. — Zeichnungen. (**A. P. 2 950 960** vom 21/2. 1957, ausg. 30/8. 1960.) E. KAHLES. 8217

Shell Oil Co., übert. von: Douglas C. Hausch, Scarsdale, N.Y., V.St.A., **Destillation von Schmieröl.** Das Öl wird in einem Dest.-Turm eingebracht u. die Dämpfe aufwärts durch die 1. Rektifizierzone geführt, wobei im Gegenstrom hierzu die Rektifizier-Fl. fließt. Die Dämpfe gelangen durch mehrere Rektifizierzonen. Das anfallende Kondensat wird abgezogen. Aus der 1. Rektifizierzone gelangen die Dämpfe in die 2. Rektifizierzone u. kondensieren dort auch teilweise. Das Kondensat der 2. Rektifizierzone wird mit Dampf abgestreift u. als Kopffraktion eine Fraktion abgezogen, die wieder zur Dest.-Zone zurückgeleitet wird. Ein Teil des 2. Kondensats wird gekühlt u. dient als Rektifiziermittel. In einer 3. Rektifizierzone wird das 3. Kondensat gewonnen. — Zeichnung. (**A. P. 2 952 631** vom 26/11. 1957, ausg. 13/9. 1960.) E. KAHLES. 8221

Ss. A. Nikolskij, P. K. Labsun, A. G. Bjeljajew und I. I. Iwanow, **Herstellen eines Schmiermittels für bewegliche Hochvakuumverbindungen** aus Ricinusöl, das im Vakuum auf 385° erwärmt (unter teilweiser Verflüchtigung) wird, u. Graphit, der im Vakuum auf 750° erwärmt wird, anschließend Abkühlen im Vakuum. (**UdSSR. P. 117 911** vom 31/1. 1958.) B. PANKOW. 8223

L. A. Jutkin, Ss. A. Nikolskij, A. M. Limanskij und I. I. Iwanow, **Herstellen eines Schmiermittels für bewegliche Hochvakuumverbindungen, wie Glasschliffgeräte.** Ricinusöl wird bei 10^{-6} Torr auf 385° erhitzt, wobei leichtflüchtige Bestandteile entfernt werden, u. abgekühlt. Dann wird als Füllmittel koll. Messing, Fe, Sn, Diabas oder Porzellan bei 700—750° im Vakuum hineingegeben u. im Vakuum abkühlen gelassen. (**UdSSR. P. 118 061** vom 10/2. 1958. **Zusatz zu UdSSR. P. 117 911; s. vorst. Referat.**) B. PANKOW. 8223

Standard Oil Co., Chicago, übert. von: Rudy Herzel, Dyer, und Robert L. Campion, Whiting, Ind., V.St.A., **Herstellung eines Stockpunktserniedrigers für wachshaltige Öle.** Paraffin vom F. 128—136° F wird bei 200—275° F chloriert, bis das Prod. einen Cl-Geh. von 12—16 Gew.-% aufweist. Das chlorierte Wachs wird mit Naphthalin bei 175—225° F in Ggw. eines Katalysators zur Rk. gebracht, wobei 6 bis 10 lbs. Wachs je lb. Naphthalin verwendet werden. Zur Entfernung des Katalysators wird das Rk.-Gemisch mit wss.-alkal. Lsg. behandelt. Der Stockpunktserniedriger wird vom W. befreit. Als Katalysator dient ein $AlCl_3$–KW-Stoff-Komplex, der 30 bis 35 (Gew.-%) $AlCl_3$, 35—45 Bzl. u. als Rest höhersd. Alkylbenzole enthält. Der Komplex wird hergestellt, indem Bzl. mit einem polymeren Olefin mit 12—15 C-Atomen alkyliert wird, so daß bevorzugt Monoalkylate entstehen, wobei 1—10 (Gew.-%) $AlCl_3$-Katalysator u. 0,1—1 HCl angewendet werden. — Zeichnung. (**A. P. 2 972 641** vom 12/10. 1956, ausg. 21/2. 1961.) E. KAHLES. 8227

South African Iron & Steel Industrial Corp. Ltd., Pretoria, Transvaal, Südafrikanische Union (Erfinder: Jacobus Hugo Scholtz), **Herstellung von Kokereipech und anderen Produkten aus Steinkohlenteer oder verwandten Stoffen.** Von Steinkohlenteer oder Kohlenteer-Prodd. oder ähnlichen Prodd., die durch Wärmebehandlung von Kohlen, Ölschiefern oder ähnlichem kohligem Material erhalten wurden, werden die flüchtigen Prodd. abdest., bis ein Kokereipech entsteht, das 10—20% flüchtige Stoffe enthält, einen Quellindex von 3—4½ oder höher bis zu 7 u. einen Gestehpunkt (Abkühlen, bis Masse nicht mehr rührfähig) von 280—310° hat. Bei diesem Punkt wird die Dest. abgebrochen. (**E. P. 855 626** vom 21/8. 1957, ausg. 7/12. 1960.) P. UNGER. 8229

Kenneth Earl McCounaughay, Lafayette, Ind., V.St.A., **Bitumenemulsion.** Eine wss. Bitumenemulsion, die unmittelbar nach dem Vermischen mit im Straßenbau gebräuchlichen Mineralstoffen durch W. nicht mehr abwaschbar ist, enthält neben einem evtl. Zusatz von Latex noch 0,01—1% einer wasserlösl. Alkylhydroxymethylcellulose mit 2—5 C-Atomen im Alkylrest. In Frage kommt bes. Hydroxypropylmethylcellulose (**I**) mit einem Hydroxypropyl-Geh. von 4—14 (%), bes. 5—6, u. einem Methoxyl-Geh. von 20—30, bes. 24—26,5. Eine solche Emulsion besteht z. B. aus 63,0 Asphalt mit einer Penetration von 150, 0,3 verseiftem Rohtallöl, 0,1 **I** u. 36,6 Wasser. (**A. P. 2 941 893** vom 22/12. 1955, ausg. 21/6. 1960.) HANS HOFFMANN. 8231

N. V. de Bataafsche Petroleum Mij., Holland, **Bituminöse Mischung für Wasserbauten.** Zum Auskleiden von Wasserläufen u. dgl. wird eine heiß zu verarbeitende bituminöse Mischung benutzt, welche aus 85—60 (Gew.-Teilen) Sand (I) im Gemenge mit anderen Füllstoffen (II), wie Mergel oder zerkleinertem Kalkstein, u. 15—40 eines Asphaltbitumens von der Penetration 50—1000, bes. 100—500, mit einem 2—15%ig. Zusatz eines KW-Stoff-Wachses (III) besteht. Das Mischungsverhältnis von I : II liegt zwischen 9 : 1 u. 4 : 1; als III kommt ein öliges Wachs, wie es bei der Wachs-Dest. anfällt, in Frage. (**F. P. 1 214 463** vom 2/1. 1959, ausg. 8/4. 1960. Holl. Prior. 3/1. 1958.) HANS HOFFMANN. 8237

Horst Laske, Untersuchungsverfahren zur Charakterisierung fester Brennstoffe. Leipzig: Deutscher Verl. für Grundstoffindustrie. 1961. (373 S. m. 130 Abb. u. 18 Tab.) 8°. DM 32,—.

XX. Schieß- und Sprengstoffe. Zündmittel

Commercial Solvents Corp., New York, N.Y., übert. von: Leonard A. Stengel, Terre Haute, Ind., V.St.A., **Ammonnitratsprengstoff,** bestehend aus einem Gemisch von NH_4NO_3 u. 2—50% eines Amins der Formel $H{-}N{<}^{R}_{R'}$, wobei R = niederes Alkyl, niederes Hydroxyalkyl oder $-C_2H_4NH_2$ u. R' = H, niederes Alkyl oder $-C_2H_4NH_2$. (**A. P. 2 976 137** vom 4/6. 1959, ausg. 21/3. 1961.) A. GRADL. 8305

Aerojet General Corp., Azusa, übert. von: Milton B. Frankel, Pasadena, Calif., V.St.A., **2.2.4.4-Tetranitrobutanolester** der allg. Zus. $X-C(NO_2)_2-CH_2-C(NO_2)_2-CH_2-OOC-R$ (R = Alkyl-, Alkenyl-, Aryl-, Aralkyl-, Alkaryl-, Cycloalkyl- oder heterocycl. Rest; X = H, NH_4 oder Kation eines wasserlösl. Jodide bildenden Metalls) werden durch Rk. eines entsprechenden X-Jodids mit einem Ester der allg. Zus. $Br-C(NO_2)_2-CH_2-OOC-R$ erhalten. — Zum Beispiel wird ein Gemisch aus 215 (g) 2.2-Dinitroäthanol-K u. 500 cm³ W. auf 0° gekühlt, innerhalb von 40 Min. 176 Br_2 zugesetzt, mit Ae. extrahiert u. aus der Ae.-Lsg. durch Dest. *2-Brom-2.2-dinitroäthanol* (Kp.$_2$ 88—93°) erhalten, das mit einer Lsg. von 86 CH_3COCl in 500 cm³ abs. Chlf. umgesetzt wird, worauf noch 3½ Std. lang gekocht wird u. nach Entfernen des Lsgm. 193,4 (75%) *Essigsäure-2-brom-2.2-dinitroäthylester*, Kp.$_3$ 86—95°; n_D^{22} 1,4760, erhalten wird. 514 dieser Verb. werden in 2 Liter CH_3OH gelöst, auf 0° abgekühlt, eine Lsg. von 1660 KJ in 300 cm³ wss., bes. 50%ig., CH_3OH zugegeben u. das erhaltene gelbe, feste Prod. mit Ae. frei von J_2 gewaschen. Ausbeute 377 an explosivem *K-Essigsäure-2.2.4.4-tetranitrobutylester*, $C_6H_7N_4O_{10}K$, F. ca. 174° (W.). — Zur Suspension dieser Verb. in 1500 cm³ W. wird bei 0° ein Gemisch aus 50 cm³ H_2SO_4 u. 300 cm³ W. gegeben u. 70,0 (67,5%) *Essigsäure-2.2.4.4-tetranitrobutylester*, $C_6H_8N_4O_{10}$, F. 58—59° (C_2H_5Cl), erhalten. — *Sprengstoffe u. Weichmacher.* (**A. P. 2 978 455** vom 22/10. 1956, ausg. 4/4. 1961.) O. MÜLLER-MEININGEN. 8305

Minister of Aviation, London, England (Erfinder: Richard Willows und Francis Edward Ball), **Zünd- oder Verzögerungssatz,** bestehend aus einem feinteiligen Gemisch aus S, Se u./oder Te mit Pb oder Sn, ggf. unter Zusatz von $BaSO_4$. (**E. P. 860 159** vom 27/7. 1948, ausg. 1/2. 1961.) A. GRADL. 8309

Hercules Powder Co., Wilmington, Del., übert. von: George H. Scherrer, Port Ewen, N.Y., V.St.A., **Elektrische Zünder,** bestehend aus einem rohrförmigen Gehäuse, einer detonierenden Ladung u. einem auf die Ladung aufgepreßten Zündsatz, gek. durch folgende Teile: einen Pfropfen aus einem harten dielektr. Material, z. B. aus wärmehärtbarem Kunstharz, der druckdicht u. wasserdicht in das Gehäuse eingesetzt u. von 2 Leitungsdrähten durchzogen ist, die durch einen Glühdraht mit $\leqq$0,0006 in. Ø überbrückt sind, der in einen festen, empfindlichen initialen Zündsatz eingebettet ist, u. eine den Zündsatz, den Pfropfen u. die Ladung des Zünders gegenseitig aneinanderpressende starre Zwinge, z. B. aus einer hartvulkanisierten Fasermasse. Der Zündsatz besteht bes. aus einer Mischung von ca. 55—75 (Teilen) Diazodinitrophenol, ca. 25 bis 45 $KClO_3$ u. 0,5—6 Nitrostärke mit einer hauptsächlichen Korngröße von ca. $\leqq 20\,\mu$. Auch Hg-Fulminat u. Pb-Styphnat sind genannt. — Zeichnung. (**A. P. 2 960 933** vom 12/10. 1945, ausg. 22/11. 1960.) G. VOGEL. 8309

Georges Metzger, Bas-Rhin, Frankreich, **Zündkirsche zum Anlassen von Dieselmotoren** aus einem vorzugsweise zylindr. Körper aus Papier, das durch Tränken mit einer Lsg. von $KClO_3$ u./oder KNO_3 mit oder ohne Zusatz noch anderer Substanzen höchst verbrennlich gemacht wird. Dieser Körper ist ganz oder teilweise mit einer selbstentzündlichen Masse aus „Glutolin", Benzoylperoxid, $K_2S_2O_8$, $KClO_3$, einem Farbstoff u. W. überzogen. (**F. P. 1 195 924** vom 16/5. 1958, ausg. 20/11. 1959.) T. OPPERMANN. 8309

Standard Oil Co., Chicago, übert. von: James R. Eiszner, Park Forest, Ill., V.St.A., **Ammonnitrat-Treibsatz** mit 15—50% eines speziellen Bindemittels, 1—8% eines Verbrennungskatalysators [Preußisch Blau, $(NH_4)_2Cr_2O_7$] u. 1—5% eines Ketoxims der allg. Formel R—C(R'')—$(CH_2)_x$—C(NOH)—R', worin R u. R' = CH_3, C_2H_5, Phenyl oder H, R'' = O oder NOH u. x = eine Zahl von 0—2, oder eines Aldoxims der allg. Formel R—CH(NOH), worin R = ein nitro-, amino- oder hydroxysubstituiertes Phenyl, Furyl oder Styryl. Das Bindemittel besteht zu 15—50% aus einem synthet. Polymeren (Celluloseacetat, Celluloseacetatbutyrat, Polyvinylacetat, Styrol-Acrylonitril-Copolymeres, Polyvinylchlorid, quart. Polyvinylpyridincopolymeres oder Polyester eines mehrwertigen Alkohols mit einer mehrwertigen Carbonsäure) u. aus 50—85% mindestens eines O_2-haltigen Weichmachers (Glykolmaleat, Diäthylenglykoloxalat, Äthylenglykoldiglykolat u. Acetine). (**A. P. 2973255** vom 30/11. 1954, ausg. 28/2. 1961.)
A. GRADL. 8311

E. I. du Pont de Nemours & Co., Wilmington, Del., übert. von: John Lynde Anderson, Orlando, Fla., und Robert Ervin Putnam, Wilmington, Del., V.St.A., **Peroxidgruppen enthaltende Polymere von 1.1.4.4-Tetrafluorbutadien-(1.3)** werden durch Polymerisation von 1.1.4.4-Tetrafluorbutadien, das an C_2 oder C_3 durch eine Halogen-, Carboxyl- oder zu Carboxylresten hydrolysierbare Gruppe, oder eine aliphat. KW-Stoff-Gruppe substituiert sein kann, in Ggw. von O_2 bei —40 bis +30° u. erhöhtem Druck erhalten. Die Polymeren enthalten bevorzugt 10—50 Mol-% Peroxidgruppen. — Verw. als *Sprengmittel* u. *fester Raketentreibstoff*. (**A. P. 2 971 949** vom 14/8. 1958, ausg. 14/2. 1961.)
L. STADELMANN. 8311

XXI. Leder. Gerbstoffe

Faßäscher der Rindhäute. Fortschreiten der Schwellung. Claude Marguet. (Rev. techn. Ind. Cuir **54.** 36—43. Febr. 1962; franz.) — Die Schwellung von Rindhäuten beim Äschern im Faß mit $Ca(OH)_2$ u. Na_2S wurde in Kleinverss. gemessen. Es wurde gefunden, daß nach 15 Min. ca. $^1/_5$ u. nach 30 Min. ca. $^1/_3$ der maximalen Schwellung erreicht war, nach 1 Std. noch nicht die Hälfte. Die Menge des zugesetzten $Ca(OH)_2$ (0,5—8%) war ohne merklichen Einfl., der Geh. an Na_2S war bei allen Verss. der gleiche (2,5%).
O. ENGEL. 8334□

Über eine chemische Untersuchung der Kastanie (Castanea Vesca). C. Mentzer. (Cuoio-Pelli-Mater. concianti **36.** 398—404. Okt. 1960. Paris, Labor. Mus. Sci. nat. u. Milano, Labor. Ric. della S. p. A. Ledoga; ital.) — C. **1961.** 13786. G. PLATZER. 8336□

Über natürliche und sogenannte synthetische Rindsklauenöle. J. Poré. (Bull. Assoc. franç. Chimistes Ind. Cuir Doc. sci. techn. Ind. Cuir **23.** 169—81. Juni 1961. Beilage zu: Rev. techn. Ind. Cuir; franz.) — Die Struktur der aus homogenen Triglyceriden, z. B. Triolein, u. gemischten, gesätt. u. ungesätt. Fettsäureestern des Glycerins zusammengesetzten natürlichen Rindsklauenöle konnte wesentlich geklärt werden durch die Pankreaslipase. Hierbei werden die meist endständigen (Ausnahme Schweineöl) gesätt. Fettsäuren leichter hydrolyt. abgespalten als die an der mittleren OH-Gruppe des Glycerins veresterten ungesätt.; sie gelten als die Urheber der fettigen Ausschläge des Leders, in dem das Fett beim Lagern eine der durch Pankreaslipase bewirkten Hydrolyse ähnliche enzymat. Hydrolyse erleidet. Die wegen ihrer homogenen Zus. u. in ihren Eigg. konst. u. daher vorteilhafteren synthet. Klauenöle werden entweder durch Wiederverestern der aus natürlichem Klauenöl isolierten, von gesätt. möglichst befreiten Fettsäuren oder aus reinen Ausgangsstoffen u. Glycerin bereits industriell hergestellt. Molgew. u. F., JZ. u. SZ. u. andere Eigg. homogener u. gemischter Glyceride natürlicher, raffinierter u. synthet. Klauenöle sind angegeben. A. BEUTHER. 8338□

Die Beziehungen zwischen der Verschleißfestigkeit und der Wärmebeständigkeit von Leder. G. I. Kutjanin und K. G. Karimow. (Доклады Академии Наук СССР [Ber. Akad. Wiss. UdSSR] **138.** 625—27. 21/5. 1961. Moskau, Plechanow-Inst. für Volkswirtsch.; russ.) — Die Hitzebeständigkeit von mit verschiedenen Gerbstoffen gegerbten Ledern steigt nach der Gerbart in folgender Reihe an: Eichenextrakt, Weidenextrakt, Formaldehyd, Chromsalze. Auch die Verschleißfestigkeit steigt in gleicher Weise an. Hitzebeständigkeit u. Verschleißfestigkeit der Leder hängen mit den zwischenmol. Bindungen u. ihrer Zerstörung zusammen. Die Verschleißfestigkeit bleibt bis ca. 70° konst., nimmt dann aber schnell ab u. ist bei 100° mit ca. 30% des Anfangswerts sehr gering.
J. v. SCHROEDER. 8340□

Über das Vachetteleder mit korrigierter Flor. M. Marcel Riviere. (Bull. Assoc. franç. Chimistes Ind. Cuir Doc. sci. techn. Ind. Cuir **23.** 159—67. Juni 1961. Beilage zu:

Rev. techn. Ind. Cuir; franz.) — Vf. schildert in einem Vortrag die Herst. des dem amerikan. „Corrected grain" entsprechenden Vachette-Leders mit korr. Flor in großen Zügen vom Einkauf der Rohware bis zur letzten Zurichtung. Zur Erzielung einer konkurrenzfähigen Ware ist vor allem eine techn. gut organisierte, zeitsparende Fließarbeit im Betrieb erforderlich. A. Beuther. 8340□

Bemerkung zu der bei der Lederanalyse benutzten colorimetrischen Bestimmung des Siliciums. R. Lasserre und S. Magarian. (Bull. Assoc. franç. Chimistes Ind. Cuir Doc. sci. techn. Ind. Cuir **23.** 151—57. Mai 1961. Beilage zu: Rev. techn. Ind. Cuir; franz.) — Bei der Best. von Si in dem mit Silicon imprägnierten Leder sind einige Arbeitsbedingungen genauer zu beachten, z. B. die Vermeidung von koll. Si bei der Überführung des SiO_2 in wasserlösl. Na_2SiO_3, das Mengenverhältnis der Reagentien, der pH-Wert u. die Zeit bei der Bldg. der Silicomolybdänsäure, ferner der pH-Wert bei der Red. mit $SnCl_2$ zum Molybdänblau. Die colorimetr. oder spektrophotometr. Ablesung erfolgt nach 30 Min. bei Wellenlänge 600 mμ. Zum Vgl. dient eine Blindprobe mit bekanntem Si-Geh.; die Best. wird von der Gerbart des Leders, auch von Cr, nicht beeinflußt. A. Beuther. 8368□

Svit, Národní Podnik, Gottwaldov, Tschechoslowakei, **Herstellung sulfitierter Gerbextrakte** durch heiße wss. Extraktion pflanzlicher Gerbmaterialien, z. B. Quebrachoholz, ohne gleichzeitige Anwesenheit von Sulfiten, die man erst hinterher bei schwach alkal. Rk. einwirken läßt. Man kann so beliebig stark sulfitierte Gerbextrakte darstellen, Kationen mit entsprechenden Austauschern abtrennen u. dabei pH-Werte von 2,5—7 einstellen. — Vgl. Ind. P. 55 061; C. **1961. 16344** u. Oe. P. 200 710; C. **1961.** 11587. (**Oe. P. 207 496** vom 11/7. 1955, ausg. 10/2. 1960.) B. Pankow. 8337

Elektrochemische Fabrik Kempen G. m. b. H., Kempen, *Herstellung von Gerbstoffen.* (**Holl. P. 100 155** vom 17/2. 1956, ausg. 15/1. 1962. D. Prior. 4/3. 1955. — C. **1959.** 10450 [D. A. S. 1 045 042].)

Farbwerke Hoechst Akt.-Ges., vormals Meister Lucius & Brüning, Frankfurt/M. (Erfinder: **Walter Pense, Kurt Rosenbusch**, Frankfurt/M., und **Fritz Winkler**, Kelkheim), *Acetonunlösliche Überzüge für Leder.* (**D. A. S. 1 129 403** Kl. 75c vom 3/10. 1957, ausg. 10/5. 1962. — C. **1962.** 2235 [F. P. 1 205 071].)

E. I. du Pont de Nemours & Co., Wilmington, Del., übert. von: **John W. Robinson jun.**, Gradyville, Pa., V.St.A., *Ledernachbehandlung.* (**Can. P. 557 930** vom 2/11. 1953, ausg. 27/5. 1958. A. Prior. 27/4. 1953. — C. **1958.** 1473 [F. P. 1 103 518].)

Dominion Rubber Co. Ltd., Montreal, Quebec, Canada, übert. von: **Fitzhugh W. Boggs**, Upper Montclair, N.J., V.St.A., *Isocyanatmodifizierte Polyester.* (**Can. P. 558 218** vom 6/8. 1955, ausg. 3/6. 1958. A. Prior. 15/9. 1954. — C. **1958.** 10250 [E. P. 778 893].)

XXIV. Photographie

Literaturübersicht über den Herschel-Effekt. P. J. Hillson. (J. photogr. Sci. **10.** 182—87. Mai/Juni 1962. Wealdstone, Harrow, Middlesex, Kodak Ltd.; engl.) — Übersicht. — 96 Literaturangaben. H. Czech. 8598□

Über die Gerbung photographischer Materialien. Ju. B. Wilenski, T. N. Weretenowa, N. N. Budarina und L. F. Patrikejewa. (Журнал Научной и Прикладной Фотографии и Кинематографии [J. wiss. angew. Photogr. Kinematogr.] **5.** 401—02. Nov./Dez. 1960. Schostka, Zweigstelle des Kino-Photo-Forschungsinst.; russ.) — Vff. untersuchten den Einfl. unterschiedlicher Mengen Cr-Acetat auf die Viscosität von Gelatine-Lsgg. wechselnder Konz. u. fanden, daß der Effekt bei Gelatine-Konzz. über 1,5% erheblich steigt. Zusatz von Glycerin, der die Härtungs-Wrkg. steigern soll, wirkt sich bei niedrigen Gelatine-Konzz. nur unbedeutend aus. W. Pett. 8610□

Über den Wirkungsmechanismus organischer Antischleiermittel im Entwickler. G. P. Fajerman. (Журнал Научной и Прикладной Фотографии и Кинематографии [J. wiss. angew. Photogr. Kinematogr.] **4.** 235—36. Mai/Juni 1959. Opt. Wawilow-Inst.; russ.) — Der Einfl. verschiedener Mengen von Antischleiermittel (AS) auf die opt. Dichte D des Sensitogrammfeldes eines positiven Kinofilms wird mit *KBr*, *5-Methyl-7-hydroxy-2.3.4-triazoindolizin* (**I**), *5-Nitrobenzimidazol*, *Benzotriazol* u. *Phenylmercaptotetrazol* als AS untersucht. Als Entwickler wird eine wss. Lsg. von 1 (g/Liter) *Metol*, 5 *Hydrochinon*, 20 Na_2CO_3 (wasserfrei) u. 26 Na_2SO_3 (wasserfrei) u. einer Konz. c an AS verwendet. Die Ergebnisse sind in Diagrammen D — log c dargestellt. Bei **I** ist D von log c unabhängig, was mit der Löslichkeit des Ag-Salzes erklärt wird; bei den anderen

AS nimmt D bei Zunahme von log c von —4 auf —2 mehr oder weniger stark ab. Der Wrkg.-Mechanismus der AS wird erörtert. R. K. MÜLLER. 8610□

Die Lichtempfindlichkeit von Kupferverbindungen. A. Galecki und J. Wojtczak. (Bull. Soc. Amis Sci. Poznań, Sér. B **14.** 279—82. 1958. Poznań, Adam Miekiewicz Univ., Inst. of Phys. Chem.; engl.) — *CuCl-* u. *CuBr*-Suspensionen im W.–Gelatine-Syst. wurden auf potentiometr., konduktometr., sensitometr. Wege u. durch den photoelektr. Effekt untersucht. Bei Belichtung disproportionieren diese derart in Cu^{2+}-Ionen u. Cu^0, daß Bildserien mit scharfen Kontrasten nach 3 Min. langer Belichtungszeit erhalten wurden; dabei ist anfangs die Intensität der Schwärzung proportional der Belichtungszeit. Luft-O_2 stört die Lichtempfindlichkeit durch Oxydation zu Cu^{2+}. Eine gelatinelose Emulsion von *Cu(II)-Hypophosphit* zeigte 2 Empfindlichkeitsmaxima im IR u. UV. G. HELLER. 8646□

Neue Standards für Metol, Hydrochinon und Natriumsulfit. W. I. Scheberstow, F. P. Kantor und N. A. Nowikowskaja. (Журнал Научной и Прикладной Фотографии и Кинематографии [J. wiss. angew. Photogr. Kinematogr.] **5.** 473—76. Nov./Dez. 1960; russ.) — Vff. geben neue Reinheits-Best. für photograph. verwendete Chemikalien (Metol: GOST 24-60, Hydrochinon: GOST 2549-60 u. Na-Sulfit sicc.: GOST 5644-59) in 2 Handelssorten (Marke A u. B) bekannt u. vergleichen sie mit den ISO-Empfehlungen u. den alten GOST-Standards. W. PETT. 8656□

E. A. Bukatin, **Erhöhung der Sichtbarkeit schwacher Abbildungen** durch Vermeidung von Störungen des Untergrundes, indem man das Beobachten oder Photographieren der Abb. durch eine lichtstreuende Schicht (Diffusor) hindurch vornimmt, die aus Milchglas, mattem Plexiglas, Celluloid, dünnem Papier u. dgl. besteht, u. indem man durch Verändern des Abstandes von lichtstreuender Schicht zur Abb. den Grad der Streuung verändert. Ggf. ist der Diffusor keilförmig. Er wird zweckmäßig während des Arbeitens bewegt. (**UdSSR. PP. 113 855** vom 4/5. 1957 u. **118 078** [Zusatz-Pat.] vom 21/10. 1957.) B. PANKOW. 8591

E. D. Kornjewa, L. W. Rosental, F. G. Shurina und L. I. Tschikischewa, **Plastifizierung von Triacetatcellulose-Filmen** durch Verw. eines Gemisches von Estern synthet. Fettsäuren mit bes. 14—15 C-Atomen mit einwertigen Alkoholen, wie Butanol oder α-Äthylhexanol, in Mengen von 10% als Plastifikator. Man erreicht erhöhte Kältefestigkeit u. eine Verringerung des linearen Ausdehnungskoeffizienten. (**UdSSR. P. 118 220** vom 9/4. 1958.) L. GROSSNER. 8603

I. I. Lewkojew, E. B. Lifschitz, L. M. Jagupolsskij und A. W. Borin, **Sensibilisierung von Haloidsilber-Photomaterial** im grünen, gelben u. orange Spektralbereich durch Zusatz von *6.6'-Bis-[trifluormethylsulfonyl]-imidocarbocyaninen* der allg. Formel **I** (R = Alkylgruppe, R_1 = Alkyl- oder Arylgruppe u. X = Säurerest) zur Haloidsilberemulsion vor dem Schmelzen, ggf. unter weiterem Zusatz von Pyrazolon-(5)-Verbb. zum Erhalten einer grünempfindlichen Schicht bei vielschichtigem Material mit Buntentwicklung. — Zu 1 Liter Bromjodsilberemulsion werden 200—300 ml einer 0,025% ig. alkohol. Lsg. von **I** (*R*, $R_1 = C_2H_5$; $X = J$) gegeben, 20—30 Min. wird bei 40° gehalten u. dann auf Platte oder Film aufgeschmolzen. Die Empfindlichkeit des erhaltenen Photomaterials reicht bis 585 mμ mit einem Maximum bei 560 mμ. Ohne Verringerung der Empfindlichkeit können auf 1 Liter Emulsion 10—15 g 1-[3'-Phenoxy-4'-sulfophenyl]-3-heptadecylpyrazolon-(5) zugesetzt werden. — Analog werden verwendet: **I** mit $R = C_2H_5$, $R_1 = C_6H_5$, $X = J$ (Sensibilisierung bis 590 mμ, Maximum bei 555 mμ) u. **I** mit $R = CH_3$, $R_1 = C_6H_5$, $X = ClO_4$ (Sensibilisierung bis 580 mμ, Maximum bei 555 mμ). (**UdSSR. P. 118 091** vom 1/8. 1958.) L. GROSSNER. 8605

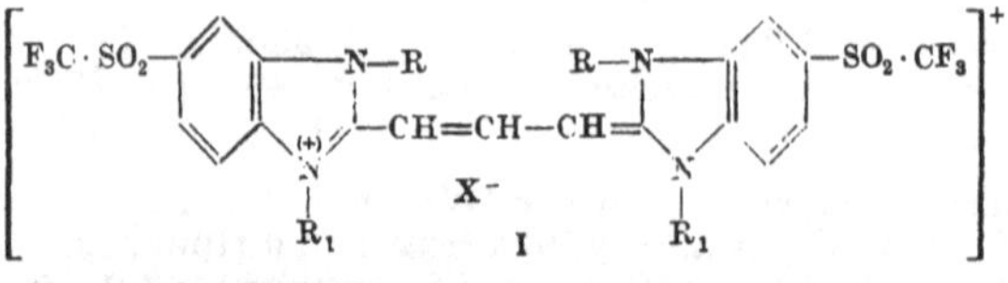

I

Eastman Kodak Co. (Erfinder: William George Lovett, Peter Patrick Chiesa und John Robert Dann), Rochester, N.Y., V.St.A., **Sensibilisierte photographische Halogensilberemulsion.** Die Emulsion enthielt als empfindlichkeitssteigernden Zusatz Verbb. der allg. Formeln $(R_2-SCH_2-CHR_1-CONH)_2R$, $[R_3(OCH_2CH_2)_{n-1}\cdot SCH_2-CHR_1-CO\cdot NH]_2R$, $(R_4{>}N{=}NHCOCH_2SCH_2-CHR_1-CO\cdot NH)_2R$. Hierin ist R eine ggf. alkylsubstituierte Methylegruppe oder eine Cyclohexylen-p.p'-bis-methylengruppe, R_1 = H oder $-CH_3$, R_2 = Alkyl, Alkoxyalkyl, Alkoxyalkoxyalkyl, Hydroxyalkyl,

Hydroxyalkoxyalkyl, Hydroxyalkoxyalkoxyalkyl oder Aryloxalkyl; R_3 = H, Alkyl, Aryl; R_4 = 2 H-Atome oder eine Propen-1-yliden-3-gruppe u. n = 1—4, z. B. *13.15-Diaza-3.6.22.26-tetraoxa-9.12-dithiaheptaeicosandion-(12.16)* u. *8.10-Diaza-1.17-dihydroxy-3.14-dithiaheptadecandion-(7.11)*. Auch von solchen Emulsionen kann hierdurch die Empfindlichkeit gesteigert werden, die bereits durch S- u. Au-Sensibilisatoren optimal sensibilisiert sind. (**D. A. S. 1 124 351** Kl. 57b vom 1/10. 1960, ausg. 22/2. 1962. A. Prior. 11/12. 1959.) E. Fuchs. 8605

Je. D. Ssytsch, A. W. Borin und M. I. Barro, **Optische Sensibilisierung einer farbempfindlichen Schicht mehrschichtigen photographischen Negativmaterials mit Buntentwicklung** durch Verw. von *3.3'-Diäthyl-5'-[α-naphthyl]-4-keto-5-[(3'-äthyl-6''.7''-tetramethylenbenzothiazolinyliden-(2''))-α-phenyläthyliden]-thiazolinothiazolocyaninmethylsulfat* als Sensibilisator. (**UdSSR. P. 118 093** vom 18/8. 1958.) L. Grossner. 8605

Adox-Fotowerke Dr. C. Schleussner G. m. b. H., Frankfurt/M. (Erfinder: Werner Franke, Wiesbaden, und Hans Weber, Neu-Isenburg), **Antistatische photographische Filme.** Der lichtempfindlichen oder einer nicht lichtempfindlichen Hilfsschicht werden *Anhydrosorbite* zugesetzt, die mit Fettsäuren monoacyliert sind u. mindestens 4 Oxäthylgruppen enthalten. Sie besitzen die allg. Formel I, in der n ≧ 4 u. R ein Laurin-, Olein-, Palmitin- oder Stearinsäurerest ist. Dosierung: 100—800 mg auf 1 m² Filmoberfläche. (**D. A. S. 1 121 924** Kl. 57b vom 15/6. 1959, ausg. 11/1. 1962.) A. Kalix. 8613

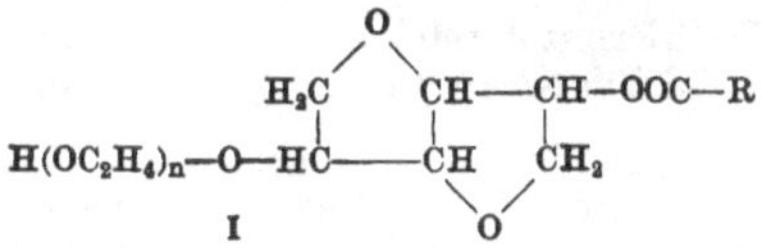

I

Ilyana von Thyssen-Bornemisza, München, **Blitzlichtmischung** zur Verw. in Projektilen für die Nachtphotographie, bestehend aus Mg-Pulver, anorgan. O_2-Trägern u. einer organ. Sprengstoffkomponente, dad. gek., daß die Komponenten homogen gemischt u. bes. durch Schmelzen u. Wiedererstarrenlassen der organ. Sprengstoffkomponente zusammengesintert sind. — Beispiel: Mischung von Mg u. $KClO_4$ mit 8% TNT. (**D. A. S. 1 125 823** Kl. 78d vom 1/4. 1961, ausg. 15/3. 1962.) A. Gradl. 8615

Eastman Kodak Co. (Erfinder: Jack Leland Redavat Williams und Bernard Calvin Cossar), Rochester, N.Y., V.St.A., **Sensibilisierte photographische Halogensilberemulsion.** Die ggf. Farbkuppler enthaltende Emulsion enthält einen Zusatz einer nichtpolymeren Verb. der allg. Formel HO—R(—S—R_1)$_d$—S—R—OH (I), worin R u. R_1 eine Alkylengruppe mit ca. 2—10 C-Atomen u. d die Zahl 1—3 ist, oder der Formel HO—$(CH_2)_m$—S—$(CH_2)_n$—S—$(CH_2)_m$—OH (II), worin m u. n ganze Zahlen von 2—10 bedeuten: $HO(CH_2)_6S(CH_2)_5S(CH_2)_6OH$, $HO(CH_2)_6S(CH_2)_6S(CH_2)_6OH$. Hiermit kann man auch noch eine Empfindlichkeitssteigerung bei Emulsionen erreichen, die opt. u. chem. bereits bis zur äußersten Grenze sensibilisiert sind. (**D. A. S. 1 124 350** Kl. 57b vom 28/9. 1960, ausg. 22/2. 1962. A. Prior. 1/10. 1959.) E. Fuchs. 8631

Agfa Akt.-Ges., Leverkusen (Erfinder: Harald v. Rintelen, Rodenkirchen/Köln, Hanswilli v. Brachel, Max Heilmann und Hans Holtschmidt, Köln), **Herstellung direkter Positive nach dem Silbersalzdiffusionsverfahren.** Man erhält schneller verbesserte Positive, wenn man die Entw. in Ggw. von Thioäthern mit mehreren OH-Gruppen oder lösl. Polyätherthioäthern mit mindestens je 2 Äther- oder Thioäthergruppierungen oder Derivv. dieser Verbb. durchführt. Man erhält diese Verb. z. B. durch Kondens. von Thioäthergruppen enthaltenden mehrwertigen Alkoholen mit Polyäthylenoxiden u./oder Polyoxäthylierungs-Prodd. von mehrwertigen Alkoholen oder Phenolen. (**D. A. S. 1 124 354** Kl. 57b vom 8/9. 1960, ausg. 22/2. 1962.) E. Fuchs. 8631

Agfa Akt.-Ges., Leverkusen (Erfinder: Harald v. Rintelen, Rodenkirchen/Köln, Siegfried Petersen, Leverkusen, und Max Heilmann, Köln), **Herstellung direkter Positive nach dem Silbersalzdiffusionsverfahren.** Man erhält schneller schwarz getönte Positive, wenn man die Entw. in Ggw. von 2-Thionohexahydropyrimidinen der allg. Formel I durchführt. Hierin ist R = H oder Alkyl mit 1—5 C-Atomen. Diese Verbb. können dem Entwickler oder der Bildempfangsschicht zugesetzt werden. (**D. A. S. 1 124 355** Kl. 57b vom 24/9. 1960, ausg. 22/2. 1962.) E. Fuchs. 8631

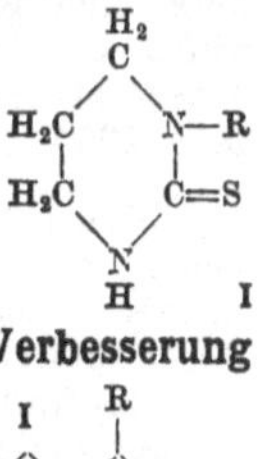

I

Agfa Akt.-Ges., Leverkusen (Erfinder: Walter Püschel, Köln), **Verbesserung der Farbwiedergabe in farbenphotographischen Materialien.** Die Farb-Entw. wird in Ggw. von Verbb. der Formel I vorgenommen, worin R ein ungesätt. Alkylrest, R_1, R_2 H oder Substituenten, bes. wasserlösl. machende u./oder diffusionsfest machende Gruppen bedeuten: *1-Allyl-2-naphthol.* (**D. A. S. 1 123 558** Kl. 57b vom 21/6. 1960, ausg. 8/2. 1962. **Zusatz zu D. A. S. 1 099 350; C. 1961. 16348.**) E. Fuchs. 8631

I

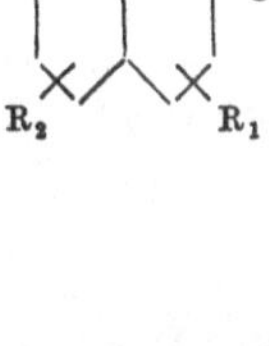

International Polaroid Corp., Jersey, N.J. (Erfinder: Edwin Herbert Land, Cambridge, Meroe Marston Morse, Boston, und Elizabeth Laura Yankowski, Watertown, Mass.), V.St.A., **Photographisches Diffusionsübertragungsverfahren.** Bei dem bekannten Silbersalz- oder Farbstoffdiffusions-Verf. wird die Halogensilberemulsionsschicht zwischen 2 Bildempfangsschichten eingebettet, wobei die bilderzeugenden Stoffe auf beide Empfangsschichten übertragen werden, so daß in einer Operation 2 Bilder erhalten werden. (**D. A. S. 1 122 835** Kl. 57b vom 11/5. 1959, ausg. 25/1. 1962. A. Prior. 12/5. 1958.) E. FUCHS. 8631

General Aniline & Film Corp., New York (Erfinder: Walter Frederick Hoffstadt, Vestal), N.Y., V.St.A., **Halogensilberemulsion mit Farbbildnern für die farbige Entwicklung.** Man verwendet als Farbbildner Verbb. der Formel **I**, worin R ein Alkyl mit mindestens 10 C-Atomen u. X Halogen (F, Cl, Br) bedeutet.

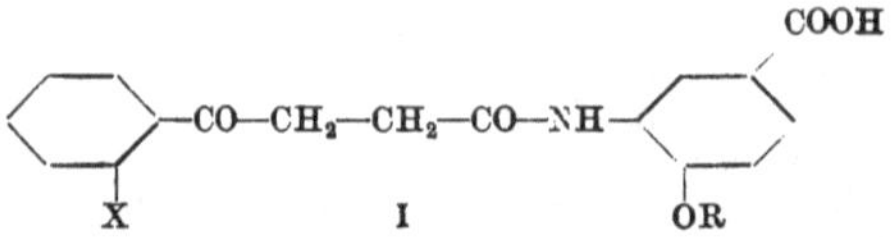

I

Die hiermit entstehenden gelben Farbstoffe sind bes. wärme- u. lichtbeständig. (**D. A. S. 1 123 205** Kl. 57b vom 14/9. 1960, ausg. 1/2. 1962. A. Prior. 17/9. 1959.) E. FUCHS. 8631

Kalle & Co. Akt.-Ges., Wiesbaden-Biebrich, **Herstellung von Druckformen** auf photomechan. Wege aus vorsensibilisierten Schichtträgern mit Hilfe alkal. Entw.-Mittel. Vorsensibilisierte Schichtträger aus Al u. Zn, die in bekannter Weise unter einer Vorlage belichtet worden sind, werden mit wss. Lsgg. von Salzen (pH 7—12) behandelt, die auf den Schichtträgern hydrophile, wasserunlösl. Schichten bilden, z. B. Alkali- oder NH_4-Salzen der Kiesel-, Titan- oder Sn-Fluowasserstoffsäure, der Ortho- u. Metakieselsäure, der Titan- u. Zinnsäure. Die entstandenen Druckbilder werden mit fetter Farbe eingefärbt. — Beispiel: Zur Entw. einer vorsensibilisierten Al-Folie, deren lichtempfindliche Schicht aus einem p-Naphthochinondiazidsulfonsäureamid besteht u. die unter einer transparenten negativen Vorlage belichtet worden ist, verwendet man als Entwickler z. B. eine Lsg. von 7,5 (g) $Na_3PO_4 \cdot 12\ H_2O$, 3,5 Na_2SiO_3, 2 $NaH_2PO_4 \cdot 1\ H_2O$, 1 Na-Hexametaphosphat, 1 wasserlösl. Methylcellulose mittlerer Viscosität, 985 ml dest. W.; pH 11,1. Die entstehende positive Druckplatte wird mit Druckfarbe eingefärbt. — Eine mit einer Schicht eines Naphthochinon-(1.2)-diazidsulfonsäureesters oder eines Naphthochinon-(1.2)-diazidsulfonsäureamids vorsensibilisierte Zinkfolie wird unter einer transparenten positiven Vorlage belichtet u. danach mit einer Lsg. von 58 (g) Na_2SiO_3, 18 $Na_3PO_4 \cdot 12\ H_2O$, 4 NaH_2PO_4 in 920 dest. W. entwickelt. Die in eine Flachdruckmaschine eingespannte Folie ist druckfertig. (**Oe. P. 214 946** vom 7/8. 1959, ausg. 10/5. 1961. D. Prior. 8/8. 1958.) M. F. MÜLLER. 8645

General Aniline & Film Corp. (Erfinder: Clifford Ernest Herrick jun. und Paul Chebiniak), New York, N.Y., V.St.A., **Negativ arbeitende Offsetdruckplatte** besitzt auf einer wasserfesten Unterlage eine wasserabstoßende Schicht aus einem Copolymeren von Vinylalkyläther u. Maleinsäureanhydrid u. darüber eine wasserabstoßende Schicht einer wasserlösl., lichtempfindlichen Diazonium-Verb. der allg. Formel $R—Y—Ar—N_2—X$ oder $X—N_2—Ar—R_2—Ar—N_2—X$, worin R = Phenyl, Aralkyl, Cycloalkyl oder Acyl; Y = O, S, NH oder NR_1; R_1 = Alkyl; Ar = Aryl; X = Säurerest; R_2 = Imino oder Polyalkylen. — Beispiel: p.p'-Iminodibenzoldiazoniumchlorid. (**E. P. 880 051** vom 1/12. 1959, ausg. 18/10. 1961. A. Prior. 10/12. 1958.) C. KITTLER. 8645

Fred E. Kendall, Chagrin Falls, Ohio, V.St.A., **Vervielfältigungsschablonen,** deren lichtempfindliche Schicht aus einem polymeren Zimtsäureester, z. B. von Polyvinylalkohol oder Cellulose, besteht u. mit einem Lsgm., z. B. Äthylenglykolmonomethylätheracetat, unter Zusatz eines Weichmachers entwickelt wird. (**A. P. 2 969 731** vom 24/5. 1954, ausg. 31/1. 1961.) C. KITTLER. 8647

Fred E. Kendall, Chagrin Falls, Ohio, V.St.A., **Herstellen von Schablonen.** Ein biegsames, poröses Schablonenblatt wird mit einer lichtempfindlichen Zimtsäureesterharz-Lsg. dünn überzogen, so daß die Poren offen bleiben, worauf der Überzug durch Belichten unlösl. gemacht wird. Dann wird unter Verschließen der Poren ein lichtempfindlicher Zimtsäureesterharzfilm darüber erzeugt, dieser unter einer Kopiervorlage belichtet u. unter Zusatz eines Weichmachers entwickelt. (**A. P. 2 969 732** vom 11/5. 1955, ausg. 31/1. 1961.) C. KITTLER. 8647

Stupa Corp., übert. von: Robert A. Peters, New York, N.Y., V.St.A., **Lichtempfindliches System für eine Bilderzeugung ohne Fixierung.** Die lichtempfindliche Schicht enthält 3 Komponenten: Bis-(tricyclohexylblei) (**I**), $(C_6H_{12})_3Pb-Pb(C_6H_{12})_3$, auch als Tricyclohexylplumban bezeichnet, eine Verb. **II**, die leicht CO_2 oder O_2 abspaltet, bes. ein Peroxyd, u. eine Verb. **III**, die leicht S oder H_2S abgibt, z. B. ein Sulfid, Polysulfid, ein Thiol, Thion, Thial, Thioäther, eine Thio- oder Dithiocarbonsäure. Bei einer Belichtung, die erheblich reicher an UV als das Sonnenlicht ist, wird aus **I** das Pb u. aus **III** S abgespalten u. bildet dunkelgefärbtes PbS. Bei mäßigem Sonnenlicht oder indirektem Tageslicht tritt diese Rk. nicht ein bzw. sie wird durch die Ggw. von **II** sehr stark verlangsamt, wobei sich höchstens schwach gefärbtes PbO bildet. Die durch die hochaktin. Belichtung erzeugten Bilder sind also prakt. stabil. Die Schichten enthalten auf 1000 sq.-yards 8 oz. bis 20 lbs. **I**, 1—100% dieser Menge an **III** u. 1—100% (berechnet auf **I**) an **II**. (**A. P. 2 967 105** vom 5/10. 1955, ausg. 3/1. 1961.) A. KALIX. 8647

Renker-Belipa G. m. b. H., Lendersdorf-Krauthausen bei Düren (Erfinder: Horst Kosche und Hermann Winzer, Düren), **Herstellung von Diazotypiematerial.** Als Träger für die lichtempfindliche Schicht werden Polycarbonatfolien verwendet. Auf diese werden gleichzeitig mit der lichtempfindlichen Präparation oder vor dem Aufgießen derselben Hilfsschichten (**I**) aufgetragen, die hauptsächlich aus Polyamiden (z. B. den Handels-Prodd. „Ultramid 1 C" oder „6 A") bestehen u. 5—40%, bes. 5—25%, ihres Gew. eines Weichmachers, bes. p-Oxy-2-äthylbenzoat, enthalten. Ihre Wasseraufnahme läßt sich, falls nötig, durch Zusatz von 5—60%, bes. 5—20%, ihres Gew. an Aminoplasten (**II**) vermindern, die mit Alkoholen veräthert sind. Die **II** können auch für sich allein zur Bldg. der **I** verwendet werden, wenn sie mit Polyestern u./oder mit Alkydharzen elastifiziert werden oder einen Zusatz von Celluloseäthern erhalten. (**D. A. S. 1 112 892** Kl. 57b vom 26/11. 1958, ausg. 17/8. 1961.) A. KALIX. 8647

Imperial Chemical Industries Ltd., London, England, *Herstellung von Halogensilberemulsionen.* (**Belg. P. 564 671** vom 10/2. 1958, ausg. 15/7. 1960. E. Prior. 13/1. 1957 u. 22/1. 1958. — C. **1961.** 15631 [E. P. 832 091].)

A. B. Dick Co., Niles, Ill., V.St.A. (Erfinder: **V. C. Schooler** und **K. S. Hoover**), *Lichtempfindliches Material zur Herstellung von Flachdruckformen.* (**Belg. P. 567 078** vom 24/4. 1958, ausg. 12/8. 1960. A. Prior. 24/4. 1957. — C. **1962.** 3693 [F. P. 1 203 842].)

Goodyear Tire & Rubber Co., Akron, Ohio, V.St.A., *Photofilmmaterial.* (**Jap. A. S. 6 644/1960** vom 5/12. 1955, ausg. 7/6. 1960. A. Prior. 8/6. 1955. — C. **1958.** 9107 [D. A. S. 1 012 524].)

E. I. du Pont de Nemours & Co., Wilmington, Del., V.St.A. (Erfinder: **T. D. Smith**), *Stabilisatoren für Halogensilberschichten.* (**Belg. P. 567 018** vom 22/4. 1958, ausg. 12/8. 1960. A. Prior. 1/5. 1957. — C. **1961.** 14899 [D. A. S. 1 096 194].)

Gevaert Photo-Producten N. V., Mortsel bei Antwerpen, Belgien, *Verhinderung der Ausfällung von Erdalkalisalzen in photographischen Bädern und Schichten.* (**Belg. P. 567 522** vom 9/5. 1958, ausg. 12/8. 1960. Holl. Prior. 9/5. 1957. — C. **1962.** 3693 [F. P. 1 206 111].)

General Aniline & Film Corp., New York, N.Y., V.St.A. (Erfinder: **F. Dersch**), *Stabilisatoren für Halogensilberschichten.* (**Belg. P. 560 876** vom 17/9. 1957, ausg. 6/5. 1960. A. Prior. 5/12. 1956. — C. **1962.** 3694 [E. P. 840 720].)

E. I. du Pont de Nemours & Co., Wilmington, Del., V.St.A. (Erfinder: **A. X. Grumbine**), *Abziehbarer Duplexfilm.* (**Belg. P. 564 233** vom 24/1. 1958, ausg. 17/6. 1960. A. Prior. 28/1. 1957. — C. **1961.** 12332 [F. P. 1 198 606].)

Kodak-Pathé, Frankreich, *Fixierentwickler* (**F. P. 1 212 279** vom 30/9. 1958, ausg. 23/3. 1960. A. Prior. 30/9. 1957. — C. **1961.** 17079 [A. P. 2 875 048].)

Canadian Kodak Co. Ltd., Toronto, Ontario, Canada, übert. von: **Thomas H. James und George A. Reynolds**, Rochester, N.Y., V.St.A., *Photographischer Entwickler.* (**Can. P. 558 528** vom 17/3. 1954, ausg. 10/6. 1958. A. Prior. 3/8. 1953. — C. **1956.** 10636 [A. P. 2 688 549].)

Canadian Kodak Co. Ltd., Toronto, Ontario, Canada, übert. von: **Charles V. Wilson**, Rochester, N.Y., V.St.A., *Photographischer Entwickler.* (**Can. P. 558 529** vom 17/3. 1954, ausg. 10/6. 1958. A. Prior. 3/8. 1953. — C. **1950/54.** 2219 S [A. P. 2 685 515].)

Canadian Kodak Co. Ltd., Toronto, Ontario, Canada, übert. von: **Charles V. Wilson**, Rochester, N.Y., V.St.A., *Photographischer Entwickler.* (**Can. P. 558 530** vom 17/3. 1954, ausg. 10/6. 1958. A. Prior. 3/8. 1953. — C. **1950/54.** 2219 S [A. P. 2 685 516].)

International Polaroid Corp., Jersey, N.J., V.St.A. (Erfinder: **E. H. Land**), *Herstellung von mehrfarbigen Bildern nach dem Silbersalz-Diffusionsverfahren.* (**Belg. P. 561 463** vom 8/10. 1957, ausg. 20/5. 1960. A. Prior. 9/10. 1956. — C. **1962.** 4054 [F. P. 1 192 238].)

Guy Marie Grandsaignes d'Hauterive, Mantes-la-Ville, Frankreich, *Vervielfältigungsverfahren.* (**E. P. 844 077** vom 7/6. 1957, ausg. 10/8. 1960. F. Prior. 11/7. 1956. — C. **1960.** 4083 [F. P. 1 156 926].)

Kalle & Co. Akt.-Ges., Wiesbaden, *Material für elektrophotographische Reproduktion.* (**Holl. P. 99 369** vom 4/6. 1957, ausg. 16/10. 1961. D. Prior. 4/6. 1956. — C. **1960.** 2066 [D. A. S. 1 058 836].)

Kodak Ltd., London, England (Erfinder: **Scheuring Session Fierke** und **Homer William John Cressman**), *Farbenphotographisches Mehrschichtenmaterial.* (**E. P. 878 514** vom 14/10. 1957, ausg. 4/10. 1961. A. Prior. 12/10. 1956. — C. **1959.** 359 [D. A. S. 1 027 511].)

Ciba Ltd., Basel, Schweiz, *Farbbilder nach dem Silberfarbbleichverfahren.* (**E. P. 879 596** vom 26/5. 1959, ausg. 11/10. 1961. Schwz. Prior. 3/6. 1958 u. 16/4. 1959. — C. **1961.** 11591 [D. A. S. 1 091 429].)

Ciba Ltd., Basel, Schweiz, *Optische Sensibilisierung beim Silberfarbbleichverfahren.* (**E. P. 884 260** vom 4/12. 1959, ausg. 13/12. 1961. Schwz. Prior. 4/12. 1958. — C. **1961.** 7099 [D. A. S. 1 083 124].)

Gevaert Photo-Producten N. V., Mortsel bei Antwerpen, Belgien, *Maskenverfahren zur Herstellung von farbkorrigierten Teilfarbenauszügen von Mehrfarbenbildern.* (**Belg. P. 563 784** vom 8/1. 1958, ausg. 17/6. 1960. D. Prior. 8/1. u. 20/2. 1957. — C. **1960.** 1051 [D. A. S. 1 061 617].)

Agfa Akt.-Ges., Leverkusen, *Photographische Tonkorrektur durch Maskierung.* (**E. P. 878 487** vom 26/9. 1957, ausg. 4/10. 1961. D. Prior. 26/9. u. 29/10. 1956. — C. **1960.** 4083 [D. A. S. 1 066 090] u. C. **1960.** 4404 [D. A. S. 1 063 458].)

J. R. Geigy Akt.-Ges., Basel, Schweiz, *Farbstoffteilbilder.* (**Belg. P. 567 518** vom 8/5. 1958, ausg. 12/8. 1960. E. Prior. 9/5. 1957. — C. **1961.** 362 [D. A. S. 1 077 531].)

Imperial Chemical Industries Ltd., London, England, *Farbkuppler.* (**Belg. P. 565 852** vom 19/3. 1958, ausg. 29/7. 1960. E. Prior. 20/3. 1957 u. 19/2. 1958. — C. **1961.** 17080 [F. P. 1 202 940].)

Imperial Chemical Industries Ltd., London, England, *Farbentwicklung* (**Belg. P. 558 251** vom 8/6. 1957, ausg. 25/3. 1960. E. Prior. 11/6. 1956 u. 28/5. 1957. — C. **1961.** 9663 [F. P. 1 176 645].)

Kodak Ltd., London, England (Erfinder: **Donald Joseph Kridel**), *Stabilisierung von Farbentwicklerlösungen.* (**E. P. 878 675** vom 1/11. 1957, ausg. 4/10. 1961. A. Prior. 5/11. 1956. — C. **1960.** 703 [D. A. S. 1 056 478].)

Semotal Soc. An., Genf, Schweiz (Erfinder: **Paul Nouel**, Paris, Frankreich), *Galvanische Herstellung von Flachdruckplatten.* (**D. A. S. 1 126 215** Kl. 48a vom 1/8. 1955, ausg. 22/3. 1962. F. Prior. 31/7. u. 25/11. 1954. — C. **1960.** 704 [Schwz. P. 334 346].)

E. I. du Pont de Nemours & Co., Wilmington, Del., V.St.A. (Erfinder: **N. T. Notley**), *Photopolymerisierbare Gemische.* (**Belg. P. 567 377** vom 3/5. 1958, ausg. 12/8. 1960. A. Prior. 17/5. 1957. — C. **1962.** 2610 [A. P. 2 951 758].)

E. I. du Pont de Nemours & Co., Wilmington, Del., V.St.A. (Erfinder: **E. L. Martin**), *Photopolymerisierbare Schichten.* (**Belg. P. 560 154** vom 17/8. 1957, ausg. 22/4. 1960. A. Prior. 27/8. 1956. — C. **1960.** 15975 [F. P. 1 186 296].)

Time, Inc., New York, N.Y., V.St.A. (Erfinder: **R. M. Leekley**), *Photopolymerisierbare Schichten für die Reproduktionstechnik.* (**Belg. P. 566 941** vom 18/4. 1958, ausg. 12/8. 1960. A. Prior. 22/4. 1957. — C. **1961.** 13381 [D. A. S. 1 098 197].)

National Cash Register Co., Dayton, Ohio, V.St.A. (Erfinder: **P. L. Foris**), *Vervielfältigungsverfahren.* (**Belg. P. 555 509** vom 5/3. 1957, ausg. 12/2. 1960. A. Prior. 22/3. 1956. — C. **1960.** 2060 [D. A. S. 1 073 865].)

E. I. du Pont de Nemours & Co., Wilmington, Del., übert. von: **René R. Zemp**, Milltown, N.J., V.St.A., *Photographisches Element mit Diazoniumsalzen.* (**Can. P. 559 252** vom 10/8. 1955, ausg. 24/6. 1958. A. Prior. 8/11. 1954. — C. **1959.** 17598 [E. P. 775 414].)

Canadian Kodak Co. Ltd. Toronto, Ontario, Canada, übert. von: **William F. Fowler jun.** und **Richard J. Hellmann**, Rochester, N.Y., V.St.A., *Hydrosole ternärer Interpolymerer von Vinylpyridinen oder -chinolinen, Acrylestern und Acrylnitril.* (**Can. P. 557 257** vom 17/9. 1954, ausg. 13/5. 1958. A. Prior. 5/2. 1954. — C. **1958.** 4076 [F. P. 1 123 624].)

Redaktionsschluss: 3. August 1962

Herausgeber: Prof. Dr. Heinrich Bertsch, Berlin, u. Prof. Dr. Dr. h. c. Wilhelm Klemm, Münster. Chefredakteure und verantwortlich für den Inhalt: Dr. Eugen Klever, Berlin W 30, Geisbergstraße 39, Fernsprecher: 249541, u. Dr. Willi Barz, Berlin N 4, Schiffbauerdamm 19, Fernsprecher: 425571.

Verlag: Akademie-Verlag GmbH, Berlin W 8, Leipziger Str. 3–4 (Fernsprecher: 220441, Telex-Nr. 011773, Postscheckkonto Berlin 35021), und Verlag Chemie, GmbH, Weinheim/Bergstr. (Fernsprecher: Weinheim 3635 [Sammelnummer]; Fernschreiber: 04 655 16 chemieverlwhn; Postscheckkonten: Frankfurt/M. 145314 u. Berlin [West] 7430). Bestellnummer: 1007/133. Das Chemische Zentralblatt erscheint wöchentlich. Preis des Jahrganges einschl. Autoren-, Patent-, Sach- u. Formelregister: DM 1200,–; einseitig bedruckte Ausgabe: DM 1350,–. Abgabe der Zeitschrift nur mit sämtlichen Registern. Abbestellungen nur bis spätestens 6 Wochen vor Ablauf des Kalenderjahres.

Satz u. Druck: VEB Leipziger Druckhaus, Leipzig, III/18/203. IX. 62.
Veröffentlicht unter der Lizenznummer ZLN 5002 des Ministeriums für Kultur, Hauptverwaltung Verlagswesen.
Printed in Germany.

FSC
www.fsc.org
MIX
Papier | Fördert
gute Waldnutzung
FSC® C083411

Kolibri 360 GmbH
Ferdinand-Jühlke-Straße 7
99095 Erfurt, Deutschland
produktsicherheit@kolibri360.de